Michael Navratil
Kontrafaktik der Gegenwart

Gegenwartsliteratur –
Autoren und Debatten

Michael Navratil

Kontrafaktik der Gegenwart

Politisches Schreiben als Realitätsvariation
bei Christian Kracht, Kathrin Röggla, Juli Zeh
und Leif Randt

DE GRUYTER

Inauguraldissertation zur Erlangung des Doktorgrades (Doctor philosophiae) an der Philosophischen Fakultät der Universität Potsdam.

Tag der Disputation: 02.06.2020
Erstgutachter (Doktorvater): Prof. Dr. Fabian Lampart
Zweitgutachter: Prof. Dr. Jürgen Brokoff

Die Publikation dieser Arbeit wurde gefördert durch den Open-Access-Preis des De Gruyter-Verlags.

ISBN 978-3-11-076296-9
e-ISBN (PDF) 978-3-11-076311-9
e-ISBN (EPUB) 978-3-11-076317-1
ISSN 2567-1219
DOI https://doi.org/10.1515/9783110763119

Dieses Werk ist lizenziert unter einer Creative Commons Namensnennung - Nicht-kommerziell - Keine Bearbeitung 4.0 International Lizenz. Weitere Informationen finden Sie unter http://creativecommons.org/licenses/by-nc-nd/4.0/.

Library of Congress Control Number: 2021944976

Bibliografische Information der Deutschen Nationalbibliothek
Die Deutsche Nationalbibliothek verzeichnet diese Publikation in der Deutschen Nationalbibliografie; detaillierte bibliografische Daten sind im Internet über http://dnb.dnb.de abrufbar.

© 2022 Michael Navratil, publiziert von Walter de Gruyter GmbH, Berlin/Boston
Dieses Buch ist als Open-Access-Publikation verfügbar über www.degruyter.com.

Coverabbildung: Cube Berlin, Fotograf: Roland Horn
Satz: Integra Software Services Pvt. Ltd.
Druck und Bindung: CPI books GmbH, Leck

www.degruyter.com

Dank

Die vorliegende Arbeit wurde im Sommersemester 2020 an der Philosophischen Fakultät der Universität Potsdam als Dissertationsschrift angenommen. Für die Publikation habe ich sie leicht überarbeitet und – weniger leicht – gekürzt.

Meinem Doktorvater Prof. Dr. Fabian Lampart danke ich für seine vielgestaltige Unterstützung während der Dissertationsphase, insbesondere für die großen Freiheiten, die er mir eröffnet hat und ohne die dieses Buch nicht in der vorliegenden Form hätte entstehen können. Prof. Dr. Jürgen Brokoff, dem Zweitbetreuer der Arbeit, danke ich für seine geduldige Zuversicht insbesondere in der Findungsphase meines Dissertationsprojekts sowie für seine genauen, konstruktiv-kritischen Textlektüren. Für ihre hilfreichen Rückmeldungen und Korrekturvorschläge zu einzelnen Abschnitten der Arbeit danke ich Letizia Dieckmann, Johannes Franzen, Anna-Marie Humbert, Hendrik Johannemann, Julian Menninger, Natalie Moser und Elisabeth Tilmann. Besonderer Dank gebührt Karl Kelschebach, der das Gesamtlektorat des Manuskripts übernommen hat und dessen kritischen Anmerkungen die Arbeit viel verdankt. Prof. Dr. Monika Fludernik danke ich für die Möglichkeit einer Assoziation beim DFG Graduiertenkolleg 1767 *Faktuales und fiktionales Erzählen* an der Albert-Ludwigs-Universität Freiburg. Der Austausch mit den Kollegiatinnen und Kollegiaten war mir während der Dissertationszeit vielfach intellektuelle Anregung und persönliche Freude. Den Teilnehmerinnen und Teilnehmern des gemeinsamen Doktorandencolloquiums von Prof. Dr. Andrea Albrecht, Prof. Dr. Romana Weiershausen und Prof. Dr. Fabian Lampart danke ich für produktive Diskussionen meines Projekts sowie für ihre kollegial-freundschaftliche Unterstützung. Prof. Dr. Stephan Packard danke ich für sein Interesse an meiner Forschung und für seine wertvollen Ratschläge zur formalen Anlage des publizierten Buches. Gefördert wurde die Entstehung der Arbeit durch ein Promotionsstipendium der Studienstiftung des deutschen Volkes, der ich neben der finanziellen Unterstützung nun bereits über viele Jahre hinweg wichtige intellektuelle und persönliche Impulse verdanke. Für die professionelle und freundliche Betreuung vonseiten des Verlags danke ich Dr. Anja-Simone Michalski und Dr. Torben Behm. Die vorliegende Arbeit wurde 2021 mit dem Open-Access-Preis des De Gruyter-Verlags ausgezeichnet, eine Würdigung, die mir viel bedeutet und für die ich mich bedanken möchte. Meinen Eltern, Elisabeth und Josef Navratil, danke ich für vieles, insbesondere aber dafür, dass sie mir immer ermöglicht haben, das zu tun, was ich liebe.

An letzter, an bedeutendster Stelle möchte ich Martin Fuchs meine Dankbarkeit aussprechen. Diese Arbeit ist ihm gewidmet: weil es gut ist, wie es ist.

Inhaltsverzeichnis

Dank —— V

1   **Einleitung** —— 1

Teil 1: Theorie der Kontrafaktik

2   **Vorbereitendes** —— 21
2.1   Terminologie —— 24
2.2   Zum Begriff der Kontrafaktik —— 33
2.3   Vier Referenzbeispiele: Harris, Ransmayr, Tarantino, Houellebecq —— 37

3   **Forschungsdiskussion** —— 45
3.1   Positionen der Forschung —— 45
3.2   Probleme der Forschung —— 57
3.2.1   Epistemische Übergeneralisierungen —— 57
3.2.2   Anlehnung an die Geschichtswissenschaft —— 63
3.2.3   Kontrafaktisches Erzählen als Genrevariante historischen Erzählens —— 71
3.2.4   Kontrafaktisches Erzählen als postmodernes Phänomen —— 73

4   **Kontrafaktik: Eine fiktionstheoretische Perspektive** —— 82
4.1   Minimaldefinition der Kontrafaktik —— 84
4.2   Fiktionalität —— 86
4.3   Fakten und fiktionale Welten —— 93
4.3.1   Kontrafaktik, Wahrheit, Fiktionalität —— 93
4.3.2   Kompositionalismus und kontrafaktische Elemente als real-fiktive Hybridobjekte —— 97
4.3.3   Die reale Welt —— 103
4.3.4   Das Faktenverständnis der Kontrafaktik —— 108
4.3.5   Transfiktionale Doppelreferenz —— 115
4.3.6   Skopus: Kontrafaktische Welten, kontrafaktische Elemente, *point of divergence* —— 122
4.3.7   Fakten als Kontexte kontrafaktischer Interpretationen —— 128
4.3.8   Mögliche Einwände —— 134
4.4   Material —— 139
4.5   Variation —— 142

4.6	Signifikanz —— 144	
4.7	Markierung —— 147	
4.8	Rekapitulation: die Minimaldefinition der Kontrafaktik —— 154	
5	**Kontrafaktik: Abgrenzungen, Genres, Eigenheiten —— 157**	
5.1	Realistik, Fantastik, Kontrafaktik, Faktik —— 157	
5.2	Kontrafaktik als genreunabhängige Referenzstruktur —— 173	
5.3	Kontrafaktische Genres —— 177	
5.4	Metafaktizität —— 182	
6	**Zwischenbetrachtung: Kontrafaktik als Schwellenphänomen —— 188**	

Teil 2: Kontrafaktik und politisches Schreiben in der Gegenwart

7	**Politisches Schreiben: Kein Klärungsversuch —— 195**
8	**Realistisches, amimetisches und politisches Erzählen seit 1945 —— 205**
9	**Politische Kontrafaktik —— 222**

Teil 3: Genres und Interpretationen

10	**Historisches Erzählen als Kontrafaktik —— 249**
11	**Christian Krachts Poetik der Alternativgeschichte —— 261**
11.1	Christian Kracht: *Ich werde hier sein im Sonnenschein und im Schatten* —— 279
11.1.1	Differenzverwischungen —— 283
11.1.2	Das Réduit: die Schweiz in der Schweiz —— 293
11.1.3	Sprachen: die unüberwindliche Trennung —— 298
11.1.4	Posthumanismus oder Posthistoire? —— 303
11.1.5	Schlussbetrachtung: Alternativgeschichte ohne Alternativen und Geschichte —— 307
11.2	Christian Kracht: *Imperium* —— 310
11.2.1	Referenzverwirrung: *Imperium* als kontrafaktischer Roman? —— 312
11.2.2	Welthaltigkeit ohne Wissen —— 320

11.2.3	Der koloniale Raum: intertextueller Pastiche und Projektionsvermeidung —— **329**	
11.2.4	*Imperium* als politischer Roman —— **336**	
11.2.5	Schlussbetrachtung: das Fasern der Verfahren —— **348**	
12	**Dokumentarismus als Kontrafaktik —— 352**	
13	**Kathrin Rögglas Poetik des kreativen Dokumentarismus —— 366**	
13.1	Kathrin Röggla: *wir schlafen nicht* —— **380**	
13.1.1	Dokumentarismus ohne Dokumente —— **383**	
13.1.2	Produktion von Uneigentlichkeit —— **389**	
13.1.3	Die Gespenster des Kapitalismus: reale Fantastik versus Realfantastik —— **393**	
13.1.4	Unsichtbare Selbsteinschreibungen —— **398**	
13.1.5	Schlussbetrachtung: der kritische Text —— **404**	
13.2	Ausblick: Kathrin Röggla: *die alarmbereiten* —— **409**	
14	**Utopie und Dystopie als Kontrafaktik —— 421**	
15	**Juli Zehs Poetik des Dystopischen —— 438**	
15.1	Juli Zeh: *Corpus Delicti* —— **443**	
15.1.1	Sekundierende Faktenerzeugung: Juli Zehs Arbeit am Kontext —— **447**	
15.1.2	Biopolitik und Normalismus —— **451**	
15.1.3	Die Wiederkehr des Mittelalters in der Zukunft —— **459**	
15.1.4	Das Dazwischen als Raum des Politischen —— **467**	
15.1.5	Schlussbetrachtung: die ‚Botschaft' der Literatur —— **472**	
16	**Leif Randts Poetik des Utopischen —— 477**	
16.1	Leif Randt: *Schimmernder Dunst über CobyCounty* —— **484**	
16.1.1	Kreativer Kapitalismus —— **488**	
16.1.2	*Creative Class* und kein Außen —— **492**	
16.1.3	Postpolitische Idylle —— **501**	
16.1.4	Virtuelle Katastrophen und die dialektische Dystopie —— **509**	
16.1.5	Schlussbetrachtung: aus Versehen politisch? —— **522**	
17	**Versuch eines politischen Vergleichs: Kracht, Röggla, Zeh, Randt —— 528**	
18	**Fazit —— 544**	

Bibliografie —— 555
        Primärtexte —— 555
        Sekundärtexte —— 559

Siglenverzeichnis —— 593

Personen- und Werkregister —— 595

1 Einleitung

se non è vero, è ben trovato

Neuer Realismus?

Der Realismus, so scheint es, ist allgegenwärtig. Etwa seit der Jahrtausendwende wurden und werden in unterschiedlichen kulturellen Kontexten immer wieder Varianten eines ‚neuen Realismus' ausgerufen. So fordern die Autoren[1] Matthias Politycki, Martin R. Dean, Thomas Hettche und Michael Schindhelm in der *Zeit* einen „relevanten Realismus", der emphatische Gegenwärtigkeit mit politischem Anspruch verbindet.[2] Der Philosoph Markus Gabriel propagiert einen „Neuen Realismus", welcher den zersetzenden Erkenntniszweifel der Postmoderne überwinden helfen soll.[3] Der Literaturwissenschaftler Moritz Baßler bestimmt den „populären Realismus", also eine Kombination aus schwergewichtigen Themen mit mühelos rezipierbaren Darstellungsverfahren, als dominanten Erzählmodus unserer Zeit.[4] Und in der Einleitung des Sammelbandes *Neue Realismen in der Gegenwartsliteratur* konstatieren Søren R. Fauth und Rolf Parr, „dass es kaum eine Verlagsankündigung für einen Roman und kaum eine lobende Besprechung eines Theaterstücks oder Spielfilms in den Feuilletons gibt, die nicht hervorhebt, dass man es bei dem je Gebotenen mit einer ‚realistischen' Textur zu tun habe."[5]

---

[1] Zur Entlastung des Druckbildes wird in der vorliegenden Studie das generische Maskulinum verwendet. Wo nicht anders vermerkt, sind damit selbstverständlich sämtliche Gender-Identitäten gemeint.
[2] Matthias Politycki u. a.: Was soll der Roman? In: Die Zeit, 23.06.2005.
[3] In der Einleitung des Bandes *Der Neue Realismus* schreibt Markus Gabriel: „Man sollte die Wirklichkeit des menschlichen Geistes nicht allzu voreilig unterschätzen, da mir ihr unsere historischen Errungenschaften auf dem Spiel stehen, die im Namen moralischer Emanzipation und Wahrheit erstritten wurden und nicht im Licht der Annahme, es handele sich eigentlich um freischwebende Konstruktionen." (Markus Gabriel: Einleitung. In: Ders. (Hg.): Der Neue Realismus. Berlin 2014, S. 8–16, hier S. 16).
[4] Moritz Baßler: Populärer Realismus. In: Roger Lüdeke (Hg.): Kommunikation im Populären. Interdisziplinäre Perspektiven auf ein ganzheitliches Phänomen. Bielefeld 2011, S. 91–103.
[5] Søren R. Fauth / Rolf Parr (Hg.): Vorwort. In: Dies (Hg.): Neue Realismen in der Gegenwartsliteratur. Paderborn 2016, S. 9–10, hier S. 9. In ähnlicher Weise bemerken die Herausgeber des Bandes *Realitätseffekte in der deutschsprachigen Gegenwartsliteratur*, dass „[i]n den vergangenen Jahren [...] wiederholt ein neues Wirklichkeitsbedürfnis in der zeitgenössischen Kultur konstatiert worden [ist]." (Birgitta Krumrey / Ingo Vogler / Katharina Derlin: Realitätseffekte in der deutschsprachigen Gegenwartsliteratur. Einleitung. In: Dies. (Hg.): Realitätseffekte in der deutschsprachigen Gegenwartsliteratur. Schreibweisen nach der Postmoderne? Heidelberg 2014, S. 9–19, hier S. 9).

∂ Open Access. © 2022 Michael Navratil, publiziert von De Gruyter. Dieses Werk ist lizenziert unter einer Creative Commons Namensnennung - Nicht-kommerziell - Keine Bearbeitung 4.0 International Lizenz.
https://doi.org/10.1515/9783110763119-001

Bereits ein flüchtiger Blick auf die jüngere Kunstproduktion lässt allerdings Zweifel an der behaupteten Dominanz des Realismus aufkommen. Mit ebenso gutem, ja vielleicht mit besserem Recht wie von einem ‚neuen Realismus' könnte man nämlich von einer ‚neuen Fantastik' in der Gegenwart sprechen, oder allgemeiner: von einer Konjunktur *amimetischer* Erzählformen, „in denen es eine Grenzüberschreitung aus der alltäglichen, für die Wirklichkeit ausgegebenen Welt der Vergangenheit wie der Gegenwart in irgendeiner Form gibt."[6] In der Populärkultur ist diese Dominanz amimetischen Erzählens unverkennbar: Kinosäle werden im neuen Jahrtausend nicht mit Gesellschaftsdramen oder Kriegsepen gefüllt, sondern mit – vorzugsweise mehrteiligen – Blockbustern über Superhelden, Mutanten, Jedi-Ritter, ökologiebewusste Aliens oder enthaltsame Vampire.[7] Die Geschichten um den Zauberlehrling Harry Potter avancierten zu einem der größten Bucherfolge aller Zeiten. Die sechsteilige Verfilmung von *The Lord of the Rings* und *The Hobbit* brachte auch für die Romane Tolkiens millionenfache Neuauflagen. Und die Serie *Game of Thrones* stellt die bisher erfolgreichste Produktion des für den Bereich der neuen amerikanischen Fernsehserie tonangebenden Senders HBO dar. Was die (kommerziell) dominanten Manifestationen der Gegenwartskunst angeht, so wird man der These, „dass unsere Zeit, was ihre Epik betrifft, als Zeitalter der Fantasy in die Geschichte eingehen wird"[8], schwerlich die Zustimmung verweigern können.

---

6 Franz Rottensteiner: Eine kurze Geschichte der Phantastischen Literatur. In: Peter Assmann (Hg.): Andererseits: Die Phantastik. Imaginäre Welten in Kunst und Alltagskultur. Wien 2003, S. 105–112, hier S. 105. An Genres fallen unter den Begriff der ‚amimetischen Literatur' neben der (kontrafaktischen) Alternativgeschichte oder *Alternate History* auch die Fantasy, das Märchen, die Science-Fiction, die Utopie und Dystopie. Wilhelm Füger zählt zum „Gesamtspektrum [des] amimetischen Schrifttums" ferner „diverse Spielarten von Mythos (Goldenes Zeitalter, Irdisches Paradies), Idyllik (Arkadien) und Folklore (Schlaraffenland, Karneval), desgleichen Nonsense-Literatur (*mundus inversus*) sowie bestimmte Zweige der Rhetorik (Adynata) und Topik (*locus amoenus*), ferner epochentypische Denkkonstrukte (*noble savage, happy beasts*) und selbst sprachliche Gegenwelten (Joyce)." (Wilhelm Füger: Streifzüge durch Allotopia. Zur Typographie eines fiktionalen Gestaltungsraums. In: Anglia 102 (1984), S. 349–391, hier S. 350 und S. 350, Anm. 3).
7 Gemeint sind natürlich die Blockbuster rund um Batman, Spiderman, Wonderwoman etc., die *X-Men-* und *Star Wars-*Filme, James Camerons *Avatar* und die Verfilmungen von Stephenie Meyers *Twilight*-Tetralogie. Siehe zu letzterer Hans Richard Brittnacher: Zahnlos, blutarm, keusch – zur Kastration einer Metapher. Über Vampirserien. In: Johanna Bohley / Julia Schöll (Hg.): Das erste Jahrzehnt. Narrative und Poetiken des 21. Jahrhunderts. Würzburg 2011, S. 129–145.
8 Moritz Baßler: Moderne und Postmoderne. Über die Verdrängung der Kulturindustrie und die Rückkehr des Realismus als Phantastik. In: Sabina Becker / Helmuth Kiesel (Hg.): Literarische Moderne. Berlin 2007, S. 435–450, hier S. 448.

Auch jenseits der verfilmungsaffinen Fantasy scheint den amimetischen Erzählverfahren gegenwärtig eine dominante Rolle zuzukommen: Kaum mehr überschaubar ist die Produktion zeitgenössischer Dystopien, von Suzanne Collins' *Hunger Games* über die Serie *Black Mirror* bis hin zu Michel Houellebecqs *Unterwerfung*. In alternativgeschichtlichen Werken wie Quentin Tarantinos *Inglourious Basterds*, *Once Upon a Time in Hollywood* oder der Serienadaption von Philip K. Dicks *Alternate History*-Roman *The Man in the High Castle* nimmt die Geschichte einen veränderten Verlauf. Und selbst traditionell realistische, wenn nicht gar ‚faktische' Genres wie Dokumentarismus und Autobiografie scheinen zusehends in Richtung von Doku- und Autofiktionen zu tendieren, kombinieren also konkrete Realitätsreferenzen mit Formen künstlerischer Erfindung.

Der „Fantasyboom gegen Ende des 20. J[ahrhundert]s" scheint im neuen Jahrtausend endgültig auch in der deutschsprachigen Literatur angekommen zu sein.[9] So konstatieren Leonhard Herrmann und Silke Horstkotte in ihrer Einführung zur deutschsprachigen Gegenwartsliteratur von 2016, dass sich „Romane und Erzählungen seit der Jahrtausendwende als Zone verringerter Realitätsfestigkeit [erweisen], in der ontologische Grenzen überschritten werden, Figurenidentitäten, Räume und Zeiten in einander verschwimmen. [...] Dabei werden realistische Paradigmen, die für den Roman der 1990er Jahre noch weitgehend Gültigkeit zu haben schienen, zunehmend in Frage gestellt durch neue Formen der Fantastik, der Science-Fiction und des unzuverlässigen Erzählens."[10] Zu Beginn des 21. Jahrhunderts entwerfen dystopische Werke wie Juli Zehs *Leere Herzen* oder Karen Duves *Macht* düstere Zukunftsszenarien; Romane wie Dietmar Daths *Die Abschaffung der Arten* oder Thomas Glavinic' *Die Arbeit der Nacht* imaginieren das Ende der Menschheit auf Erden; und in alternativgeschichtlichen Werken wie Christian Krachts *Ich werde hier sein im Sonnenschein und im Schatten* oder Andreas Eschbachs *NSA – Nationales Sicherheits-Amt* wird der Zug der Geschichte auf ein neues Gleis gesetzt.

Nun bilden die genannten amimetischen Werke in Hinblick auf ihren literarisch-künstlerischen und auch politisch-normativen Anspruch mitnichten eine einheitliche Gruppe; hier sind weitergehende Differenzierungen erforderlich. So dürfte die Attraktivität weiter Teile der Fantasy-Produktion in der Gegenwart vor allem auf den Umstand zurückzuführen sein, dass die entsprechenden Werke ei-

---

9 Stefanie Kreuzer / Maren Bonacker: Deutschsprachige Phantastik. In: Hans Richard Brittnacher / Markus May (Hg.): Phantastik. Ein interdisziplinäres Handbuch. Stuttgart 2013, S. 170–177, hier S. 176.
10 Leonhard Herrmann / Silke Horstkotte: Gegenwartsliteratur. Eine Einführung. Stuttgart 2016, S. 146.

genständige Welten entwerfen, die rezeptionsseitig ansprechend, dem Verstehen leicht zugänglich sowie moralisch klar geordnet sind. Die – keineswegs zwingend kritikwürdige – Funktion dieser Werke besteht vor allem darin, den Lesern oder Kino-Besuchern für einige Stunden eine erleichternde Distanzierung von der Komplexität ihres eigenen Lebens zu ermöglichen. Teil dieser Erleichterungsstrategie ist dabei häufig ein Ausschluss schwerwiegender politischer und moralischer Fragestellungen, wie sie einer wohltuenden Immersion in die fiktionale Welt im Wege stünden.

Dass amimetisches Erzählen jedoch *notwendigerweise* apolitisch oder gar eskapistisch sein müsse, wird man mit Blick auf viele der genannten Beispiele kaum ernsthaft behaupten können. Unverkennbar läuft in der Gegenwart der primär zu Unterhaltungszwecken produzierten kommerziellen Fantasy und Science-Fiction ein Strang der politisch ambitionierten amimetischen Literatur parallel, welche fiktionale Realitätsabweichungen mit einem kritischen Realitätskommentar verbindet: Werke wie Juli Zehs *Corpus Delicti*, Marc-Uwe Klings *QualityLand* oder Christian Krachts *Ich werde hier sein im Sonnenschein und im Schatten* imaginieren zwar fiktionale Welten, die von der empirischen Realität ihrer Leser oder Zuschauer sehr deutlich unterschieden sind. Doch sind diese Welten nicht einfach von der Realität abgeschnitten, wie man es für die Welten der populären Fantasy mitunter behaupten könnte[11], sondern bleiben gerade in ihrem Realitätsdementi an die Realität gebunden: Bei Zeh etwa werden gegenwärtige gesellschaftliche Trends im Bereich der Sicherheits- und Gesundheitspolitik dystopisch zugespitzt, Klings „Zukunftssatire"[12] problematisiert in humoristischer Übersteigerung die Gefahren aktueller Entwicklungen im Bereich von Tech-Kapitalismus und Big Data, und Kracht exponiert das destruktive Potenzial starrer Weltanschauungen, indem er die Geschichte des 20. Jahrhunderts unter gewandelten ideologischen Bedingungen zu einer Geschichte des ewigen Krieges umschreibt. Ungeachtet ihrer variablen Genrezuordnung – Dystopie, Satire und *Alternate History* – stimmen die genannten Beispiele amimetischen Erzählens in einer bestimmten Form der (indirekten) Realitätsreferenz überein: Realweltliche Fakten werden hier jeweils variiert, bleiben aber gerade in dieser Variation weiterhin kenntlich und werden dabei nicht selten durch die Variation kritisch kommentiert. Es handelt sich mithin um Formen einer amimetischen Gegenwartskunst, die *erstens* in einer Bewegung der bestimmten Negation weiterhin an Fakten der realen Welt gebunden bleibt und die diese indirekte Realitätsanbindung *zwei-*

---

11 Vgl. Moritz Baßler: Realismus – Serialität – Fantastik. Eine Standortbestimmung gegenwärtiger Epik. In: Silke Horstkotte / Leonhard Herrmann (Hg.): Poetiken der Gegenwart. Deutschsprachige Romane nach 2000. Berlin / Boston 2013, S. 31–46, hier S. 44.
12 Marc-Uwe Kling: QualityLand. Berlin 2017, Klappentext, Buchdeckel vorne, Innenseite.

tens zum Zweck eines politischen Kommentars nutzt. Genau derartige *politische Realitätsvariationen in der Gegenwartsliteratur* bilden den Gegenstand der vorliegenden Arbeit.

Kontrafaktik der Gegenwart

Die Studie widmet sich der *Kontrafaktik der Gegenwart*. Untersucht werden Erzählverfahren innerhalb der deutschsprachigen Gegenwartsliteratur, die sich in kritischer, subversiver, affirmativer oder anderweitig ‚politischer' Weise auf realweltliche Fakten beziehen – allerdings nicht, indem sie diese Fakten in mimetischer Form innerhalb ihrer eigenen Diegese reproduzieren, sondern indem sie die jeweiligen Fakten auf erkennbare und für die Werkdeutung signifikante Weise variieren.

Mit der Titelphrase ‚Kontrafaktik der Gegenwart' sind gleich mehrere Schwerpunkte der Arbeit angedeutet. Zentrales Forschungsanliegen ist es, den Terminus ‚Kontrafaktik' in die Literaturwissenschaft einzuführen. Mit dem Begriff ‚Kontrafaktik' soll speziell das kontrafaktische Erzählen in fiktionalen Medien bezeichnet werden, welches bisher nicht begrifflich fixiert war.[13] Etwas vereinfacht könnte man formulieren: Kontrafaktik bezeichnet das kontrafaktische Erzählen in der Kunst. Referenzstruktur und Verfahren der Kontrafaktik lassen sich dabei als *Realitätsvariation* begreifen: Kontrafaktik bezeichnet, wie der Begriff bereits andeutet, eine interpretatorische Vermittlung von Fakten der realen Welt mit einer Variation derselben Fakten innerhalb einer fiktionalen Welt. Die fiktionstheoretische Explikation der Kontrafaktik bildet das Hauptanliegen des ersten, theoretischen Teils der Arbeit. Die Minimaldefinition der Kontrafaktik, die im Rahmen der Studie umfassend erläutert werden soll, lautet dabei: *Kontrafaktik bezeichnet signifikante Variationen realweltlichen Faktenmaterials innerhalb fiktionaler Medien.*

Mit der Vorsilbe ‚kontra-' ist der politische Schwerpunkt der Arbeit angezeigt (wenn auch zugegebenermaßen auf eher assoziativem Wege). Kontrafaktische Erzählverfahren in der Gegenwartsliteratur werden in dieser Studie insbesondere als Verfahren *politischen* Schreibens betrachtet. Mit Blick auf diesen politischen Schwerpunkt der Arbeit ließe sich die Titelphrase ‚Kontrafaktik der Gegenwart' paraphrasieren zu ‚Gegen die Gegenwart': Angedeutet wird damit der Anspruch

---

[13] Einen ersten Vorschlag zur Einführung dieses Begriffs habe ich in folgendem Aufsatz formuliert: Michael Navratil: Jenseits des politischen Realismus. Kontrafaktik als Verfahren politischen Schreibens in der Gegenwartsliteratur (Juli Zeh, Michel Houellebecq). In: Stefan Neuhaus / Immanuel Nover (Hg.): Das Politische in der Literatur der Gegenwart. Berlin / Boston 2019, S. 359–375.

auf eine kritische Kommentierung politischer oder gesellschaftlicher Entwicklungen der eigenen Zeit, ein Anspruch, den die zentral zu analysierenden Texte sämtlich erheben, wiewohl sie ihn auf künstlerisch sehr unterschiedliche Weise einlösen. Dem konzeptionellen und historischen Zusammenhang von Kontrafaktik und politischem Schreiben widmet sich der zweite Teil der Arbeit.

Bei dem Titelbegriff ‚Gegenwart' handelt es sich einerseits um eine Spezifikation des Zeitraums, aus dem die zu untersuchenden Texte stammen: Die Werke von Christian Kracht (*1966), Kathrin Röggla (*1971), Juli Zeh (*1974) und Leif Randt (*1983), welche im Zentrum des dritten, interpretatorischen Teils der Arbeit stehen, sind zum Zeitpunkt der Entstehung der vorliegenden Studie zweifellos der Gegenwartsliteratur zuzurechnen:[14] Konkret sind die sechs zentral verhandelten Werke zwischen den Jahren 2004 und 2012 erschienen. Darüber hinaus wird mit der Genitivkonstruktion ‚Kontrafaktik *der Gegenwart*' aber auch eine interpretationstheoretisch zentrale Eigenschaft der Kontrafaktik angedeutet: Aus fiktionstheoretischer Perspektive betrachtet ist Kontrafaktik nämlich *immer* Kontrafaktik der Gegenwart, insofern sich kontrafaktische Referenzstrukturen nur dadurch explizieren lassen, dass sie auf eine spezifische epistemische Situation bezogen werden, welche im Verhältnis zum Akt der Interpretation als gegenwärtig gedacht werden muss. Von großer Bedeutung für den Argumentationsgang der Arbeit ist dabei der Umstand, dass die Kontrafaktik diese konstitutive Gegenwartsbindung mit der politischen Literatur teilt, die – wofern sie nicht bloß historisch verstanden, sondern mit Blick auf ihr reales politisches Irritationspotenzial betrachtet werden soll – ebenfalls in emphatischem Sinne Literatur der (respektive ihrer jeweiligen) Gegenwart ist.[15]

---

14 Naturgemäß handelt es sich bei der Gegenwartsliteratur um einen zeitlich je relativen Begriff. Bis etwa zur Jahrtausendwende wurde Gegenwartsliteratur in der Literaturwissenschaft meist mit der Nachkriegsliteratur seit 1945 in Verbindung gebracht. Gelegentlich wurde auch das Jahr 1968 als Epochenschwelle angesetzt. In den ersten beiden Jahrzehnten des 21. Jahrhunderts setzte sich dann zusehends die Epochenschwelle 1989/90 durch. Vgl. Michael Braun: Die deutsche Gegenwartsliteratur. Eine Einführung. Köln / Weimar / Wien 2010, S. 22–31; Herrmann / Horstkotte: Gegenwartsliteratur. Eine Einführung, S. 2 f. In der vorliegenden Studie wird der Beginn der Gegenwartsliteratur um das Jahr 2000 angesetzt. Damit wird auf die derzeit engste Definition der Gegenwartsliteratur zurückgegriffen. Zur Jahrtausendwende als Datierungsschwelle der Gegenwartsliteratur siehe Valentina Di Rosa: Zur Lage der Gegenwartsliteratur. Versuch einer Annäherung in Echtzeit. In: Dies. / Jan Röhnert (Hg.): Im Hier und Jetzt. Konstellationen der Gegenwart in der deutschsprachigen Literatur seit 2000. Köln 2019, S. 23–33, hier S. 31 f. Siehe auch ebd., S. 31, Anm. 25 für weitere Literaturangaben.
15 Dem konzeptionellen Zusammenhang von Gegenwart und politischem Schreiben widmet sich der folgende Sammelband: Jürgen Brokoff / Ursula Geitner / Kerstin Stüssel (Hg.): Engagement. Konzepte von Gegenwart und Gegenwartsliteratur. Göttingen 2016.

Erkenntnisinteresse der Arbeit

Um das Erkenntnisinteresse der Arbeit eingangs möglichst klar zu umreißen, werden im Folgenden einige der eben erwähnten Aspekte etwas ausführlicher erläutert. Dabei soll vor allem deutlich gemacht werden, inwiefern die vorliegende Studie über bestehende Arbeiten zum kontrafaktischen Erzählen hinausgeht.

In einem philosophisch maximal inklusiven Sinne lässt sich das Kontrafaktische definieren als „Annahme oder Aussage eines Sachverhalts, die in dem Bewusstsein getroffen wird, dass der genannte Sachverhalt unter den gegenwärtigen Bedingungen nicht besteht."[16] Kontrafaktisches Denken operiert also mit Imaginationen oder Annahmen, welche „sowohl für diejenigen, die sie vortragen, als auch für diejenigen, an die sie sich richten, *offensichtlich* falsch sind."[17] Anders als Lügen, Verschwörungstheorien oder Fake News verfolgen kontrafaktische Aussagen mithin keine Täuschungsabsicht, sondern gewinnen ihr spezifisches – emotives, epistemisches, ästhetisches oder anderweitiges – Potenzial gerade aus ihrer *durchschauten Falschheit*.[18] Kontrafaktisches Denken kommt in einer Vielzahl alltagspragmatischer, wissenschaftlicher und künstlerischer Kontexte vor. Etwa seit der Jahrtausendwende wird das kontrafaktische Denken auch innerhalb unterschiedlicher wissenschaftlicher Disziplinen verstärkt beforscht.[19]

Der paradigmatische Fall kontrafaktischen Erzählens in fiktionalen Medien, dem die bisherige Forschung sich beinahe ausschließlich zugewandt hat, ist das *historische* kontrafaktische Erzählen, also die Schilderung alternativer Geschichts-

---

[16] Peter Prechtl / Franz-Peter Burkard (Hg.): Metzler Lexikon Philosophie. Begriffe und Definitionen. 3., erweiterte und aktualisierte Aufl. Stuttgart 2008, S. 311.
[17] Lutz Danneberg: Kontrafaktische Imaginationen in der Hermeneutik und in der Lehre des Testimoniums. In: Ders. / Carlos Spoerhase / Dirk Werle: Begriffe, Metaphern und Imaginationen in Philosophie und Wissenschaftsgeschichte. Wiesbaden 2009, S. 287–449, hier S. 287.
[18] Andrea Albrecht und Lutz Danneberg bemerken hierzu: „[C]ounterfactual imaginations are a propositional disposition. Something is assumed which is known or believed to be obviously false." (Andrea Albrecht / Lutz Danneberg: First Steps Toward an Explication of Counterfactual Imagination. In: Dorothee Birke / Michael Butter / Tilmann Köppe (Hg.): Counterfactual Thinking – Counterfactual Writing. Berlin 2011, S. 11–29, hier S. 14).
[19] Unterschiedliche methodische und fachliche Zugänge zum kontrafaktischen Erzählen stellen die folgenden Sammelbände vor: Roland Wenzlhuemer (Hg.): Counterfactual Thinking as a Scientific Method. Special Issue: Historical Social Research 34/2 (2009); Dorothee Birke / Michael Butter / Tilmann Köppe (Hg.): Counterfactual Thinking – Counterfactual Writing. Berlin 2011. Siehe ferner die unterschiedlichen Teilprojekte des DFG-Projekts *What if – Was wäre wenn. On the meaning, relevance and epistemology of counterfactual claims and thought experiments* an der Universität Konstanz. Quelle: Vgl. https://whatifkn.wordpress.com (Zugriff: 27.07.2021).

verläufe in Texten des *Alternate History*-Genres. Die literaturwissenschaftliche Forschung zum Thema setzt Ende der 1980er Jahre ein und hat sich etwa seit der Jahrtausendwende deutlich intensiviert.[20] In den meisten der einschlägigen Studien nimmt dabei die Genrediskussion breiten Raum ein: Gefragt wird nach dem Verhältnis des alternativgeschichtlichen Romans zu anderen Ausprägungen historischen Erzählens, etwa dem klassischen historischen Roman à la Walter Scott oder der historiografischen Metafiktion der Postmoderne. Dieser Fokus der Forschung hat allerdings eine Reihe von Problemen nach sich gezogen, denen in der vorliegenden Studie begegnet werden soll. Vor allem hat die Konzentration auf das *Alternate History*-Genre dazu geführt, dass eine Diskussion kontrafaktischer Referenzstrukturen und Erzählverfahren in Werken jenseits des Genrebereichs des kontrafaktischen historischen Erzählens von vornherein ausgeschlossen wurde: In der überwiegenden Mehrzahl der literaturwissenschaftlichen Studien zum Thema wird der Begriff ‚kontrafaktisches Erzählen' weitgehend synonym mit dem ‚*historischen* kontrafaktischen Erzählen' gebraucht; nach möglichen anderen Manifestationsformen kontrafaktischen Erzählens in fiktionalen Medien wird meist gar nicht gefragt.[21] Geht man allerdings allein vom Begriff des ‚Kontrafaktischen' sowie von der basalen Referenzstruktur kontrafaktischer Einzelelemente aus, dann scheint eine derartige Beschränkung auf das historische Erzählen keineswegs zwingend. Tatsächlich eröffnen sich, gibt man erst einmal die dogmatische Kopplung von Kontrafaktik und historischem Erzählen auf, vielfältige Möglichkeiten für Analyse und Vergleich unterschiedlicher kontrafaktischer Genres und kontrafaktik-assoziierter Erzählphänomene. Neben dem alternativgeschichtlichen Erzählen wären hier etwa der Schlüsselroman, Dystopie und Utopie, Doku- und Autofiktion, die Satire sowie Verfahren der Verfremdung zu nennen.

---

[20] Die wichtigsten monografischen Arbeiten zum Thema sind die folgenden: Jörg Helbig: Der parahistorische Roman. Ein literarhistorischer und gattungstypologischer Beitrag zur Allotopieforschung. Frankfurt a. M. 1988; Christoph Rodiek: Erfundene Vergangenheit. Kontrafaktische Geschichtsdarstellung (Uchronie) in der Literatur. Frankfurt a. M. 1997; Karen Hellekson: The Alternate History. Refiguring Historical Time. Kent, Ohio 2001; Gavriel D. Rosenfeld: The World Hitler Never Made. Alternate History and the Memory of Nazism. Cambridge u. a. 2005; Andreas Martin Widmann: Kontrafaktische Geschichtsdarstellung. Untersuchungen an Romanen von Günter Grass, Thomas Pynchon, Thomas Brussig, Michael Kleeberg, Philip Roth und Christoph Ransmayr. Heidelberg 2009; Kathleen Singles: Alternate History. Playing with Contingency and Necessity. Berlin / Boston 2013.
[21] Richard J. Evans etwa formuliert einigermaßen apodiktisch: „In echten kontrafaktischen Szenarien, historischen wie fiktionalen, werden [...] stets (mitunter weitreichende) historische Folgen von veränderten *historischen* Ursachen abgeleitet." (Richard J. Evans: Veränderte Vergangenheiten. Über kontrafaktisches Erzählen in der Geschichte. München 2014, S. 152).

Ein angrenzendes Problem bisheriger Forschungsarbeiten besteht darin, dass im Gegensatz zu dem großen Interesse am Genre der *Alternate History* – seiner Geschichte, seinem Verhältnis zu anderen Genres, seinen Bezügen zur Geschichtstheorie etc. – weitgehende Indifferenz gegenüber der Frage besteht, was genau fiktionales kontrafaktisches Erzählen überhaupt auszeichnet.[22] Viele der einschlägigen Studien ziehen sich auf ein eher intuitives Verständnis des kontrafaktischen Erzählens zurück, verzichten also auf eine Diskussion der spezifischen Rezeptionsstruktur, der kontextuellen und epistemischen Voraussetzungen sowie des Fiktionsstatus des Erzählphänomens. Damit setzen sie allerdings implizit voraus, was sie eigentlich allererst bestimmen sollten, nämlich die definierenden Eigenschaften kontrafaktischer Elemente. Es wiederholt sich hier eine Problematik, die aus der Fantastik-Forschung bekannt ist: Zahlreiche Arbeiten zur Fantastik gehen von einem eher vagen Fantastik-Begriff aus, um sich dann möglichst schnell einzelnen Texten oder spezifischen fantastischen Teilgenres – wie dem Märchen, der Fantasy oder der Science-Fiction – zuzuwenden. Auch Texttypologien des Fantastischen kommen jedoch nicht umhin, zunächst einmal von fantastischen Elementen auszugehen, die dann für die Interpretation des Textes in seiner Gesamtheit eine größere oder kleinere Rolle spielen. Marianne Wünsch verweist in diesem Kontext auf die „grundsätzliche Schwierigkeit, bei der Definition des ‚Fantastischen' von ganzen Texten auszugehen und sie auf der Ebene von Texttypologien erarbeiten zu wollen"[23]:

> [D]as „Fantastische" kann nicht sinnvoll auf der texttypologischen Ebene, sondern es muß auf der Ebene elementarer Strukturen definiert werden: das „Fantastische" ist nicht als *Texttyp*, sondern es ist als eine vom Texttyp unabhängige *Struktur*, die als Element in verschiedenen Texttypen und Medien integriert werden kann, einzuführen. Die Klassenbildung ‚fantastische Literatur' ist dann keine elementare, sondern eine abgeleitete Größe: sie bezeichnet die Texte, in denen das Fantastische *dominant* ist.[24]

Die hier mit Blick auf die Fantastik angestellten Überlegungen treffen in vollkommener Parallelität auch auf die Kontrafaktik zu. So wie sich die Fantastik letztlich nicht anhand kompletter Texte, sondern nur anhand spezifischer fantastischer Erzählstrukturen oder Einzelelemente der fiktionalen Welt bestim-

---

[22] In Bezug auf die Forschung zu kontrafaktischen Geschichtsentwürfen in der Erzählliteratur hält Andreas Martin Widmann fest: „Zu kritisieren ist durchweg, dass die vorhandenen Arbeiten das Spezifikum kontrafaktischer Aussagen im Vergleich zu anderen fiktionalen Aussagen über Geschichte nur unzureichend bestimmen." (Widmann: Kontrafaktische Geschichtsdarstellung, S. 83).
[23] Marianne Wünsch: Die Fantastische Literatur der Frühen Moderne (1890–1930). Definition – Denkgeschichtlicher Kontext – Strukturen. München 1991, S. 12.
[24] Wünsch: Die Fantastische Literatur der Frühen Moderne (1890–1930), S. 13.

men lässt, so kann auch die Zuordnung eines Textes zum Korpus der Kontrafaktik – und sei es zum mittlerweile gut erforschten Genre der *Alternate History* – letztlich nur über die Identifikation einzelner, kontrafaktischer Referenzstrukturen respektive kontrafaktischer Elemente erfolgen.

Die vorliegende Studie will für die Analyse fiktionalen kontrafaktischen Erzählens eine ähnliche theoretische Grundierung bereitstellen, wie sie für die Fantastik-Forschung bereits existiert. Eben hierin liegt der Grund für die phonetisch-morphologische Ähnlichkeit zwischen dem Begriff der Fantastik und dem neu einzuführenden Begriff der Kontrafaktik. Ähnlich wie die Fantastik soll auch die Kontrafaktik „nicht länger fälschlich als Texttyp, sondern stattdessen als eine isolierbare, gattungs- bzw. textsortenunabhängige, elementare Struktur behandelt [werden]".[25] Plädiert wird für einen fiktionstheoretisch reflektierten, verfahrensanalytischen Zugriff auf die Kontrafaktik, der es erlaubt, die Frage nach spezifischen kontrafaktischen Genres vorderhand strategisch zu sistieren, um zunächst die grundlegende kontrafaktische Referenzstruktur in den Blick zu nehmen. Der in der bisherigen Forschung dominierende Ansatz zur Erforschung kontrafaktischen Erzählens wird somit gleichsam vom Kopf auf die Füße gestellt, indem zunächst ein möglichst klares Verständnis dessen angestrebt wird, was Kontrafaktik überhaupt ist und wie sich kontrafaktische Elemente identifizieren lassen, ehe dann in einem zweiten Schritt nach etwaigen Einsatzmöglichkeiten der Kontrafaktik in unterschiedlichen Genres, Medien und Rezeptions- sowie Entstehungskontexten gefragt wird. Ein solcher verfahrensanalytischer Zugriff auf die Kontrafaktik erlaubt es, über die genremäßige Gesamtklassifikation von Texten hinauszugehen und stattdessen eine präzise Einzelanalyse spezifischer Textstellen zu leisten, was für die eigentliche Interpretationsarbeit von entschiedenem Vorteil ist. Nicht zuletzt werden auf diese Weise die Kombinationen unterschiedlicher Erzähl- und Referenzverfahren in ein und demselben Text sowie etwaige Genrekombinationen und -hybridisierungen präziser beschreibbar.

Neben der Struktur der Kontrafaktik widmet sich die Arbeit der Funktion der Kontrafaktik; gefragt wird also nicht nur danach, was Kontrafaktik *ist*, sondern auch danach, was sie *kann*. Es soll gezeigt werden, dass Kontrafaktik sich in besonderer Weise als Verfahren politischen Schreibens anbietet und in dieser Funktion in der Gegenwartskunst auch rege genutzt wird. Diese Konzentration auf das Politische stellt eine weitere Fokusverschiebung gegenüber der bestehenden Forschung dar, in der mehrheitlich davon ausgegangen wird, die primäre Funktion kontrafaktischen Erzählens sei eine epistemische. Für Christoph Rodiek etwa, den Verfasser einer der bedeutendsten Monografien zur

---

25 Wünsch: Die Fantastische Literatur der Frühen Moderne (1890–1930), S. 13.

historischen Kontrafaktik, besteht der Zweck alternativgeschichtlicher Literatur darin, „zu einem umfassenderen Verständnis und einer präziseren Wahrnehmung dessen [zu verhelfen], was gewesen ist."[26] Den Nutzen fiktionalen kontrafaktischen Erzählens verortet Rodiek mithin in der Fähigkeit alternativgeschichtlicher Texte, das Wissen über die variierten Fakten selbst zu vertiefen. Bei solchen Fokussierungen der epistemischen Funktion der Kontrafaktik dürfte es sich allerdings um Übergeneralisierungen der Funktionen und Limitationen kontrafaktischen Denkens aus faktualen Anwendungsbereichen, insbesondere aus der Geschichtswissenschaft, handeln.[27] Durch derartige, sich am Bereich des Faktualen ausrichtende Funktionsforderungen an kontrafaktische Texte wird das genuine Leistungspotenzial kontrafaktischen Erzählens im literarisch-künstlerischen Bereich gerade verfehlt. Fiktionale Kontrafaktik wird hier zu einer (mehr oder minder defizitären) Variante faktualer Kontrafaktizität herabgestuft.

Die vorliegende Studie hingegen begreift *Kontrafaktik als Kunst*. Es soll aufgezeigt werden, dass es sich beim fiktionalen kontrafaktischen Erzählen, der Kontrafaktik, um einen eigenständigen Bereich kontrafaktischen Denkens handelt, dessen Funktionen und Limitationen sich nicht umstandslos aus den kunstfernen Bereichen der Kontrafaktizitätsforschung ableiten lassen (was freilich nicht heißt, dass funktionale Überscheidungen zwischen fiktionalen und faktualen kontrafaktischen Texten prinzipiell auszuschließen wären). Zwar referiert fiktionale, kontrafaktische Literatur per definitionem auf Fakten; doch tut sie dies – wie zu zeigen sein wird – für gewöhnlich nicht, um zu einem besseren Verständnis dieser Fakten beizutragen. Fiktionales kontrafaktisches Erzählen wird meist nicht aufgrund von Wissensfragen betrieben, sondern erfüllt andere Funktionen: Die unterhaltende respektive hedonistische Funktion der Kontrafaktik bildet zweifellos einen der Hauptgründe dafür, dass sich Leser überhaupt mit kontrafaktisch erzählter Literatur beschäftigen.[28] Darüber hinaus dient der Einsatz der Kontrafaktik in fiktionalen Werken häufig politischen Zwecken: Kontrafaktik wird also genutzt, um die variierten Fakten zu werten, kritisch zu kommentieren oder im Rahmen der eigenen Diegese politisch zu funktio-

---

26 Rodiek: Erfundene Vergangenheit, S. 121.
27 Zu Möglichkeiten und Limitationen kontrafaktischen Denkens in der Geschichtswissenschaft siehe Alexander Demandt: Ungeschehene Geschichte. Ein Traktat über die Frage: Was wäre geschehen, wenn ...? Göttingen 1984; Evans: Veränderte Vergangenheiten.
28 Eine hedonistische Funktion erfüllen die Faktenvariationen der Kontrafaktik unter anderem dadurch, dass sie Gedankenspiele mit bekanntem Material ermöglichen, ohne dabei jedoch allzu großes Gewicht auf Fragen der Plausibilität oder der Quellenbindung zu legen. Siehe zur hedonistischen Kunstfunktion Ansgar Nünning: Von historischer Fiktion zu historiographischer Metafiktion. 2 Bde. Trier 1995, hier Bd. 1, S. 252.

nalisieren. Es sind genau diese Beispiele einer politischen Kontrafaktik, denen sich die vorliegende Studie widmet.[29]

Damit ist zugleich die Frage des Korpus berührt. Bezüglich der zu untersuchenden Werke aus einem hypothetischen Gesamtkorpus der Kontrafaktik nimmt die Arbeit eine dreifache Einschränkung vor: Behandelt werden (1) *literarische Texte der* (2) *deutschsprachigen* (3) *Gegenwartsliteratur*. Diese Einschränkung erklärt sich vor allem aus dem literarhistorischen Anspruch der Arbeit: Die Fokussierung auf ein bestimmtes fiktionales Medium – den literarischen Text –, auf eine zeitliche Periode – die Gegenwartsliteratur etwa seit der Jahrtausendwende – sowie auf den deutschen Sprachraum eröffnet die Möglichkeit einer synchron-komparatistischen Perspektive, die den Blick auf größere literarhistorische Tendenzen der deutschsprachigen Gegenwartsliteratur freigibt. Von besonderer Bedeutung ist dieser Blick auf etwaige literarhistorische Tendenzen im Zusammenhang mit dem politischen Schreiben: Anders als die eher abstrakten fiktionstheoretischen Überlegungen der Arbeit ist politisches Schreiben in hohem Maße abhängig von historisch und kulturell spezifischen Rahmenbedingungen, etwa im Bereich der institutionalisierten Politik, des Literaturmarkts, der Massenmedien, der religiösen Sphäre, des Sprachraums, der Rechtsprechung oder der literarischen Öffentlichkeit. Entsprechend erscheint es ratsam, bei der Beschreibung möglicher Manifestationen politischen Schreibens einen klaren historischen Bezugsrahmen anzusetzen.

Neben der besseren politischen Vergleichbarkeit der Texte ermöglicht der Fokus auf die Gegenwartsliteratur die Bezugnahme auf einen relativ einheitlichen und leicht zu (re-)konstruierenden epistemischen Bezugshorizont, wie er für eine Bestimmung kontrafaktischer Referenzstrukturen unerlässlich ist. Kontrafaktik muss stets von realweltlichen Fakten ihren Ausgang nehmen, auf die sie selbst keinen Einfluss hat. Es handelt sich bei der Kontrafaktik also gewissermaßen um ein *epistemisch parasitäres* Erzählverfahren. Nicht anders als etwa

---

[29] Explizit sei betont, dass hiermit weder ein Ausschlussverhältnis zwischen einer hedonistischen und einer politisch-kritischen Kunstfunktion unterstellt, noch auch eine Auf- oder Abwertung (nicht-)politischer Kunst betrieben werden soll. Ob politische Kunst unterhaltsam, populär und leicht zugänglich sein darf – oder gar muss –, ist eine voraussetzungsreiche Frage, die sich mit der suggestiven Gegenüberstellung von Kritik versus Unterhaltung respektive E- versus U-Kultur nicht adäquat adressieren lässt. Blickt man auf den historischen Zusammenhang von politischer Kunst und literarischer Wertung – fragt man also danach, ob politische Kunst nun besonders ‚gute' oder besonders ‚schlechte' Kunst sei –, so ergibt sich ein auffallend uneinheitliches Bild: Die These, dass eine politische Indienstnahme der Kunst die Autonomie und mithin auch die ästhetischen Qualitäten derselben einschränke, wurde wohl ähnlich häufig vertreten wie die Gegenthese, dass nämlich politische Relevanz literarische Werke gerade nobilitiere.

Intertextualität oder Fantastik bildet Kontrafaktik keine objektive Texteigenschaft, sondern bezeichnet eine spezifische Art und Weise der interpretatorischen Korrelierung zwischen einem Text und einem bestimmten „denkgeschichtliche[n] Kontext".[30] Naturgemäß wird dieser denkgeschichtliche Kontext individuell und kulturell unterschiedlich ausfallen; auch befinden sich derartige Kontexte in beständigem historischen Wandel.[31] Nun bildet die (Re-)Konstruktion der Wissensordnungen, die zur Identifikation und interpretatorischen Bewertung kontrafaktischer Referenzstrukturen notwendig ist, für die Gegenwartsliteratur einen vergleichsweise geringen Aufwand. Die entsprechende Wissensordnung sind hier schließlich auch für den professionell-literaturwissenschaftlichen Leser noch real gültig, sodass dieser selbst einen Teil der primär intendierten Leserschaft des Textes bildet. „Gegenwartsliteratur ist", wie Silke Horstkotte bemerkt, „keine Epoche, sondern sie bezeichnet einen geteilten Zeithorizont und impliziert eine größtmögliche kommunikative Nähe von Produktion, Rezeption und Erforschung."[32] Diese tendenzielle Gleichzeitigkeit von literarischer Kommunikation und Beobachtung, mit der die Gegenwartsliteraturwissenschaft stets umzugehen hat, bedeutet für die Erforschung der Kontrafaktik einen entschiedenen Vorteil, erleichtert sie doch die Erschließung jener epistemischen und anderweitigen Kontextfaktoren, ohne die sich die Referenzstrukturen der Kontrafaktik nicht beschreiben lassen.[33]

---

30 So in Bezug auf die Fantastik Wünsch: Die Fantastische Literatur der Frühen Moderne (1890–1930), S. 9.
31 So bemerkt Danneberg zum kontrafaktischen Denken in argumentativen Kontexten: „Neben sprachlichen Indikatoren ist ein Identifizieren kontrafaktischer Imaginationen nicht ohne die Bindung an einen zuschreibbaren Wissenskontext der epistemischen Situation ihres Auftretens möglich, der zu den Bedingungen ihres Vorliegens gehört." (Lutz Danneberg: Das Sich-Hineinversetzen und der *sensus auctoris et primorum lectorum*. Der Beitrag kontrafaktischer Imaginationen zur Ausbildung der *hermeneutica sacra* und *profana* im 18. und am Beginn des 19. Jahrhunderts. In: Andrea Albrecht u. a. (Hg.): Theorien, Methoden und Praktiken des Interpretierens. Berlin / München / Boston 2015, S. 407–458, hier S. 424).
32 Silke Horstkotte: Zeitgemäße Betrachtungen: Die Aktualität der Gegenwartsliteratur und die Aktualisierungsstrategien der Gegenwartsliteraturwissenschaft. In: Jürgen Brokoff / Ursula Geitner / Kerstin Stüssel (Hg.): Engagement. Konzepte von Gegenwart und Gegenwartsliteratur. Göttingen 2016, S. 371–387, hier S. 381.
33 Selbstverständlich impliziert auch der Begriff ‚Gegenwartsliteratur' keine absolute Simultaneität von Textproduktion und -rezeption, sondern verweist lediglich auf eine weitgehende Deckung zwischen dem Literatursystem der eigenen Jetztzeit und dem Literatursystem der rezenten Vergangenheit. Mit Leonhard Herrmann und Silke Horstkotte kann Gegenwartsliteratur verstanden werden als „Konstellationen aus literarischen Texten, Diskursen und äußeren Rahmenbedingungen, die von Leserinnen und Lesern auch dann als ‚gegenwärtig' empfunden (und nicht etwa der Vergangenheit zugerechnet) werden, wenn zwischen der eigenen ‚Jetztzeit' und der Erstpublikation der Texte einige Jahre vergangen sind. Denn die

Die vorliegende Arbeit bildet die erste monografische Studie sowohl zur Kontrafaktik innerhalb der deutschsprachigen Gegenwartsliteratur als auch speziell zur deutschsprachigen Kontrafaktik. Der Großteil der bestehenden wissenschaftlichen Arbeiten beschäftigt sich mit der englischsprachigen oder der französischen Literatur. Die letzte deutschsprachige Monografie zum Thema, Andreas Martin Widmanns Dissertation *Kontrafaktische Geschichtsdarstellung*[34] von 2009, bildet eine der wenigen einschlägigen Studien, die überhaupt deutschsprachige Werke berücksichtigt. Anders als die vorliegende Arbeit unternimmt Widmanns Studie allerdings keinen Versuch einer literarhistorischen Verortung des kontrafaktischen Erzählens im Rahmen speziell der deutschsprachigen Gegenwartsliteratur. Auch ist Widmanns lesenswerte Arbeit mittlerweile über zehn Jahre alt, sodass die Entwicklungen der 2010er Jahre darin naturgemäß unberücksichtigt bleiben. Werke der Kontrafaktik, die nicht dem Genre der *Alternate History* zuschlagbar sind, werden in Widmanns Studie ebenso wenig berücksichtigt wie in sämtlichen anderen monografischen Studien zum Thema. In all den genannten Aspekten geht die vorliegende Arbeit über die bestehende Forschung hinaus. Sie leistet damit Grundlagenarbeit im Hinblick auf eine genreneutrale, fiktionstheoretische Modellierung der Kontrafaktik sowie in Bezug auf den Einsatz der Kontrafaktik speziell in der deutschsprachigen Gegenwartsliteratur.

Aufbau der Arbeit

Insgesamt kann das Erkenntnisinteresse der Arbeit in drei zentrale Aspekte unterteilt werden, die mit den drei Hauptteilen der Arbeit korrespondieren:

TEIL I: Theorie der Kontrafaktik: Die Arbeit unternimmt den Versuch, eine allgemeine Theorie der Kontrafaktik zu entwickeln. Allgemein ist diese Theorie insofern, als sie keine Beschränkung auf ein einzelnes Genre vornimmt, sondern die Möglichkeit eröffnet, kontrafaktische Elemente in ganz unterschiedlichen Genres und Formen literarischer Texte, aber auch in fiktionalen Medien jenseits der Literatur – insbesondere in Comic und Film – zu identifizieren und für die Deutung der jeweiligen Werke fruchtbar zu machen. Damit nimmt die Arbeit eine bedeutende Fokusverschiebung im Verhältnis zur bestehenden literaturwissenschaftlichen Forschung vor, in welcher das kontrafaktische Erzählen weitgehend mit dem alternativgeschichtlichen Erzählen in Eins gesetzt und die Diskussion des kontra-

---

Diskurse und Rahmenbedingungen, auf die sie verweisen, sind über einen längeren Zeitraum relativ stabil." (Herrmann / Hostkotte: Gegenwartsliteratur. Eine Einführung, S. 1).
34 Widmann: Kontrafaktische Geschichtsdarstellung.

faktischen Erzählens in den Kontext der Gattungstheorie und Gattungsgeschichte gerückt wurde. Der in dieser Studie gewählte, primär fiktionstheoretische und verfahrensanalytische Zugriff ermöglicht demgegenüber einen sehr viel flexibleren Umgang mit unterschiedlichen Ausprägungen kontrafaktischen Erzählens, und zwar gerade nicht anhand von generalisierenden Genrezuordnungen, sondern auf der Grundlage einer Beschreibung konkreter kontrafaktischer Referenzstrukturen.

TEIL II: Kontrafaktik und politisches Schreiben in der Gegenwart: Die Arbeit geht dem Zusammenhang von kontrafaktischem und politischem Schreiben in der deutschsprachigen Gegenwartsliteratur nach. Die Hauptthese lautet dabei, dass Kontrafaktik zwar nicht notwendigerweise, aber doch sehr häufig politische Implikationen mitführt. Zwischen kontrafaktischem und politischem Schreiben besteht, wie gezeigt werden soll, eine gleichsam natürliche Affinität, welche sich aus der spezifischen Referenz- und Rezeptionsstruktur des kontrafaktischen respektive des politischen Schreibens heraus zumindest teilbegründen lässt. In der vorliegenden Studie wird der Zusammenhang zwischen kontrafaktischem und politischem Schreiben speziell mit Blick auf die deutschsprachige Gegenwartsliteratur etwa seit der Jahrtausendwende erläutert. Dieser Fokus erlaubt es, neben abstrakt-fiktionstheoretischen auch konkrete literar,historische' Erkenntnisse über die eigene Epoche zutage zu fördern: Aus der Analyse rezenter Beispiele politischer Kontrafaktik lassen sich Rückschlüsse auf die generellen Möglichkeiten und Einschränkungen politischen Schreibens in der Gegenwart ziehen.

TEIL III: Genres und Interpretationen: Der dritte Hauptteil der Arbeit widmet sich der Interpretation einzelner kontrafaktischer Werke. Dabei handelt es sich um mehr als eine schlichte Fallexemplifikation der im ersten Hauptteil entwickelten Theorie der Kontrafaktik. Auch der dritte Teil der Arbeit verfolgt – unter anderem – ein systematisches und theoretisches Interesse, und zwar in zweifacher Weise: Erstens wird im Vorfeld der eigentlichen Textdeutungen die allgemeine Theorie der Kontrafaktik im Hinblick auf drei Genres spezifiziert, für welche kontrafaktische Elemente entweder genrekonstitutiv sind oder zumindest eine wichtige Funktion erfüllen: nämlich für die fiktionale Alternativgeschichte, für den kreativen Dokumentarismus sowie für das Doppelgenre der Utopie und Dystopie. Die Genrekapitel im dritten Hauptteil der Arbeit dienen dabei gleichsam als Gelenkstelle zwischen der allgemeinen Theorie der Kontrafaktik, wie sie im ersten Teil entwickelt wird, und den Einzeltextdeutungen. Zweitens werden in der vorliegenden Arbeit bewusst keine Standardbeispiele des kontrafaktischen Erzählens, sondern ‚Problemfälle' der Kontrafaktik diskutiert. Bei den zu interpretierenden Texten handelt es sich überwiegend nicht um konventionelle oder ‚klassische' Beispiele literarischen kontrafaktischen Erzählens, sondern um solche, deren Status *als* kontrafaktische Texte fraglich ist oder doch einer umfassenderen Begründung bedarf. Diese Werke scheinen besonders geeignet, um die Tragfähigkeit, mitunter aber auch die Grenzen eines referenzstrukturellen und verfahrensanalytischen Zugriffs auf die Kontrafaktik aufzuzeigen. Als Beispiele alternativgeschichtlichen Erzählens werden zwei Romane Christian Krachts analysiert: *Ich werde hier sein im Sonnenschein und im Schatten* (2008) und *Imperium* (2012); als Formen eines kontrafaktischen, kreativen Dokumentarismus werden zwei Prosaarbeiten von Kathrin Röggla interpretiert: *wir schlafen nicht* (2004) und *die alarmbereiten* (2010); und schließlich werden das dystopische Erzählen in Juli Zehs *Corpus Delicti* (2009) sowie das utopische Erzählen in Leif Randts *Schimmernder Dunst über CobyCounty* (2011) als Manifestationen einer politischen Kontrafaktik der Gegenwart in den Blick genommen.

Die Arbeit schließt mit dem Versuch eines Vergleichs zwischen den sehr unterschiedlichen Ausprägungen politischen Schreibens im Werk der vier genannten Autoren. Das Fazit der Arbeit bildet dann gewissermaßen selbst ein Beispiel kontrafaktischen Denkens – wenn auch strenggenommen nicht im Sinne der Kontrafaktik –, insofern es in der Bündelung der zentralen Forschungsergebnisse implizit die Frage aufwirft, welche Erkenntnisse dem Leser vorenthalten geblieben wären, wenn die vorliegende Arbeit nicht geschrieben worden wäre.

Teil 1: **Theorie der Kontrafaktik**

Der erste Teil der Arbeit verfolgt ein dreifaches Anliegen. Erstens wird ein Forschungsüberblick über die bestehende Forschung zum (literarischen) kontrafaktischen Erzählen gegeben. Auf eine detaillierte Nachzeichnung der Geschichte des Erzählphänomens sowie auf eine Rekonstruktion der Forschungsgeschichte wird dabei bewusst verzichtet; entsprechende Überblicksdarstellungen liegen bereits vor.[35] Stattdessen sollen die prominentesten Argumentationsstrategien der bestehenden Forschung zum kontrafaktischen Erzählen profiliert werden. In einem Folgeschritt werden dann einige zentrale Annahmen der Forschung einer kritischen Prüfung unterzogen. Diese Kritik soll die Basis für ein eigenes Beschreibungs- und Analysemodell des literarischen kontrafaktischen Erzählens bereitstellen, das im zweiten Abschnitt des Theorieteils entwickelt wird. Hierbei wird methodisch vor allem auf Überlegungen aus dem Bereich der Fiktionstheorie zurückgegriffen. Anhand einer kompakten Minimaldefinition der Kontrafaktik, die auch für die gesamte weitere Arbeit als verbindlich gelten soll – nämlich: *Kontrafaktik bezeichnet signifikante Variationen realweltlichen Faktenmaterials innerhalb fiktionaler Medien* –, können die zentralen Identifikationskriterien und Beschreibungskategorien literarischer kontrafaktischer Texte angezeigt werden. Im dritten Abschnitt des Theorieteils wird die Kontrafaktik von drei anderen Modi des real-fiktionalen Weltvergleichs – der Realistik, Fantastik und Faktik – abgegrenzt; ferner werden die Vorteile eines genreunabhängigen Strukturmodells der Kontrafaktik und die Einsatzmöglichkeiten der Kontrafaktik in unterschiedlichen Genres diskutiert; schließlich wird auf eine Eigentümlichkeit kontrafaktischer Texte eingegangen, nämlich auf den Umstand, dass kontrafaktische Texte, die ja selbst auf einer bestimmten Art der Korrelierung von Realität und Fiktion beruhen, innerhalb ihrer fiktionalen Welten – also gleichsam metafaktisch – oftmals wiederum Fragen von Wahrheit, Erfindung und Lüge verhandeln. Am Ende des Theorieteils werden noch einmal die Rahmenbedingungen herausgestellt, welche erfüllt sein müssen, um eine adäquate Rezeption des ‚Schwellenphänomens' Kontrafaktik sicherzustellen. Der Theorieteil der Arbeit unterteilt sich somit insgesamt in eine Forschungsdiskussion, eine fiktionstheoretische Erläuterung der Definition der Kontrafaktik sowie einen Abschnitt zu möglichen Abgrenzungen, Genreaffinitäten sowie Eigenheiten der Kontrafaktik.

Von Lesern, die sich primär für Fragen rund um das politische Schreiben oder für die Werke einzelner Autoren interessieren, kann realistischer Weise nicht erwartet werden, dass sie sich mit dem kompletten, umfangreichen Theorieteil der vorliegenden Arbeit vertraut machen. Wer sich zügig zumindest über die zentralen

---

35 Einen Überblick der wichtigsten Forschungsbeiträge zur Alternativgeschichte bietet Evans: Veränderte Vergangenheiten.

theoretischen Neuerungsvorschläge der Arbeit informieren möchte, dem seien die folgenden vier Kapitel zur Lektüre empfohlen: 4.3.4. Das Faktenverständnis der Kontrafaktik; 4.3.5. Transfiktionale Doppelreferenz; 4.8. Rekapitulation: Die Minimaldefinition der Kontrafaktik; 5.1. Realistik, Fantastik, Kontrafaktik, Faktik. Auch wird an jenen Stellen im zweiten und dritten Teil der Arbeit, wo spezifische theoretische Überlegungen alludiert oder argumentativ vorausgesetzt werden, in den Fußnoten auf die einschlägigen Abschnitte des Theorieteils verwiesen, um auf diese Weise – je nach individuellem Erkenntnisinteresse – eine Beschäftigung mit nur ausgesuchten Theorieaspekten zu ermöglichen. Ein umfassendes Bild der Theorie der Kontrafaktik – sowohl an und für sich als auch im Zusammenhang mit Fragen des politischen Schreibens und den Werken der einzelnen Autoren – ergibt sich freilich nur, indem die Arbeit in ihrer Gesamtheit zur Kenntnis genommen wird.

2 Vorbereitendes

Ehe in die Detailarbeit der Forschungsdiskussion und der fiktionstheoretischen Modellierung der Kontrafaktik eingestiegen wird, sollen zunächst einige grundlegende Begrifflichkeiten und Konzepte geklärt werden, die für den gesamten weiteren Argumentationsgang zentral sind und daher gleich eingangs erläutert werden sollen. Hinsichtlich des methodologischen Ansatzes erlaubt das Phänomen kontrafaktischen Erzählens eine Vielzahl theoretischer Rahmungen, die allerdings jeweils zu einer Betonung sehr unterschiedlicher Teilaspekte führen würden. So könnte eine literarhistorische Betrachtung die Anknüpfung an Diskussionen rund um Mimesis, Poiesis und Realismus hervorheben; eine rezeptionspsychologische, wenn nicht gar psychoanalytische Sichtweise könnte auf die psychische Bedeutung des Transgressiv-Imaginären in fiktionalen Diskursen hinweisen[36]; eine gattungstheoretische Beschreibung könnte versuchen, einen Systematik kontrafaktischer Erzählverfahren in unterschiedlichen Genres sowie zu unterschiedlichen Zeiten zu entwickeln – die Liste ließe sich fortsetzen. Für die vorliegende Studie wurde eine primär fiktionstheoretische Betrachtungsweise gewählt, da diese eine grundlegende Bestimmung der Kontrafaktik erlaubt, nämlich als ein genuin künstlerisches, nicht notwendigerweise themen- oder genregebundenes Erzählphänomen mit einer spezifischen Referenzstruktur. Darüber hinaus verspricht, wie im Rahmen der Forschungsdiskussion deutlich werden soll, eine solche Betrachtungsweise die Klärung zahlreicher der in der einschlägigen Forschung diskutierten Fragen.

Eine Unterscheidung, die für die folgenden Ausführungen zum Fiktionsstatus des kontrafaktischen Erzählens, zu den realweltlichen Referenzen dieses Erzählphänomens sowie seinem etwaigen epistemischen Anspruch von grundlegender Bedeutung sein wird, ist diejenige zwischen Fiktionalität und Faktualität sowie die parallele Unterscheidung zwischen Fiktivität und Realität. Die Kategorien Fiktionalität und Faktualität gehen bekanntlich auf die

---

[36] Eine psychoanalytische Theorie des kontrafaktischen Denkens oder der künstlerischen Kontrafaktik liegt bisher nicht vor, und das, obwohl die für die psychoanalytische (Kunst-)Theorie zentralen Kategorien der Fantasie bzw. des Fantasierens (Sigmund Freud) und des Imaginären (Jacques Lacan) sich plausibel an die Diskussion rund um das kontrafaktische Denken anschließen ließen. Einige anregende Überlegungen zum Thema finden sich bei Robert Pfaller: Das schmutzige Heilige und die reine Vernunft. Symptome der Gegenwartskultur. Frankfurt a. M. 2008, darin besonders das Kapitel: Das vertraute Fremde, das Unheimliche, das Komische. Die ästhetischen Effekte des Gedankenexperiments (ebd., S. 251–272).

Erzähltheorie Gérard Genettes zurück.³⁷ Bezeichnet werden damit zwei unterschiedliche Modi des pragmatischen Umgangs mit Texten. Ob ein fiktionaler oder ein faktualer Text vorliegt, entscheidet sich nicht danach, was in dem Text mitgeteilt wird, sondern danach, mit welchem Geltungsanspruch ein Text ausgestattet ist: Faktuale Texte und Äußerungen – etwa wissenschaftliche Texte, Beschreibungen realer Sachverhalte, Gebrauchsanweisungen etc. – erheben einen Wahrheitsanspruch in der realen Welt. Fiktionale Texte und Medien hingegen – also Werke der fiktionalen Literatur, Spielfilme, teilweise auch Werbung etc. – sind von diesem Wahrheitsanspruch ausgenommen.

Im Gegensatz zur Unterscheidung von Fiktionalität und Faktualität bezieht sich die Unterscheidung von Fiktivität und Realität auf den ontologischen Status einer Aussage: Gefragt wird danach, ob ein beschriebener Sachverhalt in der realen Welt zutrifft beziehungsweise ob ein beschriebener Gegenstand realweltlich existiert. So bemerken Christian Klein und Matías Martínez: „Entscheidend für die Bestimmung eines dargestellten Geschehens als real oder fiktiv ist die Referenz, nämlich die Frage, ob der im Text dargestellte Sachverhalt in der außersprachlichen Realität tatsächlich der Fall war/ist oder nicht."³⁸ Einhörner, Zauberer und Hobbits sind in diesem Sinne fiktive Gegenstände, auch wenn sie in fiktionalen Welten existieren mögen. Bei Fiktionalität versus Faktualität handelt es sich also, knapp zusammengefasst, um eine Unterscheidung auf der pragmatischen Ebene des Umgangs mit Texten und anderen Medien, bei Realität versus Fiktivität um eine Unterscheidung auf der Ebene der Ontologie der Aussagegegenstände.³⁹

Hinsichtlich der Ontologie der Aussagegegenstände ist das kontrafaktische Erzählen nun eindeutig klassifizierbar: Ihrem Inhalt nach ist das in kontrafaktischen Äußerungen Ausgesagte grundsätzlich und offenkundig fiktiv; gerade die fehlende Referenzialisierbarkeit des Ausgesagten in der realen Welt bildet die

---

37 Gérard Genette: Fiktion und Diktion. München 1992, S. 11–40, 65–94. Siehe zur Unterscheidung zwischen fiktionalem und faktualem Erzählen auch Matías Martínez / Michael Scheffel. Einführung in die Erzähltheorie. 9., erweiterte und aktualisierte Aufl. München 2012, S. 11–22.
38 Christian Klein / Matías Martínez: Wirklichkeitserzählungen. Felder, Formen und Funktionen nicht-literarischen Erzählens. In: Dies. (Hg.): Wirklichkeitserzählungen. Felder, Formen und Funktionen nicht-literarischen Erzählens. Stuttgart / Weimar 2009, S. 1–13, hier S. 2.
39 Siehe hierzu auch die Parallelformulierungen bei Gottfried Gabriel: „Ich unterscheide ‚fiktiv' als Prädikat von Gegenständen von ‚fiktional' als Prädikat von Texten, Geschichten, Diskursen o. ä." (Gottfried Gabriel: „Sachen gibt's, die gibt's gar nicht". Sind literarische Figuren fiktive Gegenstände? In: Ders.: Zwischen Logik und Literatur. Erkenntnisformen von Dichtung, Philosophie und Wissenschaft. Stuttgart 1991, S. 133–146, hier S. 136).

Konstitutionsbedingung für den kontrafaktischen Charakter dieser Aussagen (was freilich nicht bedeutet, dass die realen Sachverhalte, von denen abgewichen wird, in kontrafaktischen Aussagen nicht gewissermaßen mitgemeint würden – nur werden sie eben nicht explizit genannt[40]). Die Unterscheidung zwischen fiktionalen und faktualen Äußerungskontexten hingegen erfordert beim kontrafaktischen Erzählen eine Falldifferenzierung, da sich der pragmatische Status einer kontrafaktischen Aussage nicht über das hier in Frage stehende Erzählphänomen allein bestimmen lässt. Kontrafaktisches Erzählen findet sowohl in faktualen als auch in fiktionalen Kontexten Verwendung, wobei die konkreten Ausprägungen kontrafaktischer Szenarien im faktualen respektive fiktionalen Bereich einander formal sogar ähneln können (etwa Alternativgeschichtsroman und kontrafaktische Geschichtsschreibung, literarische Dystopie und Futurologie etc.).

Bedauerlicherweise wurde in der bisherigen Forschung von einer Art natürlicher Hierarchie zwischen faktualen und fiktionalen Anwendungsgebieten des kontrafaktischen Denkens ausgegangen, solcherart nämlich, dass das faktuale kontrafaktische Erzählen – insbesondere in der Geschichtswissenshaft – als das primäre Phänomen gewertet und das fiktionale kontrafaktische Erzählen als von diesem abgeleitet begriffen wurde. Gerade diese Subordination des fiktionalen kontrafaktischen Erzählens unter das kontrafaktische Denken in faktualen Anwendungsbereichen dürfte die Ausformung einer genuin ästhetischen Theorie des kontrafaktischen Erzählens beträchtlich behindert haben. Demgegenüber ist es ein zentrales Anliegen der vorliegenden Studie, eine spezifisch kunst- und literaturwissenschaftliche Theorie der Kontrafaktik zu entwickeln, welche den Limitationen, aber auch den Lizenzen sowie Funktionen speziell des fiktionalen kontrafaktischen Erzählens – verstanden als ästhetisches Phänomen eigenen Rechts – Rechnung trägt.

Im Folgenden wird verschiedentlich von den ‚fiktionalen Welten' der Kontrafaktik die Rede sein. Gemeint sind damit jene Welten, zu deren Imagination kontrafaktische Werke – sowie fiktionale Werke überhaupt – auffordern. Die fiktionalen Welten der Kontrafaktik sind dabei notwendigerweise zugleich fiktiv, da sie fiktive Elemente enthalten, mindestens nämlich die kontrafaktischen Elemente selbst.[41] Es wird im gegebenen Kontext allerdings von den ‚fiktionalen Welten' der Kontrafaktik und nicht von ‚fiktiven Welten' gesprochen, um die Differenz zwischen fiktionalen und faktualen Gebrauchsformen kontrafaktischen Denkens zu markieren: Schließlich konstituieren auch die kontrafaktischen Imaginationen

---

[40] Siehe Kapitel 4.3.5. Transfiktionale Doppelreferenz.
[41] Vgl. Frank Zipfel: Fiktion, Fiktivität, Fiktionalität. Analysen zur Fiktion in der Literatur und zum Fiktionsbegriff in der Literaturwissenschaft. Berlin 2001, S. 102.

in der Geschichtswissenschaft, in philosophischen Gedankenexperimenten oder in der theoretischen Physik ‚fiktive Welten', ohne dass diese Welten deshalb fiktional wären.[42]

2.1 Terminologie

Da im Rahmen dieser Studie der Begriff ‚Kontrafaktik' durchgängig und von allem Anfang an verwendet werden soll, erscheint es sinnvoll, bereits an dieser Stelle eine kurze Begründung für seine Einführung zu liefern. Hierzu wird zunächst ein Überblick über die bereits bestehende Terminologie in der Forschung rund um das kontrafaktische Denken geboten.

Bei einer Durchsicht der Forschungsbeiträge zum ‚kontrafaktischen Erzählen' stößt man auf eine Vielzahl von Termini zur Bezeichnung des Erzählphänomens sowie zur Bezeichnung des kontrafaktischen Genres der Alternativgeschichte. Diese Pluralität in der Terminologie führt im Einzelfall nur selten zu Problemen, da die meisten Studien ihre eigenen Begriffe hinreichen klar erläutern oder sich die jeweilige Bedeutung der Begriffe kontextuell leicht desambiguieren lässt. Mitunter geht die Verwendung gewisser Begriffe aber auch mit sehr spezifischen Konzeptionen kontrafaktischen Erzählens einher, wie sie mit dem in dieser Studie vorgestellten Verständnis der Kontrafaktik inkompatibel sind. Insofern erscheint es sinnvoll, knapp auf bestehende terminologische Vorschläge sowie auf deren theoretische Implikationen einzugehen.

Für die bestehende Forschung ebenso wie für die weitere Diskussion unmaßgeblich ist eine umgangssprachliche, eher unpräzise Verwendung des Begriffs ‚kontrafaktisch' im Sinne von ‚nicht den Fakten entsprechend', ‚nicht durch Fakten gedeckt' oder ‚nicht auf Fakten reduzierbar'. Drei Beispiele für eine solche terminologisch vage, mehr suggestive Verwendungsweise seien genannt:
1. Moritz Baßler schreibt in einem Aufsatz über das parahistorische Erzählen von „George W. Bushs kontrafaktische[r] Begründung für den Irakkrieg".[43]

---

[42] Über die Frage, ob alle fiktionalen Welten fiktiv sind, lässt sich streiten (diejenigen der Kontrafaktik und auch der Fantastik sind es aber auf jeden Fall). Unzweifelhaft ist hingegen, dass nicht alle fiktiven Welten fiktional sind: Auch auf der Basis (bestimmter) fiktiver Annahmen lässt sich schließlich über die Realität streiten. Vgl. Frank Zipfel: Imagination, fiktive Welten und fiktionale Wahrheit. In: Eva-Maria Konrad u. a. (Hg.): Fiktion, Wahrheit, Interpretation. Philologische und philosophische Perspektiven. Münster 2013, S. 38–64, hier S. 51; Albrecht / Danneberg: First Steps Toward an Explication of Counterfactual Imagination, S. 14.
[43] Moritz Baßler: „Have a nice apocalypse!" Parahistorisches Erzählen bei Christian Kracht. In: Reto Sorg / Stefan Bodo Würffel (Hg.): Utopie und Apokalypse in der Moderne. München 2010, S. 257–272, hier S. 272.

Bei der fingierten Begründung für die Invasion des Iraks durch die Bush-Administration handelte es sich jedoch nicht um ein Beispiel kontrafaktischen Denkens, sondern schlicht um eine Lüge. Es wurde hier also nicht auf das produktive Potenzial einer durchschauten Fiktivität spekuliert, wie es beim kontrafaktischen Denken typischerweise der Fall ist. Stattdessen wurden Täuschungsabsichten verfolgt: Das Fiktive sollte für wahr gehalten werden. Im konkreten Fall diente die kaschierte Fiktivität der Legitimation eines Kriegseinsatzes.

2. In einem Artikel in der *FAZ* schreibt Johannes Franzen: „Wir leben, wie es scheint, in einer Zeit kontrafaktischer Verbote. Zumindest hört man gerade öfters, dass ein Werk – ein Buch, ein Film – heute wohl so nicht hätte veröffentlicht werden können, und zwar weil der Geist einer moralischen Zensur im Sinne der politischen Korrektheit umgeht."[44] Gemeint sind hier allerdings weniger kontrafaktische als hypothetische Verbote (wie es im Titel des Artikels auch tatsächlich heißt): Bei der beschriebenen „Fiktion der Zensur" wird nicht ein reales Verbot mit einer kontrafaktischen Variante desselben Verbots verglichen. Stattdessen wird ein nicht existentes Verbot imaginiert, oder aber es wird insinuiert, ein solches Verbot sei unter der Hand längt in Kraft getreten.

3. In der Einleitung eines jüngeren Sammelbandes zum literarischen Engagement schreiben die Herausgeber vom „kontrafaktischen Einspruch" autonomer Kunstwerke.[45] Hier wird im Rekurs auf die Ästhetik Theodor W. Adornos das gesellschaftskritische Potenzial beschworen, das künstlerischen Werken angeblich auch und gerade angesichts ihrer Unabhängigkeit gegenüber den ‚Fakten' der realen Welt zukommt. Ein solcher Begriff des Kontrafaktischen hängt mit Vorstellungen der Autonomieästhetik sowie einer voraussetzungsreichen Konzeption politischer Kunst zusammen. Ein spezifisches Referenz- oder Erzählverfahren, wie es im Falle der Kontrafaktik vorliegt, ist damit jedoch nicht gemeint.

Ein bereits etwas spezifischeres Begriffsverständnis, welches für die Literaturwissenschaft allerdings ebenfalls von untergeordneter Bedeutung ist, betrifft das ‚kontrafaktische' Denken im Sinne des *Spekulativen* oder *Hypothetisch-Resultativen*. Dieser Begriff des Kontrafaktischen spielt vor allem in nicht-fiktionalen und argumentativen Kontexten eine Rolle, etwa bei der Beschreibung

---

[44] Johannes Franzen: Hypothetische Verbote. Eine Fiktion der Zensur. In: Frankfurter Allgemeine Zeitung, 25.08.2019.
[45] Jürgen Brokoff / Ursula Geitner / Kerstin Stüssel: Einleitung. In: Dies. (Hg.): Engagement. Konzepte von Gegenwart und Gegenwartsliteratur. Göttingen 2016, S. 9–18, hier S. 9.

alltagspsychologischer Vorgänge (wie dem Bedauern, das sich in dem Satz „Wenn ich früher losgegangen wäre, hätte ich den Bus nicht verpasst!" ausdrückt[46]), bei Modellen der theoretischen Physik (etwa Überlegungen von der Art: „Wie würde das Universum aussehen, wenn bestimmte physikalische Parameter andere wären?"[47]) oder bei den in den letzten Jahren intensiv diskutierten Gedankenexperimenten (etwa Hilary Putnams Überlegungen zum ‚Gehirn im Tank'[48]). Das Kontrafaktische wird hier nicht so sehr im Sinne einer bestimmten Negation realweltlicher Faktenannahmen verstanden, sondern eher als eine Kausalfolgerung, die auf realweltlich offenkundig nicht-zutreffenden Voraussetzungen basiert. Ähnlich liegen die Dinge im Fall der sogenannten kontrafaktischen Konditionale, wie sie in der analytischen Philosophie und Linguistik diskutiert werden: Kontrafaktische Konditionale vom Typ „Wenn x der Fall wäre, dann wäre y ... " beruhen meist nicht auf dem Vergleich eines realen mit einem fiktiven Sachverhalt, sondern ziehen Schlüsse aus fiktiven Ausgangsbedingungen. Ihre Funktion besteht vor allem in der Isolierung von Kausalfaktoren.[49]

Auch die Frage „Was wäre, wenn ...?", die oftmals geradezu reflexhaft mit dem kontrafaktischen Denken in Verbindung gebracht wird[50], bezieht sich für

---

46 „The emotion of regret is a negative feeling that hinges on a counterfactual inference, specifically the recognition that a decision, if made differently, would have resulted in a better outcome." (Neal J. Roese / Mike Morrison: The Psychology of Counterfactual Thinking. In: Roland Wenzlhuemer (Hg.): Counterfactual Thinking as a Scientific Method. Special Issue: Historical Social Research 34/2 (2009), S. 16–26, hier S. 17) Zum Zusammenhang von kontrafaktischem Denken und der Psychologie des Bedauerns siehe auch Thomas Gilovich / Victoria Husted Medvec: Some Counterfactual Determinants of Satisfaction and Regret. In: Neal J. Roese / James M. Olson (Hg.): What Might Have Been. The Social Psychology of Counterfactual Thinking. Mahwah, New Jersey 1995, S. 259–282.
47 Vgl. Miko Elwenspoek: Counterfactual Thinking in Physics. In: Dorothee Birke / Michael Butter / Tilmann Köppe (Hg.): Counterfactual Thinking – Counterfactual Writing. Berlin 2011, S. 62–80.
48 Vgl. Hilary Putnam: Brain in a Vat. In: Ders.: Reason, Truth and History. Cambridge 1981, S. 1–21. Danneberg zufolge können „[k]ontrafaktische Imaginationen [...] als eine besondere Form des Gedankenexperiments charakterisiert werden, und zwar als Gedankenexperimente, die von offenkundig falschen Prämissen ausgehen." (Danneberg: Das Sich-Hineinversetzen und der *sensus auctoris et primorum lectorum*, S. 422).
49 Siehe einführend zum Konzept der kontrafaktischen Konditionale Peter Baumann: Erkenntnistheorie. 3., aktualisierte Aufl. Stuttgart 2015, S. 118–121, 242.
50 Siehe etwa die folgenden Werktitel: Michael Salewski (Hg.): Was Wäre Wenn. Alternativ- und Parallelgeschichte. Brücken zwischen Phantasie und Wirklichkeit. Stuttgart 1999; Philip E. Tetlock / Richard Ned Lebow / Geoffrey Parker (Hg.): Unmaking the West. "What-If" Scenarios That Rewrite World History. Ann Arbor 2006; Gabriel D. Rosenfeld (Hg.): What Ifs of Jewish History. From Abraham to Zionism. Cambridge 2016; Demandt: Ungeschehene Geschichte. Ein Traktat über die Frage: Was wäre geschehen, wenn ...?; Robert Cowley (Hg.): What If? The World's Foremost Military Historians Imagine What Might Have Been. New York 1999; Daniel

gewöhnlich weniger auf das Kontrafaktische im Sinne eines Vergleichs von Fakt und Faktenvariation, sondern eher auf das bloß Mögliche oder Hypothetische. So trägt etwa Randall Munroes Fachbuch-Bestseller *what if?* den bezeichnenden Untertitel „Wirklich wissenschaftliche Antworten auf absurde hypothetische Fragen". Verhandelt werden darin Fragen wie „Was wäre, wenn sich alle Menschen der Erde möglichst dicht aneinanderstellen, hochspringen und im selben Moment wieder auf dem Boden aufkommen?" oder „Aus welcher Höhe müsste man ein Steak abwerfen, damit es gar ist, wenn es am Boden ankommt?".[51] Derartige Fragen lassen sich mit der literarischen Kontrafaktik nur sehr bedingt in Verbindung bringen, da hier nicht zwei Versionen desselben Sachverhalts – Fakt und Kontra-Fakt – interpretatorisch miteinander korreliert werden, sondern lediglich ein einzelnes hypothetisches Szenario ersonnen und rational evaluiert wird.

Für die Literaturwissenschaft problematisch ist die reflexhafte Verbindung zwischen kontrafaktischem Denken und der Frage „Was wäre, wenn …?" auch deshalb, weil sich diese Frage letztlich auf jedweden fiktiven Sachverhalt in der Literatur – auch etwa in der realistischen oder der fantastischen Literatur – anwenden ließe.[52] Man könnte schließlich auch fragen: „Was wäre, wenn Hans Castorp sieben Jahre auf dem Zauberberg verbrächte?", oder „Was wäre, wenn Rotkäppchen im Wald einem bösen Wolf begegnete?" (oder auch „Was wäre, wenn Rotkäppchen im Wald *keinem* bösen Wolf begegnete?"). Diese Fragen und die potenziellen Antworten darauf mögen etwas über den Simulationscharakter literarischer Fiktionen aussagen, aber kaum etwas über das kontrafaktische Erzählen in einem engeren Sinne.

Grundsätzlich unterschieden werden sollte zwischen Formen eher *resultativen* kontrafaktischen Denkens, welche mehr am Ergebnis einer gedanklichen Hypostasierung interessiert sind, und Formen eher *komparativen* kontrafaktischen Denkens, die ein bestimmtes Faktum in der realen Welt mit einer veränderten Variante desselben Faktums vergleichen. Während resultative Formen kontrafaktischen Denkens vor allem in faktualen Kontexten zum Einsatz kommen, ist für die Literaturwissenschaft vor allem das komparative kontrafaktische Denken

---

Snowman (Hg.): If I Had Been ... Ten Historical Fantasies. London 1979; Isabel Kranz (Hg.): Was wäre wenn? Alternative Gegenwarten und Zukunftsprojektionen um 1914. Paderborn 2014; Hans-Peter von Peschke: Was wäre wenn. Darmstadt 2014; Neal J. Roese / James M. Olson (Hg.): What Might Have Been. The Social Psychology of Counterfactual Thinking. Mahwah, New Jersey 1995.
51 Randall Munroe: what if? War wäre wenn? Wirklich wissenschaftliche Antworten auf absurde hypothetische Fragen. München 2014, S. 62, 131.
52 Vgl. David Lewis: Truth in Fiction. In: American Philosophical Quarterly 15/1 (1979), S. 37–46, hier S. 42.

relevant: Anders als resultatives kontrafaktisches Denken ermöglicht komparatives kontrafaktisches Denken, wie es im Falle der Kontrafaktik vorliegt, eine interpretatorische Vermittlung von Fakt und Faktenvariation. Genau auf der Möglichkeit einer solchen Vermittlung gründet die hermeneutische Produktivität kontrafaktischen Denkens in der Kunst.

Eine gewisse Strukturanalogie mit der Kontrafaktik, wie sie in der vorliegenden Studie verstanden wird, weist das Verfahren der *Kontrafaktur* auf. Der Begriff, der heute vor allem in der Musikwissenschaft gebräuchlich ist[53], bezeichnet ein künstlerisches Produktionsverfahren (beziehungsweise dessen Ergebnis), bei dem durch die formale Variation eines Kunstwerks ein neues Werk entsteht, ohne dass dabei der Bezug zum ursprünglichen Werk verlorenginge. Übertragen auf die Literatur bedeutet dies, dass mit ‚Kontrafaktur' meist ein *intertextuelles* Verfahren gemeint ist.[54] Bei der Kontrafaktur liegt also nicht notwendigerweise eine Korrelierung eines faktualen und eines fiktionalen Diskurses vor; stattdessen wird hier für gewöhnlich in einem fiktionalen Medium Bezug auf eine ebenfalls fiktionale Vorlage genommen. In dieser Hinsicht unterscheidet sich die Kontrafaktur deutlich von der Kontrafaktik, welche ihrerseits ja notwendigerweise auf ‚Fakten' und nicht auf andere literarische Texte Bezug nimmt. Trotz der etymologischen Verwandtschaft hat die Kontrafaktur mit den Fakten des Kontrafaktischen wenig gemein: Die Faktur verweist auf das (anders) Gemachte, die Fakten verweisen auf das (variierte) Wahre. Etymologisch könnte man hier zur Verdeutlichung das lateinische *contra facere* vom *contra factum* abgrenzen, also das ‚Andersmachen' von der ‚Gegentatsache'.

Die beiden neutralsten Begriffsbildungen, die das hier eigentlich zur Diskussion stehende Phänomen bezeichnen und die sich in der Forschung auch vielfach belegt finden, sind das ‚kontrafaktische Denken' sowie das ‚kontrafaktische Erzählen'. Ein Vorteil dieser Begriffe besteht darin, dass sie – anders etwa als der Genrebegriff ‚Alternativgeschichte' – zunächst keine Festlegung darüber implizieren, ob man es hier mit kompletten Texten oder mit einzelnen Textstellen zu tun hat; auch geben sie kein spezielles Themenfeld, also etwa die Zeitgeschichte, als Einsatzbereich kontrafaktischen Denkens vor. Für eine Betrachtung der Kontrafaktik als

---

53 Das einfachste musikalische Beispiel hierfür stellt das Strophen-Lied dar, bei dem lediglich der Text, nicht aber die Melodie oder Harmonik verändert wird. Vgl. Ralf Noltensmeier / Günther Massenkeil (Begr.): Das neue Lexikon der Musik in vier Bänden (Metzler Musik), Bd. 2. Stuttgart / Weimar 1996, S. 760.
54 Vgl. Theodor Verweyen / Gunther Witting: Die Kontrafaktur. Vorlage und Verarbeitung in Literatur, bildender Kunst, Werbung und politischem Plakat. Konstanz 1987.

genreunabhängige Referenzstruktur und als künstlerisches Verfahren, wie sie in dieser Studie vorgeschlagen wird, erweisen sich die genannten Begriffe insofern als besonders nützlich. Der wichtigste Unterschied zwischen ‚Kontrafaktik' und ‚kontrafaktischem Erzählen' besteht darin, dass der zweite Begriff gegenüber der Unterscheidung zwischen fiktionalen und faktualen Äußerungskontexten indifferent ist, während die Kontrafaktik sich per definitionem auf fiktionale Medien bezieht.

Nur selten ist der Begriff ‚kontrafaktisch' an und für sich bereits für wissenschaftliche Argumentationszusammenhänge reserviert worden.[55] Die Mehrzahl der Studien, die sich überhaupt mit dem fiktionalen kontrafaktischen Erzählen beschäftigen, verwenden den Begriff ‚kontrafaktisch' – unter Umständen ergänzt um weitere Spezifikationen – gleichermaßen für argumentativ-faktuale wie auch für ästhetisch-fiktionale Zusammenhänge. Gängige Nominalbildungen zum Adjektiv ‚kontrafaktisch' sind ‚das Kontrafaktische' oder ‚die Kontrafaktizität', wobei der letztgenannte Begriff nahezu ausschließlich in faktualen Anwendungskontexten zum Einsatz kommt, etwa in der Wissenschaftstheorie, der Rechtstheorie oder der Theologie.[56] Im Englischen ist darüber hinaus die Rede von den ‚counterfactuals' gebräuchlich, ein Begriff, der sich nur ein wenig hölzern als ‚Kontrafakt' oder ‚Kontrafaktum'[57] ins Deutsche übertragen lässt. Der Begriff ‚Kontrafaktik', den die vorliegende Arbeit konturiert, wird in bisherigen literaturwissenschaftlichen Forschungsbeiträgen kaum verwendet.[58] In den einschlägigen Forschungsmonografien zum kontrafaktischen Erzählen taucht er gar nicht auf.

---

55 Kathleen Singles etwa unterscheidet zwischen „Alternate History" in Literatur und fiktionalem Film auf der einen und „Counterfactual History" in der Geschichtswissenschaft auf der anderen Seite. Vgl. Singles: Alternate History, S. 85–96.
56 Siehe beispielsweise Ulrich Gähde: Zur Funktion ethischer Gedankenexperimente. In: Wulf Gaertner (Hg.): Wirtschaftsethische Perspektiven V. Methodische Ansätze, Probleme der Steuer- und Verteilungsgerechtigkeit, Ordnungsfragen. Berlin 2000, S. 183–206, bes. S. 192–201; Johann Anselm Steiger: Kontrafaktizität und Kontrarationalität des Glaubens in der Theologie Martin Luthers. In: Lutz Danneberg / Carlos Spoerhase / Dirk Werle (Hg.): Begriffe, Metaphern und Imaginationen in Philosophie und Wissenschaftsgeschichte. Wiesbaden 2009, S. 223–237.
57 Siehe beispielsweise Rodiek: Erfundene Vergangenheit, S. 169.
58 Frank Zimmers Arbeit zum dokumentarischen Erzählen ist meines Wissens der einzige literaturwissenschaftliche Beitrag, der den Begriff ‚Kontrafaktik' definiert, und zwar als „eine erkennbare Abweichung vom historischen Wissen" – im Grund also synonym mit dem, was für gewöhnlich als ‚kontrafaktisches Denken' oder ‚kontrafaktisches Erzählen' in der Geschichte bezeichnet wird (Frank Zimmer: Engagierte Geschichte/n. Dokumentarisches Erzählen im schwedischen und norwegischen Roman 1965–2000. Frankfurt a. M. 2008, S. 156). Auf eine etwaige Spezifik *literarischen* kontrafaktischen Erzählens geht Zimmer allerdings nicht ein. In der Einleitung des von Patrick Ramponi und Saskia Wiedner herausgegebenen Sammelbandes *Dichter und Lenker* ist – eher im Vorübergehen – vom „fiktionalen Medium historischer Kontrafaktik"

Besonders vielgestaltig ist die Begriffsbildung rund um das kontrafaktische Denken im Zusammenhang mit der Darstellung der Zeitgeschichte. Der früheste *terminus technicus* für das historische kontrafaktische Erzählen geht dabei auf Charles Renouvier zurück. Dieser betitelte seine im Nebentitel als *L'utopie dans l'histoire* charakterisierte Aufsatzsammlung aus dem Jahre 1876 mit dem Ausdruck *Uchronie* (von griechisch οὐ χρόνος für ‚zu keiner Zeit'). Der Begriff ‚Uchronie' ist im Deutschen und Französischen weiterhin gebräuchlich.[59] In die deutschsprachige Diskussion wurde er vor allem von Christoph Rodiek eingebracht, dessen Studie *Erfundene Vergangenheit* von 1997 den Untertitel *Kontrafaktische Geschichtsdarstellung (Uchronie) in der Literatur* trägt.[60] Der von Jörg Helbig im Anschluss an Wilhelm Füger vorgeschlagene Terminus ‚Allotopie' (der strenggenommen nicht deckungsgleich mit dem kontrafaktischen historischen Erzählen ist, sondern „sowohl Utopie wie auch alle sonstigen Spielarten alternativer Weltentwürfe" umfasst[61]) hat sich nicht durchsetzen können.[62] Allerdings findet sich in der englischsprachigen Forschung gelegentlich der Terminus ‚Allohistory'.[63] Gebräuchlich sind des Weiteren eher deskriptive Begriffe wie ‚Alternativgeschichte', ‚kontrafaktische Geschichtsdarstellung', ‚Konjekturalgeschichte' oder ‚Parallelweltgeschichte'. Im englischen Sprachraum sind ferner die Begriffe ‚Imaginary History'[64], ‚Virtual History'[65], ‚Paralleltime Novel', ‚What if-Story',

---

die Rede (Patrick Ramponi / Saskia Wiedner: Dichter und Lenker, Literatur und Herrschaft. Eine kulturkritische und methodologische Hinführung. In: Dies. (Hg.): Dichter und Lenker. Die Literatur der Staatsmänner, Päpste und Despoten von der Frühen Neuzeit bis in die Gegenwart. Tübingen 2014, S. 9–31, hier S. 11). Ein eher philosophisch-assoziativer Begriffsgebraucht liegt vor bei Drehli Robnik: Scalping Colonel Landa so that none shall escape. Kontrafaktik, jüdische Agency und ihr politisches Potenzial im Postfaschismus bei Spielberg und Tarantino. In: Johannes Rhein / Julia Schumacher / Lea Wohl von Haselberg (Hg.): Schlechtes Gedächtnis? Kontrafaktische Darstellungen des Nationalsozialismus in alten und neuen Medien. Berlin 2019, S. 83–104.
59 Siehe beispielsweise Emmanuel Carrère: Le Détroit de Behring. Introduction à l'uchronie. Paris 1986; Eric B. Henriet: L'histoire révisité. Panorama de l'uchronie sous toutes ses formes. Paris 1999.
60 Rodiek: Erfundene Vergangenheit.
61 Vgl. Füger: Streifzüge durch Allotopia, S. 351.
62 Vgl. Helbig: Der parahistorische Roman, S. 26–34.
63 Vgl. Gordon B. Chamberlain: Afterword: Allohistory in Science Fiction. In: Charles G. Waugh / Martin H. Greenberg (Hg.): Alternative Histories. Eleven stories of the world as it might have been. New York 1986, S. 281–300; Rosenfeld: The World Hitler Never Made, S. 398f., Anm. 5.
64 J. C. Squire (Hg.): If It Had Happened Otherwise. Lapses into Imaginary History. [1931] Nachdruck London 1972.
65 Niall Ferguson (Hg.): Virtual History. Alternatives and Counterfactuals. London 1997.

‚Quasi-historical Novel', ‚Political Fantasy', ‚Historical Might-Have-Been', ‚As if-Narrative' und ‚Counterfeit World' belegt.[66] Der Begriff ‚Alternate History', den eine Reihe englischsprachiger Studien neueren Datums im Titel tragen, dürfte derzeit die wohl gebräuchlichste Bezeichnung für das kontrafaktische historische Erzählen sein.[67] Auch in der vorliegenden Studie wird der Begriff ‚Alternate History' als Genre-Begriff für das fiktionale, alternativgeschichtliche Erzählen verwendet.

Unabhängig von der jeweiligen genauen Bezeichnung ist mit den angeführten Begriffen in der Regel die erzählerische Darstellung einer Welt – meist in der Gattung des Romans, manchmal auch im fiktionalen Film oder Comic – gemeint, deren historische Entwicklung ab einem gewissen historischen Zeitpunkt, dem sogenannten ‚point of divergence' oder auch ‚point of departure', von der Entwicklung der Realhistorie abweicht. Dabei lassen sich drei miteinander verbundene Eigenschaften der unter den genannten Begriffen verhandelten Texte respektive der in diesen Texten entworfenen Welten herausstellen: *Erstens* entwerfen diese Texte in der Regel Welten, deren Abweichung von der Realhistorie ab einem gewissen geschichtlichen Zeitpunkt dauerhaft ist und die gesamte erzählte Welt umfasst (hieraus erklärt sich die hohe Affinität der einschlägigen Forschungsbeiträge zu *Possible Worlds*-Theorien). Diese relativ kohärente kontrafaktische Struktur der Diegese ermöglicht es *zweitens*, Texte in ihrer Ganzheit einem gewissen kontrafaktischen Genre, eben der *Alternate History*, zuzuschlagen – ein Genre, das seinerseits meist als Untergruppe des historischen Romans konzeptualisiert wird. Tatsächlich stehen in der Mehrzahl der Studien zur *Alternate History* Fragen der Gattungstypologie und Gattungsgeschichte im Zentrum. Diese Privilegierung von Gattungs- und Genrefragen jedoch lässt *drittens* die konkrete Referenzstruktur kontrafaktischer Textstellen eher aus dem Blick geraten: Analysiert werden Texte in ihrer Gesamtheit und in ihrem Verhältnis zueinander – weniger hingegen einzelne Textelemente oder konkrete literarische Verfahren. Unter dem Begriff ‚Alternate History' und verwandten Labels werden also, knapp zusammengefasst, vor allem solche Texte verhandelt, deren *gesamte fiktionale Welt* auf einer Abweichung vom realen Verlauf der Geschichte basiert, und zwar mit besonderem Nachdruck auf *Genrefragen*, während die *Referenzstruktur* einzelner kontrafaktischer Textstellen eher vernachlässigt wird. Hinsichtlich aller drei Punkte, dies sei bereits vorausgeschickt, schlägt die vorliegende Studie eine Neuperspektivierung vor.

---

66 Vgl. Helbig: Der parahistorische Roman, S. 13–15.
67 William Joseph Collins: Paths Not Taken. The Development, Structure and Aesthetics of Alternate History. Davis 1990; Aleksandar B. Nedelkovich: British and American Science Fiction Novel 1950–1980 with the Theme of Alternate History. Diss. Univ. of Belgrade 1994; Hellekson: The Alternate History; Singles: Alternate History.

Gelegentlich findet sich in der Forschungsdiskussion auch der Begriff ‚Alternative History'.[68] Im Zusammenhang mit dem kontrafaktischen Erzählen ist von der Verwendung dieses Terminus allerdings abzuraten, da er in der Geschichtswissenschaft bereits anderweitig besetzt ist: Unter ‚Alternative History' versteht man gemeinhin eine Form der Historiografie, in der die Geschichte aus einer bis dato wenig beachteten Perspektive – meist aus der Sicht einer machtpolitisch subalternen oder diskriminierten Partei – erzählt wird, beispielsweise die Geschichte der Frontier-Bewegung aus der Sicht der amerikanischen Ureinwohner oder die Geschichte der Industrialisierung aus der Sicht proletarischer Frauen. Dabei lässt sich bei der ‚alternativen Geschichtsschreibung' –ähnlich wie bei der kontrafaktischen Geschichtsschreibung – häufig ein politisches Interesse erkennen. Anders als die kontrafaktische Geschichtsschreibung jedoch *erfindet* die alternative Geschichtsschreibung nicht etwas gänzlich Neues, sondern bleibt – nicht anders als die traditionelle Geschichtsschreibung – an die positiven Daten der historischen Quellen gebunden; nur legt die alternative Geschichtsschreibung ihren Fokus eben auf *andere* Quellen, als es die traditionelle Geschichtsschreibung tut. Hinsichtlich ihrer Referenzverfahren sind kontrafaktische und alternative Geschichtsschreibung somit klar voneinander unterscheidbar: Während die *Alternate History* bekannte historische Daten kontrafaktisch variiert, versucht die *Alternative History* historiografisch wenig beachtete Daten allererst bekannt zu machen. Sie leistet damit einer Neuperspektivierung – nicht aber einer Neuerfindung – der Geschichte Vorschub.

Ein bekanntes lyrisches Beispiel einer solchen revisionistischen Geschichtsdarstellung ist Brechts Gedicht *Fragen eines lesenden Arbeiters*. Dort finden sich die Verse:

> Der junge Alexander eroberte Indien.
> Er allein?
> Cäsar schlug die Gallier.
> Hatte er nicht wenigstens einen Koch bei sich?
> Philipp von Spanien weinte, als seine Flotte
> Untergegangen war. Weinte sonst niemand?
> Friedrich der Zweite siegte im Siebenjährigen Krieg. Wer
> Siegte außer ihm?[69]

---

68 Edgar Vernon McKnight Jr.: Alternative History. The Development of a Literary Genre. Chapel Hill 1994.
69 Bertolt Brecht: Fragen eines lesenden Arbeiters. In: Ders.: Werke. Große kommentierte Berliner und Frankfurter Ausgabe (= GBA). Hg. v. Werner Hecht u. a. Frankfurt a. M. 1988 ff., Bd. 12: Gedichte 2, S. 29.

Das Augenmerk wird hier auf die unbeachteten Akteure der Geschichte gelenkt. Keineswegs geht damit jedoch eine Abwandlung des bekannten und quellenmäßig dokumentierten Geschichtsverlaufs einher, wie es bei der historischen Kontrafaktik der Fall wäre. Mit Blick auf das im gegebenen Beispiel verhandelte Thema könnte diese Unterscheidung folgendermaßen illustriert werden: In der revisionistischen Alternativgeschichte (*Alternative History*) kann die Geschichte des Koches erzählt werden, den Cäsar bei sich hatte, als er die Gallier schlug; in der kontrafaktischen Alternativgeschichte (*Alternate History*) hingegen kann die Geschichte der Gallier erzählt werden, die Cäsar schlugen.[70] Das bekannteste Beispiel für die zuletzt skizzierte kontrafaktische Geschichtsimagination sind natürlich die Comics und Filme rund um Asterix und Obelix.[71]

2.2 Zum Begriff der Kontrafaktik

Die vorliegende Studie schlägt eine Neuperspektivierung des literarischen kontrafaktischen Erzählens und, damit verbunden, auch eine eigene Terminologie vor, deren Kernstück der Begriff ‚Kontrafaktik' bildet. Im Rahmen der Studie soll plausibel gemacht werden, dass der Aufwand der Einführung einer zunächst unvertrauten Terminologie durch ihren systematischen und analytischen Mehrwert hinreichend aufgewogen wird, was nicht zuletzt anhand der konkreten Werkdeutungen zu ermessen sein soll. Mit Niklas Luhmann könnte man hier von einer „unübliche[n] Theorieperspektive" sprechen, an die man sich zunächst „zu gewöhnen" habe, um dann „am Ertrag" zu sehen, „[o]b es sich lohnt".[72] Eine der zentralen Thesen der Arbeit ist, dass kontrafaktisches Erzählen in fiktionalen Medien ein eigenständiges Phänomen darstellt. Durch die Einführung des Terminus ‚Kontrafaktik', wie er im Folgenden verwendet wird, soll entsprechend nicht eigenwillig eine Spezialterminologie für die Literaturwissenschaft reklamiert werden; stattdessen wird ein der Sache nach eigenständiger Gegenstandsbereich umrissen, der sich vom Bereich des wissenschaftlichen sowie des alltagspragmatischen kontrafaktischen Denkens unterscheidet und der entsprechend auch einen eigenen Begriff erfordert – getreu der von Klaus Weimar formulierten

---

70 In der vorliegenden Studie werden die Begriffe ‚alternativgeschichtlich' und ‚Alternativgeschichte' stets mit der ersten dieser Bedeutungen, also im Sinne der kontrafaktischen Alternativgeschichte gebraucht.
71 Besonders einschlägig ist hier der Zeichentrickfilm *Asterix erobert Rom*: René Goscinny / Albert Uderzo / Pierre Watrin (Regie): Les Douze Travaux d'Astérix. Frankreich 1976.
72 So in Bezug auf den eigenen, systemtheoretischen Ansatz Niklas Luhmann: Die Gesellschaft der Gesellschaft. Frankfurt a. M. 1997, S. 846 f.

Maxime, „daß, was theoretisch unterschieden werden kann, eben darum unterschieden werden muß und auch terminologisch fixiert werden sollte".[73]

Der Bereich kontrafaktischen Denkens und Erzählens lässt sich, wie weiter oben bereits erwähnt wurde, in zwei pragmatische Anwendungsbereiche unterteilen: den fiktionalen und den faktualen. Für das kontrafaktische Denken in fiktionalen, insbesondere künstlerischen Kontexten wird in dieser Studie der Begriff ‚Kontrafaktik', für das kontrafaktische Denken in faktualen, insbesondere wissenschaftlichen Kontexten der Begriff ‚Kontrafaktizität' verwendet. Trennt man solchermaßen die Kontrafaktik als literarisch-fiktionales Erzählverfahren von der Kontrafaktizität in argumentativen Kontexten, so wird das Adjektiv ‚kontrafaktisch' strenggenommen ambig, kann es sich doch sowohl auf die Kontrafaktik als auch auf die Kontrafaktizität beziehen.[74] Im weiteren Verlauf der Argumentation soll allerdings darauf verzichtet werden, einen zusätzlichen Begriff zur adjektivischen Unterscheidung von Kontrafaktizität und Kontrafaktik einzuführen. Einerseits wird hier auf die Fähigkeit des Lesers zur kontextuellen Desambiguierung vertraut. Andererseits erscheint eine strikte terminologische Trennung von Kontrafaktizität und Kontrafaktik ohnehin nur eingeschränkt sinnvoll, da es sich bei beiden Phänomenen zweifellos um verwandte Phänome – eben um Varianten des kontrafaktischen Denkens – handelt.

Der Begriff ‚Kontrafaktik' wird im Rahmen der Arbeit in unterschiedlichen, wiewohl eng miteinander zusammenhängenden Bedeutungsschattierungen gebraucht. Als *Referenzstruktur* verstanden bezeichnet Kontrafaktik eine spezifische Beziehung von Elementen der fiktionalen Welt zum Weltwissen des Lesers, wobei dieses Weltwissen als relevanter Kontextfaktor für die Interpretation kontrafaktischer Texte fungiert. Als eine spezifische Form des real-fiktionalen Weltvergleichsverhältnisses kann Kontrafaktik mit anderen Weltvergleichsverhältnissen – der Realistik, Faktik und Fantastik – kontrastiert werden.[75] Als *künstlerisches Phänomen* oder *Erzählphänomen* bezeichnet Kontrafaktik einen bestimmen

---

[73] Klaus Weimar: Text, Interpretation, Methode. Hermeneutische Klärungen. In: Lutz Danneberg / Friedrich Vollhardt (Hg.): Wie international ist die Literaturwissenschaft? Methoden- und Theoriediskussion in den Literaturwissenschaften: kulturelle Besonderheiten und interkultureller Austausch am Beispiel des Interpretationsproblems (1950–1990). Stuttgart 1996, S. 110–122, hier S. 111.

[74] Es ergibt sich hier also ein ähnliches Problem wie bei dem Begriff ‚Fiktion', welcher sich je nach Kontext auf eine bestimmte Pragmatik der Äußerung (Fiktionalität) oder die Erfundenheit der Erzählgegenstände (Fiktivität) oder auch auf beides beziehen kann. Vgl. Zipfel: Fiktion, Fiktivität, Fiktionalität.

[75] Siehe Kapitel 5.1. Realistik, Fantastik, Kontrafaktik, Faktik.

Effekt, der sich bei der Lektüre kontrafaktischer Werke einstellt und im Rahmen einer kontextsensitiven Textverfahrensanalyse und Textinterpretation erläutert werden kann.[76] Kontrafaktik bedeutet dabei mehr als das Vorliegen isolierter kontrafaktischer Elemente; als Erzählphänomen verstanden steht die Kontrafaktik im Kontext dynamischer hermeneutischer Prozesse, anhand derer die Bedeutung des jeweiligen künstlerischen Werkganzen erschlossen werden soll. Die Formulierungen ‚Texte der Kontrafaktik' oder ‚kontrafaktische Texte' schließlich bilden keine Genrebezeichnungen, sondern *metonymische Gesamtcharakterisierungen* für solche Texte, in denen kontrafaktische Referenzstrukturen gehäuft vorkommen und für deren Interpretation kontrafaktische Referenzstrukturen von besonderer Bedeutung sind.[77] Etwas vereinfacht ließe sich mithin formulieren: Kontrafaktik bezeichnet ein Erzählverfahren, welches sich einer bestimmten Referenzstruktur bedient; die sich aus dieser Referenzstruktur ergebenden künstlerischen Phänomene; sowie diejenigen Texte, für deren Interpretation diese Phänomene eine herausgehobene Rolle spielen.

Der Begriff ‚Kontrafaktik' versteht sich, wie in der Einleitung bereits bemerkt wurde, als eine Analogiebildung zum Begriff ‚Fantastik', und zwar sowohl in morphologischer als auch in konzeptioneller Hinsicht: So wie die Fantastik in ihren unterschiedlichen Definitionen einerseits eine Gruppe von Texten und Genres (Märchen, Fantasy, Science-Fiction etc.) und andererseits eine spezifische narrative Struktur bezeichnen kann (das Unheimliche, epistemisch Uneindeutige oder Unmögliche etc.), so soll auch mit dem Begriff der Kontrafaktik sowohl eine Gruppe künstlerischer Werke als auch eine Verfahrens- und Struktureigenschaft ebendieser Werke bezeichnet werden. Der primäre Fokus der vorliegenden Arbeit liegt dabei – in Abgrenzung zu weiten Teilen der bisherigen Forschung – auf dem letztgenannten Aspekt, also auf der Kontrafaktik als künstlerischem Verfahren und

---

[76] Die Textverfahrensanalyse hat sich im Anschluss an die semiotisch-strukturalistische Schule – prominent vertreten durch Jurij M. Lotman – entwickelt. Zu ihrer Definition schreibt Robert Mathias Erdbeer: „Die Textverfahrensanalyse baut auf materiale Evidenzen, auf Effekte und Strukturen, die erkennbar und – im Sinne eines Rezeptionskonsenses – nachvollziehbar sind. Als Interpretation wird sie zum Kommentar des analytischen Modells. In diesem Sinne sichert sie die Dimensionen eines Textes: seine materiale, strukturale, semiotische, poetologische und diskursive Dimension." (Robert Matthias Erdbeer: Der Text als Verfahren. Zur Funktion des textuellen Paradigmas im kulturgeschichtlichen Diskurs. In: Zeitschrift für Ästhetik und allgemeine Kunstwissenschaft 46/1 (2001), S. 77–105, hier S. 104 f.) Extratextuelle Kontextfaktoren – etwa die Fakten der Kontrafaktik – können dabei als Diskurse verstanden werden, mit denen die Texte Verbindungen unterhalten: „Texte stehen in Diskursen, die Diskurse treffen sich im Text" (ebd., S. 102).
[77] Siehe hierzu Kapitel 4.3.6. Skopus: Kontrafaktische Welten, kontrafaktische Elemente, *point of divergence*.

als Referenzstruktur. Allerdings werden in der Arbeit an verschiedenen Stellen durchaus auch Fragen nach den Konstitutionsbedingungen und, in eingeschränktem Maße, der Geschichte kontrafaktischer Genres verhandelt.

Ein pragmatischer Grund für die Einführung des neuen Begriffs ‚Kontrafaktik' liegt in seiner guten Handhabbarkeit: Gegenüber der beinahe ganz bedeutungsgleichen Nominalphrase ‚kontrafaktisches Erzählen in künstlerisch-fiktionalen Medien' bietet der Terminus ‚Kontrafaktik' den offensichtlichen Vorteil der Kürze. Eine Rückübersetzung in die bekannte, wenn auch etwas sperrige Terminologie bleibt der Sache nach jedoch jederzeit möglich. Ziel der Arbeit ist nicht die forcierte begriffliche Innovation. Vielmehr soll ein Vorschlag zur terminologisch griffigen und konzeptionell erhellenden Neuperspektivierung des Bekannten geboten werden, eine Neuperspektivierung, die dann wiederum neue Forschungsfragen eröffnen kann (etwa diejenige nach dem möglichen Einsatz kontrafaktischer Referenzstrukturen in Genres jenseits der *Alternate History*). Das eigentliche Argument der Arbeit ist allerdings nicht abhängig vom Gebrauch dieser speziellen Terminologie – nur lässt es sich unter Verwendung derselben, wie im Folgenden plausibilisiert werden soll, eben besonders klar und, so steht zu hoffen, einigermaßen elegant vortragen.

Die Einführung einer eigenen Terminologie, die kein neues Phänomen, sondern dem Anspruch nach ein altes Phänomen neu – und präziser – bezeichnet, wirft die Frage auf, wie mit älteren Forschungsbeiträgen umgegangen werden soll, die eine abweichende Begrifflichkeit verwenden. Die Option, die Terminologie der jeweiligen Studie zu übernehmen und kurz zu erläutern, ist zwar naheliegend, würde allerdings permanenten argumentativen Aufwand verursachen und den ohnehin recht umfänglichen Theorieteil noch weiter anschwellen lassen, ohne dabei als Kompensation einen entsprechenden analytischen Mehrwert in Aussicht stellen zu können. Um diesen argumentativen Aufwand zu vermeiden, und auch, um die Begrifflichkeiten der vorliegenden Arbeit möglichst konsequent durchhalten zu können, wurde die Entscheidung getroffen, terminologische Rückprojektionen zuzulassen: So wird im Folgenden der Begriff ‚Kontrafaktik' bei der Diskussion all jener Werke oder Forschungsbeiträge verwendet, in denen kontrafaktisches Erzählen oder Denken innerhalb künstlerisch-fiktionaler Medien zum Einsatz kommt oder mit Blick auf solche Medien diskutiert wird – und zwar auch dann, wenn die entsprechenden Forschungsbeiträgen selbst eine andere Terminologie verwenden.[78] An jenen Stellen der Studie, wo auf nicht genauer spezifizierte Weise von

---

[78] Dieses Vorgehen ähnelt dabei demjenigen, das Wünsch für die Analyse der historisch nicht als solche bezeichneten fantastischen Literatur vorschlägt: „Die Zusammenfassung einer Textmenge zur Klasse der ‚fantastischen Literatur' scheint mir jedenfalls ebenso historisch wie

‚kontrafaktischem Erzählen' gesprochen wird, ist damit stets das kontrafaktische Erzählen und Denken unabhängig vom jeweiligen pragmatischen Kontext und Geltungsanspruch gemeint.

2.3 Vier Referenzbeispiele: Harris, Ransmayr, Tarantino, Houellebecq

Wie bei jeder auf Literatur bezogenen Theorie erscheint es auch bei der Formulierung einer Theorie der Kontrafaktik sinnvoll, immer wieder den Abgleich mit der realen künstlerischen Produktion zu suchen. Um einen solchen Abgleich bereits innerhalb des Theorieteils – also im Vorfeld der eigentlichen Werkinterpretationen – zu ermöglichen, sollen im Folgenden vier jüngere, besonders prominente Beispiele der Kontrafaktik in aller Kürze charakterisiert werden. Auf diese Beispiele kann dann im weiteren Verlauf des Theoriekapitels zum Zweck der Illustration und exemplarischen Erläuterung immer wieder zurückgegriffen werden. Die Beispiele sind Robert Harris' Roman *Fatherland* (1992), Christoph Ransmayrs Roman *Morbus Kitahara* (1995), Quentin Tarantinos Spielfilm *Inglourious Basterds* (2009) sowie Michel Houellebecqs Roman *Unterwerfung* (2015). Neben ihrer großen Bekanntheit bieten die erwähnten Werke den Vorteil, durch unterschiedliche Genre- und Gattungszugehörigkeiten sowie durch ihre sehr verschiedenartige variierende Integration realweltlichen Faktenmaterials ein breites Spektrum an Ausprägungsmöglichkeiten des fiktionalen kontrafaktischen Erzählens abzudecken. Gleichwohl handelt es sich hier alles in allem um eher repräsentative oder ‚klassische' Beispiele fiktionalen kontrafaktischen Erzählens, welche in der Forschung auch bereits ausführlich kommentiert wurden. Für eine Formulierung der Leitlinien und Basiskategorien einer Theorie der Kontrafaktik kann dieser hohe Grad an Bekanntheit und Repräsentativität nur von Vorteil sein, umso mehr, als es sich bei denjenigen literarischen Texten, welche im zweiten Teil der Arbeit diskutiert werden, jeweils um vergleichsweise unkonventionelle – und bewusst als unkonventionell gewählte – Beispiele der Kontrafaktik handelt. Die im weiteren Verlauf der Studie noch detailliert zu behandelnden literarischen Texte von Christian Kracht, Kathrin Röggla, Juli Zeh und Leif Randt ermöglichen zwar eine Prüfung und Detailmodifikation der allgemeinen Theorie der Kontrafaktik, würden im Rahmen der zunächst zu leistenden Ausformulierung ebendieser Theorie allerdings vorzeitig Spezialprobleme aufwerfen, die dem Anliegen einer möglichst

---

theoretisch sinnvoll, auch wenn der Terminus selbst früheren Epochen nicht bekannt war." (Wünsch: Die Fantastische Literatur der Frühen Moderne (1890–1930), S. 12).

luziden Entwicklung und Darstellung einer allgemeinen Theorie der Kontrafaktik eher abträglich wären. An jenen Punkten der Argumentation, wo sich eine Bezugnahme auf das eigentliche literarische Textkorpus im dritten Teil der Arbeit anbietet, sollen solche Vorverweise freilich nicht künstlich vermieden werden.

Bei dreien der vier erwähnten Referenzbeispiele handelt es sich um Werke der Alternativgeschichte, bei einem um eine Dystopie. Es besteht also eine bestimmte Asymmetrie hinsichtlich der diskutierten Genres, wie sie in ähnlicher Weise auch die weiteren theoretischen Überlegungen durchziehen wird. Dieses Ungleichgewicht liegt darin begründet, dass die bisherige Forschung sich fast ausschließlich auf kontrafaktische *Geschichts*darstellungen beschränkt hat. Um die Verbindungslinie mit der bestehenden Forschung nicht abreißen zu lassen sowie um die neue Theorieperspektive zunächst an vertrauten Beispielen zu erproben, erscheint es sinnvoll, vorderhand die historische Kontrafaktik ins Zentrum der Aufmerksamkeit zu rücken. In einem Folgeschritt sollen dann aber auch solche Textkorpora dem Label ‚Kontrafaktik' subsummiert werden, die bisher nicht oder nicht konsequent mit dem kontrafaktischen Erzählen in Verbindung gebracht worden sind. An konkreten, ergänzenden Genres werden dabei im Interpretationsteil der Arbeit namentlich der kreative Dokumentarismus sowie das utopische respektive dystopische Erzählen diskutiert.

Im Folgenden wird jeweils eine kurze Handlungssynopse der vier genannten Referenzbeispiele geboten. Anschließend werden die zentralen kontrafaktischen Elemente innerhalb dieser Werke identifiziert und die möglichen politischen Implikationen der Texte respektive des Films angedeutet. Dieser Fokus auf den politischen Gehalt bildet dabei einen Vorgriff auf die Verbindung von Kontrafaktik und politischem Schreiben, wie sie im zweiten Teil der Arbeit ausführlich thematisiert werden soll.

Robert Harris: *Fatherland* (1992)

In Robert Harris' Romandebüt und internationalem Bestseller *Fatherland* nimmt der Zweite Weltkrieg ab dem Jahr 1942 einen von der Realgeschichte abweichenden Verlauf: Nachdem die Nazis den Krieg gewonnen haben, beherrschen sie im Jahre 1964, dem Jahr der Romanhandlung, ganz Europa, inklusive Englands und weiter Teile Russlands.[79] Protagonist des Romans ist der Kripo-Sturmbannführer Xavier March, der bei seinen Ermittlungen zu einer Mordserie an ehemaligen Mitgliedern der obersten Riege der NSDAP eine staatliche Vertuschungsaktion

---

79 Robert Harris: Fatherland. London 1992.

aufdeckt: Um die letzten Spuren des Holocaust zu verwischen, werden die Teilnehmer der Wannseekonferenz, auf der 1942 der Völkermord an den Juden geplant wurde – was in der Welt des Romans allerdings nicht öffentlich bekannt ist –, einer nach dem anderen ermordet. Mit der Unterstützung einer amerikanischen Journalistin gelingt es March, die Wahrheit über den Genozid an den Juden herauszufinden. Der Roman endet auf dem Gelände des ehemaligen Konzentrationslagers Auschwitz, wo nur noch verstreute Mauersteine an die vormals hier installierte Tötungsanlage erinnern. Ob die Akten, die den Holocaust dokumentieren, außer Landes geschmuggelt und an die amerikanische Presse weitergeleitet werden können, bleibt letztlich ungewiss.

Zeitlich mehr als zwanzig Jahre nach einem von der realen Geschichte abweichenden historischen Umschlagspunkt angesiedelt, basiert die gesamte erzählte Welt von *Fatherland* auf komplexen kontrafaktischen Vorannahmen, die besonders in den ersten Kapiteln des Buches ausführlich entfaltet werden. Für seine detaillierte Schilderung der Reichshauptstadt Germania griff Harris dabei auf die realen architektonischen Pläne Albert Speers für den Umbau Berlins zurück. In einem Nachwort am Ende des Romans gibt der Autor an, dass die Biografien der historischen Figuren des Romans bis zum Jahre 1942 den realen Tatsachen entsprechen und erst danach davon abweichen. Das Nachwort enthält ferner einen knappen Abriss der realen Schicksale jener Personen, deren Lebenslauf innerhalb des Romans kontrafaktisch variiert wird.

Der 1992 erschienene Roman wurde von Teilen der Öffentlichkeit als kritischer Kommentar zur deutschen Wiedervereinigung und als Warnung vor einem möglichen neuerlichen Erstarken totalitärer Mächte in einem vereinten Deutschland gedeutet: Harris' Werk, das auf Anhieb zu einem Bestseller wurde, griff die allgemein deutschlandskeptische Haltung der Briten auf, die seit Ende der 1980er Jahre unter anderem von Margaret Thatcher geschürt worden war. Konservative Politiker ebenso wie weite Teile der Bevölkerung befürchteten, Deutschland könne über den Umweg der Europäischen Union einmal mehr die Vormachtstellung in Europa anstreben.[80] Der Erfolg des Romans in Großbritannien lässt sich insofern nicht zuletzt auf das Unbehagen der Briten angesichts der deutschen Wiedervereinigung und eine Verunsicherung bezüglich der – auch in der Gegenwart noch virulenten – Frage zurückführen, ob eine europäische Integration wirklich wünschenswert ist.[81]

Den europakritischen Subtext von *Fatherland* stellte Harris selbst in einem Artikel mit dem Titel *Nightmare Landscape of Nazism Triumphant* offen heraus:

---

80 Vgl. Evans: Veränderte Vergangenheiten, S. 121–129.
81 Vgl. Rosenfeld: The World Hitler Never Made, S. 87.

> I spent four years writing [a] ... novel about a fictional German superpower and, as I wrote, it started turning into fact ... One does not have to share the views of ... Margaret Thatcher to note the similarity between what the Nazis planned for western Europe and what, in economic terms, has come to pass.[82]

Christoph Ransmayr: *Morbus Kitahara* (1995)

Christoph Ransmayrs *Morbus Kitahara* und der im selben Jahr erschienene kontrafaktische Wende-Roman *Helden wie wir* von Thomas Brussig können als die beiden ersten bedeutenden kontrafaktischen Werke im deutschsprachigen Raum nach der Wiedervereinigung gelten. Erzählt wird in Ransmayrs Roman die Geschichte dreier gesellschaftlicher Außenseiter im fiktiven Ort Moor nahe dem oberösterreichischen Traunsee in den ersten Jahrzehnten nach dem Zweiten Weltkrieg.[83] Nachdem der Ort Moor von einander ablösenden Besatzungsmächten kontrolliert worden war, übernehmen schließlich die Amerikaner das Kommando. Im Rahmen des sogenannten Stellamour-Plans – einer kontrafaktischen Variante des Morgenthau-Plans, der angeblich eine Deindustrialisierung Nazi-Deutschlands nach dem Ende des Krieges vorsah – wird die gesamte Infrastruktur des Ortes zurückgebaut; die Bewohner werden in vorindustrielle Lebensumstände zurückversetzt. Zusätzlich lässt ein Major der Besatzungstruppe die Einwohner einmal jährlich in Gefangenenkleidung im nahegelegenen Steinbruch, wo sich zu Kriegszeiten ein Zwangsarbeitslager befand, Szenen des Lageralltags nachstellen.

Die verwickelte Handlung des Romans muss an dieser Stelle nicht rekapituliert werden. Erwähnt sei lediglich, dass sich der Titel des Romans *Morbus Kitahara* – eine veraltete Bezeichnung für die Augenerkrankung Retinopathia centralis serosa (RCS) – auf eine Sehstörung des Protagonisten Bering bezieht, bei der das Sehfeld durch schwarze bzw. ‚blinde' Flecken eingeschränkt ist, ein Umstand, der bezogen auf zentrale Themen des Romans – die Möglichkeit der Erinnerung an vergangene Schrecken und die Wahrnehmung von Zeit und Wirklichkeit – eine hohe symbolische Aufladung erhält und zugleich poetologisch auf das kontrafaktische Erzählverfahren des Textes verweist.

Ähnlich wie Harris' *Fatherland* wurde auch Ransmayrs *Morbus Kitahara* von Teilen der Leserschaft als Kommentar zur deutschen Wiedervereinigung aufgefasst. Dabei wurde Ransmayrs Roman allerdings nicht als Warnung vor

---

[82] Robert Harris: Nightmare Landscape of Nazism Triumphant. In: Sunday Times, 10.05.1992, zitiert nach Rosenfeld: The World Hitler Never Made, S. 423, Anm. 187.
[83] Christoph Ransmayr: Morbus Kitahara. Frankfurt a. M. 1995.

einem neuerlichen Erstarken faschistischer Mächte im vereinten Deutschland gedeutet, sondern als Beitrag zu der in den 1990er Jahren intensiv geführten Diskussion über eine angemessene Auseinandersetzung mit der nationalsozialistischen Vergangenheit.[84]

Quentin Tarantino: *Inglourious Basterds* **(2009)**

Quentin Tarantinos kontrafaktischer Kriegsfilm *Inglourious Basterds* verfolgt zwischen 1941 und 1944 eine Reihe von Erzählsträngen mit unterschiedlichem Personal.[85] Im Zentrum der Handlung steht eine fiktive, jüdisch-amerikanische Guerilla-Truppe namens ‚Inglourious Basterds' (absichtliche Falschschreibung) unter der Führung von Lieutenant Aldo Raine (gespielt von Brad Pitt), die im besetzten Frankreich Jagd auf Nazis machen, sowie SS-Standartenführer Hans Landa (Christoph Waltz), genannt ‚the Jew Hunter', der die Inglourious Basterds ausfindig zu machen sucht. Während der Premiere eines von Joseph Goebbels gedrehten Kriegsfilms in einem französischen Kino, bei der auch Adolf Hitler zugegen ist, lassen sich einige Mitglieder der Basterds ins Kino einschmuggeln und erschießen Hitler, Goebbels und einen großen Teil der versammelten Nazi-Prominenz. Zugleich stecken die französische, jüdische Kinobetreiberin Shoshanna Dreyfus (Mélanie Laurent) – einzige Überlebende eines von Nazi-Soldaten an ihrer Familie verübten Massakers – und ihr schwarzer Geliebter Emanuel (Jacky Ido) das Kino in Brand, welches zusätzlich durch eine Ladung Dynamit in die Luft gesprengt wird, welche von Hans Landa in der Führer-Loge deponiert wurde: Um nach dem Ende des Krieges einer Verfolgung aufgrund von Kriegsverbrechen zu entgehen, schließt Landa einen Pakt mit der englischen Regierung, die ihm freies Geleit zusichert. Infolge der dreifachen Annihilierung der gesamten Nazi-Führung durch eine jüdisch-amerikanische Kampftruppe, durch eine französische Überlebende des Holocaust und ihren schwarzen Liebhaber sowie durch einen deutschen Deserteur endet der Zweite Weltkrieg.

Das zentrale kontrafaktische Element des Films bildet offenkundig die Ermordung der Nazi-Elite, inklusive Adolf Hitlers, in einem französischen Kino im Jahre 1944. Allerdings kommt es erst ganz zum Schluss des Films zu dieser offensichtlichen kontrafaktischen Variation historischer Tatsachen; bis zu diesem Moment der

---

84 Vgl. Hans-Jörg Knobloch: Endzeitvisionen. Studien zur Literatur seit dem Beginn der Moderne. Würzburg 2008, S. 177.
85 Quentin Tarantino (Regie): Inglourious Basterds. USA / Deutschland 2009.

Handlung hätte es sich bei *Inglourious Basterds* auch um einen konventionellen fiktionalen Kriegsfilm handeln können, der zwar zum Teil auf verbürgtes historisches Personal zurückgreift, die großen Linien der Geschichte allerdings unverändert lässt.[86]

Wiewohl auf der Ebene seiner historischen Handlungselemente in hohem Grade politisch, weist *Inglourious Basterds* keine offensichtlichen Beziehungen zur politischen Gegenwart seiner Entstehungszeit auf.[87] Allerdings hat Tarantino im Interview darauf hingewiesen, dass er mit *Inglourious Basterds* sowie mit seinem darauffolgenden Film *Django Unchained* (2012) – ein Film über den blutigen Rachefeldzug eines ehemaligen schwarzen Sklaven in den amerikanischen Südstaaten Mitte des 19. Jahrhunderts – darauf abgezielt habe, „den Menschen des 21. Jahrhunderts die Chance zu geben, sich mit diesen Helden aus der Vergangenheit zu verbünden und ihnen gemeinsam eine Katharsis zu ermöglichen."[88] Der kontrafaktische Kriegsfilm ermöglicht damit dem eigenen Anspruch nach eine emotionale Verarbeitung realer historischer Traumata.

Michel Houellebecq: *Unterwerfung* (2015)

Dystopisches Erzählen ist in der bisherigen Forschung nur selten als Manifestation kontrafaktischen Erzählens diskutiert worden. Da in der vorliegenden Studie allerdings gezeigt werden soll, dass auch Dystopien – ebenso wie satirische Texte, Schlüsselromane oder Dokufiktionen – häufig auf kontrafaktische

---

[86] Eine vergleichbare zeitliche Struktur weist Tarantinos Film *Once Upon a Time in Hollywood* (2019) auf.

[87] Siehe zum Zusammenhang von Kontrafaktik und dem Politischen in Tarantinos *Inglourious Basterds* – unter besonderer Berücksichtigung der Mehrsprachigkeit im Film – auch Michael Navratil: Sprach- und Weltalternativen: Mehrsprachigkeit als Ideologiekritik in kontrafaktischen Werken von Quentin Tarantino und Christian Kracht. In: Marko Pajević (Hg.): Mehrsprachigkeit und das Politische. Interferenzen in zeitgenössischer deutschsprachiger und baltischer Literatur. Tübingen 2020, S. 267–285.

[88] Quentin Tarantino: „Es gibt Gewalt, die Spaß machen kann". Interview. In: Die Zeit, 09.01.2013. Quelle: http://www.zeit.de/kultur/film/2013-01/Quentin-Tarantino-Interview-Django-Unchained (Zugriff: 27.07.2021). Im selben Interview heißt es weiter: „Als ich mit *Inglourious Basterds* durch die Welt gereist bin, haben alle mit einer gewissen Häme gefragt: ‚Und was werden die Deutschen dazu sagen?' Und ich habe immer geantwortet: ‚Wenn jemand in der Welt davon träumt, Adolf Hitler umzubringen, dann sind es neben den Juden vor allem die Deutschen der letzten drei Generationen.' Die Reaktion und der Erfolg des Films in Deutschland haben das vollkommen bestätigt."

Referenzstrukturen zurückgreifen, soll abschließend noch ein prominentes Beispiel dystopischen Erzählens angeführt werden.

Michel Houellebecq gestaltet in *Unterwerfung* ein Frankreich im Jahre 2022/23, in welchem, nachdem es bei der Präsidentschaftswahl zwischen dem Sozialisten François Hollande und Marine Le Pen vom Front National zu einem Patt gekommen ist, eine islamistische Partei mit einem charismatischen jungen Vorsitzenden an der Spitze die Regierungsgeschäfte übernimmt.[89] Die sogenannte ‚Bruderschaft der Muslime' ändert die laizistische Verfassung Frankreichs und führt Patriarchat, Scharia und Polygamie ein. Protagonist des Romans ist ein depressiver, alkoholabhängiger und sexuell frustrierter Literaturwissenschaftler, dem im Rahmen der islamischen Neuorganisation der Gesellschaft eine überaus lukrative Lehrposition sowie eine Ehe mit mehreren attraktiven jungen Frauen in Aussicht gestellt werden – unter der Bedingung, dass er zum Islam konvertiert.

Houellebecq greift in seinem Roman eine Reihe von Themen der zeitgenössischen politischen Diskussion in Frankreich und allgemein in Europa auf, insbesondere die neurechte Angst vor einer ‚Islamisierung' des Abendlandes. Die erzählte Welt von Houellebecqs Roman steht dabei in geringem zeitlichen und allgemein diegetischen Abstand zur Gegenwart seiner Entstehung, sodass ein Vergleich zeitgenössischer politischer und gesellschaftlicher Tendenzen mit den im Roman geschilderten Entwicklungen sich geradezu aufdrängt.[90]

Houellebecqs Roman wurde bereits vor seinem Erscheinen und dann vollends danach überaus kontrovers diskutiert, wobei die Anschläge auf die Redaktion des Satiremagazins *Charlie Hebdo* am 7. Januar 2015, dem Tag der französischen Erstveröffentlichung von *Unterwerfung*, der Debatte eine unheimliche tagesaktuelle Brisanz verliehen. Zur Diskussion stand vor allem der Vorwurf der Islamophobie, der gegen das Buch erhoben wurde, sowie die Frage, als wie wahrscheinlich oder plausibel Houellebecqs Zukunftsvision zu bewerten sei. Bezüglich der politischen Implikationen seines Romans zog Houellebecq selbst sich – durchaus ambivalent – auf das Recht zu freiem künstlerischen Ausdruck zurück. Im Interview sagte er:

> Le début de mes interviews pour *Soumission* était pénible parce que j'eu l'impression de répéter en boucle 'Soumission n'est pas un roman islamophobe.' Maintenant ça risque de devenir plus pénible parce que je vais être obligé de répéter en boucle deux choses. 1,

---

[89] Michel Houellebecq: Unterwerfung. Köln 2015.
[90] Siehe hierzu auch Navratil: Jenseits des politischen Realismus, S. 371–374.

> *Soumission* n'est pas un roman islamophobe, 2, on a parfaitement le droit d'écrire un livre islamophobe si on veut.[91]

Bereits auf der Basis dieser knappen Zusammenfassungen lassen sich eine Reihe von Gemeinsamkeiten zwischen den angeführten kontrafaktischen Werken erkennen, die im weiteren Verlauf der Studie noch eingehend diskutiert werden sollen. *Erstens*: Die Kontrafaktik zeigt eine Neigung zur Variation *geschichtlicher* respektive *geschichtsträchtiger* Fakten, solcher Fakten also, die sich auf politische oder gesellschaftliche Ereignisse von hoher Relevanz und allgemeiner Bekanntheit beziehen (Kriege, Schlachten, politische Morde, gesellschaftliche Umbrüche etc.). *Zweitens*: Kontrafaktische Werke führen oftmals eine Reihe politischer Implikationen mit sich und lösen nicht selten politische Debatten in der Öffentlichkeit aus. *Drittens*: Häufig findet sich in Werken der Kontrafaktik eine immanente Reflexion auf die Möglichkeiten der Abwandlung – und nicht selten intentionalen Verfälschung – von ‚Fakten' oder allgemein von ‚Wahrheit'. Die für das Erzählphänomen konstitutive narrative Faktenvariation wird damit gleichsam in die erzählte Welt selbst hineingespiegelt. Allerdings handelt es sich, so viel sei bereits vorausgeschickt, bei diesen innerdiegetischen oder, wenn man so will, ‚metafaktischen' Elementen ihrerseits in aller Regel nicht wiederum um kontrafaktische Variationen der Wahrheit, also um offenkundige Faktenvariationen, die gerade als solche erkannt und interpretiert werden sollen. Stattdessen geht es hier meist um eine strategisch-täuschende Manipulation von Fakten: also um Geschichtsklitterungen, Fake News oder schlicht um Lügen.[92]

---

[91] [Der Beginn meiner Interviews zu *Unterwerfung* war anstrengend, da ich den Eindruck hatte, dass ich gebetsmühlenartig wiederhole: ‚*Unterwerfung* ist kein islamophober Roman.' Nun droht das alles noch anstrengender zu werden, weil ich gezwungen sein werde, zwei weitere Dinge gebetsmühlenartig zu wiederholen. Erstens, *Unterwerfung* ist kein islamophober Roman, zweitens, man hat vollkommen das Recht, einen islamophoben Roman zu schreiben, wenn man das möchte. – Übersetzung M. N.] Buchvorstellung: „Unterwerfung" von Michel Houellebecq am 20.01.2015. Quelle: https://www.youtube.com/watch?v=RsZt6LXA8rw (Zugriff: 27.07.2021).
[92] Siehe Kapitel 5.4. Metafaktizität. Siehe auch Michael Navratil: Lying in Counterfactual Fiction. On the Critical Function of Metafactuality. In: Monika Fludernik / Stephan Packard (Hg.): Being Untruthful. Lies, Fictionality and Related Nonfactualities (im Erscheinen).

3 Forschungsdiskussion

Im Folgenden soll ein Überblick zur Forschungsdiskussion des kontrafaktischen Erzählens gegeben werden. Auf ein detailliertes Referat der Geschichte des Erzählphänomens selbst sowie auf eine Rekonstruktion der Forschungsgeschichte kann dabei verzichtet werden, da diese bereits von Richard J. Evans in seiner Studie *Altered Pasts. Counterfactuals in History*[93] vorgelegt wurden. Anstatt eine additive Forschungssynopse zu liefern, wird im Folgenden nur knapp auf die wichtigsten, vor allem monografischen Beiträge zum Thema eingegangen, um dann möglichst zügig zu einer systematischen Perspektivierung voranzuschreiten. Zentrales Anliegen der nachfolgenden Rekonstruktion ist es, rekurrente Muster der Forschungsdiskussion herauszuarbeiten sowie mögliche Probleme derselben zu benennen, auf welche die vorliegende Studie reagiert.

3.1 Positionen der Forschung

Die Forschung zum kontrafaktischen Denken und Erzählen, zu „Was wäre, wenn …?"-Fragen und zu Gedankenexperimenten hat in den letzten zwei bis drei Jahrzehnten einen bemerkenswerten Aufschwung erfahren, und zwar nicht nur in der Literaturwissenschaft, sondern auch in der Philosophie, der Geschichtswissenschaft, der Linguistik, der Psychologie, der Wissenschaftstheorie und in vielen angrenzenden Disziplinen. Kontrafaktisches Denken ist, wie etwa vonseiten der Sozialpsychologie betont wird[94], eine überaus verbreitete menschliche Praxis mit vielseitigen Funktionen und Anwendungsbereichen. Es überrascht entsprechend nicht, dass die wissenschaftliche Beschäftigung mit dem kontrafaktischen Denken ihrerseits in eine Reihe von Teildisziplinen zerfällt.[95] Die grammatische Struktur von Konditionalgefügen wie „Wenn ich früher von zuhause losgegangen wäre, hätte ich den Bus nicht verpasst", die ökonometrischen Kalkulationen künftiger Finanzentwicklungen, die mathematische Beschreibung von Kugeleigenschaften

---
[93] Vgl. Evans: Veränderte Vergangenheiten.
[94] Vgl. Neal J. Roese / James M. Olson: Preface. In: Dies. (Hg.): What Might Have Been. The Social Psychology of Counterfactual Thinking. Mahwah, New Jersey 1995, vii–xi, hier vii.
[95] Für einen Überblick siehe die folgenden Aufsatzsammlungen: Wenzlhuemer (Hg.): Counterfactual Thinking as a Scientific Method; Birke / Butter / Köppe (Hg.): Counterfactual Thinking – Counterfactual Writing; Mélanie Frappier / Letitia Meynell / James Robert Brown (Hg.): Thought Experiments in Philosophy, Science, and the Arts. New York / Abingdon 2013; Michael T. Stuart / Yiftach Fehige / James Robert Brown (Hg.): The Routledge Companion to Thought Experiments. Abingdon / New York 2017.

in höheren Dimensionen, das Nachdenken über die Folgen eines Siegs der Nazis im Zweiten Weltkrieg, die Psychologie der Reue, das Ausmalen politischer Utopien, schließlich die literarische Faktenvariation in Alternativgeschichte, Utopie und Science-Fiction – in all diesen Bereichen können Formen kontrafaktischen Denkens zum Einsatz kommen. Definition, Funktion und methodische Beschränkungen dessen, was man hier jeweils als ‚kontrafaktischen Aspekt' bezeichnen könnte, gehen dabei allerdings zum Teil erheblich auseinander oder sind wechselseitig sogar partiell inkompatibel: Der Kontrafaktizitätsbegriff etwa der kognitiven Linguistik und derjenige der analytischen Philosophie sich nicht integrierbar.[96] Weitgehende Einigkeit besteht entsprechend in der Forschung darüber, dass keine Einigkeit besteht: Eine allgemeingültige Definition – jenseits der trivialen Eigenschaft des Nicht-faktisch-Korrekten – und eine übergreifende Funktion kontrafaktischen Denkens lassen sich nicht angeben.[97]

Unter den geisteswissenschaftlichen Disziplinen hat sich vor allem die Geschichtswissenschaft mit dem kontrafaktischen Erzählen beschäftigt. Anthologien mit kurzen, von Historikern verfassten kontrafaktischen Szenarien finden sich bereits in der ersten Hälfte des 20. Jahrhunderts. Besonders zu erwähnen ist die von J. C. Squire herausgegebene Sammlung *If It Had Happened Otherwise. Lapses into Imaginary History* von 1931, in der unter anderem Winston Churchill mit einem Beitrag zum Thema „If Lee Had Not Won the Battle of Gettysburg" vertreten ist.[98] Seit den 1990er Jahren ist die Zahl derartiger Publikationen beträchtlich angestiegen. Besonders hervorzuheben ist die 1997 von Niall Ferguson herausgegebene und mit einer umfänglichen Einleitung versehene Anthologie *Virtual History. Alternatives and Counterfactuals.*[99]

Die grundlegende Frage, der sich historische kontrafaktische Spekulationen von jeher ausgesetzt sehen, ist die, ob kontrafaktischen Geschichtsimaginationen – also Spekulationen über Ereignisse, die *nicht* eingetreten sind – wissenschaftlicher Erkenntniswert zugesprochen werden kann. Ein wichtiger Schritt innerhalb der geschichtswissenschaftlichen Diskussion vollzog sich diesbezüglich mit der Publikation von Alexander Demandts Traktat *Ungeschehene Geschichte* im Jahre 1984, das seitdem vielfach wiederaufgelegt wurde.[100] In seinem kurzen Buch führt Demandt eine ganze Reihe historischer kontrafaktischer Szenarien an,

---

[96] Vgl. Dorothee Birke / Michael Butter / Tilmann Köppe: Introduction: England Win. In: Dies.: Counterfactual Thinking – Counterfactual Writing. Berlin 2011, S. 1–11, hier S. 4.
[97] Vgl. Albrecht / Danneberg: First Steps Toward an Explication of Counterfactual Imagination, S. 16.
[98] Squire (Hg.): If It Had Happened Otherwise.
[99] Ferguson (Hg.): Virtual History.
[100] Demandt: Ungeschehene Geschichte.

stellt den spezifischen Erkenntniswert kontrafaktischer Imagination in der Geschichtswissenschaft heraus und argumentiert gar für deren Unabdingbarkeit im Kontext einer Bewertung geschichtlicher Ereignisse. Demandts Studie kommt unter anderem das Verdienst zu, eine wissenschaftliche Diskussion über die spezifischen methodologischen Anforderungen angeregt zu haben, welche erfüllt sein müssen, damit kontrafaktische Imaginationen in den Dienst seriöser geschichtswissenschaftlicher Investigation gestellt werden können. Demandt entwickelt einen Katalog der methodischen Beschränkungen, denen die Konjekturalgeschichte genügen muss, um zu wissenschaftlich validen Erkenntnissen zu führen. Dabei betont er vor allem die Notwendigkeit der Plausibilität respektive Wahrscheinlichkeit alternativgeschichtlicher Hypothesen, welche sich immer nur anhand der historischen Quellen selbst erschließen lassen: „Ernst zu nehmende Alternativen brauchen Anhaltspunkte, die im Geschehen selbst aufgewiesen werden müssen."[101] Eine weitere Bedingung für das kontrafaktische Erzählen in der Geschichte – die strenggenommen eine Erweiterung des Plausibilitätsarguments darstellt – lautet, dass für kontrafaktische Geschichtsverläufe nur dann überzeugend argumentiert werden kann, wenn sie sich zeitlich nicht zur weit vom alternativgeschichtlichen Umschlagspunkt entfernen: „Die Plausibilität von historischen Deviationen sinkt nicht nur mit dem Grad der Abweichung, sondern auch mit der Entfernung von dem Zeitpunkt, an dem wir die wirkliche Geschichte verlassen. Langzeitalternativen sind immer schwer einsichtig zu machen."[102]

---

[101] Demandt: Ungeschehene Geschichte, S. 43. Demandts Ansatz zeichnet sich durch seine große Strukturiertheit und Umsicht aus, bildet aber keineswegs den historisch ersten Versuch, das kontrafaktische Denken in der Geschichte methodisch einzuhegen. Ein interessantes früheres Beispiel stellt die Aufsatzsammlung *If I Had Been ...* dar, für die der Herausgeber Daniel Snowman zehn Historiker bat, bei ihren alternativgeschichtlichen Imaginationen eine Reihe von Regeln zu beachten. Da dieser Regelkanon für historiografische Ausprägungen des kontrafaktischen Erzählens nach wie vor als repräsentativ gelten kann, sei der entsprechende Absatz aus der Einleitung in extenso zitiert: Snowman forderte die Autoren des Bandes auf, „to evoke a strictly authentic historical setting and to recreate as accurately as possible the situation facing the personality around whom their essay revolved. There was to be no *deus ex machina*, no invented assassination, no melodramatic intervention of the fates to give artificial wings to the imagination. Furthermore, our authors were asked to concentrate upon a genuine moment in the past and upon the decision-making that took place at that time; speculation about what might or might not have happened subsequently was to be only a secondary consideration. Thus, the 'ifs' of this book occur within a framework carefully circumscribed by historical facts. All that is changed is that the central character of each piece is deemed to have decided upon a slightly different, but entirely plausible, course of action from that actually adopted." (Daniel Snowman: Introduction. In: Ders. (Hg.): If I Had Been ... Ten Historical Fantasies. London 1979, S. 1–9, hier S. 1f.).
[102] Demandt: Ungeschehene Geschichte, S. 94.

Demandts Überlegungen zu einer „durch die Regeln der Wahrscheinlichkeit gezügelten historische[n] Phantasie"[103] wurden von zahlreichen nachfolgenden Theoretikern des kontrafaktischen Erzählens in der Geschichtswissenschaft aufgegriffen und weiterentwickelt. Niall Ferguson etwa stellt die (selbst für den Bereich der Geschichtswissenschaft extrem skrupulöse) Forderung auf: „We should consider as plausible or probable *only those alternatives which we can show on the basis of contemporary evidence that contemporaries actually considered.*"[104] Diese methodische Disziplinierung hat in den letzten drei Jahrzehnten wesentlich dazu beigetragen, den vormals als bloßes ‚Gesellschaftsspiel'[105] verschrienen „Was wäre, wenn ...?"-Imaginationen der Historiografie den Status seriöser wissenschaftlicher Fragen zu verleihen. Weitgehende Einigkeit besteht mittlerweile darüber, dass kontrafaktische Veränderungen des Geschichtsverlaufs ein hohes Maß an Plausibilität aufweisen müssen, dass diese Plausibilität einzig auf der Basis eines umfänglichen Studiums von Quellen, die selbst nicht kontrafaktisch sind, gewährleistet werden kann und dass kontrafaktische Eingriffe in die historischen Entwicklungen lediglich Folgekalkulationen in der *„courte durée"*[106], also in enger zeitlicher Nähe zum historischen Umschlagspunkt ermöglichen. Auch das Misstrauen gegenüber kontrafaktischen Szenarien, die sich allzu offensichtlich dem Wunschdenken oder einem politischen Affekt verdanken, hat sich seit Demandts Studie in der historiografischen Diskussion gehalten.

Eine Schnittmenge der Diskussion des kontrafaktischen Erzählens zwischen den Feldern der analytischen Sprachphilosophie, der Geschichtstheorie und der Literaturwissenschaft liegt im Bereich der Mögliche-Welten-Theorie (*possible worlds theory*). Spätestens seit dem Erscheinen von David Lewis' Klassiker der analytischen Sprachphilosophie *Counterfactuals* im Jahre 1973 wird das kontrafaktische Denken regelmäßig mit der Theorie möglicher Welten in

---

103 Demandt: Ungeschehene Geschichte, S. 10.
104 Niall Ferguson: Introduction. Virtual History: Towards a 'chaotic' theory of the past. In: Ders.: (Hg.) Virtual History. Alternatives and Counterfactuals. London 1997, S. 1–90, hier S. 86. In ähnlicher Weise fordert Chamberlain: „Ideally history 'as it could have been' should also exclude changes that could not have been – at any rate, not at the time and place proposed." (Chamberlain: Afterword: Allohistory in Science Fiction, S. 282).
105 Edward Hallett Carrs abfällige Rede vom „parlour game" kontrafaktischer Geschichtsschreibung wird in der Forschung immer wieder zitiert. Der ursprüngliche Textzusammenhang ist der folgende: „[O]ne can always play a parlour game with the might-have-beens of history. But they [i. e. these suppositions] have nothing to do with determinism; for the determinist will only reply that, for these things to have happened, the causes would also have had to be different. Nor have they anything to do with history." (Edward Hallett Carr: What is History? New York 1961, S. 91).
106 Lubomír Doležel: Possible Worlds of Fiction and History. The Postmodern Stage. Baltimore 2010, S. 113.

Verbindung gebracht.[107] Mit Blick auf Geschichtsschreibung und Literatur hat vor allem Lubomír Doležel in einer Reihe von Aufsätzen und zwei Monografien die Nützlichkeit der Mögliche-Welten-Theorie für eine Konzeptualisierung des kontrafaktischen Erzählens propagiert.[108] Dabei vertritt Doležel – am elaboriertesten in seiner Studie *Possible Worlds of Fiction and History* – die These, dass sowohl Geschichtsschreibung als auch fiktionale Literatur mögliche Welten eröffnen, diese beiden Arten möglicher Welten bezüglich ihrer Funktion, ihrer strukturellen und ihrer semantischen Eigenschaften jedoch fundamental verschieden sind:

> The possible worlds framework enables us to reassert the status of historiography as an activity of *noesis*: its possible worlds are models of the actual past. Fiction making is an activity of *poiesis*: fictional worlds are imaginary possible alternatives of the actual world.[109]

Doležel weist damit die häufig mit der konstruktivistischen Geschichtstheorie Hayden Whites in Verbindung gebrachte These zurück, dass zwischen historiografischen und fiktionalen Texten kein fundamentaler Unterschied bestehe (auf diese problematische These wird weiter unten noch einzugehen sein).[110] Zwar räumt Doležel ein, dass sich der Unterschied zwischen historiografischen und fiktionalen Texten nicht an der Sprachlichkeit des jeweiligen Diskurses allein festmachen lasse; wohl aber könne eine solche Unterscheidung anhand der Struktur und des Anspruchs der durch diese Diskurse konstruierten Welten getroffen werden: „The solution of the problem of history versus fiction is not on the level of 'discourse' but on the level of 'world.'"[111] Doležels zentrales Interesse liegt dabei erkennbar im Bereich der Geschichtstheorie und nicht der Literaturwissenschaft.[112] Die literaturwissenschaftliche Forschung zum kontrafaktischen Erzählen ignoriert er

---

107 David Lewis: Counterfactuals. Oxford 1973.
108 Lubomír Doležel: Heterocosmica. Fiction and Possible Worlds. Baltimore / London 1998; ders.: Fictional and Historical Narrative: Meeting the Postmodernist Challenge. In: David Herman (Hg.): Narratologies: New Perspectives on Narrative Analysis. Columbus, Ohio 1999, S. 247–273; ders.: The Role of Counterfactuals in the Production of Meaning. In: Fotis Jannidis et al. (Hg.): Regeln der Bedeutung. Zur Theorie der Bedeutung literarischer Texte. Berlin 2003, S. 68–79.
109 Doležel: Possible Worlds of History and Fiction, viii. Vgl. speziell zum kontrafaktischen Erzählen ebd., S. 101–126.
110 Siehe Kapitel 3.2.2. Anlehnung an die Geschichtswissenschaft.
111 Doležel: Postmodern narratives of the past: Simon Schama. In: John Gibson / Wolfgang Huemer / Luco Pocci (Hg.): A Sense of the World. Essays on fiction, narrative, and knowledge. New York 2007, S. 167–188, hier S. 184.
112 Bereits in seiner Studie *Heterocosmica* schreibt Doležel kontrafaktischen Imaginationen vor allem eine epistemische Funktion im Rahmen der Geschichtswissenschaft zu: „Possible worlds of historiography are *counterfactual scenarios* that help us to understand actual-world history." (Doležel: Heterocosmica, S. 14).

weitgehend[113]; den spekulativen kontrafaktischen Imaginationen der Literatur spricht er sogar jeglichen kognitiven Nutzen ab.[114] Insgesamt verteidigt Doležel – in diesem Punkt erstaunlich konventionell – die ‚seriösen' kontrafaktischen Imaginationen der Wissenschaft gegenüber den kontrafaktischen Spekulationen der Literatur.[115] Der Sonderbereich, den Doležel den möglichen Welten der Kontrafaktik in seiner Theorie immerhin einräumt, bleibt damit theoretisch weitgehend unbestimmt.[116]

Mit Blick auf Theorien wie diejenige Doležels ist anzumerken, dass eine Übertragung des modallogischen Konzepts der möglichen Welten auf die fiktionalen Welten der Literatur generell nicht unproblematisch ist. Die Rede von möglichen Welten impliziert nämlich strenggenommen Kohärenz und Widerspruchsfreiheit der in Frage stehenden Welten. Für eine als real designierte Welt mag man diese Forderung zwar gelten lassen, doch erscheint es wenig plausibel, auch die fiktionalen Welten der Literatur den Regeln der Modallogik unterwerfen zu wollen.[117] Letztlich limitiert die Rede von möglichen Welten den Spielraum fiktional-literarischen Erzählens auf unzulässige Weise. Was speziell das kontrafaktische Erzählen betrifft, so führt die Rede von möglichen Welten leicht allzu weit über den eigentlichen Bereich der Kontrafaktik hinaus: Fiktionstheorien, die von möglichen Welten ausgehen, konzeptualisieren fiktionale Welt mitunter ganz generell als kontrafaktische Welten.[118] Die Differenzkriterien für die Beschreibung von im engeren Sinne kontrafaktischen Texten gehen damit verloren.[119]

---

113 In *Possible Worlds of History and Fiction* werden die Arbeiten von Helbig, Hellekson und Widmann nicht einmal erwähnt. Als erste große Studie zur historischen Kontrafaktik wird fälschlicherweise die Dissertation von McKnight angegeben (vgl. ebd., S. 105). Tatsächlich war Helbigs Dissertation aber bereits sechs Jahre zuvor erschienen. Siehe für eine Kritik an Doležels Vorgehen auch Singles: Alternate History, S. 40f., 93.
114 Doležel: Possible Worlds of Fiction and History, S. 114.
115 Vgl. Doležel: Possible Worlds of Fiction and History, bes. S. 123–126.
116 Eine Zusammenfassung und Problematisierung des *Possible World*-Ansatzes im Zusammenhang mit der Alternativgeschichte findet sich bei Singles: Alternate History, S. 33–43.
117 Vgl. Zipfel: Fiktion, Fiktivität, Fiktionalität, S. 83f.; Lutz Danneberg: Weder Tränen noch Logik. Über die Zugänglichkeit fiktionaler Welten. In: Uta Klein / Katja Mellmann / Steffanie Metzger (Hg.): Heuristiken der Literaturwissenschaft. Disziplinexterne Perspektiven auf Literatur. Paderborn 2006, S. 35–83, hier S. 53–56, S. 65. Thomas Pavel betont, dass in fiktionalen Welten – im Gegensatz zu möglichen Welten – logische Widersprüche prinzipiell möglich sind: „The presence of contradictions effectively prevents us from considering fictional worlds as genuine possible worlds and from reducing the theory of fiction to a Kripkean theory of modality." (Thomas G. Pavel: Fictional Worlds. Cambridge (Mass.) / London 1986, S. 49).
118 Siehe etwa Lewis: Truth in Fiction, S. 42.
119 So konstatiert Catherine Gallagher: „Possible-worlds theorists tend to classify all fictions as counterfactuals, enlarging the latter term beyond usefulness for a study of explicitly counterfactual

Obwohl sich kontrafaktische Aussagen – Aussagen also, die auf signifikante Weise von realweltlich als wahr geltenden Annahmen abweichen – in den textuellen Zeugnissen aller Epochen finden[120] und das Genre des kontrafaktischen Geschichtsromans sich zumindest bis ins mittlere 19. Jahrhundert zurückverfolgen lässt, wurde das Phänomen von der literaturwissenschaftlichen Forschung lange Zeit ignoriert. Erste Studien zum Thema finden sich im deutschen Sprachraum erst in den späten 1980er Jahren.[121] Noch 1997 konnte Christoph Rodiek konstatieren: „Ganz allgemein ist festzustellen, daß kontrafaktische Schreibweisen literaturwissenschaftlich kaum erforscht sind."[122] Seither hat sich die Situation allerdings grundlegend geändert: Wurden kontrafaktische Geschichtsdarstellungen vonseiten der Literaturwissenschaft vor zwei bis drei Jahrzehnten noch bestenfalls als eine randständige und eher triviale Manifestation historischen Erzählens angesehen, welche kaum eine eingehendere wissenschaftliche Auseinandersetzung verdient, so wird in neueren Studien zum Zusammenhang von literarischem Erzählen und Geschichte mit großer Selbstverständlichkeit auf das kontrafaktische Erzählen als relevante und potenziell ästhetisch komplexe Ausprägung historischen Erzählens eingegangen.[123]

---

genres." (Catherina Gallagher: What would Napoleon do? Historical, Fictional, and Counterfactual Characters. In: New Literary History 42/2 (2011), S. 315–336, hier S. 333).

120 Als früher Beleg konjekturalhistorischen Denkens wird oftmals ein Aphorismus Blaise Pascals angeführt: „Le nez de Cléopâtre : s'il eût été plus court, toute la face de la terre aurait changé." [Die Nase der Kleopatra: Wäre sie kürzer gewesen, hätte sich das gesamte Antlitz der Erde verändert. – Übersetzung M. N.] (Blaise Pascal: Pensées. Hg. v. Léon Brunschvicq. Paris 1914, S. 119) Allerdings spekuliert auch schon Herodot über die historische Entwicklung im Falle, dass die Griechen die Perserkriege verloren hätten. Vgl. Demandt: Ungeschehene Geschichte, S. 58–60. Auch die antiken Utopien, am prominentesten Platons *Politeia*, lassen sich als frühe Beispiele kontrafaktischen Erzählens auffassen. Von Kontrafaktik, also *fiktionalem* kontrafaktischem Erzählen, wird man hier allerdings nur mit Einschränkungen sprechen können, da sich ein modernes Verständnis der Fiktionalität nur bedingt auf frühere historische Epochen übertragen lässt. Für einen Überblick zum alternativgeschichtlichen Erzählen seit der Antike siehe Johannes Dellinger: Uchronie. Ungeschehene Geschichte von der Antike bis zum Steampunk. Paderborn 2015.
121 Der von Franz K. Stanzel 1977 eingeführte Begriff der ‚Komplementärgeschichte' hat mit Kontrafaktik nichts zu tun. Bezeichnet werden damit – streng rezeptionsästhetisch gedacht – diejenigen Ergänzungen, die der einzelne Leser bei der Lektüre einer Erzählung vornimmt, um die fiktionale Welt imaginativ zu vervollständigen. Vgl. Franz K. Stanzel: Die Komplementärgeschichte. Entwurf einer leserorientierten Romantheorie. In: Wolfgang Haubrichs (Hg.): Erzählforschung 2. Göttingen 1977, S. 240–259.
122 Rodiek: Erfundene Vergangenheit, S. 38.
123 Vgl. Steffen Röhrs: Körper als Geschichte(n). Geschichtsreflexionen und Körperdarstellungen in der deutschsprachigen Erzählliteratur (1981–2012). Würzburg 2016, S. 174–255; Beatrix van Dam: Geschichte erzählen. Repräsentation von Vergangenheit in deutschen und niederländischen Texten der Gegenwart. Berlin / Boston 2016, S. 268–326.

Die erste deutschsprachige Monografie zum kontrafaktischen Erzählen speziell in der Literatur bildet die Studie *Der parahistorische Roman* des Anglisten Jörg Helbig aus dem Jahre 1988. Helbig versteht den parahistorischen Roman als eine Ausprägung ‚allotopischer', also „gewollt amimetische[r] Erzählliteratur"[124], bestimmt dessen zentrale Strukturmerkmale und grenzt den parahistorischen Roman ab von benachbarten Genres wie dem Parallelweltroman oder der Secret History. Dabei greift Helbig vor allem auf Beispiele aus der angloamerikanischen Literatur zurück. Helbigs Studie ist theoretisch wenig ambitioniert, stellt aber nach wie vor eine gute Einführung in die parahistorische Literatur dar und kann darüber hinaus mit ihrem gut strukturierten Anhang als hilfreiche Materialsammlung dienen.

Christoph Rodiek diskutiert in seiner Arbeit *Erfundene Vergangenheit* aus dem Jahre 1997 vor allem Beispiele aus den romanischen Literaturen.[125] Kontrafaktische Geschichtsdarstellungen bezeichnet er dabei, die französische Terminologie aufgreifend, als ‚Uchronien'. Rodieks Studie bietet eine hilfreiche Rekonstruktion der Genese des Genres im 19. und seiner weiteren Entwicklung im 20. Jahrhundert. Allerdings wird das literarische kontrafaktische Erzählen von Rodiek tendenziell in die Nähe des kontrafaktischen Erzählens in der Geschichtswissenschaft gerückt, wodurch sich eine Reihe problematischer Kurzschlüsse zwischen Fiktionalität und Faktualität ergeben.[126] Mit Blick auf das Anliegen der vorliegenden Arbeit ist Rodieks Studie vor allem deshalb interessant, weil sie fast als einzige das ‚Uchronische' nicht primär als Genre, sondern als „eine Struktur bzw. ein Ereigniskontinuum" begreift, „das als Element in ganz unterschiedliche Textsorten integriert werden kann."[127] Hieran lassen sich Überlegungen anschließen, die über die gewohnte Betrachtung des fiktionalen kontrafaktischen Erzählens als Genre hinausgehen und stattdessen die allgemeine Struktur des Erzählphänomens in den Blick nehmen.[128]

Vor allem mit den englischsprachigen Klassikern des kontrafaktischen Erzählens, unter anderem mit Philip K. Dicks *The Man in the High Castle*, befasst sich Karen Hellekson in ihrer Studie *The Alternate History. Refiguring Historical Time* aus dem Jahre 2001. Hellekson konzeptualisiert die *Alternate History* als „a subgenre of the genre of science fiction, which is itself a subgenre of fantastic

---

124 Helbig: Der parahistorische Roman, S. 29.
125 Rodiek: Erfundene Vergangenheit. Siehe auch ders.: Prolegomena zu einer Poetik des Kontrafaktischen. In: Poetica. Zeitschrift für Sprach- und Literaturwissenschaft 3/4, 25 (1993), S. 262–281.
126 Siehe Kapitel 3.2.1. Epistemische Übergeneralisierungen.
127 Rodiek: Erfundene Vergangenheit, S. 27.
128 Siehe Kapitel 5.2. Kontrafaktik als genreunabhängige Referenzstruktur.

(that is, not realistic) literature."[129] Damit schließt sich Hellekson der in der englischsprachigen Forschung häufig vertretenen Position an, kontrafaktische Geschichtsdarstellungen in der Literatur seien der Science-Fiction zuzuschlagen (eine nicht unproblematische Sichtweise, da die meisten *Alternate History*-Romane weder in der Zukunft angesiedelt sind noch auch technische Neuerungen darin eine herausgehobene Rolle spielen). Für eine theoretische Modellierung alternativgeschichtlichen Erzählens macht Hellekson allerdings kaum relevante Vorschläge, was nicht zuletzt darauf zurückzuführen sein dürfte, dass sie die deutschsprachige, tendenziell systematischere Forschung zum Thema – namentlich die Beiträge von Demandt, Helbig und Rodiek – fast vollständig ignoriert.

Mit der Genreentwicklung des literarischen kontrafaktischen Erzählens sowie mit dem Zusammenhang von Kontrafaktik und Science-Fiction befassen sich zwei englischsprachige Dissertationen aus den 1990er Jahren: Edgar V. McKnight Jr.s *Alternative History. The Development of a Literary Genre*[130] und Aleksandar B. Nedelkovhs *British and American Science Fiction Novel 1950–1980 with the Theme of Alternative History*.[131] Mit der ,Normalisierung' der deutschen Nazi-Vergangenheit vermittels kontrafaktischer Erzählungen setzt sich Guido Schenkel in seiner Doktorarbeit *Alternate History – Alternate Memory: Counterfactual Literature in the Context of German Normalization* von 2012 auseinander.[132] Einen größeren literarhistorischen Bogen schlägt Hilary Dannenberg in ihrer Studie *Coincidence and Counterfactuality. Plotting Time and Space in Narrative Fiction* von 2008, in der sie die Entwicklung verschiedener Ausprägungen kontrafaktischen Erzählens in der englischsprachigen Literatur bis in die Renaissance zurückverfolgt.[133] Eine historisch breite Perspektive wählt auch Catherine Gallagher in ihrer 2018 erschienenen Studie *Telling It Like It Wasn't. The Counterfactual Imagination in History and Fiction*, welche die Geschichte kontrafaktischen Denkens und Erzählens in unterschiedlichen Disziplinen und nationalen Kontexten beleuchtet, wobei ein besonderer Fokus auf kontrafaktischen Geschichtsdarstellungen US-amerikanischer Autoren zum amerikanischen Bürgerkrieg sowie auf

---

129 Hellekson: The Alternate History, S. 3.
130 McKnight: Alternative History.
131 Nedelkovich: British and American Science Fiction Novel 1950–1980 with the Theme of Alternate History.
132 Guido Schenkel: Alternate History – Alternate Memory: Counterfactual Literature in the Context of German Normalization. Ph.D diss, University of British Columbia. Vancouver 2012.
133 Hilary Dannenberg: Coincidence and Counterfactuality. Plotting Time and Space in Narrative Fiction. Lincoln / London 2008.

kontrafaktischen Darstellungen des Zweiten Weltkriegs aus der Feder britischer Autoren liegt.[134]

Den bisher ambitioniertesten deutschsprachigen Beitrag zum kontrafaktischen Erzählen in der Literatur hat Andreas Martin Widmann mit seiner Studie *Kontrafaktische Geschichtsdarstellung. Untersuchungen an Romanen von Günter Grass, Thomas Pynchon, Thomas Brussig, Michael Kleeberg, Philip Roth und Christoph Ransmayr* von 2009 vorgelegt. Als „formales Kriterium" der von ihm untersuchten kontrafaktischen Romane setzt Widmann „die Überschreibung von außenreferentiellen Sachverhalten durch abweichende Darstellung derselben Sachverhalte im Text"[135] an; als spezifischen Gegenstand der Untersuchung bestimmt er das ‚deviierende historische Erzählen'.[136] Neben ihrer guten Lesbarkeit zeichnet sich Widmanns Studie durch ihre Materialfülle, eine erhellende Einbeziehung der Geschichtstheorie, eine breite, auch komparatistisch interessante Textauswahl und nicht zuletzt durch eine vergleichsweise hohe Affinität zu fiktionstheoretischen Fragestellungen aus.

Eine der jüngeren, größeren Arbeit zum fiktionalen alternativgeschichtlichen Erzählen ist Kathleen Singles' *Alternate History. Playing with Contingency and Necessity* aus dem Jahre 2013.[137] Singles entwickelt unter Einbeziehung einer großen Menge an Primärtexten und Forschungsliteratur eine feingliedrige Poetik der *Alternate History* und untersucht in ihren Fallstudien neben einigen Klassikern auch die jüngeren, anspruchsvoll-selbstreflexiven Genrebeispiele *Inglourious Basterds* von Quentin Tarantino und *Ich werde hier sein im Sonnenschein und im Schatten* von Christian Kracht. In ihrem Theoriedesign geht Singles' Arbeit allerdings nur unwesentlich über die bestehende Forschung hinaus: Mit der Konzeptualisierung der *Alternate History* als Genre, welche Singles als zentrale Leistung ihrer Studie in Anspruch nimmt[138], wird in Wahrheit nur eine der grundlegenden Annahmen der Forschung zur historischen Kontrafaktik ein weiteres Mal aufgelegt.

Zwei Sammelbände aus dem Jahre 2019 deuten auf ein wachsendes Interesse am Zusammenhang von Kontrafaktik und Fragen des Politischen hin. Der von Riccardo Nicolosi, Brigitte Obermayr und Nina Weller herausgegebene Band mit dem Titel *Interventionen in die Zeit* befasst sich mit dem Zusammenhang von kontrafaktischem Erzählen und Erinnerungskultur, wobei ein regionalkultureller

---

134 Catherine Gallagher: Telling It Like It Wasn't. The Counterfactual Imagination in History and Fiction. Chicago / London 2018.
135 Widmann: Kontrafaktische Geschichtsdarstellung, S. 43.
136 Widmann: Kontrafaktische Geschichtsdarstellung, S. 18.
137 Singles: Alternate History.
138 Vgl. Singles: Alternate History, S. 282.

Schwerpunkt auf Osteuropa und Russland liegt.[139] In der Einleitung des Bandes weisen die Herausgeber darauf hin, dass die „epistemologische mit der urteilenden Dimension des Kontrafaktischen aufs Engste verschränkt [sei]"[140] – eine Feststellung, die sich plausibel an den in der vorliegenden Studie behaupteten Konnex von Kontrafaktik und politischem Schreiben anschließen lässt. Der von Johannes Rhein, Julia Schumacher und Lea Wohl von Haselberg herausgegebene Sammelband *Schlechtes Gedächtnis?* setzt sich ein weiteres Mal mit dem populärsten Thema kontrafaktischen Geschichtsdenkens, nämlich der NS-Vergangenheit, auseinander, wobei ein dezidiert film- und medienwissenschaftlicher Zugang gewählt wird.[141] In der substanziellen Einleitung des Bandes weisen die Herausgeber darauf hin, dass sich „die politischen Implikationen von audiovisuellen kontrafaktischen NS-Darstellungen im 21. Jahrhundert" zwischen den beiden „Polen ‚Erinnerungspolitik' und ‚instrumenteller Präsentismus'" verorten lassen, wobei der letztgenannte Aspekt, also die Indienstnahme kontrafaktischer Szenarien für politische Anliegen der Gegenwart, deutlich überwiege[142] – eine Beobachtung, die sich gleichfalls mit den Befunden der vorliegenden Studie deckt.

An Werken der Geschichtswissenschaft, die auch fiktionale kontrafaktische Werke verhandeln, sind in neuerer Zeit die Arbeiten des amerikanischen Historikers Gavriel D. Rosenfeld hervorzuheben, der sich insbesondere mit Formen und Funktionen kontrafaktischer Imaginationen zum Dritten Reich auseinandersetzt.[143] Darüber hinaus bietet Richard J. Evans in seiner Monografie *Altered Pasts* von 2013 einen hilfreichen Forschungsüberblick zum kontrafaktischen Erzählen in der Geschichtswissenschaft, wobei er auch einige Seitenblicke auf die literarische Kontrafaktik wirft.[144] Wie viele Historiker bringt Evans fiktionalen,

---

139 Riccardo Nicolosi / Brigitte Obermayr / Nina Weller (Hg.): Interventionen in die Zeit. Kontrafaktisches Erzählen und Erinnerungskultur. Paderborn 2019.
140 Riccardo Nicolosi / Brigitte Obermayr / Nina Weller: Kontrafaktische Interventionen in die Zeit und ihre erinnerungskulturelle Funktion. Einleitung. In: Dies. (Hg.): Interventionen in die Zeit. Kontrafaktisches Erzählen und Erinnerungskultur. Paderborn 2019, S. 1–15, hier S. 4.
141 Johannes Rhein / Julia Schumacher / Lea Wohl von Haselberg (Hg.): Schlechtes Gedächtnis? Kontrafaktische Darstellungen des Nationalsozialismus in alten und neuen Medien. Berlin 2019.
142 Johannes Rhein / Julia Schumacher / Lea Wohl von Haselberg: Einleitung. In: Dies. (Hg.): Schlechtes Gedächtnis? Kontrafaktische Darstellungen des Nationalsozialismus in alten und neuen Medien. Berlin 2019, S. 7–48, hier S. 42.
143 Gavriel D. Rosenfeld: The World Hitlers Never Made; ders.: Hi Hitler! How the Nazi Past is Being Normalized in Contemporary Culture. Cambridge 2015; ders. (Hg.): What Ifs of Jewish History.
144 Evans: Veränderte Vergangenheiten.

literarisierenden oder spekulativen Ausprägungen kontrafaktischen Erzählens allerdings ein merkliches Misstrauen entgegen.

Mit Blick auf die bisherige literaturwissenschaftliche Forschung zum kontrafaktischen Erzählen lassen sich folgende, teilweise voneinander abhängige oder aufeinander aufbauende Regelmäßigkeiten beobachten:

1. Kontrafaktisches Erzählen wird als eine Form des Erzählens konzeptualisiert, in der *historische* Fakten variiert werden. Erzählformen, die nicht-historische Fakten variieren, werden nicht oder nur am Rande unter dem Label ‚kontrafaktisches Erzählen' diskutiert.
2. Diese Bindung an historische Fakten ermöglicht eine Konzeptualisierung des literarischen kontrafaktischen Erzählens als *Genre*, nämlich als (postmodernes) Subgenre des historischen Romans, das dann wahlweise als parahistorischer Roman, Uchronie, *Alternate History*, Alternativgeschichte oder noch anders bezeichnet wird. Diese Genre-Konzeptualisierung des kontrafaktischen Erzählens bildet die Bedingung für wissenschaftliche Diskussionen der spezifischen Eigenschaften und Definitionskriterien des Genres, seiner Abgrenzung von anderen Genres und der historischen Genre-Entwicklung, wie sie die bisherige Kontrafaktik-Forschung vorwiegend beschäftigt haben.
3. Aufgrund der engen Bindung des kontrafaktischen Erzählens an den historischen Roman und an das historische Erzählen überhaupt lehnt sich die Theoriebildung des kontrafaktischen Erzählens oftmals an die *Geschichtstheorie* an. In zahlreichen Studien werden in diesem Zusammenhang die spezifischen *epistemischen* Funktionen kontrafaktischen Erzählens in der Geschichtsschreibung respektive in der Literatur diskutiert sowie gegeneinander abgewogen.
4. Hinsichtlich der Textauswahl ist ein deutlicher Fokus auf die englischsprachige Literatur festzustellen; allerdings wurde in der neueren Forschung bereits eine stärker komparatistische Perspektive auf das kontrafaktische Erzählen angemahnt.[145] Zumindest in Teilen der jüngeren Forschungsbeiträge werden deutschsprachige Werke mittlerweile mitberücksichtigt.[146]

Neben den genannten Beiträgen, in denen die Begriffe ‚kontrafaktisches Erzählen', ‚Kontrafaktizität', ‚Kontrafaktur' oder deren Derivate explizit genannt werden, finden sich in der Forschung zahlreiche Beschreibungsansätze und literaturtheoretische Modelle, welche der Sache nach Fragestellungen behandeln, die eng mit

---

145 Vgl. Singles: Alternate History, S. 11–13.
146 Vgl. Widmann: Kontrafaktische Geschichtsdarstellung; Rosenfeld: The World Hitler Never Made; ders.: Hi Hitler!; Singles: Alternate History.

denjenigen des kontrafaktischen Erzählens verwandt sind, ohne dabei eine explizite begriffliche Verbindung mit dem Kontrafaktischen herzustellen. Zu erwähnen wären die teils jahrtausendealten Diskussionen um Mimesis, Repräsentation und Realismus; um Wahrheit und Lüge in der Dichtung; um die epistemischen Lizenzen und Limitationen literarischer Erfindung; und um die realweltliche Relevanz künstlerischer Aussagen. Bereits anhand dieser einigermaßen willkürlichen Beispiele sollte erkennbar werden, dass eine umfassende Forschungssynopse hier nicht zu leisten ist. Zugleich wird allerdings deutlich, dass das Nachdenken über die Kontrafaktik sich als in hohem Maße anschlussfähig für teils sehr grundlegende Fragen der Ästhetik und Literaturtheorie erweist.

3.2 Probleme der Forschung

Im Folgenden sollen einige Schwierigkeiten herausgestellt werden, die sich aus den bisherigen wissenschaftlichen Perspektivierungen des literarischen kontrafaktischen Erzählens ergeben. Dabei wird wiederum bewusst dem Systematischen der Vorzug vor dem Additiven gegebenen: Es soll nicht *en detail* aufgelistet werden, an welcher Stelle welche der bestehenden Studien in ihrer Theorieentwicklung unbefriedigend bleibt; stattdessen werden rekurrente Denk- und Argumentationsweisen der bisherigen Forschung herausgearbeitet und kritisch evaluiert.

3.2.1 Epistemische Übergeneralisierungen

Das kontrafaktische Erzählen ist, wie bereits der Begriff anzeigt, abhängig von ‚Fakten'. Es mag somit naheliegend erscheinen, davon auszugehen, dass das kontrafaktische Erzählen, indem es Fakten variiert, auch etwas über diese Fakten selbst aussagt – dass sich das kontrafaktische Erzählen also in einen argumentativen oder epistemischen Diskussionszusammenhang einschreibt. Nun können, wie bereits erwähnt, kontrafaktische Aussagen eine Vielzahl von Funktionen erfüllen. In der Geschichtswissenschaft, der Ökonometrie oder im Rahmen naturwissenschaftlicher Simulationen ist die Funktion kontrafaktischen Denkens ohne Zweifel eine epistemische: Kontrafaktische Überlegungen werden hier eingesetzt, um zu wahrheitsfähigen Aussagen über die reale Welt zu gelangen. Allerdings verbindet sich das kontrafaktische Denken keineswegs zwingend mit einem derartigen epistemischen Interesse. Nur weil das kontrafaktische Denken von Fakten seinen Ausgang nimmt, folgt daraus noch nicht, dass es sich bei dem Ergebnis kontrafaktischen Denkens selbst wieder um eine primär faktenorientiert-epistemische Aussage handeln muss.

Schließlich macht die Einbeziehung von Fakten, Dokumenten oder die Verwendung konkreter Realitätsreferenzen einen Text nicht automatisch faktual.[147]

Untersucht man speziell das kontrafaktische Erzählen im Rahmen künstlerischer Medien, so erweist sich der Anspruch auf wissenschaftlichen Erkenntnisgewinn als durchaus problematisch, besteht eines der zentralen Definitionskriterien der Kunst in der Moderne doch gerade in ihrer Autonomie und ‚Interesselosigkeit', also in ihrer Salvierung vor heteronomen, kunstfernen Leistungserwartungen. Dieser Umstand wird in einer Vielzahl der bestehenden Studien zum Thema ignoriert, wenn die Kontrafaktik nicht mit genuin kunstwissenschaftlichen Methoden und Forschungsansätzen behandelt wird – etwa der Fiktionstheorie, der Narratologie oder allgemein der Ästhetik (im Sinne eines diskursiven Nachvollzugs der Struktur und Funktionsweise künstlerischer Werke) –, sondern Theorien des kontrafaktischen Erzählens in der Literatur an philosophische, historiografische oder allgemein epistemische Fragestellungen angelehnt und kontrafaktischen Texten dabei Erkenntnisse etwa über das Wesen der Kausalität, über den Determinismus oder über geschichtsphilosophische Fragestellungen abverlangt werden.

Die unreflektierte Applikation von Überlegungen zum kontrafaktischen Erzählen aus szientischen oder argumentativen Kontexten auf die Theoriebildung der literarischen Kontrafaktik soll im Folgenden als ‚epistemische Übergeneralisierung' bezeichnet werden. Gemeint ist damit eine unzulässige Ausweitung epistemischer, oftmals genuin wissenschaftlicher Ansprüche, welche selbst noch an künstlerisch-fiktionale Medien gestellt werden, obgleich diese *als* künstlerisch-fiktionale Medien doch eigentlich von dem Anspruch eines unmittelbaren Erkenntnisinteresses ausgenommen sein sollten.[148] Letztlich werden durch derartige epistemische Übergeneralisierungen in der Behandlung künstlerischer Texte modernespezifische Differenzierungsleistungen zurückgenommen oder zumindest ignoriert.

Ein guter Eindruck von der Problematik epistemischer Übergeneralisierung lässt sich anhand der kritischen Lektüre eines Abschnitts aus Christoph Rodieks

---

147 Auch Dirk Werle kommt zu dem Ergebnis: „Die Verwendung von Dokumenten macht einen Text nicht notwendig ‚faktualer'. Dokumente erfüllen in fiktionalen und nicht-fiktionalen Texten vergleichbare, je spezifische ‚rhetorische' Funktionen. Aufschlussreicher, als sich über das ‚prekäre' oder ‚paradoxe' Verhältnis von Dokument und Fiktion zu wundern, ist es, die unterschiedlichen Funktionen im Kontext zu analysieren und zu vergleichen." (Dirk Werle: Fiktion und Dokument. Überlegungen zu einer gar nicht so prekären Relation mit vier Beispielen aus der Gegenwartsliteratur. In: Non Fiktion 1/2 (2006). DokuFiktion, S. 112–122, hier S. 120).
148 Zu den unterschiedlichen Leseransprüchen bei der Lektüre von geschichtswissenschaftlichen im Gegensatz zu fiktional-literarischen Werken siehe Monika Fludernik: Fiction vs. Non-Fiction. Narratological Differentiations. In: Jörg Helbig (Hg.): Erzählen und Erzähltheorie im 20. Jahrhundert. Heidelberg 2001, S. 85–103, hier S. 90 f.

Erfundene Vergangenheit gewinnen, eines Buches, das sich dem eigenen Anspruch nach dezidiert mit dem *literarischen* kontrafaktischen Erzählen beschäftigt:

> Nur wenn die strikte Plausibilität des Dargestellten gewahrt ist und somit das eigentümliche Erkenntnispotential des Kontrafaktischen genutzt wird, ist ungeschehene Geschichte überhaupt von Interesse. Die simulierten Wirklichkeiten kontrafaktischen Schreibens haben gewiß auch mit der postmodernen ‚Freude am Intertext' zu tun. In erster Linie jedoch ist kontrafaktische Hypothesenbildung heuristischer Natur: Uchronien verhelfen zu einem umfassenderen Verständnis und einer präziseren Wahrnehmung dessen, was gewesen ist.[149]

Anhand dieses Zitates lässt sich eine ganze Reihe der in der bisherigen Kontrafaktik-Forschung häufig wiederkehrenden Probleme exemplarisch aufzeigen: Wieso etwa, so kann man fragen, sollte sich Literatur auf die „strikte Plausibilität des Dargestellten" verpflichten? Warum also sollten die poetischen Lizenzen fiktionalen Schreibens gerade im Falle des kontrafaktischen Erzählens suspendiert werden? – Wieso muss das „Erkenntnispotential" des Kontrafaktischen genutzt werden, damit ungeschehene Geschichte „überhaupt von Interesse" ist? Sind für literarische Texte nicht andere Kriterien – etwa Fragen des Unterhaltungswertes, der ästhetischen Komplexität, des Irritationspotenzials und oder auch der (politischen) Normativität – von größerem Interesse als Fragen der Erkenntnis?[150] – Was hat kontrafaktisches Erzählen mit „Intertexten" zu tun? Werden hier nicht vielmehr Text und die Fakten der realen Welt miteinander verglichen? – Inwiefern bilden literarische Texte ‚Heuristiken' aus? – Und interessieren sich Leser von alternativgeschichtlichen, fiktionalen Erzählungen wirklich dafür, „was gewesen ist", worüber ja ein wissenschaftlicher Diskurs oder selbst der klassische historische Roman sehr viel zuverlässiger Auskunft geben könnte als Werke der Alternativgeschichte? Wenn etwa am Ende von Tarantinos *Inglourious Basterds* Hitler und Goebbels im Jahre 1944 von einer jüdisch-amerikanischen Guerillatruppe in einem französischen Kino niedergeschossen werden, so wird dabei wohl kein Zuschauer etwas Neues über das reale Dritte Reich *lernen*. Dies bedeutet aber mitnichten, dass die Szene keinerlei Wirkung hätte – nur ist diese eben nicht im epistemisch-argumentativen Bereich zu verorten. (Tarantino selbst hat, wie erwähnt, im Interview bezüglich der Wirkabsicht seines Filmes von einer Erfahrung der *Katharsis* gesprochen, also dessen emotionale Entlastungsfunktion betont.[151])

---

149 Rodiek: Erfundene Vergangenheit, S. 121.
150 Zurecht betont Hans-Peter von Peschke mit Blick auf „alternativgeschichtliche[...] Szenarien": „[D]ie meisten Autoren wollen vor allem unterhalten und verbinden dies vielleicht mit einem mehr oder weniger deutlichen Fingerzeig für die Gegenwart." (Peschke: Was wäre wenn, S. 238).
151 Tarantino: „Es gibt Gewalt, die Spaß machen kann".

Gefahren epistemischer Übergeneralisierungen ergeben sich in der Forschung insbesondere da, wo das kontrafaktische Erzählen mit ‚Gedankenexperimenten' in Verbindung gebracht wird. Innerhalb faktualer Kontexten ist die Korrelierung von kontrafaktischem Denken und Gedankenexperiment weit verbreitet und tendenziell unproblematisch.[152] Jedoch wird auch in der Literaturwissenschaft die Kontrafaktik häufig mit Gedankenexperimenten assoziiert.[153] Dabei offenbart eine genauere Betrachtung, dass mit dem Terminus ‚Gedankenexperiment' hier mitunter verschiedene Phänomene bezeichnet sind: Während der Begriff in der Literaturwissenschaft oftmals in einem eher vagen Verständnis – im Sinne von fingierten Sachverhalten und Konstellationen in der Literatur – gebraucht wird, unterliegt die Rede von ‚Gedankenexperimenten' in wissenschaftstheoretischen und (natur-)wissenschaftlichen Argumentationszusammenhängen sehr viel höheren methodischen Auflagen. Relevante Kriterien des Experiments sind seine methodische Kontrolliertheit und Wiederholbarkeit; sein Zweck besteht für gewöhnlich im empirischen Nachweis einer natürlichen Ereigniskausalität. Ein derartiger strenger Begriff des Experiments jedoch lässt sich nur sehr eingeschränkt auf die Literatur übertragen, die sich als ein fiktionaler und künstlerischer Diskurs ja weder auf die Strenge wissenschaftlicher Methoden verpflichtet sieht noch auch auf Wiederholbarkeit angelegt ist.[154] (Was auch sollte hier ‚wiederholt' werden? Die Frage, ob Anna Karenina auch gestorben wäre, wenn Tolstoi den Roman ein zweites Mal geschrieben hätte, ist absurd.[155]) Im besonderen Fall

---

[152] Für ausführliche Literaturhinweise zum Gedankenexperiment in argumentativen Kontexten siehe Lutz Danneberg: Überlegungen zu kontrafaktischen Imaginationen in argumentativen Kontexten und zu Beispielen ihrer Funktion in der Denkgeschichte. In: Toni Bernhart / Philipp Mehne (Hg.): Imagination und Innovation. Berlin 2006, S. 73–100, hier S. 93f., Anm. 6. Für Beispiele von Gedankenexperimenten in unterschiedlichen Fachdisziplinen siehe Thomas Macho / Annette Wunschel (Hg.): Science & Fiction. Über Gedankenexperimente in Wissenschaft, Philosophie und Literatur. Frankfurt a. M. 2004.
[153] Vgl. beispielsweise Zofia Moros: Nihilistische Gedankenexperimente in der deutschen Literatur von Jean Paul bis Georg Büchner. Frankfurt a. M. u. a. 2007; Wilfried Barner: Brief oder Essay? Gedankenexperimente in Schillers und Goethes Korrespondenz. In: Bernhard Fischer (Hg.): Der Briefwechsel zwischen Schiller und Goethe. Berlin 2011, S. 35–51; Klaus Geus (Hg.): Utopien, Zukunftsvorstellungen, Gedankenexperimente. Literarische Konzepte von einer „anderen" Welt im abendländischen Denken von der Antike bis zur Gegenwart. Frankfurt a. M. u. a. 2011.
[154] Für eine ausführliche Begründung, weshalb Literatur *nicht* als Gedankenexperiment angesehen werden kann, siehe Tobias Klauk: Thought Experiments and Literature. In: Dorothee Birke / Michael Butter / Tilmann Köppe (Hg.): Counterfactual Thinking – Counterfactual Writing. Berlin 2011, S. 30–44.
[155] So betont Gottfried Gabriel: „Der übliche Begriff der Falsifikation ist in der Literaturwissenschaft gar nicht anwendbar, weil deren Prüfbarkeitsverfahren eben nicht prognoseträchtig sind." (Gottfried Gabriel: Wie klar und deutlich soll eine literaturwissenschaftliche

der Kontrafaktik kommt als zusätzliche Schwierigkeit hinzu, dass die Rede vom Gedankenexperiment eine Nähe zwischen kontrafaktischem Erzählen in der Literatur und den Vorgehensweisen der experimentellen Naturwissenschaften suggeriert und damit ein künstlerisches Verfahren an die Methoden der empirischen Naturwissenschaften heranzurücken, wo nicht gar an diesen zu messen sucht. Die Rede vom Gedankenexperiment fügt sich damit auf spontan naheliegende, eben darum aber umso problematischere Weise in den verbreiteten Trend der literaturwissenschaftlichen Kontrafaktik-Forschung, sich zum Zweck einer Theoretisierung literarischen kontrafaktischen Erzählens auf Methoden und Überlegungen anderer Fachdisziplinen zu berufen, anstatt den Versuch einer genuin literaturwissenschaftlichen Theoriemodellierung zu unternehmen. Auf diese Weise wird letztlich wiederum den oben beschriebenen epistemischen Übergeneralisierungen zugearbeitet.[156] Aufgrund des prinzipiell als problematisch einzustufenden Gebrauchs des Begriffs ‚Gedankenexperiment' in der Literaturwissenschaft sowie aus dem Bestreben heraus, einer Methoden- und Theoriekontamination in der literarischen Kontrafaktik-Forschung nicht weiter Vorschub zu leisten, wird im weiteren Verlauf der Arbeit von diesem Begriff entschieden Abstand genommen.

Für eine literaturwissenschaftliche Theorie der Kontrafaktik problematisch ist weiterhin die enge Bindung kontrafaktischen Denkens an die Kategorie des ‚Möglichen'. Wird kontrafaktisches Denken mit ‚Möglichkeitsdenken' assoziiert, so findet notwendigerweise eine Bindung an Kriterien der realweltlichen Denk- und Realisierbarkeit statt. Für historiografische Überlegungen etwa zu alternativen Kriegsverläufen mag eine solche Einschränkung sinnvoll sein, da in

---

Terminologie sein? In: Ders.: Zwischen Logik und Literatur. Erkenntnisformen von Dichtung, Philosophie und Wissenschaft. Stuttgart 1991, S. 118–132, hier S. 123).

156 Auch Eva-Maria Konrad kommt zu dem Schluss, dass fiktionale Literatur für gewöhnlich nicht sinnvollerweise als Gedankenexperiment angesehen werden kann. Eine Ausnahme macht sie allerdings für Werke des *Alternate History*-Genres, wobei sie bezeichnenderweise eine stark epistemisch orientierte Haltung einnimmt: „Literary counterfactuals are basically supposed to be a fictive foil of comparison to the real state of affairs, thereby placing the real and the counterfactual world in confrontation, and they can be of cognitive value because of the insights that originate from this contrast." (Eva-Maria Konrad: Counterfactual Literature as Thought Experiment. In: Falk Bornmüller / Johannes Franzen / Mathias Lessau (Hg.): Literature as Thought Experiment. Perspectives from Philosophy and Literary Studies. Paderborn 2019, S. 97–108, hier S. 107) Damit werden allerdings wiederum fiktionale Texte an den Maßstäben faktual-argumentativer Kontexte gemessen. Ein ‚kognitiver Nutzen' mag sich aus kontrafaktischer Literatur zwar mitunter gewinnen lassen, doch scheint es wenig überzeugend, die Leistungspotenziale kontrafaktischer Literatur allein im epistemischen Bereich zu verorten.

epistemischen Kontexten bare Unmöglichkeiten meist ohne Interesse sind. Literarische Texte hingegen können sich durchaus mit Unmöglichem beschäftigen: So sind etwa die Welten der Fantasy oder der Science-Fiction oftmals durchaus ‚unmöglich'; das bedeutet aber nicht, dass sie keine kontrafaktischen Elemente enthalten können (solche Elemente nämlich, die sich sinnvollerweise mit realweltlichen Sachverhalten kontrastieren lassen). Darüber hinaus wird der Begriff des ‚Möglichen' in Forschung und Alltagssprache oftmals im Sinne des Hypothetischen gebraucht, etwa wenn darüber nachgedacht wird, welche Zukunftsverläufe *möglich* sind. Bei derartigen hypothetischen Spekulationen handelt es sich jedoch, wie oben bereits ausgeführt wurde[157], nicht um kontrafaktisches Denken im Sinne der Kontrafaktik, sondern um Formen resultativen Denkens: Was hier interessiert, ist eine bestimmte imaginierte Situation und deren etwaige Konsequenzen – und nicht der Vergleich zwischen einem realweltlichen Faktum und dessen Variation innerhalb einer fiktionalen Welt. Da also die Kategorie des ‚Möglichen' erstens eine hohe Affinität zu primär epistemischen Erwägungen zeigt und zweitens eine Schnittmenge mit der (nicht kontrafaktischen) Kategorie des Hypothetischen aufweist, sollten Überlegungen zur Kontrafaktik nicht umstandslos an das ‚Möglichkeitsdenken' oder auch den ‚Möglichkeitssinn' gebunden werden (so verlockend und verbreitet die Musil-Referenz auch sein mag[158]). Die Schwierigkeiten, die mit der Kategorie des ‚Möglichen' einhergehen, bilden, nebenbei bemerkt, einen zusätzlichen Grund, weshalb die Theorie *möglicher* Welten sich nur bedingt als Framework für eine Theorie der Kontrafaktik eignet.[159]

Noch einmal sei betont: Die vorliegende Studie begreift Kontrafaktik als Kunst. Daraus folgt, dass Werke der Kontrafaktik in ihrer ästhetischen Eigenständigkeit und Eigengesetzlichkeit ernstgenommen und nur unter Voraussetzung ebendieser analysiert werden sollten. Das bedeutet freilich nicht, dass Werke der Kontrafaktik prinzipiell keine epistemischen Fragestellungen verhandeln

---

157 Siehe Kapitel 2.1. Terminologie.
158 Vgl. etwa Moritz Baßler: Neu-Bern, CobyCounty, Herbertshöhe. Paralogische Orte der Gegenwartsliteratur. In: Stefan Bronner / Björn Weyand (Hg.): Christian Krachts Weltliteratur. Eine Topographie. Berlin / Boston 2018, S. 143–156, hier S. 156; Caspar Battegay: Mediologie des Kontrafaktischen in Christian Krachts *Ich werde hier sein im Sonnenschein und im Schatten*. In: Susanne Komfort-Hein / Heinz Drügh (Hg.): Christian Krachts Ästhetik. Stuttgart 2019, S. 117–126, hier S. S. 118; Riccardo Nicolosi: Kontrafaktische Überbevölkerungsphantasien. Gedankenexperimente zwischen Wissenschaft und Literatur am Beispiel von Thomas Malthus' *An Essay on the Principle of Population* (1798) und Vladimir Odoevskijs *Poslednee samoubijstvo* (*Der letzte Selbstmord*, 1844). In: Scientia Poetica 17/1 (2013), S. 50–75, hier S. 64.
159 Siehe Kapitel 3.1. Positionen der Forschung.

könnten oder dürften; nur tun sie dies eben, wenn überhaupt, unter den Bedingungen künstlerisch-fiktionaler Diskurse.

3.2.2 Anlehnung an die Geschichtswissenschaft

Mit einiger Regelmäßigkeit hat die bisherige Forschung zum kontrafaktischen Erzählen in der Literatur den Schulterschluss mit der Geschichtswissenschaft gesucht. Für diese Anlehnung lassen sich mindestens drei Gründe namhaft machen: *Erstens* handelt es sich bei der Geschichtswissenschaft zweifellos um diejenige geisteswissenschaftliche Disziplin, die sich am intensivsten mit der Frage des kontrafaktischen Erzählens auseinandergesetzt hat und deren Theoriebildung in diesem Bereich am weitesten vorangeschritten ist. Die Konjekturalgeschichte bildet spätestens seit den 1990er Jahren ein stehendes Thema der geschichtswissenschaftlichen Diskussion[160], wobei Alexander Demandts mehrfach wiederaufgelegter Band *Ungeschehene Geschichte* aus dem Jahre 1984 als wichtiger und nach wie vor relevanter Stichwortgeber für die Fachdiskussion fungiert. Die erste bedeutende, vorwiegend von Historikern verfasste Anthologie zur Konjekturalhistorie datiert allerdings bereits aus dem Jahre 1931: Die von J. C. Squire herausgegebene Aufsatzsammlung *If It Had Happened Otherwise* behandelt typische konjekturalhistorische Fragestellungen, wie etwa „If the Moors in Spain Had Won" oder „If the Emperor Frederick Had Not Had Cancer". Der bekannteste Text der Sammlung ist ein Aufsatz von Winston Churchill mit dem Titel „If Lee Had Not Won the Battle of Gettysburg", in dem Churchill einen fiktiven Historiker von einer Welt berichten lässt, in der die Confederate State Army den Amerikanischen Bürgerkrieg gewonnen hat, wobei dieser Historiker wiederum selbst konjekturalhistorische Spekulationen anstellt, die auf den tatsächlichen Geschichtsverlauf verweisen.[161] Angesichts der langen Tradition kontrafaktischen Erzählens im Rahmen der Geschichtswissenschaft scheint sich ein Rückgriff der Literaturwissenschaft auf die gut differenzierten geschichtstheoretischen Überlegungen zum Thema anzubieten.

Zweitens liegt der Seitenblick auf die Geschichtswissenschaft schon deshalb nahe, weil in der überwiegenden Mehrzahl der bisherigen literaturwissenschaftlichen Arbeiten das kontrafaktische Erzählen schlicht mit dem *historischen* kontrafaktischen Erzählen gleichgesetzt wird. Die Fakten des kontrafaktischen

---

160 Vgl. Evans: Veränderte Vergangenheiten, S. 53–55.
161 Von methodisch kontrollierten Formen kontrafaktischer Imagination wird man im Falle der Squire-Sammlung allerdings kaum sprechen können. Das Hauptanliegen des Bandes dürfte in der Unterhaltung seiner Leserschaft gelegen haben. Vgl. Evans: Veränderte Vergangenheiten, S. 29–33.

Erzählens werden also rundweg mit *historischen* Fakten identifiziert, was zu einer präferierten, in den meisten Fällen sogar ausschließlichen Behandlung des kontrafaktischen historischen Romans führt, welcher seinerseits als Subgenre des historischen Romans konzeptualisiert wird. Dieser thematisch tendenziöse Faktenbegriff lässt dann in der Folge den Rekurs auf die Geschichtswissenschaft als jener Wissenschaft, die sich erklärtermaßen und hauptsächlich mit historischen Fakten befasst, besonders plausibel erscheinen.

Drittens schließlich dürfte die Neigung zum Theorieimport aus der Geschichtswissenschaft der Effekt eines bestimmten Forschungsklimas sein, das mit der kulturwissenschaftlichen Erweiterung der Literaturwissenschaft in den letzten zwei bis drei Jahrzehnten zusammenhängt und das den Rekurs auf kunstferne Diskursbereiche als besonders wünschenswert – oder auch opportun – erscheinen lässt. Aus Gründen, die an dieser Stelle nicht zur Debatte stehen[162], wurden in den vergangenen Jahren literaturwissenschaftliche Ansätze, die den Kontakt mit angrenzenden, nicht primär literarischen oder künstlerischen Wissens-, Kultur- und Sozialbereichen suchen, in den Neuphilologien massiv aufgewertet, während traditionelle Zugangsweisen der wissenschaftlichen Kunstbetrachtung – Ästhetik, Hermeneutik, Rezeptionstheorie etc. – zusehends unter Rechtfertigungsdruck gerieten (ohne de facto für die Deutungspraxis der Kunstwissenschaften an Bedeutung zu verlieren). Im Rahmen einer Beschreibung des literarischen Feldes im Sinne Bourdieus kann konstatiert werden, dass die Miteinbeziehung allgemeinerer, nicht auf die Literatur beschränkter kultureller oder epistemischer Fragestellungen sich für die Literaturwissenschaft der letzten Jahre als probates Mittel zur Steigerung des (symbolischen) Kapitals erwiesen hat. Eine solche Bezugnahme scheint sich im Falle des kontrafaktischen Erzählens in der Literatur nun geradezu aufzudrängen, vorausgesetzt eben, dass dieses mit dem kontrafaktischen historischen Erzählen gleichgesetzt und die Deutungshoheit über das historische Erzählen wiederum der Geschichtswissenschaft eingeräumt wird. Durch die Behauptung, die Funktion der fiktionalen Kontrafaktik liege letztlich im faktualen Bereich – wobei für die wissenschaftliche Auseinandersetzung mit historischen Fakten eben primär die Geschichtswissenschaft zuständig ist –, vermag die Literaturwissenschaft ihre Relevanz auch für a priori literaturferne Bereiche zu behaupten – und das, ohne sich letztlich aus dem vertrauten Kunstbereich herausbewegen zu müssen.

---

[162] Vgl. Wilfried Barner: Kommt der Literaturwissenschaft ihr Gegenstand abhanden? Vorüberlegungen zu einer Diskussion. In: Jahrbuch der Deutschen Schillergesellschaft 41 (1997), S. 1–8.

Die Ausrichtung einer Theorie der Kontrafaktik an der Geschichtswissenschaft bringt allerdings eine Reihe von Problemen mit sich. Ihren gemeinsamen Fluchtpunkt haben diese Probleme in der grundlegenden Fragwürdigkeit des Versuches, die Bedingungen und Geltungsansprüche eines wissenschaftlich-epistemischen Diskurses auf einen künstlerischen-ästhetischen Diskurs zu übertragen, also wiederum in den oben genannten epistemischen Übergeneralisierungen. Es werden damit an die literarischen Texte der Kontrafaktik Analysekategorien und nicht selten auch Wertungskriterien herangetragen, deren Legitimität innerhalb eines argumentativen Kontextes zwar gut begründbar sein mag, die sich aber nicht umstandslos auf künstlerische Werke anwenden lassen.

Besonders augenfällig ist die Anlehnung an szientifische Argumentationsmuster dort, wo ein spezielles Argument, das in der geschichtswissenschaftlichen Diskussion des kontrafaktischen Erzählens weit verbreitet ist, auch noch an die literarische Kontrafaktik herangetragen wird: nämlich das Argument der Plausibilität.[163] Rodiek etwa bezeichnet – einigermaßen apodiktisch – „das Prinzip strikter Plausibilität als oberste Maxime" für die Erzeugung fiktionaler Geschichtsvarianten.[164] Auch Hellekson schreibt gleich auf der ersten Seite ihrer Studie *Alternate History*: „the best kind of alternate history is the one concerned most intimately with plausible causal relationships."[165] Und Leonhard Herrmann und Silke Horstkotte bemerken zu zwei neueren, alternativgeschichtlichen Werken: „Literarische was-wäre-wenn-Spiele werden leicht unglaubwürdig und verlieren dann die argumentative Kraft des Kontrafaktischen. *Ich werde hier sein im Sonnenlicht und im Schatten* und [Matthias Polityckis] *Samarkand Samarkand* wurden von den Kritikern als unplausibel abgelehnt."[166] Mit derartigen Plausibilitätsforderungen werden offenkundig Ansprüche aus argumentativen oder faktualen Anwendungsbereichen auf den Bereich fiktionalen Erzählens übertragen. Dass jedoch spekulativere Varianten der Alternativgeschichtsschreibung

---

163 Als einer von wenigen Kontrafaktik-Forschern hat Widmann auf die Problematik einer Übertragung der Plausibilitätsforderung von der Geschichtswissenschaft auf die Literatur hingewiesen: „[G]erade das ‚Plausible', welches für die wissenschaftliche Betrachtung von nicht verwirklichten historischen Möglichkeiten notwendig ist, [hat] in der Literatur keineswegs a priori Gültigkeit [...]. Die Adaption von Maßgaben der um Exaktheit bemühten Geschichtsforschung für Romanautoren lässt sich schwerlich rechtfertigen. Sieht man davon ab, bleibt die Frage, wie Plausibilität zu messen ist." (Widmann: Kontrafaktische Geschichtsdarstellung, S. 95, vgl. ferner ebd., S. 91, 132) Siehe auch Nicolosi: Kontrafaktische Überbevölkerungsphantasien, S. 75.
164 Rodiek: Erfundene Vergangenheit, S. 41.
165 Hellekson: The Alternate History, S. 1.
166 Herrmann / Hostkotte: Gegenwartsliteratur. Eine Einführung, S. 104.

aus der fiktionalen Literatur ausgeschlossen werden sollten, lässt sich mit *ästhetischen* Argumenten kaum überzeugend begründen.

Wäre die Plausibilität der geschilderten Ereignisse tatsächlich der Gradmesser für die Qualität von Werken des *Alternate History*-Genres, so müsste letztlich die Mehrzahl der Genre-Klassiker aus dem Kanon ausscheiden: Die Handlungen etwa von Dicks *The Man in the High Castle* oder von Harris' *Fatherland* spielen mehrere Jahrzehnte nach dem hypostasierten Sieg Nazi-Deutschlands im Zweiten Weltkrieg, lassen sich also nur noch sehr bedingt aus den veränderten historischen Ausgangsbedingungen heraus plausibilisieren[167]; keiner der Handlungsstränge in Tarantinos *Inglourious Basterds* erscheint mit Blick auf die Informationen zum realen Zweiten Weltkrieg sonderlich wahrscheinlich; und den Morgenthau-Plan, der in Ransmayrs *Morbus Kitahara* in kontrafaktischer Variation eine Umsetzung erfährt, wird man bei Berücksichtigung der historischen Quellen als eine Art moderner Legende ansehen müssen.[168] Der Nutzen derartiger Szenarien für die Geschichtswissenschaft mag in der Tat fraglich sein; dass es sich hier aber nichtsdestoweniger um vielbeachtete Werke der Kontrafaktik handelt, die auch bestimmte Wirkungen entfalten – nur eben keine primär epistemischen –, steht außer Zweifel.

Letztlich erweist sich die These, wenig plausible, allzu ‚bunte', weitrechende oder unmögliche Spekulationen mit historischem Material seien bloße Fantasieprodukte *und deshalb* nicht eigentlich als kontrafaktische Szenarien zu bezeichnen, als unhaltbar. Eine Übertragung methodischer Rahmensetzungen aus dem Bereich der Geschichtswissenschaft auch auf die Kontrafaktik würde die Möglichkeiten literarischen kontrafaktischen Erzählens auf empfindliche Weise einschränken – und wird entsprechend von der Mehrzahl der Autorinnen und Autoren kontrafaktischer Texte auch gar nicht angestrebt. Trotz gelegentlicher Überschneidungen sollte zwischen dem kontrafaktischen Erzählen in argumentativ-epistemischen, faktualen Kontexten (Kontrafaktizität) und dem kontrafaktischen Erzählen in fiktionalen Kontexten (Kontrafaktik) eine heuristisch möglichst strikte Trennung vorgenommen werden, da einzig auf diese Weise den jeweiligen Potenzialen und pragmatischen Einschränkungen beider Geltungsbereiche angemessen Rechnung getragen werden kann.

Die enge Anlehnung bisheriger literaturwissenschaftlicher Arbeiten an Theorien der Geschichtswissenschaft plausibilisiert sich des Weiteren über die

---

[167] Dass sich *Fatherland* „vom Bereich des historisch Plausiblen entfernt", wird Harris vom Historiker Evans denn auch zum Vorwurf gemacht (Evans: Veränderte Vergangenheiten, S. 131).
[168] Vgl. Bernd Greiner: Die Morgenthau-Legende. Zur Geschichte eines umstrittenen Plans. Hamburg 1995.

prinzipielle Entscheidung, ausschließlich *historische* Fakten als Ausgangsmaterial des kontrafaktischen Erzählens zuzulassen. Wofern sich nun das Interesse der Literaturwissenschaft primär auf die Fakten der Geschichte richtet, mag es naheliegend erscheinen, bei den eigenen Überlegungen zumindest einen Seitenblick auf die Theoriebildung der Geschichtswissenschaft zu werfen. Weshalb sich aber kontrafaktisches Erzählen vorwiegend, wenn nicht gar ausschließlich auf historische Fakten beziehen sollte – wobei eine zentrale These der vorliegenden Arbeit lautet, dass dies *nicht* der Fall ist –, wird in den einschlägigen Arbeiten kaum jemals begründet. Angesichts der hohen Anzahl kontrafaktischer Imaginationen in der Geschichtswissenschaft und ihrer vermeintlichen Parallelbeispiele in der Literatur scheint sich in der bisherigen Forschung auch noch kein gesteigertes Problembewusstsein hinsichtlich des Korpus der zu untersuchenden Texte herausgebildet zu haben. Der Verdacht des Zirkelschlusses ist hier jedoch nicht von der Hand zu weisen: Die Literaturwissenschaft lehnt sich für ihre eigene Theorieentwicklung an die gut entwickelte Theorie des kontrafaktischen Erzählens in der Geschichtswissenschaft an. Dieser tendenziöse Theorieimport schränkt das Untersuchungsspektrum dann wiederum auf Beispiele der historischen Kontrafaktik ein, was eine neuerliche Bezugnahme auf die Theoriebildung der Geschichtswissenschaft plausibilisiert. Die kontrafaktische Referenzstruktur von literarischen Texten und Genres, welche nicht oder nicht primär auf historisches Faktenmaterial zurückgreifen und deren Analyse mithin auch nicht von der Geschichtstheorie vorbereitet werden kann, gerät damit zwangsläufig aus dem Blick. Dass auch dystopische, dokumentarische, prophetische oder futuristische Texte kontrafaktische Erzählverfahren verwenden können – also möglicherweise eine Referenzstruktur aufweisen, bei der auf realweltliche Fakten Bezug genommen wird, *indem* innerhalb der fiktionalen Welt von ihnen abgewichen wird –, bleibt dann unberücksichtigt oder wird allenfalls am Rande erwähnt.

Ein weiterer problematischer Punkt, der im Zusammenhang mit der Geschichtswissenschaft hervorzuheben ist, betrifft die Normativität kontrafaktischen Denkens (mit Blick auf die politische Kontrafaktik wird dieser Punkt noch ausführlich zu erläutern sein[169]): Kontrafaktische Imaginationen tendieren, wie immer wieder festgestellt wurde, in hohem Maße zu normativen Positionierungen. Hinter der Frage „Was wäre, wenn ...?" verbirgt sich – gerade im Kontext der Geschichte – oftmals die implizite Annahme „Besser wäre es gewesen, dass ..." oder „dass ... nicht". Bereits bei dem ersten modernen kontrafaktischen historischen Roman, Louis-Napoléon Geoffroy-Châteaus *Napoléon et la conquête du*

---

[169] Siehe Kapitel 9. Politische Kontrafaktik, sowie Kapitel 10. Historisches Erzählen als Kontrafaktik.

monde aus dem Jahre 1836, handelt es sich im Grunde um eine Propagandaschrift für den vom Autor verehrten Korsen.[170] Es liegt hier also ein hochgradig politischer Einsatz kontrafaktischen Erzählens vor, dem Charles Renouvier zwei Jahrzehnte später in einer Reihe von Aufsätzen eine theoretische Legitimation verschaffen sollte und für den er dabei zugleich weitere Beispiele – in Renouviers Falle in der Stoßrichtung des Anti-Katholizismus – lieferte.[171] Aber auch den Gestaltungen des prominentesten kontrafaktischen Themas des 20. Jahrhunderts, dem veränderten Verlauf des Zweiten Weltkriegs[172], ist regelmäßig ein ausgeprägtes politisches, normatives oder affektives Kalkül anzumerken: nämlich entweder mit dem Ziel der Erregung eines wohligen Schauers angesichts einer fiktiven Welt, in der das Dritte Reich noch lange nach 1945 weiterbesteht; oder aber – wie im Falle von Tarantinos *Inglourious Basterds* – mit der Absicht kathartischer Satisfaktion angesichts einer Version der Geschichte, in der die Nazis sehr viel früher besiegt werden oder gar nicht erst zur Herrschaft gelangen.[173]

Derartige Produkte „bloße[n] Wunschdenken[s]"[174] werden von Historikern für gewöhnlich mit Misstrauen beäugt. Ein allzu starkes persönliches Interesse laufe der Neutralität zuwider, die man von unparteiischer und ergebnisoffener Forschung zu erwarten habe. So polemisiert Edward Hallett Carr, der wohl prominenteste Kritiker kontrafaktischen Denkens in der Geschichtswissenschaft, gegen die „'might-have-been' school of thought – or rather of emotion". In seiner im englischen Sprachraum weitverbreiteten Studie *What is History?* schreibt Carr:

> [P]lenty of people, who have suffered directly or vicariously from the results of the Bolshevik victory, or still fear its remoter consequences, desire to register their protest against it; and this takes the form, when they read history, of letting their imagination run riot on all the

---

170 Louis-Napoléon Geoffroy-Château: Napoléon et la conquête du monde. 1812 à 1832. Histoire de la monarchie universelle. Paris 1836. Bekannt wurde das Buch unter dem Titel *Napoléon apocrpyhe*. Siehe für einen Kommentar Rodiek: Erfundene Vergangenheit, S. 67–76.
171 Charles Renouvier: Uchronie (L'utopie dans l'histoire). Esquisse historique apocryphe du développement de la civilisation européenne tel qu'il n'a pas été, tel qu'il aurait pu être. Paris 1876. Die Buchfassung geht auf eine Reihe von Artikeln aus dem Jahre 1857 in der *Revue philosophique et religieuse* zurück. Siehe für einen Kommentar Rodiek: Erfundene Vergangenheit, S. 77–89. Zu den politischen Implikationen von Renouviers Ansatz siehe Evans: Veränderte Vergangenheiten, S. 24–27.
172 Eine umfassende Darstellung der kontrafaktischen Imaginationen zu diesem Thema bietet Rosenfeld: The World Hitler Never Made.
173 Das kontrafaktische Szenario eines Deutschland, das von den Verheerungen des Dritten Reiches verschont geblieben ist, entwirft etwa Hans Pleschinski in seiner Erzählung *Ausflug '83*. In: Ders.: Verbot der Nüchternheit. Kleines Brevier für ein besseres Leben. München 2007, S. 35–52.
174 Evans: Veränderte Vergangenheiten, S. 57.

more agreeable things that might have happened, and of being indignant with the historian who goes on quietly with his job of explaining what did happen and why their agreeable wish-dreams remain unfulfilled. [...] This is a purely emotional and unhistorical reaction.¹⁷⁵

Auch Richard J. Evans gibt zu bedenken, dass das Wunschdenken kontrafaktischer Szenarien stets die Gefahr mit sich bringe, den seriös szientifischen Anspruch des kontrafaktischen Erzählens in der Geschichtswissenschaft zu unterminieren.¹⁷⁶ Die Verfasser kontrafaktischer Szenarien seien meist nicht so sehr an wissenschaftlicher Erkenntnis interessiert, sondern primär politisch motiviert: „Kontrafaktische Darstellungen der Vergangenheit haben fast immer politische Implikationen für die Gegenwart."¹⁷⁷ Diese Affinität zum Politischen rechnet Evans den entsprechenden Texten dabei durchgehend als Schwäche an.

Nun mag dieses prinzipielle Misstrauen gegenüber emotional affizierenden oder politisch tendenziösen Geschichten mit Blick auf die Geschichtswissenschaft nachvollziehbar sein; für das kontrafaktische Erzählen im Bereich der fiktionalen Literatur überzeugt es hingegen nicht. Gerade das hohe politische Potential kontrafaktischen Denkens kann sich im Falle der literarischen Kontrafaktik als hochgradig relevant erweisen, wenn nicht gar – wie im Falle der Dystopie – genrekonstitutiv wirken. Dass die Szenarien einer literarischen Alternativgeschichte dabei mitunter nicht den Anforderungen historiografischen kontrafaktischen Denkens genügen, muss kein Einwand gegen diese Szenarien sein, handelt es sich hier doch gar nicht um wissenschaftliche, sondern eben um fiktional-künstlerische Werke.

Dass zumindest eine Intuition hinsichtlich der unterschiedlichen Normativitätstoleranzen in Geschichtswissenschaft und Literatur(-wissenschaft) besteht, lässt sich daran ablesen, dass bei jenen Historikern, die sich überhaupt mit kontrafaktischem Denken befassen, eine erkennbare emotionale, normative oder politische Tendenz kontrafaktischer Szenarien dazu führt, dass die entsprechenden Werke als ‚nur literarisch' klassifiziert und damit aus dem Zuständigkeitsbereich der eigenen Disziplin ausgeschieden werden.¹⁷⁸ Die wissenschaftliche

---

175 Carr: What is History?, S. 90–92. Siehe für eine Diskussion von Carrs Kritik am kontrafaktischen Denken in der Geschichtswissenschaft Philip E. Tetlock / Geoffrey Parker: Counterfactual Thought Experiments. Why we can't live without them & how we must learn to live with them. In: Philip E. Tetlock / Richard Ned Lebow / Geoffrey Parker (Hg.): Unmaking the West. "What-If" Scenarios That Rewrite World History. Ann Arbor 2006, S. 14–44, hier S. 28–33.
176 Vgl. Evans: Veränderte Vergangenheiten, S. 17–58.
177 Evans: Veränderte Vergangenheiten, S. 58.
178 Vgl. Carr: What is History?, S. 89–92; Evans: Veränderte Vergangenheiten, S. 37, 195–197; Hermann Ritter: Kontrafaktische Geschichte. Unterhaltung versus Erkenntnis. In: Michael Salewski (Hg.): Was Wäre Wenn. Alternativ- und Parallelgeschichte. Brücken zwischen Phantasie und Wirklichkeit. Stuttgart 1999, S. 13–42, hier S. 36; Sönke Neitzel: Was wäre wenn ...? – Gedanken

Delegitimation des künstlerischen Diskurses liefert dabei unter der Hand eine treffende Charakterisierung ebendieses Diskurses, dem eine besondere Neigung oder, positiv formuliert, Eignung zur normativen oder gar politischen Positionierung zukommt. Eine auf das Politische fokussierte Kontrafaktik-Forschung kann just an diesem Punkt ansetzen.[179]

Die Übertragung der methodischen Beschränkungen der Geschichtswissenschaft auf die Literatur läuft fast notwendigerweise auf eine Art Regelpoetik hinaus, wie sie mit dem Autonomieanspruch moderner Kunst kaum vereinbar ist. Die Geschichtswissenschaft kann und muss Regeln für das kontrafaktische Denken aufstellen, da sie selbst mit der Produktion kontrafaktischer Szenarien befasst ist; die Literaturwissenschaft hingegen findet die für sie relevanten kontrafaktischen Imaginationen in den literarischen Texten vor und sieht sich dann vor die Aufgabe gestellt, deren Rezeption zu beschreiben sowie Interpretationen vorzulegen. Im Gegensatz zu den kontrafaktischen Imaginationen der Geschichtswissenschaft sind die kontrafaktischen Imaginationen der Literatur – zumindest von der Warte des Literaturwissenschaftlers aus – immer schon da.[180] Das Verfahren kontrafaktischen Erzählens in der Literatur konstituiert entsprechend keine wissenschaftliche Methode zur rationalen Erschließung eines Sachverhalts oder eines Phänomens; vielmehr ist die Kontrafaktik selbst ein Phänomen – und zwar ein ästhetisches –, das vonseiten der Literaturwissenschaft nicht eigenständig produziert, sondern lediglich erläutert werden kann. In dieser speziellen Hinsicht besteht zwischen Kontrafaktik-Forschung und Geschichtswissenschaft – trotz der hohen formalen Affinität der beiden Diskurse – eine geringere Schnittmenge als etwa zwischen Kontrafaktik-Forschung und kognitiver Linguistik. Während nämlich die Geschichtswissenschaft eigenständig kontrafaktische Szenarien produzieren kann, finden Literaturwissenschaft und kognitive Linguistik ihre Untersuchungsgegenstände immer schon als fertig konstituiert vor.[181]

---

zur kontrafaktischen Geschichtsschreibung. In: Thomas Stamm-Kuhlmann u. a. (Hg.): Geschichtsbilder. Festschrift für Michael Salewski zum 65. Geburtstag. Stuttgart 2003, S. 312–322, hier S. 319. Die hier zu beobachtende Exklusionsstrategie, welche literarische Texte aus der Geschichtswissenschaft ausschließen möchte, bildet das genaue Gegenteil der Inklusionsstrategie der Literaturwissenschaft, welche sich oft allzu bereitwillig an Überlegungen der Geschichtswissenschaft anlehnt. Diese voneinander abweichenden Strategien dürften, so kann man vermuten, auf das unterschiedlich ausgeprägte disziplinäre Selbstbewusstsein der beiden Fächer zurückzuführen sein.

179 Siehe Kapitel 9. Politische Kontrafaktik.
180 Zur Differenzierung von Geschichtsschreibung und fiktionaler Literatur bemerkt Fludernik: „Historical writing [...] should be compared not to *fiction* but to *literary criticism*, or, even better, *literary history*." (Fludernik: Fiction vs. Non-Fiction, S. 91).
181 Vgl. Birke / Butter / Köppe: Introduction: England Win, S. 3 f.

3.2.3 Kontrafaktisches Erzählen als Genrevariante historischen Erzählens

In der bisherigen literaturwissenschaftlichen Forschung wird das fiktionale kontrafaktische Erzählen weitgehend als Genrevariante des historischen Erzählens betrachtet, die variierten Fakten werden also fast ausschließlich als *historische* Fakten konzeptualisiert. Diese Einschränkung wird meistens als nicht weiter legitimierungsbedürftig angesehen. Dabei ließen sich durchaus Gründe dafür angeben, weshalb historische Fakten das präferierte Material kontrafaktischen Erzählens in der Literatur bilden und kontrafaktisches Erzählen bisher ganz vorwiegend als *historisches* kontrafaktisches Erzählen verstanden wurde. Historische Fakten bieten sich aus mindestens zwei Gründen in besonderem Maße als Ausgangsmaterial für kontrafaktische Variationen an: *Erstens* verfügen die Fakten der Geschichte über ein hohes Maß an Konventionalität, also an Bekanntheit und intersubjektiver Verbindlichkeit. Entsprechend kann bei einer Abweichung von historischen Fakten einigermaßen zuverlässig damit gerechnet werden, dass diese Abweichung auch als solche erkannt wird und in der Folge der spezifische Rezeptionsprozess der Kontrafaktik – also der Vergleich zwischen fiktionaler und realer Welt hinsichtlich konkreter Einzelelemente – in Gang kommt. *Zweitens* weisen Fakten der Geschichte bereits rein vom Material her viele jener Eigenschaften auf, welche Phänomen und Praxis des Erzählens überhaupt auszeichnen: etwa die Eröffnung einer Erzählwelt[182], ein singulär-konkretes, temporales und geordnetes Geschehen[183] sowie anthropomorphe Akteure[184] und deren subjektives Erleben.[185] Diese beiden zentralen Kriterien des kontrafaktischen Erzählens,

---

[182] Vgl. Marie-Laure Ryan: Toward a definition of narrative. In: David Herman (Hg.): The Cambridge companion to narrative. Cambridge 2007, S. 22–35, hier S. 29; dies.: Story/Worlds/Media. Tuning the Instruments of a Media-Conscious Narratology. In: Dies. / Jan-Noël Thon (Hg.): Storyworlds Across Media. Toward a Media-Conscious Narratology. Lincoln / London 2014, S. 25–49; Werner Wolf: Transmedial Narratology: Theoretical Foundations and Some Applications (Fiction, Single Pictures, Instrumental Music). In: Narrative 25/3 (2017), S. 256–285, hier S. 260.
[183] Siehe zu diesen Kriterien Matías Martínez: Was ist Erzählen? In: Ders. (Hg.): Erzählen. Ein interdisziplinäres Handbuch. Stuttgart 2017, S. 2–6, hier S. 2. Als Minimalbestimmung des Erzählens gibt Martínez die folgende Formel an: „Erzählen ist Geschehensdarstellung + x" (ebd., S. 3), wobei „x" als Platzhalter für unterschiedliche Merkmale des Erzählens fungiert, welche in der narratologischen Diskussion der vergangenen Jahre vorgeschlagen wurden.
[184] Vgl. Elisabeth Gülich / Uta M. Quasthoff: Narrative Analysis. In: Teun A. van Dijk (Hg.): Handbook of Discours Analysis. Vol 2. Dimensions of Discourse. London u. a. 1985, S. 169–197, hier S. 171.
[185] Zur Kategorie der „experientiality" als Definitionsmerkmal des Erzählens siehe Monika Fludernik: Towards a 'Natural' Narratology. London / New York 1996. Freilich beziehen sich die genannten Faktoren auf eine klassische, akteurs- und ereigniszentrierte Geschichtsschreibung und nicht auf eine Strukturgeschichte im Sinne der Annales-Schule, eine postmoderne

die *Bekanntheit/intersubjektive Verbindlichkeit* der Fakten sowie ihre gute *Erzählbarkeit*, sind in Wissensbereichen jenseits des historischen Wissens mitunter nur in geringem Maße gegeben. So mögen manche naturwissenschaftliche Fakten – etwa die chemische Formel des Wassers oder die biochemische Funktion des Chlorophylls – zwar intersubjektiv verbindlich und auch weiten Teilen einer potenziellen Leserschaft bekannt sein; nur eignet sich diese Art von Wissen kaum zur Variation im Rahmen fiktionalen kontrafaktischen Erzählens. Biografische Erfahrungen wiederum lassen sich zwar mitunter gut erzählen; nur ist ihre objektive Richtigkeit vonseiten der Leserschaft – und mitunter sogar vonseiten des Autors – oftmals nur schwer zu überprüfen, sodass kontrafaktische Abweichungen hier unter Umständen nicht als solche erkannt werden.[186] (Dass nichtsdestoweniger gerade im Bereich des (auto-)biografischen Erzählens kontrafaktische Referenzstrukturen zum Einsatz kommen können, beweist das fiktionstheoretisch so überaus reizvolle Genre der Autofiktion.)

Die angeführten Gründe können zwar eine gewisse Privilegierung historischer Tatsachen als Material des fiktionalen kontrafaktischen Erzählens plausibilisieren. Einen kategorischen Ausschluss differenter Arten von Fakten als Basis der Kontrafaktik legitimieren sie jedoch nicht. Der Begriff ‚kontra-faktisch' zeigt schließlich allein eine Abweichung von den Fakten an; eine zusätzliche thematische Einschränkung hingegen ist über den Begriff allein nicht gegeben – und erweist sich, wie zu zeigen sein wird, auch keineswegs als zwingend notwendig. Geht man allein von einer bestimmten Referenzstruktur als Definitionskriterium der Kontrafaktik aus, so können ganz unterschiedliche Fakten‚arten' zur Grundlage kontrafaktischen Erzählens werden.

Da Kontrafaktik in der bestehenden Forschungsdiskussion weitgehend als *historische* Kontrafaktik konzeptualisiert wird, führt die anhängige Genrediskussion meist in den Assoziationsbereich des historischen Romans. Tatsächlich handelt es sich bei der Mehrzahl der bisherigen literaturwissenschaftlichen Modelle zur Beschreibung kontrafaktischen Erzählens um Genre- und Klassifikationsmodelle, welche sich vor allem mit der *Alternate History* als Genrevariante des historischen Romans beschäftigen. Gefragt wird danach, wann die ersten Genrebeispiele kontrafaktischen historischen Erzählens nachweisbar sind, wie sich die *Alternate History* von anderen Genres – etwa der Science-Fiction oder dem traditionellen

---

Geschichtsschreibung – etwa die Partikularhistorigrafien machtdepravierter Gruppen – oder die Wirtschaftsgeschichte.

186 Fludernik bemerkt hierzu: „[O]ne will have to come to the conclusion that *all* homodiegetic non-fictional texts contain subjective data that cannot be checked against the historical record." (Fludernik: Fiction vs. Non-Fiction, S. 88).

historischen Roman – abgrenzen lässt, welche Subkategorien das historische kontrafaktische Erzählen ausprägt und wie sich das Genre der *Alternate History* seit seinem Aufkommen im 19. Jahrhundert entwickelt hat. Nun leuchtet eine solche Thematisierung des Verhältnisses des kontrafaktischen Romans zum historischen Roman natürlich ein, vorausgesetzt, dass man es beim kontrafaktischen Erzählen mit *historischem* kontrafaktischen Erzählen zu tun hat – aber eben auch nur unter dieser Voraussetzung. Nimmt man von vornherein an, dass der kontrafaktische historische Roman, möglicherweise noch ergänzt um den kontrafaktischen historischen Film, das einzige eigentlich kontrafaktische Genre darstellt, so wird das Untersuchungsspektrum in einem Grade eingeschränkt, wie es sich zumindest mit fiktionstheoretischen Argumenten kaum rechtfertigen lässt.

Letztlich sollte die thematische Begrenzung der Kontrafaktik allein auf historisches Faktenmaterial als dogmatisch preisgegeben werden. Im Rahmen der Kontrafaktizitätsforschung in anderen Wissenschaftszweigen hat es eine solche thematische Bindung ohnehin nie gegeben: Hier wird mit großer Selbstverständlichkeit davon ausgegangen, dass kontrafaktische Aussagen sich auf sehr unterschiedliche Arten von Fakten und Realitätsannahmen beziehen können.

3.2.4 Kontrafaktisches Erzählen als postmodernes Phänomen

Kaum eine der neueren Studien zum literarischen kontrafaktischen Erzählen verzichtet auf eine Diskussion des Erzählphänomens im Kontext postmodernen Denkens. Die Argumente für eine solche Verbindung sind leicht nachvollziehbar. Zum einen kann mit der literarhistorischen Konjunktur der Kontrafaktik argumentiert werden: Kontrafaktische Werke finden sich vereinzelt zwar bereits im 19. Jahrhundert. Die eigentliche Entfaltungsphase kontrafaktischer Genres, insbesondere der *Alternate History*, beginnt allerdings erst in der Mitte des 20. Jahrhunderts. Fahrt gewinnt die Genreentwicklung dann in den 60er und 70er Jahren, in Parallele zur Hochphase des postmodernen Denkens. Seit dem Ende des Kalten Krieges erfährt das kontrafaktische Erzählen schließlich einen Boom, der bis heute andauert.[187] Bereits rein zeitlich liegt es also nahe, das kontrafaktische Erzählen mit der Entfaltung postmodernen Denkens in Verbindung zu bringen.

Aber auch auf konzeptioneller Ebene drängen sich Parallelen auf: Ähnlich wie die postmoderne Philosophie, die eine Verabschiedung der *grands récits*

---

[187] Gallagher zufolge sind seit den 60er Jahren allein im englischsprachigen Raum über 500 narrative Texte erschienen, in denen kontrafaktische Figuren eine Rolle spielen. Vgl. Gallagher: What would Napoleon do?, S. 316.

(Jean-François Lyotard)[188], der großen Erzählungen proklamierte, scheint auch die Kontrafaktik starre Wahrheitsvorstellungen zu relativieren, indem sie der akzeptierten Version der Fakten eine alternative Version derselben Fakten entgegenstellt. Dass diese Problematisierung der dominanten Episteme in einem künstlerischen Medium stattfindet, kommt dabei einer postmodernen Weltsicht in besonderem Maße zupass, fordert die postmoderne Literaturtheorie doch bereits in einem ihrer Gründungsdokumente eine mehrfache ‚Überquerung des Grenze' (Leslie Fiedler) – zwischen Hoch- und Trivialkultur, aber auch zwischen Wahrscheinlichem und Wunderbarem[189] – und betont, dass die populäre Kultur der Postmoderne „der Travestie näher [sei] als der Nachahmung", eine ungebrochene Weltabbildung also nicht mehr als ihre Aufgabe erachte.[190] Auch die Mitglieder der Yale School – am prominentesten wohl Paul de Man – vertraten in den späten 1970er und 80er Jahre unter Berufung auf Jacques Derridas Theorie der Dekonstruktion die Ansicht, dass die Literatur in besonderem Maße geeignet sei, um die Fragwürdigkeit starrer epistemischer Ordnungen offenzulegen: Die Einsicht in die Irritabilität geschlossener Sinnzusammenhänge, in die Brüchigkeit von Zeichenordnungen und in die Unmöglichkeit der Repräsentation, welche gerade die Literatur ermögliche, lasse sich auf die vermeintlichen ‚Ordnungen' der Welt überhaupt beziehen. Gerade die Kontrafaktik scheint nun die Kardinalaufgabe der Literatur im Sinne der Yale School, nämlich die Einübung in einen umfassenden Zeichenzweifel, auf besonders exemplarische Weise zu erfüllen, bilden alternative Formen der Weltbeschreibung doch gerade eine der konstitutiven Leistungen kontrafaktischen Erzählens.

Speziell für das historische kontrafaktische Erzählen wird ferner in allen größeren, einschlägigen Forschungsarbeiten auf die ebenfalls als postmodern zu klassifizierenden Überlegungen Hayden Whites zum diskursiv-konstruktiven Charakter der Geschichtsschreibung hingewiesen. In seinem Hauptwerk *Metahistory: The Historical Imagination in Nineteenth-Century Europe* von 1973 sowie in diversen Folgeschriften betont White, dass Geschichtsschreibung nicht einfach als objektive Aufzeichnung realer Ereignisse angesehen werden könne, sondern dass Historiografie zunächst und zuvorderst ein sprachlicher Diskurs sei, der bestimmten formalen Beschränkungen unterliege, Einzeldaten auswähle, kontextualisiere und damit kontingente Ereignisse überhaupt erst in eine sinnvolle, oder genauer: sinnstiftende Reihenfolge bringe

---

188 Jean-François Lyotard: La condition postmoderne. Paris 1979.
189 Leslie A. Fiedler: Überquert die Grenze, schließt den Graben! Über die Postmoderne. In: Uwe Wittstock (Hg.): Roman oder Leben. Postmoderne in der deutschen Literatur. Leipzig 1994, S. 14–39.
190 Fiedler: Überquert die Grenze, schließt den Graben!, S. 23.

(White spricht in diesem Zusammenhang von „emplotment"[191]). Entsprechend könne der historische Diskurs auch niemals gänzlich frei von normativen Implikationen sein. Die Geschichtsschreibung findet laut White Bedeutung nicht einfach in der Vergangenheit vor, sondern stellt historische Bedeutung allererst her, indem sie die historischen Ereignisse auf eine je spezifische Weise narrativiert. Diese Sinnstiftung qua narrativer Überformung habe die Geschichtsschreibung, so Whites These, aber gerade mit dem literarischen Schreiben gemein. Die Möglichkeiten objektiver Erkenntnis der Vergangenheit werden somit prinzipiell in Frage gestellt und die Historiografie in die Nähe der fiktionalen Literatur gerückt.

Das kontrafaktische Erzählen auf der Basis historischen Materials scheint zunächst eine sinnfällige Parallele zu den Überlegungen Hayden Whites – oder allgemein zum *New Historicism* – aufzuweisen, insofern es die Ereignisse der erzählten Welt nicht einfach in der Geschichte vorfindet, sondern diese im Akt des Erzählens allererst produziert. Allerdings erweist sich diese Parallelisierung bei näherer Betrachtung als hochgradig problematisch. Whites Thesen würden grundlegend missverstanden, wollte man in ihnen eine (poetische) Lizenz zur voluntativen Neuerfindung der Geschichte sehen. Weder leugnet White, dass Geschichte – im Sinne einer realen Folge von Ereignissen in der Vergangenheit – stattgefunden hat, noch streitet er ab, dass die Geschichtsschreibung sich um Wahrheit – wie prekär deren Status auch immer sein mag – bemühen sollte. White weist lediglich darauf hin, dass der Zugang zu historischen Ereignissen notwendigerweise sprachlich vermittelt ist und insofern immer den Status einer bis zu gewissem Grade variablen Interpretation behalten wird:

> Historical discourse does not [...] produce new information about the past, since the possession of both old and new information about the past is a precondition of the composition of such a discourse. Nor can it be said to provide new knowledge about the past insofar as knowledge is conceived to be a product of a distinctive method of inquiry. What historical discourse produces are *interpretations* of whatever information about and knowledge of the past the historian commands.[192]

Whites Argument bezieht sich mithin nicht auf die Ebene des Dargestellten, sondern auf die Ebene der Darstellung: Sein Thema ist, um die klassischen Begriffe

---

191 „Providing the 'meaning' of a story by identifying the *kind of story* that has been told is called explanation by emplotment. [...] Emplotment is the way by which a sequence of events fashioned into a story is gradually revealed to be a story of a particular kind. [...] I identify at least four different modes of emplotment: Romance, Tragedy, Comedy, and Satire." (Hayden White: Metahistory. The Historical Imagination in Nineteenth-Century Europe. Baltimore / London 1973, S. 7).
192 Hayden White: Literary Theory and Historical Writing. In: Ders.: Figural Realism. Studies in the Mimesis Effect. Baltimore, Maryland 1999, S. 1–26, hier S. 2.

der Erzähltheorie zu verwenden, eher der *discours* der Geschichtsschreibung als deren *histoire*. Das bedeutet aber auch, dass die Erfindung alternativer Geschichtsverläufe ohne jedweden Beleg in den historischen Quellen – in Whites Worten: Informationen –, wie sie für die historische Kontrafaktik ja gerade bestimmend ist, von Whites Modell gar nicht abgedeckt wird. Dass also beispielsweise Napoleon die Schlacht von Waterloo *gewonnen* hätte, ist für eine konstruktivistische Geschichtsschreibung à la White ebenso undenkbar wie für eine objektivistische Geschichtsschreibung in der Nachfolge Leopold von Rankes, die dem eigenen Anspruch nach zeigen will, „wie es eigentlich gewesen."[193] Dezidiert weist White die Vorstellung zurück, seine Theorien liefen auf die These der bloßen Erfundenheit oder freien Erfindbarkeit von Geschichte hinaus:

> This characterization of historical discourse does not imply that past events, persons, institutions, and processes never really existed. It does not imply that we cannot have more or less precise information about these past entities. And it does not imply that we cannot transform this information into knowledge by application of the various methods developed by the different disciplines comprising the "science" of an age or culture.[194]

Poetische Lizenzen zur Erfindung alternativer Geschichtsverläufe, wie sie eine zentrale Konstitutionsbedingung der historischen Kontrafaktik darstellen, lassen sich aus dem Rekurs auf Whites geschichtsnarratologische Überlegungen also nicht ableiten. Die Vergleiche kontrafaktischer Erzählverfahren mit Whites Theorien zum narrativen Charakter der Historiografie stehen entsprechend auf tönernen Füßen.

---

193 Leopold Ranke: Geschichten der romanischen und germanischen Völker von 1494 bis 1535. Leipzig / Berlin 1824, VI. Leopold von Ranke (1795–1886) wird regelmäßig als Gewährsmann einer objektivistischen oder positivistischen Geschichtsschreibung angeführt, einer Form der Geschichtsschreibung also, die den Spekulationen der Alternativgeschichte grundsätzlich ablehnend gegenübersteht. Allerdings lässt sich selbst noch am Beispiel Rankes demonstrieren, dass eine Geschichtsschreibung, welche die Möglichkeiten alternativgeschichtlichen Denkens von vornherein ausschließt, sich mitunter dennoch kontrafaktischer Imaginationen bedienen kann (ohne deshalb freilich notwendigerweise den epistemischen Status dieser Imaginationen mit zu reflektieren). So schreibt Ranke etwa über den bayerischen Herzog Wilhelm, der 1526 versuchte, deutscher König und König von Böhmen zu werden: „Welche Folgen aber hätte es haben müssen, wenn dies gelungen wäre! Man kann sagen: es hätte eine ganz andre Staatengeschichte gegeben. Baiern hätte das Übergewicht in deutschen und slawischen Ländern über Östreich davon getragen: auch Zapolya hätte, hierdurch gestützt, sich zu behaupten vermocht: die Ligue und damit auch die am schroffsten ausgeprägte päpstliche Meinung hätte im östlichen Europa die Oberhand behalten. Nie gab es ein für die Machtentwicklung des Hauses Östreich gefährlicheres Unternehmen." (Leopold Ranke: Deutsche Geschichte im Zeitalter der Reformation. Bd. 2. Berlin 1839, S. 416).
194 White: Literary Theory and Historical Writing, S. 2.

Der mittlerweile fast reflexhafte Rekurs auf Whites Geschichtstheorie innerhalb der Kontrafaktik-Forschung bildet dabei nur die prominenteste Ausprägung eines verbreiteten Kokettierens mit einer postmodernen Epistemologie und Ontologie. Die Generaltendenz derartiger Assoziationen lässt sich mit dem Schlagwort ‚Panfiktionalismus'[195] anzeigen: Panfiktionalistische Positionen nehmen an, das der menschliche Zugang zur Welt wesentlich zeichenhaften oder doch zumindest interpretatorischen Vermittlungen unterliege, sodass ein direkter Zugriff auf die Welt in ihrer Objektivität versperrt sei (unschwer lässt sich in derartigen Überlegungen eine Radikalisierung der Epistemologie Immanuel Kants erkennen). Aus dieser Ansicht, verbunden mit der Beobachtung, dass zeichenhafte, ontologisch nicht unmittelbar bindende Zugänge zur Welt traditionell gerade literarischen und fiktionalen Diskursen zugeschrieben werden, leitet der Panfiktionalismus die Ansicht ab, dass überhaupt *alle* Aussagen fiktionaler Natur seien, dass sich also zwischen fiktionalen und nicht-fiktionalen Aussagen nicht zuverlässig unterscheiden lasse, da ein ‚Außerhalb des Textes' (Jacques Derrida)[196] gar nicht existiere. Im Umkehrschluss werden damit genuin fiktionale Aussagen, etwa in der Literatur, entschieden aufgewertet, da diese nun kategorial nicht mehr von Wahrheitsaussagen in der sogenannten realen Welt unterschieden werden können. Wäre nun aber die radikal-poststrukturalistische, panfiktionalistische These zutreffend, dass sich zwischen Fakt und Fiktion niemals zuverlässig unterscheiden lässt, so würde die Diskussion über das kontrafaktische Erzählen von Vornherein hinfällig: Wenn nämlich gar keine Fakten existierten, könnte auch nicht kontrafaktisch von ihnen abgewichen werden.

Es muss an dieser Stelle nicht auf die möglichen Kritikpunkte am Panfiktionalismus eingegangen werden, der als philosophisch widerlegt gelten darf.[197] Im gegebenen Zusammenhang sei lediglich darauf hingewiesen, dass das zentrale Problem des Panfiktionalismus nicht so sehr in der These besteht, dass ‚alles Text' sei (was bei einem entsprechend weiten Textbegriff noch angehen mag[198]),

---

195 Der Begriff ‚Panfiktionalismus' wurde – in kritischer Absicht – von Gottfried Gabriel in die Diskussion eingeführt. Vgl. Gottfried Gabriel: Fact, Fiction and Fictionalism. Erich Auerbach's *Mimesis* in Perspective. In: Bernhard F. Scholz (Hg.): Mimesis. Studien zur literarischen Repräsentation. Tübingen / Basel 1998, S. 33–43, hier S. 35.
196 Jacques Derrida: De la grammatologie. Paris 1967, S. 227.
197 Vgl. Eva-Maria Konrad: Panfiktionalismus. In: Tilmann Köppe / Tobias Klauk: Fiktionalität. Ein interdisziplinäres Handbuch. Berlin / Boston 2014, S. 235–254. Gabriel bezeichnet die These des „pan-fictionalism" vom Verschwinden der Realität als „categorical nonsense" (Gabriel: Fact, Fiction and Fictionalism, S. 35, 41).
198 Eine solchen breiten Textbegriff vertritt beispielsweise Moritz Baßler: „Sein, sofern es gelesen werden kann, ist textförmig." (Moritz Baßler: Texte und Kontexte. In: Thomas Anz (Hg.):

sondern in der Behauptung, dass fiktionale und faktuale Deutungsansprüche nicht differenziert werden können, was schlicht empirisch falsch ist.[199] Remigius Bunia hält diesbezüglich fest: „Zwischen fiktionalem und faktualem Sprechen kann man unterscheiden [...], obwohl sie kein ‚ontologisches' *fundementum in re* haben."[200] Eine Differenzierung fiktionaler und faktualer Aussagen mag zwar auf der Sachebene allein nicht zuverlässig durchführbar sein; ihrem pragmatischen Anspruch nach sind sie allerdings klar voneinander unterscheidbar.

Nun wurde eine maximale Variante des Panfiktionalismus, der zufolge schlichtweg *alles* Fiktion ist, kaum jemals ernsthaft vertreten (wenngleich eine solche Sichtweise in der Postmoderne-Diskussion gerne den jeweiligen Gegnern unterstellt wird: Beliebte Zielscheiben des Panfiktionalismus-Vorwurfs sind – neben Hayden White – Michel Foucault, Jacques Derrida und Judith Butler). Allerdings werden im Rahmen der Forschungen zum kontrafaktischen Erzählen oftmals Positionen vertreten, die bei genauerer Prüfung eine gewisse Nähe zum Panfiktionalismus erkennen lassen. Selbst in dieser abgeschwächten Form jedoch führen panfiktionalistische Positionen im Zusammenhang mit dem kontrafaktischen Erzählen zu Schwierigkeiten. Entgegen dem ersten Anschein nämlich ist das kontrafaktische Erzählen – gleich ob in fiktional-literarischen oder in faktual-argumentativen Kontexten – nicht weniger, sondern mehr als andere Erzählverfahren von der Existenz realweltlicher Fakten abhängig. Die postmoderne These von der „*Unmöglichkeit einer Geschichte im Singular*"[201], also eine umfassende Destabilisierung allgemeiner Wahrheitsansprüche, ist mit den Strukturbedingungen der (historischen) Kontrafaktik nur bedingt kompatibel: Die Geschichte ist immerhin ‚singulär' genug, um eine kontrafaktische Variation als definitive Abweichung erkennen zu lassen.

Dass die Fakten, auf die in kontrafaktisch erzählten Texten Bezug genommen wird, oftmals selbst sprachlich codiert und mithin von einer bestimmten semiotischen Struktur abhängig sind, hat zunächst keinen Einfluss auf die ontologi-

---

Handbuch Literaturwissenschaft. Bd. 1: Gegenstände und Grundbegriffe. Stuttgart 2007, S. 355–370, hier S. 359).

199 Hierzu führt Zipfel aus: „Beachtet man [...] die Tatsache, daß zwischen der philosophisch-epistemologischen Rede von Fiktion in bezug auf Wirklichkeit und der alltagssprachlichen oder literaturwissenschaftlichen Rede von Fiktion in bezug auf Literatur ein grundsätzlicher Unterschied besteht, wird die – oft gerade mit Bezug auf konstruktivistische (und dekonstruktivistische) Positionen – vielbeschworene ‚Ubiquität der Fiktion' als Mythos entlarvt." (Zipfel: Fiktion, Fiktivität, Fiktionalität, S. 74).

200 Remigius Bunia: Faltungen. Fiktion, Erzählen, Medien. Berlin 2007, S. 11.

201 Gerard Raulet: Singuläre Geschichten und pluralische Ratio. In: Jacques Le Rider / Gérard Raulet (Hg.): Verabschiedung der (Post-)Moderne. Eine interdisziplinäre Debatte. Tübingen 1987, S. 275–292, hier S. 281.

sche Dimension des Erzählphänomens. Vertreter postmoderner Positionen betonen zwar zurecht, dass (historische) Fakten in aller Regel sprachlich oder zumindest zeichenhaft vermittelt sind. Nur lässt dieser Umstand allein erstens keinen unmittelbaren Rückschluss auf den pragmatischen oder ontologischen Anspruch einer Aussage, also auf ihren Fiktionalitäts- oder Fiktivitätsstatus zu (auch faktuale Aussagen sind schließlich sprachlich vermittelt – andernfalls wäre es unmöglich, aus der Zeitungslektüre Informationen über die reale Welt zu gewinnen). Und zweitens ist die ‚Sprachlichkeit der Fakten' für eine Vielzahl kontrafaktischer Werke schlicht ohne Belang. Zwar mögen zahlreiche kontrafaktische Werke die symbolische Vermittlung von Faktenaussagen werkimmanent mitreflektieren und problematisieren; keineswegs aber geht bereits das Erzählphänomen an sich zwingend mit einer solchen Reflexion einher (was auch literarhistorisch betrachtet wenig plausibel wäre, entstanden die ersten kontrafaktischen historischen Romane doch gut 150 Jahre vor der postmodernen Theoriebildung). Ob ein kontrafaktisches Werk zeichen- und wahrheitstheoretische Fragestellungen – etwa diejenigen der Postmoderne – mitreflektiert, lässt sich nicht bereits qua Identifikation des Erzählverfahrens entscheiden, sondern muss stets anhand des jeweiligen Einzelwerks geprüft werden.

Im Assoziationsbereich der Themen Postmoderne und Panfiktionalismus bewegt sich auch eine Tendenz der Kontrafaktik-Forschung, die sich als ‚Textualisierung und Tilgung der realen Welt' bezeichnen ließe: Die Fakten, von denen das kontrafaktische Erzählen ausgeht, werden oftmals selbst als Texte aufgefasst (hierfür ließen sich, wie gesagt, unter Umständen noch Gründe anführen); diese Texte werden dann ferner – und hierin liegt das eigentliche Problem – als tendenziell fiktional konzeptualisiert. Hierdurch wird allerdings ein Vergleich von realer Welt und Text, wie er der Kontrafaktik stets zugrunde liegt, zu einem Vergleich zwischen zwei Texten eingeebnet. Infolge einer nivellierenden Fiktionalisierung scheinen diese beiden ‚Texte' dann zu einer etwaigen objektiven Wahrheit eine ähnlich problematische Beziehung zu unterhalten. Die Spannung zwischen faktualen Wahrheitsansprüchen in der realen Welt und fiktional-fiktiven Aussagen in der Literatur gerät damit wiederum aus dem Blick; die Kontrafaktik wird zu einem bloßen Problem der Intertextualität. So verwendet etwa Rodiek in seiner Monografie *Erfundene Vergangenheit* den Begriff „Buch der Geschichte", welches er dann gar als „Hypotext"[202] bezeichnet. Mit dieser Formulierung wird zwar zurecht herausgestellt, dass es sich beim kontrafaktischen Erzählen um einen (textuellen) Rezeptions- und Variationsvorgang handelt; zugleich wird aber der zentrale Umstand verschleiert, dass es sich beim

---

202 Rodiek: Erfundene Vergangenheit, S. 41.

kontrafaktischen Erzählen gerade nicht um einen intertextuellen, sondern um einen transfiktionalen[203] Vorgang handelt, dass hier also – ungeachtet aller Erkenntnisse der postmodernen Historiografie – nicht zwei fiktionale Texte, sondern ein fiktionaler Text und ein realweltliches Faktum miteinander verglichen werden.

Überlegungen zur postmodernen Epistemologie stehen auch erkennbar im Hintergrund solcher Forschungsbeiträge, die das kontrafaktische historische Erzählen in Verbindung bringen mit der sogenannten ‚historiografischen Metafiktion' – ein Begriff, den Linda Hutcheon 1988 mit ihrer einflussreichen Studie *A Poetics of Postmodernism* in die Diskussion eingebracht hat.[204] Als historiografische Metafiktionen bezeichnet Hutcheon eine Gruppe von historischen Romanen jüngeren Datums, die durch einen vermehrten Einsatz metafiktionaler Verfahren ihre eigene Künstlichkeit ausstellen, die Grenze zwischen Fiktion und Historizität verwischen und damit die Möglichkeiten einer objektiven Geschichtsschreibung prinzipiell in Frage stellen. Das Verhältnis von historischer Kontrafaktik zu unterschiedlichen Ausprägungen des historischen Romans wird noch zu diskutieren sein.[205] Im gegebenen Zusammenhang kann allerdings bereits festgehalten werden, dass die historische Kontrafaktik keineswegs zwingend zu jener skeptizistischen Geschichtsepistemologie tendiert, welche die Basis der historiografischen Metafiktion bilden. Im Gegenteil ist die historische Kontrafaktik in der Mehrzahl ihrer Ausprägungen bestens vereinbar mit einem eher naiven Geschichtsverständnis, wie es sich etwa an den klassischen historischen Romanen eines Walter Scott ablesen lässt, ja sie profitiert sogar von einem solchen, da die historische Kontrafaktik gerade der möglichst eindeutigen historischen Fakten bedarf, um dann von ihnen abweichen zu können.

Auch die Themenwahl der meisten kontrafaktischen Werke lässt einen Bezug zur postmodernen Geschichtstheorie fraglich erscheinen, werden in Werken der Kontrafaktik doch kaum jemals jene Elemente einer entsubjektivierten Strukturgeschichte oder ‚Geschichte von unten' variiert, auf welche die postmodern inspirierte Geschichtsschreibung ihr Augenmerk richtet. Für gewöhnlich greift die historische Kontrafaktik auf jenen Ausschnitt historischer Fakten zurück, der auch für eine traditionelle Geschichtsschreibung im Stil des 19. Jahrhunderts zentral ist: die Biografien und Taten ‚großer Männer', Kriege, Schlachten, Attentate und Morde. So konstatiert Tristam Hunt (in durchaus kritischer Absicht):

---

203 Siehe Kapitel 4.3.4. Das Faktenverständnis der Kontrafaktik.
204 Vgl. Linda Hutcheon: A Poetics of Postmodernism: History, Theory, Fiction. London / New York 1988, S. 105–123.
205 Siehe Kapitel 10. Historisches Erzählen als Kontrafaktik.

[...] "what if" versions of the past posit the powerful individual at the heart of their histories: it is a story of what generals, presidents and revolutionaries did or did not do. The contribution of bureaucracies, ideas or social class is nothing to the personal fickleness of Josef Stalin or the constitution of Franz Ferdinand.[206]

Diese eher konservative, an strukturellen Determinismen wenig interessierte Auffassung von Geschichte hat der kontrafaktischen Geschichtsschreibung gelegentlich den Vorwurf eingebracht, ein Ressort konservativen, wenn nicht gar reaktionären oder rechten Denkens zu sein[207] – politisch weltanschauliche Haltungen jedenfalls, die mit den Positionen der Postmoderne schwer vereinbar sind. (Dass eine Assoziation zumindest von *fiktionaler* Kontrafaktik und Konservatismus keineswegs zwingend ist, wird im Rahmen der Werkinterpretationen noch ausführlich darzulegen sein.)

Aus all den genannten Gründen scheint es geraten, bei einer Assoziation der Kontrafaktik mit den theoretischen Positionen der Postmoderne Vorsicht walten zu lassen: Das Erzählphänomen der Kontrafaktik, so kann zusammenfassend festgehalten werden, verweist keineswegs automatisch auf eine postmoderne, zeichen- und referenzskeptische Weltsicht. Der bloße Umstand, *dass* ein kontrafaktisches Werk vorliegt, erlaubt noch keinen Rückschluss auf die epistemologischen Implikationen desselben. Derartige Implikationen lassen sich, wenn überhaupt, allein im Rahmen der Einzelanalysen des jeweiligen Werks herausarbeiten.

---

206 Tristam Hunt: Pasting over the Past. In: The Guardian, 07.04.2004. Quelle: https://www.theguardian.com/education/2004/apr/07/highereducation.news (Zugriff: 27.07.2021).
207 Vgl. Evans: Veränderte Vergangenheiten, S. 61–63; Hunt: Pasting Over the Past. Auch Slavoj Žižek konzediert, dass kontrafaktische Szenarien einstweilen vor allem von konservativen Historikern verfasst würden, plädiert jedoch zugleich für eine linke, spezieller: marxistische Appropriation des historischen kontrafaktischen Denkens. Vgl. Slavoj Žižek: Lenin Shot at Finland Station. In: London Review of Books 27/16, 18.08.2005. Quelle: http://www.lrb.co.uk/v27/n16/slavoj-zizek/lenin-shot-at-finland-station (Zugriff: 27.07.2021). Siehe zum Kontrafaktischen auch ders.: Disparities. London / New York 2016, S. 267–322.

4 Kontrafaktik: Eine fiktionstheoretische Perspektive

Während die ältere Forschung etwa bis zur Jahrtausendwende dem Fiktionsstatus des literarischen kontrafaktischen Erzählens keine größere Beachtung geschenkt hat, zeichnet sich in neueren Arbeiten eine Entwicklung hin zu einer auch fiktionstheoretisch informierten Perspektive auf das Erzählphänomen ab.[208] Eine massive Einschränkung bei der Betrachtung faktenvariierender Erzählverfahren ergibt sich dabei jedoch, wie oben bereits ausgeführt wurde, aus der selten hinterfragten Grundentscheidung, ausschließlich das *historische* kontrafaktische Erzählen als Untersuchungsgegenstand zuzulassen: Ausnahmslos alle bisherigen Monografien zur Kontrafaktik beschäftigen sich schwerpunktmäßig mit der historischen Kontrafaktik, insbesondere in Form des kontrafaktischen historischen Romans. Affinitäten zu anderen faktenvariierenden Erzählverfahren und -genres, wie etwa der Dystopie oder der Satire, sind in der Forschung zwar verschiedentlich konstatiert worden, doch wurden diese Verbindungslinien bisher nicht systematisch weiterverfolgt.

In der vorliegenden Arbeit wird die dominierende Perspektive der bisherigen Kontrafaktik-Forschung gewissermaßen umgekehrt: Anstatt vom Genre des kontrafaktischen historischen Romans auszugehen und dann die etwaigen literarhistorischen, typologischen oder auch fiktionstheoretischen Spezifika dieses Genres aufzuzeigen, soll zunächst die basale Referenzstruktur kontrafaktischer Texte fokussiert werden. Diese Referenzstruktur manifestiert sich im kontrafaktischen historischen Roman zweifellos auf besonders exemplarische Weise, sodass die vorliegende Studie auch in keinem Widerspruch zur bisherigen Forschung steht. Indem jedoch vorderhand von Einschränkungen hinsichtlich des Genres, der Themen und der (impliziten) Epistemologie etwaiger zu behandelnder kontrafaktischer Texte abgesehen wird, eröffnet sich die Möglichkeit, die Struktur der Kontrafaktik zunächst allgemein-fiktionstheoretisch zu beschreiben, um dann erst in einem zweiten Schritt danach zu fragen, in welchen Genres und Gattungen kontrafaktische Erzählverfahren Verwendung finden, welche Arten von Fakten sich als Ausgangsmaterial der Kontrafaktik eignen und welche epistemologischen Implikationen sich jeweils aus dem konkreten Einsatz kontrafaktischen Erzählens in fiktionalen Medien ergeben.

Die folgenden Ausführungen zur Theorie der Kontrafaktik sind in zwei Großabschnitte unterteilt. Im ersten, mit ‚Definition der Kontrafaktik' überschriebenen

---

208 Vgl. Widmann: Kontrafaktische Geschichtsdarstellung; Singles: Alternate History.

Abschnitt wird die grundlegende Referenzstruktur der Kontrafaktik fiktionstheoretisch erläutert. Es wird dabei von einer Minimaldefinition der Kontrafaktik ausgegangen, die in kompakter Weise die zentralen Eigenschaften des Erzählphänomens zusammenfasst. Der fiktionstheoretische Abschnitt besteht im Wesentlichen aus einer sukzessiven Detailerläuterung der Begrifflichkeiten dieser Minimaldefinition, welche am Ende des Kapitels noch einmal in aller Kürze zusammenfassend charakterisiert werden sollen. Angestrebt wird mithin insgesamt eine Explikation des Begriffs der Kontrafaktik.[209] Im zweiten, mit den Begriffen ‚Abgrenzungen, Genres, Eigenheiten' überschriebenen Abschnitt wird das Verhältnis der Kontrafaktik zu drei anderen Modi des real-fiktionalen Weltvergleichs – der Realistik, Fantastik und Faktik – erläutert. Ferner werden die Vorteile einer Konzeptualisierung der Kontrafaktik als genreunabhängige Referenzstruktur vorgestellt und, daran anschließend, mehrere Genres diskutiert, in denen diese Referenzstruktur besonders häufig zum Einsatz kommt. Schließlich wird auf das Phänomen der Metafaktizität, also die Reflexion von Lüge und Wahrheit *innerhalb* kontrafaktischer Erzählwelten, eingegangen. Eine Zwischenbetrachtung am Ende des Theorieteils widmet sich dann noch einmal dem Status der Kontrafaktik als ‚Schwellenphänomen', als ein Phänomen also, das in besonderem Maße von bestimmten Kontext- und Rezeptionsbedingungen abhängig ist.

Da es sich bei der Kontrafaktik um ein in hohem Grade kontextsensitives Rezeptionsphänomen handelt, muss von einem Literaturmodell ausgegangen werden, das Faktoren wie den Textrezipienten, bestimmte historische und kulturelle Rezeptionsvoraussetzungen sowie allgemein „extratextuelle[...] Kontext[e]"[210] theoretisch zu integrieren vermag. Entsprechend wird Literatur in der vorliegenden Studie grundsätzlich als eine bestimmte Form der *Kommunikation* beziehungsweise als eine bestimmte Form der *Sprachhandlung* verstanden[211] (was freilich nicht bedeutet, dass literarische Kommunikation einfach mit der Alltagskommunikation identisch wäre[212]). Kontrafaktik wird also im Folgenden nicht als

---

[209] Zum Verfahren der Explikation siehe Tadeusz Pawłowski: Begriffsbildung und Definition, Berlin / New York 1980, S. 157–198.
[210] Als eine von vier literaturwissenschaftlich relevanten Kontextarten bestimmt Lutz Danneberg den „extratextuelle[n] Kontext als Beziehung eines Textes zu nichttextuellen Gegebenheiten, [...] auch REDEKONSTELLATION" (Lutz Danneberg: Kontext. In: Harald Fricke (Hg.): Reallexikon der deutschen Literaturwissenschaft. Bd. II. Berlin 2000, S. 333–337, hier S. 334). Siehe Kapitel 4.3.7. Fakten als Kontexte kontrafaktischer Interpretationen.
[211] Siehe hierzu ausführlich Zipfel: Fiktion, Fiktivität, Fiktionalität, S. 30–67.
[212] Carlos Spoerhase konstatiert: „Die meisten literarischen Texte, die Gegenstand literaturwissenschaftlicher Beschäftigung sind, sind vom Standpunkt der Alltagskommunikation anomal, weil sie hermeneutisch äußerst anspruchsvoll sind. Charakteristisch ist für den literarischen Text ein ‚das verstehe ich nicht', das nach weiteren interpretativen Anstrengungen verlangt."

ein bloß semantisches oder textstrukturelles Phänomen aufgefasst – was, wie noch zu zeigen sein wird, auch gar nicht möglich wäre –, sondern vielmehr als Ergebnis eines Aktes literarischer Kommunikation, der auf bestimmten textuellen, aber eben auch auf epistemischen, kulturellen, historischen und individuellen Voraussetzungen beruht – und der folglich immer auch scheitern kann.

4.1 Minimaldefinition der Kontrafaktik

Große Theoriegebäude haben den offenkundigen Nachteil, dass man sich leicht in ihnen verläuft. Wofern ein primär theoretisches Interesse verfolgt wird, mag man dieses Problem in Kauf nehmen. Für eine Literaturtheorie jedoch, die ihrem künstlerischen Gegenstand, dem literarischen Text, verpflichtet bleiben will – die also selbst nicht Epistemologie, Textontologie oder Ethik werden möchte –, stellt ein großes theoretisches Abstraktionsniveau ein Problem dar. Eine allzu voraussetzungsreiche Text- oder Interpretationstheorie läuft Gefahr, zur theoretischen Idiosynkrasie zu geraten und für die eigentliche Textdeutung nicht mehr produktiv gemacht werden zu können (während sich auf der anderen Seite die hermeneutische Praxis – ungeachtet aller wechselnder theoretischer Moden – gegenüber starren theoretischen Beschränkungen als erstaunlich immun erwiesen hat[213]). Im Zusammenhang der Entwicklung einer Theorie der Kontrafaktik erscheint dieses Problem besonders relevant, da es sich hier einerseits um ein fiktionstheoretisch anspruchsvolles Phänomen handelt, das eine umsichtige theoretische Erläuterung erfordert. Andererseits soll die Entwicklung einer Theorie der Kontrafaktik aber auch nicht als Selbstzweck betrieben werden, sondern letztlich in den Dienst einer Erhellung der in Frage stehenden künstlerischen Phänomene gestellt werden. Bei aller theoretischer Ambition sollte die Erhellung und Deutung literarischer Texte die regulative Idee literaturwissenschaftlichen Arbeitens bleiben.

(Carlos Spoerhase: Autorschaft und Interpretation. Methodische Grundlagen einer philologischen Hermeneutik. Berlin 2007, S. 414).
213 So konstatiert Andreas Kablitz, „daß noch die engagierteste Kritik an der Texthermeneutik, daß kein Appell *Against Interpretation* ihr den Garaus hat machen können. Textinterpretationen sind noch immer das Hauptgeschäft der Literaturwissenschaft; und nichts deutet darauf hin, daß sich das bald ändern wird. [...] Jedenfalls in pragmatischer Hinsicht scheint es so etwas wie eine Unvermeidlichkeit der Interpretation zu geben." (Andreas Kablitz: Theorie der Literatur und Kunst der Interpretation. Zu einigen Blindstellen literaturwissenschaftlicher Theoriebildung. In: Poetica 41/3–4 (2009), S. 219–231, hier S. 221).

In der vorliegenden Studie wird zwecks einer Vermittlung zwischen Theorie und Textdeutung von einer kompakten *Minimaldefinition* der Kontrafaktik ausgegangen. Diese lautet:

Minimaldefinition der Kontrafaktik
Kontrafaktik bezeichnet signifikante Variationen realweltlichen Faktenmaterials innerhalb fiktionaler Medien.

Die vorgeschlagene Definition fungiert als Strukturierungshilfe für die folgenden theoretischen Überlegungen ebenso wie als kondensierte Version derselben. Der praktische Nutzen der Minimaldefinition entspricht dabei in etwa demjenigen einer mathematischen Formel: Sie kann zur konkreten Problemlösung herangezogen werden, ohne jedes Mal aufs Neue hergeleitet zu werden.

Anhand einer ausführlichen Erläuterung der zentralen Begriffe der Minimaldefinition soll im Folgenden das Erzählphänomen der Kontrafaktik theoretisch eingehegt und die Möglichkeit einer Identifikation und Analyse kontrafaktischer Elemente eröffnet werden. Zwar werden im Laufe der Erläuterung der Minimaldefinition auch einige Begriffe kommentiert, die in der Minimaldefinition selbst nicht auftauchen, etwa diejenigen der Referenz oder der Markierung; in diesen Fällen soll dann jedoch stets deutlich gemacht werden, weshalb diese Begriffe respektive Konzepte in der Minimaldefinition gewissermaßen mitgemeint sind und entsprechend bei ihrer Erläuterung mitberücksichtigt werden sollten.

Eine Bemerkung zur Darstellungsform der folgenden Erläuterungen sei vorausgeschickt: Da die einzelnen begrifflichen Teile der Minimaldefinition der Kontrafaktik konzeptionell eng miteinander verzahnt sind, erweist sich eine streng systematisch-sukzessive Entwicklung ihrer Terminologie als nicht vollständig durchführbar. Die einzelnen systematischen Aspekte der Kontrafaktik, die in der Minimaldefinition angezeigt werden, weisen keine logische Hierarchisierung untereinander auf, sondern sind jeweils auf komplexe Weise voneinander abhängig. Es wird sich entsprechend als unumgänglich erweisen, bei den folgenden Erläuterungen einzelner Termini gelegentlich auf Begriffe und Konzepte vorzugreifen, die erst im weiteren Verlauf der Argumentation erläutert werden. Die bedeutendsten theoretischen Vor- und Rückverweise werden dabei jeweils in den Fußnoten angezeigt.

4.2 Fiktionalität

Wie bereits zu Beginn des Theorieteils erwähnt, bezeichnet Kontrafaktik das kontrafaktische Erzählen oder Denken speziell in fiktional-künstlerischen Medien. Angesichts der Vielzahl der möglichen Definitionen von Fiktionalität[214] soll im Folgenden dasjenige Fiktionalitätsverständnis vorgestellt werden, das für die hier vorgestellte Theorie der Kontrafaktik maßgeblich ist.[215]

Die vorliegende Studie folgt einem *institutionellen Fiktionalitätsverständnis*, sie schließt also an Positionen an, die Fiktionalität an einen bestimmten Aussagemodus binden. Diesen Positionen zufolge konstituiert Fiktionalität sich nicht (allein) über die Ontologie der beschriebenen Sachverhalte – etwa über die Erfundenheit (Fiktivität) der Aussagegegenstände – oder über spezifische textuelle Merkmale – sogenannte Fiktionssignale –, sondern über eine bestimmte Art des pragmatischen Umgangs mit Texten (was nicht bedeutet, dass bestimmte Eigenschaften der Erzählgegenstände oder Textmerkmale hier gar keine Rolle spielen würden[216]). Ein Text wird diesem Verständnis zufolge dadurch fiktional, dass er den Regeln einer bestimmten gesellschaftlichen Institution, eben der ‚Institution Fiktionalität' gemäß *behandelt* wird. In ihrer einflussreichen Studie *Truth, Fiction, and Literature* von 1994 definieren Peter Lamarque und Stein Haugom Olsen eine institutionelle Praxis folgendermaßen:

> An institutional practice, as we understand it, is *constituted* by a set of conventions and concepts which both regulate and *define* the actions and products involved in the practice. [...] An institution, in the relevant sense, is a rule-governed practice which makes possible certain (institutional) actions which are defined by the rules of the practice and which could not exist as such without those rules.[217]

Fiktionalität bezeichnet entsprechend eine bestimmte kommunikationspragmatische Haltung, die gegenüber Texten und anderen Medien eingenommen werden kann und die Modalitäten des Umgangs mit diesen Texten und Medien reguliert.

---

214 Vgl. zum Überblick Tilmann Köppe / Tobias Klauk (Hg.): Fiktionalität. Ein interdisziplinäres Handbuch. Berlin / Boston 2014.
215 Zur den basalen Unterscheidungen Fiktionalität/Faktualität sowie Fiktivität/Realität siehe Kapitel 2. Vorbereitendes.
216 Zipfel weist darauf hin, „daß es zur theoretischen Deutung literarischer Fiktion mehrschichtiger Beschreibungen bedarf." (Zipfel: Fiktion, Fiktivität, Fiktionalität, S. 167) Danneberg bemerkt: „Was man auch immer mit ‚Wahrhaftigkeit', ‚Fiktionalität' und ähnlichen Konzepten meint und über sie weiß: Immer scheinen es komplexe, mehrwegige Klassifikatoren zu sein." (Danneberg: Weder Tränen noch Logik, S. 40).
217 Peter Lamarque / Stein Haugom Olsen: Truth, Fiction, and Literature. A Philosophical Perspective. Oxford 1994, S. 256.

Auch die Rede von ‚Fiktions-Kompetenz'[218] oder vom ‚Fiktionsvertrag', wie sie sich in der Forschung mitunter findet, stellt letztlich eine (metaphorische) Charakterisierung der ‚Institution'[219] Fiktionalität dar.[220] Mit Blick auf den aktuellen Stand der Forschung ist zu bemerken, dass konventionalistische, pragmatische oder eben institutionelle Fiktionalitätstheorien zu einer gewissen Dominanz gelangt sind.[221] Im Folgenden sollen die zentralen Implikationen und Vorteile eines solchen institutionellen Fiktionalitätsverständnisses knapp umrissen werden.

Tilmann Köppe fasst die Grundannahme institutioneller Theorien der Fiktionalität folgendermaßen zusammen:

> Was einen Text fiktional macht, ist […] die Tatsache, dass der Text mit der Absicht hervorgebracht wurde, gemäß den Konventionen der Fiktionalitätsinstitution rezipiert zu werden. Für diese Rezeption ist wesentlich, dass Leser den Text einerseits zur Grundlage einer imaginativen Auseinandersetzung mit dem Dargestellten nehmen und andererseits von bestimmten Schlüssen vom Text auf Sachverhalte in der Wirklichkeit absehen; so darf man insbesondere nicht davon ausgehen, dass die Sätze des Werkes wahr sind oder vom Autor der Werkes für wahr gehalten werden.[222]

Der Aufruf zur Befolgung der Regeln der Institution Fiktionalität kann beispielsweise über Paratexte erfolgen, etwa durch Gattungszuordnungen wie ‚Roman' oder ‚Erzählung' auf dem Bucheinband, aber auch durch die Zugehörigkeit eines Textes zu einem bestimmten Autorenwerk oder durch textimmanente Fiktionssignale wie etwa den Einsatz eines allwissenden Erzählers.[223]

Einem institutionellen Fiktionalitätsverständnis zufolge lässt sich die Fiktionalität eines Textes letztlich allein über den pragmatischen Umgang mit diesem Text zuverlässig bestimmen – nicht aber über bestimmte textuelle Eigenschaften. So formuliert Marc Chinca: „Pragmatische Ansätze definieren die Fiktionalität

---

218 Jean-Marie Schaeffer etwa schreibt: „[L]a compétence fictionnelle nécessite l'apprentissage d'un ensemble d'attitudes intentionnelles d'une grande complexité." [Die Fiktions-Kompetenz erfordert das Erlernen eines Ensembles institutioneller Haltungen von großer Komplexität. – Übersetzung M. N.] (Jean-Marie Schaeffer: Pourquoi la fiction? Paris 1999, S. 16).
219 Vgl. etwa Umberto Eco: Im Wald der Fiktionen. Sechs Streifzüge durch die Literatur. München ²1999, S. 103.
220 Vgl. Zipfel: Fiktion, Fiktivität, Fiktionalität, S. 284.
221 Vgl. Tobias Klauk / Tilmann Köppe: Bausteine einer Theorie der Fiktionalität. In: Tilmann Köppe / Tobias Klauk (Hg.): Fiktionalität. Ein interdisziplinäres Handbuch. Berlin / Boston 2014, S. 3–31, hier S. 7.
222 Tilmann Köppe: Die Institution Fiktionalität. In: Ders. / Tobias Klauk (Hg.): Fiktionalität. Ein interdisziplinäres Handbuch. Berlin / Boston 2014, S. 35–49, hier S. 35.
223 Vgl. Klein / Martínez: Wirklichkeitserzählungen, S. 3 f. „Die Klassifikation eines Textes als fiktional oder faktual ist eine Entscheidung, die letztlich auf textpragmatischer Ebene getroffen wird." (Ebd., S. 4).

von ihrem ‚Sitz im Leben' her, als Funktion der Relation zwischen dem Sprechakt und seiner Gebrauchssituation. Diese Situation, und nicht etwa linguistische Merkmale des Textes, ist letzten Endes entscheidend".[224] Damit wird zwar nicht prinzipiell ausgeschlossen, dass es auch bestimmte Texteigenschaften geben kann, die einen Text tendenziell eher in Richtung fiktionalen Schreibens rücken[225] – etwa die Schilderung von Gedanken in der dritten Person Singular oder die Verwendung des epischen Präteritums[226] –; nur reichen diese Texteigenschaften allein nicht aus, um das Vorliegen fiktionaler Rede sicherzustellen, da Sprache an und für sich eine Übertragung fiktionaler Rede in faktuale Kontexte nicht zuverlässig auszuschließen vermag.[227] Lutz Danneberg bemerkt hierzu: „Eine aufgrund eines bestimmten Wissens als nichtfiktional klassifizierte Darstellung läßt sich grundsätzlich (bei verändertem oder als irrelevant erklärtem Wissen) auch wie eine fiktionale behandeln – und umgekehrt."[228]

Für das kontrafaktische Erzählen erweist sich diese prinzipielle Übertragbarkeit sprachlich identischer Äußerungen von einem fiktionalen und in einen faktualen Kontext und *vice versa* als besonders bedeutsam, hat man es hier doch mit einem Erzählverfahren zu tun, das sowohl in fiktionalen wie auch in faktualen Kontexten Verwendung findet – und dies zum Teil in sprachlich ähnlicher Form. Faktual-kontrafaktische Szenarien der Historiografie und fiktional-kontrafaktische Szenarien des literarischen *Alternate History*-Genres etwa können mit Blick auf den manifesten Text mitunter kaum voneinander unterschieden werden. Dieser potenzielle sprachliche Isomorphismus sollte allerdings nicht dazu verleiten, fiktionale und faktuale Äußerungskontexte zu vermischen oder beide auf dieselben Regeln und Standards zu beziehen, wie es in der bisherigen Kontrafaktik-

---

224 Marc Chinca: Mögliche Welten. Alternatives Erzählen und Fiktionalität im Tristanroman Gottfrieds von Straßburg. In: Poetica 35 (2003), S. 307–333, hier S. 313.
225 Siehe etwa Dorrit Cohn: Signposts of Fictionality. A Narratological Perspective. In: Poetics Today 11 (1990), S. 775–804.
226 Vgl. Käte Hamburger: Die Logik der Dichtung. Wien 1980, S. 60–121.
227 So konstatiert John Searle in seinem klassischen Aufsatz zur Fiktionstheorie: „The utterance acts in fiction are indistinguishable from the utterance acts of serious discourse, and it is for that reason that there is no textual property that will identify a stretch of discourse as a work of fiction." (John R. Searle: The Logical Status of Fictional Discourse. In: New Literary History 6/2 (1975), S. 319–332, hier S. 327) Simone Winko konstatiert mit Blick auf die neuere Diskussion rund um ‚Poetizität' und ‚Literarizität' als Bestimmungsmerkmale von ‚Literatur': „Als gescheitert kann der Versuch angesehen werden, die textinternen Kriterien als notwendige und hinreichende Bedingungen für Literatur zu postulieren" (Simone Winko: Auf der Suche nach der Weltformel. Literarizität und Poetizität in der neueren literaturtheoretischen Diskussion. In: Dies. / Fotis Jannidis / Gerhard Lauer (Hg.): Grenzen der Literatur. Zu Begriff und Phänomen des Literarischen. Berlin 2009, S. 374–396, hier S. 391).
228 Danneberg: Weder Tränen noch Logik, S. 40.

Forschung vielfach geschehen ist. Stattdessen muss – zumindest aus heuristischen Gründen – eine möglichst strenge Trennung von fiktionalen und faktualen Äußerungskontexten angestrebt werden, da nur auf diese Weise der unterschiedliche Einsatz desselben Erzählverfahrens im Rekurs auf diejenigen Lizenzen und Beschränkungen bewertet werden kann, die für den jeweiligen Äußerungszusammenhang auch tatsächlich gelten.[229]

Ein pragmatisches oder institutionelles Verständnis von Fiktionalität bietet eine ganze Reihe von Vorteilen gegenüber einem Fiktionalitätsverständnis, das sich auf bestimmte Textmerkmale oder auf ontologische Eigenschaften der erzählten Welt bezieht.[230] Da in einem institutionellen Verständnis Fiktionalität an bestimmte soziale Konventionen gebunden ist, vermag diese Theorie auch zu beschreiben, weshalb sich der Fiktionalitätsstatus ein und desselben Textes mitunter im Laufe der Zeit verändert. Ein naheliegendes Beispiel wären die antiken Mythen, die in ihrem Entstehungskontext vermutlich nicht als fiktional betrachtet wurden, heute aber durchaus als fiktional angesehen werden können. Mit einer institutionellen Fiktionalitätstheorie lässt sich erklären, unter welchen sozialen, epistemischen oder sonstigen Rahmenbedingungen Texte einen Status als fiktionale Texte gewinnen oder diesen Status auch wieder verlieren können. Diese historisch und sozial variable pragmatische Einbindung ist auch für eine Bestimmung der Kontrafaktik von Belang, da es sich bei der Kontrafaktik erstens per definitionem um eine fiktionale Ausprägung kontrafaktischen Erzählens handelt und weil das kontrafaktische Erzählen zweitens notwendigerweise ein rezeptionsabhängiges und also kontextsensitives Erzählphänomen darstellt. Wird also einem Text aufgrund veränderter Rahmenbedingungen sein Fiktionalitätsstatus abgesprochen – etwa weil ein kontrafaktischer Text als faktuale Verschwörungstheorie, als Fake News oder Lüge gedeutet wird –, so kann er nicht mehr länger der Kontrafaktik zugeschlagen werden.

Ein weiterer Vorteil institutioneller Fiktionalitätstheorien besteht in ihrer besonderen Eignung zur Diskussion solcher Texte, die Fiktionalität mit einem deutlichen Weltbezug kombinieren, fiktionaler Textgattungen also, in denen

---

229 Der Unterschied zwischen einem hinsichtlich seines Wortlauts identischen Textes, der einmal in einem fiktionalen und einmal in einem faktualen Äußerungskontext verwendet wird, ließe sich aus der Sicht einer sprachhandlungstheoretisch fundierten Fiktionstheorie unter anderem dahingehend beschreiben, dass im Falle einer fiktionalen Sprachhandlungssituation die Rolle des ‚Senders' verdoppelt ist: Hier müsste zwischen Autor und Erzähler unterschieden werden, während in faktualen Sprachhandlungssituationen eine solche Trennung nicht üblich oder zulässig ist. Vgl. Dorrit Cohn: Signposts of Fictionality, S. 793; Zipfel: Fiktion, Fiktivität, Fiktionalität, S. 120 f.; Singles: Alternate History, S. 95, Anm. 131.
230 Vgl. Köppe: Die Institution Fiktionalität, S. 45–48.

der Versuch unternommen wird, „Einsichten über die Wirklichkeit zu vermitteln. Zu diesen Gattungen gehören etwa Fabeln, der historische Roman, der Schlüsselroman oder der *roman à thèse*, zum erweiterten Kreis gehören aber auch der psychologische Roman oder der Entwicklungsroman"[231] – und, so könnte ergänzt werden, auch die Texte der Kontrafaktik und Formen politischen Schreibens, lassen sich doch sowohl kontrafaktische als auch politische Texte einzig in Bezug auf eine bestimmte gesellschaftliche und zeitliche Konstellation analysieren. Diese Notwendigkeit des Weltbezugs besteht natürlich a fortiori bei Beispielen politischer Realitätsvariationen, wie sie im Zentrum der vorliegenden Studie stehen, also bei Kombinationen von Kontrafaktik und politischem Schreiben.

Institutionelle Fiktionalitätstheorien bieten sich darüber hinaus in besonderem Maße als Grundlage medienübergreifender Kunsttheorien an. Ein Fiktionalitätsbegriff, der eng an die spezifischen Bedingungen literarischer Werke gebunden ist, kann nur eingeschränkt bei film- oder bildwissenschaftlichen Untersuchungen zur Anwendung kommen. Institutionelle Fiktionalitätstheorien, die ihr Augenmerk primär auf die Konventionen der Produktion und Rezeption künstlerischer Werke legen, erlauben es hingegen, kunsttheoretische Überlegungen auch medienübergreifend nutzbar zu machen – freilich immer unter der Voraussetzung entsprechender Anpassungen an das jeweilige künstlerische Medium.[232]

Ein letzter Vorteil institutioneller Fiktionalitätstheorien besteht in ihrer relativ einfachen Handhabbarkeit. Noch einmal sei Tilmann Köppe zitiert:

> [F]ür den Literaturwissenschaftler [ist] ein grundsätzliches Verständnis der Fiktionalität literarischer Texte zentral; man kann aber nicht erwarten, dass sich Literaturwissenschaftler mit den Subtilitäten philosophischer Semantik, Modallogik oder Ontologie auseinandersetzen. Während solche Theorien weitab von literaturwissenschaftlichen Kerninteressen liegen und entsprechend im Ruf einer nur geringen Anschlussfähigkeit stehen, bieten institutionelle Theorien der Fiktionalität zahlreiche Möglichkeiten, literaturwissenschaftliche Kernfragen wie etwa die nach *literaturspezifischen* Konventionen, Gattungen, literaturgeschichtlichen Entwicklungen sowie nach den Funktionen fiktionaler Literatur zu thematisieren und zu beantworten.[233]

Gerade das Phänomen der Kontrafaktik, das ohnehin stark zum theoretischen Ausfransen neigt, kann nur davon profitieren, wenn bei der Bestimmung seiner

---

231 Köppe: Die Institution Fiktionalität, S. 46.
232 Köppe: Die Institution Fiktionalität, S. 47.
233 Köppe: Die Institution Fiktionalität, S. 47 f.

definierenden Merkmale philosophische Spezialprobleme soweit wie möglich hintangehalten werden und das Augenmerk stattdessen auf das ‚literaturwissenschaftliche Kerninteresse' gerichtet bleibt.

Jene literarischen Texte, die das Korpus dieser Arbeit bilden, sowie auch der fiktionale Film – etwa Tarantinos *Inglourious Basterds* – und der fiktionale Comic – etwa Alan Moores und Dave Gibbons' *Watchmen* – werden von dem vorgeschlagenen institutionellen Fiktionalitätsverständnis zweifellos abgedeckt. Einen Grenzfall der Kontrafaktik bildet demgegenüber der (eher seltene, wiewohl theoretisch reizvolle) Fall fiktionaler Medien, die keinen dezidiert *künstlerischen* Anspruch erheben. Zu nennen ist hier insbesondere die Werbung, welche, zumindest in ihrer audiovisuellen Ausprägung, zwar medial-formal mit dem fiktionalen Film übereinstimmt, sich aufgrund ihrer offenkundig außerästhetischen Zweckgebundenheit – nämlich der Absatzsteigerung des beworbenen Produkts – allerdings nicht problemlos als künstlerische Gattung bezeichnen lässt.

Ein diskussionswürdiges Beispiel kontrafaktischer ‚Werbung' stellt der fingierte Werbespot *MCP – Collision Prevent* für den Mercedes Benz, genauer: für dessen Bremsassistenten dar, der im Jahre 2013 auf YouTube veröffentlicht und bis Anfang des Jahres 2020 fast anderthalb Millionen Mal aufgerufen wurde.[234] Jens Jessen fasst in einem *Zeit*-Artikel, welcher den Clip gegen Kritik der Öffentlichkeit sowie des Autoherstellers verteidigt, die Handlung des Spots wie folgt zusammen:

> Der Mercedes, der dort offenbar auf einer Zeitreise in ein Dorf des späten 19. Jahrhunderts gelangt ist, bremst ein erstes Mal vorbildlich vor spielenden Kindern – ein zweites Mal aber, als ihm noch ein kleiner Junge vor den Kühler läuft, bremst es nicht, „Adolf", schreit die entsetzte Mutter, und wenig später sieht man den Buben tot in Form eines Hakenkreuzes auf der Fahrbahn liegen. Das Ortsschild, von dem tüchtigen Mercedes wenig später passiert, trägt die Aufschrift Kronland: Oberösterreich, Ortschaft: Braunau am Inn. Dann, triumphierend, der große Satz „Erkennt Gefahren, bevor sie entstehen".[235]

Der Spot greift eines der prominentesten Themen der Kontrafaktik auf, nämlich die veränderte Lebensgeschichte Adolf Hitlers. Allerdings tut er dies in einer ungewöhnlichen Variante: Nicht die Biografie des erwachsenen Politikers erfährt eine Modifikation, sondern Adolf Hitler wird bereits als Kind – unter bewusster Inkaufnahme eines technisch-historischen Anachronismus – von einem Merce-

---

[234] Mercedes Benz ADOLF Spot (German/Deutsch) – 2013 HD. Quelle: https://www.youtube.com/watch?v=bEME9licodY (Zugriff: 01.01.2020).
[235] Jens Jessen: Für Hitler wird nicht gebremst. Ein Video parodiert die neue Fahrhilfe von Mercedes Benz. In: Die Zeit, 29.08.2013.

des Benz überfahren. Die ‚Gefahren' seines weiteren politischen Werdegangs werden somit ausgeräumt, noch ‚bevor sie entstehen'.

Der fingierte Werbespot, bei dem es sich um die Abschlussarbeit des Regisseurs Tobias Haase an der Filmakademie Ludwigsburg handelt, lässt sich als Metakommentar auf das Pathos und die fragwürdigen Versprechungen echter Werbespots verstehen, welche hier formal meisterlich imitiert respektive anzitiert werden, um dann jedoch in einem weiteren Schritt mittels einer absurden kontrafaktischen Volte und einer verfremdenden Verwendung des Werbeslogans satirisch unterhöhlt zu werden. Man könnte bei diesem Spot geradezu von einer Poetizität der Werbung – durchaus im Sinne Roman Jakobsons – sprechen, die dadurch entsteht, dass die weithin bekannte ‚Sprache' der Werbung reflexiv auf sich selbst rückbezogen und damit in eine autosubversive Schleife hineingedreht wird. In Verbindung mit der ostentativ respektlosen, kontrafaktischen Behandlung eines der düstersten Kapitel deutscher Geschichte – eine Negativwertung, die es im konkreten Fall kurioserweise ermöglicht, selbst noch das Überfahren-Werden eines Kindes lustig zu finden –, stellt der fingierte Werbespot die Falschheit kommerzieller Werbeversprechen mit satirischer Deutlichkeit heraus.[236]

Das Beispiel zeigt, dass Kontrafaktik auch in Medien zum Einsatz kommen kann, die zwar fiktional, nicht aber literarisch oder allgemein künstlerisch sind (wenngleich es sich bei Tobias Haases Pseudo-Spot natürlich sehr wohl um ein Kunstwerk handelt, das sich auch mitnichten als realer Werbespot eignen würde). Allerdings dürften derartige Fälle eine Ausnahme bilden: Für gewöhnlich erfüllen kontrafaktische Werke sowohl das Kriterium der Fiktionalität als auch dasjenige der Literarizität (oder auch Poetizität).[237] Entsprechend erscheint, zumindest in einem etwas vereinfachenden Sprachgebrauch, die Aussage legitim: Kontrafaktik bezeichnet das kontrafaktische Erzählen in der Kunst.

---

[236] Siehe zum Provokationspotenzial des Spots auch Rhein / Schumacher / Wohl von Haselberg: Einleitung, S. 7 f.

[237] Literarizität, Poetizität und ‚Kunstcharakter' auf der einen und Fiktionalität auf der anderen Seite weisen zwar eine große Schnittmenge untereinander auf, sind aber nicht deckungsgleich. So gibt es sowohl literarische Werke, die nicht fiktional sind (wie etwa dadaistische Lautgedichte), als auch fiktionale Werke, die keinen Kunstcharakter beanspruchen können (wie etwa Werbespots). Vgl. Lutz Rühling: Fiktionalität und Poetizität. In: Heinz Ludwig Arnold / Heinrich Detering (Hg.): Grundzüge der Literaturwissenschaft. München 1996, S. 25–51.

4.3 Fakten und fiktionale Welten

Dass Texte der Kontrafaktik auf Fakten bezogen sind, ist bereits dem Begriff abzulesen. Keinen Aufschluss gibt der Begriff hingegen darüber, welche Arten von Fakten hier genau vorausgesetzt werden müssen, was den Status dieser Fakten begründet und bis zu welchem Grade sie intersubjektiv verbindlich sein sollten. Zu klären bleibt also vorderhand das, was man die ‚Epistemologie der Kontrafaktik' nennen könnte.

Im Folgenden sollen Status und Bedeutung der realweltlichen Fakten für die Kontrafaktik erläutert werden. Hierbei wird zunächst zu klären sein, was die relevanten Fakten überhaupt als solche konstituiert und wie sich das Verhältnis eines Faktums zu seiner kontrafaktischen Variation bestimmen lässt. Daran anschließend werden der realweltliche Status der Fakten der Kontrafaktik sowie ihre Referenzstruktur näher erläutert. Schließlich soll drei naheliegenden Einwänden begegnet werden, die gegen die These vorgebracht werden könnten, kontrafaktische Texte würden indirekt auf realweltliches Faktenmaterial referieren: Es wird zu klären sein, ob die Theorie der Kontrafaktik mit konstruktivistischen Wahrheitstheorien vereinbar ist (um es vorwegzunehmen: sie ist es), ob sich die Kontrafaktik an Theorien ‚ästhetischer Wahrheit' anschließen lässt (sie tut es nicht) und wie der Status von Informationen einzuschätzen ist, die in der fiktionalen Erzählung oder in Paratexten, also innerhalb des kontrafaktischen Werkes selbst geliefert werden.

4.3.1 Kontrafaktik, Wahrheit, Fiktionalität

Das Verhältnis von Dichtung und Wahrheit bildet seit der Antike eine der Grundfragen der abendländischen Ästhetik. Hans Blumenberg hat gar die – wohl ein wenig überzogene – These aufgestellt: „Die Tradition unserer Dichtungstheorie seit der Antike läßt sich unter dem Gesamttitel einer Auseinandersetzung mit dem antiken Satz, daß die Dichter lügen, verstehen."[238] Trotz einer prinzipiellen gesellschaftlichen Anerkennung der Praxis fiktionalen, also nicht unmittelbar wahrheitserheischenden Erzählens in der Moderne und der weitgehenden Anerkennung der – nicht zuletzt epistemischen – Autonomie der Kunst hat die Frage nach dem Zusammenhang von Literatur und Wahrheit auch im 20. und 21. Jahr-

---

[238] Hans Blumenberg: Wirklichkeitsbegriff und Möglichkeit des Romans. In: Hans Robert Jauß (Hg.): Nachahmung und Illusion. Poetik und Hermeneutik I. München 1964, S. 9–27, hier S. 9.

hundert nichts an Relevanz verloren: In den letzten Jahrzehnten wurden die teils deutlich älteren, einschlägigen Diskussionen in Ästhetik, (analytischer) Philosophie und Fiktionstheorie in der Literaturwissenschaft aufgenommen und fortgeführt. Zugleich wurde das Verhältnis von Wahrheit und Literatur im Rahmen der kulturwissenschaftlichen Erweiterung der Literaturwissenschaft, in der Diskursanalyse und anderen Diskurstheorien, in der Poetologie des Wissens sowie in der ‚Literatur und Wissen'-Forschung eingehend und teils programmatisch thematisiert. Dabei darf mittlerweile als Konsens gelten, dass der Versuch einer starren, etwa streng typologischen Kopplung von Wahrheit und Literatur nur scheitern kann, und zwar sowohl an den vielfältigen Definitionsmöglichkeiten der beiden in Frage stehenden Begriffe als auch an den zahllosen Möglichkeiten ihrer wechselseitigen Konfiguration. Den Zusammenhang von Wahrheit und Literatur wird man nicht deduktiv-abstrakt, sondern nur induktiv, für einzelne Untergruppen von Texten, wenn nicht gar nur für Einzeltexte sinnvoll erörtern können.[239]

Die Kontrafaktik nun bildet den Fall eines Erzählphänomens, für das ein präzises Verständnis des Verhältnisses von Literatur und Wahrheit nicht nur von generellem ästhetischen oder poetologischen Interesse ist, sondern als zentrales Bestimmungskriterium des Erzählphänomens angesehen werden kann (ähnlich etwa wie im Falle der Fantastik oder bei den meisten Lesarten des Realismus). Die Frage nach dem Status der Fakten in der Kontrafaktik führt dabei zur Diskussion der Fiktionalität zurück. Eine, wenn nicht *die* zentrale Eigenschaft fiktionaler Texte besteht nämlich darin, dass es sich dabei um „nicht-behauptende Rede ohne unmittelbare Referenz in der Wirklichkeit" handelt.[240] Platons bekannter Vorwurf, dass die Dichter lügen, erweist sich – zumindest im Rahmen eines modernen Fiktionalitätsverständnisses – bereits a priori als haltlos, da die fiktionale Rede der Dichter gar keine unmittelbare Aussage über die reale Welt zu machen versucht und somit weder zu realweltlich wahren noch zu realweltlich falschen Behauptungen führt. Christian Klein und Matías Martínez bringen diesen Umstand auf die Formel: „Unter allen möglichen Verfassern lügen die Dichter am wenigsten, weil sie – im Gegensatz z. B. zu den Geschichtsschreibern – in ihren Werken gar nichts selbst behaupten, sondern einen imaginären Erzähler erfinden, der immer nur etwas in Bezug auf seine fiktive Welt behauptet."[241]

Nun weist die These von der Wahrheitsindifferenz als Definitionskriterium fiktionaler Rede zweifellos einen hohen Grad an Plausibilität auf. Allerdings lassen sich Beispiele fiktionale Literatur anführen, welche an der Gültigkeit

---

239 Vgl. Tilmann Köppe: Wahrheit. In: Roland Borgards u. a. (Hg.): Literatur und Wissen. Ein interdisziplinäres Handbuch. Stuttgart u. a. 2013, S. 231–235.
240 Martínez / Scheffel: Einführung in die Erzähltheorie, S. 16.
241 Klein / Martínez: Wirklichkeitserzählungen, S. 3.

dieser These – zumindest in einer verabsolutierten Lesart – Zweifel aufwerfen. Die Behauptung, der primäre Effekt der Fiktionalität literarischer Texte bestehe in der, wie Andreas Kablitz schreibt, „Vergleichgültigung gegenüber dem Wahrheitswert ihrer Sätze" respektive in der „Belanglosigkeit der Falsifikation"[242], ist insofern irreführend, als damit impliziert wird, dass Wahrheitswerte für fiktionale Texte grundsätzlich keine Rolle spielen würden. Gerade an der Kontrafaktik wird allerdings deutlich, dass fiktionale Texte durchaus in bedeutungskonstitutiver Weise von Wahrheitswerten faktualer Annahmen abhängig sein können. Die spezifische Interpretationsleistung, zu der kontrafaktische Texte aufrufen, beruht ja gerade darauf, dass Abweichungen von realweltlichen Fakten innerhalb eines fiktionalen Werks erkannt und für deutungsrelevant befunden werden.

Der Versuch, Fiktionalität allein an den Wahrheitswert von Aussagen beziehungsweise an die Suspendierung der Notwendigkeit eines solchen Wahrheitswertes zu binden, greift also zu kurz. Zwar ist fiktionale literarische Rede nicht in ähnlicher Weise auf faktische Richtigkeit verpflichtet wie faktuale Rede (auch nicht im Falle solcher faktenaffiner Genres wie etwa dem historischen Roman oder der Dokufiktion); zugleich scheint es jedoch wenig plausibel anzunehmen, eine konkrete, offenkundig faktisch richtige oder eben faktisch falsche Textaussage – etwa die Variation eines allgemein bekannten historischen Datums – sei für die Bedeutungsgenese des Textes grundsätzlich irrelevant, wird diese Textaussage doch vom Leser erkannt und mitunter auch in die Textinterpretation miteinbezogen. Die „willinge suspension of disbelief"[243], die Samuel Taylor Coleridge bekanntlich als Grundvoraussetzung für die Rezeption fiktionaler Werke ansetzte, gilt zwar auch für kontrafaktische Werke; auch hier wäre es keine adäquate Leserreaktion, zu sagen: „Der Dichter lügt!" Die Besonderheit der Rezeptionsstruktur der Kontrafaktik besteht allerdings darin, dass der Leser bei der Lektüre gleichsam in einem zweiten Rezeptionsschritt, *welcher sich auf die reale Welt bezieht*, genau das sagen muss – „Der Dichter", oder vielmehr: „Der Text lügt!" (respektive macht eine realweltlich unzutreffende Aussage) –, um den fiktionalen Text überhaupt als kontrafaktischen Text interpretieren zu können.[244]

Ein Heraustreten aus einer primär epistemischen Betrachtungsweise der Kontrafaktik, wie es in dieser Studie vorgeschlagen wird, kann und darf also

---

[242] Andreas Kablitz: Kunst des Möglichen. Theorie der Literatur. Freiburg i. Brsg. 2013, S. 191, S. 169, Anm. 39.
[243] Samuel Taylor Coleridge: Biographia Literaria: Or, Biographical Sketches of My Literary Life and Opinions. New York / Boston 1834, S. 174.
[244] Kommunikationspragmatisch handelt es sich bei kontrafaktischen Aussagen freilich niemals um Lügen, da kontrafaktische Aussagen per definitionem *offenkundig* falsch sind und mithin auch keine Täuschungsabsicht verfolgen. Vgl. Navratil: Lying in Counterfactual Fiction.

keine vollständige Indifferenz gegenüber Fragen des Wissens und der objektiven Richtigkeit von Textaussagen nach sich ziehen; mit dem Begriff des ‚Fakts' ist schließlich bereits auf terminologischer Ebene eine Kategorie gegeben, die keine vollständige epistemische Indifferenz erlaubt. Die Kontrafaktik bindet sich zwar nicht in der Art einer wahren Aussage innerhalb eines faktualen Diskurses unmittelbar an die Fakten, wie terminologisch ja wiederum bereits der Begriff *Kontra*faktik anzeigt; sie sieht aber auch nicht vollständig von den Fakten ab, etwa im Sinne einer *Non*faktizität. Vielmehr liegt hier der Fall eines fiktionalen Erzählens vor, bei welchem realweltliche Fakten auf ganz bestimmte Weise im Rahmen eines fiktionalen Mediums *verwendet* werden. Wie alle fiktionalen Texte treffen auch kontrafaktische Texte keine unmittelbaren Wahrheitsaussagen über die reale Welt; damit ist jedoch nicht ausgeschlossen, dass sich kontrafaktische Texte realweltlicher Faktenannahmen in einer bestimmten Weise – nämlich qua erkennbarer und signifikanter Variation – *bedienen* können, um ästhetische, affektive oder normative Effekte zu erzielen.

Die Feststellung, dass in kontrafaktischen Texten realweltlichen Wahrheitsannahmen widersprochen wird, zwingt dabei keineswegs dazu, das Fiktionalitätskriterium für die Kontrafaktik einzuschränken. Eine solche Einschränkung wäre lediglich dann geboten, wenn man erwarten würde, dass Texte der Kontrafaktik, da sie in irgendeiner Weise mit Fakten zu tun haben, selbst Aussagen über Faktisches machen wollten. Bei dieser Forderung allerdings würde es sich wiederum um eine Variante der oben erläuterten epistemischen Übergeneralisierungen handeln: Die relevanten Textelementen der Kontrafaktik sind *fiktive* Elemente innerhalb eines *fiktionalen* Mediums; nichts berechtigt dazu, diese Elemente für unmittelbare Aussagen über *reale* Sachverhalte heranzuziehen, auch wenn diese Elemente auf realen Sachverhalten beruhen oder indirekt auf diese verweisen mögen.[245] Tatsächlich vermitteln Werke der Kontrafaktik weniger selbst Wissen über die Welt, sondern bedürfen vielmehr realweltlicher Fakten in ihrer Funktion als inferentielles Wissen: Relevant für Werke der Kontrafaktik ist also „nicht in erster Linie das Wissen *in* Literatur oder *aus* Literatur, sondern vielmehr das Wissen, das von Texten vorausgesetzt wird, damit ihre Bedeutung verstanden werden kann."[246] Grundsätzlich ist die kontrafaktische Faktenvaria-

---

[245] Zipfel bemerkt in Bezug auf George Orwells (kontrafaktische) Fabel *Animal Farm*: „Die in *Animal Farm* erzählte Geschichte ist fiktiv, d. h. sie hat sich so nicht auf einem Bauernhof zwischen Tieren zugetragen. Die Besonderheit, daß mittels der fiktiven Geschichte auf reale historische Begebenheiten Bezug genommen wird, spielt für die Feststellung der Fiktivität der Geschichte keine Rolle." (Zipfel: Fiktion, Fiktivität, Fiktionalität, S. 76 f., Anm. 41).
[246] Simone Winko / Fotis Jannidis: Wissen und Inferenz. Zum Verstehen und Interpretieren literarischer Texte am Beispiel von Hans Magnus Enzensbergers Gedicht *Frühschriften*. In: Jan

tion zunächst im Kontext der fiktionalen Welt zu bewerten. Allenfalls in einem zweiten Schritt kann sie für Aussagen über die reale Welt, aus der die Fakten stammen, herangezogen werden, etwa für politische Positionierungen zu bestimmten Aspekten der Realität.

4.3.2 Kompositionalismus und kontrafaktische Elemente als real-fiktive Hybridobjekte

Da für die Kontrafaktik qua Begriff Fakten eine Rolle spielen, es sich bei der Kontrafaktik aber zugleich um eine Form fiktionalen Erzählens handelt, wird hier die grundsätzliche Frage berührt, ob und in welcher Form Fakten oder Wissen über die reale Welt überhaupt in ein fiktionales Werk integriert werden können. Auch über die Kontrafaktik hinaus bildet das Problem des ‚Weltwissens in der Fiktion' eine zentrale Frage der Fiktionstheorie. Lässt man die panfiktionalistische Option, dass überhaupt alles Fiktion ist, aus unplausibel außen vor[247], so können die in dieser Frage vertretenen Positionen grob in zwei Gruppen unterteilt werden, für die sich in der Forschung die Begriffe *Autonomismus* und *Kompositionalismus* durchgesetzt haben.[248] Autonomistische Positionen nehmen an, dass Sprachverwendung und Ontologie der Erzählgenstände in fiktionalen Texten kategorisch von Sprachverwendung und Ontologie in nichtfiktionalen Äußerungskontexten unterschieden seien. Kunstwerke werden dabei tendenziell von allen außerliterarischen Bezügen autonomisiert (wobei häufig ein, wie Peter Blume schreibt, „In-Dienst-Nehmen der Fiktionsfrage für die Zwecke der Autonomieästhetik"[249] erkennbar ist[250]). Demgegenüber wird auf kompositionalistischer Seite die Position vertreten, dass auch fiktionale Texte niemals ganz ohne Anleihen bei der realen Welt auskommen können. So betont etwa Umberto Eco,

---

Borkowski u. a. (Hg.): Literatur interpretieren. Interdisziplinäre Beiträge zur Theorie und Praxis. Münster 2015, S. 221–250, hier S. 225.
247 Vgl. Konrad: Panfiktionalismus, S. 236 f.
248 Für eine Abwägung autonomistischer und kompositionalistischer Positionen siehe Peter Blume: Fiktion und Weltwissen. Der Beitrag nichtfiktionaler Konzepte zur Sinnkonstitution fiktionaler Erzählliteratur. Berlin 2004, S. 16–34.
249 Blume: Fiktion und Weltwissen, S. 17.
250 So schreibt beispielsweise Eberhard Lämmert: „Es macht geradezu das Wesen des Dichterischen aus, daß alle benutzten Realien ihres transliterarischen Bezugsystems entkleidet werden und innerhalb der fiktiven Wirklichkeit der Dichtung neuen Stellenwert und eine neue, begrenzte Funktion erhalten. Deshalb kann jede Geschichte einer Erzählung grundsätzlich aus sich selbst heraus verstanden werden." (Eberhard Lämmert: Bauformen des Erzählens. Stuttgart 1955, S. 27).

daß wir selbst bei der unmöglichsten aller Welten, um von ihr beeindruckt, verwirrt, verstört oder berührt zu sein, auf unsere Kenntnis der wirklichen Welt bauen müssen. Mit anderen Worten, auch die unmöglichste Welt muß, um eine solche zu sein, als Hintergrund immer das haben, was in der wirklichen Welt möglich ist.
Dies aber bedeutet: Die fiktiven Welten sind Parasiten der wirklichen Welt.[251]

Vertreter kompositionalistischer Ansätze gehen davon aus, dass die Welten fiktionaler Texte aus einer Kombination realweltlicher Elemente mit solchen Elementen bestehen, die von der literarischen Fiktion eigenständig gesetzt werden.[252] Für den Kompositionalismus spricht unter anderem die Überlegung, dass fiktionale Texte gar nicht verständlich wären, wenn sie keinerlei Bezug zur realen Welt unterhielten[253], sowie die damit verbundene Beobachtung, dass Leser, um einen fiktionalen Text zu verstehen, keine neue Sprache lernen müssen, sodass die Sätze in fiktionalen Texten auch keine generell andere Bedeutung haben können als dieselben Sätze in realweltlichen Kontexten.[254] Nicht zuletzt dürften die Annahmen des Kompositionalismus dem spontanen Lektüreverhalten der meisten Leser entsprechen, die intuitiv und unbeschadet ihrer Beherrschung der Konventionen der Fiktionalitätsinstitution eine gewisse Kontinuität zwischen der realen Welt und etwaigen fiktionalen Welten annehmen.[255]

Gegen Vertreter kompositionalistischer Positionen wurde der Vorwurf vorgebracht, sie würden den Fiktionalitätsstatus literarischer Werke einschränken und damit letztlich den Grundsatz der Kunstautonomie in Frage stellen.[256] Bei der Annahme jedoch, eine Integration realweltlicher Wissensele-

---

251 Eco: Im Wald der Fiktionen, S. 112.
252 Daraus folgt, dass fiktionale Welten ontologisch niemals streng abgeschlossen sind. Fotis Jannidis konstatiert: „Man kann aber diese Sprechweise [i. e. die Sprechweise von ‚fiktionalen' oder ‚narrativen Welten'] nicht so wörtlich nehmen, daß man tatsächlich von ontologisch selbständigen Welten spricht, da diese nicht nur von der Textpoiesis abhängig sind, sondern ebenso von der jeweiligen Situation, in der die Texte kommuniziert werden." (Fotis Jannidis: Figur und Person. Beiträge zu einer historischen Narratologie. Berlin / New York 2004, S. 73).
253 Vgl. Blume: Fiktion und Weltwissen, S. 50.
254 Vgl. Searle: The Logical Status of Fictional Discourse, S. 324; Jan C. Werner: Fiktion, Wahrheit, Referenz. In: Tilmann Köppe / Tobias Klauk (Hg.): Fiktionalität. Ein interdisziplinäres Handbuch. Berlin / Boston 2014, S. 125–158, hier S. 145. Eco spricht in diesem Zusammenhang von „grammatikalische[r] Kompetenz" (Umberto Eco: Lector in fabula. Die Mitarbeit der Interpretation in erzählenden Texten. München ²1990, S. 61).
255 David Lewis betont in seinem einflussreichen Aufsatz *Truth in Fiction*: „Most of us are content to read a fiction against a background of well-known fact, 'reading into' the fiction content that is not there explicitly but that comes jointly from the explicit content and the factual background." (Lewis: Truth in Fiction, S. 41).
256 So behauptet etwa Uwe Durst in Bezug auf die historische Kontrafaktik: „Entscheidend ist allein die Struktur der historischen Entwicklung, die innerhalb der fiktionalen Erzählung als

mente in fiktionale Texte würde automatisch den Fiktionalitätsstatus dieser Texte unterminieren, handelt es sich um ein Missverständnis. Kompositionalisten plädieren nicht notwendigerweise für eine Einebnung von Fiktionalität und Faktualität, sondern weisen lediglich darauf hin, dass ursprünglich faktische Elemente auch in fiktionalen Texten verwendet werden können, da fiktionale Äußerungskontexte prinzipiell offen sind sowohl für fiktive Elemente als auch für realweltliche Wissensbestände, was umgekehrt auf faktuale Äußerungskontexte nicht zutrifft.[257] Beatrix van Dam beschreibt diese Asymmetrie wie folgt: „Faktische Elemente stören [...] den fiktionalen Text nicht, während fiktive Elemente im faktualen Text dessen Glaubwürdigkeit unterlaufen. Eine fiktionale Erzählung ‚funktioniert' auch ohne konkreten Wirklichkeitsbezug, kann diese Ebene jedoch nach Belieben ‚hinzufügen'."[258] Entsprechend sind Kompositionalisten auch nicht gezwungen, von unterschiedlichen ‚Graden der Fiktionalität' auszugehen, nur weil fiktionale Texte mehr oder weniger reale (also realweltlich referentialisierbare) Elemente enthalten.[259] Auch Texte, die eine relativ hohe

---

eigentliche, ‚wirkliche', angeblich nicht-fiktionale Historie konstituiert wird. Jede andere Betrachtungsweise ignoriert das literarische Faktum." (Uwe Durst: Zur Poetik der parahistorischen Literatur. In: Neohelicon 31/2 (2004), S. 201–220, hier, S. 211).
[257] Dirk Niefanger hält fest: „Die Analyse von Realitätsreferenzen stellt den Status der Fiktionalität und die Zuordnung dieser Texte zur Dichtung oder Literatur nicht in Frage. Sie kann aber für das tiefere Verständnis der Texte und Einzelfragen der Interpretation [...] sehr wohl herangezogen werden. Erkannte Realitätsreferenzen erzeugen zweifellos einen hermeneutischen Mehrwert." (Dirk Niefanger: Realitätsreferenz im Gegenwartsroman. Überlegungen zu ihrer Systematisierung. In: Birgitta Krumrey / Ingo Vogler / Katharina Derlin (Hg.): Realitätseffekte in der deutschsprachigen Gegenwartsliteratur. Schreibweisen nach der Postmoderne? Heidelberg 2014, S. 35–62, hier S. 56f.).
[258] Dam: Geschichte erzählen, S. 64. Siehe auch Bunia: Faltungen, S. 155f.
[259] So betont etwa Danneberg, dass der Begriff ‚fiktional' eine *„Makroeigenschaft von Darstellungsgesamtheiten bezeichnet, die auch jedem ihrer Bestandteile zukommt. [...] Es gibt keine Formen von ‚Semifiktionalität'. [...] Das schließt freilich nicht aus, daß sich fiktionale Darstellungen (und Welten) vergleichen lassen und daß auf eine Vergleichsbasis bezogen sich grundsätzlich verschiedene komparative Begriffe bilden lassen – etwa auch ‚realistischer als'; nur eben nicht beim Begriff der Fiktionalität."* (Danneberg: Weder Tränen noch Logik, S. 45 f.) Siehe zum Problem der ‚Grade von Fiktionalität' auch Zipfel: Fiktion, Fiktivität, Fiktionalität, S. 292–297; Köppe: Die Institution Fiktionalität, S. 47. Unbeschadet der Tatsache, dass, wie Henrike Manuwald bemerkt, „die Unterscheidung zwischen fiktionalen wahrheitsindifferenten Texten und faktualen Texten, bei denen das nicht der Fall ist, binär ist", muss nicht prinzipiell die Möglichkeit ausgeschlossen werden, dass „generell neben faktual und fiktional noch eine dritte Kategorie angesetzt werden" könnte (Henrike Manuwald: Der Drache als Herausforderung für Fiktionalitätstheorien. Mediävistische Überlegungen zur Historisierung von ‚Faktualität'. In: Johannes Franzen u. a. (Hg.): Geschichte der Fiktionalität. Diachrone Perspektiven auf ein kulturelles Konzept. Baden-Baden 2018, S. 65–82, hier S. 81f. Siehe auch ebd. für weitere Literaturangaben). Im Folgenden wird auf

Dichte konkreter, realweltlicher Realitätsreferenzen aufweisen – wie etwa der historische Roman, Dokumentardramen oder eben die Texte der Kontrafaktik – können einem kompositionalistischen Verständnis nach problemlos in ihrer Gänze als fiktional klassifiziert werden.

Demgegenüber erscheinen autonomistische Ansätze für eine Beschreibung der Kontrafaktik schon deshalb ungeeignet, weil sie einen Bezug fiktionaler Texte auf realweltliche Fakten, wie er für die Kontrafaktik ja gerade konstitutiv ist, ausschließen. Das Phänomen der Kontrafaktik lässt sich aber einzig aus dem Umstand heraus erklären, dass einzelne Elemente in fiktionalen Texten in unterschiedlicher Weise – und mitunter auch gar nicht – auf die reale Welt zu referieren in der Lage sind.[260] Bezüglich der Eigennamen in fiktionalen Texten etwa bemerkt Catherine Gallagher:

> Many of us hold that fictional characters appeal to readers on the basis of their distinctive ontological lack, their freedom from individual extra-textual historical reference. It does not necessarily follow from such a view, however, that one takes every proper name in a fiction to indicate a "Nobody"; for modes of reference often vary widely within works, and just as we usually read names in novels differently from the way we read them in newspapers or history books, we sometimes – especially in historical novels – engage in a dialectically differential reading within a work.

Bei der Kontrafaktik handelt es sich um genau einen solchen dialektisch-differentiellen Rezeptionsvorgang, welcher Elementen der fiktionalen Welt, die realweltliches Faktenmaterial variieren, und solche Elemente, bei denen dies nicht der Fall ist, interpretatorisch miteinander vermittelt. Auch Franz Zipfel hält fest, dass es sich „[f]ür die literaturwissenschaftliche Beschreibung unterschiedlicher Arten von fiktiven Geschichten und unterschiedlicher Formen ihres Wirklichkeitsbezugs [als] sinnvoll [erweist], an einer Unterscheidung verschiedener Arten von in fiktionalen Texten erwähnten Gegenständen festzuhalten."[261] Autonomistische Ansätze vermögen derartige Differenzen nicht zu greifen, da sie die einzelnen Elemente eines fiktionalen Textes im Hinblick auf ihren Realitätsbezug untereinander nivellieren.

Akzeptiert man also – in Kontinuität mit den Positionen des Kompositionalismus –, dass sich Elemente innerhalb fiktionaler Texte hinsichtlich ihres fiktions-

---

die Möglichkeit eines solchen dreigliedrigen Fiktionskonzepts allerdings nicht weiter eingegangen.

260 Fiktionale Texte *referieren* zwar immer, aber nicht notwendigerweise auf die reale Welt, wie insbesondere am Beispiel der fantastischen Literatur deutlich wird. Siehe Kapitel 4.3.5. Transfiktionale Doppelreferenz, sowie Kapitel 5.1. Realistik, Fantastik, Kontrafaktik, Faktik.
261 Zipfel: Fiktion, Fiktivität, Fiktionalität, S. 95.

theoretischen Status unterscheiden können, so kann man die Frage stellen, was denn nun der genaue Status kontrafaktischer Elemente ist. Zur Beantwortung dieser Frage kann auf eine fiktionstheoretische Unterscheidung von Terence Parsons und dessen Modifikation durch Thomas Pavel zurückgegriffen werden: In seinem Buch *Nonexistent Objects* unterscheidet Parsons zwischen zwei Klassen von Objekten in fiktionalen Texten: „objects *native* to the story versus objects that are *immigrants* to the story."[262] Das Lieblingsbeispiel der englischsprachigen Fiktionsdiskussion aufgreifend, erläutert Parsons seine Unterscheidung anhand der Sherlock Holmes-Geschichten: Während Sherlock Holmes, als vollständig fiktive Figur ohne direktes Vorbild in der realen Welt, in Arthur Conan Doyles Romanen als *native object* anzusehen ist, bildet London ein *immigrant object*, da die Stadt London auch realweltlich existiert und den Lesern der Sherlock Holmes-Geschichten bekannt sein dürfte. Parsons hat darüber hinaus darauf hingewiesen, dass *immigrant objects* in fiktionalen Texten manchmal so behandelt werden, als handele es sich dabei um *native objects*, dass also auf realweltliche Elemente Bezug genommen wird, welche innerhalb der fiktionalen Welt gleichwohl erkennbar modifiziert werden. In diesem Fall könne man von *surrogate objects* sprechen.[263] Allerdings eröffnet Parsons damit strenggenommen keine dritte Kategorie von Objekten in Erweiterung zu den Kategorien der *immigrant* und *native objects*; vielmehr wird mit dem Term ‚*surrogate objects*' eine gewandelte Sichtweise auf die (variierten) *immigrant objects* angezeigt: "[I]t would definitely be wrong to hold that both an immigrant object and its surrogate occur in a novel; when we say that, according to the novels, Holmes lived in London, we refer to the real London or to its surrogate, but not to both."[264] Letztlich hat man es in Parsons' Theorie also immer mit nur zwei Klassen von Objekten zu tun, wobei eine dieser Klassen eben unterschiedliche Deutungen erlaubt.

Thomas Pavel hat nun (eigentlich in einer Fehllektüre Parsons'[265]) in seinem Buch *Fictional Worlds* die drei genannten Begriffe aufgenommen, bezeichnet damit allerdings drei gleichberechtigte Klassen von Objekten, wobei er *surrogate objects* wie folgt definiert: „Surrogate objects are fictional counterparts of real objects in those fictional texts that substantially modify their descriptions".[266] Die Gruppe der *surrogate objects* kommt dabei kontrafaktischen Elementen in fiktionalen Texten sehr nahe: Beide variieren in signifikanter Weise realweltliche Sachverhalte. Aufgrund

---

262 Terence Parsons: Nonexistent Objects. New Haven / London 1980, S. 51.
263 Parsons: Nonexistent Objects, S. 57–59.
264 Parsons: Nonexistent Objects, S. 58 f.
265 Vgl. Zipfel: Fiktion, Fiktivität, Fiktionalität, S. 97 f., Anm. 112.
266 Pavel: Fictional Worlds, S. 29.

ihrer konstitutiven Faktenbeugung sind *surrogate objetcs* oder kontrafaktische Elemente unausweichlich als fiktiv anzusehen.[267] Zugleich bleiben sie jedoch, um überhaupt als *surrogate objects* respektive als kontrafaktische Elemente erkennbar zu sein, weiterhin auf jene Fakten bezogen, welche sie variieren. Die Grundannahme des Kompositionalismus, dass nämlich eine Kombination realweltlicher mit originär literarischen Elementen im Rahmen fiktionaler Texte möglich sei, lässt sich also auch auf *surrogate objects* und kontrafaktische Elemente beziehen.

Im Falle der Kontrafaktik werden nun allerdings nicht einfach reale und fiktive Elemente über den Text hinweg verteilt; vielmehr findet innerhalb ein und desselben Elements eine *real-fiktive Komposition* statt: Eine partielle Übereinstimmung des fiktionalen Elements mit dem realen Sachverhalt, auf dem dieses Element beruht, schafft allererst die Möglichkeit einer konkreten Verbindung zwischen Realität und Fiktion, wie sie für die Kontrafaktik charakteristisch ist; andererseits wird der reale Sachverhalt eben nicht einfach in den fiktionalen Text übernommen, sondern erscheint dort auf signifikant – also deutungsrelevant – variierte Weise.[268] Bei kontrafaktischen Elementen handelt es sich mithin um *real-fiktive Hybridobjekte*.

Als Beispiel kann hier auf Robert Harris' *Fatherland* verwiesen werden (theoretisch aber ebenso gut auf jeden anderen kontrafaktischen Text). In diesem Roman referieren gewisse Lebensereignisse sowie der Figurenname ‚Hitler' eindeutig auf die realhistorische Person Adolf Hitler. Zugleich jedoch weicht die Geschichte des politischen Wirkens Hitlers in Harris' Roman signifikant von derjenigen seines realweltlichen Vorbilds ab, sodass es sich nicht um den realen Hitler, sondern um ein fiktives Doppel desselben handeln muss.[269] Der kon-

---

[267] Zipfel betont, dass „Personen oder Orte, die zwar den Namen von realen Objekten tragen, deren Beschreibung jedoch in signifikanter Weise nicht mit den realen Gegebenheiten übereinstimmt, [...] letztlich als fiktive Objekte zu betrachten [sind]" (Zipfel: Fiktion, Fiktivität, Fiktionalität, S. 113).

[268] Hilary Dannenberg charakterisiert die Dekodierung kontrafaktischer Texte entsprechend als „a successive process of differentiation and identification. In order to successfully negotiate the emergent structure of a counterfactual blend, the reader must correctly identify each of its components as being either different from or identical to real-world history." (Hilary Dannenberg: Fleshing Out the Blend: The Representation of Counterfactuals in Alternate History in Print, Film, and Television Narratives. In: Ralf Schneider / Marcus Hartner (Hg.): Blending and the Study of Narrative. Berlin / Boston 2012, S. 121–145, hier S. 129 f.).

[269] Rodieks mehr technische Beschreibung desselben Sachverhalts am Beispiel Napoleons lautet: „Der Name ‚Napoleon' referiert prinzipiell auf die reale Person Napoleon, also auf jenes Individuum der empirischen Realität, das zum enzyklopädischen Wissensbestand des Lesers gehört. Dort, wo der kontrafaktische Napoleon (N_k) hinsichtlich bestimmter Eigenschaften mit dem realen Napoleon (N_r) nicht vereinbar erscheint, werden bei der Lektüre die entsprechenden N_r-Merkmale dergestalt neutralisiert, daß ein homogener N_k als fiktionale Gestalt zustande kommt.

trafaktische Hitler in Harris' Roman bildet somit – wie alle kontrafaktischen Elemente – ein real-fiktives Hybridobjekt.[270]

Nun ist die realweltliche Teilreferenz kontrafaktischer Elemente keineswegs auf das Problem der Eigennamen historischer Figuren in der Literatur beschränkt, welches in der Fiktionstheorie unter dem Begriff ‚Napoleon-Problem' bekannt ist.[271] Kontrafaktische Texte können auf jeden beliebigen Aspekt realweltlichen Faktenwissens referieren: So treten in Houellebecqs *Unterwerfung* zwar kontrafaktische Variationen der realen Politikerpersönlichkeiten Marine Le Pen oder François Hollande auf, die unter anderem über ihre Eigennamen eindeutig identifizierbar sind. Für die Interpretation des Romans relevanter dürfte allerdings eine Reihe von Themen sein, die nicht mit realweltlichen Eigennamen in Verbindung stehen: namentlich der kontrafaktische Entwurf einer Islamisierung Frankreichs, samt der anhängigen Fragen der demografischen Entwicklung, des transnationalen Lobbyismus sowie der Geschlechterverhältnisse.

4.3.3 Die reale Welt

Bei den Fakten der Kontrafaktik – jenen Fakten also, die kontrafaktischen Werken zugrunde liegen – handelt es sich laut der Minimaldefinition um *realweltli-*

Einerseits ist die ‚Verschmelzung' von N_k und N_r nur eine Als-Ob-Verschmelzung, andererseits gilt sie nur für die Dauer der Lektüre." (Rodiek: Prolegomena zu einer Poetik des Kontrafaktischen, S. 273) Siehe für einen ähnlichen Formalisierungsvorschlag fiktionaler ‚Gegenstücke' zu realweltlichen Sachverhalten Danneberg: Weder Tränen noch Logik, S. 59, Anm. 56.

270 Diese Sichtweise ist mit Parsons' Zwei-Klassen-Modell fiktionaler Objekte durchaus vereinbar: Das, was Pavel *surrogate objects* nennt, ließe sich im Rahmen von Parsons' Theorie reformulieren als ein Objekt mit mehreren Teileigenschaften, von denen man manche als *native objects* (oder besser: *native properties*) und andere als *immigrant objects* (*immigrant properties*) bezeichnen kann. So führt der kontrafaktische Hitler in Harris' Roman zwar seinen realweltlichen Namen (*immigrant property*), erhält aber eine deutlich veränderte Biografie (*native property*). Bei ausreichender Segmentierung der Objekteigenschaften erweist sich mithin die dritte Kategorie der *surrogate objects*, wie Pavel sie versteht, strenggenommen als überflüssig. Für die Beschreibung kontrafaktischer Elemente, von Elementen also, bei denen gerade der Mischcharakter von Eigenschaften zweier Klassen signifikant ist, erscheint es allerdings deutlich naheliegender, auf Pavels dreigliedriges Modell anstatt auf das zweigliedrige Modell von Parsons zurückzugreifen. Ein situativ-pragmatisches Vorgehen bei der Begrenzung von Elementen innerhalb fiktionaler Werke ist insofern sinnvoll und sogar unvermeidlich, als es „keine allgemeingültige Segmentierung von Wirklichkeit gibt" (Wilef Hoops: Fiktionalität als pragmatische Kategorie. In: Poetica 11 (1979), S. 280–317, hier S. 302).
271 Vgl. Bunia: Faltungen, S. 150–172; Gallagher: What would Napoleon do? Zur Geschichte und Theorie fiktionaler Biografien siehe Ina Schabert: In Quest of the Other Person. Fiction as Biography. Tübingen 1990, S. 9–84.

ches Faktenmaterial: Die indirekten Referenzen der Kontrafaktik beziehen sich also stets auf die reale Welt oder auf die Realität (beide Begriffe werden im Rahmen dieser Studie synonym zueinander verwendet). Was nun genau fiktionale Welten von der realen Welt unterscheidet, was den Status fiktiver Gegenstände ausmacht und in welchem Sinne, wenn überhaupt, fiktionale Welten ‚existieren' – diese und ähnliche Fragen führen in die Bereiche der Epistemologie, Ontologie, Metaphysik und der analytischen Sprachphilosophie und werden in diesen Forschungsfeldern teils überaus kontrovers diskutiert. Für eine literaturwissenschaftliche – das heißt im gegebenen Kontext: eine fiktionstheoretisch sowie hermeneutisch orientierte – Theorie der Kontrafaktik spielen derartige philosophische Spezialprobleme allerdings nur eine untergeordnete Rolle. So kommt Frank Zipfel in seiner einflussreichen Studie *Fiktion, Fiktivität, Fiktionalität* zu dem Schluss, dass „man aus literaturwissenschaftlicher Sicht große Teile der (onto)logischen Diskussion über fiktive Gegenstände getrost überspringen [kann]".[272] Diejenige Version der Realität, auf die sich Texte der Kontrafaktik – und überhaupt fiktionale Texte – beziehen, ist tendenziell nicht diejenige von Sprachphilosophen oder Verschwörungstheoretikern. Es mögen daher einige knappe Hinweise zu Status und Relevanz der realen Welt innerhalb einer Theorie der Kontrafaktik genügen.

Die Annahme, dass die Fakten der Kontrafaktik aus der realen Welt stammen müssen, ließe sich reformulieren zu der Forderung, dass die Fakten der Kontrafaktik selbst nicht literarischer Natur – beziehungsweise nicht von der literarischen Fiktion gesetzt – sein dürfen. Die Fakten der Kontrafaktik ‚wandern' also stets von der realen in die fiktionale Welt und nicht umgekehrt. Selbstredend postuliert jeder fiktionale Text Sachverhalte, welche innerhalb seiner fiktionalen Welt gültig sind: In Kafkas Erzählung *Die Verwandlung* – bei der es sich im Übrigen nicht um einen kontrafaktischen, sondern um einen fantastischen Text handelt[273] – wird Gregor Samsa in ein ungeheures Ungeziefer verwandelt, und dieser Sachverhalt ist innerhalb der erzählten Welt ebenso wahr wie die Umstände, dass Gregor Samsa eine Schwester hat und dass die Familie in einer Wohnung lebt.[274] Bei all dem han-

---

[272] Zipfel: Fiktion, Fiktivität, Fiktionalität, S. 104.
[273] Vgl. Simon Spiegel: Theoretisch phantastisch. Eine Einführung in Tzvetan Todorovs Theorie der phantastischen Literatur. Murnau am Staffelsee 2010, S. 141–152.
[274] Diese ‚diegetische Wahrheit' ist dabei sogar sehr viel stabiler als die faktuale Wahrheit der realen Welt, da letztere durch zusätzlich hinzukommende Informationen ja stets destabilisiert werden könnte. Umberto Eco vermutet, „daß wir Romane lesen, weil sie uns das angenehme Gefühl geben, in Welten zu leben, in denen der Begriff der Wahrheit nicht in Frage gestellt werden kann, während uns die wirkliche Welt sehr viel tückischer vorkommt. […] Streng epistemologisch genommen können wir nicht sicher sein, daß die Amerikaner wirklich auf dem

delt es sich allerdings um Informationen, die allein für die erzählte Welt Gültigkeit beanspruchen können. Diese ‚diegetischen Fakten' oder ‚fiktionalen Wahrheiten' können zwar werkimmanent wieder abgewandelt oder variiert werden.[275] Allerdings würde es sich dann nicht um Kontrafaktik, sondern um eine Lüge innerhalb der fiktionalen Welt, um einen Fall unzuverlässigen Erzählens, um eine Parallelweltgeschichte oder ähnliches handeln. Aber auch im Falle, dass ein anderer fiktionaler Text variierend auf die diegetischen Fakten von Kafkas Erzählung Bezug nähme, läge keine Kontrafaktik vor. Stattdessen würde es sich dann um einen Fall von Intertextualität, beispielsweise um eine literarische Persiflage, handeln.[276]

Wie aber lassen sich fiktionale Welten und reale Welt – respektive die in diesen Welten jeweils gültigen Wahrheiten – überhaupt voneinander unterscheiden? Eine simple, aber implikationsreiche Möglichkeit der Unterscheidung zwischen der als real designierten Welt und fiktionalen Welten hat Lutz

---

Mond waren (während wir sicher sind, daß Flash Gordon auf dem Planeten Mongo war)." (Eco: Im Wald der Fiktionen, S. 121–123).

275 Im Anschluss an Kendell Waltons *Make-Believe*-Theorie bemerkt J. Alexander Bareis zum Konzept der fiktionalen Wahrheit: „Dass Sherlock Holmes in der Baker St 221B wohnt, ist eine fiktionale Wahrheit, denn dieser Sachverhalt wird so mehrmals in den Geschichten von Conan Doyle geschildert und ist somit ein Teil der Fiktion der Sherlock-Holmes-Geschichten. In Bezug auf die historische Richtigkeit fehlt dieser Aussage ein Wahrheitswert, denn zu der Zeit, in denen [sic] sich die Sherlock-Holmes-Geschichten abspielen sollen, hat es in London keine Adresse Baker St 221B gegeben." (J. Alexander Bareis: Fiktionen als *Make-Believe*. In: Tilmann Köppe / Tobias Klauk (Hg.): Fiktionalität. Ein interdisziplinäres Handbuch. Berlin / Boston 2014, S. 50–67, hier S. 57).

276 Richard Saint-Gelais charakterisiert Romanadaptionen wie Seth Grahame-Smiths *Pride and Prejudice and Zombies* als „counterfiction", die er wie folgt definiert: „a text that sets out to modify the diegesis of a former fictional narrative." Die Parallele zu kontrafaktischen Texten sieht Saint-Gelais darin, dass derartige „fictional text sets out to offer a counterfactual version, not of a real state of affairs, but of a pre-existing *fiction*. Negations of known facts may also be, after all, negotiations of known *novelistic* facts." (Richard Saint-Gelais: How To Do Things With Worlds: From Counterfactuality to Counterfictionality. In: Dorothee Birke / Michael Butter / Tilmann Köppe (Hg.): Counterfactual Thinking – Counterfactual Writing. Berlin 2011, S. 240–252, hier S. 241f., 244) Beim beschriebenen Phänomen handelt es sich letztlich allerdings schlicht um eine Spielart von Intertextualität. Die „*novelistic* facts" eines fiktionalen Texts – also etwa die Eigenschaften der Figuren in Jane Austens *Pride and Prejudice* – sind Fakten nur innerhalb der fiktionalen Welt des Textes, während die Fakten der Kontrafaktik immer aus der realen Welt stammen. Dass auch fiktionale Wahrheiten – also Wahrheiten *über* fiktionale Welten – innerhalb der realen Welt *gewusst* werden, ist für die Unterscheidung von Intertextualität und Kontrafaktik bedeutungslos, da dieser Umstand ja ohnehin auf jedwedes Wissen zutrifft. Danneberg bemerkt hierzu: „Fiktionale Welten sind nicht Teil der als real angesehenen Welt, nur das Wissen über sie ist Teil der realen Welt." (Danneberg: Weder Tränen noch Logik, S. 81).

Danneberg in seinem Aufsatz *Weder Tränen noch Logik. Über die Zugänglichkeit fiktionaler Welten* vorgestellt:

> Zu fiktionalen Welten gibt es immer nur einen einzigen Zugang, nämlich über die Interpretation der als fiktional angesehenen Darstellungsgesamtheit – oder anders formuliert: Jede Welt, die wir als nichtfiktional, also als reale Welt auffassen, ist multivial, hat also mindestens zwei Zugänge.[277]

Sachverhalte in der realen Welt sind also derart, dass sie mehrere verschiedene Zugangsweisen erlauben. So kann man beispielsweise die realen Alpen selbst besteigen, sie von fern betrachten, über sie lesen, sie auf Fotografien ansehen etc.; dass hingegen Marcel „[l]ange Zeit [...] früh schlafen gegangen [ist]"[278], kann man eben nur anhand einer Lektüre von Prousts Roman *Auf der Suche nach der verlorenen Zeit* erfahren. In letzterem Fall liegt mithin eine, wie Danneberg es ausdrückt, „Autodeterminiertheit des Zugangs zur fiktionalen Welt"[279] vor. Dass fiktionale Welten, im Gegensatz zur realen Welt, nicht ‚multivial' sind, bedeutet dabei nicht, dass das, was über sie gewusst werden kann, explizit im Text ausgedrückt sein müsste. Durch die Erwähnung der ‚Darstellungsgesamtheit' weist Danneberg vielmehr darauf hin, dass die, wenn man so will, Gesamteinrichtung der fiktionalen Welt sich nur über eine *Interpretation* des jeweiligen kompletten Werkes erschließen lässt.[280]

Für die Kontrafaktik folgt daraus, dass die Fakten der realen Welt, die kontrafaktisch variiert werden, an und für sich stets multivial zugänglich sein müssen, dass sie also nicht allein über eine einzelne Darstellung vermittelt sein dürfen; die kontrafaktische Variation hingegen – beziehungsweise die fiktionale Welt, in der sie sich ereignet – kann einzig über die Interpretation der fiktionalen Darstellungsgesamtheit des kontrafaktischen Werkes erschlossen werden. So lassen sich Informationen über das realgeschichtliche Ende des Zweiten Weltkriegs auf viel-

---

[277] Danneberg: Weder Tränen noch Logik, S. 65.
[278] Marcel Proust: Unterwegs zu Swann. Auf der Suche nach der verlorenen Zeit. Bd. 1. Frankfurt a. M. 1994, S. 7.
[279] Danneberg: Weder Tränen noch Logik, S. 65.
[280] Entsprechend können isolierte Aussagen über eine fiktionale Welt, die beispielsweise in einem Roman getätigt werden, sich schlussendlich sogar als falsch erweisen: Anhand einer Interpretation der als fiktional angesehenen Darstellungsgesamtheit lässt sich mitunter erschließen, dass es sich beim Bericht eines unzuverlässigen Erzählers um einen Täuschungsversuch handelt, sodass nicht allen seinen Sätzen derselbe Wahrheitswert zukommt. Vgl. Danneberg: Weder Tränen noch Logik, S. 68–71.

fältige Weise gewinnen; die fiktionale Welt von Harris' Roman *Fatherland*, in welcher der Kriegsverlauf ab 1942 von der Realhistorie abweicht, ist hingegen einzig über den Roman selbst zugänglich.[281]

Bei der Unterscheidung von Weltwissen und diegetischem Wissen sowie bei der Annahme, dass Fakten immer nur von der realen Welt in die fiktionale Welt wandern können und nicht umgekehrt, handelt es sich selbstverständlich um Tendenzaussagen und heuristische Vereinfachungen. Fälle sind denkbar, in denen literarische Fiktionen, im Sinne einer „Applikation"[282], selbst wieder in die reale Welt zurückwirken und dabei neue Fakten entstehen lassen, die dann wiederum zur Basis einer kontrafaktischen Variation in der Literatur werden können (etwa wenn eine fiktionale Satire auf die realen Werther-Selbstmorde geschrieben würde, welche ihrerseits in Nachahmung der Handlung von Goethes Roman begangen wurden).[283] Derartige Rückkopplungseffekte der fiktionalen Literatur mit der Realität sind zwar nicht prinzipiell auszuschließen, dürften aber realiter eher eine Ausnahme darstellen. Eine Modifikation der hier vorgestellten Theorie der Kontrafaktik würden derartige Spezialfälle aber ohnehin nicht erzwingen, da auch in diesen Fällen eine fiktionale Wahrheit allererst zu einem realweltlichen Faktum werden respektive ein solches produzieren müsste, ehe dieses dann wiederum kontrafaktisch variiert werden könnte.

---

281 Dass es auch Sachverhalte in der realen Welt gibt, die unter Umständen nicht multivial zugänglich sind – etwa persönliche Erinnerungen an biografische Ereignisse oder Träume –, bestätigt dabei nur das vorgeschlagene Modell, da realweltlich nicht-multiviale Sachverhalte eben auch keinen Faktenstatus erreichen können und sich somit auch nicht als Material der Kontrafaktik eignen.
282 Laut Jürgen Link „fungiert [bei der Applikation] der literarische Text als ein Ensemble nicht von Abbildern, sondern von Vor-Bildern für Realität im Sinne von realer Praxis." (Jürgen Link: ‚Wiederkehr des Realismus' – aber welches? Mit besonderem Bezug auf Jonathan Littell. In: kultuRRevolution. zeitschrift für angewandte diskurstheorie 54 (2008), S. 6–21, hier S. 16).
283 Unter den Produktions- und Rezeptionsbedingungen der Massenmedien dürften gerade populäre, fiktionale Repräsentationen von Wissen – beispielsweise aus dem Bereich der Geschichte – einen nicht zu unterschätzenden Einfluss auf das enzyklopädische Wissen eines Großteils der empirischen Leserschaft ausüben. Rosenfeld bemerkt hierzu: „Given the millions of people who are exposed to historical films, television broadcasts, and novels, it is highly likely that mass-market historical narratives are shaping popular historical awareness to a much greater extent than the histories produced by professional historians." (Rosenfeld: The World Hitler Never Made, S. 14) Siehe auch Barbara Korte / Sylvia Paletschek (Hg.): History Goes Pop. Zur Repräsentation von Geschichte in populären Medien und Genres. Bielefeld 2009.

4.3.4 Das Faktenverständnis der Kontrafaktik

Für gewöhnlich referieren kontrafaktische Texte – wie die meisten Texte, die sich auf die reale Welt beziehen (also die allermeisten Texte!) – auf diejenige Version der Realität, die von einer durchschnittlichen Leserschaft als verbindlich anerkannt wird, man könnte auch sagen: auf die „Alltagswirklichkeit".[284] Diese, wenn man so will, pragmatische Durchschnittsenzyklopädie konstituiert sich für den einzelnen Menschen einerseits durch persönliche Erfahrungen, andererseits durch die Übernahme von Wissen aus für vertrauenswürdig befundenen Quellen: Mitglieder einer Sprach- und Wissensgemeinschaft können jeweils nur einen kleinen Ausschnitt des enzyklopädischen Wissens dieser Gemeinschaft durch eigene Anschauung überprüfen und auch dies nur, wofern unmittelbare Anschauung überhaupt möglich ist (eine Bedingung, die etwa im Falle des Wissens über geschichtliche Ereignisse nur selten gegeben ist). Für den Großteil der Enzyklopädie sind die Mitglieder dieser Sprach- und Wissensgemeinschaft hingegen – im Sinne einer ‚sprachlichen Arbeitsteilung'[285] (Hilary Putnam) – auf die Übernahme von Expertenwissen angewiesen. Mit Umberto Eco kann man die Enzyklopädie einer bestimmten Gruppe entsprechend verstehen als

> die Gesamtheit des Wissens, von der ich nur einen Teil besitze, aber zu der ich, wenn nötig, Zugang habe, da sie so etwas wie eine riesige Bibliothek darstellt [...].
>
> Die Erfahrung und eine lange Reihe von Entscheidungen, bei denen ich Vertrauen in die menschliche Gemeinschaft gesetzt hatte, haben mich überzeugt, daß das, was die Gesamt-Enzyklopädie beschreibt (nicht selten mit etlichen Widersprüchen), ein zufriedenstellendes Bild dessen darstellt, was wir die reale Welt nennen.[286]

Es ist dieses ‚zufriedenstellende Bild der realen Welt', auf das in kontrafaktischen Texten kontrastierend Bezug genommen wird. Kontrafaktik – so könnte eine geringfügige Modifikation der Minimaldefinition lauten – variiert also As-

---

[284] Laut Zipfel ist die „Alltagwirklichkeit [...] wohl die einzige Konzeption von Wirklichkeit, die als Bezugspunkt für eine Beschreibung der Fiktivität in literarischen Texten relevant ist." (Zipfel: Fiktion, Fiktivität, Fiktionalität, S. 75) Auch Hoops hält fest: „Als kommunikativ relevante Bezugsebene [fiktionaler Texte] kommt [...] weder ‚Empirie' im naturwissenschaftlichen Sinne (wie bei van Dijk) noch ‚Wirklichkeit' in irgendeinem fachphilosophischen Sinne (wie bei Blumenberg und Landwehr) in Frage, sondern ausschließlich die Erfahrungswirklichkeit eines bestimmten textproduzierenden oder -rezipierenden Individuums bzw. die gemeinsame Praxis bestimmter Gruppen, Epochen usw." (Hoops: Fiktionalität als pragmatische Kategorie, S. 301).
[285] Vgl. Hilary Putnam: The meaning of 'meaning'. In: Ders.: Mind, Language and Reality. Philosophical Papers Vol. 2. Cambridge 1975, S. 215–271, hier S. 228.
[286] Eco: Im Wald der Fiktionen, S. 120.

pekte der (faktualen) Enzyklopädie auf erkennbare und signifikante Weise innerhalb eines fiktionalen Mediums.

Entsprechend ist der Begriff der ‚realweltlichen Fakten', von dem diese Arbeit ausgeht, vorderhand ein pragmatischer oder konventionalistischer; epistemologisch und ontologisch soll er möglichst implikationsarm gehalten werden. Unter den Begriffen ‚Fakt' oder ‚wahre Aussage' wird zunächst in etwa das verstanden, was der durchschnittliche Mitteleuropäer des frühen 21. Jahrhunderts – bei dem es sich freilich um eine heuristische Hilfsannahme handelt – als Fakt oder wahre Aussage akzeptieren würde. Die Aussage „Der Zweite Weltkrieg hat stattgefunden" ist in diesem Sinne *wahr* – und zwar unbeschadet der Tatsache, dass der Wahrheitswert dieser Aussage von einem konstruktivistischen Historiker, einem Panfiktionalisten, einem Holocaustleugner, einem Sprachphilosophen oder etwaigen anderen ‚fakto-exzentrischen' Individuen als fragwürdig angesehen werden könnte. Für die intendierten Leser der zur Diskussion stehenden literarischen Texte – ebenso wie für die Leserschaft dieser Studie – darf vorausgesetzt werden, dass es sich bei dem Satz „Der Zweite Weltkrieg hat stattgefunden" und ähnlichen Aussagen um *wahre* Aussagen respektive um Fakten handelt – unabhängig davon, wie genau man den Wahrheitswert dieser Aussagen oder Fakten begründen mag.

Im Rahmen dieser Studie werden die Begriffe Wissen, Wahrheit und Fakten in enger Abhängigkeit voneinander verwendet: Dieselbe Annahme – etwa die Kenntnis eines historischen Datums – kann gleichzeitig Teil des Wissens einer Person sein, als Fakt angesehen werden sowie für wahr gehalten werden.[287] Von größerer Bedeutung als eine präzise Abgrenzung der Begriffe voneinander ist im gegebenen Kontext der Umstand, dass sich alle drei – wofern nicht anders definiert – auf die *reale Welt* beziehen. Wenn also beispielsweise von den ‚Fakten der Kontrafaktik' die Rede ist, so sind damit stets jene Fakten der realen Welt gemeint, auf die sich eine kontrafaktische Variation bezieht – und nicht das binnenfiktionale Ergebnis dieser Variation, also bestimmte ‚fiktionale Wahrheiten' innerhalb der fiktionalen Welt eines kontrafaktischen Textes.

Von einem möglichst allgemeinen, gewissermaßen normalsprachlichen Verständnis der Fakten auszugehen und weitergehende Problematisierungen dieser Kategorie vorderhand hintanzustellen, erscheint auch deshalb sinnvoll, weil man anderenfalls Gefahr liefe, sich vorschnell auf ein spezifisches, enges Verständnis von Fakten festzulegen. Damit würde das Untersuchungsspektrum der kontrafaktischen Literatur jedoch von vornherein beschnitten: Die Frage nämlich, was

---

[287] Siehe zum Verhältnis von Literatur und Wissen, Wahrheit und Fakten die folgenden Überblicksdarstellungen: Tilmann Köppe (Hg.): Literatur und Wissen. Theoretisch-methodische Zugänge. Berlin / New York 2011; Roland Borgards u. a. (Hg.): Literatur und Wissen. Ein interdisziplinäres Handbuch. Stuttgart u. a. 2013.

genau Fakten als solche konstituiert beziehungsweise welche Art von Fakten für die Kontrafaktik zulässig sind, kann nicht beantwortet werden, ohne damit zugleich auch das Korpus der potenziell zu untersuchenden Texte einzuschränken. So unterscheiden sich die Fakten, die in einem alternativgeschichtlichen Text verhandelt werden, in aller Regel sehr weitgehend von denjenigen, die für einen satirischen Text ausschlaggebend sind, und diese wiederum sind mitunter verschieden von den Bezugsfakten des dystopischen Schreibens etc. Es erscheint insofern sinnvoll, für eine allgemeine Theorie der Kontrafaktik zunächst von einem möglichst offenen Faktenverständnis auszugehen.

Eine zumindest tentative Vermittlung zwischen allgemeiner Fiktionstheorie, mit ihrem möglichst inklusiven Faktenverständnis, und einer Deduktion des Faktenbegriffs qua Einzelwerk kann über eine Diskussion der verschiedenen kontrafaktischen Genres geleistet werden. Zwar geben auch die kontrafaktischen Genres – *Alternate History*, Utopie, kreativer Dokumentarismus etc. – nicht mechanistisch eine ganz bestimmte Konzeption der Fakten vor; allerdings können die kontrafaktischen Genres als eine Art Relaisstelle zwischen allgemeiner Theorie und Einzelwerk fungieren, indem sie, eben relativ zum Genre, eine etwas genauere Bestimmung der Faktenbasis erlauben, als es allein anhand einer allgemeinen Theorie der Kontrafaktik möglich wäre.[288] So müssen sich etwa Werke des *Alternate History*-Genres selbstverständlich auf *historische* Fakten beziehen, Autofiktionen auf *biografische* Informationen etc.

Aus der Forderung eines möglichst offenen Faktenverständnisses folgt nicht zuletzt, dass die Fakten der Kontrafaktik nicht immer und überall mit Propositionen im Sinne der analytischen Sprachphilosophie gleichgesetzt werden können. Zwar lassen sich die Fakten, die im Rahmen kontrafaktischer Szenarien variiert werden, sehr häufig als Propositionen formulieren (etwa: In der realen Welt stirbt Hitler im Jahre 1945, während er in Robert Harris' Roman *Fatherland* im Jahre 1964 noch lebt). Jedoch sind unter Umständen auch Ausprägungen von Fakten literarisch oder allgemein künstlerisch variationsfähig, die sich im Rahmen einer propositionalen Aussagenlogik nicht greifen lassen. Zu denken wäre etwa an Weltwissen in Form von Frames und Scripts, an das sinnliche Wiedererkennen gewisser Töne oder Farben, an die Identifikation bestimmter Sprachmuster oder an Formen der Bildevidenz. Eine allgemeine Theorie der Kontrafaktik sollte in der Lage sein, auch diese nicht-propositionalen Faktenformen zu integrieren.

Die besonderen Herausforderungen und Möglichkeiten einer nicht-propositionalen Kontrafaktik seien anhand einiger einschlägiger Beispiele angedeutet. Abbildung 1 zeigt die beiden Coverabbildungen der amerikanischen und der

---

[288] Siehe Kapitel 17. Versuch eines politischen Vergleichs: Kracht, Röggla, Zeh, Randt.

deutschen Erstausgabe von Richard J. Evans' *Altered Pasts*. Auf dem amerikanischen Coverbild ist ein Astronaut zu sehen, der auf einer grauen, verödeten Fläche – vermutlich der Oberfläche des Mondes – steht. Links neben ihm im Bild steckt ein etwa mannshoher Mast mit einer chinesischen Flagge im Boden.[289] Es handelt sich hierbei um eine Bildmontage auf der Basis einer bekannten Fotografie der Apollo 11 Mission, die Neil Armstrong neben der amerikanischen Flagge zeigt. Das deutsche Coverbild des Buches hingegen zeigt einen in die Ferne blickenden Adolf Hitler, in Uniform und mit Hakenkreuzbinde am Arm. Im Bildhintergrund ist die Freiheitsstatue zu sehen. Es wird somit suggeriert, dass Hitler im Rahmen seines Welteroberungsfeldzugs bis nach Amerika gelangt sei, was realhistorisch bekanntlich unzutreffend ist.

Abbildung 1: Buchcover der amerikanischen und der deutschen Ausgabe von Richard J. Evans' *Altered Pasts*.

---

289 Ein weiteres interessantes Bilddetail besteht darin, dass die abgebildete chinesische Flagge dieselbe rostrote Farbe hat, mit der auch das Wort „Altered" im Haupttitel gedruckt ist. Durch die transsemiotische Verbindung des Begriffs der ‚Veränderung' mit einem konkreten pikturalen Element wird die kontrafaktische Variation zusätzlich markiert.

So verschieden die Motive der beiden Coverabbildungen auch sein mögen, das zugrundeliegende Bildverfahren ist in beiden Fällen dasselbe: Ein weithin bekannter Aspekt der Geschichte wird qua Bild aufgerufen und dann auf signifikante Weise variiert. (Die unterschiedlichen Covergestaltungen dürften dabei nicht zuletzt auf nationalspezifische Ausformungen des kollektiven Gedächtnisses zurückzuführen sein. Während die Mondlandung im kollektiven Gedächtnis des deutschen Sprachraums eine sehr viel geringere Rolle spielt als der Zweite Weltkrieg, ist sie im kollektiven Gedächtnis der USA fest verankert.) Wofern man von einer künstlerischen Ambition und nicht von dem Versuch der Geschichtsfälschung ausgehen will, liegt hier Kontrafaktik ganz ohne propositionale Aussage, ja sogar ganz ohne Sprache vor. Man könnte hier von einem Fall ‚pikturaler Kontrafaktik' sprechen.

Nun mag an dieser Stelle der Einwand vorgebracht werden, dass das Weltwissen, auf das die Bilder implizit rekurrieren, in Teilen ja durchaus sprachlich-propositionaler Natur ist oder dass sich zumindest die kontrafaktische ‚Aussage' der Bilder sprachlich reformulieren lässt, etwa in der Form: „Während in Wahrheit amerikanische Astronauten als erste auf dem Mond gelandet sind, sind es im Bild chinesische." Allerdings sind auch Beispiele denkbar, bei denen eine solche Rückübersetzung in sprachliche Propositionen nicht möglich ist: Man stelle sich einen Film vor, in dem eine bekannte Violinistin ihre Geige in die Hand nimmt, mit dem Bogen kraftvoll darüberstreicht, und es ertönt – ein Trompetenton. Man könnte zwar auch in diesem Fall formulieren: Während in der realen Welt eine Geige wie eine Geige klingt, klingt sie im Film wie eine Trompete. Was aber genau ‚wie eine Trompete klingen' bedeutet, lässt sich seinerseits nicht befriedigend in Form von Propositionen ausdrücken.[290] Die für die Kontrafaktik konstitutive Inkongruenz zwischen Weltwissen und fiktionaler Welt ist in diesem Fall nicht auf der Ebene des explizit Ausgesagten anzusetzen, sondern hängt eher mit

---

[290] In vergleichbarer Weise betont Andrea Albrecht mit Blick auf die Repräsentation von Wissen in Platons Dialog *Menon*: „Diese nicht-propositionalen, vom Text exemplifizierten oder gezeigten Wissensgehalte können teilweise in eine propositionale Form ‚übersetzt' werden [...]. Andere im Dialog exemplifizierte Wissensgehalte hingegen [...] entziehen sich der Propositionalisierung auf grundsätzlichere Weise. Obwohl diese Formen des Wissens benannt und thematisiert werden können, lassen sie sich nicht – oder zumindest nicht vollständig – in einen propositionalen Klartext überführen. In ihrer Eigenart können sie vielmehr prinzipiell nur gezeigt, praktisch nachgeahmt, performativ präsentiert und der Leserin und dem Leser durch die formalen (und das heißt auch: durch die gemeinhin als ästhetisch bezeichneten) Gestaltungselemente eines Textes auf indirektem Wege vermittelt werden." (Andrea Albrecht: Zur textuellen Repräsentation von Wissen am Beispiel von Platons *Menon*. In: Tilmann Köppe (Hg.): Literatur und Wissen. Theoretisch-methodische Zugänge. Berlin / New York 2011, S. 140–163, hier S. 162).

Prozessen des sinnlichen Wiedererkennens, möglicherweise auch mit Skript- und Framewissen (‚Konzertbesuch', ‚übende Musikerin' etc.) zusammen.[291] Generell könnte man die Frage stellen, ob sich der Aspekt des Weltwissens, der hier variiert wird, überhaupt mit der Kategorie der ‚Wahrheit' fassen lässt oder ob bei Prozessen des sinnlichen Wiedererkennens nicht doch eher ‚Richtigkeit' die angemessene Kategorie wäre.[292]

Da es sich bei der Literatur um ein sprachliches Medium handelt, werden hier selbstverständlich meist sprachlich vermittelbare Fakten im Vordergrund stehen.[293] Insbesondere in künstlerischen Medien jedoch, die selbst nicht (ausschließlich) sprachlich verfasst sind – etwa in Film oder Comic –, sollten in Abhängigkeit von der jeweiligen medialen Präsentation mitunter auch nicht-sprachliche oder nicht-propositionale Wissensformen berücksichtigt werden. Prinzipiell ist Kontrafaktik nicht an Sprachlichkeit gebunden, sondern an Referenz. In allen Medien, die eine Referenzfunktion aufweisen – also etwa sprachliche Texte, Filme, nicht-abstrakte Bilder, vermutlich aber nicht die Musik (zumindest nicht die reine Instrumentalmusik) –, können theoretisch auch kontrafaktische Realitätsreferenzen zum Einsatz kommen.

Trotz der prinzipiellen Offenheit des Faktenbegriffs gibt es zumindest *ein* allgemeines, gewissermaßen formales Kriterium, das alle Fakten der Kontrafaktik erfüllen müssen und das sich bereits im Begriff der Kontrafaktik selbst andeutet: Der Aspekt des Weltwissens, welcher in der Kontrafaktik variiert wird, muss sol-

---

291 Siehe zu den Grundbegriffen der kognitiven Semantik Blume: Fiktion und Weltwissen, S. 31–62.
292 Nelson Goodman bemerkt hierzu: „Keine Rolle spielt Wahrheit [...] in nicht-verbalen Versionen sowie in verbalen Versionen ohne Aussagen. Verwirrung droht, wenn wir von Bildern oder Prädikaten sagen, sie seien ‚wahr von' dem, was sie abbilden oder worauf sie zutreffen; sie haben keinen Wahrheitswert und können einige Dinge darstellen oder denotieren und andere nicht, während eine Aussage einen Wahrheitswert hat und, wenn überhaupt von etwas, von allem wahr ist. [...] Gleichwohl ist Zeigen oder Exemplifizieren ebenso wie das Denotieren eine Referenzfunktion; und Bilder werden unter ganz ähnlichen Gesichtspunkten erwogen wie die Begriffe und Prädikate einer Theorie; auf ihre Relevanz und auf die Aufschlüsse hin, die sie geben; auf ihre Kraft und ihre Angemessenheit – kurz, ihre *Richtigkeit*." (Nelson Goodman: Weisen der Welterzeugung. Frankfurt a. M. 1990, S. 33).
293 Ein Faktenverständnis, das nicht allein auf sprachlich vermittelbare Informationen oder auf propositionale Aussagen beschränkt ist, lässt sich dabei gut an holistische Ansätze in der kognitiven Semantik anschließen. So betont Monika Schwarz, dass „[e]ine strikte Trennung zwischen sprachlichen Bedeutungen und nichtsprachlichem Weltwissen [...] beim heutigen Kenntnisstand über die mentale Repräsentation und Verarbeitung von Bedeutungen im Gedächtnis wohl nicht mehr aufrecht zu erhalten [sei]" (Monika Schwarz: Kognitive Semantik – State of the Art und Quo vadis? In: Dies. (Hg.): Kognitive Semantik/Cognitive Semantics. Ergebnisse, Probleme, Perspektiven. Tübingen 1994, S. 9–24, hier S. 12).

cherart sein, *dass er eine erkennbare und möglichst unmissverständliche Abweichung erlaubt.* Hieraus folgt, dass die jeweils in Frage stehenden Fakten für die intendierte Rezipientengruppe einen hinreichenden Grad an Eindeutigkeit sowie an Konventionalität besitzen müssen, um eine etwaige Abweichung überhaupt erkennbar werden zu lassen. So mögen Ansichten etwa über soziale Gerechtigkeit oder die Natur der Liebe zwar partiell auf Fakten oder faktennahen Annahmen beruhen; doch bestehen über diese Themen derart disparate Ansichten, dass sie sich zur Basis der Kontrafaktik schwerlich anbieten. Bei solchen Themen wäre gar nicht klar, von welchem Faktenkonsens ein kontrafaktischer Text überhaupt abweichen sollte. Auch das Vorkommen von Leben in fernen Galaxien oder das Wesen der Zeit vor dem Urknall – an und für sich durchaus ‚faktenfähige' Themen – eignen sich nicht als Faktenmaterial der Kontrafaktik, einfach deshalb, weil das relevante Wissen hier (noch) nicht zur Verfügung steht.

Jenseits der Kriterien der Bekanntheit und weitgehenden Akzeptanz müssen die Fakten der Kontrafaktik auch das Kriterium der hinreichenden Spezifität erfüllen. Spezifität von Fakten ist notwendig, damit eine Variation dieser Fakten zugleich eine eindeutige Falsifikation zur Folge hat.[294] Annahmen über die Realität hingegen, denen nicht mit einiger Eindeutigkeit widersprochen werden kann, können auch nicht zur Basis kontra*faktischer* Variationen werden, da derartige Annahmen bereits in ihrem ursprünglichen, faktualen Äußerungskontext gar nicht den Status von Fakten in einem engeren Sinne erlangt haben.[295] So sind etwa unspezifische – wenn auch möglicherweise wahre – Aussagen wie „Gerechtigkeit ist ein hoher Wert" oder „Irren ist menschlich" als Ausgangsmaterial kontrafaktischer Variationen unbrauchbar.

---

294 Helbig bemerkt: „*Conditio sine qua non* und somit zentrales Definitionskriterium parahistorischer Literatur ist folglich eine eindeutig falsifizierbare historische Aussage." (Helbig: Der parahistorische Roman, S. 146).

295 Hier berührt sich die Theorie der Kontrafaktik mit der Grundannahme des Falsifikationismus, dass nämlich Wahrheit niemals zuverlässig positiv formuliert werden kann, Unwahrheit hingegen sehr wohl. Umberto Eco betont in diesem Zusammenhang, „dass Gesetze gerade als Antworten auf die Entdeckung von Grenzen formuliert werden. Worin diese Grenzen aber bestehen, kann man mit Gewissheit überhaupt nicht sagen; abgesehen davon, dass es sich dabei um *Gesten der Zurückweisung* handelt, um eine Verneinung, die sich einem ab und an aufdrängt. [...] [D]er bescheidene Negative Realismus [...] [steht] in deutlicher Nähe zu den Annahmen Poppers, denen zufolge die einzige Prüfung, deren wissenschaftliche Theorien unterzogen werden können, jene der Falsifizierbarkeit ist. So kann man niemals mit Sicherheit sagen, ob eine Interpretation richtig ist, aber man kann sie sehr wohl ausschließen, wenn sie es nicht ist." (Umberto Eco: Gesten der Zurückweisung. In: Markus Gabriel (Hg.): Der neue Realismus. Berlin 2014, S. 33–50, hier S. 49).

Zentrales Kriterium für die Fakten der Kontrafaktik ist somit die *Möglichkeit einer eindeutigen Abweichung von Einzelaspekten des Weltwissens*, man könnte auch sagen: *von konkreten realweltlichen Informationen*. Diese Eignung zur eindeutigen Abweichung lässt sich geradezu als Test für das Faktenmaterial der Kontrafaktik ansetzen: Um festzustellen, ob ein einzelnes Element des Weltwissens sich zur fiktionalen kontrafaktischen Variation eignet, kann man dieses Element probeweise in einem faktualen Äußerungskontext versetzen und dort zu variieren versuchen. Nur solche spezifischen Ausschnitte des Weltwissens, deren Veränderung in einem faktualen Kontext eindeutig als Lüge oder als Verfälschung wahrgenommen würde, eignen sich zum Material der Kontrafaktik.[296]

4.3.5 Transfiktionale Doppelreferenz

Um von realweltlichem Wissen abweichen zu können, müssen kontrafaktische Elemente in fiktionalen Texten überhaupt fähig sein, sich auf dieses Wissen zu beziehen; sie müssen also auf realweltliche Sachverhalte *referieren*. Das postmoderne ‚Moratorium der Referenzfrage' (Thomas Pavel)[297] sollte für die Kontrafaktik entsprechend ausgesetzt werden. Eine postmoderne Referenzleugnung ist mit der Theorie der Kontrafaktik schlicht unvereinbar.[298]

Definieren lässt sich Referenz mit Dirk Niefanger als „Akt oder [...] Objekt sprachlicher Bezugnahme auf Gegenstände, Wahrnehmungen, Handlungen, Kulturformationen, mentale Repräsentationen (sogenannte Frames) oder Konzepte."[299] Legt man nun ein kommunikationstheoretisches Sprachverständnis zugrunde, so kann davon ausgegangen werden, dass sprachliche Äußerungen *grundsätzlich* Referenzen produzieren. Andreas Kablitz konstatiert in diesem

---

[296] Auch fantastische Texte weichen eindeutig von Weltwissen ab, nur handelt es sich bei der Wissensbasis der Fantastik um allgemeines Weltwissen und nicht, wie im Falle der Kontrafaktik, um konkrete, mehr oder weniger kontingente Einzelinformationen. Siehe Kapitel 5.1. Realistik, Fantastik, Kontrafaktik, Faktik.
[297] Vgl. Pavel: Fictional Worlds, S. 10.
[298] Siehe allgemein zur Referenz literarischer Texte sowie zur Kritik an postmodernen Versuchen der Referenztilgung literarischer Sprache Zipfel: Fiktion, Fiktivität, Fiktionalität, S. 50–56. Zipfel schreibt dort: „Der linguistisch durchaus fruchtbare Ansatz, Sprache als differentielles Zeichensystem zu betrachten, schließt jedoch nicht aus, Sprache auch als Mittel sprachlicher Handlungen und damit als Mittel zur Bezugnahme auf Außersprachliches zu beschreiben. [...] Die Verbannung der Referenz aus der Beschreibung sprachlicher Zeichen führt zu einer unnötigen Verengung der Betrachtung von Sprache und basiert auf einer Vernachlässigung funktionaler und pragmatischer Beschreibungen." (ebd., S. 56).
[299] Niefanger: Realitätsreferenz im Gegenwartsroman, S. 37.

Sinne: „Es gibt keine sprachlichen Äußerungen, die nicht Referenz produzieren würden. Anders gesagt: Sprachliche Äußerungen kommen ohne Behauptungen nicht aus."[300] In ähnlicher Weise betont Jean-Marie Schaeffer, dass Aussagen in fiktionalen und faktualen Texten ganz prinzipiell referieren: „Il faut [...] abandonner l'idée selon laquelle il existerait deux modalités de représentation, l'une qui serait fictionnelle et l'autre qui serait référentielle: il n'en existe qu'une seule, à savoir la modalité référentielle."[301] Der Referenzcharakter sprachlicher Äußerungen ist dabei nicht nur unabhängig davon, ob diese sprachlichen Äußerungen in fiktionalen oder faktualen Kontexten verwendet werden, sondern auch unabhängig davon, ob die Gegenstände, auf die referiert wird, in der realen Welt tatsächlich vorkommen. Der Term ‚Einhorn' referiert auch dann auf ein Einhorn, wenn in der realen Welt keine Einhörner existieren. Lubomír Doležel charakterisiert diesen Sachverhalt am Beispiel von Shakespeares Hamlet wie folgt: „While Hamlet is not a man to be found in the actual world, he is an individualized possible person inhabiting an alternative world, the fictional world of Shakespeare's play. The name *Hamlet* is neither empty nor self-referential; it refers to an individual of a fictional world."[302]

Kontrafaktische Texte referieren nun allerdings auf besondere Weise, insofern die realweltlichen Sachverhalte, auf die hier Bezug genommen wird, im Text selbst nicht (korrekt) genannt, sondern eben in variierter Form wiedergegeben werden; die nicht-variierte, realweltliche Faktenform ist dabei allerdings stets mitgemeint. Kontrafaktische Elemente in fiktionalen Texten zeichnen sich also durch eine spezifische *Referenzstruktur* aus: Das kontrafaktische Element respektive ‚Zeichen' referiert einerseits direkt oder explizit auf den durch dieses Zeichen dargestellten Sachverhalt innerhalb der fiktionalen Welt (in Harris' *Fatherland* also etwa: den Sieg der Nazis im Zweiten Weltkrieg); zugleich referiert dieses Zeichen aber auch auf jenen realweltlichen Sachverhalt, der von dem erstgenannten, fiktionalen Sachverhalt variiert wird (im genannten Beispiel also den realen Kriegsverlauf, inklusive der Niederlage von Nazi-Deutschland). Diese zweite Referenz ist indirekt oder implizit, insofern sie mit dem, was vom kontrafaktischen Zeichen expressis verbis bezeichnet wird – also mit der direkten oder

---

300 Andreas Kablitz: Kunst des Möglichen. Prolegomena zu einer Theorie der Fiktion. In: Poetica 35 (2003), S. 251–273, hier S. 266.
301 [Wir müssen die Idee aufgeben, der zufolge es zwei Modi der Repräsentation gäbe, einen fiktionalen und einen referentiellen: Es gibt nur einen einzigen, nämlichen den referentiellen Modus. – Übersetzung M. N.] Schaeffer: Pourquoi la fiction?, S. 153.
302 Doležel: Heterocosmica, S. 16.

expliziten Referenz dieses Zeichens – konfligiert.³⁰³ Gleichwohl muss diese indirekte Referenz auf die realweltlichen Fakten mitberücksichtigt werden, wenn das entsprechende Element als kontrafaktisches Element identifiziert und gedeutet werden soll. Werke der Kontrafaktik bedienen sich also einer spezifischen Form der *Doppelreferenz*: Bei der Interpretation eines kontrafaktischen Werkes müssen sowohl seine direkten Referenzen auf Elemente der fiktionalen Welt (das, was im Werk selbst ausgesagt wird) als auch seine indirekten Referenzen auf eine extratextuelle Realität (das, wovon diese Aussagen abweichen oder womit sie konfligieren, in dem Falle, dass sie auf die reale Welt angewandt würden) miteinbezogen werden. Genau diese Spannung zwischen expliziter-fiktionaler und impliziter-realweltlicher Referenz setzt den spezifisch kontrafaktischen Interpretationsprozess in Gang.³⁰⁴

Nun ist die Kontrafaktik nicht das einzige Verfahren, das Doppelreferenzen ausbildet. Auch manche Formen der uneigentlichen Rede, etwa die Metapher, bedienen sich mehrgliedriger Referenzstrukturen. Eine Besonderheit der Kontrafaktik liegt allerdings darin, dass sich ihre direkte und ihre indirekte Referenz jeweils auf unterschiedliche *Welten* bezieht. Der Begriff ‚Welt' hat sich in der Fiktionstheorie seit geraumer Zeit als Bezeichnung für die Gesamtheit all dessen durchgesetzt, was von einem fiktionalen Text als binnenfiktional wahr, richtig oder existent postuliert wird; bedarfsweise können zum Begriff ‚Welt' qualifizierende Attribute wie fiktiv, fiktional, möglich etc. hinzutreten.³⁰⁵ Fiktionale Texte produzieren grundsätzlich Welten, die sich mehr oder weniger von der als real designierten Welt unterscheiden. Darüber hinaus kann der Begriff ‚Welt' selbstverständlich auch die reale Welt, also die geteilte Realität der Leser, bezeichnen, sodass sich die Möglichkeit eines Vergleichs zwischen der realen Welt und etwaigen fiktionalen

---

303 Auch Neal J. Roese und Mike Morrison schreiben „counterfactual statements" eine „conditional structure and *implicit reference* to a parallel factual statement" zu (Roese / Morrison: The Psychology of Counterfactual Thinking, S. 19 – Hervorhebung M. N.).
304 Für Phänomene (wie die Kontrafaktik), bei denen eine Spannung zwischen fiktionaler und realweltlicher Wahrheit vorliegt, spricht Benjamin Hrushovski von einer „tension between the two referential directions." (Benjamin Hrushovski: Fictionality and Fields of Reference. In: Poetics Today 5/2 (1984), S. 227–251, hier S. 247).
305 Bereits Wolfgang Kayser konstatiert in seiner erstmals 1948 erschienenen Studie *Das sprachliche Kunstwerk*: „In der Epik dient das Erzählen dem Erschaffen von Welt." (Wolfgang Kayser: Das sprachliche Kunstwerk. Eine Einführung in die Literaturwissenschaft. Tübingen / Basel ²⁰1992, S. 352). Vgl. auch Thomas Anz: Textwelten. In: Ders. (Hg.): Handbuch Literaturwissenschaft. Bd. 1: Gegenstände und Grundbegriffe. Stuttgart 2007, S. 111–130; Andreas Kablitz: Erzählung und Beschreibung. Überlegungen zu einem Merkmal fiktionaler erzählender Texte. In: Romanistisches Jahrbuch 23 (1982), S. 67–84, hier S. 77 f.; Zipfel: Fiktion, Fiktivität, Fiktionalität, S. 82–90.

Welten ergibt. Da nun bei der Kontrafaktik ein konkreter realweltlicher (realer) Sachverhalt und seine literarische (fiktionale und fiktive) Variation miteinander verglichen werden, kann man behaupten, dass kontrafaktische Elemente *gleichzeitig auf zwei Welten referieren*.[306]

Die Kontrafaktik zeichnet sich mithin durch eine Spielart dessen aus, was Wolfgang Künne in seinem Buch *Abstrakte Gegenstände* als ‚Transfiktionalität' bezeichnet hat. Den Term „*trans*fiktional" definiert Künne wie folgt: „[W]ir verwenden jeweils zwei konkrete singuläre Terme, und (nur) einer von ihnen ist fiktional."[307] Der Begriff ‚transfiktional' deutet also einen Vergleich an, entweder zwischen Elementen zweier fiktionaler Welten oder – und allein dieser zweite Fall ist für die Theorie der Kontrafaktik relevant – zwischen einem Faktum in der realen Welt und einem Tatbestand innerhalb der Diegese.[308] Ein Beispiel für eine solche transfiktionale Aussage wäre etwa der von mir, dem realen Autor dieses Textes als empirische Person geäußerte Satz: „Ich bin kleiner als Sherlock Holmes." Künnes Konzept der Transfiktionalität hebt vorderhand auf eine Vermittlung disparater Informationen ab: Bei dem anvisierten fiktionalen Sachverhalt handelt es sich um einen beliebigen, lediglich lose kategorial mit dem Faktum in der realen Welt verwandten Sachverhalt, wie eben der, dass Sherlock Holmes und ich Wesen sind, die eine Körpergröße haben. (Zum Vergleich: Ein Satz wie „Ich bin

---

[306] In ähnlicher Weise bemerkt Gallagher zur *Alternate History*: „the meaning of the fabula is interdiegetic, contained in the contrast between what happens in the diegesis and what the reader knows to be uncontroversial facts." (Gallagher: What Would Napoleon Do?, S. 322) Brian McHale konstatiert in Bezug auf den kontrafaktischen Roman *The Man in the High Castle* von Philip K. Dick: „Inevitably, such a story invites the reader to compare the real state of affairs in our world with the hypothetical state of affairs projected for the parallel world; implicitly it places our world and the parallel world in confrontation." (Brian McHale: Postmodernist Fiction. London / New York 1987, S. 61).
[307] Wolfgang Künne: Abstrakte Gegenstände. Semantik und Ontologie. Frankfurt a. M. 1983, S. 295. Vgl. auch ders.: Fiktion ohne fiktive Gegenstände: Prolegomena zu einer Fregeanischen Theorie der Fiktion. In: Johannes L. Brandl / Alexander Hieke / Peter M. Simons (Hg.): Metaphysik. Neue Zugänge zu alten Fragen. Sankt Augustin 1995, S. 141–161, hier S. 155–161.
[308] Künnes Begriff der Transfiktionalität unterscheidet sich somit von Begriff der Transfiktionalität, wie er von Richard Saint-Gelais und Marie-Laure Ryan verwendet wird und ausschließlich die Überführung eines Elements aus einem fiktionalen Text in einen anderen fiktionalen Text bezeichnet (glücklicher wäre dieses Phänomen möglicherweise als ‚Interfiktionalität' bezeichnet gewesen). Vgl. Richard Saint-Gelais: Transfictionality. In: David Herman / Manfred Jahn / Marie-Laure Ryan (Hg.): Routledge Encyclopedia of Narrative Theory. London / New York 2008, S. 612f.; Marie-Laure Ryan: Transfictionality Across Media. In: John Pier / José Ángel García Landa (Hg.): Theorizing Narrativity. Berlin 2008, S. 385–417, bes. S. 387. Diese Form der Transfiktionalität/‚Interfiktionalität' spielt eine Rolle im Zusammenhang intertextueller Erzählverfahren, nicht aber für die Kontrafaktik.

kleiner als Toleranz" wäre schlicht sinnlos.) Im Falle der Kontrafaktik liegt nun ein spezifischer Fall von Transfiktionalität vor, insofern es sich bei realweltlichem Fakt und fiktionalem Sachverhalt gewissermaßen zweimal um *dieselbe* Information handelt – nur dass diese Information innerhalb der fiktionalen Welt eben als Kontrafakt, also in variierter Form, vorkommt. Die Vergleichsbezüge der Kontrafaktik konstituieren also eine spezifische Untergruppe transfiktionaler Bezüge, jene Untergruppe nämlich, bei der *ein realweltlicher Sachverhalt mit einer Variation desselben Sachverhalts innerhalb der fiktionalen Welt verglichen wird.*

Anhand von Abbildung 2 seien drei basale Möglichkeiten der Vermittlung eines fiktionalen Elements mit Elementen außerhalb des Textes verdeutlicht:

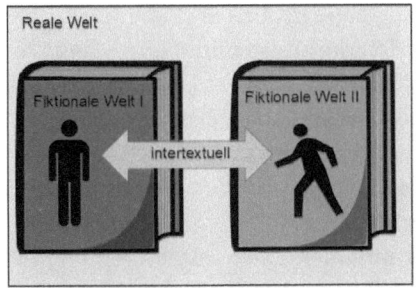

Abbildung 2: Intertextuelle Referenz, transfiktionale Referenz, transfiktionale kontrafaktische Referenz.

Im Falle literarischer Intertextualität wird ein Element eines fiktionalen Textes mit einem Element eines anderen, typischerweise ebenfalls fiktionalen Textes in Beziehung gesetzt. Eine die Intertextualität betreffende Aussage wäre etwa: „Leopold Bloom in James Joyces Roman *Ulysses* ist eine moderne Version des Odysseus in Homers *Odyssee*." Im Falle der Transfiktionalität hingegen wird ein Sachverhalt innerhalb einer fiktionalen Welt mit einem realweltlichen Sachverhalt verglichen, etwa: „Ich bin kleiner als Sherlock Holmes." Im Gegensatz zur Intertextualität wird bei der Transfiktionalität der Bereich der Fiktion in Richtung der Realität überschritten. Bei der Kontrafaktik schließlich wird ebenfalls ein Sachverhalt innerhalb einer fiktionalen Welt mit einem realweltlichen Sachverhalt verglichen, allerdings unter der zusätzlichen Bedingung, dass es sich bei diesem fiktionalen Sachverhalt gerade um eine Variation des primären realweltlichen Sachverhalts handelt, etwa: „Während Adolf Hitler in der Realität 1945 stirbt, lebt er in Robert Harris' Roman *Fatherland* im Jahre 1964 immer noch." Kontrafaktisch erzählte Texte verweisen also mittels des in ihnen bearbeiteten Faktenmaterials auf einen realen Referenten; allerdings wird dieser reale Referent innerhalb der fiktionalen Welt gerade nicht reproduziert, sondern vielmehr abgewandelt, satirisch übersteigert oder auf erkennbare Weise ausgelassen. Es ergibt sich damit eine Referenzstruktur, bei der Elemente in fiktionalen Texten auf reale Referenten – scheinbar paradox – nicht dadurch verweisen, dass letztere im Text vorkommen, sondern gerade dadurch, dass sie im Text *nicht* beziehungsweise nur in abgewandelter Form vorkommen. Kontrafaktische Elemente sind also genau solche, die unter Berücksichtigung ihrer *faktenvariierenden, transfiktionalen Doppelreferenz* zu interpretieren sind.

Setzt man nun voraus, dass kontrafaktische Elemente in fiktionalen Texten sich durch die spezifische Referenzstruktur faktenvariierender, transfiktionaler Doppelreferenzen auszeichnen, so sollte offenkundig sein, dass Kontrafaktik sich niemals allein werkimmanent, also unter alleiniger Berücksichtigung der fiktionalen Welt, wird bestimmen lassen. Kontrafaktik erfordert notwendigerweise einen Vergleich zwischen Fakt und Kontra-Fakt und mithin eine Überschreitung der Grenze zwischen Fiktion und Realität.

Der einzige Vorschlag eines Immanenz-Modells der Kontrafaktik stammt von Uwe Durst, der in seinem Aufsatz *Zur Poetik der parahistorischen Literatur* den Versuch unternimmt, das alternativgeschichtliche Erzählen allein über die immanente Verweisstruktur literarischer Texte zu bestimmen. Durst zufolge stellt im parahistorischen Erzählen

> die Literatur die ‚reale' Geschichte erst her, die gleichfalls eine eigengesetzliche, unhistorische Struktur aufweist. Für die Analyse parahistorischer Literatur ist die Formation der ‚Historie' von ebenso großem Interesse wie ihre Deformation. Eine genologische Kategorisierung anhand eines direkten Vergleichs von Wirklichkeit und Fiktion bagatellisiert die Eigengesetzlichkeit der Literatur. Sie bringt das literarische Faktum zum Verschwinden.[309]

So sympathisch der (offensichtlich strukturalistisch motivierte) Verweis auf die ‚Eigengesetzlichkeit der Literatur' auch erscheinen mag: Durch sein dogmatisches Festhalten an einer immanenten Kunstdeutung verfehlt Durst gerade die Eigentümlichkeit der parahistorischen oder allgemein der kontrafaktischen Literatur, die

---

309 Durst: Zur Poetik der parahistorischen Literatur, S. 220.

ja eben nicht auf einem Vergleich zweier fiktionaler Szenarien miteinander beruht, sondern vielmehr dadurch charakterisiert ist, dass die literarische Fiktion kontrastierend auf ein von ihr unabhängiges Faktum der realen Welt verweist. Durst kann seine Überlegungen überhaupt nur deshalb anstellen, weil er sich auf Zeitreiseromane beschränkt, in denen genretypisch zwei oder mehr Versionen desselben Geschehens präsentiert und miteinander kontrastiert werden. Erstens aber bilden Zeitreiseromane nur einen kleinen und wenig repräsentativen Ausschnitt des Kanons parahistorischer, kontrafaktischer Literatur. Und zweitens kann auch bei Zeitreiseromanen nur dann sinnvollerweise von para*historischen* Texten gesprochen werden, wenn zumindest einer der dargestellten Stränge des Raum-Zeit-Gefüges auch tatsächlich mit der realweltlichen Historie übereinstimmt. Die schlichte Nebenordnung unterschiedlicher Versionen derselben Ereignisfolge in der Fiktion ergibt noch keine Kontrafaktik. Nach Dursts Definition müsste schließlich auch eine Erzählung, die von zeitreisenden Marsmännchen im Jahre 30.000 vor Christus handelt, als parahistorische Erzählung klassifiziert werden, da hier ja durchaus eine literarische Realität hypostasiert und dann in einem weiteren Schritt von selbiger abgewichen wird.[310] Der Begriff para*historisch* – respektive kontra*faktisch* – wäre in diesem Fall aber kaum mehr sinnvoll zu gebrauchen. Es bestätigt sich hier nur, was im Grunde schon begriffslogisch klar ist: Der Versuch, die Fakten aus der Kontrafaktik zu tilgen, kann nur scheitern.[311]

---

310 Zurecht betont Gordon B. Chamberlain: „A uchronia is not the same thing as an alternative or parallel universe. Earths where the human species, if it exists at all, coexists with dinosaurs, walking trees, or Norse gods do not branch from our historical tree." (Chamberlain: Afterword: Allohistory in Science Fiction, S. 281).
311 Ähnliche Einwände lassen sich übrigens gegen Uwe Dursts vielrezipierte Theorie der Fantastik vorbringen, in deren Rahmen der Autor versucht, Fantastik streng fiktionsintern-strukturalistisch, also ohne Rekurs auf realweltliche Realitätsannahmen zu definieren: „Literarische Bedingungen sind nicht anhand fiktionsexterner naturwissenschaftlicher Fakten zu untersuchen, denn die Literatur ist ein eigengesetzliches System." (Uwe Durst: Theorie der phantastischen Literatur. Aktualisierte, korrigierte und erweiterte Neuausgabe. Berlin 2007, S. 90) Eine solche, von autonomistischer Kunstemphase beseelte Position ist fiktionstheoretisch jedoch schlicht unhaltbar. Zurecht stellt Johannes Odendahl an Dursts Theorieansatz die kritische Rückfrage: „Wenn [...] die Literatur von einer empirischen Realität grundsätzlich gar nichts weiß: woher wäre dann noch irgendein Kriterium zu nehmen, um ein realistisches von einem nicht-realistischen (also phantastischen) Erzählen zu unterscheiden?" (Johannes Odendahl: Die Kunst des Möglichen. Über den Wirklichkeitsbezug phantastischer Literatur. In: Wirkendes Wort 65/2 (2015), S. 261–279, hier S. 266) Für eine Kritik an Dursts Ansatz siehe ebd.: S. 264–267, sowie Gerhard Haas: Literarische Phantastik. Strukturelle, geistesgeschichtliche und thematische Aspekte. In: Gerhard Härle / Gina Weinkauff (Hg.): Am Anfang war das Staunen. Wirklichkeitsentwürfe in der Kinder- und Jugendliteratur. Baltmannsweiler 2005, S. 117–134, hier S. 117–119.

4.3.6 Skopus: Kontrafaktische Welten, kontrafaktische Elemente, *point of divergence*

So wie fantastisch erzählte Werke niemals in allen ihren Einzelelementen fantastisch sind, so sind auch kontrafaktisch erzählte Werke niemals in allen ihren Elementen kontrafaktisch. Wie die meisten fiktionalen Texte entwerfen auch Texte, in denen dezidiert amimetische Erzählverfahren wie Kontrafaktik und Fantastik zum Einsatz kommen, meist eine überwiegend realistisch gestaltete Diegese, in welcher dann vereinzelt Elemente vorkommen können, die mit allgemeinen Realitätsannahmen oder mit konkretem Faktenwissen unvereinbar sind.[312] Entsprechend beruht die Rede von ‚kontrafaktischen Welten' ebenso wie die Rede von ‚kontrafaktischen Texten' oder auch von ‚kontrafaktischen Genres' – etwa der *Alternate History* – auf einer metonymischen Generalisierung: Gemeint sind damit nicht solche Welten oder Texte, in denen ausschließlich kontrafaktische Elemente vorkommen (solche Welten und Texte dürften es vermutlich gar nicht geben), sondern Welten und Texte, in denen kontrafaktische Elemente besonders auffällig, häufig oder interpretatorisch signifikant sind.

Unter der Voraussetzung der in dieser Studie vorgestellten Theorie der Kontrafaktik, die ja grundsätzlich die Referenzstruktur einzelner Elemente in den Blick nimmt, besteht auch gar keine Notwendigkeit, komplette fiktionale Welten als kontrafaktisch, fantastisch oder ähnliches zu designieren. Stattdessen kann von einzelnen (variierenden) Realitätsreferenzen und ihrer jeweiligen Signifikanz für die Deutung des zu interpretierenden Werks ausgegangen werden. An die Stelle von Globalklassifikationen fiktionaler Welten tritt somit die Analyse kontrafaktischer Elemente. Damit wird nicht zuletzt die Möglichkeit eröffnet, kontrafaktische Elemente auch in solchen fiktionalen Werken zu analysieren, die insgesamt kaum dem Korpus der kontrafaktischen Literatur zugerechnet werden würden, da die Kontrafaktik hier wenig dominant ist oder aber mit anderen Erzählverfahren konkurriert.

Ein prominentes Beispiel für den isolierten Einsatz eines kontrafaktischen Elements findet sich zu Beginn von Franz Kafkas Romanfragment *Der Verschollene*:

---

[312] Marie-Laure Ryan vertritt in einem vielrezipierten Aufsatz die These, dass fiktionale Welten nur hinsichtlich dessen, was in ihnen erklärtermaßen von der realen Welt abweicht, auch tatsächlich von der realen Welt differieren; in jeder anderen Hinsicht würden fiktionale Welten mit der realen Welt übereinstimmen. Ryan zufolge weichen fiktionale Welten also stets ‚so wenig wie möglich' von der realen Welt ab. Vgl. Marie-Laure Ryan: Fiction, Non-Factuals, and the Problem of Minimal Departure. In: Poetics 9 (1980), S. 403–422. Zipfel konstatiert: „Fiktive Geschichten sind nie ganz und gar fiktiv." (Zipfel: Fiktion, Fiktivität, Fiktionalität, S. 79) Siehe auch Blume: Fiktion und Weltwissen, S. 83f.

> Als der siebzehnjährige Karl Roßmann, der von seinen armen Eltern nach Amerika geschickt worden war, weil ihn ein Dienstmädchen verführt und ein Kind von ihm bekommen hatte, in dem schon langsam gewordenen Schiff in den Hafen von Newyork einfuhr, erblickte er die schon längst beobachtete Statue der Freiheitsgöttin wie in einem plötzlich stärker gewordenen Sonnenlicht. Ihr Arm mit dem Schwert ragte wie neuerdings empor und um ihre Gestalt wehten die freien Lüfte.[313]

Bei der „Freiheitsgöttin", die im Gegensatz zu ihrem realweltlichen Vorbild, der Freiheitsstatue auf Liberty Island, ein Schwert und keine Fackel im Arm trägt, handelt es sich offenkundig um ein kontrafaktisches Element. Dieses einzelne kontrafaktische Element lässt sich, wie selbst oberflächlichen Kennern der Kafka-Forschung bekannt sein dürfte, auf produktive Weise in eine Deutung von *Der Verschollene* einbeziehen.[314] Allein aufgrund dieses einen kontrafaktischen Elements wird man den Roman in seiner Gänze jedoch kaum als kontrafaktischen Roman klassifizieren können.

Tatsächlich unterscheiden sich kontrafaktische Werke mitunter beträchtlich in Grad und Umfang ihres Einsatzes kontrafaktischer Elemente. Diese schwankende Reichweite kontrafaktischer Realitätsvariationen kann mit einer Kategorie von Wilef Hoops als ‚Skopus' bezeichnet werden. Hoops bindet die Kategorie des Skopus an die Frage, „in welchen Wirklichkeitsbereichen ein bestimmter fiktionaler Text signifikant abweicht".[315] An Hoops anschließend formuliert Ansgar Nünning:

> Zunächst stellt sich die Frage, wie detailliert und umfassend ein historischer Roman den notwendig begrenzten Geschichtsbereich schildert, der durch seine Selektionsstruktur konstituiert wird. Dieser Grad der Ausgestaltung soll mit dem Kriterium ‚Skopus' bezeichnet werden, der sich auf die Reichweite und Bandbreite der historischen Realitätsreferenzen in einem Roman bezieht.[316]

Der Skopus speziell der Kontrafaktik hängt nun freilich nicht von der Darstellung der Realität – etwa der Realgeschichte – innerhalb eines fiktionalen Textes ab, sondern von dessen *indirekten* Realitätsreferenzen. Gefragt wird also nicht danach, welche realweltlichen Fakten innerhalb der fiktionalen Welt korrekt wiedergegeben werden; gefragt wird vielmehr danach, in welchem Ausmaß realweltliches Faktenmaterial einbezogen werden muss, um eine Aktualisierung kontrafaktischer Referenzstrukturen zu ermöglichen. Die Frage des Skopus kontrafaktischer Werke ist dabei nicht allein für den alternativgeschichtlichen

---

[313] Franz Kafka: Der Verschollene. Textband hg. v. Jost Schillemeit. Frankfurt a. M. 2002 (= Schriften – Tagebücher. Kritische Ausgabe), S. 7.
[314] Für Überlegungen zur interpretatorischen Relevanz dieses speziellen kontrafaktischen Elements siehe Kapitel 4.6. Signifikanz.
[315] Hoops: Fiktionalität als pragmatische Kategorie, S. 302.
[316] Nünning: Von historischer Fiktion zu historiographischer Metafiktion. Bd. 1, S. 241f.

Roman relevant, sondern lässt sich für alle Texte stellen, in denen kontrafaktische Realitätsreferenzen vorkommen. Für die Interpretation dystopischer Texte etwa ist es häufig von großer Wichtigkeit, welche konkreten Elemente innerhalb der fiktionalen Welt als kontrafaktische Variationen gegenwärtiger gesellschaftlicher Tendenzen angesehen und welche Elemente eher als realistische oder fantastische Beigaben ohne konkrete Realitätsreferenz verstanden werden.

Die Konzentration auf einzelne kontrafaktische Elemente sowie auf den Skopus der signifikanten Realitätsabweichung stellen gegenüber der bestehenden Forschung bedeutende Verschiebungen dar. In der Mehrzahl der bisherigen Arbeiten zur Kontrafaktik werden weniger einzelne kontrafaktische Elemente als kontrafaktische Texte in ihrer Gesamtheit diskutiert. Gefragt wird danach, wie sich insbesondere alternativgeschichtliche Welten ab einem bestimmten historischen Umschlagspunkt weiterentwickeln, sodass sich schließlich die im jeweiligen Werk beschriebene fiktionale Welt ergibt. Dieser historische Umschlagspunkt, für den sich in der Forschung die synonymen Begriffe ‚*point of divergence*' und ‚*point of departure*' etabliert haben, wird mitunter sogar als genrekonstituierendes Merkmal der *Alternate History* angesehen.[317] So schlägt etwa Kathleen Singles die folgende Definition vor:

> point of divergence: the moment in the narrative of the real past from which the alternative narrative of history runs a different course. The point of divergence is the common denominator and the trait that distinguishes alternate histories from other related genres.[318]

Die alleinige Bindung des *Alternate History*-Genres an den *point of divergence* wirft allerdings eine Reihe von Problemen auf. Indem nämlich der historische Umschlagspunkt als Genremerkmal der *Alternate History* angesetzt wird, richtet sich das interpretatorische Interesse fast notwendigerweise auf die Entwicklung, die zwischen diesem Umschlagspunkt und der Gegenwart der fiktionalen Welt liegt – und damit auf Fragen der Kausalität, Plausibilität und der kohärenten fiktionalen Weltgestaltung (Singles' Studie trägt bezeichnenderweise den Untertitel „Playing with Contingency and Necessity"). Diese Fragen sind nun in faktualen Kontexten, etwa mit Blick auf die kontrafaktische Geschichtsschreibung, zweifellos von Belang.[319] Für die fiktionalen Werke des *Alternate History*-Genres jedoch kommt einer

---

317 Seltener ist von einem „Bifurkationspunkt" die Rede. Vgl. etwa: Nicolosi / Obermayr / Weller: Kontrafaktische Interventionen in die Zeit und ihre erinnerungskulturelle Funktion. Einleitung, S. 3.
318 Singles: Alternate History, S. 7.
319 Evans etwa schließt einige der von ihm diskutierten Beispiele aus dem Korpus „kontrafaktische[r] Geschichtsdarstellungen" mit der Begründung aus, dass diese „kein echtes Interesse an Ursachen und Wirkungen zeigen." (Evans: Veränderte Vergangenheiten, S. 149).

solchen Entwicklungsbeschreibung oft nur eine untergeordnete Bedeutung zu. So liegt in Kingsley Amis' *The Alteration* oder in Christian Krachts *Ich werde hier sein im Sonnenschein und im Schatten* der historische *point of divergence* zum Zeitpunkt der Handlung bereits über hundert Jahre in der Vergangenheit. Eine detaillierte Beschreibung der Entwicklungen vom *point of divergence* bis zur Gegenwart der Romanhandlung wird in diesen Werken nicht gegeben; tatsächlich ist in Krachts Roman noch nicht einmal völlig klar, welches genau der historische *point of divergence* sein soll.[320] Die Herleitung der Romangegenwart aus einer konkreten Ausgangssituation erweist sich für diese Romane als weitgehend unmöglich und auch interpretatorisch als wenig bedeutsam. Sehr viel relevanter als die Frage nach dem alternativgeschichtlich-genealogischen Zustandekommen der fiktionalen Welten ist für eine Interpretation dieser Werke die Bedeutung einzelner kontrafaktischer Elemente. Zum *point of divergence* unterhalten diese Elemente mitunter nur noch eine sehr geringe – oder auch gar keine – Verbindung mehr. So werden in *The Alteration* immer wieder Personen erwähnt, die in der weitgehend theokratisch regierten fiktionalen Welt des Romans völlig anderen Berufen nachgehen als ihre realweltlichen Vorbilder: Der existentialistische Philosoph Jean-Paul Sartre etwa ist in der Welt des Romans ein jesuitischer Pater. Die satirische Intention, die der Roman hier offenkundig verfolgt, ist von der lückenlosen Herleitung dieses kontrafaktischen Elements vom historischen *point of divergence* an weitgehend unabhängig.

Letztlich liefert das Vorliegen eines *point of divergence* nur eine schwache Indikation dafür, in welchem Grade kontrafaktische Elemente für die Interpretation eines jeweiligen Werkes von Bedeutung sind.[321] Insbesondere bei solchen Werken des *Alternate History*-Genres, in denen der *point of divergence* zur Handlungszeit bereits lange zurückliegt, erfüllt die alternativgeschichtliche Konstruktion oftmals primär Alibifunktion für die Ausgestaltung einer weitgehend autonomen fiktionalen Welt. So ist die Handlung rund um den hochbegabten Chorsänger Hubert Anvil in Amis' *The Alteration* nur noch sehr vage vom lange zurückliegenden *point of divergence* – dem Ausbleiben der protestantischen Reformation und dem Aufstieg Martin Luthers zum Papst vor über 400 Jahren – abhängig. Will man in der Interpretation des Werkes die

---

[320] Siehe Kapitel 11.1.1. Differenzverwischungen.
[321] Auch Dannenberg weist darauf hin, dass eine Konzeptualisierung als ‚Abzweigung' von einem bestimmten Zeitstrahl der Eigenart kontrafaktischen Denkens kaum gerecht wird: „[C]ognitive research into counterfactuals, specifically into historical ones, has demonstrated quite clearly that, contrary to their popular conception by the human mind as binary branching structures, counterfactuals do not create discrete and separate worlds but *blend spaces*." (Dannenberg: Fleshing Out the Blend, S. 125).

kontrafaktische Dimension desselben betonen, so wird man sich neben der Gesamtanlage der fiktionalen Welt, die auf einer lange zurückliegenden kontrafaktischen Abweichung von der Realgeschichte beruht, vor allem auf einzelne kontrafaktische Elemente konzentrieren müssen. Tatsächlich jedoch spielen solche kontrafaktischen Elemente für den Roman in toto nur eine untergeordnete Rolle, sodass hier letztlich ein *Alternate History*-Roman mit relativ geringem kontrafaktischem Skopus vorliegt.

Die Problematik einer Bindung des *Alternate History*-Genres an den *point of divergence* und den konsekutiven Geschichtsverlauf wird besonders deutlich bei solchen Werken, die nicht genretypisch einen *point of divergence* als Konstitutionsbedingung ihrer fiktionalen Welt voraussetzen und ihn in Form einer analeptischen Beschreibung nachreichen – wie dies etwa in Amis' *The Alteration*, in Dicks *The Man in the High Castle* oder in Ransmayrs *Morbus Kitahara* der Fall ist –, sondern die stattdessen den *point of divergence* im Rahmen ihrer eigentlichen Handlung ausgestalten. Tarantinos kontrafaktische Spielfilme *Inglourious Basterds* und *Once Upon a Time in Hollywood* etwa geben bis ungefähr Dreiviertel ihrer Spielzeit keinen eindeutigen Hinweis darauf, dass es sich hier überhaupt um kontrafaktische Werke handelt. Das hohe Spannungspotenzial dieser Werke liegt gerade in dem Umstand begründet, dass man als Zuschauer – zumindest beim ersten Sehen – mehr als zwei Stunden lang davon ausgeht, man habe es mit einer realistischen Diegese zu tun, in der sich unausweichlich die realhistorischen Katastrophen – also das Überleben Hitlers bis zum Jahre 1945 respektive die Tate-Morde der Manson Family im Jahre 1969 – ereignen müssen, nur um dann in Form eines sonderbar befreienden, kontrafaktischen Gewaltexzesses die Autonomie der Fiktion sich behaupten zu sehen. Wollte man nun lediglich diejenige Zeitspanne innerhalb der fiktionalen Welt, welche jenseits des *point of divergence* liegt, als zum *Alternate History*-Genre zugehörig ansehen, so hätte man es hier strenggenommen mit Werken zu tun, die nur zu etwa einem Viertel diesem Genre zugeschlagen werden könnten. Derart kuriose Genreklassifikationen ergeben sich freilich nur dann, wenn die Genrezugehörigkeit allein anhand kohärenter kontrafaktischer Geschichtsverläufe und nicht anhand der Häufigkeit oder interpretatorischen Signifikanz kontrafaktischer Elemente bestimmt wird.

Die von Singles aufgeworfene Frage, ob in einer alternativgeschichtlichen Erzählung partiell und isoliert von historischen Fakten abgewichen wird, ohne dass der Geschichtsverlauf im Ganzen verändert würde, oder ob von einem gewissen Punkt an die fiktionale Geschichte einen dauerhaft von der Realgeschichte abweichenden Verlauf nimmt – und einzig im letztgenannten Fall spricht Singles von

Alternate History[322] –, ist für eine referenztheoretische und verfahrensanalytische Betrachtungsweise der Kontrafaktik vorderhand ohne Belang. Eine solche Betrachtungsweise der Kontrafaktik erlaubt es nämlich, vom einzelnen variierten Faktum auszugehen und nach dessen Bedeutung im Kontext des jeweiligen Werks zu fragen, und zwar unabhängig davon, ob im Text insgesamt eine kohärente Abweichung von der Realgeschichte vorliegt oder nicht. Der Skopus einzelner kontrafaktischer Elemente – also ihre Häufigkeit innerhalb der fiktionalen Welt sowie der Grad ihrer Realitätsübereinstimmung und -abweichung – wird also im Rahmen präziser Einzelstellenanalysen bestimmt, die von der etwaigen Gesamtklassifizierung fiktionaler Welten oder ganzer Texte unabhängig sind.

Tatsächlich besteht zwischen dem Vorliegen eines *point of divergence* und dem Skopus individueller Realitätsvariationen kein zwingender Zusammenhang. So finden sich etwa im Genrebereich der Science-Fiction und des Horrors mitunter Erzählwelten, die ihre Genese zwar einem von der Realgeschichte abweichenden Geschichtsverlauf von einem bestimmten *point of divergence* an verdanken, die ansonsten aber kaum auf kontrafaktische Referenzstrukturen zurückgreifen (man denke an die zahlreichen filmischen Ausgestaltungen der Zombie-Apokalypse). Paradoxerweise liegen in solchen Fällen streng definitorisch betrachtet Werke des *Alternate History*-Genres vor, die jedoch einen sehr geringen kontrafaktischen Skopus aufweisen, die also kaum kontrafaktische Referenzstrukturen ausbilden, welche eine kontrafaktische Interpretation des jeweiligen Werks stützen könnten. Dass das Vorliegen eines *point of divergence* allein noch nicht ausreicht, um kontrafaktische Interpretationen eines bestimmten Textes plausibel zu machen, zeigt sich auch daran, dass man letztlich jede fiktionale und deutlich von der Realität abweichende fiktionale Welt als Ergebnis eines historisch bereits weit zurückliegenden *point of divergence* konzeptualisieren könnte. Allein dadurch jedoch, dass man etwa eine Variante des Märchens *Rotkäppchen* – um ein willkürliches Beispiel zu wählen – ersinnt, in welcher der diegetischen Handlung ein lang zurückliegender *point of divergence* ‚vorgeschaltet' ist, entstehen im bekannten Haupttext des Märchens noch keine kontrafaktischen Referenzstrukturen. Zugleich gibt es auch Werke ganz ohne *point of divergence* und ohne kohärent kontrafaktische Welt, die gleichwohl Einzelelemente mit sehr deutlichem kontrafaktischem Skopus enthalten. Ein Beispiel hierfür wäre wiederum die waffenbewährte Freiheitsgöttin in Kafkas *Der Verschollene*.

Es bleibt festzuhalten: Das Vorliegen eines *point of divergence* bildet weder eine notwendige noch eine hinreichende Bedingung für die Designation eines gegebenen Werks als kontrafaktisch. Der *point of divergence* ist zweifellos ein

---

322 Vgl. Singles: Alternate History, S. 78.

bedeutendes Genremerkmal des *Alternate History*-Genres, sollte in seiner generellen Bedeutung für Werke der Kontrafaktik und ihre Interpretation allerdings nicht überbewertet werden. Die präzise Bestimmung eines *point of divergence* dürfte letztlich für den faktualen Diskurs der Geschichtswissenschaft von weit größerem Interesse sein als für den fiktionalen Diskurs der Kontrafaktik. Nur durch die möglichst lückenlose Herleitung einer zeitlich überschaubaren konjekturalhistorischen Entwicklung im Nachgang eines möglichst plausibel gewählten *point of divergence* kann die historiografische Kontrafaktizitätsforschung den eigenen Anspruch auf Wissenschaftlichkeit verteidigen. Für künstlerische Diskurse hingegen müssen derartige Kriterien als rein fakultativ gelten. Bei der Interpretation fiktionaler Werke der Kontrafaktik erweist sich die Analyse konkreter kontrafaktischer Elemente, ihres Skopus und ihrer Signifikanz für das jeweilige Werk häufig als sehr viel produktiver als die Analyse kohärenter Geschichtsverläufe ab einem bestimmten historischen Umschlagspunkt.

Für kontrafaktische Werke jenseits der Alternativgeschichte ist die Frage nach einem etwaigen *point of divergence* ohnehin hinfällig. (Tatsächlich darf man vermuten, dass die Konzentration der Forschung auf den *point of divergence* als Definitionsmerkmal kontrafaktischer Texte ein Grund dafür gewesen ist, dass kontrafaktische Erzählformen jenseits der Alternativgeschichte bisher kaum Beachtung gefunden haben.) Die Variationen biografischer Fakten im Rahmen der Autofiktion und des Schlüsselromans oder die kontrafaktischen Variationen gesellschaftlicher oder politischer Trends und Ereignisse im Genre der Dystopie lassen sich meist nicht plausibel aus einem bestimmten historischen Abweichungspunkt herleiten; und selbst wenn ein solcher Abweichungspunkt im Text angelegt ist – wie etwa in manchen dystopischen oder apokalyptischen Werken –, dient er häufig nur als Vorwand für die Gestaltung einer amimetischen Erzählwelt. Hermeneutisch produktiv ist auch in solchen Fällen weniger die Konzentration auf die binnenfiktionale Genese einer kontrafaktischen Welt, sondern vielmehr der Fokus auf die, wenn man so will, Aktual-Kontrafaktik konkreter kontrafaktischer Elemente.

4.3.7 Fakten als Kontexte kontrafaktischer Interpretationen

Die Frage, welche Rolle die alludierten Fakten für die Interpretation kontrafaktischer Werke spielen, lässt sich auf das allgemeinere Problem der Relevanz von Kontexten für die Interpretation literarischer Werke beziehen. Definiert man im Anschluss an Lutz Danneberg Kontexte als „[d]ie Menge der für die Erklärung eines Textes relevanten Bezüge"³²³, so sollte offenkundig sein, dass sich die Fakten der Kontrafaktik in diesem Sinne als Kontexte verstehen lassen. Danneberg unterscheidet zwischen vier basalen, für die Literaturwissenschaft relevanten Kontextarten: intratextuelle Kontexte (auch Co-Texte, als „Beziehung eines Teiles eines Textes zu anderen Ausschnitten desselben Textes"), infratextuelle Kontexte („Beziehung eines Textes [...] zum Textganzen"), intertextuelle Kontexte und extratextuelle Kontexte.³²⁴ Da die Fakten der Kontrafaktik niemals vom Werk selbst gesetzt, sondern diesem vorgängig sind, handelt es sich hierbei um eine Manifestation extratextueller Kontexte.³²⁵

Dass Kontexte für die Interpretation literarischer Texte von Bedeutung sind, bildet mitnichten eine Eigentümlichkeit der Kontrafaktik: „Strenggesehen ist jede (bedeutungszuweisende) Untersuchung eines literarischen Werkes kontextbezogen. [...] Differenzierend wirken allerdings die Zwecke der Kontextverwendung."³²⁶ Im Falle der Kontrafaktik besteht der basale Zweck der Relationierung von Fakt (Kontext) und Faktenvariation (Text) in einem *Vergleich* der beiden beziehungsweise in ihrer *Kontrastierung*:³²⁷ Die kategoriale Möglichkeit eines Vergleichs zwischen Fakt und Kontrafakt ist im Falle der Kontrafaktik notwendigerweise gegeben, da es sich hier gewissermaßen zweimal um dieselbe Information handelt; nur bleibt diese Informationen eben einmal unverändert und wird ein andermal kontrafaktisch

---

323 Danneberg: Kontext, S. 333.
324 Danneberg: Kontext, S. 333 f.
325 Die grundsätzliche Textualität jeglicher Art von Kontext stellt Moritz Baßler in seiner – vom *New Historicism* inspirierten – Kontext-Theorie heraus. Vgl. Moritz Baßler: Die kulturpoetische Funktion und das Archiv. Eine literaturwissenschaftliche Text-Kontext-Theorie. Tübingen 2005. Ein solcher, auf komplexen philosophischen Vorannahmen beruhender „textuelle[r] Monismus" garantiert zwar theoretische Konsistenz, führt aber auch zu einer Reduktion intuitiver Nachvollziehbarkeit (Oliver Jahraus: Die Kontextualität des Textes. In: Journal of Literary Theory. 8/1 (2014), S. 140–157, hier S. 146). Dass Kontexte selbst oftmals textuell verfasst sind – oder es unter der Voraussetzung eines bestimmten strukturalistischen Verständnisses von Bedeutung sogar notwendigerweise sind –, spielt für die Kontrafaktik nur eine untergeordnete Rolle. Die relevante Unterscheidung zwischen Text und Kontext ist erneut eine pragmatische, die vorderhand keiner ontologischen Begründung bedarf.
326 Lutz Danneberg: Interpretation: Kontextbildung und Kontextverwendung. In: Spiel 9/1 (1990), S. 89–130, hier S. 101 f.
327 Hier könnte im Rekurs auf strukturalistische oder konstruktivistische Bedeutungstheorien eingewendet werden, dass ja überhaupt jede Bedeutung auf der Differenz zu anderen Bedeutungen und auf nichts anderem beruht. Zentral für die Bedeutungsgenese kontrafaktischer Elemente ist allerdings nicht allein die Differenz zu anderen Elementen, sondern die Differenz

variiert.[328] Häufig führt der für die Kontrafaktik konstitutive Vergleich von (realweltlichem Kontext-)Fakt und (fiktionalem) Kontra-Fakt dabei normative, evaluative oder politische Implikationen mit sich, wie bei der Diskussion des Zusammenhangs von Kontrafaktik und politischem Schreiben noch ausführlich erläutert werden soll.[329]

Die für das Erzählphänomen der Kontrafaktik konstitutive Abhängigkeit von extratextuellen Kontexten hat weitreichende Implikationen für die Möglichkeiten und Grenzen kontrafaktischer Interpretationen. Jørgen Sneis zufolge lässt sich ‚Interpretation' verstehen als „Zuweisung von Bedeutung an einen Text, indem man ihn mit etwas verknüpft, d. h. in einen Kontext stellt und vor diesem Hintergrund versteht. Dies wirft die Frage auf, was man jeweils unter Text und Kontext zu verstehen hat, aber auch *welche* Kontexte man beim Interpretieren als relevant gelten lässt."[330] Indem nun Werke der Kontrafaktik durch indirekte Realitätsreferenzen realweltliches Faktenmaterial als relevantes Kontextwissen selegieren, nehmen sie – bzw. nimmt der Leser – eine spezifische Form der „Text-Kontext-Verknüpfung" vor, die für die Bedeutungskonstitution und Interpretation des jeweiligen Werkes von großer Wichtigkeit ist.[331] Voraussetzung für diese Text-Kontext-Verknüpfung ist selbstverständlich die Verfügbarkeit der relevanten Kontexte: Bereits eine vor-interpretatorische Strukturanalyse kontrafaktischer Texte – also eine bloße Auflistung möglicher kontrafaktischer Elemente – ist nur dann zu leisten, wenn die relevanten faktualen Kontexte zuverlässig zur Verfügung stehen, wenn also das inferentielle Interpretationswissen problemlos abrufbar ist. Dies wiederum hängt ab von komplexen epistemischen, historischen und individuellen Voraussetzungen. Ändern sich diese Voraussetzungen und werden kontrafaktische Texte in der Folge von ihren relevanten Kontexten ‚abgeschnitten', so verändern sich notwendigerweise auch die Interpretationsmöglichkeiten (vormals) kontrafaktischer Texte.

---

eines realweltlichen Faktums zu einer Variation seiner selbst. Die basale Differenzformel der Kontrafaktik lautet also nicht A ≠ B ≠ C …, sondern A ≠ A'.
328 Siehe Kapitel 4.3.5. Transfiktionale Doppelreferenz.
329 Siehe Kapitel 9. Politische Kontrafaktik.
330 Jørgen Sneis: Phänomenologie und Textinterpretation. Studien zur Theoriegeschichte und Methodik der Literaturwissenschaft. Berlin / Boston 2018, S. 55.
331 Im Anschluss an Danneberg formuliert Sneis: „Als Bedeutungskonzeption wird eine bestimmte Art der Text-Kontext-Verknüpfung bezeichnet, die festlegt, was überhaupt als die zu eruierende Bedeutung gelten soll. Sie definiert einen Bereich von relevantem Kontextwissen und steckt so den *ordo investigationis* der Bedeutungsermittlung ab. In diesem Sinne liefert die Bedeutungskonstitution eine Richtschnur für die Interpretationskonzeption." (Sneis: Phänomenologie und Textinterpretation, S. 55) Siehe auch Lutz Danneberg: Zum Autorkonstrukt und zu einem methodologischen Konzept der Autorintention. In: Fotis Jannidis u. a. (Hg.): Rückkehr des Autors. Zur Erneuerung eines umstrittenen Begriffs. Tübingen 1999, S. 77–105, hier S. 101f.

Zwei Faktoren haben auf die Selektion von Faktenwissen als relevantem Interpretationskontext einen besonders großen Einfluss: *erstens* die Zugehörigkeit des Lesers zu einer bestimmten Kultur und *zweitens* seine zeitliche Verortung. Man könnte auch von *Kultur-Relativität* und *Zeit-Relativität* der Rezeption sprechen. Bei den Fakten der Kontrafaktik handelt es sich um hochgradig spezifische Einzelinformationen; sie stehen also nicht kulturübergreifend zur Verfügung, sondern bilden Teil einer spezifischen kulturellen Durchschnittsenzyklopädie. Entsprechend dürfte ein alternativgeschichtlicher Text über den amerikanischen Bürgerkrieg wie etwa Ward Moores *Bring the Jubilee* – zumindest was seine speziell kontrafaktische Dimension angeht – für einen durchschnittlichen US-amerikanischen Leser leichter verständlich sein als für einen durchschnittlichen deutschen Leser, einfach deshalb, weil das interpretationsrelevante Kontextwissen bei einem US-amerikanisch sozialisierten Leser mit größerer Wahrscheinlichkeit vorhanden sein wird. Die unausweichliche Kultur-Relativität kontrafaktischer Textdeutungen dürfte einen der Hauptgründe dafür bilden, dass die populärsten Beispiele kontrafaktischer Kunst sich auf realweltliches Faktenmaterial beziehen, welches auch transnational als bekannt vorausgesetzt werden kann, beispielsweise den Ausgang des Zweiten Weltkriegs (und nicht etwa die Landesgeschichte Brandenburgs).

Sieht man einmal von kontingent-individuellen Faktoren ab, so ist der Wissenshorizont eines potenziellen Lesers nicht nur abhängig von der Zugehörigkeit zu einer bestimmten Kultur respektive Wissensgemeinschaft, sondern auch vom Zeitpunkt der Rezeption. Da sich der epistemische Horizont einer Kultur in beständigem historischen Wandel befindet, kann es vorkommen, dass das Faktenwissen, welches für die erfolgreiche Aktualisierung des kontrafaktischen Potenzials eines Textes vonnöten ist, ab einem gewissen Zeitpunkt nicht mehr zuverlässig zur Verfügung steht. Ein kontrafaktischer Text jedoch, der sich nicht mehr auf der Folie jener Fakten bewegt, die er variiert, *ist* schlichtweg kein kontrafaktischer Text mehr, will sagen: wird nicht mehr als solcher wahrgenommen, sondern kippt gleichsam in den allgemeineren Bereich fiktionalen Erzählens. Als Beispiel mag hier Christoph Ransmayrs *Morbus Kitahara* fungieren. In diesem Roman wird der in der Realität nie umgesetzte Morgenthau-Plan kontrafaktisch ausgestaltet. Anders jedoch als im Falle historischer Großereignisse – wie etwa dem Ende des Zweiten Weltkriegs im Jahre 1945 – kann die Kenntnis einer vergleichsweise nachgeordneten historischen Information, als welche der Morgenthau-Plan heutigen Lesern erscheinen mag, bei wachsendem zeitlichen Abstand nicht mehr umstandslos vorausgesetzt werden. Entsprechend dürfte für den im neuen Jahrtausend geborenen Durchschnittsleser, der nicht mehr über Detailkenntnisse der Geschichte des Zweiten Weltkriegs verfügt, die kontrafaktische Dimension von *Morbus Kitahara* spontan kaum mehr zugänglich sein.

Aus dieser Bindung kontrafaktischer Texte an den Wissenshorizont eines spezifischen historischen Zeitpunkts – für gewöhnlich an den Zeitpunkt der Entstehung – ergeben sich weitreichende Konsequenzen für die Rezeptionstemporalität der entsprechenden Texte. Da Einzelinformationen der Enzyklopädie dazu tendieren, mit wachsendem historischen Abstand gleichsam zu verwittern – sie also von immer weniger Menschen zuverlässig aufgerufen werden können –, handelt es sich auch bei der Kontrafaktik tendenziell um ein historisch flüchtiges Phänomen. Mit wachsendem historischen Abstand zur Entstehungszeit treten bei kontrafaktischen Texten Modell-Leser[332] und empirischer Leser immer weiter auseinander, oder anders gewendet: Die empirische Leserschaft der Entstehungszeit eines kontrafaktischen Textes wird in aller Regel eine größere Nähe zum intendierten Modell-Leser des Textes aufweisen als alle späteren Lesepublika. So sind etwa die wenigsten heutigen Leser in der Lage, die kontrafaktischen Figurendarstellungen etwa in Dantes *Divina Commedia* zu erkennen und zu deuten.[333] In vergleichbarer Weise lässt sich spekulieren, dass die zahlreichen kontrafaktischen *What If Hitler Had Won*-Romane des 20. Jahrhunderts für einen hypothetischen Leser im Jahre 4.000, der über den Ausgang des Zweiten Weltkriegs nicht mehr zuverlässig informiert ist, auch nicht mehr als kontrafaktische Romane erkennbar sein werden, sondern schlicht als freie Bearbeitungen eines im 20. und 21. Jahrhundert besonders beliebten literarischen Stoffes erscheinen mögen.

Theoretisch denkbar – wiewohl empirisch eher selten – ist auch der umgekehrte Fall der Rezeptionstemporalität, dass nämlich ein künstlerisches Werk, das ursprünglich nicht als kontrafaktisches Werk intendiert gewesen war, im Lauf der Zeit kontrafaktisch*er* wird, in dem Sinne, dass es im Rahmen einer bewusst anachronistischen Lektüre plötzlich sehr plausibel als Werk der Kontrafaktik deutbar ist. In einem derartigen Fall würden sich die kontextuellen Rahmenbedingungen kontrafaktischer Interpretation und damit die Möglichkeit, überhaupt

---

[332] Umberto Eco definiert den Modell-Leser als „ein Zusammenspiel glücklicher Bedingungen, die im Text festgelegt worden sind und die [zufriedengestellt – Übersetzung M. N.] sein müssen, damit ein Text vollkommen in seinem möglichen Inhalt aktualisiert werden kann." (Eco: Lector in fabula, S. 76) Die deutsche Übersetzung enthält an dieser Stelle im Übrigen einen Fehler: Anstelle des korrekten Begriffs „zufriedengestellt" steht der Begriff „zufriedenstellend". Im Italienischen lautet die Stelle: „Il Lettore Modello è un insieme di *condizioni di felicità*, testualmente stabilite, che devono essere soddisfatte perché un testo sia pienamente attualizzato nel suo contenuto potenziale." (Umberto Eco: Lector in fabula. La cooperazione interpretativa nei testi narrativi. Milano 1979, S. 62).

[333] Eine Ausnahme bildet hier freilich Dante selbst, der ja in der *Divina Commedia* als Figur vorkommt. Zipfel weist darauf hin, dass die Einschreibung Dantes in seine eigene Erzählung sich als Vorstufe des modernen Konzepts der Autofiktion verstehen lässt. Vgl. Zipfel: Autofiktion, S. 302.

eine solche Interpretation anzustrengen, erst geraume Zeit *nach* der Entstehung des jeweiligen Werks ergeben. Geschehen kann dies, wenn sich die epistemischen Kontextbedingungen auf eine solche Weise verändern, dass die Realität das relevante Faktenmaterial ‚nachliefert', sodass dieses Faktenmaterial späteren Rezipienten innerhalb des jeweiligen Werks als gleichsam antizipierend variiert erschiene. Ein Beispiel hierfür ist das Katastrophenkino der 1990er Jahre – etwa Roland Emmerichs *Independence Day* aus dem Jahre 1996 –, welches im Nachgang der Anschläge auf das World Trade Center am 11. September 2001 bei manchem Beobachter den Eindruck hervorrief, es handele sich hierbei um einen antizipierenden künstlerischen Kommentar zu den realen Terroranschlägen.[334] Ein ähnlicher Fall liegt vor bei Juli Zehs dystopischem Roman *Corpus Delicti*, der heutigen Lesern wie ein Kommentar zur Corona-Krise sowie den staatlichen Maßnahmen zu deren Eindämmung erscheinen mag, wenngleich der Text bereits 2009, also zehn Jahre vor Beginn der Corona-Krise, erschienen ist.

Abschließend ist festzuhalten, dass die rezeptionsseitig zu leistende Kontextverknüpfung der Kontrafaktik einen spezifischen kulturellen und historischen Index verleiht. Eine literarhistorische Betrachtung der Kontrafaktik wird folglich entweder streng historisierend verfahren müssen, indem sie ursprüngliche Rezeptionssituationen rekonstruiert und den kontrafaktischen Status fiktionaler Werke im Kontext ihrer jeweiligen Entstehung bestimmt. (Auf diese Weise wird in der vorliegenden Studie verfahren: Als kontrafaktisch werden solche Texte angesehen, die bereits bei ihrer Entstehung als kontrafaktisch intendiert gewesen waren oder deren Entstehungskontext doch zumindest eine solche kontrafaktische Interpretation plausibel erscheinen lässt.) Oder aber sie wird dem Umstand Rechnung zu tragen haben, dass unterschiedliche historische Lesepublika das kontrafaktische Potenzial eines Textes jeweils auf unterschiedliche Weise – oder auch gar nicht – aktualisieren, sodass eine Literaturgeschichte der Kontrafaktik als Geschichte der rezeptionsgeschichtlichen Querschnitte geschrieben werden müsste. Die Frage, welche Texte zu welchem Zeitpunkt als kontrafaktisch gelesen werden, kann dabei für die historischen Kulturwissenschaften von großem Interesse sein, sagt das Ensemble der Texte, die zu einem gewissen Zeitpunkt als kontrafaktisch angesehen werden, indirekt doch viel über den Wissens- und häufig auch den Wer-

---

334 Claas Morgenroth beschreibt die sonderbare Umkehrung der gewöhnlichen zeitlichen Abhängigkeit zwischen realen Ereignissen und künstlerischer Darstellung wie folgt: „Der 11. September steht da wie eine nachgeholte Referenz bisher referenzloser und daher als Kunst problemlos konsumierbarer Artefakte und überführt die menschliche Imagination in ihr Komplement: die Wirklichkeit." (Claas Morgenroth: Erinnerungspolitik und Gegenwartsliteratur: Das unbesetzte Gebiet – The Church of John F. Kennedy – Really ground zero – Der Vorleser. Berlin 2014, S. 201).

tungshorizont einer bestimmten Epoche aus. Ihr kultureller und historischer Index respektive ihre unausweichliche ‚Gegenwartsverhaftung' verleiht der Kontrafaktik ein besonderes zeitdiagnostisches Erkenntnispotential und bildet nicht zuletzt eine Bedingung für ihre besondere Eignung als Verfahren politischen Schreibens. Anders als etwa realistische oder fantastische Erzählungen nehmen kontrafaktische Werke stets eine hochgradig spezifische Text-Kontext-Verknüpfung vor. Diese hohe Kontext-Sensitivität ermöglicht es der Kontrafaktik unter anderem, realweltliche Sachverhalte (kritisch oder politisch) zu kommentieren, *indem* sie diese Sachverhalte auf künstlerisch variierte Weise präsentiert.

4.3.8 Mögliche Einwände

Zum Abschluss der Faktendiskussion soll drei naheliegenden Einwände begegnet werden, die gegen das vorgestellte Faktenverständnis vorgebracht werden könnten. Es wird zu klären sein, ob die Kontrafaktik mit konstruktivistischen Wahrheitstheorien in Einklang zu bringen ist, was die Fakten der Kontrafaktik von Manifestationen ‚ästhetischer Wahrheit' unterscheidet und wie die These, dass die Fakten der Kontrafaktik grundsätzliche aus der realen Welt stammen müssen, mit dem Umstand vereinbar ist, dass in manchen kontrafaktischen Werken die relevanten Fakten in Form von Paratexten mitgeliefert werden.

Im Rahmen der poststrukturalistischen und postmodernen Kritik am Essentialismus und Universalismus sind auch die Begriffe ‚Wahrheit' und ‚Wissen' einer fundamentalen Kritik unterzogen worden. Dort, wo sie im Rahmen des postmodernen Diskurses überhaupt weiterhin verwendet wurden, geschah dies mit zum Teil deutlich veränderten Bedeutungen und Bewertungen. So ersetzt etwa Michel Foucault einen vermeintlich objektivistischen Wahrheitsbegriff durch eine ‚Archäologie des Wissens' und gibt generell der Genealogie den Vorzug vor der Ontologie; Hayden White zieht mit seinen Studien zur ‚Metahistory' die Möglichkeit einer objektiven Geschichtsschreibung in Zweifel; und Jacques Derrida stellt mit seiner Theorie der Dekonstruktion die Vermittlungsmöglichkeiten klarer Wissensansprüche in der Sprache in Frage. Gemeinsam ist den genannten und verwandten postmodernen Theorien ein konstruktivistisches Wahrheitsverständnis: Wahrheit – und zwar jede Form von Wahrheit – wird hier als ein subjektiv und historisch bis zu einem gewissen Grade kontingentes Konstrukt verstanden, dessen transzendentales Apriori nicht in den ‚Dingen' oder ‚Tatsachen' der Welt zu verorten ist, sondern allenfalls noch in der Geschichte, in der Sprache oder in der individuellen Lebenswelt. Nicht selten gerät innerhalb derartiger Argumentationszusammenhänge die Kategorie der Wahrheit generell unter Ideologieverdacht.

Im Kontext der Kontrafaktik-Diskussion stellt sich vor diesem Hintergrund allerdings die Frage, wie von ‚Fakten' abgewichen werden sollte, wenn unumstößliche Wahrheiten überhaupt nicht existierten? Untergräbt, so könnte man fragen, eine konstruktivistische Wahrheitstheorie nicht die Basis kontrafaktischen Erzählens, da im Rahmen einer solchen Theorie zwischen Fakt und Kontra-Fakt ja gar nicht mehr zuverlässig unterschieden werden kann?

Wie in der Forschungsdiskussion zur Postmoderne bereits ausgeführt wurde, besteht ein grundlegendes Problem postmoderner Wahrheitstheorien in ihrem oftmals allzu ausschließlichen Fokus auf diskursiv-formale oder, wenn man so will, textontologische Fragestellungen. Tendenziell ignoriert werden demgegenüber pragmatische Unterscheidungen sowie die referentielle Funktion der Sprache, wie sie für die Sprache in ihrer kommunikativen oder sprachhandlungstechnischen Funktion grundlegend sind.[335] Zwar mag zutreffen, dass sich rein sprachlich zwischen fiktionalen und faktualen Diskursen nicht zuverlässig differenzieren lässt; pragmatisch jedoch, also mit Blick auf den realen Sprachgebrauch, lässt sich sehr wohl zwischen faktualen und fiktionalen Deutungsansprüchen unterscheiden.

In der Kontrafaktik hat man es nun gerade mit einer spezifischen Kombination derartiger faktualer und fiktionaler Deutungsansprüche zu tun. Vermittelt werden ein realweltlicher Sachverhalt – ein Wissenselement also, dem im Rahmen eines faktualen Deutungskontextes Gültigkeit zugesprochen wird – mit einer Variation desselben Sachverhalts innerhalb einer fiktionalen Welt. Die ontologische, metaphysische oder semiotische Begründbarkeit faktualer oder fiktionaler Deutungsansprüche ist dabei vorderhand ohne Belang.

Voraussetzung dafür, dass ein ‚Fakt' zum Material des kontrafaktischen Erzählens werden kann, ist nicht sein Status als unzweifelhafte *Tatsache*, sondern lediglich sein (historisch spezifischer) realweltlicher *Wissensanspruch*[336], der Um-

---

335 Remigius Bunia exemplifiziert dieses Problem mithilfe der folgenden Anekdote: „Der Konstruktivist würde sagen, es gebe keine ‚Blume an sich' und dennoch beim nächsten Floristen, auf den einen oder anderen Strauß ‚referierend', der geliebten Person ganz ohne schlechtes Gewissen eine Magnolie kaufen. Doch sollte er begründen können, weshalb dies ohne jeden Aufwand trotz seiner Ablehnung der ‚Referenz' möglich ist. Es stellt sich bei der Debatte um Poststrukturalismus und die Gegenposition nämlich die Gretchenfrage: wie hältst du's mit der Metaphysik? mit Wahrheit? mit Referenz?" (Bunia: Faltungen, S. 11).

336 Danneberg bemerkt im Hinblick auf das ‚Wissen' kontrafaktischer Imaginationen: „Aufgrund der angenommenen Veränderlichkeit meint in der Rekonstruktionssprache *Wissen* immer Wissens*anspruch* und als Wissens*anspruch* zu einer bestimmten Zeit sollen solche kognitiven Einheiten aufgefasst werden, über die man sich in der Zeit streiten konnte oder auch gestritten hat – das schließt immer Stimmen ein, die bestimmte Wissensansprüche durch Ausgrenzung zu entproblematisieren suchten." (Danneberg: Überlegungen zu kontrafaktischen Imaginationen in argumentativen Kontexten und zu Beispielen ihrer Funktion in der Denkgeschichte, S. 74).

stand also, dass das Faktum in der realen Welt von einer gewissen Gruppe von Sprechern als Faktum anerkannt oder zumindest ernsthaft zur Disposition gestellt wurde oder wird. Die vorgeschlagene Betrachtungsweise des kontrafaktischen Erzählens, die den Bezug auf ein realweltliches Faktum als Definiens der Kontrafaktik ansetzt, ist entsprechend nicht prinzipiell inkompatibel mit den Grundannahmen des Konstruktivismus, dessen Vertreter davon ausgehen, dass selbst noch die sogenannte ‚reale Welt' Produkt einer – kognitiven, sozialen, semiotischen etc. – Konstruktion ist. Auch die meisten konstruktivistischen Theorien reden schließlich keinem nivellierenden Panfiktionalismus das Wort, sondern erlauben durchaus eine Differenzierung zwischen fiktionalen und faktualen Diskursen, zwischen Diskursen also mit oder ohne realweltlichen Wahrheitsanspruch, sowie auch zwischen Wahrheit und Lüge.[337]

Während also zwischen einem konstruktivistischen Wahrheitsverständnis und der Kontrafaktik kein notwendiger Widerspruch besteht, erweist sich die Verbindung von Kontrafaktik und Theorien ‚ästhetischer Wahrheit' als problematisch. Die Fakten der Kontrafaktik sind tendenziell abzugrenzen von Formen der ‚Wahrheit', ‚Erkenntnis' oder ‚Weisheit', die anhand genuin ästhetischer Verfahren vermittelt werden oder die einzig über die Kunst zugänglich sind. Eine Detaildiskussion der verschiedenen Konzeptionen ästhetischer Wahrheit kann an dieser Stelle nicht geleistet werden.[338] Übergreifend und gewiss auch etwas vereinfachend kann zu sogenannten ‚ästhetischen Wahrheiten' angemerkt werden, dass hier *erstens* unter ‚Wahrheit' meist kein spezifisches, potenziell falsifizierbares Weltwissen gemeint ist, welches beispielsweise auch einer wissenschaftlichen Investigation zugänglich wäre (die Rede von ‚ästhetischen Fakten' leuchtet kaum ein). In aller Regel werden (emphatische) ästhetische Wahrheiten von (kontingenten) Einzelinformationen über die reale Welt unterschieden.[339] *Zweitens* sind ästhe-

---

[337] Hierzu bemerkt Eva-Maria Konrad: „Selbst wenn der Bezug auf die Wirklichkeit selbst nicht möglich ist, lässt sich für fiktionale und faktuale Texte doch nach wie vor eine Referenz auf unterschiedliche Welten behaupten: entweder auf eine durch Konventionen etc. als ‚real' ausgezeichnete Welt oder auf andere, diesen Konventionen nicht entsprechende Welten. Die fiktiven Welten bzw. Konstrukte, auf die sich literarische Texte beziehen, sind also nicht alle in gleicher Weise fiktiv, erfunden oder ‚gemacht', denn nur eine dieser Welten ist diejenige, die wir gewohnt sind, ‚Wirklichkeit' zu nennen." (Konrad: Panfikationalismus. S. 245 f.).
[338] Siehe etwa zu den ästhetischen Wahrheitstheorien des 20. Jahrhunderts Achim Geisenhanslüke: Die Wahrheit in der Literatur. Paderborn 2015.
[339] Diese Unterscheidung findet sich bereits in der *Poetik* des Aristoteles. Aristoteles zufolge ist „es nicht Aufgabe des Dichters [...] mitzuteilen, was wirklich geschehen ist, sondern vielmehr, was geschehen könnte, d. h. das nach den Regeln der Wahrscheinlichkeit oder Notwendigkeit Mögliche. Denn der Geschichtsschreiber und der Dichter unterscheiden sich nicht dadurch voneinander, daß sich der eine in Versen und der andere in Prosa mitteilt – [...] –; sie

tische Wahrheiten meist nicht solche, die dem Werk als implizite, inferentielle und realweltlich-faktuale Referenzfolie zugrunde lägen, wie es bei der Kontrafaktik der Fall ist. Das, was man als ‚ästhetische Wahrheit' bezeichnet, wird meist aus dem Werk selbst abgeleitet, etwa indem ein Roman Einblicke in die Erfahrungswelt einer fremden Figur gewährt oder indem eine ästhetische Erfahrung – beispielsweise bei der Lektüre eines Kafka-Textes[340] – den Leser dazu bewegt, die eigene soziale oder institutionelle Stellung in der Welt zu überdenken. Tendenziell liegt der Rede von der ‚ästhetischen Wahrheit' ein monistisches Kunstmodell, inklusive einem werkimmanent-emphatischen Wahrheitsverständnis zugrunde. Ästhetische Wahrheiten sind also nicht auf konkrete Fakten der realen Welt angewiesen, sondern ‚ereignen' sich gleichsam im Kunstwerk selbst; anstatt aus der realen Welt ableitbar zu sein, können sie allenfalls dazu beitragen, mithilfe fiktionaler Literatur – im Sinne einer Applikation – wiederum auf die reale Welt einzuwirken.

Der These schließlich, dass die Fakten der Kontrafaktik niemals aus dem fiktionalen Werk selbst stammen können, scheint der Umstand zu widersprechen, dass es kontrafaktische Werke gibt, in denen die relevanten Fakten in Form von Paratexten, also beispielsweise in Vor- oder Nachwörtern, mitgeliefert werden. Der Widerspruch ist allerdings nur ein scheinbarer, da auch der faktuale Geltungsanspruch eines Paratextes nicht allein anhand des jeweiligen Textes bestimmbar ist: Dass ein Paratext realweltliche Fakten *zuverlässig* präsentiert, kann dieser Paratext selbst nicht beweisen; hier ist erneut ein Abgleich mit multivialen Wahrheitsannahmen über die reale Welt vonnöten.[341] Auch bei den Nachworten von Robert Harris' *Fatherland* oder Philip Roths *The Plot Against America*, welche einen Teil der interpretationsrelevanten Fakten referieren, liegt also keine textimmanente Kontrafaktik vor (was, wie oben ausgeführt wurde, ohnehin eine *contradictio in adjecto* wäre[342]). Tatsächlich lassen sich diese Nachworte gar nicht zum kontrafaktischen, fiktionalen Haupttext der Romane hinzuzählen. Bereits textstrukturell sind sie vom eigentlichen Haupttext abgesetzt. Wichtiger jedoch ist der Umstand, dass es sich hier, wie

---

unterscheiden sich vielmehr dadurch, daß der eine das wirklich Geschehene mitteilt, der andere, was geschehen könnte. Daher ist Dichtung etwas Philosophischeres und Ernsthafteres als Geschichtsschreibung; denn die Dichtung teilt mehr das Allgemeine, die Geschichtsschreibung hingegen das Besondere mit." (Aristoteles: Poetik. Griechisch/Deutsch. Übersetzt und hg. v. Manfred Fuhrmann. Stuttgart 1994, 1451a–1451b / S. 29).

340 Dies ist eines der Lieblingsbeispiele Adornos: „Wen einmal Kafkas Räder überfuhren, dem ist der Friede mit der Welt ebenso verloren wie die Möglichkeit, bei dem Urteil sich zu bescheiden, der Weltlauf sei schlecht: das bestätigende Moment ist weggeätzt, das der resignierten Feststellung von der Übermacht des Bösen innewohnt." (Theodor W. Adorno: Engagement. In: Ders.: Noten zur Literatur. Frankfurt a. M. 1974, S. 409–430, hier S. 426).
341 Siehe Kapitel 4.3.3. Die reale Welt.
342 Siehe Kapitel 4.3.5. Transfiktionale Doppelreferenz.

bei allen ernstgemeinten Paratexten, um Texte mit einem faktualen Geltungsanspruch handelt: Ihr Wahrheitsgehalt – etwa die realen Lebensdaten bekannter historischer Personen – ist nicht von der literarischen Fiktion abhängig; ihre Sprechinstanz ist nicht der Erzähler des fiktionalen Werks, sondern der reale Autor. In diesen Nachwörtern werden also keine ‚Fakten' aufgestellt, die dann im Haupttext variiert würden; stattdessen werden in den Nachwörtern schlichtweg Fakten der realen Welt referiert, deren Richtigkeit sich auch unabhängig vom jeweiligen Einzeltext überprüfen lässt.

Freilich gibt es auch Paratexte, die selbst Teil des fiktionalen Werks sind, etwa Herausgeberfiktionen. So endet Ward Moores *Alternate History*-Klassiker *Bring the Jubilee* mit der Nachbemerkung eines Mannes, welcher den autodiegetisch erzählten Haupttext des Romans angeblich auf einem Dachboden gefunden hat und ihn nun der Öffentlichkeit zugänglich machen möchte. Allerdings ist leicht erkennbar, dass der Herausgeber und die von ihm erzählte Geschichte selbst Teil der fiktionalen Welt sind. Der Fiktionalitätsstatus derartiger pseudo-faktualer, de facto fiktionaler Paratexte unterminiert gerade ihre Zuverlässigkeit in Bezug auf die Präsentation von Weltwissen. Eigenständig realweltliche Fakten ‚produzieren' können fiktionale Paratexte ebenso wenig wie alle anderen fiktionalen Texte.

Hinsichtlich der ‚Fakten' in Paratexten kontrafaktischer Werke gibt es also zwei Möglichkeiten: Entweder werden Paratexte als fiktionale Texte rezipiert; in diesem Falle können sie keine zuverlässigen Informationen über die reale Welt bereitstellen (was freilich nicht ausschließt, dass die hier referierten Informationen im Einzelfall korrekt sein können). – Oder aber Paratexte werden als faktuale Texte betrachtet; in diesem Fall können sie nicht mehr eigentlich der Kontrafaktik zugeschlagen werden, die ja per definitionem nur in fiktionalen Medien vorkommt. In beiden Fällen behält also die These, die Fakten der Kontrafaktik dürften nicht vom fiktionalen Werk selbst gesetzt sein, ihre Gültigkeit.[343]

Selbstverständlich kann in der Literatur auch mit unterschiedlichen Einschätzungen hinsichtlich des Fiktionalitätsstatus von Paratexten gespielt werden. Eine solche kreative Paratextverwendung findet sich etwa zu Beginn von Timur Vermes' 2012 erschienenem Roman *Er ist wieder da*: Mit „er" ist Adolf Hitler gemeint, der in Vermes' kontrafaktischer Polit- und Mediensatire aus unerklärlichen Gründen im Jahre 2011 mitten in Berlin wieder zum Leben erwacht und über den Umweg einer Karriere als vermeintlicher Hitler-Imitator neuerlich zur Macht aufsteigt.[344] Auf der Impressumsseite des Buches heißt es:

> Sämtliche Handlungen, Charaktere und Dialoge in diesem Buch sind rein fiktiv. Ähnlichkeiten mit lebenden Personen und/oder ihren Reaktionen, mit Firmen, Organisationen

---

[343] Siehe zu den Paratexten kontrafaktischer Werke auch Kapitel 4.7. Markierung.
[344] Siehe aus der Forschung Rosenfeld: Hi Hitler!, S. 219–225.

etc. sind schon deshalb zufällig, da unter vergleichbaren Umständen in der Realität andere Vorgehens- und Verhaltensweisen der handelnden Figuren nicht vollständig ausgeschlossen werden können. Der Autor legt Wert auf die Feststellung, dass Sigmar Gabriel und Renate Künast nicht wirklich mit Adolf Hitler gesprochen haben.[345]

Vermes spielt hier offenkundig mit der Textgattung der Fiktionalitätsversicherung, wie sie häufig am Anfang von Romanen oder am Ende des Abspanns von Spielfilmen eingesetzt wird. So mag es zwar richtig sein, dass die „Handlungen, Charaktere und Dialoge" in Vermes' Roman keine präzise realweltliche Entsprechung aufweisen; die historische Figur Adolf Hitler ist jedoch ebenso wenig fiktiv wie die im letzten Satz erwähnten politischen Persönlichkeiten Sigmar Gabriel und Renate Künast. Darüber hinaus legt der zweite Satz des Textes eine ironisierende Deutung nahe, da durch die Versicherung, es könne „nicht vollständig ausgeschlossen werden", dass die Personen in der Realität sich anders verhalten als diejenigen im Buch, eben doch suggeriert wird, dass ein Verhalten in Übereinstimmung mit demjenigen der fiktionalen Figuren wahrscheinlich ist. *Er ist wieder da* stellt somit den eigenen satirisch-gesellschaftskritischen Charakter gewissermaßen bereits vor Beginn (oder mit Beginn?) des eigentlichen Haupttextes heraus. Damit wird freilich zugleich auch um einige Grade unwahrscheinlicher, dass es sich hier um einen ernstgemeinten, faktualen Paratext handelt, welcher zuverlässig Auskunft über die Fakten der realen Welt geben könnte.

4.4 Material

Laut der Minimaldefinition bilden realweltliche Fakten das ‚Material' der Kontrafaktik. Der hier verwendete Materialbegriff knüpft dabei an ein übergreifendes, kunstwissenschaftliches Materialverständnis an: Tendenziell lassen sich in den Kunstwissenschaften zwei Konzepte von ‚Material' unterscheiden, die man behelfsweise als ‚physisch' und ‚inhaltlich' bezeichnen könnte. Der Begriff des physischen Materials verweist auf „Werkstoff[e], Rohstoff[e] oder Hilfsmittel", die zur Herstellung eines Kunstwerks vonnöten sind, also etwa der Marmor des Bildhauers oder die Farben des Malers; speziell für die Literatur bezeichnet Material in diesem Sinne „die stofflichen Gegenstände, auf deren Basis und mit deren Hilfe Texte erzeugt [...], aufbewahrt, vervielfältigt und verbreitet werden."[346] Davon tendenziell zu unterscheiden ist ein inhaltlicher Materialbegriff. Dieser bezieht

---
345 Timur Vermes: Er ist wieder da. Köln 2012, S. 4.
346 Dieter Burdorf / Christoph Fasbender / Burkhard Moennighoff (Hg.): Metzler Lexikon Literatur. Begriffe und Definitionen. 3., völlig neu bearbeitete Aufl. Stuttgart 2007, S. 480.

sich auf Stoffe, Themen und Motive eines Kunstwerks. So können beispielsweise eigene Lebenserfahrungen des Autors zum ‚Material' eines psychologischen Romans werden.[347] Eine strikte Trennung zwischen diesen beiden Dimensionen des Material-Begriffs lässt sich dabei nicht in jedem Fall aufrechterhalten. So weist der Artikel im Metzler Lexikon Literatur darauf hin, dass es „etwa in der Dokumentarlit[eratur], bei den Verfahren der Collage und Montage sowie bei allen durch Aufführung geprägten Formen der Lit[eratur] wie Theater und Tanz, Berührungen, Überschneidungen und Übergänge zwischen diesen Bereichen [gibt]."[348]

Eine Übergängigkeit zwischen physischen respektive formalen Aspekten einerseits und inhaltlichen Aspekten andererseits lässt sich teilweise auch beim Faktenmaterial der Kontrafaktik beobachten: Der Begriff des Materials wird im gegebenen Zusammenhang vor allem deswegen als Erweiterung des Faktenbegriffs verwendet, weil er in besonderem Maße geeignet scheint, die Offenheit des für die Kontrafaktik relevanten Faktenverständnisses hervorzuheben. Konkret soll durch seinen Gebrauch darauf hingewiesen werden, dass die Variation jener Fakten, welche für das Phänomen der Kontrafaktik konstitutiv ist, sowohl *inhaltliche* als auch *formale* Aspekte dieser Fakten zu umfassen vermag. Es kann hier noch einmal an die obigen Ausführungen zum nicht exklusiv propositionalen Status der Fakten in der Kontrafaktik erinnert werden: Wahrheit, faktuale Richtigkeit oder Weltwissen lassen sich nicht allein in Form von (inhaltlichen) Propositionen bestimmen, sondern können auch andere Formen des Wissens wie Script- und Framewissen oder die Fähigkeit zur Identifikation spezifischer Sinneseindrücke miteinschließen.[349] Entsprechend wird eine allgemeine Theorie der Kontrafaktik sich nicht auf inhaltlich-propositionale Faktenausprägungen beschränken dürfen, sondern auch die mehr formalen Aspekte realweltlichen Wissens zu berücksichtigen haben. Hierfür scheint der Begriff des Faktenmaterials eher geeignet als

---

347 Dass eine bestimmte Erfahrung oder ein realweltlicher Sachverhalt als Quelle oder Inspiration für eine fiktionale Darstellung fungiert, sagt noch nichts darüber aus, ob und in welcher Weise dieses Material in die Interpretation des jeweiligen Werks einbezogen werden sollte. So lässt sich aus dem Umstand, dass bei der Verfertigung eines Kunstwerks auf realweltliches Material zurückgegriffen wurde, keineswegs folgern, dass das Kunstwerk selbst auch auf dieses Material *referiert*. Peter Lamarque bemerkt hierzu: „In general it is helpful to keep apart different questions about the relation of fictions to the world; for example: (1) Where did the idea for such and such a fiction *come from*? (2) What people or things in the real world are the fictional characters *similar to*? (3) What properties are *attributed to* the characters in the fiction? (4) Who or what specifically does the author intend to *refer to*? These questions are significantly different; the method of investigation in each case is different, and each has a different bearing on the relation of fiction and reality." (Peter Lamarque: Fictional Points of View. Ithaca / London 1996, S. 41).
348 Burdorf / Fasbender / Moennighoff (Hg.): Metzler Lexikon Literatur, S. 480.
349 Siehe Kapitel 4.3.4. Das Faktenverständnis der Kontrafaktik.

der blanke Faktenbegriff, welcher stets Gefahr läuft, im Sinne eines bloß propositionalen Wahrheitsverständnisses aufgefasst zu werden.

Am Rande sei bemerkt, dass sich die Möglichkeit eines Bezugs sowohl auf formale wie auch auf inhaltliche Aspekte zwar für die Kontrafaktik, nicht aber für die Fantastik eröffnet. Marianne Wünsch hat darauf hingewiesen, dass es sich beim Fantastischen stets um ein Phänomen auf der Ebene der *histoire* handelt.[350] Eine bloß sprachlich-formale Fantastik ist nicht vorstellbar, weswegen etwa Tzvetan Todorov poetische oder allegorische Rede aus seiner Definition der Fantastik explizit ausschließt.[351] Wenn beispielsweise in Joseph von Eichendorffs *Mondnacht* die Seele ‚weit ihre Flügel ausspannt', so wird damit selbstverständlich kein fantastisches Fabelwesen beschrieben; es handelt sich hier vielmehr um ein Beispiel bildlicher Rede.

Anders als die Fantastik bezieht sich die Kontrafaktik jedoch nicht auf allgemeine Annahmen über die ontologische Beschaffenheit der Welt, sondern auf hochgradig spezifische Faktenannahmen.[352] Da diese Faktenannahmen mitunter selbst sowohl eine inhaltliche als auch eine formale Dimension aufweisen, die potenziell beide in die Literatur überführt und dort variiert werden können, muss sich Kontrafaktik nicht notwendigerweise auf die Ebene der *histoire* beziehen, sondern kann potenziell auch Aspekte des *discours* mitumfassen. Die Möglichkeit einer primär formalen kontrafaktischen Variation ergibt sich für die Literatur vor allem dort, wo das kontrafaktisch zu variierende Weltwissen selbst an spezifische formale Ausprägungen der Sprache gebunden ist: So variiert etwa Kathrin Röggla in ihrer kreativ-dokumentarischen Prosaarbeit *wir schlafen nicht* den ‚Sound' eines gesellschaftlichen Spezialdiskurses, nämlich den Jargon der Unternehmensberatung. Die kontrafaktische Variation betrifft dabei weniger das, *was* in einem bestimmten Diskurs ausgesagt wird, als vielmehr das *wie* seiner formalen Anlage.[353]

Der Materialbegriff wird schließlich auch verwendet, weil durch ihn angezeigt werden kann, dass die Fakten der Kontrafaktik nie unvermittelt aus der

---

350 Wünsch: Die Fantastische Literatur der Frühen Moderne (1890–1930), S. 16.
351 Vgl. Tzvetan Todorov: Einführung in die fantastische Literatur. Berlin 2013, S. 42 f.
352 Fraglich ist, ob im Fall der Fantastik überhaupt von ‚Material' gesprochen werden kann; eine notwendige Bindung an spezifische außerliterarische Sachverhalte liegt bei der Fantastik – anders als bei der Kontrafaktik – ja nicht oder zumindest nicht notwendigerweise vor. Zwar könnte man darauf hinweisen, dass etwa das Vampir-Motiv sich ursprünglich unter anderem aus der Adelskritik des 18. Jahrhunderts speist. Für das Verständnis der zahlreichen zeitgenössischen Vampir-Geschichten ist dieser Umstand allerdings ohne Belang, da sich die Semantik des Vampirs längst von den historischen Quellen emanzipiert hat. Vgl. Brittnacher: Zahnlos, blutarm, keusch – zur Kastration einer Metapher, S. 130–133.
353 Siehe hierzu Kapitel 13.1. Kathrin Röggla: *wir schlafen nicht*.

realen Welt übernommen werden. Sobald die Fakten in die Literatur integriert werden, sind sie nicht mehr dieselben, sondern werden zum ‚Material' einer literarischen Bearbeitung, ein Material, dem gleichwohl seine Herkunft aus einem faktualen Kontext weiterhin eingeschrieben bleibt. Man kann hier zu Vergleichszwecken an das Material einer künstlerischen Collage denken, welches, indem es in das Kunstwerk eingefügt wird, seinen Status grundlegend verändert, gleichzeitig aber seinen ursprünglichen Herkunftskontext weiterhin erkennen lässt.

Die literarische Bearbeitung des Faktenmaterials umfasst im Falle der Kontrafaktik grundsätzlich zwei Dimensionen: Erstens wird ein Faktum aktiv *variiert*; hierauf beruht die spezifische Referenzstruktur der Kontrafaktik. Und zweitens wird dieses variierte Faktum im Rahmen des Kunstwerks *neu kontextualisiert*. (Dies geschieht freilich immer und überall, wenn ein Kunstwerk realweltliche Fakten aufnimmt: Unausweichlich beeinflusst der Kontext des Gesamtwerks – das also, was Danneberg als ‚infratextuellen Kontext' bezeichnet – die Deutung des einzelnen Elements.[354]) Tatsächlich könnte man das Verfahren der Kontrafaktik insgesamt als *Variation und Rekontextualisierung von Faktenmaterial im Rahmen künstlerischer Werke* charakterisieren.

4.5 Variation

In der Forschung hat sich bisher keine einheitliche Terminologie für das spezifische Verfahren kontrafaktischen Erzählens durchsetzen können. Die meisten Studien bescheiden sich mit eher deskriptiven Begriffen wie ‚Abweichung' oder ‚Umschreibung' – und zwar im speziellen Falle des historischen kontrafaktischen Erzählens einer Umschreibung des „faktischen Geschichtsverlaufs"[355], des „tatsächlichen Geschichtsverlauf[s]"[356] oder einer „Normalized Narrative of the Past".[357] Andreas Widmann hat darüber hinaus den Begriff „deviierendes historisches Erzählen" für die historische Kontrafaktik vorgeschlagen.[358]

Im Rahmen der vorliegenden Studie wird statt von ‚Abweichung' oder ‚Deviation' von einer ‚Variation' realweltlichen Faktenmaterials bzw. von ‚realitätsvariierendem Erzählen' gesprochen. Der Begriff ‚Variation' lässt sich dabei in Anlehnung an das Prinzip ‚Thema und Variation' verstehen, wie es insbesondere aus musikali-

---

354 Danneberg: Kontext, S. 334. Siehe auch Kapitel 4.3.7. Fakten als Kontexte kontrafaktischer Interpretationen.
355 Helbig: Der parahistorische Roman, S. 31.
356 Rodiek: Ungeschehene Geschichte, S. 26.
357 Vgl. Singles: Alternate History, S. 43–48.
358 Vgl. Widmann: Kontrafaktische Geschichtsdarstellung, S. 18 (im Original gesperrt).

schen Kontexten bekannt ist: Man denke an das kompositorische Verfahren der Variation, beispielsweise in Bachs *Goldberg-Variationen*, in denen sich sämtliche dreißig Variationen auf das anfängliche ‚Aria'-Thema beziehen. Tatsächlich wurde das Prinzip der musikalischen Variation in der Forschung bereits vereinzelt mit dem kontrafaktischen Erzählen in Verbindung gebracht. So greifen die Psychologen Neal J. Roese und Mike Morrison zur Charakterisierung der Wirkung von kontrafaktischen Elementen in Erzählungen auf die Metapher „theme and variation" zurück: „If reality is the theme, and counterfactual is the variation, then the juxtaposition of the two embodies a combination of the joy of recognition with surprise at something novel."[359] Auch in Kingsley Amis' Roman *The Alteration* von 1976, einem der Klassiker des *Alternate History*-Genres, wird das Prinzip der Geschichtsvariation, welches der kontrafaktischen Erzählwelt des Romans zugrunde liegt, unter anderem mit der musikalischen Variation in Verbindung gebracht: Der Protagonist, ein junger, hochbegabter Sänger im Dienste der katholischen Kirche, denkt an einer Stelle des Romans über die Komposition eines auf Variationen beruhenden Musikstücks nach, wobei auch der für den Roman poetologisch zentrale Titelbegriff „alteration" fällt.[360] Die ‚Alteration' respektive Variation im musikalischen Bereich wird somit in Verbindung gebracht mit der ‚Alteration' oder Variation der Realgeschichte im Genre der *Alternate History*.

Die musikalische Assoziation des Begriffs ‚Variation' ist im gegebenen Kontext auch deshalb wünschenswert, weil sich in diesem Begriff andeutet, dass die Faktenvariationen der Kontrafaktik nicht notwendigerweise auf inhaltlich-propositionale Aspekte beschränkt sind, sondern dass hier mitunter auch formale Aspekte eine Rolle spielen.[361] Im Falle musikalischer Variationen – im Rahmen eines Mediums also, das eine Trennung von Signifikant und Signifikat nicht in vergleichbarer Weise zulässt wie sprachliche Zeichen – ist eine Differenzierung zwischen Inhalt und Form der Variation schließlich gar nicht sinnvoll durchführbar. Nicht zuletzt soll mit dem musikassoziierten Begriff der ‚Variation' auf die genuin *künstlerische* Natur der Kontrafaktik hingewiesen werden.

Auch jenseits der musikalischen Assoziation bietet der Begriff der ‚Variation' den Vorteil, den komparativen Charakter, welcher für die Kontrafaktik konstitutiv

---

359 Roese / Morrison: The Psychology of Counterfactual Thinking, S. 22.
360 Vgl. Kingsley Amis: The Alteration. Frogmore 1978, S. 37 f. Der Begriff ‚alteration' ist in Amis' Roman mehrfach belegt: Neben dem Verfahren kontrafaktischen Erzählens, welches der Erzählwelt des Romans zugrunde liegt, und – damit zusammenhängend – dem musikalischen Prinzip von Thema und Variation bezeichnet der Begriff ‚alteration' auch die geplante Kastration, die an dem zehnjährigen Protagonisten vorgenommen werden soll, um auf diese Weise seine engelsgleiche Singstimme zu erhalten. Vgl. ebd., S. 49.
361 Siehe Kapitel 4.3.4. Das Faktenverständnis der Kontrafaktik.

ist, in besonderem Maße zu betonen. Während eine ‚Deviation' oder ‚Abweichung' auch schlicht resultativ verstanden werden kann (dadurch, dass von einem bekannten Weg ‚abgewichen' wird, folgt nicht notwendigerweise, dass auf dem neuen Pfad noch irgendein starker Bezug zum ursprünglichen Weg fortbesteht[362]), ist es ein Definiens jedweder ‚Variation', dass – ungeachtet aller etwaigen Veränderungen – ein Bezug zum ursprünglichen Thema, Motiv oder Material gewahrt bleibt. Mit dem Variationsbegriff soll also auch darauf hingedeutet werden, dass bei den Faktenvariationen der Kontrafaktik die alludierten, realweltlichen Fakten stets weiterhin ‚mitgemeint' sind.

4.6 Signifikanz

Der Minimaldefinition zufolge muss die Veränderung von realweltlichem Faktenmaterial in der Kontrafaktik auf ‚signifikante' Weise erfolgen. Signifikanz bildet dabei eine wesentlich hermeneutische Kategorie. Als signifikant werden solche Variationen des Faktenmaterials bezeichnet, die für die Deutung des jeweiligen Werkes in seiner Ganzheit von Bedeutung sind (statt von ‚Signifikanz' könnte man auch von ‚hermeneutischer Relevanz' oder ‚Deutungsrelevanz' sprechen). Während eine Faktenabweichung möglicherweise auch isoliert und unabhängig von ihrem textuellen Kontext identifizierbar sein mag, wird ein Element erst dadurch zu einem eigentlich kontrafaktischen, dass seine Faktenvariation sich für die Gesamtdeutung des Textes als bedeutsam erweist. Signifikant oder deutungsrelevant sind kontrafaktische Elemente also nicht für sich allein genommen, sondern nur, indem sie in eine Gesamtdeutung des Textes integriert werden (ein und dieselbe Faktenabweichung kann in unterschiedlichen Texten unterschiedlich – oder auch gar nicht – interpretiert werden, muss also nicht immer und überall als kontrafaktische Faktenvariation aufgefasst werden). Umgekehrt wird ein Werk erst dadurch eigentlich zu einem kontrafaktischen, dass man seinen kontrafaktischen Elementen im Rahmen einer Gesamtdeutung des Werkes besondere Bedeutung zuschreibt. Offenkundig liegt hier eine Manifestation des hermeneutischen Zirkels vor.[363] Da es sich nun bei der Zuschreibung von Signifikanz um einen dynamischen und individuellen Deutungsprozess handelt, wird man nicht erwarten dürfen, dass sich allgemeingültige Kriterien für die Feststellung von Signifikanz angeben lassen. Wie stets bei hermeneutischen Prozessen kann eine Interpretation nur im Nachhinein plausibilisiert,

---

362 Eine primär resultative Variante kontrafaktischen Denkens liegt für gewöhnlich den „Was wäre, wenn ..."-Fragen zugrunde. Siehe Kapitel 2.1. Terminologie.
363 Vgl. Eco: Lector in fabula, S. 148.

nicht aber im Vorhinein – etwa auf der Grundlage mechanischer Deutungsregeln – zuverlässig präjudiziert werden.[364]

Einen Teilaspekt der Definition der Kontrafaktik bildet Signifikanz deswegen, weil sie es ermöglicht, die Faktenvariationen der Kontrafaktik von anderen Formen der Faktenabweichung in fiktionalen Werken zu unterscheiden.[365] Nicht jeder fiktionale Text, der erfundene Elemente enthält – und dies ist bei den meisten, wenn nicht gar bei allen fiktionalen Texten der Fall –, ist zugleich auch kontrafaktisch. Zurecht betont Catherine Gallagher: „[W]e don't read most novels as counterfactual conjectures; we intuitively make a distinction between the kind of hypothetical exercises involved in counterfactuals and mere fictionality."[366] Realistische Texte etwa enthalten in aller Regel Elemente, die zwar fiktiv, darum aber noch nicht kontrafaktisch sind. So hat es beispielsweise in der realen Welt nie einen Detektiv mit dem Namen und den präzisen Eigenschaften von Sherlock Holmes gegeben; ontologisch betrachtet ist Sherlock Holmes ein fiktives Objekt. Der Umstand jedoch, *dass* es ihn nicht gegeben hat, ist für eine Interpretation der Sherlock Holmes-Romane nicht relevant. Anders als bei der Fiktivität kontrafaktischer Elemente steht die Fiktivität von Sherlock Holmes nämlich in keinem offenkundigen Widerspruch zum Weltwissen des Lesers. Mithin ist sie *als* Fiktivität auch nicht signifikant. Im Falle fiktional-realistischer Texte wird der Frage der (Nicht-)Existenz bestimmter Objekte für gewöhnlich mit Gleichgültigkeit begegnet.

Nun gibt es aber auch Fälle fiktionaler Werke, bei denen eine Faktenabweichung gut erkennbar ist, diese Faktenabweichung aber dennoch ohne Relevanz für die Deutung des Textes bleibt. Dies ist etwa der Fall, wenn Faktenmaterial in einem literarischen Werk *fehlerhaft* wiedergegeben wird. Ein Fehler liegt beispielsweise vor, wenn innerhalb einer fiktionalen Welt eine Straße einen falschen Namen trägt, diese fehlerhafte Benennung für das in Frage stehende Werk aber hermeneutisch irrelevant ist.[367] Fehler mögen also als Abweichung von Fakten-

---

364 Vgl. Kablitz: Theorie der Literatur und Kunst der Interpretation.
365 Auch Hoops unterscheidet „[s]ignifikant[e]" Abweichungen in fiktionalen Texten von „Detailabweichungen oder zufälligen Irrtümer[n] von Autoren" (Hoops: Fiktionalität als pragmatische Kategorie, S. 302, Anm. 106).
366 Gallagher: What Would Napoleon Do?, S. 333.
367 Das Vorliegen von Fehlern in fiktionalen Kontexten lässt sich, ebenso wie das Vorliegen kontrafaktischer Elemente, immer nur im Rahmen einer bestimmten Interpretation erschließen: „Ein Fehler im fiktionalen Kontext liegt [...] dann vor, wenn die selektierten Aspekte (in Bezug auf eine bestimmte Interpretation) auf willkürliche, unplausible oder unvollständige Weise aus ihrem jeweiligen Kontext gelöst und mit anderen kombiniert werden." (Wolfgang Huemer: Gibt es Fehler im fiktionalen Kontext? Grenzen der dichterischen Freiheit. In: Otto Neumaier (Hg.): Was aus Fehlern zu lernen ist in Alltag, Wissenschaft und Kunst. Wien / Münster 2010, S. 211–227, hier S. 226) Zum Zusammenhang von Signifikanz und „Reichweite

material für den Leser erkennbar sein; wofern sie sich aber nicht sinnvoll in einen (hermeneutisch zu erschießende) Textsinn integrieren lassen, wird man hier nicht eigentlich von einem kontrafaktischen Element sprechen können. Bei kontrafaktischen Elementen handelt es sich nicht um zufällige Realitätsabweichungen, sondern um signifikante Realitätsvariationen, deren Identifikation und Deutung textuell intendiert ist.

Freilich kann die Frage, ob im Einzelfall ein Fehler oder ein kontrafaktisches Element vorliegt, selbst zu einem interessanten Streitfall der Interpretation werden. Dies liegt unter anderem daran, dass auch Fehler, die einem Autor bei der Produktion eines Textes unterlaufen, auf der Ebene der Rezeption unter Umständen als sinnvolle Aspekte der Werkintention angesehen werden können. Kafkas Romanfragment *Der Verschollene* etwa erfordert an diversen Stellen eine Entscheidung darüber, ob ein unbedeutender Fehler oder eine signifikante Faktenvariation vorliegt. So ist die bekannte Schilderung der „Statue der Freiheitsgöttin" zu Beginn des ersten Kapitels, der zufolge die Freiheitsstatue statt einer Fackel ein „Schwert" emporstreckt[368], zweifellos als kontrafaktisches Element anzusehen: erstens deshalb, weil davon ausgegangen werden kann, dass Kafka sowie den meisten seiner Leser durchaus bewusst war oder ist, dass die reale Freiheitsstatue *kein* Schwert im Arm trägt; und zweitens, weil sich dieses Element sehr plausibel in eine Deutung des Romans integrieren lässt.[369] Interpretatorisch schwerer zu bewerten ist hingegen eine spätere Stelle des Romans, an der Herr Green bemerkt, dass sich „San Francisko" von New York aus gesehen „im Osten" befinde, was realweltlich-geografisch natürlich inkorrekt ist.[370] Ob man diese Aussage lediglich als bedeutungslosen Fehler oder aber als textuell intendiertes, kontrafaktisches Element deuten möchte, wird letztlich davon abhängen, welche Signifikanz man diesem realweltlich fehlerhaften Detail im Rahmen einer Gesamtinterpretation des Romans zuschreibt. Beispielsweise ließe sich diese Aussage auf die Themen Bewegung, Architektur und fehlende Verortung im Raum beziehen, die in Kafkas Roman durchgehend eine Rolle spielen.[371]

---

der Abweichungen [von der Wirklichkeit]" siehe auch Hoops: Fiktionalität als pragmatische Kategorie, S. 302. Das, was Hoops „Wirklichkeitsabweichungen in semantischer Funktion" nennt, deckt sich weitgehend mit dem, was in dieser Studie als Kontrafaktik bezeichnet wird (vgl. ebd., S. 314).

368 Kafka: Der Verschollene, S. 7.
369 Siehe Kapitel 4.3.6. Skopus: Kontrafaktische Welten, kontrafaktische Elemente, *point of divergence*.
370 Kafka: Der Verschollene, S. 124.
371 Vgl. Michael Navratil: Mobile Machtgebilde. Bewegung und Architektur in Kafkas Roman „Der Verschollene". In: Gerhard Neumann / Julia Weber (Hg.): Lebens- und Liebesarchitektu-

Insgesamt lässt sich festhalten, dass die Designation eines Elements als kontrafaktisch sich nicht allein anhand der Fiktivität, also anhand des *ontologischen* Status des jeweiligen Elements wird durchführen lassen, sondern zusätzlich einer Zuschreibung *interpretatorischer* Relevanz bedarf. Einzig indem eine Realitätsvariation als hermeneutisch signifikant eingestuft wird, gerät das entsprechende Element zu einem eigentlich kontrafaktischen. Wird hingegen eine konkrete Faktenabweichung als nicht deutungsrelevant klassifiziert – etwa weil man sie als Erfindung im Rahmen der allgemeinen Fiktionalitätslizenzen, als Fehler oder als nebensächliches informationelles Fossil eines überkommenen Weltbilds ansieht –, so kann nicht sinnvollerweise von einem Fall der Kontrafaktik gesprochen werden. Derartige unbedeutende Faktenabweichungen sind eher als nebensächliche Störelement zu betrachten; sie werden von der ansonsten dominanten Textdeutung gleichsam absorbiert.

4.7 Markierung

Aus den Überlegungen zur notwendigen Signifikanz kontrafaktischer Realitätsvariationen folgt, dass nicht jede erkennbare Faktenveränderung innerhalb einer fiktionalen Welt auch als signifikante und mithin potenziell kontrafaktische Abweichung von realweltlichem Faktenmaterial zu bewerten ist. Erkennbarkeit allein ist also noch keine hinreichende Bedingung für Signifikanz. (Umgekehrt setzt Signifikanz natürlich Erkennbarkeit voraus: Von ‚nicht-erkennbarer Signifikanz' zu sprechen, wäre schlichtweg paradox.)

Nun gibt es allerdings Ausprägungen der Kontrafaktik, bei denen die kontrafaktische Faktenvariation innerhalb des Textes derart dezidiert herausgestellt wird, dass es geradezu unmöglich erscheint, der entsprechenden Faktenabweichung die Deutungsrelevanz abzusprechen. In solchen Fällen kann man von einer ‚Markierung' der Kontrafaktik respektive von ‚markierter Kontrafaktik' sprechen.[372]

---

ren. Erzählen am Leitfaden der Architektur. Freiburg i. Brsg. / Berlin / Wien 2016, S. 363–383, hier S. 378 f.

[372] In ähnlicher Weise schreibt Fotis Jannidis: „Immer ist das Kriterium für das Vorhandensein einer impliziten Information das ‚wahrgenommene Fehlen' von etwas. Gerade umgekehrt können aber auch bestimmte Signale oder Hinweise im Text, insbesondere Andeutungen und Anspielungen, als Markierungen für implizite Informationen dienen." (Jannidis: Figur und Person, S. 69) Anstatt von ‚Markierungen' schreibt Zipfel von „Objekte[n], die aus der Wirklichkeit entlehnt sind, sich jedoch *explizit und signifikant* von ihren realen Entsprechungen unterscheiden." (Zipfel: Fiktion, Fiktivität, Fiktionalität, S. 97 – Hervorhebung M. N.) Der Begriff ‚Explizitheit' hat allerdings den Nachteil, dass er das Vorliegen einer eindeutigen Markierung der Realitätsabweichung auf der Textoberfläche suggeriert. Da eine solche textuell manifeste

Markierung stellt zwar keine notwendige Bedingung der Kontrafaktik dar und taucht entsprechend auch nicht in der Minimaldefinition auf. Gleichwohl hängt die Markierung kontrafaktischer Texte oder Textstellen eng mit der Frage nach der Deutungsrelevanz fiktionaler Faktenvariationen zusammen; auch ist die konkrete Gestalt etwaiger Markierungen für die Interpretation der jeweiligen Texte mitunter von großer Wichtigkeit, sodass eine gesonderte Diskussion markierter Kontrafaktik sinnvoll erscheint.

Um das Verhältnis von Signifikanz und Markierung zu verdeutlichen, kann auf eine Unterscheidung zurückzugreifen werden, die Klaus W. Hempfer in einem vielrezipierten Aufsatz mit dem Titel *Zu einigen Problemen einer Fiktionstheorie* vorgenommen hat. In Zusammenhang mit der Frage, wie Texte auf ihren eigenen Fiktionalitätsstatus hinweisen können, unterscheidet Hempfer Fiktionssignale von Fiktionsmerkmalen:

> Fiktionssignale sind kommunikativ relevant und damit notwendig historisch variabel, sie garantieren, daß ein Text von den Rezipienten bei adäquater Kenntnis der zeitgenössisch jeweils gültigen Diskurskonventionen als ein fiktionaler verstanden wird – Fiktionsmerkmale sind demgegenüber Komponenten einer Theorie, die ein solches Verständnis zu rekonstruieren versucht, indem sie explizit die Bedingungen formuliert, die vorliegen müssen, um einen Text als – mehr oder weniger – fiktional einzustufen. Diese Bedingungen gehen selbstverständlich über das explizit Signalisierte hinaus, sonst bräuchte man sie ja einfach nur von den Texten ‚abzulesen', wobei Fiktionssignale als historisch unterschiedliche Realisationsformen von Fiktionsmerkmalen zu begreifen sind.[373]

Hempfers Überlegungen lassen sich auf die Markierung von Faktenvariationen im Rahmen der Kontrafaktik übertragen. Die Notwendigkeit einer *signifikanten* Abweichung von den Fakten ist im Falle der Kontrafaktik per definitionem und insofern unausweichlich gegeben. Die Signifikanz der Faktenabweichung bildet also ein notwendiges ‚Merkmal' der Kontrafaktik im Sinne Hempfers. Dieses Merkmal muss allerdings nicht unmittelbar in Form eines einzelnen Elements auf der Textoberfläche ‚abzulesen' sein: In welcher Weise sich die Faktenvariation im konkreten kontrafaktischen Text manifestiert, also über welche spezifischen ‚Signale' das Erkennen der signifikanten Faktenabweichung sichergestellt wird, lässt sich nicht allgemeingültig bestimmen. Hier ist eine große Zahl an Realisierungsformen denkbar. Signifikanz, im Sinne eines *Merkmals* der Kontrafaktik, verweist also auf eine definierende Eigenschaft des Erzählphänomens, während Markiertheit, im Sinne eines manifesten *Signals*, mit dem das Vorliegen einer

---

Markierung bei Texten der Kontrafaktik manchmal, aber nicht immer vorhanden ist, wird der Begriff der Explizitheit zugunsten der präziseren Begriffe Signifikanz und Markierung vermieden.
373 Klaus W. Hempfer: Zu einigen Problemen einer Fiktionstheorie. In: Zeitschrift für französische Sprache und Literatur 100 (1990), S. 109–137, hier S. 121 f.

kontrafaktischen Referenzstruktur betont wird, textuell auf unterschiedliche Weise – oder eben auch gar nicht – realisiert sein kann. Markierte Formen der Kontrafaktik liegen dort vor, wo sich in einem literarischen Text spezifische Eigenschaften identifizieren lassen, die eine kontrafaktische Interpretation dieses Textes provozieren. Anders formuliert: Markierungen begünstigen oder erzwingen die Einbeziehung von Faktenvariationen in die Interpretation eines Textes.

Zur Verdeutlichung und Präzisierung kann an dieser Stelle ein Seitenblick auf die Intertextualitätstheorie geworfen werden, die zum Teil mit ähnlichen Problemen wie die Theorie der Kontrafaktik befasst ist. Auch in der Intertextualitätstheorie wird davon ausgegangen, „daß eine literarische Anspielung, um etwas zu suggerieren, zumindest überhaupt als *literarische* Anspielung muß erkannt werden können"[374] (freilich immer unter der Voraussetzung, dass man nicht von einem vage-poststrukturalistischen Intertextualitätsbegriff wie demjenigen Julia Kristevas ausgeht, sondern ein engeres Verständnis von Intertextualität – mit Allusionen auf konkrete Prätexte – anlegt). Prinzipiell bestehen nun zwei Möglichkeiten, um die Identifikation einer intertextuellen Anspielung sicherzustellen. Zu differenzieren ist zwischen „unmarkierter und markierter Intertextualität"[375]: Entweder eine Anspielung wird spontan erkannt, weil der Leser über hinreichende Kenntnis des konkreten Prätextes verfügt. In diesem Fall würde es sich um einen Fall unmarkierter Intertextualität handeln.[376] Oder aber es liegt eine textuelle Markierung vor, die eine intertextuelle Referenzbildung aktiv befördert oder provoziert. Im letztgenannten Fall sind zahlreiche Realisationsmöglichkeiten der Markierung denkbar, von der besonderen graphischen oder syntaktischen Hervorhebung der relevanten Textstelle über eine Betonung der Intertextualität durch eine inhaltliche Thematisierung literarischer Produktion und Rezeption bis hin zu paratextuellen Signalen.[377]

Auch im Falle der Kontrafaktik können markierte und unmarkierte Formen voneinander unterschieden werden. Unmarkierte Kontrafaktik liegt vor, wenn die Abweichung vom Fakt selbst die einzige Form der ‚Markierung' darstellt, wenn Abweichung und Markierung also gewissermaßen zusammenfallen. Als Beispiel unmarkierter Kontrafaktik lässt sich etwa Christoph Ransmayrs Roman

---

[374] Gerhard Goebel: Funktionen des ‚Buches im Buche' in Werken zweier Repräsentanten des ‚nouveau roman'. In: Eberhard Leube / Ludwig Schrader (Hg.): Interpretation und Vergleich. Festschrift für Walter Pabst. Berlin 1972, S. 34–52, hier S. 45.
[375] Vgl. Jörg Helbig: Intertextualität und Markierung. Untersuchungen zur Systematik und Funktion der Signalisierung von Intertextualität. Heidelberg 1996, S. 72–75.
[376] Vgl. Helbig: Intertextualität und Markierung, S. 87–91, 155–161.
[377] Für eine kommentierte Auflistung intertextueller Markierungsarten siehe Helbig: Intertextualität und Markierung, S. 83–142.

Morbus Kitahara betrachten, in dem die Nachkriegsgeschichte deutlich vom realen Verlauf der Geschichte abweicht, oder auch Michel Houellebecqs Dystopie *Unterwerfung*, deren Darstellung einer islamischen Herrschaft als kontrafaktischer Kommentar auf zeitgenössische Debatten rund um Islam und Islamismus lesbar ist. Von markierten Formen der Kontrafaktik kann hingegen gesprochen werden, wenn die Signifikanz der Faktenabweichung mittels einer zusätzlichen Texteigenschaft explizit signalisiert wird. Markierte Kontrafaktik liegt beispielsweise in Harris' Roman *Fatherland* vor, der die Frage der Faktenvertuschung auch binnenfiktional an zentraler Stelle thematisiert und dessen Nachwort ferner die relevanten realgeschichtlichen Fakten nachträgt.

Die bestehende Forschung hat sich bisher fast ausschließlich mit unmarkierten Formen kontrafaktischen Erzählens befasst: In der einstweilen dominanten, wenn auch kaum jemals theoretisch ausformulierten Konzeption kontrafaktischen Erzählens wird davon ausgegangen, dass sich kontrafaktische Texte durch eine Abweichung von gut bekanntem, enzyklopädischem Wissen auszeichnen. Diese kontrafaktischen Realitätsvariationen können, so wird vorausgesetzt, vom Leser spontan identifiziert werden, einfach deshalb, weil sie zu eklatant sind, als dass man sie übersehen könnte. Folgt man etwa Widmanns Theoretisierung der kontrafaktischen Geschichtsdarstellung, so „lässt sich der für die Aktualisierung der Textinhalte adäquat ausgerüstete Modell-Leser [...] als Rezipient beschreiben, der über das notwendige enzyklopädische Wissen verfügt, um erkennen zu können, dass die in den Romanen vorgelegten Geschichtskonstruktionen nicht mit dem übereinstimmen, was aufgrund von Überlieferung und Konvention den Stellenwert historischer Fakten besitzt."[378] Eine solche Betrachtungsweise wird für die Mehrzahl der konventionellen Beispiele der Kontrafaktik gewiss hinreichend sein. Bei genauer Prüfung ergeben sich aus dem von Widmann formulierten und von den meisten anderen Forschern zumindest implizit mitgetragenen Modell allerdings eine Reihe weitreichender Konsequenzen – und zum Teil auch Probleme – für eine Ausdifferenzierung der Theorie der Kontrafaktik. *Erstens*: Im vorgeschlagenen Modell wird davon ausgegangen, dass der Leser bereits *vor* der Lektüre des kontrafaktischen Textes über eine einigermaßen vollständige Kenntnis der relevanten Fakten verfügt und dieses konventionelle Faktenwissen im Lektürevorgang dann als Vergleichsfolie permanent aktualisiert. Dynamische Prozesse der Wissensaneignung, die allererst durch die Lektüre eines – zunächst vielleicht noch gar nicht als kontrafaktisch erkannten – Textes angeregt werden, bleiben dabei unberücksichtigt. Solche dynamischen Prozesse der Wissensaneignung können sich etwa da ergeben, wo die entsprechenden Fakten von einem empirischen

---

[378] Widmann: Kontrafaktische Geschichtsdarstellung, S. 38.

Leser eigens im Lexikon oder auf Wikipedia nachgeprüft werden. *Zweitens*: Der Bezug auf enzyklopädisches Wissen präferiert einen ganz bestimmten Typ von Fakten als Basis der Kontrafaktik, nämlich solche, die in hohem Maße konventionalisiert, relativ statisch und in Form von Propositionen formulierbar sind. Unberücksichtigt bleiben dabei Formen des Skript-Wissens und prozessorale Wissensformen, stark spezialisiertes Welt- respektive Expertenwissen sowie die wandelbaren Bedingungen der Rezeption kontrafaktischer Werke, etwa bei wachsendem historischen Abstand zu ihrem Entstehungszeitpunkt oder bei Verpflanzung in einen kulturell alteritären Rezeptionskontext. *Drittens*: Die Abweichung von den Fakten in kontrafaktischen Texten muss dem vorgeschlagenen Modell zufolge nicht mehr eigens ausgestellt oder markiert werden, da diese Abweichung eklatant genug ist, um eine Identifikation zuverlässig erwartbar zu machen. Explizitere Formen der Markierung jedoch, die auf formale Mittel, auf paratextuelle Rahmungen oder auf innerdiegetische Meta-Kommentare zurückgreifen, werden von diesem Modell nicht abgedeckt.

Zu den ersten beiden Punkten ist anzumerken, dass der Grad der Konventionalisierung von Wissen im Rahmen der Kontrafaktik nicht notwendigerweise als starr angesehen werden muss. Zwar wird in den Standardbeispielen historischen kontrafaktischen Erzählens meist auf Weltwissen zurückgegriffen, das einen hohen Grad an Bekanntheit und intersubjektiver Verbindlichkeit aufweist und dessen künstlerische Variation mithin leicht identifizierbar ist. Gerade in den avancierteren Beispielen des Genres jedoch – etwa im alternativgeschichtlichen Erzählen Christian Krachts – gewinnt der unsichere Status der relevanten Faktenbasis selbst interpretatorische Relevanz. Mitunter erweist sich eine solche Faktenbasis als letztlich inexistent, oder aber sie muss erst im Laufe des Lektürevorgangs erschlossen werden. Gerade angesichts der spezifischen Bedingungen der Genese von Weltwissen in der Gegenwart wäre es reduktiv, die Kontrafaktik allein im Hinblick auf eine starre Enzyklopädie konzeptualisieren zu wollen. Schließlich zeichnet sich das digitale Zeitalter durch eine intrikate Mischung aus enormer Wissenspluralisierung und -partikularisierung einerseits und einer nie dagewesenen allgemeinen Verfügbarkeit von Informationen andererseits aus.

Was die spontane Erkennbarkeit der Faktenvariation angeht, so muss selbst im Hinblick auf einige Standardbeispiele der historischen Kontrafaktik konstatiert werden, dass die Autoren hier offenbar nicht immer auf die Fähigkeit ihrer Leserschaft zur spontanen Identifikation der jeweiligen Faktenvariationen vertrauen. Häufig wird der kontrafaktische Werkstatus – gleichsam sicherheitshalber – von den Autoren zusätzlich markiert. So stellt Robert Harris ans Ende seines Romans *Fatherland* ein Nachwort, in welchem er betont: „Many of the characters whose names are used in this novel actually existed. Their biographical details are correct up to

1942. Their subsequent fates, of course, were different."³⁷⁹ Es folgt eine Liste der realen Lebens- und Sterbeumstände der für den Roman relevanten Nazi-Persönlichkeiten (wobei ein Eintrag zu Adolf Hitler bezeichnenderweise fehlt. Offenbar setzt Harris die Kenntnis der zentralen Lebensdaten Hitlers auch bei seiner englischsprachigen Leserschaft voraus.). Auch Philip Roth liefert am Ende seines Romans *The Plot Against America* Kurzbiografien der handlungsrelevanten Persönlichkeiten (Hitler fehlt erneut, nicht aber F. D. Roosevelt, Joseph Goebbels oder Hermann Göring), führt die wissenschaftlichen Quellen an, auf die er bei der Recherche zurückgegriffen hat, und stellt eine Originalrede von Charles Lindbergh bereit.³⁸⁰ Paratextuelle Hinweise, in denen die Faktenbasis der Erzählung nachgereicht wird, finden sich in alternativgeschichtlichen Texten mit einiger Regelmäßigkeit; solche paratextuellen Markierungen können als der klassische Fall markierter Kontrafaktik angesehen werden.³⁸¹

Eine weitere verbreitete Markierungsart der Kontrafaktik sei erwähnt: Nicht selten spielen in kontrafaktischen Werken Themen wie Geschichtsfälschung, Propaganda, politische Ideologien sowie andere Formen der (faktualen) Faktenverfälschung eine zentrale Rolle. Kontrafaktische Werke, die ja selbst bereits einen einigermaßen komplexen Fiktionsstatus aufweisen, thematisieren in derartigen Fällen also selbst wiederum Fragestellungen rund um Fiktionalität, Fiktivität und Lüge innerhalb ihrer fiktionalen Welten. Solche immanenten Faktenreflexionen bilden ein Spezifikum kontrafaktischer Werke; sie können geradezu als eine Genrekonvention der *Alternate History* angesehen werden (man denke etwa an die Holocaust-Verheimlichung in Harris' *Fatherland* oder an den Versuch der Geschichtsklitterung in Tarantinos *Inglourious Basterds*). Da derartige binnenfiktionale Faktenreflexionen in ihrer interpretatorischen Relevanz mitunter weit über die Funktion einer bloßen Markierung der Kontrafaktik hinausgehen, sollen sie noch ausführlich im Kapitel zur Metafaktizität diskutiert

---

379 Harris: Fatherland, S. 385.

380 Dass Philip Roths Werk ungeachtet seiner gut recherchierten Faktenbasis zweifellos ein Werk der (künstlerischen) Kontrafaktik und keines der Historiografie ist, stellt der Autor zu Beginn seiner abschließenden Leserhinweise heraus: „*The Plot Against America* is a work of fiction. This postscript is intended as a reference for readers interested in tracking where historical fact ends and historical imagining begins." (Philip Roth: The Plot Against America. Boston / New York 2004, S. 364).

381 Eine vollständige Liste der Markierungsformen kontrafaktischer Texte soll an dieser Stelle nicht geliefert werden. Es ist auch kaum wahrscheinlich, dass sich eine solche Liste überhaupt erstellen ließe, ergeben sich Markierungen doch mitunter aus einem komplexen Zusammenspiel textstruktureller, inhaltlicher und kontextueller Aspekte, sodass – zumindest theoretisch – unendliche Markierungsvarianten der Kontrafaktik denkbar sind. Bei den Möglichkeiten zur Markierung intertextueller Anspielungen ist dies im Übrigen nicht anders.

werden.[382] Im Rahmen der aktuellen Überlegungen zur Markierung der Kontrafaktik sei allerdings festgehalten, dass durch die werkimmanente Wahrheitsproblematisierung das Augenmerk der Leser mitunter überhaupt erst auf die vorgängigen Konstitutionsbedingungen der kontrafaktischen Diegese gelenkt wird (ohne dass diese werkimmanente Wahrheitsproblematisierung deswegen selbst notwendigerweise kontrafaktisch wäre – häufig haben metafaktische Elemente eher den Status von politischen Lügen oder Fake News[383]).

Die Frage, ob eine markierte Form der Kontrafaktik vorliegt oder nicht, kann je nach Markierungsart und Rezeptionskontext durchaus unterschiedlich beantwortet werden. Ein Paratext, der eindeutig auf den kontrafaktischen Status des Haupttextes verweist, stellt eine der wenigen eindeutigen Manifestationsformen kontrafaktischer Markierung dar (wobei das oben diskutierte Beispiel aus Vermes' *Er ist wieder da* zeigt, dass selbst hier Komplikationen möglich sind[384]); eine ähnlich explizite Markierungsform wären beispielsweise Fußnoten im Text, welche die einschlägigen Fakten zur jeweiligen fiktionalen Faktenvariation nachreichen. Weniger eindeutig wird die Identifikation von Markierungen – oder besser: der Eindruck der Markiertheit – hingegen da ausfallen, wo die Erkennbarkeit der kontrafaktischen Faktenvariation von inhaltlichen Aspekten, Interpretationsleistungen und den epistemischen Voraussetzungen des Lesers – also von dynamischen, individuellen oder kontextuellen Faktoren – abhängt. Hierin gleicht die Kontrafaktik wiederum dem Phänomen der Intertextualität: Auch im Falle der Intertextualität ist die Bewertung des Grades von Markiertheit mitunter abhängig von der Einschätzung des jeweiligen Rezipienten.[385]

Besonders schwer zu beantworten erweist sich die Frage, ob eine markierte oder eine unmarkierte Form der Kontrafaktik vorliegt, im Falle solcher Faktenvariationen, die sich nicht auf inhaltliche Aspekte, sondern primär auf formale oder sinnliche Eigenschaften beziehungsweise auf Eigenschaften des *discours* beziehen. Wenn etwa Kathrin Röggla in *wir schlafen nicht* den Jargon der Unternehmensberatung sprachlich abwandelt, so ist es kaum möglich, eine einzelne Texteigenschaft oder Proposition zu isolieren, die es erlauben würde, die in diesem Text präsentierte (pseudo-)dokumentarische Sprachform als realitätsvariierend einzustufen. Stattdessen kommt hier ein ganzes Set verfremdender Verfahren zum Einsatz, welche insgesamt dazu führen, dass sich der Eindruck des Nicht-Realitätsanalogen respektive der ‚verschobenen' Realitätsreferenz einstellt (es wird noch zu diskutieren sein, welche Funktion just diesem *je ne sais quoi*

---

382 Siehe Kapitel 5.4. Metafaktizität.
383 Vgl. Navratil: Lying in Counterfactual Fiction.
384 Siehe Kapitel 4.3.8. Mögliche Einwände.
385 Siehe hierzu Helbig: Intertextualität und Markierung, S. 161–168.

des sprachlich-klanglichen (Nicht-)Wiedererkennens in Rögglas Texten zukommt[386]). Tendenziell scheinen im Falle einer Fokussierung *formaler* Aspekte eines Werkes die Erkennbarkeit der kontrafaktischen Variation und die Markierung derselben nicht immer deutlich voneinander unterscheidbar zu sein. Darüber hinaus erstreckt sich in primär formvariierenden Ausprägungen der Kontrafaktik – wie dem kreativen Dokumentarismus und bestimmten Beispielen des kontrafaktischen Comics – die relevante Formvariation oftmals auf den gesamten Text, sodass das Vorliegen etwaiger Markierungen der Kontrafaktik hier nicht isoliert (also elementbezogen), sondern nur pauschal festgestellt werden kann.

4.8 Rekapitulation: die Minimaldefinition der Kontrafaktik

An dieser Stelle seien die zentralen Begrifflichkeiten der Minimaldefinition noch einmal in aller Kürze zusammengefasst. Zur Erinnerung sei auch die Minimaldefinition ein weiteres Mal angeführt:

Kontrafaktik bezeichnet signifikante Variationen realweltlichen Faktenmaterials innerhalb fiktionaler Medien.

Begriffe, denen systematische Bedeutung zukommt, werden im Folgenden kursiv gesetzt.

Kontrafaktik bezeichnet das kontrafaktische Erzählen oder Denken in fiktionalen (insbesondere fiktional-künstlerischen) Medien, also etwa in der Literatur, im fiktionalen Film oder im fiktionalen Comic. Kontrafaktik ist charakterisiert durch eine spezifische *Referenzstruktur*, bei der innerhalb eines fiktionalen Werks indirekt auf einen realweltlichen Sachverhalt Bezug genommen wird. Dies geschieht dadurch, dass dieser Sachverhalt innerhalb des Werkes nicht unverändert, sondern in variierter Form dargestellt wird. Kontrafaktische Elemente zeichnen sich also durch *faktenkontrastierende, transfiktionale Doppelreferenzen* aus, die sich *direkt* auf die *fiktionale Welt*, *indirekt* auf die *reale Welt* beziehen.

Fiktionalität bezeichnet eine bestimmte Form des pragmatischen Umgangs mit Texten (und anderen Medien); ein Text wird dadurch zu einem fiktionalen, dass er in Übereinstimmung mit den Konventionen der ,*Institution' Fiktionalität* rezipiert wird. Eine zentrale Vorgabe der Institution Fiktionalität besteht darin, dass fiktionale Texte von der Verpflichtung auf realweltlich wahre Aussagen ausgenommen sind. Das literarische fiktionale Erzählen kreiert *fiktionale Welten*, die allein über eine Interpretation der literarischen Darstellungsgesamtheit zugänglich sind.

---

[386] Siehe Kapitel 13.1. Kathrin Röggla: *wir schlafen nicht.*

Die Fakten der Kontrafaktik sind insofern *realweltlich*, als über ihre faktische Richtigkeit nur mit Blick auf die reale Welt eine Aussage getroffen werden kann. Die Fakten der Kontrafaktik – verstanden als deutungsrelevante *Kontexte* der Interpretation – werden also nicht von den kontrafaktischen Werken selbst gesetzt, sondern sind diesen vorgängig.

Als potenzielle *Fakten* der Kontrafaktik können alle Annahmen oder Aussagen über die reale Welt gelten, denen ein positiver Wahrheits- oder Richtigkeitswert zukommt. Das bedeutet, dass Abweichungen von diesem Wahrheits- oder Richtigkeitswert von einer bestimmten Gruppe von Rezipienten, die dieselben epistemischen Voraussetzungen teilen, als eindeutig unwahre oder inkorrekte Aussage über die reale Welt klassifizierbar sind. Der Faktenbegriff der Kontrafaktik ist insofern ein konventionalistischer oder pragmatischer; er verweist vorderhand auf keine spezifische ontologische Fundierung und auf keinen spezifischen epistemologischen Rahmen.

Als *Material* der Kontrafaktik bieten sich sämtliche Ausschnitte und Aspekte des Weltwissens an, die im jeweiligen fiktionalen Medium auf eine solche Weise abgewandelt werden können, dass sich eine eindeutige Nicht-Übereinstimmung mit faktualen Wahrheitsannahmen ergibt. Diese Nicht-Übereinstimmung kann dabei sowohl inhaltliche als auch formale Aspekte des jeweiligen Faktenmaterials umfassen. Der Begriff des Materials wird – in Anlehnung an andere künstlerische Verfahren – gebraucht, um sowohl die kontrafaktische Veränderung als auch die künstlerische Neukontextualisierung der realweltlichen Fakten im Rahmen des kontrafaktischen Werks anzuzeigen.

Auch durch den Begriff der *Variation* wird – in Anlehnung an das musikkünstlerische Verfahren der Variation – der genuin künstlerische Anwendungsbereich der Kontrafaktik betont. Die Begriffe *Fakten-* oder *Realitätsvariation* bezeichnet eine solche Abweichung von realweltlichem Faktenmaterial, die dasjenige Faktenmaterial, von dem abgewichen wird, nach wie vor erkennen lässt. Die Faktenvariationen der Kontrafaktik werden dabei niemals rein resultativ verstanden, sondern stehen stets in dialektischer Spannung zu denjenigen Fakten, die sie variieren.

Kontrafaktik liegt nur dann vor, wenn Faktenvariationen in einem fiktionalen Werk als *signifikant* oder *deutungsrelevant* für die Interpretation des jeweiligen Werks angesehen werden. Diese erkennbare und hermeneutisch relevante Abweichung von den Fakten unterscheidet die Kontrafaktik von anderen Ausprägungen der Faktenabweichung in fiktionalen Texten, beispielsweise von fiktiven Elementen, die kein realweltliches Pendant aufweisen – etwa fiktive Elemente in realistischen Texten –, oder von interpretatorisch irrelevanten Fehlern.

Ein Erkennen der signifikanten Faktenvariationen kann bei der Kontrafaktik auf einer mehr oder weniger offensichtlichen Inkongruenz zwischen realer und fiktionaler Welt beruhen (*unmarkierte* Kontrafaktik) oder aber durch Verfahren der *Markierung* zusätzlich befördert werden (*markierte* Kontrafaktik). Typische Formen der Markierung kontrafaktischer Texte sind faktenreferierende Vor- und Nachwörter oder der Einsatz *metafaktischer Elemente,* welche die Thematik von Wahrheit und Unwahrheit noch einmal auf binnenfiktionaler Ebene aufgreifen.

5 Kontrafaktik: Abgrenzungen, Genres, Eigenheiten

Nach der fiktionstheoretischen Detailerläuterung der Kontrafaktik im vorigen Kapitel soll im nachfolgenden Kapitel – metaphorisch gesprochen – ein etwas weiterer Winkel in der Betrachtung der Kontrafaktik gewählt werden. Ziele des Kapitels sind es, die Kontrafaktik von kategorial verwandten Möglichkeiten der Relationierung von Realität und Fiktion abzugrenzen, die Vorteile einer Konzeptualisierung der Kontrafaktik als genreunabhängige Referenzstruktur herauszustellen, die Genreaffinitäten kontrafaktischen Erzählens zu erläutern und schließlich mit dem Phänomen der ‚Metafaktizität' – also der Reflexion von Wahrheit, Erfindung und Lüge *innerhalb* kontrafaktischer Erzählwelten – eine charakteristische Eigenheit kontrafaktischer Texte herauszuarbeiten sowie terminologisch zu fixieren.

5.1 Realistik, Fantastik, Kontrafaktik, Faktik

Eine bewährte Methode, sich den genauen Status eines Erzählphänomens vor Augen zu führen, besteht darin, dieses Erzählphänomen von kategorial verwandten Erzählphänomenen abzugrenzen. Zu klären ist dabei erstens, worin die jeweilige kategoriale Verwandtschaft besteht, sowie zweitens, anhand welcher Differenzkategorien sich hier sinnvolle Unterscheidungen treffen lassen. Im Folgenden soll die Kontrafaktik als eine spezielle künstlerische Möglichkeit der Relationierung von realer und fiktionaler Welt verstanden werden und in dieser Eigenschaft von drei anderen ‚*Weltvergleichsverhältnissen*', der Realistik, Fantastik und Faktik, unterschieden werden. Definiert sind diese vier Weltvergleichsverhältnisse dabei durch die vier logisch möglichen Kombinationen des Kategorien *Übereinstimmung/Nicht-Übereinstimmung* von Elementen fiktionaler Welten mit *allgemeinen Realitätsannahmen/Fakten* der realen Welt. Da es sich bei den nachfolgenden Überlegungen zu real-fiktionalen Weltverhältnissen um einen eigenständigen Theoretisierungsvorschlag handelt, die vorgeschlagenen Unterscheidungen hohe interpretatorische Relevanz besitzen und auf die vier genannten Kategorien auch im Rahmen der konkreten Textinterpretationen verschiedentlich zurückzukommen sein wird, soll die Erläuterung der Begriffe Realistik, Fantastik, Kontrafaktik und Faktik im Folgenden in gebotener Ausführlichkeit erfolgen. Tatsächlich bildet, neben der Definition und fiktionstheoretischen Erläuterung der Kontrafaktik sowie ihrer genremäßigen Ausweitung, die Erläuterung der vier genannten Begriffe die zentrale theoretische Neuerung der vorliegenden Studie.

Die Frage nach dem Verhältnis von realer und fiktionaler Welt ist nicht nur für die Kontrafaktik von Belang, sondern stellt sich für alle künstlerischen Verfahren, die fiktionale Welten entwerfen. Eine terminologische Gegenüberstellung, die sich in diesem Zusammenhang in der Geschichte der Ästhetik und Fiktionstheorie immer wieder findet, ist diejenige zwischen Realismus und Fantastik. Gemeint ist damit in der Regel eine Differenzierung fiktionaler Texte anhand bestimmter Eigenschaften ihrer Erzählgegenstände; gefragt wird also nach Eigenschaften auf der Ebene der *histoire* einer Erzählung.[387] Nun erlauben bekanntlich sowohl der Begriff des Realismus als auch derjenige der Fantastik ganz unterschiedliche und zum Teil widersprüchliche definitorische Bestimmungen. Realismus bezeichnet nicht nur ein gewisses Verhältnis zur Realität (Ausschluss fantastischer Elemente), sondern auch eine Reihe spezifischer Erzählverfahren („realistische' Darstellungsweisen) sowie mindestens eine literaturgeschichtliche Epoche (Bürgerlicher oder Poetischer Realismus). In der Fantastikforschung wiederum finden sich neben strukturalistischen Definitionen der Fantastik wie derjenigen von Todorov[388] unter anderem auch motivgeschichtliche, anthropologische, literaturpsychologische,

---

387 Vgl. Wünsch: Die Fantastische Literatur der Frühen Moderne (1890–1930), S. 16. Moritz Baßler hat in jüngerer Zeit einen Realismusbegriff starkgemacht, der sich nicht auf die reale Existenzmöglichkeit von Erzählgegenständen, sondern auf das literarische Darstellungsverfahren bezieht: „Realistisch erzählte Texte sind geradezu so gemacht, dass ihre Verfahren unauffällig bleiben." (Moritz Baßler: Deutsche Erzählprosa 1850–1950. Eine Geschichte literarischer Verfahren. Berlin 2015, S. 12) In dieser Konzeption bildet die Fantastik – verstanden vor allem als Fantasy – keinen Gegensatz zum Realismus, sondern konstituiert im Gegenteil gerade ein besonders exemplarisch realistisches Erzählverfahren. Die traditionelle Gegenüberstellung von Realismus und Fantastik wird damit hinfällig: Der Gegenpol zu (inhaltlich problemlos rezipierbaren) realistischen Text wäre dann nicht der (inhaltlich ebenfalls problemlos rezipierbare) fantastische Text, sondern ein formal verrätselter „moderne[r] Grenztext" (Moritz Baßler: Populärer Realismus, S. 92). Vgl. ders.: Moderne und Postmoderne; ders.: Realismus – Serialität – Fantastik. Eine Standortbestimmung gegenwärtiger Epik. In: Silke Horstkotte / Leonhard Herrmann (Hg.): Poetiken der Gegenwart. Deutschsprachige Romane nach 2000. Berlin / Boston 2013, S. 31–46.
388 Der *locus classicus* in Todorovs Werk lautet: „Das Fantastische ist die Unschlüssigkeit, die ein Mensch empfindet, der nur die natürlichen Gesetze kennt und sich einem Ereignis gegenübersieht, das den Anschein des Übernatürlichen hat." (Todorov: Einführung in die fantastische Literatur, S. 34) Diese Definition bringt allerdings die Schwierigkeit mit sich, dass sich „das Phantastische auf den Grenz-Fall der Ungewissheit [reduziert]. Nur in dem auf die Dauer der *hésitation* (Unschlüssigkeit) beschränkten ästhetischen Eindruck, unentschlossen zwischen Erklärbarkeit und Übernatürlichem, vermag die Phantastik zu kurzfristiger, ephemerer Gestalt zu finden: Todorov war das Kunststück gelungen, einen Gegenstand zu definieren, dem er im gleichen Atemzug energisch die materiale Existenz abstritt." (Hans Richard Brittnacher / Clemens Ruthner: Andererseits. Oder: Drüben. Ein erster Leitfaden durch die Welten der Phantastik. In: Peter Assmann (Hg.): Andererseits: Die Phantastik. Imaginäre Welten in Kunst und Alltagskultur. Wien 2003, S. 14–22, hier S. 17).

und systemtheoretische Beschreibungsansätze sowie dezidiert antidefinitorische und poststrukturalistische Annäherungen an das Erzählphänomen.[389]

Um mögliche Begriffsverwirrungen zu vermeiden, soll im gegebenen, speziell fiktionstheoretischen Argumentationszusammenhang statt von ‚Realismus' von ‚Realistik' gesprochen werden. Dieser Begriff wurde von Frank Zipfel in Abgrenzung zur ‚Phantastik' vorgeschlagen, um „[z]wei Grundformen fiktiver Geschichten"[390] voneinander zu unterscheiden. „Mit dem Begriff *Realistik* soll [...] der Fall bezeichnet werden, daß die Geschichte einer Erzählung mit Blick auf das jeweils gültige Wirklichkeitskonzept möglich ist."[391] Zipfels Definition der Realistik bezieht sich dabei ausschließlich auf das, *was* erzählt wird, und nicht auf formale Eigenschaften der Darstellung. Unter Fantastik werden demgegenüber „alle Geschichten verstanden [...], die Elemente enthalten, die von dem in Hinblick auf die gültige Wirklichkeitskonzeption Möglichen abweichen."[392] Durch die morphologische Angleichung der beiden Begriffe Realistik und Fantastik wird betont, dass hier eine Differenzierung anhand eines einheitlichen Unterscheidungskriteriums getroffen wird, Zipfel zufolge nämlich „der Unterscheidung zwischen *möglichen* und *nicht-möglichen* Geschichten"[393] (bei einer Gegenüberstellung von ‚Realis*mus*' und ‚Fantastik' wäre diese Differenz sehr viel weniger deutlich).

Peter Blume hat nun Zipfels Unterscheidung zwischen Realistik und Fantastik aufgegriffen und sie um die dritte Kategorie der „kontrafaktische[n] Fiktion"[394] ergänzt, wobei er diese dritte Kategorie als einen Subtyp fantastisch-fiktionaler Texte auffasst. Laut Blume beruht ein *„phantastisch-fiktionaler Diskurs [...] auf Fiktionen, denen innerhalb des Konzeptsystems der Diskursteilnehmer notwendig der Status des*

---

389 Ein systematischer Überblick zu Theorieansätzen der Fantastikforschung findet sich bei Brittnacher / Ruthner: Andererseits, S. 19. Siehe auch Hans Richard Brittnacher / Markus May: Phantastik-Theorien. In: Dies. (Hg.): Phantastik. Ein interdisziplinäres Handbuch. Stuttgart 2013, S. 189–197.
390 Zipfel: Fiktion, Fiktivität, Fiktionalität, S. 106. Mit ‚Geschichte' ist hier nicht die Erzählung, sondern die *histoire* einer fiktionalen Erzählung gemeint (ebd., S. 76–82). Mit den Begriffen ‚Realistik' und ‚Phantastik' sollen also „zwei grundlegende Formen der Fiktivität" (ebd., S. 106) in fiktionalen Texten voneinander abgegrenzt werden.
391 Zipfel: Fiktion, Fiktivität, Fiktionalität, S. 107.
392 Zipfel: Fiktion, Fiktivität, Fiktionalität, S. 109. Diese Definition der Fantastik geht über die bekannte Definition Todorovs insofern hinaus, als es hier nicht um die Unschlüssigkeit hinsichtlich der Realitätskompatibilität eines bestimmten Ereignisses geht, sondern um tatsächlich fantastische – also realweltlich unmögliche – Elemente innerhalb der fiktionalen Welt. Todorov schlägt solche Elemente nicht dem Fantastischen, sondern dem Wunderbaren zu. Vgl. Todorov: Einführung in die fantastische Literatur, S. 55–74.
393 Zipfel: Fiktion, Fiktivität, Fiktionalität, S. 106.
394 Blume: Fiktion und Weltwissen, S. 138–144, hier S. 142.

Nichtseins zugeschrieben wird."[395] Man könnte auch sagen: Fantastische Texte sind solche, die Elemente enthalten, welche notwendig fiktiv sind. Den Unterbereich der Kontrafaktik innerhalb der Fantastik differenziert Blume dann – auf das Vokabular der kognitiven Semantik zurückgreifend – wie folgt:

> *Phantastisch-fiktionaler Diskurs im engeren Sinn beruht auf Fiktionen, die im Widerspruch zu Konzepten stehen, die innerhalb des Konzeptsystems der Diskursteilnehmer den Status allgemeiner Gesetze innehaben, kontrafaktisch-fiktionaler Diskurs beruht auf Fiktionen, die in offenem Widerspruch zu allgemein als bekannt vorauszusetzenden, jedoch nicht gesetzesmäßigen Konzepten des Konzeptsystems der Diskursteilnehmer stehen.*[396]

Als Untergruppe fantastischer Texte zeichnen sich Blume zufolge kontrafaktische Texte dadurch aus, dass das in ihnen Dargestellte realweltlich offenkundig unzutreffend ist, wobei dieses Unzutreffende aber anders als bei „[p]hantastisch-fiktionaler Erzählliteratur im engeren Sinn"[397] nicht gegen allgemeine Naturgesetze verstößt, sondern immerhin noch mit dem, wie Blume schreibt, „*Weltbild* der Sprachgemeinschaft"[398] in Übereinstimmung gebracht werden kann.[399]

Aufgrund des anders gelagerten, speziell kognitionssemantischen Erkenntnisinteresses seiner Studie entwickelt Blume keine umfassende Theorie der Kontrafaktik. Die Frage der *konkreten* Fehlreferenzen, wie sie der Kontrafaktik notwendigerweise zugrunde liegen, bleibt in seinem Modell ebenso unberücksichtigt wie die Möglichkeit des Einsatzes kontrafaktischen Erzählens sowohl in fiktionalen als auch in faktualen Äußerungskontexten. Gleichwohl kann Blumes Vorschlag, das Feld der fiktionalen Literatur grob in drei Bereiche aufzuteilen, aufgenommen und im Vokabular der vorliegenden Studie reformuliert sowie systematisch erweitert werden.

Es wurde bereits ausgeführt, dass sprachliche Äußerungen grundsätzlich *referieren*.[400] Fiktionale Texte und faktuale Texte lassen sich also nicht über das Vorliegen oder die Abwesenheit von Referenz definieren, da bei sinnvollen

---

395 Blume: Fiktion und Weltwissen, S. 142.
396 Blume: Fiktion und Weltwissen, S. 143.
397 Blume: Fiktion und Weltwissen, S. 144.
398 Blume: Fiktion und Weltwissen, S. 143.
399 Die Entscheidung, die Kontrafaktik der Fantastik unterzuordnen, scheint mir dabei keine zwingende Konsequenz von Blumes Modell zu sein: Ebenso gut könnte man auch den (‚kontrafaktischen') Widerspruch zu Konzepten des Konzeptsystems der Diskursteilnehmer als höhergeordnetes Kriterium ansetzen und den Fall von (‚phantastischen') Texten, in denen diese Abweichung *gesetzmäßige* Konzepte betrifft, als untergeordneten Spezialfall betrachten.
400 Siehe Kapitel 4.3.5. Transfiktionale Doppelreferenz.

sprachlichen Äußerungen Referenz immer angenommen werden muss[401]; nur referieren Terme wie ‚Hamlet', ‚Sherlock Holmes' oder ‚Einhorn' innerhalb fiktionaler Texte eben nicht auf die reale Welt, sondern auf jene fiktionale Welt, die der jeweilige fiktionale Text entwirft.[402] Da nun aber fiktionale und faktuale Texte in ähnlicher Weise auf die reale oder auf eine fiktionale Welt referieren, ergeben sich hier auch Möglichkeiten des Vergleichs: Fiktionale Welten respektive Einzelelemente innerhalb dieser fiktionalen Welten lassen sich grundsätzlich mit der realen Welt vergleichen, wobei hier je nach (Erkenntnis-)Interesse ganz unterschiedliche Kriterien angelegt werden können. Im gegebenen Zusammenhang von Bedeutung ist die Frage, inwiefern die Referenzen fiktionaler Texte, *falls sie auf die reale Welt bezogen würden*, mit Wahrheitsannahmen über diese, die reale Welt, vereinbar wären.

Hier lassen sich nun basale Unterscheidungen nach zwei Kriterien vornehmen: Differenziert werden kann danach, ob *erstens* die fiktionale Welt mit der realen Welt übereinstimmt respektive übereinstimmen könnte oder nicht, und ob *zweitens* diese (Nicht-)Übereinstimmung sich auf allgemeine Möglichkeitsannahmen der Realität oder auf konkrete Einzelinformationen respektive Fakten bezieht. Die Differenzkategorien der ersten Unterscheidung sollen im Folgenden als *Vereinbarkeit* und *Nicht-Vereinbarkeit* bezeichnet werden, wobei mit ‚Vereinbarkeit' stets die Vereinbarkeit mit Wahrheitsannahmen über die reale Welt gemeint ist. Nicht-Vereinbarkeit mit der Realität impliziert dabei zugleich Fiktivität, da etwas prinzipiell Unmögliches auch nicht konkret zutreffend sein kann.[403] Umgekehrt wird durch eine Vereinbarkeit mit der Realität nicht zugleich Faktizität impliziert: Die meisten realistischen Romane enthalten Elemente, die zwar möglich, aber nicht real sind, also realweltlich nicht referentialisiert werden können. Die zweite Unterscheidung lässt sich mit den Begriffen *konkret* und *allgemein* anzeigen, es wird also danach gefragt, ob die Abweichung respektive Übereinstimmung zwischen Elementen der fiktionalen Welt und solchen der realen Welt sich auf konkrete Fakten oder auf allgemeine Realitätsannahmen bezieht.

---

401 Literarische Texte ohne Referenzfunktion sind etwa das Lautgedicht oder bestimmte Beispiele konkreter Poesie. Allerdings kann man in diesen Fällen nicht mehr eigentlich von *sprachlichen* Äußerungen sprechen. Vgl. Blume: Fiktion und Weltwissen, S. 88 f.
402 Vgl. Köppe: Die Institution Fiktionalität, S. 38.
403 Zu Erzählgegenständen, die Fiktivität implizieren, bemerkt Zipfel: „*Native* und *surrogate objects* stellen die eigentlichen Fiktivitätsfaktoren von Geschichten dar: *native objects* natürlich deshalb, weil sie per definitionem Objekte sind, die nur in der Geschichte und nicht in der Wirklichkeit vorkommen; *surrogate objects* deshalb, weil sie gegenüber ihren Entsprechungen in der realen Welt in einer Art und Weise verändert dargestellt werden, daß man sie ebenfalls als fiktive Objekte ansehen kann und muß." (Zipfel: Fiktion, Fiktivität, Fiktionalität, S. 100 f.).

Die Differenzierung zwischen konkreten Fakten der Enzyklopädie auf der einen und allgemeinen Realitätsannahmen auf der anderen Seite lässt sich zwar nicht in jedem Einzelfall trennscharf durchhalten.[404] Als Strukturierungsvorschlag für verschiedene Aspekte des Weltwissens erscheint diese Trennung aber nichtsdestoweniger sinnvoll, da sie, wie im Folgenden gezeigt werden soll, interpretatorisch durchaus relevant ist und von den meisten Lesern intuitiv ohnehin vorgenommen wird.[405] Im Einzelfall bereitet die Entscheidung darüber, auf welchen Bereich des Weltwissens – allgemeine Realitätsannahmen oder konkretes Faktenwissen – sich ein fiktionales Element bezieht, nur selten Probleme. Im Rahmen der Interpretationspraxis kann hier letztlich pragmatisch verfahren werden; anstatt also präzise Kriterien der Differenzierung zwischen allgemeinen Realitätsannahmen und konkreten Fakten anzuführen, kann hier – wie überhaupt bei der Interpretation künstlerischer Texte – mit lokalen Plausibilitäten argumentiert werden.

Eine Kombination der vorgeschlagenen Kategorien ergibt die folgenden vier Gruppen zur Einteilung von Elementen innerhalb fiktionaler Welten im Hinblick auf deren *real-fiktionales Weltvergleichsverhältnis*:

GRAD DES VERHÄLTNISSES ART DES VERHÄLTNISSES	Allgemein (Weltwissen)	Konkret (Fakten)
Übereinstimmung	Realistik	Faktik
Abweichung	Fantastik	Kontrafaktik

Realistik: Allgemeine Vereinbarkeit von Weltwissen und fiktionaler Welt (Analogie zwischen Realität und fiktionaler Welt; Mögliches)
Fantastik: Allgemeine Nicht-Vereinbarkeit von Weltwissen und fiktionaler Welt (Abweichung von allgemeinen Annahmen über die Realität; Unmögliches)

---

404 Die Trennung zwischen konkreten und allgemeinen Aspekten der Enzyklopädie entspricht in etwa der von Thomas Zabka vorgeschlagenen Trennung von „*Alltagswissen*" und „*Sachwissen*". Vgl. Thomas Zabka: Pragmatik der Literaturinterpretation. Theoretische Grundlagen – kritische Analysen. Tübingen 2005, S. 34–36. Allerdings weist auch Zabka darauf hin, dass die Grenzen zwischen Alltagswissen und Sachwissen fließend sind. Vgl. ebd., S. 35, Anm. 17.
405 In ähnlicher Weise konstatiert etwa Brian McHale zu den Fiktionalisierungslizenzen des ‚traditionellen' historischen Romans: „Slippery though they may be, we do operate with intuitions about what is accepted historical 'fact' and how far any fictional version deviates from that 'fact'." (McHale: Postmodernist Fiction, S. 87).

Kontrafaktik:	Konkrete Nicht-Vereinbarkeit von Weltwissen und fiktionaler Welt (Abweichung von realweltlichen Einzelinformationen; bestimmte Negation[406])
Faktik:	Konkrete Vereinbarkeit von Weltwissen und fiktionaler Welt (Übereinstimmung von Realität und fiktionaler Welt)

Realistik zeichnet sich demzufolge dadurch aus, dass die fiktionale Welt mit der realen Welt in einem Verhältnis der Analogie steht: Was innerhalb der Diegese geschieht, *könnte* prinzipiell auch in der realen Welt geschehen, da dieses Geschehen keinen grundlegenden Annahmen über das Wesen der Realität zuwiderläuft. Die Beziehungen des realistischen Erzählens zur tatsächlichen Realität sind dabei eher allgemeiner Natur, insofern sie sich auf wenig spezifische Annahmen über die Realität beziehen. Gegenüber der Frage, ob die Gegenstände des realistischen Erzählens ein *konkretes* Pendant in der Realität haben, herrscht im typischen Rezeptionsmodus fiktional-realistischer Texte Gleichgültigkeit: Anna Karenina etwa ist eine realistische Figur, unabhängig davon, ob es eine einzelne Frau mit den Eigenschaften der von Tolstoi beschriebenen Figur gegeben hat oder nicht.[407]

Auch für die *Fantastik* ist eine allgemeine Vereinbarkeit von fiktionaler Welt und Realität Definitionskriterium, nur dass diese Vereinbarkeit hier eben nicht gegeben ist: Fantastische Elemente sind mit Wahrheitsannahmen über das Wesen der realen Welt grundsätzlich inkompatibel.[408] Um eine Formulierung Renate Lachmanns aufzunehmen: Fantastische Texte „überschreiten die

---

406 Eine Verbindung zwischen Hegels Konzept der bestimmten Negation und dem kontrafaktischen Denken schlägt auch Slavoj Žižek vor: Disparities, S. 292.
407 Hierzu bemerkt Hoops: „Der Wirklichkeitsgehalt eines fiktionalen Textes bzw. bestimmter Teile eines solchen ist im Falle ‚wahrscheinlicher' Geschichten für den Leser in vielen Fällen belanglos, da für ihn die Fiktivität oder Nichtfiktivität bestimmter Individua oder Generalia keinerlei Informationswert besitzt." (Hoops: Fiktionalität als pragmatische Kategorie, S. 311).
408 Die Trennung von Fantastischem und Wunderbarem, die in einigen Fantastik-Theorien eine Rolle spielt, kann an dieser Stelle unberücksichtigt bleiben. Auch das Fantastische, im Sinne Todorovs als Unsicherheit hinsichtlich der natürlichen Erklärbarkeit eines bestimmten Sachverhalts verstanden, lässt sich schließlich nur dadurch bestimmen, dass man zumindest zeitweise die Deutung des Geschehens als tatsächlich übernatürlich respektive wunderbar zulässt. Etwas zugespitzt ließe sich formulieren: Das Wunderbare kommt mitunter ohne das Fantastische aus – so etwa im Märchen oder in der Fantasy –, die Fantastik hingegen kann nie ganz auf das Wunderbare verzichten. Vgl. Wünsch: Die Fantastische Literatur der Frühen Moderne (1890–1930), S. 8. Da der Begriff der Fantastik implikationsärmer erscheint, sich besser an die englischsprachige Forschung anschließen lässt und in der Fiktionstheorie auch bereits besser eingeführt ist als der Begriff des Wunderbaren, soll im Folgenden ausschließlich von Fantastik die Rede sein.

Erfordernisse der mimetischen Grammatik".[409] Dabei hypostasieren fantastische Texte nicht den Fall, dass beispielsweise dieser oder jener konkreten, realweltlichen Person innerhalb der fiktionalen Welt magische Kräfte zu Gebote stünden; vielmehr stellen fantastische Texte die Prämisse auf, dass innerhalb der fiktionalen Welt ganz generell Personen vorkommen können, die über derartige Kräfte verfügen. Fantastische Welten beziehen sich qua Abweichung also nicht auf einzelne Fakten der realen Welt, sondern auf deren allgemeine Realitätsstruktur. Entsprechend kann man hier, ähnlich wie bei der Realistik, auch nicht sinnvollerweise von konkreten Realitätsreferenzen sprechen.[410]

Erst im Falle der *Kontrafaktik* werden konkrete realweltliche Informationen, eben die Fakten, bedeutsam: Kontrafaktische Elemente beziehen sich, anders als realistische oder fantastische Elemente, nicht auf generelle Annahmen über das Wesen der Realität, sondern auf spezifisches Faktenmaterial, etwa auf historische Fakten (in der Alternativgeschichte), auf Eigenschaften bestimmter Personen (beispielsweise in der Satire oder im Schlüsselroman) oder auf gewisse politische oder gesellschaftliche Entwicklungen (in der Dystopie und Utopie).[411] Wie bei der Fantastik werden auch im Falle der Kontrafaktik Realitätsannahmen allerdings nicht narrativ reproduziert, sondern es wird gerade von bestimmten Realitätsannahmen abgewichen. Da im Falle der Kontrafaktik auf konkrete Einzelelemente der Enzyklopädie und nicht nur auf allgemeine Realitätsannahmen Bezug genommen wird, kann hier – anders als bei Elementen der Realistik oder Fantastik – erstmals von Realitätsreferenzen im engeren Sinne gesprochen werden.[412]

Die vierte mögliche Konfiguration betrifft Elemente in fiktionalen Texten, die in konkreter Weise auf realweltliche Fakten referieren. Man könnte hier von

---

409 Renate Lachmann: Erzählte Phantastik. Zur Phantasiegeschichte und Semantik phantastischer Texte. Frankfurt a. M. 2002, S. 10.
410 Die Aussage, dass in der Realistik und Fantastik konkrete Realitätsreferenzen keine Rolle spielen, steht dabei in keinem Widerspruch zu der Annahme, dass sinnvolle sprachliche Äußerungen *immer* referieren. Selbstverständlich weisen auch Texte der Realistik oder Fantastik eine Referenzfunktion auf – nur referieren sie eben nicht auf konkrete Einzelinformationen der realen Welt.
411 Diese (fehlende) Spezifität der Realitätsreferenz lässt sich bereits an den Begriffen Realistik und Kontrafaktik ablesen: Während das ‚Reale' ein eher allgemeines Realitätsverständnis andeutet, erfordert ein ‚Fakt' immer einen gewissen Grad an Spezifität, um überhaupt als solcher gelten zu können. In ähnlicher Weise konstatieren Johannes Rhein, Julia Schumacher und Lea Wohl von Haselberg in Bezug auf die Faktenbasis kontrafaktischer Geschichtsdarstellungen: „Mit dem Faktischen sind nur in Ausnahmefällen überhistorische und allgemeine Prinzipien wie etwa Naturgesetze gemeint; in der Regel liegt ein verzeitlichtes Konzept von Tatsächlichkeit zugrunde" (Rhein / Schumacher / Wohl von Haselberg: Einleitung, S. 25).
412 In vergleichbarer Weise bemerkt Zabka: „Man kann vermuten, dass der Bezug auf Sachwissen häufig stark referentiell, der Bezug auf Alltagswissen und Sinnwissen häufig schwach referentiell ist." (Zabka: Pragmatik der Literaturinterpretation, S. 37).

‚faktischen' Elementen oder, um diesen Begriff einzuführen, von Elementen der *Faktik* sprechen. Typische Beispiele wären Referenzen auf konkrete Orte, historische Daten oder historische Persönlichkeiten, die unverändert in die literarische Fiktion übernommen werden.[413] In fiktionalen Texten, die komplett aus faktischen Elementen bestehen, bei denen also an jeder Stelle erkannt werden soll, dass die fiktionale Welt mit der realen Welt übereinstimmt, läge der Anteil fiktiver Elemente bei null. Allerdings stellen solche Texte – falls sie überhaupt existieren – auffällige Ausnahmen dar. Bei fiktionalen Texten, die in ihrer Gesamtheit auf konkreten Realitätsreferenzen beruhen und bei denen diese Realitätsreferenzen auch als solche erkannt werden sollen, würde sich die Frage aufdrängen, worin hier überhaupt noch den qualitativen Mehrwert fiktionalen Erzählens bestünde (genau diese Frage bildet eines der Grundprobleme aller literarischen Dokumentarismen). Legt man ein pragmatisches Fiktionalitätsverständnis zugrunde, so lässt sich Fiktionalität zwar nicht direkt auf Fiktivität zurückführen; das bedeutet jedoch nicht, dass nicht doch eine gewisse Korrelation zwischen den beiden Bereichen bestünde: Fiktionale Texte, die gänzlich ohne fiktive Elemente auskommen, sind überaus selten (wofern man solchen Texten überhaupt noch die Eigenschaft der Fiktionalität zugestehen will).[414] Zu denken wäre etwa an manche dokumentarische Texte, beispielsweise an Truman Capotes Tatsachenroman *In Cold Blood*, oder an Peter Handkes literarisches poème trouvé *Die Aufstellung des 1. FC Nürnberg am 27.1.1968* (das man aber wohl nur noch eingeschränkt als fiktional bezeichnen kann).[415]

---

[413] Faktische Elemente entsprechen damit in etwa dem, was Parsons als *immigrant objects* bezeichnet. Vgl. Parsons: Nonexistent Objects, S. 51.
[414] Zipfel kommt zu dem Schluss: „Fiktivität und Fiktionalität können im Hinblick auf ihre Bedeutung und ihr jeweiliges Bezugsfeld klar unterschieden werden; sie sind jedoch eng miteinander verknüpft und bedingen sich in gewisser Weise gegenseitig." (Zipfel: Fiktion, Fiktivität, Fiktionalität, S. 165) Ob Fiktivität als notwendiges Bestimmungskriterium für Fiktionalität gelten kann, bildet einen Streitpunkt der fiktionstheoretischen Diskussion. Vgl. Zipfel: Imagination, fiktive Welten und fiktionale Wahrheit, S. 51.
[415] Man könnte einwenden, dass ein vollständig ‚realitätsdeckendes' Erzählen schon allein aufgrund der Notwendigkeit einer bestimmten medialen – und das heißt auch immer: selektiven – Darstellung der Realität gar nicht möglich ist, sodass es ‚faktische' Texte ohnehin nicht geben kann. Fehlende Vollständigkeit oder eine formale Bearbeitung von Faktenmaterial führen allerdings noch nicht zwingend zu Fiktivität; es kann nicht ausgeschlossen werden, dass jene Aspekte, die in einem bestimmen künstlerisch-fiktionalen Medium überhaupt dargestellt werden können, tatsächlich vollständig auf Fakten der realen Welt referieren. Auch faktuale narrative Darstellungen sind schließlich niemals formal neutral oder vollständig in dem Sinne, dass sie das von ihnen Dargestellte in sämtlichen Details absolut realitätsdeckend wiedergeben würden. Dennoch würde man beispielsweise eine Wegbeschreibung oder einen Zeitungsbericht – beides zweifellos hochgradig selektive Darstellungen der Realität – ihrem Inhalt nach kaum als fiktiv klassifizieren.

Hinsichtlich der unterschiedlichen Konkretheit von Realitätsbeziehungen in den vier beschriebenen Modi des real-fiktionalen Weltvergleichs lässt sich festhalten: In der Realistik und in der Fantastik wird qua Übereinstimmung respektive Abweichung *auf allgemeine Wahrheiten Bezug genommen*, in der Faktik und Kontrafaktik hingegen wird qua Übereinstimmung respektive Abweichung *auf konkrete Fakten referiert*.[416]

Zu beachten ist, dass bei den beschriebenen real-fiktionalen Weltvergleichsverhältnissen grundsätzlich von bereits interpretierten Texten respektive deutungsrelevanten Elementen innerhalb fiktionaler Texte ausgegangen wird. Insignifikante Fehler in fiktionalen Texten bleiben also erneut unberücksichtigt. Verlegt man solchermaßen die Entscheidung darüber, ob eine realistische, fantastische, kontrafaktische oder faktische Textpassage vorliegt, auf die Ebene der Interpretation, so wird man letztlich niemals beweisen können, dass ein bestimmter Modus des real-fiktionalen Weltvergleichs vorliegt – in vergleichbarer Weise, wie man das Vorliegen eines Sonetts durch Beschreibung seiner äußeren Form und seines Reimschemas beweisen könnte –, einfach deshalb, weil Vorliegen oder Abwesenheit eines bestimmten Weltvergleichsverhältnisses nicht anhand manifester Texteigenschaften nachgewiesen werden kann. Bei den vier vorgeschlagenen real-fiktionalen Weltvergleichsverhältnissen handelt es sich nicht um objektive Texteigenschaften, sondern um Deutungshypothesen, die jeweils der hermeneutisch-interpretatorischen Plausibilisierung bedürfen.[417] Die Beantwortung der Frage, welches der vier Weltvergleichsverhältnisse vorliegt, hängt also

---

416 Die zentralen Oppositionsbildungen der vorgeschlagenen Einteilung fiktionaler Texte ließen sich zwecks Verdeutlichung auch allein mittels binärer terminologischer Oppositionen anzeigen. Die Gegenüberstellung *Realistik/Fantastik* könnte versuchsweise als *Realistik/Kontra-Realistik* reformuliert werden. Demgegenüber können solche fiktionalen Texte, die sich auf konkrete Fakten beziehen, in Texte der *Kontrafaktik* und Texte der *Faktik* unterteilt werden. Allerdings soll diese ungewohnte, forciert-systematische Terminologie im Verlauf der Arbeit nicht weiter mitgeführt werden.
417 Paul Ricœur bezeichnet das Zusammenspiel von Interpretationshypothese und ihrer Validierung als „Mikrodialektik, die bei der Lösung der lokalen Rätsel eines Textes am Werk ist. [...] [D]ie Verfahren der Validierung [sind] eher mit der Logik der Wahrscheinlichkeit als mit einer Logik der empirischen Verifikation verwandt." (Paul Ricœur: Die Metapher und das Hauptproblem der Hermeneutik. In: Ders.: Vom Text zur Person. Hermeneutische Aufsätze (1970–1999). Hamburg 2005, S. 109–134, hier S. 118) Auch Gabriel betont: „Geltung in der Literaturwissenschaft kann [...] weder danach bemessen werden, ob Falsifikationsversuche gescheitert sind, noch danach, ob ein deduktiver Beweis vorliegt. Wir haben es hier mit Indizienbeweisen zu tun, die mehr oder weniger plausibel sind. Es geht, insbesondere bei der Interpretation von Texten, darum, Evidenzen für ein bestimmtes Verständnis beizubringen." (Gabriel: Wie klar und deutlich soll eine literaturwissenschaftliche Terminologie sein?, S. 123).

letztlich von der interpretatorischen Optik ab: Je nachdem, in welcher Richtung die interpretatorischen Präferenzen liegen und wie im Rahmen einer konkreten Textdeutung argumentiert wird, kann die Zuordnung einzelner Erzählelemente zur Realistik, Fantastik, Kontrafaktik oder Faktik mitunter sehr unterschiedlich ausfallen. Das bedeutet freilich nicht, dass diese Zuordnungen willkürlich wären: Unter Voraussetzung eines bestimmten Realitätsverständnisses, einer bestimmten Enzyklopädie und eines bestimmten Interpretationsansatzes kann die Zuordnung einzelner Elemente zu einem der vier vorgestellten Weltvergleichsverhältnisse durchaus quasi-objektiv ausfallen. So dürfte etwa ein Drache in einem Roman der Gegenwart fast immer als fantastisches Element klassifiziert werden.

Da es sich bei der vorgeschlagenen Systematik um eine Ordnung der realfiktionalen Weltvergleichsverhältnisse in Bezug auf konkrete Elemente handelt, muss nicht davon ausgegangen werden, dass Texte in ihrer Gesamtheit einem einzigen der vier Typen zuzuschlagen sind. Im Gegensatz zu Begriffen wie Fantasy oder *Alternate History* bezeichnen Realistik, Fantastik, Kontrafaktik und Faktik keine Genres, sondern vier basale Möglichkeiten des real-fiktionalen Weltvergleichs. In umfänglicheren fiktionalen Werken wird in aller Regel eine Mischung verschiedener Weltvergleichsverhältnisse vorliegen. So dürfte es kaum längere fiktionale Erzähltexte geben, die sich nicht zumindest streckenweise des Weltvergleichsverhältnisses der Realistik bedienen.

Tatsächlich besteht in den allermeisten fiktionalen Texten ein deutlicher Überhang realistischer Elemente:[418] Selbst in Texten des Fantasy-Genres werden nur selten Annahmen über basale psychische Prozesse der – letztlich fast immer anthropomorph konzipierten[419] – Handlungsträger variiert; auch werden selten grundlegende Naturgesetze wie die Schwerkraft oder der monodirektionale Verlauf der Zeit ausgesetzt. Selbst einzelne fantastische Elemente, wie sie für die Zuordnung eines Textes zum Genrebereich der Fantasy ausschlaggebend sein können, bewegen sich also meist vor einem weitgehend realistischen Hintergrund. Fantastische Texte, in denen dies nicht der Fall ist, die also gewissermaßen in toto fantastisch sind – wie etwa Paul Scheerbarts radikaler Science-Fiction-Roman *Lesabéndio* (1913) – bilden eine entschiedene Ausnahme.

In dominant realistischen Texten wiederum wird sehr häufig – zumindest streckenweise – auf das Weltvergleichsverhältnis der Faktik zurückgegriffen,

---

418 Zum „quantitativen Übergewicht [...] nichtfiktionaler Konzepte in fiktionalen Texten" siehe Blume: Fiktion und Weltwissen, S. 83 f.
419 Für die meisten Figuren in narrativen Medien gilt: „The participants involved in the actions and events related are animate, usually humans [...]. If participants are not humans, as, for example, in fables or fairy tales, they still possess human qualities and act like humans." (Gülich / Quasthoff: Narrative Analysis, S. 171).

etwa wenn im historischen Roman auf reale politische Ereignisse, konkrete Orte oder auf realhistorische Personen Bezug genommen wird.[420] Legt man nicht das beschriebene, spezifisch fiktionstheoretische Verständnis von ‚Realistik', sondern ein gängigeres Verständnis von ‚Realismus' an – im Sinne dominant realistischer Erzählverfahren, durch die sich eine bestimmte Gruppe von Texten auszeichnet –, so wird man feststellen, dass eine große Anzahl von Texten, die für gewöhnlich dem ‚Realismus' zugeschlagen werden, sich hinsichtlich ihrer real-fiktionalen Weltvergleichsverhältnisse gerade einer Mischung aus Realistik und Faktik bedienen.

Hinsichtlich der Frage der Referenz ergibt sich hieraus für eine Differenzierung von Texten des Realismus (nicht der Realistik!) und Texten der Kontrafaktik folgende Konsequenz: Texte des Realismus *können* in konkreter Weise auf die reale Welt referieren; dies wäre gerade der Fall bei faktischen Elementen innerhalb von Texten, die ansonsten im Modus der Realistik erzählt sind (typische Beispiele umfassen etwa die Nennung von Städtenamen oder von bekannten historischen Ereignissen in realistischen Texten). Texte der Kontrafaktik hingegen *müssen* in konkreter Weise auf die reale Welt Bezug nehmen. ‚Realistisches' Erzählen kann also schlicht realitätsanalog verfahren und gegebenenfalls nur punktuell auf konkrete (faktische) Faktenelemente verweisen; die Kontrafaktik hingegen bedarf notwendigerweise – und ungeachtet dessen, dass es sich hier um ein amimetisches Erzählverfahren handelt – eines starken Ankers in der Realität, nämlich der konkreten Fakten, von denen dann in Form von Realitätsvariationen abgewichen wird. Es kann hier noch einmal auf die Relevanz des konkreten Weltvergleichs für die Kontrafaktik – und auch für die Faktik – hingewiesen werden: Während im Fall der Realistik und der Fantastik der wechselseitig-komparative

---

[420] Faktik im strengen Sinne läge allerdings nur dann vor, wenn der – um beim genannten Beispiel zu bleiben – historische Hintergrund oder das historische Personal eines historischen Romans von der fiktionalen Erzählung vollkommen unberührt blieben. Wenn hingegen etwa in Joseph Roths *Radetzkymarsch* der fiktive Leutnant Joseph Trotta dem jungen Kaiser Franz Joseph in der Schlacht von Solferino das Leben rettet, liegt hier strenggenommen keine Faktik mehr vor: Zwar handelt es sich sowohl bei Kaiser Franz Joseph als auch bei der Schlacht von Solferino um realhistorische Entitäten; durch den fiktiven Eingriff Joseph Trottas werden diese Entitäten innerdiegetisch allerdings leicht verändert, sodass sie nicht mehr vollständig mit ihren realen Vorbildern übereinstimmen. Das bedeutet freilich nicht, dass realweltliches Wissen für die Deutung von Figuren wie denen in Roths Roman irrelevant wäre. Auch kann man die These vertreten, dass die Faktenabweichung in einem Fall wie dem genannten derart gering ist, dass sie interpretatorisch nicht berücksichtigt werden muss. Insofern könnte man bei Kaiser Franz Joseph in Roths *Radetzkymarsch* weiterhin von einem (faktischen) *immigrant object* und nicht von einem (kontrafaktischen) *surrogate object* sprechen. Vgl. Zipfel: Fiktion, Fiktivität, Fiktionalität, S. 100.

Weltbezug eher vage ist, also kein klares Faktum der realen Welt als Bezugspunkt identifiziert werden kann, gibt es ein solches Faktum im Fall der Faktik durchaus; nur wird dieses Faktum innerdiegetisch eben nicht variiert. Eine konkrete variierende Faktenreferenz liegt einzig im Fall der Kontrafaktik vor.

Wie steht es nun aber um Erzählelemente, die sich dem ersten Anschein nach zweien der genannten Modi gleichzeitig zuordnen lassen? Kann dasselbe Element gleichzeitig kontrafaktisch und fantastisch, realistisch und faktisch sein?

Zur Beantwortung dieser Frage sei ein konkretes Beispiel diskutiert: Viele der frühen Interpreten von J. R. R. Tolkiens *The Lord of the Rings*, eines Romans, der teilweise während des Zweiten Weltkriegs entstand, meinten in der Geschichte des Ringkriegs eine Allegorie auf den realen Krieg zu erkennen. Speziell der titelgebende Herr der Ringe, der dunklen Herrscher Sauron – ein körperloses, fantastisches Wesen in Tolkiens fiktionaler Welt –, wurde als Chiffre für Adolf Hitler interpretiert. Tolkien selbst distanzierte sich im Vorwort zur revidierten Ausgabe von 1966 entschieden von derartigen allegorischen Deutungen seines Werks:

> As for any inner meaning or 'message', it has in the intention of the author none. It is neither allegorical nor topical. [...] Its sources are things long before in mind, or in some cases already written, and little or nothing in it was modified by the war that began in 1939 or its sequels. [...] I cordially dislike allegory in all its manifestations, and always have done so since I grew old and wary enough to detect its presence. I much prefer history, true or feigned, with its varied applicability to the thought and experience of the readers. I think that many confuse 'applicability' with 'allegory'; but the one resides in the freedom of the reader, and the other in the purposed domination of the author.[421]

Die Unterscheidung zwischen dem, was Tolkien die ‚Freiheit des Lesers' versus die ‚zweckgerichtete Entscheidung des Autors' nennt, ließe sich im gegebenen Fall auf eine von Umberto Eco vorgeschlagene Unterscheidung beziehen, nämlich auf diejenige zwischen der ‚Verwendung' und der ‚Interpretation' eines Textes: Ein beliebiger Umgang mit einem (literarischen) Text könne zwar nicht verboten werden (Eco führt als Beispiel an, dass man aus den Seiten eines Buches auch einen Joint drehen kann); um eine eigentliche Interpretation dieses Textes wird es sich jedoch nur dann handeln, wenn gewissen Anforderungen der hermeneutischen Billigkeit entsprochen wird.[422] Im Falle des *Lord of the Rings* scheint zumindest der Autor der Meinung gewesen zu sein, dass der Text keinen hinreichenden Anlass für eine allegorische Lesart bietet, dass also eine allegorische (oder auch kontrafaktische) Rückbindung des Romans an den realen

---

421 J. R. R. Tolkien: The Lord of the Rings. New York 1987, S. 4f.
422 Vgl. Eco: Lector in fabula, S. 72–74.

Krieg zu keiner legitimen Interpretation desselben führen würde. Tolkien zufolge handelt es sich bei den mythischen Figuren seines Romans also eindeutig um fantastische Elemente im Sinne der obigen Definition.

Nun muss den Interpretationen literarischer Texte durch ihre eigenen Autoren freilich nicht gefolgt werden. Angenommen, es kämen berechtigte Zweifel an Tolkiens Lesart des *Lord of the Rings* auf und man würde zu dem Schluss gelangen, dass der dunkle Herrscher Sauron durchaus eine allegorische Darstellung Adolf Hitlers bildet: Würde das fantastische Element dadurch zu einem kontrafaktischen Element? Und wenn ja, ginge hierdurch der fantastische Charakter dieses Elements verloren?

Kontrafaktische Elemente können, wie im Rahmen der Diskussion des Kompositionalismus ausgeführt wurde, als real-fiktive Hybridobjekte verstanden werden: Einerseits modifizieren solche Elemente realweltliche Fakten, andererseits behalten sie zugleich hinreichend viele Teilaspekte derselben Fakten bei, um die konkrete Faktenreferenz weiterhin erkennen zu lassen. Wollte man nun Sauron mit Hitler parallelisieren, so scheinen zunächst beide Bedingungen erfüllt zu sein: Selbstverständlich sind die Objekte nicht – im Sinne der Faktik – identisch: In den allermeisten ihrer Eigenschaften (Name, Aussehen, magische Fähigkeiten etc.) weichen sie deutlich voneinander ab. Allerdings lassen sich durchaus Übereinstimmungen zwischen beiden ausmachen, namentlich ein totalitäres Machtstreben, rücksichtslose Grausamkeit sowie die Stellung als (militärischer) Führer eines kriegerischen, imperial ambitionierten Reiches. Wollte man diese Aspekte als Fakten akzeptieren, so könnte man tatsächlich von einer kontrafaktischen Variation Hitlers im *Lord of the Rings* sprechen, wobei das kontrafaktisch variierte Element innerhalb der fiktionalen Welt zugleich ein fantastisches Element wäre.

Im beschriebenen Fall sind die relevanten Übereinstimmungen jedoch eher allgemeiner Natur; sie erfüllen also nur sehr eingeschränkt die Forderung nach Spezifität, welche an die Fakten der Kontrafaktik stets zu stellen ist, damit ein konkreter Faktenbezug auch zuverlässig identifiziert werden kann. Angesichts der erwähnten Eigenschaften könnte Tolkiens Sauron schließlich auch als kontrafaktische Variante Cäsars gedeutet werden. Eine kontrafaktische Interpretation erscheint im beschriebenen Fall also keineswegs zwingend.

Unabhängig davon, wie man im konkreten Fall urteilen wird, lässt sich bezüglich der Frage einer Zuordnung desselben Elements zur Fantastik oder zur Kontrafaktik festhalten, dass ein fantastisches Element dadurch, dass man es als kontrafaktisches Element interpretiert, keineswegs seine Eigenschaft als fantastisches Element verliert – so wie ein faktisches Element ja auch immer ein realistisches Element sein kann und in gewissem Sinne sein muss. (Faktik impliziert Realistik und schließt Fantastik aus, weil nichts konkret wahr sein kann, was gegen allgemeine Realitätsannahmen verstößt. Kontrafaktik hingegen impliziert kein anderes Weltvergleichsverhältnis, kann sich also sowohl mit Fantastik als auch mit Realistik überlagern. Allerdings schließt Kontrafaktik Faktik aus, weil eine Aussage nicht zugleich realweltlich wahr und realweltlich falsch sein kann.) Tatsächlich wird die Faktenabweichung, die dem kontrafaktischen Erzählen zugrunde liegt, in einem Fall wie dem beschriebenen von der allgemeineren fantastischen Faktenabweichung gleichsam partiell mitübernommen. Anders ausgedrückt: Kontrafaktische Texte können sich durchaus bei den Formen der allgemeineren Realitätsabweichung der Fantastik ‚bedienen', um konkret-kontrafaktische Faktenvariationen ins Werk zu setzen (was freilich nicht bedeutet, dass kontrafaktische Elemente zugleich immer auch fantastisch wären; Faktenvariationen können auch innerhalb des Spielraums realistischen Erzählens vorgenommen werden). Würden also etwa in einer fiktionalen Erzählung einer bekannten Person des öffentlichen Lebens – etwa einer Politikerin – Flügel wachsen, so handelte es sich bei dieser Figur sowohl um ein fantastisches Element (Menschen haben *allgemein* in der realen Welt keine Flügel) als auch um ein kontrafaktisches Element (dieser *konkrete* Mensch hat in der realen Welt keine Flügel). Ein alleiniger Blick auf die Ontologie der Erzählgegenstände erlaubt in derartigen Fällen keine Unterscheidung zwischen den beiden möglichen Weltvergleichsverhältnissen; die Frage, ob man es eher mit einem fantastischen oder eher mit einem fantastisch-kontrafaktischen Element zu tun hat, entscheidet sich hier vor allem auf der Ebene der Interpretation. Liest man also etwa Sauron als fantastisches Element, so wird man im Rahmen einer Interpretation des *Lord of the Rings* weitgehend von Rückgriffen auf die Realhistorie zur Stützung oder Entwicklung der eigenen Interpretationshypothesen absehen müssen; liest man Sauron hingegen als ein fantastisch-kontrafaktisches Element, bei dem die Fantastik lediglich als eine von diversen Möglichkeit der Faktenvariation genutzt wird, so tritt die Geschichte des Zweiten Weltkriegs als relevanter Interpretationskontext hinzu, was natürlich erhebliche Konsequenzen für die Interpretation des Textes nach sich zieht.

Das diskutierte Beispiel zeigt, dass die Entscheidung für eines der vier Weltvergleichsverhältnisse weit mehr als bloße terminologische Makulatur ist: Tatsächlich erweist sich die Entscheidung über das jeweils vorliegende oder plausibilisierbare real-fiktionale Weltvergleichsverhältnis als in hohem Maße relevant für die Interpretation des jeweiligen literarischen Textes.[423] Indem sich faktische und kontrafaktische Elemente auf konkrete Fakten der realen Welt beziehen, ermöglichen sie

---

423 Hoops bemerkt in ähnlicher Weise: „Je nachdem, welche Intention der Leser hypothetisch ansetzt, erhalten Wirklichkeitsabweichungen bzw. die (Nicht-)Fiktivität bestimmter Elemente eine unterschiedliche Relevanz, und umgekehrt ist die Leserhypothese abhängig von der Relevanz, die der Leser der Fiktivität bzw. Nichtfiktivität bestimmter Elemente zuschreibt" (Hoops: Fiktionalität als pragmatische Kategorie, S. 310).

eine spezifische Form der *Kontextselektion*, nämlich eine interpretatorische Anbindung an konkrete Fakten der realen Welt, wie sie bei realistischen und fantastischen Elemente nicht gegeben ist. Durch ihre Referenz auf realweltliche Fakten etablieren faktische und kontrafaktische Elemente also eine enge Kopplung von realer und fiktionaler Welt, sodass es besonders naheliegend erscheint, bei der Deutung der jeweiligen fiktionalen Werke die vorgängige Bedeutung der referentialisierten Fakten in ihrem ursprünglichen, realweltlichen Kontext mit zu berücksichtigen. Diese konkrete Text-Kontextverknüpfung kann weitreichende Konsequenzen gerade für die politische Deutung eines literarischen Textes haben, hängen politische Lesarten doch wesentlich davon ab, dass und in welcher Weise literarische Texte auf die reale Welt bezogen werden. Man führe sich beispielsweise unterschiedliche Formen der fiktionalen Kriegsdarstellung vor Augen: Die realistischen oder faktischen Kriegsdarstellungen in Erich Maria Remarques *Im Westen nichts Neues* oder in Ernst Jüngers *In Stahlgewittern* (wobei der Fiktionalitätsstatus von Jüngers erster Buchpublikation strittig ist) wird man interpretatorisch sowie politisch-normativ anders bewerten als die kontrafaktische Darstellung des Zweiten Weltkriegs in Quentin Tarantinos *Inglourious Basterds* und diese wiederum anders als die fantastischen Kriegsdarstellungen in den *Star Wars*-Filmen, unter anderem deshalb, weil letztere keine eindeutige Referenzen auf reale Kriege etablieren, wie es realistisch-faktische und auch kontrafaktische Kriegsdarstellungen durchaus tun.

Streng ontologisch betrachtet sind kontrafaktische und fantastische Elemente gleichermaßen fiktiv, da beide Klassen von Elementen in der Realität nicht vorkommen (entsprechend wird bei den kontrafaktischen Konditionalen der analytischen Philosophie auch nicht unterschieden zwischen solchen Aussagen, die mit allgemeinen Annahmen über die Realität unvereinbar sind, und solchen, die einzelne Fakten variieren). Im Fall von Literatur und Literaturwissenschaft erscheint es jedoch sinnvoll, zwischen allgemeiner und konkreter Realitätsabweichung, also zwischen Fantastik und Kontrafaktik, zu unterscheiden, da sich hier jeweils sehr unterschiedliche Forderungen für die Interpretationspraxis ergeben: Fantastische Elemente können weitgehend werkimmanent interpretiert werden, da eine bloß allgemeine Faktenabweichung eben auch keine spezifischen Fakten als relevante Interpretationskontexte selegiert. Bei kontrafaktischen Elementen hingegen muss der implizite Faktenbezug der Texte, in denen diese Elemente vorkommen, erkannt und interpretatorisch produktiv gemacht werden.

Die konkrete Faktenbindung, welche unter anderem die Kontrafaktik auszeichnet, ist nicht zuletzt relevant für eine politisch orientierte Deutung solcher Texte, deren dominantes Weltvergleichsverhältnis die Fantastik bildet. Da Kontrafaktik und Fantastik prinzipiell miteinander kombinierbar sind, bietet sich für fantastische Texte die Möglichkeit, einen konkreten Weltbezug ‚hinzuzufügen', indem ihre fantastischen Elemente zusätzlich mit kontrafaktischen Referenzen unterlegt werden (ein kontrafaktisch-fantastischer Herr der Ringe würde auf Hitler verweisen, ein ausschließlich fantastischer Herr der Ringe hingegen nicht). Es eröffnet sich hier also die Möglichkeit einer Kunst, deren Darstellungsverfahren einerseits dezidiert amimetisch sind, die aber andererseits qua Kontrafaktik einen klaren Bezug zur Realität wahrt. Der Vorwurf des Eskapismus, wie er gegen fantastische Genres wie Fantasy und Science-Fiction immer wieder erhoben wurde, ließe sich entsprechend dadurch abschwächen, dass man für die jeweiligen Werke kontrafaktische Lesarten zu plausibilisieren sucht.[424]

5.2 Kontrafaktik als genreunabhängige Referenzstruktur

Wie im Rahmen der Forschungsdiskussion bereits umfassend dargelegt wurde, hat die bisherige literaturwissenschaftliche Forschung das literarische kontrafaktische Erzählen fast ausschließlich im Zusammenhang mit dem historischen Erzählen, insbesondere dem historischen Roman diskutiert. Eine solche thematische Einschränkung erscheint durchaus legitim, wofern das zentrale Untersuchungsinteresse auf Fragen der Genre-Konstitution und Genre-Entwicklung der *Alternate History* liegt. Geht man hingegen von der basalen Referenzstruktur literarischen kontrafaktischen Erzählens aus, so verpflichtet nichts zu einer starren Kopplung von Kontrafaktik und historischem Erzählen.

Im Folgenden sollen die Vorteile einer referenzstrukturellen, genreunabhängigen Betrachtung der Kontrafaktik erläutert werden. Eine Konzeption der Kontrafaktik als Referenzstruktur ermöglicht vorderhand eine präzise Bestimmung kontrafaktischer Elemente, ehe dann in einem zweiten, abgeleiteten Schritt danach gefragt wird, in welchen Genres Kontrafaktik besonders häufig zum Einsatz kommt und welche medialen Voraussetzungen erfüllt sein müssen, damit sich kontrafaktische, transfiktionale Doppelreferenzen ergeben.

Durch eine Fokussierung der kontrafaktischen Referenzstruktur wird das bisher in der Forschung vorherrschende Verständnis literarischen kontrafaktischen Erzählens gewissermaßen umgekehrt: Gefragt wird nicht mehr danach, in welchen historischen Romanen sich kontrafaktische Elemente finden und ob diese Romane möglicherweise ein eigenes Subgenre des historischen Romans bilden; stattdessen wird zunächst von einer spezifischen Möglichkeit literarischer Texte, auf Welt zu referieren, ausgegangen und erst danach die Frage gestellt, in welchen Genres und

---

[424] Siehe Kapitel 9. Politische Kontrafaktik.

Einzeltexten diese Referenzstruktur genutzt wird.[425] Neben die Analyse der spezifischen Referenzstruktur der Kontrafaktik im Genre der *Alternate History* treten somit Analysen derselben Referenzstruktur etwa in Satiren, Dokufiktionen, Autofiktionen, Utopien und Dystopien oder im Schlüsselroman.

Hinsichtlich der Genretheorie verfolgt die vorliegende Studie insgesamt eine Doppelstrategie: Zunächst werden Genrefragen strategisch zurückgestellt, um ein neutral fiktionstheoretisches Modell der Kontrafaktik zu entwickeln; in einem zweiten Schritt werden die unterschiedlichen Genres, in denen kontrafaktische Referenzstrukturen gehäuft vorkommen, dann aber durchaus wieder in den Fokus gerückt. Durch die temporäre Suspendierung der Genrefrage kann eine neue, gleichsam vorurteilsfreie Einstellung zur Frage kontrafaktischer Genres gewonnen werden: Eine fiktionstheoretische Betrachtung der Kontrafaktik eröffnet die Möglichkeit, Affinitäten und Strukturanalogien zwischen unterschiedlichen Gruppen von Texten zu erkennen und zu beschreiben, Verbindungen, die bei einer primären Berücksichtigung von Genre-Fragen, wie sie in der bisherigen Kontrafaktik-Forschung dominiert, mitunter verborgen bleiben müssten.

Als einer von wenigen Kontrafaktik-Forschern hat Christoph Rodiek darauf aufmerksam gemacht, dass das kontrafaktische Erzählen kein Genre und keine Textgattung bildet, sondern auf seinem basalen Level durch eine bestimmte „Struktur" charakterisiert ist:

> Die Uchronie ist keine Gattung, vielmehr handelt es sich beim kontrafaktischen Erzählmodus um ein textsortenunabhängiges Darstellungsmuster. Wie bei der Definition der literarischen Phantastik sollte man auch bei der Bestimmung des Uchronischen nicht von vollständigen Texten ausgehen. Denn das Uchronische ist keine Textsorte, sondern eine Struktur bzw. ein Ereigniskontinuum, das als Element in ganz unterschiedliche Textsorten integriert werden kann.[426]

---

425 Analog spricht Wünsch für das Fantastische auch von einer „Textstruktur" oder einer „narrative[n] Struktur" (ebd., S. 8, 16). Der Begriff ‚Referenzstruktur' erscheint für die Kontrafaktik allerdings eher geeignet, da er erstens dem Missverständnis vorbeugt, Kontrafaktik lasse sich allein anhand des Textes – also ohne Ansehung seines epistemischen Kontexts – definieren, und weil er zweitens deutlich macht, dass Kontrafaktik (indirekt) auf konkrete Aspekte der realen Welt, eben die Fakten, *referiert*, was bei der Fantastik nicht der Fall ist.

426 Rodiek: Erfundene Vergangenheit, S. 27. Auch Holger Korthals distanziert sich bei der Bestimmung der *Alternate History* von einem Gattungsmodell zugunsten des Fokus auf eine bestimmte „Schreibweise". Dabei schlägt Korthals vor, „die *alternate history* über ihr Verhältnis zur Wirklichkeit bzw. zum jeweils herrschenden Konstrukt dessen, was als Wirklichkeit aufgefaßt wird, zu definieren." (Holger Korthals: Spekulationen mit historischem Material. Überlegungen zur *alternate history*. In: Rüdiger Zymner (Hg.): Allgemeine Literaturwissenschaft – Grundfragen einer besonderen Disziplin. 2., durchgesehene Aufl. Berlin 2001, S. 157–169, hier S. 159, 161).

Zwischen den zahlenmäßig dominanten Ansätzen in der bisherigen Kontrafaktik-Forschung einerseits, welche die Kontrafaktik mehr oder weniger eng an den historischen Roman binden, und dem Ansatz der vorliegenden Studie andererseits liegen die Ausführungen Rodieks gewissermaßen in der Mitte: Zwar hält Rodiek, wie bereits durch seine Verwendung des Begriffs des „Uchronischen" deutlich wird, an den *historischen* Fakten als Basis der Kontrafaktik fest. Zugleich aber betont er, dass das kontrafaktische Schreiben als „Struktur" oder „Ereigniskontinuum" anzusehen sei und entsprechend nicht an eine bestimmte Gattung gebunden werden könne. Sehr zurecht weist Rodiek darüber hinaus auf die Parallele des kontrafaktischen mit dem fantastischen Erzählen hin: Auch das fantastische Erzählen wird häufig im Kontext von Genreüberlegungen beschrieben, kann aber auch – und mitunter plausibler – als Struktur behandelt werden, die in ganz unterschiedlichen Genres und Medien Verwendung findet.[427]

Kontrafaktische Referenzstrukturen kommen, wie im vorigen Kapitel bereits ausgeführt wurde, für gewöhnlich nur bei einzelnen Elementen eines Textes zur Geltung. Bei ‚kontrafaktischen Texten' handelt es sich entsprechend nicht um eine streng distinkte Kategorie mit klar abgesteckten Grenzen, sondern eher um einen pragmatischen Vorschlag für die metonymische Gesamtcharakterisierung solcher Texte, in denen kontrafaktische Elemente entweder in hohem Umfang vorliegen oder aber besonders deutungsrelevant sind.[428] Anders ausgedrückt: Kontrafaktische Texte sind solche, für deren Interpretation eine Berücksichtigung kontrafaktischer Passagen unerlässlich ist oder sich zumindest in hohem Maße anbietet.[429]

---

[427] Vgl. Wünsch: Die Fantastische Literatur der Frühen Moderne (1890–1930), S. 7–17.
[428] Siehe Kapitel 4.3.6. Skopus: Kontrafaktische Welten, kontrafaktische Elemente, *point of divergence*. Eine ähnliche Bestimmungsstrategie verfolgt Darko Suvin in seiner klassischen Studie zur Science-Fiction: „Eine SF-Erzählung ist eine Prosadichtung, in der das SF-Element oder der SF-Aspekt, das Novum, dominierend ist, d. h. so zentral und so wesentlich, daß die ganze Erzähllogik – oder zumindest die vorherrschende Erzählhaltung – von ihm bestimmt wird, ungeachtet aller eventuellen Verunreinigungen." (Darko Suvin: Poetik der Science Fiction. Zur Theorie und Geschichte einer literarischen Gattung. Frankfurt a. M. 1979, S. 100 f.).
[429] Will man die wissenschaftliche Beschreibungssprache nicht durch permanente Feindifferenzierungen verkomplizieren, so suggeriert sie bedauerlicherweise einen Essentialismus, der mit einem dynamischen und wesentlich rezeptionstheoretischen Modell wie dem vorgestellten strenggenommen nicht vereinbar ist. Die Aussage „Text X ist kontrafaktisch" müsste im Grunde spezifiziert werden zu „Text X enthält kontrafaktische Elemente", was wiederum spezifiziert werden müsste zu „Text X enthält Elemente, die, als kontrafaktische Elemente angesehen, für eine Interpretation des Textes relevant sind", was wiederum spezifiziert werden müsste zu „Text X enthält Elemente, die von einem Leser mit einem spezifischen epistemischen Horizont als kontrafaktische Elemente identifiziert und in eine schlüssige Gesamtinterpretation des Textes integriert werden könnten" und so weiter. Um eine konstante Wiederholung derartiger Satzungetüme zu vermeiden, wird im Folgenden weiterhin von „kontrafaktischen Texten" und „kontrafaktischen Elementen"

Der Umstand, dass Gruppenbezeichnungen fiktionaler Texte sich nach Dominanz und Relevanz eines bestimmten real-fiktionalen Weltvergleichsverhältnisses richten – eines Verhältnisses, das gleichwohl nicht das einzige im Text identifizierbare Weltvergleichsverhältnis sein muss –, stellt dabei keineswegs ein Spezifikum kontrafaktischer Texte dar. Auch Texte der Fantastik weisen meist nur einzelne, textuell isolierte fantastische Elemente auf, was jedoch nicht daran hindert, diese Texte in ihrer Gesamtheit als fantastische Texte zu charakterisieren.[430] Was die Genrefrage betrifft, so verhalten sich fantastische Elemente zum Genre der Fantasy in etwa so wie kontrafaktische Elemente zum Genre der *Alternate History* (sowie zu einigen anderen Genres): Sie bilden ein notwendiges Definitionskriterium dieser Genres, ohne dass jedoch *alle* Elemente der jeweiligen Texte der Fantastik respektive Kontrafaktik zugeordnet werden müssten.

Mitunter erscheint es gar nicht sinnvoll, einen Text überhaupt auf ein einziges, dominantes Weltvergleichsverhältnis festzulegen. Ein großer Vorteil einer Strukturbetrachtung der Kontrafaktik besteht darin, dass man nicht zu den typologischen Gesamttext-Rubrizierungen gezwungen ist, wie sie mit Genre-Modellen fast notwendigerweise einhergehen, sondern sich auf die präzise Analyse einzelner Textstellen konzentrieren kann. Ein solches Vorgehen ist hermeneutisch-interpretatorisch meist deutlich produktiver und bietet besondere Vorteile bei der Auseinandersetzung mit Werken, die hinsichtlich ihrer Realitätsbezüge eine Mischung unterschiedlicher real-fiktionaler Weltvergleichsverhältnisse aufweisen, etwa Texte, die Genrehybridisierungen vornehmen. So weist der Comic *Watchmen* von Alan Moore und Dave Gibbons eine ganze Reihe unterschiedlicher Erzählverfahren auf: Erzählt wird – mit Anleihen unter anderem bei der Science-Fiction, der Fantasy und dem historischen Abenteuerroman – die Geschichte zweier Generationen von Superhelden in einem alternativgeschichtlichen Amerika zur Zeit des Kalten Krieges. Eine General-Rubrizierung des Werkes qua Genre oder dominantem Weltvergleichsverhältnis erscheint bei einem solchen Werk wenig sinnvoll. Eine Beschreibung der Kontrafaktik als genreunabhängige Referenzstruktur erlaubt es hier, zunächst die kontrafaktischen Elemente des Werkes zu identifizieren und sie dann im Anschluss interpretatorisch gegen

---

die Rede sein, wobei eben immer mitzudenken ist, dass es sich hier nicht um positive Eigenschaften an der Textoberfläche, sondern um interpretatorische Konstrukte handelt.

430 So bemerkt Klaudia Seibel: „[T]hough it is legitimate to characterise texts as a whole as fantastic, even if there is only a single reference to an impossible object or event [...] on a micro level there might be sentences, paragraphs, even whole chapters that by itself have nothing fantastic about them." (Klaudia Seibel: "Read, friend, and enter!' Generic world construction in fantastic texts. In: Pascal Klenke u. a. (Hg.): Writing Worlds. Welten- und Raummodelle der Fantastik. Heidelberg 2014, S. 227–240, hier S. 230).

anders gelagerte Erzählelemente abzuwägen – und somit der realen Komplexität des Untersuchungsgegenstandes besser Rechnung zu tragen.[431]

5.3 Kontrafaktische Genres

Ein Verständnis von Kontrafaktik als Referenzstruktur schließt, wie bereits erwähnt, eine Diskussion kontrafaktischer Genres keineswegs aus. Im Folgenden soll danach gefragt werden, in welchen Genres die transfiktionalen Doppelreferenzen der Kontrafaktik mit besonderer Häufigkeit zum Einsatz kommen und was der Grund für diese Häufung ist. Für die Genres der Alternativgeschichte, des kreativen Dokumentarismus sowie der Dystopie und Utopie wird diese Verbindung von kontrafaktischer Referenzstruktur und Genretheorie im Interpretationsteil der Arbeit noch sehr viel umfänglicher zu erläutern sein. Der besseren Übersichtlichkeit halber soll allerdings bereits an dieser Stelle knapp auf die genannten Genres eingegangen werden.

Die folgende kommentierte Genreliste erhebt keinen Anspruch auf Vollständigkeit. Sie umfasst lediglich eine Reihe von Fällen, bei denen die Frage nach einer möglichen kontrafaktischen Referenzstruktur besonders naheliegend erscheint. Kontrafaktische oder potenziell kontrafaktische Genres sind unter anderem die folgenden:

Alternativgeschichte/Alternate History: Das Genre der Alternativgeschichte oder *Alternate History* bildet zweifellos *das* klassische Einsatzgebiet für kontrafaktische Referenzstrukturen in Literatur, Film und Comic. Wie bereits im Rahmen der Forschungsdiskussion ausgeführt wurde[432], eignen sich historische Fakten in besonderem Maße zur kontrafaktischen Variation, da sie über ein hohes Maß an intersubjektiver Verbindlichkeit verfügen und sich gut narrativieren lassen. Sofern die Lebensläufe bekannter Persönlichkeiten variiert werden, bieten historische Stoffe darüber hinaus den Vorteil, dass die handelnden Individuen meist schon seit längerer Zeit tot sind und insofern von Autorenseite

---

431 Die Entscheidung darüber, ob überhaupt kontrafaktische Elemente in einem fiktionalen Werk vorhanden sind, beruht selbst bereits auf einer Interpretationsleistung; dies gilt es grundsätzlich zu berücksichtigen, wenn in dieser Arbeit von ‚kontrafaktischen Elementen' die Rede ist. Bei derart offenkundig realitätsvariierenden Sachverhalten, wie sie im Comic *Watchmen* zu finden sind – namentlich dem Sieg der Amerikaner im Vietnam-Krieg aufgrund des Eingreifens eines durch einen Laborunfall in ein übernatürliches Wesen verwandelten Atomphysikers –, dürfte die Einsicht, dass hier ein Fall von Kontrafaktik vorliegt, allerdings kaum von der Hand zu weisen sein. Vgl. Alan Moore / Dave Gibbons: Watchmen. New York 2014, S. 110–130.
432 Siehe Kapitel 3.2.3. Kontrafaktisches Erzählen als Genrevariante historischen Erzählens.

kaum Rücksicht auf die Verletzung von Persönlichkeitsrechten genommen werden muss.⁴³³

Utopie / Dystopie: Dystopie und Utopie werden im Rahmen dieser Arbeit gemeinsam verhandelt, da ihr Unterscheidungskriterium, die Frage nämlich, ob in den jeweiligen Texten eine positive oder eine negative Gesellschaftsorganisation dargestellt wird, fiktionstheoretisch unerheblich ist (manchmal wird schlicht von Utopie und Anti-Utopie gesprochen); oft kann diese Frage auch gar nicht eindeutig beantwortet werden (man denke etwa an die glückliche, befriedete, aber unfreie Gesellschaft in Aldous Huxleys *Brave New World*). Grundsätzlich entwirft das utopisch/dystopische Schreiben Versionen *anderer Welten*, von Welten also, die nicht mit der realen Welt übereinstimmen, da sie entweder in der Zukunft liegen oder an unbekannten Orten angesiedelt sind. Dieses Postulat anderer Welten ist bei Utopie und Dystopie darüber hinaus stets mit normativen oder politischen Implikationen verbunden: Nicht-normative Utopien oder Dystopien gibt es nicht. Im Falle, dass Utopien oder Dystopien ihre Verbindung mit der Sphäre des realweltlich Politischen verlieren, gehen sie damit zugleich ihres Status *als* Utopien oder Dystopien verlustig. Sie kippen dann gewissermaßen in den Genrebereich der Science-Fiction oder Fantasy. Die Kombination einer tendenziell nicht-realistischen Erzählwelt mit einer gleichzeitigen interpretatorischen Anbindung an politische Konkreta wird in vielen utopischen und dystopischen Texten durch einen verstärkten Rückgriff auf kontrafaktische Referenzstrukturen geleistet.

Dokufiktion: Die konstitutive Faktenbindung des Dokumentarismus scheint eine Einbindung kontrafaktischer Elemente zunächst auszuschließen. Für gewöhnlich versuchen dokumentarische Texte gerade nicht, von realweltlichen Fakten (kontrafaktisch) abzuweichen, sondern erheben vielmehr den Anspruch, diese realweltlichen Fakten einigermaßen adäquat – also im Modus der Faktik – zu reproduzieren.⁴³⁴ Eine Genrevariante des künstlerischen Dokumentarismus bilden allerdings Formen ‚kreativer' Dokumentarismen oder sogenannte Dokufiktionen – Begriffsbildungen, die vordergründig paradox anmuten, deren interpretatorisches Potenzial aber just aus dieser Paradoxie erwächst. So können etwa sogenannte Mockumentarys, also fiktionale Pseudo-Dokumentationen, auf kontrafaktische Referenzstrukturen zurückgreifen, um in einem parodistischen oder satirischen Modus Medienkritik zu betreiben. Auch im politischen Kabarett ist die

---

433 Vgl. Zipfel: Fiktion, Fiktivität, Fiktionalität, S. 101f.
434 Eines der Grundprobleme des Dokumentarismus, dass nämlich eine dokumentarische Faktenreproduktion die Fakten *niemals* vollkommen unverfälscht und unverkürzt darstellen kann, ist dabei zunächst ohne Belang: Wichtig ist allein die Tatsache, dass ein Dokumentarismus, der gänzlich auf eine Entsprechung zwischen Material und Darstellung verzichten würde, gar kein Dokumentarismus mehr wäre.

kontrafaktische Überzeichnung oder Verballhornung dokumentarischen Faktenmaterials weit verbreitet. Die satirisch-kabarettistische Überzeichnung einer Politikeraussage etwa lässt sich, je nach Ausmaß und Form der Realitätsabweichung, durchaus als kontrafaktische Faktenvariation begreifen. Im postmodern-selbstreflexiven Dokumentarismus von Elfriede Jelinek oder Kathrin Röggla schließlich werden dokumentarische Formate selbst zum Material eines kreativen, kontrafaktischen Dokumentarismus oder Meta-Dokumentarismus. Dokumentarismus wird hier nicht als eine Erzählform mit gesteigertem Informationswert zum Zwecke der Aufklärung eingesetzt. Stattdessen werden kontrafaktische Erzählverfahren auf bereits bestehende dokumentarische Diskurse angewandt, um sie auf diese Weise künstlerisch zu verfremden und damit (politisch) zu kommentieren.

Autofiktion: Sogenannte Autofiktionen, also fiktionalisierte oder semi-literarische Formen der Autobiografie, sind angesichts ihres konstitutiven Bezugs auf realweltliche Fakten – die Lebensdaten einer realen Person – prinzipiell fähig, kontrafaktische Elemente zu integrieren. Die transfiktionale Doppelreferenzstruktur der Kontrafaktik – also die Verbindung von indirekter Referenz auf einen realweltlichen Sachverhalt mit einer Referenz auf die binnenfiktionale Variation desselben Sachverhalts – lässt sich gut an das definierende Charakteristikum der Autofiktion anschließen, nämlich „die Verbindung von zwei sich eigentlich gegenseitig ausschließenden Praktiken: die referentielle Praxis und die Fiktions-Praxis."[435] Bedingung für eine mögliche Aktualisierung des genuin kontrafaktischen Potenzials der Autofiktion durch eine größere Leserschaft ist allerdings, dass die biografischen Sachverhalte, die innerhalb der Autofiktion variiert werden, auch unabhängig von der Autofiktion bekannt oder zumindest leicht rekonstruierbar sind. Leicht lässt sich das kontrafaktische Potential etwa bei der Variation der Biografien berühmter Persönlichkeiten erschließen (wobei hier die Übergänge zum Genre der Alternativgeschichte fließend sind).[436] Autofiktionen von weniger bekannten Autoren dürften hingegen eher selten als kontrafaktische Texte wahrgenommen werden (es sei denn, es würden sich hier kontrafaktische und fantastische Weltvergleichsverhältnisse überlagern). Ebenfalls wenig kontrafaktik-affin sind Varianten formal-selbstreflexiven, autofiktionalen Erzählens, die nicht auf erkennbare Weise faktische und kontrafaktische Aspekte der Personendarstellung miteinander kombinieren, sondern eher allgemein epistemologische oder erinnerungstheoretische Fragen verhandeln.

---

[435] Frank Zipfel: Autofiktion. Zwischen den Grenzen von Faktualität, Fiktionalität und Literarität? In: Simone Winko / Fotis Jannidis / Gerhard Lauer (Hg.): Grenzen der Literatur. Zu Begriff und Phänomen des Literarischen. Berlin 2009, S. 285–314, hier S. 311.
[436] Siehe grundlegend zur Autofiktion Martina Wagner-Egelhaaf (Hg.): Auto(r)fiktion. Literarische Verfahren der Selbstkonstruktion. Bielefeld 2013.

Schlüsselroman: Als besonders ergiebig erweist sich die Frage nach kontrafaktischen Referenzstrukturen im Falle von Schlüsselromanen, bei Romanen also, die, wie Johannes Franzen schreibt, „Personen der Alltagswirklichkeit wiedererkennbar als Figuren in ihre vordergründig fiktionale Handlung integrieren."[437] Bereits die Begriffe „Alltagswirklichkeit", „wiedererkennbar" und „vordergründig fiktional" lassen dabei gewisse Überschneidungen mit dem Vokabular der in dieser Studie vorgestellten Fiktionstheorie der Kontrafaktik erkennen. Auch beim Schlüsselroman handelt es sich um ein Erzählphänomen, das sich nicht allein durch manifeste Eigenschaften an der Textoberfläche charakterisieren lässt, sondern das wesentlich von einer bestimmten Form der Rezeption abhängt: Die fiktionale Welt des Schlüsselromans kann – wie alle fiktionalen Welten – nicht aus sich selbst heraus garantieren, dass ein konkreter Faktenbezug tatsächlich hergestellt wird (es sei denn, es würden nicht-fiktionale Paratexte beigefügt, die dann aber – ebenso wie bei der Kontrafaktik – nicht mehr eigentlich zum fiktionalen Text hinzuzählen würden[438]). Indem man einen Roman als ‚Schlüsselroman' bezeichnet, gibt man allerdings bereits zu erkennen, dass man eine Beziehung zwischen fiktionaler Person und realer Figur erkannt und für deutungsrelevant befunden hat. Die Folgefrage kann dann nur noch lauten, ob man es hier mit einer faktischen oder mit einer kontrafaktischen Personendarstellung zu tun hat (Realistik und Fantastik scheiden als Weltvergleichsverhältnisse tendenziell aus, da den Eigenschaften konkreter Personen, die eine Identifikation dieser Personen erlauben, immer der Status von Einzelinformationen und nicht nur von allgemeinen Realitätsannahmen zukommt[439]). Die Bewertung dieser Frage wird nicht zuletzt davon abhängen, welche normativen Wertungen man mit der jeweiligen Darstellung verbindet: Eine Person, die sich in einem Roman verleumdet

---

[437] Johannes Franzen: Indiskrete Fiktionen. Schlüsselromanskandale und die Rolle des Autors. In: Andrea Bartl / Martin Kraus (Hg.): Skandalautoren. Zu repräsentativen Mustern literarischer Provokation und Aufsehen erregender Autorinszenierung. Bd. 1. Würzburg 2014, S. 67–92, hier S. 77 f.

[438] Solche faktual-paratextuellen Hinweise werden im Falle von Schlüsselromanen – zumindest bei ihrer Erstveröffentlichung – so gut wie niemals von den Autoren selbst platziert, da die Autoren von Schlüsselromanen ja für gewöhnlich gerade nicht zugeben wollen, dass sie einen Schlüsselroman verfasst haben, unter anderem deswegen, weil bei der verleumdenden Darstellung realer Personen juristische Konsequenzen drohen. Man denke an den Fall von Maxim Billers Roman *Esra*. Vgl. Uwe Wittstock: Der Fall *Esra*. Ein Roman vor Gericht. Über die neuen Grenzen der Literaturfreiheit. Köln 2011.

[439] Nicht prinzipiell auszuschließen ist allerdings eine Überlagerung von Fantastik und Kontrafaktik; fantastische Schlüsselromane wären also prinzipiell vorstellbar. Siehe hierzu die Diskussion zum Status von Tolkiens Sauron/Herr der Ringe-Figur in Kapitel 5.1. Realistik, Fantastik, Kontrafaktik, Faktik.

sieht und die diesen Roman entsprechend als ‚Schlüsselroman' anprangert, bringt damit bereits implizit zum Ausdruck, dass sie eine signifikante Diskrepanz zwischen ihrer eigenen, realweltlichen Faktizität und der fiktionalen Figurendarstellung zu erkennen glaubt, dass es sich ihrer Ansicht nach hier also um eine ‚kontrafaktische' Figurendarstellung handelt (eine Unterstellung, welche die Autoren der jeweiligen Texte selbstverständlich meistens abstreiten[440]). Allerdings sind Schlüsselromane nicht grundsätzlich kontrafaktisch: Eine nicht-kontrafaktische Variante des Schlüsselromans liegt vor in Fällen, bei denen nicht die realitätsvariierende Darstellung einer bestimmten Person als skandalös empfunden wird, sondern vielmehr der Umstand, dass bestimmte sensible Informationen überhaupt – und sei es unter dem Vorwand der literarischen Fiktion – publik gemacht werden. Problematisch wäre hier nicht so sehr die (verleumderische) Faktenvariation als vielmehr die schlichte Indiskretion.

Satire: Während das Genre des Schlüsselromans prinzipiell sowohl mit faktischen als auch mit kontrafaktischen Realitätsreferenzen kompatibel ist, handelt es sich bei der fiktionalen Satire um ein Erzählverfahren, das notwendigerweise eine kontrafaktische Referenzstruktur aufweist (allerdings nur unter der Voraussetzung, dass die Satire sich auf die reale Welt und nicht auf andere fiktionale Texte bezieht: Bei Literatursatiren handelt es sich nicht um einen Fall von Kontrafaktik, sondern um einen Fall von Intertextualität).[441] Die fiktionale Satire – ein Text also, der nicht in einem isolierten satirischen Sprechakt besteht, sondern eine eigene fiktionale Welt entwirft[442] – ist gerade

---

440 Für gewöhnlich findet beim Schlüsselroman der „initiale[...] Akt der Entschlüsselung" in den Medien statt, so etwa im Falle des Skandals um Martin Walsers Roman *Tod eines Kritikers*, der durch einen offenen Brief des *FAZ*-Herausgebers Frank Schirrmacher ausgelöst wurde, in dem dieser Walser vorwarf, mit der Figur André Erl-König ein antisemitisches Portrait Marcel Reich-Ranickis gezeichnet zu haben (Franzen: Indiskrete Fiktionen. Schlüsselromanskandale und die Rolle des Autors, S. 84).
441 Albrecht etwa charakterisiert das Verfahren kontrafaktischer Imaginationen, die in „ironischer Absicht" eine bestimmte Position „karikaturistisch überzeichne[n]" als *satirische* Mimesis" (Andrea Albrecht: Kontrafaktische Imaginationen zum Logischen Empirismus. Max Horkheimer und Ludwik Fleck. In: Scientia Poetica 20 (2016), S. 364–394, hier S. 386 – Hervorhebung M. N.).
442 Bei einem isolierten Einsatz satirischen Sprechens würde es sich nicht um Kontrafaktik, sondern um einen Fall uneigentlicher Rede handeln. Eine isolierte satirische Aussage verhält sich zur Satire als fiktionale Gattung in etwa so wie die Metapher zur Gattung der Allegorie. Vgl. Urs Meyer: Metapher – Allegorie – Symbol. In: Thomas Anz (Hg.): Handbuch Literaturwissenschaft. Bd. 1: Gegenstände und Grundbegriffe. Stuttgart 2007, S. 105–110, hier S. 105.

dadurch definiert, dass sie realweltliches Faktenmaterial in kritisch-humoristischer Weise im Rahmen ihrer fiktionalen Welt variiert.[443]

Angesichts der hohen Affinität der genannten Genres zu kontrafaktischen Referenzstrukturen überrascht es nicht, dass diese Genres untereinander häufig Hybridbildungen eingehen. So wird gerade in Schlüsselromanen nicht selten auf satirische Erzählverfahren zurückgegriffen (man denke etwa an Martin Walsers Darstellung von Marcel Reich-Ranicki im Roman *Tod eines Kritikers*); Manifestationsformen des kreativen Dokumentarismus enthalten oftmals autofiktionale Elemente (bei der Diskussion von Rögglas *wir schlafen nicht* wird darauf zurückzukommen sein); und *Alternate History*, Utopie und Dystopie weisen hinsichtlich ihrer Genreentwicklung, ihrer zentralen Themen sowie ihrer Leserschaft eine bedeutende Schnittmenge auf.

5.4 Metafaktizität

Ein spezifisches Verhältnis von Fakten und Faktenabweichung ist für die Kontrafaktik als Erzählphänomen konstitutiv. Zahlreiche kontrafaktische Texte problematisieren das Verhältnis von Fakt und Erfindung jedoch nicht nur über ihren spezifischen Fiktionsstatus *als* kontrafaktische Werke, sondern auch auf der Ebene ihres narrativen Inhalts. In der Forschung ist mehrfach darauf hingewiesen worden, dass eine erstaunlich große Anzahl kontrafaktischer Texte selbst Fragen der Konstitution von Fakten, von Faktenmanipulation und von Täuschung thematisiert.[444] Diese Formen der Faktendiskussion innerhalb kontrafaktischer Werke sollen im Folgenden als ‚metafaktisch', das entsprechende Erzählphänomen als ‚Metafaktizität' bezeichnet werden.[445]

Um das mögliche Spektrum derartiger metafaktischer Reflexionen innerhalb kontrafaktischer Texte anzudeuten, kann auf einige der Referenzbeispiele zurückgegriffen werden: Als der ‚Jew Hunter' Hans Landa in Tarantinos *Inglourious Basterds* erkennen muss, dass ein Sieg der Deutschen nicht mehr möglich ist und er selbst somit Gefahr läuft, sich nach Ende des Krieges vor einem jüdischen Tribunal für seine Taten verantworten zu müssen, entschließt er sich zu einem Deal

---

[443] Siehe zur notwendigen Referenz der Satire auch Gertrud Maria Rösch: Clavis Scientiae. Studien zum Verhältnis von Faktizität und Fiktionalität am Fall der Schlüsselliteratur. Tübingen 2004, S. 79–83; Blume: Fiktion und Weltwissen, S. 207.
[444] Vgl. Helbig: Der parahistorische Roman, S. 90 f.; Hellekson: The Alternate History, S. 30 f.
[445] Siehe hierzu meine Ausführungen in Navratil: Lying in Counterfactual Fiction.

mit den ‚Basterds' und der englischen Regierung: Im Gegenzug für die Ermordung Hitlers und der NS-Führung fordert er – nebst einer beträchtlichen materiellen Rekompensation –, dass seine Verbrechen im Dienste der Nazis öffentlich als bloße Tarnaktionen ausgegeben werden und er selbst in den Rang eines Kriegsheld erhoben wird, der einen unverzichtbaren Beitrag zur Beendigung des Zweiten Weltkriegs geleistet habe. Mit der lakonischen Frage „What shall the history books read?" stellt Landa den Anführer der Basterds vor die Wahl, die skandalöse Geschichtslüge zu unterstützen und einen Hauptverantwortlichen der nationalsozialistischen Judenhetze und -vernichtung zu decken, damit aber zugleich den Krieg zu beenden – oder aber auf der Wahrheit zu beharren, auf die Gefahr hin, dass der Krieg Millionen weitere Opfer fordern könnte. Tarantinos Film verhandelt damit auf der inhaltlichen Ebene die Probleme der Geschichtsfälschung, der opportunistischen Realpolitik und des Widerstreits zwischen Utilitarismus und einer Prinzipienethik, die metonymisch mit dem totalen Signifikanten ‚Auschwitz' in Verbindung steht. Wenig überraschend wird die Option einer Geschichtslüge bezüglich des Holocaust in *Inglourious Basterds* entschieden abgelehnt.

Weniger augenfällig, dafür aber kontinuierlich über den gesamten Roman verteilt, wird das Thema der Verfügbarkeit von Fakten in Michel Houellebecqs *Unterwerfung* verhandelt. Weite Strecken des Romans bestehen aus Gesprächen des Protagonisten François mit Personen, die anscheinend über sehr viel umfassendere Informationen zur politischen Lage innerhalb des fiktiven Zukunftsfrankreich verfügen als François selbst. Die erstaunliche – und nur bedingt glaubwürdige – Ahnungslosigkeit des Protagonisten bezüglich politischer Fragen liefert in *Unterwerfung* den erzählpragmatischen Vorwand, um die gesellschaftliche Situation und vor allem die Motivationen der islamischen Partei ausführlich zu erläutern. Darüber hinaus erfüllt die Uninformiertheit des Protagonisten eine metafaktische Funktion: Der Status relevanter politischer Informationen als Geheimwissen beziehungsweise als Wissen, das nur einer kleinen Gruppe von Personen zugänglich ist, lässt sich auf die reale rechtspopulistische Angst vor einer islamistischen Verschwörung rückbeziehen, auf jene Angst also, die gerade den – oder doch einen wichtigen – Ausgangspunkt von Houellebecqs kontrafaktisch-dystopischer Zukunftsvision bildet. Ebenfalls als metafaktisches Element lässt sich die den Roman durchziehende Thematik der Manipulation medialer Nachrichten-Berichterstattung deuten, welche den rechtspopulistischen Vorwurf der ‚Lügenpresse' kontrafaktisch ausgestaltet.

Das wohl bekannteste und meistdiskutierte Beispiel der Metafaktizität innerhalb der kontrafaktischen Literatur – neben den systematischen Geschichtsklitterungen des *Ministry of Truth* in George Orwells *1984*[446] – findet sich in Philip K. Dicks Roman *The Man in the High Castle*. In der Erzählwelt von Dicks Roman wird verschiedentlich ein fiktives Werk mit dem Titel *The Grasshopper Lies Heavy* erwähnt, verfasst von einem Autor namens Hawthorne Abendsen, auch ‚das Orakel vom Berge' genannt. Während in der Welt von Dicks Roman die Nationalsozialisten den Krieg gewonnen haben und das Gebiet der USA zwischen dem Dritten Reich und dem japanischen Kaiserreich aufgeteilt wurde, erzählt Abendsens Werk *The Grasshopper Lies Heavy* vom Sieg der Achsenmächte, von der Gefangennahme Hitlers und Goebbels' und vom Aufstieg des britischen Empire zur mächtigsten Nation der Welt.

In Abbildung 3 wird diese mehrfache ‚Faktenschachtelung' in *The Man in the High Castle* schematisch dargestellt. Während es in der realen Welt unzweifelhafter Fakt ist – dargestellt durch ein großes F –, dass Nazi-Deutschland den Krieg verloren hat, haben die Nazis in Dicks Roman den Krieg gewonnen. In Abendsens Text hingegen unterliegen die Nazis im Krieg, was die Geschichtsversion seines Buches wiederum näher an die Welt der realweltlichen Leser heranrückt.[447]

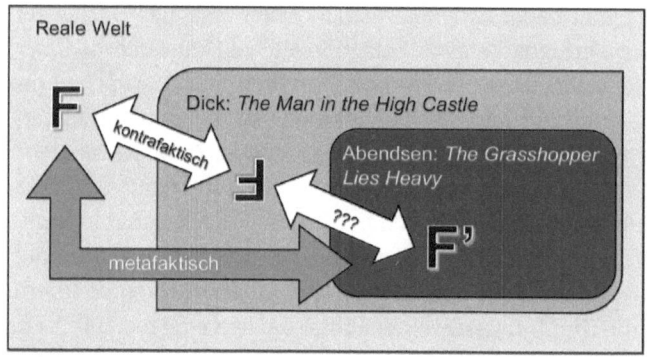

Abbildung 3: Metafaktizität in Philip K. Dicks *The Man in the High Castle*.

---

446 *1984* wurde meines Wissens bisher nicht als Beispiel kontrafaktischer Literatur diskutiert. Mit Blick auf den stalinistischen Terror, den Orwell in seinem Roman implizit kommentiert, ließen sich kontrafaktische Lesarten des Romans allerdings leicht plausibilisieren. Die kontinuierlichen Geschichtsumschreibungen des *Ministry of Truth* in Orwells Roman etwa können auf die Geschichtsklitterungen des stalinistischen Regimes bezogen werden.
447 Françoise Lavocat beschreibt diese Struktur wie folgt: „M (die reale Welt) schließt M1 ein (die Welt des Romans von Philip K. Dick), und diese schließt ihrerseits M2 ein (den Roman im Roman mit dem Titel *Schwer liegt die Heuschrecke*, der eine weitaus größere Nähe zu M als zu M1 aufweist." (Françoise Lavocat: Kontrafaktische Narrative in Geschichte und Fiktion. In: Johannes Franzen u. a. (Hg.): Geschichte der Fiktionalität. Diachrone Perspektiven auf ein kulturelles Konzept. Baden-Baden 2018, S. 253–267, hier S. 262).

Jörg Helbig bemerkt zum Buch im Buch innerhalb von Dicks Roman: „Ein einfacher Analogieschluß führt den Leser zu der Erkenntnis, das *The Grasshopper Lies Heavy* zu *The Man in the High Castle* im gleichen Bezugsverhältnis steht wie *The Man in the High Castle* zur empirischen Realität, der fiktive Autor Abendsen zum realen Autor Dick die gleiche Position bezieht, wie Dick zur Wirklichkeit."[448] Dieser ‚einfache Analogieschluss' erweist sich bei genauerer Betrachtung allerdings als allzu simpel, ja reduktiv. Während nämlich die von Dick entworfene Welt ganz offensichtlich vom enzyklopädischen Wissen über den Zweiten Weltkrieg abweicht und somit von der Warte des realweltlichen Modell-Lesers aus zweifellos als kontrafaktisch zu klassifizieren ist, bleibt der Status der von Abendsen geschilderten Welt innerhalb von Dicks Roman unklar beziehungsweise wird von unterschiedlichen Figuren unterschiedlich bewertet: Während einige Figuren Abendsens Werk als *Alternate History*-Erzählung – also als fiktionales Fantasieprodukt – betrachten, offenbart sich für die Protagonistin Juliana Frink am Ende des Romans die ‚tiefere Wahrheit' des Textes: Dies geschieht, als sie erfährt, dass Abendsen beim Verfassen des Buches das auch im sonstigen Roman allenthalben befragte Orakelbuch *I Ging* zu Rate gezogen hat, sodass es sich bei *The Grasshopper Lies Heavy* in gewissem Sinne um einen faktualen Text zu handeln scheint. Von der nationalsozialistischen Zensur wiederum wird Abendsens Buch verboten, wobei erneut unklar bleibt, ob hier lediglich eine fiktionale Erzählung zensiert wird, die das triumphale Siegernarrativ der Nazis literarisch unterminiert, oder ob nicht vielmehr faktuales Geheimwissen über den realen Kriegsverlauf unterdrückt werden soll. Der pragmatische Status des metafaktischen Textes *The Grasshopper Lies Heavy* wird in Dicks Roman somit auf reizvolle Weise in der Schwebe gehalten zwischen kontrafaktisch-fiktionalem Werk, Verschwörungstheorie und faktualer Prophetie.[449] Auch mit Blick auf seine metafaktischen Reflexionen erweist sich *The Man in the High Castle* somit als legitimer Klassiker der kontrafaktischen Geschichtsimagination, der in seiner Komplexität und interpretatorisch produktiven Ambivalenz bereits weit über die Mehrzahl der nachfolgenden Genrebeispiele hinausgeht.

In den meisten kontrafaktischen Werken beziehen sich metafaktische Diskussionen allerdings weder auf „kontra-kontrafaktische Geschichtsverläufe"[450] (wie sie ja auch bei Dick nur eingeschränkt vorliegen) noch auch auf Metakommentare zum Konstruktionscharakter literarischer oder historiografischer Rede. Metafaktische Elemente in kontrafaktischen Texten sind selbst meist weder kontrafaktisch

---
448 Helbig: Der parahistorische Roman, S. 172.
449 Vgl. Dannenberg: Coincidence and Counterfactuality, S. 208–210.
450 Helbig: Der parahistorische Roman, S. 90.

noch auch metafiktional, sondern eher non- oder postfaktisch, insofern sie sich auf die Produktion *unwahrer Aussagen mit Täuschungsabsicht* beziehen: Die Geschichtsrevisionen und die Propaganda des *Ministry of Truth* in Orwells *1984*, Hans Landas selbstnobilitierende Geschichtsfälschung in Tarantinos *Inglourious Basterds*, die Vertuschung des Genozids an den Juden in Harris' *Fatherland* und die Medienmanipulationen in Houellebecqs *Unterwerfung* – all diese Formen der Faktenmanipulation haben mit Kontra-Kontrafaktik oder Metafiktionalität weniger zu tun als mit handfesten Lügen. Problematisiert wird anhand dieser metafaktischen Elemente nicht der Status des Kontrafaktischen innerhalb kontrafaktischer Werke oder das Zustandekommen fiktionaler Aussagen; problematisiert werden vielmehr die Entstehungsbedingungen und vor allem die Wirkungen faktualer Fiktivität. Während also ein realweltlich unwahrer Sachverhalt innerhalb der fiktionalen Welt unter bestimmten Bedingungen dazu führen kann, dass ein Text der Kontrafaktik zugeschlagen wird, betrifft die metafaktische Verhandlung diegetisch unwahrer Propositionen innerhalb kontrafaktischer Texte selbst meist eher – wenn auch nicht immer – Fragen der Täuschung, Faktenmanipulation oder Lüge.

Auf scheinbar paradoxe Weise eignen sich somit gerade metafaktische Elemente als künstlerische Mittel einer Kritik an Fake News und verwandten Phänomenen: Just der epistemisch komplexe Status metafaktischer Elemente als gleichsam kategorial disparate, geschachtelte Unwahrheit – nämlich unwahre Aussagen mit Täuschungsabsicht (Lügen etc.) innerhalb von offenkundig realitätsvariierenden fiktionalen Welten (Kontrafaktik) – kann dazu beitragen, die Aufmerksamkeit zu schärfen für die oftmals entschieden negativen Effekte von Täuschung, Faktenmanipulation und Lüge innerhalb der jeweiligen Erzählwelten. Tatsächlich scheint die künstlerische Intention des Einsatzes metafaktischer Elemente häufig in der Verteidigung objektiver Wahrheit respektive einer Kritik an (politischen) Unwahrheiten und Fake News zu bestehen.[451]

Trotz einer gewissen Dominanz von Ausprägungen der Metafaktizität, die innerhalb ihrer jeweiligen fiktionalen Welt fiktive Aussageinhalte mit Täuschungsabsichten verbinden, lässt sich der genaue Fiktionsstatus metafaktischer Elemente nicht verallgemeinernd, sondern nur fallweise angeben (das oben diskutierte Beispiel aus Dicks *The Man in the High Castle* stellt ja gerade einen besonders komplexen, wenig eindeutigen Fall von Metafaktizität dar). Auf welche genaue Weise sich metafaktische Elemente in einzelnen kontrafaktischen Texten zu Fragen der Fiktionalität, Fiktivität und Literarizität verhalten, kann dabei von einiger Bedeutung sein für die Beantwortung der Frage, ob man

---

[451] Vgl. Navratil: Lying in Counterfactual Fiction.

einen kontrafaktischen Text eher der Gruppe des traditionellen, gleichsam referenzoptimistischen Romans oder aber derjenigen des selbstreflexiv-postmodernen Romans zuschlagen wird. Metafaktizität, die sich mit den vergleichsweise simplen Fragen von Täuschung und Lüge befasst, impliziert nicht notwendig ein kritisches Bewusstsein bezüglich der Zeichenhaftigkeit oder der Referenzproblematik (literarischer) Texte; Fragen von Täuschung und Lüge werden schließlich auch in den einfachsten Detektiv-Geschichten verhandelt. Metafaktische Aussagen und Textelemente hingegen, die Fragen der Literarizität, der Sprachlichkeit von Wahrheitsaussagen oder sogar des kontrafaktischen Erzählens selbst aufwerfen, rücken einen literarischen Text tendenziell in die Nähe selbstreflexiv-postmoderner Prosa, oder, im speziellen Fall des historischen Erzählens, in die Nähe dessen, was Linda Hutchon als ‚historiographic metafiction' bezeichnet hat.[452] Weder die bloße Existenz eines kontrafaktischen Textes noch auch das Vorliegen metafaktischer Elemente innerhalb dieses Textes erlaubt also an und für sich bereits eine Entscheidung darüber, ob man es hier mit einem eher konventionell-referenzoptimistischen oder mit einem referenzsubversiven, metareflexiven oder postmodernen Text zu tun hat. Welche der beiden Positionen respektive welches Mischverhältnis zwischen ihnen jeweils vorliegt, wird sich letztlich immer nur anhand des einzelnen Textes entscheiden lassen.

---

[452] Zur Einordnung kontrafaktischer historischer Romane innerhalb des Genres des historischen Romans siehe Kapitel 10. Historisches Erzählen als Kontrafaktik.

6 Zwischenbetrachtung: Kontrafaktik als Schwellenphänomen

In seinen *Vorschlägen zur Prüfung eines Romans* bestimmt Uwe Johnson den Nutzen des Romans wie folgt:

> Wozu also taugt der Roman?
> Er ist ein Angebot. Sie bekommen eine Version der Wirklichkeit.
> Es ist nicht die Gesellschaft in der Miniatur, und es ist kein maß-stäbliches Modell.
> Es ist auch nicht ein Spiegel der Welt und weiterhin nicht ihre Widerspiegelung; es ist eine Welt, gegen die Welt zu halten.
> Sie sind eingeladen, diese Version der Wirklichkeit zu vergleichen mit jener, die Sie unterhalten und pflegen. Vielleicht paßt der andere, der unterschiedliche Blick in die Ihre hinein.[453]

Johnson hat hier zwar nicht speziell den kontrafaktischen Roman im Blick. Gleichwohl könnte die Formulierung „eine Welt, gegen die Welt zu halten" als Motto über der in dieser Studie vorgestellten Theorie der Kontrafaktik stehen: Die Kontrafaktik bietet „kein maß-stäbliches Modell" der Wirklichkeit oder eine „Widerspiegelung" derselben; nichtsdestoweniger bleibt die von der Kontrafaktik präsentierte „Version der Wirklichkeit" stets auf jene Welt bezogen, deren Fakten die Kontrafaktik variiert – also auf die reale Welt. In der Kontrafaktik wird die reale Welt mit einer fiktionalen Variante ihrer selbst konfrontiert. Die Kontrafaktik erfüllt somit auf besonders exemplarische Weise jene Funktion, die Niklas Luhmann der Kunst überhaupt zuschreibt: „Mit einer zunächst sehr unscharf angesetzten Beschreibung sehen wir die Funktion der Kunst in der *Konfrontierung der (jedermann geläufigen) Realität mit einer anderen Version derselben Realität*. Die Kunst lässt die Welt in der Welt erscheinen".[454]

Kontrafaktik, so wurde argumentiert, zeichnet sich durch eine Variation realweltlichen Faktenmaterials innerhalb fiktionaler Medien aus. Unter dem Begriff Kontrafaktik wurde eine genuin künstlerische, oder genauer: künstlerisch-fiktionale Variante kontrafaktischen Denkens profiliert, die sich in wesentlichen Punkten von den Ausprägungen und epistemischen Bedingungen kontrafaktischen

---

453 Uwe Johnson: Vorschläge zur Prüfung eines Romans. In: Eberhard Lämmert u. a. (Hg.): Romantheorie. Dokumentation ihrer Geschichte in Deutschland seit 1880. Königstein im Taunus ²1984, S. 398–403, hier S. 402f.
454 Niklas Luhmann: Das Kunstwerk und die Selbstproduktion der Kunst. In: Hans Ulrich Gumbrecht / Karl Ludwig Pfeiffer (Hg.): Stil. Geschichten und Funktionen eines kulturwissenschaftlichen Diskurselements. Frankfurt a. M. 1986, S. 620–672, hier S. 624.

Denkens in faktual-argumentativen Zusammenhängen unterscheidet. Einerseits wurde dabei für eine gegenstandsspezifische und disziplinäre Einhegung des Phänomens votiert, andererseits der theoretische Einzugsbereich des Kontrafaktischen innerhalb der Literatur entschieden ausgeweitet. Ein genremäßig neutrales, fiktionstheoretisches Verständnis des Erzählphänomens löst die alleinige Bindung des fiktionalen kontrafaktischen Erzählens an das Genre der *Alternate History* auf, sodass das gesamte Spektrum signifikanter Realitätsvariationen in der Literatur und potenziell auch in anderen fiktionalen Medien in den Blick gerät. Eine derartige Betrachtungsweise ermöglicht einen fiktionstheoretisch fundierten Vergleich zwischen so unterschiedlichen Erzählphänomenen und Genres wie der Alternativgeschichte, der Utopie und Dystopie, der Satire, dem Schlüsselroman, potenziell aber auch der Fantasy, der Metapher, dem Verfremdungseffekt, dem unzuverlässigen Erzählen sowie weiteren amimetischen oder realitätsvariierenden Erzählverfahren und Textsorten.

Da es sich bei der Kontrafaktik um ein Rezeptionsphänomen handelt, bilden kontrafaktische Interpretationen, mit Johnson zu sprechen, immer nur ein „Angebot". Damit kontrafaktische Interpretationen gelingen oder überhaupt nur möglich sind, bedarf es, wie Umberto Eco schreibt, eines „Zusammenspiel[s] *glücklicher Bedingungen*"[455]: So setzt die Kontrafaktik eine ganze Reihe *epistemischer* Rahmenannahmen voraus, etwa eine verbindliche Enzyklopädie, ein referenzoptimistisches Literaturverständnis, die Möglichkeit einer Trennung zwischen realer und fiktionaler Welt etc.; sie ist ferner abhängig von bestimmten *kulturellen* und *regionalen* Beschränkungen des Wissenshorizonts einer Gesellschaft; und sie verändert die Möglichkeiten ihrer Aktualisierung im Verhältnis zur *Temporalität* ihrer Rezeption. Entsprechend tendiert der kontrafaktische ‚Gehalt' konkreter Texte – ungeachtet der klar umgrenzten fiktionstheoretischen Definition der Kontrafaktik – stets dazu, von anderen Erzählphänomenen absorbiert und dabei zum Verschwinden gebracht zu werden. Im Falle, dass die transfiktionalen Doppelreferenzen der Kontrafaktik nicht (mehr) erkannt werden, können ursprünglich als kontrafaktisch intendierte Elemente in den Bereich eines der drei anderen grundlegenden real-fiktionalen Weltvergleichsverhältnisse – der Realistik, Fantastik oder Faktik – abgleiten. Diese Designation wiederum kann Einfluss auf die Genrezuordnung nehmen: Je nachdem, welche Konzeption von Fakten oder Wissen als die jeweils gültige angesehen wird, kann sich derselbe Text etwa für den einen Leser eher als realistischer historischer Roman, für einen zweiten als kontrafaktischer Roman und für einen dritten als eine Form historiografischer Metafiktion darstellen – wiewohl diese drei Optionen untereinander partiell inkompatibel sind.

---

[455] Eco: Lector in fabula, S. 76.

Insgesamt hängt die erfolgreiche Aktualisierung des kontrafaktischen Potenzials eines künstlerischen Textes von einer ganzen Reihe begünstigender Kontextfaktoren ab. Sind diese Faktoren nicht oder nicht mehr in hinreichendem Maße gegeben, so verflüchtigt sich das Erzählphänomen wieder; schließlich kann Kontrafaktik am Text alleine niemals zuverlässig nachgewiesen werden. Ein in so hohem Maße rezeptions- und kontextsensitives Phänomen wie die Kontrafaktik wird also unausweichlich ein Schwellenphänomen darstellen, das allenthalben in andere Erzählphänomene übergeht. Diese Übergängigkeit der Kontrafaktik zu anderen Erzählphänomenen ist dabei jedoch keine Folge unzureichender Theoretisierung; im Gegenteil ist sie systematisch immer schon angelegt in einer Theorie, die ihren Untersuchungsgegenstand als abhängig von Prozessen der Rezeption und Interpretation begreift.

Eine Konstatierung weicher Ränder bildet – zumal in der Kunsttheorie – keinen grundsätzlichen Einwand gegen die Verwendung einer Kategorie, sondern kann allenfalls als Mahnung dienen, die analytische Leistungsfähigkeit ebendieser Kategorie immer wieder von Neuem auf den Prüfstand zu stellen, bei prototypischen ebenso wie bei eher peripheren Beispielen. Dabei können das Scheitern einer Kategorie sowie die Gründe dieses Scheiterns im konkreten Fall mitunter aufschlussreicher sein als ihre neuerliche erfolgreiche Applikation.[456] Gerade weil es sich bei der Kontrafaktik um ein Schwellenphänomen handelt, werden Vorliegen und Funktion kontrafaktischer Elemente sich schlussendlich – und damit sei das hermeneutische Leitmotiv der hier angestellten Überlegungen ein letztes Mal aufgerufen – immer nur im Rahmen von Einzelinterpretationen plausibilisieren lassen.

---

[456] So bemerkt Gabriel zum Vorgehen in einer „hermeneutischen Wissenschaft wie der Literaturwissenschaft": „Hier stehen Definitionen weniger am Anfang, sondern eher am Ende der Untersuchung. Wir gehen nicht erst nach der Definition unserer Termini zu eigentlicher wissenschaftlicher Arbeit über, etwa der Ableitung oder Begründung von Aussagen. Vielmehr ist es umgekehrt so, daß Definitionen das zusammengefaßte Ergebnis der literaturwissenschaftlichen Arbeit selbst darstellen. [...] Sorgfältige Explikationen solcher Gattungsbegriffe wie ‚Parodie' oder ‚Aphorismus' machen ganze Bücher aus und lassen sich nicht auf ihre definitorischen Ergebnisse reduzieren. Die weitere Arbeit mit ihnen ist nicht so zu denken, daß sie die exakten terminologischen Voraussetzungen für deduktive Schlußfolgerungen liefern, sondern so, daß sie selbst in neuen Untersuchungen unter Einschluß neuer Explikationen auf ihre Angemessenheit hin überprüft werden." (Gabriel: Wie klar und deutlich soll eine literaturwissenschaftliche Terminologie sein?, S. 129).

Teil 2: **Kontrafaktik und politisches Schreiben in der Gegenwart**

Bis zu diesem Punkt war das Anliegen der vorliegenden Studie vorwiegend ein theoretisches, namentlich die fiktions- und interpretationstheoretische Modellierung der Kontrafaktik. Verweisen auf einzelne künstlerische Werke kam dabei vor allem eine illustrative Funktion im Verhältnis zu allgemeineren, theoretischen Überlegungen zu. Die Auseinandersetzung mit Werken der Kontrafaktik war also der Theorieentwicklung untergeordnet. In den folgenden beiden Abschnitten der Arbeit soll dieses Hierarchieverhältnis nun gewissermaßen umgekehrt werden: Der Fokus im zweiten und dritten Teil der Arbeit liegt auf den künstlerischen Funktionen der Kontrafaktik, den Möglichkeiten ihres Einsatzes in bestimmten Genres, auf kontrafaktik-assoziierten Poetiken einzelner Autoren sowie insbesondere auf konkreten kontrafaktisch erzählten Werken. Es wird sich dabei zu erweisen haben, inwiefern die vorgestellte Theorie der Kontrafaktik zur Vermehrung und Verfeinerung des interpretatorischen Ertrags bei der Analyse und Deutung künstlerischer Werke beizutragen vermag.

Die nachfolgenden Beobachtungen zu Literaturgeschichte, Autoren und einzelnen Texten dienen, neben ihrer Bedeutung als hermeneutische Erläuterungen einzelner Werke, zugleich der Plausibilisierung einer übergeordneten These: Gezeigt werden soll, dass sich die Kontrafaktik als *Verfahren politischen Schreibens* in herausgehobenem Maße als produktiv erweist. Sowohl aus literarhistorischen wie auch aus fiktionstheoretischen Gründen bietet sich die Kontrafaktik als Verfahren politischen Schreibens besonders an und wird in dieser Funktion innerhalb der Gegenwartsliteratur auch intensiv genutzt. Ehe diese These im dritten Teil der Arbeit anhand spezifischer Genres, Autoren und Texten erhärtet wird, sollen im zweiten Teil zunächst einige grundlegenden Überlegungen zum Verhältnis von politischem Schreiben, Kontrafaktik und Gegenwartsliteratur angestellt werden. Dieser Teil bildet gewissermaßen das Bindeglied zwischen Theorie- und Interpretationsteil der Arbeit, insofern er die theoretische, referenzstrukturelle Beschreibung der Kontrafaktik an eine bestimmte ästhetische ‚Funktion' – nämlich diejenige des politischen Gegenwartskommentars – bindet. Diese Funktion wird dann auch im Rahmen der einzelnen Werkdeutungen im Zentrum stehen. Darüber hinaus berücksichtigen die nachfolgenden Überlegungen auch bereits in gewissem Maße konkrete literarhistorische Entwicklungen.

In einem ersten Abschnitt wird das Verständnis des ‚politischen Schreibens' erläutert, wie es dieser Studie zugrunde liegt. Dabei wird ganz bewusst keine abschließende Begriffsdefinition geliefert. Stattdessen wird für eine offene, kontextsensitive Begriffsverwendung des ‚Politischen' plädiert. Ein zweiter Abschnitt bietet einen knappen Abriss zum Verhältnis von realistischem, amimetischem (insbesondere fantastischem) und politischem Schreiben nach 1945 und vor allem seit der deutschen Wiedervereinigung. Hier soll gezeigt werden, dass der gegen amimetische, nicht-realistische Erzählformen immer wieder erhobene

Vorwurf des Eskapismus – die These also, nicht-realistisch erzählte Werke beförderten eine Flucht aus der Realität und seien mithin inhärent apolitisch – mit Blick auf die jüngere Gegenwartsliteratur an Stichhaltigkeit eingebüßt hat. Seit der Jahrtausendwende werden auch amimetische Erzählverfahren intensiv als Formen politischen Schreibens genutzt. In einem dritten Abschnitt soll schließlich aus einer mehr theoretischen Perspektive dargelegt werden, weshalb sich die Kontrafaktik als Verfahren politischen Schreibens in besonderer Weise anbietet. Hierzu wird auf Überlegungen aus dem Bereich der Psychologie, Historiografie und Fiktionstheorie zurückgegriffen. In diesem Zusammenhang soll auch auf die unterschiedliche politische Valenz der Kontrafaktik im Gegensatz zur Fantastik eingegangen werden, die sich, wie zu zeigen sein wird, partiell aus dem spezifischen Fiktionsstatus der beiden Erzählphänomene erklären lässt.

7 Politisches Schreiben: Kein Klärungsversuch

Nachdem die Literaturwissenschaft in den 1990er Jahren und zum Teil auch noch über die Jahrtausendwende hinaus ein vergleichsweise geringes Interesse an politischen Fragestellungen gezeigt hatte, lässt sich seit einigen Jahren ein regelrechter Boom der Forschung rund um das politische Schreiben verzeichnen. Jüngere literaturwissenschaftliche Arbeiten zum Thema beschäftigen sich mit Fragen der politischen Autorschaft[457], mit politischen Erinnerungsdiskursen in der Literatur[458], mit der Aktualität des Engagement-Konzepts[459], mit Formen subversiver Literatur[460], mit dem Politischen im Werk einzelner Autoren[461] sowie allgemein mit Konzepten politischer Literatur und politischen Schreibweisen.[462] In der literaturwissenschaftlichen Diskussion um das politische Schreiben der letzten Jahre ist dabei zusehends deutlich geworden, dass sich ein übergreifender, sämtliche Manifestationen des politischen Schreibens umfassender Begriff der ‚politischen Literatur' wohl nicht wird definieren lassen. Claas Morgenroth etwa kommt am Ende seiner Studie zur politischen Gegenwartsliteratur zu dem ebenso überzeugenden wie analytisch unverbindlichen Schluss, dass „‚Politik' respektive ‚das Politische' begrifflich umkämpft sind, und zwar in einem Maße, das empfiehlt, die Rede von politischer Literatur so vorsichtig wie ergebnisoffen zu führen."[463]

---

[457] Vgl. Matthias Schaffrick: In der Gesellschaft des Autors. Religiöse und politische Inszenierungen von Autorschaft. Heidelberg 2014; Carolin John-Wenndorf: Der öffentliche Autor. Über die Selbstinszenierung von Schriftstellern. Bielefeld 2014; Sabrina Wagner: Aufklärer der Gegenwart. Politische Autorschaft zu Beginn des 21. Jahrhunderts. Juli Zeh, Ilija Trojanow, Uwe Tellkamp. Göttingen 2015.
[458] Vgl. Morgenroth: Erinnerungspolitik und Gegenwartsliteratur.
[459] Vgl. Thomas Wagner: Die Einmischer. Wie sich Schriftsteller heute engagieren. Hamburg 2010; Brokoff / Geitner / Stüssel (Hg.): Engagement. Konzepte von Gegenwart und Gegenwartsliteratur.
[460] Vgl. Thomas Ernst u. a. (Hg.): SUBversionen. Zum Verhältnis von Politik und Ästhetik in der Gegenwart. Bielefeld 2008; Thomas Ernst: Literatur und Subversion: Politisches Schreiben in der Gegenwart. Bielefeld 2013; Tobias Gerber / Katharina Hausladen (Hg.): Compared to What? Pop zwischen Normativität und Subversion. Wien 2017.
[461] Vgl. Johannes Stobbe: Die Politisierung des Archaischen. Studien zu Transformationen der griechischen Tragödie im deutsch- und englischsprachigen Drama und Theater seit den 1960er Jahren. Bielefeld 2017; Mareike Gronich: Das politische Erzählen. Zur Funktion narrativer Strukturen in Wolfgang Koeppens „Das Treibhaus" und Uwe Johnsons „Das dritte Buch über Achim". Paderborn 2019.
[462] Vgl. Christine Lubkoll / Manuel Illi / Anna Hampel (Hg.): Politische Literatur. Begriffe, Debatten, Aktualität. Stuttgart 2018; Stefan Neuhaus / Immanuel Nover (Hg.): Das Politische in der Literatur der Gegenwart. Berlin / Boston 2019; Hans Adler / Sonja E. Klocke (Hg.): Protest und Verweigerung. Neue Tendenzen in der deutschen Literatur seit 1989 / Protest and Refusal. New Trends in German Literature since 1989. Paderborn 2019.
[463] Morgenroth: Erinnerungspolitik und Gegenwartsliteratur, S. 278.

Open Access. © 2022 Michael Navratil, publiziert von De Gruyter. Dieses Werk ist lizenziert unter einer Creative Commons Namensnennung - Nicht-kommerziell - Keine Bearbeitung 4.0 International Lizenz.
https://doi.org/10.1515/9783110763119-009

Der Umstand, dass sich keine trennscharfe Definition dessen angeben lässt, was politische Literatur überhaupt ist, scheint die literaturwissenschaftliche Auseinandersetzung mit konkreten Manifestationen politischen Schreibens eher gefördert als behindert zu haben. Tatsächlich besteht die gängige – und durchaus erfolgreiche – Praxis in der Literaturwissenschaft in einem stark induktiven Vorgehen, das einzelne Texte, Autorenwerke und Rezeptionssituationen in ihrem komplexen Zusammenspiel beschreibt, ohne dabei notwendigerweise auf eine allgemeingültige Definition politischen Schreibens zurückzugreifen oder eine solche erarbeiten zu wollen.[464] Ein solchermaßen ergebnisoffener Umgang mit dem Politischen in der Literatur kann sich dabei auf Theoriepositionen der jüngeren philosophischen Ästhetik berufen. So betont etwa Jacques Rancière, dass Literatur nicht einfach die gegebenen Einteilungen des realen politischen Raumes reproduziere. Stattdessen impliziere der Ausdruck „‚Politik der Literatur' […], dass die Literatur als Literatur in diese Einteilung der Räume und der Zeiten, des Sichtbaren und des Unsichtbaren, der Sprache und des Lärms eingreift. Sie greift in dieses Verhältnis zwischen den Praktiken, den Formen der Sichtbarkeit und der Sprechweisen ein, die eine oder mehrere Welten zerteilen."[465] Da also das Politische der Literatur wesentlich von der Literatur selbst konfiguriert wird, verbietet sich eine Vorab-Definition desselben, etwa im Abgleich mit Philosophie, Politikwissenschaft oder gar Tagespolitik.

Die einzige allgemein-begriffliche Bestimmung des politischen Schreibens, die sich wohl einigermaßen gefahrlos angeben lässt (und die sich gewissermaßen aus der Etymologie des Begriffs ‚politisch' selbst ableitet), ist die folgende: Die politische Interpretation eines Textes oder einer textassoziierten Praxis ist eine solche, die erstens über rein individuelle Anliegen hinausgehen und sich mit Fragen von allgemeinerer Relevanz auseinandersetzt, die also Problemlagen behandelt, die eine größere Gruppe von Menschen oder eine Gesellschaft als Ganzes betreffen; und die zweitens mit normativen Setzungen oder Anspruchshaltungen verbunden ist. Eine völlig wertungsindifferente Deutung eines fiktionalen Textes wäre schwerlich als politisch zu bezeichnen.[466] Die kürzeste

---

464 Vgl. Christine Lubkoll / Manuel Illi / Anna Hampel: Politische Literatur. Begriffe, Debatten, Aktualität. Einleitung. In: Dies. (Hg.): Politische Literatur. Begriffe, Debatten, Aktualität. Stuttgart 2018, S. 1–10, hier S. 2f.
465 Jacques Rancière: Politik der Literatur. 2., überarbeitete Aufl. Wien 2011, S. 14.
466 Sabrina Wagner setzt eine ähnliche Definition des Politischen an: „‚Politisch' meint […] eine Auseinandersetzung mit und ein Sich-in-Beziehung-Setzen zur Gesellschaft über das Private bzw. die reine Selbstbezüglichkeit hinaus. ‚Politisch' bezeichnet den Versuch der Einflussnahme und das Einschreiben in Diskurse, die die gesellschaftliche wie öffentliche Ordnung des menschlichen Gemeinwesens betreffen." (Wagner: Aufklärer der Gegenwart, S. 33).

Definition des politischen Schreibens wäre entsprechend diejenige als *das sozial Normative in der Literatur*.

Der hier zugrunde gelegte Begriff des Politischen geht entschieden über die Definition des Politischen im Sinne der Politik staatlicher Institutionen hinaus.[467] In der politikwissenschaftlichen Diskussion hat sich für die Unterscheidung zwischen einem engen, institutionellen Politikbegriff und einem weiten, häufig dezidiert institutionenkritischen Politikbegriff die Rede von der ‚politischen Differenz' etabliert.[468] So spricht Jacques Rancière von der konsensorientierten Staatsmacht als „Polizei" im Gegensatz zur dissensorientierten „Politik", deren Anliegen es sei, Strukturen sozialer Ungerechtigkeit zu überwinden.[469] Eine konzise Zusammenfassung der Unterscheidung zwischen *dem* Politischen und *der* Politik bietet Pierre Rosanvallon:

> Indem ich substantivisch von *dem* Politischen spreche, qualifiziere ich damit sowohl eine Modalität der Existenz des gemeinsamen Lebens als auch eine Form kollektiven Handelns, die sich implizit von der Ausübung *der* Politik unterscheidet. Sich auf das Politische und nicht auf die Politik beziehen, das heißt von Macht und von Gesetz, von Staat und der Nation, von der Gleichheit und Gerechtigkeit, von der Identität und der Differenz, von der *citoyenneté* und Zivilität, kurzum: heißt von allem sprechen, was ein Gemeinwesen jenseits unmittelbarer parteilicher Konkurrenz um die Ausübung von Macht, tagtäglichen Regierungshandelns und des gewöhnlichen Lebens der Institutionen konstituiert.[470]

In diesem breiten Sinne verstanden sind alle der im Folgenden zu analysierenden Texte und Textpraktiken, ungeachtet ihrer großen Unterschiedlichkeit im Detail, als ‚politisch' anzusehen.[471]

---

[467] Wenn etwa Frank Schirrmacher im Jahre 2011 fordert, die Literatur müsse sich „dem politischen Diskurs einer Epoche zuwenden" – und damit durchaus den Diskurs institutionalisierter Politik meint –, so wird der Begriff der politischen Literatur auf problematische Weise eingeengt (Frank Schirrmacher: Literatur und Politik. Eine Stimme fehlt. In: Frankfurter Allgemeine Zeitung, 18.03.2011).
[468] Vgl. Oliver Marchart: Die politische Differenz. Zum Denken des Politischen bei Nancy, Lefort, Badiou, Laclau und Agamben. Berlin 2010.
[469] Vgl. Jacques Rancière: Das Unvernehmen. Frankfurt a. M. 2002. Siehe speziell zur Kunst ders.: Die Aufteilung des Sinnlichen. Die Politik der Kunst und ihre Paradoxien. 2., durchgesehene Aufl. Berlin 2008; ders.: Politik der Literatur.
[470] Pierre Rosanvallon: Pour une histoire conceptuelle du politique. Paris 2003, S. 14. Übersetzung zitiert nach Marchart: Die politische Differenz, S. 13.
[471] Zurecht betonen Stefan Neuhaus und Immanuel Nover, dass „die Öffnung von der Politik in das Politische eine trennscharfe Definition [verunmöglicht], die politische von unpolitischen Texten zu scheiden vermag." (Stefan Neuhaus / Immanuel Nover: Einleitung: Aushandlungen des Politischen in der Gegenwartsliteratur. In: Dies. (Hg.): Das Politische in der Literatur der Gegenwart. Berlin / Boston 2019, S. 3–16, hier S. 6).

Anstatt von politischer Literatur im Allgemeinen zu sprechen, kann natürlich auch auf spezifischere Begriffe wie etwa ‚Tendenzliteratur', ‚Engagement' oder ‚Subversion' zurückgegriffen werden. Diese Begriffe erlauben – eine hinreichend klare Bestimmung vorausgesetzt – eine engere Umgrenzung des zu untersuchenden Textkorpus. Zugleich bringen solche spezifischen Konzepte aber stets die Gefahr mit sich, dass nur noch ein kleiner Ausschnitt dessen, was plausibel als ‚politisches Schreiben' bezeichnen werden kann, überhaupt in den Blick gerät, sodass das Korpus der untersuchten Texte an Repräsentationskraft einbüßt. Hinzu kommt die Schwierigkeit, dass gerade traditionsreiche und besonders hochfrequent verwendete Begriffe wie etwa ‚Engagement', ‚Tendenzliteratur' oder ‚eingreifendes Denken' in Literaturwissenschaft und Literaturkritik nicht einheitlich gebraucht werden, was angesichts ihrer teils wechselvollen Geschichte auch kaum erwartbar ist.[472]

Insbesondere der Begriff der ‚engagierten Literatur', der häufig auf Jean-Paul Sartre zurückgeführt und in der deutschsprachigen Diskussion nicht selten als Oberbegriff für politischer Literatur überhaupt verwendet wird, erweist sich bei genauerer Betrachtung als geradezu verzweifelt vieldeutig. Helmut Peitsch macht darauf aufmerksam, dass bereits bei Sartre selbst eine „Polyvalenz des Begriffs in *Qu'est-ce que la littérature?*" zu beobachten ist.[473] Nikolaus Wegmann betont darüber hinaus, dass „Jean Paul Sartres [...] Definition einer ‚littérature engagée' [...] weder in Frankreich noch gar in Deutschland oder in den USA verbindlich geworden [ist]".[474] Tatsächlich offenbart eine Durchsicht der einzelnen historischen Belege eine stark uneinheitliche Begriffsverwendung.[475] Beim mitunter

---

[472] So betonen Lubkoll, Illi und Hampel, dass die genannten „literaturwissenschaftliche[n] Begriffe und Termini [...] bis in den gegenwärtigen Gebrauch hinein unscharf [erscheinen], sind sie doch in ihren impliziten Setzungen eng mit ihrem jeweiligen historischen Entstehungskontext verschränkt und können ohne diesen nicht verstanden bzw. eingeordnet werden." (Lubkoll / Illi / Hampel: Einleitung, S. 2).
[473] Helmut Peitsch: Engagement/Tendenz/Parteilichkeit. In: Karlheinz Barck u. a. (Hg.): Ästhetische Grundbegriff. Historisches Wörterbuch in sieben Bänden. Bd. 2. Stuttgart 2001, S. 178–223, hier S. 209.
[474] Nikolaus Wegmann: Engagierte Literatur? Zur Poetik des Klartexts. In: Jürgen Fohrmann / Harro Müller (Hg.): Systemtheorie und Literatur. München 1996, S. 345–365, hier S. 353.
[475] Zur wechselvollen Rezeption des Engagement-Konzepts in der deutschen Nachkriegsliteratur siehe Helmut Peitsch: Die Gruppe 47 und das Konzept des Engagements. In: Stuart Parkes / John J. White (Hg.): The Gruppe 47 Fifty Years On. A Re-Appraisal of its Literary and Policital Significance. Amsterdam / Atlanta 1999, S. 25–51; ders.: Zur Rolle des Konzepts ‚Engagement' in der Literatur der 90er Jahre: „ein gemeindeutscher Ekel gegenüber der ‚engagierten Literatur'"? In: Gerhard Fischer / David Roberts (Hg.): Schreiben nach der Wende. Ein Jahrzehnt deutscher Literatur, 1989–1999. Tübingen 2001, S. 41–48. Zum aktuellen Stand der

geradezu reflexhaften Rekurs auf Sartres (vermeintliches) Konzept einer ‚*littérature engagée*' wird diese verwirrende Komplexität meist unterschlagen.

Nun spricht freilich wenig dagegen, im konkreten Fall schlicht die normative Kraft des Faktischen anzuerkennen und den Begriff des Engagements in seiner gut eingeführten Verwendungsweise (welche mit Sartres Konzept allerdings nicht mehr viel gemein hat) weiterzuverwenden. Die deutschsprachige Begriffsverwendung fasst Sabrina Wagner wie folgt zusammen: „‚Engagiert' meint die eindeutige Bezugnahme der Autoren auf gesellschaftlich-politische Kontexte mit dem Ziel der Aufklärung zum einen und der Veränderung des Status quo zum anderen."[476] Dass mit dieser Definition von Engagement wiederum nicht das komplette Spektrum möglicher Formen politischen Schreibens abgedeckt ist, sollte auf der Hand liegen.

Eine grundsätzliche Herausforderung bei der Bestimmung ‚politischer Literatur' besteht darin, dass man es hier mit einem mehrgliedrigen, stark rezeptions- und kontextabhängigen Phänomen zu tun hat. „*Politisch ist*", so konstatiert Wolfgang Braungart, „*was in kommunikativen Prozessen als politisch gilt und als politisch gestaltet, wahrgenommen und erfahren wird. Seit jeher werden die Künste von diesen Kommunikationsprozessen, in denen sich das Politische konstituiert, in Anspruch genommen.*"[477] Bei der Bestimmung eines Textes als ‚politisch' handelt es sich also – nicht anders übrigens als bei der Bestimmung eines Textes als ‚kontrafaktisch' – um einen rezeptionsseitigen Zuschreibungsprozess. Dieser Zuschreibungsprozess kann von bestimmten inhaltlichen oder formalen Aspekten des in Frage stehenden Werks zwar angeregt, nicht aber zuverlässig präjudiziert werden (eine ‚apolitische' Rezeption eines bestimmten Werkes ist prinzipiell immer möglich). ‚Politisch' wird ein Text immer nur durch Vermittlung mit einem bestimmten Kontext. Die Analyse einer politischen Ästhetik erfordert mithin, wie Helmut Fahrenbach schreibt, „über eine werkimmanente Ästhetik hinaus auch eine kunstsoziologische und eine kommunikations-ästhetisch umfassende Betrachtungsweise".[478] So sind leicht Fälle vorstellbar, bei denen ein Autor mit einem Roman oder Gedicht zwar eine politische Wirkung anstrebt, diese Wirkung aber komplett ausbleibt. Es stellt sich dann die

---

Engagement-Diskussion siehe Ursula Geitner: Stand der Dinge: Engagement-Semantik und Gegenwartsliteratur-Forschung. In: Jürgen Brokoff / Ursula Geitner / Kerstin Stüssel (Hg.): Engagement. Konzepte von Gegenwart und Gegenwartsliteratur. Göttingen 2016, S. 19–58.
476 Wagner: Aufklärer der Gegenwart, S. 35.
477 Wolfgang Braungart: Ästhetik der Politik, Ästhetik des Politischen. Ein Versuch in Thesen. Göttingen 2012, S. 16.
478 Helmut Fahrenbach: Ist ‚politische Ästhetik' – im Sinne Brechts, Marcuses, Sartres – heute noch relevant? In: Jürgen Wertheimer (Hg.): Von Poesie und Politik. Zur Geschichte einer dubiosen Beziehung. Tübingen 1994, S. 355–383, hier S. 368.

Frage, ob man es in einem solchen Falle überhaupt noch mit einem politischen Werk zu tun hat. Umgekehrt können Texte, die produktionsseitig keinerlei politischen Anspruch aufweisen, rezeptionsseitig durchaus als politische Werke wahrgenommen werden, etwa weil sich die historischen Rahmenbedingungen geändert haben. Auch kann die Behauptung der Kunstautonomie selbst als politische Geste empfunden werden; dies ist bekanntermaßen die gewagte dialektische Volte in Adornos *Engagement*-Essay: „Jedes Engagement für die Welt muß gekündigt sein, damit der Idee eines engagierten Kunstwerks genügt werde".[479]

Nicht zuletzt spielen bei der politischen Literatur Fragen der auktorialen Poetik und Autorinszenierung eine Rolle. Autoren sind als Akteure im politischen und literarischen Feld oder als öffentliche Intellektuelle für die Rezeption ‚politischer' Texte von so großer Bedeutung, dass die politische Dimension von Literatur in der Forschung mitunter ganz vorwiegend auf die Ebene der politischen Autorschaft verlegt wurde.[480] Eine völlige Entkopplung von literarischem Text und Autorschaft erscheint freilich wenig sinnvoll, wenn weiterhin von politischer *Literatur* gesprochen werden soll.[481] Für die Literaturwissenschaft von Interesse sind letztlich vor allem die Abhängigkeitsverhältnisse zwischen (politischen) Texten und (politischer) Autorschaft. Bei der gemeinsamen Betrachtung von Text und Aspekten der Autorschaft kann sich etwa zeigen, dass explizite und implizite Poetik auseinanderklaffen, dass also ein in poetologischen Schriften – beispielsweise in

---

[479] Adorno: Engagement, S. 425 f.
[480] So vertritt etwa Christian Sieg die Ansicht, dass „die politische Dimension der Literatur zwischen 1945 und 1990 nicht adäquat gefasst werden kann, wenn man sie als ‚engagiert' charakterisiert. Die Analyse politischer Autorschaft hingegen ist durchaus in der Lage, das Politische der Literatur adäquat zu fassen." (Christian Sieg: Die ‚engagierte Literatur' und die Religion. Politische Autorschaft im literarischen Feld zwischen 1945 und 1990. Berlin / Boston 2017, S. 11).
[481] In einem bedeutenden Teil der neueren literaturwissenschaftlichen Forschung zum politischen Schreiben lässt sich eine Tendenz zur literatursoziologischen Vereinseitigung in Richtung Autorschaft beobachten: Einschlägige Studien befassen sich etwa mit Praktiken auktorialer Selbstinszenierung, mit Literaturskandalen, dem politischen Agieren und politischen Selbstverständnis von Autoren oder mit der Verbindung von politischer und religiöser Autorschaftssemantik. Die ästhetische Organisation der literarischen Texte gerät demgegenüber eher aus dem Blick. Vgl. etwa Lucas Marco Gisi / Urs Meyer / Reto Sorg (Hg.): Medien der Autorschaft. Formen literarischer (Selbst-)Inszenierung von Brief und Tagebuch bis Fotografie und Interview. München 2013; John Wenndorf: Der öffentliche Autor; Andrea Bartl / Martin Kraus (Hg.): Skandalautoren. Zu repräsentativen Mustern literarischer Provokation und Aufsehen erregender Autorinszenierung. 2 Bde. Würzburg 2014; Wagner: Aufklärer der Gegenwart; Schaffrick: In der Gesellschaft des Autors. Eine extreme Gegenposition zum wissenschaftlichen Fokus auf Autorschaftsinszenierungen etc. – die ihrerseits wiederum nicht unproblematisch erscheint – vertritt Jacques Rancière: „Die Politik der Literatur ist nicht die Politik der Schriftsteller. Sie betrifft nicht deren persönliches Engagement in politischen oder sozialen Kämpfen ihrer Zeit." (Rancière: Politik der Literatur, S. 13).

Poetikvorlesungen – erhobener politischer Anspruch in den eigentlichen literarischen Texten nicht oder doch nicht auf genau jene Weise umgesetzt wird, wie es der Autor selbst behauptet. Angesichts eines derart komplexen Phänomens wie der politischen Ästhetik, die nicht zuletzt bei der Generierung symbolischen Kapitals von Schriftstellern eine wichtige Rolle spielt, kann es kaum überraschen, dass explizite Autorpoetik und implizite Werkpoetik mitunter auseinanderklaffen.

Festzuhalten ist, dass beim politischen Schreiben überaus komplexe Interaktions- und Rückkopplungseffekte zwischen den eigentlichen literarischen Texten, ihrer Rezeption, der expliziten Poetik der Autoren, den diversen Manifestationsformen politischer Autorschaft sowie vielfältigen gesellschaftlich und historisch spezifischen Kontextfaktoren vorliegen. Anstatt eine knappe und trennscharfe Definition des politischen Schreibens anzusetzen, wird man sich entsprechend eher auf kategorial mehrstufige Beschreibungsprozesse, mitunter sogar auf mutual widersprüchliche Teildefinitionen einlassen müssen.

Es kann hier nicht der Versuch unternommen werden, die multisystemische Einbindung politischen Schreibens abschließend zu modellieren. Zu leisten wäre eine solche Modellierung unter den aktuell intensiv betriebenen Forschungsansätzen wohl am ehesten von der Praxeologie.[482] Anstatt das politische Schreiben an spezifische poetologische Konzepte oder an formal oder inhaltlich eindeutig bestimmbare Texteigenschaft zu binden, richtet die Praxeologie den Blick eher auf, wie Steffen Martus schreibt, „den Alltag, die Routinen und Gewohnheiten" des politischen Schreibens respektive seiner Analyse in Literaturwissenschaft und Feuilleton, darauf also, „was gut eingespielt funktioniert", dabei aber mitunter „von den gängigen Theorie-Programmen eher vorausgesetzt als erfasst wird oder diesen sogar widerspricht."[483] Die Praxeologie untersucht, wann und unter welchen Bedingungen Literatur als ‚politische Literatur' rezipiert wird, welche spezifische Performanz individuell und gesellschaftlich mit dem politischen Schreiben verbunden ist und welche Akteure in diese Praxis eingebunden sind respektive welche Faktoren eine

---

[482] Siehe einführend zur Praxeologie Jens-Arne Dickmann / Friederike Elias / Friedrich-Emanuel Focken: Praxeologie. In: Thomas Meier / Michael R. Ott / Rebecca Sauer (Hg.): Materiale Textkulturen. Konzepte – Materialien – Praktiken. Berlin / München / Boston 2015, S. 135–146. Zur praxeologischen Betrachtung der Gegenwartsliteratur siehe Anja Johannsen: To pimp our minds sachwärts. Ein Plädoyer für eine praxeologische Gegenwartsliteraturwissenschaft. In: Hermann Korte (Hg.): Zukunft der Literatur. Text + Kritik Sonderband. München 2013, S. 179–186. Zur Literaturwissenschaft als Praxis im Sinne der Praxeologie siehe Steffen Martus / Carlos Spoerhase: Praxeologie in der Literaturwissenschaft. In: Geschichte der Germanistik. Mitteilungen 35/36 (2009), S. 89–96.
[483] Steffen Martus: Wandernde Praktiken „after theory"? Praxeologische Perspektiven auf „Literatur/Wissenschaft". In: Internationales Archiv für Sozialgeschichte der deutschen Literatur 40/1 (2015), S. 177–195, hier S. 182.

erfolgreiche Repetition dieser Praxis bedingen. Die Relevanz begrifflicher Bestimmungen oder poetologischer Selbstverortungen der Autoren wird im Rahmen einer solchen praxeologischen Herangehensweise zwar nicht geleugnet. Doch werden Begriffe nicht als einzig determinierende Faktoren des politischen Schreibens aufgefasst, sondern als bloße Teildeterminanten einer hochkomplexen sozialen Praxis, die etwa auch unterschiedlich gewichtete Werkaspekte (den literarischen Text, seine Form und seinen Inhalt), Akteure (Autoren, Leser, literarische Öffentlichkeit), und Funktionszusammenhänge (Wirkintention, Propagierung, Diffamierung, Vertrieb) mitumfassen kann. Mit einem solchen Verständnis des politischen Schreibens entgeht man einseitigen Festlegungen desselben auf die respektiven Dimensionen des Inhalts literarischer Texte, ihrer künstlerischen Formgebungsprozesse, der zur Debatte stehenden Politik-Konzepte, der politischen Autorschaft oder der literarischen Öffentlichkeit. Zugleich wird keiner der genannten Faktoren für die Beschreibung politischer Texte von Vornherein ausgeschlossen, sondern kann – je nach konkretem Fall, Kontext und Erkenntnisinteresse – in die Untersuchung miteinbezogen und in seinem Verhältnis zu anderen Faktoren gewichtet werden. Ein solches offenes, praxeologisches Verständnis politischer Literatur dürfte für eine Beschreibung der realen Phänomene besser geeignet sein als die Ausrichtung an einer tendenziell exkludierenden, wohldefinierten Terminologie oder Semantik des ‚Politischen'.

Die Verwendung eingespielter Begriffe – Engagement, Subversion, Provokation, Propaganda etc. – wird durch einen solchen praxeologischen Zugang nicht zwingend ausgeschlossen. Diese Begriffe werden dann allerdings nicht mehr allein zur Charakterisierung spezifischer Texteigenschaften, als poetologische Begriffe oder gar als präskriptive Literaturkonzepte eingesetzt, sondern bezeichnen eher Familienähnlichkeiten zwischen literarischen Praktiken, welche sich im Rahmen einer performativ-praxeologischen Literaturgeschichte herausarbeiten lassen. So bemerkt etwa Burckhard Dücker zu gruppenbildenden Leitkonzepten wie „Engagement/engagierte Literatur", dass sie

> die Struktur von Handlungsabläufen zur Gestaltung von Gebrauchssituationen haben, sich durch Wiederholung (Repetitivität) und Serialität auszeichnen, interessegebundene Subjekte haben und keinen speziellen literarischen Bereich umgrenzen, sondern einen allgemeinen, soziokulturellen Handlungskomplex markieren, der alle literaturbezogenen Handlungen mit ihren diversen, sozial relevanten Dimensionen (kulturell, religiös, wirtschaftlich, beschäftigungspolitisch, juristisch usw.) umfasst.[484]

---

[484] Burckhard Dücker: Vorbereitende Bemerkungen zu Theorie und Praxis einer performativen Literaturgeschichtsschreibung. In: Friederike Elias u. a. (Hg.): Praxeologie. Beiträge zur interdisziplinären Reichweite praxistheoretischer Ansätze in den Geistes- und Sozialwissenschaften. Berlin / Boston 2014, S. 97–128, hier S. 99.

Sub-Kategorien des politischen Schreibens wie engagierte oder subversive Literatur, Erinnerungsliteratur, satirische Literatur oder Underground-Literatur[485] dienen dann vor allem dazu, bei der Beschreibung des weiten Feldes des politischen Schreibens zumindest ein mittleres Abstraktionsniveau zu erreichen und Aussagen über die Themen, politischen Anspruchshaltungen, Genreaffinitäten, Produzenten, Rezeptionsweisen etc. größerer Textgruppen zu ermöglichen. Die Frage nach den spezifischen Beschreibungs- und Analysekriterien der verschiedenen Untergruppen politischer Literatur – die Frage also, welche charakteristische Rolle hier jeweils den literarischen Texten, einer bestimmten Form von Autorinszenierung oder der politischen Öffentlichkeit etc. zukommt – muss dabei für jeden einzelnen dieser Begriffe gesondert gestellt werden.[486]

Eine solche praxeologische Klassifizierung von Textpraktiken kann freilich nicht mehr leisten als eine grobe Einteilung der vielgestaltigen Ausprägungen politischen Schreibens in der Gegenwartsliteratur. Was genau das ‚Politische' eines bestimmten Werkes ist, wird sich letztlich einzig anhand einer Analyse und Interpretation desselben, seiner Kontexte und seiner Rezeption argumentieren lassen.[487] Just solche detaillierten Einzelinterpretationen, welche eine Analyse der politischen sowie der kontrafaktischen Dimension der Werke von Kracht, Röggla, Zeh und Randt verbinden, stehen im Zentrum des dritten Teils der vorliegenden Arbeit.

Eine praxeologische Gesamtkartografie des literarischen Feldes der Gegenwart kann in der vorliegenden Studie nicht skizziert werden. Da der Interpretationsteil dieser Arbeit vor allem ausführliche Interpretationen einzelner literarischer Werke bietet, lassen sich keine verlässlichen Aussagen über die Gesamtheit der relevan-

---

485 Die genannten terminologischen Vorschläge stammen aus Ernst: Literatur und Subversion, S. 81.
486 Siehe hierzu auch Michael Navratil: „Auf einmal mochten wir Günter Grass wieder." Die Wiedergewinnung des Politischen in Daniel Kehlmanns jüngeren Texten. In: Fabian Lampart / Michael Navratil / Iuditha Balint / Natalie Moser / Anna-Marie Humbert (Hg.): Daniel Kehlmann und die Gegenwartsliteratur. Dialogische Poetik, Werkpolitik und Populäres Schreiben. Berlin / Boston 2020, S. 251–280, hier S. 275.
487 So kommt Morgenroth zu dem Schluss: „Die Vakanz des Politischen legt nahe, der Literatur ein Mitspracherecht an ‚der Politik' zuzubilligen, was auch immer sie dann sein mag. Vielleicht weiß eine solche Literatur auch, was das Politische ist. Vielleicht versteht sie auch, es als Literatur zu formulieren." (Morgenroth: Erinnerungspolitik und Gegenwartsliteratur, S. 279) In ähnlichem Tenor formuliert Sieg: „Politische Autorschaft schreibt politische Diskurse nicht fort, sondern schafft mitunter erst den Ort, von dem aus politisch gesprochen werden kann. Anstatt direkt zu kommunizieren, nutzt die […] Literatur spezifisch literarische Möglichkeiten. Politische Resonanz erzielt sie gerade dadurch, dass sie sich politische Marginalität zuschreibt, aus dem Abseits spricht und damit die Formen politischer Kommunikation irritiert." (Sieg: Die ‚engagierte Literatur' und die Religion, S. 13).

ten Beschreibungskategorien zur Charakterisierung der politischen Gegenwartsliteratur treffen. Hierzu wären letztlich vergleichende Untersuchungen sehr viel größerer Textkorpora – möglicherweise mit den Werkzeugen der Digital Humanities – vonnöten.[488] Im Rahmen dieser Arbeit soll dem vorgestellten, praxeologischen Ansatz zur Analyse politischen Schreibens aber immerhin in zweifacher Hinsicht Rechnung getragen werden: Erstens sind den einzelnen Werkinterpretationen im dritten Teil der Arbeit jeweils einleitende Kapitel zur Werkpoetik der jeweiligen Autoren vorangestellt. Hier werden neben werkpoetischen und poetologischen Fragen jeweils auch Fragen der öffentlichen Wahrnehmung der Autorschaft, der Selbstinszenierung und der politischen Selbstverortung der einzelnen Autoren thematisiert, wie sie für eine praxeologische Analyse des politischen Schreibens von hoher Bedeutung sind. Zweitens soll in einem abschließenden Vergleichskapitel im Nachgang der Interpretationen zumindest eine tentative Zuordnung der vier behandelten Autoren und ihrer Werke zu je einer Sub-Kategorie politischen Schreibens respektive einer literarisch-politischen Praxis vorgenommen werden. Die Werke Christian Krachts werden dabei der ‚Provokation', die Werke Kathrin Rögglas der ‚Subversion', die Werke Juli Zehs dem ‚Engagement' und die Werke Leif Randts der ‚Affirmation' zugeschlagen.

---

[488] Einen Vorschlag zur Subklassifizierung der politischen Gegenwartsliteratur macht Thomas Ernst: Literatur und Subversion, S. 81. Kritisch ist dabei allerdings anzumerken, dass Ernst die Kriterien seiner Klassifikation nicht kategorial vereinheitlicht, sodass etwa einmal nach Wirkintention („Satirische Literatur"), einmal nach Medium („Cartoons und Comics") und einmal nach Thema („Wende-Roman") geordnet wird.

8 Realistisches, amimetisches und politisches Erzählen seit 1945

Um die aktuelle Konjunktur kontrafaktisch-politischer Literatur literarhistorisch angemessen bewerten zu können, erscheint es sinnvoll, sich zunächst die Geschichte des spannungsreichen Verhältnisses von (nicht-)realistischen Erzählverfahren und politischem Schreiben in der deutschsprachigen Literatur in aller Kürze vor Augen zu führen. Dass kontrafaktische, fantastische oder allgemein amimetische Erzählverfahren als Formen politischen Schreibens genutzt und als solche auch intensiv rezipiert werden, ist in der deutschsprachigen Literatur keineswegs eine Selbstverständlichkeit. Innerhalb der literarischen ebenso wie in der literaturwissenschaftlichen Diskussion nach 1945 wurden amimetische Erzählverfahren lange Zeit marginalisiert oder, wenn sie denn zur Diskussion gestellt wurden, eher mit Misstrauen beäugt. Noch im Oktober 2008 äußerte sich Dietmar Dath in einer FAZ-Rezension zu Christian Krachts Roman *Ich werde hier sein im Sonnenschein und im Schatten* in folgender Weise zum schwierigen Stand des nicht-realistischen Erzählens in der deutschsprachigen Literaturszene:

> [Kracht] ist klar wie selten jemandem, dass er, wenn er Erzähltechniken der Phantastik in die deutsche Gegenwartsliteratur importiert, damit die Radarfallen der lizenzierten öffentlichen Literaturbetrachtung unterfliegt. Mehr noch als Humor nämlich diskreditiert Phantastik in Deutschland ihre Praktiker. Das ist ein literarisches Kuriosum, aber ein bitter wahres. Wenn ein paar Engländer in einem präzisen Zeitraum Geschichten über das erfinden, was kommen wird, oder über das, was nie war, entsteht eine Strömung namens Scientific Romance, mit weitreichenden Folgen; wenn ein paar Südamerikaner Ähnliches tun, spricht man von magischem Realismus; sind es Nordamerikaner, so entsteht sogar ein neues kommerzielles Genre, die Science-Fiction.
>
> Wenn aber bei uns Ernst Kreuder eine Geheimgeschichte nach der anderen schreibt, wenn Arno Schmidt mehrere Zukunfts- und Unterweltepen dichtet, Wolf von Niebelschütz den größten Fantasyroman der Deutschen verfasst, Carl Amery und Wolfgang Jeschke das Kontrafaktische auf neue Wege führen oder Tobias O. Meißner der literarischen Fiktion die neuen Begrifflichkeiten der elektronischen Virtualität erschließt, dann sind das plötzlich alles Einzeltäter. Der befremdliche Tatbestand liegt letztlich daran, dass die populärsten Kunstgattungen allesamt phantastische waren und sind, wie jede ernsthafte Untersuchung Hollywoods, der Comics oder des Fernsehens zeigen müsste. Das Populäre als solches jedoch ist dem urteilenden Deutschlehrer ein Graus, ein Gelächter oder eine schmerzliche Scham.[489]

---

[489] Dietmar Dath: Ein schöner Albtraum ist sich selbst genug. In: Frankfurter Allgemeine Zeitung, 15.10.2008.

Freilich handelt es sich bei Daths Polemik nicht zuletzt um eine Werbeschrift für den Kollegen Kracht, die mit ihrem Lob von Fantastik und Science-Fiction unter der Hand zugleich Daths eigene literarische Produktion aufwertet. Jenseits dieses pragmatisch-verkaufsstrategischen Aspekts sind Daths Ausführungen aber auch in literaturgeschichtlicher Hinsicht durchaus aufschlussreich. Dath konstatiert eine generelle Abwertung populärer Gattungen sowie fantastischer Erzählformen (kontrafaktisches Erzählen wird hier dem fantastischen Erzählen subsummiert) innerhalb der deutschen Literatur. Dabei lässt Dath die beiden Hochphasen der deutschsprachigen Fantastik in der deutschen Romantik – mit Autoren wie Ludwig Tieck, Joseph von Eichendorff und E. T. A. Hoffmann – sowie in der Frühen Moderne – Franz Kafka, Alfred Kubin, Gustav Meyrink und viele andere[490] – außen vor und wählt stattdessen Beispiele der literaturgeschichtlichen Entwicklung im langen Nachgang der deutschsprachigen Nachkriegsliteratur. Während in anderen Kulturkreisen das amimetische Erzählen in hohen Würden stehe – Daths Beispiele sind die englische Scientific Romance, der südamerikanische Magische Realismus sowie die US-amerikanische Science-Fiction –, werden bedeutende Praktiker der utopischen, fantastischen oder kontrafaktischen Literatur in Deutschland kaum wahr- oder ernstgenommen. Einen Grund für diese Abwertung amimetischer Erzählverfahren sieht Dath dabei gerade in der Popularität derselben: Fantasy, Science-Fiction und *Alternate History*-Romane finden eine große Leserschaft – und werden, so die Implikation, aus just diesem Grund von den hochkulturellen Sachstandswahrern in den Zeitungsredaktionen und Universitäten geschmäht.

Tatsächlich hat die Abwertung der nicht-realistischen, insbesondere der fantastischen Kunst in Deutschland eine lange Tradition, die sich mindestens bis auf Goethes und Hegels Invektiven gegen die Schwarzen Romantik zurückverfolgen lässt.[491] Marco Frenschkowski zufolge „mußte sich Phantastik [...] in den letzten

---

490 Vgl. Marianne Wünsch: Die Fantastische Literatur der Frühen Moderne (1890–1930). Auch Evelyne Jacquelin schreibt von „einem frühen Höhepunkt der Phantastik in der deutschsprachigen Romantik" sowie einer „zweiten großen Epoche der deutschsprachigen Phantastik" in der Zeit zwischen Décadence und Faschismus (Evelyne Jacquelin: Einleitung. In: Marie-Thérèse Moury / Evelyne Jacquelin (Hg.): Phantastik und Gesellschaftskritik im deutschen, niederländischen und nordischen Kulturraum / Fantastique et approches critiques de la société. Espaces germanique, néerlandophone et nordique. Heidelberg 2018, XI–XVIII, hier XVIII, XIV).
491 Vgl. Peter-André Alt: Ästhetik des Bösen. München 2010, S. 170–172; Wolfgang Preisendanz: Die geschichtliche Ambivalenz narrativer Phantastik in der Romantik. In: Athenäum. Jahrbuch für Romantik 2 (1992), S. 117–129, S. 118, Anm. 1.

zwei Jahrhunderten mit drei Vorwürfen auseinandersetzen: Exzessivität, Trivialität und Eskapismus."[492] Für die Fragen nach dem Zusammenhang von amimetischem und politischem Schreiben ist speziell der letztgenannte Vorwurf von Interesse, die These also, fantastische Kunst verführe zu einer Flucht aus der Realität, inklusive all ihrer beunruhigenden Komplexität, moralischen Ambivalenzen und nicht zuletzt politischen Herausforderungen.

Definiert man politische Literatur über ihren Realitätsbezug, also über ihre Referenzen auf konkrete Ereignisse in der realen Welt – etwa in Geschichte, Gesellschaft oder Politik –, so scheint sich die Fantastik vorderhand tatsächlich wenig zur Verhandlung realweltlicher politischer Fragestellungen anzubieten; sehr viel naheliegender wäre eine Kopplung des politischen Schreibens an das realistische Erzählen. So bemerkt Evelyne Jacquelin:

> Der Rückgriff auf imaginäre, kontraempirische Motive [...] kann den Verdacht des Eskapismus leicht aufkommen lassen [...]. Auch die Phantastik [...], die auf ihre Art mit den herkömmlichen Regeln der Mimesis spielt, ist über diesen Verdacht nicht erhaben. Auf den ersten Blick könnte man deshalb meinen, Phantastik sei zur Sozialkritik weniger geeignet als andere, in einem strengeren Maße realistische Darstellungsformen. Das Thema stand unter anderem in der zweiten Hälfte des 20. Jahrhunderts zur Debatte und verdient es, erneut diskutiert zu werden.[493]

Jacquelin eröffnet hier eine Opposition zwischen politischem Realismus auf der einen und fantastischem Eskapismus auf der anderen Seite. Dass der Sammelband, zu welchem Jacquelins Text die Einleitung bildet, die Wortkombination „Phantastik und Gesellschaftskritik" im Titel trägt, weist freilich bereits darauf hin, dass die These von der notwendigen Depolitisierung der Fantastik nicht unangreifbar ist.[494] Bei der Bindung des politischen Schreibens an den Realismus im Gegensatz zu einer apolitisch-amimetischen Kunst handelt es sich vor allem um ein Ordnungsnarrativ, das speziell für die deutschsprachige Diskussion des politischen Schreibens lange Zeit von großer Bedeutung war und teilweise bis in die Gegenwart hinein perpetuiert wird.

---

492 Marco Frenschkowski: Der Begriff des Phantastischen: Literaturgeschichtliche Beobachtungen. In: Ders. / Gerhard Lindenstruth / Malte S. Sembten (Hg.): Phantasmen. Robert N. Bloch zum Sechzigsten. Gießen 2010, S. 110–134, hier S. 127. Siehe zum Thema Eskapismus und Fantastik auch Hans-Christian Gebbe: Funktionen populärer Fantasy-Literatur in der christlichen Rezeption. Göttingen 2017, S. 15, Anm. 18, S. 94.
493 Jacquelin: Einleitung, XI.
494 Jacquelin weist in diesem Zusammenhang auf den schwierigen Stand der Fantastik in Deutschland, Finnland oder Schweden hin und betont, „dass gerade die sozialkritische und – allgemeiner gesehen – auch ethische Tragweite der Texte immer wieder zitiert wird, um deren literarischen Wert zu behaupten." (Jacquelin: Einleitung, XVIII).

Im Folgenden soll ein kurzer Abriss der Diskussion rund um das politische und apolitische respektive realistische und nicht-realistische Erzählen in der deutschsprachigen Literatur seit 1945 gegeben werden. Selbstredend erhebt diese literarhistorische Kurzdarstellung keinen Anspruch auf Vollständigkeit.[495] Es wird lediglich der Versuch unternommen, die besondere Suggestivkraft einer Gegenüberstellung von politischem Realismus und fantastischem Eskapismus – und mithin den tendenziellen Ausschluss amimetischer Erzählverfahren aus dem Feld politischen Schreibens – innerhalb der deutschen Literaturgeschichte zu plausibilisieren. Mit Blick auf die Literatur etwa seit der Jahrtausendwende kann dann abschließend dargelegt werden, dass und weshalb die Opposition von politischem Realismus und fantastischem Eskapismus in der Gegenwart zusehends an Bedeutung verliert.[496]

Die deutsche Nachkriegsliteratur ist in ihren dominanten Strömungen durch eine starke Kopplung von politischem Schreiben und Realismus charakterisiert. So lässt sich bereits ein großer Teil der Texte aus dem Umfeld der Gruppe 47 dem Paradigma eines politischen Realismus zuschlagen.[497] Sieht man einmal von der Lyrik ab, für welche die Unterscheidung von Realismus und Fantastik qua Gattung von untergeordneter Bedeutung ist[498], so wird man konstatieren müssen, dass die zentralen Repräsentanten einer politisch orientierten oder zeitkritischen deutschsprachigen Nachkriegsliteratur vor allem als bedeutende Realisten bekannt sind: Man denke etwa an Siegfried Lenz, Heinrich Böll oder Uwe Johnson, später dann an Heiner Müller, Erika Runge oder Peter Weiss bis hin zu Rolf Hochhuth, Peter Handke und Botho Strauß. Die politisch ambitionierte Literatur

---

495 Es lassen sich hier allerdings leicht Themen und Fragestellungen für mögliche Anschlussforschungen ausmachen. Der Zusammenhang von politischem und fantastischem Erzählen in der Nachkriegsliteratur wäre ein überaus reizvolles Forschungsthema.
496 Die folgenden Ausführungen schließen an Überlegungen aus dem folgenden Aufsatz an: Navratil: Jenseits des politischen Realismus.
497 So bemerkt Anja Welle zur politischen Ausrichtung und den thematischen Präferenzen der Gruppe 47: „Von Anfang an war das Politische einbezogen, waren persönliche und künstlerische Gemeinsamkeiten nicht von politischen zu trennen [...]. Ein [...] Textkorpus, in den [sic] die Werke Hans Werner Richters, Alfred Anderschs und Günter Eichs ebenso einbezogen sind wie die Publikationen von Heinrich Böll, Günter Grass, Martin Walser, Hans Magnus Enzensberger und Uwe Johnson, zeigt sich thematisch dominiert von der Auseinandersetzung der Autoren mit der jüngsten Vergangenheit – viele fiktionale Texte von Gruppenmitgliedern handeln von Nationalsozialismus und Krieg." (Anja Welle: Die Gruppe 47 oder das ‚Kritische Prinzip'. In: Jürgen Wertheimer (Hg.): Von Poesie und Politik. Zur Geschichte einer dubiosen Beziehung. Tübingen 1994, S. 194–218, hier S. 195, S. 196 f.).
498 Siehe zum ambivalenten Fiktionalitätsstatus von Lyrik Frank Zipfel: Lyrik und Fiktion. In: Dieter Lamping (Hg): Handbuch Lyrik. Theorie, Analyse, Geschichte. 2., erweiterte Aufl. Stuttgart 2016, S. 184–188.

der DDR – etwa Texte von Christa Wolf, Jurek Becker oder Stefan Heym – lässt sich ebenso plausibel dem Paradigma eines ‚politischen Realismus' zuschlagen wie ihr bundesrepublikanisches Pendant. Dass es sich auch beim sozialistischen Realismus um eine Form des politischen Realismus handelt, zeigt bereits der Begriff an.[499]

Zwar wurden auch in der deutschen Nachkriegsliteratur vereinzelt amimetische Erzählverfahren als Formen politischen Schreibens eingesetzt, etwa bei Arno Schmidt, Ingeborg Bachmann oder Leo Perutz.[500] Die Tradition des Magischen Realismus, die in Deutschland bereits in den 1920er Jahren begonnen hatte, wurde nach 1945 unter anderem von Elisabeth Langgässer und Ilse Aichinger fortgeführt.[501] Prominentestes Beispiel einer amimetischen Erzählliteratur mit politischem Anspruch aus den ersten Jahrzehnten der Bunderepublik ist zweifellos der Einsatz fantastischer und magisch-realistischer Elemente im Werk von Günter Grass, insbesondere im Roman *Die Blechtrommel*. Gegenüber dem dominanten Paradigma eines politischen Realismus erscheinen derartige Ausprägungen einer nicht-realistischen Kunst allerdings eher als Ausnahmen. Insgesamt ist die amimetische Literatur in der zweiten Hälfte des 20. Jahrhunderts vorwiegend ein Phänomen des englischsprachigen Kulturraums (abgesehen einmal vom Magi-

---

[499] Zu nennen ist hier etwa die Literatur des ‚Bitterfelder Weges', in dessen Rahmen eine stärkere Zusammenführung und gegenseitige Beeinflussung von Intellektuellen einerseits und vormals bildungs- und literaturferner Arbeiterschaft andererseits angestrebt wurde. Vgl. Jürgen Brokoff: Engagement und Schreiben zwischen Literatur und Politik. Zur Schreibreflexion in der Essayistik nach 1945 – mit einem Ausblick auf die Literatur der Arbeitswelt. In: Ders. / Ursula Geitner / Kerstin Stüssel (Hg.): Engagement. Konzepte von Gegenwart und Gegenwartsliteratur. Göttingen 2016, S. 227–248, hier S. 246 f.
[500] Als Gegenstimmen zu den „schlichten Realismen" der frühen Gruppe 47 benennt Heinz Ludwig Arnold neben Ingeborg Bachmann noch Ilse Aichinger und Paul Celan (Heinz Ludwig Arnold: Die Gruppe 47. Reinbek bei Hamburg 2004, S. 72 f.). Das wechselvolle Rezeptionsschicksal des Werks von Leo Perutz ist im gegebenen Zusammenhang von besonderem Interesse: Der nach Palästina emigrierte Perutz setzte sein fantastisches Werk auch nach Ende des Zweiten Weltkriegs fort, wurde aber von Literaturkritik und lesender Öffentlichkeit kaum mehr wahrgenommen. Erst Ende der 1980er – also bezeichnenderweise in zeitlicher Parallele zur Renaissance des Erzählens in der deutschsprachigen Literatur – wurde Perutz' Werk wiederentdeckt und erfreut sich seither einer bescheidenen, aber kontinuierlichen Popularität.
[501] Vgl. Torsten W. Leine: Magischer Realismus als Verfahren der späten Moderne. Paradoxien einer Poetik der Mitte. Berlin / Boston 2018, S. 287. In der zeitgenössischen poetologischen Diskussion wird der Magische Realismus – wie bereits der Begriff nahelegt – allerdings vor allem im Rahmen einer Poetik des politischen Realismus und weniger als dezidiert nicht-realistisches Erzählverfahren diskutiert. So bemerkt Leine: „Der Magische Realismus der Zwischen- und Nachkriegszeit kann als besonders früher Entwurf betrachtet werden, eine politisch wie ästhetisch gemäßigte Position nach den Avantgarden zu besetzen, die eine wie auch immer gebrochene Rückkehr realistischer Zeichengebungsverfahren ermöglicht." (ebd., S. 294 f.).

schen Realismus moderner südamerikanischer Autoren und der metaphysischen Fantastik von Jorge Luis Borges).[502]

Die tendenzielle Verweigerung gegenüber der amimetischen Kunst, die vor dem Zweiten Weltkrieg ja noch durchaus hoch im Kurs gestanden hatte, innerhalb der Gruppe 47 und darüber hinaus dürfte sich vor allem aus dem „besondere[n] Profil" der deutschen Nachkriegsliteratur erklären lassen, nämlich ihrer Selbstverpflichtung auf „moralische Schuldreflexion und den Aufbau einer besseren Gesellschaft".[503] Dieses politische Sendungsbewusstsein verpflichtete die Nachkriegsliteratur auf eine enge Bindung an die eigene Gegenwart und Vergangenheit; der Entfaltung freischwebender schriftstellerischer Fantasie dürfte es hingegen wenig zuträglich gewesen sein. So konstatiert Heinz Schlaffer in seiner *Kurzen Geschichte der deutschen Literatur*:

> Politisches Engagement gehört seit 1945 zum Metier des deutschen Schriftstellers – im Westen wie im Osten, denn Stil und Haltung der Autoren in der Bundesrepublik und in der DDR unterschieden sich sehr viel weniger als die politischen Systeme, in denen sie lebten [...]. Beim einen wie beim anderen Typus der deutschen Literatur nach 1945, dem offenen wie dem verdeckten Moralismus, blockiert die Angst vor der Verführung durch die Phantasie (denn wer weiß, wohin sie wieder führen könnte?) das eigentliche ästhetische Vermögen. Undeutbare Geschichten, befremdliche Bilder, riskante Gedanken, unvorhersehbare Experimente in einer entfesselten Sprache – jene Freuden also, wie sie die süd- und nordamerikanische Literatur in der zweiten Hälfte des 20. Jahrhunderts bereitet, muß der Leser der deutschen Gegenwartsliteratur vermissen.[504]

Auch die Tendenzen der philosophischen und ästhetischen Diskussion in der Nachkriegszeit waren einem Wiedererstarken amimetischer Erzähltraditionen wenig förderlich. So betonte Theodor W. Adorno zwar emphatisch die gesellschaftliche Relevanz einer nicht-realistischen Kunst; das wünschenswerte Gegenmodell zu einem naiven Realismus erblickte Adorno allerdings nicht in der Fantastik, sondern vor allem in der modernistischen, formal verrätselten Kunst der historischen Avantgarden.[505] Tatsächlich stellten Adorno und Horkheimer

---

502 Vgl. Rottensteiner: Eine kurze Geschichte der Phantastischen Literatur, S. 107.
503 Willi Huntemann: „Unengagiertes Engagement" – zum Strukturwandel des literarischen Engagements nach der Wende. In: Willi Huntemann / Małgorzata Klentak-Zabłocka / Fabian Lampart / Thomas Schmidt (Hg.): Engagierte Literatur in Wendezeiten. Würzburg 2003, S. 33–48, hier S. 38.
504 Heinz Schlaffer: Die kurze Geschichte der deutschen Literatur. München / Wien 2002, S. 149 f.
505 Eher im Vorübergehen geht Adorno in der *Ästhetischen Theorie* auf die Fantastik ein. Adorno verwahrt sich dabei gegen die Charakterisierung der Kunst der Moderne als fantastisch: „Kafkas Kraft schon ist die eines negativen Realitätsgefühls; was an ihm dem Unverstand phantastisch dünkt ist ‚Comme c'est'. Durch ἐποχή von der empirischen Welt hört die neue Kunst auf, phantastisch zu sein." (Theodor W. Adorno: Ästhetische Theorie. Frankfurt a. M. 1970, S. 36) Siehe zu Adornos Realismus-Verständnis überblicksweise Karol Sauerland:

die Beschäftigung mit populären Kunstformen, wie sie gerade im Genrebereich des amimetischen Erzählens häufig anzutreffen sind, unter den Generalverdacht der „Kulturindustrie".[506]

Als wirkmächtigste philosophische Einlassung zum Zusammenhang von Literatur und Politik wurde Jean-Paul Sartres Essay *Qu'est-ce que la littérature* von 1948 in Deutschland seit den 1960er Jahren verstärkt rezipiert.[507] In diesem Text entfaltete Sartre seine Ideen zur ‚littérature engagée' vorwiegend anhand von Beispielen des realistischen Erzählens. Sartres bedenkenswerte Überlegungen zur Fantastik hingegen wurden – und werden selbst noch heute – in Deutschland kaum wahrgenommen.[508]

Nach dem Ende des Kalten Krieges avancierte die Verbindung von politischem Schreiben und einer bestimmten Form von uninspiriertem Realismus zu einem zentralen Streitpunkt im sogenannten deutsch-deutschen Literaturstreit: Frank Schirrmacher formulierte 1990 seinen „Abschied von der Literatur der Bundesrepublik", die er in dem moralisch-ästhetischen Doppelanspruch der Nachkriegsjahre unproduktiv festgefahren sah.[509] In großer argumentativer Nähe zu Schirrmacher wandte sich Ulrich Greiner 1990 gegen die „Gesinnungsästhetik" der deutschen Nachkriegsliteratur, die er als eine „Variante des deutschen Sonderweges" diffamierte.[510] Parallel zum deutsch-deutschen Literaturstreit wurden in den Feuil-

---

Einführung in die Ästhetik Adornos. Berlin / New York 1979 (Reprint 2019), darin das Kapitel XXI. Kunst und Realität, S. 135–151.
506 Siehe zur „Kulturindustrie" Theodor W. Adorno / Max Horkheimer: Dialektik der Aufklärung. Frankfurt a. M. [20]2011, S. 128–176.
507 Die Literatur der jungen Bundesrepublik wird in literaturgeschichtlichen Studien häufig mit dem Konzept des ‚Engagements' respektive der ‚engagierten Literatur' assoziiert. Sofern damit ein politischer Anspruch der Literatur respektive der Schriftsteller gemeint ist, mag man diese Charakterisierung akzeptieren; der Begriff ‚Engagement' selbst jedoch spielt innerhalb der poetologischen Selbstverortungen der Autoren zunächst kaum eine Rolle. Für die frühen Jahre der Gruppe 47 spricht Helmut Peitsch gar von einer „Verweigerung der Rezeption von Sartres Konzept" (Helmut Peitsch: Die Gruppe 47 und das Konzept des Engagements, S. 25).
508 Vgl. Jean-Paul Sartre: ‚Aminadab' oder Das Phantastische als Ausdrucksweise betrachtet. In: Ders.: Situationen. Essays. Hamburg 1965, S. 143–156.
509 „Die westdeutsche Literatur wurde dreiundvierzig Jahre alt. Sie war das Werk einer Generation. [...] Genötigt von einer sich schuldig fühlenden Gesellschaft, zu bessern, zu belehren und zu erziehen, aufgefordert, ein demokratisches Bewußtsein zu beweisen, fanden sich die Schriftsteller in einer schier ausweglosen Situation." (Frank Schirrmacher: Abschied von der Literatur der Bundesrepublik. In: Frankfurter Allgemeine Zeitung, 02.10.1990. Wiederabgedruckt in ders.: Ungeheuerliche Neuigkeiten. Texte aus den Jahren 1990 bis 2014. München 2014, S. 271–281, hier S. 279).
510 „Die Gesinnungsästhetik hat eine zutiefst deutsche Tradition. Sie wurzelt in der Verbindung von Idealismus und Oberlehrertum. Sie ist eine Variante des deutschen Sonderwegs. Sie läßt der Kunst nicht ihr Eigenes, sondern verpflichtet sie (wahlweise) auf die bürgerliche

letons erhitzte Realismusdebatten geführt.[511] 1991 erklärte Maxim Biller den Realismus als „lebensnotwendig" für die Literatur und mahnte eine stärkere Verbindung von journalistischem und literarischem Schreiben an, um „die gute, ernste Literatur ins Bewußtsein der Leser zurückzuführen".[512] Roger Willemsen hingegen polemisierte 1992 gegen den „‚Always Ultra'-Realismus, der kein Jugoslawien, kein Somalia, keinen Bundestag und keine Straßenschlachten kennt", und forderte stattdessen einen „Realismus der Evidenz [...], der im Satz Fakten schafft, so wie der Selbstmord der Madame Bovary keine Widerspiegelung einer Katastrophe ist, sondern diese selbst."[513] Als eine der prominentesten programmatischen Verbindungen von Realismus und politischem Schreiben kann ein im Jahre 2005 in der *Zeit* veröffentlichter Artikel von Matthias Politycki, Martin R. Dean, Thomas Hettche und Michael Schindhelm mit dem Titel *Was soll der Roman?* gelten. Die Autoren fordern darin eine Distanzierung der Gegenwartsliteratur sowohl von den „großmäuligen Alten, [den] Deutungshoheiten mit und ohne Pfeife" (die Grass-Schmähung ist hier kaum kaschiert) als auch von den „Dienstleister[n] gestriegelter Populärliteratur". Stattdessen plädieren sie für einen ‚Relevanten Realismus', der Gegenwartsanbindung mit politischer Relevanz verbindet.[514] Der Regisseur Bernd Stegemann schließlich gab 2015 in seinem Buch *Lob des Realismus* der Hoffnung Ausdruck, dass „gerade die Kunst des Theaters durch den Realismus wieder zu einem Selbstbewusstsein

---

Moral, auf den Klassenstandpunkt, auf humanitäre Ziele oder neuerdings auf die ökologische Apokalypse. Die Gesinnungsästhetik [...] ist das gemeinsame Dritte der glücklicherweise zu Ende gegangenen Literaturen von BRD und DDR." (Ulrich Greiner: Die deutsche Gesinnungsästhetik. In: Die Zeit, 02.11.1990. Nachgedruckt in Thomas Anz (Hg.): „Es geht nicht um Christa Wolf". Der Literaturstreit im vereinten Deutschland. München 1991, S. 208–216, hier S. 213).
511 Vgl. Richard Kämmerlings: Das kurze Glück der Gegenwart. Deutschsprachige Literatur seit '89. Stuttgart 2011, S. 27. Siehe zu den feuilletonistischen Realismus-Debatten seit 1990 auch Leonhard Herrmann: Andere Welten – fragliche Welten. Fantastisches Erzählen in der Gegenwartsliteratur. In: Silke Horstkotte / Leonhard Herrmann (Hg.): Poetiken der Gegenwart. Deutschsprachige Romane nach 2000. Berlin / Boston 2013, S. 47–65, hier S. 48f.
512 Maxim Biller: Soviel Sinnlichkeit wie der Stadtplan von Kiel. In: Die Weltwoche, 25.07.1991. Nachgedruckt in Andrea Köhler / Rainer Moritz (Hg.): Maulhelden und Königskinder. Zur Debatte über die deutschsprachige Gegenwartsliteratur. Leipzig 1998, S. 62–71, hier S. 69f.
513 Roger Willemsen: Fahrtwind beim Umblättern. In: Der Spiegel, 21.12.1992. Nachgedruckt in Andrea Köhler / Rainer Moritz (Hg.): Maulhelden und Königskinder. Zur Debatte über die deutschsprachige Gegenwartsliteratur. Leipzig 1998, S. 79–85, hier S. 84f.
514 Vgl. Matthias Politycki u. a.: Was soll der Roman? Der durchaus polemische Artikel von Politycki und Kollegen provozierte journalistische Stellungnahmen von Andreas Maier, Uwe Tellkamp, Hans-Ulrich Treichel und Juli Zeh.

zurückfindet"[515], und erinnerte in diesem Zusammenhang an die traditionsreiche Verbindung von künstlerischem Realismus und politischem Anspruch.[516]

Eine detaillierte Analyse der genannten Positionen würde freilich zeigen, dass mit dem Begriff ‚Realismus' hier im Detail zum Teil sehr Verschiedenes bezeichnet ist. Gemeinsam ist den vorgestellten Positionen jedoch bei aller Verschiedenheit die Kopplung des Politischen in der Literatur an eine mimetische Form des Realitäts- und Gegenwartsbezugs. Auf die ein oder andere Weise hat man es hier also jeweils mit Konzeptionen eines *politischen Realismus* zu tun. Demgegenüber wird die Möglichkeit einer politisch relevanten, dabei aber amimetisch, fantastisch oder kontrafaktisch erzählenden Literatur kaum – oder eher gar nicht – in Erwägung gezogen.

Die Opposition von politischem Realismus auf der einen und fantastischem Eskapismus auf der anderen Seite scheint sich *ex negativo* auch anhand jener literarischen Entwicklungen zum Ende des zwanzigsten Jahrhunderts zu bestätigen, die sich ihrerseits dezidiert vom politischen Realismus der Nachkriegsliteratur zu distanzieren suchten. Seit den 1980er Jahren ließen sich in der Literatur jüngerer deutschsprachiger Autoren deutliche Abgrenzungsbewegungen gegenüber den Erzählverfahren und politischen Tendenzen der etablierten deutschsprachigen Nachkriegsliteratur beobachten. Die Autoren der ‚Wiederkehr' oder ‚Renaissance des Erzählens'[517] seit den 1980er Jahren – etwa Patrick Süskind, Robert Schneider oder Christoph Ransmayr –, die Autorinnen des sogenannten ‚Fräuleinwunders', die Autoren der neuen deutschen Popliteratur bis hin zu zeitgenössischen Bestsellerautoren wie Helmut Krausser oder Daniel Kehlmann wandten sich allesamt sowohl vom politischen Moralismus als auch von der häufig als provinziell-nachkriegsdeutsch und ästhetisch mutlos empfundenen Formkonzeption einer realistisch-politischen Kunst ab. Stattdessen suchten diese Autoren den Schulterschluss mit den ästhetischen Entwicklungen einer internationalen, vor allem englischspra-

---

515 Bernd Stegemann: Lob des Realismus. Berlin 2015, S. 203.
516 In der Einleitung seines Buches schreibt Stegemann: „Alle künstlerischen Realismen waren sich in zwei Punkten einig: Es gibt eine Realität, und wir können versuchen, sie zu verstehen. Und es gibt eine künstlerische Erfahrung, die den Menschen ein gemeinsames Erleben ermöglicht, das sie momentweise davon befreit, ihr eigenes Leben als unverständliche Folge von Zufällen zu erleiden. Eine realistische Darstellung hilft, die Welt begreifen und sich ihre Veränderbarkeit vorstellen zu können." (Stegemann: Lob des Realismus, S. 8).
517 Siehe allgemein zur Renaissance respektive Wiederkehr des Erzählens Nikolaus Förster: Die Wiederkehr des Erzählens. Deutschsprachige Prosa der 80er und 90er Jahre. Darmstadt 1999; Gerd Herholz (Hg.): Experiment Wirklichkeit. Renaissance des Erzählens? Poetikvorlesungen und Vorträge zum Erzählen in den 90er Jahren. Essen 1998; Helmut Gollner: Die Wahrheit lügen. Die Renaissance des Erzählens in der jungen österreichischen Literatur. Innsbruck 2005.

chigen Moderne und Postmoderne, mit ihrem sehr viel stärkeren Nachdruck auf Lesbarkeit[518], Unterhaltsamkeit, aber auch ihren größeren Lizenzen zur freien literarischen Erfindung: etwa im historischen Roman, in Fantasy und Science-Fiction oder im Magischen Realismus südamerikanischer Prägung – in Genres also, bei denen man in Deutschland oftmals den Hautgout des Trivialen wahrzunehmen meinte. Der zunehmende Erfolg derartiger populärer Genres und Erzählverfahren in den 1990er Jahren lief dabei einer generellen Depolitisierung der jüngeren Gegenwartsliteratur parallel: Bedeutende politische ‚Einmischungen' wurden in den 1990er Jahren vor allem von Autoren der älteren Generation vollbracht: Man denke an Botho Strauß' Essay *Anschwellender Bocksgesang* (1993), an die Kontroverse um Peter Handkes Reisebericht *Eine winterliche Reise zu den Flüssen Donau, Save, Morawa und Drina oder Gerechtigkeit für Serbien* (1996) oder an Martin Walsers Rede zur Verleihung des Friedenspreises des deutschen Buchhandels (1998). Weite Teile der jungen deutschsprachigen Literatur hingegen distanzierten sich von der Idee einer engagierten Literatur und der Rolle des öffentlichen Intellektuellen: So wandte sich die neue deutsche Pop-Literatur, anstatt sich weiterhin primär mit den Schrecken der Vergangenheit zu befassen, auf emphatische Weise der Gegenwart zu.[519] Auch die ‚Renaissance des Erzählens' lässt sich hinsichtlich ihrer dominanten Erzählverfahren und ihrem Verzicht auf politische Relevanzprätentionen als Abgrenzungsbewegung gegenüber der deutschsprachigen Nachkriegsliteratur verstehen.[520] Insgesamt zeichnen sich die 1990er Jahre durch eine „Delegitimierung von Engagement in Literatur und Literaturwissenschaft"[521] aus. Der Verleger Klaus Wagenbach etwa formulierte 1998 kernig, dass sich „[m]it der Wiedervereinigung der beiden immer noch ziemlich getrennten deutschen Staaten [...] ein gemeindeutscher Ekel gegenüber der ‚engagierten Literatur' breitgemacht [habe]".[522]

---

518 Matthias Politycki führte den Begriff der „Lesbarkeit" 1995 in die literaturkritische Debatte ein, als er einen „Durchbruch der ‚Neuen Deutschen Lesbarkeit'" für die deutschsprachige Gegenwartsliteratur konstatierte (Matthias Politycki: Neue Äusserlichkeit. In: Ders.: Die Farbe der Vokale. Von der Literatur, den 78ern und dem Gequake satter Frösche. München 1998, S. 5–10, hier S. 5). Siehe hierzu auch Benjamin Schaper: Poetik und Politik der Lesbarkeit in der deutschen Literatur. Heidelberg 2017, S. 93–116.
519 Vgl. Moritz Baßler: Der deutsche Pop-Roman. Die neuen Archivisten. München 2002, S. 14 f.
520 Vgl. Förster: Die Wiederkehr des Erzählens, S. 5 f.
521 Helmut Peitsch: ‚Vereinigungsfolgen'. Strategien zur Delegitimierung von Engagement in Literatur und Literaturwissenschaft der neunziger Jahre. In: Weimarer Beiträge 3/47 (2001), S. 325–351.
522 Klaus Wagenbach: Das Ende der engagierten Literatur? In: Neue deutsche Literatur 46/4 (1998), S. 193–201, hier S. 193. Siehe hierzu auch Peitsch: Zur Rolle des Konzepts ‚Engagement' in der Literatur der 90er Jahre.

Der postpolitischen Abspannung in Gesellschaft und Literatur der 1990er Jahre – man denke an Francis Fukuyamas notorische Proklamation vom ‚Ende der Geschichte'[523] – wurde durch die Anschläge auf das World Trade Center am 11. September 2001 ein symbolisch eindrückliches sowie weltpolitisch folgenreiches Ende bereitet. Nach der Jahrtausendwende fand auch die deutschsprachige Literatur verstärkt zum Politischen zurück, sodass die ‚Renaissance des Erzählens' nun wiederum von einer „Renaissance des Engagements" abgelöst wurde.[524] In Feuilleton und Literaturwissenschaft wurde zu Beginn des neuen Jahrhunderts zwar noch verschiedentlich – und bald geradezu reflexhaft – ein Desinteresse der Gegenwartsliteratur an politischen Fragestellungen konstatiert; bei dieser Klage dürfte es sich jedoch vor allem um einen nachgereichten Kommentar zur Literatur der 1990er Jahre gehandelt haben, ein Kommentar, der neuere Entwicklungen in der Gegenwartsliteratur entweder unberücksichtigt ließ oder strategisch ausschloss.[525] Frank Schirrmacher etwa bemerkte in einem FAZ-Artikel vom März 2011: „In den siebziger und achtziger Jahren war die Literatur, waren die Schriftsteller in hohem Maße politisch engagiert. Dann wurde das Engagement wohlfeil und starb ab. Nun bietet unsere Gegenwart Gründe zuhauf, um das Politische poetisch wiederzugewinnen." Allerdings mutet Schirrmachers Befund von der „völ-

---

523 Die Distanzierung von politischen Inhalten in der Literatur der 1990er Jahre bildet nicht zuletzt einen Reflex auf eine generell depolitisierte Stimmung der Zeit: Das Ende des Kalten Krieges wirkte für weite Teile der westlichen Gesellschaften als Befreiungsschlag im Bereich des Politischen – und zugleich als Befreiung *vom* Politischen. Francis Fukuyama brachte 1989 den Begriff vom „Ende der Geschichte" in die Diskussion ein. Vgl. Francis Fukuyama: The End of History? In: The National Interest 16 (1989), S. 3–18. Toni Blair und Gerhard Schröder bezeichneten 1999 in einem gemeinsamen Paper „[f]lexible Märkte" als „ein modernes sozialdemokratisches Ziel" und versuchten damit die traditionelle Spannung zwischen Sozialismus und Kapitalismus in einer – letztlich neoliberalen – Sozialdemokratie des ‚dritten Weges' aufzulösen. Vgl. Toni Blair / Gerhard Schröder: Der Weg nach vorne für Europas Sozialdemokraten. Quelle: http://www.glasnost.de/pol/schroederblair.html (Zugriff: 27.07.2021). Die großen Wirtschaftskrisen, die den globalisierten Markt nachhaltig erschüttern sollten, setzten erst nach der Jahrtausendwende ein.
524 Brokoff / Geitner / Stüssel: Einleitung, S. 9.
525 Vgl. Tanja Dückers: Die Mär von den jungen unpolitischen Autoren. In: EDIT 29 (2002). Quelle: http://www.tanjadueckers.de/die-mar-von-den-jungen-unpolitischen-autoren/ (Zugriff: 27.07.2021). Auch Thomas Wagner bezeichnet „das Gerede vom Verstummen der engagierten Literatur" als ein „Märchen" und betont demgegenüber: „Zwanzig Jahre nach dem Mauerfall ist die Literatur so breit und vielgestaltig engagiert wie schon lange nicht mehr. Jenseits von Pop-Literatur, Fräuleinwunder und dem sogenannten Neuen Feminismus melden sich Autorinnen und Autoren deutlich vernehmbar zu Wort, greifen Schriftsteller als kritische Intellektuelle kraftvoll und beherzt in die gesellschaftlichen Auseinandersetzungen ein." (Wagner: Die Einmischer, S. 5f.).

lige[n] Entpolitisierung von Literatur und literarischem Leben" mit Blick auf die Werke etwa von Juli Zeh, Thomas Meinecke, Kathrin Röggla, Elfriede Jelinek, Ilija Trojanow, Robert Menasse oder Christian Kracht in der Rückschau einigermaßen kurios an.[526]

Dass die deutschsprachige Gegenwartsliteratur sich wieder verstärkt mit politischen Fragestellungen auseinandersetzt, kann seit Ende der 2010er Jahre auch innerhalb der Literaturwissenschaft als Konsens gelten. Christine Lubkoll, Manuel Illi und Anna Hampel etwa beobachten eine „Hochkonjunktur politischer Inhalte (Jenny Erpenbeck, Abbas Khider, Robert Menasse, Sasha Marianna Salzmann, Eugen Ruge), poetologischer Reflexionen (Ulrike Draesner, Kathrin Röggla, Ilija Trojanow) und medial inszeniertem politischem Engagement (Juli Zeh, Navid Kermani) in der gegenwärtigen Literaturlandschaft."[527] Freilich beruht die Rede vom Erstarken einer ‚politischen Gegenwartsliteratur' nicht auf der quantitativen Auszählung objektiver Kriterien in einem möglichst großen Textkorpus. Stattdessen handelt es sich hier um Beobachtungen von Diskurskonjunkturen sowie um Tendenzaussagen, die immer nur für einen bestimmten Teil der literarischen Produktion zutreffen.[528] In jedem Falle bleibt festzuhalten: Ein fehlendes Interesse an politischen Themen und Fragestellungen wird man der jüngeren deutschsprachigen Literatur *grosso modo* kaum mehr plausibel vorwerfen können.

Blickt man auf das Verhältnis von realistischem, amimetischem und politischem Erzählen, so lässt sich zunächst festhalten, dass auch in der Gegenwartsliteratur Realismus und politisches Schreiben weiterhin in enger Verbindung zueinander stehen: Die hohe mediale Beachtung und das politische Diskussionspotenzial etwa von Werken wie David Wagners *Leben*, Benjamin von Stuckrad-Barres *Panikherz*, Saša Stanišićs *Herkunft* oder der Werke von Édouard Louis lassen sich wesentlich auf ihre Einbeziehung konkreter gesellschaftlicher Realität und persönlicher Erfahrungen der Autoren zurückführen.[529] Auch geht die rezente Konjunktur politischen Schreibens mit einer verstärkten Diskussion und Aufwertung des Realismus respektive mit

---

526 Schirrmacher: Literatur und Politik. Eine Stimme fehlt.
527 Lubkoll / Illi / Hampel: Einleitung, S. 1.
528 Zurecht betont Kristin Eichhorn, dass es „[n]ach wie vor [...] Autoren [...] gibt, die den allerorts konstatierten Trend zu mehr Ernsthaftigkeit nicht mitmachen und deren Hauptinteresse ungebrochen auf dem metafiktionalen und intertextuellen Spiel liegt." (Kristin Eichhorn: Einleitung: Reaktionen auf den Ernsthaftigkeitsdiskurs in der aktuellen Literaturproduktion. In: Dies. (Hg.): *Neuer* Erst in der Literatur? Schreibpraktiken in deutschsprachigen Romanen der Gegenwart. Frankfurt a. M. 2014, S. 9–14, hier S. 10).
529 Siehe zum Boom autofiktionalen Erzählens in der jüngeren Gegenwartsliteratur Johannes Franzen: Hemmung vor der Wirklichkeit. In: Zeit online, 15.10.2019, Quelle: https://www.zeit.de/kultur/literatur/2019-10/literaturkritik-fiktion-fakten-schreiben-qualitaet/komplettansicht (Zugriff: 27.07.2021).

der Ausrufung eines ‚neuen Realismus' in Literaturwissenschaft und Philosophie einher oder läuft dieser zumindest parallel.[530]

Gleichwohl hat die Konjunktur des Realismus zu Beginn des 21. Jahrhunderts nicht zu einem Abflachen der „postmoderne[n] Phantastik-Konjunktur" geführt.[531] Ganz im Gegenteil lässt sich in der jüngeren deutschsprachigen Gegenwartsliteratur geradezu ein Boom unterschiedlichster Ausprägungen amimetischen Erzählens beobachten: von der historischen Kontrafaktik (Christian Kracht, Christoph Ransmayr, Andreas Eschbach, Thomas Brussig) und Fantastik (Daniel Kehlmann, Sibylle Lewitscharoff, Cornelia Funke) über Utopie und Dystopie (Juli Zeh, Leif Randt, Karen Duve) bis hin zur Science-Fiction (Dietmar Dath, Reinhard Jirgl, Georg Klein) und literarischen Apokalyptik (Thomas Glavinic, Alban Nicolai Herbst, Thomas Lehr).[532] Die von Dietmar Dath 2008 formulierte Klage, dass „Phantastik in Deutschland ihre Praktiker [diskreditiert]", scheint mittlerweile selbst historisch geworden zu sein. Ende der 2010er Jahre stehen amimetische Erzählverfahren in der deutschsprachigen Gegenwartsliteratur so hoch im Kurs wie wohl zuletzt vor etwa einhundert Jahren in der Frühen Moderne und davor das letzte Mal wiederum einhundert Jahren früher in der deutschen Romantik.

Unverkennbar ist der aktuelle Fantastik-Boom im Bereich der Populärkultur. Moritz Baßler bemerkt hierzu:

> *Harry Potter*, die Renaissance vom *Lord of the Rings* und den *Chroniken von Narnia*, *Star Wars*, *Artemis Fowl*, zahlreiche Kinder- und Jugendbücher, dann die japanischen Varianten von den Pokémons über den magischen Realismus der Mangas und Animes bis hin zur global erfolgreichen Literatur Haruki Murakamis, dazu die ganze Welt der Rollenspiele, des Gothic, der Cyberromane usw. – es gehört nicht viel zu der Prognose, dass unsere Zeit, was ihre Epik betrifft, als Zeitalter der Fantasy in die Geschichte eingehen wird.[533]

---

530 In den letzten Jahren ist der Realismus wieder verstärkt Thema der Diskussion geworden. Siehe etwa Baßler: Populärer Realismus; Markus Gabriel (Hg.): Der Neue Realismus. Berlin 2014; Søren R. Fauth / Rolf Parr (Hg.): Neue Realismen in der Gegenwartsliteratur. Paderborn 2016. Zu den Schwierigkeiten eines Bestimmung des ‚neuen Realismus' in der Gegenwartsliteratur siehe Michael Navratil: Rezension zu: Søren R. Fauth / Rolf Parr (Hg.): Neue Realismen in der Gegenwartsliteratur. Paderborn 2016. In: Komparatistik. Jahrbuch der Deutschen Gesellschaft für Allgemeine und Vergleichende Literaturwissenschaft 2017. Bielefeld 2018, S. 288–294.
531 Brittnacher / May: Phantastik-Theorien, S. 192.
532 Siehe einführend zum amimetischen Erzählen in der Gegenwartsliteratur Herrmann / Horstkotte: Gegenwartsliteratur. Eine Einführung, S. 143–160.
533 Baßler: Moderne und Postmoderne, S. 448.

Baßlers Ausführungen zur Fantasy scheinen zunächst Daths These zu bestätigen, „dass die populärsten Kunstgattungen allesamt phantastische waren und sind". Während Dath jedoch für eine Kanonisierung der fantastischen Literatur als relevantem Teil der Kunstproduktion plädiert, steht Baßler dem aktuellen Boom der Fantasy kritisch gegenüber: Für Baßler bildet die Fantasy den paradigmatischen Fall einer epischen Kunst der Gegenwart, die mühelos rezipierbar ist, da sie auf modernistische Verfahren der formalen Verrätselung verzichtet und sich stattdessen bestens bekannter Scripts und Frames bedient, und zwar auch und gerade da, wo die Inhalte dieser Frames – Drachen, Zauberer, Hobbits etc. – fiktiv sind.[534] (Eher contra-intuitiv bezeichnet Baßler solche mühelos rezipierbaren Erzählverfahren als „Realismus".[535]) Den Fluchtpunkt zeitgenössischer Fantastik sieht Baßler dabei in einem „Realismus ohne Wirklichkeit"[536], will sagen: in der Erzeugung stoff- und handlungsreicher Erzählwelten, die bei der Lektüre mühelose rezipier- und imaginierbar sind, dabei jedoch kaum noch eine Beziehung zur empirischen Realität der Leser unterhalten: „Fantasywelten und -geschichten sind keine Allegorien. [...] Fantasywelten sind Simulationen, ja, aber nicht von Aspekten unserer Welt."[537] Baßler zufolge hat man es in der Fantastik mit „neuen, attraktiven, eigenständigen, besonders bewohnbaren Welt[en]" zu tun, Welten also, die ontologisch sowie moralisch sehr viel klarer geordnet sind als jene Welt, welche die realen Leser zu bewohnen gezwungen sind. Erkennbar hallt hier ein weiteres Mal der altbekannte Eskapismusvorwurf gegenüber der fantastischen Kunst wider.

Nun wird man Baßlers These von der Realitätsentrücktheit fantastischer Welten mit Blick auf die fantastische Genre- und Unterhaltungsliteratur wohl weitge-

---

534 „Nur über die allerstabilsten Frames und Codes werden die fantastischen Dinge als solche lesbar und damit zu den Regeln einer roman- oder genrespezifischen Wirklichkeit." (Moritz Baßler: Realismus – Serialität – Fantastik, S. 35) Siehe zu dem diesen Ausführungen zugrunde liegenden, verfahrensanalytisch-strukturalistischen Modell Baßler: Deutsche Erzählprosa 1850–1950, S. 11–30.
535 „Realistisches Erzählen als metonymisches Verfahren setzt dem Verstehen keinen Widerstand entgegen." (Moritz Baßler: Die Unendlichkeit des realistischen Erzählens. Eine kurze Geschichte moderner Textverfahren und die narrativen Optionen der Gegenwart. In: Carsten Rohde / Hansgeorg Schmidt-Bergmann (Hg.): Die Unendlichkeit des Erzählens. Der Roman in der deutschsprachigen Gegenwartsliteratur seit 1989. Bielefeld 2013, S. 27–45, hier S. 27) An anderer Stelle schreibt Baßler: „[M]it Realismus ist zunächst ein Verfahren bezeichnet, die Technik, so zu schreiben, dass sich dem Leser automatisch eine erzählte Welt, eine Diegese, präsentiert, ohne dass er zunächst mit Phänomenen der Textebene zu kämpfen hätte." (Baßler: Populärer Realismus, S. 91) Siehe hierzu ferner Baßler: Realismus – Serialität – Fantastik, S. 43. Auch Baßlers Verwendung des Fantastik-Begriffs ist nicht unproblematisch, da er im Grunde nur die genreförmige Fantasy-Literatur greift.
536 Baßler: Moderne und Postmoderne, S. 450.
537 Baßler: Realismus – Serialität – Fantastik, S. 44.

hend beizupflichten haben: Ein Großteil der Werke aus dem Bereich von Fantasy oder Science-Fiction erhebt weder einen Anspruch auf konkrete realweltliche Referenzialisierbarkeit noch auf politische Relevanz (was freilich keinen prinzipiellen Einwand gegen diese Werke bedeuten muss[538]). Für andere Bereiche der amimetischen Gegenwartskunst jedoch erscheint Aßlers Verdikt weit weniger überzeugend. Während in der Zeit nach 1945 und selbst noch nach der Wende die Produktion politisch-realistischer und apolitisch-fantastischer Literatur weitgehend unvermittelt nebeneinander herlief, lassen sich in der Gegenwart zusehends Konvergenzen zwischen politischem und nicht-realistischem Schreiben beobachten: Bei der aktuell so überaus intensiv rezipierten utopischen und dystopischen Kunst ist die politische Wirkabsicht bereits qua Genre gegeben[539]; alternativgeschichtlich-kontrafaktische Werke, wie sie in der Gegenwartsliteratur vermehrt entstehen, verhandeln meist schwergewichtige historische Stoffe[540]; und apokalyptische Werke dienen in der Gegenwart nicht selten der Problematisierung ökologischer Fragen.[541] Selbst in Bezug auf historisch besonders sensible oder traumatische Themen scheint das implizite Realismus-Verdikt zusehends an Bedeutung zu verlieren. Uwe Tellkamp etwa macht in seinem 2008 erschienenen Roman *Der Turm* über das Ende der DDR Anleihen bei der romantisch-fantastischen Erzähltradition.[542] Frank Witzels

---

538 Dem Vorwurf des fantastischen Eskapismus kann prinzipiell auf zwei Arten begegnet werden: Entweder kann man dessen Stichhaltigkeit abstreitet, indem man darauf hinweist, dass ja auch die fantastische Kunst niemals ohne Beziehungen zur Realität auskommt. Für Stefan Berg etwa funktioniert Fantastik „nicht primär eskapistisch, sondern, indem sie die Krisenstruktur der Moderne mit Hilfe des phantastischen Grundkonflikts verdeutlicht und verschärft, aufklärerisch, wenngleich auch mit zumeist pessimistischem Ergebnis." (Stefan Berg: Schlimme Zeiten, böse Räume. Zeit- und Raumstrukturen in der phantastischen Literatur des 20. Jahrhunderts. Stuttgart 1991, S. 2) Oder aber man erklärt den Eskapismus selbst für unproblematisch. Der *locus classicus* für diese zweite Sichtweise ist J. R. R. Tolkiens Essay *On Fairy-Stories*: „I have claimed that Escape is one of the main functions of fairy-stories, and since I do not disapprove of them, it is plain that I do not accept the tone of scorn or pity with which 'escape' is now so often used: a tone for which the uses of the word outside literary criticism give no warrant at all. [...] Why should a man be scorned, if, finding himself in prison, he tries to get out and go home? Or if, when he cannot do so, he thinks and talks about other topics than jailers and prison-walls? The world outside has not become less real because the prisoner cannot see it." (J. R. R. Tolkien: On Fairy-Stories. In: Ders.: Tree and Leaf. Smith of Wootton Major. The Homecoming of Beorhtnoth Beorhthelm's Son. London 1975, S. 11–79, hier S. 60 f.).
539 Siehe hierzu Kapitel 14. Utopie und Dystopie als Kontrafaktik.
540 Siehe hierzu Kapitel 10. Historisches Erzählen als Kontrafaktik.
541 Vgl. Eva Horn: Zukunft als Katastrophe. Frankfurt a. M. 2014, darin besonders Kapitel 3. Das Wetter von übermorgen. Imaginationsgeschichte der Klimakatastrophe, S. 110–180.
542 Vgl. Anne Fleig: Lesen im Rekord? Uwe Tellkamps *Der Turm* als Bildungsroman zwischen Realismus und Fantastik. In: Silke Horstkotte / Leonhard Herrmann (Hg.): Poetiken der Gegenwart. Deutschsprachige Romane nach 2000. Berlin / Boston 2013, S. 83–98.

2015 mit dem Deutschen Buchpreis ausgezeichneter Roman *Die Erfindung der Roten Armee Fraktion durch einen manisch-depressiven Teenager im Sommer 1969* bezieht neben vielen anderen Erzählformen auch fantastische Verfahren mit ein.⁵⁴³ Und selbst bei der literarischen Auseinandersetzunge mit dem Holocaust wird in jüngeren Werken vermehrt auf Formen fantastischen Erzählens zurückgegriffen.⁵⁴⁴

Als ein künstlerisches Verfahren, welches amimetisches und politisches Schreiben miteinander verbindet, wird nun gerade die Kontrafaktik in der Gegenwartsliteratur intensiv genutzt. (Bezeichnenderweise relativiert Moritz Baßler seine Kritik an der amimetischen Gegenwartsliteratur speziell mit Blick auf die Kontrafaktik im Werk etwa von Christian Kracht und Leif Randt.⁵⁴⁵) Beispiele politischer Realitätsvariationen in der Gegenwartskunst umfassen – neben den im Folgenden

---

543 Vgl. Karl Heinz Götze: Forever young. Über Frank Witzels Roman *Die Erfindung der Roten Armee Fraktion durch einen manisch-depressiven Teenager im Sommer 1969*. In: Das Argument 58/2 (2016), S. 261–266, hier S. 266.

544 Vgl. Anne-Christine Klose: „Die Zukunft ergibt sich aus der Vergangenheit." (Realitäts-)Effekte in aktueller zeitgeschichtlicher Jugendliteratur. In: Søren R. Fauth / Rolf Parr (Hg.): Neue Realismen in der Gegenwartsliteratur. Paderborn 2016, S. 165–180; Judith B. Kerman / John Edgar Browning (Hg.): The Fantastic in Holocaust Literature and Film. Jefferson, North Carolina 2015.

545 Baßler zufolge „zeichnet sich in Krachts Werk, ähnlich wie in den Romanen Dietmar Daths, in Pynchons *Against the day* oder jüngst in den *Inglorious Basterds* [sic] von Tarantino, die Möglichkeit eines neuen historischen Erzählens jenseits der realistischen Option ab, die Idee einer paralogisch-synthetischen Kunstwelt, die sich und uns dennoch nicht, wie die dominanten Fantasy-Welten, von den Diskursen der realen Geschichte und Gegenwart abschottet, sondern sie in etwas Neues, Artifizielles transformiert, um sie dann im Modus der Kunst zu bearbeiten." (Baßler: „Have a nice apocalypse!", S. 270) Siehe auch Moritz Baßler / Heinz Drügh: Schimmernder Dunst. Konsumrealismus und die paralogischen Pop-Potenziale. In: POP. Kultur und Kritik 1 (2012), S. 60–65; Baßler: Neu-Bern, CobyCounty, Herbertshöhe. Baßlers Begriff des ‚parahistorischen Erzählens' respektive des ‚Kontrafaktischen' ist dabei ähnlich überinklusiv wie sein Begriff des ‚Realismus' oder der ‚Fantastik'. So schreibt Baßler etwa einerseits über „[o]ffenkundig Kontrafaktisches" (Baßler: „Have a nice apocalypse!", S. 263) in Christian Krachts *Faserland* (allerdings mit fragwürdigem Textbeleg) und bezeichnet Krachts *Ich werde hier sein im Sonnenschein und im Schatten* als „explizit parahistorische[n] Roman" (ebd., S. 263). Mit Blick auf Richard Kellys *Soutland Tales* betont Baßler dann aber, dass die „Anspielung auf George W. Bushs kontrafaktische Begründung für den Irakkrieg […] das parahistorische Potenzial der Mediengesellschaft nur allzu deutlich [macht]" (ebd., S. 272). Insgesamt werden damit Lüge/Postfaktizität, faktuale Kontrafaktizität und fiktionale Kontrafaktik auf problematische Weise entdifferenziert. Als Rückhalt für seine Überlegungen zum parahistorischen Erzählen bezieht sich Baßler aus der einschlägigen Forschung einzig auf die fiktionstheoretisch fragwürdigen Überlegungen von Uwe Durst (ebd., S. 261, Anm. 11). Siehe für eine Kritik an Dursts strukturalistischem Bestimmungsversuch des parahistorischen Erzählens Kapitel 4.3.5. Transfiktionale Doppelreferenz.

noch ausführlich zu diskutierenden Werken von Christian Kracht, Kathrin Röggla, Juli Zeh und Leif Randt – Karen Duves Ökologie-Dystopie *Macht* (2016), Marc-Uwe Klings „Zukunftssatire"[546] *QualityLand* (2017), Andreas Eschbachs Kombination aus Alternativgeschichte und Tech-Dystopie in *NSA – Nationales Sicherheitsamt* (2018) oder Elfriede Jelineks kontrafaktische Behandlung der Medienberichterstattung im Stück *Winterreise* (2011), ferner aus der nicht-deutschsprachigen Kunstproduktion die Serienadaption von Philip K. Dicks *The Man in the High Castle* (2015–2019), Quentin Tarantinos kontrafaktische Filme *Inglourious Basterds* (2009) und *Once Upon a Time in Hollywood* (2019), Dave Eggers' *The Circle* (2013) oder Michel Houellebecqs kontrovers diskutierte Vision einer Islamisierung Frankreichs im Roman *Unterwerfung* (2015).

Mit Blick auf die Gegenwartsliteratur scheint die Opposition zwischen politischem Realismus auf der einen und fantastischem Eskapismus auf der anderen Seite zusehends an Überzeugungskraft zu verlieren. Die (ohnehin immer prekäre) Trennung von politischer und apolitischer Kunst wird man in der Gegenwartskunst kaum plausibel entlang der Grenze von realistischem und nichtrealistischem Erzählen vornehmen können. Stattdessen wird man anerkennen müssen, dass sich in der Gegenwart auch und gerade amimetische Erzählverfahren als literarische Formen zur Verhandlung politischer Fragestellungen als produktiv erweisen, wobei den politischen Realitätsvariationen einer Kontrafaktik der Gegenwart hier besondere Bedeutung zukommt.

---

546 Kling: QualityLand, Klappentext, Buchdeckel vorne, Innenseite.

9 Politische Kontrafaktik

Dass die Kontrafaktik in der Gegenwart verstärkt als Verfahren politischen Schreibens genutzt wird, lässt sich mit Blick auf das literarische Feld der Gegenwart kaum ernsthaft bestreiten. Über die Gründe der Verbindung zwischen Kontrafaktik und politischem Schreiben ist damit freilich noch nichts ausgesagt. Will man verstehen, weshalb Kontrafaktik häufig *politische* Kontrafaktik ist – und zwar nicht nur in der Gegenwartsliteratur –, so kann man sich nicht allein auf empirisch-literarhistorische Befunde berufen, sondern wird sich den abstrakteren Voraussetzungen, Strukturen und Wirkungen kontrafaktischen Erzählens zuwenden müssen. Im Folgenden soll gezeigt werden, dass sowohl die basalen kognitiven Mechanismen des kontrafaktischen Denkens als auch die Referenzstruktur kontrafaktischer Werke die Kontrafaktik in besonderer Weise zum Verfahren politischen Schreibens prädestinieren. Kontrafaktik manifestiert sich sehr häufig in Form *politischer Realitätsvariationen*. Zur Erhärtung dieser These wird im Rahmen dieses Kapitels auf Erkenntnisse der Fiktionstheorie – inklusive des fiktionstheoretischen Teils der vorliegenden Arbeit – zurückgegriffen, darüber hinaus aber auch auf Forschungsbefunde der Psychologie und der Geschichtswissenschaft.

Die primären Funktionen kontrafaktischen Denkens hat die bisherige Literaturwissenschaft im epistemischen Bereich verortet: Gefragt wurde nach dem Erkenntnispotenzial kontrafaktischer Werke, etwa ihrer (vermeintlichen) Fähigkeit zur Problematisierung von Annahmen über Freiheit und Determinismus im historischen Prozess oder ihrer Kommentarfunktion in Bezug auf die (Un-)Möglichkeit objektiven historischen Wissens.[547] Der Zusammenhang von Kontrafaktik und politischem Schreiben hingegen wurde bisher in der Literaturwissenschaft nicht intensiver diskutiert.[548] Zweifellos sind die Funktionen kontrafaktischen Denkens – sowohl in der Kunst als auch darüber hinaus – vielfältig, sodass eine einseitige funktionale Festlegung des kontrafaktischen Denkens

---

547 Zur Problematik dieser Funktionsbestimmungen siehe Kapitel 3.2.1. Epistemische Übergeneralisierungen, sowie Kapitel 10. Historisches Erzählen als Kontrafaktik.
548 Die Herausgeber des Sammelbandes *Interventionen in die Zeit. Kontrafaktisches Erzählen und Erinnerungskultur* weisen darauf hin, dass die „Untersuchung der kulturellen Funktionen von Was-wäre-wenn-Szenarien noch in den Anfängen [steckt]" (Nicolosi / Obermayr / Weller: Kontrafaktische Interventionen in die Zeit und ihre erinnerungskulturelle Funktion. Einleitung, S. 1).

auf das politische Schreiben unzulässig wäre.[549] Lutz Danneberg bemerkt in diesem Sinne, dass es „für das vielgliedrige Phänomen der kontrafaktischen Imaginationen keine kognitiven Standardfunktionen [gibt], die sie gleichsam *per se* erfüllen."[550] Danneberg und Andrea Albrecht benennen allerdings eine Reihe konkreter Funktionen, die kontrafaktische Imaginationen – also kontrafaktische Szenarien in faktualen Kontexten – unter Umständen erfüllen können: „Depending on the context, their function can be critical, affirmative, explanatory, heuristic, illustrative, or pedagogical. Counterfactual imaginations can be used to solve problems, analyze notions, and facilitate conclusions."[551] Die von Danneberg und Albrecht zusammengestellte Liste lässt dabei – ungeachtet des Nachdrucks auf der Multifunktionalität kontrafaktischen Denkens – eine deutliche Tendenz in Richtung politischer oder zumindest normativer Funktionsbestimmungen erkennen: Die Zuordnung einer etwaigen ‚kritischen', ‚affirmativen' oder ‚pädagogischen' Funktion zum Bereich des Politischen dürfte leicht nachzuvollziehen sein. Auch im Rahmen fiktionaler Texte erfüllen kontrafaktische Elemente zweifellos unterschiedliche Funktionen. Die politisch-normative Funktion scheint dabei allerdings besonders ausgeprägt zu sein.

Die Eignung der Kontrafaktik als Verfahren politischen Schreibens lässt sich – jenseits aller literarhistorischen oder hermeneutischen Einzelbefunde – bereits auf einer basalen, kognitiv-psychologischen Ebene plausibilisieren. Zwar ist das Verständnis des kontrafaktischen Denkens in der Psychologie – ebenso wie in jedem anderen Fach – bis zu einem gewissen Grade disziplinspezifisch. Gleichwohl ist das psychologische Konzept kontrafaktischen Denkens intuitiv vergleichsweise leicht nachvollziehbar und hat darüber hinaus historisch wichtige Impulse für die Erforschung des kontrafaktischen Denkens in anderen Disziplinen geliefert, etwa in der Ökonomie, der Geschichts- oder der Politikwissenschaft.[552] Es erscheint entspre-

---

549 Nünning hält fest, dass „es keine festen Korrelationen zwischen bestimmten Erzählstrukturen und spezifischen rezeptionsästhetischen Wirkungen und Funktionen [gibt]." (Nünning: Von historischer Fiktion zu historiographischer Metafiktion. Bd. 1, S. 248).
550 Danneberg: Überlegungen zu kontrafaktischen Imaginationen in argumentativen Kontexten und zu Beispielen ihrer Funktion in der Denkgeschichte, S. 79.
551 Albrecht / Danneberg: First Steps Toward an Explication of Counterfactual Imagination, S. 16.
552 Vgl. Birke / Butter / Köppe: Introduction: England Win, S. 3. Zum Einfluss der psychologischen Forschung auf den rezenten Boom in der Erforschung kontrafaktischen Denkens siehe auch Roland Wenzlhuemer: Editorial: Unpredictability, Contingency and Counterfactuals. In: Ders. (Hg.): Counterfactual Thinking as a Scientific Method. Special Issue: Historical Social Research 34/2 (2009), S. 9–15, hier S. 12.

chend naheliegend, zum Zweck einer basalen Funktionsbestimmung kontrafaktischen Denkens auf die einschlägige psychologische Forschung zu rekurrieren.

Kontrafaktisches Denken wird in der Psychologie seit den 1970er und verstärkt seit den 1990er Jahren erforscht. Mittlerweile liegen mehrere hundert Arbeiten zum Thema vor. In einem Überblicksartikel zur einschlägigen Forschung identifizieren Neal J. Roese und Mike Morrison zwei zentrale Mechanismen, welche den psychologischen Auswirkungen kontrafaktischen Denkens zugrunde liegen: nämlich den sogenannten *causal inference effect* und den *contrast effect*.[553] Der *causal inference effect* bezeichnet die Fähigkeit kontrafaktischen Denkens, kausale Faktoren für eine bestimmte Entwicklung zu identifizieren, dadurch nämlich, dass diese Faktoren im Rahmen einer kontrafaktischen Imagination abgewandelt und die eingetretene Entwicklung damit hypothetisch verändert wird. Kontrafaktische Konditionale wie „Wenn ich früher losgegangen wäre, hätte ich den Bus nicht verpasst" lassen den basalen Mechanismus des *causal inference effect* deutlich werden. Häufig steht der *causal inference effect* im Zusammenhang mit einer Zuweisung von Verantwortlichkeit oder Schuld („blaming effect")[554]; er weist also eine deutliche Tendenz zu normativ-affektiven Bewertungen auf.

Den *contrast effect* wiederum charakterisieren Roese und Morrison wie folgt:

> Counterfactual thoughts may influence emotions and judgments by way of a contrast effect, which is based on the juxtaposition of reality versus what might have been. [...] Contrast effects occur when a judgment is made more extreme via the juxtaposition of some anchor or standard [...]. For example, ice cream feels especially cold immediately after sipping hot tea. [...] Contrast effects also apply to subjective appraisals of value, satisfaction, and pleasure. Thus, by the same token, a factual outcome may be judged to be worse if a more desirable alternative outcome is salient, and that same outcome may be judged to be better if a less desirable alternative outcome is salient.[555]

Die normative Bewertung kontrafaktischer Szenarien kann dabei sowohl negativ als auch positiv ausfallen. Negativ bewertete Alternativen zur Realität werden als „downward counterfactuals", positive als „upward counterfactuals" bezeichnet.[556]

---

553 Vgl. Roese / Morrison: The Psychology of Counterfactual Thinking, S. 18–20.
554 Vgl. Roese / Morrison: The Psychology of Counterfactual Thinking, S. 18, 20. Hier trifft sich die psychologische Forschung mit der These Alexander Demandts, dass das Nachdenken über ungeschehene Geschichte in der Geschichtswissenschaft „zur Gewichtung von Kausalfaktoren" sowie „zur Begründung von Werturteilen" notwendig ist. Vgl. Demandt: Ungeschehene Geschichte, S. 3, 18–25.
555 Roese / Morrison: The Psychology of Counterfactual Thinking, S. 19.
556 Roese / Morrison: The Psychology of Counterfactual Thinking, S. 17.

Die beschriebenen Erkenntnisse der Psychologie beziehen sich vorderhand auf allgemeine psychologische Mechanismen des Alltagsdenkens. Diese psychologischen Mechanismen lassen sich allerdings auch zur Erläuterung der Funktionen kontrafaktischer Kunstwerke heranziehen. So ist das Auslösen von Emotionen im Zusammenhang mit dem kontrafaktischen *contrast effect* zweifellos einer der Gründe, weswegen Leser oder Zuschauer sich überhaupt mit Werken der Kontrafaktik befassen: Über den Kontrasteffekt kontrafaktischen Denkens werden mitunter starke Emotionen evoziert und somit das Interesse an Werken der Kontrafaktik geweckt oder aufrechterhalten.[557] Die beschriebenen Effekte liefern darüber hinaus eine Erklärung dafür, weshalb Kontrafaktik häufig als Verfahren politischen Schreibens eingesetzt wird: Sowohl die Zuweisungen von Schuld und Verantwortlichkeiten im Rahmen des *causal inference effect* als auch die kontrastive Verstärkung von Emotionen und Werturteilen im Rahmen des *contrast effect* lassen sich plausibel mit dem Bereich politischen Schreibens in Verbindung bringen. Wenn etwa am Ende von Tarantinos *Inglourious Basterds* Hitler und Goebbels von Mitgliedern einer amerikanisch-jüdischen Guerilla-Truppe erschossen werden, so leitet sich die emotionale Wirkung dieser Szene nicht allein aus der immanenten Dramaturgie des Films ab, sondern beruht wesentlich auch auf dem *contrast effect* bei der Imagination einer Welt, in welcher der Zweite Weltkrieg bereits 1944 endet, sowie dem *causal inference effect*, der sich aus der Suggestion ergibt, die Fortführung des Weltkriegs habe vom Wirken einzelner historischer Personen abgehangen: Die Ermordung von Hitler und Goebbels innerhalb der fiktionalen Welt hat schließlich ein früheres Ende des Kriegs zu Folge. Eine bestimmte Überzeugung hinsichtlich der Realgeschichte tritt somit gerade anhand der kontrafaktisch-amimetischen Variation derselben zutage: Da Hitler und die Nazi-Eliten für den Zweiten Weltkrieg verantwortlich waren, wäre es entschieden wünschenswert gewesen, dass sie rechtzeitig einem Attentat zum Opfer gefallen wären.

Das emotionale Kalkül von Tarantinos kontrafaktischem Kriegsfilm, welches auf dem historischen *upward counterfactual* bei der Imagination einer Ermordung

---

[557] Roese / Morrison: The Psychology of Counterfactual Thinking, S. 21f. Die emotionale Wirkung der Kontrafaktik führen Roese und Morrison unter anderem auf dem Umstand zurück, dass das kontrafaktische Denken in der Kunst sich an Prozesse kontrafaktischen Vergleichens anlehnt, wie sie im menschlichen Gehirn ohnehin permanent ablaufen: „In an important sense, artists who use variations on a theme are mimicking the natural manner in which the human brain sees the world. [...] When the brain sees something surprising, the experience of surprise itself comes from the mental benchmarks that pop to mind and reveal how things could have (or should have) been. Brains are continuously producing creative variations (i. e., counterfactual elaborations of alternatives to current experiences) as we experience the flow of events in our lives." (ebd., S. 23).

Hitlers beruht, hat im Übrigen ein nicht-fiktionales Komplement in der politischen Verehrung, die dem realen Grafen von Stauffenberg und den Mitorganisatoren des gescheiterten Hitler-Attentats vom 20. Juli 1944 entgegengebracht wird.[558] Die zahlreichen fiktionalen Visionen einer Welt, in welcher die Nazis den Krieg gewonnen haben – etwa Robert Harris' *Fatherland* oder Philip K. Dicks *The Man in the High Castle* –, beruhen demgegenüber meist auf der emotionalen Kalkulation eines *downward counterfactual*, also einem kontrastiven Abgleich von fiktionaler und realer Welt, in dessen Rahmen die fiktionale Welt im Vergleich zu der realen Welt als schlechter bewertet wird.

Während sich die Literaturwissenschaft bisher kaum mit der politischen Funktion der Kontrafaktik auseinandergesetzt hat, wurde in der Geschichtswissenschaft die Tendenz des kontrafaktischen Erzählens zu normativen, affektiv eingefärbten oder politisch-tendenziösen Aussagen bereits vielfach diskutiert. Richard J. Evans etwa hält in seiner Überblicksdarstellung zum historischen kontrafaktischen Erzählen fest: „Kontrafaktische Darstellungen der Vergangenheit haben fast immer politische Implikationen für die Gegenwart."[559] In einem umfassenden Kapitel mit dem kritisch intendierten Titel „Wunschdenken"[560] bietet Evans eine historisch weit ausgreifende Liste mit Beispielen kontrafaktischen Denkens, welche sehr deutlich normative, politische oder ideologische Interessen erkennen lassen.[561] Mit seiner Problematisierung derartigen Wunschdenkens befindet sich Evans in Übereinstimmung mit der Mehrzahl der Historiker. Die Geschichtswissenschaft bewertet die, wenn man so will, politische Schlagseite des kontrafaktischen Denkens kritisch, da diese die angestrebte Objektivität historischer Erkenntnisse zu gefährden droht. Bereits Alexander Demandt (dem Evans übrigens seinerseits ebenfalls einen „Hang zum Wunschdenken" unterstellt[562]) bemerkt in seinem Traktat *Ungeschehene Geschichte*:

> Die meisten Alternativentwürfe wurzeln in Wünschen und Befürchtungen. Das Ungeschehene wird nicht einfach als anders, sondern als viel besser oder als viel schlechter darge-

---

558 Kontrafaktische Kalkulationen, die solchermaßen von den historischen Quellen selbst angeregt werden, dürften einen großen Einfluss auf die Bewertung von und das Interesse an bestimmten geschichtlichen Ereignissen ausüben. So könnte man etwa die These vertreten, das fortdauernde Interesse an der Kuba-Krise lasse sich letztlich auf die Faszination für die Möglichkeit eines – realiter nicht eingetretenen – Atomkriegs zurückzuführen.
559 Evans: Veränderte Vergangenheiten, S. 58.
560 Vgl. Evans: Veränderte Vergangenheiten, S. 17–58.
561 Bereits die ersten umfänglichen historisch-kontrafaktischen Texte aus dem mittleren 19. Jahrhundert lassen eine deutliche politische Stoßrichtung erkennen. Vgl. Evans: Veränderte Vergangenheiten, S. 21–27.
562 Evans: Veränderte Vergangenheiten, S. 46.

stellt. Wie schön wäre es gewesen, wenn ... wie schlimm wäre es gewesen, wenn ... Der damit hervorgerufene Kontrast befriedigt unser Trostbedürfnis. Dieses mildert unsere Kritikfähigkeit und verfälscht die Plausibilitäten.[563]

Der Vorwurf lautet also, dass kontrafaktisches Denken auf der Basis historischen Materials kaum jemals neutrale kontrafaktische Alternativen gegen die Realität abwäge, sondern meist deutlich tendenziöse Alternativen entwerfe. Damit drohe allerdings die Strenge wissenschaftlichen Argumentierens verlorenzugehen: Anstatt auf der Basis realer Dokumente mögliche, wahrscheinliche oder plausible Alternativen des Geschichtsverlaufs zu entwerfen, verliere sich der Großteil alternativgeschichtlicher Szenarien – und zwar auch diejenigen aus der Feder von Historikern – in mehr oder minder realitätsenthobenen Spekulationen.

Auf eine politische Tendenz des kontrafaktischen Denkens innerhalb der Geschichtswissenschaft verweist nicht zuletzt der Umstand, dass kontrafaktische Szenarien vorwiegend von eher konservativen Historikern entwickelt werden. Kontrafaktische Szenarien in der Geschichtswissenschaft beschäftigen sich „fast ausschließlich mit traditioneller, altmodischer Politik-, Militär- und Diplomatiegeschichte von der Art, wie sie in den 1950er Jahren vorherrschte."[564] Die reale Komplexität historischer Determinationsprozesse, welcher neuere Geschichtstheorien Rechnung zu tragen versuchen, wird somit in der Alternativgeschichtsschreibung kaum angemessen berücksichtigt.[565] Kontrafaktische Szenarien, die

---

563 Demandt: Ungeschehene Geschichte, S. 95.
564 Evans: Veränderte Vergangenheiten, S. 171.
565 Mit ihrer konservativen Tendenz steht die kontrafaktische Geschichtsschreibung (Alternativgeschichte) damit in genauem ideologischen Gegensatz zur alternativen Geschichtsschreibung (*Alternative History*), welche historische Fakten nicht umschreibt, sondern diese Fakten vielmehr in ein gewandeltes Licht rückt oder neue historische Fakten zutage fördert, um damit einer bisher vernachlässigten Perspektive zu ihrem Recht zu verhelfen. Zur *Alternative History* siehe Kapitel 2.1. Terminologie, sowie Kapitel 10. Historisches Erzählen als Kontrafaktik. Die Gründe für diese unterschiedlichen politischen Tendenzen der beiden Formen der Geschichtsdarstellung sind vielfältig: Während die kontrafaktische Geschichtsschreibung notwendigerweise mit allgemein bekannten historischen Daten operiert – etwa den Lebensläufen großer Männer (Napoleon, Hitler etc.), berühmten Schlachten (Waterloo) oder veränderten Kriegsverläufen (vor allem des Amerikanischen Bürgerkriegs und des Zweiten Weltkriegs) – und somit implizit ein bestehendes Geschichtsbild weiter konsolidiert, liegt das Anliegen der alternativen Geschichtsschreibung meist in einer Subversion allgemein akzeptierter Annahmen über die Geschichte beziehungsweise in einer Neuperspektivierung derselben. Des Weiteren dürften hier auf weltanschaulicher Ebene unterschiedliche Haltungen zu Fragen des Geschichtsdeterminismus eine Rolle spielen: Eher links orientierte Historiker neigen dazu, entsubjektivierte Strukturfaktoren – der wirtschaftliche Unterbau, die Regeln der Sagbarkeit, Rassismen oder die Vorstellung von Geschlechterrollen etc. – als Determinanten der historischen Entwicklung hervorzuheben. Die alternative Geschichtsschreibung ist prädestiniert dafür, just diese Fakto-

aus einer linken Perspektive verfasste wären, gibt es in der Geschichtswissenschaft kaum.⁵⁶⁶

Die Tendenz des kontrafaktischen Denkens zur Parteilichkeit, zur faktenungebundenen Spekulation sowie die mit kontrafaktischen Szenarien häufig einhergehende Konsolidierung eines konservativen, akteurs- und ereigniszentrierten Geschichtsbildes erweisen sich für den wissenschaftlich-faktualen Diskurs der Historiografie zweifellos als problematisch. Begegnet wird diesen Problemen in der Geschichtswissenschaft mit strengen methodischen Auflagen für das kontrafaktische Denken, etwa den Forderungen nach strikter Einhaltung von Plausibilitätskriterien, Faktenbindung und Wertneutralität (wobei anzumerken ist, dass bei konsequenter Berücksichtigung dieser methodischen Auflagen selbst noch die Mehrzahl der von Historikern verfassten kontrafaktischen Szenarien aus dem wissenschaftlichen Diskurs ausscheiden müsste⁵⁶⁷).

Für den Bereich literarischen Schreibens stellen a priori freilich weder eine fehlende Faktenbindung, die Reduktion von historischer Plausibilität noch auch die politische Tendenz eines Textes ein Problem dar. Als fiktionaler Diskurs ist die Kontrafaktik in Literatur, Film und Comic nicht an die Beschränkungen eines faktual-wissenschaftlichen Diskurses – inklusive dessen (vermeintliche) Wertneutralität – gebunden. Zurecht bemerken Johannes Rhein, Julia Schumacher und Lea Wohl von Haselberg: „Während das Wunschdenken [...] im Rahmen der Geschichtsschreibung aus guten Gründen als problematisch eingestuft werden kann, gilt dies nicht gleichermaßen zwingend für Werke innerhalb des fiktionalen Diskursrahmens. / Da Fiktionen einen eigenen kommunikativen Raum des

---

ren zu betonen. Mit den radikalen Alternativen des kontrafaktischen Denkens hingegen ist der beschriebene Strukturdeterminismus kaum vereinbar. Diese Unterscheidung von eher konservativer, kontrafaktischer Alternativgeschichtsschreibung und eher progressiv-linker, alternativer Geschichtsschreibung kann allerdings nur für das kontrafaktische Denken innerhalb der Geschichtswissenschaft Gültigkeit beanspruchen. Im Bereich der literarischen Kontrafaktik liegt keine vergleichbare Verbindung zwischen kontrafaktischem und konservativem Denken vor, wie im Rahmen der folgenden Interpretationen noch deutlich werden soll.

566 Vgl. Evans: Veränderte Vergangenheiten, S. 62.

567 Genau dies ist die Position von Richard J. Evans. Am Ende seiner Studie hält er zur kontrafaktischen Perspektive in der Geschichtswissenschaft fest, dass sie „[u]nter ganz bestimmten, streng begrenzten Umständen und für streng begrenzte Zwecke [...] nützlich sein [kann]; betrachtet man jedoch die umfangreiche Literatur, die diesem Genre mittlerweile zuzurechnen ist, mit Hunderten gedruckter Fallstudien, so kann man eigentlich nur zu dem Schluss kommen, dass sie vor allem als eigenständiges Phänomen von Nutzen und Interesse ist, als Teil der modernen, zeitgenössischen intellektuellen und politischen Geschichte, der selbst ein interessantes Studienobjekt darstellt, zur ernsthaften Erforschung der Vergangenheit jedoch keinen nennenswerten Beitrag leistet." (Evans: Veränderte Vergangenheiten, S. 196 f.).

‚Als ob' etablieren, sind sie von den Anforderungen des faktualen Diskurses entbunden."[568] Entsprechend unzulässig ist es, Werke der Kontrafaktik an den Maßstäben einer historischen Kontrafaktizitätsforschung zu messen, wie es in der Forschung bedauerlicherweise immer wieder geschehen ist.[569]

Anstatt eine eher randständige Gruppe streng epistemisch orientierter, skrupulös auf Plausibilität bedachter kontrafaktischer Geschichtsdarstellungen dogmatisch zum einzig legitimen Standard kontrafaktischen Erzählens zu erheben (was letztlich auf die tendenzielle Abschaffung des Erzählverfahrens hinausliefe), sollte man zunächst danach fragen, welche spezifischen Eigenschaften die *Mehrzahl* kontrafaktischer Szenarien – und zwar sowohl in der Literatur als auch in der Geschichtswissenschaft – aufweisen und was diesen Szenarien ihre Attraktivität verleiht.[570] Man wird dann – übrigens in Übereinstimmung mit der psychologischen Forschung zum kontrafaktischen Denken – eine gleichsam natürliche Neigung des kontrafaktischen Erzählens zu Emotionsevokation, Spekulation und Normativität und mithin auch zur Politisierung konzedieren müssen. Diese Neigung mag zwar mit den Interessen einer streng szientifisch orientierten Geschichtswissenschaft nur bedingt vereinbar sein. Mit den ästhetischen Interessen künstlerischer Diskurse hingegen trifft sie sich mitunter aufs Günstigste. Was der Wissenschaft hier Hemmnis ist, ist der Kunst Gelegenheit: Während die vonseiten der Geschichtswissenschaft häufig beobachtete normativ-affektive Tendenz des kontrafaktischen Erzählens für den eigenen Fachdiskurs ein Problem darstellt, eröffnet dieselbe normativ-affektive Tendenz für die Literatur produktive Möglichkeiten, um die Kontrafaktik als Verfahren politischen Schreibens zum Einsatz zu bringen.[571] Unter

---

568 Rhein / Schumacher / Wohl von Haselberg: Einleitung, S. 28.
569 Siehe Kapitel 3.2.2. Anlehnung an die Geschichtswissenschaft.
570 Auch Doležel hält fest: „[I]t is often difficult to decide whether the counterfactual historian is engaged in cognitive thought experiment or in the composition of a fantastic story. The link [to fiction-making] is even more intimate, owing to the existence of counterfactual historical fiction, such as H. Robert Harris's *Fatherland* (1992) or Carlos Fuentes's *Terra Nostra* (1975)." (Doležel: Fictional and Historical Narrative, S. 267).
571 Auch für Konrad bildet gerade die affektive Dimension kontrafaktischen Denkens eine Bedingung für die Produktivität der historischen Kontrafaktik: „Tatsächlich bestätigen psychologische Studien und Experimente, dass es eine Reihe von Gefühlen gibt, die auf kontrafaktische Gedankengänge geradezu angewiesen sind: Dazu gehört insbesondere das Bedauern, das kaum möglich ist ohne ein Wissen darum, was unter anderen Voraussetzungen hätte geschehen können. Deshalb kann auch das literarische Kontrafaktische ein entscheidendes Mittel zur Aufarbeitung des Vergangenen sein. Nicht vergessen werden darf zudem, dass die Auseinandersetzung mit dem Erinnerten und Verdrängten in dieser speziellen Form zum einen durch den Kontrast auf eine Bewertung und Erkenntnis der Gegenwart und zum anderen durch Analogie und Prognosen für die Zukunft abzielt." (Eva-Maria Konrad: Literarische Gegenwelten.

Berücksichtigung der natürlichen normativen Tendenz kontrafaktischen Denkens erweist sich letztlich nicht die (faktuale) Kontrafaktizität der Geschichtswissenschaft, sondern die (fiktionale) Kontrafaktik in Literatur, Film und Comic als der ‚Normalfall' kontrafaktischen Erzählens.

Die besondere Eignung der Kontrafaktik als Verfahren politischen Schreibens lässt sich schließlich auch im Rückgriff auf die fiktionstheoretischen Überlegungen der vorliegenden Arbeit plausibilisieren.[572] Traditionell existieren nur wenige Überschneidungen zwischen dem Bereich der Fiktionstheorie und der Forschung zur politischen Literatur: Fiktionstheoretische Untersuchungen befassen sich nur selten mit politischen Fragestellungen, und die Mehrzahl der Untersuchungen zur politischen Literatur lässt den genaueren fiktionstheoretischen Status ihrer Forschungsgegenstände unreflektiert.[573] Dieses weitgehende Fehlen einer Schnittmenge zwischen den genannten Forschungsfeldern kann aus ihrem differierenden primären Erkenntnisinteresse sowie ihren verschiedenen Investigationsmethoden erklärt werden: Während sich die Fiktionstheorie als ein Teilbereich der Literaturwissenschaft mit streng analytischem, systematischem oder deskriptivem Anspruch versteht und als solcher der Linguistik, der analytischen Philosophie und teils sogar den Kognitionswissenschaften nahesteht, operiert die Diskussion um ‚politische Literatur' und ‚politisches Schreiben' oftmals mit starken normativen und weltanschaulichen Vorannahmen; sie bewegt sich damit eher in der Nähe zur Ethik sowie zu bedeutenden Teilen der kontinentalen Philosophie. Im Sinne einer heuristischen, im Detail freilich differenzierungsbedürftigen Oppositionsbildung könnte man vom epistemischen Interesse der Fiktionstheorie im Gegensatz zum normativen Interesse der Forschungen zur politischen Literatur sprechen.

Bedauerlich ist die beschriebene Trennung der Forschungstraditionen unter anderem deshalb, weil fast alle Versuche einer Beschreibung fiktionaler politischer Literatur explizit oder implizit davon ausgehen, dass politische Texte sich in irgendeiner Weise auf die außerliterarische Realität beziehen: etwa indem sie auf diese einzuwirken versuchen, sie kommentieren, kritisieren, subvertieren

---

In: Heribert Tommek / Matteo Galli / Achim Geisenhanslüke (Hg.): Wendejahr 1995. Transformationen der deutschsprachigen Literatur. Berlin / Boston 2015, S. 218–234, hier S. 234).
[572] Zur Kopplung von Realität und Fiktion im Kontext des politischen Schreibens siehe auch Michael Navratil: Einspruch ohne Abbildung. Zur doppelte Diskursivität von Kathrin Rögglas Dokumentarismus. In: Iuditha Balint / Tanja Nusser / Rolf Parr (Hg.): Kathrin Röggla. München 2017, S. 143–160, hier bes. S. 144–148; ders.: Jenseits des politischen Realismus.
[573] Eine positive Ausnahme bildet die Studie von Johannes Franzen: Indiskrete Fiktionen. Theorie und Praxis des Schlüsselromans 1960–2015. Göttingen 2018.

oder auch affirmieren. Diese Realitätsanbindung politischer Literaturbetrachtungen wirft jedoch unausweichlich fiktionstheoretische Fragestellungen auf, etwa diejenige nach der realweltlichen Referenzialisierbarkeit diegetischer Elemente, nach der Kontextrelativität von Textdeutungen oder allgemein nach den Bedingungen transfiktionaler Interpretationsaussagen. Zugespitzt formuliert: Die Fiktionstheorie kann für die Mehrzahl ihrer Fragestellung auf eine Berücksichtigung des Politischen verzichten; eine Theorie politischer Literatur jedoch, die fiktionstheoretische Fragen vollständig ausklammert, ist unvollständig.

Nun kann die Fiktionstheorie natürlich nicht auf sich allein gestellt die eingangs beschriebenen Probleme einer Bestimmung des ‚Politischen' in der Literatur lösen. Sehr wohl kann sie aber dazu beitragen, jene Operationen zu charakterisieren, die bei der Interpretation eines Textes als ‚politisch' vorgenommen werden. Lässt man vorderhand alle historischen, semantischen und praxeologischen Feinbestimmungen dessen, was genau ‚Literatur' und ‚das Politische' bedeuten, außen vor, so kann festgehalten werden, dass ‚politische Literatur' zumindest die eine Bedingung wird erfüllen müssen, sich in irgendeiner Weise zur politischen oder gesellschaftlichen Realität zu verhalten: Politische Literatur, so könnte eine fiktionstheoretische Minimaldefinition lauten, liegt vor, wenn ein fiktionaler Text im Rahmen der Interpretation mit normativen Implikationen zur Realität in Beziehung gesetzt wird. Nikolaus Wegmann bemerkt entsprechend im *Reallexikon der deutschen Literaturwissenschaft*: „In einem naiv-klassifikatorischen Sinne bezeichnet *Politische Dichtung* jede Literatur, die sich ihrem Stoff nach auf politische Sachverhalte – z. B. Kolonialismus, Patriotismus, soziale Spannungen – bezieht."[574] Politische Literatur kann mithin niemals radikal autonom sein, sondern muss, eben *um* politisch zu sein, auf die außerliterarische Realität Bezug nehmen. „Eine Literatur, die die Verhältnisse treffen will", so Wegmann zur ‚kritischen Literatur', „muß auf eben diese nicht-literarische Realität hin lesbar sein."[575] Im Gegensatz hierzu wird man eine streng werkimmanente Interpretation – sofern eine solche überhaupt denkbar ist – kaum als politische Interpretation ansehen können. Bezeichnenderweise traten die historischen Proponenten der immanenten Interpretation – Wolfgang Kayser, Emil Staiger u. a. – zugleich auch für eine Abkehr von der politischen Kunstbetrachtung ein.[576] Die konkrete Ausprägung des

---

[574] Nikolaus Wegmann: Politische Dichtung. In: Jan-Dirk Müller (Hg.): Reallexikon der deutschen Literaturwissenschaft. Bd. III. Berlin 2003, S. 120–123, hier S. 120.
[575] Wegmann: Engagierte Literatur?, S. 358.
[576] Der Schule der werkimmanenten Interpretation wurde häufig Ignoranz gegenüber den realweltlichen Kontexten eines Textes – insbesondere dem historischen Wissen – vorgeworfen. Zumindest in verabsolutierter Form dürfte dieser Vorwurf jedoch nicht aufrechtzuerhalten sein. Danneberg bemerkt hierzu: „Das Kontextwissen zu einem Text erhält bei der werkimmanenten In-

Realitätsbezugs politischer Literatur kann freilich sehr unterschiedlich ausfallen: Die Möglichkeiten reichen von einer dezidierten Affirmation der Realität (etwa in der Propaganda oder Panegyrik) über eine Kritik derselben (in der engagierten oder subversiven Literatur) bis hin zu einer ostentativen Indifferenz gegenüber der politischen Realität, die mitunter selbst wiederum als politische Positionierung angesehen werden kann.[577]

Die politische Interpretation eines fiktionalen Textes läuft also in jedem Fall auf eine Form *transfiktionaler* Aussagen hinaus: Ein bestimmter Aspekt der fiktionalen Welt wird in wertender Weise mit der realen Welt in Beziehung gesetzt.[578] Beispiele für eine solche Korrelierung von fiktionaler und realer Welt im Rahmen politischer Interpretationen sind mühelos bei der Hand: Eine politische Deutung von Brechts *Dreigroschenoper* könnte etwa die Situation der Bettler, Huren und Zuhälter innerhalb der fiktionalen Welt in Beziehung zur Situation sozial benachteiligter und/oder krimineller Personen in der realen Welt setzen. Eine politische Deutung von Aldous Huxleys *Brave New World* könnte eine Beziehung zwischen der kapitalistischen Dystopie des Romans und den realen kapitalistischen Verhältnissen seiner Entstehungs- oder Rezeptionszeit herstellen. Und selbst die politische Deutung eines vordergründig so ostentativ apolitischen Romans wie Adalbert Stifters *Nachsommer* könnte nach den textuellen Symptomen fragen, über die sich die Verdrängung der realen gesellschaftlichen Antagonismen des mittleren 19. Jahrhunderts im Text verrät.

---

terpretation keine uneingeschränkte Priorität. Doch im Unterschied zu einem Teil der Interpretationspraxis und zu einer in der kritischen Rezeption verbreiteten Auffassung legitimiert diese Sicht des Kontextes keineswegs historische Ignoranz." (Lutz Danneberg: Zur Theorie der werkimmanenten Interpretation. In: Wilfried Barner / Christoph König (Hg.): Zeitenwechsel. Germanistische Literaturwissenschaft vor und nach 1945. Frankfurt a. M. 1996, S. 313–342, hier S. 318).

577 Selbst Adornos dialektische Verquickung von Engagement und Autonomie in seinem *Engagement*-Essay läuft auf eine normativ aufgeladene Korrelierung von Kunst und Realität hinaus: „Noch im sublimiertesten Kunstwerk birgt sich ein Es soll anders sein [...]. Vermittelt aber ist das Moment des Wollens durch nichts anderes als durch die Gestalt des Werkes, dessen Kristallisation sich zum Gleichnis eines Anderen macht, das sein soll. Als rein gemachte, hergestellte, sind Kunstwerke, auch literarische, Anweisungen auf die Praxis, deren sie sich enthalten: die Herstellung richtigen Lebens." (Adorno: Engagement, S. 429).

578 Natürlich ist diese Bindung politischer Interpretationen an transfiktionale normative Aussagen im Detail differenzierungsbedürftig. Nicht abgedeckt wird dadurch die politische Interpretation von Texten, die nicht oder nicht eindeutig fiktional sind, etwa von Lyrik. Des Weiteren nicht abgedeckt werden vom vorgeschlagenen Modell politische Interpretationen, die sich allein auf extratextuelle Aspekte wie die Selbstinszenierung eines Autors beziehen. Allerdings handelt es sich in solchen Fällen ohnehin nicht mehr eigentlich um Interpretationen politischen Schreibens im Sinne politischer (fiktionaler) Literatur.

Die Notwendigkeit einer Korrelierung von fiktionaler und realer Welt im Rahmen des Interpretationsprozesses verbindet das politische Schreiben nun gerade mit der Kontrafaktik. Kontrafaktische Elemente zeichnen sich, so wurde im Theorieteil der Arbeit ausgeführt, durch transfiktionale Doppelreferenzen aus, durch explizite Referenzen also auf Elemente einer fiktionalen Welt, welche dann vom Leser durch implizite Referenzen auf die reale Welt ergänzt werden müssen, sodass sich eine weltenverbindende Vergleichsstruktur ergibt.[579] Diese notwendige Transfiktionalität der Kontrafaktik korrespondiert auf günstige Weise mit einer Grundeigenschaft der politischen Literatur, die sich ebenfalls zur realen Welt hin öffnen muss, um als politische Literatur rezipierbar zu sein. Hat man es mit einer kontrafaktischen Referenzstruktur – also einem Vergleich von realer und fiktionaler Welt – zu tun, so ist nur noch ein kleiner Schritt erforderlich, um diesen transfiktionalen Weltvergleich zugleich normativ aufzuladen, sodass sich eine Form der *politischen Realitätsvariation* ergibt.

Ausgehend von dieser referenztheoretischen Strukturanalogie zwischen Kontrafaktik und politischer Literatur bieten sich für die Kontrafaktik vielfältige Möglichkeiten, um als Verfahren politischen Schreibens zum Einsatz zu kommen: Kontrafaktik kann politische Positionen und dominante Sprachformen mittels Überspitzung oder Umformung der Lächerlichkeit preisgeben (etwa in der politischen Satire oder in kreativen Formen des Dokumentarismus). Sie kann allgemein akzeptierte Geschichtsnarrative konterkarieren (in der Alternativgeschichte). Sie kann wünschenswerte Alternativen zum politischen Status quo aufzeigen (in der Utopie). Oder sie kann auf die Gefahren aktueller gesellschaftlicher oder technischer Entwicklungen und politischer Trends hinweisen (etwa in der Science-Fiction oder in der Dystopie). Angesichts dieser vielfältigen Einsatzmöglichkeiten überrascht es nicht, dass die Kontrafaktik gerade in der Gegenwartsliteratur, mit ihrer generellen Konjunktur amimetischer Erzählformen, zu einem bedeutenden Verfahren politischen Schreibens avancieren konnte.

Verstärkt wird diese Bindung von Kontrafaktik und politischem Schreiben durch den Umstand, dass die in kontrafaktischen Werken variierten realweltlichen Fakten oftmals bereits an und für sich eine hohe politische Brisanz aufweisen. Diese politische Aufladung des Faktenmaterials der Kontrafaktik ist dabei keineswegs zufällig, sondern hängt mit den kommunikationspragmatischen Erfordernissen des kontrafaktischen Erzählens zusammen: Für eine erfolgreiche Aktualisierung kontrafaktischer Referenzstrukturen ist es von Vorteil, wenn die in Frage stehenden Fakten als allgemein bekannt vorausgesetzt werden können; eine Abweichung von bloß klandestinem Wissen liefe Gefahr, unerkannt zu

---

579 Siehe die Kapitel 4.3.5. Transfiktionale Doppelreferenz.

bleiben. Für die Aktualisierung kontrafaktischer Referenzstrukturen günstig ist es darüber hinaus, wenn dem relevanten Faktenmaterial eine hohe affektive, normative, politische oder anderweitige Bedeutung zukommt. Wird spezifischen Fakten besondere Relevanz beigemessen, so darf davon ausgegangen werden, dass ihre Variation innerhalb eines fiktionalen Mediums auch erkannt und für deutungsrelevant befunden wird. Es kann mithin kaum überraschen, dass gerade politisch brisante Themen das bevorzugte Ausgangsmaterial kontrafaktischer Faktenvariationen bilden; Bekanntheit und (affektive) Relevanzzuschreibung treten hier in ein Verhältnis der gegenseitigen Abhängigkeit und Verstärkung. Das Wissen etwa über den Ausgang des Zweiten Weltkriegs ist nicht nur den allermeisten Lesern bekannt, sondern darüber hinaus auch mit starken politischen, normativen oder affektiven Wertungen verbunden. Es kann somit einigermaßen zuverlässig damit gerechnet werden, dass die kontrafaktische Variation dieses Kriegsausgangs im Rahmen eines kontrafaktischen Romans wie etwa Robert Harris' *Fatherland* vom Leser nicht nur erkannt, sondern auch als intellektuell anregend, politisch-inkorrekt, provokativ, gewagt, absurd oder anderweitig interessant eingeschätzt – und genau in dieser spezifischen Qualität bei einer Deutung des Textes berücksichtigt werden wird. Kontrafaktische Texte werden dabei gleichsam mitaffiziert von der politischen Valenz, die den von ihnen variierten Themen und Fakten bereits realweltlich zukommen. ‚Parasitär' verhalten sich Werke der Kontrafaktik also nicht nur in Bezug auf die epistemischen Eigenschaften des von ihnen variierten realweltlichen Faktenmaterials, sondern auch auf dessen normative oder affektive Aufladung.

Ausgehend von diesen fiktionstheoretischen Betrachtungen kann abschließend noch einmal zum Vorwurf des Eskapismus zurückgekehrt werden, der gegen die amimetische und insbesondere gegen die fantastische Literatur verschiedentlich erhoben wurde. Weiter oben wurde vorgeschlagen, das Politische in der Literatur fiktionstheoretisch über eine normative Beziehung zwischen Literatur und Welt zu definieren. Im Rahmen der Überlegungen zu möglichen real-fiktionalen Weltvergleichsverhältnissen – also Realistik, Fantastik, Kontrafaktik und Faktik – wurde ferner darauf hingewiesen, dass sich Elemente innerhalb fiktionaler Welten grundsätzlich mit der realen Welt vergleichen lassen, wobei zwischen Abweichung und Nicht-Abweichung sowie zwischen konkreten Referenzen und einem Bezug auf allgemeine Realitätsannahmen unterschieden werden kann. Entsprechend wäre es unzutreffend zu behaupten, dass fantastische Elemente gar keine Verbindung zur realen Welt unterhalten. Nur beruht diese Verbindung eben auf einer Abweichung von allgemeinen Realitätsannahmen, etwa der Nicht-Existenz von Drachen oder Feen. Fantastische Texte weichen also von der Realität ab, ohne dabei spezifische Realitätsreferenzen zu produzieren. Dies dürfte einer der zentralen Gründe dafür sein, dass die fantastische Kunst sich häufig dem Vorwurf des politischen Eskapismus ausgesetzt gesehen hat: Fiktionale Welten, die keine Verbindung zu Konkreta der realen Welt aufweisen, bieten sich für politische Deutungen nur eingeschränkt an.

Nun wurde in der Forschung wiederholt der Versuch unternommen, auch der fantastischen Kunst eine kritische oder politische Funktion zuzuschreiben. Rosemary Jackson etwa begreift – im Rückgriff auf Kategorien der Lacan'schen Psychoanalyse – das Fantastische als einen Gegendiskurs, welcher die dominante Ordnung des Symbolischen kritisch zu reflektieren und zu subvertieren vermag.[580] Jackson reagiert damit auf einen prominenten ideologiekritischen Vorwurf, der von Forschern wie etwa Lars Gustafsson gegen die Fantastik erhoben wurde: dass nämlich die Fantastik „ein gefährliches, ein menschlich bedrohliches Milieu" sei, welches in einem antiaufklärerischen Affekt die Erkenntnismöglichkeiten der Vernunft in Frage stelle.[581] Ähnlich wie Jackson wendet auch Hans Richard Brittnacher die Affinität des Fantastischen zum Hässlichen, Schrecklichen und rational Uneinholbaren funktional ins Positive, indem er die kanonkritische und kulturanthropologische Relevanz der Fantastik betont: „Die Nähe der Phantastik zu Blut, Sex und Tod", so Brittnacher, „zeigt nicht nur ihr Mißtrauen gegen die sublimierende Deutungskultur der bürgerlichen Gesellschaft, sondern auch ihre Sympathie mit dem an der Moderne verzweifelnden Menschen. Seinen Ängsten, die in der bildungsbürgerlichen Ästhetik nicht einmal zur Darstellung gelangen, verhilft sie mit eigentümlich tröstenden archaischen Bildern zum Ausdruck."[582] Für Markus May wiederum bildet die Fantastik ein Medium der Erkenntniskritik, indem sie „als Archiv des kulturell und epistemologisch Ver-

---

580 Jackson schreibt: „From a rational, 'monological' world, otherness cannot be known or represented except as foreign, irrational, 'mad', 'bad'. [...]. An understanding of the subversive function of fantastic literature emerges from *structuralist* rather than from merely *thematic* readings of texts. It has been seen that many fantasies from the late eighteenth century onwards attempt to undermine dominant philosophical and epistemological orders. They subvert and interrogate nominal unities of time, space and character, as well as questioning the possibility, or honesty, of fictional re-presentation of those unities. [...] [T]he fantastic can be seen as an art of estrangement, resisting closure, opening structures which categorize experience in the name of a 'human reality'. By drawing attention to the relative nature of these categories the fantastic moves towards a dismantling of the 'real', most particularly of the concept of 'character' and its ideological assumptions, mocking and parodying a blind faith in psychological coherence and in the value of sublimation as a 'civilizing' activity." (Rosemary Jackson: Fantasy: The Literature of Subversion. London / New York 1981, S. 173, 175 f.).
581 Lars Gustafsson: Über das Phantastische in der Literatur. Ein Orientierungsversuch. In: Ders.: Utopien. München 1970, S. 9–25, hier S. 24. Vgl. Brittnacher / May: Phantastik-Theorien, S. 191.
582 Hans Richard Brittnacher: Ästhetik des Horrors. Gespenster, Vampire, Monster, Teufel und künstliche Menschen in der phantastischen Literatur. Frankfurt a. M. 1994, S. 7 f.

drängten [fungiert]. Sie setzt sich zur Wehr gegen einen hegemonialen Diskurs von Modernität, dessen fundamentales Anliegen mit Max Webers berühmtem Diktum in der ‚Entzauberung der Welt' angesiedelt werden muss."[583] Auch für Renate Lachmann wird in der Fantastik die „Begegnung der Kultur mit ihrem Vergessen" inszeniert; die Leistung der fantastischen Literatur besteht Lachmann zufolge darin, dass sie „etwas in die Kultur zurückholt und manifest macht, was den Ausgrenzungen zum Opfer gefallen ist. Sie nimmt sich dessen an, was eine gegebene Kultur von dem abgrenzt, was sie als Gegenkultur oder Unkultur betrachtet."[584] Dorothee Girndt-Danneberg schließlich betont mit Blick speziell auf die fantastische Jugendliteratur, dass „[d]istanzierende Darstellung realer und gemeinhin ‚betreffender' Sachverhalte, Anleitung zu experimenteller Betrachtung des Gewohnten unter anderen Bedingungen, Demonstration folgerichtigen Schließens aus gegebenen Prämissen [...] notwendige Voraussetzungen kritischen Urteilens und Denken [seien]. Das Anknüpfen an kindlichen Vorstellungen aber erlaubt gerade, diese Vorstellungen zu präzisieren, zu erweitern oder zu korrigieren."[585] Der Fantastik schreibt Girndt-Danneberg somit letztlich eine kognitiv förderliche Funktion zu.

Eine mehr oder weniger deutlich ausgeprägte politische Relevanzprätention ist allen diesen Deutungsversuchen der Fantastik zu eigen. Eine Verbindung zu politischen Konkreta der realen Welt wird in den angeführten Fantastik-Theorien allerdings kaum diskutiert. Die kritisch-politischen Potenziale der Fantastik werden hier eher auf den literarischen Kanon, auf das allgemeine Weltbild einer Kultur oder auf bestimmte kognitive Vorgänge bezogen, welche die Rezeption fantastischer Kunst ermöglicht – nicht aber auf spezifische Fakten der realen Welt.

Im Falle der Kontrafaktik liegen die Dinge jedoch anders: Im Gegensatz zur Fantastik bietet die Kontrafaktik die Möglichkeit, einerseits amimetisch zu erzählen, andererseits aber eine klare Verbindung zu Konkreta der realen Welt – eben dem variierten, realweltlichen Faktenmaterial – aufrechtzuerhalten. Diese Bindung an Konkreta der realen Welt prädestiniert die Kontrafaktik in sehr viel höherem Maße als die Fantastik dazu, als Verfahren politischen Schreibens

---

[583] Markus May: Die Wiederkehr der Dinge. Phantastik als Diskurskritik der Moderne. In: Marie-Thérèse Moury / Evelyne Jacquelin (Hg.): Phantastik und Gesellschaftskritik im deutschen, niederländischen und nordischen Kulturraum / Fantastique et approches critiques de la société. Espaces germanique, néerlandophone et nordique. Heidelberg 2018, S. 27–44, hier S. 28.
[584] Lachmann: Erzählte Phantastik, S. 9, 11.
[585] Dorothee Girndt-Danneberg: Zur Funktion fantastischer Elemente in der erzählenden Jugendliteratur. In: Ernst Gottlieb von Bernstorff (Hg.): Aspekte der erzählenden Jugendliteratur. Eine Textsammlung für Studenten und Lehrer. Baltmannsweiler 1977, S. 149–185, hier S. 184.

produktiv zu werden, indem sie nämlich qua Faktenvariation ebendiese Fakten kritisch kommentiert.

Die Opposition von eher politik-averser Fantastik und politik-affiner Kontrafaktik ist für eine Bewertung der politischen Potenziale verschiedener amimetischer Genres von großem Interesse. Der vorgeschlagenen Unterscheidung folgend könnte man nämlich die These vertreten, dass tendenziell fantastische Genres umso politischer werden, je stärker sie sich mit kontrafaktischen Referenzen ‚aufladen'. So sind für die Genres der Science-Fiction oder der Fantasy kontrafaktische Referenzen fakultativ (anders als für die Alternativgeschichte, die per definitionem kontrafaktisch ist). *Politische* Lesarten von Science-Fiction und Fantasy sind nun aber häufig genau solche, in denen das fantastische Weltvergleichsverhältnis der jeweiligen Texte zusätzlich mit kontrafaktischen Referenzen unterlegt wird, in denen also realitätsdeviante Elemente nicht einfach als fantastische Elemente, sondern als Variationen realweltlichen Faktenmaterials betrachtet werden. Besonders deutlich wird diese Abhängigkeit der politischen Dimension amimetischer Texte von ihren kontrafaktischen Referenzen im Falle der Dystopie, bei der es sich qua Genre um eine Form politischen Schreibens handelt. Einen politischen Anspruch erheben dystopische Texte für gewöhnlich dadurch, dass sie bestimmte gesellschaftliche oder politische Tendenzen ihrer Entstehungszeit in die Zukunft projizieren und dabei deren negative Aspekte durch Übertreibung besonders augenfällig werden lassen. Dabei ist im Falle fiktionaler Dystopien der gegenwartskritische Aspekt für gewöhnlich bedeutender als der prognostische. Auch bei Dystopien ist es also gerade die (kontrafaktische) Bindung an reale Themen und Probleme der Gegenwart, die eine politische Lesart ermöglicht. Geht dystopische Literatur hingegen ihrer impliziten Verbindungen mit den politischen Problemen der Gegenwart verlustig, so büßt sie zugleich auch ihren Status als dystopische Literatur ein. Sie kippt dann gleichsam in den Genrebereich der Science-Fiction oder Fantasy.[586]

Abschließend kann festgehalten werden: Das politische Potenzial der Kontrafaktik rührt einerseits von den basalen psychologischen Funktionen her, die dem kontrafaktischen Denken immer und überall zukommen. Andererseits – und dies ist für die Literaturwissenschaft der bedeutendere, weil textanalytisch und interpretationspraktisch anschlussfähige Befund – bildet die Kontrafaktik die

---

[586] So wird man etwa die Filme der *Star Wars*-Saga wohl kaum als Dystopien, sondern eher als Beispiele einer fantastischen Science-Fiction ansehen. Zwar werden hier durchaus politische Themen – Krieg, Wiederstand, politische Verfolgung etc. – verhandelt; doch unterhalten diese Themen in der Art ihrer filmischen Darstellung keine klare Verbindung zu konkreten Fakten der realen Welt. Eine politische Deutung der *Star Wars*-Filme, die ja Voraussetzung für eine Designation derselben als Dystopien wäre, erscheint mithin wenig plausibel.

dialektisch intrikate Option eines Erzählverfahrens, das sich gleichzeitig von der Realität entfernt *und* an die Fakten der Realität bindet. Damit legt sie bereits qua narrativem Verfahren Deutungen nahe, welche einerseits die Relevanz der variierten Fakten für das kontrafaktische Werk herausstellen, andererseits aber auch die variierten Fakten selbst (kritisch) kommentieren. Ingo Irsigler bemerkt in diesem Zusammenhang zur historischen Kontrafaktik:

> Weil diese fiktionale Kausalität von der Normalgeschichte abweicht, provoziert sie einerseits die Frage nach der Funktion dieser Abweichung mit Blick auf den tatsächlichen Geschichtsverlauf und befördert auf diese Weise eine historisch-politische Lesart des Textes. Andererseits betont sie aber auch die Eigenlogik der literarischen Fiktion gegenüber den Fakten. Der Gattung eignet demnach eine grundsätzliche Spannung zwischen Realitätsbezug und ästhetischer Realitätsnegation [...].[587]

Der Befund, den Irsigler hier für den alternativgeschichtlichen Roman zieht, lässt sich in vergleichbarer Weise auch für andere kontrafaktische Genres wie Dystopie, Satire, Schlüsselroman oder Dokufiktion treffen: Gerade in der Realitätsvariation – der Begriff ‚Variation' deutet es bereits an – bleibt die Kontrafaktik an die Realität gebunden. Bereits referenzstrukturell stellt die Kontrafaktik damit günstige Bedingungen für eine kritische oder politische Kommentierung ebendieser Realität bereit. Den Vorwurf der Realitätsflucht, welcher im Verhältnis zur fantastischen Kunst mitunter gerechtfertigt sein mag, wird man gegen die Kontraaktik nicht plausibel erheben können.[588] Im Gegenteil erweist sind innerhalb der amimetischen Kunst gerade die Kontrafaktik als Königsweg zum Politischen.

---

[587] Ingo Irsigler: World Gone Wrong. Christian Krachts alternativhistorische Antiutopie *Ich werde hier sein im Sonnenschein und im Schatten*. In: Hans-Edwin Friedrich (Hg.): Der historische Roman. Erkundung einer populären Gattung. Frankfurt a. M. 2013, S. 171–186, hier S. 174.
[588] Zwar wurde auch gegen die kontrafaktische Kunst gelegentlich der Vorwurf des Eskapismus und, damit verbunden, der problematischen Komplexitätsreduktion erhoben. So bringt etwa Richard J. Evans seine Abneigung gegenüber allzu spekulativen Formen kontrafaktischen Erzählens dadurch zum Ausdruck, dass er gegen den Eskapismus von Werken wie *Lord of the Rings* oder *Game of Thrones* polemisiert. Vgl. Evans: Veränderte Vergangenheiten, S. 57, 196. Für eine Diskussion der Funktionen genuin kontrafaktischer Kunst sind die genannten Werke allerdings denkbar schlecht geeignet, stammen sie doch beide aus dem Genrebereich der Fantasy: Während die fantastischen Erzählwelten von *Lord of the Rings* oder *Game of Thrones* keine oder kaum konkrete Referenzen auf die reale Welt etablieren, unterhalten die kontrafaktischen Erzählwelten von Harris' *Fatherland*, Orwells *1984* oder Ransmayrs *Morbus Kitahara* eine enge Beziehung zur realen Welt, deren Fakten sie kontrafaktisch variieren.

Teil 3: **Genres und Interpretationen**

Nachdem im zweiten Teil der Arbeit eine Überleitung von der Theorie der Kontrafaktik zur literarhistorischen Verortung derselben, zu ihren Funktionen und – damit verbunden – ihrem Einsatz im Rahmen politischen Schreibens geboten wurde, soll nun im dritten Teil der Arbeit tatsächlich die titelgebende ‚Kontrafaktik der Gegenwart' im Zentrum stehen: Analysiert und interpretiert werden konkrete Werke der Gegenwartsliteratur, die sich politischer Realitätsvariationen bedienen. Das Untersuchungskorpus bilden sechs fiktionale Prosawerke – vorwiegend Romane – aus drei unterschiedlichen Genres, wobei diese drei Genres zugleich mit drei Zeitstufen korrelieren. Als ‚Vergangenheitskontrafaktik' lässt sich der Einsatz der Kontrafaktik im Rahmen des historischen Erzählens in Christian Krachts Romanen *Ich werde hier sein im Sonnenschein und im Schatten* (2008) sowie *Imperium* (2012) begreifen. Als Beispiele einer ‚Gegenwartskontrafaktik' fungieren Kathrin Rögglas dokumentarische Prosaarbeiten *wir schlafen nicht* (2004) und *die alarmbereiten* (2010). Als Beispiele einer ‚Zukunftskontrafaktik' schließlich werden Juli Zehs dystopischer Roman *Corpus Delicti* (2009) sowie Leif Randts utopischer Roman *Schimmernder Dunst über CobyCounty* (2011) analysiert. Unberührt von dieser dreifachen Zeitzuordnung bleibt der Umstand, dass Kontrafaktik fiktionstheoretisch betrachtet *immer* Kontrafaktik der Gegenwart ist, insofern die Aktualisierung kontrafaktischer Referenzstrukturen durch den Rezipienten jeweils nur in Bezug auf eine bestimmte, als gegenwärtig gedachte Rezeptionssituation explizierbar ist. Zwar lässt sich eine rezeptionsseitige Gegenwartsbindung in gewissem Sinne für jedwedes Erzählphänomen konstatieren; doch ist diese konstitutive Gegenwartsbindung im Falle der Kontrafaktik besonders ausgeprägt. Kontrafaktik ist notwendigerweise an das Wissen der (respektive einer bestimmten) Gegenwart gebunden, unabhängig davon, auf welche Zeitstufe sich dieses Wissen selbst wiederum bezieht: Auch historisches Wissen wird *heute* gewusst; und etwaiges Wissen *von* der Zukunft ist nicht Wissen *aus* der Zukunft, sondern Zukunftswissen der jeweiligen Gegenwart.[589] Zurecht hebt Gavriel D. Rosenfeld als „important fact about all counterfactual claims" hervor: „they are 'presentist' in the sense that they reflect contemporary concerns."[590] Werke der Kontrafaktik fungieren also, um bildlich sowie mit einer Bild-Metapher zu sprechen, als eine Art Fotonegativ derjenigen epistemischen (und anhängig mitunter auch politischen oder normativen)

---

[589] Dies ist freilich der Grund, weswegen Zukunftsvorstellungen überhaupt einer historischen Analyse zugänglich sind. Ein Klassiker der historischen Zukunftsforschung ist die Studie von Reinhart Koselleck: Vergangene Zukunft. Zur Semantik geschichtlicher Zeiten. Frankfurt a. M. 1979.
[590] Gavriel D. Rosenfeld: Introduction: Counterfacutal History and the Jewish Imagination. In: Ders. (Hg.): What Ifs of Jewish History. From Abraham to Zionism. Cambridge 2016.

Ordnung, die sie kontrafaktisch variieren. Eine Analyse kontrafaktischer Referenzstrukturen – gleich in welchem Genre – setzt entsprechend immer auch die Rekonstruktion einer bestimmten epistemischen Situation voraus.[591]

Der Aufwand einer Rekonstruktion epistemischer Rahmenannahmen nimmt nun tendenziell zu, je weiter sich der Interpret individuell, kulturell oder historisch von der zu rekonstruierenden epistemischen Situation entfernt. Während etwa die Verkündigung vom ‚Tod Gottes' in Friedrich Nietzsches *Fröhlicher Wissenschaft* (1882) Teil von Nietzsches Religionskritik ist – also die (Nicht-)Existenz Gottes ernsthaft zur Diskussion stellt –, müssen wissenschaftliche Auseinandersetzungen mit der Nicht-Existenz Gottes in der Frühen Neuzeit als Manifestationen eines kontrafaktischen, „methodologischen Atheismus" aufgefasst werden. Hier wird die Existenz Gottes, welche als unumstößliche Tatsache vorausgesetzt wird, lediglich probeweise zu Argumentationszwecken eingeklammert.[592] Sieht man einmal von den Finessen der Nietzsche-Philologie ab, so erweist sich die religionskritische Stoßrichtung von Nietzsches Schriften auch für heutige Leser als relativ leicht nachvollziehbar. Demgegenüber gestaltet sich die Rekonstruktion der epistemischen Situation, die für das Verständnis der kontrafaktischen Imaginationen in der Frühen Neuzeit notwendig ist, als überaus aufwändig, da sich bereits ein großer zeitlicher und mithin auch epistemischer Abstand zu dieser Epoche ergeben hat.

Im Falle der Kontrafaktik innerhalb der Gegenwartsliteratur ist dieser historische Rekonstruktions- und Kontextualisierungsaufwand nun auf ein Minimum reduziert. Generell stellt, wie Silke Horstkotte bemerkt, „die Aktualität der Gegenwartsliteratur ihre Forscher vor die methodologische Aufgabe, die kommunikative Nähe gegenwartsliterarischer Produktion und Rezeption und die Anwesenheit der Gegenwartsliteraturwissenschaft im gegenwartsliterarischen

---

[591] Was Danneberg zu kontrafaktischen Imaginationen in argumentativen Kontexten bemerkt, trifft auch auf die Kontrafaktik zu: „Inwiefern die von ihnen [i. e. den kontrafaktischen Imaginationen] erbrachten Leistungen in Erscheinung treten, hängt von dem *geteilten* Wissen sowie von der *epistemischen Situation* ihrer Verwendung ab." (Danneberg: Das Sich-Hineinversetzen und der *sensus auctoris et primorum lectorum*, S. 422).

[592] Zu „kontrafaktischen Imaginationen" im Zusammenhang mit dem „methodologischen Atheismus" bemerkt Danneberg: „Bei ihnen wird explizit von der Existenz Gottes abgesehen, aber zugleich betont, man sei nicht der Ansicht, es sei möglich, dass es Gott nicht gäbe; und so werden denn auch diese kontrafaktischen Imaginationen erst dann interessant, wenn man ihnen nicht Täuschungsabsicht oder Camouflage unterstellt. Zumindest für die Gelehrten bis zur ersten Hälfte des 17. Jahrhunderts ist diese Annahme in der Regel auch keine zulässige Option für die Philosophie- oder Wissenschaftshistoriker." (Danneberg: Überlegungen zu kontrafaktischen Imaginationen in argumentativen Kontexten und zu Beispielen ihrer Funktion in der Denkgeschichte, S. 88).

Feld in die Untersuchung einzubeziehen".⁵⁹³ Diese zeitliche sowie kulturelle Nähe von Textproduktion, -rezeption und -erforschung – welche in der Forschung tendenziell mehr als Problem denn als Chance angesehen wird – führt im Falle der Kontrafaktik nun gerade zu einer enormen Arbeitsersparnis, überhebt sie die Literaturwissenschaft doch der Notwendigkeit, historisch weit abliegende epistemische Situationen zu rekonstruieren. Literaturwissenschaftler, die sich mit Gegenwartsliteratur beschäftigen, bilden gleichsam ganz von selbst Teil der intendierten Leserschaft der gegenwärtigen Kontrafaktik-Produktion. Die, wie Valentina Di Rosa schreibt, „Annäherung in Echtzeit"⁵⁹⁴, wie sie die Gegenwartsliteraturwissenschaft stets zu unternehmen hat, führt im Falle der Kontrafaktik-Forschung keineswegs zu Vorläufigkeit oder Einschränkung ihrer Ergebnisse, sondern erleichtert im Gegenteil gerade deren wissenschaftliche Objektivierung.⁵⁹⁵

---

593 Horstkotte: Zeitgemäße Betrachtungen, S. 373.
594 Di Rosa: Zur Lage der Gegenwartsliteratur.
595 Zu den Klischees der Gegenwartsliteraturwissenschaft zählt die These, die Ergebnisse der Gegenwartsliteraturwissenschaft seien notwendigerweise ‚vorläufig', da der untersuchte Gegenstand sich ja selbst noch im Fluss befinde. Siehe beispielsweise Jan Röhnert: „Gleichzeitig unkonzentriert, aber auch bereit, sich irgendwo zu fixieren." Gegenwartsdiskurse in der deutschsprachigen Gegenwartsliteratur. In: Valentina Di Rosa / Jan Röhnert (Hg.): Im Hier und Jetzt. Konstellationen der Gegenwart in der deutschsprachigen Literatur seit 2000. Köln 2019, S. 13–21, hier S. 13f., 16f.; Silke Horstkotte / Leonhard Herrmann: Poetiken der Gegenwart? Eine Einleitung. In: Dies. (Hg.): Poetiken der Gegenwart. Deutschsprachige Romane nach 2000. Berlin / Boston 2013, S. 1–11, hier S. 2f.; Paul Brodowsky / Thomas Klupp: Einleitung. In: Dies. (Hg.): Wie über Gegenwart sprechen. Überlegungen zu den Methoden einer Gegenwartsliteraturwissenschaft. Frankfurt a. M. 2010, S. 7–11, hier S. 7. Diese Behauptung bedarf jedoch der doppelten Einschränkung. Erstens werden, wie unter anderem Max Weber betont hat, wissenschaftliche Aussagen grundsätzlich im Wissen ihrer Vorläufigkeit getroffen, sodass die vermeintliche Vorläufigkeit der Erkenntnisse des Gegenwartsliteraturwissenschaft kein Spezifikum dieses Wissenschaftszweigs darstellt. Vgl. Max Weber: Wissenschaft als Beruf. In: Ders.: Schriften 1894–1922. Ausgewählt und herausgegeben von Dirk Kaesler. Stuttgart 2002, S. 474–511, hier S. 486f. Zweitens betrifft eine etwaige Vorläufigkeit der Erkenntnisse über die Gegenwartsliteratur offenkundig nicht alle ihre Dimensionen in gleichem Maße: Während etwa Kanonisierungsprozesse oder die Entwicklungen des Gesamtwerks von Gegenwartsautoren einstweilen tatsächlich unabgeschlossen sein mögen, lassen sich die metrischen Eigenschaften von Lyrik, die Zugehörigkeit von Einzelwerken zu Autorenwerken, Gattungen und Sprachräumen oder konkrete Anspielungen auf Weltwissen für literarische Texte der Gegenwart ebenso objektiv – und also gerade nicht vorläufig – bestimmen wie für die Texte älterer Literaturepochen. Bei einem Erzählphänomen wie der Kontrafaktik, das vom enzyklopädischen Wissen einer bestimmten Zeit abhängt, kann die kulturelle und zeitliche Nähe von Textproduktion und Textrezeption sogar von wissenschaftlichem Vorteil sein, insofern sie eine verlässliche Objektivierung der Ergebnisse der (respektive einer jeweiligen) Gegenwartsliteratur-

Die sechs im Folgenden zu analysierenden Werke lassen sich nicht allein der Kontrafaktik der Gegenwart zuschlagen, sondern können darüber hinaus sämtlich als Manifestationen politischen Schreibens begriffen werden – auch wenn die genauen Ausprägungen des Politischen sich in den vier Autorenwerken zum Teil deutlich voneinander unterscheiden. Wie im vorigen Kapitel bereits ausgeführt wurde, bildet eine Verbindung von Kontrafaktik und politischem Schreiben keine Eigentümlichkeit der Gegenwartsliteratur: Das Erzählverfahren der Kontrafaktik scheint ganz generell eine Tendenz zur moralischen, normativen oder politischen Positionierung aufzuweisen. Aus literarhistorischen Gründen bietet sich eine Analyse der politischen Realitätsvariationen der Gegenwartsliteratur allerdings in besonderer Weise an: Kontrafaktische Erzählverfahren haben in der Gegenwartsliteratur etwa seit der Jahrtausendwende deutlich an Popularität gewonnen und werden zunehmend im Kontext politischen Schreibens eingesetzt. Tatsächlich dürfte wohl zu keinem anderen historischen Zeitpunkt die Kontrafaktik ähnlich intensiv als Verfahren politischen Schreibens genutzt worden sein wie zu Beginn des 21. Jahrhunderts.

Grundsätzlich bietet eine Betrachtung der politischen Literatur der Gegenwart ähnliche Vorteile wie eine Betrachtung der Kontrafaktik der Gegenwart: Will man ‚politische Literatur' in einem emphatischen Sinne – also nicht bloß historisch – verstehen, so ist auch sie grundsätzlich als Literatur *der Gegenwart* zu konzeptualisieren, will sagen: als Literatur, welche die jeweils gegenwärtigen politischen oder gesellschaftlichen Verhältnisse zu kommentieren, kritisch zu reflektieren oder mitunter auch aktiv zu verändern versucht. Daraus folgt, dass es sich beim politischen Schreiben – wiederum nicht anders als bei der Kontrafaktik – um ein hochgradig kontextsensitives Phänomen handelt, das nur unter der Bedingung einer genauen Rekonstruktion der historischen und kulturellen Entstehungssituation der Texte plausibel erläutert werden kann. Eine literaturwissenschaftliche Betrachtung der politischen Kontrafaktik in der Gegenwartsliteratur bietet somit den doppelten Vorteil, dass sowohl die Rekonstruktion der epistemischen als auch die Rekonstruktion der politischen Ordnung, wie sie eine Interpretation der in Frage stehenden Werke erfordert, mit vergleichsweise geringem Aufwand zu leisten ist: Der Gegenwartsliteraturwissenschaftler befindet sich schließlich immer schon in jener epistemischen und politischen Situation, aus der heraus die Texte entstanden sind und in die sie hineinwirken.

---

wissenschaft ermöglicht, wie sie im Rahmen einer – notwendigerweise rekonstruktiv verfahrenden – Literaturgeschichtsforschung nur sehr viel schwerer zu erreichen ist.

Selbstverständlich gehören auch die in dieser Studie analysierten Texte – wie alle publizierte Literatur – in gewissem Sinne bereits der Vergangenheit an (die konkreten Veröffentlichungszeitpunkte liegen zwischen den Jahren 2004 und 2012). Für die kontrafaktischen Interpretationen, welche in dieser Studie vorgelegt werden, ist der zeitliche Abstand zwischen Texterscheinen und Textinterpretation von unterschiedlich großer Bedeutung, unter anderem deshalb, weil die verschiedenen Bereiche der Enzyklopädie, auf welche diese kontrafaktischen Werke referieren, sich verschieden schnell verändern. Um hier Unschärfen zu vermeiden, wird im Folgenden als Modell-Rezeptionssituation grundsätzlich die historische und kulturelle Situation zum Zeitpunkt der Textveröffentlichung angesetzt.[596] Analysiert werden kontrafaktische Werke also im Kontext ihrer ursprünglichen epistemischen Situation. Wofern diese epistemische Situation selbst für relativ junge Texte nicht (mehr) als aktuell oder zumindest nicht mehr als weiterhin bekannt vorausgesetzt werden kann, sollen die entsprechenden Kontextinformationen im Rahmen der jeweiligen Interpretationen mitgeliefert werden. Ungeachtet des Umstands, dass in dieser Studie Werke der Gegenwartsliteratur zur Diskussion stehen, verfahren die nachfolgenden Textinterpretationen also historisch-kontextualisierend. Interpretiert wird nach dem hermeneutischen Grundsatz des *sensus auctoris et primorum lectorum*, also im Sinne des Autors und der ersten Leser.[597]

Verglichen mit den Werken der Kontrafaktik, die bisher in der Forschung diskutiert wurden, handelt es sich bei den im Folgenden zu interpretierenden Werken um ‚Problemfälle' der Kontrafaktik und/oder um solche Werke, die bisher nicht auf systematische Weise mit dem kontrafaktischen Denken in Verbindung gebracht wurden. Die Arbeit folgt entsprechend keinem Theorie-Applikationsmodell, bei dem an einer Reihe von Beispielen lediglich die vorab entwickelte Theorie gewis-

---

596 Der Begriff ‚Modell-Rezeptionssituation' bezeichnet jene Rezeptionssituation, in der ein Modell-Leser die Textintention auf möglichst ideale Weise zu erschließen vermag. Als Modell-Rezeptionssituation bietet sich für kontrafaktische Texte in aller Regel die Rezeptionssituation zum Zeitpunkt ihrer Entstehung an, da sich der kontrafaktische Status eines Textes im Laufe der Zeit verändern kann. Siehe Kapitel 4.3.7. Fakten als Kontexte kontrafaktischer Interpretationen.
597 Entwickelt wurde der Grundsatz der *sensus auctoris et primorum lectorum* Ende des 18. und zu Beginn des 19. Jahrhunderts insbesondere im Kontext der Bibelexegese, aber auch der philologischen Methodik und der Interpretation nicht-heiliger Schriften (etwa in der Homer-Exegese). Vgl. Marcus Willand: Hermeneutische Nähe und der Interpretationsgrundsatz des *sensus auctoris et primorum lectorum*. In: Zeitschrift für deutsche Philologie 134/2 (2015), S. 161–190, hier S. 164 f. Den genannten Grundsatz im Zusammenhang mit dem kontrafaktischen Denken diskutiert Danneberg: Das Sich-Hineinversetzen und der *sensus auctoris et primorum lectorum*.

sermaßen mechanisch angewandt und bestätigt würde; stattdessen sollen die Interpretationen ihrerseits erläuternd und relativierend auf die Theorieannahmen der Arbeit zurückwirken. Dem historischen kontrafaktischen Erzählen, auf welches Christian Kracht zurückgreift, hat sich die bisherige Forschung zwar bereits intensiv gewidmet. Doch werden die Funktionen und Referenzverfahren klassisch alternativgeschichtlicher Texte in Krachts Werk, wie zu zeigen sein wird, gerade unterlaufen. Das dokumentarische Erzählen, wie es Kathrin Röggla praktiziert, ist bisher hingegen überhaupt nicht mit dem kontrafaktischen Denken in Verbindung gebracht worden: Hier bietet die Arbeit Neuerungen im Hinblick auf die Genrediskussion. Eine zusätzliche Herausforderung bei der Interpretation der Werke Rögglas unter dem Vorzeichen der Kontrafaktik besteht darin, dass sich kontrafaktische Referenzstrukturen darin häufig mehr auf formale als auf inhaltliche Aspekte beziehen, sodass die ‚formale Kontrafaktik' von Rögglas kreativem Dokumentarismus Überschneidungen mit Formen der sprachlichen Verfremdung aufweist. Auch das utopisch/dystopische Schreiben, wie es von Juli Zeh und Leif Randt praktiziert wird, bieten ein genremäßig weitgehend unerschlossenes Anwendungsgebiet für eine Theorie der Kontrafaktik. Speziell im Werk Randts erweist sich darüber hinaus die Identifikation und vor allem die Bewertung kontrafaktischer Elemente als stark abhängig vom epistemischen und vor allem politisch-weltanschaulichen Horizont des jeweiligen Lesers, sodass sich – je nach Rezeptions- und Kontextannahmen – Interpretationen ergeben, die nicht nur im Detail voneinander abweichen oder unterschiedliche Akzente setzen, sondern sich wechselseitig widersprechen.

In Anbetracht des primären Fokus dieser Studie auf Rand- und Problemfälle des kontrafaktischen Erzählens in der Literatur muss in Kauf genommen werden, dass das vorgestellte Analysemodell auch immer wieder an seine Grenzen gerät, sich im Einzelfall als unzureichend erweist oder dass ihm eine andere Form der Textbeschreibung – ein naheliegendes Beispiel wäre etwa das unzuverlässige Erzählen – vorgezogen werden muss. Angesichts des vielgestaltigen und dynamischen Untersuchungsgegenstandes ist eine solche Ergebnisoffenheit jedoch nicht notwendigerweise als problematisch anzusehen. Im Gegenteil kann sich gerade ein flexibles Analysemodell als hilfreich erweisen, um über die bisherige, starr klassifikatorische Tendenz der Forschung hinauszugelangen und damit die Tragfähigkeit, aber auch die Grenzen von kontrafaktischen Interpretationen gerade dort zu erproben, wo das kontrafaktische Erzählen in angrenzende Erzählphänomene überzugehen beginnt.

Die einzelnen Abschnitte des dritten, interpretatorischen Teils der Arbeit folgen jeweils dem Dreischritt Genre–Autorpoetik–Interpretation. Es wird also gewissermaßen vom Großen zum Kleinen vorangeschritten: von den kontrafaktischen Genres über die jeweiligen Autorpoetiken bis hin zu den einzelnen kontrafaktischen Werken. Da es eines der zentralen Anliegen der Arbeit ist, die Relevanz kontrafaktischer Referenzstrukturen auch für Genres jenseits des alternativgeschichtlichen Romans nachzuweisen, erscheint es sinnvoll, den Interpretationen jeweils einige vorbereitende Bemerkungen zu den Einsatzmöglichkeiten der Kontrafaktik im Rahmen der jeweiligen Genres voranzustellen, namentlich der *Alternate History*, des Dokumentarismus sowie des dystopischen und utopischen Schreibens. Zwischen den Genrekapiteln und den eigentlichen Interpretationen stehen sodann Kapitel, welche in die Poetik der einzelnen Autoren einführen: Bei den vier in dieser Studie behandelten Autorenwerken ist der Einsatz der Kontrafaktik nicht auf ein einzelnes Werk beschränkt, sondern bildet einen zentralen Aspekt der übergreifenden Autorpoetik. Die Kapitel zur Autorpoetik sollen unter anderem dazu dienen, diese Relevanz der Kontrafaktik für das Werk von Kracht, Röggla, Zeh und Randt – insbesondere im Rahmen ihres jeweiligen politischen Schreibens – einleitend zu umreißen, ehe dann zu den einzelnen, kontrafaktisch erzählten Werken vorangeschritten wird. Der dritte Teil der Arbeit schließt mit dem Versuch eines politischen Vergleichs, in dessen Rahmen die unterschiedlichen literarisch-politischen Praktiken der vier Autoren sowie die unterschiedlichen Formen des Einsatzes politischer Realitätsvariationen in ihren Werken noch einmal zusammenfassend charakterisiert sowie untereinander kontrastiert werden.

10 Historisches Erzählen als Kontrafaktik

In der bisherigen Forschung ist der Verbindung von historischem Erzählen und Kontrafaktik derart große Aufmerksamkeit zuteilgeworden, dass der Eindruck entstehen könnte, kontrafaktisches Erzählen komme überhaupt nur im Zusammenhang mit historischem Erzählen vor. Dass diese Annahme unzutreffend ist – zumindest dann, wenn man von einer genreneutralen Beschreibung kontrafaktischer Referenzstrukturen ausgeht –, wurde im Theorieteil bereits dargelegt; auch soll diese These im Folgenden noch anhand der Genres Dokumentarismus sowie Utopie/Dystopie exemplarisch erläutert werden. Bei Werken der *Alternate History* handelt es sich keineswegs um das einzig mögliche Anwendungsfeld der Kontrafaktik. Unbestritten bleibt damit gleichwohl, dass speziell der alternativgeschichtliche historische Roman eines der produktivsten Einsatzgebiete kontrafaktischen Erzählens in der fiktionalen Literatur darstellt.

Die folgenden Überlegungen zur historischen Kontrafaktik wollen selbstredend nicht mit den sehr viel umfänglicheren Spezialstudien zum Thema konkurrieren, die im Forschungsüberblick erwähnt wurden.[598] Es sollen lediglich in aller Kürze einige der wichtigsten Themen der Diskussion rund um die historische Kontrafaktik umrissen werden, namentlich das spannungsreiche Verhältnis der historischen Kontrafaktik zur Postmoderne sowie das Verhältnis der historischen Kontrafaktik zu anderen Spielarten des historischen Erzählens. Abschließend werden dann die Vorteile einer referenzstrukturellen im Gegensatz zu einer gattungtypologischen Betrachtungsweise des *Alternate History*-Genres herausgestellt.

Anders als das kontrafaktische Denken in exklusiv wissenschaftlich-faktualen Anwendungsbereichen – etwa in der theoretischen Physik[599] – weist das kontrafaktische Denken auf der Basis historischen Faktenmaterials sowohl eine faktuale als auch eine fiktionale Variante auf; es existieren also sowohl Fälle historischer Kontrafaktizität (in der Geschichtswissenschaft) wie auch Fälle historischer Kontrafaktik (in Literatur, Film und Comic). Da nun die Funktionen, Möglichkeiten und Limitationen des kontrafaktischen Denkens wesentlich vom jeweiligen pragmatischen Verwendungskontext abhängen, erweist sich gerade beim kontrafaktischen Denken auf der Basis historischen Materials eine möglichst klare Trennung zwischen Kontrafaktizität und Kontrafaktik als heuristisch sinnvoll. Weite Teile der bisherigen Forschung lassen hier die nötige Differenziertheit vermissen: In den meisten Studien speziell zur historischen Kontrafaktik ist eine Tendenz zu episte-

---

[598] Siehe Kapitel 3.1. Positionen der Forschung.
[599] Elwenspoek: Counterfactual Thinking in Physics.

mischen Übergeneralisierungen bemerkbar, also zu unreflektierten Übertragungen von Kategorien aus dem Bereich der faktualen Geschichtswissenschaft auf den Bereich fiktionalen Erzählens.[600] Problematisch sind derartige epistemische Übergeneralisierungen deshalb, weil es zwischen der historiografischen Kontrafaktizität und der literarischen Kontrafaktik auf der Basis historischen Materials bedeutende Unterschiede gibt, sodass sich Verfahren, Funktionen und Limitationen des einen Phänomens nicht umstandslos auf das jeweils andere übertragen lassen.

Wie im Rahmen des Forschungsberichts bereits erwähnt wurde, muss sich das kontrafaktische Denken in der Geschichtswissenschaft eine ganze Reihe methodischer und argumentativer Einschränkungen auferlegen, um zu wissenschaftlich validen Ergebnissen zu gelangen: etwa eine enge Bindung an das historische Faktenmaterial und die darin möglicherweise implizit angelegten Alternativentwicklungen des realen Geschichtsverlaufs, eine strikte Einhaltung des Kriteriums der Plausibilität sowie eine Beschränkung auf Szenarien in der „*courte durée*"[601], also in enger zeitlicher Nähe zum Moment der Abweichung von der Realgeschichte.[602] Keine dieser Einschränkungen kann jedoch für die fiktionale Literatur unbedingte Gültigkeit beanspruchen. Tatsächlich zeigt die Durchsicht des Kanons historischer Kontrafaktik, dass die wenigsten Werke den methodisch strengen Anforderungen einer kontrafaktischen Geschichtsforschung genügen (auch wenn die Autoren von *Alternate History*-Texten – nicht anders als die Autoren fiktionaler Dystopien – mitunter eine bestimmte wissenschaftliche Plausibilität für ihre fiktionalen Werke in Anspruch nehmen[603]). Dieser Verzicht auf methodische Strenge bildet dabei freilich kein legitimes Monitum der jeweiligen Werke, ist er doch durch die Lizenzen fiktionalen Erzählens hinreichend gedeckt.[604]

---

600 Siehe hierzu Kapitel 3.2.1. Epistemische Übergeneralisierungen.
601 Doležel: Possible Worlds of Fiction and History, S. 113.
602 Siehe zu den methodischen Beschränkungen kontrafaktischen Erzählens in der Geschichtswissenschaft nach wie vor Demandt: Ungeschehene Geschichte. Siehe auch Kapitel 3.1. Positionen der Forschung.
603 Vgl. Singles: Alternate History, S. 90. Margaret Atwood etwa stellt in einem 2017 verfassten, neuen Vorwort zu ihrem erstmals 1985 erschienen dystopischen Roman *The Handmaid's Tale* zahlreiche Verbindungen zwischen der misogynen Gesellschaft ihres Romans und dem realen Leben („real life") von Frauen in Geschichte und Gegenwart heraus (Margaret Atwood: The Handmaid's Tale. New York 2017, XVI).
604 Zurecht bemerkt Helbig zum Genre der fiktionalen Alternativgeschichte: „Nicht das schlüssige historische Gedankenexperiment steht hier im Vordergrund, sondern die Darstellung einer allotopischen Welt, für die die Alternativhistorie kaum mehr als eine Alibifunktion besitzt. Lediglich in einigen Ausnahmefällen scheinen Romanautoren Anregungen aus der Konjekturalhistorie aufgenommen zu haben. So kommt die spekulative Geschichtswissenschaft allenfalls als Stoffquelle parahistorischer Romane in Betracht, deren darstellerische

Dem Anspruch, Werke der historischen Kontrafaktik sollten Erkenntnisse über die reale Geschichte generieren, ist prinzipiell mit Vorsicht zu begegnen (so wie ja auch von Geschichte und Geschichtsschreibung keine unmittelbaren Auskünfte über die fiktionale Literatur zu erwarten sind).[605] Durch die fiktionale Beschreibung eines spezifischen Geschichtsverlaufs wird vorderhand nichts anderes geleistet als eine Charakterisierung der jeweiligen Diegese. Innerhalb der fiktionalen Welt von Ransmayrs *Morbus Kitahara* etwa wird nicht die reale Nachkriegsgeschichte *umgeschrieben*; vielmehr *gibt* es in Ransmayrs Roman überhaupt keine andere als eben die erzählte Version der Nachkriegsgeschichte. Diese erscheint den Figuren des Romans nicht als mehr oder weniger real oder historisch notwendig, als es die reale Nachkriegsgeschichte für die Leser des Romans tut. Dass diese beiden Versionen der Geschichte, also die fiktiv-fiktionale und die realweltliche, beim Vergleich miteinander eine kontrafaktische Lesart von *Morbus Kitahara* provozieren, ist für die Ontologie und Kausalitätsannahmen der erzählten Welt (und erst recht für diejenigen der realen Welt) vorderhand ohne Belang. Tatsächlich sind alternativgeschichtliche Texte, wie Kathleen Singles in ihrer Studie mit dem programmatischen Titel *Alternate History. Playing with Contingency and Necessity* bemerkt, häufig mit Fragen von Kontingenz und Notwendigkeit befasst[606]; nur sind sie es eben auf der Ebene ihres narrativen Inhalts und nicht etwa deshalb, weil sie allein aufgrund ihres Erzählverfahrens Aussagen über das Wesen historischer Kausalrelationen treffen würden.[607]

Strategien sich jedoch der Mittel allotopischer Literatur bedienen." (Helbig: Der parahistorische Roman, S. 116).

605 Steffen Röhrs etwa erhofft sich von der „Diskussion literarischer wie wissenschaftlicher Alternativgeschichten einen disziplinenübergreifenden Erkenntnisgewinn." (Röhrs: Körper als Geschichte(n), S. 183) Zweifellos bietet das kontrafaktische Denken reizvolle Möglichkeiten für die interdisziplinäre Zusammenarbeit. Vgl. hierzu etwa Birke / Butter / Köppe: Introduction: England Win, S. 3f. Zur Generierung wissenschaftlich valider Ergebnisse kann eine solche Zusammenarbeit aber nur dann beitragen, wenn nicht einfach modisch erscheinende Theorien aus fremden Disziplinen in die eigene Disziplin importiert werden. Vielmehr sollte zunächst mit einiger methodischer Strenge innerhalb der Einzeldisziplinen operiert werden, ehe dann in einem zweiten Schritt nach etwaigen Möglichkeiten für die Zusammenführung der jeweiligen Forschungsergebnisse gefragt wird.

606 Singles: Alternate History.

607 Dannenberg macht darauf aufmerksam, das frühere Beispiele des *Alternate History*-Genres meist auf klare, (pseudo-)wissenschaftliche Kausalitätsfaktoren zurückgreifen. Ab der Mitte des 20. Jahrhunderts lässt sich dann eine Tendenz zur postmodernen Verunsicherung von Kausalitätsmustern beobachten, sodass der *Alternate History*-Roman sich der historiografischen Metafiktion annähert. Vgl. Dannenberg: Coincidence and Countertactuality, S. 207, 218–224; dies.: Fleshing Out the Blend, S. 131.

Damit ist freilich nicht ausgeschlossen, dass Werke der Kontrafaktik – wie fiktionale Texte überhaupt – *auch* einen Informationswert in Bezug auf die reale Welt haben können.[608] Wie allen fiktionalen Werken steht es Werken der historischen Kontrafaktik frei, plausibel, quellentreu oder anderweitig analog zu faktualen Diskursen zu erzählen. Nur handelt es sich beim Vorliegen eines solchen, wenn man so will, faktualitätsanalogen fiktionalen Erzählens eben immer um eine spezifische, einigermaßen kontingente Eigenschaft des jeweiligen Werks. Nichts berechtigt dazu, diese Eigenschaften *grundsätzlich* von fiktionalen Werken einzufordern.[609]

Werke der historischen Kontrafaktik lassen sich unter anderem durch die Art der Themen charakterisieren, die in ihnen präferiert verhandelt werden. Es handelt sich hier nämlich um einen vergleichsweise kleinen Ausschnitt historischen Wissens: In aller Regel sind die Themen der historischen Kontrafaktik – je kulturspezifisch – sehr gut bekannt. So finden sich etwa in der französischen Literatur kontrafaktische Szenarien zu Leben und Wirken Napoleons, in der spanischen Literatur eine Reihe von alternativgeschichtlichen Erzählungen zum spanischen Bürgerkrieg[610] und in der amerikanischen Literatur solche zum Sezessionskrieg.[611] Der Zweite Weltkrieg, als der mit Abstand beliebteste Stoff alternativgeschichtlichen Erzählens im 20. Jahrhundert, stellt hier insofern eine Ausnahme dar, als er im kollektiven Gedächtnis der meisten westlichen Nationen fest verankert ist – freilich mit jeweils unterschiedlichen Teilfokussierungen und zum Teil unterschiedlichen Bewertungen – und entsprechend auch innerhalb einer Vielzahl nationaler und sprachlicher Kontexte als naheliegendes Material der historischen Kontrafaktik zur Verfügung steht.[612] Die bekanntesten, auch international breit rezipierten Beispiele alternativgeschichtlichen

---

608 Fiktionale Texte *müssen* zwar keine Informationen über die reale Welt liefern, sie *können* dies unter Umständen aber durchaus. So betont Tilmann Köppe, dass „die fiktionalen Äußerungsakten zugrunde liegenden Intentionen mit weitergehenden Absichten zur Funktion der Texte kombiniert werden [können]. So kann ein Autor seine Leserschaft beispielsweise belehren wollen, *indem* er eine fiktionale Geschichte erzählt. Der Autor verlässt sich in diesem Fall darauf, dass seine Adressaten die fiktionale Geschichte zum Anlass nehmen, nach einschlägigen Bezügen zur Wirklichkeit zu suchen." (Köppe: Die Institution Fiktionalität, S. 46).
609 Bunia spricht in diesem Zusammenhang vom „*Korrealitätsprinzip*": „[D]a faktuale und fiktionale Beschreibungen sich in sich und aus sich nicht unterscheiden, kann eine fiktionale Beschreibung immer darauf getestet werden, ob sie sich nicht als faktuale Beschreibung (in anderen Kontexten) einsetzen ließe. [Das Korrealitätsprinzip] ruht darauf, dass die Sprache nicht von sich aus unterscheiden kann, auf welche Welt sie sich bezieht. [...] Fiktion lizenziert zum Gebrauch unlizenzierter Unterscheidungen, feit sich nur durch nichts dagegen, die Lizenz zur Weltbeschreibung zu erlangen." (Bunia: Faltungen, S. 155f.).
610 Vgl. Rodiek: Erfundene Vergangenheit, S. 109–122.
611 Vgl. Helbig: Der parahistorische Roman, S. 182f.
612 Vgl. Singles: Alternate History, S. 54.

Erzählens mit Bezug zur NS-Zeit sind Len Deightons *SS-GB* (1978), Robert Harris' *Fatherland* (1992), Philip Roths *The Plot Against America* (2004) sowie insbesondere Philip K. Dicks *The Man in the High Castle* (1962), dessen Stoff durch die Serienadaption im Jahre 2015 und den Folgejahren noch einmal erheblich popularisiert wurde.[613] Deutschsprachige Beispiele fiktionaler Spekulationen mit der Geschichte des Dritten Reichs umfassen Arno Schmidts *Schwarze Spiegel* (1951), Otto Basils *Wenn das der Führer wüßte* (1966), Alfred Anderschs *Winterspelt* (1974), Arno Lubos' *Schwiebus. Ein deutscher Roman* (1980), Hans Pleschinskis *Ausflug '83* (1983) und Stefan Heyms *Schwarzenberg* (1984).[614] Auch nach 1989 setzte sich die Produktion der NS-assoziierten Kontrafaktik fort, etwa in Christoph Ransmayrs *Morbus Kitahara* (1995), Michael Kleebergs *Ein Garten im Norden* (1998) oder Andreas Eschbachs *NSA – Nationales Sicherheits-Amt* (2018). In einigen jüngeren, vielbeachteten alternativgeschichtlichen Romanen werden mittlerweile auch andere historische Stoffe verhandelt, etwa die Geschichte der DDR und der deutschen Wiedervereinigung in Thomas Brussigs *Helden wie wir* (1995) und *Das gibts in keinem Russenfilm* (2015) oder die Oktoberrevolution in Christian Krachts *Ich werde hier sein im Sonnenschein und im Schatten* (2008). Die vorliegende Studie bildet im Verhältnis zur bisherigen Kontrafaktik-Forschung auch insofern eine Ausnahme, als keines der hier intensiv diskutierten Beispiele sich primär auf die Themen Drittes Reich und Holocaust bezieht.

Der Umstand, dass die Produktion alternativgeschichtlicher Romane im letzten Drittel des 20. Jahrhunderts auffallend zugenommen hat, legt eine Verbindung von Alternativgeschichte und Postmoderne nahe. Aus fiktionstheoretischer Sicht ist eine solche Verbindung von (historischer) Kontrafaktik und Postmoderne, wie im Rahmen der Forschungsdiskussion bereits dargelegt wurde, zwar problematisch;[615] mit Blick auf die Literaturgeschichte lässt sie sich jedoch nicht vollständig von der Hand weisen. Zwar handelt es sich bei der (historischen) Kontrafaktik um ein epistemisch ‚konservatives' Phänomen, das die Möglichkeit eindeutiger Wahrheiten, wie sie von der postmodernen Theoriebildung ja gerade in Zweifel gezogen werden, notwendig voraussetzen muss.[616] Auch finden sich bereits im

---

613 Siehe allgemein zur NS-basierten Kontrafaktik Rosenfeld: The World Hitler Never Made.
614 Vgl. Röhrs: Körper als Geschichte(n), S. 177; Erhard Schütz: Der kontaminierte Tagtraum. Alternativgeschichte und Geschichtsalternative. In: Ders. / Wolfgang Hardtwig (Hg.): Keiner kommt davon. Zeitgeschichte in der Literatur nach 1945. Göttingen 2008, S. 47–73, bes. S. 53.
615 Siehe Kapitel 3.2.4. Kontrafaktisches Erzählen als postmodernes Phänomen.
616 Zurecht betont Singles: „*Alternate histories reflect the postmodern tension between artificiality and authenticity, but they do not deny the existence of a real past, nor do they deny the validity of a normalized narrative of the real past. Rather than challenge our notions of history, or call into question our ability to know the past through narrative, they conservatively support the normalized narrative of the real past.*" (Singles: Alternate History, S. 7).

19. Jahrhundert, also lange Zeit vor der postmodernen Theoriebildung, Beispiele historischer Kontrafaktik, etwa Louis Geoffroys *Napoléon et la conquête du monde* (1836) oder Charles Renouviers *Uchronie, l'utopie dans l'histoire* (1857). Nichtsdestoweniger wurde die Entfaltung des Genres der Alternate History vom intellektuellen Gesamtklima der Postmoderne zweifellos begünstigt.[617] Für die Literatur ermöglichte die Postmoderne eine produktive Entdifferenzierung von ernsthafter und unterhaltender, sogenannter E- und U-Literatur[618], führte zu einer deutlichen Aufwertung amimetischer Erzählgenres wie Science-Fiction, Fantasy und Dystopie und brachte nicht zuletzt eine Flexibilisierung sowie kommerzielle Konjunktur historischen Erzählens mit sich: Man denke etwa an Umberto Ecos postmodernen Klassiker *Der Name der Rose* (1980), an Thomas Pynchons *Gravity's Rainbow* (1973) oder an Patrick Süskinds *Das Parfum* (1985).[619] Seit den 1980er Jahren, vor allem aber seit der Wiedervereinigung lässt sich auch im deutschsprachigen Raum der zunehmende „Erfolg eines historisierenden, unterhaltenden, artistischen oder phantastischen Erzählens" beobachten.[620] Alle diese Entwicklungen waren der genremäßigen Konsolidierung, Fortentwicklung und Popularisierung des *Alternate History*-Genres unbestreitbar zuträglich. Die Entstehung

---

617 Rosenfeld bemerkt hierzu: „It is, fittingly enough, still a matter of speculation why the fascination with alternate history has grown in recent years, but it seems to be the byproduct of broader political and cultural trends. To begin with, the new prominence of alternate history reflects the progressive discrediting of political ideologies in the West since 1945. [...] Closely tied to the death of political ideologies in promoting the upsurge of alternate history is the emergence of the cultural movement of postmodernism. While alternate history clearly predates the rise of postmodernism, the latter movement has certainly enabled the former to move into the mainstream." (Rosenfeld: The World Hitler Never Made, S. 6f.).
618 Siehe hierzu Leslie A. Fiedlers Rede *Cross the Border – Close the Gap*, einen der programmatischen Texte der Postmoderne-Diskussion: Überquert die Grenze, schließt den Graben! Auch Linda Hutcheon konstatiert (im Anschluss an Andreas Huysen): „[I]t is in fact the erosion of the boundary between the elite and the popular that may mark the move from the modern to the postmodern in twentieth-century culture." (Linda Hutcheon: Literature Meets History: Counter-Discoursive "Comix". In: Anglia. Zeitschrift für Englische Philologie 117 (1999), S. 4–14, hier S. 4).
619 Siehe zum (populären) postmodernen Erzählen innerhalb der deutschsprachigen Literatur Förster: Die Wiederkehr des Erzählens. Siehe zur Entwicklung des historischen Romans in der zweiten Hälfte des 20. Jahrhunderts Nünning: Von historischer Fiktion zu historiographischer Metafiktion. Siehe zum Zusammenhang von historischem Erzählen und Postmoderne Erik Schilling: Der historische Roman seit der Postmoderne. Umberto Eco und die deutsche Literatur. Heidelberg 2012. Für Schilling stellt der „historische Roman [...] die ideale Gattung für eine literarische Umsetzung der Postmoderne dar." (ebd., S. 277).
620 Jochen Vogt: Langer Abschied von der Nachkriegsliteratur? Ein Kommentar zum letzten westdeutschen Literaturstreit. In: Ders.: ‚Erinnerung ist unsere Aufgabe'. Über Literatur, Moral und Politik 1945–1990. Opladen 1991, S. 173–187, hier S. 180.

etwa solcher vielbeachteter kontrafaktischer Romane wie *Helden wie wir* von Thomas Brussig und *Morbus Kitahara* von Christoph Ransmayr – beide aus dem Jahr 1995 – ist ohne die postmoderne Aufwertung historischer Stoffe und amimetischer Erzählverfahren kaum vorstellbar.

Die offenkundige literarhistorische Verbindung von Postmoderne und *Alternate History* sollte allerdings nicht zu dem Schluss verleiten, dass es sich bei Werken der historischen Kontrafaktik *notwendigerweise* um Texte handelt, die eine postmoderne Epistemologie propagieren oder auf postmoderne Erzählverfahren zurückgreifen (was, wie gesagt, schon allein im Hinblick auf den Beginn der Genre-Entwicklung im 19. Jahrhundert unplausibel erschiene). Versteht man unter dem Begriff ‚Postmoderne' ein *anything goes* im Hinblick auf überkommene epistemische Kategorien wie Wahrheit, Wissen und Objektivität, so scheinen Kontrafaktik und Postmoderne sogar eher miteinander zu konfligieren, kann doch nicht kontra*faktisch* erzählt werden, ohne dass zunächst die Existenz von Fakten als prinzipiell möglich vorausgesetzt wird und ohne dass bestimmte Fakten als intersubjektiv verbindlich anerkannt werden. Eine komplette Nivellierung zwischen einem fiktionalen und einem faktualen Aussagemodus respektive zwischen Fiktivität und Realität würde der Kontrafaktik schlicht die Arbeitsgrundlage entziehen.[621] Auch der Nachdruck auf geschichtsepistemologische Fragestellungen, wie er für die Theoriebildung der Postmoderne charakteristisch ist, führt eher vom Bereich der Kontrafaktik weg. Wenn etwa Linda Hutcheon im Kontext ihrer Überlegungen zur postmodernen Geschichtstheorie betont: „'Facts' deemed historical are perhaps more *made* than *found*"[622], so kann das hier propagierte, dezidiert konstruktivistische Faktenverständnis kaum mit dem Faktenverständnis der Kontrafaktik zur Deckung gebracht werden, bedarf letzteres doch der Eindeutigkeit und Verbindlichkeit von Fakten in der realen Welt, damit sich die spezifischen, transfiktionalen Doppelreferenzen der Kontrafaktik überhaupt ergeben können.[623] Nur sehr eingeschränkt vereinbar ist die Kontrafaktik auch mit den postmodern-konstruktivistischen Überlegungen zur Geschichtsschreibung eines Hayden White, wiewohl eine Verbindung zwischen Whites Theorien und der historischen Kontra-

---

621 Freilich sind derartige, komplette Nivellierungen aus kommunikationspragmatischer Perspektive ohnehin unsinnig und wurden selbst in der Postmoderne-Diskussion kaum jemals ernsthaft vorgeschlagen. Vgl. Konrad: Panfiktionalismus. Auch Hutcheon hat wiederholt darauf hingewiesen, dass historiografische Metafiktionen keineswegs die Unterscheidung zwischen Fakt und Fiktion in Zweifel ziehen. Siehe etwa Hutcheon: A Poetics of Postmodernism, S. 88 f., 119; dies.: Literature Meets History, S. 11.
622 Hutcheon: Literature Meets History, S. 5.
623 Siehe Kapitel 4.3.5. Transfiktionale Doppelreferenz.

faktik in der literaturwissenschaftlichen Forschung – man darf wohl sagen: bedauerlicherweise – immer wieder hypostasiert wurde.[624]

Die Problematik einer Assoziation von Kontrafaktik und Postmoderne betrifft auch die genremäßige Verbindung von Kontrafaktik und postmodernem historischem Roman respektive von Kontrafaktik und historiografischer Metafiktion. In Anschluss an Ansgar Nünning lässt sich die historiografische Metafiktion definieren als ein Subgenre des historischen Romans, das in der zweiten Hälfte des 20. Jahrhunderts entsteht und das sich durch eine „dominant gegenwartsorientierte, diskursiv-expositorische, indirekte bzw. literarisierte, spielerische oder argumentative Vermittlung von Geschichte, Historiographie und Geschichtstheorie" auszeichnet.[625] In ihren theoretischen und ideologischen Voraussetzungen bewegt sich die historiografische Metafiktion, wie Linda Hutcheon in ihrer klassischen Studie *A Poetics of Postmodernism* herausgestellt hat, in erkennbarer Nähe zur postmodernen Theoriebildung, etwa zu den Überlegungen Michel Foucaults oder Hayden Whites.[626] Historiografische Metafiktionen zeichnen sich durch ein hohes Maß an Selbstreflexivität aus und stellen den scheinbar unproblematischen Zugriff auf ‚die' Geschichte, wie ihn konventionelle historische Romane voraussetzen, in Frage.

Während nun das Genre der historiografischen Metafiktion per definitionem eine postmoderne Destabilisierung von Wahrheitsansprüchen impliziert, lässt sich allein anhand der Genrebezeichnung *Alternate History* noch keine Aussage darüber treffen, ob dem jeweiligen Werk eine postmodern-skeptizistische oder eine eher konventionelle, referenz- und wahrheitsoptimistische Epistemologie zugrunde liegt (tendenziell bietet sich letztere, wie bereits erwähnt, für die Etablierung kontrafaktischer Referenzstrukturen eher an). Man wird hier von Fall zu Fall entscheiden müssen. Da es sich bei der Kontrafaktik nicht um ein Genre, sondern

---

624 Bereits 1997 hat Rodiek – leider einigermaßen folgenlos – darauf hingewiesen, dass das kontrafaktische Erzählen kaum mit den Annahmen eines skeptizistischen Geschichtskonstruktivismus à la White vereinbar ist: „Die Umgestaltung von Geschichte in Form einer uchronischen Gegendarstellung hat im Prinzip wenig zu tun mit der in den letzten Jahrzehnten viel diskutierten Erkenntnis eines Collingwood, Danto oder White, daß von ‚Objektivität' historischen Wissens nicht die Rede sein kann, daß historiographische Texte zwangsläufig narrativ und tendenziell fiktionalisierend verfahren, daß veränderte Relevanzgesichtspunkte des je zeitgenössischen Kontextes zu einer anders erzählten Vergangenheit führen usw. Uchronieschreiber vollziehen – vor diesem Hintergrund betrachtet – eine ebenso naive wie emphatische Fiktionalisierung von Geschichte. Da die konjekturalhistorische Adaption (Uchronie) eine klar umrissene Bezugsgröße (realhistorische Vorlage) voraussetzt, beharrt die historische Gegendarstellung noch im Realitätsdementi auf der objektiven Erkennbarkeit von Geschichte." (Rodiek: Erfundene Vergangenheit, S. 26 f.).
625 Nünning: Von historischer Fiktion zu historiographischer Metafiktion. Bd. 1, S. 238.
626 Hutcheon: A Poetics of Postmodernism, S. 105–123.

um eine genreunabhängige Referenzstruktur handelt, können sich kontrafaktische Referenzen potenziell auch innerhalb historiografischer Metafiktionen finden; nur geht aus kontrafaktischen Referenzen allein eben noch nicht hervor, dass man es mit einer historiografischen Metafiktion zu tun hat. So können einzelne Textpassagen, je nach interpretatorischer Optik, entweder als kontrafaktisch oder als meta-historiografisch gedeutet werden, wobei diese Entscheidung dann wiederum Einfluss auf die Zuordnung des jeweiligen Textes zum Genre der historiografischen Metafiktion oder aber zu einem anderen Subgenre des historischen Romans haben kann. Auch ist es möglich – wenn auch wiederum keineswegs notwendig –, dass kontrafaktische Elemente historiografisch-metafiktionale Funktionen mitübernehmen.

Das flexible Verhältnis von Kontrafaktik und historiografischer Metafiktion bildet nun keine Eigentümlichkeit dieses speziellen Sub-Genres historischen Erzählens. Eine starre Kopplung von historischer Kontrafaktik mit spezifischen Gliedern einer funktionalen Gattungstypologie scheint generell wenig sinnvoll. Konsequenterweise kommt in Ansgar Nünnings einflussreicher Gattungstypologie des historischen Romans die *Alternate History* als eigenständiges Genre gar nicht vor.[627] Kontrafaktische Referenzen finden sich in unterschiedlichen Formen des historischen Romans und können dort unterschiedliche Funktionen übernehmen. Dies schließt freilich nicht aus, dass es zumindest einige Affinitäten und Abstoßungen zwischen bestimmten Referenzstrukturen auf der einen und Subgenres des historischen Romans auf der anderen Seite gibt, wie im Folgenden erläutert werden soll.

Schlecht vereinbar ist die Kontrafaktik mit dem klassischen historischen Roman à la Walter Scott, dessen diegetische Konkreta für gewöhnlich mit der allgemein akzeptierten, historiografisch verbürgten Version des Geschichtsverlaufs übereinstimmen.[628] Der klassische historische Roman des 19. Jahrhunderts steht, wie Fabian Lampart bemerkt, „im Zeichen des Realismus."[629] Zwar finden

---

627 Vgl. Nünning: Von historischer Fiktion zu historiographischer Metafiktion. Nünning suggeriert verschiedentlich, kontrafaktische Erzählverfahren würden einen historischen Roman in Richtung der historiografischen Metafiktion rücken. Tatsächlich sind kontrafaktische Referenzen mit den Genres des dokumentarischen oder des realistischen historischen Romans unvereinbar, da hier von einer Realitätsanbindung im Modus der Faktik respektive Realistik ausgegangen werden muss. Darüber hinaus kann jedoch nicht von einem notwendigen Zusammenhang zwischen Kontrafaktik und Metareflexivität ausgegangen werden. Tendenziell dürften, wie oben ausgeführt wurde, historische Kontrafaktik und historiografische Metafiktion einander nicht bedingen, sondern im Gegenteil eher in einem Spannungsverhältnis zueinander stehen (deshalb nämlich, weil diesen beiden Genres ein unterschiedliches Faktenverständnis zugrunde liegt).
628 Vgl. Nünning: Von historischer Fiktion zu historiographischer Metafiktion. Bd. 1, S. 238–240.
629 Fabian Lampart: Historischer Roman. In: Dieter Lamping (Hg.): Handbuch der literarischen Gattungen. Stuttgart 2009, S. 360–369, hier S. 368.

sich auch in klassischen historischen Romanen Passagen, die ihrem Inhalt nach fiktiv sind. Doch geraten diese künstlerischen Erfindungen meist nicht in offenkundigen Widerspruch zum historischen Faktenmaterial, sondern beschränken sich auf die „dark areas" des geschichtlichen Wissens.[630] Einbindungen kontrafaktischer Elemente in den klassischen historischen Roman sind entsprechend selten, oder genauer: Das Konstatieren kontrafaktischer Referenzstrukturen – wobei es sich hierbei eben nie um eine Analyse objektiver Texteigenschaften, sondern um eine kontextrelative Interpretationsleistung handelt – würde einer Zuordnung des entsprechenden Textes zum Genre des traditionellen historischen Romans die Plausibilität entziehen.[631]

Schlecht vereinbar ist die historische Kontrafaktik fernerhin mit Versuchen einer fiktionalen, revisionistischen Geschichtsdarstellung, welche die geschichtlichen Ereignisse aus einer marginalisierten Perspektive und in neuer Bewertung darzustellen versucht, um auf diese Weise vormals unterdrückten Stimmen der Vergangenheit Gehör zu verschaffen und/oder die Muster traditionellen historischen Erzählens in Frage zu stellen. Revisionistische historische Romane setzen sich, so fasst Nünning zusammen,

> kritisch mit der Vergangenheit, dem kulturellen Erbe und literarischen Konventionen auseinander. Sie zeichnen sich dadurch aus, daß sie der Gattung neue Themenbereiche erschließen, experimentelle Erzählverfahren zur Geschichtsdarstellung verwenden, den Akzent vom vergangenen Geschehen auf dessen Auswirkungen auf und Bedeutung für die Gegenwart verlagern und historiographische Neuerungen reflektieren. Solche Romane stellen überkommene Sinnmuster in Frage, betonen den Gegensatz zwischen Vergangen-

---

[630] So hält Brian McHale zu den Beschränkungen des traditionellen historischen Romans (Walter Scott, Fenimore Cooper, Victor Hugo, Leo Tolstoi etc.) fest: „Historical realemes – persons, events, specific objects, and so on – can only be introduced on condition that the properties and actions attributed to them in the text do not actually contradict the 'official' historical record. [...] Another way of formulating this constraint would be to say that freedom to improvise actions and properties of historical figures is limited to the 'dark areas' of history, that is, to those aspects about which the 'official' record has nothing to report." (McHale: Postmodernist Fiction, S. 87).

[631] Zwar ist, wie Widmann bemerkt, die „Trennlinie" zwischen dem gewöhnlichen historischen Roman und dem kontrafaktischen historischen Roman „nur schwer und nicht einwandfrei zu ziehen" (Widmann: Kontrafaktische Geschichtsdarstellung, S. 49). Ergänzen müsste man allerdings: ‚auf der Ebene der Textstrukturen' – denn auf der Interpretationsebene lassen sich faktische oder realistische Interpretationen auf der einen und kontrafaktische Interpretationen auf der anderen Seite durchaus unterscheiden. Nur wird diese Unterscheidung eben nicht zuverlässig vom Text selbst präjudiziert, sondern ist wesentlich abhängig von individuellen Interpretationsentscheidungen sowie extratextuellen Kontextfaktoren, insbesondere dem Weltwissen des jeweiligen Lesers (welches freilich durch die Hypostasierung idealer Modell-Rezeptionssituationen bis zu einem gewissen Grade intersubjektiv objektiviert werden kann).

heit und Gegenwart und überschreiten in thematischer und formaler Hinsicht die Grenzen, die für den traditionellen historischen Roman charakteristisch sind.[632]

Anders als die historische Kontrafaktik basiert das revisionistische historische Erzählen jedoch nicht auf einer erkennbaren Abweichung von realweltlichen Fakten. Im revisionistischen historischen Erzählen wird nicht der Geschichtsverlauf umgeschrieben, sondern lediglich umakzentuiert; erzählt werden also „Gegengeschichten"[633], nicht alternative Versionen der etablierten Geschichte. Das englische Begriffsinventar erlaubt hier eine präzisere Unterscheidunge als das deutsche: Während der Begriff ‚alternativgeschichtlicher Roman' keine Differenzierung hinsichtlich der Frage zulässt, ob es sich im konkreten Fall um einen kontrafaktischen oder einen revisionistischen Text handelt, kann im Englischen zwischen (kontrafaktischer) ‚Alternate History' und (revisionistischer) ‚Alternative History' unterschieden werden.[634] Ähnlich wie bei der historiografischen Metafiktion kann allerdings auch beim revisionistischen historischen Roman die Verwendung und funktionale Einbindung kontrafaktischer Referenzstrukturen nicht prinzipiell ausgeschlossen werden.[635]

Eine trennscharfe gattungstypologische Bestimmung des kontrafaktischen historischen Romans erweist sich also letztlich als unmöglich. Legt man allerdings ein referenz- und verfahrensanalytisches Modell zur Klassifikation einzelner Textstellen zugrunde, wie es in der vorliegenden Studie geschieht, so kann auf eine Gesamtklassifikation von Texten innerhalb einer bestimmten Gattungstypologie ohnehin verzichtet werden. Es besteht dann nämlich keine Notwendigkeit, von einem einzelnen, dominanten Erzählmodus innerhalb eines bestimmten Textes auszugehen, welcher dann die Zuordnung dieses Textes zu einem bestimmten Genre erzwingt. Stattdessen können einzelne narrative Verfahren und Referenzstrukturen präzise analysiert werden, auch und gerade da, wo unterschiedliche Genres und/oder Erzählverfahren miteinander Hybridbildungen eingehen. Tatsächlich liegen im (kontrafaktischen) historischen Roman der Gegenwart häufig Mischverhältnisse unterschiedlicher Erzählverfahren und Referenzstrukturen vor,

---

632 Ansgar Nünning: „Beyond the Great Story": Der postmoderne historische Roman als Medium revisionistischer Geschichtsdarstellung, kultureller Erinnerung und metahistoriografischer Reflexion. In: Anglia. Zeitschrift für Englische Philologie 117 (1999), S. 15–48, hier S. 27f.
633 Nünning: „Beyond the Great Story", S. 34.
634 Siehe hierzu auch Kapitel 2.1. Terminologie.
635 Michael Butter etwa sieht bestimmte funktionale, nicht aber formale Übereinstimmungen zwischen revisionistischen historischen Romanen und *Alternate History*-Romanen wie Dicks *The Man in the High Castle*. Vgl. Michael Butter: Zwischen Affirmation und Revision populärer Geschichtsbilder: Das Genre der *Alternate History*. In: Barbara Korte / Sylvia Paletschek (Hg.): History Goes Pop. Zur Repräsentation von Geschichte in populären Medien und Genres. Bielefeld 2009, S. 65–81, hier S. 74.

sodass ein induktives, referenz- und verfahrensanalytisches Vorgehen sich – zumindest mit Blick auf die Textinterpretation – gegenüber einer genremäßigen Gesamtklassifikation kompletter Texte deutliche Vorteile bietet.

Auch hinsichtlich einer etwaigen Assoziation mit der Postmoderne lassen sich keine allgemeingültigen Aussagen über den kontrafaktischen historischen Roman treffen. Die reale Bandbreite von *Alternate History*-Texten reicht von epistemologisch und narrativ vergleichsweise naiven Texten wie Richard Harris' *Fatherland* bis hin zu hochkomplexen postmodernen Texten wie den historischen Romanen Christian Krachts, deren Erzähl- und Referenzverfahren derart metareflexiv verrätselt sind, dass sich die Kontrafaktik als Erzählverfahren geradezu aufzulösen droht. Zwar mögen einige Struktureigenschaften der (historischen) Kontrafaktik – die Variation von Weltwissen, die Kontrastierung von realer und fiktionaler Welt etc. – eine gewisse assoziative Nähe zu grundlegenden Fragen der Postmoderne aufweisen und somit eine Behandlung derartiger Fragen in den jeweiligen Werken begünstigen.[636] Eine *notwendige* Verbindung zwischen (postmodernem) Wahrheits- respektive Geschichtsskeptizismus und Kontrafaktik besteht darum aber nicht. Gerade populäre Ausprägungen des *Alternate History*-Genres verzichten häufig komplett auf eine Thematisierung epistemologischer oder geschichtstheoretischer Fragestellungen. Anspruchsvollere alternativgeschichtliche Romanen hingegen widmen sich mitunter ausführlich epistemologischen und geschichtstheoretischen Fragen, problematisieren starre Wahrheitsansprüche und destabilisieren die eigenen kontrafaktisch-impliziten Realitätsreferenzen (und nähern sich somit wiederum dem Genrebereich der historiografischen Metafiktion an).[637] Derartige Werke können sogar eine Art Meta-Kontrafaktik ausbilden, welche die Konventionen der historischen Kontrafaktik zwar zunächst voraussetzt, die Strukturbedingungen der Kontrafaktik dann aber in einem Folgeschritt durch subversive Erzählarrangements unterminiert. Anhand zweier Romane von Christian Kracht sollen im Folgenden die besonderen interpretatorischen Potenziale einer solchen metareflexiv-postmodernen historischen Kontrafaktik diskutiert werden.

---

[636] So verhandeln viele kontrafaktische Romane innerhalb ihrer eigenen fiktionalen Welt Fragen des Alternativendenkens, der Faktengenerierung oder der Geschichtsklitterung. Siehe Kapitel 5.4. Metafaktizität.

[637] Eine Analyse von Krachts *Imperium* als historiografische Metafiktion bietet Robin Hauenstein: Historiographische Metafiktionen. Ransmayr, Sebald, Kracht, Beyer. Würzburg 2014, S. 120–151. Singles diskutiert Krachts *Ich werde hier sein im Sonnenschein und im Schatten* sowie Tarantinos *Inglourious Basterds* als Beispiele einer selbstreflexiven historischen Kontrafaktik. Vgl. Singles: Alternate History, S. 247–278.

11 Christian Krachts Poetik der Alternativgeschichte

Bei der Untersuchung der historischen Kontrafaktik innerhalb der deutschsprachigen Gegenwartsliteratur kann auf eine Diskussion von Christian Krachts Werk nicht verzichtet werden. Nach wenig beachteten Vorspielen in der Alternativgeschichte hatten im Jahre 1995 Thomas Brussig und Christoph Ransmayr mit ihren Romanen *Helden wie wir* und *Morbus Kitahara* das Genre prominent in die deutschsprachige Literatur eingeführt.[638] Zehn Jahre später konnte Daniel Kehlmann mit dem sensationellen Erfolg von *Die Vermessung der Welt* – ein Roman, der sich ebenfalls beträchtliche Freiheiten bei der Behandlung historischen Faktenmaterials herausnimmt, ohne im engeren Sinne zur Kontrafaktik gerechnet werden zu können[639] – dem Genre des historischen Romans eine zentrale Stellung innerhalb der deutschsprachigen Gegenwartsliteratur zurückerobern, und zwar speziell dessen ludisch-postmoderner, zugleich aber entschieden leserfreundlichen Ausprägung. (Als frühestes und wirkmächtiges Beispiel dieser Spielart des historischen Romans innerhalb der deutschsprachigen Literatur darf Patricks Süskinds *Das Parfum* aus dem Jahre 1985 gelten – ein Roman, in dem allerdings keine realweltlichen Biografien variiert werden und der auch ansonsten keine nennenswerten Verbindungen zum Bereich der Kontrafaktik unterhält.)

Mit seinem im Jahre 2008 erschienenen alternativgeschichtlichen Roman *Ich werde hier sein im Sonnenschein und im Schatten* betrat Christian Kracht somit kein völliges Neuland. Allerdings führte er mit seinem schmalen Band das Genre der Alternativgeschichte auf eine Höhe der Metareflexivität und bewussten Genrereflexion, wie sie in der deutschsprachigen Literatur bis dato unerreicht

---

638 Rosenfeld zufolge sind 80 % der *Alternate History*-Texte speziell zum Dritten Reich in den Vereinigten Staaten und in Großbritannien erschienen, in Deutschland hingegen nur 15 %. „Given that the Nazi era brought unprecedented misery to their country, Germans understandably have been reluctant to confront the Nazi experience through a genre of narrative representation whose chief characteristics and underlying motives may easily be dismissed as shallow and merely commercial." (Rosenfeld: The World Hitler Never Made, S. 15) Krachts alternativgeschichtliche Werke stellen hier in doppelter Hinsicht eine Ausnahme dar, insofern sie sich weder zentral mit der Geschichte des Dritten Reichs beschäftigen noch plausibel der Populärkultur zugeordnet werden können.
639 Siehe zur Funktion der Faktenabweichungen in *Die Vermessung der Welt* den titelgebenden Essay in Daniel Kehlmann: Wo ist Carlos Montúfar? Über Bücher. Reinbek bei Hamburg 2005, S. 9–27.

gewesen war⁶⁴⁰ (und nicht selten auf Unverständnis stieß: Bis heute zählt Krachts dritter Roman – durchaus auch innerhalb der Literaturwissenschaft – zu den vergleichsweise wenig diskutierten Werken des Autors).

Alle Romane Krachts weisen eine hohe Affinität zum Bereich des Historischen auf. Krachts zweiter Roman *1979* aus dem Jahre 2001 ist in der Zeit der iranischen Revolution angesiedelt und erzählt vom negativen Bildungsweg eines Dandys, der in einem chinesischen Arbeits- und Umerziehungslager endet. *Ich werde hier sein im Sonnenschein und im Schatten* entwirft eine kontrafaktische Variante zur Geschichte des 20. Jahrhunderts, in welcher die Schweiz zum sowjetischen Kolonialreich aufsteigt. In *Imperium* wird die Geschichte eines lebensreformerisch inspirierten Zivilisationsflüchtlings zu Beginn des 20. Jahrhunderts erzählt. Und die Handlung von *Die Toten* schließlich kreist um eine deutsch-japanische Kooperation in der Filmbranche am Vorabend des Zweiten Weltkriegs.

Krachts Romanerstling *Faserland* aus dem Jahre 1995 bildete lange Zeit das einzige unter Krachts größeren Erzählwerken, das zeitlich nicht in der Vergangenheit, sondern in der Gegenwart verortet ist; erst im Jahr 2021 trat mit *Eurotrash* – gewissermaßen eine Fortsetzung von *Faserland* – ein zweiter Gegenwartsroman hinzu.⁶⁴¹ Allerdings sind auch in *Faserland* die Bezüge zur Geschichte allgegenwärtig. Insbesondere die fortwirkende Prägung Deutschlands durch den Nationalsozialismus wird in *Faserland* immer wieder thematisiert: sei es in Form des (politisch vordergründig sinnentleerten) Epithetons „Nazi", welches der namenlose Protagonist allem angedeihen lässt, was ihm am eigenen Land missfällt – vom „SPD-Nazi" über einen als „dummes Nazischwein in einem Trainingsanzug" bezeichneten Taxifahrer bis hin zu Rentnern, die aussehen „wie komplette Nazis"⁶⁴² –, sei es bereits anhand des Titels, welcher auf Robert Harris' alternativgeschichtlichen Drittes-Reich-Roman *Fatherland* anspielt.⁶⁴³ Der Verweis auf Harris' Romantitel bildet dabei einen frühen Anknüpfungspunkt an den Bereich der Kontrafaktik, der für Krachts weiteres Werk von großer Bedeutung bleiben sollte. *Faserland* selbst weist zwar keine kontrafaktischen Elemente

---

640 Kathleen Singles zufolge handelt es sich bei Krachts *Ich werde hier sein im Sonnenschein und im Schatten* um eine „self-referentially, self-counsciously alternate history" (Singles: Alternate History, S. 264).

641 Dieses Übergewicht historischer Themen in Krachts Werk schwächt sich ab, wenn man die faktualen Texte des Autors mitberücksichtigt, welche ganz vorwiegend auf die Gegenwart bezogen sind. Auch die Romanhandlung des Spielfilms *Finsterworld* ist in der Gegenwart angesiedelt.

642 Christian Kracht: Faserland. München ¹¹2011, S. 53, 38, 93.

643 Vgl. Michael Peter Hehl: Kracht, Christian: Faserland. Roman. In: Heribert Tommek / Matteo Galli / Achim Geisenhanslüke (Hg.): Wendejahr 1995. Transformationen der deutschsprachigen Literatur. Berlin / Boston 2015, S. 426–437, hier S. 429 f.

auf. Doch findet sich bereits hier eine Passage, in welcher der namenlose Protagonist ausführlich über die Möglichkeiten geschichtsdeviierenden Erzählens reflektiert. Da sich an diese Textstelle weiterführende Überlegungen zur Poetik der Alternativgeschichte in Krachts späterem Werk anschließen lassen, sei die Passage etwas ausführlicher zitiert:

> Vielleicht müßte ich noch nicht mal auf diese Insel mit Isabella Rossellini, vielleicht würde es auch reichen, wenn ich mit ihr und den Kindern in dieser kleinen Hütte wohnen würde.
> Jetzt, wenn der Sommer kommt, würden die Bienen summen, und dann würde ich mit den Kindern Ausflüge machen bis an die Baumgrenze, durch die dunklen Wälder streifen, und wir würden uns Ameisenhaufen ansehen, und ich könnte so tun, als würde ich alles wissen. Ich könnte ihnen alles erklären, und die Kinder könnten niemanden fragen, ob es denn wirklich so sei, weil sonst niemand da oben wäre. Ich hätte immer recht. Alles, was ich erzählen würde, wäre wahr. Dann hätte es auch einen Sinn gehabt, sich alles zu merken.
> Ich würde ihnen von Deutschland erzählen, von dem großen Land im Norden, von der großen Maschine, die sich selbst baut, da unten im Flachland. [...] Von den Deutschen würde ich erzählen, von den Nationalsozialisten mit ihren sauber ausrasierten Nacken, von den Raketen-Konstrukteuren, die Füllfederhalter in der Brusttasche ihrer weißen Kittel stecken haben, fein aufgereiht. [...] Von den Kellnern würde ich erzählen, von den Studenten, den Taxifahrern, den Nazis, den Rentnern, den Schwulen, den Bausparvertrag-Abschließern, von den Werbern, den DJs, den Ecstasy-Dealern, den Obdachlosen, den Fußballspielern und den Rechtsanwälten.
> Das wäre aber alles eigentlich auch etwas, das der Vergangenheit angehören würde, dieses Erzählen da oben an dem Bergsee. Vielleicht bräuchte ich das alles nicht zu erzählen, weil es die große Maschine ja nicht mehr geben würde. Sie wäre unwichtig, und da ich sie nicht mehr brauchte, würde es sie nicht mehr geben, und die Kinder würden nie wissen, daß es Deutschland jemals gegeben hat, und sie wären frei, auf ihre Art.[644]

Man hat diesen Passus aus *Faserland* in der Forschung als werkgenetische Urszene des parahistorischen Erzählens innerhalb von Krachts Werk und als Entfaltung des „Programm[s] eines kontrafaktischen Erzählens" gedeutet.[645] Differenzierungsbedürftig ist eine solche Sichtweise insofern, als hier strenggenommen weder eine Konstellation historischer Kontrafaktik noch auch eine etwaige andere Variante historischen Erzählens konsequent entfaltet wird. Während sich historische Kontrafaktik durch die interpretatorisch produktive Kontrastierung zweier voneinander abweichender Versionen desselben Sachverhalts auszeichnet, beschreibt der Protagonist in *Faserland* zunächst lediglich ein Szenario kalkulierter Fehlinformation („Ich könnte ihnen alles erklären, und die Kinder könnten niemanden fragen, ob es denn wirklich so sei"). Der Anspruch einer nicht durch realweltliche Verifizierung einschränkbaren Deutungsautorität

---

644 Kracht: Faserland, S. 152f.
645 Baßler: „Have a nice apocalypse!", S. 262.

(„Ich hätte immer recht") wird im Text allerdings gleich wieder zurückgenommen, wenn der Erzähler betont, wie wichtig es gewesen sei, „sich alles zu merken." Es drängt sich dann allerdings die Frage auf, wozu ein gutes Gedächtnis, wie es der Folgeabschnitt tatsächlich vorführt, überhaupt vonnöten wäre, wenn die eigentliche Ambition des Protagonisten doch darin bestünde, seinen Kindern (als deren Mutter er die ihm seinerseits nur aus Filmen bekannte Schauspielerin Isabella Rossellini imaginiert) eine frei erfundene Weltbeschreibung zu präsentieren? Und selbst wenn im Folgeabschnitt die Möglichkeit in Erwägung gezogen wird, von Berichten über Deutschland gänzlich abzusehen („Vielleicht bräuchte ich das alles nicht zu erzählen"), so würde damit letztlich nur die in den vorigen Absätzen angedachte Fehl- oder Partialinformation über Deutschland durch Nicht-Information ersetzt. Kontrafaktisches Erzählen käme aber auch dann nicht zustande. Der Bereich der Kontrafaktik wird hier also vielfach umkreist, ohne jemals eigentlich betreten zu werden.

Genau diese produktive Unentschiedenheit im Verhältnis zur historischen Kontrafaktik bildet *das* zentrale Charakteristikum von Christian Krachts Poetik der Alternativgeschichte: Eine Poetik der Alternativgeschichte liegt in Krachts Werk nicht so sehr in dem Sinne vor, dass hier die Genretradition der *Alternate History*-Erzählungen nahtlos fortgeführt würde. ‚Alternativ-geschichtlich' ist Krachts Poetik der Geschichtsdarstellung vielmehr in einem reflexiven Sinne, insofern hier unterschiedliche Modi historischen Erzählens aufgerufen werden – darunter eben auch die Alternativgeschichte respektive die historische Kontrafaktik –, sich diese Modi dabei aber oft nicht mehr klar voneinander unterscheiden lassen, ineinander übergehen oder ihres charakteristischen Wirkungspotenzials beraubt werden. Indem Kracht bestimmte Formen des historischen Erzählens aufruft – etwa die Alternativgeschichte in *Ich werde hier sein im Sonnenschein und im Schatten* oder den Kolonial- oder Abenteuerroman in *Imperium* –, diese Formen dann aber mit anderen Erzählformen in Konkurrenz treten lässt sowie einzelnen Verfahren stellenweise das narrativ-strukturelle oder epistemische Fundament entzieht, findet er zu ungewöhnlichen, hybriden und mithin besonders innovativen Ausprägungen des (kontrafaktischen) historischen Erzählens.

Die große Flexibilität des Einsatzes unterschiedlicher Erzählverfahren in Krachts Texten bei gleichzeitiger Destabilisierung dieser Verfahren hat unter anderem zur Folge, dass sich für Krachts Œuvre keine übergreifende Poetik der Kontrafaktik angeben lässt. Tatsächlich scheint der Autor selbst größten Wert darauf zu legen, klare poetologische Festlegungen – nicht anders als politische Festlegungen – zu vermeiden: Kracht veröffentlicht keine poetologischen Texte; eine schriftliche Publikation der wenigen öffentlichen Stellungnahmen zu seiner eigenen Poetik – etwa in der Rede zur Verleihung des

Wilhelm-Raabe-Literaturpreises oder in seinen Frankfurter Poetikvorlesungen – hat Kracht gerichtlich unterbinden lassen.[646] Das weitgehende Fehlen eines konstanten – sei es expliziten oder impliziten – schriftstellerischen Programms stellt den Leser vor die Herausforderung, Krachts Texte vor allem in ihrer Individualität zu würdigen. Allenfalls können über die diversen Einzelwerke hinweg gewisse Regelmäßigkeiten in den ästhetischen Verfahren identifiziert werden; auch lässt sich immerhin ein relativ konstantes Themen- und Bildreservoire angeben, aus dem Kracht immer wieder schöpft.[647] Einige dieser verfahrenstechnischen und thematischen Regelmäßigkeiten, die für die Rekonstruktion und Bewertung der (politischen) Kontrafaktik in Krachts Werk von Bedeutung sind, sollen im Folgenden erläutert werden.

Da eine möglichst klare Unterscheidbarkeit von realer und fiktionaler Welt eine des Konstitutionsbedingungen der Kontrafaktik bildet, ist für die Kontrafaktik das Verhältnis von Fiktion und Realität stets von zentraler Bedeutung. Im Werk Krachts wird nun aber gerade die Trennung zwischen Fiktion und Realität vielfach destabilisiert. Als Beispiel kann eine Textstelle aus *Tristesse royale* dienen, die in der Rückschau geradezu wie ein allgemeiner poetologischer Kommentar zum Kunst-und-Welt-Verhältnis in Krachts Werk erscheint (was insofern überrascht, als der Text von *Tristesse royale* ja gar nicht von Kracht alleine verantwortet wurde). Nach einem Wochenende im Hotel Adlon, dessen Gesprächsprotokolle den Großteil des gedruckten Buches ausmachen, fliegen Christian Kracht und Joachim Bessing nach Kambodscha. In einem Café sitzend, werden sie Zeugen der folgenden Szene:

> *Eine Seitenstraße scheint sich indes aufzulösen; man glaubt, einer optischen Täuschung zu erliegen, erkennt dann aber, daß lediglich eine eben noch stabil geglaubte Hauswand von Gehilfen in blauen Overalls weggetragen wird, und wie in Natalie Imbruglias Video zu „Torn" löst sich der Hintergrund auf und gibt den Blick frei auf das wahre Phnom Penh. Merkwürdigerweise sieht es genauso aus wie die eben weggetragene Kulisse.*
>
> *Neben Joachim Bessing und Christian Kracht wird ein Catering-Tisch der Wiener Firma Do & Co aufgebaut, mehrere Europäer mit Lauda-Air-Baseballkappen, auf denen in roten Lettern Phnom Penh 2000 eingestickt ist, beginnen, sich auf Pappteller Burritos und Rahmschnitzel aufzuhäufen.*[648]

---

[646] Hubert Winkels: Vorwort. In: Ders. (Hg.): Christian Kracht trifft Wilhelm Raabe. Die Diskussion um *Imperium* und den Wilhelm Raabe-Literaturpreis 2012. Berlin 2013, S. 7–17, hier S. 17; Adrian Schulz: Kracht als Erscheinung. In: taz, 30.05.2018.
[647] Für eine solche werkübergreifende Perspektive auf den ‚Makrotext Kracht' siehe Michael Navratil: Faserglück. Ungute Happy Ends im Spielfilm *Finsterworld* und Christian Krachts Poetik des Selbstverweises. In: Wirkendes Wort 68/3 (2018), S. 425–445.
[648] Tristesse royale. Das popkulturelle Quintett mit Joachim Bessing, Christian Kracht, Eckhart Nickel, Alexander v. Schönburg und Benjamin v. Stuckrad-Barre. Berlin ⁴2009, S. 189.

Weder wird hier die Künstlichkeit der Oberfläche auf eine etwaige Originalität hin durchbrochen, noch auch wird eine vermeintliche Authentizität – etwa diejenige eines vom westlichen Kapitalismus unberührten Landes – als künstlich enttarnt; vielmehr hebt sich die Differenz zwischen diesen beiden Alternativen auf, indem Künstlichkeit und Authentizität letztlich ununterscheidbar werden. Was hinter der Kulisse zum Vorschein kommt, ist gerade wieder dieselbe ‚Kulisse' – oder aber eine Realität, die von der Kulisse selbst nicht zu unterscheiden ist, und die insofern in der Kulisse immer schon anwesend gewesen war.

Im konkreten Textbeispiel – sowie überhaupt häufig in Krachts Werk – steht diese Differenzverschleifung zwischen Realität und Fiktion in enger Verbindung mit der Marken- und Medienwelt der Moderne und Postmoderne. Die Fremde erscheint als bloße Bricolage aus mehr oder weniger vertrauten Marken- und Konsumprodukten, die mit dem bereisten Land in keine sinnvolle Verbindung mehr gebracht werden können.[649] In Form einer (faktualen?) Szenenbeschreibung kommt hier jene Weltsicht zur bildlich-szenischen Darstellung, die Christian Kracht am Anfang von *Der gelbe Bleistift* mit David Hockneys Ausspruch „Surface is an illusion, but so is depth" charakterisiert hat, ein Zitat, das seither nachgerade zu einem Motto der Kracht-Forschung avanciert ist.[650]

Die Problematik der (Un-)Unterscheidbarkeit von Authentizität und Zitat wird in Krachts weiterem Werk immer wieder thematisiert. So findet sich etwa in *1979* – ein Roman, dem ausgerechnet ein Zitat von Jean Baudrillard vorangestellt ist, dem wohl prominentesten Theoretiker medialer Realitäten und des postmodernen Simulacrums[651] – eine poetologisch aufschlussreiche Szene, in der eine Kamera, welche eigentlich der Überwachung des Stadtgebiets dienen soll, auf einen Bildschirm

---

[649] „Das Historische", so halten Moritz Baßler und Heinz Drügh mit Blick auf Krachts Ästhetik fest, „gibt es nur durch das Virtuelle, das Auratische nur qua genormter Ware – und jeweils umgekehrt." (Moritz Baßler / Heinz Drügh: Eine Frage des Modus. Zu Christian Krachts gegenwärtiger Ästhetik. In: Christoph Kleinschmidt (Hg.): Christian Kracht. Text + Kritik. München 2017, S. 8–19, hier S. 18).

[650] Vgl. Christian Kracht: Der gelbe Bleistift. Frankfurt a. M. 2012, S. 7. Hockneys Satz ist unter anderem dem umfänglichsten Sammelband der Kracht-Forschung als Motto vorangestellt, allerdings ohne Nennung des Autors, sodass sich hier nicht mehr eindeutig entscheiden lässt, ob nun Hockney zitiert wird oder nicht doch eher Kracht, der seinerseits Hockney zitiert. Vgl. Matthias N. Lorenz / Christine Riniker (Hg.): Christian Kracht revisited. Irritation und Rezeption. Berlin 2018, S. 5. Siehe auch Frank Finlay: 'Surface is an illusion but so is depth'. The novels of Christian Kracht. In: German Life and Letters 66/2 (2013), S. 213–231.

[651] *„History reproducing itself becomes farce / Farce reproducing itself becomes history"* (Christian Kracht: 1979. Frankfurt a. M. 2010, S. 13).

gerichtet wird, der ihre eigene Aufnahme überträgt.⁶⁵² Die Überwachungskamera vervielfältigt somit in Form eines *mise en abyme* die eigene Aufzeichnung ins Unendliche – und gerät damit in einer Situation politischen Aufruhrs zu einer irritierenden Produzentin selbstbezüglicher Leere. Eine vergleichbare Schleife zwischen Fiktion und Realität findet sich am Ende des Romans *Imperium*, wenn die – ohnehin bereits fiktionalisierte sowie kontrafaktisch variierte – Lebensgeschichte des Protagonisten August Engelhardt zum Stoff eines Unterhaltungsfilms wird, dessen Beschreibung im letzten Absatz des Romans an den Beginn desselben zurückführt.⁶⁵³ Und im Spielfilm *Finsterworld*, für den Christian Kracht zusammen mit seiner Ehefrau Frauke Finsterwalder das Drehbuch verfasst hat, gibt es zahlreiche Figuren, die als Avatare des Ehepaars Kracht/Finsterwalder verstanden werden können, oder aber Figuren, die Namen von Personen aus Kracht und Finsterwalders Umfeld tragen, sodass sich der Film, wie Oliver Jahraus bemerkt, „[i]n Teilen [...] wie ein Schlüsselroman für eine bestimmte Zuschauergruppe" gibt.⁶⁵⁴

Die Differenzverschleifung zwischen Realität und Fiktion bleibt im Falle Krachts – man darf sagen: konsequenterweise – nicht auf die Kunstproduktion beschränkt. Bereits Krachts frühe journalistische Texte, welche qua Genre eigentlich als faktual einzuordnen wären, lassen die Grenze zwischen Realitätsbericht und Erfindung immer wieder verschwimmen. So gewähren Krachts asiatische Reiseberichte in *Der gelbe Bleistift* kaum Einblicke in Kultur und Lebensrealität der bereisten Ländern; stattdessen düpiert Kracht hier bewusst die Erwartungshaltung des westlichen Lesers, und zwar um, wie Gabriele Eichmanns schreibt, „auf eben jene Stereotype hinzuweisen, die [...] in den Köpfen seiner Leserschaft vom asiatischen Kontinent existieren."⁶⁵⁵ Ein ähnlicher Befund lässt sich auch für den von Kracht und Ingo Niermann verfassten Text *Metan* ziehen, den Kracht selbst als „Docu-Fiction" bezeichnet hat.⁶⁵⁶ In diesem sich

---

652 Vgl. Kracht: 1979, S. 110 f.
653 Vgl. Christoph Kleinschmidt: Von Zerrspiegeln, Möbius-Schleifen und Ordnungen des Déjà-vu. Techniken des Erzählens in den Romanen Christian Krachts. In: Ders. (Hg.): Christian Kracht. Text + Kritik. München 2017, S. 44–53.
654 Oliver Jahraus: Die Radnarbe des Faschismus. *Finsterworld* – ein deutsches bürgerliches Trauerspiel im Film. In: Frauke Finsterwalder / Christian Kracht: Finsterworld. Frankfurt a. M. 2013, S. 185–197, hier S. 195; vgl. Navratil: Faserglück.
655 Gabriele Eichmanns: Die „McDonaldisierung" der Welt. Das Parodieren der Erwartungen des westlichen Lesers in Christian Krachts *Der gelbe Bleistift* (1999) [sic]. In: Jill E. Twark (Hg.): Strategies of Humor in Post-Unification German Literature, Film, and Other Media. Newcastle 2011, S. 266–290, hier S. 268.
656 Vgl. Till Huber: Ausweitung der Kunstzone. Ingo Niermanns und Christian Krachts ‚Docu-Fiction'. In: Alexandra Tacke / Björn Weyand (Hg.): Depressive Dandys. Spielformen der Dekadenz in der Pop-Moderne. Köln / Weimar / Wien 2009, S. 218–233, hier S. 220. Zum Fiktionali-

vordergründig als Sachbuch gerierenden Text greifen die Autoren – trotz einer enormen Fülle an (fingierten?) Einzelinformationen – nicht auf klar dokumentierte Sachverhalte zurück, sondern bedienen sich einer alternativen Form der Geschichtsdarstellung – oder genauer: der Geschichtserklärung –, welche mit dem kontrafaktischen Denken eng verwandt ist: der Verschwörungstheorie.[657] Insgesamt zeichnet sich das Schreibverfahren in Krachts (pseudo-)faktualen Texten, wie Till Huber bemerkt, durch „eine umfassende Entgrenzung der Dichotomie von Fiktion und Realität, respektive der Textsorten Erzählung und Reportage sowie von verschiedenen diegetischen Ebenen" aus.[658] Krachts journalistische Texte nähern sich somit den Schreibverfahren des *New Journalism* an, radikalisieren dabei allerdings die Bedeutung der Virtualität und subjektiven Wahrnehmung in einem solchen Maße, dass der objektive Informationsanspruch fast vollständig in den Hintergrund tritt.[659]

Krachts „Ausweitung der Kunstzone"[660] reicht selbst noch über seine schriftstellerische Tätigkeit hinaus: Auch bei Krachts vielkommentierter öffentlicher Selbstdarstellung lässt sich eine Übergängigkeit zwischen Künstlichkeit und Authentizität beobachten. Kracht, den Moritz Baßler und Heinz Drügh als „*den* gegenwärtigen Marktführer in Sachen literaturbetrieblicher Selbstinszenierung"[661] bezeichnen, kultiviert seit Beginn seiner Karriere ein öffentli-

---

tätsstatus von *Metan* bemerkt Till Huber: „*Metan* erlaubt sich – als vermeintliches Sachbuch – den dandyistischen Luxus, einen faktischen Wahrheitsbegriff zu vernachlässigen, ohne ein wirklich fiktionaler Text zu sein." (Ebd., S. 226).

657 Claude D. Conter: Christian Krachts posthistorische Ästhetik. In: Ders. / Johannes Birgfeld (Hg.): Christian Kracht. Zu Leben und Werk, S. 24–43, hier S. 34. Huber stellt eine plausible Verbindung her zwischen *Metan* und Krachts einzigem im engeren Sinne kontrafaktischen Roman: „Die alternative Interpretation von Geschichte in *Metan* könnte als eine Art Skizze für die alternative Geschichtsschreibung in Krachts drittem Roman *Ich werde hier sein im Sonnenschein und im Schatten* fungieren." (Huber: Ausweitung der Kunstzone, S. 233, Anm. 66).

658 Till Huber: Andere Texte. Christian Krachts Nebenwerk zwischen Pop-Journalismus und Docu-Fiction. In: Christoph Kleinschmidt (Hg.): Christian Kracht. Text + Kritik. München 2017, S. 86–93, hier S. 89 f.

659 Vgl. Oliver Ruf: Christian Krachts New Journalism. Selbst-Poetik und ästhetizistische Schreibstruktur. In: Johannes Birgfeld / Claude D. Conter (Hg.): Christian Kracht. Zu Leben und Werk. Köln 2009, S. 44–60. Den Tod von Tom Wolfe, eines der Hauptvertreter des New Journalism, kommentierte Kracht am 16.05.2018 auf seiner Facebook-Seite mit einem Zitat des Autors, unterschrieben mit: „Remembering Tom Wolfe, teacher." (Christian Kracht: Facebook-Post vom 16.05.2018. Quelle: https://www.facebook.com/mr.christiankracht/ (Zugriff: 27.07.2021)).

660 Huber: Ausweitung der Kunstzone. Siehe zu Krachts ‚Ausweitung der Kunstzone' auch André Menke: Die Popliteratur nach ihrem Ende. Zur Prosa Meineckes, Schamonis, Krachts in den 2000er Jahren. Bochum 2010, S. 95.

661 Baßler / Drügh: Eine Frage des Modus, S. 8.

ches Image als scheuer und geheimnisvoller Autor mit undurchsichtigen politischen Affiliationen. Krachts Aussagen in Interviews wirken oftmals irritierend, wenn nicht gar offen provokativ, etwa wenn er mit Harald Schmidt sein Bedürfnis erörtert, die Schauspielerin Goldie Hawn zu quälen, oder wenn er im ZEIT-Interview erklärt: „[I]ch bin ja sehr reich."[662] Zugleich erscheinen diese Aussagen inhaltlich häufig wenig glaubhaft oder sind zumindest ihrem Sachgehalt nach kaum überprüfbar. Gerade in Anbetracht ihres unsicheren epistemischen Status lassen sich Krachts Aussagen in Interviews mitunter als Paratexte zu seinem literarischen Werk betrachten.[663] Wenn der Autor etwa im Interview zu *Ich werde hier sein im Sonnenschein und im Schatten* behauptet, er wolle in Argentinien in die Politik gehen, um die Falklandinseln zurückzuerobern[664], so wird damit für die reale Welt imaginativ ein ähnliches Szenario durchgespielt, wie es die fiktionale Welt des kontrafaktischen Romans auszeichnet: nämlich eine radikale Veränderung der Weltgeschichte. Schlussendlich bleibt diese Veränderung jedoch in beiden Fällen fiktiv.[665] Gelegentlich leistet Kracht mit seinen Interviews sowie anhand der teilweise vom ihm selbst lancierten Fotografien sogar einer Parallelisierung seiner Person mit den Protagonisten seiner jeweiligen Werke Vorschub.[666]

---

662 Anne Philippi / Rainer Schmidt: „Wir tragen Größe 46". Interview mit Benjamin von Stuckrad-Barre und Christian Kracht. In: Die Zeit, 09.09.1999.
663 Dirk Niefanger schlägt vor, die medialen Selbstinszenierungen gerade der Popliteraten, zu denen zumindest der frühe Kracht gemeinhin gezählt wird, als Paratexte im Sinne Gérard Genettes (Palimpseste. Die Literatur auf zweiter Stufe. Frankfurt a. M. 1993) aufzufassen, welche bei der Deutung der eigentlichen Texte mitberücksichtigt werden können. Vgl. Dirk Niefanger: Provokative Posen. Zur Autorinszenierung in der deutschen Popliteratur. In: Johannes G. Pankau (Hg.): Pop – Pop – Populär. Popliteratur und Jugendkultur. Bremen / Oldenburg 2004, S. 85–101, hier S. 88.
664 Vgl. Druckfrisch – Christian Kracht [zu *Ich werde hier sein im Sonnenschein und im Schatten*]. Quelle: https://www.youtube.com/watch?v=p9qy1HlmPJw (Zugriff: 27.07.2021).
665 Vgl. Irsigler: World Gone Wrong, S. 172.
666 Besonders augenfällig ist dies im Zusammenhang mit *Imperium*. Eine Reihe von Fotos zeigt Kracht mit wirrem blondem Haar – etwa auf der Coverabbildung des Text + Kritik-Bandes (Christoph Kleinschmidt (Hg.): Christian Kracht. Text + Kritik. München 2017) –, teils in strahlendem Sonnenlicht, was eine Verbindung zwischen dem Autor und dem Protagonisten des Romans August Engelhardt nahelegt. Auch behauptete Kracht im Interview mit Denis Scheck, dass seine Berufsambitionen ursprünglich in Richtung der Malerei gegangen seien und dass er „vielleicht [...] lieber bei [s]einer Staffelei" geblieben wäre, womit wiederum auf Adolf Hitler angespielt wird, den Kracht in *Imperium* mit seinem Protagonisten August Engelhardt parallelisiert (Denis Scheck spricht mit Christian Kracht über dessen Buch "Imperium" – DRUCKFRISCH – DAS ERSTE. Quelle: https://www.youtube.com/watch?v=cjewDAQdoB0, Zugriff: 31.05.2018 – Transkription M. N.). In einem späteren Interview mit Scheck zu *Die Toten* – einem Roman, in dem die Filmkunst im Zentrum steht – behauptete Kracht dann mit gleich-

Dieses vielgestaltige Spiel mit Fakten, Fiktionen sowie den Übergängigkeiten zwischen beiden hat dazu geführt, dass man Kracht in der Forschung verschiedentlich als ‚ästhetischen Fundamentalisten'[667] bezeichnet hat, als einen Autor also, in dessen Werken eine „Auflösen jeder außertextuellen Referenz"[668] betrieben werde. Für das gegebene Projekt eines Nachvollzugs von Krachts Poetik der Kontrafaktik erwiese sich diese Annahme als überaus problematisch. Wäre Krachts Erzählen nämlich tatsächlich frei von außertextuellen Referenzen, so würde damit zugleich auch die Frage nach der Bedeutung der Kontrafaktik in seinem Werk hinfällig, da sich ohne Referenz auf realweltliche Fakten auch die Frage nach der signifikanten Faktenvariation erübrigt. Allerdings erscheint es zweifelhaft, ob sich das Problem des Realitätsbezugs im Werk Krachts tatsächlich auf eine derart simple Formel wie diejenigen von der umfassenden ästhetizistischen Referenzlosigkeit bringen lässt.

Anlass für eine Problematisierung der realweltlichen Referenzen in Krachts Werk besteht unter anderem deshalb, weil auch die scheinbar unmittelbarsten Realitätsreferenzen – etwa die vielkommentierten Markennamen in *Faserland* – oftmals nicht oder doch nicht primär hinsichtlich ihres realweltlichen Informationswerts von Relevanz sind. Anstatt zuverlässig Auskunft über die Realität zu geben, wird Faktenmaterial in Krachts Texten auf schwer unterscheidbare Weise neben andere Sorten künstlerischen Materials gestellt. Im Rahmen einer umfassenden Ästhetisierung werden realweltliche Informationen in ihrem faktualen Aussagewert gleichsam nivelliert, sodass Faktenabweichung oder Faktenentsprechung mitunter als frei austauschbare Alternativen erscheinen.[669]

Im Interview mit Christian Kleinschmidt äußert sich Helge Malchow, Krachts Verleger bei Kiepenheuer & Witsch, zur persönlichen Einstellung des Autors zur faktischen Korrektheit historischer Ereignisse in seinen Werken:

---

sam konsequenter Inkonsequenz: „Meine Frau wollte immer Schriftstellerin werden und ich wollte immer Regisseur werden." (Christian Kracht: "Die Toten" | Druckfrisch. Quelle: https:// www.youtube.com/watch?v=Y3036n9hTXU, Zugriff: 31.05.2018 – Transkription M. N.).

667 Der Begriff wurde erstmals von Gustav Seibt auf Kracht angewandt: Dunkel ist die Speise des Aristokraten. Das Jahr „1979" und der Zerfall der schönen Schuhe: Christian Kracht ist ein ästhetischer Fundamentalist. In: Süddeutsche Zeitung, 12.10.2001.

668 Nicole Weber: „Kein Außen mehr". Krachts *Imperium* (2012), die Ästhetik des Verschwindens und Hardts und Negris *Empire* (2000). In: Matthias N. Lorenz / Christine Riniker (Hg.): Christian Kracht revisited. Irritation und Rezeption. Berlin 2018, S. 471–503, hier S. 472.

669 Bereits mit Blick auf Krachts frühe Texte rät André Menke dazu, den „häufig als ‚Realitätseffekte' der Popliteratur apostrophierten Fülle von Wirklichkeitskriterien im fiktionalen Bereich [...] zu misstrauen, wird das, was als Referenz erscheint, doch zum ästhetischen Elemente neben anderen, ganz gleich welcher Herkunft" (Menke: Die Popliteratur nach ihrem Ende, S. 95).

Man kann bei der Lektoratsarbeit Christian Kracht zur Weißglut bringen, wenn man ihn darauf hinweist, dass irgendein historisches Ereignis ‚nicht stimmt'. Denn damit zeigt man, dass man die elementare Poetik seiner Arbeit nicht verstanden hat. Der Hinweis, dass etwas nicht ‚stimmt', ist unerheblich, aber auch das Gegenteil ist unerheblich. Es sind auch keine Satiren oder bewusste Entgegenstellungen zu klassischen Lesarten der Geschichte und Politik, sondern er akzeptiert grundlegend, dass das Reservoire unseres historischen Wissens aus Bildern, Namen, Ereignissen besteht, mit denen er für seine Zwecke frei ist zu spielen und zu arbeiten. Damit erhalten diese Bücher einen irrsinnigen Freiheitsraum.[670]

Es wäre jedoch voreilig, Krachts Schreiben aufgrund seiner hohen Metareflexivität und Betonung des Virtuellen eine vollständige Loslösung von den Faken der realen Welt zu unterstellen. Gerade die Verfahren der ästhetischen Nivellierung historischer Fakten mit anders geartetem künstlerischem Material sind überhaupt nur deshalb denkbar, weil vorher auf realweltliches Faktenmaterial – also auf das, wie Malchow formuliert, „Reservoire unseres historischen Wissens" – Bezug genommen wurde. Zurecht betont Ingo Vogler, „dass sich Krachts Prinzip durch die Hinzunahme empirischen Fremdmaterials eben doch von derjenigen postmodernen Schreibweise absetzt, die sich in ihren Montageverfahren lediglich bei anderen Texten bedient, nicht aber einen textunabhängigen Referenten in den Blick nimmt."[671] Weder die von Moritz Baßler prominent vertretene These, dass die Popliteratur – inklusive Krachts *Faserland* – als popkulturelles Archiv der Gegenwart fungiere[672], noch auch die auffällige Affinität von Krachts Werk zum Bereich des Historischen ließe sich plausibilisieren, wenn man von konkreten Realitätsreferenzen in Krachts Texten vollständig absehen wollte.

Tatsächlich ist Krachts Werk nicht referenzlos, sondern ganz im Gegenteil überreich an Referenzen auf andere literarische, künstlerische und theoretische Werke, aber eben auch an Referenzen auf Wahrheitsannahmen der realen Welt, wobei dem Bereich der Geschichte besondere Bedeutung zukommt. Bezeichnend für Krachts Ästhetik ist dabei, dass die Grenzen zwischen realweltlicher Referenz, Referenz auf eigene und fremde Prätexte sowie die unter-

---

670 Christoph Kleinschmidt / Helge Malchow: Hermeneutik des Bruchs *oder* die Neuerfindung frühromantischer Poetik. Ein Gespräch. In: Christoph Kleinschmidt (Hg.): Christian Kracht. Text + Kritik. München 2017, S. 34–43, hier S. 37.
671 Ingo Vogler: Die Ästhetisierung des Realitätsbezugs. Christian Krachts *Ich werde hier sein im Sonnenschein und im Schatten* zwischen Realität und Fiktion. In: Katharina Derlin / Birgitta Krumrey / Ingo Vogler (Hg.): Realitätseffekte in der deutschsprachigen Gegenwartsliteratur. Schreibweisen nach der Postmoderne? Heidelberg 2014, S. 161–178, hier S. 175.
672 Vgl. Baßler: Der deutsche Pop-Roman.

schiedlichen Modi des Verhältnisses zwischen realer und fiktionaler Welt – Realistik, Faktik, Fantastik und Kontrafaktik – beständig ineinander übergehen. Kontrafaktik sowie andere Verfahren (historischen) Erzählens, welche mitunter ebenfalls an möglichst eindeutige Referenzen gebunden sind, werden von Krachts Poetik entsprechend nicht prinzipiell ausgeschlossen. Allerdings erfordert ihre zuverlässige Identifikation oftmals einen hohen Rekonstruktionsaufwand, wie er vom Modell-Leser nicht ohne Weiteres erwartet werden kann. Insofern ist nicht jede Passage in Krachts Texten, in der von realweltlichem Faktenmaterial abgewichen wird, im engeren Sinne als kontrafaktisch zu bezeichnen – also als hermeneutisch signifikante Faktenvariation, mit deren Identifikation zuverlässig gerechnet werden darf. Oftmals ziehen Krachts Texte gerade jene basalen Oppositionen in Zweifel, welche die Bedingungen kontrafaktischer Interpretationen bilden: etwa die Unterscheidungen zwischen Fiktion und Realität, zwischen Faktenentsprechung und Faktenabweichung sowie zwischen Signifikanz, ästhetizistischen Oberflächenphänomenen und bloßem Zufall.

Angesichts der künstlerischen Verfahren in Krachts Texten sowie der medialen Selbstinszenierung des Autors erscheint es naheliegend, Person und Poetik Krachts mit der Postmoderne in Verbindung zu bringen. Allerdings ist diese Assoziation nur bis zu einem gewissen Grade plausibel: Eine Eigentümlichkeit von Krachts Werk besteht nämlich gerade darin, dass Verfahren, die gemeinhin als postmodern eingeschätzt werden – Metareflexivität, Ironie, Ironisierung der Ironie, weitreichende Intertextualitäten und nicht zuletzt eine grelle *Camp*-Ästhetik –, zwar in hohem Maße zu Anwendung kommen; doch werden diese Verfahren von Kracht auf Themen angewandt, vor deren Darangabe an eine ludisch-unendliche Semiose selbst noch die entschiedensten Theoretiker der Postmoderne zurückschrecken, da sich ein spielerischer Umgang mit diesen Themen ethisch zu verbieten scheint. (Beispielsweise sah sich Hayden White gezwungen, seine These von der notwendigen Konstruiertheit aller Geschichte zumindest partiell einzuschränken, als er sich mit der Frage konfrontiert sah, ob auch Auschwitz eine beliebige narrative Rahmungen durch die Geschichtswissenschaft erlaube.[673]) Trotz formaler Nähe zur Postmoderne verwahrt sich Kracht also gegen eine moralische Limitierung in der Wahl und Perspektivierung seiner Themen, wie sie das postmoderne Denken zumindest im Falle besonders sensi-

---

673 Vgl. Hayden White: Historical Emplotment and the Problem of Truth. In: Saul Friedlander (Hg.): Probing the Limits of Representation. Nazism and the "Final Solution". Cambridge, Massachusetts 1992, S. 37–53. Siehe zu Whites Konzeptualisierung einer Historiografie des Holocaust auch Wulf Kansteiner: Modernist Holocaust Historiography. A Dialogue between Saul Friedländer and Hayden White. In: Dan Stone (Hg.): The Holocaust and Historical Methodology. New York 2012, S. 203–224; Doležel: Fictional and Historical Narrative, S. 251–253.

bler Themen fordert. So werden typischerweise postmoderne Problemzusammenhänge, wie etwa Machtverhältnisse, Geschlechterrollen oder (post-)koloniale Kulturkontakte, in Krachts Werk zwar aufgerufen; doch läuft ihre evaluativ unverbindliche und teils offen provokative Verhandlung der moralischen Generaltendenz des postmodernen Diskurses, mit seiner klaren Parteinahme für das Randständige, Subalterne und Bedrohte, gerade zuwider. Der umfassende Zeichenzweifel in Krachts Werk lässt sich kaum umstandslos auf ein emanzipatorisches oder postmodern-machtsubversives gesellschaftliches Projekt beziehen. Und auch die hohe Affinität von Krachts Denken zu Themen wie Kannibalismus und Auslöschung, zu Militarismus und Totalitarismus sowie zu Luxus und snobistischem Ästhetizismus – welche in seinem Werk allesamt keine unmissverständliche Ächtung erfahren – steht entschieden quer zum Mainstream postmodernen Denkens.[674]

Hinsichtlich seiner Themenwahl sowie seiner ästhetischen Verfahren erweist sich Krachts Poetik somit als eine sehr spezifische Ausprägung postmodernen Schreibens.[675] Wäre der Begriff des ‚rechten' Denkens nicht nach wie vor als politisch diffamierender Kampfbegriff besetzt und entsprechend als neutraler Deskriptionsbegriff unbrauchbar – wie nicht zuletzt die Debatte um Krachts *Imperium* gezeigt hat[676] –, so könnte man Krachts Poetik und Themenwahl als Manifestation einer ‚rechten Postmoderne' bezeichnen: als Ausprägung der Postmoderne also, welche sich nicht den ethischen Imperativen einer vertrauten ‚linken' Postmoderne unterwirft, die ihre ästhetischen Verfahren auch an solchen Themen erprobt, die für gewöhnlich von postmodernen Relativierungen ausgenommen sind, und die

---

[674] Zum Totalitären in Krachts Werk siehe Tobias Unterhuber: Kritik der Oberfläche. Das Totalitäre bei und im Sprechen über Christian Kracht. Würzburg 2019.
[675] Weber hält fest, „dass Kracht für sein ‚postmodernes Spiel' ausgerechnet die historisch und gesellschaftlich umstrittensten Themen als ‚Spielmaterial' verwende[t]". (Weber: „Kein Außen mehr", S. 472).
[676] Der Fall ist dokumentiert in Hubert Winkels (Hg.): Christian Kracht trifft Wilhelm Raabe. Die Diskussion um *Imperium* und den Wilhelm Raabe-Literaturpreis 2012. Berlin 2013. Nachdem der von Georg Diez gegen Kracht erhobene Vorwurf, dieser sei, „ganz einfach, der Türsteher der rechten Gedanken" (ebd., S. 38), von zahlreichen prominenten Persönlichkeiten des literarischen Lebens als haltlos zurückgewiesen worden war – Krachts Verlag Kiepenheuer & Witsch etwa befand, es handele sich hier um einen Fall „journalistischen Rufmord[s]" (ebd., S. 39) –, versuchte Diez, seinen Angriff auf Kracht in einem Folgeartikel damit zu rechtfertigen, dass er mit „rechts" nicht „rechtsradikal" gemeint habe (vgl. ebd., S. 95) und dass das „rechte Denken" (ebd., S. 99) Krachts sich durchaus „innerhalb des demokratischen Diskurses" (ebd., S. 100) bewege. Doch konnte diese nachgereichte Begriffsdifferenzierung, deren weitgehende Bedeutungslosigkeit der von Diez losgetretene Literaturskandal ja gerade demonstriert hatte, kaum überzeugen. Vgl. für eine Kritik an Diez' zweitem Artikel den Kommentar von Joe Paul Krollin: Ebd., S. 108 f.

mitunter sogar – mehr oder weniger ironisch – mit extremistischen Weltanschauungen kokettiert.

Krachts spezifische Ausformung einer postmodernen Ästhetik ist dabei mehr als eine bloße ästhetische Form, die sich auf beliebiges Material anwenden ließe. Im Gegenteil gewinnt Krachts Ästhetik gerade aus der spezifischen thematischen Schwerpunktsetzung seines Werks Plausibilität. Krachts gesteigertes Interesse gilt jenen Aspekten der Realität – und ganz besonders der Geschichte –, welche die Leitkategorien der Realität selbst ins Wanken geraten lassen. So beschäftigt sich Kracht in seinem Werk etwa mit der Ästhetik von Diktaturen, den gesellschaftlichen und politischen Auswirkungen der Unterhaltungsmedien, dem Zusammenhang von Propaganda und Militarismus oder der spezifischen Erlebnisrationalität, die sich unter Bedingungen (medialer) Beobachtung einstellt. Besonderes thematisches Interesse widmet Kracht dabei den Verwerfungen und Aporien der Moderne: ihrer Ästhetik (vor allem in der Architektur), ihren Medien (besonders dem Film) sowie ihren Weltanschauungsentwürfen (insbesondere Rassismus, Nationalismus sowie einer bestimmten Heilserwartung, die mitunter an die Kunst selbst herangetragen wird). Im Rahmen der Textanalysen wird noch ausführlich auf Krachts ambivalentes Interesse an der Moderne einzugehen sein.

Ein besonders eindrückliches Beispiel der Faszination für die ‚Realkünstlichkeit' der Realität stellt Krachts Essay über Nordkorea dar. Dieser Essay bildet das Vorwort zu einem Buch von Eva Munz und Lukas Nikol mit dem bezeichnenden Titel *Die totale Erinnerung*. In seinem Text charakterisiert Kracht „Kim Jong Ils Nordkorea" als „letztes großes, jetzt schon museales, manischstes Projekt der Menschheit, ja als ihr größtes Kunstwerk".[677] Über dieses ‚Kunstwerk' führt Kracht aus:

> Die Koreanische Demokratische Volksrepublik könnte eine totale, in die Zukunft und die Vergangenheit gehende holographische Projektion sein, ebensogut der Handlungsort eines noch ungeschriebenen Romans des Science-fiction-Autors Phillip [sic] K. Dick; weiter als Nordkorea, so scheint es, kann man sich auf diesem Planeten nicht von der Realität entfernen. Wie Millionen von Koreanern leben, was sie essen, wie sie zur Arbeit gehen, was sie dort tun, wir wissen es nicht. [...] Medial vermittelt, also nicht nur simulierte, sondern projizierte Realität ist die einzige Wahrheit in der Demokratischen Volksrepublik.[678]

Es wäre verfehlt, in derartigen Äußerungen einen bloßen fundamentalen Ästhetizismus am Werk zu sehen, der über dem geschmäcklerischen Interesse

---

[677] Eva Munz / Lukas Nikol: Die totale Erinnerung. Kim Jong Ils Nordkorea. Mit einem Vorwort von Christian Kracht. Berlin 2006, S. 13.
[678] Munz / Nikol: Die totale Erinnerung, S. 6.

am schönen Schein die gesellschaftliche oder politische Wirklichkeit ignoriert: im gegebenen Fall also die Lebensrealitäten in einer Diktatur.[679] Die Pointe von Krachts Text besteht vielmehr in der Einsicht, dass sich bei einer „projizierte[n] Realität" wie derjenigen Nordkoreas gar nicht mehr zuverlässig zwischen Schein und Realität unterscheiden lässt. Indem Kim Jong Ils Nordkorea von Kracht mit einem Roman des Science-Fiction-Autors Philip K. Dick verglichen wird – einem Autor, der mit *The Man in the High Castle* seinerseits einen Klassiker des alternativgeschichtlichen Romans verfasst hat und auf den sich Kracht in seinem eigenen *Alternate History*-Roman *Ich werde hier sein im Sonnenschein und im Schatten* intertextuell bezieht –, wird Kim Jong Il selbst in die Rolle des Künstlers gerückt, dessen Volksrepublik „eine gigantische Installation, ein manisches Theaterstück [ist], das sich anschickt, in seiner hermetischen Akribie und seiner perfekten Potemkinisierung einen ganzen Staat zu simulieren."[680] Bezeichnenderweise wird Kim Jong Il dann am Ende des Buches in dessen Autorenliste an erster Stelle genannt.[681]

Insgesamt zeigen sich hier, wie überhaupt häufig bei Kracht, „Leben und Kunst am Rande starker ästhetischer und ideologischer Kosmen".[682] Durchdringungen von Virtualität und Realität sowie von Politik und Ästhetizismus sind charakteristisch für Krachts Themenwahl, die Ästhetik seiner Werke sowie seine mediale Selbstpräsentation. Die für Krachts Schreiben vielfach beschworene ‚Ironie'[683] – der Umstand also, dass im Werk dieses Autors, mit Lucas Marco Gisi zu reden, „beinahe jede Aussage ironisch destabilisiert und zugleich intertextuell potenziert wird"[684] – ist kein Effekt der Entscheidung für eine bestimmte, potenziell auch austauschbare Form der künstlerischen Darstellung, sondern erweist sich vielmehr als Resultat der narrativen Annäherung an besonders irritierende

---

679 Kracht hat sich in verschiedenen Interviews durchaus widersprüchlich zu Nordkorea geäußert. Vgl. Unterhuber: Kritik der Oberfläche, S. 207 f.
680 Munz / Nikol: Die totale Erinnerung, S. 7.
681 Munz / Nikol: Die totale Erinnerung, S. 131.
682 Thomas E. Schmidt: Zwei Nerds spielen bürgerliches Schreiben. In: Die Zeit, 23.02.2012.
683 Zur Verbindung von Krachts Poetik speziell mit der romantischen Ironie siehe Ralph Pordzik: Wenn die Ironie wild wird, oder: *lesen lernen*. Strukturen parasitärer Ironie in Christian Krachts „Imperium". In: Zeitschrift für Germanistik NF XXIII/3 (2013), S. 574–591; Kleinschmidt / Malchow: Hermeneutik des Bruchs *oder* die Neuerfindung frühromantischer Poetik; Eckhard Schumacher: Die Ironie der Ambivalenz. Ästhetik und Politik bei Christian Kracht. In: Matthias N. Lorenz / Christine Riniker (Hg.): Christian Kracht revisited. Irritation und Rezeption. Berlin 2018, S. 17–33.
684 Lucas Marco Gisi: Unschuldige Regressionsutopien? Zur Primitivismus-Kritik in Christian Krachts *Imperium*. In: Matthias N. Lorenz / Christine Riniker (Hg.): Christian Kracht revisited. Irritation und Rezeption. Berlin 2018, S. 505–533, hier S. 508.

Aspekte der Realität selbst oder – subjektivistisch gewendet – als Ergebnis einer den engeren Kunstbereich transzendierenden, spezifischen Weltsicht. Objektiv zeichnet sich diese Weltsicht durch ein besonderes Interesse an den Verwerfungen und Unstimmigkeiten der ‚wirklichen' Welt aus (von der eben nicht sicher ist, wie *real* sie eigentlich ist); subjektiv ist sie durch eine Form kognitiver Dissonanz charakterisiert, welche ihrerseits wiederum als schlüssige Reaktion auf die realweltlichen Absurditäten erscheinen mag:[685] Krachts Ästhetik verhält sich zu den Kuriosa, epistemischen Verunsicherungen und ideologischen Verwerfungen der realen Welt, indem sie sich ebendiesen Irritationen in ihrer narrativen Form annähert – wobei im Rahmen dieser Annäherung wiederum die Unterscheidung zwischen Realität und Fiktion in Zweifel gezogen werden kann (so wie in *Tristesse royale* das „*wahre Phnom Penh [m]erkwürdigerweise [...] genauso aus [sieht] wie die eben weggetragene Kulisse*"[686]). Von gesteigertem interpretatorischen Interesse ist dabei oftmals nicht so sehr die präzise narratologische Einordnung einzelner Erzählpassagen oder das Aufzeigen konkreter Quellen oder Prätexte; produktiv ist vielmehr die Identifikation jener Hürden, die Krachts Texte den (literaturwissenschaftlichen) Versuchen einer Vereindeutigung des Sinns in den Weg stellen – etwaige kohärent kontrafaktische Lesarten inklusive.

In der Forschung ist mit Blick auf Krachts Werk verschiedentlich die Frage gestellt worden, „inwiefern das [...] zur Perfektion gebrachte postmoderne Spiel der Auflösung von Bedeutung noch auf irgendeiner Ebene als politische, moralische oder anderweitig festzulegende Haltung zu verstehen ist."[687] Tatsächlich ist Krachts Schreiben keiner als Klartext formulierbaren politischen Agenda verpflichtet; eine deutliche Parteinahme oder gar Einmischung in tagespolitische Debatten – im Sinne des schriftstellerischen Engagements – scheinen diesem Autor vollkommen fern zu liegen. Nichtsdestoweniger lassen Krachts Werke ein enormes Interesse an historischen und politischen Fragen erkennen. Auch sind die realen politischen Provokationen, die von seinem Werk und seiner Person auf Leserschaft, Feuilleton und Wissenschaft immer wieder ausgingen, nicht zu ignorieren.[688] So

---

685 Den Begriff ‚kognitive Dissonanz' hat Christian Kracht in seiner Frankfurter Poetikvorlesung gebraucht, um eine Eigentümlichkeit persönlicher Erfahrungen zu kennzeichnen. Der Begriff lässt sich aber auch plausibel auf Krachts Ästhetik – sowohl in seinen fiktionalen als auch in seinen faktualen Texten – beziehen. Vgl. Bettina Engels: Christian Kracht in Frankfurt. Schutzschild gegen die Erinnerung. In: Der Tagesspiegel, 21.05.2018.
686 Tristesse royale, S. 189.
687 Weber: „Kein Außen mehr", S. 488.
688 David Hugendick hat eine (unabgeschlossene) Liste von Krachts Provokationen zusammengestellt: „Gewundert haben sich auch andere immer wieder mal, was Kracht zum Beispiel auf den Spuren des Chefsatanisten Aleister Crowley suchte und zu finden glaubte.

wie der Realitätsbezug in Krachts Werk durch vielfältiger ästhetische Relativierungsverfahren nicht einfach aufgelöst wird, so geht seinem Schreiben auch das Politische durch Ironisierung, mediale Reflexivität und gesinnungsmäßige Unverbindlichkeit nicht einfach verloren.[689] Die Frage nach dem Politischen sollte angesichts des fortgeschritten metareflexiv-postmodernen Schreibens Krachts also nicht für schlechthin irrelevant befunden werden; vielmehr gilt es zu zeigen, inwiefern sich ebendiese Formen der Metareflexivität und Ästhetisierung selbst politisch deuten lassen.[690]

Das Verhältnis von Kunst und Politik ist nun im Werk Krachts auf ähnliche Weise konfiguriert wie dasjenige von Fiktion und Realität: Immer wieder gehen die Bereiche ineinander über, verlieren dabei aber niemals komplett ihre auch eigenständige Relevanz. Diese Übergängigkeit von Ästhetik und Politik hat zur Folge, dass sich bei Kracht der eine Bereich häufig nur noch in den Kategorien des jeweils anderen beschreiben lässt. Beispiele einer ästhetizistischen Betrachtung der politischen Sphäre wurden bereits angeführt (man denke noch einmal an Krachts Nordkorea-Beschreibung). Komplementär hierzu können bei Kracht auch scheinbar rein ästhetische Phänomene auf die Sphäre des Politischen bezogen sein. Kracht selbst hat bereits 1995 in einem Interview zum Roman *Faserland* auf eine solche Verbindung hingewiesen: „Der bevorstehende Verfall eines Wertesystems oder einer Gesellschaft kündigt sich immer durch das massenhafte Entstehen sauschlechter Alltagsästhetik an."[691] Als Kracht dann sechs Jahre später im Zusammenhang mit seinem Roman *1979* auf die ästhetische Dimension der iranischen Revolution aufmerksam machte, gab der Interviewer

---

Was er meinte, als er Nordkorea einmal als eine gigantische Inszenierung bezeichnete. Und wieso er die Anschläge des 11. September 2001 in die Nähe des *camp* rückte. Das popkulturelle Quintett *Tristesse Royal* [sic], worin Kracht mitwirkte, endete mit einer Reise zu den Killing Fields in Kambodscha. Sein Roman *1979* beschreibt die heilsame Auslöschung eines wohlstandsverwahrlosten Europäers in einem chinesischen Umerziehungslager. Auf dem Erzählband *Mesopotamia* posiert er mit Kalaschnikow unter düsterem Tropenhimmel. Und so weiter." (David Hugendick: Schriftsteller Christian Kracht. Bitte keine Skandalisierung. In: Zeit online, 12.02.2012. Quelle: https://www.zeit.de/kultur/literatur/2012-02/kracht-kommentar?page=4#comments (Zugriff: 27.07.2021)).
689 So konstatiert Helge Malchow: „Wenn man sich nur auf die ironische, satirische, spielerische oder imaginäre Seite des literarischen Textes konzentriert, dann entgeht einem, dass sie trotz allem auf einer zweiten Ebene doch ein Kommentar zum Zeitgeschehen und zur Zeitgeschichte sind." (Kleinschmidt / Malchow: Hermeneutik des Bruchs, S. 40).
690 Siehe etwa Schumacher: Die Ironie der Ambivalenz; Innokentij Kreknin: Selbstreferenz und die Struktur des Unbehagens der ‚Methode Kracht'. In: Matthias N. Lorenz / Christine Riniker (Hg.): Christian Kracht revisited. Irritation und Rezeption. Berlin 2018, S. 35–69.
691 Christian Kracht: Die legendärste Party aller Zeiten. Christian Kracht über seinen Roman „Faserland", über Grünofant-Eis, Busfahrer und die SPD. In: Berliner Zeitung, 19.07.1995.

Volker Weidermann zu bedenken: „Aber es geht doch nicht nur um Formen. Es ist doch lächerlich, die Welt ausschließlich nach Bildern zu beurteilen. Es gibt doch auch Inhalte, Politik, Moral". Krachts Replik lautete: „Ich glaube, schlechte Form ist an vielem schuld. Ein gutes Buch ist immer moralisch."[692] In Krachts künstlerischen Werken werden Verbindungen von Ästhetik und Politik zum Teil explizit thematisiert. Im Film *Finsterworld* etwa gibt es einen markanten, poetologisch relevanten Passus, in dem ein melancholischer Gymnasiast über den Zusammenhang zwischen der deutschen Geschichte und den ästhetischen Entgleisungen des Landes nachdenkt: „Na ja, weil im Dritten Reich, da sah halt alles recht gut aus. Also klar, wenn man erst mal nur vom Design ausgeht, nicht von den Taten. [...] Und damit so was in Deutschland nie wieder passieren kann, ist hier alles extra-hässlich."[693] Eine feste Formel, welche das Verhältnis von Ästhetik und Politik in Krachts Werk zu bestimmen erlaubte, lässt sich aus diesen und ähnlichen Textbelegen zwar nicht ableiten; festzuhalten bleibt gleichwohl, dass sich Ästhetik und Politik bei Kracht häufig nur gemeinsam, in ihren wechselseitigen Abhängigkeiten untersuchen lassen.[694]

Für eine literaturwissenschaftliche Analyse der politischen Kontrafaktik ergibt sich im Falle Krachts eine insgesamt schwierige Ausgangslage. Eine solche Analyse muss nämlich die doppelte Destabilisierung sowohl des künstlerischen Realitätsbezugs als auch des Verhältnisses von Kunst und Politik innerhalb von Krachts Werk in Rechnung stellen. Die wechselseitigen Abhängigkeitsverhältnisse von Realität und Fiktion sowie von Ästhetik und Moral sind im Falle Krachts derart komplex konfiguriert und über die verschiedenen Werke hinweg auch derart wandelbar, dass sich zur Poetik des Autors wenig Allgemeingültiges aussagen lässt – jenseits der Feststellung eben, dass Kracht sich und sein Werk starren Fixierungen beständig entzieht. Die Funktion der Kontrafaktik in den Romanen sowie die politische Funktionalisierung derselben können mithin

---

[692] Edo Reents / Volker Weidermann: Ich möchte ein Bilderverbot haben. Interview mit Christian Kracht. In: Frankfurter Allgemeine Sonntagszeitung, 30.09.2001. Zitiert nach Volker Weidermann: Notizen zu Kracht. Was er will. In: Frankfurter Allgemeine Sonntagszeitung, 29.04.2012.
[693] Frauke Finsterwalder / Christian Kracht: Finsterworld. Frankfurt a. M. 2013, S. 112.
[694] So bemerkt Huber: „Die Idee einer ästhetizistischen Entgrenzung [...] findet [bei Kracht] auch Einzug in die Beurteilung von empirischer Wirklichkeit." (Huber: Ausweitung der Kunstzone, S. 221) Wenn hingegen Gerhard Jens Lüdeker behauptet, die Hauptfigur von *Faserland* „erheb[e] zwar nicht ihr Leben zum Kunstwerk, aber ästhetische Kategorien ersetz[t]en bei ihr moralische oder politische Bedeutungszuweisungen", so wird damit gerade übersehen, dass eine strikte Trennung zwischen dem Politischen und dem Ästhetischen bei Kracht gar nicht durchhaltbar ist (Gerhard Jens Lüdeker: Die Rückgewinnung der Freiheit aus der Moderne: Zu den Möglichkeiten von Selbstkonstitution und Autonomie in Christian Krachts *Triptychon*. In: Text & Kontext 34 (2012), S. 35–62, hier S. 40).

nicht allgemein und werkübergreifend – im Sinne einer ästhetisch oder politisch verbindlichen Autorpoetik – angegeben werden, sondern lassen sich stets nur anhand der Analyse einzelner Werke erschließen.

Zwei solche Einzelanalysen und Interpretationen sollen im Folgenden präsentiert werden. Ausgewählt wurden aus naheliegenden Gründen jene beiden Romane Krachts, in denen die Kontrafaktik am umfänglichsten zum Einsatz kommt, oder, wenn das bereits zu viel gesagt ist, jene beiden Romane, in denen das Feld kontrafaktischen Denkens doch am engsten umkreist wird: Interpretiert werden die Romane *Ich werde hier sein im Sonnenschein und im Schatten* aus dem Jahr 2008 und *Imperium* aus dem Jahr 2012.

11.1 Christian Kracht: *Ich werde hier sein im Sonnenschein und im Schatten*

Der Titel ist die erste Irritation: *Ich werde hier sein im Sonnenschein und im Schatten*. Nach einer nur oberflächlichen, primär inhaltsbezogenen Lektüre von Krachts drittem Roman bleibt unklar, was der Titel mit der Handlung des Romans zu tun haben soll. Erzählt wird die Geschichte eines afrikanisch-schweizerischen ‚Kommissärs' (derartige Helvetismen durchziehen den gesamten Roman[695]), der zu Beginn des 21. Jahrhunderts durch eine kontrafaktisch veränderte Version der Schweiz reist: Lenin hat nicht den plombierten Eisenbahnwaggon nach Russland bestiegen, sondern ist in der Schweiz geblieben und hat dort die Schweizer Sowjet-Republik gegründet, die SSR (eine offenkundige Anspielung auf die SSSR, die reale Sowjetunion). Seit beinahe einhundert Jahren befindet sich das ausgedehnte Schweizer Kolonialreich nun im Krieg, unter anderem mit dem faschistischen Deutschland im Norden. Der Protagonist, ein Schwarzafrikaner und hochrangiger Militär der SSR, reist durch die winterlichen Landschaften der Schweiz und gelangt zum Réduit, dem gigantischen Tunnelsystem in den Schweizer Alpen, wo er den Dissidenten Brazhinsky verhaften soll. Nachdem er jedoch die umfassende Dekadenz im untertunnelten Herzen der Schweiz erkannt hat, kehrt er als Messias mit leuchtend blauen Augen nach Afrika zurück und führt die Menschen aus den Kolonialstädten zurück in die Savanne.

Der inhaltliche Bezug der hier knapp zusammengefassten Handlung zu den Motiven ‚Sonnenschein' und ‚Schatten' ist allenfalls lose zu nennen. Die Semantik des Titels lässt sich zwar auf die im Text verschiedentlich eingesetzte Opposi-

---

[695] Menke listet folgende Helvetismen auf: „Nastuch, verzeigen, Velo, Camion, Beiz für ‚Kneipe'" (Menke: Die Popliteratur nach ihrem Ende, S. 93).

tion von Licht und Schatten rückbeziehen. Doch spielen diese Themen im Roman keine herausgehobene Rolle, sodass eine Gesamtrubrizierung des Textes unter die Opposition Sonnenschein/Schatten kaum überzeugt.[696]

Einen größeren interpretatorischen Ertrag liefert die intertextuelle Spurensuche, wie sie sich bei Kracht stets anbietet (gleich zwei von Krachts Romantiteln, *Faserland* und *Imperium*, lassen sich etwa auf Romantitel von Robert Harris beziehen). Eine solche Suche führt zu dem irischen Volkslied *Danny Boy*, in dem sich folgende Zeilen finden:

> But come ye back when summer's in the meadow
> Or when the valley's hushed and white with snow
> 'Tis I'll be here in sunshine or in shadow
> Oh Danny boy, oh Danny boy, I love you so.[697]

Tatsächlich wird an wenig auffälliger Stelle gegen Ende des Romans die Aufnahme eines „alte[n] irische[n] Volkslied[s]" (Iw, 146) erwähnt.[698] Für die Interpretation des Romans ist damit allerdings kaum etwas gewonnen, da sich die intertextuelle Anspielung – wie so viele Verweise im Text – nicht schlüssig auflösen lässt: Zwar weisen der Liedtext von *Danny Boy* und Krachts Roman einige vage Gemeinsamkeiten auf, eine produktive intertextuelle Lesart lässt sich darauf jedoch nicht gründen (das Thema der Liebe etwa, das im Lied *Danny Boy* zentral ist, spielt für Krachts Roman keine Rolle).[699] Auch der über den Prätext einzubringende semantische Gehalt erlaubt somit keine Aufhellung des Romantitels.

Möglicherweise ist eine inhaltliche Erläuterung der im Titel gebrauchten Begriffe jedoch gar nicht nötig. Eine dritte Deutungsmöglichkeit bestünde nämlich

---

696 Vgl. Eckhard Schumacher: Omnipräsentes Verschwinden. Christian Kracht im Netz. In: Johannes Birgfeld / Claude D. Conter (Hg.): Christian Kracht. Zu Leben und Werk. Köln 2009, S. 187–203, hier S. 198.
697 Danny Boy. Quelle: http://www.ireland-information.com/irishmusic/dannyboy.shtml (Zugriff: 27.07.2021).
698 Zitate aus *Ich werde hier sein im Sonnenschein und im Schatten* werden nach folgender Ausgabe mit der Sigle „Iw" im Text gegeben: Christian Kracht: Ich werde hier sein im Sonnenschein und im Schatten. Köln 2008.
699 Wichtiger als die Frage, warum gerade dieser Liedtext zitiert wird, dürfte der Umstand sein, dass hier überhaupt zitiert wird, dass also auf ein (popkulturelles) Archiv zurückgegriffen wird, sowie ferner die Tatsache, dass das Zitat leicht variiert wiedergegeben wird. Ähnlich wie bereits beim Roman *Faserland*, dessen Titel sich auf Robert Harris' *Fatherland* beziehen lässt, wird die eigenständige kreative Leistung des Autors damit zugleich ausgestellt und zurückgenommen. Siehe zur „strukturelle[n] Natur" intertextueller Anspielungen im Roman auch Menke: Die Popliteratur nach ihrem Ende, S. 82, Anm. 11.

darin, komplett von der Semantik der Begriffe abzusehen und stattdessen die Signifikanz des Titels anhand seiner minimalen Abweichung von der Vorlage zu erschließen. Kracht übernimmt den dritten Vers der zweiten Liedstrophe von *Danny Boy* in deutscher Übersetzung als Titel seines Romans, verändert den Vers dabei aber minimal: Anstatt „in sunshine *or* in shadow" heißt es bei Kracht „im Sonnenschein *und* im Schatten". Diese Nebenordnung der Begriffe lässt unterschiedliche Deutungen zu: Als zeitliche Sukzession gelesen würde der Titel die Anwesenheit des „Ich" *sowohl* im „Sonnenschein" *als auch* im „Schatten" versprechen – nur wäre in dieser Lesart die Bedeutung des Titels mit derjenigen der Vorlage weitgehend identisch, sodass Krachts Veränderung keinen interpretatorischen Mehrwert erbrächte.[700] Das „und" in Krachts Titel ließe sich allerdings auch als Ausdruck einer Paradoxie interpretieren: der Behauptung nämlich, jemand könne *gleichzeitig* im Sonnenschein und im Schatten, also hier und dort sein. Damit würde der Titel, der tröstend die zuverlässige Anwesenheit des „Ich" anzukündigen scheint, bei genauerer Prüfung lediglich eine umfassende Leere ankündigen, wie sie als bedeutendes Thema Krachts gesamtes Werk durchzieht.[701] Die Differenz des ‚Hierseins' im Sonnenschein oder im Schatten, wie sie in der Liedvorlage noch deutlich erkennbar war, schlüge somit in Krachts Variante durch die paradoxe Behauptung der Gleichzeitigkeit beider Zustände um in eine Nivellierung der Differenz. Die vermeintliche Omnipräsenz erwiese sich somit letztlich als neuerliche Variante des in Krachts Werk omnipräsenten Motivs des Verschwindens.[702]

---

[700] So deutet etwa Joachim Jordan den Titel als Hinweis auf „das grundlegende Phänomen der Wiederholung, das sich aus der fortwährenden, sich wiederholenden und ineinander übergehenden Konstellation von Licht und Dunkel speist." (Joachim Jordan: Christian Kracht und das Schreiben wie im Comic. Zur Ästhetik der Lücke in *Ich werde hier sein im Sonnenschein und im Schatten*. In: Matthias N. Lorenz / Christine Riniker (Hg.): Christian Kracht revisited. Irritation und Rezeption. Berlin 2018, S. 181–203, hier S. 186).
[701] Vgl. Sven Glawion / Immanuel Nover: Das leere Zentrum. Christian Krachts ‚Literatur des Verschwindens'. In: Alexandra Tacke / Björn Weyand (Hg.): Depressive Dandys. Spielformen der Dekadenz in der Pop-Moderne. Köln / Weimar / Wien 2009, S. 101–120. Auch Tobias Unterhuber konstatiert: „Christian Krachts Protagonisten scheint eine gewisse Leere gemeinsam" (Tobias Unterhuber: Widerständige Körper? Die Verhandlung des Totalitäten in der Dimension des Körperlichen bei Christian Kracht. In: Marion Preuss (Hg.): Zeitgedanken. Beiträge zur Literatur(theorie) der Moderne und Postmoderne. Berlin 2015, S. 171–184, hier S. 171).
[702] Auch Stefan Bronner erkennt in *Ich werde hier sein ...* eine „Poetik des Verschwindens" (Stefan Bronner: Das offene Buch – Zum Verhältnis von Sprache und Wirklichkeit in Christian Krachts Roman *Ich werde hier sein im Sonnenschein und im Schatten*. In: Deutsche Bücher. Forum für Literatur 39/2 (2009), S. 103–111, hier S. 104). Eine weitere Verbindung von Verschwinden respektive Tod und Omnipräsenz zeigt sich bei Krachts Selbstinszenierung im Internet. So berichtet Eckhard

Eine derart weitreichende Interpretation eines einzelnen Wortes im Titel mag forciert dekonstruktivistisch anmuten. Im Folgenden soll jedoch gezeigt werden, dass die vorgeschlagene Lesart des Titels sich mit Blick auf zentrale inhaltliche sowie formalästhetische Aspekte des Romans durchaus plausibilisieren lässt. Gerade die Nivellierung binärer Gegenüberstellungen bildet nämlich eines der zentralen Themen des Romans ebenso wie eines seiner basalen ästhetischen Verfahren. Diese Nivellierung von Dualismen betrifft dabei in Krachts Text noch das Verfahren der Kontrafaktik selbst, welches ja wesentlich darin besteht, dass zwei deutlich unterschiedene Welten miteinander kontrastiert werden.[703] Der Roman, der auf den ersten Blick eine typische *Alternate History*-Geschichte zu erzählen scheint – mit der Variation des Schicksals großer Männer, dystopischer Geschichtsentwicklung samt finalem Happy End –, erweist sich somit bei genauerer Betrachtung als hochgradig metareflexiver Text, in dem das Grundverfahren der Kontrafaktik gleichsam gegen die Kontrafaktik selbst gewendet wird. Innerhalb des Korpus dieser Arbeit bildet mithin selbst derjenige Roman, welcher den gängigen Definitionen des ‚kontrafaktischen Romans' am ehesten zu entsprechen scheint, gerade kein typisches Genrebeispiel. Vielmehr handelt es sich bei *Ich werde hier sein im Sonnenschein und im Schatten* um eine Metareflexion der Genretradition und eine ‚Arbeit am Muster' der *Alternate History*.

Im Folgenden soll diese Arbeit am Muster in *Ich werde hier sein im Sonnenschein und im Schatten* – fortan zu *Ich werde hier sein …* abgekürzt – rekonstruiert werden. Dabei werden insbesondere jene Themen und Verfahren diskutiert, die sich auf Möglichkeiten und Aporien geschichtlicher Fortentwicklung einerseits sowie historischen respektive parahistorischen Erzählens andererseits beziehen. Im Rahmen der nachfolgenden Interpretation sollen vor allem die kontrafaktische Grundkonstellation des Romans, die Bedeutung des Höhlensystems im Herzen der Schweiz, die Funktion der verschiedenen Sprachen sowie die Etablierung sowie Unterwanderung binärer Oppositionen in den

---

Schumacher: „Am 6.2.08 übernimmt Kracht die Todesanzeige eines seiner ‚Freunde', Jai Guru Dewa Maharishi, die am gleichen Tag auf dessen *MySpace*-Seite veröffentlicht wurde, und postet sie als ersten Blog-Eintrag unter dem ebenfalls aus der Vorlage übernommenen Titel ‚Maharishi is now omnipresent'. [...] Kracht bleibt aber nicht bei dieser Übernahme eines Blogeintrags stehen, sondern eröffnet damit eine Serie von Todesanzeigen, in denen er in den folgenden Monaten, meist gekoppelt mit kurzen anekdotischen, persönlich gehaltenen Anmerkungen, den soeben Verstorbenen ihre Omnipräsenz attestiert und sie dadurch, im Netz und durch das Netz, das selbst vielfach als ein Medium der Omnipräsenz beschrieben worden ist, vor dem Verschwinden bewahrt." (Schumacher: Omnipräsentes Verschwinden, S. 201).
703 Siehe Kapitel 4.3.5. Transfiktionale Doppelreferenz.

Blick genommen werden. In einem letzten Analyseschritt kann dann anhand einer eingehenden Diskussion des Schlusskapitels von *Ich werde hier sein* ... aufgezeigt werden, dass sich das Denken in Alternativen schlussendlich in unauflösbare Widersprüche verstrickt, sodass die Utopie eines Austritts aus Moderne und Menschheitsgeschichte, welche der Roman vordergründig zu propagieren scheint, letztlich in einen Zustand umfassender Verunsicherung überführt wird.

11.1.1 Differenzverwischungen

Anders als etwa in Robert Harris' *Fatherland* gibt es in Krachts Roman keine auktorial verantworteten Paratexte, die den kontrafaktischen Status der Erzählung absichern würden. Aber auch im Haupttext von *Ich werde hier sein* ... bleiben die kontrafaktischen Voraussetzungen der fiktionalen Welt über weite Strecken ungeklärt. Der Text beginnt *medias in res* mit der Beschreibung einer Nacht im Militärlager: „Es war die erste Nacht ohne das ferne Artilleriefeuer" (Iw, 11). Erst nach einem guten Drittel des Gesamttextes werden die relevanten alternativgeschichtlichen Erläuterungen nachgeliefert.[704] Im Rückblick auf seine militärische Ausbildung erinnert sich der namenlose, ursprünglich aus Afrika stammende „Parteikommissär" (Iw, 12) und Protagonist des Romans:

> Nach einer Weile sprachen wir auch untereinander kein Chiwa mehr, sondern Schweizer Mundart. Wir hörten die in Wachs eingebrannten Stimm-Schriften von Karl Marx und die Geschichte des grossen Eidgenossen Lenin, der, anstatt in einem plombierten Zug in das zerfallene, verstrahlte Russland zurückzukehren, in der Schweiz geblieben war, um dort nach Jahrzehnten des Krieges den Sowjet zu gründen, in Zürich, Basel und Neu-Bern. Russland war durch die Folgen der ungeklärt gebliebenen Tunguska-Explosion von Zentralsibirien bis nach Neu-Minsk viral verseucht worden. (Iw, 57 f.)

Die zentrale kontrafaktische Volte, das veränderte biografische und politische Schicksal Lenins und die sich daraus ergebenden Veränderungen der Geschichte des 20. Jahrhunderts, wird in so gut wie allen Besprechungen von Krachts Roman

---

[704] Die Verzögerung der Informationsvergabe bildet ein zentrales ästhetisches Verfahren von Krachts Roman. So wird die afrikanische Herkunft des Erzählers erst nach dreißig Seiten angedeutet (vgl. Iw, 35), sodass, wie Matthias N. Lorenz bemerkt, „[d]ie Überraschung über diese Enthüllung [...] den Leser im Idealfall darauf stoßen [kann], wie bereitwillig er stereotypen Vorannahmen gefolgt ist. Der schwarze wie der zunächst noch weiß angenommene Erzähler erweisen sich letztlich als Projektionen" (Matthias N. Lorenz: Christian Kracht liest *Heart of Darkness*. Zur Funktion einer intertextuellen Bezugnahme. In: Ders. / Christine Riniker (Hg.): Christian Kracht revisited. Irritation und Rezeption. Berlin 2018, S. 421–453, hier S. 430).

in Feuilleton und Wissenschaft erwähnt und im Klappentext der Taschenbuchausgabe noch einmal eigens herausgestellt.[705] Kaum Beachtung hat demgegenüber der Umstand gefunden, dass die typische Ausgangsbedingung eines *Alternate History*-Romans, also ein klar isolierbarer *point of divergence*, von dem an die Geschichte einen von der Realgeschichte abweichenden Verlauf nimmt, hier gar nicht gegeben ist: Auch jenseits von Lenins veränderter Lebensgeschichte nämlich scheint die Welt, aus der heraus sich das kontrafaktische Szenario des Romans entwickelt, deutlich und auf nicht vollständig erklärbare Weise von der realen Welt unterschieden. Weshalb nämlich gibt es in der fiktionalen Welt „in Wachs eingebrannte Stimm-Schriften von Karl Marx"? Marx, der 1883 starb, hat bekanntlich keine Tonaufnahmen hinterlassen. Nicht erst die Biografie Lenins, sondern bereits die Biografie Marx' scheint damit im Roman kontrafaktisch variiert zu werden.[706] Das veränderte Schicksal Lenins ab dem Jahre 1917, welches als klassischer *point of divergence* erscheinen könnte, verflüchtigt sich damit gewissermaßen zu einer vagen Fläche kontrafaktischer Voraussetzungen: Schon das Ende des 19. Jahrhunderts weicht zumindest in Details vom realhistorischen 19. Jahrhundert ab. Ein einzelner, von der Realhistorie abweichender historischer Umschlagspunkt ist somit nicht mehr identifizierbar. Jahreszahlen werden im Roman bezeichnenderweise überhaupt nicht genannt.

Weiter verkompliziert wird die kontrafaktische Ausgangssituation durch die Erwähnung der „ungeklärt gebliebenen Tunguska-Explosion". Realhistorisch handelt es sich beim sogenannten Tunguska-Ereignis um eine oder mehrere große Explosionen im sibirischen Gouvernement Jenisseisk im Juni des Jahres 1908, wobei allerdings keine oder nur wenige Menschen ums Leben kamen.[707] Die Ursachen für dieses Ereignis konnten bis heute nicht abschließend geklärt werden.[708] Gän-

---

[705] „Man schreibt das Jahr 1917. Lenin besteigt *nicht* den plombierten Waggon von Zürich nach St. Petersburg. Die russische Revolution findet *nicht* statt." (Iw, 2) Dieser Hinweis, welcher in der gebundenen Erstausgabe noch fehlt, ordnet den Roman eindeutig dem Genre der *Alternate History* zu. Diese Genrezuordnung auf der Basis eines historisch klar datierten *point of divergence* scheint sich zwar anzubieten, erweist sich bei genauer Lektüre des Textes jedoch als problematisch. Bedauerlicherweise setzt sich diese Tendenz zur präzisen Datierung auch in der Forschung fort. Siehe etwa Finlay: 'Surface is an illusion but so is depth', S. 220.
[706] Eine alternative Erklärungsmöglichkeit für die Existenz der Tonaufnahmen wäre in der Schriftlosigkeit der Schweizer Kultur zu sehen. Siehe hierzu Kapitel 11.1.3. Sprachen: die unüberwindliche Trennung.
[707] Christian Gritzner gibt die Anzahl der Todesopfer des Tunguska-Ereignisses mit zwei an. Vgl. Christian Gritzner: Fireballs und Meteorites. Human Casualties in Impact Events. In: WGN. Journal of the International Meteor Organization 25/5 (1997), S. 222–226, hier S. 225.
[708] Einen Überblick über die Theorien zur Erklärung des Tunguska-Ereignisses bietet Vladimir Rubtsov: The Tunguska Mystery. Dordrecht u. a. 2009.

gige Erklärungshypothesen, die bisher jedoch sämtlich unbestätigt geblieben sind, gehen vom Eintritt eines Kometen oder Asteroiden in die Erdatmosphäre aus oder aber von einer vulkanischen Eruption. Das Fehlen einer befriedigenden wissenschaftlichen Theorie für das Ereignis hat jedoch auch die Entstehung einer ganzen Reihe exzentrischer Theorien befördert, vom Einschlag eines kleinen Schwarzen Loches über den Absturz eines extraterrestrischen Raumschiffs bis hin zu amerikanischen Experimenten zur Hochfrequenz-Energieübertragung. Auch wurde das Tunguska-Ereignis in zahlreichen fiktionalen Werken verarbeitet, etwa in Stanisław Lems Roman *Die Astronauten*, Wolfgang Holbeins Erzählung *Die Rückkehr des Zauberers*, Wladimir Georgijewitsch Sorokins Roman *Ljod. Das Eis* oder Thomas Pynchons Roman *Against the Day* (bei dem es sich im Übrigen ebenfalls um einen partiell kontrafaktischen Roman handelt; die deutsche Übersetzung von *Against the Day* erschien im Jahr 2008, also im selben Jahr wie *Ich werde hier sein ...*). Kracht wählt somit als eine der kontrafaktischen Voraussetzungen seiner erzählten Welt ein Ereignis, dessen Vorkommnis in der realen Welt zwar nicht bezweifelt werden kann, für das aber keine allgemein akzeptierte Erklärung existiert. Damit wird aber eine der strukturellen Grundbedingungen der Kontrafaktik, dass nämlich auf möglichst eindeutige, potenziell falsifizierbare Fakten Bezug genommen werden muss, gerade unterlaufen: Das Tunguska-Ereignis bietet sich nur eingeschränkt als realweltliches Faktenmaterial an, auf welches die Kontrafaktik per definitionem implizit referieren müsste, handelt es sich bei diesem ‚Ereignis' doch um kaum mehr als ein Bündel voneinander abweichender Interpretationen. In eindeutiger Weise weicht die Beschreibung des Tunguska-Ereignisses in Krachts Roman von der Realhistorie lediglich insofern ab, als hier weite Teile Russlands durch die Explosion „viral verseucht" wurden, wobei die genauen geografischen Verhältnisse der erzählten Welt wiederum unklar bleiben.[709]

Im weiteren Verlauf des Romans wird die biologische Katastrophe mit keinem weiteren Wort erwähnt. Lediglich an einer späteren Stelle des Textes scheint eine zumindest implizite Verbindung zur Tunguska-Explosion hergestellt zu werden, wenn Brazhinsky dem Protagonisten das Wesen der neuen Sprache, der Rauchsprache, erläutert:

„Psylocibine sind Pilze, wie Sie wissen", sagte Braszhinsky, „sie kommen überall in der Natur vor. [...] jedoch deren Sporen sind aus den Tiefen des Kosmos mit Hilfe von Asteroiden auf die Erde gebracht worden, diese schlummerten nach dem Einschlag Jahrmillio-

---

[709] Vgl. Silvia Boide: Transformierte Geographien und Alternate Histories am Beispiel von Christian Krachts ‚Ich werde hier sein im Sonnenschein und im Schatten'. In: Komparatistik online 1 (2015), S. 1–14, hier S. 8.

nen, bis die Menschheit ebenjenen Punkt ihrer Evolutionsgeschichte erreicht hat, sprich klug genug geworden ist, deren Erbmasse durch Einnahme dieser Pilze in ihren Körper aufzunehmen. Unsere neue Sprache ist ebenso ein Virus." (Iw, 126)

Bezieht man die Charakterisierung der neuen Sprache als Virus auf das zuvor angeführte Zitat, so verstärkt sich der Eindruck, dass es sich bei den historischen Umständen, welche die Bedingung für das Zustandekommen der fiktionalen Welt bilden, lediglich um (sprachlich vermittelte) Deutungen handelt.[710] Faktische Verlässlichkeit kann diesen Deutungen nur in sehr eingeschränktem Maße zugebilligt werden.

Von besonderer Relevanz ist in diesem Zusammenhang der Umstand, dass die präsentierte Geschichtsdeutung eng an ein bestimmtes, sprachliches Kommunikationsmedium gebunden wird. Der Übergang vom „Chiwa" zum „Schweizerdeutsch" bildet die Grundvoraussetzung für das Vertrautwerden mit der europäischen Geschichte. Der Eintritt in eine neue Sprachsphäre bedeutet für die afrikanischen Soldaten dabei zugleich den Eintritt in eine bestimmte Weltanschauung. Die historischen Ereignisse jedoch, die diese Weltanschauung begründen, sind ihrerseits wiederum medial vermittelt, nämlich über (realhistorisch inexistente) Tonaufnahmen sowie über die (kontrafaktische) „Geschichte des grossen Eidgenossen Lenin" (Iw, 58). Eine direkte Anschauung der historischen Realität *vor* dem historischen respektive kontrafaktischen Umschlagspunkt, welcher, wie gesagt, gar nicht eindeutig identifizierbar ist, wird damit ausgeschlossen. Geschichte ist hier nur noch in Form ihrer Repräsentation zugänglich.

Der Rückgriff auf derartige Repräsentation eröffnet zugleich die Möglichkeit der Geschichtsklitterung. Ideologische Wirkungen können Repräsentationen von Geschichte nämlich auch – und gerade dann – entfalten, wenn sie mit einer vordiskursiven Realität gar nicht übereinstimmen. Im Réduit erklärt Brazhinsky dem Protagonisten:

> „Ihre Erinnerungen sind nicht echt, nicht das, was wir als echt bezeichnen. Man hat Sie seit ihrer Jugend einer Gehirnwäsche unterzogen."

---

710 „Language is a virus from outer space" ist ein Zitat aus William S. Burroughs' Roman *The Ticket That Exploded*. Kracht zitiert den Satz wörtlich in einem Interview zum Film *Finsterworld*. Vgl. Tom Littlewood: Christian Kracht über *Finsterworld*. Quelle: https://www.vice.com/de/article/nn5j7g/christian-kracht-ueber-finsterworld (Zugriff: 27.07.2021). Volker Mergenthaler weist demgegenüber auf Laurie Andersons Song *Language is a Virus* als möglichen Prätext hin. Vgl. Volker Mergenthaler: „Lineare Abfolge" und „Gleichzeitigkeit der Darstellung". Die Veröffentlichung von Christian Krachts *Ich werde hier sein im Sonnenschein und im Schatten* im Spätsommer 2008. In: Matthias N. Lorenz / Christine Riniker (Hg.): Christian Kracht revisited. Irritation und Rezeption. Berlin 2018, S. 331–359, hier S. 342.

„Wie meinen Sie das?"
„Nun, wir verfahren natürlich mit der Sprache wie mit der Vorstellung. Ein Beispiel: Die Drohung der Raketen reicht aus, nicht wahr?"
„Man muss die Raketen aber besitzen, um damit zu drohen."
„Nein, Kommissär." (Iw, 127)

Die Idee eines postfaktischen militärischen Waffenbluffs wird hier mit jener Vorstellung von Geschichte parallelisiert, die dem Protagonisten zeitlebens als wahr vermittelt wurde. Da allerdings fast der gesamte Roman aus der Perspektive ebendieses Protagonisten erzählt wird, kann nicht abschließend geklärt werden, ob die von ihm referierten historischen Fakten auch nur in Bezug auf die fiktionale Welt Gültigkeit beanspruchen können. Durch diesen Generalzweifel an der Zuverlässigkeit des Erzählers wird die Reichweite etwaiger kontrafaktischer Variationen zusätzlich verunklart: Werkimmanent kommt noch nicht einmal eine zuverlässige Version der (Alternativ-)Geschichte zustande, welche dann mit der Realgeschichte kontrastiert werden könnte.

Eine der wichtigsten methodischen Einschränkungen, die für das kontrafaktische Erzählen in faktualen Äußerungskontexten zu beachten wäre, um die Plausibilität des kontrafaktischen Szenarios sicherzustellen, wird in *Ich werde hier sein* ... entschieden unterlaufen: nämlich die Forderung einer Schilderung möglicher Ereignisse in der „*courte durée*"[711] nach dem historischen Umschlagspunkt. Seit mindestens hundert Jahren entfernt sich die Welt des Romans von der Realgeschichte, sodass die weltpolitische Lage und der Stand der Technik sich kaum noch in plausibler Weise auf die realhistorische Ausgangslage vor dem Einsatz der kontrafaktischen Geschichtsvariation rückbeziehen lassen. Insgesamt verflüssigt sich damit die für das *Alternate History*-Genre konstitutive Unterscheidung von einer älteren Vergangenheit, die mit der Realhistorie im Modus der Faktik übereinstimmt, und einer jüngeren Vergangenheit und Gegenwart, die im Modus der Kontrafaktik von der Realhistorie abweicht. Für die Figuren der erzählten Welt ist die Zeit vor dem Krieg noch allenfalls medial vermittelt zugänglich, verfügt aber über keinerlei biografisch-persönliche Realität mehr: „Man erinnerte sich nicht mehr. Es waren nun fast einhundert Jahre Krieg. Es war niemand mehr am Leben, der im Frieden geboren war." (Iw, 13) Auch scheint ein Austritt aus der Kriegsrealität in näherer Zukunft nicht erwartbar: Der Mensch-Maschine-Hybrid Favre postuliert mit Überzeugung: „Wir sind im Krieg geboren und im Krieg werden wir sterben." (Iw, 33) Und selbst der Protagonist behauptet zu Beginn des Romans: „Es war not-

---

711 Doležel: Possible Worlds of Fiction and History, S. 113.

wendig, dass der Krieg weiterging. Er war der Sinn und Zweck unseres Lebens, dieser Krieg. Für ihn waren wir auf der Welt." (Iw, 21)

Der Krieg erscheint in *Ich werde hier sein ...* nicht so sehr als historisch schlüssige Folgeentwicklung einer gewandelten historischen Ausgangssituation (tatsächlich wird über die historischen Entwicklungen, die sich in den fast einhundert Jahren zwischen Kriegsbeginn und Gegenwart der Romanhandlung ereignet haben, kaum etwas mitgeteilt). Vielmehr wirkt die historische Situation des Romans – der „Krieg [, der] nie enden und doch beendet werden soll" (Iw, 44) – wie die Manifestation eines posthistorischen *nunc stans*, die nicht nur die politischen Entwicklungen absorbiert, sondern selbst noch die Zyklen der Natur: „Die Jahreszeiten verschwanden, es gab kein Auf und Ab mehr, kein bemerkbarer Wechsel, ebenso keine Gezeiten, keine Wogen, keine Mondphasen, der Krieg ging nun in sein sechsundneunzigstes Jahr." (Iw, 13) Auch scheinen Vorgänge natürlicher Kausalität ausgesetzt zu sein, etwa wenn konstatiert wird: „Die Sonne ging auf. Es wurde nicht wärmer." (Iw, 12), oder wenn ein Beamter ein Stück Holz in einen eisernen Ofen legt, ohne dass sich die Temperatur im Raum ändert (vgl. Iw, 15). Verstärkt wird dieser Eindruck der Stagnation im Roman durch die sonderbare Co-Existenz historisch disparater technischer Entwicklungen: Einerseits kommen in der fiktionalen Welt fliegende Sonden und Cyborgs vor, andererseits aber auch Kutschen und Telegrafen, die offenbar derart unzuverlässig sind, dass sie durch reitende Boten ergänzt werden müssen (vgl. Iw, 17 f.). Der technische Anachronismus verweist dabei auf den Ahistorismus der geschichtlichen Entwicklung: Technischer Utopismus und Primitivismus verschmelzen zu einer fortschrittsfreien Gegenwart.

So wie sich Vergangenheit und Gegenwart im Roman nicht mehr zuverlässig unterscheiden lassen, so werden überhaupt konstant binäre Oppositionen unterwandert. Besonders augenfällig ist dies im Falle der Divisionärin Favre, die sich als eine Figur komprimierter poetologischer Reflexion deuten lässt: Bereits ihr Name verweist auf den für Krachts Poetik generell bedeutsamen Begriff des ‚Faserns', also auf die Übergängigkeit zwischen unterschiedlichen Kategorien und die Idee unklarer Grenzziehungen (bezeichnenderweise missversteht der Protagonist den Namen Favre bei seiner Begegnung mit dem Zwerg Uriel als „fasern" (Iw, 72)[712]). In der physischen Beschreibung Favres vermischen sich denn auch die Grenzen zwischen den Geschlechtern: „Favre war eine hagere, fast asketisch wirkende Frau, ihr Adamsapfel hüpfte in ihrem Hals hin und her wie ein Springball." (Iw, 31) Vor allem aber scheinen bei der Divisionärin Mensch

---

[712] Zur Bedeutung des ‚Faserns' für Krachts Poetik siehe Navratil: Faserglück.

und Maschine ineinander überzugehen. Bei der sexuellen Begegnung mit Favre bemerkt der Protagonist:

> Neben ihrer Achselhöhle war eine Steckdose in die Haut eingelassen, wie die Schnauze eines Schweins. An der Wand über ihrem Bett hing ein koreanischer Druck, der eine Welle zeigte, die ein kleines Holzschiff zu erdrücken drohte. Dahinter war ein Berg zu sehen. Auf dem Bild regnete es, oder es regnete nicht.[713] (Iw, 46)

In einem einzigen Satz werden hier das Humane (Achselhöhle), das Posthumane (Steckdose) und das Animalische (Schwein) miteinander engeführt. Zugleich wird das Verfahren der Differenzverwischung anschließend noch einmal beglaubigt und mit dem Komplex der uneindeutigen Repräsentation verbunden, wenn der Erzähler nicht entscheiden kann, ob es auf dem Bild nun regnet oder nicht.[714]

Am auffälligsten sind solche Differenzverwischungen dort, wo sie die Kriegssituation selbst betreffen. Die Opposition der beiden sich ideologisch gegenüberstehenden Blöcke – eine Frontstellung, die, anders als in der Realhistorie des 20. Jahrhunderts, nicht zwischen Ost und West, sondern zwischen Nord und Süd verläuft – wird im Roman mehrfach auf symbolisch markante Weise unterwandert: Beim Gespräch über die „deutschen Faschisten" (Iw, 33) macht sich der Protagonist deutlich: „Wir sprachen ja auch Deutsch, durch eine Volte der Geschichte sprachen wir wie unsere Feinde. Waren wir nicht verwandt?" (Iw, 33) Und an anderer Stelle heißt es: „Ein Matrose stand in sei-

---

[713] Birgfeld und Conter sehen im Kontakt zwischen dem Protagonisten und dem Cyborg Favre eine Anspielung auf Thomas Pynchons Roman *V*. Vgl. Johannes Birgfeld / Claude D. Conter: Morgenröte des Post-Humanismus. *Ich werde hier sein im Sonnenschein und im Schatten* und der Abschied vom Begehren. In: Dies. (Hg.): Christian Kracht. Zu Leben und Werk. Köln 2009, S. 252–269, hier S. 262. Als naheliegender Prätext erscheint ferner die sexuelle Begegnung zwischen den Protagonisten Case und dem Cyborg Molly in William Gibsons Cyberpunk-Klassiker *Neuromancer* (vgl. William Gibson: Neuromancer. New York 1984, S. 32 f.). Gibson prägte mit seinem Roman den Begriff ‚Matrix' im Sinne von ‚virtuelle Realität', der später durch die cyber-dystopische *Matrix*-Trilogie der Wachowskis (1999, 2003) popularisiert wurde. Auch in den Matrix-Filmen haben die Figuren Stecker im Körper, welche eine Verbindung mit der virtuellen Realität der Matrix ermöglichen. Vgl. Julia Schöll: Die Schweizer Matrix. Intertextuelle und intermediale Konstruktionen der Nation in Christian Krachts Roman *Ich werde hier sein im Sonnenschein und im Schatten*. In: Julian Preece (Hg.): Re-forming the Nation in Literature and Film. The Patriotic Idea in Contemporary German-Language Culture. Bern 2014, S. 289–307, hier S. 297 f.
[714] Kleinschmidt weist darauf hin, dass Kracht hier einen Satz aus Ludwig Wittgensteins *Tractatus logico-philosophicus* zitiert. „Ich weiß z. B. nichts über das Wetter, wenn ich weiß, daß es regnet oder nicht regnet." (Ludwig Wittgenstein: Logisch-philosophische Abhandlung / Tractatus logico-philosophicus. Frankfurt a. M. 2003, S. 53) Vgl. Kleinschmidt: Von Zerrspiegeln, Möbius-Schleifen und Ordnungen des Déjà-vu, S. 51.

ner weissen Uniform am Quai und hielt hineinblasend die Trompete empor, es war, so hörte der alte Heiler, absurderweise die gleiche Hymne wie die englische." (Iw, 76)[715] Durch derartige signalträchtige Passagen wird ein Umstand verdeutlicht, der sich bereits anhand der übrigen Beschreibungen der Kriegsparteien erschließen ließ: Letztlich besteht kein grundlegender Unterschied zwischen den beiden ideologischen Lagern. Beide bedienen sich gleichermaßen kriegerischer Mittel; die Narrative zivilisatorischen Fortschritts dienen beiden Parteien vor allem als Deckmäntel der Barbarei; und auch in der SSR, deren „Stärke" doch angeblich in „ihre[r] Menschlichkeit" (Iw, 20) besteht, wirken Antisemitismus, Rassismus und vor allem Militarismus fort. „Die Bipolarität der erzählten Welt", so bemerkt Ingo Irsigler, „wird [...] dadurch aufgehoben, dass der scheinbar humanen Schweiz immer mehr Attribute eines repressiv-autoritäten Systems zugesprochen werden."[716] Noch auf der letzten Seite des Romans werden im selben Satz „Baupläne für weitere Militärakademien und hastige Skizzen für neue Kinderkrankenhäuser" (Iw, 149) erwähnt, womit zugleich suggeriert wird, dass der Planung von Militärakademien sehr viel mehr Aufmerksamkeit zukommt als dem Entwurf von Kinderkrankenhäusern. Wenn der Protagonist den Satz Favres „Es lebe der Krieg." zu „Es lebe die SSR." zu korrigieren sucht, und Favre daraufhin zurückgibt: „Natürlich. Es ist ja dasselbe." (Iw, 43), so wird damit das wahre Wesen der SSR auf prägnante Weise zusammengefasst.

Diesen vielfachen Differenzverschleifungen korrespondiert in *Ich werde hier sein ...* ein zyklisches Geschichtsmodell, welches die Konzeption des historischen Fortschritts in die pessimistische Vorstellung einer ewigen Wiederkehr des Gleichen überführt. Die Reliefzeichnungen im Inneren der Alpenfestung, welche die Geschichte der SSR wiedergeben, bieten in diesem Zusammenhang Anlass für weitreichende historiografisch-metafiktionale Reflexionen: „Ich sah an der Wand sich entlangziehende Reliefarbeiten, welche im Stil des sozialistischen Realismus die Geschichte der Schweiz erzählten". (Iw, 101) Der realistische Stil der Darstellung wird allerdings nicht konsequent durchgehalten. Über die „sonderbaren Felsenzeichnungen und Basrelief-Arbeiten" heißt es:

---

[715] Angespielt wird hier vermutlich auf den Umstand, dass die preußische Volks- und spätere Kaiserhymne *Heil dir im Siegerkranz* dieselbe Melodie aufweist wie die Nationalhymne des Vereinigten Königreichs. Diese bereits realhistorisch eigenartige Verbindung zwischen Deutschland und England wird im Roman kontrafaktisch zu einer ‚absurden' Verbindung zwischen der Schweiz und England umgeschrieben.
[716] Ingo Irsigler: World Gone Wrong, S. 177.

> Die Geschichte der Schweiz, die durch die Fresken erzählt wurde, schien hier oben ins Stocken gekommen zu sein; die lineare Abfolge von Ereignissen, Schlachten, Aufmärschen, Paraden – denn es war naturgemäss eine Geschichte des Krieges – wurde nach und nach von einer sonderbaren Gleichzeitigkeit der Darstellung abgelöst [...]. Je weiter ich Raum für Raum den Verlauf der Arbeiten abschritt, desto weniger realistisch wurde die Kunst, bis das viele tausend Meter lange Reliefband schliesslich in den Zimmern und Korridoren, die im Réduit zuoberst lagen, jeder Prätention einer naturgemässen Darstellung entbehrte, es waren nur noch Formen, Flächen, unzusammenhängende, amorphe Figuren. Hier oben, wo sich Brazhinsky und Roerich aufhielten, waren wir tatsächlich wieder bei den vertiginös-nauosealen Kreisen in den Chongoni-Höhlen meiner Kindheit angelangt, in der Fanga, bei Schneckengehäusen, Wirbeln, konzentrischen Kreisen.
>
> (Iw, 121–123)

Die Geschichte der Schweiz, die zunächst noch eine realistische Darstellung zu erlauben scheint, mündet in ihrem finalen Stadium in einen Zustand posthistorischer Simultaneität. Zugleich scheint der historische Fortschritt, der nicht mehr wirklich einer ist, zu den Anfängen der Menschheit in Afrika zurückzuführen. Die auffällige Häufung runder Elemente, von „Schneckengehäusen, Wirbeln, konzentrischen Kreisen", verstärkt dabei den Eindruck einer zyklischen Geschichtsprogression, die gerade in ihrem Voranschreiten wieder zu ihren archaischen Ursprüngen zurückkehrt.[717] (Darüber hinaus scheinen hier Natur- und Kulturgeschichte einander zu überblenden, wenn die Entwicklung der Menschheit zu evolutionär rudimentären Lebensformen zurückführt.) Durch die augenscheinliche Einbindung afrikanischer Kunstelemente in die Darstellung der Schweizer Geschichte wird allerdings zugleich die Frage aufgeworfen, ob die vermeintlich natürlichere, ursprünglichere und weniger entfremdete Kultur Afrikas, wie es ein gängiges kolonialistisches Klischee wahrhaben will, tatsächlich eine Alternative zu den Geschichtsaporien der westlichen Moderne zu eröffnen vermag. Immerhin scheinen die bildlichen Darstellungen ebendieser Moderne zu den Formen frühester Höhlenmalerei zurückzuführen.

Der hier dargestellte Verlauf einer „Geschichte des Krieges" gemahnt des Weiteren an die Geschichte der darstellenden Kunst, die, ausgehend von noch weitgehend realistischen Darstellungsweisen im 19. Jahrhundert, im Laufe des 20. Jahrhundert zusehends von der realistischen Darstellung abstrahierte und sich dabei teilweise bewusst an der afrikanischen oder ozeanischen Kunst orien-

---

[717] Vgl. Irsigler: World Gone Wrong, S. 183. Es kann hier eine Verbindung mit den Plänen für das spiralförmige „Musée Monidale, ein Museum der Menschheitsgeschichte" von Le Corbusier angenommen werden, die Joachim Bessing in *Tristesse royale* erwähnt (Tristesse royale, S. 65). Kracht greift das Bild der Spirale zu einem späteren Zeitpunkt des Gesprächs mit der geradezu programmatischen Äußerung auf: „Da die Spirale ein Abbild der Welt ist, gibt es keinen Ausweg aus ihr heraus und nichts außerhalb davon." (Ebd., 160).

tierte: Man denke etwa an Pablo Picassos *art nègre*. Bei der Darstellung der Reliefarbeiten werden, wie so oft in Krachts Werk, politisch-historische Entwicklungen mit ästhetischen Phänomenen überblendet.[718] Die Kunst der Moderne scheint dabei nahtlos an Ideologie, Dekadenz und Militarismus derselben Moderne anzuschließen, bietet also keinen Ausweg aus den Aporien der Epoche.

Schließlich scheint es naheliegend, die Schilderung der Reliefzeichnungen als metafaktischen Kommentar auf Christian Krachts eigenes Schreibverfahren zu deuten. Eine „Gleichzeitigkeit der Darstellung" liegt nämlich auch in *Ich werde hier sein ...* vor, wenn Kracht verschiedene Jahreszeiten, technische Geräte unterschiedlicher Epochen sowie verschiedene Zeitstufen (der Roman ist durchsetzt von teils umfassenden Rückblenden in die Vergangenheit des Protagonisten) zur Darstellung bringt und narrativ zusammenrückt. Wenn die letztlich stagnative „Geschichte des Krieges", wie sie das Felsenrelief zeigt, mit der Kriegsgeschichte in *Ich werde hier sein ...* parallelisiert wird, ergeben sich zugleich Zweifel daran, ob Krachts eigener Roman in der Lage ist, eine überzeugende Alternative zur Gewaltgeschichte des menschlichen ‚Fortschritts' zu formulieren.[719]

Die Schwierigkeit einer Ausformung (kontrafaktischer) Geschichtsalternativen wird im Text noch durch einen weiteren, metafaktischen ebenso wie intertextuellen Verweis immanent reflektiert: In einer verlassenen Hütte findet der Protagonist zusammen mit einigen Werken zur Entomologie auch ein Buch mit dem Titel *The Grasshopper Lies Heavy*.[720] Angespielt wird damit auf einen der bekanntesten kontrafaktischen Romane, auf Philip K. Dicks *The Man in the High Castle*, in dessen fiktionaler Welt es ein Buch desselben Titels gibt, welches den kontrafaktischen Geschichtsverlauf noch einmal fiktionsimmanent umkehrt.

---

[718] Bemerkenswert ist in diesem Zusammenhang ein Interview Krachts mit Denis Scheck, in dem auch die Verbindung von Moderne und Ästhetik in *Ich werde hier sein ...* thematisiert wird: „SCHECK: Ist die ganze Moderne ein Irrtum? / KRACHT: Äh ... ja. / SCHECK: Technik? / KRACHT: Technik – gut. Die *Ästhetik* der Moderne ist ein Irrtum." (Druckfrisch – Christian Kracht [zu *Ich werde hier sein im Sonnenschein und im Schatten*] – Transkription M. N.).

[719] Irsigler weist auf die Homologie zwischen „künstlerischer [und] gesellschaftlicher Dekadenz des Geistes" hin, welche die Reliefzeichnungen herausstellen, und führt weiter aus: „Im Sinne dieser Homologie muss sich dem Leser der Wirklichkeitsgehalt des Romans, seine historische, ideologische oder (anti-)utopische Dimension gleichsam als ‚leere Versprechung' erweisen, der Roman signalisiert, dass er sich nicht als Medium einer sinnstiftenden Wirklichkeitskommentierung eignet." (Irsigler: World Gone Wrong, S. 184).

[720] Der Titel bezieht sich auf eine Stelle aus dem Buch Kohelet der Bibel: „selbst vor der Anhöhe fürchtet man sich vor den Schrecken am Weg; / der Mandelbaum blüht, / die Heuschrecke schleppt sich dahin, / die Frucht der Kaper platzt, / doch ein Mensch geht zu seinem ewigen Haus / und die Klagenden ziehen durch die Straßen –" (Die Bibel. Altes und Neues Testament. Einheitsübersetzung. Freiburg i. Brsg. 2010, S. 728, Koh 12,5).

Durch den intertextuellen Verweis auf *The Man in the High Castle* reiht sich Krachts Roman einerseits in die Genretradition alternativgeschichtlichen Schreibens ein. Andererseits jedoch wird durch diesen Verweis die Möglichkeit alternativgeschichtlichen Erzählens selbst problematisiert: Bereits in Dicks Roman war der epistemische Status von *The Grasshopper Lies Heavy* einigermaßen unklar geblieben.[721] In Krachts Roman wird das Motiv der Heuschrecke noch einmal an anderer Stelle aufgerufen, wenn ein Militärarzt feststellt, dass das Herz des Protagonisten sich auf der rechten Seite befindet: „er erschrak so heftig, dass eine in Formaldehyd eingelegte Heuschrecke vom Untersuchungstisch fiel, das kostbare Glas zerschellte auf dem Fussboden des Hospitals." (Iw, 56)[722] Auch noch zu späteren Zeitpunkten sieht der Protagonist in seinen „giftigen Träumen [...] oft das Glas mit der Heuschrecke zerspringen" (Iw, 61). Bezieht man dieses Bild auf das metafaktische Werk *The Grasshopper Lies Heavy* in Dicks Roman, so scheint es die Unmöglichkeit der Formulierung klarer historischer Alternativen gleich mehrfach zu betonen: Der Verweis auf den kryptischen metafaktischen Text in Dicks Roman trägt kaum zur interpretatorischen Strukturierung der erzählten Welt von Krachts Roman bei; die Heuschrecke als Verweiselement ist hier in Formaldehyd eingelegt und damit in ihrer Semantik gleichsam betäubt; und selbst dieser ‚betäubte' Verweis scheint in *Ich werde hier sein ...* noch symbolisch zu zerschellen. Die Möglichkeit, verschiedene (Erzähl-)Welten klar voneinander zu unterscheiden und miteinander zu kontrastieren, wird somit in Krachts Roman unter dezidiertem Verweis auf die Genretradition der *Alternate History* in Frage gestellt.

11.1.2 Das Réduit: die Schweiz in der Schweiz

Einen bedeutenden Steinbruch für kontrafaktisch variierbares Faktenmaterial bildet in *Ich werde hier sein ...* nicht nur die Geschichte Europas im 20. Jahrhundert, sondern im Speziellen auch die Geschichte der Schweiz sowie deren nationales Selbstverständnis. Im Interview mit Armin Kratzert äußerte sich Kracht

---

721 Siehe hierzu ausführlich Kapitel 5.4. Metafaktizität.
722 Für Susanna Layh ist der „merkwürdige blauäugige ostafrikanische Protagonist, der das Herz nicht auf der linken, sondern auf der rechten Seite trägt (vgl. IWHS 56), [...] eine an Figuren des Magischen Realismus gemahnende Gestalt und in sich wiederum ein im Romantext wandelnder Antagonismus binärer Dichotomien." (Susanna Layh: Finstere neue Welten. Gattungsparadigmatische Transformationen der literarischen Utopie und Dystopie. Würzburg 2014, S. 146).

zur Materialgrundlage seines kontrafaktischen Romans und insbesondere auch zu dessen Schweiz-Bezügen:

> KRACHT: Die Schweiz gehört ja zu den meistmilitarisierten Ländern der Welt [...] Drei Millionen Schweizer sind bereit zu kämpfen für die Schweiz, wenn es sein müsste, also: wenn Deutschland einmarschiert in die Schweiz. Es gab ja diese Pläne bereits im Zweiten Weltkrieg: Die Schweiz hat sich dann einen Plan ausgedacht, nämlich die Alpenfestung, die in meinem Buch auch vorkommt: das sogenannte Réduit. Die Alpenfestung war einfach ein Rückzugsort. Man hat gesagt: Wenn die Deutschen kommen, dann überlassen wir denen das Flachland – das können wir nicht verteidigen –, und gehen in die Berge, in die Tunnel hinein. Und diese Tunnel gibt's heut noch; ich hab die als Kind auch mir angeschaut – ich bin selber aus den Bergen, aus dem Berner Oberland –, und hab dann einfach diese Unterhöhlung dieser Berge, dieser Alpenfestung genommen, sozusagen als Schweiz in der Schweiz.
>
> KRATZERT: Das heißt, die Geschichte ist realer, als es erst mal scheint?
>
> KRACHT: Ja, sie ist ja eine sogenannte kontrafaktische Erzählung. Man muss ja, wenn man diese Art von Büchern schreibt, erst mal so einen realen Bodensatz herstellen und dann kann man daraufhin ja auf irgendeine Art aufbauen.[723]

Die Grundidee einer Alpenfestung übernimmt Kracht also aus der Realität und variiert sie in seinem Roman kontrafaktisch. Sowohl textstrukturell als auch inhaltlich bildet der Besuch des Kommissärs im Réduit das eigentliche Zentrum des Romans: Während seines Aufenthalts im Réduit durchschaut der Protagonist die Machinationen des militärischen Regimes; von hier aus bricht er zu seiner messianischen Mission auf; vor allem aber bildet das Réduit in mehrfacher Weise einen werkimmanenten Reflexionsraum für zentrale Themen des Romans. Im Réduit, der „Schweiz in der Schweiz", wie Kracht es im Interview bezeichnet, werden auf symbolisch komprimierte Weise Fragen der (nationalen) Neutralität, des historischen Fortschritts und die Möglichkeit radikaler Alternativen verhandelt.

In der SSR, einem Land, welches erklärtermaßen „das überholte und bourgeoise Konzept einer Hauptstadt nicht mehr [benötigt]" (Iw, 29), scheint das Réduit zunächst als eine Art Ersatzzentrum zu fungieren. Dieser Anschein jedoch trügt, wie der Protagonist selbst im Zuge seiner Erkundung des Réduits begreift. Wird er am Eingang des Tunnelsystems noch mit militärischer Strenge empfangen, so muss er im Inneren der Alpenfestung deren „allumfassende Dekadenz" (Iw, 120) erkennen: Oberst Brazhinsky verschenkt mitten im Bombardement „herrliche[...]

---

[723] Christian Kracht im Gespräch, LeseZeichen vom 20.10.2008. Quelle: https://www.youtube.com/watch?v=6XoAPg4YB4g (Zugriff: 26.04.2018) – Transkription M. N.

Zitronen" (Iw, 106) an die Soldaten; der Maler Nicholas Roerich – eine kontrafaktische Version des realen Künstlers – kaut beim Malen der Schweizer Berglandschaft auf „eingefärbten Zuckerstückchen" (Iw, 117); Maschinenräume werden „zu grossen Salons umfunktioniert [...], in denen Offiziere präparierte Tiere zur Schau [stellen]" (Iw, 120); und ein „offensichtlich homosexuell[er]" Leutnant steht, nachdem er sich jahrelang Goldsalz injiziert hat, kurz davor, „an einer Überdosierung Gold" (Iw, 116) zu sterben.[724]

Mit der offiziellen Staatsideologie sind derartige dekadente Exzesse kaum mehr vereinbar. Entsprechend befragt der Protagonist Brazhinsky beim gemeinsamen Weg durch das Réduit noch einmal zu den ideologischen Grundlagen der SSR:

„Der Kommunismus."
„Ja", nickte Brazhinsky und nahm die Brille ab. „Der Kommunismus. Hier in diesem Zimmer können Sie wohnen." Er lächelte. „Sie sehen, ich sage nicht, es ist ihr Zimmer."
(Iw, 110)

Der Weltanschauung, welche die SSR und damit auch das Réduit vermeintlich trägt, wird im Inneren des Réduits nur noch eine vordergründige, ja mitunter entschieden zynische Reverenz erwiesen. Auf die lächerliche sprachliche Unterscheidung zwischen ‚dieses Zimmer' und ‚ihr Zimmer' reduziert, erscheint die kommunistische Lehre ähnlich hohl wie die Schweizer Berglandschaft selbst, die durch den Bau des Réduits im wahrsten Sinne des Wortes unterminiert wird. Entsprechend überrascht es nicht, wenn Brazhinsky den Kommissär darum bittet, „unter uns" die Anrede „Eidgenosse" zu „vergessen" (Iw, 119).

---

[724] Die Verbindung von männlicher Homosexualität und Dekadenz gehört zur stehenden Semantik des Dandys und wird von Kracht von Beginn seines Werks an immer wieder aufgegriffen: noch eher verhalten im Falle des schnöselig-melancholischen Protagonisten von *Faserland* – einem Roman, der sich Baßler zufolge als „Problemstudie über ein verpaßtes Coming-out" lesen lässt (Baßler: Der deutsche Pop-Roman, S. 113) – und dann unverkennbar im Roman *1979*, dessen homosexueller Protagonist sich selbst noch in einem chinesischen Arbeitslager vor allem darüber freut, „endlich *seriously* abzunehmen." (Kracht: 1979, S. 166) Siehe zum Komplex Homosexualität/Dandy/Dekadenz die Beiträge in Alexandra Tacke / Björn Weyand (Hg.): Depressive Dandys. Spielformen der Dekadenz in der Pop-Moderne. Köln / Weimar / Wien 2009, sowie David Clarke: Dandyism and Homosexuality in the Novels of Christian Kracht. In: Seminar 41/1 (2005), S. 36–54; Klaus Bartels: Trockenlegung von Feuchtgebieten. Christian Krachts Dandy-Trilogie. In: Olaf Grabienski / Till Huber / Jan-Noël Thon (Hg.): Poetik der Oberfläche. Die deutschsprachige Popliteratur der 1990er Jahre. Berlin / Boston 2011, S. 207–225; Heinz Drügh: „ ... und ich war glücklich darüber, endlich *seriously* abzunehmen". Christian Krachts Roman *1979* als Ende der Popliteratur? In: Wirkendes Wort 57/1 (2007), S. 31–51.

Brazhinsky ist es auch, der den Protagonisten über das wahre Wesen des Réduits aufklärt:

> Sehen Sie, das Réduit hat sich verselbständigt. Es ist immer grösser geworden, es wächst immer noch weiter. Die SSR als Modell ihrer selbst. [...]
> „Was ist das Réduit?"
> „Der Kern, verstehen Sie? Eine autonome Schweiz. Wir führen hier oben keinen Krieg mehr nach aussen, wir verteidigen die Bergfestung, gewiss, aber wir expandieren nur noch im Berg." (Iw, 109 f.)

Während im Außenbereich seit fast einhundert Jahren der globale Krieg herrscht, werden im Innern des Réduits nur noch persönliche Interessen verfolgt. Der regionale, militärische und ideologische „Kern" der SSR erscheint somit in mehrfacher Hinsicht entleert.[725] Das Réduit als, wie Julia Schöll schreibt, „autonomes alpines Rhizom" kommuniziert nur noch mit sich selbst.[726] Die Expansion ins Innere folgt keinem erkennbaren Zweck mehr; das „Netz an Bohrungen und Nebenschächten [endet] im Nichts" (Iw, 104).

Als realweltliches Faktenmaterial, welches dem Réduit in Krachts Roman zugrunde liegt, bietet sich offenkundig das reale Schweizer Réduit an.[727] Allerdings ist damit das mögliche Bezugsmaterial noch nicht erschöpft. Als, wie Kracht im Interview formuliert, „Schweiz in der Schweiz" respektive als, wie es im Roman selbst heißt, „autonome Schweiz" (Iw, 110) oder „SSR als Modell ihrer selbst" (Iw, 109) variiert das fiktive Réduit nicht nur das reale Réduit, sondern lässt sich darüber hinaus auch als kontrafaktische Variation der gesamten Schweiz verstehen. Die Autonomie der Bergfestung in *Ich werde hier sein ...* kann in Verbindung gebracht werden mit der notorischen Neutralität der realen Schweiz, der es gelang, sich in die Kriegswirren des 20. Jahrhunderts nicht verwickeln zu lassen. Während die vermeintlich friedliche Neutralität der realen Schweiz jedoch einen integralen

---

[725] Diese Einsicht wird von Brazhinsky selbst explizit ausgesprochen: „Nichts funktioniert. Es ist alles nur Propaganda, es ist alles schon lange kaputt. Das Bombastische des Réduits ist ein magisches Ritual, ein leeres Ritual. Es war immer leer, es wird immer leer sein." (Iw, 128).

[726] Vgl. Schöll: Die Schweizer Matrix, S. 304. Sehr plausibel bezieht Schöll das Bild des Rhizoms auch auf Krachts Roman im Ganzen: „Krachts Text lässt sich treffend als ein rhizomartiges Zitat- und Referenzgeflecht beschreiben" (Schöll: Die Schweizer Matrix, S. 293). Siehe zur Verbindung von Réduit und Rhizom auch Paweł Wałowski: (Ver)Störungen in der anti-utopischen Zwischenwelt von Christian Krachts „Ich werde hier sein im Sonnenschein und im Schatten" (2008). In: Carsten Gansel / Paweł Zimniak (Hg.): Störungen im Raum – Raum der Störungen. Heidelberg 2012, S. 425–440, hier S. 430.

[727] Siehe zum realen Réduit respektive zum „Schweizer Mythos" des Réduits Schöll: Die Schweizer Matrix, S. 302f.

Bestandteil des nationalen Selbstverständnisses bildet, führt Kracht in seinem Roman anhand der „autonomen Schweiz" gerade die Unmöglichkeit vor, sich angesichts einer global kriegerischen Situation durch bloße Neutralität militärisch oder auch moralisch schadlos zu halten. In *Faserland* konnte die Schweiz dem Protagonisten noch als „eine Lösung für alles"[728] erscheinen (wiewohl das Schweiz-Bild auch schon in diesem Roman nicht frei von Brechungen war[729]). In Krachts drittem, kontrafaktischem Roman ist die Schweiz hingegen tief verwickelt in die politische Barbarei des 20. Jahrhunderts. Die Idee der Neutralität respektive Autonomie wird dabei nicht einfach getilgt, sondern durchaus in der fiktionalen Welt aufgegriffen; nur ist sie als Mittel der Friedenssicherung hier eben vollkommen inadäquat.

Das hochspekulative und realhistorisch in keiner Weise plausibilisierbare kontrafaktische Szenario von *Ich werde hier sein ...* lässt sich somit als kritischer Kommentar zur Stellung der realen Schweiz während der europäischen Kriege des letzten Jahrhunderts deuten. Obwohl die Idee der SSR, also eines hochmilitarisierten Schweizer Kolonialreichs, vordergründig in größtmöglicher Opposition zur realen Schweiz steht, legt der Roman anhand seiner Darstellung des Réduits nahe, dass auch ein isolationistischer Rückzug aus dem globalen Kriegsgeschehen letztlich keine Herauslösung aus den Verstrickungen der Gewalt ermöglicht. Adornos vielzitiertes Diktum, es gebe kein richtiges Leben im falschen, scheint in *Ich werde hier sein ...* auf das Verhältnis der Staaten untereinander applizierbar zu sein: In einer ringsum entgleisten Welt bietet auch die Neutralität des einzelnen Staates keine Rettung mehr.[730] So wie die reale Schweiz in den Kriegswirren des 20. Jahrhunderts ihre Neutralität zu wahren suchte, so ist auch in der Autonomie des Réduits der Kriegszustand zeitweise ausgesetzt. Letztlich jedoch erweist sich das Réduit – als Ort umfassender Dekadenz, als Rückzugsort der Militärführung sowie als ideologischer Referenzpunkt – als aufs engste verwoben mit dem Kriegstreiben der äußeren Welt und mitverwickelt in die Widersprüche der Moderne.

Entsprechend mutet es geradezu wie eine Manifestation poetischer Gerechtigkeit an, wenn die Felsenfestung im Roman schlussendlich vernichtet wird: Angeblich „unzerstörbar durch Bombardement" (Iw, 60) wird das Réduit letztlich in

---

728 Kracht: Faserland, S. 151.
729 Vgl. Patrick Bühler / Franka Marquardt: Das „große Nivellier-Land"? Die Schweiz in Christian Krachts *Faserland*. In: Johannes Birgfeld / Claude D. Conter (Hg.): Christian Kracht. Zu Leben und Werk. Köln 2009, S. 76–91.
730 Ein ähnlicher Gedanke findet sich mit Bezug auf *Faserland* und *1979* bei Martin Hielscher: Pop im Umerziehungslager. Der Weg des Christian Kracht. Ein Versuch. In: Johannes G. Pankau (Hg.): Pop – Pop – Populär. Popliteratur und Jugendkultur. Bremen / Oldenburg 2004, S. 102–109, hier S. 108.

einem Bombardement ebenjenes Krieges vernichtet, vor dem es sich in sich selbst zurückzuziehen hoffte. Im Inneren längst marode sowie von „eine[r] fürchterliche[n] und allumfassende[n] Dekadenz des Geistes" (Iw, 120) erfasst, verfällt das Réduit beim Giftgas-Angriff der deutschen Faschisten letztlich dem Wahnsinn.[731] Der Versuch eines Rückzugs aus den kriegerischen Antagonismen der Moderne in ein Reich schierer Innerlichkeit, gleichsam die ‚innere Emigration' ins Herz der Erde, endet schlussendlich im Kollaps.[732] Als Miniatur-Schweiz innerhalb des Romans sowie – verglichen mit der realen Welt – als kontrafaktische Schweiz-Variation offenbart sich am Réduit die Unmöglichkeit einer nationalen *splendid isolation* innerhalb einer global kriegerischen Situation.

11.1.3 Sprachen: die unüberwindliche Trennung

Die Möglichkeiten des Denkens in Alternativen werden in *Ich werde hier sein ...* nicht allein inhaltlich thematisiert; der Roman reflektiert darüber hinaus auch

---

[731] Wolfgang Struck weist auf intertextuelle Beziehungen zwischen *Ich werde hier sein ...* und H. P. Lovecrafts Roman *At the Mountains of Madness* hin: „Die unterirdische Stadt einer alten, außerirdischen Zivilisation, in die Lovecrafts Erzähler auf der Suche nach einem verschollenen Kameraden vordringt, liefert in vielfacher Hinsicht das Vorbild für Krachts Alpenfestung." (Wolfang Struck: Mountains of Madness, Schweiz. Christian Krachts Imperien des Wahns. In: Isabel Kranz (Hg.): Was wäre wenn? Alternative Gegenwarten und Zukunftsprojektionen um 1914. Paderborn 2017, S. 275–289, hier S. 283f.).
[732] Vereinzelte Hinweise im Text deuten darauf hin, dass auch der Protagonist dem Giftgasangriff auf das Réduit zum Opfer fällt und dass es sich bei seiner messianischen Rückkehr nach Afrika lediglich um die Halluzination eines Sterbenden handelt: Als der Protagonist nach dem Austritt aus dem Réduit auf mysteriöse Ziegelschiffe stößt, die mitten in einem Tal stehen, geht ihm der Gedanke durch den Kopf: „Mir war, als sei doch etwas von der halluzinogenen Benzilsäure durch die Gasmaske in die Atemwege gesickert" (Iw, 135). Die „blonde Frau" in einem „blauen gepunkteten Sommerkleid[...]" (Iw, 136), die der Protagonist auf dem Deck eines der Ziegelschiffe erblickt, erscheint später noch einmal während der Schiffsreise nach Afrika, und zwar mit dem paradoxen Hinweis im Text, dass „ihre flackernden, schemenhaften Umrisse [...] deutlich zu erkennen" waren (Iw, 147). Auch das aus David Lynchs Serie *Twin Peaks* bekannte weiße Pferd (Iw, 144), welches Matthias N. Lorenz zufolge als „Symbol für Rauschzustände" lesbar ist, deutet auf eine Gasvergiftung des Protagonisten hin (Lorenz: Christian Kracht liest *Heart of Darkness*, S. 433f.). Irritiert wird eine Deutung des Romanschlusses als Halluzination freilich durch das heterodiegetisch-nullfokalisiert erzählte letzte Kapitel, in welchem der Protagonist überhaupt nicht mehr auftaucht. Im ersten Satz dieses Kapitels – „Ganze Städte wurden indes über Nacht verlassen" (Iw, 148) – scheint aber immerhin das abgehackte „Ganze Kontinente ... " (Iw, 136) nachzuhallen, das die Frau dem Protagonisten vom Deck des Ziegelschiffes zuruft. Möglicherweise ließe sich also auch noch das letzte Kapitel als bloße Vision des sterbenden Protagonisten deuten.

die Bedingungen ihrer medialen Vermittlung. Das Verhältnis von Sprache und Realität sowie insbesondere das Verhältnis von Sprache und Gewalt wird in *Ich werde hier sein …* auf vielfache Weise durchdekliniert.[733] Bereits auf der zweiten Seite des Romantextes findet der Protagonist ein Schriftstück in einer zugefrorenen Pfütze: „Die herausgerissenen Seiten eines deutschen Buches lagen unter dem Eis, fast waren einzelne Sätze zu lesen." (Iw, 12) Diese kurze Passage erlaubt mit Blick auf die weitere Entwicklung der Erzählung weitreichende interpretatorische Überlegungen: Dass es ausgerechnet ein *deutsches* Buch ist, das hier unter dem Eis liegt, verweist einerseits auf die in der SSR übliche militärische Praxis, politische Gegner unter das Eis der Flüsse zu stoßen (vgl. Iw, 17, 33 f.).[734] Gleich zu Beginn des Romans wird damit Schriftlichkeit als Kommunikationsform mit dem Komplex militärischer Grausamkeit assoziiert. Die zitierte Stelle verweist darüber hinaus auf eine zentrale Differenz zwischen den Schweizer Kommunisten und den deutschen Faschisten. Dass nämlich der Protagonist die Seiten unter dem Eis derart problemlos als Teile eines deutschen Buches zu identifizieren vermag, liegt nicht an der verwendeten Sprache (auch in der Schweiz des Romans wird Deutsch gesprochen; und ohnehin sind die Sätze – wie so viele Verweissysteme im Roman – nur „fast" lesbar[735]), sondern vielmehr an der generellen Regression der SSR auf eine Kulturstufe der Schriftlosigkeit: „Unsere Feinde hatten sich im Gegensatz zu uns eine hohe Buch- und Schreibkultur erhalten; in der SSR war in den Generationen des Krieges die Sprache wichtiger geworden, die Wissensübertragung geschah durch das gesprochene Wort." (Iw, 23) Das Verlernen der schriftlichen Kommunikation bildet dabei einen „Prozess des absichtlichen Vergessens." (Iw, 43)[736], welcher die ohnehin dominante Mündlichkeit der Dialekte exklusiv

---

733 Siehe hierzu ausführlich Immanuel Nover: Referenzbegehren. Sprache und Gewalt bei Bret Easton Ellis und Christian Kracht. Köln / Weimar / Wien 2012, S. 177–286, sowie Navratil: Sprach- und Weltalternativen.
734 Vgl. Baßler: „Have a nice apocalypse!", S. 265.
735 Zu verweisen wäre etwa auf die ausfasernde Tuschezeichnung des Telegrafenbeamten (vgl. Iw, 15, vgl. auch Iw, 128), auf die Taschenuhr, die der Kommissär auf dem Schreibtisch eines Beamten findet und deren Gravur „mit der Spitze eines Messers unleserlich" (Iw, 18) gemacht worden ist, oder auf das Notizbuch, das dem Protagonisten beim Reiten aus dem Mantel gleitet und im Schnee „verschwand wie die Schriften, die niemand mehr zu lesen verstand." (Iw, 51).
736 Die Idee des „absichtlichen Vergessens" gemahnt an die Beschreibung des protofaschistischen Kridwiß-Kreises im 34. Kapitel von Thomas Manns *Doktor Faustus*. Die Propagatoren einer konservativen Revolution imaginieren dort eine „intentionelle Re-Barbarisierung" als Antidot zur Dekadenz der Zwischenkriegsgesellschaft. Die zentrale Metapher für diesen fortschrittlichen Rückschritt ist der „Weg um eine Kugel" (Thomas Mann: Doktor Faustus. In: Große kommentierte Frankfurter Ausgabe (= GkFA). Hg. v. Heinrich Detering u. a. Frankfurt a. M. 2002 ff., Bd. 10.1, S. 535, 537). Lucas Marco Gisi zeigt auf, dass sich das „Motiv der Regression" respektive „Regres-

werden lässt: „Unsere Mundarten sind schon immer ausschließlich orale Sprache gewesen, es gab die Niederschrift nur in Hochdeutsch. Die Mundarten sind unser Koiné, der Grund, warum wir nicht Deutsch sprechen." (Iw, 43) In einer kontrafaktischen Zuspitzung der realweltlichen Differenz zwischen Hochdeutsch und Schwyzerdütsch wird hier der primär mündliche Charakter des letzteren verabsolutiert, sodass die Schriftlichkeit als Möglichkeit der Kommunikation an Bedeutung verliert und sukzessive in Vergessenheit gerät.[737] Der Kommissär allerdings, wiewohl zu Beginn der Handlung noch überzeugter Schweizer Soldat, unterläuft in seiner Person die Opposition, welche betreffs der unterschiedlichen Kommunikationsformen zwischen den ideologischen Blöcken besteht: Er selbst ist durchaus des Schreibens und Lesens mächtig und bedient sich zeitweise eines Notizbuches, wodurch er „doppelt und dreimal so effizient" (Iw, 24) arbeitet wie die anderen Soldaten. Der Verzicht auf die Schriftlichkeit erscheint somit einerseits als integraler Teil des nationalen Selbstverständnisses der SSR (auch im Réduit gibt es keine Bücher (vgl. Iw, 121)); andererseits geht dieser Verzicht aber mit einer massiven Produktivitätseinbuße einher. Der dogmatische Rückzug auf Dialekt und Oralität, welcher in der SSR als Fortschritt ausgegeben wird, erscheint somit de facto als Rückfall in die Barbarei.

Im weiteren Verlauf des Romans werden vom Kommissär nebst Mündlichkeit und Schriftlichkeit noch zwei weitere Sprachformen erprobt: die sogenannte „Rauchsprache" (erstmals Iw, 42) sowie die „Morpheme[...] der Erde" (Iw, 144). Die Rauchsprache, die der Protagonist von Brazhinsky erlernt, bildet eine Möglichkeit, das Gesprochene selbst gegenständlich werden zu lassen: „[W]ir beginnen, das Gedachte zu sprechen und in den Raum zu stellen. [...] Sprache existiert nicht nur im Raum, sie ist zutiefst dinglich, sie ist ein Noumenon." (Iw, 44) Der Begriff Noumenon geht auf die Erkenntnistheorie Immanuel Kants zurück und bezeichnet die Art und Weise, wie dem Menschen Dinge in der intellektuellen Anschauung, also ohne Beigaben des menschlichen Erkenntnisapparates, erscheinen. In der *Kritik der reinen Vernunft* hatte Kant das Noumenon für einen zwar denkmöglichen, letztlich aber problematischen Begriff erklärt, da dasje-

---

sionsutopien" in allen Romanen Krachts findet. Vgl. Gisi: Unschuldige Regressionsutopien?, S. 508 f.

[737] Ein vergleichbar isolierter, potenziell ironischer Verweis auf ein Schweiz-Klischee ist darin zu sehen, dass der Zwerg Uriel den Kommissär bei ihrer Begegnung „um ein Stück Käse" (Iw, 71) bittet. Finlay hat darüber hinaus darauf aufmerksam gemacht, dass ausgerechnet in der Schweiz, „the country synonymous with time-keeping", die Zeit in Verwirrung gerät (Finlay: 'Surface is an illusion but so is depth', S. 222). Schließlich bedient sich der Roman auch der deutsch-schweizerischen Orthografie, vermeidet also das Eszett (vgl. ebd., S. 224). Vgl. Vogler: Die Ästhetisierung des Realitätsbezugs, S. 167.

nige, was außerhalb der Erfahrungsmöglichkeiten des Menschen liege – das Ding an sich –, eben nicht erkannt werde könne.[738] Ähnlich wie in der kantschen Erkenntnistheorie, der zufolge es unmöglich ist, von der bloßen Erscheinung auf das ‚Ding an sich' zu schließen, erlaubt auch die Sprache als abgeschlossenes semiotisches System keinen unmittelbaren Rückschluss auf das Wesen der Dinge: Das Zeichen in der Sprachtheorie Ferdinand de Saussures unterhält bekanntlich keine natürliche Verbindung zum bezeichneten Gegenstand. Just diese Trennung der Sprache von den Dingen – respektive die Trennung *in* Sprache und Dinge – soll nun in der fiktionalen Welt von *Ich werde hier sein ...* zurückgenommen werden: Indem die Rauchsprache selbst dinghaft wird, scheint sich die Notwendigkeit von Vermittlung und Repräsentation aufzulösen, wie sie doch eigentlich für jede Sprache unausweichlich gegeben ist. Mit der Rauchsprache wird, wie Stefan Bronner schreibt, „die Utopie einer Sprache mit direkter Wirklichkeitsreferenz" aufgerufen.[739]

Zwar bildet die Rauchsprache hinsichtlich ihrer medialen Verfasstheit eine Alternative zu den früher erprobten Kommunikationstechniken Mündlichkeit und Schriftlichkeit; als Instrument des Krieges jedoch stimmt sie funktional mit den anderen beiden weitgehend überein: Bereits in der ersten Szene ihres Gebrauchs im Roman wird die Rauchsprache verwendet, um eine Gruppe von Militärs zu entwaffnen (vgl. Iw, 108). Auch wird Brazhinsky durch die Verbindung von Sprache und Dingen in Form der Rauchsprache nicht davor bewahrt, die Realität zu missdeuten: Nachdem ihm klar wird, dass er die sonderbare Anatomie des Protagonisten, welcher das Herz auf der rechten Seite trägt, nicht erkennen konnte, sticht er sich selbst die Augen aus (vgl. Iw, 130 f.). In dieser an König Ödipus gemahnenden Handlung werden die Verblendung Brazhinskys und das Scheitern des Versuchs unmittelbarer Erkenntnis prägnant symbolisiert.[740] Dass es sich

---

[738] Immanuel Kant schreibt im Abschnitt „Von dem Grunde der Unterscheidung aller Gegenstände überhaupt in Phaenomena und Noumena" der *Kritik der reinen Vernunft*: „Der Begriff eines Noumenon, d. i. eines Dinges, welches gar nicht als Gegenstand der Sinne, sondern als Ding an sich selbst (lediglich durch einen reinen Verstand) gedacht werden soll, ist gar nicht widersprechend [...]. Am Ende aber ist doch die Möglichkeit solcher Noumenorum gar nicht einzusehen, und der Umfang außer der Sphäre der Erscheinungen ist (für uns) leer, d. i. wir haben einen Verstand, der sich problematisch weiter erstreckt, als jene, aber keine Anschauung, ja auch nicht einmal den Begriff von einer möglichen Anschauung, wodurch uns außer dem Felde der Sinnlichkeit Gegenstände gegeben, und der Verstand über dieselbe hinaus assertorisch gebraucht werden könne. Der Begriff eines Noumenon ist also bloß ein Grenzbegriff, um die Anmaßung der Sinnlichkeit einzuschränken, und also nur von negativem Gebrauche." (Immanuel Kant: Kritik der reinen Vernunft. Hg. v. Wilhelm Weischedel. Frankfurt a. M. 1974, S. 279–282).
[739] Bronner: Das offene Buch, S. 106.
[740] Vgl. Schöll: Die Schweizer Matrix, S. 301.

bei der Rauchsprache um ein defizitäres Kommunikationsmedium – gleichsam um ‚Schall und Rauch' – handelt, wird gegen Ende des Romans noch einmal deutlich herausgestellt, wenn der Protagonist sich als unfähig erweist, mit einer Frau zu kommunizieren, die auf einem hohen Gebäude weit von ihm entfernt steht: „Brazhinskys Sprache konnte nur projizieren, nicht empfangen, ich verstand sie nicht." (Iw, 136) Als bloß monodirektionale Äußerungsform verfehlt die Rauchsprache ihre Funktion als Medium der Kommunikation. Auf seiner Reise zurück nach Afrika lässt der Protagonist denn auch „Brazhinskys kranke Lektionen" hinter sich und verzichtet vollends auf die Verwendung der Rauchsprache: „Es war die Sprache der Weissen, ein Idiom des Krieges, und ich brauchte sie nicht." (Iw, 138)

Nach Mündlichkeit, Schriftlichkeit und Rauchsprache greift der Protagonist am Ende des Romans noch auf eine vierte Kommunikationsform zurück, die endlich einen Ausstieg aus den Verwicklungen menschlicher Kultur und menschlicher Grausamkeit zu verheißen scheint:

> [I]ch legte mit Schilfhalmen meinen Namen in endlosen Bändern auf die staubige Strasse, ich schrieb Wörter, Sätze, ganze Bücher in die Landschaft hinein – die Geschichte der Honigameisen, die Enzyklopädie der Füchse, das Geblüt der Welt, die unterirdischen Ströme, das tief vibrierende, geräuschlose Summen der unbekannten Vergangenheit und der darin auftauchenden Zukunft. Ich notierte nicht mit Tusche, sondern mit Schrift, mit den Morphemen der Erde. (Iw, 143)

Mittels dieser utopischen Sprachform, welche die Differenz von Kultur und Natur aufzulösen scheint, wird hier auf den utopischen Schluss des Romans vorausgedeutet, wenn die Menschen die modernen Städte verlassen und in der Savanne Afrikas verschwinden. Es muss allerdings die Frage gestellt werden, ob die Unmöglichkeit einer radikalen Alternative, welche anhand der vorangehenden Sprachformen vorgeführt wurde, nicht auch noch die Natursprache mitbetrifft. Ausdrücke wie „Geschichte der Honigameisen" oder „Enzyklopädie der Füchse" scheinen schon rein lexikalisch tief durchtränkt von überkommenen kulturellen Vorstellungen. Auch ließe sich das „geräuschlose Summen der unbekannten Vergangenheit und der darin auftauchenden Zukunft" durchaus auf das zyklische respektive simultane Geschichtsverständnis zurückbeziehen, das in den Reliefarbeiten des Réduits symbolisiert worden war. Vor allem aber erweist sich der hier erwähnte Name des Protagonisten, den dieser in der Landschaft ins Unendliche vervielfacht, zumindest für den Leser weiterhin als Leerstelle. Der nominelle Slot der Identität, der vormals durch die Rangbezeichnung „Kommissär" gefüllt worden war – wiewohl in symbolisch kastrierender Weise, indem nämlich der Personennamen durch die militärische Rangbezeichnung ersetzt wurde –, bleibt auch nach der Wandlung des Protagonisten unausgefüllt. Insgesamt lässt sich somit keine Klarheit darüber erlangen, ob die Ablösung der „Tusche" durch die „Schrift" – ohnehin eine fragwürdige Opposition – tatsächlich einen radikalen Neuanfang bedeutet, oder ob sich diese vermeintliche Ablösung nicht vielmehr in eine Linie stellen lässt mit all den anderen Formen utopischen Denkens, die im Roman letztlich als destruktiv verworfen werden.

11.1.4 Posthumanismus oder Posthistoire?

Im abschließenden dreizehnten, kaum zwei Seiten umfassenden Kapitel wird – zum ersten und einzigen Mal im Roman – die Perspektive des Protagonisten verlassen. An Stelle des autodiegetischen Erzählers tritt eine heterodiegetische Erzählinstanz, die von der Entvölkerung der afrikanischen Städte und der Rückkehr der Menschen in die Savanne berichtet. Ein Architekt mit Namen „Jeanneret" (Iw, 148) – eine kontrafaktische Variante von Charles-Édouard Jeanneret-Gris, besser bekannt als Le Corbusier (1887–1965) – irrt durch eine seiner „betongewordenen Visionen, die er zum Wohle der Bevölkerung hell, geordnet, modern und elegant entworfen hatte" (Iw, 148), die jetzt aber von den Menschen verlassen werden. Der Roman endet – wie fast alle Werke Krachts[741] – mit einem irritierenden Schlussbild:

> [D]er Architekt [...] warf frühmorgens das Ende eines Seiles über eine von ihm selbst entworfene, stählerne Strassenlaterne und erhängt sich, bevor die afrikanische Sonne zu heiss wurde. Seine schwarze runde Brille, die ihn immer begleitet hatte und zu seinem Markenzeichen geworden war, fiel ihm von der Nase und landete im gelben Staub, der schon nach wenigen Tagen, in denen es niemand mehr kümmerte, erneut die sonst sauber gefegten Strassen und Alleen mit einer feinen kristallinen Struktur bedeckte. Er hing ein paar Tage, dann assen Hyänen seine Füsse. (Iw, 149)

Der Repräsentant der modernen Ästhetik, welche im Roman eng mit den bedenklichen, wenn nicht gar schrecklichen Aspekten der Moderne verbunden war, wird hier symbolträchtig ausgelöscht. Indem am Ende des Romans ausgerechnet ein Architekt – dem Wortsinn nach also ein ‚Baumeister' oder, moderner übersetzt, ein ‚Urkünstler' (von griechisch ἀρχιτέκτων)[742] – von Hyänen

---

[741] Zur Ambivalenz von Christian Krachts Werkschlüssen siehe Navratil: Faserglück.
[742] Diese Etymologie wird im Roman selbst aufgerufen bei der Begegnung mit dem Kunsthandwerker Nicholas Roerich im Réduit – eine kontrafaktische Variante des realen russischen Malers desselben Namens (1874–1947) –, dessen Wirken Brazhinsky wie folgt beschreibt: „Unser Freund Roerich ist Kunsthandwerker, wissen Sie, er hilft dabei, das Réduit zu entbergen. Das, was die Griechen Techne nennen, also das Hervorbringen, schafft nur das Kunsthandwerk. In ihr, in Roerichs Gemälden, geschieht auf diese Art und Weise Wahrheit; die griechische Aletheia, das koreanische Wu, das hindustanische Samadhi. Hierin verstehen wir das Hervor-

verspeist und damit die Kultur in die Natur zurückgenommen wird, weist *Ich werde hier sein* ... die moderne Utopie einer rational-planvollen Erlösung der Menschheit radikal zurück.

Die Utopie der Moderne wird am Ende des Romans mit der alternativen Utopie eines Austritts aus dem Fortschrittsdenken, nämlich einer neuerlichen Vereinigung mit der Natur, kontrastiert. Johannes Birgfeld und Claude D. Conter kommen diesbezüglich zu dem Schluss: „Das Verschwinden am Ende des Romans erscheint als ein Verschwinden aus der Geschichte, als Eintritt in eine Zeit jenseits des Begehrens (nach Fortschritt, Besserung, Utopie) und damit in der Tat als freiwilliger, einsichtiger Übergang des Menschen in ein Zeitalter des Post-Humanismus."[743] Man kann allerdings die Frage stellen, ob die Alternative von Humanismus/Posthumanismus, die hier vorgeschlagen wird, nicht gerade hinter jene umfassende Problematisierung des Denkens in Alternativen zurückfällt, welche der Roman durchgängig betreibt. In jedem Falle lässt sich die These, in Krachts Roman werde der freiwillige Abschied vom Utopismus propagiert, nur unter Inkaufnahme des eklatanten Widerspruchs aufstellen, dass gerade die Utopielosigkeit als neue Utopie verkündet wird.

Die von Birgfeld und Conter vorgeschlagene Deutung ist allerdings selbst nicht alternativlos: Anstatt im Schluss von *Ich werde hier sein* ... eine Erlösung (von) der Moderne zu sehen, können im Gegenteil gerade die Ambivalenzen des Schlusses herausgestellt werden, welche die im Roman präsentierte finale Lösung als überaus zweifelhaft erscheinen lassen. Auffällig ist zunächst, dass der Protagonist im letzten Kapitel selbst gar nicht mehr vorkommt und auch nicht mehr als Erzählinstanz fungiert. Seine Rückkehr in die afrikanische Heimat, welche zugleich die Verwirklichung der antikolonialen Utopie mit sich bringen soll, wird damit gewissermaßen textperformativ negiert. „Am Ende", so schreibt Susanne Layh, „ist der Protagonist am Ursprung angelangt, in das Kolonialreich Ostafrika zurückgekehrt, nur um in der innertextuellen Leerstelle des Romanendes zu verschwinden und sich sozusagen selbst im Text

---

bringen von Nichtanwesendem ins Anwesende." (Iw, 118 f.) Die metaphysischen Entwürfe der unterschiedlichen Kulturen werden damit untereinander nivelliert und insgesamt, wenn man auf das Ende des Romans blickt, zurückgewiesen. Darüber hinaus wird durch das verwendete Vokabulars deutlich auf Martin Heidegger und damit auf die Verbindung von Philosophie und Faschismus in der Moderne angespielt. Man vergleiche etwa die zitierte Stelle aus Krachts Roman mit einer Passage aus Heideggers *Die Frage nach der Technik*: „Das Entscheidende der τέχνη liegt [...] in dem genannten Entbergen. Als dieses, nicht aber als Verfertigen, ist die τέχνη ein Her-vor-bringen. [...] Technik ist eine Weise des Entbergens. Die Technik west in dem Bereich, wo Entbergen und Unverborgenheit, wo ἀλήθεια, wo Wahrheit geschieht." (Martin Heidegger: Die Technik und die Kehre. Stuttgart [11]2007, S. 13).
743 Birgfeld / Conter: Morgenröte des Post-Humanismus, S. 268.

aufzulösen."⁷⁴⁴ Das Subjekt der Revolution wird letztlich als Figur wie auch als Erzähler vom Text selbst verschluckt.

Zweifel an dem utopischen Projekt einer radikalen Dekolonisierung werden bereits früher im Text aufgeworfen, nämlich durch den letzten Satz, den der namenlose Protagonist als Erzähler im Roman formuliert. Das zwölfte, vorletzte Kapitel endet mit dem Satz: „Und die blauen Augen unserer Revolution brannten mit der notwendigen Grausamkeit." (Iw, 147) Bei diesem Satz handelt es sich um eine Übersetzung zweier Verse aus Louis Aragons *Front Rouge*: „Les yeux bleus de la Révolution / brillent d'une cruauté nécessaire"⁷⁴⁵. Der Aufbruch in eine vermeintliche neue Natürlichkeit wird in *Ich werde hier sein ...* also mit den Worten eines surrealistischen – und mithin genuin modernen – Dichters charakterisiert. Die Verkündigung des Austritts aus Zivilisation und kommunistischer Ideologie erweist sich mithin selbst als intertextuelles Zitat, welches ausgerechnet auf einen Text referiert, mit dem der Autor Aragon den Stalinismus zu rechtfertigen suchte.⁷⁴⁶ Aber auch, wenn man diesen intertextuellen Verweis beiseiteließe, würde das letzte Wort, das der messianische Protagonist und Erzähler im Buch spricht, immer noch „Grausamkeit" lauten. In der Rechtfertigung dieser Grausamkeit als „notwendig[...]" hallen just jene Legitimationsversuche für die Kriege der SSR nach, die der Protagonist eigentlich hatte hinter sich lassen wollen. Auch die afrikanische Revolution geht über Leichen.⁷⁴⁷ Der Ausbruch aus der Moderne scheint somit lediglich in die Aporien der Moderne – in Weltanschauung, Krieg und Unterdrückung – zurückzuführen.

Problematisch erscheint die Verkündigung einer Rückkehr zur Natur nicht zuletzt aufgrund des Bildes der Natur, das am Ende des Romans gezeichnet wird. Diese erscheint gerade nicht als Sphäre des Friedens und der überwunde-

---

744 Layh: Finstere neue Welten, S. 150.
745 Louis Aragon: Front rouge. In: Ders.: Persecuté persécuteur. Paris 1931, S. 7–21, hier S. 16.
746 Der Abschnitt des Gedichts, aus dem die zitierten Zeilen stammen, schließt mit dem Vers: „SSSR SSSR SSSR SSSR" (Aragon: Front rouge, S. 16). Vgl. Lorenz: Christian Kracht liest *Heart of Darkness*, S. 435. Ein ähnlicher Selbstwiderspruch lässt sich an einem der Eingangszitate des Romans beobachten: „‚Don't you find it a beautiful clean thought, a world empty of people, just uninterrupted grass, and a hare sitting up?' *D. H. Lawrence*" (Iw, 9) Die Vision eines Austritts aus der modernen Zivilisation wird hier gerade als Vision der modernen Literatur selbst ausgestellt. Irsigler weist darüber hinaus darauf hin, dass der Roman „am Ende dort ankommt, wo er angefangen hat: beim Motto des Romans, das den Gedanken einer Welt ‚empty of people' formuliert." (Irsigler: World Gone Wrong, S. 179) Man kann auch dies als Betonung eines zyklischen Geschichtsbildes und als Zurückweisung radikaler Alternativen deuten.
747 Vgl. Yeon Jeong Gu: Figurationen des Posthumanen in Christian Krachts Roman „Ich werde hier sein im Sonnenschein und im Schatten". In: Weimarer Beiträge 61/1 (2015), S. 92–110, hier S. 108; Irsigler: World Gone Wrong, S. 179.

nen Entfremdung. Dem *homo homini lupus*, welches der gesamte Roman zu exemplifizieren scheint, wird im letzten Satz gleichsam ein ergänzendes *lupus homini lupus* hinzugefügt, wenn Hyänen den erhängten Architekten verspeisen. Damit wird die Hoffnung auf eine erlösende Alternative in der Rückkehr zur Natur mit dem Bild der Grausamkeit – und zwar diesmal der Grausamkeit der Natur – konterkariert.[748] Selbst noch die anthropologische Differenz zwischen Mensch und Tier wird hier lexikalisch geebnet, wenn im letzten Satz des Romans nicht von „fressen", sondern von „essen" die Rede ist, obwohl es doch Hyänen sind, die den Architekten verspeisen. Mit Blick auf dieses Detail lässt sich der Romanschluss als Komplementärstelle zu einer früheren Stelle im Roman verstehen, als ein deutscher Partisan damit prahlt, ein kleines Mädchen vergewaltigt und „totgebissen" (Iw, 87) zu haben. Wo aber einerseits Menschen zu Hyänen und andererseits Hyänen zu Menschen werden, schwindet zugleich die Hoffnung, dass die Natur einen Ausweg aus den Verstrickungen (moderner) Gewalt bereithalten könnte.[749]

Angesichts der vielfältigen kritischen Signale am Ende des Textes erscheint die Annahme wenig plausibel, der Roman würde seine Kritik am Denkens in Alternativen dadurch vollenden, dass er den human-korrumpierten Utopien die substanziellere Alternative des Posthumanismus entgegenstellt. Ganz im Gegenteil wird die umfassende Kritik des Alternativendenkens konsequenterweise

---

[748] Eine parallele Stelle findet sich bereits früher im Roman, wenn die afrikanischen Soldaten bei der Besteigung des Kilimanjaro von „hermaphroditischen Tieren" (Iw, 64), also von aggressiven Blutegeln, befallen werden. Diese wohl ekelerregendste Szene des Romans, in der ein Blutegel einem Offizier aus dem Nasenloch halb herausgeschnitten, halb herausgerissen wird, führt die Idee einer friedlichen Heimkehr des Menschen in den Schoß der Natur überdeutlich *ad absurdum*.

[749] Diese Einebnung der anthropologischen Differenz weist sowohl konzeptionell als auch von ihrer Bildlichkeit her Parallelen zum Schluss von Christian Krachts und Ingo Niermanns *Metan* auf. Hier wird ein Menschenaffe am Fuß des Kilimanjaro zunächst von einem Säbelzahntiger und dann von den heranfließenden Lavamassen eines ausbrechenden Vulkans bedroht; daraufhin „brüllt [er] aus tiefster Kehle: ‚Mmmmh!'" (Christian Kracht / Ingo Niermann: Metan. Frankfurt a. M. 2011, S. 87) Dieser Begriff wird im Buch allerdings auf die mantrische Silbe „Aum" oder „Om" zurückgeführt, welche den „Urklang [bildet], aus dem der Kosmos entsteht", zugleich aber auf den „Resonanzkörper der Kuh hin[deutet]", sich also anlehnt an „das ‚Mmmuuu' oder – korrekt gehört – ‚Mmmm' dieses im Hinduismus als Menschenmutter verehrten Tieres." (ebd., S. 16) In einer skurrilen Assoziationsbewegung werden hier also ein religiöser Begriff, die Laute der Kuh, die „Menschenmutter" Kuh und der „Menschenaffe", welcher sich selbst der Ursilbe bedient, miteinander verbunden, wobei jeweils – wie überall im Text – das anthropomorphisierte und eigene Ziele verfolgende Gas Metan einen gemeinsamen Bezugspunkt bildet. Siehe zum Schluss von *Metan* auch Conter: Christian Krachts posthistorische Ästhetik, S. 32–36.

auch noch auf das ästhetische Projekt des Romans selbst ausgeweitet, indem der Text seinen eigenen, vordergründigen Messianismus subtil dekonstruiert. So betrachtet, erschiene die abschließende Utopie nicht als – notwendigerweise selbstwidersprüchliche – Verkündigung einer Überwindung des utopischen Denkens in Richtung des Posthumanismus, sondern lediglich als eine weitere, ästhetisch allenfalls etwas selbstbewusstere Manifestation jener ausweglosen Posthistoire, die der Roman durchgängig umkreist.

11.1.5 Schlussbetrachtung: Alternativgeschichte ohne Alternativen und Geschichte

Christian Krachts *Ich werde hier sein ...* verschleift kontinuierlich Gegensatzpaare, welche für gewöhnlich als diametral entgegengesetzt gedacht werden: Getilgt werden die Oppositionen zwischen Fortschritt und historischer Stagnation, Moderne und Archaik, Mann und Frau, Mensch und Tier, Natur und Kultur, Kommunismus und Faschismus, Neutralität und Kriegstreiberei sowie Militarismus und Friede. Eingeebnet werden des Weiteren die Differenzen zwischen verschiedenen ideologischen Blöcken, politischen Systemen und unterschiedlichen Sprachformen. Vor allem aber wird jenen Unterscheidungen, die für die historische Kontrafaktik selbst grundlegend sind, das Fundament entzogen: In Krachts Roman gibt es keinen klaren Ausgangspunkt der kontrafaktischen Geschichtsentwicklung; die vermeintlichen realweltlichen Fakten, auf die referiert wird, erweisen sich zum Teil selbst als bloße Interpretationen; und die Idee eines Denkens in Alternativen, wie es für die Kontrafaktik konstitutiv ist, wird konstant problematisiert.[750]

Diese Infragestellung des Alternativendenkens schlägt unausweichlich auch auf die politische Dimension des Romans durch. Bezeichnenderweise lässt sich eine politische Lesart desselben kaum plausibel an eines der im Roman verhandelten Themen binden. Zwar problematisiert *Ich werde hier sein ...* anhand der kontrafaktischen Gestaltung des Réduits das nationale Selbstverständnis der Schweiz als neutralem Staat, doch steht dieser Aspekt inhaltlich zu isoliert, als dass er als eigentlicher politischer Kern des Romans angesehen werden könnte. Insgesamt bietet der Text für eine „gegenwartspolitische Lektüre", wie Ingo Irsigler zurecht

---

[750] Auch Layh schlägt eine „dekonstruktivistische[...] Lektüre [vor], die den Roman als eine einzige Konstruktion binärer Oppositionen entlarvt, die sukzessive einen Bedeutungswandel und damit eine fortlaufende Signifikantenverschiebung erfahren, welche das jeweilige Signifikat zunächst in sein Gegenteil verkehrt, nur um den Signifikanten dann für eine weitere Bedeutungsverschiebung freizusetzen." (Layh: Finstere neue Welten, S. 142).

bemerkt, „zu wenige Anknüpfungspunkte".[751] Aber auch jene politischen Themen des Romans, welche einen klaren historischen Index tragen – Kommunismus, Faschismus, Kolonialismus, Weltkrieg etc. –, werden in *Ich werde hier sein ...* nicht aufgerufen, um ihr jeweiliges Für und Wider abzuwägen. Stattdessen wird das ideologische Feld, das die Formulierung dieser Alternativen überhaupt erst ermöglicht respektive erzwingt, in seiner Gesamtheit destabilisiert.[752] (Die vielleicht einzige thematisch gebundene politische Lesart, die sich einigermaßen kohärent durchhalten ließe, wäre eine antirassistische[753] – allerdings auch dies nicht im Sinne einer Kommentierung realhistorischer, rassistisch motivierter Konflikte, sondern als kritische Reflexion auf die Strukturen rassistischen Denkens, welche sich ihrerseits wiederum durch destruktive Formen des Differenz- und Alternativendenkens auszeichnen.[754]) Problematisiert werden in *Ich werde hier sein ...* insgesamt weniger konkrete ideologische Versatzstücke und weltanschauliche Positionen, sondern vielmehr die modernespezifische Ambition, die Kontingenzen und Verwerfungen der Wirklichkeit überhaupt mithilfe von Ideologien und Weltanschauungen einzudämmen oder zu überdecken. Faschismus, Kommunismus, nationale Neutralität und Rückkehr zur Natur – all diese Optionen erweisen sich im Text als mehr oder weniger austauschbare, in jedem Fall aber eng verwandte Denkmöglichkeiten innerhalb derselben ideologischen Konstellation. Als Konfigurationen genuin modernen Denkens vermag letztlich keine dieser Optionen einen Ausweg aus den Antinomien der Moderne zu weisen.

Die Warnung vor den Sinnstiftungsversuchen der Moderne betrifft in *Ich werde hier sein ...* nicht zuletzt die Kunst selbst. So wie das Höhlenrelief schlussendlich wieder an den Beginn der Menschheitsentwicklung zurückführt und damit die

---

751 Irsigler: World Gone Wrong, S. 184, Anm. 40.
752 In diesem Punkt muss Dietmar Dath widersprochen werden, der in seiner Rezension zu Krachts Roman die Frage aufwirft, „wozu Kracht eigentlich den Sieg des Bolschewismus in der Schweiz braucht", um dann zu der Antwort zu gelangen, dass noch „die späteste bürgerliche Kunst [sich] nach der linken Peitsche [sehnt] und [...] Nostalgie selbst für den größten Grusel [entwickelt], solange der nur eine strafende Linke enthält." (Dath: Ein schöner Albtraum ist sich selbst genug) Hiermit wird aber gerade übersehen, dass der Kommunismus im Roman als ideologisch weitgehend entkernt erscheint.
753 Eine solche Lesart legt Lorenz vor: Christian Kracht liest *Heart of Darkness*.
754 Stefan Hermes beobachtet in *Ich werde hier sein ...* eine „Nivellierung kultureller Differenzen im Zeichen eines allgemeinen menschlichen Degenerationsprozesses". Koloniales Differenzdenken werde hier also gerade nicht perpetuiert; vielmehr werde ein „nihilistische[r] Universalismus" ins Bild gesetzt (Stefan Hermes: Tristesse globale. Intra- und interkulturelle Fremdheit in den Romanen Christian Krachts. In: Olaf Grabienski / Till Huber / Jan-Noël Thon (Hg.): Poetik der Oberfläche. Die deutschsprachige Popliteratur der 1990er Jahre. Berlin 2011, S. 187–205, hier S. 202).

Idee des künstlerischen sowie historischen Fortschritts in die letztlich alternativlose Vorstellung einer ewigen Wiederkehr des Gleichen überführt, so vermag auch Krachts eigener Roman keine überzeugenden politischen oder historischen Alternativen zu formulieren. Indem der Text das Denken in Alternativen konsequent unterläuft, entzieht er selbst noch jenem Genre, auf das er selbst zurückgreift – nämlich der Alternativgeschichte –, die Arbeitsgrundlage. Zwar ist *Ich werde hier sein ...* eindeutig und erklärtermaßen ein kontrafaktischer Roman respektive ein Beispiel des *Alternate History*-Genres. Gleichwohl bleibt das spezifische interpretatorische Potential der Kontrafaktik, das ja wesentlich in der Möglichkeit der (normativen) Kontrastierung zweier Welten – der realen und einer fiktionalen – besteht, hier auffallend ungenutzt. *Ich werde hier sein ...* scheint damit implizit auf die Problematik hinzuweisen, von solchen ontologisch und normativ häufig eher simplen künstlerischen Genres wie der *Alternate History* politische Handlungsdirektiven zu erwarten.[755] In dieser Hinsicht lässt sich der Roman durchaus als kritische Reflexion der Gattungstradition verstehen.[756]

Das Denken in Alternativen, welches die Kontrafaktik strukturell definiert, wird in *Ich werde hier sein ...* nur noch zu dem Zweck mobilisiert, seine Unmöglichkeit vorzuführen. Kracht wägt in seinem Roman keine politischen und historischen Alternativen mehr gegeneinander ab, sondern verfasst vielmehr, wie es Dietmar Dath in einer Rezension ausdrückte, „ein Buch gegen die Geschichte als solche."[757] Damit bringt Kracht in *Ich werde hier sein ...* das wahrhaft postmoderne Kunststück zustande, eine *Alternate History*-Erzählung zu präsentieren, die sowohl das Denken der (politischen) Differenz als auch die Idee des historischen Fortschritts zu Irrtümern und Unmöglichkeiten erklärt: eine ‚Alternativgeschichte' also, aber ohne Alternativen und ohne Geschichte.

---

[755] Baßler vertritt, unter anderem mit Bezug auf *Ich werde hier sein ...*, die These, dass das „Parahistorische [...] absolute Bezugspunkte, temporal, kausal, aber eben auch, was die Bedeutung und Wertung angeht, negiert und stattdessen auf mögliche Welten und also relative Bedeutungen setzt" (Baßler: „Have a nice apocalypse!", S. 269). Tatsächlich aber dürfte *Ich werde hier sein ...* in dieser Hinsicht innerhalb der Genretradition der *Alternate History* eine Ausnahme darstellen. Für gewöhnlich basiert die historische Kontrafaktik gerade nicht auf einer (postmodernen) Destabilisierung der Grenzziehung zwischen fiktionaler und realer Welt, sondern hat diese klare Grenzziehung vielmehr zur Voraussetzung. Auch sind die politischen Implikationen und Wertungen alternativgeschichtlicher Romane meist einigermaßen deutlich. Siehe hierzu Kapitel 3.2.4. Kontrafaktisches Erzählen als postmodernes Phänomen.
[756] Vgl. Irsigler: World Gone Wrong, S. 185. Menke bezeichnet den Roman als „Genre-Zitat" (Menke: Die Popliteratur nach ihrem Ende, S. 82).
[757] Dath: Ein schöner Albtraum ist sich selbst genug.

11.2 Christian Kracht: *Imperium*

Wer nach der Lektüre von *Ich werde hier sein im Sonnenschein und im Schatten* in Christian Kracht den Propagator einer irrationalen Rückkehr zu Natur und Natürlichkeit erblicken wollte, musste spätestens beim Erscheinen des Folgeromans *Imperium* stutzig werden.[758] Das antimodern-utopische Projekt nämlich, welches der exzentrische Zivilisationsflüchtling August Engelhardt in Krachts viertem Roman in Angriff nimmt, kann nur als gescheitert betrachtet werden: August Engelhardt bricht zur Zeit des Fin de siècle aus der europäischen Gesellschaft aus und gründet in einer deutschen Südseekolonie einen Sonnenorden der Kokovoristen, deren oberste, quasi-religiöse Maxime in der Annahme besteht, die ausschließliche Ernährung von der Kokosnuss – jener Frucht, die der Sonne am nächsten wächst – würde gottgleich machen. Nachdem mehrere von Engelhardts Jüngern auf undurchsichtige Weise ums Leben gekommen sind und Engelhardt selbst – geistig zunehmend verwirrt, leprös und unterernährt – anfängt, Teile des eigenen Körpers zu verspeisen, wird er schließlich während des Ersten Weltkriegs von australischen Soldaten enteignet. Der realhistorische August Engelhardt stirbt im Jahre 1919. Der fiktive Engelhardt hingegen taucht in Krachts Roman kurz nach Ende des Zweiten Weltkriegs noch einmal auf: Auf einer Südseeinsel wird er von amerikanischen GIs entdeckt, die ihm eine Verfilmung seines kuriosen Lebens in Aussicht stellen. Tatsächlich scheint der Schluss des Romans dann in die Beschreibung einer Filmvorführung überzugehen, welche szenisch an den Beginn des Textes zurückführt.

Selten hat ein Roman der deutschsprachigen Gegenwartsliteratur bereits so bald nach Erscheinen ein derart großes Forschungsinteresse auf sich gezogen wie *Imperium*: Sechs Jahre nach der Publikation liegen bereits etwa fünfzig wissenschaftliche Arbeiten zu Krachts Roman vor; ausführlich wird *Imperium* in mehreren Dissertationen kommentiert.[759] Dieses ungewöhnlich intensive Forschungsinteresse dürfte seinen Grund – neben der Komplexität des Textes sowie

---

[758] Die Tendenz zur Inszenierung gebrochener Utopien in Krachts Werk setzt sich auch noch im Roman *Die Toten* fort, zu dem Immanuel Nover ausführt, „dass die Reinheitsphantasmen und die Flucht aus der Moderne – beide sind auch ästhetisch motiviert – nicht in ein utopisches Elysium führen, in dem die Kollateralschäden der Moderne geheilt werden, sondern vielmehr auf die gewaltsame Selbstauslöschung weisen und Auslöschungsphantasien befeuern, die den anderen als Quell der Verunreinigung sehen und eliminieren wollen." (Nover: Autorschaft als Skandal, S. 31).

[759] Vgl. Hauenstein: Historiographische Metafiktionen, S. 120–151; Max Doll: Der Umgang mit Geschichte im historischen Roman der Gegenwart. Am Beispiel von Uwe Timms „Halbschatten", Daniel Kehlmanns „Vermessung der Welt" und Christian Krachts „Imperium". Frankfurt a. M. 2017, S. 345–517.

der Prominenz des Autors – vor allem in dem Literaturskandal haben, der mit der Publikation des Romans verbunden war: Georg Diez warf am 12.02.2012 in seiner Spiegel-Rezension zu *Imperium* – welche eher eine Generalabrechnung mit dem Autor darstellt – Christian Kracht vor, er würde „antimodernes, demokratiefeindliches, totalitäres Denken [...] in den Mainstream" einführen und damit – so die ebenso notorische wie schiefe Formulierung – als „der Türsteher der rechten Gedanken" fungieren.[760] Diez' Vorwürfe wurden von Kritikern, Literaten und Wissenschaftlern bald als haltlos zurückgewiesen. Die Unterstellungen des Publizisten beruhten, so die weitgehend einhellige Meinung von Krachts Verteidigern, auf einer unzulässigen Gleichsetzung des Autor mit dem Erzähler von *Imperium* sowie auf einem weitreichenden Unverständnis der ironisierenden Erzählverfahren des Romans. Letztere sind seither in der Forschung umfassend kommentiert worden. Dabei ist allerdings eine gewisse Tendenz zur Überkompensation nicht von der Hand zu weisen: Diez' literaturwissenschaftlich schlicht unhaltbare Anwürfe gegen Kracht und seinen Text boten offenbar eine gar zu verführerische Steilvorlage für wissenschaftliche Distanzierungs- und Profilierungsgesten. Entsprechend war in der Folge viel von Metareflexivität, Ästhetizismus und Postmoderne die Rede, wenig hingegen vom politischen Gehalt sowie den Realitätsbezügen des Romans. Noch im Jahre 2018 konnte Lucas Marco Gisi konstatieren:

> Die berechtigte Zurückweisung von Spekulationen über die politische Gesinnung des Autors hat eine bedauerliche Zurückhaltung gegenüber einer Auseinandersetzung mit den politischen Fragen, die der Text selbst verhandelt, nach sie gezogen. Schließlich geht es in Krachts Roman sehr wohl um das totalitäre Denken – allerdings nicht um dessen Propagierung, sondern im Gegenteil um eine literarische Erkundung seiner Ursprünge.[761]

Dieser Asymmetrie der Forschung soll im Folgenden begegnet werden. Der politische Gehalt von *Imperium* wird in den Blick genommen, insbesondere insofern er mit den (verschobenen) Realitätsbezügen des Romans in Verbindung steht. Die meisten der bestehenden Forschungsarbeiten gehen über eine bloße Erwähnung der einzelnen Faktenabweichungen im Text kaum hinaus. Weder der genaue fiktionstheoretische Status dieser Faktenvariationen, der mit den Faktenvariationen in Krachts übrigem Werk nicht oder zumindest nicht vollständig übereinstimmt, noch auch die hermeneutische Signifikanz dieser Faktenvariationen wurden bisher eingehender untersucht. Im Folgenden wird eine Deutung von *Imperium* präsentiert, welche ebendiese Fragen ins Zentrum rückt. Dabei soll gezeigt werden, dass die spezifische Behandlung der Kontrafaktik in *Imperium* als Teilaspekt einer Strategie grundlegender epistemischer Verunsicherungen begriffen werden

---

760 Georg Diez: Die Methode Kracht. In: Der Spiegel 7 (2012), S. 100–103, hier S. 103.
761 Gisi: Unschuldige Regressionsutopien?, S. 506 f.

kann. Diese Verunsicherungen werden mittels eines ganzen Sets unterschiedlicher Verfahren betrieben; ihre genaue Reichweite und Signifikanz jedoch bleiben selbst wiederum über weite Strecken des Textes unklar.

11.2.1 Referenzverwirrung: *Imperium* als kontrafaktischer Roman?

Während es sich bei Krachts Vorgängerroman *Ich werde hier sein ...* unzweifelhaft um einen Text des *Alternate History*-Genres handelt, ist *Imperium* hinsichtlich seines Status als geschichtsvariierendes und -reflektierendes Werk sehr viel schwerer einzuordnen. Das klassische Definitionsmerkmal der *Alternate History*, der historische Umschlagspunkt oder *point of divergence*, fehlt hier. Auch münden die kontrafaktischen Szenarien des Romans in keine von der Realhistorie abweichende Gegenwart. Gleichwohl finden sich im Text eine ganze Reihe einzelner Abweichungen von historischem Faktenmaterial: Prominente Intellektuelle der Jahrhundertwende wie Thomas Mann, Franz Kafka oder Hermann Hesse haben kleine Gastauftritte, wobei die realen Biografien dieser Personen im Detail verändert werden; wenig bedeutende realhistorische Daten, wie etwa die Ankunftsjahre bestimmter Schiffe, werden innerdiegetisch leicht verschoben[762]; und dem fiktiven Engelhardt ist ein beinahe dreißig Jahre längeres Leben beschieden als seinem realhistorischen Pendant.[763]

Diese und ähnliche Faktenvariationen haben dazu geführt, dass *Imperium* in der Forschung immer wieder mit dem Bereich des Kontrafaktischen assoziiert wurde: Frank Finlay etwa kommt zu dem Schluss, in *Imperium* werde das „counter-factual conceit of *Ich werde* [*hier sein* ...]" reproduziert; allerdings liege in *Imperium* nun keine „alternative [sic] history" mehr vor, sondern eine „alternative historical biography".[764] Julian Preece charakterisiert das Szenario des Romans als „alternative, counterfactual version of twentieth-century German history".[765] Gabriele Dürbeck vertritt die These, dass Krachts

---

[762] Vgl. Johannes Birgfeld: Südseephantasien. Christian Krachts *Imperium* und sein Beitrag zur Poetik des deutschsprachigen Romans der Gegenwart. In: Wirkendes Wort 3/62 (2012), S. 457–477, hier S. 458, Anm. 7.

[763] Birgfeld identifiziert 15 prominente realhistorische Personen, die in Krachts Roman auftreten. Vgl. Birgfeld: Südseephantasien, S. 461f. Vollständig ist aber auch diese Liste nicht; unerwähnt bleibt etwa Edmund Husserl (vgl. I, 237).

[764] Finlay: 'Surface is an illusion but so is depth', S. 225. Zur Unterscheidung von *Alternate History* und *Alternative History* siehe 2.1. Terminologie.

[765] Julian Preece: The Soothing Pleasures of Literary Tradition: Christian Kracht's *Imperium* as an Allegory of a Redeemed Germany. In: Ders. (Hg.): Re-forming the nation in literature and film: the patriotic idea in contemporary German-language culture / Entwürfe zur Nation in Li-

Roman „das Genre des historischen Reise- und Abenteuerromans unterläuft, indem [er] die Lebensgeschichte Engelhardts kontrafaktisch erzählt."[766] Und Thomas Schwarz bemerkt, dass der Protagonist „in Krachts *Imperium* [...] kontrafaktisch weiter[lebt], bis ihn nach dem Zweiten Weltkrieg amerikanische Marineeinheiten auf einer Salomoneninsel entdecken."[767] Als zusätzliches Argument für eine kontrafaktische Deutung des Romans wäre seine werkbiografische Verortung zwischen den beiden deutlicher kontrafaktischen Romanen *Ich werde hier sein ...* und *Die Toten* anzuführen: Bei *Ich werde hier sein ...* handelt es sich ganz zweifellos um ein – wenn auch entschieden postmodern-selbstreflexives – Beispiel eines *Alternate History*-Romans; und in *Die Toten* wird Charlie Chaplin zum Mörder.[768]

Faktenreferenz sowie kontrafaktische Verfahren im Roman *Imperium* wurden nicht zuletzt von Kracht selbst hervorgehoben. Im Interview mit Denis Scheck thematisiert Kracht die Funktion der Faktenabweichungen in seinem Roman:

> SCHECK: Es gab überhaupt fast alles, was Sie da beschreiben.
>
> KRACHT: Es gab fast alles wirklich, ja. Natürlich Gouverneur Hahl und eigentlich alle Figuren, die dort auftreten, gab es wirklich, ja. Es ist eigentlich ein großes Spiel mit auftauchenden Figuren, die eintauchen und wieder auftauchen.
>
> SCHECK: Haben Sie Vergnügen als Autor, wenn man solche Cameo-Auftritte inszeniert: mal Hermann Hesse kurz aufblitzen lässt in Florenz zum Beispiel?
>
> KRACHT: Hesse in Florenz ... Wobei man sagen muss, dass alles leicht verschoben ist. Die Menschen, die auftauchen, können zu dem Zeitpunkt gar nicht dort gewesen sein. Hesse war nicht in Florenz und Mann war auch nicht auf den Kurischen Nehrungen und war auch nicht mit Katia Pringsheim zusammen zu dieser Zeit. Es ist eine leichte Verschiebung, die dann etwas ablenkt.

---

teratur und Film: die patriotische Idee in der deutschsprachigen Kultur der Gegenwart. Bern 2014, S. 117–135, hier S. 117.

766 Gabriele Dürbeck: Ozeanismus im postkolonialen Roman: Christian Krachts *Imperium*. In: Saeculum 64/1 (2014), S. 109–123, hier S. 110.

767 Thomas Schwarz: Im Denotationsverbot? Christian Krachts Roman „Imperium" als Reise ans Ende der Ironie. In: Zeitschrift für Germanistik NF XXIV (2014), S. 123–142, hier S. 140.

768 Auch bei diesem letztgenannten Beispiel handelt es sich allerdings um einen Grenzfall der Kontrafaktik: In *Die Toten* wirft Charlie Chaplin während einer Schifffahrt einen Mitreisenden über Bord. Zwar darf man annehmen, dass der reale Chaplin diesen oder einen vergleichbaren Mord niemals begangen hat; da es jedoch für eine solche Tat unter Umständen keine Zeugen gibt, kann auch keine letztgültige Sicherheit über das Verhalten des realen Schauspielers bestehen.

SCHECK: Das gibt's ja schon als Terminus in der Science-Fiction: Parallelweltgeschichten.
KRACHT: Ja ... [769]

Zwar ist den Selbstaussagen eines Autors wie Christian Kracht, dessen öffentliche Selbstinszenierungen als integraler Teil seines künstlerischen Werkes anzusehen sind, stets mit einer gehörigen Portion Vorsicht zu begegnen. Doch hat die Forschung auch unabhängig von Krachts Selbstaussagen in minutiösen Rekonstruktionen nachgewiesen, dass viele der historischen Details im Roman tatsächlich von den realweltlichen Fakten abweichen.[770] Anders als bei den eklatanten und entsprechend unübersehbaren Variationen der Realgeschichte in *Ich werde hier sein* ... erweist sich eine solche aufwändige wissenschaftliche Rekonstruktion im Falle von *Imperium* allerdings auch als notwendig, um die Faktenabweichungen überhaupt zu erkennen. Jenes Faktenmaterial nämlich, das in *Imperium* variiert wird, dürfte nur den wenigsten Lesern geläufig sein. Anders als etwa Daniel Kehlmann in seinem humoristischen historischen Roman *Die Vermessung der Welt* – mit welchem *Imperium* ansonsten eine ganze Reihe von Gemeinsamkeiten aufweist[771] – wählt Kracht keine weithin bekannten Größen des Geistesgeschichte als Protagonisten für seinen Roman, sondern erzählt die Geschichte eines exzentrischen Zivilisationsflüchtlings, dem keine weiterreichende welthistorische Relevanz beschieden war. Entsprechend dürften der Name August Engelhardt und dessen Lebensgeschichte den meisten Lesern vor der Lektüre von Krachts Roman kaum bekannt gewesen sein, sodass auch etwaige Abweichungen von seiner Biografie nicht spontan erkennbar waren.[772] Zwar haben, wie erwähnt, in *Imperium* auch eine

---

[769] Denis Scheck spricht mit Christian Kracht über dessen Buch "Imperium".
[770] Quellen und Faktenabweichungen für respektive in Krachts *Imperium* sind umfassend aufgearbeitet bei Doll: Der Umgang mit Geschichte im historischen Roman der Gegenwart, S. 445–517.
[771] Kehlmann selbst geht von einem Einfluss seines Romans *Die Vermessung der Welt* auf *Imperium* aus; laut Kehlmann hat Kracht ihm den Roman *Imperium* bereits frühzeitig zukommen lassen. Vgl. Adam Soboczynski: „Das stört mich nicht". Der Bestsellerautor Daniel Kehlmann über „Imperium". In: Die Zeit, 23.02.2012. Wenig überzeugend erscheint in diesem Zusammenhang die These, Kracht habe mit *Imperium* eine „Kehlmann-Parodie" vorlegen wollen (Baßler / Drügh: Eine Frage des Modus, S. 15; siehe auch Moritz Baßler: Genie erzählen: Zu Daniel Kehlmanns Populärem Realismus. In: Gegenwartsliteratur. Ein germanistisches Jahrbuch 16 (2017), S. 37–55, hier S. 51). So ist etwa die auffällige Verwendung der indirekten Rede, die Krachts Roman mit Kehlmanns *Die Vermessung der Welt* verbindet, bereits bei Kehlmann selbst ironisch intendiert und sorgt mit Sätzen wie „Tot sei tot" für humoristische Effekte (Daniel Kehlmann: Die Vermessung der Welt. Reinbek bei Hamburg 2005, S. 141).
[772] Thomas Schwarz konstatiert in diesem Sinne: „Vor einigen Jahren noch war der Name August Engelhardt nur wenigen Historikern ein Begriff, die sich auf die Geschichte des deut-

ganze Reihe durchaus prominenter realhistorischer Personen Cameo-Auftritte. Die Biografien dieser Personen werden allerdings nur derart minimal verändert, dass auch hier ein spontanes Erkennen der Faktenabweichung nicht erwartet werden kann.

Der Umstand, dass – anders als bei dem Vorgänger- sowie beim Folgeroman in Krachts Œuvre – überhaupt erst aufwändige Rekonstruktionen notwendig sind, um den etwaigen kontrafaktischen Status einzelner Elemente zu erschließen, bleibt nicht ohne Auswirkung auf die interpretatorische Funktion dieser Faktenabweichungen. Als Modell-Leser des Romans kann nämlich schwerlich ein Leser angesetzt werden, der von Beginn an bereits über jenes historische Detailwissen verfügt, welches die Forschung allererst in aufwändigen Recherchen rekonstruieren musste. Eher sollte man von einem Modell-Leser ausgehen, der sich bei der Lektüre von *Imperium* hinsichtlich der Frage von Faktenentsprechung und Faktenabweichung in permanentem Zweifel befindet (so wie es etwa Denis Scheck mit Blick auf die eigene Lektüre des Romans eingestand). Auch der oftmals nur geringe Grad der Abweichung ist für etwaige Interpretationen des Textes von Bedeutung: Anders nämlich als im Falle von *Ich werde hier sein ...* , wo die Differenz zwischen Elementen der fiktionalen Welt und ihren realhistorischen Vorbildern offenkundig ist und es entsprechend naheliegt, nach der semantischen Funktion dieser Differenz zu fragen, ist in *Imperium* angesichts des oft nur minimalen Grades der Faktenabweichung gar nicht problemlos entscheidbar, ob dem jeweiligen realweltlichen Material eine spezifische Bedeutung zukommt (Kracht selbst spricht – gewohnt sibyllinisch – von „eine[r] leichte[n] Verschiebung, die dann etwas ablenkt.").

Ein konkretes Beispiel einer solchen Minimalabweichung vom realweltlichen Faktenmaterial sei angeführt: Heinrich Aueckens, der erste Europäer, der Engelhardts Aufruf zur Zivilisationsflucht Folge leistet, berichtet seinem Mentor,

> [er habe] nach einer ausgedehnten Wanderung durchs Helgoländer Oberland [...] bei einer Rast in einem Teehaus einen jungen Mann fixiert, dessen abstehende Ohren, dunkle, kimmerische Augen und sonderbare Blaßheit so gar nicht dorthin passen wollten. Es war, als sei jener erschreckend dürre Abiturient, der dort mit seinem Onkel an

---

schen Kolonialismus in der Südsee spezialisiert hatten." (Schwarz: Im Denotationsverbot?, S. 123) Finlay hingegen vermutet: „Engelhardt's lifestory was familiar to German readers, having featured in the final episode, 'Abenteuer im [sic] Südsee', of ZDF's three-part historical documentary in 2011 (with accompanying book) on the German colonial experiment, and in a historical novel of the same year [i. e. Marcel Buhl: *Das Paradies des August Engelhardt*]." (Finlay: 'Surface is an illusion but so is depth', S. 225) Die Annahme jedoch, dass diese Werke zu einer allgemeinen Vertrautheit der deutschsprachigen Leser mit Engelhardts Biografie geführt hätten, erscheint wenig plausibel.

einem Tische saß und an einem Stück Kluntjes nagte, der größtmöglich vorzustellende Fremdkörper im Gefüge der Insel. Dieser Fremdling habe ihn rasend vor Lust gemacht, berichtete der Helgoländer seinem Mentor Engelhardt[773] (I, 125)

Der Abiturient erweist sich jedoch als gänzlich unempfänglich für Aueckens' Avancen und nimmt, als dieser sich ihm aufzudrängen versucht, Reißaus. Diese sexuelle Zurückweisung scheint unmittelbare Auswirkungen auf Aueckens' Wahrnehmung des Fremden zu haben: Plötzlich glaubt Aueckens nämlich zu erkennen, dass es sich bei seinem Lustobjekt um einen „Jude[n]", also einen „Sendbote[n] des Undeutschen" (I, 126) handelt. Ein in Klammern gesetzter Einschub, in welchem die Perspektive Aueckens' verlassen wird, liefert die folgenden Informationen nach:

> (der so bezeichnete Abiturient indes, selbst Vegetarier, schrieb später, am selben Tage noch, eine Karte an seine Schwester nach Prag: sein Husten habe sich am Meere gebessert, der Onkel zeige ihm Sehenswertes, nun schiffe man sich bald nach Norderney ein, karg sei es hier, aber eindrücklich, die Einwohner der Felseninsel hingegen grob und geistig retardiert). (I, 126)

Hinter dem namenlosen Abiturienten verbirgt sich Franz Kafka. Dass dessen Name nicht genannt wird – ebenso wenig wie an anderer Stelle die Namen von Thomas Mann (I, 84, 87f.) oder Hermann Hesse (I, 62f.) –, kann als Hinweis darauf gedeutet werden, dass hier auf ein bestimmtes Vorwissen des Lesers spekuliert wird: Rahmeninformationen wie ‚Norderney' und ‚um 1900' in Verbindung mit individuellen Attributen wie ‚blass', ‚jüdisch', ‚dürr', ‚abstehende Ohren', ‚Husten', ‚Schwester in Prag' etc. ermöglichen einigermaßen mühelos den inferenziellen Schluss auf die Identität der beschriebenen Person.[774] Tatsächlich führte eine größere Reise Franz Kafka – der zu dieser Zeit allerdings weder Vegetarier noch auch an Lungentuberkulose erkrankt war – vom 28. Juli bis zum 27. August 1901 nach Helgoland und Norderney.[775] Überliefert ist von dieser Reise allerdings nur eine einzige Karte an Kafkas Schwester Gabriele, mit dem spärlichen Kartenaufdruck: „Gruss aus Norderney" und der Unterschrift „Franz".[776] Die postalische Beschreibung der Insel sowie ihrer Einwohner sind also Erfindungen Krachts.

---

773 Zitate aus *Imperium* werden nach folgender Ausgabe mit der Sigle „I" im Text gegeben: Christian Kracht: Imperium. Köln 2012.
774 Vgl. Elena Setzer: „You, sir, will be in pictures". Fiktionalisierung der Lebensreform. Camp und Parodie in Christian Krachts *Imperium*. In: Barbara Beßlich / Ekkehard Felder (Hg.): Geschichte(n) fiktional und faktual. Literarische und diskursive Erinnerungen im 20. und 21. Jahrhundert. Bern 2016, S. 253–275, hier S. 260.
775 Vgl. Birgfeld: Südseephantasien, S. 467.
776 Franz Kafka: Briefe 1900–1912. Hg. v. Hans-Gerd Koch. Frankfurt a. M. 1999, S. 10.

Handelt es sich nun aber bei dieser Faktenabweichung um einen Fall von Kontrafaktik? Der gerade einmal vier Wörter umfassende Wortlaut auf einer Postkarte des jungen Kafka dürfte kaum einem Leser spontan bekannt sein; die Faktenabweichung erschließt sich allenfalls nach entsprechenden Recherchen.[777] Aber selbst, wenn man die Abweichung von den realweltlichen Fakten rekonstruiert hätte, wäre damit noch keineswegs plausibilisiert, dass es sich hier auch um eine *signifikante* Variation von realweltlichem Faktenmaterial handelt, dass die Faktenvorlage in Verbindung mit ihrer fiktionalen Variation also in eine Deutung des Romans miteinbezogen werden sollte.[778] Der zuletzt aus Krachts Roman zitierte Satz kann auch für sich allein genommen – also unabhängig vom realweltlichen Faktenmaterial – problemlos auf zentrale Themen von *Imperium* bezogen werden: Die Abwertung der Einwohner von Norderney dürfte vor allem als Kommentar zu Aueckens' sexuellem Übergriff verstanden werden, welcher wiederum auf die spätere Vergewaltigung des Indigenen Makeli vorausdeutet; zugleich wird mit der Charakterisierung der Inselbewohner – und damit indirekt wohl auch derjenigen Aueckens' – als „grob und geistig retardiert" ein bekanntes, rassistisches (Kolonial-)Klischee gegenüber fremden Völkern aufgerufen, dann aber ausgerechnet auf einen Deutschen angewandt. Damit wird, wie so häufig im Roman, gleichsam ein ‚*othering of the othering*', also eine kritische Umkehrung des kolonialen Blicks vorgenommen.[779] Mit der realweltlichen Textvorlage hat diese Deutung jedoch schlichtweg nichts mehr zu tun. Die Faktenabweichung – falls man hier überhaupt von einer solchen sprechen will – ist nur noch in ihrem Resultat von Interesse, nicht aber als Variation eines ganz bestimmten realweltlichen Sach-

---

[777] Für eine Rekonstruktion der realhistorischen Vorgänge siehe Birgfeld: Südseephantasien, S. 462, Anm. 13.
[778] Siehe Kapitel 4.6. Signifikanz.
[779] Robin Hauenstein etwa weist darauf hin, dass man Engelhardt zuletzt wie „ein wildes Tier im Zoo besucht" (I, 229), dass man mit dem vormaligen Kolonisator also auf ähnliche Weise verfährt, „wie es die Europäer der Zeit auf dem Kontinent mit den exotischen Tieren aus den Kolonien tun." (Robin Hauenstein: „Ein Schritt zurück in die exquisiteste Barbarei" – Mit Deutschland in der Südsee: Christian Krachts metahistoriographischer Abenteuerroman *Imperium*. In: La prose allemande contemporaine: voix et voies de la génération postmoderne. Germanica 55 (2014), S. 29–45, hier S. 37) Auch werde der „*Kannibalismus-Diskurs* ironisch überzeichnet auf Engelhardt selbst übertragen: Der Kannibale gehört seit der Entdeckung der Neuen Welt zu den stabilsten Topoi in den Texten über die außereuropäische Fremde." (ebd., S. 38) Lorenz konstatiert bereits für *Ich werde hier sein ...* eine „Umkehrung des kolonialen Verhältnisses", wenn „Schweizer [...] im Romanverlauf als primitive Subalterne [erscheinen]" (Lorenz: Christian Kracht liest *Heart of Darkness*, S. 428).

verhalts, welcher bei der Deutung des kontrafaktischen Elements mit zu berücksichtigen wäre.

Die Forschung hat nun zahlreiche vergleichbare minimale Faktenabweichungen in *Imperium* identifiziert; für die Deutung des Romans sind diese einzelnen Faktenabweichungen in den meisten Fällen von ähnlich geringer Bedeutung wie bei dem angeführten Kafka-Beispiel (wie sich etwa auch an den Cameo-Auftritten Thomas Manns und Hermann Hesses zeigen lässt). Bedeutender als die einzelne Abweichung von realweltlichem Faktenmaterial dürfte in *Imperium* der Umstand sein, dass der Modell-Leser, welcher eben nicht nach der Lektüre aller paar Sätze ein Lexikon konsultiert, sich spontan niemals sicher sein kann, ob er es mit einem realen, einem kontrafaktischen oder einem frei erfundenen Element zu tun hat (oder, um Pavels Terminologie aufzugreifen: ob er sich innerhalb der fiktionalen Welt mit *immigrant objects*, *surrogate objects* oder *native objects* konfrontiert sieht[780]). Selbst über die Lebensdaten August Engelhardts dürften sich die meisten empirischen Leser wohl erst durch eine schnelle Recherche auf Wikipedia Klarheit verschafft haben[781] (was insofern zu Folgeproblemen führen mag, als der Verdacht besteht, dass Kracht selbst gelegentlich die einschlägigen Artikel manipuliert[782]). Zur Verwirrung trägt ferner bei, dass die von Kracht gewählten realhistorischen Begebenheiten bereits vor jedweder literarischen Bearbeitung einigermaßen bizarr anmuten; selbst eine faktengetreue literarische Wiedergabe derselben mag mitunter wie eine schriftstellerische Erfindung wirken. Es lässt sich folglich spontan meist gar nicht entscheiden, ob ein einzelnes historisches Detail als frei imaginiert, als streng faktengetreu im Sinne der Faktik oder als Abweichung von Faktenmaterial einzuordnen ist – wobei sich bei letztgenannter Option wiederum die Folgefrage stellten würde, ob ein Fall von Kontrafaktik, eine unbedeutende

---

[780] Siehe Kapitel 4.3.2. Kompositionalismus und kontrafaktische Elemente als real-fiktive Hybridobjekte.
[781] Ingo Vogler sieht diese Anstiftung zur Faktenprüfung als Teil einer allgemeinen „Tendenz deutscher Gegenwartsliteratur": „Indem leicht modifiziertes (z. T. auch der Aktenlage entsprechendes) Fremdmaterial montiert wird, das zur Überprüfung des Wahrheitsgehalts nötige Wissen – oft handelt es sich um weniger bekannte Begebenheiten – dem jeweiligen Leser jedoch nicht vorliegt, ruft die Lektüre einen parallel stattfindenden ‚Nachschlagezwang' auf den Plan (erfahrungsgemäß sind hierfür die gängigen Online-Suchmaschinen prädestiniert). Dass sich dieses Prinzip einiger Beliebtheit erfreut, zeigen Beispiele wie Krachts *Imperium*, Clemens J. Setz' *Indigo* (2012) oder Felicitas Hoppes *Hoppe* (2012)" (Vogler: Die Ästhetisierung des Realitätsbezugs, S. 171 f., Anm. 32).
[782] Birgfeld / Conter: Morgenröte des Post-Humanismus, S. 260. Siehe allgemein zu Krachts Online-Verhalten Schumacher: Omnipräsentes Verschwinden.

Ergänzung des Faktenmaterials oder ein Recherchefehler vorliegt. Die genannten Deutungsoptionen scheinen in *Imperium* sämtlich angelegt zu sein und lassen sich, je nach individuellem Vorwissen und interpretatorischer Einschätzung, auch jeweils für bestimmte Passagen des Textes plausibilisieren. In der Gesamtschau jedoch verwischen sich die Differenzen zwischen verschiedenen Objektklassen und Referenzmodi, sodass sich beim Leser letztlich vor allem Verwirrung und ein generelles Misstrauen gegenüber jedweder konkreten Textreferenz einstellt.[783]

Dadurch, dass ein etwaiger kontrafaktischer Status der Einzelelemente nicht problemlos feststellbar ist, wandelt sich in *Imperium* auch die Funktion der Kontrafaktik: Von einer klar identifizierbaren, hermeneutisch signifikanten Referenzstruktur geht sie über zu einer latent immer vorhandenen Potenzialität der Deutung, welche allerdings beständig mit alternativen Deutungsoptionen konkurriert. Anders als in *Ich werde hier sein …* stellt die Kontrafaktik in *Imperium* somit nicht mehr das dominierende und genrekonstituierende Erzählverfahren dar, sondern bildet lediglich *eine* Möglichkeit der Problematisierung von Wissens- und Deutungsansprüchen, wie sie der Roman mittels vielfältiger Verfahren betreibt. Im Folgenden sollen einige weitere dieser epistemischen Destabilisierungsverfahren nachgezeichnet werden, um auf diese Weise die Funktion und Reichweite der Kontrafaktik im Roman qua Kontrastierung möglichst deutlich hervortreten zu lassen.

---

[783] In diesem Punkt weicht meine Interpretation geringfügig von derjenigen Johannes Birgfelds ab. Dieser behauptet: „Die vom Roman entworfene Chronologie der Ereignisse ist in fast jedem Detail, soweit es auf realgeschichtliche, literaturgeschichtliche oder fiktionale Ereignisse zitierter Werke Bezug nimmt, so fehlerhaft, dass es bemerkenswert ist." (Birgfeld: Südseephantasien, S. 469) Die Beispiele, die Birgfeld anführt, setzen dann allerdings sämtlich ein überaus spezialisiertes Detailwissen voraus: „Die *Prinz Waldemar*, mit der Engelhardt im Roman ca. 1901 nach Herbertshöhe reist, läuft erst 1903 vom Stapel. Weder schreibt Hesse Mitte der 1890er Jahre in Florenz an seinem Roman *Gertrud*, noch ist Thomas Mann während seiner Zeit beim *Simplicissimus* mit Katja Pringsheim verlobt. Pringsheim und Mann verbringen in der Zeit ihrer Verlobung keinen Urlaub in Memel. Edward C. Halsey erfindet nicht um 1900 den hefebasierten Brotaufstrich *Vegemite*, der unter diesem Namen erst 1922 in Australien von der von Halsey 1898 gegründeten Firma als Ersatz für das 1902 in England erfundene *Marmite* hergestellt wird" (ebd.). Diese ‚Fehler' des Erzählers erscheinen keineswegs eklatant; die Faktenabweichungen mögen also durchaus „bemerkenswert" sein – spontan ‚bemerkbar' sind sie für das Gros der Leser aber nicht.

11.2.2 Welthaltigkeit ohne Wissen

Bereits mit Blick auf frühere Texte Krachts wurde die These vertreten, es manifestiere sich darin ein ‚ästhetischer Fundamentalismus', welcher „auf einer radikalisierten Form von Autonomie" beruht und den „politischen Fundamentalismus, wie er sich beispielsweise in Extremismus und Totalitarismus ausdrückt, als sein reflexives Spielmaterial" verwendet.[784] Im Falle von *Imperium* wurde diese tendenziell ästhetizistisch-postmoderne Lesart von Krachts Texten dann vielfach wiederaufgelegt (nicht zuletzt mit der offenkundigen Intention, den Roman gegen denunziatorische, plump-referenzialistische Deutungen wie diejenige von Georg Diez zu immunisieren). Die vielfältigen metareflexiven Verfahren des Romans wurden dabei nicht selten als Hinweis darauf verstanden, dass Fakten, Wahrheit und überhaupt Fremdreferenzen auf die reale Welt für Krachts Roman letztlich keine Rolle spielen würden, sondern dass hier vor allem ein Spiel der Zeichen mit sich selbst vorgeführt werde. So schreibt etwa Ralph Pordzik in Bezug auf *Imperium* von der „de-ontologisierenden Wirkung der Ironie" sowie von „Krachts radikalem Ästhetizismus".[785] Julian Preece urteilt: „It turns out that the whole novel is only a simulacrum anyway and that history is being recycled as entertainment."[786] Nicole Weber meint in *Imperium* ein „Auflösen jeder außertextuellen Referenz" beobachten zu können.[787] Und Innokentij Kreknin bemerkt zur Entwicklung von Krachts Œuvre bis zum Roman *Die Toten*: „Die multireferentielle Potenz der Elemente des Rhizoms ist bei den Selbstverweisen von Roman zu Roman stärker geworden, während sie bei der Fremdreferenz beständig abgenommen hat."[788]

Für eine Deutung von *Imperium* als kontrafaktisches Werk stellen die Infragestellung von Fremdreferenzen und die Ablehnung von Wissensansprüchen offenkundig ein Problem dar. Würde nämlich die These von der bloßen Selbstbezüglichkeit und weitgehenden Referenzlosigkeit des Romans zutreffen, so wäre damit zugleich auch die Frage nach dessen kontrafaktischem Gehalt hinfällig.[789] Die Annahme jedoch, in Texten mit auffällig selbstreflexiven Erzählverfahren würde automatisch auch außertextuelle Fremdreferenz reduziert, kann keineswegs als selbstevident angesehen werden. Zwischen hoher

---

[784] Oliver Jahraus: Ästhetischer Fundamentalismus. Christian Krachts radikale Erzählexperimente. In: Johannes Birgfeld / Claude D. Conter (Hg.): Christian Kracht. Zu Leben und Werk. Köln 2009, S. 13–23, hier S. 14 f. Siehe auch Kapitel 11. Christian Krachts Poetik der Alternativgeschichte.
[785] Pordzik: Wenn die Ironie wild wird, oder: *lesen lernen*, S. 598, 591.
[786] Preece: The Soothing Pleasures of Literary Tradition, S. 134.
[787] Weber: „Kein Außen mehr", S. 472.
[788] Kreknin: Selbstreferenz und die Struktur des Unbehagens der ‚Methode Kracht', S. 48.
[789] Siehe Kapitel 4.3.5. Transfiktionale Doppelreferenz.

Selbstreflexivität, Intertextualität und Ironie auf der einen und Fremdreferenz, Welthaltigkeit und ‚Lust am Erzählen' auf der anderen Seite besteht kein zwingender Widerspruch.[790] Tatsächlich dürfte es sich bei der These, Selbstreferenz gehe notwendigerweise zulasten von Fremdreferenz – eine These, die auch mit Blick auf andere Werke der literarischen Postmoderne immer wieder vertreten wurde –, vor allem um die Verabsolutierung eines bestimmten Forschungsnarrativs handeln, an dessen universeller Gültigkeit man berechtigte Zweifel anmelden kann. So hält Tobias Lambrecht in Bezug auf die Forschungsdiskussion zu klassisch postmodernen Texten wie Patrick Süskinds *Das Parfum* oder Robert Schneiders *Schlafes Bruder* fest:

> The interpretive focus solely on their self-referential nature seems to me to be not so much a problem of postmodernism and its aesthetic limits as it is a case of reductionist interpretation in favour of the idea of a paradigm shift.[791]

Mit Blick auf Krachts *Imperium* führt Lambrecht weiter aus:

> [T]he aesthetically conspicuous thing about *Imperium*'s poetics is after all not the abundant self-referential intertextuality of the pastiche, which has become a commonplace of postmodernist narrative. Instead, *Imperium* draws its aesthetic power from the very fact that it *does* take its material from actual history.[792]

Tatsächlich ist das allgemeine Erzählverfahren in *Imperium* nicht welt- und referenzlos. Ganz im Gegenteil liegt hier ein Spiel mit vollkommen hypertrophen Referenzen und eine Mischung ganz unterschiedlicher ästhetischer Verfahren vor: Angespielt wird auf realweltliche Fakten, auf reale ebenso wie auf fiktive Figuren, auf literarische und wissenschaftliche Prätexte. Auch wird mit beträchtlichen Lizenzen erfunden. Wollte man eine Genrezuordnung vornehmen, so müsste

---

[790] Bereits Nikolaus Förster weist in seiner Studie zur sogenannten ‚Wiederkehr des Erzählens' darauf hin, dass Texte wie Sten Nadolnys *Die Entdeckung der Langsamkeit*, Patrick Süskinds *Das Parfum*, Christoph Ransmayrs *Die letzte Welt* oder Robert Schneiders *Schlafes Bruder* zwar darauf verzichten, „den Erzählfluß ständig zu unterbrechen und die Selbstreflexivität der Texte auf diese Weise zu forcieren", dass dieser Umstand aber nicht dazu verleiten sollte, diesen Texten ein fehlendes Problembewusstsein im Hinblick auf die Konstruiertheit (narrativer) Ordnungen zu unterstellen: „Gerade die Texte der *Wiederkehr des Erzählens* konstituieren narrative Ordnungen, die – wenn auch nicht auf der ästhetischen Oberfläche – in ihrer Konstruiertheit vorgeführt und auf diese Weise destruiert werden." (Förster: Die Wiederkehr des Erzählens, S. 2, 10).
[791] Tobias Lambrecht: Is the 'return of the narrative' the departure from postmodernism? Christian Kracht's parahistorical novel *Imperium* between realist and postmodernist storytelling techniques. In: Sabine van Wesemael / Suze van der Poll (Hg.): The Return of the Narrative: the Call for the Novel / La retour à la narration: le désir du roman. Frankfurt a. M. 2015, S. 101–120, hier S. 109.
[792] Lambrecht: Is the 'return of the narrative' the departure from postmodernism?, S. 115.

man *Imperium* wohl irgendwo zwischen historischem Roman, kontrafaktischem Roman, historiografischer Metafiktion, Abenteuerroman, Satire und intertextuellem sowie intermedialem Pastiche verorten. Nicht ein Fehlen von Referenz, sondern vielmehr eine regelrechte Referenzenhypertrophie, eine kaum überschaubare Verflechtung von Anspielungen und Verweisen auf ganz unterschiedliche Diskurse und erzählerische Traditionen zeichnet die Ästhetik von *Imperium* – sowie überhaupt Krachts Ästhetik[793] – aus. (In der Forschung ist dieses ‚zu viel' der Darstellung verschiedentlich mit Susan Sontags Begriff des *camp* in Verbindung gebracht worden.[794]) Was sich dabei speziell im Hinblick auf den Realitätsbezug einstellt, ist eine Art Referenz in Klammern, die zwar beständig auf Wissensbestände Bezug nimmt, Modus und Zuverlässigkeit dieser Bezugnahme jedoch immer wieder in Zweifel zieht und die faktuale Gültigkeit der referentiell aufgerufenen Wissensansprüche relativiert.[795] Dieser quantitativ ebenso wie qualitativ exzessive Anspielungsreichtum, gepaart mit einer permanenten Infragestellung ebenderselben Anspielungen, führt bei der Lektüre von *Imperium* zum irritierenden Eindruck einer Welthaltigkeit ohne Wissen.

Als ein eindrucksvolles Beispiel dieser Referenzhypertrophie kann der Monumentalsatz dienen, mit dem Engelhardts Ankunft auf der Insel Kabakon beschrieben wird:

> Er sprang vom Kanu ins Wasser, watete die restlichen Meter an den Strand und fiel auf die Knie in den Sand, so überwältigt war er; und für die schwarzen Männer im Boot und die paar Eingeborenen, die sich mit einer gewissen phlegmatischen Neugier am Strand eingefunden hatten (einer von ihnen trug gar, als parodiere er sich und seine Rasse, einen Knochensplitter in der Unterlippe), sah es aus, als sei es ein frommer Gottesmann, der dort vor ihnen betete, während es uns Zivilisierte vielleicht an eine Darstellung der Landung des Konquistadoren Hernán Cortés am jungfräulichen Strande von San Juan de Ulúa erinnert, allerdings gemalt, falls dies denn möglich wäre, abwechselnd von El Greco und Gaugin, die mit expressivem, schartigem Pinselstrich dem knienden Eroberer Engelhardt abermals die asketischen Züge Jesu Christi verleihen. (I, 65 f.)

Scheinbar konventionell, mit der Kompetenz der Allwissenheit ausgestattet, beginnt der Erzähler seinen Bericht: Beschrieben werden die Eigenschaften der äußeren Natur, Engelhardts Handlungen sowie seine Gefühle. Sodann jedoch werden unterschiedliche Betrachtungsperspektiven durchdekliniert, die

---

[793] Siehe hierzu Navratil: Faserglück.
[794] Vgl. Setzer: „You, sir, will be in pictures"; Kreknin: Selbstreferenz und die Struktur des Unbehagens der ‚Methode Kracht', S. 54–60. Für weitere Literaturangaben siehe ebd., S. 55, Anm. 82.
[795] Siehe zu den Verfahren der Wissensdestabilisierung in *Imperium* Hannah Gerlach: Relativitätstheorien. Zum Status von ‚Wissen' in Christian Krachts *Imperium*. In: Acta Germanica. German Studies in Africa 41 (2013), S. 195–210.

Arten der Fokalisierung wechseln und zahlreiche kulturelle Assoziationskontexte werden aufgerufen. Eine kohärente Beschreibung ergibt sich dabei nicht. Bei genauer Betrachtung gehen die hier beschriebenen Perspektiven beständig ineinander über oder stehen teils sogar in Widerspruch zueinander. So kommen die Wahrnehmung Engelhardts als „frommer Gottesmann" durch die „Eingeborenen" einerseits und die kulturell vorgeprägte Wahrnehmung durch „uns Zivilisierte" andererseits, welche Engelhardt „abermals die asketischen Züge Jesu Christi" zuschreibt, letztlich zu einem ähnlichen Ergebnis, wenn auch auf sehr unterschiedlichen Assoziationswegen. Zugleich erscheinen die Aussage, einer der Eingeborenen „parodiere [...] sich und seine Rasse" durch einen „Knochensplitter in der Unterlippe" (hier wird vermutlich auf die Darstellung der Eingeborenen in den *Tintin*-Comics Hergés angespielt[796]), sowie der Hinweis auf die „phlegmatische[...] Neugier" der Inselbewohner nur aus der Sicht der sogenannten „Zivilisierte[n]" plausibel. Diese Sichtweise jedoch erscheint zugleich als gebrochen, bedient sie sich doch einerseits – scheinbar unreflektiert – rassistischer Klischees, erweist sich dann aber andererseits doch befähigt, diese Klischees als ebensolche zu erkennen. Auf paradoxe Weise werden hier Wahrnehmungsdispositive der Moderne und der Postmoderne überblendet. Darüber hinaus bleibt unklar, wer eigentlich am Beginn des Satzes spricht, da die Wahrnehmung durch „uns Zivilisierte" doch angeblich erst im zweiten Teil des Satzes beschrieben wird. Und ebendiese Wahrnehmung wird schließlich vollends abenteuerlich, wenn eine Szene, deren mediale Vermittlungsform zwischen optischer Wahrnehmung (Beobachtung der realen Szene oder aber Ansehen eines Films) und sprachlichem Bericht respektive literarischer Ausgestaltung zu schwanken scheint, auf ein realhistorisches Ereignis zurückgeführt wird (die „Landung des Konquistadoren Hernán Cortés"), dieses Ereignis dann aber nicht in seiner historischen Faktizität, sondern über eine bildkünstlerische Vermittlung wahrgenommen wird, welche – die Malstile El Grecos und Paul Gaugins kombinierend – selbst vielleicht gar nicht „möglich" ist, dessen ungeachtet aber auf Jesus Christus – als reale Person? Als Mythos? Als künstlerisches Motiv? – verweist ... Es dürfte deutlich geworden sein: Unter der Fülle realer und potenzieller Verweise auf ganz unterschiedliche Formen von Bezugsmaterial scheint der Sinn des Satzes gleichsam zu kollabieren. Immer wieder werden neue Verweisebenen und Perspektiven einbezogen, welche die Komplexität der literarischen Darstellung kontinuierlich steigern, sich aber nicht mehr auf den Fluchtpunkt eines einheitlichen Signifikats hin synthetisieren lassen.

---

[796] Vgl. Finlay: 'Surface is an illusion but so is depth', S. 228.

Die Perspektivierung und Partikularisierung der Wahrnehmung wird dann im darauffolgenden Abschnitt vom Erzähler selbst thematisiert:

> So sah die Besitznahme der Insel Kabakon durch unseren Freund ganz unterschiedlich aus, je nachdem von welcher Warte aus man das Szenario betrachtete und wer man tatsächlich war. Diese Splitterung der Realität in verschiedene Teile war indes eines der Hauptmerkmale jener Zeit, in der Engelhardts Geschichte spielt. Die Moderne war nämlich angebrochen, die Dichter schrieben plötzlich atomisierte Zeilen; grelle, für ungeduldige Ohren lediglich atonal klingende Musik wurde vor kopfschüttelndem Publikum uraufgeführt, auf Tonträger gepreßt und reproduziert, von der Erfindung des Kinematographen ganz zu schweigen, der unsere Wirklichkeit exakt so dinglich machen konnte, wie sie geschah, zeitlich kongruent, als sei es möglich, ein Stück aus der Gegenwart herauszuschneiden und sie für alle Ewigkeit als bewegtes Bild zwischen den Perforationen eines Zelluloidstreifens zu konservieren. (I, 66 f.)

Bezeichnenderweise werden die „Splitterung der Realität in verschiedene Teile" einerseits – also eine bestimmte Beschaffenheit der Wirklichkeit – und spezifische ästhetische Verarbeitungsformen derselben andererseits – etwa in der (wiederum nicht expressis verbis genannten) avantgardistischen Lyrik oder in der Zwölftonmusik –, hier nicht sauber voneinander getrennt; die Textur der Realität und die subjektive Wahrnehmung respektive künstlerische Darstellung derselben scheinen ineinander überzugehen. (Eines der eklatantesten Beispiele für diese Doppelung von Welt- und Wahrnehmungsverschiebung im Roman bildet die – binnenfiktional reale, realweltlich allerdings fiktive[797] – Verpflanzung der Stadt Herbertshöhe (vgl. I, 136), über die Engelhardt nicht in Kenntnis gesetzt wird, sodass ihm bei seiner Ankunft in der neu-alten Stadt „die Häuser, Palmen und Alleen auf höchst irritierende Weise verschoben zu sein schienen." (I, 146)) Implizit thematisiert wird diese Problematik der (Un-)Vermitteltheit der Erfahrung respektive Darstellung nicht zuletzt dadurch, dass vom Kinematographen behauptet wird, dass er „unsere Wirklichkeit exakt so dinglich machen konnte, wie sie geschah", diese Möglichkeit jedoch mit dem Irrealis „als sei es möglich" sofort wieder zurückgenommen wird. Die Potenzialität konkreter (künstlerischer) Realitätsreferenzen wird hier also kontinuierlich aufgerufen, um dann in der Folge jedoch immer wieder vom Text unterlaufen zu werden.

Der Romantext bringt derartige Verunsicherungen explizit mit der „Moderne" in Verbindung, deren Charakterisierung hier wesentlich anhand von Entwicklungen aus dem Bereich der Kunst erfolgt. Die Moderne ist in *Imperium* nicht nur Thema, sondern nimmt auch Einfluss auf die formale Anlage des Textes. Unklar bleibt dabei allerdings vorderhand, ob die Erzählinstanz des Romans sich selbst den Erzählern der Moderne anzunähern versucht (besonders Anlehnungen an den

---

[797] Vgl. Birgfeld: Südseephantasien, S. 469.

Erzählstil Thomas Manns wurden in Forschung und Feuilleton vielfach konstatiert[798]; als Beispiel kann etwa die Formulierung „durch unseren Freund" im obigen Zitat gelten, die an den Erzähler im *Zauberberg* erinnert), oder aber, ob die Ästhetik der Moderne hier nicht vielmehr mit den Mitteln einer sprachlich satirischen, intertextuell anspielungsreichen und formal subversiven Postmoderne – deren Verfahren freilich in der Moderne bereits angelegt waren[799] – vorgeführt und ausgehebelt wird.

Zur Klärung dieser Frage erscheint es lohnend, die Erzählinstanz von *Imperium* genauer in den Blick zu nehmen. Über weite Strecken des Romans tritt der Erzähler mit einem souveränen, allüberblickenden Erzählgestus auf, wie er für das realistische Erzählen im 19. und frühen 20. Jahrhundert, aber auch für die Kolonialliteratur charakteristisch gewesen war.[800] Diese Souveränität jedoch wird immer wieder – so etwa in den eben kommentierten Beispielsätzen – erkennbar ironisiert, in Zweifel gezogen oder sogar explizit zurückgenommen. Nachdem der Erzähler etwa über weite Strecken nullfokalisiert von den Ereignissen auf der Insel zu berichten wusste, werden überraschenderweise just die Umstände rund um Aueckens' Tod ausgespart. Zwar führt der Erzähler einige potenzielle Tathergänge und Ereignisabfolgen an; was nun aber tatsächlich stattgefunden hat, „verschwindet im Nebel der erzählerischen Unsicherheit." (I, 130) Auch das Kapitel, in dem Engelhardts Vergangenheit rekapituliert wird, beginnt mit mehrfachen Beteuerungen der informationellen Unsicherheit des Erzählers: „Wann tauchte unser Freund eigentlich das erste Mal an die Oberfläche der Weltenwahrnehmung? Allzu wenig ist über ihn bekannt" (I, 77); im nächsten Abschnitt scheint der Erzähler dann die Reiseroute des Protagonisten nicht sofort geistig präsent zu haben: „Wir sehen ihn, abermals in einem Zuge etwa, nun aber von – Augenblick – von Nürnberg nach München reisend" (I, 77); und im folgenden Abschnitt schließlich scheint dem Erzähler die exakte Orientierung in der Zeit abhandenzukommen: „Das

---

[798] Vgl. etwa Erhard Schütz: Kunst, kein Nazikram. In: Der Freitag, 15.02.2012, S. 42; Christopher Schmidt: Der Ritter der Kokosnuss. In: Süddeutsche Zeitung, 16.02.2012; Helge Malchow: Blaue Blume der Romantik. In: Der Spiegel, 18.02.2012; Joe Paul Kroll: Der Ritter der Kokosnuss. In: CULTurMAG, 29.02.2012; Birgfeld: Südseephantasien, S. 472 f.; Preece: The Soothing Pleasures of Literary Tradition, S. 118 f.; Lorenz: Christian Kracht liest *Heart of Darkness*, S. 445; Isabelle Stauffer / Björn Weyand: Antihelden, Nomaden, Cameos und verkörperte Simulakren. Zum Figureninventar von Christian Krachts Romanen. In: Christoph Kleinschmidt (Hg.): Christian Kracht. Text + Kritik. München 2017, S. 54–66, hier S. 56.
[799] Vgl. Tom Kindt: „Ein Zahnrad greift nicht mehr ins andere … ". Zur Erzählstrategie und Wirkungskonzeption von Christian Krachts Roman *Imperium*. In: Matthias N. Lorenz / Christine Riniker (Hg.): Christian Kracht revisited. Irritation und Rezeption. Berlin 2018, S. 455–470, hier S. 468.
[800] Vgl. Hauenstein: „Ein Schritt zurück in die exquisiteste Barbarei", S. 30.

alte Jahrhundert neigt sich unwirklich rasch seinem Ende zu (eventuell hat das neue Jahrhundert auch schon begonnen)" (I, 77). Zu den Passagen, in denen die Unzuverlässigkeit des Erzählers – im Sinne mangelnder Informiertheit – mehr oder weniger deutlich zutage tritt oder sogar explizit thematisiert wird, kommen noch solche Textstellen hinzu, in denen der Erzähler sich schlichtweg widerspricht. So schiebt er etwa, nachdem er umständlich die Lepra-Ansteckung August Engelhardts infolge des Verspeisens eines Stückchen Hautschorfs beschrieben hat, der sich „vom leprösen Finger des Tolaihäuptlings" gelöst und auf einer Klaviertaste klebengeblieben war, die lapidare Bemerkung nach: „In Wahrheit hat sich unser Freund natürlich schon Jahre zuvor infiziert." (I, 190)

Zu den beschriebenen epistemischen Unsicherheiten oder Inkohärenzen kommt, wie bereits angedeutet, eine beträchtliche Inkohärenz in den ideologischen Grundüberzeugungen und, damit zusammenhängend, in der kulturell-historischen Verortung des Erzählers hinzu.[801] Dieser gibt sich nämlich einerseits als Mitglied der europäischen Zivilisation um 1900 zu erkennen: durch Sprachduktus und Lexik, aber auch durch die Adaption überkommener rassistischer Wahrnehmungsweisen und rassistischen Vokabulars, etwa in Formulierungen wie „barbusigen dunkelbraunen Negermädchen" (I, 13) oder in der Aussage, dass sich die „Kanakenkinder [...] in den Pfützen der Alleen, unter den hoch aufragenden Kokospalmen [tummelten], barfuß, nackend" (I, 17). Derartige rassistische Formen der Weltwahrnehmung werden zwar im Text häufig auf subtile Weise relativiert[802]; es kann aber nicht geleugnet werden, dass der Roman wiederholt entschieden rassistische und koloniale Klischees aufruft.

Im Kontrast zu dieser scheinbaren Moderne-Gebundenheit scheint sich der Erzähler an einigen Stellen des Textes durchaus zum Reflexionslevel einer kritischen Postmoderne aufzuschwingen. Einmal verortet er sich sogar explizit im späten 20. oder frühen 21. Jahrhundert, wenn er betont, dass „meine Großeltern"

---

[801] Tom Kindt verwendet hierfür den Begriff der axiologischen Unzuverlässigkeit: „Der fiktive Erzähler eines fiktionalen Erzähltextes ist *axiologisch* unzuverlässig, wenn seine Wertauffassungen den durch den Text im Ganzen ausgedrückten Wertauffassungen nicht entsprechen." (Kindt: „Ein Zahnrad greift nicht mehr ins andere ...", S. 459).

[802] Über die „Pflanzer" heißt es zu Beginn des folgenden Absatzes: „Das Wort *Pflanzer* traf es nicht richtig, denn dieser Begriff setzte Würde voraus [...]" (I, 13). Es werden hier also die potenziell problematischen Implikationen bestimmter Begrifflichkeiten herausgestellt und zugleich die Kolonisatoren als würdelos charakterisiert. Die rassistische Betrachtungsweise der Kinder wiederum wird durch eine Inkohärenz innerhalb der fiktionalen Welt subvertiert: Im Text heißt es, dass die „Kanakenkinder [...] auf den Häuptern wolliges, aus einer lustigen Laune der Natur heraus blondes Haar" (I, 17) hätten. Es findet hier also eine Art von Differenzverschleifung statt, wie sie für die Darstellung ethnischer Merkmale und nationaler Eigenheiten bereits in *Ich werde hier sein ...* von großer Bedeutung gewesen war. Siehe Kapitel 11.1.1. Differenzverwischungen.

(I, 231) Zeugen der Deportationen im Dritten Reich geworden waren. Derartige Brechungen der ideologischen und historischen Optik finden sich in *Imperium* oftmals innerhalb desselben Abschnitts, wenn nicht gar innerhalb desselben Satzes.[803] Die schlussendliche Entscheidung darüber, welche Aspekte dieser widersprüchlichen Weltwahrnehmung (politisch) verbindlich sind, nimmt der Roman den Lesern nicht ab. Stattdessen erfordert *Imperium*, wie Robin Hauenstein betont, „eine Leserschaft, die ihre Weltanschauung kritisch mitliest."[804]

Die vielfachen Inkohärenzen der Erzählinstanz lassen Tom Kindt zu dem Schluss kommen, „dass in *Imperium* eine besondere Form des erzählerlosen Erzählens vorliegt. Durch den Text [...] wird die Frage nach seinem Erzähler zwar fortlaufend provoziert, ihre Beantwortung aber zugleich subvertiert."[805] Es mag letztlich eine Frage der Theoriepräferenz sein, ob man angesichts der Inkohärenzen der Erzählinstanz von einem erzählerlosen Erzählen oder von einem sich selbst widersprechenden Erzähler wird ausgehen wollen. Festzuhalten bleibt in jedem Fall, dass die Ansprüche auf die Präsentation historischen Wissens, wie sie vom historischen Roman bereits qua Genre aufgerufen werden, in *Imperium* durch die Brechungen des erzählerischen Zugriffs auf die erzählte Welt in vielfacher Weise eingeschränkt und relativiert werden: durch unzuverlässige – und teils sogar als unzuverlässig ausgestellte – Informationsvergabe, durch inhaltliche, ideologische und historische Inkohärenzen sowie durch vielfache Sprünge in der Fokalisierung.

Mit dem souveränen Weltüberblick der Jahrhundertwendeliteratur, welcher sich der Erzähler stilistisch stellenweise anzunähern scheint, ist der Zugriff des Erzählers auf die fiktionale Welt in *Imperium* also kaum mehr zu vergleichen. Die erzählerischen Anleihen bei den ästhetischen ebenso wie bei den weltanschaulichen Ordnungsversuchen der Moderne dienen vor allem dem Zweck, ebendiese Ordnungsversuche durch Ironisierung, Übersteigerung oder bizarre Hybridisierung als mangelhaft, wenn nicht gar als politisch bedenklich auszustellen. Christian Kracht versucht sich in *Imperium* nicht als ein Thomas Mann des 21. Jahrhunderts, sondern lässt vielmehr die Kluft zutage treten, welche die

---

803 Ein besonders eklatantes Beispiel dieser ideologischen und historischen Inkohärenz bilden der erste sowie der letzte Satz des Romans, die zweimal denselben Sachverhalt beschreiben, das erste Mal jedoch als Teil eines episch ausladenden Berichts, inklusive der problematischen Formulierung „ein malayischer Boy" (I, 11), das zweite Mal als Beschreibung eines Kinofilms, mit der neutral-deskriptiven Formulierung „ein dunkelhäutiger Statist (der im Film nicht wieder auftaucht)" (I, 242).
804 Hauenstein: „Ein Schritt zurück in die exquisiteste Barbarei", S. 33. Siehe hierzu auch Lorenz: Christian Kracht liest *Heart of Darkness*, S. 446.
805 Kindt: „Ein Zahnrad greift nicht mehr ins andere ...", S. 461.

fortgeschrittene Postmoderne von den Welterklärungsambitionen der frühen Moderne trennt.

Problematisch erscheinen aus dem mittlerweile gewonnen historischen Abstand vor allem jene Ausprägungen moderner Weltanschauung, die sich den Dynamisierungen, den epistemischen Irritationen und politischen Herausforderungen der eigenen historischen Periode zu entziehen suchten und vor den Verunsicherungen der Zeit in monomanische Ideologien flüchteten. In *Imperium* wird, anders als Georg Diez meint, gerade kein „antimoderne[r] Ästhetizismus" vorgeführt oder ein „antimodernes [...] Denken" betrieben[806]; im Gegenteil kritisiert der Roman gerade jene reaktionären Strömungen innerhalb der Moderne, welche die Entwicklungen der Moderne rückgängig zu machen suchten. So werden etwa die angeführten ästhetischen und technischen Neuerungen der Moderne – avantgardistische Literatur, atonale Musik, Kinematograph – von Engelhardt selbst zurückgewiesen oder doch zumindest ignoriert:

> Alles dies aber berührte Engelhardt nicht, da er ja gerade auf dem Weg war, sich nicht nur der allerorten beginnenden Moderne zu entziehen, sondern insgesamt dem, was wir Nichtgnostiker als Fortschritt bezeichnen, als, nun ja, die Zivilisation. Engelhardt tat einen entscheidenden Schritt nach vorne auf den Strand – in Wirklichkeit war es ein Schritt zurück in die exquisiteste Barbarei. (I, 67)

Dieser „Schritt zurück in die exquisiteste Barbarei" – wobei das Oxymoron „exquisiteste Barbarei" bereits andeutet, dass es sich hier nicht um die Rückkehr zu einer etwaigen wahren Ursprünglichkeit, sondern gerade um eine genuin moderne Kompensationsreaktion handelt[807] – wird im Roman ebenso als Fehlentwicklung ausgestellt wie die spätere konservative Revolution des Nationalsozialismus, mit der Engelhardts Kolonialprojekt verschiedentlich parallelisiert wird. Bei der Diskussion der politischen Dimension von *Imperium* wird auf diesen Punkt zurückzukommen sein.

All die genannten darstellerischen Komplikationen führen in *Imperium* zu einer Destabilisierung starrer Wissensansprüche. Ein Bezug auf die reale Welt und realweltliches Faktenmaterial geht damit allerdings nicht komplett verloren: Die Darstellung der fiktionalen Welt ist insgesamt weitgehend realistisch, die grobe realhistorische Verortung der Ereignisse bereitet keinerlei Schwierigkeiten und zumindest vereinzelt wird durchaus auf konkrete historische Ereignisse und

---

[806] Diez: Die Methode Kracht, S. 102 f. Einem ähnlichen Missverständnis sitzt Thomas Assheuer auf, wenn er in Krachts Roman eine „Totaldenunziation der Moderne" zu erkennen glaubt (Thomas Assheuer: Ironie? Lachhaft. In: Die Zeit, 23.02.2012).
[807] In dieser Hinsicht ist Engelhardts Zivilisationsflucht mit der Zivilisationsflucht des Protagonisten aus *Ich werde hier sein ...* vergleichbar.

realhistorische Figuren referiert. Die Möglichkeit einer kontrafaktischen Deutung des Romans muss somit nicht von vornherein ausgeschlossen werden; eine solche kontrafaktische Deutung lässt sich aber auch nicht mehr auf derart selbstverständliche Weise durchführen, wie es noch bei *Ich werde hier sein ... der Fall gewesen war.* In *Imperium* werden, anders als im Vorgängerroman, die Grundbedingungen, welche für die Kontrafaktik als Referenzstruktur sowie als Interpretationsoption vorausgesetzt werden müssen, zwar nicht vollständig unterminiert, aber doch auf vielfältige Weise destabilisiert. So finden sich im Roman zahlreiche Abweichungen von realweltlichem Faktenmaterial, die sich gleichwohl auf der Basis einer durchschnittlichen Enzyklopädie kaum erschließen lassen; oder aber diese Abweichungen sind – zumindest im Einzelnen – so wenig bedeutsam, dass Zweifel an ihrer hermeneutischen Signifikanz aufkommen müssen. Auf ähnliche Weise scheint ein allwissender Erzähler einer kontrafaktischen Deutung vorderhand entgegenzukommen, da dieser mit seinem umfassenden Zugriff auf die fiktionale Welt ja eigentlich mühelos über die Eigenschaften dieser fiktionalen Welt sollte Auskunft geben können, welche dann möglicherweise mit den Fakten der realen Welt konfligieren. Dieser scheinbar allwissende Erzähler erweist sich in *Imperium* dann aber streckenweise als unzuverlässig, schlecht informiert oder gerät gar in Widerspruch zu sich selbst. Und schließlich entpuppen sich, wie im nächsten Kapitel gezeigt werden soll, viele der potenziell faktischen oder kontrafaktischen Anspielungen des Romans bei genauerer Betrachtung als intertextuelle Zitate aus anderen künstlerischen Werken.

11.2.3 Der koloniale Raum: intertextueller Pastiche und Projektionsvermeidung

Die europäische Kolonialliteratur des 19. und frühen 20. Jahrhunderts fühlte sich bei der Darstellung fremder Kulturen bekanntlich kaum vor größere ethische oder epistemologische Herausforderungen gestellt: Die kulturelle Superiorität im Verhältnis zu fremden Kulturen und damit auch die Deutungshoheit über selbige schien von vornherein ausgemacht.[808] (Einen der eindrucksvollsten literarischen Kritikversuche solcher kolonialer Projektionsmechanismen, der allerdings selbst nicht frei von rassistischen Denkformen ist, bildet Joseph Conrads Erzählung *Heart of Darkness* aus dem Jahre 1899, auf die *Imperium* verschiedent-

---

808 So konstatiert Hermes: „Im europäischen Kolonialdiskurs des späten 19. und frühen 20. Jahrhunderts [...] [d]iente die radikale Abwertung des bzw. der Anderen dazu, die ‚weiße Rasse' oder die eigene Nation in einem umso helleren Licht erstrahlen zu lassen." (Hermes: Tristesse globale, S. 188).

lich verweist.⁸⁰⁹) Auch der Erzähler von *Imperium* scheint sich mitunter dem Souveränitätston der Kolonialliteratur anzunähern.⁸¹⁰ Allerdings wird diese Erzählhaltung nicht so sehr im Sinne affirmativer Imitation, sondern vielmehr zum Zweck kritischer Ironisierung aufgerufen.

Innerhalb der Sukzession von Krachts Werken bildete die Erzählinstanz von *Imperium*, mit ihren umständlichen Satzbildungen, ihrem obskuren Fremdwortgebrauch und ihrer genüsslichen Betonung erzählerischer Souveränität, ein Novum. Insbesondere zu der „literarisierte[n] Oralität"⁸¹¹ von *Faserland* steht *Imperium* in größtmöglicher stilistischer Distanz. Im Gegensatz zur „notorisch unverdichteten Prosa"⁸¹² von Krachts Erstlingsroman scheint sich der Erzähler in *Imperium* einem bestimmten erzählerischen Souveränitätsgestus in der Literatur der Moderne anzunähern. Zugleich wird der Versuch dieser Annäherung beständig durch Inkohärenzen und Irritationen der Erzählung bis hin zu offenkundigen sprachlichen Fehlern im Text irritiert.⁸¹³ Aber auch ohne derartige Relativierungsstrategien müsste eine Erzählstimme, die in manieriertem Sprachduktus und mit forciertem Welterklärungsanspruch eine Abenteuergeschichte aus der Kolonialzeit um 1900 berichtet, zu Beginn des 21. Jahrhunderts einigermaßen anachronistisch anmuten. So bemerkt Matthias N. Lorenz:

> Mit dem Wissen um die kläglichen Anstrengungen der Deutschen, eine Kolonialmacht nach anglo-französischem Vorbild zu werden, wirken die Beteuerungen des Erzählers von *Imperium* aus der historischen Distanz, die mittlerweile auch zu seiner Sprache besteht, lächerlich: sie richten sich selbst.⁸¹⁴

Gerade die Souveränitätsprätentionen der Erzählinstanz fallen negativ auf selbige zurück – und geben damit zugleich retrospektiv die pathetische Rhetorik des realen Kolonialismus der Lächerlichkeit preis.⁸¹⁵

---

809 Vgl. Lorenz: Christian Kracht liest *Heart of Darkness*.
810 Pordzik stellt fest: „Von auffälliger Häufigkeit sind Szenen, die sich auf die lange Tradition der Kolonialliteratur englischer Provenienz beziehen und über die Landesgrenzen hinaus bekannte Vorläufertexte wie Daniel Defoes *Robinson Crusoe* (1719), Joseph Conrads *Heart of Darkness* (1899/1902) oder E. M. Forsters *A Passage to India* (1924) zitierend überschreiben." (Pordzik: Wenn die Ironie wild wird, oder: *lesen lernen*, S. 584).
811 Anke S. Biendarra: Der Erzähler als ‚popmoderner Flaneur' in Christian Krachts Roman *Faserland*. In: German Life and Letters 55/2 (2002), S. 164–179, hier S. 165.
812 Baßler: „Have a nice apocalypse!", S. 265.
813 Vgl. Pordzik: Wenn die Ironie wild wird, oder: *lesen lernen*, S. 580; Birgfeld: Südseephantasien, S. 475 f., Anm. 62.
814 Lorenz: Christian Kracht liest *Heart of Darkness*, S. 446.
815 In Bezug auf den historischen Engelhardt bemerkt Schwarz: „Engelhardts Rhetorik ist Wort für Wort ernstgemeint. Wer sie heute zitiert, gibt mit ihr auch die hyperbolische Rhetorik des Imperialismus ironisch preis." (Schwarz: Im Denotationsverbot?, S. 136).

Die formale Anlehnung an die Kolonialliteratur sowie überhaupt an die Literatur der Moderne verbindet sich in *Imperium* mit einer Fülle intertextueller Anspielungen, und zwar insbesondere da, wo von der kolonialen ‚Fremde' die Rede ist: Die einzelnen inhaltlichen oder bildlichen Elemente, aus denen sich der koloniale Raum zusammensetzt, erweisen sich größtenteils als Entlehnungen aus fremden Texten. In *Imperium* wird mithin nicht so sehr der Versuch einer eigenständigen Imagination der Südsee unternommen. Bei genauerer Betrachtung erweist sich die Darstellung des kolonialen Raumes im Roman eher als ein *Pastiche* europäisch-westlicher Südseeimaginationen, konstituiert also eine – so Richard Dyers Definition des Pastiche – Imitation, die als Imitation erkennbar sein soll.[816] Angedeutet wird dieses Pastiche-Verfahren bereits mit dem Titelbild der Hardcover-Ausgabe des Romans, bei dem es sich um eine leicht veränderte Darstellung eines Südseelandschaft aus dem Comic *Das Schicksal der Maria Verita* aus der *Theodor Pussel*-Reihe von Frank Le Galls handelt.[817] Im Roman selbst setzt sich dieses Verfahren einer Übernahme vorgefertigter Südseeimaginationen dann in Bezügen auf andere fiktionale und faktuale Texte – welche weitgehend gleichwertig behandelt werden[818] –, auf Comics, Filme und Bildquellen fort.[819]

Diese vielfachen intertextuellen Verweisketten im Roman brechen dabei jedoch niemals aus der Immanenz der europäischen Kolonialimaginationen aus. So konstatiert wiederum Matthias N. Lorenz:

> Kracht [bezieht] sich nicht wirklich auf ‚die Fremde', auf ein realistisches Afrika oder ‚die Südsee', sondern auf die Bilder, die sich in den Texten über ‚die Fremde' in unseren Köpfen abgelagert haben. Seine Romane untersuchen *race* nicht etwa realhistorisch oder aus einem soziologischen Blickwinkel, sondern als ein abendländisches Konstrukt, das nicht zuletzt in der Literatur tradiert wurde.[820]

---

816 Vgl. Richard Dyer: Pastiche. Abingdon / New York 2007, S. 1. Im Roman selbst kommt ein Schiff mit dem Namen „R. N. Pasticcio" (I, 50) vor. Siehe zum Begriff des Pastiche auch Birgfeld: Südseephantasien, S. 473–477, sowie Kreknin: Selbstreferenz und die Struktur des Unbehagens der ‚Methode Kracht', S. 46. Siehe ebd., Anm. 45 für weitere Literaturhinweise.
817 Vgl. Andreas Platthaus: Christian Krachts *Imperium*. Finden Sie die Unterschiede? In: Frankfurter Allgemeine Zeitung, 07.03.2012.
818 Vgl. Doll: Der Umgang mit Geschichte im historischen Roman der Gegenwart, S. 497.
819 Vgl. Eckhard Schumacher: Differenz und Wiederholung. Christian Krachts *Imperium*. In: Hubert Winkels (Hg.): Christian Kracht trifft Wilhelm Raabe. Die Diskussion um *Imperium* und den Wilhelm Raabe-Literaturpreis 2012. Berlin 2013, S. 129–146, hier S. 133 f.; Birgfeld: Südseephantasien, S. 463 ff.; Lorenz: Christian Kracht liest *Heart of Darkness*, S. 445.
820 Lorenz: Christian Kracht liest *Heart of Darkness*, S. 449.

Die vielfältigen intertextuellen und intermedialen Quellen des Südsee-Bildes im Roman sind in der Forschung detailliert aufgearbeitet worden, sodass sich an dieser Stelle eine Rekapitulation der einzelnen Forschungsergebnisse erübrigt.[821] Im gegebenen Kontext ist ohnehin nicht so sehr die Bedeutung konkreter Prätexte von Interesse, sondern vielmehr der allgemeinere Umstand, dass in *Imperium* die Darstellung des kolonialen Raumes sich auf bereits bestehende Texte, Bilder und Vorurteile bezieht, während einem narrativen Zugriff auf ‚die Sache selbst' konsequent ausgewichen wird. Das intertextuelle Pastiche unterschiedlicher Kolonialnarrative verunmöglicht einen Zugriff auf die Fakten der realen Welt. Vermieden wird damit ein etwaiger Akt der *cultural appropriation*, wie ihn ein vermeintlich souveräner erzählerischer Zugriff auf eine weitgehend unbekannte Kultur, die darüber hinaus Opfer der europäischen Kolonisierung geworden ist, fast notwendigerweise konstituieren müsste. Anders als bei der Darstellung der europäischen Geschichte und der Lebensgeschichte realweltlicher europäischer Figuren ist die Möglichkeit einer klar zuordenbaren – wenn auch möglicherweise faktendevianten – Realitätsreferenz im Falle des kolonialen Raumes somit überhaupt nicht gegeben (womit freilich nicht ausgeschlossen ist, dass eine solche direkte Realitätsreferenz fälschlicherweise unterstellt wird). Während etwa bei der Darstellung August Engelhardts die Interpretationsoptionen realistischen, faktischen oder kontrafaktischen Erzählens weitgehend in der Schwebe gehalten werden, eröffnet sich im Falle der Darstellung des kolonialen Raumes gar nicht erst die Möglichkeit eines konkreten Realitätsbezugs.

Nur selten finden sich im Roman Passagen, in denen die Darstellung des Kolonialraumes und der Kolonisierten sich *nicht* auf Prätexte beziehen lässt. An diesen Stellen macht der Text dann allerdings meist mithilfe vielfältiger erzählerischer Distanzierungsmarker deutlich, dass die hier präsentierten tendenziösen Wahrnehmungsformen nicht vorbehaltlos zu übernehmen sind, oder aber, dass das vermeintlich Fremde hier in einer Ausprägung erscheint, die bereits durch das Europäisch-Eigene überformt ist. Die ‚eigentliche' Erfahrung der Kolonisierten bleibt somit konsequent ausgespart.

Insbesondere anhand der Figur Makeli, Engelhardts jugendlichem Diener und, neben Pandora, der wichtigsten ursprünglich nicht-europäischen Figur im Roman, lassen sich die erzählerischen Manöver gut nachvollziehen, mithilfe derer ein projektives Auffüllen der Leerstelle der ‚Eingeborenen' vermieden

---

821 Vgl. Birgfeld: Südseephantasien; Schwarz: Im Denotationsverbot?; Preece: The Soothing Pleasures of Literary Tradition, S. 124 f.; Setzer: „You, sir, will be in pictures"; Doll: Der Umgang mit Geschichte im historischen Roman der Gegenwart, S. 445–517.

wird. Generell scheint von der Figur Makeli ein Sog hin zum Uneindeutigen und Unklaren auszugehen. Immer wieder wird im Roman betont, dass von Makeli keine zuverlässigen Informationen zu erhalten sind: Als Max Lützow die Insel verlässt, erblickt er einen „unergründlich in sich hineinlächelnden Makeli" (I, 184). Im Zusammenhang mit der Ermordung Aueckens' wird auf eine Befragung Makelis, der doch „Zeuge des Vorfalls" gewesen war, verzichtet, woraufhin der Erzähler die Bemerkung nachschiebt: „aber von ihm ist nichts, gar nichts zu erfahren." (I, 130) Dem zum Zweck der Ermordung August Engelhardts ausgesandten Kapitän Christian Slütter wird unheimlich zumute, als er Engelhardts Diener etwas genauer in Augenschein nimmt: „Engelhardt bricht in Tränen aus, er beginnt zu zucken, schließlich schüttelt es ihn am ganzen Körper. Makeli muß grinsen und legt die Hände vor den Mund. Slütter sieht, daß dem Jungen ein Mittel- und ein Zeigefinger fehlen." (I, 220) Und als Slütter nach Makelis und Engelhardts genauer Nahrungszusammensetzung fragt, erhält er keine Antwort: „Makeli lächelte verschämt." (I, 222)

Allerdings erweist sich Makeli nicht nur für die Figuren der erzählten Welt als schwer durchschaubar. Auch dem über weite Strecken so souveränen und selbstbewussten Erzähler scheint just an jenen Stellen des Romans, an denen es wichtige Ereignisse aus dem Leben Makelis zu berichten gäbe, die Kompetenz der Allwissenheit abhandenzukommen. Ob etwa Makeli seinen Vergewaltiger Aueckens erschlagen hat oder ob dieser nicht doch auf anderem Wege zu Tode gekommen ist, „verschwindet im Nebel der erzählerischen Unsicherheit." (I, 130) Und die Passage am Ende des Romans, als Makeli zusammen mit Pandora davonsegelt, ist geradezu durchlöchert von Markern narrativer Verunsicherung:

> Makeli und Pandora, Kinder der Südsee, verlassen gemeinsam Rabaul auf einem Segelboot, *ins Ungewisse*. Der Wind bläst sie nach Hawaii, *vielleicht*, oder zu den mit Vanillesträuchern umfloreten Marquesas, *von denen es heißt*, man *könne* ihr Parfüm riechen, weit bevor man sie am Horizont *sehe*, *oder gar* bis nach Pitcairn, jenem vulkanischen Felsen im *leeren, wortlosen* Süden des *Stillen* Ozeans. (I, 229 – Hervorhebungen M. N.)

In jenem Moment, da Makeli und Pandora sich von ihren europäischen Herren losreißen – Makelis von Engelhardt, Pandora von Slütter –, versagt auch die Kompetenz des letztlich europäisch geprägten Erzählers. Vom Leben der „Kinder der Südsee" kann, sobald dieses Leben aus dem kulturellen und persönlichen Einflussbereich der Kolonisatoren heraustritt, nichts mehr berichtet werden. Konsequenterweise tauchen am Ende des Absatzes, gleichsam als Marker erzählerischer Impotenz, die Signifikanten ‚leer', ‚wortlos' und ‚Stille' auf.

Auch dort, wo Makeli selbst zu Wort kommt, kann seine Rede keineswegs als Zeugnis für die vermeintlich natürlichere Wahrnehmungsweisen des ‚(edlen) Wilden' angesehen werden. Im Gegenteil reproduziert Makeli gerade jene kolonialistischen Vorurteile, die der junge Diener in den Jahren des Zusammenlebens mit seinem Herrn Engelhardt von diesem übernommen hat. So stellt Lucas Marco Gisi fest, dass das Verhältnis zwischen Engelhardt und Makeli sich „von Beginn an als eine *wechselseitige Assimilation*" gestaltet.[822] Als Makeli schließlich nach Jahren der kulturellen Indoktrination der deutschen Sprache mächtig ist und seine Rede entsprechend auch im Roman zu Gehör kommt, kann längst nicht mehr davon ausgegangen werden, dass die von ihm vorgetragenen Ansichten noch seinen etwaigen ursprünglichen Gedanken entsprächen oder als repräsentativ für die Geisteshaltung der eigenen Ethnie gelten könnten. So beklagt sich Makeli beispielsweise bei Kapitän Slütter über die „unverrückbare Geisteshaltung seines Volkes" und dessen fehlende Arbeitsmoral:

> Man lasse einfach alles stehen und liegen, es gäbe keine Verantwortung, sie seien wie Kinder, die eines Spielzeugs überdrüssig geworden. Slütter wundert sich über den jungen Makeli, der so sehr zum Deutschen geworden ist, daß er seine Rasse ähnlich beurteilt, wie es ein Kolonialbeamter täte. (I, 222)

Makelis Aussage, die Geisteshaltung des eigenen Volkes sei unverrückbar, bildet hier offenkundig einen performativen Widerspruch: Schließlich bietet Makeli selbst ein Beispiel kultureller Fremdprägung und ideologischer Indoktrination, das eklatant genug ist, um selbst noch Kapitän Slütter in Erstaunen zu versetzen.

Die Bedenklichkeit der Prägung durch Engelhardt und dessen kulturelle Herkunftssphäre lässt sich nicht zuletzt anhand der Auswahl jener literarischen Werke nachvollziehen, die Engelhardt seinem Diener vorliest: „nach Dickens waren die munteren Geschichten von Hoffmann an der Reihe" (I, 131), von dort geht Engelhardt über zu Georg Büchners *Lenz* und Gottfried Kellers *Grünem Heinrich* (vgl. I, 158) und liest Makeli schließlich „den zweiten *Faust* [...], Poe und auch das erschütternde Ende von Ibsens *Gespenstern* [vor]" (I, 220).[823] Erkennbar wird hier ein Fortschreiten hin zu immer abgründigeren und obskureren Manifestationen der europäischen Literatur. Diese geistig-moralische Entwicklung geht dabei, jedenfalls soweit sie Engelhardt betrifft, mit einem sukzessiven Abgleiten in ideologische Idiosynkrasien, antisemitische Paranoia und geistige Verwirrung einher, welche ihrerseits zentrale Themen vieler der genannten Werke bilden. Auch und gerade die europäische Hochliteratur erweist sich somit als Vermittlungsmedium einer politisch bedenklichen Geisteshaltung.

---

822 Gisi: Unschuldige Regressionsutopien, S. 517.
823 Auch scheint Makeli mit Thomas Hobbes' *Leviathan* vertraut zu sein (vgl. I, 222).

Eine der Grund- und Gründungsfragen der *Postcolonial Studies*, ob nämlich die ‚Subalternen' sprechen können (Gayatri Spivak)[824], wird in *Imperium* somit gerade nicht beantwortet. Die Stimme des ganz Anderen, bei deren Nachahmung durch einen europäischen Erzähler es sich letztlich immer nur um eine politisch und epistemisch problematische Projektion handeln könnte, wird erzählerisch nicht ausgestaltet. Stattdessen erweisen sich die Charakterisierungen der Südseebewohner an jenen Stellen des Romans, wo diese an persönlichem Profil zu gewinnen scheinen, entweder als intertextuelle Versatzstücke eines eurozentrisch und rassistisch imprägnierten kulturellen Archivs oder aber als bloße Reflexe auf die europäische Kolonisation. Der Roman greift somit kolonialistische und rassistische Klischees vor allem zu dem Zweck auf, sie als ebensolche auszustellen.[825] Eine positive Alternative zu dieser klischeebehafteten Betrachtungsweise des Fremden wird im Roman nicht formuliert.

Ein weiterer Aspekt der Kritik am rassistischen Eurozentrismus ist in dem Umstand zu sehen, dass der Kolonisator Engelhardt selbst, wie Lucas Marco Gisi bemerkt, im Laufe seiner Zeit auf der Südseeinsel „zu den drei topischen Verkörperungen des zeitgenössischen Primitivismusdiskurses [regrediert]: zum ‚Wilden', zum Wahnsinnigen und zum Kind."[826] Die Darstellung Engelhardts, welche stereotyp-rassistische Vorzeichen umkehrt, fungiert dabei als Teilaspekt einer Asymmetrie in der narrativen Behandlung der Kolonisatoren und der Kolonisierten, welche den gesamten Roman durchzieht: Zwar nimmt es sich *Imperium* – ebenso wie viele andere Werke Krachts – heraus, über ‚ernste Themen' zu scherzen. Doch geht dieser Scherz fast immer zulasten der bloß vermeintlich überlegenen Parteien und Positionen, in *Imperium* also der europäischen Kolonisatoren und der politisch-utopischen Erlösungsphantasien zu Beginn des 20. Jahrhunderts.[827]

---

824 Gayatri Chakravorty Spivak: Can the Subaltern Speak? In: Cary Nelson / Lawrence Grossberg (Hg.): Marxism and the Interpretation of Culture. Houndmills, Basingstoke, Hampshire 1988, S. 271–313.
825 Ähnlich urteilt Hauenstein: „Krachts ‚Methode' ist [...] nicht die der Verbreitung rechten Gedankenguts, sondern das ironisch-kritische Zitieren des kolonialen und antisemitischen Diskurses im Rahmen der internen Fokalisierung des ansonsten unfokalisierten Erzählers, der selbst wiederum ein Pastiche des Erzähltons der großen Realisten des 19. Jahrhunderts darstellt." (Hauenstein: „Ein Schritt zurück in die exquisiteste Barbarei", S. 32f.).
826 Gisi: Unschuldige Regressionsutopien, S. 522.
827 In vergleichbarer Weise konstatiert Hermes bereits für Krachts erste drei Romane, „dass sich alle drei Texte insofern gravierend von kolonialen Narrativen unterscheiden, als das Fremde in ihnen zwar gelegentlich mit negativen Attributen versehen wird, damit aber *keine* Aufwertung des Eigenen einhergeht." (Hermes: Tristesse globale, S. 188).

Diese letztlich ethisch begründete Asymmetrie der Darstellungsweise tangiert in *Imperium* auch die möglichen Ausprägungen (kontra-)faktischen Erzählens: Während bei der Charakterisierung der Kolonisatoren alle erzählerischen Register gezogen werden können, Ironisierungen und Denunziationen möglich sind und mit unterschiedlichen Formen respektive Optionen der realweltlichen Referenz gespielt wird, bleibt der Zugriff auf die ‚eigentliche' oder ‚wahre' Perspektive der Kolonisierten letztlich ausgespart. Damit wird innerhalb dieses speziellen Themenkreises aber auch die Möglichkeit kontrafaktischen Erzählens hinfällig: Kontrafaktik nämlich würde prinzipiell die Möglichkeit eines klaren referentiellen Verweises auf realweltliches Faktenmaterial voraussetzen. Diese Möglichkeit ist im Falle einer Zeit und eines Kulturkreises, von welchen der Modell-Leser des Romans kaum Kenntnisse hat und über die er sich auch nicht problemlos Kenntnisse verschaffen kann, gerade nicht gegeben. Auch wird die Möglichkeit eines solchen erzählerischen Zugriffs auf die Fakten im Roman selbst permanent in Zweifel gezogen. Entsprechend kann die Kontrafaktik in *Imperium* als eine von diversen erzählerischen Optionen zum Einsatz kommen, um die *eigene* Kultur kritisch zu beleuchten, deren historisches Faktenmaterial ja für den Autor sowie für seine Leser einigermaßen gut zugänglich ist. Bei der Darstellung einer *fremden* Kultur hingegen verbietet sich diese erzählerische Option, da das zu variierende Faktenmaterial hier ja allererst erschlossen werden müsste. Das Spiel mit Referenzen kann legitimerweise immer nur auf eigene Wissensordnungen zurückgreifen; entsprechend wird die Kontrafaktik in *Imperium* auch nur dort genutzt, wo der notwendigerweise leserrelative Zugriff auf die ‚Wahrheit' epistemisch gangbar sowie ethisch vertretbar ist. Zwar scheint die Erzählinstanz in *Imperium* verschiedentlich mit der Option eines ‚epistemischen Kolonialismus' zu kokettieren; blickt man allerdings auf die Gesamtheit der erzählerischen Verfahren des Romans, seine Destabilisierungen von Welt- und Erzählordnungen sowie seine komplexen Verweisstrukturen, so offenbart sich, dass derartige epistemische Übergriffigkeiten entweder aktiv vermieden oder doch zumindest in ihrer Problematik ausgestellt werden.

11.2.4 *Imperium* als politischer Roman

In Anbetracht der obigen Ausführungen dürfte offenkundig sein, dass die Südsee oder die Lebenswelt der Inselbewohner nicht die eigentlichen *politischen* Themen des Romans bilden können. Die genannten Themen werden im Roman zwar aufgerufen, allerdings vorwiegend in Form eines Pastiches unterschiedlicher westlicher Ozeanismusdiskurse.[828] (Freilich kann ein Ausstellen kolonialistischer Projektionsmechanismen selbst als Verfahren politischen Schreibens gedeutet werden.) Anders verhält es sich mit der deutschen Geschichte, auf welche im Roman anhand ganz unterschiedlicher Erzählverfahren und Referenzstrukturen Bezug genommen wird. Die politischen Verhältnisse, die der Roman kommentiert, stehen – wiewohl der primäre Handlungsort des Romans etwas anderes nahezulegen scheint – größtenteils in Verbindung mit Deutschland respektive der deutschen Geschichte. Ähnlich wie Daniel Kehlmann behauptete, es handele sich bei seinem historischen Roman *Die Vermessung der Welt* um „einen Gegenwartsroman, der in der Vergangenheit spielt"[829], so könnte man auch für *Imperium* die These vertreten, es handele sich dabei um einen Roman über Deutschland, der in der Südsee spielt.[830] Insofern stellt *Imperium* nicht wirklich einen (postmodernen) Kolonialroman dar; vielmehr nutzt Kracht hier das (historische) Genre des Kolonialromans, um jene Kultursphäre zu kommentieren, von welcher der Kolonialismus allererst seinen Ausgang nahm. Politisch relevant ist das Thema des Kolonialismus im Roman dabei nicht zuletzt deshalb, weil der Kolonialismus hier als historisch frühe Manifestationsform jener genuin modernen Weltbeherrschungsambitionen erscheint, die später im Nationalsozialismus ihre fataleste Ausprägung finden sollten.

Insbesondere anhand des Protagonisten August Engelhardt werden Entwicklung und Folgen einer bestimmten, für das frühe 20. Jahrhundert charakteristischen Form der Ideologisierung nachvollzogen: Engelhardt steht stellvertretend für die reaktionär-antizivilisatorischen Ambitionen, wie sie der Lebensreformbewegung in den ersten Jahrzehnten des vergangenen Jahrhunderts insgesamt zu eigen waren. Isoliert betrachtet mögen diese Ambitionen einigermaßen kurios, politisch

---

828 Siehe zum Ozeanismusdiskurs Dürbeck: Ozeanismus im postkolonialen Roman.
829 Felicitas von Lovenberg / Daniel Kehlmann: „Ich wollte schreiben wie ein verrückt gewordener Historiker". Ein Gespräch mit Daniel Kehlmann über unseren Nationalcharakter, das Altern, den Erfolg und das zunehmende Chaos in der modernen Welt. In: Gunther Nickel (Hg.): Daniel Kehlmanns „Vermessung der Welt". Materialien, Dokumente, Interpretationen. Reinbek bei Hamburg 2008, S. 26–35, hier S. 32.
830 In Krachts Schreiben wird das Erzählen vom Standpunkt einer fixen Präsenz aus konsequent vermieden: In allen seinen Werken spielt das Motiv der Reise eine zentrale Rolle; in seinen umfänglicheren Werken wird meist zumindest eine Landesgrenze überschritten. Im Vorwort des Drehbuchs zum Film *Finsterworld* machen Frauke Finsterwalder und Christian Kracht die Deterritorialisierung als Bedingung des Erzählens explizit: Dort betonen die beiden Autoren, dass sie „unfähig [gewesen seien], das Drehbuch zu diesem Film über Deutschland eben hier zu schreiben. Um die Perspektive zu ändern, reisten wir an recht entlegene Orte; nach Fiji, Argentinien, Kenia und in die Stadt Seoul in Korea." (Finsterwalder / Kracht: Finsterworld, S. 9).

aber noch wenig bedenklich anmuten. *Imperium* allerdings macht deutlich, dass der vergleichsweise harmlos wirkende Exzentriker und Kleinkolonisator Engelhardt, welcher – so eine Selbstaussage in einer realhistorischen Quelle – ein „internationales tropisches Kolonialreich des Fruktivorismus"[831] zu begründen trachtete, aus demselben weltanschaulichen Reservoir schöpfte, aus dem sich später auch Adolf Hitler bedienen sollte. Als Winkel- respektive Inseldiktator durchläuft Engelhardt im Kleinen eine ähnliche Entwicklung wie der spätere ‚Führer' der Deutschen (dem Lebensreformer Gustaf Nagel etwa erscheint „Engelhardt [...] mitsamt seiner Besessenheit wie ein Führer" (I, 82)). Das singuläre Schicksal August Engelhardts gerät somit zur historischen *ex-ante*-Allegorie für den Aufstieg und Fall Adolf Hitlers:

> So wird nun stellvertretend die Geschichte nur eines Deutschen erzählt werden, eines Romantikers, der wie so viele dieser Spezies verhinderter Künstler war, und wenn dabei manchmal Parallelen zu einem späteren deutschen Romantiker und Vegetarier ins Bewußtsein dringen, der vielleicht lieber bei seiner Staffelei geblieben wäre, so ist dies durchaus beabsichtigt und sinnigerweise, Verzeihung, *in nuce* auch kohärent. (I, 18 f.)

Indem August Engelhardt mit Adolf Hitler parallelisiert wird, gewinnt seine Biografie exemplarische Funktion für die deutsche Geschichte im 20. Jahrhundert. Die künstlerische ‚Gemachtheit' von *Imperium*, insbesondere die Parallelisierung der Biografien Engelhardts und Hitlers, wird hier explizit hervorgehoben; darüber hinaus verweist die kalauernde Formulierung „*in nuce*", für die bereits vorausschickend um Entschuldigung gebeten wird, auf den Kokovorismus des Roman-Protagonisten.[832] Engelhardts exzentrische Diät ist jedoch keine Erfindung Krachts, sondern historische Tatsache. Dass derartiges, realhistorisches Wissen für die Interpretation des Romans zumindest passagenweise eine Rolle spielt, wird unter anderem daran erkennbar, dass der Name „Hitler" hier wie überhaupt im Roman nirgends fällt, zugleich aber offenkundig darauf vertraut wird, dass sich die Identität des ‚anderen deutschen Romantikers und Vegetariers' anhand der im Text gegebenen Beschreibungen sowie im Rückgriff auf die Enzyklopädie des Lesers mühelos wird erschließen lassen. Die ausgestellte Künstlichkeit des Romans – man könnte auch sagen: die Betonung seiner Fiktionalität – führt

---

831 August Bethmann / August Engelhardt: Eine sorgenfreie Zukunft. Das neue Evangelium. Tief- und Weitblicke für die Auslese der Menschheit – zur Beherzigung für alle – zur Überlegung und Anregung. 5., völlig umgearbeitete und erweiterte Aufl. Insel Kabakon bei Herbertshöhe 1906, S. 63. Zitiert nach Gisi: Unschuldige Regressionsutopien, S. 515.
832 Entgangen ist dies offenbar Anja Gerigk, die angesichts der zitierten Stelle die Frage stellt: „Wofür bittet der Chronist um Verzeihung?" (Anja Gerigk: Humoristisches Erzählen im 21. Jahrhundert. Gegenwärtige Tradition in Kehlmanns *Vermessung der Welt* und Krachts *Imperium*. In: Wirkendes Wort 3/64 (2014), S. 427–439, hier S. 436).

mithin keineswegs zu einer vollständigen Abkehr von den Fakten der realen Welt. Sehr wohl aber ermöglichen die Fiktionalitätslizenzen einen künstlerisch freieren Umgang mit realweltlichem Faktenmaterial. Gerade in seiner fiktionalisierten Version wird dieses Faktenmaterial in *Imperium* genutzt, um bestimmte realweltliche Sachverhalte kritisch zu kommentieren, konkret nämlich einen bestimmten messianisch-verblendeten Charaktertyp sowie das Geistesklima der frühen Moderne, welches in der ersten Hälfte des 20. Jahrhunderts den Aufstieg falscher Heilsbringer allererst ermöglichte. Der Roman ruft Drittes Reich, Nazismus und Holocaust somit nicht in Form direkter faktischer Referenzen auf (noch nicht einmal die Begriffe finden sich im Text), sondern durch eine Darstellung jener ideologischen Atmosphäre, welche die späteren verheerenden Ereignisse vorbereiteten half, sowie anhand der „Geschichte nur eines Deutschen", dessen Schicksal die weiteren historischen Entwicklungen vorwegnehmend exemplifiziert.[833] In Krachts Darstellung kommentiert sich die Geschichte im Vorhinein selbst, indem sie sich warnend antizipiert. Diese Doppelung der Geschichte vollzieht sich dabei allerdings nicht, wie noch Karl Marx meinte, zunächst als „Tragödie" und dann als „Farce"[834], sondern umgekehrt zuerst als Farce und dann als Tragödie: Die kuriose Südseegeschichte erscheint hier als Präfiguration der kommenden Schrecken des Nationalsozialismus. Dabei fungiert Krachts fiktionaler Engelhardt – mit seinen utopischen Weltverbesserungsplänen, seinen dogmatischen diätetischen Vorstellungen, seinem Schwanken zwischen Depression und Grandiosität, seinem paranoiden Antisemitismus und seinem fortschreitenden Realitätsverlust – als anachronistische Hitler-Parodie. In Bezug auf die realweltliche Person Hitler nimmt der fiktionale Engelhardt damit gewissermaßen selbst die Funktion einer kontrafaktischen Figur ein.

Eine der Absurditäten der Weltgeschichte, auf die Krachts Roman aufmerksam macht, besteht nun allerdings darin, dass die satirisch-kontrafaktische Verbindung zwischen Engelhardt und Hitler von Kracht gar nicht frei imaginiert werden muss, sondern bereits in den historischen Realien angelegt ist. Was in

---

833 Lambrecht hat überzeugend dafür argumentiert, dass „the novel's eagerness to cross from a heteroreferential biography to self-destabilising fictionality is rooted not in an attempt to escape reference [...] but to gain interpretive power through *exemplification*." (Lambrecht: Is the 'return of the narrative' the departure from postmodernism?, S. 115).
834 Karl Marx beginnt seinen Text *Der achtzehnte Brumaire des Louis Bonaparte* mit den Worten: „Hegel bemerkte irgendwo, daß alle großen weltgeschichtlichen Thatsachen und Personen sich so zu sagen zweimal ereignen. Er hat vergessen hinzuzufügen: das eine Mal als Tragödie, das andere Mal als Farce." (Karl Marx: Der achtzehnte Brumaire des Louis Bonaparte. Hamburg ²1869, S. 1).

Absehung von den historischen Quellen wie eine Grille schriftstellerischer Erfindung anmuten mag – nämlich die Geschichte eines deutschen, größenwahnsinnigen Kokovoristen in der Südsee, der in seinen Allmachtsphantasien, in seinen Weltverbesserungsvisionen und selbst in seinen diätetischen Vorstellungen eine Parallelisierung mit Adolf Hitler erlaubt –, entpuppt sich letztlich als ein Beispiel für die Kuriosität der Realhistorie.[835] Die ‚campe' Überdrehtheit, referentielle Hypertrophie und epistemische Unschlüssigkeit der Darstellung ist auch in dieser Hinsicht keine beliebig für den Roman *Imperium* gewählte Form, sondern bildet vielmehr eine Form erzählerischer Mimesis an die Realabsurditäten der Moderne zu Beginn des 20. Jahrhunderts.

Von zentraler Bedeutung für die politische Bewertung des Romans ist dabei allerdings der Umstand, dass nicht alle Passagen des Textes respektive nicht alle behandelten Themen gleichermaßen in den Strudel erzählerischer Relativierungen hineingezogen werden. Es wurde bereits ausgeführt, dass bei der Darstellung der Südsee die Möglichkeit einer faktischen Realitätsreferenz aus ethischen ebenso wie aus epistemischen Gründen abgewehrt wird. Das gewissermaßen komplementäre erzählerische Manöver lässt sich an jenen wenigen Stellen des Romans beobachten, an denen auf den Holocaust Bezug genommen wird. So wie in *Ich werde hier sein* ... eine der wenigen Übereinstimmungen zwischen Realgeschichte und fiktionaler Welt in dem Umstand bestand, dass die Deutschen im Roman dem faschistischen Lager zugeordnet wurden, so wird auch in *Imperium* bei der Thematisierung des Holocaust eine Infragestellung der realweltlichen Referenz – wiederum aus ethisch ebenso wie aus epistemisch leicht nachvollziehbaren Gründen – erkennbar vermieden.

Erneut sei ein Beispiel angeführt: Bei dem Bericht vom Zusammentreffen Engelhardts mit dem Schwabinger Lebensreformer Gustaf Nagel schwenkt der erzählerische Fokus kurz ab, um in Form einer historischen Prolepse die spätere Funktion der „Feldherrenhalle, jene[r] florentinische[n] Parodie", antizipierend in den Blick zu nehmen:

> Nur ein paar kurze Jährchen noch, dann wird endlich auch ihre Zeit gekommen sein, eine tragende Rolle im großen Finsternistheater zu spielen. Mit dem indischen Sonnenkreuze eindrücklich beflaggt, wird alsdann ein kleiner Vegetarier, eine absurde schwarze Zahnbürste unter der Nase, die drei, vier Stufen zur Bühne ... ach, warten wir doch einfach ab, bis sie in äolischem Moll düster anhebt, die Todessymphonie der Deutschen. Komödian-

---

[835] Zu August Engelhardts Biografie siehe Dieter Klein: Neuguinea als deutsches Utopia. August Engelhardt und sein Sonnenorden. In: Hermann Joseph Hiery (Hg.): Die deutsche Südsee 1884–1914. Ein Handbuch. Paderborn 2001, S. 450–458; ders.: Engelhardt und Nolde. Zurück ins Paradies. In: Helmuth Steenken (Hg.): Die frühe Südsee. Lebensläufe aus dem „Paradies der Wilden". Oldenburg 1997, S. 112–135.

tisch wäre es wohl anzusehen, wenn da nicht unvorstellbare Grausamkeit folgen würde: Gebeine, Excreta, Rauch. (I, 79)

Auffällig ist an dieser Passage der Bruch in der Erzählhaltung: In den ersten beiden Sätze dominieren noch die gesuchten Vergleiche und die erzählerische Ironie, wie sie den Erzählstil des Romans über weite Strecken auszeichnen. Metaphern aus dem Bereich der Kunst („Parodie", „Rolle", „Finsternistheater", „Bühne", „Todessymphonie", „Komödiantisch") verweisen auf den artifiziellen Charakter und die inszenatorische Dimension der Massenveranstaltungen der Nazis. Ferner wird das Hakenkreuz als semiotische Entlehnung aus dem indischen Kulturraum kenntlich gemacht, wobei der Ausdruck „Sonnenkreuz" eine Assoziation mit Engelhardts ‚Sonnenorden' nahelegt. Und der namentlich ungenannte Hitler wird sogar als „kleiner Vegetarier" – der neuerliche Verweis auf Engelhardt ist offenkundig – mit einer „absurde[n] schwarze[n] Zahnbürste unter der Nase" verspottet. In jenem Moment jedoch, da sich der erzählerische Fokus dem Holocaust nähert, wird eine potenziell komödiantische Wahrnehmung des Geschehens explizit zurückgewiesen – und damit die bisherige ludisch-jokose Haltung des Erzählers zumindest in betreff dieses einen Themas abgewehrt. Über Hitler, über die Nazis und natürlich auch über Engelhardt, so suggeriert der Text, kann man lachen – über den Holocaust hingegen nicht.

Wiederum erscheint es lohnend, die Formen der Referenzbildung und die Modalitäten der Informationsvergabe in dieser Passage detailliert zu analysieren. Thomas Schwarz etwa kommentiert die zitierte Textstelle wie folgt: „Wenn der Erzähler die deutsche Geschichte in Gaskammern und Krematorien katastrophal enden lässt, bewertet er sie eindeutig nicht als Komödie, sondern mit dem ihr gebührenden Ernst."[836] Tatsächlich ist es aber gar nicht ‚der Erzähler', der die deutsche Geschichte auf diese Weise ‚enden lässt': Dieser beschränkt sich vielmehr auf die drei bedeutungsschweren, erzählerisch aber gleichsam nur hingetupften Begriffe „Gebeine, Excreta, Rauch"; im Gegensatz zur sonstigen Referenzhypertrophie des Romans wird hier überaus sparsam verfahren. Diese wenigen Begriffe reichen jedoch aus, um dem Leser zuverlässig in Erinnerung zu rufen, dass die deutsche Geschichte *tatsächlich* in Gaskammern und Krematorien endete. Im Falle des Holocaust ist die realweltliche Referenz derart unabweislich und der Referent selbst so offenkundig grauenhaft, dass sich alle Formen der Relativierung verbieten; entsprechend verzichtet Kracht hier auf jene narrative Pyrotechnik, mit welcher er über weite Strecken des Romans Wissensordnungen destabilisiert und autoritäre Deutungsansprüche der Lächerlichkeit preisgibt.

---

[836] Schwarz: Im Denotationsverbot?, S. 138.

Nur noch ein einziges weiteres Mal nimmt der Roman auf den Holocaust Bezug. Zu Beginn des Kapitels XVI wird der Erste Weltkrieg im Rahmen einer einzigen Seite komprimiert-anspielungsreicher Prosa zusammengefasst. Die Beschreibung endet mit den Sätzen:

> [E]iner der Millionen an der Westfront explodierenden, glühenden Granatsplitter bohrt sich wie ein weißer Wurm in die Wade des jungen Gefreiten der 6. Königlich Bayerischen Reserve-Division, lediglich ein paar Zoll höher, zur Hauptschlagader hin, und es wäre wohl gar nicht dazu gekommen, daß nur wenige Jahrzehnte später meine Großeltern auf der Hamburger Moorweide schnellen Schrittes weitergehen, so, als hätten sie überhaupt nicht gesehen, wie dort mit Koffern beladene Männer, Frauen und Kinder am Dammtorbahnhof in Züge verfrachtet und ostwärts verschickt werden, hinaus an die Ränder des Imperiums, als seien sie jetzt schon Schatten, jetzt schon aschener Rauch. (I, 230 f.)

Auf knappem Raum wird hier eine Verbindung geschlagen zwischen der zunächst kaum bemerkenswert scheinenden Verwundung eines Kriegsfreiwilligen im Ersten Weltkrieg und dem Genozid an den Juden, für den dieser zum ‚Führer' aufgestiegene Freiwillige wenige Jahre später mitverantwortlich sein würde. Auf der Ebene des *discours* wird die zitierte Passage dabei in doppelter Hinsicht als Zentralpassage des Romans markiert: Erstens nimmt der Erzähler in dieser Passage zum zweiten und letzten Mal in *Imperium* pronominal auf sich selbst Bezug (bei der ersten Stelle handelt es sich allerdings um ein Nabokov-Zitat[837]; die eben zitierte Passage bildet mithin den einzigen uneingeschränkten Selbstverweis des Erzählers im Roman). Durch den Hinweis auf „meine Großeltern" scheint der Erzähler hier von einer heterodiegetischen in eine homodiegetische Erzählposition zu wechseln und dabei zugleich die eigene genealogische Verstrickung mit der Schuld jener Deutschen zu betonen, welche die Deportation der Juden ignorierten, die sich vor ihren eigenen Augen abspielte. Für einen kurzen Moment scheint damit die Möglichkeit einer autofiktionalen Lesart von *Imperium* aufzuscheinen, welche die über weite Strecken ironisch-spielerische Geschichtsdarstellung des Romans – vermittelt über die Doppelinstanz Erzähler/Autor – an die realen Schrecken der Geschichte rückbindet.[838]

---

[837] Bei dem Satz „Ich glaube nicht, daß er jemals einen Menschen wirklich geliebt hat." (I, 90) handelt es sich um ein Zitat aus Vladimir Nabokovs Roman *Pnin*: „I do not think that he loved anybody." Vgl. Birgfeld: Südseephantasien, S. 473, Anm. 51.

[838] Am Rande sei bemerkt, dass es sich bei der Frage, was gewesen wäre, wenn Hitler den Ersten Weltkrieg nicht überlebt hätte, selbst um ein Beispiel kontrafaktischen Denkens handelt, allerdings weniger im komparativen Sinne der Kontrafaktik (Vergleich eines fiktionalen Elements mit dem von diesem Element variierten realweltlichen Faktum), sondern eher im Sinne eines primär resultativen Gedankenspiels im Anschluss an die Frage: „Was wäre, wenn ...". Siehe Kapitel 2.1. Terminologie.

Zweitens fällt in der zitierten Passage zum ersten Mal im Roman der titelgebende Begriff „Imperium".[839] Allerdings wird dieser weder auf das wilhelminische Kolonialreich noch auf August Engelhardts Menschheitserlösungsfantasien bezogen, sondern auf das Dritte Reich. Eine Verbindung von Engelhardts Kolonialprojekt *en miniature*, welches das inhaltliche Zentrum von *Imperium* bildet, mit dem ‚Imperium' der Nationalsozialisten wird dabei allenfalls in impliziter Weise hergestellt. Die beiden Imperien scheinen qua erzählerischer Perspektivierung eine durchaus divergierende Wertung zu erfahren: Während nämlich bei der Gestaltung von Engelhardts lebensreformerisch motiviertem Projekt beständig Zweifel an der Zuverlässigkeit der Darstellung sowie am Modus der etwaigen Realitätsreferenzen aufkommen, wird das Dritte Reich, insbesondere aber der Holocaust in seinem unbezweifelbaren Realitätswert ohne jede erzählerische Einschränkung – also im Modus der Faktik – in die fiktionale Welt übernommen. Die Übermacht dieses speziellen Referenten wird dabei wiederum daran erkennbar, dass anstatt einer Beschreibung des Holocaust – die ohnehin kaum zu leisten wäre – nur die assoziationsstarken Begriffe „Schatten" und „aschener Rauch" im Text auftauchen. Gerade aus dieser Sparsamkeit der Darstellung sowie der Vermeidung jedweder erzählerischen Relativierung bezieht die Passage ihre Sonderstellung in einem Roman, der über weite Strecken durch ein hypertrophes Verweisgewirr und eine Vielzahl erzählerischer Verfahren charakterisiert ist und dabei auch seine eigenen realweltlichen Referenzbildungen immer wieder einzuklammern scheint. So bemerkt Johannes Birgfeld zum zitierten Passus:

> [Es] fehlt dieser Passage jedes Signal, das Zweifel nahelegt, die gemachte Aussage sei innerfiktional nicht mit Wahrheitsanspruch formuliert. So entsteht hier erstmals im Roman ein Referenzpunkt außerhalb der durch und durch als fiktional und unsicher markierten erzählten Welt des August Engelhardt, gleichsam ein archimedischer Punkt, von dem aus sich die erzählte Welt womöglich aus ihren Angeln heben und durchschauen lässt. Die erzählerische Sonderstellung dieser Passage erhebt den Holocaust als historischen Ab-

---

839 Der Titel *Imperium* eröffnet auch jenseits der im Roman genannten Imperien eine ganze Reihe von Verweisketten. Preece betont, dass das Schiff, mit dem der realhistorische Engelhardt in die Südsee gelangte, Imperium hieß. Vgl. Preece: The Soothing Pleasure of Literary Tradition, S. 134. Weber hält eine Verbindung von Krachts *Imperium* mit Michael Hardts und Antonio Negris *Empire* (2000) für plausibel. Vgl. Weber: „Kein Außen mehr". Ferner klingt in Krachts Romantitel auch der Titel *Imperium. The Philosophy of History and Politics* des neo-faschistischen Autors Francis Parker Yockey an; Kracht erwähnt das Buch im Briefwechsel mit David Woodard. Vgl. Christian Kracht / David Woodard: Five Years. Briefwechsel 2004–2009. Vol. 1: 2004–2007. Hg. v. Johannes Birgfeld / Claude D. Conter. Hannover 2011, S. 139. Schließlich scheint Kracht mit *Imperium* zum zweiten Mal auf einen Romantitel von Robert Harris anzuspielen, nämlich auf die fiktionale Cicero-Biografie *Imperium* (2006).

grund im Roman zum einzigen unzweifelhaften Ereignis, das durch die zugleich erfolgte Anklage gegen das Wegsehen der Großeltern auch zum *moralischen* Referenzpunkt des Romans wird.[840]

Zwar dürfte die Designation dieser Passage als „einzige[s] unzweifelhafte[s] Ereignis" im Roman eine Übertreibung darstellen[841]; in der Betonung der Sonderstellung, die der Passage im Roman zukommt, sowie im Schluss auf die moralischen Implikationen, welche aus dieser Sonderstellung erwachsen, kann Birgfeld hingegen zugestimmt werden. Tatsächlich ist *Imperium* „komisches Pastiche und moralische Geschichtsreflexion in einem"[842] – allerdings jeweils nicht durchgängig und nicht bezogen auf dieselben Themen. Gerade dieser nach Kontext und Thema abgestufte Einsatz unterschiedlicher Referenzmodi und erzählerischer Relativierungsverfahren kann als bewusste politische Geste gewertet werden.

Im Zusammenhang mit der Frage nach einer politischen Lesart von *Imperium* soll abschließend noch einmal auf die Kontrafaktik im engeren Sinne zurückgekommen werden. Es wurde bereits ausgeführt, dass die Abweichungen von historischem Faktenmaterial im Roman oftmals derart minimal sind, dass sich Zweifel darüber einstellen, ob ihnen im Einzelnen überhaupt Relevanz für eine Deutung des Romans zukommt. Allerdings findet sich in *Imperium* zumindest *eine* Abweichung von realweltlichem Faktenmaterial, die derart eklatant ist, dass mit ihrer Identifikation – oder zumindest mit ihrer mühelosen Rekonstruktion – zuverlässig gerechnet werden kann, und die mithin auch in die Deutung des Romans miteinbezogen werden sollte:[843] Der fiktive Engelhardt überlebt sein realhistorisches Vorbild um fast dreißig Jahre[844], trifft auf einer der Solomoneninseln mit amerikanischen GIs zusammen und wird noch ganz am Ende seines Lebens in einen Waren- und Konsumkosmos integriert, der seinen vormaligen ideologischen sowie diätetischen Überzeugen im Grunde radikal entgegensteht:

> [M]an gibt ihm aus einer hübschen, sich in der Mitte leicht verjüngenden Glasflasche eine dunkelbraune, zuckrige, überaus wohlschmeckende Flüssigkeit zu trinken; [...] man kämmt ihm Haare und Bart; zieht ihm ein makellos weißes, baumwollenes, kragenloses

---

840 Birgfeld: Südseephantasien, S. 477, Anm. 68.
841 Bereits Lambrecht hat auf die allzu weitreichende Betonung der Selbstreflexivität in Birgfelds *Imperium*-Deutung hingewiesen. Vgl. Lambrecht: Is the 'return of the narrative' the departure from postmodernism?, S. 116.
842 Birgfeld: Südseephantasien, S. 477.
843 Vgl. Lambrecht: Is the 'return of the narrative' the departure from postmodernism?, S. 117.
844 Eine besondere Ironie der Geschichte besteht darin, dass der reale Engelhardt bereits Jahre vor seinem Tod von einer australischen Zeitung fälschlicherweise für tot erklärt wurde. Vgl. Klein: Engelhardt und Nolde: Zurück ins Paradies, S. 122.

Leibchen über den Kopf; schenkt ihm eine Armbanduhr; schlägt ihm aufmunternd auf
den Rücken; dies ist nun das Imperium; man serviert ihm ein mit quietschbunten Soßen
bestrichenes Würstchen, welches in einem daunenkissenweichen, länglichen Brotbett
liegt, infolgedessen Engelhardt zum ersten Mal seit weit über einem halben Jahrhundert
ein Stück tierisches Fleisch zu sich nimmt; (I, 240)

Die entschieden anachronistische Erzählinstanz, welche sich im Roman durch
stilistischen *Camp* immer wieder selbst demontiert, erweist sich hier endgültig
als defizitär: Die anschauliche, aber enorm umständliche Beschreibung einer
Cola-Flasche, eines T-Shirts und eines Hotdogs offenbart einerseits die fehlende
Vertrautheit des Erzählers – oder Engelhardts? – mit dem Inventar der herauf-
ziehenden, amerikanisch dominierten Pop- und Postmoderne. Zugleich lässt
sich die zitierte Stelle aber auch als Hinweise darauf verstehen, dass angesichts
gewandelter historischer Bedingungen die Stilideale der Moderne ebenso an
Bedeutung verloren haben wie ihre Ideologien: Dass Engelhardt sich, nach
über fünfzig Jahren einer exzentrischen Diät, anscheinend ohne jeden Widerstand zum Verzehr eines Würstchens bewegen lässt, deutet auf den endgülti-
gen Zusammenbruch seines ideologischen Projekts sowie – metonymisch
verlängert – auf das Ende der modernen Weltanschauungen überhaupt hin.
An ihre Stelle treten nun die Werte des neuen „Imperium[s]": Der Begriff fällt
hier zum zweiten und letzten Mal im Roman, nachdem wenige Seiten zuvor
bereits das Dritte Reich als „Imperium" (I, 231) bezeichnet worden war. In dieser neuen Weltordnung scheinen zahlreiche der Malaisen früherer historischer Epochen und Ideologien überwunden zu sein: Engelhardts Lepra, die
den Roman hindurch als kryptisches Symbol seiner ideologischen Verblendung fungiert hatte, ist „wie durch ein Wunder völlig geheilt" (I, 239); auf der
Militärbasis sieht er „allerorten sympathische schwarze GIs", dunkelhäutige
Personen stehen nun also nicht mehr außerhalb der herrschenden Weltordnung, sondern verteidigen diese vielmehr; und die Segnungen der unbekannten Kultur – Cola, T-Shirts, Hotdogs – werden von Engelhardt erfreut an- und
aufgenommen. Insgesamt erscheint ihm die Militärbasis als „außergewöhn-
lich sauber, gescheitelt, und gebügelt" (I, 240).

Durch die lexikalische Reihenbildung der beiden Imperien wird allerdings auch das zweite „Imperium" des Romans, dessen Repräsentanten in
der ausschnittsweise zitierten Schlusspassage keineswegs unsympathisch
erscheinen, in ein zweifelhaftes Licht gerückt.[845] Bereits die Beschreibung

---

845 Anders urteilt Julian Preece, der eine forciert-versöhnliche Deutung des Romanschlusses
vorschlägt: „One could argue that in symbolic terms Engelhardt does penance for his past folly
from 1914 to 1945, after which time and the twin interventions from on high (the miraculous

der australischen Soldaten, welche während des Ersten Weltkriegs an der Zerschlagung des deutschen Kolonialreichs mitwirken und die auch Engelhardt enteignen, fällt wenig schmeichelhaft aus: Bei ihrer „Invasion" foltern die Australier zum Zweck bloßer Belustigung einen „Paradiesvogel" (I, 232) zu Tode und begehen noch manch andere Grob- und Grausamkeiten.[846] Die amerikanischen Soldaten wenden ihrerseits zwar keine Gewalt gegen Engelhardt an. Doch ist physische Gewaltausübung auch gar nicht mehr nötig, da die kulturelle Annexion durch eine postmoderne Konsum- und Unterhaltungsindustrie sich mühelos auf anderem Wege umsetzten lässt:[847] Engelhardts Lebensgeschichte wird von „Leutnant Kinnboot" (I, 241), der seinen Namen ausgerechnet dem notorisch unzuverlässigen Erzähler Dr. Kinbote aus Vladimir Nabokovs Roman *Pale Fire* verdankt[848], aufgeschrieben und gerät schlussendlich zum Stoff eines Hollywoodfilms, dessen Filmpremiere im letzten Absatz des Romans beginnt, wobei diese Passage von *Imperium* zugleich an den Anfang des Romans – wenn es denn noch einer ist – zurückführt. Das in *Imperium* handlungsmäßig sowie symbolisch bedeutsame Motiv des Autokannibalismus wird hier auf die Struktur des Romans selbst übertragen, der sich an seinem Ende von vorne her zu verschlingen scheint.[849] Damit

---

cure of his leprosy and the victory of the US Army), he re-joins the human race as an equal." (Preece: The Soothing Pleasures of Literary Tradition, S. 121).
846 Der misshandelte Paradiesvogel bildet eine Motivwiederaufnahme von einer früheren Stelle des Romans: Engelhardt war unwohl geworden, als ihm Hartmut Otto verkündete, die „Federn müßten [...] am unteren Ende ihres Kiels, als Qualitätssiegel sozusagen, Blutspuren aufweisen" (I, 23). Die Grausamkeit, welche der deutsche Federnhändler – der im Übrigen als „im eigentlichen Sinne [...] moralischer Mensch" (ebd.) bezeichnet wird – aus Geschäftsgründen in Kauf nimmt, erscheint allerdings einigermaßen unbedeutend im Vergleich mit der Grausamkeit der australischen Soldaten, welche ebenfalls einen „Paradiesvogel [...] lebendigen Leibes seiner Federn beraub[en]", es allerdings nicht dabei bewenden lassen: „Soldaten stecken sich die am Kielende noch blutigen Daunen an ihre Südwester, der nackte, vor Schmerz kreischende Vogel wird, nachdem man ihn auf den Namen Kaiser Wilhelm getauft hat, unter prustendem Gelächter wie ein Rugbyball hin und her gekickt" (I, 232f.). Es findet hier erneut eine Verkehrung kolonialistischer Klischees statt: Australische Soldaten schmücken sich mit den Federn exotischer Vögel – und rücken damit in die Nähe ikonischer Vorstellungen von den ‚Wilden'. Darüber hinaus wird mit den Anglizismen „Rugbyball" und „gekickt" bereits rein lexikalisch die Dominanz der neu zur Macht aufgestiegenen Kultursphäre herausgestellt.
847 Im Ausblick auf Krachts weiteres Werk betont Gisi: „Das ‚[K]olonisieren mit Zelluloid' und die Verwandtschaft von Kamera und Maschinengewehr stehen im Zentrum von Krachts folgendem Roman *Die Toten*." (Gisi: Unschuldige Regressionsutopien, S. 526, Anm. 68).
848 Vgl. Birgfeld: Südseephantasien, S. 468.
849 Das Verspeisen von Menschenfleisch bildet das wohl eindrücklichste Motiv in Krachts Werk. Vgl. Elias Zimmermann: Fressen und gegessen werden. Ideologische und zynische Mahl-

wird aber auch deutlich, dass das liberal-kapitalistische Imperium Amerika – wobei ‚Amerika' hier, ähnlich wie im Folgeroman *Die Toten*, vor allem für Hollywood steht – keine gewaltsamen Ausgrenzungsversuche mehr unternimmt, wie es Engelhardt und die deutschen Faschisten noch getan hatten, sondern seinen Anspruch auf globalen Einfluss im Gegenteil gerade durch umfassende Inklusion behauptet. Während der beginnende Autokannibalismus Engelhardts das Misslingen des kolonialen Projekts von Kabakon anzeigte, wird die Fähigkeit, Fremdes sowie Eigenes differenzlos zu assimilieren, gerade zur definierenden Stärke des neuen Imperiums.[850]

Die kontrafaktisch verlängerte Biografie Engelhardts ermöglicht mithin im Roman eine doppelte Absorption sowohl der Person Engelhardts als auch seiner Geschichte durch eine globale Konsumkultur. Das Schicksal Engelhardts, welches dem Erzähler von *Imperium* immerhin noch Anlass zu Reflexionen über Ideologie, Totalitarismus und Rassismus geboten hatte, dient der Kulturindustrie Hollywoods nur noch als kurioser Unterhaltungsstoff für ein Massenpublikum.[851] Als Engelhardt seine Lebensgeschichte Leutnant Kinnboot erzählt, staunt dieser: „*sweet bejesus, that's one heck of a story* und: *just wait 'till Hollywood gets wind of this* und: *you, sir, will be in pictures.*" (I, 241). Zweifellos sind die pragmatisch-konsumistischen, auch hinsichtlich ihrer sprachlichen Form gänzlich unbekümmerten Aussagen des Amerikaners dem humorlosen, allenfalls unfreiwillig komischen Sermon

---

zeiten in Christian Krachts Romanen. In: Matthias N. Lorenz / Christine Riniker (Hg.): Christian Kracht revisited. Irritation und Rezeption. Berlin 2018, S. 535–561; Navratil: Faserglück, S. 434–436. Anders jedoch als in *1979*, in *Ich werde hier sein ...* oder später im Film *Finsterworld* ist die Motiv-Variante des Fremd-Kannibalismus in *Imperium* von vergleichsweise geringer Bedeutung. Ungleich wichtiger ist hier der Autokannibalismus, auf den vielfach verwiesen wird (vgl. I, 127, 133, 144, 151, 152, 166, 172, 176, 177, 179, 190, 221, 239, 241). In Engelhardts finaler Selbstverspeisung drücken sich auf physischer Ebene die Folgen langjähriger Mangelernährung sowie auf psychischer Ebene das Abgleiten in Realitätsverlust und vollständige ideologische Verblendung aus. Darüber hinaus kommt dem Motiv des Sich-selbst-Verschlingens poetologische Bedeutung zu: Schon an einer früheren Stelle im Roman wird bei Engelhardts Tätigkeit des Daumenlutschens, welche den Autokannibalismus antizipiert, „Ouroboros, jene[...] Schlange, die versucht, ihren eigenen Schwanz zu verzehren" (I, 179), erwähnt. Deutlich verweist das Bild der sich selbst verschlingenden Schlange auf die Struktur des Romans *Imperium*, dessen Ende ja wieder in den Anfang mündet (wenn auch transponiert ins filmische Medium).

850 Vgl. Lambrecht: Is the 'return of the narrative' the departure from postmodernism?, S. 118; Weber: „Kein Außen mehr", S. 497.

851 Mit dem Übergang vom Text zum Film verschwindet nicht zuletzt der Erzähler als narrative Zwischeninstanz zwischen Leser und fiktionaler Welt – und damit auch die zentrale Wertungsinstanz, wie wenig zuverlässig die evaluativen Einschätzungen des Erzählers in *Imperium* auch immer sein mögen. Vgl. Christoph Kleinschmidt: Von Zerrspiegeln, Möbius-Schleifen und Ordnungen des Déjà-vu, S. 50.

der selbsternannten Weltverbesserer im Roman vorzuziehen. Ob allerdings ein *Happy Go Lucky*-Optimismus, wie er sich hier manifestiert, berufen ist, die politischen Lehren aus der finsteren Geschichte des 20. Jahrhunderts zu ziehen – jener Geschichte, als deren kurioser Nebendarsteller und unwahrscheinlicher Repräsentant August Engelhardt in *Imperium* fungiert –, muss doch eher bezweifelt werden.

11.2.5 Schlussbetrachtung: das Fasern der Verfahren

Kontrafaktik zeichnet sich, wie im Theorieteil dieser Arbeit ausgeführt wurde, strukturell durch transfiktionale Doppelreferenzen aus, durch Referenzen also, die sich direkt auf die fiktionale Welt und indirekt auf jene Fakten der realen Welt beziehen, von denen innerhalb der fiktionalen Welt abgewichen wird.[852] Voraussetzung für die Kontrafaktik sind somit – zumindest in ihren Standardkonfigurationen – die Möglichkeit einer klaren Trennung von fiktionaler und realer Welt sowie weitgehende Klarheit darüber, was in diesen Welten jeweils der Fall ist.

Genau diese Strukturbedingungen der Kontrafaktik werden in Krachts fortgeschritten postmodernem Roman *Imperium* permanent destabilisiert. Die Deutungsoption der Kontrafaktik wird dadurch jedoch nicht vollständig ausgeräumt. Tatsächlich besteht das ästhetische Kalkül von *Imperium* gerade darin, dass auf ganz unterschiedliche Erzähltraditionen, Textsorten, Referenzstrukturen und Arten des Quellenmaterials Bezug genommen oder zumindest vage verweisen wird. Der genaue Bezugspunkt sowie die Funktion dieser Bezugnahme bleiben dabei allerdings meist ungeklärt. Dies betrifft die Ambivalenzen der Erzählerfigur ebenso wie die Genrehybridisierungen des Textes, das verwirrende Spiel mit zahllosen Intertexten sowie die vielfältigen Möglichkeiten historischer, pseudo-historischer, reflexiv-historischer oder ahistorischer literarischer Darstellungen und Deutungen, zu denen eben auch die Kontrafaktik hinzuzählt.

Verweishypertrophie, narrative Inkonsequenzen und der parallele Aufruf konfligierender Deutungsoptionen führen dazu, dass über weite Strecken des Romans Wissensordnungen, normative Annahmen und Deutungsansprüche – diejenigen des Erzählers inklusive – relativiert, destabilisiert oder rundheraus ausgehebelt werden. Diese beständige Einschränkung von Deutungsansprüchen bildet in *Imperium* eine ästhetische Strategie des Umgangs mit den epistemischen, ästhetischen und politischen Verwerfungen der Moderne. Zwar imitiert der Roman streckenweise den Souveränitätsgestus der Kolonialliteratur, greift auf rassistische Kli-

---

852 Siehe Kapitel 4.3.5. Transfiktionale Doppelreferenz.

schees zurück und ruft totalitäre Weltanschauungen des frühen 20. Jahrhunderts auf. Doch werden diese ideologischen Versatzstücke im Text in unendliche Reflexionsschleifen hineingedreht, sodass ihr Geltungsanspruch ironisiert oder gänzlich demontiert wird. *Imperium* reiht sich somit gerade nicht in die Reihe – historisch ohnehin längst überholter – monomaner Welterklärungsversuche ein, wie sie das frühe 20. Jahrhundert hervorgebracht hatte; vielmehr wird in *Imperium* der überzogene Deutungsanspruch ebendieser Welterklärungsversuche der Lächerlichkeit preisgegeben. Gerade die weitreichenden künstlerischen Verunsicherungsstrategien des Textes lassen dann jene wenigen Stellen, an denen referentielle Bezugnahmen ausnahmsweise eindeutig ausfallen und auf jedwede Form der Relativierung verzichtet wird – namentlich jene Textstellen also, die auf den Holocaust verweisen –, umso markanter hervortreten.

Die Ambivalenzen und Widersprüchlichkeiten des Romans verunmöglichen eine Festlegung von *Imperium* auf nur eine einzige Genre- oder Interpretationsoption, inklusive derjenigen des ‚kontrafaktischen Romans'. Dass Johannes Birgfeld in seinem erstaunlich material- und erkenntnisreichen Artikel zu *Imperium* keine klare Werkintention identifiziert, sondern eine Reihe ganz unterschiedlicher Lesarten für den Roman vorschlägt, darf als umsichtige Reaktion auf einen Text gewertet werden, der mehrere, teil konfligierende Leseerwartungen weckt, ohne einer einzelnen unter ihnen je in Gänze zu entsprechen.[853] So ist es gewiss legitim, *Imperium* als historiografische Metafiktion im Sinne Linda Hutcheons zu deuten, wie es Robin Hauenstein getan hat.[854] Nur geht der Roman in diesem spezifischen Modus postmodernen historiografischen Schreibens eben nicht auf, sondern provoziert zugleich – zumindest passagenweise – Interpretationen in anderen Modi historischen Erzählens.[855] Wollte man den Roman *Imperium* durchaus in seiner Gesamtheit charakterisieren, so wäre er weniger als historiografische Metafiktion, sondern eher als eine Manifestation

---

853 Vgl. Birgfeld: Südseephantasien, S. 476 f.
854 Vgl. Robin Hauenstein: Historiographische Metafiktionen, S. 120–151; ders.: „Ein Schritt zurück in die exquisiteste Barbarei".
855 Für Birgfeld besteht die „Pointe" des Romans darin, „dass *Imperium* historische Wahrheit dezidiert nicht auf der Ebene historischer Fakten sucht, ja sie auf dieser Ebene demonstrativ verweigert, sich aber auch nicht in einer metahistoriografischen Fiktion, einer die Ungreifbarkeit der Geschichte beschwörenden Literatur, erschöpft, die der Roman ganz gewiss auch ist. Die eigentliche Spezifität scheint im erzählerischen Verfahren zu liegen, das offensichtliche Unstimmigkeiten und Brüche sowohl in den realweltlichen Bezügen wie in der Erzählerkonzeption erzeugt, das damit eindrücklich verweist auf die *Imitation als Imitation* sowie auf die im Verfahren des Pastiches erzeugte Verschränkung und Überlagerung kultureller Modi der Selbstreflexion der Zeit um 1900 wie des ganzen 20. Jahrhunderts" (Birgfeld: Südseephantasien, S. 475 f.).

metatypologischen historischen Erzählens anzusehen: Ein solches metatypologisches historisches Erzählen hebt nicht allein auf die narrative Überformung und Konstruiertheit historischen Erzählens ab, sondern ruft ganz unterschiedliche Verfahren historischen Erzählens auf und lässt diese Verfahren dann einander irritieren, destabilisieren und in Konkurrenz zueinander treten – darunter eben auch solche referenzstrukturell eher konservativen Erzählverfahren wie die Kontrafaktik.

Als ‚neuer Archivist' (Moritz Baßler) fungiert Christian Kracht in *Imperium* somit nicht mehr, indem er „in geradezu positivistischer Weise Gegenwartskultur [archiviert]"[856], sondern vielmehr dadurch, dass er das Gesamtparadigma der formalen Möglichkeiten historischen Erzählens aufruft, sich dann aber für keinen einzelnen dieser Erzählmodi entscheidet, sondern die verschiedenen Elemente des Paradigmas einander beständig irritieren lässt. Ein ‚kontrafaktischer Roman' ist *Imperium* entsprechend nicht mehr in der Hinsicht, dass hier die typischen ästhetischen oder normativen Potenziale des kontrafaktischen Erzählens genutzt würden, sondern nur noch in dem eingeschränkten Sinne, dass hier die Bedingungen und Beschränkungen der Kontrafaktik sowie die Bedingungen und Beschränkungen anderer Verfahren historischen Erzählens in der Schwebe gehalten und teilweise gegeneinander ausgespielt werden.

Abschließend kann ein Vergleich zwischen den unterschiedlichen Formen des Einsatzes der Kontrafaktik in den Romanen *Ich werde hier sein im Sonnenschein und im Schatten* und *Imperium* unternommen werden. In beiden Romanen findet Kracht zu besonders innovativen Einsatzformen der Kontrafaktik, welche sich gewissermaßen komplementär zueinander verhalten: Das Szenario von *Ich werde hier sein...* basiert auf massiven Eingriffen in die Realhistorie des 20. Jahrhunderts, wie sie für das *Alternate History*-Genre typisch sind. Das genrekonstitutive Alternativendenken wird dabei jedoch nur noch mobilisiert, um vorzuführen, dass das Denken in Alternativen selbst notwendigerweise scheitern muss, ja dass der Versuch, im Bereich des Sozialen und Politischen radikale Alternativen um- und durchzusetzen, in Zerstörung, Grausamkeit und Menschenverachtung mündet. Scheinbar paradox führt *Ich werde hier sein...* somit vor, dass die enormen Unterschiede zwischen realer und fiktionaler Welt letztlich ‚keinen Unterschied machen'. Demgegenüber sind die minimalen Faktenabweichungen in *Imperium* durchaus bedeutsam, allerdings nicht so sehr als einzelne Abweichungen, sondern eher als Teilaspekt einer Strategie umfassender epistemischer Verunsicherung. Relevant ist in *Impe*-

---

[856] Baßler: Der deutsche Pop-Roman, S. 184.

rium weniger der semantische Gehalt der einzelnen *Abweichung* von den Fakten als vielmehr das *Abweichen* als Verfahren, über dessen Reichweite und interpretatorische Relevanz nur noch in Ausnahmefällen – die dann freilich besonders bemerkenswert sind – eindeutig entschieden werden kann. In *Imperium* wird also das Vorliegen kontrafaktischer Referenzen selbst zweifelhaft; genau dieser Zweifel jedoch kann interpretatorisch produktiv gemacht werden, trägt er doch – zusammen mit all den anderen narrativ-strukturellen, epistemischen und normativen Verunsicherungsstrategien des Romans – dazu bei, dogmatische Überzeugungen und messianische Wahrheitslehren zu destabilisieren, wie sie für gewisse ideologische Strömungen der Moderne zu Beginn des 20. Jahrhunderts charakteristisch gewesen waren. Unter Verdacht gestellt werden dabei nicht zuletzt die Deutungsaspirationen der Kunst selbst, namentlich diejenigen von Literatur und Film, welche in *Imperium* thematisch sowie intertextuell aufgerufen und zum Teil formal ironisiert werden.

Während Kracht also mit *Ich werde hier sein ...* eine Alternativgeschichte entwirft, in der wirkliche Alternativen ebenso wie geschichtlicher Fortschritt letztlich fehlen, erzählt *Imperium* die reale Geschichte auf eine derart komplexanspielungsreiche Weise, dass Realität und Fiktion, Welt und Kunst, originäre Erfahrung und bloßes Zitat, Faktenentsprechung und Erfindung ununterscheidbar werden. In *Ich werde hier sein ...* wird das Alternativendenken, welches der Kontrafaktik strukturell zugrunde liegt, durch den Inhalt des Textes gleichsam zurückgenommen; in *Imperium* hingegen führen die formalen, epistemischen und referentiellen Destabilisierungen des Textes dazu, dass die Kontrafaktik, deren formaler Status unsicher geworden ist, in Richtung alternativer Ausprägungen historischen Erzählens ausfasert. In Krachts *Imperium* erscheint die Kontrafaktik mithin nur noch als *eine* Möglichkeit aus dem reichhaltigen Formenparadigma historischen Erzählens. Innerhalb des metatypologischen historischen Erzählarrangements des Romans gerät die Kontrafaktik selbst zur bloßen Alternative.

12 Dokumentarismus als Kontrafaktik

Der Verbindung zwischen kontrafaktischem und dokumentarischem Erzählen hat die bisherige Forschung kaum Aufmerksamkeit gewidmet. Das Fehlen einer solchen Verbindung kann allerdings auch nur wenig überraschen, mutet doch die Begriffsverbindung ‚kontrafaktischer Dokumentarismus' vorderhand wie ein Oxymoron an. Versteht man unter „Dokumentarliteratur" eine „mit bereits vorgefundenen, authentischen Materialien operierende Literatur"[857] respektive unter „Dokumentartheater" eine „[d]ramatische Darstellung historischer Ereignisse und Personen mit demonstrativem Authentizitätsanspruch"[858] – dies die Definitionen aus dem Reallexikon für Literaturwissenschaft –, so scheint die Option eines kontrafaktischen Dokumentarismus vorderhand auszuscheiden, zeichnet sich Kontrafaktik doch gerade durch eine Abwandlung und Variation authentischen Faktenmaterials aus. Unter den vier möglichen fiktional-realen Weltvergleichsverhältnissen – Realistik, Fantastik, Kontrafaktik und Faktik – weist der Dokumentarismus eine Affinität weniger zur Kontrafaktik als zur Faktik auf: Dokumentarisches Schreiben bedient sich einer „erkennbare[n] Referenz auf Faktisches" und unterstellt sich damit einem „empirische[n] Wahrheitsanspruch".[859]

Die Bindung des Dokumentarismus ans Faktisch-Konkrete schließt jedoch nicht automatisch die Option eines kontrafaktischen Dokumentarismus aus. Schließlich handelt es sich auch bei der Kontrafaktik um eine Form von Literatur, welche „mit bereits vorgefundenen, authentischen Materialien" operiert, oder, um die Terminologie der Minimaldefinition der Kontrafaktik aufzugreifen: mit realweltlichem Faktenmaterial. Nur wird dieses Material im Fall der Kontrafaktik eben nicht in authentisch-faktischer, sondern in variierter Form wiedergegeben. Tatsächlich eröffnet gerade die konstitutive Bindung dokumentarischer Texte an realweltliche Dokumente zugleich auch die Möglichkeit kontrafaktischer Realitätsreferenzen.

Wenn im Folgenden von ‚Dokumentarismus' die Rede ist, so sind damit speziell Ausprägungen eines literarischen oder fiktionalen Dokumentarismus gemeint. Derartige literarische Dokumentarismen konkurrieren in aller Regel nicht mit faktualen Dokumentarismen, prätendieren also keine strenge Faktenüberein-

---

[857] Walter Fähnders: Dokumentarliteratur. In: Klaus Weimar (Hg.): Reallexikon der deutschen Literaturwissenschaft. Band I. Berlin 1997, S. 383–385, hier S. 383.
[858] Günter Saße: Dokumentartheater. In: Klaus Weimar (Hg.): Reallexikon der deutschen Literaturwissenschaft. Band I. Berlin 1997, S. 385–388, hier S. 385.
[859] Saße: Dokumentartheater, S. 386.

stimmung oder gar Wissenschaftlichkeit.[860] Würde der Autor lediglich den Zweck der Faktenpräsentation verfolgen, so wäre es wenig einleuchtend, weshalb überhaupt auf literarische Mittel oder fiktionale Medien zurückgegriffen würde. Literarische Dokumentarismen sind in aller Regel *kreative Dokumentarismen* – wiederum ein vordergründiges Oxymoron –, Dokumentarismen also, welche sich die Lizenzen literarischen und fiktionalen Erzählens zunutze machen und ihr spezifisches Wirkpotenzial gerade aus einer produktiven Vermittlung zwischen Faktentreue und künstlerischer Erfindung, Bearbeitung und Verfremdung gewinnen.[861] Eine in den letzten Jahren intensiv diskutierte Manifestationsform eines solchen kreativen Dokumentarismus ist die sogenannte *Dokufiktion*. Je nach Definition können die Begriffe ‚kreativer Dokumentarismus' und ‚Dokufiktion' sogar synonym zueinander verwendet werden.[862]

Während faktuale Dokumentarismen ein variables Verhältnis zum Bereich des Politischen unterhalten (Natur- und Tierdokumentationen beispielsweise erheben meist keinen politischen Anspruch[863]), lassen sich fiktionale Dokumentarismen in aller Regel als Formen politischen Schreibens verstehen. Der politisch-didaktische Anspruch des Dokumentarismus deutet sich dabei bereits über die Etymologie des Wortes ‚Dokument' an, dass auf das lateinische Verb *docere*, für lehren, instruieren, unterrichten, zurückgeht.[864] Als Teildefinition der Doku-

---

860 Vgl. Sven Hanuschek: „Ich nenne das Wahrheitsfindung". Heinar Kipphardts Dramen und ein Konzept des Dokumentartheaters als Historiographie. Bielefeld 1993, S. 28, 69–72.
861 Klaus Harro Hilzinger weist in diesem Zusammenhang darauf hin, dass der „konstitutive Widerspruch der Form" des Dokumentartheaters in der „Bindung ans Dokumentarische" bei gleichzeitiger „Lösung vom Dokumentarischen" besteht. Vgl. Klaus Harro Hilzinger: Die Dramaturgie des dokumentarischen Theaters. Tübingen 1976, S. 9.
862 Markus Wiegandt etwa versteht die Dokufiktion „als eine Sammelbezeichnung für Texte, in denen man die Relation von Dokumentation und Fiktion als wechselseitiges Bedingungsverhältnis auffassen muss. In dieser Form gewinnt die Literatur nicht nur Anschluss an die Wirklichkeit, sondern vermittelt auch zwischen dem Vor- bzw. Weltwissen des Lesers einerseits und dem gleichwohl noch existenten ästhetischen Anspruch der Literatur als Kunst." (Markus Wiegandt: Chronisten der Zwischenwelten. Dokufiktion als Genre. Operationalisierung eines medienwissenschaftlichen Begriffs für die Literaturwissenschaft. Heidelberg 2017, S. 68) Eine solche Definition der Dokufiktion ist mit einem kreativen und kontrafaktischen Dokumentarismus, wie er im Folgenden diskutiert wird, bestens vereinbar.
863 Die meisten Definitionen des Politischen beziehen sich ausschließlich auf menschliche Aktanten. So lassen sich etwa Naturdokumentationen erst dadurch politisieren, dass ökologische Bedingungen als vom Handeln des Menschen – etwa dem menschengemachten Klimawandel – abhängig präsentiert werden.
864 Vgl. Werle: Fiktion und Dokument, S. 113. Die Affinität von Dokumentarischem und Politischem führt Werle unter anderem auf die große Bedeutung von Dokumenten im Kontext der Rechtsprechung zurück: „Dokumente sollen etwas zeigen oder beweisen – die damit zusammenhängende Affinität zum juristischen Kontext scheint eine Ursache dafür zu sein, dass die

mentarliteratur gibt Nikolaus Miller an: „*Dokumentarliteratur verleiht dem dokumentarischen Stoff Bedeutung und macht ihn so zum Medium einer zumeist politischen Aussage.*"[865] Fiktionale Dokumentarismen liefern also meistens nicht einfach ein neutrales Bild der Realität, sondern verbinden die eigene Realitäts- oder Faktenpräsentation mit normativen Wertungen und/oder einem Aufklärungsanspruch.

Fiktionstheoretisch betrachtet unterscheiden sich die Fakten des (kontrafaktischen) Dokumentarismus nicht kategorial von denjenigen des (kontrafaktischen) historischen Erzählens: Strenggenommen ist jedwedes historische Erzählen bis zu einem gewissen Grade zugleich auch dokumentarisch, da die Geschichte ja nur über Dokumente zugänglich ist; und jeder Dokumentarismus – selbst der tagesaktuelle Dokumentarismus einer Zeitung oder Nachrichtenmeldung – dokumentiert Vergangenes, also Historisches. Jenseits dieser fiktionstheoretischen Überschneidung von Dokumentarismus und historischem Erzählen lässt sich aber auch mit Blick auf die Literaturgeschichte eine enge Verbindung der beiden literarischen Formen erkennen. Besonders augenfällig ist diese Verbindung beim Dokumentardrama, dem im deutschsprachigen Raum weitaus bedeutendsten Genre dokumentarischer Literatur.[866] Bereits das frühe Dokumentartheater der 1920er Jahre unter Erwin Piscator stellte nicht zuletzt eine Reaktion auf die Erfahrungen des Ersten Weltkriegs dar.[867] Auch die zentralen Werke aus der Hochphase der Dokumentardramatik in den 1960er Jahren – etwa die Werke von Rolf Hochhuth, Heinar Kipphardt oder Peter Weiss[868] – befassen sich sämtlich mit historischen Stoffen.[869]

Repräsentation von Dokumenten in der Literatur häufig auf ethische, politische und didaktische Zwecke abzielt." (Ebd., S. 119).
865 Nikolaus Miller: Prolegomena zu einer Poetik der Dokumentarliteratur. München 1982, S. 59.
866 Heinz Ludwig Arnold hält fest, dass sich „das Dokumentartheater [...] eher und eindrücklicher Geltung verschafft hat als die relativ selten gebliebene Reportage- und Interviewliteratur." (Heinz Ludwig Arnold: Vorbemerkung. In: Ders. / Stephan Reinhardt (Hg.): Dokumentarliteratur. München 1973, S. 7–12, hier S. 9) Blickt man auf die deutliche Privilegierung des Dokumentartheaters gegenüber anderen dokumentarischen Genres sowohl im Reallexikon der deutschen Literaturwissenschaft als auch im von Dieter Lamping herausgegebenen Handbuch der literarischen Gattungen, so wird man Arnolds Befund aus den frühen 1970er Jahren nach wie vor zustimmen können.
867 Vgl. Franz-Josef Deiters: „Gegossen in den Schmelztiegeln der Groß-Industrie, gehärtet und geschweißt in der Esse des Krieges". Erwin Piscator oder Die Geburt der Theateravantgarde in den Gräben des Ersten Weltkriegs. In: Christian Klein / Franz-Josef Deiters (Hg.): Der Erste Weltkrieg in der Dramatik – deutsche und australische Perspektiven / The First World War in Drama – German and Australian Perspectives. Stuttgart 2018, S. 101–117.
868 Brian Barton identifiziert zwei „dokumentarische[...] Wellen im deutschsprachigen Theater – 1924 bis 1929 und 1963 bis 1970" (Brian Barton: Das Dokumentartheater. Stuttgart 1987, S. 1).
869 So weist etwa Sven Hanuschek auf die „weitreichenden Parallelen des Dokumentardramas mit der Historiografie" hin (Sven Hanuschek: Dokumentardrama. In: Dieter Lamping (Hg.):

Die große Nähe und partielle Überschneidung von historischem und dokumentarischem Erzählen erlaubt es, zahlreiche der Überlegungen zur historischen Kontrafaktik auch auf die dokumentarische Kontrafaktik zu übertragen. Entsprechend muss an dieser Stelle kein weiteres Mal auf das spannungsreiche Verhältnis von (kontrafaktischer) Faktenpräsentation und Postmoderne sowie auf die Notwendigkeit einer heuristischen Trennung zwischen fiktionalem und faktualem kontrafaktischen Erzählen eingegangen werden. Im Folgenden soll vor allem das Verhältnis der Kontrafaktik zu einigen spezifischen Genrevarianten des Dokumentarismus sowie zum Verfahren der Verfremdung erläutert werden, welches für literarische Dokumentarismen von besonderer Bedeutung ist.

Nicht alle Ausprägungen des Dokumentarismus sind mit dem Erzählverfahren der Kontrafaktik kompatibel. In einem Ausschlussverhältnis zueinander stehen Dokumentarismus und Kontrafaktik immer dann, wenn ein Text den Anspruch erhebt, seine Leserschaft erstmalig mit einem gewissen Sachverhalt vertraut zu machen, wenn der Text den Lesern also verlässliche Informationen über ein bestimmtes Ereignis liefern soll. Ein Text kann nämlich nicht neue Informationen über die reale Welt liefern *und* diese Informationen, die ja noch gar nicht als bekannt vorausgesetzt werden dürfen, gleichzeitig variieren. Zwar beziehen sich auch Werke der Kontrafaktik stets auf realweltliches Faktenmaterial. Doch ist dieser Faktenbezug im Falle der Kontrafaktik implizit, es ist also Aufgabe des Lesers, eine Verbindung zwischen dem explizit Ausgesagten und den implizit, in der Negation gleichsam mitgemeinten Fakten herzustellen. Die der Kontrafaktik zugrundeliegenden Fakten müssen dabei dem fiktionalen Text notwendigerweise vorgängig sein, also auch unabhängig von der Fiktion Gültigkeit beanspruchen können. Kontrafaktische Texte können – wie alle fiktionalen Texte – nicht selbst realweltliches Faktenmaterial produzieren, sondern müssen dieses Faktenmaterial als fiktionsunabhängig gültig voraussetzen.[870]

Entsprechend wird ein klassischer Aufklärungsdokumentarismus, welcher es zum Ziel hat, die Öffentlichkeit allererst über einen bestimmten Sachverhalt zu informieren, auf amimetische Erzählverfahren wie Kontrafaktik und Fantastik verzichten müssen. Ein bekanntes Beispiel eines solchen, am Faktisch-Authentischen orientierten Dokumentarismus sind die investigativen Reportagen Günter Wallraffs. Die Recherchemethode Wallraffs besteht darin, sich mithilfe elaborierter Verkleidungen und Masken in das Umfeld eines bestimmten Repor-

---

Handbuch der literarischen Gattungen. Stuttgart 2009, S. 132–136, hier S. 134). Siehe auch ders.: „Ich nenne das Wahrheitsfindung".
870 Siehe Kapitel 4.3.3. Die reale Welt.

tage-Ziels einzuschleusen, um anschließend seine persönlichen Eindrücke und Erfahrungen in der Rolle eines bestimmten sozialen oder ethnischen Typus einer breiten Öffentlichkeit zu präsentieren. Weite Verbreitung erlangte Wallraffs Buch *Ganz unten* (1985), in dem der Journalist die Ausbeutungsverhältnisse, die Ausgrenzung und den Hass beschreibt, mit denen er in der Rolle eines türkischen Gastarbeiters konfrontiert war. Wie viele dokumentarische Arbeiten verfolgen Wallraffs Reportagen eine dezidiert aufklärerische und, damit verbunden, gesellschaftskritische Agenda. Diese Agenda beruht dabei wesentlich auf dem Faktualitätsanspruch seiner Texte: Die Leser sind angehalten, zu glauben, dass Wallraff die beschriebenen Recherchen durchgeführt, die geschilderten Erfahrungen tatsächlich gemacht und sich bei der schriftlichen Darlegung um dokumentarische Präzision bemüht hat. Bestände der Verdacht auf schriftstellerische Erfindung – etwa in Form kontrafaktischer oder fantastischer Passagen –, so würde der aufklärerisch-gesellschaftskritische Impetus von Wallraffs Texten entschieden abgeschwächt. Auch in Interviewdokumentationen wie Erika Runges *Bottroper Protokolle* (1968) oder in historischen Materialsammlungen wie Walter Kempowskis *Echolot-Projekt* (1993–2005) müssen kontrafaktische oder fantastische Elemente zuverlässig ausgeschlossen werden, um den faktual-dokumentarischen und damit explizit aufklärerischen Anspruch dieser Werke aufrechterhalten zu können.

Inkompatibel ist der kontrafaktische Dokumentarismus ferner mit dem Reportagestil des *New Journalism*, der ab den 1960er Jahren von US-amerikanischen Autoren wie Tom Wolfe und Truman Capote entwickelt wurde.[871] Die Texte des *New Journalism* weichen die Grenze zwischen fiktionaler Literatur und faktualem Journalismus auf, indem sie zwar einen Anspruch auf Faktentreue erheben, zugleich aber in hohem Maße auf literarische Mittel zurückgreifen, die Lizenzen fiktionalen Erzählens nutzen und die Subjektivität der Darstellung herausstellen.[872] Im Rahmen des Reportageverfahrens des *New Journalism* sind imaginative oder subjektive Ergänzungen des jeweiligen Faktenmaterials zwar möglich und bis zu einem gewissen Grade sogar vorgesehen. Eine Erfindung jedoch, welche den Ergebnissen der Recherche auf offenkundige Weise widerspräche – wie es bei kon-

---

[871] Siehe allgemein zum New Journalism Joan Kristin Bleicher / Bernhard Pörksen (Hg.): Grenzgänger. Formen des New Journalism. Wiesbaden 2004.
[872] So wird in Truman Capotes Tatsachenroman *In Cold Blood* streckenweise heterodiegetisch, zugleich aber intern fokalisiert erzählt. Zipfel bemerkt zu derartigen Spezialfällen: „Diese Texte beziehen ihre Faszination gerade daraus, daß sie wissentlich und willentlich die allgemein geltenden sprachhandlungs- und erzähllogischen Grenzen zwischen faktualem und fiktional(-phantastisch)em Erzählen übertreten. Die Erzählstrukturen dieser Texte sind absichtlich paradox" (Zipfel: Fiktion, Fiktivität, Fiktionalität, S. 169).

trafaktischen Variationen des Faktenmaterials ja der Fall wäre –, würde dem journalistischen Anspruch, den der *New Journalism* ungeachtet aller literarischen Darstellungslizenzen weiterhin erhebt, zuwiderlaufen.

Durchaus vereinbar sind Kontrafaktik und Dokumentarismus hingegen dort, wo bestimmte Sachverhalte bereits als bekannt vorausgesetzt werden können, sodass die Variation dieser Sachverhalte innerhalb eines fiktionalen Werkes dann auch erkennbar ist. Die Rezeptionsstruktur wäre in diesem Fall weitgehend identisch mit derjenigen der historischen Kontrafaktik (eine strikte Unterscheidung zwischen dokumentarischen Fakten und historischen Fakten ist, wie gesagt, nicht möglich). Ein solcher kontrafaktischer Dokumentarismus liegt beispielsweise vor, wenn ein kontrafaktisches Werk als Satire eines realweltlichen Sachverhalts oder auch eines nicht-fiktionalen dokumentarischen Werkes fungiert: Man denke etwa an die zahlreichen fiktionalen Politikersatiren im Fernsehen oder im Internet, welche eine weithin bekannte charakterliche, sprachliche, habituelle etc. Eigenheit einer Person des öffentlichen Lebens dadurch kommentieren, dass sie diese Eigenheit in der künstlerischen Darstellung kontrafaktisch variieren, also über die Maßen betonen oder in auffälliger Weise aussparen. Ähnlich wie die Kontrafaktik im historischen Bereich selbst kein Wissen über den realen Geschichtsverlauf bereitstellt, so kann auch ein solcher satirisch-kontrafaktischer Dokumentarismus keine neuen Informationen über die reale Welt produzieren.[873] Im Gegenteil muss er eine solide Wissensbasis voraussetzen oder auf eine solche verweisen, um sein spezifisches Wirkpotenzial entfalten zu können.[874] (Unberührt bleibt hiervon freilich – wie stets bei der Kontrafaktik – die Möglichkeit sekundärer epistemischer Gewinne, etwa die erkenntnisfördernde Funktion einer Satire, welche bestimmte Eigenschaften einer Person gerade in der kontrafaktischen Übertreibung besonders deutlich hervortreten lässt.[875])

---

873 Blume hält in diesem Kontext fest: „[Satire und Parodie] nehmen Bezug auf einen konkreten, wenn auch häufig nicht explizit benannten Gegenstand der Kritik, und sie bedürfen zu ihrer vollen Entfaltung des Erkennens dieses Gegenstands durch den Leser [...]. Da die Satire Ausdruck von Anstoßnahme ist, [...] bezieht sie sich notwendigerweise auf nichtfiktionale Konzepte innerhalb der Enzyklopädie des satirisch Schreibenden. Es ist ein abwegiger Gedanke, daß ein Satiriker den Gegenstand, den er kritisch ins Visier nimmt, eigens vollständig erfindet – jede Kritik liefe dann von vornherein ins Leere." (Blume: Fiktion und Weltwissen, S. 207).
874 Beispielsweise bedienen sich die satirisch-fiktionalen Artikel der Website *Der Postillon* regelmäßig kontrafaktischer Referenzstrukturen. Deren erfolgreiche Aktualisierung wird unter anderem dadurch sichergestellt, dass die Website zahlreiche Links zu faktualen Zeitungsmeldungen enthält, sodass die reale Faktenbasis einer bestimmten satirisch-kontrafaktischen Darstellung mühelos überprüft werden kann. Vgl. Der Postillon. Quelle: https://www.der-postillon.com/ (Zugriff: 27.07.2021).
875 So bemerkt Köppe: „Das generelle Verbot *unmittelbarer* Schlüsse vom Gehalt fiktionaler Sätze auf die Wirklichkeit ist sowohl mit ‚sekundären' Informationsabsichten von Autoren als

Bei einem Text jedoch, der sich gar nicht mehr um eine inhaltlich adäquate Präsentation des Quellen- oder Recherchematerials bemüht, würde sich die Frage stellen, ob der Begriff ‚Dokumentarismus' hier überhaupt noch sinnvoll anwendbar ist. „Wenn die Dokumente ihre Funktion richtig erfüllen und konkrete, unwiderlegbare Beziehungen zur Außenwelt herstellen sollen", so konstatiert Brian Barton, „müssen sie auch nach ihrer Bearbeitung [...] in einem gewissen Sinne ‚authentisch' bleiben."[876] Für einen Dokumentarismus, der sich massiv vom den ihm zugrundeliegenden Dokumenten entfernt, ergeben sich entsprechend eine Reihe von Problemen: Eine inhaltliche Abweichung von wenig bekanntem dokumentarischen Material könnte etwa zur Folge haben, dass die Abweichung gar nicht erkannt wird. Auch droht durch allzu große Verfremdung der Dokumente ein etwaiger politisch-kritischer Anspruch verlorenzugehen, wie er vom Gros literarischer Dokumentarismen erhoben wird und wesentlich auf einer erkennbaren Nähe zum Quellenmaterial beruht.[877] Weicht ein Text demgegenüber von allgemein bekanntem Faktenmaterial ab, so würde er von den meisten Lesern wohl eher dem Genrebereich der Alternativgeschichte als demjenigen des Dokumentarismus zugeschlagen, da es wenig sinnvoll erscheint, gut bekannte (historische) Fakten ein weiteres Mal zu ‚dokumentieren' – und sei es selbst im variierenden Modus der Kontrafaktik. Angesichts dieser konzeptionellen Schwierigkeiten überrascht es nicht, dass sich kaum Beispiele für einen Dokumentarismus anführen lassen, der das ihm zugrundeliegende Material auf erkennbare und signifikante Weise inhaltlich verändert.

Die inhaltliche Veränderung bietet jedoch nur *eine* Realisierungsmöglichkeit der Kontrafaktik. Kontrafaktische Variationen können sich nämlich durchaus auch auf die formale Dimension des Faktenmaterials beziehen: Der Schwerpunkt einer kontrafaktischen Variation muss nicht notwendigerweise auf inhaltlich-propositionale Aspekte gelegt werden, sondern kann auch die Auswahl, sinnliche Präsentation oder Verfremdung des Materials betreffen (wobei freilich stets zu berücksichtigen ist, dass die Trennung von Form und Inhalt sich nicht

---

auch mit ‚sekundären' leserseitigen Interpretationen vereinbar, in denen Bezüge zur Wirklichkeit hergestellt werden. [...] [Diese] Möglichkeit spricht in jedem Fall dafür, dass keine ‚Durchbrechung' oder ‚Verletzung' der Fiktionalitätsinstitution (bzw. der diese Institution konstituierenden Regeln) vorliegen muss, wenn ein fiktionaler Text zur Vermittlung von Einsichten eingesetzt und/oder verwendet wird." (Köppe: Die Institution Fiktionalität, S. 47).
876 Barton: Das Dokumentartheater, S. 3.
877 Zum spannungsreichen Verhältnis von Dokument, Verfremdung und politischem Anspruch bemerkt Hilzinger: „Wenn [...] der kritische Gehalt mit dem Grad der Verfremdung steigt, liegt doch andererseits die Bedeutung und Wirkung des dokumentarischen Theaters mit in der Unmittelbarkeit der Fakten begründet" (Hilzinger: Die Dramaturgie des dokumentarischen Theaters, S. 9). Siehe auch Barton: Das Dokumentartheater, S. 4–6.

konsequent durchhalten lässt und dass formale Variationen ab einem gewissen Grade der Intensität notwendigerweise in inhaltliche Variationen umschlagen und *vice versa*). Für das Genre des Dokumentarismus ist eine solche Option der formalen Kontrafaktik von besonderem Interesse, bildet die Frage nach Möglichkeiten und Grenzen einer formalen Veränderung von Faktenmaterial doch seit jeher eine Grundfrage der Genrediskussion rund um den literarischen Dokumentarismus. Peter Weiss etwa schreibt in seinen *Notizen zum dokumentarischen Theater*: „Das dokumentarische Theater enthält sich jeder Erfindung, es übernimmt authentisches Material und gibt dies, im Inhalt unverändert, in der Form bearbeitet, von der Bühne aus wieder."[878] Die Möglichkeit der formalen Bearbeitung wird von Weiß für den Dokumentarismus also explizit eingeräumt. Weitgehend ungeklärt bleibt in Weiss' Definition hingegen die Frage, welche genauen Aspekte diese formale Bearbeitung umfasst und wie weit sie gehen kann, damit der „Inhalt" weiterhin als „unverändert" gelten kann. Tatsächlich unterscheiden sich verschiedene Formen des Dokumentarismus sehr deutlich in Art und Umfang ihrer Bearbeitung des Recherchematerials.[879] Peter Weiss selbst etwa greift für sein Stück *Die Ermittlung* (1965) auf die Protokolle Bernd Naumanns zum Frankfurter Auschwitz-Prozess zurück. So gut wie alle Aussagen der Richter, Verteidiger und Angeklagten in *Die Ermittlung* lassen sich auf die Protokolle Naumanns zurückführen. Allerdings nimmt Weiss dabei einige signifikante Veränderungen am Textmaterial vor. Das Wort ‚Jude' etwa, das in den Protokollen vielfach vorkommt, wird in *Die Ermittlung* ausgespart.[880] Rolf Hochhuth hingegen stellt in den umfänglichen Nebentexten seines Stücks *Der Stellvertreter* (1963) die Tatsächlichkeit des Geschehens heraus, nämlich das Versäumnis von Papst Pius XII., öffentlich Position zur Deportation und massenhaften Vernichtung der Juden während des Zweiten Weltkriegs zu beziehen.[881] In der „theatralischen Präsentation" jedoch, so fasst Günter Saße zusammen, „bedient sich Hochhuth ganz tradi-

---

[878] Peter Weiss: Notizen zum dokumentarischen Theater. In: Joachim Fiebach (Hg.): Manifeste europäischen Theaters. Grotowski bis Schleef. Berlin 2003, S. 67–73, hier S. 67 f.
[879] Vgl. Barton: Das Dokumentartheater, S. 2.
[880] Vgl. Jesko Bender: Dekonstruktiver Dokumentarismus. Peter Weiss' *Ermittlung* und die Möglichkeiten literarischer Repräsentation von Realität im Schatten von Auschwitz. In: Kultur & Gespenster 3 (2007), S. 168–185, hier S. 169, 173 f.
[881] Hochhuth fügt der Druckfassung seines Stücks einen „historischen Anhang" hinzu, an dessen Beginn er betont: „Die folgenden Anmerkungen zu umstrittenen Geschehnissen und Aussagen sollen [...] beweisen, daß der Verfasser des Dramas sich die freie Entfaltung der Phantasie nur so weit erlaubt hat, als es nötig war, um das vorliegende historische Rohmaterial überhaupt zu einem Bühnenstück gestalten zu können. Die Wirklichkeit blieb stets respektiert, sie wurde aber entschlackt." (Rolf Hochhuth: Der Stellvertreter. Ein christliches Trauerspiel. Reinbek bei Hamburg ^{37}2004, S. 381).

tioneller Mittel: erfundene Begebenheiten, erfundene Personen, erfundene Dialoge arrangiert er nach dem überkommenen Muster einer Entscheidungsdramaturgie, in der Protagonisten und Antagonisten sich gegenüberstehen."[882] Milo Rau schließlich lässt in seinem Reenactment *Breiviks Erklärung* (2012) eine deutsche Übersetzung der Rede des norwegischen Massenmörders Anders Behring Breivik vor dem Osloer Amtsgericht weitgehend wortgetreu vortragen. Allerdings wird die Rede des Rechtsterroristen Breivik von einer Schauspielerin mit türkischem Migrationshintergrund vorgetragen, die ein Barack-Obama-Fan-T-Shirt trägt und demonstrativ Kaugummi kaut, sodass der rechts-ideologische Inhalt von Breiviks Erklärung performativ unterlaufen wird.[883] In allen drei Fällen handelt es sich um künstlerisch-dokumentarische Arbeiten, die nicht so sehr den Inhalt der zugrundeliegenden Dokumente variieren, sondern eher auf formale Mittel der Verfremdung und Faktenvariation zurückgreifen.[884] Je nachdem, wie weit diese formale Variation geht – und vor allem: wie relevant diese Variation *als Variation* für die Interpretation des jeweiligen Werkes ist –, kann sie durchaus als eine Manifestation *formaler Kontrafaktik* angesehen werden.[885]

Es scheint dies der geeignete Ort für einige grundlegende Bemerkungen zum Zusammenhang von Kontrafaktik und *Verfremdung* zu sein. Die Verfremdung als künstlerisches Verfahren bietet die Möglichkeit einer – meist formalen – Variation des Materials, die sich gleichwohl niemals vollständig vom Ausgangsmate-

---

[882] Günter Saße: Faktizität und Fiktionalität. Literaturtheoretische Überlegungen am Beispiel des Dokumentartheaters. In: Wirkendes Wort 36/1 (1986), S. 15–26, hier S. 19.
[883] Vgl. Robert Walter-Jochum: (Ent-)Schärfungen. Terrorideologien als Material von Reenactments bei Romuald Karmakar und Milo Rau. In: Stefan Neuhaus / Immanuel Nover (Hg.): Das Politische in der Literatur der Gegenwart. Berlin / New York 2019, S. 255–272, hier S. 268.
[884] Eine detaillierte Untersuchung der genannten Werke würde freilich zwischen den verschiedenen Formen und Funktionen der Bezugnahme auf realweltliches Faktenmaterial zu unterscheiden haben. Rolf Hochhuth versucht mit *Der Stellvertreter* letztlich vor allem Wissenslücken hinsichtlich der realen historischen Ereignisse zu schließen, indem er historische Tatsachen in einem fiktionalen Medium vermittelt (vgl. Saße: Faktizität und Fiktionalität, S. 19). Peter Weiss und Milo Rau hingegen erzeugen in ihren Werken keine direkte Referenz auf die jeweiligen historischen Ereignisse – Auschwitz respektive die Anschläge in Norwegen am 22. Juli 2011 –, sondern beziehen sich auf faktuale Texte, die im Kontext dieser Ereignisse entstanden sind: im Falle von *Die Ermittlung* also auf den Frankfurter Auschwitz-Prozess, im Falle von *Breiviks Erklärung* auf die Gerichtsrede des Terroristen. Indem Weiss und Rau also sprachliche Äußerungen in – unter anderem – sprachlichen Medien dokumentieren, vermeiden sie erstens einen für den Dokumentarismus stets problematischen Medienwechsel und entgehen zweitens dem Vorwurf, anhand einer künstlerischen Repräsentation zum ‚realen Kern' von Genozid und Massenmord vordringen zu wollen.
[885] Siehe zur formalen Kontrafaktik im bildkünstlerischen Bereich Kapitel 4.3.4. Das Faktenverständnis der Kontrafaktik.

rial entfernt: Verfremdung ist immer Verfremdung *von etwas*. Beziehen sich nun Verfremdungsverfahren innerhalb fiktionaler Medien auf realweltliches Faktenmaterial – was keineswegs immer der Fall ist –, so können sich durchaus kontrafaktische Referenzstrukturen ergeben. Zwar variieren kontrafaktische Werke nicht notwendigerweise (und de facto eher selten) *formale* Aspekte des jeweiligen Faktenmaterials; auch beziehen sich verfremdende Verfahren nicht zwingend auf die formale Dimension der Darstellung (wenngleich formale Verfremdungen der Regelfall sein dürften). Betrachtet man allerdings Fälle *formaler Kontrafaktik* gemeinsam mit Fällen *faktenbezogener (formaler) Verfremdung*, so wird man eine bedeutende Schnittmenge zwischen beiden Feldern beobachten können.

Die Verfremdung als eine mögliche Realisationsform der Kontrafaktik ist freilich nicht auf den Genrebereich des Dokumentarismus beschränkt, sondern kann theoretisch in allen Genres zum Einsatz kommen, die mit der Kontrafaktik kompatibel sind. Allerdings ist der Rückgriff auf Techniken der Verfremdung im Fall des kontrafaktischen Dokumentarismus besonders naheliegend, bietet die Verfremdung doch die Möglichkeit, einen bestimmten Informationsgehalt inhaltlich unverändert zu lassen – und somit den Bezug zu den vorgängigen Dokumenten, über welche der Dokumentarismus sich ja allererst definiert, beizubehalten –, zugleich aber eine künstlerische Bearbeitung, formale Abwandlung oder eben kontrafaktische Variation des Faktenmaterials vorzunehmen.[886]

Das genaue wechselseitige Verhältnis von Kontrafaktik und Verfremdung lässt sich nun theoretisch nicht problemlos bestimmen. Dies hat vor allem darin seinen Grund, dass es sich bei der Kontrafaktik um einen fiktionstheoretisch präzise definierbaren Begriff handelt, während der Begriffsgehalt des Wortes ‚Verfremdung' historischen und kontextuellen Schwankungen unterworfen ist. Je nach Anwendungsbereich oszilliert er etwa zwischen wahrnehmungstheoretischen, formal-technischen und ideologischen Deutungen. Ursprünglich geht der Begriff ‚Verfremdung' (russisch: *ostranenie*) auf den russischen Formalismus zu Beginn des 20. Jahrhunderts zurück. In seinem klassischen Aufsatz *Die Kunst als Verfahren* aus dem Jahre 1916 definiert Viktor Šklovskij das „Verfahren der Kunst [als] das Verfahren der ‚Verfremdung' der Dinge und das Verfahren der erschwerten Form, ein Verfahren, das die Schwierigkeit und Länge der Wahrnehmung steigert".[887] Šklovskij sieht in der Kunst ein Mittel, um „aus dem Automatismus

---

[886] Siehe hierzu auch das Kapitel „Illusion und Verfremdung" in Hilzinger: Die Dramaturgie des dokumentarischen Theaters, S. 12–64.
[887] Viktor Šklovskij: Die Kunst als Verfahren. In: Jurij Striedter (Hg.): Russischer Formalismus. Texte zur allgemeinen Literaturtheorie und zur Theorie der Prosa. München 1971, S. 4–35, hier S. 15.

der Wahrnehmung herausgelöst [zu] werden".[888] Die Möglichkeit poetischer Schöpfung – also etwa die Integration fantastischer oder kontrafaktischer Elemente in eine erzählte Welt – berücksichtigt Šklovskij in seiner primär wahrnehmungstheoretisch orientierten Lesart der Verfremdung allerdings nicht.

Von weitreichender Bedeutung für die deutschsprachige Verwendung des Begriffs ‚Verfremdung' ist bekanntlich seine Aneignung und Modifikation durch Bertolt Brecht im Rahmen der Theorie des Epischen Theaters.[889] Im Text *Über experimentelles Theater* definiert Brecht die Verfremdung wie folgt: „Einen Vorgang oder einen Charakter verfremden heißt zunächst einfach, dem Vorgang oder dem Charakter das Selbstverständliche, Bekannte, Einleuchtende zu nehmen und über ihn Staunen und Neugierde zu erzeugen."[890] Hinsichtlich der Ent-Automatisierung der Wahrnehmung besteht bei Brecht also Kontinuität mit der Theorie Šklovskijs. Bezüglich der technischen Realisierungsformen gehen die von Brecht vorgesehenen Verfremdungstechniken jedoch deutlich über die von Šklovskij angeführten, ungewohnten Formen der Beschreibung hinaus: Die Verfremdungseffekte – oder schlicht V-Effekte – in Brechts Stücken umfassen narrative Passagen, Songs, Texteinblendungen auf der Bühne, lautes Lesen von Regieanweisungen, satirische und parabelhafte Figurendarstellungen und vieles mehr.

Zusätzlich zu ihrer formalen Dimension wird die Verfremdung bei Brecht mit einem kritisch-politischen Impetus versehen. Verfremden heißt für Brecht „Historisieren, heißt Vorgänge und Personen als historisch, also als vergänglich darstellen."[891] Letztlich besteht der Zweck der Verfremdung für Brecht darin, die gesellschaftlichen Zustände als veränderbar darzustellen und damit idealerweise ihre reale Veränderung vorzubereiten.[892] Diese politische Aufladung des Verfremdungskonzepts hat traditionsbildend gewirkt: Die meisten literarischen Texte, die seit Brecht auf Verfremdungsverfahren zurückgreifen – darunter auch das Gros literarisch-dokumentarischer Texte bis in die Gegenwart –, nutzen

---

888 Šklovskij: Die Kunst als Verfahren, S. 15.
889 Einen detaillierten Vergleich zwischen Šklovskijs und Brechts Konzeptionen der Verfremdung bietet Hans Günther: Verfremdung: Brecht und Šklovskij. In: Susi K. Frank u. a. (Hg.): Gedächtnis und Phantasma. Festschrift für Renate Lachmann. München 2001, S. 137–145.
890 Bertolt Brecht: Über experimentelles Theater. In: Ders.: Werke. Große kommentierte Berliner und Frankfurter Ausgabe (= GBA). Hg. v. Werner Hecht u. a. Frankfurt a. M. 1988 ff., Bd. 22: Schriften 2, S. 540–557, hier S. 554.
891 Brecht: Über experimentelles Theater, S. 554 f.
892 Günther bemerkt hierzu: „Geht es Šklovskij um die Wiederherstellung des ästhetischen Empfindens durch Erschwerung der Wahrnehmung, so interessiert Brecht über das Auffälligmachen hinaus die Möglichkeit der intellektuellen Intervention des Zuschauers, das ‚Dazwischenkommen' des Urteils." (Günther: Verfremdung: Brecht und Šklovskij, S. 141).

die Verfremdung zu politisch-kritischen Zwecken.[893] Eine Assoziation von Verfremdung, politischem Schreiben und (formaler) Kontrafaktik, wie sie in der vorliegenden Arbeit vorgeschlagen wird, erscheint insofern besonders naheliegend.

Verfremdung kann, so konstatiert Hans Günther, „auf allen Ebenen des literarischen Werks ansetzen" und „sehr unterschiedliche Funktionen haben."[894] Nicht alle Spielarten der Verfremdung lassen sich dabei plausibel mit dem Bereich der Kontrafaktik in Verbindung bringen. Beispielsweise müssen Verfremdungsverfahren nicht notwendigerweise auf konkrete Fakten referieren, sondern können etwa auch auf allgemeine Realitätsannahmen Bezug nehmen: Wenn etwa in Brechts Stück *Der gute Mensch von Sezuan* die Identifikation mit der Hauptfigur, der gutmütigen Prostituierten Shen Te, dadurch erschwert wird, dass ein anderer, egoistisch-pragmatischer Teil von Shen Tes Persönlichkeit in Form des gerissenen Geschäftsmanns Shui Ta eigenständig auf der Bühne agiert, so liegt hier keine kontrafaktische Referenz auf realweltliches Faktenmaterial vor. Vielmehr bezieht sich dieser Verfremdungseffekt – wie in den meisten Stücken Brechts – auf allgemeine Realitätsannahmen im Sinne der Realistik, etwa auf die Schwierigkeiten, in einer ökonomisch prekären Situation moralisch richtig zu handeln. Auch modifizieren Verfremdungseffekte nicht notwendigerweise die fiktionale Welt selbst, sondern mitunter lediglich den Wahrnehmungsprozess derselben. (Die von Šklovskij angeführten Beispiele ungewohnter Beschreibungsformen im Werk Tolstois mögen zwar Gewohnheiten der Wahrnehmung ‚entautomatisieren'; den Gegenstand der Wahrnehmung verändern sie aber nicht.[895]) Und schlussendlich zielen manche Formen der Verfremdung eher auf eine komplette Zerstörung der fiktionalen Welt als auf eine Variation derselben. So versteht sich das Epische Theater Klaus-Detlef Müller zufolge „nicht als Wirklichkeit, sondern verweist explizit auf seinen Schein- und Spielcharakter (DESILLUSIONIERUNG), um auf die Wirklichkeit hinzuweisen."[896] Wenn etwa Schauspieler im Theater aus ihren Rollen fallen, um sich mit Personen im Publikum zu unterhalten, so liegt hier ein Fall von Anti-Illusionismus oder Fiktions-Störung vor, der mit der Zwei-Welten-Struktur der Kontrafaktik – dem konstitutiven Vergleich eines realen Elements mit der Variation desselben Elements innerhalb

---

893 Vgl. Hans Günther: Verfremdung$_2$. In: Jan-Dirk Müller (Hg.): Reallexikon der deutschen Literaturwissenschaft. Bd. III. Berlin 2003, S. 753–755, hier S. 753.
894 Günther: Verfremdung$_2$, S. 754.
895 Programmatisch formuliert Šklovskij: „[D]ie Kunst ist ein Mittel, das Machen einer Sache zu erleben; das Gemachte hingegen ist in der Kunst unwichtig." (Šklovskij: Die Kunst als Verfahren, S. 15).
896 Klaus-Detlef Müller: Episches Theater. In: Klaus Weimar (Hg.): Reallexikon der deutschen Literaturwissenschaft. Bd. I. Berlin 1997, S. 468–471, hier S. 468.

einer fiktionalen Welt – nicht mehr vereinbar ist. Ein Extrembeispiel in dieser Hinsicht bilden Inszenierungen des postdramatischen Theaters, die mitunter gar keine fiktionale Welt mehr entstehen lassen, sondern sich auf die Wiedergabe (nicht-narrativen) Textmaterials oder Akte ‚reiner', präsentischer Performanz beschränken.

Konvergenzen von Kontrafaktik und Verfremdung ergeben sich hingegen dort, wo Formen der Verfremdung realweltliche Fakten oder faktuale Dokumente zum Ausgangsmaterial nehmen und dieses Material auf hermeneutisch signifikante Weise variieren. Innerhalb von Brechts Œuvre wären hier etwa die Stücke mit historischem oder dokumentarischem Hintergrund zu nennen: So lässt sich die titelgebende Hauptfigur des Stückes *Der aufhaltsame Aufstieg des Arturo Ui* durchaus als satirisch-kontrafaktische Variante von Adolf Hitler, möglicherweise sogar von Al Capone interpretieren[897] (wobei man sich hier wiederum eher im Bereich der Alternativgeschichte als im Bereich des kontrafaktischen Dokumentariums bewegt).

Von besonderer Bedeutung für postmodern-avantgardistische Formen des künstlerischen Dokumentarismus ist die Möglichkeit einer formalen Verfremdung, die sich primär auf dokumentarisches *Sprachmaterial* bezieht. Die dokumentarischen (respektive meta-dokumentarischen) Arbeiten Elfriede Jelineks etwa setzen in ihrem künstlerischen Bearbeitungsprozess häufig an der sprachlichen Form selbst an, indem sie Sprecherrollen vereindeutigen, Texte rhythmisieren, collagieren oder mit Fremdmaterial anreichern. Freilich etablieren sprachliche Auffälligkeiten in künstlerischen Texten nicht automatisch kontrafaktische Referenzstrukturen, sondern können auch andere, etwa poetische, Funktionen erfüllen. Wenn allerdings in einem fiktionalen Werk Sprachmaterial eingefügt wird, das einerseits auf Recherchen oder realweltlichen Dokumenten beruht und andererseits in einer solchen Weise präsentiert wird, dass faktische Referenzen auszuschließen sind – etwa einfach deshalb, weil ein realer Mensch *so* nicht sprechen würde –, dann können sich durchaus kontrafaktische Referenzstrukturen ergeben.

Formal-verfremdende Dokumentarismen fungieren in der Gegenwart häufig als Manifestationen eines kritischen Meta-Dokumentarismus. Solche kreativen Dokumentarismen dokumentieren nicht mehr selbst, sondern liefern anhand vielfältiger Verfremdungsverfahren künstlerisch-kritische Kommentare zu vorgängigen Dokumentarismen; sie bilden also gewissermaßen Dokumentarismen zweiter Stufe, im Verhältnis nämlich zu Dokumentarismen erster Stufe, die ihrerseits durchaus den

---

[897] Vgl. Raimund Gerz: Der Aufstieg des Arturo Ui. In: Jan Knopf (Hg.): Brecht-Handbuch in fünf Bänden. Bd. 1: Stücke. Stuttgart / Weimar 2001, S. 459–474, hier S. 461.

Anspruch erheben, konkretes Weltwissen zu präsentieren.[898] Derartige kritische Meta-Dokumentarismen, wie sie sich in der deutschsprachigen Gegenwartsliteratur etwa bei Alexander Kluge oder Elfriede Jelinek finden, behalten einen deutlichen Bezug zum dokumentarischen Quellenmaterial bei, ohne deshalb jedoch die Möglichkeiten künstlerischer Gestaltungsprozesse – inklusive denjenigen der Kontrafaktik – zu beschränken. Anstatt die Kunst dem Primat des Dokumentarisch-Faktischen unterzuordnen, wird hier umgekehrt der Dokumentarismus mit Mitteln der Kunst reflektiert und dabei einer kritischen Prüfung unterzogen.

Die dokumentarischen Arbeiten Kathrin Rögglas, welche im folgenden Kapitel im Zentrum stehen sollen, schließen an beide beschriebenen Tendenzen an: In ihren dokumentarischen Texten nutzt Röggla sowohl die Möglichkeit sprachlich-formaler Verfremdung von Recherchematerial als auch die Wirkungspotenziale eines kritischen Meta-Dokumentarismus. Sprachbearbeitung und (Sprach-)Kritik stehen dabei in Rögglas Werk in einem engen Abhängigkeitsverhältnis zueinander. Im Folgenden wird zu diskutieren sein, auf welche Weise sich Rögglas kreativer Dokumentarismus kontrafaktischer Referenzstrukturen bedient und inwiefern der Rückgriff auf eine vor allem formale Kontrafaktik zum kritisch-politischen Projekt von Rögglas Schreiben beiträgt.

---

898 So zeigt etwa Aline Vennemann, dass Elfriede Jelinek und Peter Wagner in ihren Dramen zwar auf die dokumentarische Tradition Bezug nehme, dabei aber keine strikt dokumentarische Methode anwenden, sondern vielmehr den Dokumentarismus selbst zum Thema machen. Vgl. Aline Vennemann: Zwischen Postdramatik und Postdokumentarismus. Peter Wagner, Elfriede Jelinek und das Dokumentartheater. In: Germanica 54 (2014), S. 25–37, hier S. 34.

13 Kathrin Rögglas Poetik des kreativen Dokumentarismus

Wäre man angehalten, nur einen einzigen Begriff zur Charakterisierung von Kathrin Rögglas Poetik auszuwählen, so würde man mit dem Begriff des ‚Hybriden' keine schlechte Wahl treffen.[899] Sämtliche künstlerischen Arbeiten Rögglas problematisieren vermeintlich klare Grenzziehungen, und zwar zwischen ganz unterschiedlichen Bereichen: zwischen Genres und Medien, Mündlichkeit und Schriftlichkeit, Fiktion und Realität, Ästhetik und Politik, Realismus und Fantastik.[900] Der Nachdruck auf Phänomenen der Uneigentlichkeit, des Vermittelten und des ontologisch nicht eindeutig Klassifizierbaren deutet sich dabei bereits in vielen von Rögglas Werktiteln an: Man denke etwa an *REALLY ground zero*, *FAKE reports*, *die alarmBEREITEN*, *die unVERMEIDlichen*, *besser WÄRE: keine*, *Die BEWEGLICHE Zukunft*, *von topüberzeugern und selbstUNGLÄUBIGEN* oder die an der Universität Essen gehaltene Poetikvorlesung *Von ZWISCHENmenschen, working Milieus, PARALLEL-Krisen und dem NICHT EINGELÖSTEN Futur* (die einschlägigen Titelbegriffe sind jeweils groß gedruckt). Mit derartigen Markern der Vermitteltheit, Hybridität und Uneigentlichkeit weisen Rögglas Werktitel nicht so sehr darauf hin, dass man es hier mit defizitären Formen der jeweiligen Phänomene zu tun hätte; vielmehr machen sie deutlich, dass gewisse Phänomene überhaupt nur in vermittelter, hybrider oder uneigentlicher Form zu haben sind. Indem Röggla in ihren Texten Phänomene der Uneigentlichkeit in den Fokus rückt, betont sie die Abhängigkeit der Realität von – mit Michel Foucault zu reden[901] – „Machteffekte[n]" und

---

[899] Die Ausführungen zu Kathrin Rögglas Dokumentarismus sowie zu *wir schlafen nicht* schließen an Überlegungen aus dem folgenden Aufsatz an: Navratil: Einspruch ohne Abbildung.

[900] Röggla selbst bemerkt im Interview, dass „wechsel, ambivalenz, hybridität, spannung grundsätzliche ästhetische interessen von mir sind." (Kathrin Röggla / Olga Olivia Kasaty: Ein Gespräch mit Kathrin Röggla. In: Olga Olivia Kasaty: Entgrenzungen. Vierzehn Autorengespräche über Liebe, Leben und Literatur. München 2007, S. 257–287, hier S. 274).

[901] Das Werk Michel Foucaults stellt einen bedeutenden philosophischen Bezugspunkt von Rögglas Schreiben dar. So hat Röggla wiederholt darauf hingewiesen, dass die Gouvernementalitätstheorie des späten Foucault einen wichtigen theoretischen Hintergrund für den Roman *wir schlafen nicht* bildet. Vgl. beispielsweise Kathrin Röggla: „Literatur ist ja nicht nur Theorie, sondern auch Erfahrung". Ein Gespräch mit Kathrin Röggla. In: Kritische Ausgabe, Sommer 2007, S. 48–54, hier S. 48; Kathrin Röggla / Céline Kaiser / Alexander Böhnke: Die gouvernementalen Strukturen. Kathrin Röggla im Gespräch mit Céline Kaiser und Alexander Böhnke. In: Navigationen 4, 1/2 (2004), S. 171–184, hier S. 172. Allerdings hat sich Röggla von der Idee einer direkten Übertragung bestimmter Theorien in die Literatur distanziert: „[es ist] kein rei-

"Wahrheitsdiskurse[n]"[902], den Umstand also, dass die ‚Wirklichkeit' der Gegenwart in hohem Grade von narrativen, medialen und epistemischen Zurichtungen abhängig ist, sodass sich ein prädiskursiv-materieller Realitätswert mitunter gar nicht mehr angeben lässt.

Diese entschieden postmoderne Epistemologie scheint einer Betrachtung von Rögglas Werk unter dem Vorzeichen der Kontrafaktik zunächst im Wege zu stehen. Ginge man nämlich davon aus, dass Fakten und Fiktionen überhaupt nicht differenziert werden können, dann wäre zugleich auch der Kontrafaktik die Arbeitsgrundlage entzogen, beruht das Erzählphänomen doch gerade auf der Möglichkeit einer Unterscheidung von realweltlichen Fakten und deren Variation innerhalb einer fiktionalen Welt. Rögglas Poetik und Ästhetik würden allerdings missverstanden, wollte man darin einen nivellierenden Panfiktionalismus verwirklicht sehen. Mit Begriffen wie Diskurs, Fiktion, Fingiertes oder Fake, wie sie für die Poetik der Autorin zentral sind, wird bei Röggla nicht angedeutet, dass *alles* gleichermaßen Fiktion wäre, sodass die Literatur den Erfindungen der Realität lediglich eine weitere Erfindung hinzufügte. Vielmehr macht Röggla darauf aufmerksam, dass in der Realität selbst ein überaus komplexes Mischverhältnis zwischen Diskursivität und Materialität vorliegt, welches eine saubere Trennung zwischen beiden Bereichen massiv erschwert, mitunter sogar verunmöglicht. Die Unterscheidung zwischen Fiktion und Realität wird bei Röggla also nicht vollständig aufgegeben, sondern lediglich dahingehend verkompliziert, dass von einer Realität ausgegangen wird, die wesentlich durch Erfindungen, strategische Fiktionen und Diskurse mitkonstituiert ist, ohne dabei jedoch jemals ganz in Diskursen aufzugehen. Röggla schreibt:

> Es gibt diese Welt da draußen, sie ist verdammt real und wir verdanken ihr sozusagen einige der angenehmsten und unangenehmsten Erfahrungen. Ich kann sie nicht so einfach wegknicken in Diskursen. Ich muss sie aufsuchen, mich auseinandersetzen. Das geht bei mir eben hin und her.[903]

Die Aufgabe der Literatur besteht für Röggla darin, sich mit dieser Hybridität der Realität ‚auseinanderzusetzen', anstatt sie nur zu imitieren. Anhand eines Ein-

---

nes abbildverhältnis, weder eine eins-zu-eins-umsetzung der theorie foucaults noch neoliberaler verhältnisse, sondern, da es sich um ästhetik handelt, eine übersetzung, eine zuspitzung, eine strategie des umgangs, bzw. auf einer gestischen ebene geht es immer um widerstand." (Röggla / Kasaty: Ein Gespräch mit Kathrin Röggla, S. 269).
902 Michel Foucault: Was ist Kritik. Berlin 1992, S. 15. Röggla nimmt explizit Bezug auf diese Formulierung in Röggla / Kasaty: Ein Gespräch mit Kathrin Röggla, S. 261.
903 Kathrin Röggla: Die falsche Frage. Theater, Politik und die Kunst, das Fürchten nicht zu verlernen. Saarbrücker Poetikdozentur für Dramatik. Berlin 2015, S. 83.

satzes genuin künstlerischer Mittel sollen die Verwerfungen der Realität selbst erfahrbar gemacht werden.

Im Folgenden soll gezeigt werden, dass und inwiefern sich die Kontrafaktik in Rögglas Werk als eine Möglichkeit der Auseinandersetzung mit der Hybridität der Realität begreifen lässt. Unter den in dieser Studie behandelten Autorenwerken stellt das Werk Kathrin Rögglas einer Analyse mit den Begrifflichkeiten der Kontrafaktik zweifellos die größten Schwierigkeiten in den Weg. Der klassische Fall einer kontrafaktischen Referenzstruktur – also eine einzelne Textproposition, die in offenkundigem Widerspruch zu einer konkreten Wahrheitsannahme über die reale Welt steht – findet sich in Rögglas Texten kaum. Auch hat Röggla selbst, anders als etwa Christian Kracht, den Begriff des Kontrafaktischen nie zur Charakterisierung der eigenen Poetik verwendet. Wenn im Folgenden Rögglas Werk nichtsdestoweniger unter dem Vorzeichen der Kontrafaktik interpretiert werden soll, so geschieht dies aus zwei Gründen: Erstens kann eine Applikation der eher kontraintuitiven Beschreibungskategorien der Kontrafaktik auf Rögglas Werk einige Charakteristika desselben hervortreten lassen, die sich nicht oder doch nur in geringerer Deutlichkeit greifen ließen, wenn man allein auf jenes Vokabular zurückgreifen würde, welches die Autorin selbst in ihren so sehr zahlreichen poetologischen Verlautbarungen bereitgestellt hat.[904] Zweitens – und dies ist systematisch von größerem Interesse – ermöglicht es ein Werk wie dasjenige Rögglas, den möglichen Extensionsbereich des Begriffs ‚Kontrafaktik' genauer abzuzirkeln, indem man ihn bewusst bis zu seinen Rändern abschreitet, bis zu jenen Fällen also, die eine Beschreibung mit den Kategorien kontrafaktischen Erzählens nur noch eingeschränkt erlauben. Die Möglichkeiten, aber auch die Grenzen der Analysekategorie der Kontrafaktik können an einem Grenzfall wie dem Werk Rögglas mit größerer Deutlichkeit herausgearbeitet werden als an klassischen alternativgeschichtlichen, satirischen oder dystopischen Texten, bei denen ein Vorliegen kontrafaktischer Referenzstrukturen meist offenkundig, wenn nicht gar genrekonstitutiv ist.

---

[904] Tatsächlich liegt bei Röggla geradezu eine auktoriale Überkommentierung des eigenen schriftstellerischen Schaffens vor: Röggla hat diverse Poetikdozenturen innegehabt, ist regelmäßiger Gast auf Podiumsdiskussionen zur politischen Gegenwartsliteratur, hat eine Vielzahl poetologischer Essays publiziert und sich in zahlreichen Interviews zu ihrer künstlerischen Arbeit geäußert. Derartige auktoriale Selbstdeutungen sind naturgemäß mit Vorsicht zu behandeln. Anders als im Falle Christian Krachts oder auch Leif Randts scheint mir allerdings wenig Anlass zu bestehen, den Äußerungen Rögglas über das eigene Werk grundsätzlich zu misstrauen. Entsprechend kann im vorliegenden Kapitel auch verschiedentlich auf Selbstaussagen Rögglas zur eigenen Poetik rekurriert werden.

Einen Grenzfall der Kontrafaktik bilden Rögglas Texte in doppelter Hinsicht: Erstens findet eine Variation des Faktenmaterials, wie sie für die Kontrafaktik konstitutiv ist, bei Röggla vor allem in Hinblick auf die formale Gestaltung ihrer Texte und weniger in Bezug auf konkrete Inhalte statt. Entsprechend finden sich in ihren Texten auch kaum isolierte kontrafaktische Elemente. Bei Röggla treten nicht so sehr einzelne Textpropositionen in Widerspruch zu realweltlichen Faktenannahmen (obwohl auch dieser Fall vereinzelt vorkommt); stattdessen wird eine Variation von Faktenmaterial anhand *sprachlich-formaler Verfremdungseffekte* angezeigt. Anstelle einer inhaltlichen Kontrafaktik, wie sie sich in den Werken von Kracht, Zeh oder Randt nachweisen lässt, liegt in Rögglas Werk also eher eine Spielart *formaler Kontrafaktik* vor.[905] Zweitens wird, wie oben erwähnt, in Rögglas Werk die Zuverlässigkeit und Gültigkeit der Fakten selbst als prekär ausgestellt, sodass sich Faktenwiedergabe und Faktenvariation mitunter nicht mehr zuverlässig voneinander unterscheiden lassen. Das heißt allerdings nicht, dass der Versuch, Fakt und Erfindung voneinander zu trennen, bei Röggla generell für hinfällig erklärt würde. Ganz im Gegenteil: Gerade mit Blick auf die politische Funktion von Rögglas Texten sind die Fragen, wie und wann spezifische gesellschaftliche Diskurse Fakten produzieren, aber eben auch, wie und wann diese Diskurse Fakten verzerren, verschleiern, oder strategisch umakzentuieren, von zentraler Bedeutung.[906] Bei Röggla werden, wie zu zeigen sein wird, Verfahren wie die Kontrafaktik, welche prinzipiell auf klaren epistemischen Differenzierungen beruhen, gerade in ihrer postmodernen Verflüssigung genutzt, um auf den prekären Status der Fakten in der realen Welt zu verweisen.

Unter den vielfältigen Genres und Medien, in denen Röggla als Autorin produktiv ist, soll im Folgenden besonders auf jene Arbeiten eingegangen werden, die eine dokumentarische Dimension aufweisen (eindeutige Genrezuordnungen lassen

---

905 Siehe zu formalen Ausprägungen der Kontrafaktik Kapitel 4.3.4. Das Faktenverständnis der Kontrafaktik.
906 Eine Verbindung von Rögglas Poetik mit dem Problemfeld des ‚Postfaktischen' liegt nahe. In ihrer Bamberger Poetikvorlesung von 2017, die unter dem Titel *Empathy with the Devil – Literatur in Zeiten der postfaktischen Behauptung* stand, geht Röggla auf das Thema des Postfaktischen ein. Vgl. Kathrin Röggla: Die Bamberger Poetikvorlesung. In: Friedhelm Marx / Julia Schöll (Hg.): Literatur im Ausnahmezustand. Beiträge zum Werk Kathrin Rögglas. Würzburg 2019, S. 19–81, etwa S. 36 f. Diese Vorlesung ist allerdings deutlich später entstanden als die in diesem Kapitel analysierten literarischen Texte. Um begriffliche und konzeptionelle Anachronismen zu vermeiden, wird im Folgenden auf die Verbindung von Rögglas Poetik mit dem Postfaktischen nicht weiter eingegangen.

sich für Rögglas Texte kaum vornehmen[907]). Da der Dokumentarismus per definitionem mit realweltlichen Dokumenten, in gewissem Sinne also mit ‚Fakten' operiert, eignet sich das dokumentarische Schreiben in besonderer Weise, um die Rolle der Kontrafaktik im Werk Rögglas zu diskutieren. Rögglas dokumentarische Arbeiten werden im Folgenden als Manifestationsform eines kreativen Dokumentarismus gedeutet. Der Begriffsvorschlag ‚kreativer Dokumentarismus' soll dabei solche dokumentarischen Verfahren fassen, die sich nicht auf die faktische Präsentation von Recherchematerial beschränken, sondern stattdessen die künstlerisch-schöpferische – eben kreative – Erfindung innerhalb des fiktionalen Textes besonders herausstellen. Die Spannung zwischen den Begriffsteilen ‚kreativ' und ‚Dokument' ist also durchaus intendiert. Wenn man mit Peter Weiss einen klassischen Dokumentarismus dadurch gekennzeichnet sehen kann, dass er „sich jeder Erfindung [enthält]" und stattdessen „authentisches Material [...] im Inhalt unverändert [wiedergibt]"[908], so zeichnet sich ein kreativer Dokumentarismus gerade dadurch aus, dass er die künstlerische Erfindung besonders betont. Anders als klassische Dokumentarismen ist ein solcher kreativer Dokumentarismus – wie eben beispielsweise im Werk Rögglas – auch mit fantastischen oder kontrafaktischen Elementen vereinbar.

Zum ersten Mal hat Röggla im Jahre 2001 in ihrem 9/11-Text *really ground zero* auf dokumentarisches Material zurückgegeriffen.[909] Seither konnte sich Röggla insbesondere mit ihren dokumentarischen Arbeiten als eine der bedeutendsten und individuellsten Stimmen der deutschsprachigen Gegenwartsliteratur etablieren.[910] Das Verhältnis der Autorin zu Begriff und Verfahren des Dokumentarismus ist dabei ähnlich dynamisch wie ihr Verhältnis zu den meisten anderen ästhetischen Begriffen und Verfahren. Einerseits verwahrt sich Röggla gegen eine Einordnung ihrer dokumentarischen Arbeiten in die Tradition der klassischen Dokumentardramatik: „Ich schreibe [...] keine Dokudra-

---

[907] Vgl. Iuditha Balint: Die Frage literarhistorischer Genrezuordnungen. Erika Runges *Bottroper Protokolle* (1968) und Kathrin Rögglas *wir schlafen nicht* (2004). In: Dies. / Tanja Nusser / Rolf Parr (Hg.): Kathrin Röggla. München 2017, S. 15–32.
[908] Weiss: Notizen zum dokumentarischen Theater, S. 67 f.
[909] Vgl. Kathrin Röggla: Im Moment durchkreuze ich den Feldbegriff mit meiner Arbeit. Kathrin Röggla im Gespräch mit Annett Gröschner. In: Annett Gröschner / Stephan Porombka (Hg.): Poetik des Faktischen. Vom erzählenden Sachbuch zur Doku-Fiktion. Werkstattgespräche. Essen 2009, S. 165–188, hier S. 167 f.
[910] Die literaturwissenschaftliche Forschung hat sich denn auch vor allem mit Rögglas Texten ab *really ground zero* auseinandergesetzt. Einen hilfreichen Überblick zu Rögglas Frühwerk bietet Wiebke Eden: „Keine Angst vor großen Gefühlen". Die neuen Schriftstellerinnen. Berlin 2001, S. 105–114.

men. Was ich tue, hat mit Ästhetik zu tun."[911] In ihren Texten dokumentiert Röggla keine historischen Einzelereignisse, wie es etwa Heinar Kipphardt in seinem Dokumentardrama *In der Sache J. Robert Oppenheimer* getan hat; Rögglas Dokumentarismus behandelt vielmehr allgemeinere gesellschaftliche Tendenzen der Gegenwart. Gleichwohl autonomisiert sich Röggla in ihren dokumentarischen Arbeiten nicht vollständig vom Recherchematerial (was unter Wahrung des Begriffs ‚Dokumentarismus' auch schwerlich möglich wäre). Die freie künstlerische Erfindung tritt in Rögglas Werk zurück zugunsten einer Bearbeitung vorgegebenen Diskurs- und Faktenmaterials.[912]

Den Begriff des ‚Materials' hat Röggla selbst verschiedentlich in poetologischen Texten über ihre eigene künstlerische Arbeit gebraucht, dabei aber zugleich auf die Unmöglichkeit hingewiesen, das Material, welches sich bei der Recherche akkumuliert, in der Literatur auf quasi-objektive Weise wiederzugeben:

> Der moralische Druck, dem Material gerecht zu werden, der in jeglicher Recherche sich erneut aufbaut, ist eine meiner ganz praktischen Hauptschwierigkeiten. Ich kann dem Material nämlich niemals gerecht werden. Bzw. mein Schreiben ist ja eine Reaktion darauf, die nicht darin besteht, scheinbare Objektivismen zu Tage zu fördern.[913]

Röggla betont hier einerseits die Schwierigkeiten, „dem Material gerecht zu werden"[914]; zugleich wird gerade die Unmöglichkeit, diesem Anspruch zu genügen, zu einer Quelle ihres Schreibens erklärt. Rögglas Dokumentarismus zielt mithin nicht darauf ab, das Material möglichst ‚authentisch' wiederzugeben; vielmehr macht dieser Dokumentarismus darauf aufmerksam, dass der Versuch, qua Dokumentarismus zu einer etwaigen ‚authentischen' Realität vorzudringen, meist nur „scheinbare Objektivismen zu Tage [fördert]".

Blickt man auf die Themenwahl von Rögglas dokumentarischen Texten, so lässt sich ein gesteigertes Interesse an solchen Phänomenen erkennen, die

---

911 Kathrin Röggla / Barbara Petsch: Röggla: „Wir leben in restaurativen Zeiten". Quelle: https://diepresse.com/home/kultur/news/608666/Roeggla_Wir-leben-in-restaurativen-Zeiten (Zugriff: 27.07.2021).
912 So bemerkt Röggla im Interview zu *wir schlafen nicht*: „Es gibt von dem, was da erzählt wird keine Fiktion in dem Sinne, dass ich mir Geschichten ausdenke. Ganz am Schluss des Buches geht es dann ein bisschen in einen Grenzbereich." (Röggla: „Literatur ist ja nicht nur Theorie, sondern auch Erfahrung", S. 54).
913 Kathrin Röggla: Von Zwischenmenschen, working Milieus, Parallel-Krisen und dem nicht eingelösten Futur. Essenpoetik. Quelle: http://roeggla.net/wp-content/uploads/2015/12/roeggla-essenpoetik.pdf (Zugriff: 27.07.2021), S. 42. Siehe etwa auch Kathrin Röggla: das stottern des realismus: fiktion und fingiertes, ironie und kritik. Paderborn 2011, S. 13.
914 An anderer Stelle bemerkt Röggla in analoger Weise, dass „literatur der so genannten wirklichkeit niemals gerecht werden kann, das ist auch nicht ihr auftrag" (Röggla: das stottern des realismus, S. 6).

auch ganz unabhängig von ihrer künstlerischen Bearbeitung in hohem Maße durch diskursive Zurichtungen bestimmt sind. Rögglas Dokumentarismus ist wesentlich *Diskursdokumentarismus*, ein Dokumentarismus also, der sich nicht so sehr auf die schlichte Faktizität der Realität bezieht, sondern vielmehr auf jene Diskurse und Narrative, welche die Realität selbst strukturieren.[915] Das Material von Rögglas dokumentarischen Arbeiten zeichnet sich dabei stets durch eine ‚effektive Virtualität' oder, um einen Begriff Ute Gröbels zu verwenden, ‚synthetische Authentizität'[916] aus: Röggla wendet sich in fiktionalen Medien gesellschaftlichen Realitäten zu, die selbst bereits in hohem Maße durch Fiktion, Erfindung, Camouflage, wo nicht gar durch handfeste Lügen und *fakes*, in jedem Fall aber durch eine bestimmte diskursive Ordnung strukturiert und auf spezifische Wirkungen hin kalkuliert sind, in denen also „Sprechen eine performative Macht entfaltet".[917] Thematisiert werden etwa der Jargon der Unternehmensberatung in *wir schlafen nicht*, die Katastrophen-Berichterstattung in *die alarmbereiten*, das mediale und öffentliche Interesse am Fall Natascha Kampusch in *Die Beteiligten* oder die Arbeitsbedingungen von Simultandolmetschern in *die unvermeidlichen*. Bereits diese Themenwahl macht darauf aufmerksam, dass, in den Worten der Autorin, „die realität selbst etwas flüchtiges, irritierendes bekommen hat, sich mit fiktionen und fingiertem aufgeladen hat, und dass nur beschreibungsversuche etwas taugen, die ihre prekäre produktion mit hineinnehmen."[918] Mit ihren Texten versucht Röggla also nicht, die Realität von verstellenden Diskursen zu läutern. Vielmehr weist sie auf den „Konstruktionscharakter der Wirklichkeit"[919] selbst hin, beleuchtet also Diskurse als – um noch einmal eine Formulierung Foucaults

---

[915] Auch Ursula Geitner hält fest: „Dokumentarisch heißt, jedenfalls bei Röggla, dass die Wirklichkeit nicht ‚wiedergegeben', nicht schlicht abgefragt und auch nicht, wie es gern heißt, ‚verdichtet' wird. Es steht nicht sie selbst (wie auch), sondern vielmehr stehen die über sie ergehenden Reden im Zentrum – und zur Disposition." (Ursula Geitner: Kathrin Röggla. Powerpoint-Folie zu ihrer Lesung am 31. Januar 2007 in Bonn. In: Kritische Ausgabe, Sommer 2007, S. 45–47, hier S. 46).

[916] Ute Gröbel: 'short-sleeping, quick-eating and all that stuff' – Kathrin Röggla's Novel *we never sleep* and 'Deconstructive Documentarism'. In: Jörg von Brincken / Ute Gröbel / Irina Schulzki (Hg.): Fiktions/Realities. New Forms and Interactions. München 2011, S. 101–115, hier S. 105.

[917] Kalina Kupczynska: Hinhören, weghören, aufhören. Mediale und diskursive Bewegungen in *Die Alarmbereiten* von Kathrin Röggla. In: Arnulf Knafl (Hg.): Reise und Raum. Ortsbestimmungen der österreichischen Literatur. Wien 2014, S. 160–172, hier S. 165.

[918] Röggla: das stottern des realismus, S. 31.

[919] Friedhelm Marx / Julia Schöll: Literarische Ausnahmezustände. Eine Einleitung. In: Dies. (Hg.): Literatur im Ausnahmezustand. Beiträge zum Werk Kathrin Rögglas. Würzburg 2019, S. 7–17, hier S. 8.

aufzunehmen – „Praktiken [...], die systematisch die Gegenstände bilden, von denen sie sprechen."[920]

Die beschriebene Themenwahl Rögglas ist dabei eng verknüpft mit der sprachlichen und anderweitigen formalen Gestaltung ihrer Werke. Rögglas Texte zeichnen sich durch eine Vielzahl von Verfremdungstechniken aus: Zu nennen sind etwa die konsequente Kleinschreibung, der Einsatz des Konjunktivs, komplexe Bild-Text-Relationen, Entpsychologisierung und Verwischung von Charaktergrenzen auf der Figurenebene, Genre- und Gattungshybridisierungen sowie Mehrfachbearbeitungen desselben Stoffes in unterschiedlichen Medien.[921] Als künstlerische „waffen", um „dieses unterscheidungsvermögen, um das es in der frage des politischen auf dem feld der literatur geht, zu verbessern", nennt Röggla „die der montage, der zuspitzung, überzeichnung, übercodierung, der parodie, inversion, katachrese, rhythmischen verdichtung."[922] Derartige formale Irritationsmomente stellen keine autonomen ästhetischen Entscheidungen dar, sondern bilden vielmehr Reaktionen auf die ‚effektive Virtualität' der dokumentierten Diskurse selbst: „Man kann", so Röggla, „nicht einfach sagen, man hat seine Ästhetik, die gibt es schon vorher und die verwendet man und kippt dann irgendwelche Themen hinein, die dann irgendwie behandelt werden. So funktionieren literarische Texte nicht."[923] Anstatt also eine forciert avantgardistische Ästhetik an beliebiges Material heranzutragen, reagiert Röggla mit der spezifischen formalen Gestaltung ihrer Texte auf gesellschaftliche Phänomene, die bereits an und für sich über eine hochgradig irritierende, vermittelte oder gar unheimliche Dimension verfügen. Sie tut dies, indem sie einen künstlerischen Prozess zu initiieren sucht, der sich zwar strukturell an die realweltlichen Phänomene anlehnt, zugleich aber eine ästhetische Eigendynamik entfaltet.[924] Programmatisch vertritt Röggla die Ansicht, „dass literatur immer eine zuspitzung, verschiebung, kommentierung liefert, mehr noch, dass das recherchierte in einem alchemistischen verfahren zur fiktion gerinnt, was

---

[920] Michel Foucault: Archäologie des Wissens. Frankfurt a. M. 1973, S. 74.
[921] Von *wir schlafen nicht* etwa existieren eine von der Autorin verantwortete Roman-, eine Bühnen- und eine Hörspielfassung.
[922] Röggla: das stottern des realismus, S. 31 f.
[923] Kathrin Röggla: „Literatur ist ja nicht nur Theorie, sondern auch Erfahrung", S. 52.
[924] So bemerken die Herausgeber des ersten Sammelbandes zu Rögglas Werk: „Rögglas poetische Verfahren sind [...] eng verbunden mit dem Inhalt ihrer Werke, sie arbeiten sich an den Phänomenen und Problemen der Gegenwart ab und machen sie zugleich auf einer werkästhetischen Ebene sichtbar." (Iuditha Balint / Tanja Nusser / Rolf Parr: Kathrin Rögglas Texte: Traditionslinien und Genres, literarische Verfahren, Diskurse und Themen. In: Dies. (Hg.): Kathrin Röggla. München 2017, S. 9–12, hier S. 11).

weder mit der lüge, der unwahrheit oder dem realitätsverlust zu tun hat."[925] Gerade indem die Literatur die spezifischen Konstitutionsmechanismen der Realität selbst auf einer künstlerischen Ebene imitiert, kann sie zu einem besseren Verständnis dieser Realität beitragen.[926] Diskursivität, Literarizität und die Eigenlogik der Fiktion kommen im Falle von Rögglas Arbeiten – anders als bei konventionelleren Formen dokumentarischen oder auch realistischen Schreibens – also nicht einfach als unvermeidliches, mediales Addendum zur beschriebenen Realität hinzu; vielmehr steht die diskursive Anlage von Rögglas Dokumentarismus in einem Resonanzverhältnis zu der sehr realen Vermischung von Realität und Fiktivität in der Gegenwart.[927] Mit ihrer Betonung des Hybriden, Vermittelten und Uneigentlichen weisen Rögglas Texte darauf hin, dass „nicht nur der transfer der wirklichkeit in literatur eins zu eins eine schimäre ist, sondern die so genannte wirklichkeit selbst nicht eins zu eins zu haben ist".[928] Indem Röggla die Diskursivität der eigenen Texten mit der Diskursivität der beschriebenen Gegenwartsphänomene parallelführt, lässt sie den prekären Status dieser Phänomene anhand einer spezifisch künstlerischen Bearbeitung hervortreten.

Diesem „dialogische[n] prinzip"[929] von ästhetischer Form und realweltlichem Gegenstand kommt zentrale Bedeutung auch für die politische Dimension von Rögglas Schreiben zu. In ihrer Essener Poetikvorlesung bemerkt Röggla:

> Der sogenannte Wahrheitsraum ist ein Aushandlungsraum, und an Aufklärung interessierte Schriftsteller müssen noch viel mehr als Journalisten sich mit der Gestaltung dieser Aushandlung auseinandersetzen. Es gibt also zahlreiche halbe Wahrheiten, die sich in diesem Raum aufhalten – was also davon werde ich vermitteln? Etwas Drittes, hoffe ich. Um das zu erreichen, also etwas jenseits von Agit Prop und dem Wunsch nach einer ideologisch korrekten Aussage, muss ich Abstand suchen, zu einem größeren Bild fin-

---

925 Röggla: das stottern des realismus, S. 6 f.
926 Röggla, so fasst Norbert Otto Eke die Überlegungen der Autorin zur eigenen Poetik zusammen, „spricht von Literatur als einem Erkenntnisinstrument, eine Funktion, die sie freilich nur dann erfüllen könne, wenn Literatur die sprachlich verfasste Wirklichkeit nicht mimetisch-realistisch widerzuspiegeln versuche, sondern diese vielmehr verdichte, übertreibe und so zur Kenntlichkeit entstelle." (Norbert Otto Eke: Vorwort. In: Kathrin Röggla: das stottern des realismus: fiktion und fingiertes, ironie und kritik. Paderborn 2011, S. 1–2, hier S. 2).
927 So konstatieren Friedhelm Marx und Julia Schöll: „Rögglas Texte *thematisieren* und *sind* Ausnahmezustände: Sie präsentieren Krisen, Wirklichkeitsrisse, Störfälle, Untergangsbilder und setzten diese zugleich performativ um." (Marx / Schöll: Literarische Ausnahmezustände, S. 9).
928 Röggla: das stottern des realismus, S. 7.
929 Kathrin Röggla / Kristina Werndl: „Man bekommt spontan Lust zu pöbeln". Quelle: http://www.aurora-magazin.at/medien_kultur/werndl_roeggla_frm.htm (Zugriff: 27.07.2021).

den, mit dem dieser Stoff korrespondiert. Korrespondiert er? Tritt er nicht vielmehr auf der Stelle?[930]

Röggla macht hier deutlich, dass politisches Schreiben, wie sie es versteht, wesentlich an eine bestimmte Konzeption der literarischen Form gebunden ist. Allerdings zielt Röggla dabei nicht darauf ab, die Realität selbst möglichst formadäquat in der fiktionalen Literatur wiederzugeben. Vielmehr versucht sie, etwas „Drittes" zu schaffen, also eine formale Gestaltungsoption zu finden, welche die Realität weder einfach kopiert noch auch an die Stelle der Realität eine politische oder künstlerische Wunschvorstellung setzt. Entschieden distanziert sich Röggla von einem didaktischen Verständnis politischer Literatur, welches auf die Formulierung und Vermittlung klarer Botschaften hinausläuft:

> zum realismus gehört die kritik, haben wir schon bei kluge gelesen, und er meinte damit nicht die verkürzung der kritik auf das moralische urteil oder das, worauf der text angeblich hinauswill. „worauf wollen sie hinaus?" wird der autor ja auch andauernd gefragt. „was wollen sie uns eigentlich sagen?" weiß er dann eine erschöpfende antwort auf diese frage, wird es mit dem ästhetischen projekt schwierig. denn nichts ist schlimmer als der belehrende autor, der seinen text auf eine botschaft hin ausrichtet. didaktik ist der feind der literatur.[931]

Anstatt politische Aussagen zu liefern oder konkrete Handlungsanweisungen zu geben – wie es in der Tradition der engagierten Literatur mitunter geschieht –, versucht Röggla, ihre künstlerischen Arbeiten durch eine spezifische formale Gestaltung politisch produktiv werden zu lassen. Wenn man hier überhaupt noch von politischem Engagement sprechen wollte, so nicht mehr im Sinne eines inhaltlichen Engagements der konkreten Botschaften, sondern allenfalls im Sinne eines, wie Ursula Geitner treffend formuliert, „formalen Engagements".[932] Ein solches Engagement lässt sich nicht mehr in einen inhaltlich eindeutigen Forderungskatalog übersetzen oder an politische Bewegungen mit einer klaren programmatischen Ausrichtung anschließen (eine

---

930 Röggla: Essenpoetik, S. 40.
931 Röggla: das stottern des realismus, S. 28. Auf die Frage, ob sie sich als politische Autorin bezeichnen würde, entgegnet Röggla im Interview: „mich interessieren gesellschaftliche knoten. mischverhältnisse. zusammenhänge. widersprüche. das sind politische fragestellungen, aber, wie gesagt, literatur kann nicht per se politisch oder nicht politisch sein, auch wenn sie in bestimmten historischen situationen politische reaktionen auslösen konnte. kunst scheint mir die aufgabe zu haben, wenn sie überhaupt aufgaben hat, ambivalenzen, widersprüche herauszuarbeiten." (Röggla / Werndl: „Man bekommt spontan Lust zu pöbeln").
932 Geitner: Kathrin Röggla. Powerpoint-Folie zu ihrer Lesung am 31. Januar 2007 in Bonn, S. 47.

Verbindung etwa von auktorialen politischen Interessen mit der politischen Agenda einer Partei, wie sie sich etwa bei Günter Grass' oder Juli Zehs zeitweiligem Einsatz für die SPD beobachten ließ, ist bei Kathrin Röggla schwerlich vorstellbar[933]). Stattdessen muss die politische Stoßrichtung eines solchen formalen Engagements immer wieder aufs Neue anhand einer Analyse der künstlerischen Gemachtheit der Texte selbst herausgearbeitet werden.

Rögglas Werk wurde in der literaturwissenschaftlichen Forschung verschiedentlich als Manifestationsform eines ‚neuen Realismus' angesehen, eines realistischen Schreibens also, welches einerseits „authentisch bzw. dokumentarisch zu sein" versucht, „dabei aber zugleich die Fiktionalitätstauglichkeit und den Konstruktionscharakter der jeweils thematisierten Praktiken, Themen und Diskurse hervorhebt."[934] Für eine Diskussion von Rögglas Werk unter dem Vorzeichen der Kontrafaktik scheint diese Assoziation mit dem (neuen) Realismus zunächst ein Problem darzustellen, handelt es sich bei der Kontrafaktik doch um ein Verfahren, das sich hinsichtlich seiner Erzählgegenstände gerade vom Realismus – oder genauer: von Manifestationsformen der Realistik – absetzt. Blickt man jedoch etwas genauer auf Rögglas spezifisches Realismus-Verständnis, wie sie es in zahlreichen poetologischen Texten entwickelt hat und wie es sich in ihren künstlerischen Arbeiten umgesetzt findet, so löst sich diese vordergründige Schwierigkeit schnell auf. Rögglas Konzeption des Realismus erweist sich nämlich als durchaus kompatibel mit amimetischen Erzählverfahren wie der Kontrafaktik oder der Fantastik, ja umfasst derartige Erzählverfahren sogar als konstitutiven Bestandteil. Dezidiert setzt sich Röggla ab von *„kümmerformen des realismus"*, welche sich durch die naive Vorstellung auszeichnen, „plötzlich [würden] die autoren und autorinnen wieder losziehen in die welt und ihr qua recherche material entreißen, das sie dann nur ins rechte licht rücken müssten, und fertig ist der text."[935] Realismus im Sinne einer möglichst adäquaten Übertragung von Realität in Literatur oder ein „direktes weltabbildungsverhältnis"[936] spielen also für Rögglas Realismus-Verständnis keine Rolle. Stattdessen bringt die Autorin Begriffe wie ‚Aushandlung', ‚Korrespondenz' und

---

933 Im Interview hat Röggla den Einsatz von Schriftstellerkollegen wie Günter Grass, Juli Zeh, Peter Rühmkorf oder Michael Kumpfmüller für die SPD als „ohnmachtsgeste" bezeichnet. Vgl. Röggla / Werndl: „Man bekommt spontan Lust zu pöbeln".
934 Balint / Nusser / Parr: Kathrin Rögglas Texte, S. 9. Siehe auch Tanja Nusser: „Realismus beginnt eigentlich immer, und das von allen Seiten, er ist eine permanente Aufforderung". Über Kathrin Rögglas Texte. In: Søren R. Fauth / Rolf Parr (Hg.): Neue Realismen in der Gegenwartsliteratur. Paderborn 2016, S. 213–225.
935 Röggla: das stottern des realismus, S. 3, 5.
936 Röggla / Kasaty: Ein Gespräch mit Kathrin Röggla, S. 285.

,Übersetzung' in die Diskussion ein. Gerade künstlerische Aushandlungs- und Formungsprozesse sieht Röggla als Mittel an, um in fiktionalen Texten diejenigen Dimensionen des Realen hervortreten zu lassen, welche in der Realität selbst mitunter verborgen bleiben: „Als realistisch kann nicht, wie Brecht bemerkte, die Abbildung einer Fabrik gelten, wir erfahren nichts darüber, was in ihr geschieht, sondern ein Übersetzungsverhältnis. Und da spielen Phantasie und Phantasmen eine große Rolle."[937] Die Begriffe ‚Phantasie und Phantasmen' verweisen hier einerseits auf den Bearbeitungsprozess, den das Diskursmaterial in Rögglas künstlerischen Arbeiten durchläuft: Auch und gerade in Rögglas dokumentarischen Arbeiten wird das Recherchematerial in verfremdeter oder auch kontrafaktisch-variierter Form wiedergegeben, sodass eine naive Ineinssetzung von realweltlichem Material und fiktionalem Diskurs – also eine Rezeption im Modus der Faktik – ausgeschlossen ist. Darüber hinaus können die Begriffe ‚Phantasie und Phantasmen' mit Blick auf Rögglas künstlerische Produktion aber auch in einem mehr wörtlichen Sinne verstanden werden, nämlich als Hinweise auf die Transzendierung eines konventionellen Realismus-Verständnisses in Richtung der Fantastik.

Besonders augenfällig ist in diesem Zusammenhang Rögglas wiederholter Rekurs auf den Bereich des Gespenstischen, welcher bereits in mehreren ihrer Werktitel alludiert wird, etwa in *totficken. totalgespenst. topfit, geisterstädte, geisterfilme, Die Lesbarkeit der Welt in gespenstischen Zeiten* oder *Gespensterarbeit und Weltmarktfiktion*. Als Wesen zwischen An- und Abwesenheit erfüllen Gespenster in der Kunst häufig die Funktion von „Reflexionsfiguren der Medialität".[938] Speziell in der Literatur der Moderne seit 1800 steht das Gespenst, wie Monika Schmitz-Emans festhält, „in einer Beziehung zu Vorstellungen über die Macht des Wortes und der Rede."[939] Auch Röggla nutzt das Gespenstische, um den Hybridcharakter der von ihr beschriebenen Diskurs- und Medienphänomene hervorzuheben.[940] Darüber hinaus setzt Röggla das Gespenstische aber

---

937 Röggla: Essenpoetik, S. 53.
938 Moritz Baßler / Bettina Gruber / Martina Wagner-Egelhaaf: Einleitung. In: Dies. (Hg.): Gespenster. Erscheinungen – Medien – Theorien. Würzburg 2005, S. 9–21, hier S. 11.
939 Monika Schmitz-Emans: Gespenstische Rede. In: Moritz Baßler / Bettina Gruber / Martina Wagner-Egelhaaf (Hg.): Gespenster. Erscheinungen – Medien – Theorien. Würzburg 2005, S. 229–251.
940 So hält Manuel Paß fest: „Die Struktur der gleichzeitigen An- und Abwesenheit teilt sich das Gespenstische mit zahlreichen programmatischen Themen Rögglas und wird so zu deren Reflexionsfigur." (Manuel Paß: Rögglas Gespenster. Das ‚Gespenstische' als Reflexionsfigur in Kathrin Rögglas *Normalverdiener*. In: Friedhelm Marx / Julia Schöll (Hg.): Literatur im Ausnahmezustand. Beiträge zum Werk Kathrin Rögglas. Würzburg 2019, S. 123–140, hier S. 138).

auch zur Erzeugung von Effekten des Unheimlichen ein (eine Kategorie, die in Rögglas Werk überhaupt eine zentrale Rolle spielt).[941] Mitunter lassen sich in Rögglas Werk Phänomene des Gespenstischen sowie ganz generell Begriffe, Bilder und Sprechformen aus dem Assoziationsbereich der Fantastik nicht mehr in einem bloß metaphorischen Sinne interpretieren (und damit letztlich einer realistischen Lesart subsummieren); stattdessen persistieren sie durchaus in ihrem realitätsstörenden Potential. Rögglas fiktionale Welten verlieren damit stellenweise ihre Rezipierbarkeit in den Modi der Realistik oder Faktik, wie sie das dokumentarische Erzählen traditionellerweise auszeichnen, und gehen in den Bereich amimetischen Erzählens über.

Beide Aspekte, die Tendenz zur formalen Verfremdung einerseits und die Transzendenz des Realismus in Richtung Fantastik andererseits, spielen eine zentrale Rolle bei dem Versuch, Rögglas Dokumentarismus als Manifestationsform der Kontrafaktik zu deuten. Wofern sich die künstlerische Verfremdung nämlich nicht auf allgemeine Realitätsannahmen, sondern auf konkrete Fakten der realen Welt bezieht (und letzteres wird im Falle Rögglas ja bereits durch den Begriff ‚Dokumentarismus' suggeriert), kann sie, die Verfremdung, durchaus als formale Realisationsform der Kontrafaktik angesehen werden. Auch die Überlagerung von faktischen Einzelinformationen – eben dem dokumentarischen Faktenmaterial – mit fantastischen Eigenschaften legt eine Deutung im Weltvergleichsverhältnis der Kontrafaktik nahe, ja erfordert eine solche sogar, insofern die Rezeption eines realweltlich-konkreten Elements im Modus der Fantastik notwendigerweise zugleich eine Rezeption im Modus der Kontrafaktik impliziert.[942]

Eine Verbindung von Rögglas ‚neuem Realismus' mit der Kontrafaktik erscheint nicht zuletzt deshalb naheliegend, weil sich die Autorin immer wieder intensiv mit Genres und Gattungen auseinandergesetzt hat, die eine entschiedene Neigung zum Einsatz von Fantastik oder Kontrafaktik aufweisen: etwa mit dem Katastrophenfilm, der Dystopie oder dem Märchen.[943] So fordert Röggla in ihrem Essay *die rückkehr der körperfresser* „einen anderen katastrophenfilm" –

---

[941] Zum Unheimlichen in Rögglas Werk siehe etwa David Clarke: The Capitalist Uncanny in Kathrin Röggla's *wir schlafen nicht*: Ghosts in the Machine. In: Angermion 4 (2011), S. 147–163; Julia Schöll: Dead or alive. Räume des Unheimlichen bei Kathrin Röggla. In: Friedhelm Marx / Julia Schöll (Hg.): Literatur im Ausnahmezustand. Beiträge zum Werk Kathrin Rögglas. Würzburg 2019, S. 107–121.
[942] Siehe Kapitel 5.1. Realistik, Fantastik, Kontrafaktik, Faktik.
[943] Siehe exemplarisch Kathrin Röggla: disaster awareness fair. zum katastrophischen in stadt, land und film. Wien 2006; dies.: Essenpoetik.

und scheint dabei unter der Hand zugleich den eigenen Dokumentarismus zu charakterisieren, wenn sie schreibt:

> solche filme müssten hybride mischungen sein, man dürfte nicht entscheiden können, ob sie dokumentarfilme oder fictionfilme sind, man dürfte sie überhaupt nicht zuordnen können, die erste reaktion auf diese filme müsste sein ‚was ist denn daaas!?!' [...]
> es müssten filme sein, die sich auf der höhe des zuschauers bewegen, also von einer welt erzählen, aus deren tatsächlichem zusammenhang unsere gegenwärtigen katastrophen entstehen, nicht die filme, die das futur gepachtet haben, sondern die, die uns fest gebucht haben.[944]

Einmal mehr zeigt sich hier die Bedeutung des Hybriden für Rögglas Poetik, wenn sie den Inhalt von Katastrophenfilmen gerade nicht – wie gemeinhin üblich – in eine ferne Zukunft oder in eine Parallelwelt verlegt, sondern darauf aufmerksam macht, dass auch die Gegenwart längst mit Krisendiskursen und dystopisch anmutenden Phänomenen durchwirkt ist. Scheinbar paradox nutzt Röggla konventionell als amimetisch konzeptualisierte Genres wie Katastrophenfilm und Dystopie, um zu einer neuen Form realistischen Schreibens zu gelangen: „Heute bin ich im problematischen Futur angekommen mit meiner Dystopie. Irgendwie scheine ich das Genre zu brauchen, um zu einem vernünftigen Realismus zu kommen."[945] Selbst dem Märchen, also einer genuin fantastischen Gattung, schreibt Röggla ein produktives Potenzial für die Generierung eines ‚neuen Realismus' zu: „die interessantesten realisten", so bemerkt Röggla in Bezug auf die Schriftstellerkollegen Alexander Kluge und Tim Etchells, „halten es oft mit dem märchen".[946] Fantastisches, realitätsvariierendes oder eben kontrafaktisches Erzählen stehen für Röggla entsprechend in keinem Ausschlussverhältnis zu Realismus und Dokumentarismus. Im Gegenteil bieten gerade diese vordergründig amimetischen Erzählverfahren eine Möglichkeit, um sich auf künstlerischem Wege einer gesellschaftlichen Realität anzunähern, in der, wie Röggla schreibt, „das Fiktive das Reale überwuchert hat".[947]

Rögglas Einsatz der Kontrafaktik soll im Folgenden vor allem anhand einer Interpretation des Romans *wir schlafen nicht* aus dem Jahre 2004 erläutert werden. Es handelt sich dabei um einen kreativ-dokumentarischen Text, der auf einer Reihe von Interviews beruht, die Röggla mit Vertretern der New Economy geführt hat. Dem Roman liegt also zweifellos realweltliches Faktenmaterial zugrunde. Allerdings wird dieses Material in massiv verfremdeter Form präsen-

---

944 Kathrin Röggla: die rückkehr der körperfresser. In: Dies.: disaster awareness fair. zum katastrophischen in stadt, land und film. Wien 2006, S. 31–51, hier S. 49 f.
945 Röggla: Essenpoetik, S. 53.
946 Röggla: das stottern des realismus, S. 9.
947 Kathrin Röggla: Gespensterarbeit und Weltmarktfiktion. In: Dies.: besser wäre: keine. Essays und Theater. Frankfurt a. M. 2013, S. 209–232, hier S. 209.

tiert, sodass man es hier mit – teils inhaltlichen, vor allem aber formalen – kontrafaktischen Variationen zu tun hat. Der ausführlichen Interpretation von *wir schlafen nicht* folgt ein kürzerer Exkurs zu dem Text *wilde jagd* aus Rögglas Prosaband *die alarmbereiten*. Anders als in *wir schlafen nicht* beruht das alludierte Faktenmaterial bei diesem Text nicht auf individuellen Recherchen der Autorin, sondern ist der öffentlich-medialen Berichterstattung rund um die Entführung und Befreiung von Natascha Kampusch entnommen. Entsprechend kann dieses Material, im Gegensatz zu den Interviewmitschriften von *wir schlafen nicht*, als allgemein bekannt vorausgesetzt werden, was auch eine Veränderung in der kontrafaktischen Verweisstruktur nach sich zieht. Diese spezifische Variante der Kontrafaktik soll abschließend knapp beleuchtet werden, um auf diese Weise die formale Bandbreite von Rögglas kreativem Dokumentarismus in unterschiedlichen ihrer Werke anzudeuten.

13.1 Kathrin Röggla: *wir schlafen nicht*

Angesichts der hohen Bedeutung, der das Ikonische im Werk Kathrin Rögglas zukommt – für einige ihrer Buchprojekte hat Röggla intensiv mit dem Bildkünstler Oliver Grajewski zusammengearbeitet –, erscheint es naheliegend, der Buchgestaltung von Rögglas Publikationen erhöhte Aufmerksamkeit zu widmen.

Abbildung 4: Cover von Kathrin Rögglas *wir schlafen nicht*.

Auf dem Cover der Fischer-Ausgabe von *wir schlafen nicht*, reproduziert in Abbildung 4, ist die Fotografie einer Rolltreppe zu sehen, auf der – von hinten aufgenommen – vorwiegend männliche Personen in Business-Anzüge nach oben befördert werden. Die Bildachse ist dabei vertikal ausgerichtet, sodass die Figuren auf die Seite gekippt erscheinen. Darüber hinaus sind die Konturen der Figuren verwischt und die Farben unnatürlich intensiv: Die wenigen sichtbaren Hautpartien erscheinen beinahe rot. Diese Elemente sowie ihre Verfremdung weisen dabei sowohl inhaltlich als auch formal auf Rögglas Text voraus: Über die Gesichtslosigkeit und weitgehende Austauschbarkeit der abgebildeten Figuren wird hier einerseits thematisch die desubjektivierende Arbeitswelt der New Economy aufgerufen, welche das inhaltliche Zentrum von Rögglas Text bildet. Andererseits lässt sich die formale Verfremdung der Bilddarstellung auf die formalen Verfremdungsverfahren von Rögglas kreativem Dokumentarismus beziehen. Eine Referenz auf realweltliches Faktenmaterial – in diesem Falle: die reale Rolltreppe und die darauf beförderten Menschen – wird hier zweifellos etabliert (Fotografien implizieren ja bereits qua Medium eine konkrete Realitätsreferenz[948]). Zugleich aber wird diese Referenz formal verfremdet: Reale Menschen haben keine derart rote Hautfarbe und gehen auch nicht seitlich gekippt durch die Welt.[949] Es liegt hier also gewissermaßen eine Form ‚pikturaler Kontrafaktik' vor: eine Variation realweltlichen Faktenmaterials in bildlicher Form. Anders jedoch als bei den Coverabbildungen von Richard J. Evans *Altered Pasts*, die im Theorieteil der Arbeit diskutiert wurden[950], handelt es sich hier nicht um eine Überschreibung einzelner historischer Informationen mit offenkundigen Fehlreferenzen. Stattdessen wird anhand verschiedener Verfremdungsverfahren auf eine Destabilisierung der dargestellten Welt als ganzer (oder aber eine verfremdete *Darstellung* dieser Welt) hingedeutet.[951] Die

---

[948] Vgl. Werle: Fiktion und Dokument, S. 117f. Bezeichnenderweise wurden bei Rögglas nachfolgenden Buchpublikationen, die nicht auf realen Interviews beruhen, – also *tokio, rückwärtstagebuch*, *die alarmbereiten* und *Nachtsendung. Unheimliche Geschichten* – keine Fotografien mehr für das Cover verwendet.
[949] Ebenfalls eine um 90 Grad gedrehte Fotografie wird auf der Coverabbildung von Thomas Brussigs *Alternate History*-Roman *Das gibts in keinem Russenfilm* verwendet.
[950] Siehe Kapitel 4.3.4. Das Faktenverständnis der Kontrafaktik.
[951] Die Unterscheidung von Welt- und Darstellungsebene bildet ein generelles Problem der Semiotik fiktionaler Bilder. So ist zum Beispiel im Comic nicht ohne Weiteres entscheidbar, ob Donald Duck innerhalb der fiktionalen Welt des Comics eine Ente ist, oder ob er innerhalb der fiktionalen Welt ein Mensch ist, der nur als Ente gezeichnet wurde. Siehe hierzu Stephan Packard: Anatomie des Comics. Psychosemiotische Medienanalyse. Göttingen 2006, S. 104.

Faktenvariation betrifft hier also eher die Form als den Gegenstand des Bildes – was freilich nicht bedeutet, dass diese formale Variation ohne Einfluss auf die Interpretation des Bildes bliebe. Auf kongeniale Weise deutet das Cover von *wir schlafen nicht* auf Verfahren einer formalen Kontrafaktik voraus, wie sie dann auch in Rögglas Text zum Einsatz kommen.

wir schlafen nicht thematisiert die Arbeitsbedingungen, Subjektivierungsprozesse und Ideologeme der New Economy, jenes Wirtschaftszweigs also, der von der klassischen Warenproduktion vor allem auf webbasierte Dienstleistungen umzusatteln versuchte und der seinen größten Aufschwung in den 1990er Jahren erlebte, ehe dann im Jahr 2000 mit dem Platzen der sogenannten ‚Dotcom-Blase' die harte wirtschaftliche Ernüchterung folgte. *wir schlafen nicht* erschien 2004, die Textentstehung liegt also in den Jahren unmittelbar nach dem Boom der New Economy.[952] Rögglas Text nimmt eine spezifische Teilbranche der New Economy in den Blick: die Berufsgruppe der Unternehmensberater.

Auf dem inneren Titelblatt wird *wir schlafen nicht* als „roman" (wsn, 3) bezeichnet.[953] Die typischen Gattungserwartungen jedoch unterläuft Rögglas Text auf vielfältige Weise: *wir schlafen nicht* weist weder eine zentrale Erzählinstanz noch eine klare Handlung auf. Handlungszeit und Handlungsort – ein Messegelände – müssen sukzessive im Laufe der Lektüre erschlossen werden.[954] Rögglas Text vereint, wie Iuditha Balint bemerkt, „Charakteristika verschiedener Genres wie der Dokumentation, des Berichts, des Dramas, des journalistischen Interviews und des Romans."[955] Konkret setzt sich der Text zusammen aus einer Reihe von Sprecherpassagen, verteilt auf sieben Figuren mit Berufen wie „key account managerin", „praktikantin" oder „senior associate" (wsn, 5). Das Sprachmaterial dieser Passagen geht dabei, wie bereits erwähnt, auf eine Reihe von Interviews zurück, die Röggla mit Vertretern der New Economy geführt hat. Diese Interviews werden im Text allerdings nicht unverändert wiedergegeben, sondern in komprimierter und rhythmisierter Form präsentiert, nach thematischen und dramaturgischen Gesichtspunkten geordnet sowie auf nur sieben Sprecher verteilt. *wir schlafen nicht* weist somit einerseits eine dokumentarische Dimension

---

[952] Vgl. Balint: Die Frage literarhistorischer Genrezuordnungen, S. 15.
[953] Zitate aus *wir schlafen nicht* werden nach folgender Ausgabe mit der Sigle „wsn" im Text gegeben: Kathrin Röggla: wir schlafen nicht. Frankfurt a. M. 2006.
[954] Bereits in den Zeitungsrezensionen zu *wir schlafen nicht* wurde die Adäquatheit der Gattungsbezeichnung „roman" verschiedentlich in Zweifel gezogen. Vgl. Susanne Heimburger: Kapitalistischer Geist und literarische Kritik. Arbeitswelten in deutschsprachigen Gegenwartstexten. München 2010, S. 217 f., Anm. 402.
[955] Balint: Die Frage literarhistorischer Genrezuordnungen, S. 16.

auf, stellt aber andererseits die Eigenständigkeit ästhetischer Formungsprozesse deutlich heraus.

Die kritische Stoßrichtung von Rögglas Text leitet sich, wie zu zeigen sein wird, gerade aus dieser künstlerischen Überformung des Recherchematerials ab, die im Folgenden als eine Manifestationsform der Kontrafaktik gedeutet werden soll. Zunächst wird auf den prekären Status der ‚Dokumente' in *wir schlafen nicht* eingegangen, also auf den Status des realweltlichen Recherchematerials, das Röggla ihrem kreativen Dokumentarismus zugrunde gelegt hat. Anschließend soll ein Überblick über die vielfachen Verfremdungstechniken gegeben werden, die im Roman einen Eindruck der Uneigentlichkeit erzeugen und den Realitätsstatus der fiktionalen Welt ins Wanken geraten lassen. Diese Überlegungen leiten über zu einer Thematisierung der Spannung von mimetisch-realistischen und amimetisch-fantastischen – und in der Folge auch kontrafaktischen – Lesarten von Rögglas Roman. In einem letzten Analyseschritt werden die unsichtbaren Selbsteinschreibungen der Interviewerin im Text, also ihre nur indirekt zu erschließende Anwesenheit und, daran anhängig, ihre eigenen strategischen Interessen als Formen einer autofiktionalen Selbstkommentierung der Autorin Röggla gedeutet, ehe abschließend das politische Projekt von *wir schlafen nicht* mit Blick auf die formale Anlage des Textes summarisch charakterisiert wird.

13.1.1 Dokumentarismus ohne Dokumente

Dem Haupttext von *wir schlafen nicht* ist die folgende Bemerkung vorangestellt:

> diesem text liegen gespräche
> mit consultants, coaches,
> key account managerinnen,
> programmierern, praktikanten usw.
> zugrunde.
> ich möchte mich hiermit bei all
> jenen gesprächspartnern bedanken,
> die mir ihre zeit und erfahrung
> zur verfügung gestellt haben.
> *kathrin röggla* (wsn, 4)

In Form eines faktualen Paratextes gibt die Autorin hier Auskunft über die Herkunft ihres Interviewmaterials. Der „roman" (wsn, 3) *wir schlafen nicht* wird damit als dokumentarischer Text markiert. Auf der gegenüberliegenden Seite findet sich dann eine Liste der sieben sprechenden Personen des Textes, inklusive beruflicher Funktion und Alter. Die Begriffe „key account managerin" und „praktikantin" finden sich dabei in nur leicht veränderter Form in beiden Texten (wsn, 7). Durch ihre druckgrafische Nachbarschaft sowie die partielle lexikalische Überschneidung wird eine Verbindung hergestellt zwischen Rögglas realen Interviewpartnern und den Figuren des fiktionalen Textes.

Die Verbindung von faktualem Paratext und den Figuren von *wir schlafen nicht* könnte den Eindruck entstehen lassen, Röggla habe für ihren Text lediglich realweltliches Interviewmaterial zusammengetragen. Allerdings wird die Assoziation von realer und fiktionaler Welt bereits auf der beschriebenen Doppelseite durch eine Reihe subtiler Hinweise irritiert. Auffällig ist zunächst die durchgängige Kleinschreibung, sowohl in der Danksagung als auch in der Personenliste. Zur Zeit der Entstehung von *wir schlafen nicht* hat Röggla die konsequente Kleinschreibung in den meisten ihrer fiktionalen Werke eingesetzt, eher unregelmäßig hingegen in ihren Essays und faktualen Texten.[956] Dass auch Rögglas paratextuelle Danksagung mit dem Fiktionsmarker der Kleinschreibung versehen wird, weckt erste Zweifel an der Zuverlässigkeit der Materialwiedergabe in *wir schlafen nicht*.[957] In eine ähnliche Richtung deutet der ungewöhnliche Zeilenumbruch der Danksagung, der den optischen Eindruck eines Gedichts entstehen lässt. Auffällig ist des Weiteren die Liste der Figuren, die an das *dramatis personae*-Verzeichnis eines Dramentexts erinnert (auch im Haupttext finden sich diverse Anleihen bei der Dramenästhetik[958]). Diese Assoziation zwischen den Figuren von Rögglas Text und den Rollen eines fiktionalen Theaterstücks irritiert die Assoziation der Figuren mit Rögglas realen Interviewpartnern. Angedeutet wird hier, dass in Rögglas Text nicht so sehr reale Einzelpersonen zu Wort kommen, sondern eher Kunstfiguren, die mit ihren realen Vorbildern – wenn man hier überhaupt noch von ‚Vorbildern' sprechen kann – nur noch eine unklare Verbindung unterhalten. Als Hinweis auf eine künstlerische Überformung lässt sich ferner der Umstand deuten, dass die Informationen zu den fiktiven Figuren formal nicht einheitlich gestaltet sind: Teilweise werden die wenigen ange-

---

[956] Vgl. Eva Kormann: Wer spricht? Zur ‚wackeligen' Sprechposition bei Kathrin Röggla. In: Iuditha Balint / Tanja Nusser / Rolf Parr (Hg.): Kathrin Röggla. München 2017, S. 124–142, hier S. 135.

[957] Mit der konsequenten Kleinschreibung in den literarischen Texten knüpft Röggla eigenen Aussagen zufolge an die sprachkritische Tradition der Wiener Gruppe an. Vgl. Röggla / Kasaty: Ein Gespräch mit Kathrin Röggla, S. 262 f. Die konsequente Kleinschreibung findet sich in Rögglas jüngeren Texten, etwa in *Nachtsendung. Unheimliche Geschichten* (2016), nicht mehr.

[958] Röggla weist im Interview darauf hin, dass das akustisch-dramatische Element des Textes sich aus dem Sujet ergeben habe: „*wir schlafen nicht* spielt ja auf einer Messe, und eine Messe ist meist eine akustische Extremsituation, und die habe ich versucht nachzuvollziehen." (Röggla: „Literatur ist ja nicht nur Theorie, sondern auch Erfahrung", S. 50).

führten Informationen wieder zurückgenommen („*sven, nein, nicht it-supporter, 34*"), teils werden Vor- oder Nachnamen weggelassen („*herr gehringer, partner, 48*"). Auch fehlt in der Liste – was allerdings erst im Laufe der Lektüre deutlich wird – eine der zentralen Figuren des Textes, nämlich die Interviewerin, die zwar nicht mit eigenen Aussagen in Erscheinung tritt, die aber die anderen Personen allererst zum Sprechen motiviert und die, wie noch zu zeigen sein wird, als organisierende Instanz des gesamten Textes fungiert. Die Liste der Figuren lässt also die formale Sorgfalt, die man von einer faktualen Auflistung realer Personen erwarten würde, auf ostentative Weise vermissen. Irritiert wird die Assoziation von realen und fiktiven Personen schließlich auch dadurch, dass keine nummerische Passung zwischen den beiden Listen besteht: Den sieben Sprecherrollen in *wir schlafen nicht* liegen offenbar Interviews mit einer größeren, nicht genauer bestimmten Anzahl von Gesprächspartnern zugrunde.[959]

Tatsächlich handelt es sich bei den Figuren, die zu Beginn des Textes genannt werden, weniger um Einzelindividuen, die mit Personen in der realen Welt korrespondieren würden; vielmehr werden hier – wie bereits das „wir" im Titel *wir schlafen nicht* andeutet – Kollektivsubjekte dargestellt.[960] Die Sprecherpassagen des Textes ziehen Sprachmaterial aus Interviews mit verschiedenen Personen zusammen. Die einzelnen, sprechenden Figuren bleiben dabei im Text individuell weitgehend unbestimmt: Ihre Eigennamen werden nur selten genannt, sie sind biografielos und psychologisch kaum greifbar, ja mitunter lässt sich noch nicht einmal entscheiden, wer in einer konkreten Textpassage eigentlich spricht. Als Individuen scheinen sich die Figuren gewissermaßen zu verflüchtigen, wenn sie in einem hyperaktiven Sprechgestus unausgesetzt die Ideologie der New Economy reproduzieren. Röggla selbst bemerkt hierzu: „Der Redezwang meiner Figuren, der Zwang zur permanenten Selbstdarstellung, zum Selbstentwurf, wirkt sozial gesteuert und sozial hervorgebracht. Er ist absolut unindividuell."[961] Just ihre weitgehende Anonymität und fehlende Individualität exponiert diese Figuren als

---

[959] Zum Rechercheprozess von *wir schlafen nicht* bemerkt Röggla: „Ich habe um die 25 längere Interviews (von eineinhalb bis vier Stunden) mit Consultants, Coaches, Programmierern, Journalisten geführt und ca. 15 kürzere, habe viel zum Thema Arbeit, Arbeitsbegriff gelesen." (Kathrin Röggla / Karin Cerny: Kathrin Röggla. E-Mail-Interview. Quelle: http://www.literaturhaus.at/index.php?id=5246 (Zugriff: 27.07.2021)).
[960] Vgl. Balint: Die Frage literarhistorischer Genrezuordnungen, S. 24.
[961] Röggla: Essenpoetik, S. 16. Bemerkenswert ist in diesem Zusammenhang, dass die Frage der Persönlichkeitsrechte bei der Bearbeitung der Interviews Röggla zufolge weder für den Verlag noch für die interviewten Personen eine Rolle gespielt habe. Negative Reaktionen habe es allerdings vonseiten der Unternehmensberatungsfirmen McKinsey und Boston Consulting gegeben. Diese unterschiedliche Rezeption von individuell-persönlicher oder aber strukturell-unternehmerischer Seite kann durchaus als Indikation für den Erfolg des politisch-ästheti-

exemplarische Vertreter der Welt der Unternehmensberatung und, davon abgeleitet, als „Einzelrepräsentanten" allgemeinerer Veränderungen in Arbeitswelt und Gesellschaft der Gegenwart:[962] Die Unternehmensberater fungieren, wie Susanne Heimburger bemerkt, in *wir schlafen nicht* als „Wächter über die Einhaltung des allgemeinen Effizienzgebots".[963] Sie verweisen damit auch jenseits des eigenen, engeren Einflussbereichs auf die Entwicklungstendenz einer Gesellschaft, in der das ‚unternehmerische Selbst' (Ulrich Bröckling) zusehends zum Leitbild avanciert[964], die also immer mehr von neoliberalen Imperativen der Effizienzsteigerung, Beschleunigung und Selbstoptimierung erfasst wird.

Röggla übernimmt das von ihr zusammengetragene Interviewmaterial also nicht unverändert in den Text, sondern überformt und strukturiert es erkennbar. Neben der bereits erwähnten Komprimierung und Verteilung auf sieben Sprecher fällt die fast durchgängige Verwendung des Konjunktivs auf. So wie die konsequente Kleinschreibung in Rögglas Texten ein Irritationsmoment darstellt, das bereits optisch auf die Medialität und Vermittlungsleistung (geschriebener) Sprache hindeutet, so wird auch durch die grammatikalische Form des Konjunktivs der vermittelte Status der Aussagen betont. Anhand dieses Verfahrens wird in *wir schlafen nicht* der Jargon der Unternehmensberatung, der ja ursprünglich darauf angelegt ist, sich selbst als pragmatisch, nüchtern-geschäftlich und vor allem realitätsnah zu präsentieren, auffallend verfremdet. Er wird damit als eine Form des Sprechens erkennbar, die einem spezifischen Kontext angehört,

---

schen Projekts von *wir schlafen nicht* betrachtet werden. Vgl. Röggla: Im Moment durchkreuze ich den Feldbegriff mit meiner Arbeit, S. 173 f.; dies.: „Literatur ist ja nicht nur Theorie, sondern auch Erfahrung", S. 50.

[962] Iuditha Balint hält fest: „So reagiert auch Rögglas Roman auf die Veränderungen der Arbeitswelt, indem er seine Figuren nicht als vom Wirtschaftssystem unterdrückte Gruppe, sondern als Einzelrepräsentanten des Systems inszeniert, an denen sowohl die motivationale als auch die Sinngebungsdimension der Entgrenzung und Subjektivierung der Arbeit durchaus ablesbar sind." (Iuditha Balint: Erzählte Entgrenzungen. Narrationen von Arbeit zu Beginn des 21. Jahrhunderts. Paderborn 2017, S. 82).

[963] Heimburger: Kapitalistischer Geist und literarische Kritik, S. 219.

[964] Vgl. Ulrich Bröckling: Das unternehmerische Selbst. Soziologie einer Subjektivierungsform. Frankfurt a. M. 2007. Auf Bröcklings Studie nimmt Röggla explizit Bezug in: Die falsche Frage, S. 12, 79 f. Bröckling schließt seinerseits an die Studie *Der neue Geist des Kapitalismus* von Luc Boltanski und Ève Chiapello an. Vgl. Bröckling: Das unternehmerische Selbst, S. 260–266. Auch Luc Boltanski und Ève Chiapello betrachten den „Managementdiskurs" als einen paradigmatischen Diskurs der Arbeitswelt der 1990er Jahre, wenn sie „[d]ie Managementliteratur als normative[n] Rahmen des Kapitalismus" analysieren (Luc Boltanski / Ève Chiapello: Der neue Geist des Kapitalismus. Konstanz 2006, S. 91).

mit seinen eigenen, häufig unausgesprochenen Regeln und unhinterfragten Interessen. Aus diesem pragmatischen Kontext herausgelöst, verlieren die impliziten Normen, die diese Sprachpraxis regulieren, ihre Selbstverständlichkeit. Ein Satz etwa wie „aber auch er finde es ganz schön absurd, das ganze wording" (wsn, 13), dekonstruiert sich gewissermaßen selbst.

Die formale Überformung des Textes geht aber noch weit über den Einsatz des Konjunktivs hinaus: Selbst wenn man die konjunktivischen Passagen des Textes nämlich in den Indikativ rückübertragen wollte, würde der Text an vielen Stellen immer noch derart viele formale Auffälligkeiten aufweisen – Rhythmisierungen, Wiederholungen, Zusammenrückungen widersprüchlicher Aussagen, offensichtliche Unterdrückungen von Interview-Fragen, ein Spiel mit sprachlichen Mehrdeutigkeiten etc. –, dass die Option, hier werde reales Interviewmaterial eins zu eins wiedergegeben, zuverlässig ausgeschlossen werden kann. Diese offenkundige Verfremdung sowie das Neuarrangement des Interviewmaterials wirken notwendigerweise auf den dokumentarischen Status von Rögglas Text zurück, insofern bei der Lektüre unklar bleibt, inwieweit man es hier überhaupt noch mit authentischem Sprachmaterial zu tun hat.[965] Unverkennbar ist lediglich der Umstand, *dass* eine künstlerische Bearbeitung stattgefunden hat. Wie weit diese geht, ob und in welchem Maße Röggla eigenständig Textpassagen hinzugefügt hat und inwieweit einzelne Aussagen durch Rekontextualisierung ihren ursprünglichen Sinn verloren haben, lässt sich anhand des manifesten Textes nicht mehr entscheiden. Anders als im Falle etwa der Dokumentardramen von Heinar Kipphardt sind die Dokumente, auf die Röggla beim Verfassen ihres Werkes zurückgegriffen hat, nicht öffentlich zugänglich, sodass auch kein Detailabgleich zwischen faktualer Quelle und fiktionaler Bearbeitung möglich ist. *wir schlafen nicht* kann mithin gerade nicht, wie Holger Noltze in der FAZ-Rezension zu Rög-

---

[965] Auch Natalie Moser hält fest, dass die „Verfremdung" des „Sprachmaterials" „während der Lektüre nicht ermessen werden [kann]" (Natalie Moser: Echtzeit-Fiktion. Zur Funktion des Protokolls und der Übung in Kathrin Rögglas *die zuseher* (2010). In: Iuditha Balint / Tanja Nusser / Rolf Parr (Hg.): Kathrin Röggla. München 2017, S. 161–180, hier S. 172). Dag Kemser muss also widersprochen werden, wenn er behauptet, dass Röggla in *wir schlafen nicht* „auf fiktive Elemente komplett verzichtet [habe] und [dass] der Stücktext sich vollständig aus dokumentarischem Sprachmaterial zusammensetzt und zwar aus Interviews, die sie in der Unternehmensberaterbranche selbst geführt hat." (Dag Kemser: Neues Interesse an dokumentarischen Formen: *Unter Eis* von Falk Richter und *wir schlafen nicht* von Kathrin Röggla. In: Hans-Peter Bayerdörfer (Hg.): Vom Drama zum Theatertext? Zur Situation der Dramatik in Ländern Mitteleuropas. Tübingen 2007, S. 95–102, hier S. 100).

glas Text behauptet, als ein „Originaltonhörspiel zum Lesen"[966] angesehen werden. Vielmehr hat man es hier mit einem quasi-dokumentarischen Kunstprodukt zu tun, dessen ästhetisches Kalkül gerade darin besteht, den Grad der eigenen Künstlichkeit im Unklaren zu lassen.

Inwiefern können nun aber die primär formalen Verfremdungsverfahren, die Röggla in *wir schlafen nicht* einsetzt, als Manifestationsformen der Kontrafaktik angesehen werden? Abweichungen von propositional formulierbarem Faktenwissen, wie sie etwa für die Kontrafaktik im Genre der *Alternate History* charakteristisch sind, finden sich in Rögglas Text nicht. Die Definitionskriterien der Kontrafaktik jedoch, dass nämlich eine signifikante Variation realweltlichen Faktenmaterials in einem fiktionalen Medium vorliegen muss, erfüllt Rögglas Text durchaus: Dass es sich bei *wir schlafen nicht* um einen fiktionalen Text handelt, wird bereits durch die Genrebezeichnung „roman" deutlichgemacht. Auch wird im Text realweltliches Faktenmaterial in Form dokumentarischen Materials einbezogen – die Interviews nämlich, die Röggla mit Vertretern der New Economy geführt hat –, und dieses Faktenmaterial wird auch variiert. Nur handelt es sich hier, soweit dies für den Leser erkennbar ist, eben nicht um eine inhaltliche Variation, also eine Variation auf der Ebene der *histoire*, sondern um eine formale Variation auf der Ebene des *discours*. Eine solche primär formalästhetische Variation realweltlichen Faktenmaterials ließe sich als ‚formale Kontrafaktik' bezeichnen, als eine Ausprägung der Kontrafaktik also, die weniger auf der Gegenüberstellung zweier einander widersprechender Aussagen beruht als vielmehr auf dem Eindruck sinnlicher Irritation (wie er sich im pikturalen Bereich auch bereits bei Betrachtung der übertriebenen Farben der Coverabbildung von *wir schlafen nicht* einstellen mag). Dieser Eindruck führt nicht zu einem klaren Urteil à la „*Dies* ist (realweltlich) unzutreffen." oder „*Das* können sie nicht gesagt haben.", sondern eher zu einem *je ne sais quoi* etwa des Sinns: „Auch wenn diesem Text Interviews mit realen Personen zugrunde liegen – *so* können sie nicht gesprochen haben."[967]

Formale oder auch sinnliche Spielarten der Realitätsvariation schließen nun eine Eindeutigkeit der Abweichung keineswegs aus. Wenn etwa auf einem Foto der Nachthimmel komplett orange erschiene, wäre es offensichtlich, dass hier von der Realität abgewichen wird. Rögglas Ästhetik zielt nun aber gerade darauf ab, die Möglichkeit solcher eindeutiger Unterscheidungen zwischen

---

966 Holger Noltze: Klettern im Kontrollgebirge. Ohne Auszeit: Kathrin Röggla nimmt die Wirtschaft zu Protokoll. In: Frankfurter Allgemeine Zeitung, 07.04.2004.
967 Mit Nelson Goodman ließe sich in diesem Kontext festhalten: „nicht nur sagend, auch zeigend kann man Welten erschaffen." (Goodman: Weisen der Welterzeugung, S. 32).

Faktenwiedergabe und Faktenvariation zu unterminieren. Zwar ist offenkundig, dass der Text als Ganzes das ihm zugrundeliegende Interviewmaterial variiert. Ob und in welchem Maße eine einzelne Textpassage allerdings eine Faktenvariation miteinschließt, lässt sich nicht eindeutig entscheiden – nicht nur deshalb, weil die originalen Interviewaussagen unzugänglich sind, sondern auch, weil die reale Unternehmensberatung selbst mit hochgradig fiktiven oder virtuellen Größen operiert und der Jargon der Unternehmensberater Formulierungen umfasst, die kaum noch einen direkten Rückschluss auf die Realität erlauben. Mit seinen Verfremdungsverfahren respektive durch seinen Einsatz formaler Kontrafaktik bringt *wir schlafen nicht* mithin nicht eindeutiges Faktenmaterial in Spannung zu dessen Variation innerhalb einer fiktionalen Welt. Vielmehr deutet die formale Kontrafaktik hier textübergreifend auf eine Differenz zwischen dem Faktenmaterial und seiner künstlerischen Bearbeitung hin, wobei das Ausmaß dieser Bearbeitung sich im Einzelnen eben nicht zuverlässig eruieren lässt. Genau diese Verunsicherung bezüglich der Frage, ob man es an einer einzelnen Textstelle noch mit faktischem Dokumentarismus oder bereits mit einer kontrafaktischen Realitätsvariation zu tun hat, korrespondiert in *wir schlafen nicht* mit der „Derealisierungsmaschinerie"[968] des dokumentierten Diskurses selbst: Die Unsicherheit hinsichtlich des Verhältnisses von Diskurs und Realität, wie sie sich mit Blick auf die Sphäre der realen Unternehmensberatung einstellen mag, wird im ästhetischen Bereich durch die Unsicherheit hinsichtlich des Verhältnisses von fiktionaler und realer Welt aufgegriffen.

13.1.2 Produktion von Uneigentlichkeit

Wie in allen Texten Rögglas kommen auch in *wir schlafen nicht* vielfältige ästhetische Verfremdungstechniken zum Einsatz. Diese führen zu einer Irritation von Genreerwartungen, zur Vermischung von Realität und Erfindung und zu Verunsicherungen hinsichtlich des ontologischen Status der fiktionalen Welt. Insgesamt ließe sich der Effekt von Rögglas ästhetischen Verfahren als ‚Produktion von Uneigentlichkeit' beschreiben: Kategoriale Grenzen werden verwischt und Annahmen über das Wesen der Realität werden unterlaufen. Da diese Produktion von Uneigentlichkeit einerseits Einfluss auf den Fiktionsstatus einzelner Elemente hat – inklusive ihrer potentiellen Zuordnung zum Bereich der Kontrafaktik – und ande-

---

[968] Röggla: Die falsche Frage, S. 75.

rerseits für eine politische Bewertung von *wir schlafen nicht* zentral ist, seien im Folgenden einige dieser Verfremdungstechniken exemplarisch erläutert.

wir schlafen nicht ist in 33 Kleinkapitel unterteilt, welche nach Themen geordnet Äußerungen von sieben Sprechern zu unterschiedlichen Aspekten der Arbeitswelt umfassen. Die klassischen Ordnungsmomente des realistischen Romans, also eine kontinuierliche Handlung und ein Protagonist, der eine psychische oder biografische Entwicklung durchläuft, fehlen hier. In *wir schlafen nicht* erfährt keine einzelne Figur, sondern allenfalls das ‚Kollektivsubjekt' Unternehmensberatung eine Transformation. Die zunächst inkommensurabel erscheinende Textsammlung weist in der Gesamtschau nämlich durchaus eine dramatische Kurve, genauer: eine negative Steigerungsdynamik auf. Im Fortgang der Lektüre drängt sich immer stärker der Eindruck auf, dass die dargestellten Sprech-, Lebens- und Arbeitsweisen dem eigenen Anspruch auf permanente Produktivitätssteigerung keineswegs entsprechen.[969] Eine Arbeits- und Wirtschaftsstruktur jedoch, die nur noch durch unausgesetzte Selbstbestätigung Oberwasser behält, droht an den Klippen des Realen – seien diese nun persönlich-psychologischer oder ökonomischer Natur – zu kentern und dabei die Individuen, welche die Dogmen eines ungebremsten Neoliberalismus beständig reproduzieren, mit in den Abgrund zu reißen.[970]

Im Durchgang durch die Kapitel dringt der Leser in immer tiefere, immer weniger öffentlich einsehbare und hinsichtlich ihres Realitätsstatus immer dubiosere, ja teils sogar unheimliche Bereiche des Managements vor. Während einige der ersten Kapitel mit Titeln wie „die messe", „betrieb" oder „harte bwl" noch auf recht erwartbare Weise mit der Sphäre der Unternehmensberatung korreliert sind, thematisieren die Kapitel in der zweiten Hälfte des Buches mit wachsender Explizitheit die körperlichen und seelischen Belastungen sowie die Langzeitfol-

---

[969] In ähnlicher Weise hält Ernest Schonfield fest: „There is a sense of fatalism in *wir schlafen nicht*, as Röggla's characters seem doomed to rehearse the commercial language that imprisons them." (Ernest Schonfield: Business Rhetoric in German Novels. From *Buddenbrooks* to the Global Corporation. New York 2018, S. 160).

[970] Die Thematisierung der beruflichen Gefährdungen auch noch der höherqualifizierten Arbeitskräfte unterscheidet gegenwärtige Behandlungen des Themas Arbeit in der Literatur von älteren literarischen Auseinandersetzungen mit demselben Thema, etwa in der Angestelltenliteratur der Weimarer Republik oder der sogenannten ‚Literatur der Arbeitswelt' der 1960er und 1970er Jahren (Bitterfelder Weg und Werkkreis). Ulrike Vedder hält fest, dass „das literarische Interesse heute zumeist einer technisch hochgerüsteten Dienstleistungsbranche mit hochqualifizierten, aber stets vom Überflüssigwerden bedrohten Mitarbeiter/innen [gilt]." (Ulrike Vedder: Arbeitswelten und Ökonomie: Zur literarischen Kritik der Gegenwart. In: Corinna Caduff / Ulrike Vedder (Hg.): Gegenwart schreiben. Zur deutschsprachigen Literatur 2000–2015. Paderborn 2017, S. 63–73, hier S. 64).

gen des beschriebenen Arbeitsalltags, etwa in Kapiteln wie „wir schlafen nicht", „schock", „koma" oder „gedächtnis". Zum Teil deuten die Kapitelüberschriften gar auf die Versuche einer Flucht aus der Sphäre der Unternehmensberatung hin: in „rauskommen", „exit-szenarium" oder im letzten Kapitel „wiederbelebung (ich)". Auch verdichten sich im Fortgang des Textes die Anzeichen dafür, dass die Sphäre der hyperkapitalistischen Arbeitswelt von den Sprechern selbst, die doch gerade die subjektiv treibenden Kräfte der New Economy bilden, kaum mehr verstanden, geschweige denn beherrscht werden kann. So verschwinden Menschen auf unerklärliche Weise aus dem Unternehmen (vgl. wsn, 152–155); gleichsam im Augenwinkel der Erzählung ereignet sich ein Suizid (vgl. wsn, 214); und ein Notfall auf der Messe, mit panisch dem Ausgang zuflüchtenden Menschen, kann weder objektiv expliziert noch subjektiv verarbeitet werden (vgl. wsn, 182f.).

Überhaupt erweist sich die Weltwahrnehmung der Sprecher im Verlauf des Textes als zusehends unzuverlässig. Je weiter der Text voranschreitet, umso mehr häufen sich Situationen der Überforderung, des subjektiven Unverständnisses oder des schieren Gruselns. Hinzu kommt die wiederholte Erwähnung von Wahrnehmungsstörungen (vgl. wsn, 129, 180), Alkoholismus (vgl. wsn, 76f., 177) und Tablettenabhängigkeit (vgl. wsn, 150). Hierdurch werden einerseits die enormen körperlichen und seelischen Belastungen der beschriebenen Arbeitsform erkennbar: Bereits der Titel *wir schlafen nicht* verweist ja auf die kollektive Verweigerung gegenüber einem körperlichen Grundbedürfnis. Andererseits wecken diese Eingeständnisse kognitiver Einschränkungen aber auch Zweifel an der Zuverlässigkeit der Sprecheraussagen: Durch die Unzuverlässigkeit der Wahrnehmung gerät die fiktionale Welt selbst ins Wanken, die ja nicht über den Bericht eines souveränen Erzählers, sondern einzig über die Äußerungen der Figuren vermittelt ist.

Mit seinen ästhetischen Verunsicherungsverfahren reagiert *wir schlafen nicht* auf die, wenn man so will, reale Irrealität seines Gegenstandes: Die Sphäre der Unternehmensberatung zeigt nämlich bereits an und für sich in zahlreichen ihrer Teilaspekte Tendenzen zur Virtualisierung, Derealisierung und strategischen Narrativierung. Erwähnt wird im Text etwa die Empfehlung zur Entlassung hunderter Mitarbeiter, wobei die Unternehmensberater diese Menschen persönlich nie zu Gesicht bekommen (vgl. wsn, 37). Erwähnt werden ferner das betriebswirtschaftliche, virtuelle Zahlenkalkül, das reale Personalentscheidungen nach sich zieht (wsn, 37), sowie der Jargon der Unternehmensberatung, der von Außenstehenden kaum noch verstanden werden kann, wiewohl er für diese Außenstehenden mitunter sehr reale Wirkungen zeitigt (wsn, 10f., 73). Teils werden faktengestützte Informationen gar durch bloße Gerüchte ersetzt: „man erinnert sich ja mehr an gerüchte als an tatsachen, weil gerüchte viel beliebter seien, ‚weil sie einfach die besseren geschichten sind'." (wsn, 195) Indem hier ästhetische Kriterien an die Stelle von Wahrheitskriterien treten, wird zugleich eine Parallele zwischen den Abläufen im Bereich der Unternehmensberatung und der Funktionsweise von Rögglas Text hergestellt, der zwar einerseits auf dokumentarisches Material – also auf „tatsachen" – zurückgreift, dieses Material aber nicht für sich selbst sprechen lässt, sondern es nach ästhetischen Gesichtspunkten arrangiert. In beiden Fällen sind die Wirkungen dieses Arrangements durchaus real: Im Einflussbereich der Unternehmensberatung können bloße Gerüchte schwerwiegende wirtschaftliche Konsequenzen nach sich ziehen; und im Falle Rögglas liegt eben der künstlerische Text *wir schlafen nicht* vor. Auch kann in beiden Fällen nicht mehr zuverlässig auf die ‚rohen' Fakten rückgeschlossen werden, also auf die Tatsachen in einem Stadium vor ihrer diskursiven Bearbeitung und ästhetischen Überformung. Wie die Welt ‚eigentlich' aussieht – und ob diese Frage hinsichtlich der hier in Frage stehenden Phänomene überhaupt noch sinnvoll zu stellen ist –, bleibt ungeklärt.

Gelegentlich wird der schwankende Realitätsstatus der fiktionalen Welt in Form metafiktionaler Aussagen im Text selbst thematisiert. Als kompaktes Beispiel kann die folgende Passage dienen: „ja, sie solle lieber etwas machen, das realistisch sei, ‚auch wenn das heute gar nicht mehr zu machen ist', wie ihr onkel, der tischler, immer sage." (wsn, 157) Auf für Röggla charakteristische Weise wird hier der Begriff „realistisch" mehrfach überkodiert. Erstens bezieht er sich in einem alltagssprachlichen Sinne auf die Pragmatik der Berufswahl. Anhand der Berufsbezeichnung „tischler" wird hier zweitens auf den Bereich materiell-physischer, also ‚realer' Produktion verwiesen, an welchem die New Economy – und, so könnte man hinzufügen: auch die Literatur – gerade nicht mehr partizipiert. Drittens schließlich lässt sich der Begriff „realistisch" als Verweis auf den (prekären) ästhetischen Status von Rögglas Text selbst verstehen, in welchem der Versuch unternommen wird, eine Form des Realismus zu entwickeln, welche der virtuellen, in ihren Wirkungen aber sehr realen Sphäre der Unternehmensberatung angemessen ist. Wenn in der zitierten Textpassage also betont wird, dass ‚heute etwas Realistisches gar nicht mehr zu machen sei', so bedeutet das nicht nur, dass es unter den gegebenen Wirtschaftsbedingungen schwierig ist, eine Festanstellung in einem zukunftsträchtigen Wirtschaftszweig zu ergattern; es heißt eben auch, dass ein klassischer Realismus die hochgradig virtuelle Welt der Unternehmensberatung nicht mehr adäquat zu fassen vermag.

Der Herausforderung, „etwas [zu] machen, das realistisch sei, ‚auch wenn das heute gar nicht mehr zu machen ist'" (wsn, 157), begegnet Röggla dadurch, dass sie in ihren Text Widersprüche, Formen der Hybridisierung und Realitätsstörungen einbaut, die sich ihrerseits mit der Funktionslogik der hochgradig virtuellen, dematerialisierten Welt der Unternehmensberatung parallelisieren lassen. „Durch diese formalen Widersprüche", so bemerkt Susanne Heimburger, werde auch „die Wirklichkeitsfiktion, die normalerweise mit dem Dokumentarischen verbunden ist, unterlaufen."[971] Angesichts einer solchen Störung der ‚Wirklichkeitsfiktion' muss zwar der Anspruch, das Faktenmaterial unmittelbar greifen und wiedergeben zu können – ein Anspruch, den konventionellere Formen des Dokumentarismus durchaus erheben – fallengelassen werden. Genau diese Unfähigkeit zu einem ‚faktischen' Dokumentarismus rückt den künstlerischen Text allerdings in Parallele zu den vorgängigen Virtualisierungstendenzen der Unternehmensberatung selbst. Das ästhetische Kalkül von *wir schlafen nicht* besteht paradoxerweise gerade darin, einen faktenbasierten Dokumentarismus in seinem Scheitern vorzuführen, um damit auf einer höheren Ebene die Funktionslogik eines Gesellschaftsbereichs zu dokumentieren – respektive ästhetisch erfahrbar zu machen –, dessen eigener Zugriff auf die sogenannte reale Welt längst prekär geworden ist.

13.1.3 Die Gespenster des Kapitalismus: reale Fantastik versus Realfantastik

Den Roman *wir schlafen nicht* hat Röggla als „eine Art Gespenstergeschichte […], oder besser gesagt, eine Zombiestory"[972] bezeichnet. Wie überall in Rögglas Werk wird auch in *wir schlafen nicht* der Verweis auf Begriffe aus dem Assoziationsbereich der Fantastik verwendet, um den prekären Realitätsstatus der zur Diskussion stehenden Phänomene anzudeuten. Insbesondere gegen Ende des Textes wird die substanzlose, gleichzeitig aber unendlich getriebene Welt der Unternehmensberatung mittels einer immer deutlicher um sich greifenden Metaphorik des (Un-)Toten und Gespenstischen charakterisiert (vgl. etwa wsn, 201). Das Gespenstische verweist dabei zunächst auf den prekären Status des Somatischen sowie des Materiellen in der New Economy: Einerseits werden die Figuren von *wir schlafen nicht* durch die kontinuierliche Verweigerung gegenüber körperlichen Grundbedürfnissen zusehends unmenschlich; sie geraten damit gewissermaßen selbst zu Geistern oder gar zu Zombies, nähern sich also einer Klasse fantastischer Wesen an, die sich definieren lässt als „Tote, die nicht schlafen".[973] Andererseits eignet auch den ökonomischen Strukturen, in welche die Unternehmensberater verwickelt sind und auf die sie ihrerseits einzuwirken versuchen, eine geisterhaft-unwirkliche Dimension: Finanzspekulationen, Wirtschaftsprognosen und die Informationsökonomie digitaler Prozesse unterhalten nur

---

971 Heimburger: Kapitalistischer Geist und literarische Kritik, S. 230.
972 Röggla: Essenpoetik, S. 33.
973 Heimburger: Kapitalistischer Geist und literarische Kritik, S. 226.

mehr eine sehr unklare Verbindung zur Realwirtschaft und den Lebensrealitäten einzelner Menschen.

Nicht zuletzt greift Röggla mit dem Begriff des Gespenstes eine Zentralmetapher der antikapitalistischen Ideologiekritik auf, die prominent im ersten Satz des *Kommunistischen Manifests* von Karl Marx und Friedrich Engels eingeführt wurde: „Ein Gespenst geht um in Europa – das Gespenst des Kommunismus."[974] Im 20. Jahrhundert wurde diese Metapher unter anderem von Jacques Derrida, im Titel seines Werkes *Marx' Gespenster*[975], sowie in jüngerer Zeit etwa von Joseph Vogl in seinem Buch *Das Gespenst des Kapitals*[976] aufgegriffen. Mit ihrer ‚gespenstischen' Darstellung der New Economy schließt Röggla somit an eine Linie der Kapitalismuskritik an, welche gerade die Unheimlichkeit, Irrationalität und subjektive Unintegrierbarkeit ökonomischer Prozesse hervorhebt.

Als Beispiel einer solchen unheimliche Wirksamkeit der Wirtschaftsprozesse lässt sich ein Ausschnitt aus dem Kapitel *harte bwl* anführen:

> „unterschiedliche unternehmenskulturen" seien genauso wie „harte bwl" schimären. aber so was behalte man, wie gesagt, besser für sich und sehe sich lieber genauer die problemlage an. „natürlich gibt es zahlen und fakten, natürlich gibt es irgendwo einen betriebswirtschaftlichen hintergrund", aber bis man „harte bwl" wieder vorfinden könne, müsse man schon eine weile graben.
> (wsn, 56)

Der Rekurs auf vermeintlich unzweideutige Fakten der realen Welt – auf Unternehmenskulturen und BWL – wird hier zur strategischen Illusion erklärt, eine Illusion allerdings, deren illusorischer Charakter gerade nicht thematisiert werden darf. Gleichwohl unterhalten, so wird behauptet, die hier exponierten Phänomene durchaus eine Verbindung zur Realität – „irgendwo" gibt es „einen betriebswirtschaftlichen hintergrund" –; allerdings sei die genaue Natur dieser Verbindung eben nicht problemlos erkennbar. Bei genauer Lektüre der zitierten Passage fällt ferner auf, dass der Begriff „harte bwl" hier in zwei unterschiedlichen Bedeutungen gebraucht wird: Einerseits wird „harte bwl" mit wirtschaftlichen „zahlen und fakten" korreliert. Andererseits jedoch soll es sich dabei um

---

974 Karl Marx / Friedrich Engels: Das Kommunistische Manifest. Mit einer Einleitung von Eric Hobsbawm. Hamburg 1999, S. 43.
975 Jacques Derrida: Marx' Gespenster. Der Staat der Schuld, die Trauerarbeit und die neue Internationale. Frankfurt a. M. 1995, S. 16.
976 „Politische Ökonomie hat seit jeher eine Neigung zur Geisterkunde gehegt und sich mit unsichtbaren Händen und anderem Spuk den Gang des Wirtschaftsgeschehens erklärt. Dies ist wohl einer gewissen Unheimlichkeit ökonomischer Prozesse geschuldet, in denen zirkulierende Objekte und Zeichen einen gespenstischen Eigensinn entwickeln. [...] Das ‚Gespenst des Kapitals' erscheint [...] als Chiffre für jene Kräfte, von denen unsere Gegenwart ihre Gesetze empfängt." (Joseph Vogl: Das Gespenst des Kapitals. Zürich 2010, S. 7).

eine „schimäre" handeln. Mithin ist „harte bwl" – in offenkundigem Widerspruch zu den Implikationen der Härte-Metapher – materiell gerade nicht mehr eindeutig bestimmbar, sondern steht vielmehr zwischen Wirklichkeit und Unwirklichkeit – und erfüllt damit just die Definition des Gespenstischen als einer Sphäre zwischen An- und Abwesenheit.

Entsprechend konsequent ist es, wenn „harte bwl" an einer späteren Stelle des Buches mit dem Bereich des Unheimlichen assoziiert wird:

> und? habe sie jemand gefunden, den sie verantwortlich machen können?
> nein, wieder niemand, den man verantwortlich machen kann.
> wieder keiner, den man doppelt sehen kann?
> nein, auch da ist nur harte bwl im gang." (wsn, 62)

Die Unmöglichkeit, wirtschaftliche Entscheidungen mit persönlich-individuellen Verantwortlichkeiten zu verbinden, wird hier einerseits durch einen Verweis auf „harte bwl" begründet. Zugleich aber klingt in der zunächst unverständlichen Rede vom „doppelt sehen" das fantastische Motiv des Doppelgängers an, wie es Sigmund Freud prominent in seinem Aufsatz *Das Unheimliche* (1919) analysiert hat.[977] Gestützt wird diese Assoziation mit dem Bereich der Fantastik durch die potenziell doppeldeutige Formulierung „im gang": Diese kann einerseits in gebräuchlicher idiomatischer Bedeutung, also im Sinne von ‚etwas geht vor sich', verstanden werden (wobei hier eine zusätzliche Anknüpfung an das Thema der Verantwortungslosigkeit hergestellt würde, lässt sich doch für etwas, das lediglich ‚im Gange' ist, kein handelndes Subjekt angeben). Andererseits kann die Formulierung aber auch als lokale adverbiale Bestimmung gedeutet werden, wenn nämlich das „im gang" befindliche Objekt (oder Subjekt?) die ‚harte bwl' selbst wäre. Plausibel schließt diese Doppel-Deutung an andere Passagen von *wir schlafen nicht* an, in denen die Unternehmensberatung selbst als unheimliches Subjekt charakterisiert wird: etwa wenn über die McKinsey-Berater gesagt wird „‚brrrt, der mckinsey-king geht wieder einmal über die flure, brrrrt' da schüttele es sie" (wsn, 42).

Insgesamt bietet Röggla, wie Natalie Moser bemerkt, „ihrer Leserschaft nicht nur eine dokumentarische und ‚realistische', sondern auch eine fantastische Lesart ihrer Texte an[...]".[978] Dabei kann die ‚fantastische Lesart' von Rögglas Texten nicht auf den bloßen Gebrauch von Metaphern aus dem Bereich der Fantastik beschränkt werden (allein als Metaphern verstanden wären die fantastischen Elemente für die Ontologie der fiktionalen Welt letztlich ohne

---

[977] Sigmund Freud: Das Unheimliche. In: Ders.: Studienausgabe Bd. IV: Psychologische Schriften. Frankfurt a. M. [11]2012, S. 241–274, hier S. 257–259.
[978] Moser: Echtzeit-Fiktion, S. 177.

Belang[979]). Vielmehr scheint die fiktionale Welt in *wir schlafen nicht* mitunter ganz real in den Bereich des Fantastische, Unwirklichen oder Unheimlichen hinüberzuspielen. Stellenweise wissen die Sprecher nicht mehr, ob sie noch am Leben oder bereits tot sind: „mit ihrem 42. geburtstag würde sie schon noch rechnen, auch wenn der schon hinter ihr liege" (wsn, 185, vgl. auch wsn, 200). Teils ziehen die Sprecher auch in Erwägung, bereits zu Gespenstern geworden zu sein: „aber ob sie immer mehr zum gespenst werde, wisse sie nicht. wer solle das auch entscheiden [...] sie könne nur sagen: ‚wie das gespenst immer mehr stimmt, zu dem man verdonnert wurde [...]'" (wsn, 197). Passagen wie die folgende schließlich stellen einer lediglich metaphorischen – und mithin potenziell realistischen – Lesart beträchtliche Hindernisse in den Weg:

> *die key account managerin:* was werde hier zum verschwinden gebracht? sie würde sagen, die praktikantin *(lacht),* aber vielleicht habe es die auch nie gegeben. nein, im ernst, sie habe es ja von einer grafikerin gehört. eines morgens sei eine kollegin in der dusche verschwunden, aus der sie nie zurückgekehrt sei. und auch eine kollegin vom handelsblatt habe ihr so geschichten erzählt, geschichten, in denen der eine oder andere verschwunden sei.
> (wsn, 153)

Es bleibt bei dieser und ähnlichen Passagen unklar, ob man es hier eher mit Phänomenen zu tun hat, die zwar vordergründig fantastisch anmuten, schlussendlich aber noch der derealisierten Wirklichkeit der Unternehmensberatung zugerechnet werden können – oder aber ob hier tatsächlich fantastische Elemente in die Diegese eingebraut werden, man es also mit Aspekten jener „Zombiestory"[980] zu tun hat, zu der Röggla ihren eignen Aussagen nach das Faktenmaterial der Unternehmensberatung in *wir schlafen nicht* arrangiert hat. Der Text scheint genau auf die Erzeugung dieser Unentscheidbarkeit zwischen *Realfantastik* – also einem fantastischen Anschein der Realität selbst – und *realer Fantastik* – realen fantastischen Ereignissen innerhalb der fiktionalen Welt – hin kalkuliert zu sein. Wollte man sich nur für die letzte Interpretationsoption entscheiden, so würde in *wir schlafen nicht* paradoxerweise eine Form des fantastischen Dokumentarismus praktiziert, also eine Überblendung von faktischen mit fantastischen Realitätsbezügen – was notwendigerweise zur Folge hätte, dass man es mit kontrafaktischen Elementen zu tun hätte, einfach deshalb, weil faktische Einzelinformationen über die reale Welt per definitionem niemals zugleich fantastisch sein können. Im Falle einer Überblendung von Faktik und Fantastik innerhalb der fiktionalen Welt ergibt

---

979 Zurecht betonen die Herausgeber des Bandes *Gespenster. Erscheinungen – Medien – Theorien:* „Wo Gespenster eindeutig als Metapher gebraucht werden, wird nicht an Gespenster geglaubt." (Baßler / Gruber / Wagner-Egelhaaf: Einleitung, S. 11).
980 Röggla: Essenpoetik, S. 33.

sich notwendigerweise eine kontrafaktische Realitätsvariation.[981] Ließe sich eine solche kontrafaktische Realitätsvariation qua Fantastik in *wir schlafen nicht* tatsächlich eindeutig feststellen, so hätte man es hier nicht nur mit Ausprägungen der oben beschriebenen formalen Kontrafaktik, sondern sogar mit eindeutig fantastisch-kontrafaktischen Elementen zu tun.

Genau eine solche, eindeutige Interpretationsentscheidung lässt der Text allerdings nicht zu: Was wie eine fantastisch-kontrafaktische Variation der Realität anmutet, könnte letztlich auch nur die subjektive – und möglicherweise verzerrte – Wahrnehmung einer Realität sein, die gewissermaßen ganz real zur Irrealität tendiert. Anders gewendet: Es lässt sich nicht letztgültig entscheiden, ob es sich bei den vordergründig fantastischen Elementen um kontrafaktische Variationen des dokumentarischen Faktenmaterials – und damit um eine künstlerische Beigabe Rögglas – handelt, oder ob das einschlägige Faktenmaterial nicht bereits an und für sich einen Eindruck von Unheimlichkeit erzeugt.[982]

Im Rahmen ihres kreativen Dokumentarismus lässt Röggla somit eine ostentativ fiktionalisierende Lesart ihres Textes mit einer faktisch-dokumentarischen Lesart desselben Textes konkurrieren: nämlich eine kontrafaktisch-fantastische mit einer lediglich metaphorisch-fantastischen. Durch diese „Verschränkung dokumentarischer mit phantastischen Verfahren"[983] wird in *wir schlafen nicht* darauf aufmerksam gemacht, dass die gewohnten epistemischen und enzyklopädischen Rahmenfaktoren, welche für eine Unterscheidung von Realität und Fiktion – und damit auch für die Bestimmung kontrafaktischer Elemente – zentral sind, im Falle von New Economy, Digitalisierung und Unternehmensmanagement nicht mehr problemlos gegeben sind: Bereits die Wahrnehmung der sogenannten Realität selbst geht hier mit einem „derealisierungsgefühl"[984] einher. Um derartige Themen in der Kunst überhaupt noch zur Darstellung brin-

---

[981] Siehe zu den Möglichkeiten der Überlagerung verschiedener Weltvergleichsverhältnisse Kapitel 5.1. Realistik, Fantastik, Kontrafaktik, Faktik.
[982] Damit tendiert *wir schlafen nicht* zu einer Manifestation des Fantastischen im Sinne Todorovs, nämlich mit einer Betonung der „Unschlüssigkeit" angesichts eines Ereignisses, „das den Anschein des Übernatürlichen hat." (Todorov: Einführung in die fantastische Literatur, S. 34).
[983] Susanna Brogi / Katja Hartosch: Dokumentarische(s) Arbeiten – Arbeit dokumentarisch. In: Susanna Brogi u. a. (Hg.): Repräsentationen von Arbeit. Transdisziplinäre Analysen und künstlerische Produktionen. Bielefeld 2013, S. 449–475, hier S. 461.
[984] Kathrin Röggla: geisterstädte, geisterfilme. In: Dies.: disaster awareness fair. zum katastrophischen in stadt, land und film. Wien 2006, S. 7–30, hier S. 18.

gen zu können, bedarf es eines, wie Julia Schöll schreibt, „gespenstischen Realismus", also eines Realismus, der epistemische Ambivalenzen, Unheimliches, fantastische und kontrafaktische Elemente integriert – nicht, um sich von der Realität zu entfernen, sondern um im Gegenteil deren eigene Irrealität künstlerisch kenntlich zu machen.[985]

13.1.4 Unsichtbare Selbsteinschreibungen

Ein Kurzabschnitt ganz zu Beginn von *wir schlafen nicht* lautet: „ob das jetzt das interview sei? ‚ist das jetzt das interview', um das gebeten worden sei?" (wsn, 9) Auch im weiteren Verlauf des Textes wird immer wieder angedeutet, dass die mehr oder weniger umfänglichen Monologe der Sprecher als Antworten auf die Fragen einer Interviewinstanz zu verstehen sind. Diese Instanz allerdings tritt im Text selbst nicht in Erscheinung und erhält auch keinen Namen. Man erfährt kaum mehr von ihr, als dass sie weiblich und „keine journalistin" (wsn, 7) ist. Auch ihre Fragen werden im Text selbst nicht genannt. Allenfalls lassen sich ihre Redebeiträge aus den Antworten ihrer Gesprächspartner – gleichsam über ihren Negativabdruck im Diskurs – rekonstruieren.

Es wurde bereits erwähnt, dass dem Haupttext von *wir schlafen nicht* eine Vorbemerkung vorangestellt ist, in der „kathrin röggla" ihren „gesprächspartnern" (wsn, 4) dankt. Dieser Paratext bildet einen starken Hinweis darauf, dass die unsichtbare respektive implizite Interviewinstanz auf Kathrin Röggla selbst verweist. Auch der für Rögglas Schreiben so typische Einsatz des Konjunktivs lässt sich als Teil dieser indirekten Selbsteinschreibungsstrategie begreifen: Als grammatikalische Form der indirekten Rede deutet der Konjunktiv auf eine vermittelnde Instanz hin. Da aber überhaupt weite Teile des Textes im Konjunktiv stehen, erscheint es plausibel, die implizite Interviewinstanz mit der Erzählinstanz von *wir schlafen nicht* gleichzusetzen. Jene Instanz, die zum Sprechen

---

[985] Schöll: Dead or alive, S. 107. An späterer Stelle ihres Aufsatzes bemerkt Schöll: „Ist das Unheimliche, wie schon bei Freud skizziert, die Wiederkehr des eigentlich Vertrauten, aber Verdrängten, das an die Oberfläche des Bewusstseins und somit in die Realität zurückgeholt wird, so sind Kathrin Rögglas unheimliche Textstrategien, ihre textuellen Verschleierungstaktiken und gespenstischen Kippfiguren durchaus mit dem realistischen Anspruch ihrer Texte vereinbar. Sie stehen nicht im Widerspruch zu ihrem eignen Wirklichkeitsbezug, sondern bilden dessen genuine Basis." (Ebd., S. 121).

anregt – und deren Gleichsetzung mit „kathrin röggla" zu Beginn des Textes nahegelegt wird –, fiele dann mit derjenigen Instanz zusammen, die das Gesprochene präsentiert, sodass letztlich beinahe der ganze Text als durch die Interviewerin vermittelt erschiene.[986] Entgegen dem vordergründigen Eindruck der Abwesenheit wäre die Interviewinstanz im Text also tatsächlich omnipräsent und fungierte, wie Röggla in einem Interview bemerkt, als „vampirhafte Bauchrednerfigur", welche „die Lebendigkeit des anderen aussaugt".[987]

Die Unsicherheit hinsichtlich der Authentizität respektive der faktischen Referenzen des Erzählten wird durch diesen impliziten Verweis auf die reale Autorin jedoch keineswegs aufgehoben. Im Gegenteil: Indem sich Röggla in einen dokumentarischen Text einschreibt, der sein Material auf erkennbare Weise variiert, wird die Unsicherheit hinsichtlich der Authentizität des Recherchematerials selbst noch auf die Interviewinstanz ausgedehnt. Eva Kormann hält diesbezüglich fest:

> [Die] homodiegetische Erzählinstanz nähert sich der realen Autorin an, die in der Vorbereitung ihres literarischen Projekts *wir schlafen nicht* Interviews geführt hat. Diese Engführung von homodiegetischem Erzählen und der Recherche der Autorin kann bei den Lesenden Irritationen hervorrufen: Sie können nicht unterscheiden, ob sie eine dokumentarische Reportage oder ein fiktionales Werk, das mit einer Metalepse irritieren will, vor sich haben.[988]

Indem sich Röggla also in die fiktionale Welt einschreibt – wenn auch als weitgehend unsichtbare Instanz –, gerät sie selbst zu einer autofiktionalen und damit potenziell kontrafaktischen Figur.[989] Inwiefern die implizite Interviewinstanz dabei im Einzelnen mit der empirische Person Kathrin Röggla übereinstimmt, kann anhand des Textes nicht mehr entschieden werden (so wie ja

---

[986] Im Essay *die rückkehr der körperfresser* bezeichnet Röggla das „wackelige[...] ‚ich'" als „die textstelle, durch die alles durchmuss und um die ich herumeiere seit einiger zeit, weil dieses ‚ich' einem im grunde nur auf den wecker gehen kann. dieses hybride geschöpf, das andauernd ein zentrum im text suggeriert, einen essentialisierungsherd, der die dinge eher zum überkochen als zum kochen bringt. [...] das ‚ich' ist nur eine stelle, ein aktualisierungsmoment des diskurses, der uns abspielt" (Röggla: die rückkehr der körperfresser, S. 40 f.).
[987] Röggla / Kaiser / Böhnke: Die gouvernementalen Strukturen, S. 176.
[988] Eva Kormann: Jelineks Tochter und das Medienspiel. Zu Kathrin Rögglas *wir schlafen nicht*. In: Ilse Nagelschmidt / Lea Müller-Dannhausen / Sandy Feldbacher (Hg.): Zwischen Inszenierung und Botschaft. Zur Literatur deutschsprachiger Autorinnen ab Ende des 20. Jahrhunderts. Berlin 2006, S. 229–245, hier S. 232.
[989] Kormann weist darauf hin, dass auch Rögglas „Werke *really ground zero* (2001) und *tokio, rückwärtstagebuch* zwischen Autobiografik und fiktionaler Literarizität schillern." (Korman: Wer spricht?, S. 129) Siehe zur Verbindung von Kontrafaktik und Autofiktion Kapitel 5.3. Kontrafaktische Genres.

überhaupt etwaige Detailübereinstimmungen zwischen fiktionaler und realer Welt am Text selbst nicht überprüfbar sind).[990] Die pseudo-reale Interviewinstanz in *wir schlafen nicht* verbürgt also gerade keine Authentizität, sondern muss vielmehr als weiteres Element jenes kreativen Dokumentarismus betrachtet werden, den der Text durchgehend praktiziert.

Die dynamische Funktion einer solchen autofiktionalen Interviewinstanz im Rahmen eines genuin literarischen Dokumentarismus fasst Röggla in ihrem Essay *Stottern und Stolpern. Strategien einer literarischen Gesprächsführung* folgendermaßen zusammen:

> Ein literarisches Arbeiten, das klassische dokumentarische Verfahren anwendet, sollte dies thematisieren und deswegen dialogisch vorgehen. Das heißt nicht, wie ein Journalist sich erst einmal einen geschlossenen „Rechercheblock" vorzunehmen, der gesondert von der „eigentlichen" ästhetischen Arbeit zu sehen ist, sondern ein Hin und Her zwischen diesen Ebenen, eine Ineinanderführung. Denn das Recherchematerial ist Teil dieser Ästhetik, auch werde ich, wenn ich Gespräche mit Unternehmensberatern führe, zu fünfzig Prozent an diesen beteiligt sein, selbst wenn es nicht so aussehen mag. Mein Interesse kann nicht sein, eine vermeintliche Objektivität des Gesagten zu suggerieren und ein Fenster zur Welt zu öffnen, ich werde die Position des Fragenden hinnehmen müssen und mit dieser Position auch stellvertretend den Leser oder die Leserin.[991]

Tatsächlich finden sich in *wir schlafen nicht* immer wieder Passagen, in denen die Schwierigkeit – oder Weigerung – der Erzählinstanz, das Gehörte in authentischer Form wiederzugeben, thematisiert oder formal angedeutet wird:

> „aber daß sie mich da nicht in schwierigkeiten bringen!"
> „stimmt! wirkliche namen habe ich ja keine gesagt."
> „aber daß sie mir das nicht zu genau zitieren, ja?"
> sie meine so eins zu eins. (wsn, 53)

Ausgerechnet der letzte Satz mit der Formulierung „eins zu eins" steht hier im Konjunktiv und ohne Anführungszeichen. Indem die Möglichkeit des wörtlichen Zitierens im Text solcherart nur in grammatikalisch leicht variierter Form erscheint, stellt sich ein genereller Zweifel hinsichtlich der Fähigkeit oder Bereitschaft der Interviewerin ein, die Aussagen der Interviewten im gedruckten Text unverändert wiederzugeben. Diese Unfähigkeit oder Unwilligkeit zum

---

[990] In ihrer Saarbrücker Poetikdozentur bemerkt Röggla hierzu: „Ich bin also eine Realfiktion und so was färbt natürlich auf meine Figuren ab, sorry." (Röggla: Die falsche Frage, S. 80).
[991] Kathrin Röggla: Stottern und Stolpern. Strategien einer literarischen Gesprächsführung. In: Dies.: besser wäre: keine. Essays und Theater. Frankfurt a. M. 2013, S. 307–331, hier S. 330 f.

wörtlichen Zitat wird an einer früheren Stelle des Textes mit noch größerer Deutlichkeit herausgestellt:

„zitiere mich ja richtig!"
„was? das kannst du nicht?"
„und was kannst du sonst nicht?" (wsn, 38)

In einer paradox-humoristischen Wendung erscheint hier gerade das Nicht-Können als Skill, der im Gespräch, nebst anderen (Nicht-)Skills, abgefragt werden kann. Zugleich wird die Unfähigkeit zum korrekten Zitat – in genauer funktionaler Verkehrung der zuvor erläuterten Passage – hier textuell unterlaufen, wenn ausgerechnet die Feststellung, dass die Interviewerin nicht korrekt zitieren kann, von der Interviewerin – zumindest formal – korrekt zitiert wird, nämlich im Indikativ und in Anführungszeichen. Die Unzuverlässigkeit der Erzählinstanz wird somit anhand eines performativen Widerspruchs in eine, wenn man so will, unzuverlässige Unzulässigkeit überführt: Selbst auf die Unzuverlässigkeit der Erzählinstanz ist letztlich kein Verlass.

Zum einen bildet diese Selbstthematisierung der impliziten Interview- und Erzählinstanz einen Teilaspekt jener Produktion von Uneigentlichkeit, die oben bereits thematisiert wurde: Ein Interview, in welchem immer nur eine Person spricht, kann unmöglich ein authentisches, dem Anspruch nach also möglichst vollständiges oder zumindest nicht aktiv verfälschendes Interview sein.[992] Die künstlerische Bearbeitung – respektive kontrafaktische Variation – ist hier also offenkundig. Zum anderen kommt den unsichtbaren Selbsteinschreibungen der Erzählinstanz aber auch eine spezifischere Bedeutung für das kritische Projekt von *wir schlafen nicht* zu. Die abwesende Interviewinstanz, die zugleich den Text in seiner Gesamtheit zu organisieren scheint, verweist nämlich in Röglas Text auf die Funktionsweise der Unternehmensberatung selbst: Die strategischen Interessen der Welt der Unternehmensberatung, welche sich in bestimmten Sprachformen und Praktiken der Einflussnahme bei gleichzeitiger konsequenter Verschleierung der eigenen Parteilichkeit abzeichnen, korrespondieren in *wir schlafen nicht* mit den strategischen Interessen der Erzählinstanz. Röggla kommentiert diesen Parallelismus zwischen beschriebenem und beschreibendem Diskurs wie folgt:

---

[992] Unvollständigkeit der Darstellung führt zwar keineswegs automatisch zu Fiktivität oder zum Zusammenbruch von Referenz. Ein Teil der, wenn man so will, Referenzkonvention der faktualen Gattung Interview besteht allerdings in der Forderung, die Fragen des Interviewers mitanzugegeben. Genau diese Konvention wird in Rögglas Text unterlaufen.

> Und dann bin ich, eigentlich über totale Umwege, auf die Unternehmensberater gekommen. [...] Ich habe gemerkt, wenn ich mit denen spreche, ist da etwas, das genau zu einer gewissen ästhetischen Struktur passt, die ich schon entwickelt hatte: einen Erzähler im Zentrum, der nicht sichtbar ist, der sich immer entzieht und scheinbar neutral ist. Und diese Unternehmensberater müssen genau das machen: Sie müssen sich scheinbar neutral halten, haben aber natürlich totales Interesse und können das immer verdecken. Dazu kam, dass das wirklich das Herz der Finsternis ist. Da werden tatsächlich Entscheidungen getroffen, die eine Wirksamkeit, also eine Realitätsmacht haben.[993]

Die formale Anlage von Rögglas Text sowie dessen kritische Stoßrichtung lassen sich mithin als Produkte einer formalen Wahlverwandtschaft zwischen zwei Diskursen auffassen. Indem ‚Röggla' scheinbar aus den konkreten Interviewsituationen verschwindet, zugleich aber gerade aus dieser unsichtbaren Position heraus den Textverlauf steuert, tritt sie strukturell in die Position der Unternehmensberater ein. Ähnlich wie eine McKinsey-Beraterin sich aus der Verantwortung stehlen mag, wenn sie einem Unternehmen eine Reihe von Entlassungen zwar angeraten, diese Entlassungen aber nicht selbst durchgeführt hat (vgl. wsn, 37), so schützt auch die Erzähl- und implizite Interviewinstanz von *wir schlafen nicht* ein neutrales Interesse vor, wenn sie vordergründig lediglich das wiedergibt, was in den Interviews gesagt wurde. Tatsächlich praktiziert sie aber eine „hysterische Affirmation"[994], treibt ihre Interviewpartner also in Formen der exzessiven diskursiven Selbstlegitimation hinein, die früher oder später unausweichlich scheitern – und damit die kompromittierenden Wahrheiten über die inhumane Arbeitsrealität der Branche offenlegen. Genau diese scheiternde Selbstlegitimation wird in *wir schlafen nicht* dann mittels Verfremdung, formaler Kontrafaktik und einer bestimmten Dramaturgie des Arrangements besonders sinnfällig gemacht; die kritische Stoßrichtung des Textes erwächst aus der fiktio-

---

993 Röggla: „Literatur ist ja nicht nur Theorie, sondern auch Erfahrung", S. 49. Siehe hierzu auch dies.: Im Moment durchkreuze ich den Feldbegriff mit meiner Arbeit, S. 171f. Der Begriff „Herz der Finsternis" lässt sich dabei angesichts von Rögglas poetologischen Überlegungen nicht auf ein fixes Zentrum oder einen ‚eigentlichen' Kern hinter den Management-Diskursen beziehen. Vielmehr muss hier Rögglas Erwähnung der „Wirksamkeit" des Diskurses hervorgehoben werden: So wie in Joseph Conrads Erzählung *Heart of Darkness* existiert auch im Falle der Management-Diskurse möglicherweise gar kein eigentliches Zentrum, auf das sich die erfahrenen Wirkungen originär zurückführen ließen; vielmehr ist es die Erfahrung der in ihrem Ursprung letztlich inkommensurablen Wirkungen, welche die Hypostasierung eines Zentrums allererst provoziert.
994 Zu ihrer Interviewpraxis bemerkt Röggla: „Diese Haltung könnte man als hysterische Affirmation bezeichnen, also auf eine Weise wollte ich die Gesprächspartner in ihre Rhetoriken hineintreiben, zu einer Art Essenz dieses Diskurses zu kommen [sic], d. h. sie durch Affirmation stärker in die Risse und Widersprüche des Diskurses zu treiben." (Röggla / Kaiser / Böhnke: Die gouvernementalen Strukturen, S. 176).

nal-strategischen Betonung der Widersprüchlichkeiten des dokumentierten Diskurses. Hinter der vordergründigen Neutralität der Interviewinstanz verbirgt sich somit ein, wie Röggla an anderer Stelle bemerkt, „vampirismus des fiktionalen"[995], ein künstlerisches Eigeninteresse also, das fremde Diskurse gerade nicht in ihrer Selbstständigkeit gelten lässt, sondern sie für künstlerisch-kritische Zwecke instrumentalisiert.

Entsprechend kann es kaum überraschen, dass auch die Interviewpartner im Fortgang des Textes ein immer größeres Misstrauen gegenüber der Interviewerin an den Tag legen: „das sind ja fragen! man fühlt sich direktgehend observiert." (wsn, 143) Gegen Ende von *wir schlafen nicht* scheint den Sprechern zusehends deutlich zu werden, dass die Interviewinstanz keineswegs eine neutrale Position einnimmt, sondern ihre ganz eigenen Interessen verfolgt:

> zumindest eine außenperspektive hätte er sich erwartet, ein wenig abstand, doch jetzt wisse er, den gibt es nicht.
> „*sie* sind ja genauso getrieben!"
> „*sie* sind ja ständig auch dabei!" (wsn, 217)

Die Unfähigkeit, eine neutrale Position außerhalb des Diskurses einzunehmen, wird hier ausgerechnet von den Unternehmensberatern moniert, deren eigenes Geschäftsmodell doch gerade auf dem Prinzip der Einmischung beruht. Dort, wo die Sprecher der Funktionsweise des eigenen Diskurses in einem fremden Bereich begegnen, wo den Unternehmensberatern also durch die Interviewerin ein Spiegel ihrer eigenen Handlungslogik vorgehalten wird, reagieren sie mit Ablehnung oder gar mit Aggression. Damit brechen sie allerdings – ohne dies selbst zu merken – zugleich den Stab über die eigene Sprech- und Handlungsweisen.

Tatsächlich fungiert die implizite Interviewinstanz in *wir schlafen nicht* gewissermaßen selbst als Unternehmensberaterin, insofern sich ihr Vorgehen mit demjenigen der Unternehmensberater, wenn nicht inhaltlich, so doch formal parallelisieren lässt. Auch bei der Interviewinstanz handelt es sich, wie es in der allerersten Interview-Passage des Textes heißt, um einen der „menschen, die gar nicht so sehr in erscheinung träten, zumindest zunächst, aber in wirklichkeit die fäden zögen." (wsn, 7) Die Funktionsweise der Unternehmensberatung schlägt somit gleichsam auf die immanente Poetik von Rögglas eigenem Text durch. „Der Erzählergeist", so die Autorin, „war der diabolische Geist der Unternehmensberater selbst."[996] Das bedeutet aber auch, dass *wir schlafen*

---

995 Röggla: die rückkehr der körperfresser, S. 32.
996 Kathrin Röggla / Susanna Brogi / Katja Hartosch: „Manage dich selbst oder stirb." Die Autorin Kathrin Röggla im Gespräch. In: Susanna Brogi u. a. (Hg.): Repräsentationen von Ar-

nicht die Funktionsweise der Unternehmensberatung nicht (nur) anhand einzelner inhaltlicher Aspekte, sondern ebenso anhand formalästhetischer Kategorien, eben dem „Erzählergeist", kenntlich macht. Der Text *behauptet* somit nicht einfach, dass die Funktion der Unternehmensberatung in einem Steuerungskalkül bestehe, welches die eigenen Interessen gleichzeitig permanent zu verdecken trachtet; vielmehr macht der Text dieses Kalkül selbst ästhetisch erfahrbar, indem er die Funktionsweise einer Instanz, die aus dem Verborgenen heraus einen fremden Diskurs zu lenken sucht, textperformativ vorführt. Gerade die kontrafaktische Tilgung der Interviewinstanz erweist sich somit als Technik eines kreativen Dokumentarismus, der mit seiner eigenen formalen Anlage in Resonanz zum strategischen Kalkül des dokumentierten Diskurses tritt. Paradoxerweise fungiert somit in *wir schlafen nicht* ausgerechnet die Kontrafaktik, also eine künstlerische Form der Abweichung von Fakten und Dokumenten, als zentrales dokumentarisches Verfahren.

13.1.5 Schlussbetrachtung: der kritische Text

Künstlerische Verfremdungsverfahren und realweltliches Material stehen im Falle von Rögglas kreativem Dokumentarismus, so sollte deutlich geworden sein, in einem engen Abhängigkeitsverhältnis zueinander. Die Themen dieses Dokumentarismus – im Falle von *wir schlafen nicht* also die New Economy und insbesondere die Unternehmensberatung – sind bereits an und für sich durch ein hohes Maß an Virtualität, Diskursivität und Narrativität charakterisiert: Bei der Beratung handelt es sich, wie Adrian Steiner schreibt, um „eine ‚operative Fiktion' unter zunehmend komplexeren gesellschaftlichen Verhältnissen", wobei zu berücksichtigen ist, „dass diese Beratung *als* Fiktion real ist und strukturelle Auswirkungen hat".[997] Dieser effektiven Virtualität der behandelten Diskurse begegnet Röggla mit einer Hybridisierung der literarischen Form. In ihrem Essay *geisterstädte, geisterfilme* schreibt sie: „nur die wahrnehmung der spannung, der umgang mit dem hybriden und vermischten wird uns zu der wirklichkeit führen, in der auch wir enthalten sind."[998] Um eine sich zusehends entziehende Wirklichkeit ästhetisch erfahrbar zu machen, versucht Röggla, ein Resonanzverhältnis herzustellen zwischen den Hybridisierungstendenzen der Gegenwart und der ästhetischen

---

beit. Transdisziplinäre Analysen und künstlerische Produktionen. Bielefeld 2013, S. 491–501, hier S. 491.
[997] Adrian Steiner: Rat und Beratung. Eine kleine Begriffsgeschichte. In: Navigationen 4, 1/2 (2004), S. 155–168, hier S. 168.
[998] Röggla: geisterstädte, geisterfilme, S. 30.

Anlage ihrer Texte. Das Attribut ‚realistisch' kommt Rögglas Dokumentarismus insofern nicht mehr im Sinne einer möglichst getreuen Realitätsabbildung zu, sondern vielmehr im Hinblick auf das realitätsanaloge Fiktion(alisierung)skalkül ihrer literarischen Arbeiten. Im Werk Rögglas sind es die künstlerischen Verfahren selbst – mit ihren Verfremdungen, ihren strategischen Textarrangements und ihren kontrafaktischen Materialvariationen –, die eine Art formaler Mimesis an den dokumentierten Realitätsbereich vollziehen.

„Das unternehmerische Selbst", so schreibt Ulrich Bröckling und so zitiert ihn Röggla wörtlich in ihrer Saarbrücker Poetikdozentur, „existiert nur als Realfiktion im Modus des Als-ob – als kontrafaktische Unterstellung mit normativem Anspruch, als Adressierung, als Fluchtpunkt von Selbst- und Sozialtechnologien, als Kraftfeld, als Sog."[999] Ein Element strategischer Fiktion ist insofern für die von Rögglas Dokumentarismus dargestellte Realität ebenso konstitutiv wie für diesen Dokumentarismus selbst; gerade die strukturelle Verwandtschaft leistet der Bearbeitung ebenjener Realität im Medium der Literatur besonderen Vorschub. Die Effekte dieser beiden Formen der ‚Erfindung' sind freilich sehr verschieden: Während die Fiktionen der Realität Teilaspekte der neoliberalen und gouvernementalen Strategien der Gegenwart bilden, fungieren Rögglas ästhetische Fiktionalisierungsverfahren als Instrumente einer ästhetisch-politischen Intervention.[1000] In den Brechungen von Rögglas ‚neuem Realismus' wird die Gebrochenheit der Realität selbst erkennbar; das Fiktive der fiktionalen Literatur wird in Parallele und gleichzeitig in produktive Spannung gebracht zum Fingierten der realen Welt.[1001]

Eine kritische Stoßrichtung lässt sich Rögglas Text dabei nicht auf der Ebene auktorialer oder figuraler Aussagen zuschreiben: In *wir schlafen nicht* gibt es

---

999 Bröckling: Das unternehmerische Selbst, S. 283; Röggla: Die falsche Frage, S. 79 f. Der hier gebrauchte Begriff des Kontrafaktischen – im schlichten Sinne der Nicht-Existenz – ist freilich nicht mit dem Begriff der Kontrafaktik identisch, wie er in der vorliegenden Studie verwendet wird. Siehe Kapitel 2.1. Terminologie.

1000 Im Interview weist Röggla darauf hin, dass in Theater und Kunst mittlerweile zwar durchaus auch Ideen von Effizienz, Flexibilität und Dynamisierung um sich griffen, wie sie für die New Economy charakteristisch sind; der prägende Einfluss gehe hier aber letztlich von der Unternehmensberatung und dem Management aus, während sich die Kunst eher reaktiv verhalte. „[I]ch hatte immer ein Unbehagen, wenn es hieß, dass die Künstler diejenigen seien, die das zuerst benutzt haben, als hätten sie das Übel in die Welt gebracht bzw. wäre es noch dasselbe. Es hängt doch immer vom Kontext ab." (Röggla / Kaiser / Böhnke: Die gouvernementalen Strukturen, S. 172 f.).

1001 In *das stottern des realismus* schreibt Röggla: „wenn ich einen text über realismus schreiben würde, käme das gerücht darin vor, der virus und die desinformation, das fingierte, das eine gegenform zum fiktiven ist" (Röggla: das stottern des realismus, S. 24).

keine Erzählinstanz oder privilegierte Reflektorfigur, welche die Welt der Unternehmensberatung kritisch bewerten würde.[1002] Vielmehr ist es hier der Text selbst in seiner ästhetischen Organisation, der als kritische Instanz fungiert. Zurecht betont Iuditha Balint: „Rögglas Figuren erweisen sich [...] dem Neoliberalismus gegenüber recht unkritisch. Hier, in Rögglas Roman, ist es der Text als Ganzes, das fiktionale, literarische Werk, das Kritik ausübt und die struktur- und systemerhaltende Funktion seiner Figuren zum Vorschein bringt."[1003] Kritisch zur eigenen Gegenwart verhält sich Rögglas Literatur anhand formaler Verfremdungsverfahren, welche erkennen lassen, dass die Realität selbst gar nicht als ‚real' in einem evidenten Sinne aufgefasst werden kann, sondern vielmehr einem bestimmten strategischen und zugleich permanent verschleierten Fiktionskalkül folgt. „Die schärfste Ideologie" so könnte man mit Alexander Kluge formulieren, besteht darin, „daß die Realität sich auf ihren realistischen Charakter beruft."[1004]

Die Illusion einer, wenn man so will, realistischen Realität bricht Röggla in *wir schlafen nicht* durch eine Vielzahl ästhetischer Formungsverfahren auf: Das Interviewmaterial wird auf eine begrenzte Zahl weitgehend anonymer Sprecher verteilt, „bearbeitet, verfremdet und collagiert"[1005]; die Interviewaussagen werden in eine dramaturgische Kurve gebracht, sodass bestimmte Aspekte der inhumanen Arbeitsrealität immer deutlicher hervortreten, etwa die konsequente Austrocknung des Privatlebens, der Einfluss von Herkunft, Beziehungen und Geschlecht auf die Karriere und nicht zuletzt die Notwendigkeit einer permanenten Verweigerung gegenüber körperlichen Grundbedürfnissen zugunsten von Arbeitsleistung und Arbeitsperformance – eine Verweigerung, die in komprimierter Form bereits im Titel des Romans zum Ausdruck kommt. Der vermittelte Status des Interviewmaterials wird sowohl durch weitausgreifende Verwendungen des Konjunktivs als auch durch eine unsichtbar-autofiktionale Selbsteinschreibung der Interviewinstanz ‚Röggla' in den Text betont. Und nicht zuletzt greift

---

1002 Tatsächlich wird die Option eigener politischer Positionierung im Text sogar aktiv zurückgewiesen, wenn der Partner bemerkt: „er halte sich nun mal nicht für so einen politischen menschen, da sei nichts zu machen, er steigere sich in dererlei [sic] fragen nicht mehr rein, dafür habe er seine mitarbeiter. (*lacht*)" (wsn, 103).
1003 Balint: Die Frage literarhistorischer Genrezuordnungen, S. 29. In ähnlicher Weise konstatiert Vedder: „es ist die sprachavancierte Romantechnik, die erkennbar kritisch agiert." (Vedder: Arbeitswelten und Ökonomie, S. 67).
1004 Alexander Kluge: Gelegenheitsarbeit einer Sklavin. Zur realistischen Methode. Frankfurt a. M. 1975, S. 215. In ihren poetologischen Äußerungen hat sich Röggla immer wieder zu dem prägenden Einfluss Kluges auf ihr eigenes Werk bekannt.
1005 Kyra Palberg: „short sleeping, quick eating". Produktivität und Sprechen bei Kathrin Röggla. In: Iuditha Balint / Tanja Nusser / Rolf Parr (Hg.): Kathrin Röggla. München 2017, S. 278–297, hier S. 278.

Röggla auf Motive aus dem Bereich des Gespenstischen, des Unheimlichen und der Fantastik zurück, wobei stellenweise unklar bleibt, ob nun tatsächlich ein Einbruch des Fantastischen in die fiktionale Welt stattfindet oder lediglich die Sprecher den Überblick über ihre eigene Arbeitswelt und Branchenrealität verlieren.

Anhand der genannten Verfremdungsverfahren wird in *wir schlafen nicht* eine künstlerische Bearbeitung des Interviewmaterials deutlich angezeigt; die Form der Präsentation schließt also die Option eines faktischen Dokumentarismus zuverlässig aus. Unklar bleibt demgegenüber, in welchem genauen Ausmaß hier eine Variation konkreten Faktenmaterials, wie es für die Kontrafaktik charakteristisch ist, stattgefunden hat. Die vorwiegend formale Kontrafaktik des Textes zeigt zwar an, *dass* das Interviewmaterial bearbeitet wurde; eine kohärente fiktionale Welt jedoch, welche dann in einzelnen ihrer Aspekte mit Fakten der realen Welt kontrastiert werden könnte, lässt Rögglas Text nicht entstehen. Allerdings sind derartige eindeutige Fakten – und genau auf diese Erkenntnis hebt Rögglas Dokumentarismus ab – auch in der Realität selbst nicht problemlos zu haben. Bei Unternehmensberatung, New Economy, Katastrophenberichterstattung und den weiteren Themen von Rögglas kreativem Dokumentarismus handelt es sich um Phänomene, denen man, wie die Autorin schreibt, „mit ästhetischer Linearität, Eindeutigkeitsnarrationen nicht beikommen kann."[1006] Entsprechend erlaubt auch *wir schlafen nicht* keine Festlegung auf nur einen bestimmten Darstellungsmodus, sondern hält vielmehr alle vier möglichen Weltvergleichsverhältnisse – Realistik, Faktik, Kontrafaktik und Fantastik – in der Schwebe. Anders als klassische Dokumentarismen strebt Rögglas kreativer Dokumentarismus nicht mehr eine Verbreitung konkreter Einzelinformationen oder die Aufklärung der Leser an; vielmehr macht er den realitätsentrückten, gleichsam ‚real-kontrafaktischen' Status der Wirklichkeit ästhetisch erfahrbar, indem er klaren Oppositionen, wie sie für die Kontrafaktik, aber auch für die Faktik des klassischen Dokumentarismus grundlegend sind, mittels vielfältiger künstlerischer Verfremdungsverfahren das Fundament entzieht. Der ‚realistische' Charakter von Rögglas kreativem Dokumentarismus ergibt sich somit paradoxerweise gerade aus dem beständigen Ausfransen realistischer, faktischer oder dokumentarischer Erzählverfahren in Richtung unzuverlässigen, fantastischen oder kontrafaktischen Erzählens.

Diese Unsicherheiten in Bezug auf das angewandte Erzählverfahren sowie die zugrunde gelegte Realitätskonzeption machen Rögglas kreativen Dokumentarismus zu einem theoretisch produktiven Grenzfall der Kontrafaktik. Einerseits geht Röggla von einer Trennbarkeit zwischen literarischer Fiktion und Realität sowie von einer Differenzierbarkeit von Fakt und Faktenverzerrung

---

1006 Röggla: Essenpoetik, S. 57.

aus, sodass eine kontrafaktische Abweichung vom Faktenmaterial in der Literatur prinzipiell möglich wäre. Tatsächlich wird eine solche kontrafaktische Faktenvariation in Rögglas Werk auch immer wieder angedeutet, sowohl durch formale Verfremdungstechniken als auch durch ein Kokettieren mit kontrafaktisch-fantastischen Erzählverfahren. Andererseits ist das Recherchematerial, das Rögglas kreativem Dokumentarismus zugrunde liegt, gar nicht in unbearbeiteter Form zugänglich, sodass der genaue Grad der Faktenabweichung innerhalb der fiktionalen Werke unbestimmbar bleibt. Auch handelt es sich beim Jargon der Unternehmensberatung bereits an und für sich um einen Diskurs, in welchem Realitätsbeschreibung und Realitätsmanipulation eine letztlich unentwirrbare Verbindung eingehen. Die für die Kontrafaktik konstitutive dialektische Abstoßungsbewegung („*So* ist es nicht", „*Das* ist nicht wahr") wird somit in Rögglas Texten zwar immer wieder angedeutet; ob diese Bewegung jedoch im Einzelfall tatsächlich vollzogen wird, lässt sich nicht entscheiden. Entsprechend hat man es hier mit einer sehr speziellen Form der Kontrafaktik zu tun: Die Kontrafaktik steht in Rögglas Texten stets als Deutungsoption im Raum, gelangt aber nie zu einer unzweifelhaften Realisation. Interpretatorische Produktivität gewinnt die Kontrafaktik in Rögglas kreativem Dokumentarismus – konsequent paradox – just aus dieser Verweigerung ihrer unzweifelhaften Verwendung.

Einen aufschlussreichen Probefall für das Konzept der Kontrafaktik bildet Rögglas Werk nicht zuletzt im Hinblick auf die Kategorie der formalen Kontrafaktik. Akzeptiert man nämlich, dass Faktenabweichungen nicht nur propositional-inhaltlicher, sondern auch formaler oder sinnlicher Natur sein können, so rücken notwendigerweise auch die medial-formalen Bedingungen unterschiedlicher künstlerischer Darstellungsformen in den Fokus. Man kann dann die Fragen stellen, wie die referentiellen Eigenschaften unterschiedlicher Medien – und damit auch die Möglichkeiten ihres (variierenden) Bezugs auf Weltwissen – miteinander in Verbindung stehen oder auch in Spannung zueinander treten, welchen Einfluss bestimmte mediale Präsentationsformen auf die Möglichkeiten einer Darstellung von Wirklichkeit haben und auf welche Weise Faktenmaterial im Einzelfall inhaltlich und/oder formal variiert wird. Die künstlerischen Arbeiten Rögglas bieten sich als Ausgangspunkt für eine solche medienbewusste Reflexion der Kontrafaktik in besonderer Weise an, oszilliert Rögglas Werk doch häufig zwischen verschiedenen Medien und macht sich eine Kombination unterschiedlicher medialer Codes zunutze: beispielsweise in dem autofiktionalen Text *tokio, rückwärtstagebuch*, welcher in Kooperation mit dem Bildkünstler Oliver Grajewski verfasst wurde, oder in Rögglas Mehrfachbearbeitungen derselben Stoffe in unterschiedlichen medialen Formaten wie Prosatexten, Hörspielen und Theaterstücken. Von der Kategorie der formalen Kontrafaktik ausgehend eröffnen sich – freilich auch über Rögglas Werk hinaus – vielfältige Anschlussmöglichkeiten der bisherigen Kontrafaktik-Forschung an besonders medienbewusste Bereiche der Kunst- und Kulturwissenschaften: etwa an die Intermedialitätsforschung und Semiotik, die Comicforschung oder die Film- und Theaterwissenschaften.

13.2 Ausblick: Kathrin Röggla: *die alarmbereiten*

Abschließend soll ein kurzer Ausblick auf eine weitere dokumentarische Arbeit von Kathrin Röggla geboten werden: auf den Text *wilde jagd* aus dem Band *die alarmbereiten* von 2010. Trotz gewisser formaler Parallelen mit *wir schlafen nicht* ist das dokumentarische Verfahren hier etwas anders gelagert. Eine knappe Interpretation des Textes sowie ein Vergleich mit *wir schlafen nicht* kann entsprechend dazu beitragen, die formale Bandbreite von Rögglas kreativem Dokumentarismus anzudeuten.

Anders als in *wir schlafen nicht* gibt es in *die alarmbereiten* keinen Hinweis auf Interviews oder individuelle Recherchen, welche die Autorin für die Arbeit an ihrem Text durchgeführt hätte. Allerdings scheinen derartige Recherchen im Falle der hier verhandelten Themen auch gar nicht nötig, ist doch das für *die alarmbereiten* einschlägige Faktenmaterial ohnehin problemlos greifbar: Der Band verhandelt in sieben voneinander unabhängigen Texten die Risikodiskurse der Gegenwart, die Erregungsdynamiken der populären Medien sowie den zeitgenössischen Katastrophenvoyeurismus. Berichtet wird etwa von den Sitzungen einer Katastrophentourismus-Agentur, der Überbesorgnis sogenannter ‚Helikoptereltern' oder den Diskursen rund um die Finanzkrise. Im Zentrum stehen dabei niemals die realen Katastrophen, sondern die medialen Hysterien der Gegenwart, die Narrative des Ausnahmezustands und das öffentliche Interesse am Risiko.[1007] Die titelgebenden ‚alarmbereiten' sind dabei diejenigen Subjekte, welche den zeitgenössischen Risikodiskurs permanent am Laufen halten, ohne dabei jedoch jemals zu konkreten Gefahrenquellen, unzweifelhaften Ereignissen oder den Schicksalen realer Opfer durchzudringen.[1008] „Die Alarmbe-

---

1007 Vgl. Sonja Lewandowski: Wi(e)der eine Grammatik der Ausnahme. Kathrin Rögglas *die alarmbereiten*. In: Iuditha Balint / Tanja Nusser / Rolf Parr (Hg.): Kathrin Röggla. München 2017, S. 54–76, hier S. 55.
1008 Niklas Luhmann zufolge bezeichnet ‚Gefahr' eine objektive Bedrohung, während ‚Risiko' eher eine reflexive Kategorie darstellt, die sich auf einen individuellen Wahrnehmungsprozess bezieht: „Der Unterscheidung von Risiko und Gefahr liegt ein Attributionsvorgang zugrunde, sie hängt also davon ab, von wem und wie etwaige Schäden zugerechnet werden. Im Falle von Selbstzurechnung handelt es sich um Risiken, im Falle von Fremdzurechnungen um Gefah-

reitschaft", so schreibt Irmtraud Hnilica, „besteht ganz offenbar unabhängig von ihrem Anlass."[1009] Alarmbereit zu sein, in Katastrophenerwartung zu leben, mit Risiken zu kalkulieren – all dies sind, so suggerieren es die Texte von *die alarmbereiten*, weitgehend situationsunabhängige Gestimmtheiten des gegenwärtigen Zeitgeists.[1010] In einer Welt, die zur Derealisierung tendiert, bietet die Erwartung der Katastrophe das Versprechen einer Rückkehr zur realen Erfahrung. So schreibt Röggla in dem Essay *die rückkehr der körperfresser* über den „schrecken einer katastrophe": „plötzlich kann man sich einweben in die große geschichte [...] man ist enthalten in der situation, die so fantastisch real ist, ganz im gegensatz zu der quälenden unwirklichkeit unseres alltagslebens."[1011]

Der fünfzig Seiten umfassende Text mit dem Titel *wilde jagd*, der sechste innerhalb des Bandes, bildet den einzigen Text in *die alarmbereiten*, der auf ein konkretes realweltliches Medienereignis Bezug nimmt, nämlich auf die Entführung und Befreiung von Natascha Kampusch: Am 2. März 1998 wurde die damals zehnjährige Österreicherin auf dem Schulweg von dem arbeitslosen Nachrichtentechniker Wolfgang Přiklopil entführt. Přiklopil hielt sein Opfer danach mehr als acht Jahre lang gefangen, ehe Kampusch am 23. August 2006 die Flucht ge-

---

ren." (Niklas Luhmann: Risiko und Gefahr. In: Ders.: Soziologische Aufklärung 5. Konstruktivistische Perspektiven. Opladen 1990, S. 131–169, hier S. 148) Siehe hierzu auch Christian Sieg: Latenzzeit und Diskursgewitter. Die Abwesenheit der Katastrophe und die Präsenz des Risikos in Kathrin Rögglas *die alarmbereiten*. In: Iuditha Balint / Tanja Nusser / Rolf Parr (Hg.): Kathrin Röggla. München 2017, S. 236–255, hier S. 243–245.
1009 Irmtraud Hnilica: „im berühmten eigenen ton". Kathrin Rögglas und Elfriede Jelineks Bearbeitungen der Kampusch-Entführung. In: Iuditha Balint / Tanja Nusser / Rolf Parr (Hg.): Kathrin Röggla. München 2017, S. 41–53, hier S. 46.
1010 Die These, das frühe 21. Jahrhundert sei durch eine gesteigerte Katastrophenerwartung charakterisiert, wurde in der kulturwissenschaftlichen Diskussion der letzten Jahre verschiedentlich ventiliert. So bemerken etwa die Herausgeber des Bandes *Tickle your Catastrophe!* mit Blick auf die Stimmung zu Beginn des 21. Jahrhunderts: „We have moved from the 'present past' of trauma to the 'present future' of catastrophe." (Frederik Le Roy u. a.: Introduction. In: Dies. (Hg.): Tickle your Catastrophe! Imagining Catastrophe in Art, Architecture and Philosophy. Gent 2011, S. 1–9, hier S. 1) Auch Hans Ulrich Gumbrecht konstatiert, dass „unsere Zukunft keineswegs mehr als ein offener Horizont von Möglichkeiten erlebt [wird], sondern als eine Reihe von Bedrohungen, die auf uns zukommen." (Hans Ulrich Gumbrecht: Zentrifugale Pragmatik und ambivalente Ontologie: Dimensionen von Latenz. In: Ders. / Florian Klinger (Hg.): Latenz. Blinde Passagiere in den Geisteswissenschaften. Göttingen 2011, S. 9–19, hier S. 18).
1011 Röggla: die rückkehr der körperfresser, S. 35.

lang.[1012] Der Fall zog enorme öffentliche Aufmerksamkeit auf sich, sodass Kampusch zeitweise zu einem Star in der Medienlandschaft wurde.[1013]

Rögglas Text *wilde jagd* verhandelt nicht den Fall Kampusch an sich, sondern die persönlichen und medialen Diskurse, die durch diesen Fall in Gang gesetzt wurden. So wie in *wir schlafen nicht* die eigentlichen Arbeitsabläufe, die realen Wirtschaftsstrukturen und selbst die Menschen, die auf einer niedrigeren Ebene von den Entscheidungen des Managements betroffen sind, nicht direkt zur Darstellung gelangen, so werden auch in *wilde jagd* der eigentliche Tathergang sowie die Perspektive des Opfers überlagert und verdeckt von medialen ‚Peridiskursen': jenen Diskursen also, die sich um das tatsächliche Ereignis herumgruppieren.[1014] Der Fokus von Rögglas Text liegt somit weniger auf dem Fall Kampusch selbst, sondern auf den Subjektpositionen, welche ein Fall wie die Kampusch-Entführung für andere Personen – Hobbypsychologen, Journalismus-Aspiranten, sich mit dem Opfer identifizierende Teenager etc. – eröffnet.

Der hochgradig vermittelte Zugriff auf das Ereignis wird in *wilde jagd* bereits vor Beginn des eigentlichen Textes bildkünstlerisch angedeutet: Eine comicartige Zeichnung von Oliver Grajewski, zu sehen in Abbildung 5, zeigt

---

1012 Der Begriff ‚Opfer' wird hier und im Folgenden in einem nicht-wertenden Sinne gebraucht; es soll damit keineswegs die *agency* – also die Fähigkeit zur eigenständigen Handlung – der realen Person Natascha Kampusch in Frage gestellt werden. In ihrer Autobiografie bezeichnet Kampusch selbst sich als ‚Opfer' und Přiklopil als ‚den Täter'. Vgl. Natascha Kampusch mit Heike Gronemeier und Corinna Milborn: 3096 Tage. Berlin 2010.
1013 Kathrin Röggla hat sich als erste prominente Autorin mit dem Fall Kampusch und dessen medialer Verarbeitung auseinandergesetzt, nämlich in dem Stück *Die Beteiligten* (2009) sowie in dem Prosatext *wilde jagd* (2010). Im Jahre 2011 nahm Elfriede Jelinek in ihrem Stück *Winterreise* auf den Fall Bezug. Im Jahre 2013 kam der Spielfilm *3096 Tage* von Sherry Hormann, die Verfilmung von Kampuschs gleichnamiger Autobiografie aus dem Jahre 2010, in die Kinos. Siehe aus der Forschung Irmtraud Hnilica: „im berühmten eigenen ton"; dies.: 3096 Tage Arbeit. Elfriede Jelinek, Natascha Kapusch, Sherry Hormann. In: Iuditha Balint u. a. (Hg.): Opus und labor. Arbeit in autobiographischen und biographischen Erzählungen. Essen 2018, S. 231–246; Andrea Bartl: „Natascha". Zur Literarisierung des österreichischen Kriminalfalls Kampusch. Ein Werkstattbericht. In: Friedhelm Marx / Julia Schöll (Hg.): Literatur im Ausnahmezustand. Beiträge zum Werk Kathrin Rögglas. Würzburg 2019, S. 217–233.
1014 Sowohl in *wir schlafen nicht* als auch in *die alarmbereiten* vermeidet Röggla konsequent die Ausgestaltung von Opferperspektiven. Röggla hat verschiedentlich auf die Gefahr hingewiesen, bei der künstlerischen Darstellung gesellschaftlich benachteiligter Personen Sozialvoyeurismus zu betreiben: „Ich spreche seltener mit den sogenannten Opfern der Gesellschaft, habe höchsten Respekt vor der Gefahr in Sozialvoyeurismus zu verfallen, eine sekundäre Viktimisierung zu betreiben." (Röggla: Essenpoetik, S. 31) In Bezug auf Rögglas literarische Verhandlung des Falles Kampusch hält Andrea Bartl fest: „Rögglas Texte wahren respektvoll die Diskretion der realen Person gegenüber und verweigern sich damit, selbst in die Voyeurismus- und mediale Missbrauchsfalle zu tappen." (Bartl: „Natascha", S. 229, Anm. 29).

412 — 13 Kathrin Rögglas Poetik des kreativen Dokumentarismus

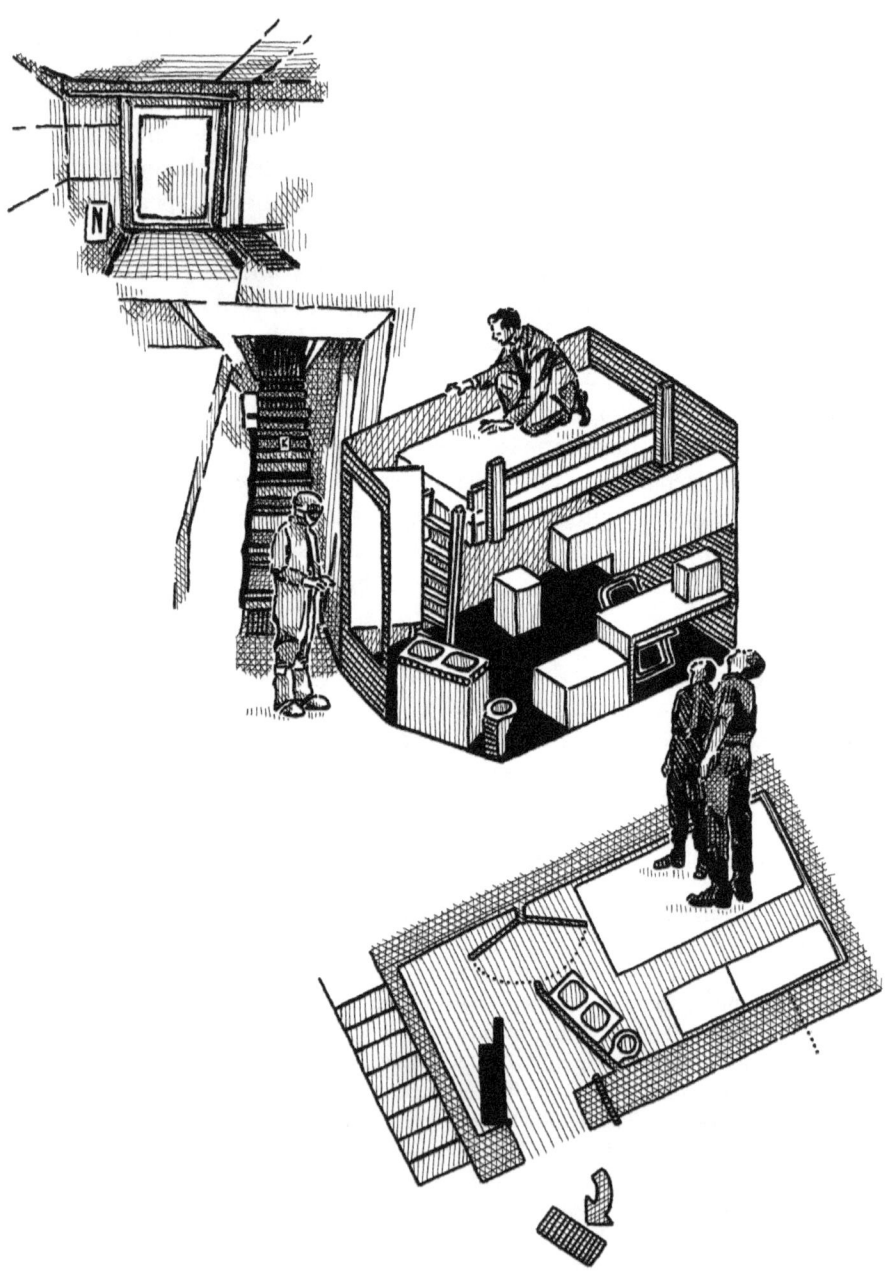

Abbildung 5: Zeichnung von Oliver Grajewski in Kathrin Rögglas *die alarmbereiten*, S. 120.[1015]

1015 Für die Bereitstellung der Zeichnung danke ich Oliver Grajewski.

eine Tür ohne Klinke, ein kleines Zimmer mit einem Tisch, Schränken, Waschbecken, Toilette und einem Hochbett sowie den Lageplan des Zimmers. Zu sehen sind ferner vier Personen – eine davon in Maske und Schutzanzug –, die offenbar Untersuchungen oder Messungen im Zimmer vornehmen. Zwei der Personen, die durch Schraffur und Schattenwurf als dreidimensionale Körper erscheinen, stehen auf dem zweidimensionalen Zimmerplan, sodass sich eine Art paradoxe Überlagerung zweier perspektivischer Darstellungsoptionen ergibt.

Ähnlich wie die Coverabbildung von *wir schlafen nicht* verweist auch diese Zeichnung bereits auf zentrale Verfahren und thematische Schwerpunkte von Rögglas Text: Für diejenigen Betrachter, die mit den Details des Falles Natascha Kampusch vertraut sind, etabliert die Zeichnung einen deutlichen Bezug auf das Verließ unter der Garage des Entführers Přiklopil, in welchem Kampusch jahrelang gefangen gehalten wurde. Zugleich deutet die formale Verfremdung der Darstellung darauf hin, dass der Gegenstand dieser Darstellung nur indirekt zugänglich ist, unter anderem nämlich über die Vermittlung der gezeichneten Experten. Diese Experten allerdings sind – darauf deuten die suchend-spähenden Gesten und Körperhaltungen im Bild hin – ebenfalls auf Rekonstruktionen und Spekulationen angewiesen.[1016] Die tatsächlichen Vorgänge der Entführung hingegen entziehen sich der Wahrnehmung: Weder das Opfer der Entführung noch der Entführer sind im Bild zu sehen.

Der eigentliche Text von *wilde jagd* beginnt mit der folgenden Vorbemerkung:

man erinnert sich nicht? ein jeder wird sich daran erinnern, schließlich waren wir alle dabei, wir alle haben noch gut vor augen: dieses foto von diesem mädchen im gras und der decke darüber. die polizistin, der polizist daneben, die haustür dahinter und „spektakuläre selbstbefreiung nach 8 jahren höhlendasein" die bildunterschrift. auf der anderen seite der kamera die journalisten, das heranrasende betreuungsteam: psychologe, sozial-arbeiter, öffentlichkeitsarbeiter, medienmensch, jurist. und einen moment danach kommen sie schon: der quasifreund, der möchtegern-journalist, die pseudo-psychologin, die irgendwie-nachbarin, die optimale 14-jährige, das verschenkte nachwuchstalent, kurz, die wilde jagd.[1017] (ab, 121)

Mit dem Verweis auf die Erinnerung und dem Nachdruck auf den Umstand, dass „*wir alle dabei [waren]*", wird hier explizit ein bestimmtes Faktenwissen der Leserschaft vorausgesetzt. Tatsächlich dürften die Rede vom ‚Mädchen unter der Decke' und insbesondere die Schlagzeile „*spektakuläre selbstbefrei-*

[1016] Hnilica bemerkt hierzu: „Bereits diese Illustration löst beim Betrachter nicht nur die Zuordnung des Textes zum Entführungsfall Natascha Kampusch aus, sondern deutet an, dass die mediale Berichterstattung über den Entführungsfall zu einer allgemeinen Pseudo-Expertise geführt hat." (Hnilica: „im berühmten eigenen ton", S. 47).
[1017] Zitate aus *die alarmbereiten* werden nach folgender Ausgabe mit der Sigle „ab" im Text gegeben: Kathrin Röggla: die alarmbereiten. Frankfurt a. M. 2012.

ung nach 8 jahren höhlendasein" bei den meisten Lesern die Erinnerung an die Entführung und Befreiung Natascha Kampuschs wachrufen. Durch den Hinweis auf das *„foto"* sowie durch die Anführungszeichen, welche die Schlagzeile rahmen, wird hier allerdings zugleich die mediale Vermitteltheit der aufgerufenen ‚Erinnerungen' exponiert: Die Reminiszenzen an den Fall Natascha Kampusch – der Name selbst wird im Text nirgends genannt – beziehen sich weniger auf die realen Ereignisse, sondern auf die mediale Berichterstattung darüber. Ferner macht der Text darauf aufmerksam, dass ein Fall wie derjenigen Kampuschs eine ganze Reihe von Personen auf den Plan ruft, die ihren Subjektstatus in der (Medien-)Gesellschaft just ihrem Involvement in derartige Fälle verdanken: von professionell agierenden Personen wie Psychologen und Sozialarbeitern bis hin zu eher fragwürdigen Akteuren wie dem *„quasifreund, de[m] möchtegernjournalist[en],"* oder *„d[er] pseudo-psychologin"*.

In *wilde jagd* gibt es, ebenso wie in *wir schlafen nicht*, keine extradiegetische Erzählinstanz. Der Text besteht aus Sprecherpassagen, die einzelnen namenlosen Figuren wie dem *„quasifreund"* oder der *„pseudo-psychologin"* zugeordnet sind (womit wiederum eine Gattungshybridisierung aus Prosa- und Dramentext vorgenommen wird; tatsächlich hat Röggla den Stoff von *wilde jagd* erstmals in einer Theaterfassung mit dem Titel *Die Beteiligten* (2009) bearbeitet.[1018]). Rudimente einer Handlung lassen sich dabei allenfalls aus vereinzelten szenischen Beschreibungen wie der folgenden erschließen: *„der quasifreund: aber wo wolle ich denn hin, warum stürzte ich jetzt so plötzlich in dieses kaufhaus hinein? [...] er komme ja gar nicht nach."* (ab, 127) Auch der Text von *wilde jagd* steht weitgehend im Konjunktiv; anders als in *wir schlafen nicht* wird allerdings nicht die dritte Person Singular oder Plural verwendet, sondern die erste Person Singular. Dieses „ich" verweist dabei nicht auf die jeweiligen Sprecher, sondern auf ‚Kampusch' selbst.[1019] (Im Folgenden wird als Sprecherin des Textes ‚Kampusch' in einfache Anführungszeichen gesetzt, um die Künstlichkeit dieser Sprechinstanz bei

---

[1018] Dem Band *die alarmbereiten* liegt ein Hörspiel desselben Titels zugrunde, das im Jahre 2009 vom Bayerischen Rundfunk ausgestrahlt wurde. In der Hörspiel-Fassung von *die alarmbereiten* wird der Fall Kampusch allerdings noch nicht behandelt.

[1019] Zur Sprechsituation in *die alarmbereiten* hält Anna Rutka fest: „Das Verschieben der sprachlichen Darstellung ins Indirekte evoziert den Eindruck, dass die Leser es mit keiner authentischen Rede und mit keinem individuellen Handeln zu tun haben. Wohl gemerkt, weder den Betroffenen noch denen, die über sie sprechen, wird im Text Autonomie eingeräumt. Der Konjunktiv und die Verdoppelung der Sprachsituationen ermöglichen es, die medial und institutionell gesteuerten Diskurse und sozialen Dispositive offenzulegen." (Anna Rutka: Zeitgenössische Gesellschaft und ihre Ängste. Zur sprachlichen Re-Inszenierung des Katastrophischen in Kathrin Rögglas Prosaband *die alarmbereiten*. In: Iwona Bartoszewicz / Marek Hałub / Tomasz Małyszek (Hg.): Kategorien und Konzepte. Wrocław 2014, S. 99–112, hier S. 101 f.).

gleichzeitiger deutlicher Referenz auf die realweltliche Person Natascha Kampusch anzudeuten). ‚Kampusch' wird somit zum Sprachrohr all jener Personen, die sich um sie und ihren Fall herum positionieren. Ihre eigenen Meinungen, Wahrnehmungen und Empfindungen bringt sie hingegen nicht zum Ausdruck. Tatsächlich wird immer wieder ihr „schweigen" betont, etwa in performativ widersprüchlichen Passagen wie: „sie sei ja angewiesen auf das, was aus den medien komme, d. h., was andere über mich sagten, denn ich selbst sagte nichts." (ab, 140) Trotz gewisser formaler Ähnlichkeiten mit *wir schlafen nicht* ist das Sprecharrangement von *wilde jagd* im Vergleich zum früheren Text also genau das umgekehrte: Während in *wir schlafen nicht* sämtliche Aussagen der Interviewten von der unsichtbaren Erzählinstanz überschrieben werden – die scheinbar Schweigende also de facto ständig spricht –, kommt in *wilde jagd* paradoxerweise die permanent sprechende Erzählinstanz selbst gar nicht zu Wort. Die *agency* der Interview- und Erzählinstanz erweist sich in *wir schlafen nicht* über ihre Fähigkeit, sich fremde Diskurse anzueignen; in *wilde jagd* hingegen wird die *agency* der Sprecherin ‚Kampusch' von den sie überwuchernden Fremddiskursen geradezu erstickt beziehungsweise manifestiert sich nur noch in der schweigenden Verweigerung gegenüber dem medialen Geplapper. Die unausgesetzte Performanz der Sprecherin ‚Kampusch' erweist sich somit als inhaltlich leer. Just diese Leere wird dann von den diversen peripheren Subjekten mit ihren je eigenen Diskursen ausgefüllt. Damit aber wird die reale Gewalt, welche ‚Kampusch' im Rahmen der Entführung angetan wurde, noch einmal auf symbolischer Ebene wiederholt. Irmtraud Hnilica schreibt hierzu: „Kampusch, die – als Entführte – literal absent gewesen ist, wird im Rahmen ihrer medialen und diskursiven Omnipräsenz erneut zum Verschwinden und Verstummen gebracht."[1020] In *wilde jagd* ist ‚Kampusch' gezwungen, den Diskurs der Anderen aufzuführen. Die offenkundige Paradoxie dieser Konstellation besteht darin, dass der Diskurs der Anderen sich überhaupt nur über die zum Schweigen gebrachte Zentralinstanz ‚Kampusch' legitimiert. Als parasitäre Subjekte sind die Figuren von *wilde jagd* auf ihren Wirt ‚Kampusch' angewiesen; doch hindert sie das nicht daran, ‚Kampusch' zumindest diskursiv vollständig aufzuzehren.[1021]

Während zu Beginn von *wilde jagd* alle Figuren dem Entführungsopfer ihre Unterstützung zusichern, werden im Fortgang des Textes die je eigenen, egoisti-

---

1020 Hnilica: „im berühmten eigenen ton", S. 49.
1021 Zur Bedeutung des Parasitären in Rögglas Werk siehe Verena Meis: „Und ich denke mich auch brav in den Parasiten hinein". Parasitäre Bewegungen bei Kathrin Röggla. In: Textpraxis 15/1 (2018). Quelle: http://www.unimuenster.de/textpraxis/verena-meis-parasitaere-bewegungen-bei-kathrin-roeggla (Zugriff: 27.07.2021). Auch Hnilica schreibt von einem „blutsaugerischen Diskurs um Natascha Kampusch" (Hnilica: „im berühmten eigenen ton", S. 53).

schen Motive immer deutlicher erkennbar. So lässt die „*pseudo-psychologin*" ‚Kampusch' wissen:

> sie sei für mich da, sie stehe sozusagen auf meiner imaginären mitarbeiterliste. ich könne das als dienstleistung verstehen, was sie mache, das sei ja ein service für mich. natürlich habe sie auch ein eigenes interesse, wer wolle sein interesse in so einer situation auch leugnen, aber ich säße doch diesbezüglich am steuerpult [...] und das sei auch schon das, was sie mir mit auf den weg haben geben wollen, dass ich die sei, die die entscheidungen träfe, so grundsätzlich. (ab, 137)

Tatsächlich aber wird die vorgebliche Entscheidungsfreiheit, die ‚Kampusch' anfangs noch eingeräumt wird, im Verlauf des Textes immer deutlicher beschnitten. Je weiter *wilde jagd* voranschreitet, umso deutlicher entpuppt sich das vermeintliche Interesse am eigentlichen Opfer der Entführung als ein nur dünn bemänteltes Interesse an der persönlichen oder medialen Verwertbarkeit des Falles. Anna Rutka bemerkt hierzu: „Die Spekulationen, Urteile und Kommentare des Publikums benutzen die Krise der Anderen als Projektionsfläche für eignes lasziones Interesse, missbrauchen sie als Unterhaltungsstoff, um zum Schluss abzustumpfen und in [...] Gefühllosigkeit zu verfallen."[1022] Sukzessive wird ‚Kampusch' das Recht auf Privatsphäre abgesprochen: „so etwas habe ja einen symbolischen wert, wenn eine mal zurückkomme, wenn eine sich ins leben zurückmelde, und genau das hätte ich gemacht, auch wenn ich jetzt so tun würde, als ginge das niemanden etwas an." (ab, 131) Auch ‚Kampuschs' Fähigkeit zur Bewertung des eigenen Falles wird in Zweifel gezogen: „alle wüssten jetzt, ich hätte überlebt, nur ich wisse es anscheinend noch nicht so ganz. jemand werde es mir sagen müssen, ein für alle mal sagen müssen." (ab, 132) ‚Kampusch' gerät damit „zur Nebenfigur ihres eigenen Dramas."[1023] Selbst ihr Schweigen wird nicht als Folge eines Traumas oder als Reaktion auf die Bedrängung durch die Medien, sondern lediglich als Anzeichen mangelnder medialer Professionalität gedeutet: „also das finde er langsam etwas unprofessionell, dass ich nichts sagte." (ab, 158)

Der Mediendiskurs überschreibt somit das persönliche Erleben des Opfers und selbst noch die Fakten des Tathergangs, um an deren Stelle eine vermarktungsfähige Version des Falles zu setzen. Eine solchermaßen zugerichtete Version kommt den Projektionen und Erwartungen der Mediennutzer gerade zupass, insofern hier weniger die Fakten des Falles als dessen Emotionalisierungspotenziale zentral gesetzt werden:

[1022] Rutka: Zeitgenössische Gesellschaft und ihre Ängste, S. 109.
[1023] Hnilica: „im berühmten eigenen ton", S. 49.

der möchtegern-journalist: genau, hier gehe es doch nicht um details, hier gehe es um emotionen, die die leute mitgeliefert bekommen wollten und von denen sie bereits eine genaue vorstellung hätten. nicht, dass er das jetzt richtig finde, dass ich die frei haus lieferte, ich sollte ruhig geizen damit, aber auch dieser geiz müsse eine grenze haben.

(ab, 146)

Die Auskunftsbereitschaft ‚Kampuschs' wird somit nicht in ihr eigenes Ermessen gestellt, sondern von außen aktiv eingefordert, und zwar in Abhängigkeit von der aufmerksamkeitsökonomischen Medienverwertbarkeit des Entführungsopfers und seiner Erlebnisse. Einen zentralen Aspekt dieser Verwertungsökonomie bildet dabei die Erwartung, dass ‚Kampusch', sobald der Höchstwert der medialen Erregungskurve überschritten ist, auch wieder aus dem öffentlichen Diskurs heraustreten werde: „*der möchtegern-journalist*: er müsse sagen, rein taktisch wäre es besser für mich, es wäre mal langsam schluss mit mir. denn die leute seien genervt und wollten nichts mehr von mir hören." (ab, 165) Die Formulierung, es solle ‚mal langsam schluss mit ihr' sein, lässt dabei deutlich die Aggression erkennen, die ‚Kampusch' infolge des Überdrusses an der ihren Fall betreffenden medialen Berichterstattung entgegenschlägt: Der vorgängige Solidaritätsdiskurs wandelt sich zusehends zur „*hate speech*".[1024] Gerade ihr außergewöhnliches und leidvolles Schicksal wird ‚Kampusch' letztlich zum Vorwurf gemacht, da es innerhalb der Koordinaten der Aufmerksamkeitsökonomie nicht anders denn als strategischer Positionierungsvorteil erscheinen kann. Nach dem Abflachen der medialen Aufmerksamkeitskurve wird dem Opfer das Recht abgesprochen, das eigene „weiterleben" öffentlich zu thematisieren.[1025] So merkt die „*pseudo-psychologin*" an: „auch in ihren augen machte ich mich verdächtig, wenn ich allzu euphorisch von meinem weiterleben spräche." (ab, 152) ‚Kampusch' wird somit gewissermaßen ein drittes Mal zum Verschwinden gebracht: Nach der realen Entführung und der Überschreibung ihres Schicksals durch die sensationslüsternen Medien wird

---

1024 Monika Szczepaniak: Elfriede Jelinek und Kathrin Röggla „in Mediengewittern". In: Joanna Drynda / Marta Wimmer (Hg.): Neue Stimmen aus Österreich. 11 Einblicke in die Literatur der Jahrtausendwende. Frankfurt a. M. 2013, S. 25–35, hier S. 33. Im Anschluss an Judith Butler liest auch Bartl „Sprechakte als Gewaltakte, die auf NK [i. e. ‚Kampusch'] eine wohl ähnlich verheerende Wirkung haben wie das erlittene Verbrechen." (Bartl: „Natascha", S. 231).
1025 Der Vorwurf, Kampusch habe mit ihrer Geschichte öffentliche Aufmerksamkeit erschleichen wollen, wird auch in Elfriede Jelineks Stück *Winterreise* aufgegriffen: „Sie ist jetzt doch wieder draußen, was will sie noch? Will sie sich über uns stellen? Will sie ewig ein Angedenken sein für uns? Woran? Wozu? Was will sie? Unsere Schmerzen schweigen doch auch, jedenfalls meistens. Warum schweigt dann sie nicht? Unsere Schmerzen sind wichtiger. Sie könnte viel besser schweigen als sprechen. Sie ist ein Opfer. Wir wollen hier keine Opfer. Wir haben schon genug Opfer. Sie soll wieder weg." (Elfriede Jelinek: Winterreise. Reinbek bei Hamburg 2011, S. 34 f.).

sie, sobald ihr Fall hinreichend ausgeschlachtet ist, wiederum aus dem öffentlichen Diskurs ausgeschlossen.[1026] Das Opfer der Entführung gerät damit nach seiner Befreiung nicht nur zum Opfer der titelgebenden ‚wilden Jagd', der Verfolgung also durch Medien und Einzelpersonen[1027]; die finale Kränkung besteht darin, dass sich diese Medien und Einzelpersonen, nachdem das Opfer ihrer Jagd aufmerksamkeitsökonomisch ‚erlegt' ist, für die Einzelperson ‚Kampusch' gar nicht mehr interessieren.

Röggla bringt in *wilde jagd* die medialen und persönlichen Diskurse zur Aufführung, die sich um einen Fall wie denjenigen Natascha Kampuschs herumgruppieren. Dabei kritisiert der Text die Subjektpositionen, welche das Mediendispositiv der Gegenwart für parasitäre Akteure eröffnet. Das vorgeschützte Mitleid der Sprecher wird in *wilde jagd* letztlich als bloßer Vorwand enttarnt, um Zugriff auf das Opfer der Entführung zu erhalten und damit an dem Medienhype rund um dessen Befreiung partizipieren zu können. Sowohl die Perspektive ‚Kampuschs' als auch die Fakten rund um den Tathergang werden dabei von einem medialen Diskurs überdeckt, für den Erwägungen des Respekts, der Solidarität oder der Wahrheitsliebe schlussendlich keine Rolle spielen, sondern der allein auf die Generierung maximaler öffentlicher Aufmerksamkeit, eine Emotionalisierung der Berichterstattung sowie die Einpassung des Falles in eine bestimmte, vorgefertigte Mediendramaturgie abzielt.

Der kreative Dokumentarismus von *wilde jagd* – falls man hier überhaupt noch von Dokumentarismus sprechen kann – versucht nicht, seine Leser über einen bestimmten Tathergang zu informieren oder einzelne Fakten zu archivieren (für diejenigen Leser, die mit dem Fall Kampusch nicht vertraut sind, dürfte *wilde jagd* weitgehend unverständlich sein). Röggla praktiziert hier vielmehr einen dekonstruktiven Meta-Dokumentarismus, der andere Dokumentarismen kritisiert, jene Pseudo-Dokumentarismen der realen Welt nämlich, welche mehr an der medialen und persönlichen Verwertbarkeit eines bestimmten Stoffes als an diesem Stoff selbst interessiert sind und die einen

---

1026 Zu beachten ist hier der Publikationszeitpunkt von *die alarmbereiten* im Jahr 2010, also nur vier Jahre nach dem medialen Aufruhr um Kampuschs Selbstbefreiung. Nachdem Kampusch seither mit mehreren Interviews, einer eigene Talk-Show-Sendung und zwei Autobiografien aktiv in die mediale Öffentlichkeit getreten ist, wird man die These vom schweigenden Opfer wohl kaum noch aufrechterhalten können. Für den Text *wilde jagd* ist dieser Umstand allerdings weitgehend bedeutungslos: Rögglas kreativer Dokumentarismus bezieht sich insgesamt nicht so sehr auf den konkreten Fall Kampusch als auf jene Diskurse, die sich um diesen Fall oder auch um ähnliche Fälle herumgruppieren.
1027 Siehe zur Ausgestaltung der „Jagdmotivik" in *wilde jagd* Bartl: „Natascha", S. 231, Anm. 33.

Fall wie denjenigen Kampuschs lediglich zum Anlass nehmen, um die eigenen, letztlich immer schon vorgefertigten Erwartungen, Projektionen und Diskurse aufzurufen und abzuspulen.[1028]

Wie lässt sich nun aber das dokumentarische Verfahren von *wilde jagd* ins Verhältnis zur Kontrafaktik setzen? Anders als in *wir schlafen nicht* muss die Authentizität des Faktenmaterials in *wilde jagd* nicht erst paratextuell beglaubigt werden: Eine Vertrautheit mit dem Fall Kampusch kann bei der Leserschaft vorausgesetzt werden. Doch variiert Röggla in *wilde jagd* nicht die konkreten Details des Falles, sodass auch in diesem Text keine konkreten kontrafaktischen Elemente identifizierbar sind. Als Faktenmaterial dienen nicht einzelne Informationen des Falles Kampusch, sondern jene Diskurse, die sich um diesen Fall herum ansiedeln. Eine Variation des Faktenmaterials liegt dabei in *wilde jagd* wiederum primär in formaler Hinsicht vor: Erzeugt wird eine offenkundig künstliche Sprechsituation, in der ‚Kampusch' dazu gezwungen wird, die Diskurse ihrer parasitären Peiniger aufzuführen. Auch dürfte die unmetaphorische ‚wilde Jagd' des Textes – ‚Kampusch' wird in der fiktionalen Welt von ihren Peinigern ganz real durch die Stadt gehetzt – in der Realität so nicht stattgefunden haben. Ferner weist der Text die bekannten rögglaschen Verfremdungseffekte auf – Konjunktiv, ironische Überspitzung, kritisch-strategisches Textarrangement, Einsatz unheimlicher Bilder[1029] – und deutet so auf die zumindest partielle Eigenständigkeit der fiktionalen Welt hin. Die wohl wichtigste Faktenvariation gegenüber den realen medialen Diskursen rund um den Fall Kampusch besteht allerdings darin, dass in Rögglas Text der eigentliche ‚Faktenkern' fast gänzlich ausgespart bleibt: Anders als in der realen medialen Berichterstattung erfährt man aus Rögglas Text so gut wie nichts über Kampuschs Entführung und Befreiung oder über das Erleben der involvierten Personen.

Diese Verfremdung des dokumentierten Diskurses respektive die kontrafaktische Variation des Faktenmaterials erweist sich bei *wild jagd* – ähnlich wie bereits bei *wir schlafen nicht* – als eine Strategie der künstlerischen Kritik. Indem Röggla in ihrem satirisch-kontrafaktischen Text den Diskurs ‚Kampuschs' vollständig hinter den Peridiskursen der opportunistischen Rahmensubjekte verschwinden lässt, macht sie darauf aufmerksam, dass auch in der realen Welt

---

1028 In ähnlicher Weise hält Moser für den ersten Text *die zuseher* innerhalb des Bandes *die alarmbereiten* fest: „Er [i. e. der Text] zitiert und imitiert den Dokumentarismus und kritisiert ihn zugleich, indem er die Rolle der Fiktion und insbesondere des Genres für dokumentarisches Erzählen offenlegt." (Moser: Echtzeit-Fiktion, S. 168).
1029 So wird etwa der Assoziationsbereich des Gespenstischen in *wilde jagd* wieder aufgerufen, wenn „*das verschenkte nachwuchstalent*" sich beschwert: „ich reagierte nicht wirklich auf ihn. ich sähe ihn nur an, als wäre er ein gespenst. dabei sei ich hier das gespenst, wenn schon einer hier das gespenst sein müsse." (ab, 154, 156).

die eigentliche Faktenbasis, inklusive der subjektiven Opferperspektive, von den Eigendynamiken der medialen Erregungsdramaturgie in den Hintergrund gedrängt zu werden droht (hierin weist *wilde jagd* durchaus über den Einzelfall Kampusch hinaus). Indem Rögglas Text ‚Kampusch' zum Schweigen bringt respektive sie nur fremde Worte artikulieren lässt, stellt er die Pseudo-Authentizität eines medialen Voyeurismus heraus, der die Sache selbst zu präsentieren vorgibt, dabei aber tatsächlich nur eine eigene, medienstrategisch günstige Positionierung anstrebt und vorgefasste Erwartungen bestätigt sehen will.

Insgesamt setzt Röggla in *wilde jagd* – wie überhaupt in den Texten von *die alarmbereiten* – den etablierten medialen Formanten kein alternatives dokumentarisches Format entgegen, das zur Präsentation des relevanten Faktenmaterials besser geeignet wäre. Stattdessen macht Röggla mit ihrem kreativen Dokumentarismus darauf aufmerksam, dass der bloße Anspruch, anhand dokumentarischer Verfahren zu einem ‚eigentlichen' Wahrheitskern vorzudringen, problematisch ist; und dass darüber hinaus populäre dokumentarische Formate oftmals gar nicht sonderlich an den von ihnen verhandelten Fakten – wenn es solche denn überhaupt noch gibt – interessiert sind. Ähnlich wie in *wir schlafen nicht* treten also auch in *die alarmbereiten* die künstlerische Verfremdung und kontrafaktische Variation des Faktenmaterials in ein Resonanzverhältnis zu den Faktenmanipulationen der realen Medienlandschaft.

Im Rahmen von Rögglas kreativem Dokumentarismus eröffnet die Kontrafaktik – anders als in ihren klassischen Ausprägungen, etwa im alternativgeschichtlichen Roman – keine Alternativen zur realen Welt; Kontrafaktik bildet vielmehr ein künstlerisches Parallelphänomen und Analogverfahren zu den strategischen Faktenproduktionen der Realität. Als konstitutiv faktenvariierendes Erzählverfahren kommt der Kontrafaktik im Werk Rögglas die Funktion zu, auf die realen Destabilisierungen der Gegenwart hinzuweisen. Dass angesichts von Rögglas postmoderner Epistemologie und der Hybrid-Ästhetik ihres Werks die Kontrafaktik als Verfahren und Referenzstruktur mitunter nicht mehr eindeutig bestimmbar ist, stellt dabei keinen grundsätzlichen Einwand gegen eine Applikation dieser Kategorie auf Rögglas Texte dar. Im Gegenteil: Gerade das ‚Stottern der Kontrafaktik' macht – in Analogie zum „stottern des realismus"[1030] – im Werk Kathrin Rögglas die Logik realweltlicher Faktenproduktion ästhetisch erfahrbar und ermöglicht somit eine genuin künstlerische Dokumentation der prekären Wahrheitsproduktion der Gegenwart.

1030 Röggla: das stottern des realismus.

14 Utopie und Dystopie als Kontrafaktik

Kaum ein anderes Genre der politischen Kunst erfreut sich in der Gegenwart – insbesondere im Bereich der Populärkultur – vergleichbar großer Popularität wie die Dystopie: Man denke nur an Werke wie Suzanne Collins' *Hunger Games*-Trilogie (2008, 2009, 2010), an Juli Zehs dystopische Romane *Corpus Delicti* (2009) und *Leere Herzen* (2017), an Filme wie Alfonso Cuaróns *Children of Men* (2006), an die *Matrix-Trilogie* (1999, 2003) oder *V for Vendetta* (2005) der Wachowski-Geschwister, an populäre Serien wie *Black Mirror* (seit 2011) oder *The Handmaid's Tale* (seit 2017, basierend auf Margaret Atwoods gleichnamigem Roman aus dem Jahre 1985), an Karen Duves skurrile Vision eines Staatsfeminismus im Roman *Macht* (2016), an Marc-Uwe Klings Big-Data-kritische „Zukunftssatire"[1031] *QualityLand* (2017) oder an Michel Houellebecqs kontrovers diskutierte Vision einer Islamisierung Frankreichs im Roman *Unterwerfung* (2015). Anders als in anderen amimetischen Genres wie Fantasy oder Science-Fiction, mit denen die Dystopie häufig Hybridbildungen eingeht[1032], ist für das Genre der Utopie und Dystopie eine politische Dimension konstitutiv: Während Werke der Fantasy oder Science-Fiction nicht notwendigerweise einen politisch-kritischen Gegenwartskommentar mitumfassen, lassen sich fiktionale Werke nicht sinnvollerweise als utopisch oder dystopisch bezeichnen, ohne damit zugleich die Möglichkeit einer politischen Lesart dieser Werke nahezulegen. Durch den Entwurf einer räumlich entrückten oder zukünftigen, in jedem Falle aber fiktiven Gesellschaft formulieren utopische und dystopische Texte eine Kritik der Gegenwart, indem sie etwa aktuelle Gesellschaftstendenzen satirisch überzeichnen und damit zu einem normativ geladenen Vergleich zwischen der fiktiven Gesellschaft innerhalb der Diegese und der realen Gesellschaft der Leser auffordern. Stilbildend für das Genre haben im 20. Jahrhundert insbesondere die Romane *Brave New World* (1932) von Aldous Huxleys und *1984* (1949) von George Orwells gewirkt.[1033] In vielen der nachfolgenden dystopischen Romane, Filme oder Comics – inklusive den im Folgenden zu diskutierenden Texten von Juli Zeh und Leif Randt – lassen sich Bezüge auf diese Klassiker des Genres identifizieren.

1031 Kling: QualityLand, Klappentext, Buchdeckel vorne, Innenseite.
1032 Vgl. Hans-Edwin Friedrich: Science-Fiction. In: Dieter Lamping (Hg.): Handbuch der literarischen Gattungen. Stuttgart 2009, S. 672–677, hier S. 674; Hans Esselborn: Vorwort. In: Ders. (Hg.): Utopie, Antiutopie und Science Fiction im deutschsprachigen Roman des 20. Jahrhunderts. Würzburg 2003, S. 7–11, hier S. 9–11.
1033 Vgl. Elena Zeißler: Dunkle Welten. Die Dystopie auf dem Weg ins 21. Jahrhundert. Marburg 2008, S. 37–56; Wilhelm Voßkamp: Utopie. In: Dieter Lamping (Hg.): Handbuch der literarischen Gattungen. Stuttgart 2009, S. 740–750, hier S. 748 f.

Open Access. © 2022 Michael Navratil, publiziert von de Gruyter. Dieses Werk ist lizenziert unter einer Creative Commons Namensnennung - Nicht-kommerziell - Keine Bearbeitung 4.0 International Lizenz.
https://doi.org/10.1515/9783110763119-017

Utopie und Dystopie werden im Folgenden gemeinsam verhandelt. Der Unterschied zwischen beiden besteht vor allem in ihrer gegensätzlichen Wertungstendenz: Bei der Utopie handelt es sich um einen eher positiven, bei der Dystopie hingegen um einen eher negativen Gesellschaftsentwurf.[1034] Mit Blick auf die Gegenwartsliteratur ist dabei zu bemerken, dass auch tendenziell positive Gesellschaftsentwürfe eine starke Neigung zum normativen Umschlag aufweisen, dass sich also auch vordergründige Utopien schlussendlich meist als Dystopien entpuppen oder zumindest Elemente enthalten, die – je nach Lesart – eine entschieden negative Deutung erlauben. Angesichts der „inhärente[n] Dialektik von utopischer Hoffnung und dystopischem Pessimismus"[1035], wie sie gerade in der Gegenwartskunst vorherrscht, erscheint eine gemeinsame Verhandlung der beiden Genrevarianten umso sinnvoller.[1036]

1034 Einen ähnlichen Vorschlag für die interne Ausdifferenzierung der Utopie findet sich bei Darko Suvin: „Utopia may be divided into the polar opposites of: EUTOPIA, [...] having the sociopolitical institutions, norms, and relationships between people organized according to a *radically more perfect* principle than in the author's community; and DYSTOPIA (cacotopia), organized according to a *radically less perfect* principle. The radical difference in perfection is in both cases judged from the point of view and within the value-system of a discontented social class or congeries of classes, as refracted through the writer." (Darko Suvin: A Tractate on Dystopia 2001. In: Ders.: Defined by a Hollow. Essays on Utopia, Science Fiction and Political Epistemology. Bern 2010, S. 381–412, hier S. 382).
1035 Layh: Finstere neue Welten, S. 25.
1036 Besonders in der Forschung zu Gegenwartsliteratur und -film ist der Terminus ‚Dystopie' gut eingeführt. Gelegentlich anzutreffende Alternativbegriffe wie etwa Anti-Utopie, negative Utopie, Kakotopie, Mätopie oder Warnutopie bringen analytisch kaum einen Mehrwert und werden de facto meist synonym mit dem Begriff Dystopie gebraucht, sodass sich die Entscheidung für nur einen dieser Begriffe empfiehlt. Zur Terminologiediskussion siehe Stephan Meyer: Die anti-utopische Tradition. Eine ideen- und problemgeschichtliche Darstellung. Frankfurt a. M. 2001, S. 17–33; Artur Blaim: Dystopia, Anti-utopia & Co. Another Modest Proposal. In: Ders.: Utopian Visions and Revisions Or the Uses of Ideal Worlds. Frankfurt a. M. 2017, S. 11–21. Produktiv wird speziell der Terminus der ‚Anti-Utopie' dann, wenn man dessen gattungsreflexive Dimension hervorhebt, also anti-utopische Texte nicht primär mit Blick auf das in ihnen entworfene Gesellschaftsmodell, sondern als „Phänomen der literarisch verkleideten Utopiekritik" diskutiert (Meyer: Die anti-utopische Tradition, S. 31). Suvin differenziert in diesem Sinne zwischen „anti-utopia" und „'simple' dystopia" (Suvin: A Tractate on Dystopia 2001, S. 385). Für eine Unterscheidung von Dystopie und Anti-Utopie plädiert auch Layh: Finstere neue Welten, S. 110–115. Zeißler hingegen betont, dass die genrekritische Funktion der Dystopie/Anti-Utopie in der Gegenwart an Relevanz verloren habe: „Mit dem Schwinden der Bedeutung der klassischen, geschlossenen Utopie aus dem öffentlichen Bewußtsein erübrigt sich eine der Aufgaben der traditionellen Dystopie fast gänzlich, nämlich die der Parodie auf das utopische Denken." (Zeißler: Dunkle Welten, S. 223).

Die systematische Einbeziehung von utopisch/dystopischen Texten in ein mögliches Untersuchungskorpus der Kontrafaktik bildet innerhalb der literaturwissenschaftlichen Forschung eine Neuerung, welche der Begründung bedarf. Während sich, wie im Kapitel zum Zusammenhang von Kontrafaktik und Dokumentarismus ausgeführt wurde, die kontrafaktischen Potenziale dokumentarischen Erzählens noch relativ mühelos an diejenigen des historischen Erzählens anschließen lassen (in beiden Fällen beziehen sich die zu variierenden Fakten offenkundig auf die Vergangenheit), mag die Subsumption utopisch/dystopischer Zukunftserzählungen unter das Untersuchungsraster der Kontrafaktik zunächst befremdlich wirken. Dass und weshalb eine solche Subsumption gleichwohl sinnvoll, ja aus einer bestimmten fiktionstheoretischen Perspektive betrachtet sogar unausweichlich ist, soll im Folgenden dargelegt werden.

Auf eine mögliche Verbindung zwischen kontrafaktischem und utopisch/dystopischem Erzählen ist in der Forschung immer wieder hingewiesen worden. So schreibt etwa Wilhelm Voßkamp für das Genre der Zeitutopien von einer „(kontrafaktischen) Antizipation des Zukünftigen".[1037] Johannes Birgfeld und Claude D. Conter bemerken zum Alternativgeschichtsroman: „Der Übergang des Genres zur Science-Fiction ist fließend, die Nähe zu Utopie und Dystopie groß."[1038] Und Frank Finlay konstatiert: „Counter-factual history, of course, lends itself to dystopian and utopian visions of the future, which themselves can be used to provide a critical rear-view mirror on the culture, society and politics of the present or past."[1039] Trotz der offenbar weitverbreiteten Intuition, dass kontrafaktisches und utopisch/dystopisches Erzählen eine enge Verbindung miteinander aufweisen, wurde diese Verbindung bisher nicht systematisch entwickelt. Birte Christ immerhin weist auf das entsprechende Forschungsdesiderat sowie auf die mögliche Produktivität einer Betrachtung utopisch/dystopischer Texte unter dem Analyseraster kontrafaktischen Denkens hin:

> Surprisingly [...] the classical literary utopia in the tradition of Thomas More and, more widely framed, speculative fictions with a utopian impetus have so far not been explored from the perspective of counterfactuality. [...] Here is an entire literary genre which may be read afresh from the perspective of the studies of counterfactuality [...].[1040]

[1037] Wilhelm Voßkamp: Einleitung. In: Ders. (Hg.): Utopieforschung. Interdisziplinäre Studien zur neuzeitlichen Utopie. 3 Bde. Stuttgart 1982. Bd. 1, S. 1–10, hier S. 6.
[1038] Birgfeld / Conter: Morgenröte des Posthumanismus, S. 258.
[1039] Finlay: 'Surface is an illusion but so is depth', S. 221.
[1040] Birte Christ: "If I Were a Man": Functions of the Counterfactual in Feminist Fiction. In: Dorothee Birke / Michael Butter / Tilmann Köppe (Hg.): Counterfactual Thinking – Counterfactual Writing. Berlin 2011, S. 190–211, hier S. 220 f.

Über die Gründe für dieses Versäumnis der Forschung kann letztlich nur spekuliert werden; einige begründete Vermutungen lassen sich aber immerhin anstellen. Wie im Rahmen der Forschungsdiskussion bereits ausgeführt wurde, dürfte der literaturwissenschaftliche Fokus auf die Kontrafaktik im historischen Roman den Blick für Verfahren signifikanter Faktenvariation in anderen Genres weitgehend verstellt haben. Betroffen sind hiervon etwa Realitätsvariationen in der Autofiktion, der Satire, dem Schlüsselroman und eben auch der Utopie/Dystopie.[1041]

Über diese genreübergreifenden Einschränkungen hinaus dürfte im speziellen Fall der Utopie/Dystopie vor allem die Zukünftigkeit der Erzählwelten eine Betrachtung der jeweiligen fiktionalen Werke unter dem Vorzeichen der Kontrafaktik behindert haben. Diese Zukünftigkeit der Diegese gibt zwei Einwänden gegen die Betrachtung utopisch/dystopischer Texte als Werke der Kontrafaktik Raum, denen im Folgenden begegnet werden soll: *Erstens* könnte man vorbringen, dass ‚Fakten' der Zukunft ja gar nicht variiert werden könnten, da die Zukunft noch nicht eingetreten sei und entsprechend auch kein variationsfähiges Faktenmaterial bereitstelle. Und *zweitens* könnte man die Meinung vertreten, dass Utopien/Dystopien ja gar keine ‚Variationen' realweltlichen Faktenmaterials, sondern vielmehr mögliche Folgenabschätzungen realer Entwicklungen liefern würden.

Was die vermeintlichen Zukunftsfakten angeht, so ist zunächst zu konzedieren, dass moderne Utopien/Dystopien tatsächlich oft futurische Räume entwerfen. Nachdem in der vormodernen Literatur räumliche Utopien, etwa Erzählungen von weit entfernten Inselstaaten, dominiert hatten, setzt um 1800 eine, wie Reinhart Koselleck schreibt, „Verzeitlichung der Utopie"[1042] ein, sodass die Erzählwelten der meisten modernen Utopien/Dystopien in der Zukunft angesiedelt sind.[1043] (Allerdings wird mit Leif Randts *Schimmernder Dunst über CobyCounty* im Folgenden ein Roman diskutiert, der auf gegenwartsuntypische Weise eher eine „Raumutopie" als eine „Zeitutopie" entwirft.[1044]) Für eine fiktions- und interpretationstheoretisch präzise Beschreibung von Zukunftsgenres wie Utopie und Dystopie, aber

---

1041 Freilich sind auch Hybridbildungen zwischen verschiedenen Genres möglich. So erfüllen etwa Schlüsselromane mitunter satirische Funktionen. Auch steht die Dystopie in enger Verbindung zur Satire. Vgl. Suvin: A Tractate on Dystopia 2001, S. 386 f. Zum Zusammenhang von Autofiktion und Utopie siehe Yvonne Delhey / Rolf Parr / Kerstin Wilhelms (Hg.): Autofiktion als Utopie // Autofiction as Utopia. Paderborn 2019.
1042 Vgl. Reinhard Koselleck: Die Verzeitlichung der Utopie. In: Wilhelm Voßkamp (Hg.): Utopieforschung. Interdisziplinäre Studien zur neuzeitlichen Utopie. 3 Bde. Stuttgart 1982. Bd. 3, S. 1–14.
1043 Vgl. Thomas Schölderle: Geschichte der Utopie. 2., überarbeitete und aktualisierte Aufl. Weimar / Köln / Wien 2017, S. 11.
1044 Zur geschichtlichen Unterscheidung von Raum- und Zeitutopien siehe Wilhelm Voßkamp: Narrative Inszenierung von Bild und Gegenbild. Zur Poetik literarischer Utopien. In:

auch für die Science-Fiction und für apokalyptische Erzählungen ist es nun allerdings von großer Wichtigkeit, zwischen der Ebene der fiktionalen Welt und der Interpretationsebene zu unterscheiden: Nur weil die Erzählwelten von Utopie/Dystopie in der Zukunft angesiedelt sind, folgt daraus noch nicht, dass die Fakten, auf die sich diese Erzählwelten beziehen, selbst auch notwendigerweise ‚aus der Zukunft stammen'. Auf der Ebene der Interpretation verweisen Utopien/Dystopien in aller Regel nicht oder nicht primär auf eine als möglich gedachte Zukunft, sondern vielmehr auf Konkreta der Gegenwart; der Weltentwurf utopisch-dystopischer Texte deutet also nicht in gegenwartsindifferenter Weise in die Zukunft, sondern liefert anhand eines fiktiven Zukunftssettings eher einen kritischen Kommentar zu aktuellen gesellschaftlichen oder technischen Entwicklungen. So betont Elena Zeißler, dass die Gesellschaftsentwürfe jüngerer Dystopien „als lediglich verzerrte oder allegorische Bilder der Gegenwart und nicht als Antizipation der Zukunft zu verstehen" seien.[1045] Das politische Potenzial utopisch/dystopischer Texte leitet sich für gewöhnlich gerade aus der Verbindung zwischen der futurisch-fiktionalen Diegese und ihrer realweltlich-gegenwärtigen Bezugsebene ab, die es im Rahmen der Interpretation zu erschließen gilt.

Die futurische Verortung von utopisch/dystopischen Erzählwelten ist also meist nicht so sehr Ausdruck eines gesteigerten Interesses an möglichen Zukunftsentwicklungen, sondern dient eher der Eröffnung eines Freiraums für die fiktional ungebundene Kommentierung gegenwärtiger gesellschaftlicher oder politischer Entwicklungen. Georg Ruppelt bemerkt in diesem Sinne mit Blick auf ein Korpus von rund 130 Zukunftserzählungen:

> Eines ist den Texten bekannter wie unbekannter Autoren gemeinsam: sie geben eindrucksvoll Auskunft über den Zeitgeist; natürlich nicht über den der in ihnen vorgestellten mehr oder weniger fernen Zukunft, sondern über den Zustand jener Gesellschaft, deren Glied der jeweilige Autor ist.
>
> Denn durch die Verlagerung ihrer Geschichten in die Zukunft scheinen viele Autoren sich selbst die Erlaubnis zu gewähren, gewisse Hemmungen abzulegen und manches durch Überzeichnung besonders deutlich hervorzuheben. Infolgedessen ist es möglich, daß sich in diesen Zukunftsgeschichten die Ängste und Hoffnungen des Autors und seiner Zeit wesentlich elementarer als in anderen Textsorten offenbaren.[1046]

Es lässt sich festhalten: *In Utopien/Dystopien werden Gegenwartstendenzen in die Zukunft projiziert und innerhalb der fiktionalen Welten variiert, um dadurch Ent-*

Árpád Bernáth / Endre Hárs / Peter Plener (Hg.): Vom Zweck des Systems. Beiträge zur Geschichte literarischer Utopien. Tübingen 2006, S. 215–226, hier S. 217–223.
1045 Zeißler: Dunkle Welten, S. 224.
1046 Georg Ruppelt: Zukunft von gestern. In: Heyne Science Fiction Magazin 11 (1984), S. 181–232, hier S. 183.

wicklungen der Gegenwart kritisch zu kommentieren. Diese Anbindung an die Gegenwart eröffnet dabei zugleich vielfältige Möglichkeiten für den Einsatz der Kontrafaktik. Wenn etwa George Orwell in seinem Roman *1984* von den Geschichtsklitterungen im *Ministry of Truth* erzählt, so wird damit nicht auf eine Zukunftsentwicklung hingewiesen; vielmehr werden hier die realen Geschichtsfälschungen des Stalinismus kontrafaktisch variiert und damit kritisch kommentiert (darüber hinaus handelt es sich beim *Ministry of Truth* um ein besonders prominentes Beispiel eines metafaktischen Elements, wird über die Beschreibung der Arbeitsweise des Ministeriums doch das Thema der Geschichtsdeviation in die erzählte Welt des dystopisch-kontrafaktischen Texts hineingeholt[1047]).

Der zweite Einwand gegen eine Verbindung von Kontrafaktik und utopisch/dystopischem Erzählen betrifft den vermeintlich prognostischen Charakter des Genres. Nähme man nämlich an, Utopien/Dystopien würden mögliche oder wahrscheinliche Zukunftsentwicklungen der realen Gesellschaft antizipieren, so müsste die Option kontrafaktischer Interpretationen in der Tat ausfallen. Bei derartigen Prognosen würde es sich gerade nicht um kontrafaktische – ihrem Gehalt nach also offenkundig fiktive – Aussagen handeln, sondern vielmehr um Folgenabschätzungen realer Entwicklungen, gewissermaßen also um eine Form der Zukunftsrealistik. Ein einfaches Beispiel sei angeführt: Die in Bezug auf die reale Welt geäußerte Prognose „Morgen wird es regnen" ist nicht oder doch nur in einem sehr reduzierten Sinne als kontrafaktisch anzusehen. Zwar wird hier auf einen fiktiven Sachverhalt, nämlich die künftige Wetterlage, Bezug genommen; ein realweltliches Vergleichselement jedoch respektive eine konkrete Doppelreferenz von Fakt und Kontrafakt, wie sie für die Kontrafaktik als Erzählverfahren konstitutiv ist, fehlt. Darüber hinaus handelt es sich bei der realen Zukunftsprognose „Morgen wird es regnen" um eine faktuale Aussage, eine Aussage also, die sich auf die reale Welt bezieht und mithin eine etwaige prognostische Plausibilität auch nur anhand von Daten der realen Welt gewinnen kann, etwa indem ein Wetterdienst auf der Basis von Messwerten zur aktuellen Wetterlage und unter Zuhilfenahme meteorologischer Kalkulationsmodelle Tendenzaussagen über die zukünftige Wetterentwicklung trifft.

Bei literarischen Utopien/Dystopien hingegen handelt es sich um fiktionale Texte, die nicht notwendigerweise an die epistemischen Einschränkungen einer faktualen Futurologie gebunden sind. Ebenso wie im Bereich des kontrafaktischen Denkens und Erzählens eine Trennung zwischen dem Feld der Faktualität (Kontrafaktizität) und dem Feld der Fiktionalität (Kontrafaktik) sinnvoll

---

1047 Siehe Kapitel 5.4. Metafaktizität.

ist, so sollte auch beim futurischen Denken unterschieden werden zwischen Texten und Medien mit einem faktualen, streng szientifisch-prognostischen Geltungsanspruch einerseits (Futurologie) und fiktionalen, künstlerischen Texten und Medien andererseits (literarische Dystopien, Utopien und Science-Fiction-Texte).[1048] Für die Interpretation literarischer Utopien/Dystopien ist die Frage ihrer futurologischen Plausibilität meist von untergeordneter Bedeutung. Dies lässt sich schon daran erkennen, dass Utopien/Dystopien ihr politisches Potenzial auch dann nicht einbüßen, wenn sie über die zeitliche Verortung ihrer Zukunftsdiegese hinausaltern: Orwells *1984* etwa wurde im realen Jahr 1984 als Dystopie keineswegs bedeutungslos. Tatsächlich erweisen sich viele utopisch/dystopische Texte als auffallend indifferent gegenüber der realweltlichen Plausibilität oder auch nur Wahrscheinlichkeit ihrer Zukunftsvisionen. Würde man strenge Kriterien faktualer Plausibilität und argumentativer Stringenz an den Kanon utopisch/dystopischer Texte anlegen, so würde sich ein ähnlicher Effekt einstellen wie bei dem Versuch, die Einschränkungen des faktual-historiografischen Diskurses auf den Kanon alternativgeschichtlicher literarischer Werke anzuwenden: Die Mehrzahl der Texte, inklusive der meisten Klassiker des jeweiligen Genres, müsste aus dem Kanon ausscheiden.

Insbesondere für die politische Evaluation utopisch/dystopischer Texte dürfte weniger ihre prognostische Dimension als ihr (kontrafaktischer) Gegenwartsbezug ausschlaggebend sein. Wenn etwa Michel Houellebecq im Roman *Unterwerfung* eine Islamisierung Frankreichs im Jahr 2022 imaginiert, so spielt es für die Interpretation und politische Evaluation des Romans kaum eine Rolle, ob eine solche Entwicklung im Jahre 2022 tatsächlich eintreten wird oder auch nur eintreten könnte; relevant sind vielmehr jene gesellschaftlichen Zustände und argumentativen Zusammenhänge, aus denen heraus der Roman entstanden ist und in die er hineinwirkt. Ob es sich also bei *Unterwerfung* etwa um einen islamophoben Text handelt – was an dieser Stelle nicht diskutiert werden soll –, hängt nicht davon ab, ob Frankreich im Jahre 2022 tatsächlich eine islamische Regierung bekommen wird (so wenig wie das politische Potenzial von Orwells *1984* davon abhing, ob *Big Brother* die englische Bevölkerung im Jahre 1984 tatsächlich überwachen würde); für eine politische Evaluation von Houellebecqs Roman entscheidend ist vielmehr die literarische Variation aktueller gesellschaftlicher Verhältnisse und Positionen der öffentlichen Meinungen, also etwa: die rechtspopulistische Angst vor einer Islamisierung

---

1048 Siehe zu unterschiedlichen Ansätzen der Futurologie Benjamin Bühler / Stefan Willer (Hg.): Futurologien. Ordnungen des Zukunftswissens. Paderborn 2016. Die Beiträge dieses Bandes sind allerdings nicht auf faktuale Medien beschränkt.

Frankreichs, die Verbindung von orthodoxer Religiosität und Geburtenraten, die wirtschaftliche, moralische und kulturelle ‚Dekadenz des Westens', die sozialen, bildungsbezogenen und sexuellen Möglichkeiten der verschiedenen Geschlechter und nicht zuletzt der politische Opportunismus einer wirtschaftlich und libidinös frustrierten Mittelschicht.[1049] Sofern es sich bei diesen Themen um ‚Fakten' der Gegenwart handelt, kann ihre künstlerische Abwandlung innerhalb der futurischen Diegese von Houellebecqs Roman als kontrafaktische Variation gedeutet werden – und zwar ganz unabhängig von ihrer futurologischen Plausibilität (die bei *Unterwerfung* im Übrigen eher gering sein dürfte[1050]).

Bei den in Forschung und Feuilleton nicht selten zu beobachtenden Versuchen, Utopien/Dystopien primär an Kriterien ihrer prognostischen Plausibilität oder gar faktischen Richtigkeit zu messen, handelt es sich wiederum um einen Fall epistemischer Übergeneralisierung: Bewertungskriterien aus dem faktualen Bereich werden an literarische Texte herangetragen und damit die besonderen Lizenzen und Potenziale fiktionalen Erzählens ignoriert.[1051] Derartige epistemische Übergeneralisierungen drohen unter anderem da, wo von Dystopien als ‚Warnutopien'[1052] gesprochen wird; schließlich lassen sich ‚Warnungen' strenggenommen

---

1049 Vgl. Navratil: Jenseits des politischen Realismus, S. 372.
1050 In einem polemischen Artikel weist der *Zeit*-Herausgeber Josef Joffe auf die sachlichen Unstimmigkeiten von Houellebecqs Roman hin. Vgl. Josef Joffe: Mon dieu, Michel. Houellebecq fantasiert über die Islamisierung Frankreichs. In: Die Zeit, 15.01.2015.
1051 Tatsächlich scheint das utopische Denken, ähnlich wie das kontrafaktische Denken in der Geschichte, einen natürlichen Zug hin zum fiktionalen Erzählen aufzuweisen oder zumindest freie Erfindungslizenzen, wie sie für fiktionale Texte charakteristisch sind, für sich zu behaupten. Zurecht betont Jörn Rüsen, dass das utopische Denken seine Produktivität wesentlich aus der Überschreitung der Grenzen des real Machbaren bezieht: „Soll nur dasjenige kulturell handlungsmotivierend wirken, was als machbar gilt? Dann wären Utopien in der Tat überflüssig geworden. [...] Mit den Potentialen des Utopischen geht es um die inspirierende und phantasievolle Kraft des Überschreitens von hemmenden Grenzen, ja generell um *die geistige Kraft des Überschwenglichen in den kulturellen Deutungen und Sinnbestimmungen des menschlichen Lebens.*" (Jörn Rüsen: Einleitung: Utopie neu denken. Plädoyer für eine Kultur der Inspiration. In: Ders. / Michael Fehr / Annelie Ramsbrock (Hg.): Die Unruhe der Kultur. Potentiale des Utopischen. Weileswist 2004, S. 9–23, hier S. 14).
1052 Vgl. Layh: Finstere neue Welten, S. 159; Voßkamp: Utopie, S. 744; Hiltrud Gnüg: Warnutopie und Idylle in den Fünfziger Jahren. Am Beispiel Arno Schmidts. In: Dies. (Hg.): Literarische Utopie-Entwürfe. Frankfurt a. M. 1982, S. 277–290. Hiltrud Gnüg weist allerdings zurecht darauf hin, dass sich die Idee einer „Warnutopie" auch in Beziehung zur Gegenwart setzen lässt: „[Es] manifestiert sich das utopische Denken nicht allein in einem Vorgriff auf eine bessere Zukunft, sondern auch im antizipatorischen Kassandra-Blick auf die negativen Möglichkeiten, die in der Gegenwart angelegt sind. Auch hier erweist sich die utopische Phantasie, die den Ist-Zustand transzendiert, als Imaginationskraft, die – mit dem Faktisch-Bestehenden vermittelt – dieses

nur auf faktisch plausible Zukunftsentwicklungen beziehen.[1053] Als nicht weniger problematisch erweist sich die Kategorie der ‚Möglichkeit' oder des ‚Möglichkeitsdenkens', auf die bei der Diskussion rund um Utopien/Dystopien ähnlich häufig zurückgegriffen wird wie bei der Diskussion des kontrafaktischen Erzählens.[1054] Es wurde bereits ausgeführt, dass das ursprünglich modallogische Konzept der möglichen Welten (*possible worlds*) sich nur bedingt auf fiktionale Texte übertragen lässt.[1055] Aber auch unabhängig von einem derartig spezifischen Gebrauch ist der Begriff der ‚Möglichkeit' für die Bewertung fiktionaler Texte problematisch, verleitet er doch dazu, Bewertungskriterien faktualer Diskurse (Plausibilität, Wahrscheinlichkeit, Widerspruchsfreiheit, empirische Überprüfbarkeit etc.) auch an fiktionale Texte heranzutragen, an Texte also, die qua Fiktionalität eigentlich von derartigen Bewertungskriterien unabhängig sein sollten.[1056] Freilich lässt sich auch für fiktionale Zukunftsdiegesen versuchsweise

---

doch zugleich kritisiert, es von der Vorstellung einer besseren Lebensmöglichkeit her radikal in Frage stellt." (Hiltrud Gnüg: Einleitung. In: Dies. (Hg.): Literarische Utopie-Entwürfe. Frankfurt a. M. 1982, S. 9–14, hier S. 13 f.) Damit bindet auch Gnüg die Idee des Utopischen gleichsam vorbegrifflich an die Kontrafaktik.

1053 Zeißler macht darauf aufmerksam, dass sich die „Rolle der Zukunft" in neueren Dystopien stark verändert hat, sodass „die Warnfunktion, die bei Huxley und Orwell noch eine zentrale Rolle spielte, nicht mehr so stark ausgeprägt ist. Konnte der Leser der klassischen Anti-Utopien deren Entwürfe noch für theoretisch realisierbar halten (weswegen sie manchmal auch als Prophezeiungen gedeutet wurden), so dient jetzt die Verlagerung der Handlung in die Zukunft nur dem Entwurf eines parallelen Raumes, der die Wirklichkeit des Lesers widerspiegeln soll." (Zeißler: Dunkle Welten, S. 223).

1054 Siehe beispielsweise Wilhelm Voßkamp / Günter Blamberger / Martin Roussel (Hg.): Möglichkeitsdenken. Utopie und Dystopie in der Gegenwart. München 2013; Esselborn: Vorwort, S. 8–10; Inga Ketels: Der Einzug des Politischen in die Gegenwartsliteratur. Imaginierte Alternativen als Neuverhandlung von Möglichkeitsräumen bei Christian Kracht, Juli Zeh und Dorothee Elmiger. In: Gillian Pye / Sabina Strümper-Krobb (Hg.): Germanistik in Ireland 9. Special Issue: Imagining Alternatives: Utopias – Dystopias – Heterotopias. Konstanz 2014, S. 105–120; Doležel: Possible Worlds of Fiction and History.

1055 Siehe Kapitel 3.1. Positionen der Forschung.

1056 Eine solche Entdifferenzierung von faktualen und fiktionalen Deutungsansprüchen lässt sich etwa bei Eva Horn (Zukunft als Katastrophe) beobachten, wenn sie schreibt: „‚Fiktionalität' (sei es von wissenschaftlichen Szenarien, sei es von Romanen oder Filmen) in Hinblick auf eine Beleuchtung künftiger Welten bedeutet, dass sich Zukunft gleichsam aufspaltet in einen möglichen Verlauf, der erwartet, vorausgesagt, möglicherweise verhindert oder herbeigeführt werden kann – und einen anderen, ebenso möglichen, der nicht erwartet, nicht gewusst, nicht verhindert werden kann." (ebd., S. 303) Problematischer als die offenkundige Verwechslung von Fiktivität und Fiktionalität – ‚Fiktionalität wissenschaftlicher Szenarien' ist strenggenommen ein Oxymoron – erweist sich hier die Bindung von Zukunftsimaginationen an die Kategorie des Möglichen, durch die stark spekulative oder fantastische Zukunftsszena-

die Frage stellen, ob die in ihnen entworfenen Szenarien tatsächlich eintreten könnten; man sollte sich in einem solchen Fall aber stets vor Augen halten, dass hier Bewertungskriterien aus dem Bereich der Faktualität an einen fiktionalen Text herangetragen und mithin bestimmte pragmatische, gesellschaftlich institutionalisierte Geltungsansprüche – diejenigen der Wissenschaft und der Kunst nämlich – miteinander vermischt werden.[1057]

Generell ist das kontrafaktische Potenzial futurischer Erzählwelten nicht an die ‚Möglichkeit' ihrer faktischen Realisierung gebunden.[1058] Tatsächlich sind bei fiktionalen Zukunftstexten alle vier logischen Kombinationsmöglichkeiten zwischen den Kategorien der (Un-)Möglichkeit und den Kategorien der (nicht vorhandenen) Kontrafaktik vorstellbar, wie die folgende Liste fiktiver Beispiele demonstriert:

– *Möglich und nicht kontrafaktisch*: In einem Roman löscht ein Meteor im Jahr 2050 völlig unverhofft alles Leben auf der Erde aus. Hier läge tendenziell kein kontrafaktischer Text vor, da das Ereignis des Meteoriteneinschlags nicht produktiv kontrastierend auf ein Faktum der Gegenwart verweist. Bezeichnenderweise fällt es nicht leicht, Beispiele für diese Textgruppe zu finden, wohl deshalb, weil Zukunftsvisionen, die sich interpretatorisch nicht in irgendeiner Weise auf die Gegenwart beziehen lassen, zugleich aber auch auf fantastische Elemente verzichten, nur von geringem Interesse für die Le-

---

rien, wie Horn sie in ihrem Buch durchaus diskutiert, strenggenommen aus dem Untersuchungskorpus ausgeschlossen werden müssten.

1057 Man könnte hier eine Unterscheidung zwischen eher futurologisch-epistemisch orientierten und eher fiktional-künstlerisch orientierten Lesarten fiktionaler Utopien/Dystopien einführen, wobei fiktional-kontrafaktische Lesarten der zweiten Gruppe zuzuschlagen wären. Während futurologische Lesarten der Utopie/Dystopie die plausible Verbindung zwischen Gegenwart und Zukunft betonen und danach fragen, ob bestimmte Entwicklungen in der Zukunft tatsächlich eintreten könnten – also fiktionale Texte gewissermaßen als pseudo-faktuale Texte behandeln –, heben kontrafaktische Lesarten insbesondere der Dystopie eher ihre indirekten Gegenwartsreferenzen, ihren satirischen Charakter und ihre Funktion als Kommentar zum aktuellen Zeitgeist hervor. Es handelt sich hier allerdings nicht um zwei einander ausschließende Deutungsoptionen, sondern eher um unterschiedliche interpretatorische Schwerpunktsetzungen: Mitunter lassen sich sowohl futurologische als auch kontrafaktische Lesarten an ein und denselben Text herantragen. Zumindest in der Literaturwissenschaft verbreiteter und auch für eine politische Lesart der jeweiligen Texte relevanter dürfte jedoch die Option kontrafaktischer Interpretationen sein.
1058 Prinzipiell können kontrafaktische Elemente zugleich auch fantastisch sein, müssen es aber nicht. Siehe Kapitel 5.1. Realistik, Fantastik, Kontrafaktik, Faktik. So finden sich in Werken der historischen Kontrafaktik mitunter fantastische – also realweltlich unmögliche – Elemente, die zugleich auch als kontrafaktische Elemente fungieren, etwa die fantastische Figur Dr. Manhattan im Comic *Watchmen*, welcher den Amerikanern durch seine übernatürlichen Kräfte zum Sieg im Vietnam-Krieg verhilft.

serschaft fiktionaler Texte sind (während vergleichbare Szenarien für die Zukunftseinschätzungen einer faktualen Futurologie durchaus relevant sein können).[1059]
- *Unmöglich und nicht kontrafaktisch*: Aufgrund einer technischen Innovation im Jahr 2050 beginnt die Zeit mit einem Mal rückwärts zu laufen. Ein solches Ereignis ist unter Wahrung aktuell geltender physikalischer Realitätsannahmen nicht möglich. Es wäre aber auch nicht eigentlich kontrafaktisch, da hier kein realweltliches Faktum (abgesehen von der sehr allgemeinen Annahme eines monodirektionalen Zeitverlaufs) variiert wird. In einem solchen Fall hätte man es eher mit einem Werk der Fantastik zu tun. Ein Großteil der (Zukunfts-)Erzählungen über eine Invasion der Erde durch Außerirdische – etwa H. G. Wells' Science-Fiction-Klassiker *The War of the Worlds* (1897) oder Roland Emerichs Katastrophenblockbuster *Independence Day* (1996) – lassen sich dieser Gruppe zuschlagen, da sie strenggenommen weder als möglich noch als kontrafaktisch zu klassifizieren sind.[1060]
- *Möglich und kontrafaktisch*: Im Jahr 2050 leben alle Menschen unter den Bedingungen einer digitalen Überwachungsdiktatur. Eine solche Entwicklung ist insofern möglich, als sie sich vom heutigen Standpunkt zumindest nicht ausschließen lässt. Kontrafaktisch wäre ein solcher Weltentwurf darüber hinaus in dem Maße, in dem er sich interpretatorisch auf aktuelle technische oder politische Entwicklungen oder auf Einzelfakten der Gegenwart (oder auch der Vergangenheit) beziehen lässt. Die meisten fiktionalen Dystopien lassen sich diesem Typ zuschlagen. Mit Juli Zehs Roman *Corpus Delicti* wird im Folgenden ein Beispiel genau dieses Typs diskutiert.

1059 Katastrophenblockbuster wie Michael Bays *Armageddon* (1998) oder Mimi Leders *Deep Impact* (1998) erzählen gerade nicht von einem alles vernichtenden Meteoriteneinschlag auf der Erde, wie er ja durchaus im Vorstellungsbereich einer faktualen Futurologie liegt, sondern von der technischen Abwendung eines solchen. Die potenzielle Katastrophe erfüllt hier vor allem eine motivationale Alibifunktion, indem sie die Verhandlung von Themen wie Heldentum, familiäre Konflikte und Patriotismus ermöglicht.
1060 Häufig plausibilisieren Science-Fiction-Erzählungen die Entstehung ihrer de facto fantastischen Diegese über eine pseudo-wissenschaftliche Erklärung. So bemerkt Hans-Edwin Friedrich zur Gattungsdefinition der Science-Fiction: „Als Kern der Definition lässt sich die Beschaffenheit der jeweils entworfenen Fiktion bestimmen: Sie ist auf eine besondere Weise fantastisch; gegenüber realistisch konzipierten Fiktionen ist sie durch das Vorhandensein mindestens eines abweichenden Novums gekennzeichnet. Dieses Novum beruht auf einer rationalen Extrapolation und muss naturwissenschaftlich begründet sein, wobei diese Absicherung in einer strengen Variante logisch aus dem zur Zeit der Niederschrift des Textes gängigen naturwissenschaftlichen Kenntnisstand abzuleiten ist; in einer freieren Variante genügt eine wissenschaftliche Scheinerklärung." (Friedrich: Science-Fiction, S. 673f.).

– *Unmöglich und kontrafaktisch*: Im Jahre 2050 verbünden sich sämtliche Tiere, um fortan die menschliche Rasse unter grausamen Bedingungen als Nutzwesen zu halten (eine ähnliche Zukunftsvision entwirft Dietmar Dath in seinem Roman *Die Abschaffung der Arten* (2008)). Eine derartige Entwicklung ist mit den Annahmen der heutigen Zoologie unvereinbar und entsprechend als fantastisch einzustufen. Dies schließt jedoch nicht aus, dass hier zugleich auf kontrafaktische Referenzstrukturen zurückgegriffen wird, etwa indem die fiktive Handlung als kritischer Kommentar zu einem aktuellen Tierhaltungsskandal interpretiert würde. Dieses Beispiel lässt nicht zuletzt erkennen, dass die zeitliche Verortung der Handlung letztlich von untergeordneter Bedeutung für die Identifikation kontrafaktischer Elemente ist: Ob der genannte Aufstand der Tiere, welcher kontrafaktisch auf einen Skandal der Gegenwart Bezug nimmt, als Science-Fiction in die Zukunft oder als Alternativgeschichte in die Vergangenheit projiziert wird, hat keinen Einfluss auf den kontrafaktischen Status dieses Elements.

Im Rahmen eines Referenzmodells der Kontrafaktik ist es also – zumindest für die Bestimmung der kontrafaktischen Elemente – vorderhand unerheblich, ob fiktionale Zukunftswelten in ihrer Gesamtheit mögliche oder unmögliche Zukunftsverläufe aufzeigen (was nicht heißt, dass die Unterscheidung zwischen Möglichkeit und Unmöglichkeit nicht mitunter für die Interpretation der jeweiligen Texte von Interesse sein kann). Ausschlaggebend für die Identifikation einer kontrafaktischen Referenzstruktur ist lediglich der interpretatorisch relevante, indirekte Bezug auf Realitätsannahmen, welche in der Gegenwart der Leserschaft als Fakten akzeptiert sind.

Für eine Betrachtung utopisch/dystopischer Texte als Werke der Kontrafaktik sehr viel wichtiger als die Frage nach der (Un-)Möglichkeit von Erzählwelten ist die Frage, welches Faktenmaterial hier überhaupt als Basis einer kontrafaktischen Faktenvariation herangezogen werden kann; wann also lässt sich beim realweltlichen Bezugsmaterial der fiktionalen Welten von Utopien/Dystopien sinnvollerweise von ‚Fakten' sprechen? Es wurde bereits ausgeführt, dass die historische Kontrafaktik in aller Regel auf hochgradig konventionalisiertes Faktenmaterial zurückgreift, auf Aussagen über die Vergangenheit also, deren Wahrheitswert erstens breit akzeptiert ist und die zweitens über einen hohen Bekanntheitsgrad verfügen, sodass zuverlässig davon ausgegangen werden kann, dass die Variation dieser Fakten innerhalb einer fiktionalen Welt als solche erkannt und in der Folge interpretatorisch produktiv gemacht wird.[1061] Nun bietet

---

[1061] Siehe Kapitel 3.2.3. Kontrafaktisches Erzählen als Genrevariante historischen Erzählens.

sich prinzipiell auch für Utopien/Dystopien die Möglichkeit, auf historisches Faktenmaterial zurückzugreifen. In Timur Vermes' Roman *Er ist wieder da* (2012) oder in Timo Vuorensolas Science-Fiction-Satire *Iron Sky: The Coming Race* (2019) treten etwa wiederauferstandene Versionen Adolf Hitlers auf. Allerdings wird die Einführung dieser Figuren in den genannten Werken nicht dazu genutzt, die Geschichte des Dritten Reiches kontrafaktisch zu variieren; stattdessen werden sie lediglich als isolierte kontrafaktische Elemente in eine neue (futurische) Erzählwelt verpflanzt. Die genannten (dystopischen) Werke beinhalten also kontrafaktische Elemente mit historischem Bezugsmaterial, ohne deshalb dem Genrebereich der *Alternate History* zugeordnet werden zu müssen.

Für gewöhnlich beziehen sich Utopien/Dystopien jedoch nicht auf historisches Faktenmaterial, sondern auf aktuelle gesellschaftliche oder politische Entwicklungen, Tendenzen und Diskurse, gelegentlich auch auf Einzelereignisse der Gegenwart/jüngsten Vergangenheit oder auf Personen des öffentlichen Lebens. So verweist die Darstellung eines hyperbolischen Konsumismus und Kapitalismus in Aldous Huxleys Roman *Brave New World* zweifelsohne auf reale Wirtschaftstendenzen zur Entstehungszeit des Romans.

Derartige Bezugnahmen utopisch/dystopischer Texte auf gesellschaftliche Trends und Diskurse der Gegenwart werfen für kontrafaktische Interpretationen allerdings ein Problem auf: Verglichen nämlich mit konkreten historischen Informationen – etwa dem Todesjahr bestimmter Personen – eignet gesellschaftlichen, wirtschaftlichen oder politischen Tendenzen der Gegenwart ein sehr viel geringerer Grad an Spezifität: Im Vergleich mit den Fakten der Geschichte weisen sie keine derart klare raumzeitliche Referenz auf, und auch das Ausmaß ihrer Konventionalisierung, also ihrer allgemeinen Akzeptanz *als* Fakten für ein breites Publikum, ist oftmals deutlich geringer. Ein gewisser Grad an Spezifität ist jedoch nötig, um realweltliches Bezugsmaterial sinnvoll als *Fakten*material bezeichnen zu können. Ein Element innerhalb einer fiktionalen Welt, das nicht auf Fakten der realen Welt, sondern lediglich auf allgemeine Realitätsannahmen verweist, kann nicht dem Weltvergleichsverhältnis der Kontrafaktik (oder Faktik) zugeschlagen werden, sondern rückt eher in den Bereich der Realistik oder Fantastik. Dass es sich bei den Einzeldaten der Geschichte um Fakten im engeren Sinne handelt, die entsprechend auch kontrafaktische Variationen erlauben, erscheint offenkundig (und dürfte einer der Hauptgründe dafür sein, dass die bisherige literaturwissenschaftliche Forschung zur Kontrafaktik sich vorwiegend mit der historischen Kontrafaktik auseinandergesetzt hat).[1062] Wann allerdings eine gewisse Tendenz des öffentlichen Diskurses oder ein be-

---

1062 Siehe Kapitel 10. Historisches Erzählen als Kontrafaktik.

stimmter politischer Trend, wie sie der Utopie/Dystopie für gewöhnlich zugrunde liegen, konkret genug ist, um als Fakt gelten zu können, lässt sich im Einzelfall nicht immer zweifelsfrei entscheiden.

Diese Problematik der Faktenspezifität innerhalb utopisch/dystopischer Texte kann genauer erläutert werden anhand einer kritischen Diskussion der Überlegungen Birte Christs zu den kontrafaktischen Potenzialen der feministisch-utopischen Literatur: Charlotte Perkins Gilmans *Herland* (1915) oder Sally Miller Gearharts *The Wanderground* (1979) entwerfen reine Frauengesellschaft, in denen die Bewohnerinnen ein Leben frei von Sexismus, Gewinnstreben und Aggression führen, wie sie in patriarchalischen Gesellschaften vorherrschen. Aufgrund dieser kontrastierenden Verkehrung der Geschlechterstereotype klassifiziert Christ die genannten Texte als kontrafaktisch: „Both texts invert and contradict the male-defined logic that structures actual society down to the smallest detail and can thus be said to develop entire counterfactual worlds."[1063] Man muss allerdings die Frage stellen, ob vermeintlich menschheitsübergreifende Geschlechtseigenschaften wirklich ein geeignetes Ausgangsmaterial für kontrafaktische Variationen bilden. Auch wenn man einmal davon absehen wollte, dass hier essentialistische Geschlechterklischees perpetuiert werden und die Frau primär über ihre Differenz zum Mann definiert wird (die Frau als mütterlich, emotional und friedlich, der Mann hingegen als kompetitiv, rational und aggressiv etc.), bliebe immer noch die Schwierigkeit bestehen, dass die unterstellte Geschlechtsnatur gerade kein historisch oder zeitlich lokalisierbares Einzelfaktum bildet, sondern vielmehr – zumindest in der Vorstellung der Autorinnen und ihrer intendierten Leserschaft – eine anthropologische Konstante.[1064] Damit rücken die utopischen Gegenentwürfe von Texten wie *Herland* oder *The Wanderground* allerdings eher in Richtung der Fantastik als der Kontrafaktik: Hier wird nicht auf konkrete realweltliche Fakten Bezug genommen, deren Variation dann auch eine bestimmte, interpretatorisch relevante Kontextselektion des realweltlichen Faktenmaterials mit sich brächte. Stattdessen werden allgemeine Realitätsannahmen konterkariert.

Als Schwierigkeit für eine kontrafaktische Interpretation utopisch/dystopischer Texte tritt neben die beschriebene Problematik der Faktenspezifität auch

---

1063 Christ: "If I Were a Man", S. 195.
1064 Eine kritisch-dekonstruktivistische Lektüre könnte freilich darauf aufmerksam machen, dass es sich bei der Vorstellung essentieller Geschlechtscharakteristika sowie bei deren konkreter Bestimmung sehr wohl um historisch und kulturell spezifische Wissensannahmen handelt, sodass ein Text über die ‚eigentliche' und vermeintlich überzeitliche Natur der Geschlechter durchaus historisch konkretes ‚Fakten'wissen transportieren würde.

noch die Problematik der Konventionalisierung des Faktenmaterials: Jene Fakten der Gegenwart nämlich, auf die sich Utopien/Dystopien, aber häufig auch dokumentarische, satirische oder autofiktionale Texte beziehen, sind in der Durchschnittsenzyklopädie meist weniger fest verankert als das Wissen um zentrale Ereignisse der Geschichte. Entsprechend kann im Falle der Utopie/Dystopie nicht auf vergleichbar zuverlässige Weise mit einer kognitiven Aktualisierung des realweltlichen Faktenmaterials gerechnet werden wie im Falle von *Alternate History*-Erzählungen. Von besonderem interpretatorischen Interesse für Utopien/Dystopien ist somit die Frage, welche national, historisch, ideologisch etc. spezifischen Publika hier jeweils adressiert werden und welches realweltliche Faktenmaterial dementsprechend als potenziell deutungsrelevant anzusehen ist.

Die Bestimmung des relevanten Faktenmaterials bildet im Falle von Utopien/Dystopien also eine Herausforderung. Ein grundlegender Einwand gegen eine Konzeptualisierung von Utopien/Dystopien als Werke der Kontrafaktik ist damit jedoch nicht formuliert. Die Frage, welches realweltliche Faktenmaterial utopisch/dystopischen Erzählwelten zugrunde liegt und ob es sich dabei überhaupt um *Fakten*material handelt, mag sich zwar nicht derart leicht beantworten lassen wie bei Werken der *Alternate History*.[1065] Im Rahmen der Interpretation konkreter utopisch/dystopischer Texte können jedoch mitunter durchaus hochgradig plausible Entscheidungen bezüglich des relevanten Faktenmaterials getroffen werden. Welches Faktenmaterial in einem utopisch/dystopischen Werk genau alludiert wird – und ob sich diese Entscheidung überhaupt eindeutig treffen lässt –, hängt letztlich natürlich in hohem Maße vom jeweiligen Text ab.

Gerade die flexiblere, stärker von interpretatorischen Plausibilisierungsleistungen abhängige Faktenselektion, wie sie kontrafaktischen Deutungen utopisch/dystopischer Texte oftmals zugrunde liegt, kann im Einzelfall zu stark differierenden Interpretationsentscheidungen führen, über deren jeweilige Überzeugungskraft sich dann trefflich streiten lässt. Freilich bedeutet eine solche Polyvalenz für künstlerische Medien mitnichten ein Monitum. (Mit Leif Randts Roman *Schimmernder Dunst über CobyCounty* wird im Folgenden ein Text diskutiert, bei dem die interpretationsrelevante Faktenbasis vom Text gerade nicht eindeutig vorgegeben ist, sodass sich je nach Leserschaft unterschiedliche, auch ideologisch stark differierende Interpretationsvarianten ergeben.)

1065 Freilich ist auch für die historische Kontrafaktik (sowie für das historische Erzählen überhaupt) die Frage keineswegs unerheblich, welches Wissen von wem als historisches Faktenwissen akzeptiert wird. Vgl. McHale: Postmodernist Fiction, S. 87.

Indem die vorliegende Studie die Potentiale der Kontrafaktik für das utopisch/dystopische Erzählen herausstellt, wird nicht nur eine isolierte Einsatzmöglichkeit der Kontrafaktik in einem beliebigen Genre benannt. Es soll vielmehr darauf aufmerksam gemacht werden, dass eine, wenn schon nicht notwendige Abhängigkeit, so doch ausgeprägte Affinität zwischen dem Genre der Utopie/Dystopie und der Referenzstruktur der Kontrafaktik besteht. Definiert man mit Wilhelm Voßkamp Utopien als „anschaulich gemachte Entwürfe von positiven oder negativen Gegenbildern, die sich implizit oder explizit kritisch auf eine historische Wirklichkeit beziehen, in der sie entstanden sind"[1066], so dürfte es kaum überraschen, dass die Anbindung utopisch/dystopischer Texte an die ‚historische Wirklichkeit' häufig über Realitätsvariationen im Sinne der Kontrafaktik erfolgt. Die von Voßkamp als genredefinierend betrachtete Abhängigkeit von Gegenwart und Zukunft im Genre der Utopie/Dystopie kommt der transfiktionalen Referenzstruktur der Kontrafaktik in besonderem Maße entgegen.

Darüber hinaus legt auch die „kritisch[e]" Dimension der „positiven oder negativen Gegenbilder[...]" einen Einsatz der Kontrafaktik im Genre der Utopie/Dystopie nahe. Kritik an der Gegenwart kann durch einen fiktionalen Text nämlich nur dann vermittelt respektive vom Rezipienten erkannt werden, wenn die fiktionale Welt und die gesellschaftlich-politische Realität in irgendeiner Weise aufeinander bezogen sind, wenn also signifikante Strukturhomologien zwischen beiden vorliegen.[1067] Im Genre der Utopie/Dystopie wird diese Strukturhomologie nun typischerweise nicht in Form eines Gegenwartsrealismus aufgebaut; stattdessen zeichnen sich utopisch/dystopische Erzählwelten durch ein amimetisch-futurisches Setting aus, welches nichtsdestoweniger eine indirekte Verbindung zur politischen Gegenwart ihrer Entstehung und Rezeption unterhält. (Ein utopisch/dystopischer Text, der seine Verbindung zur politischen Gegenwart verlöre, könnte nicht mehr plausibel als utopisch/dystopischer Text bezeichnet werden; er ginge dann genremäßig eher in den Bereich der Science-Fiction oder Fantasy über.) Gerade dieser mit normativen Implikationen aufgeladene, indirekte Gegenwartsbezug ermöglicht es der Utopie/Dystopie, als Genre politischen Schreibens produktiv zu werden. Die Kontrafaktik bietet nun eine ideale Möglichkeit, einen solchen indirekten Gegenwartsbezug herzustellen, indem sie Elemente der fiktionalen Welt in Relation zu konkreten Fakten der realen Welt setzt. Der transfiktionale Weltvergleich der Kontrafaktik eröffnet immer auch die Möglichkeit einer normativen Kontrastierung von realer und fiktionaler Welt – und mithin auch

---

1066 Voßkamp: Utopie, S. 740.
1067 Vgl. Irsigler: World Gone Wrong, S. 180.

die Möglichkeit politischen Schreibens.[1068] Sowohl hinsichtlich ihrer genrekonstitutiv-indirekten Realitätsanbindung als auch hinsichtlich ihrer nicht weniger genrekonstitutiven politischen Dimension erweist sich die Utopie/Dystopie somit als privilegiertes kontrafaktisches Genre, ja vermutlich als *das* große Einsatzgebiet der Kontrafaktik jenseits der Alternativgeschichte.

1068 Siehe Kapitel 9. Politische Kontrafaktik.

15 Juli Zehs Poetik des Dystopischen

Man dürfte keinen allzu großen Widerspruch riskieren, indem man Juli Zeh als die prominenteste und mit ihrem öffentlichen Engagement am stärksten wahrgenommene politische Schriftstellerin ihrer Generation bezeichnet.[1069] (Was die akademische Rezeption angeht, so könnte Zeh allenfalls Kathrin Röggla zur Seite gestellt werden, deren Werk weiter oben diskutiert wurde.[1070]) Immer wieder thematisiert Zeh in ihren schriftstellerischen Arbeiten politische, moralische und gesellschaftliche Fragestellungen, etwa die Entwicklung Bosniens nach Ende des Krieges in der Reiseerzählung *Die Stille ist ein Geräusch* (2002), die Einschränkung bürgerlicher Rechte im Roman *Corpus Delicti* (2009), die Anwendung von Foltermethoden im Kampf gegen vermeintliche Terroristen im Theaterstück *Der Kaktus* (2009) oder das Schwinden des öffentlichen Diskurses und den wachsenden Einfluss neurechter Bewegungen im Roman *Leere Herzen* (2017). Auch in Reden, Interviews und Zeitungsartikeln hat Zeh wiederholt Stellung zu aktuellen politischen und gesellschaftlichen Fragen bezogen, beispielsweise zur Etablierung eines „präventiv denkende[n] und handelnde[n] Kontrollsystem[s]"[1071] bei Krankenkassenregelungen oder zur Datenüberwachung.[1072] Gelegentlich versucht die Autorin sogar, unmittelbar Einfluss auf die Politik auszuüben: So reichte Zeh im Januar 2008 beim Bundesverfassungsgericht eine – erfolglos gebliebene – Verfassungsbeschwerde gegen die obligatorische Erfassung von Fingerabdrücken auf dem biometrischen Reisepass ein; im Juli 2013 stand Zeh an der Spitze einer Liste von Schriftstellern, die Bundeskanzlerin Angela Merkel in einem offenen Brief dazu aufforderten, „den Menschen im Land die volle Wahrheit über die Spähangriffe" der NSA mitzuteilen;[1073] und im Dezember 2018 wurde die promovierte Juristin Zeh zur ehrenamtlichen Richterin

---

1069 Vgl. Wagner: Aufklärer der Gegenwart, S. 64.
1070 Allerdings unterscheiden sich Ästhetik und politischer Anspruch im Werk Rögglas deutlich von denjenigen im Werk Zehs. In einem Artikel aus dem Jahre 2004 schreibt Zeh, dass sie in den Werken von „Kathrin Röggla, Ingo Schulze und Thomas Meinecke […] das Politische nur mit Mühe aufspüren kann" (Juli Zeh: Auf den Barrikaden oder hinter dem Berg. Die jungen Schriftsteller und die Politik. In: Undine Ruge / Daniel Morat (Hg.): Deutschland denken. Beiträge für die reflektierte Republik. Wiesbaden 2005, S. 23–28, hier S. 25). Siehe für einen Vergleich zwischen der politischen Ästhetik Zehs und Rögglas Kapitel 17. Versuch eines politischen Vergleichs: Kracht, Röggla, Zeh, Randt.
1071 Juli Zeh: Patienten. Vom Sozialstaat zum Kontrollsystem. In: Zeit online, 29.07.2010. Quelle: https://www.zeit.de/online/2007/41/meldepflicht-patienten (Zugriff: 27.07.2021).
1072 Juli Zeh: Schützt den Datenkörper. In: Frankfurter Allgemeine Zeitung, 11.02.2014.
1073 Juli Zeh / Ilija Trojanow / Carolin Emcke u. a.: Offener Brief an Angela Merkel. Deutschland ist ein Überwachungsstaat. In: Frankfurter Allgemeine Zeitung, 25.07.2013.

am Verfassungsgericht des Landes Brandenburg gewählt. Zehs Einsatz für politische Belange, sowohl im Rahmen ihres literarischen Schaffens als auch darüber hinaus, lässt die Autorin als „Intellektuelle klassischen Musters"[1074] respektive als „public intellectual" erscheinen.[1075]

Für die Literaturwissenschaft stellt sich damit – wie stets beim Blick auf politische Schriftsteller – die Frage, in welchem Verhältnis politisches Wirken und literarische Produktion im Falle Zehs zueinander stehen. Die Autorin selbst weist in diesem Zusammenhang einerseits auf die grundsätzliche politische Dimension literarischen Schreibens hin: „Politik wird nicht an internationalen Konferenztischen gemacht, sondern zuallererst in den Köpfen der Menschen, in denen sich, ja: Wörter befinden. [...] So begriffen, ist Schreiben immer [...] ein politischer Akt".[1076] Andererseits macht Zeh darauf aufmerksam, dass es „nicht [reicht], Ästhet zu sein, wenn man ein moralisches Konzept erschaffen will. Jeder politischen oder moralischen Wirkung muss eine Grundentscheidung vorausgehen: für das, was man will, oder wenigstens gegen das, was man nicht will."[1077] Entsprechend warnt Zeh vor einem überinklusiven Begriff des Politischen, der rundweg die gesamte Sinnproduktion fiktionaler Literatur umfasst: „Ich finde [...], man braucht den Begriff des Politischen an der Stelle nicht, weil er sehr beliebig wird, wenn man ihn zu stark ausweitet. Ich würde den Begriff des Politischen für die Literatur enger fassen, und vor allem [...] würde ich ihn immer über die Intention definieren."[1078] Noch deutlicher programmatisch formuliert Zeh in ihren Frankfurter Poetikvorlesungen: „Echte politische Literatur liegt nur dann vor, wenn der Autor beim Schreiben ein konkretes politisches Ziel verfolgte."[1079]

1074 Heinz-Peter Preußer: Gewalt und Überwachung. Juli Zehs apokalyptisches Pandämonium der Jetztzeit und ihre düstere Prognose der ‚Selbstoptimierung' in *Corpus Delicti*. In: Olaf Briese / Richard Faber / Madleen Podewski (Hg.): Aktualität des Apokalyptischen. Zwischen Kulturkritik und Kulturversprechen. Würzburg 2015, S. 163–185, hier S. 180, Anm. 55.
1075 Vgl. Patricia Herminghouse: The Young Author as Public Intellectual. The Case of Juli Zeh. In: Dies. / Katharina Gerstenberger (Hg.): German Literature in a New Century: Trends, Traditions, Transitions, Transformations. New York 2008, S. 268–284.
1076 Juli Zeh: Nachts sind das Tiere. Frankfurt a. M. 2014, S. 101. Siehe auch Zeh: Auf den Barrikaden oder hinter dem Berg, S. 27.
1077 Juli Zeh: Gesellschaftliche Relevanz braucht eine politische Richtung. In: Die Zeit, 23.06.2005.
1078 Juli Zeh: „Ich weiß, dass ich permanent über Moral schreibe." Juli Zeh im Gespräch. In: Stephanie Waldow (Hg.): Ethik im Gespräch. Autorinnen und Autoren über das Verhältnis von Literatur und Ethik heute. Bielefeld 2011, S. 55–64, hier S. 57.
1079 Juli Zeh: Treideln. Frankfurter Poetikvorlesungen. Frankfurt a. M. 2013, S. 133.

2011 reservierte Zeh in einem Interview einen solch engen Begriff des Politischen innerhalb ihres eigenen Werks für genau zwei Bücher (wobei unter Zehs seither erschienenen Romanen möglicherweise auch noch *Leere Herzen* zur politischen Literatur gezählt werden könnte):

> Wenn ich etwas von „aufrütteln" gesagt habe und die Leser direkt ansprechen will – dann beziehe ich mich auf genau zwei Bücher: nämlich auf *Angriff auf die Freiheit* mit Ilija Trojanow und auf *Corpus Delicti*, was eigentlich ein Theaterstück war. Das bezieht sich nicht auf die Romane. [...]
>
> Bei *Corpus Delicti* und *Angriff auf die Freiheit* war das wirklich ein ganz altmodisches, aufklärerisches Unterfangen, zu dem ich dann auch stehe – zum erhobenen Zeigefinger, zur Kanzel, zum Essayistischen, Diskurshaften, Thesenhaften. Bei den Romanen ging es hingegen nicht um Aufklärung oder Präsentation einer Haltung.[1080]

Zeh bekennt sich hier, wenn auch lediglich in Bezug auf einige wenige ihrer Bücher, zu einer aufklärerischen Form politischer Literatur, die sich als Anknüpfung an die spezifisch deutschen Tradition der ‚engagierten Literatur' begreifen lässt.[1081] Zugleich zeichnen sich im angeführten Zitat Grundzüge einer Gattungspoetik des Politischen ab: Während sich Essay und Sachbuch qua Gattung gut zur Problematisierung politischer Fragestellungen eignen, erachtet Zeh den Versuch, politische Romane zu verfassen – literarische Texte also, in denen sich ein künstlerischer Anspruch mit einer klaren politischen Botschaft verbindet –, als tendenziell problematisch. In ihren Frankfurter Poetikvorlesungen formuliert Zeh hierzu: „Es ist gerade die Definition von ernsthafter Literatur, dass der Autor vorne nicht weiß, was beim Lesen hinten rauskommt. Gute Literatur ist Kunst, und Kunst ist kein karitativer, sondern ein narzisstischer Akt."[1082] *Corpus Delicti* stellt entsprechend innerhalb von Zehs Werk eine Ausnahme dar, insofern die Autorin hier, in ihren eigenen Worten, „das erste Mal [...] versucht habe, mit einem literarischen Text auch eine ziemlich klare politische Botschaft auszusenden."[1083]

Der Roman *Corpus Delicti* verdankt, so Zehs Sichtweise, die vergleichsweise große Deutlichkeit seiner politischen Botschaft wesentlich dem Umstand, dass

---

1080 Zeh: „Ich weiß, dass ich permanent über Moral schreibe.", S. 57 f.
1081 Siehe Kapitel 7. Politisches Schreiben: Kein Klärungsversuch.
1082 Zeh: Treideln, S. 32.
1083 Christoph Borgans / Michaela Meißner / Juli Zeh: „Ich bin ein großer Fan der Freiheit". In: unique. Interkulturelles Studentenmagazin für Jena, Weimar & Erfurt, 11.05.2011. Quelle: http://www.unique-online.de/%E2%80%9Eich-bin-ein-groser-fan-der-freiheit%E2%80%9C/3340/ (Zugriff: 27.07.2021). Im Kommentarband *Fragen zu ‚Corpus Delicti'* von 2020 hat Zeh noch einmal bestätigt, „dass *Corpus Delicti* eine Sonderposition in meinem gesamten literarischen Werk einnimmt. Es ist mein erster, vielleicht auch mein einziger politischer Roman." (Juli Zeh: Fragen zu *Corpus Delicti*. München 2020, S. 14).

der Stoff ursprünglich in Form eines Theaterstücks behandelt wurde: Die Uraufführung des Stückes *Corpus Delicti* fand im September 2007 bei der Ruhrtriennale in Essen statt. In einem Interview, das zwischen der Entstehung der Dramen- und der Romanfassung von *Corpus Delicti* entstand, weist Zeh darauf hin, dass das Schreiben dieses Dramentextes eine „Extrawurst" innerhalb ihres schriftstellerischen Schaffens dargestellt habe: „Beim Drama [...] hatte ich den Eindruck, ich kann hier politische Meinungen vertreten, ich kann sagen, was ich will, sogar noch eher als im Essay."[1084] Die Abkunft vom politischen Dramentext ist auch der Romanfassung von *Corpus Delicti* noch stellenweise anzumerken: in der starken Reduzierung des Personals und dem vergleichsweise großen Anteil dialogischer Passagen ebenso wie in der deutlichen politischen Tendenz.[1085]

Das dominierende Genre in Zehs Werk bildet zweifellos der „alltagsrealistische[...] Gegenwartsroman", den Zeh selbst auch über ihr eigenes Schaffen hinaus zur dominierenden literarischen Form der deutschen Gegenwartsliteratur erklärt hat.[1086] Sondert man allerdings diejenigen literarischen Werke Zehs aus, die sich im engeren Sinne als politisch – im oben erläuterten Verständnis – bezeichnen lassen, so fällt auf, dass es sich bei fast allen diesen Werken um Dystopien handelt, also gerade nicht um alltagsrealistische Texte: Neben den Romanen *Corpus Delicti* und *Leere Herzen* wäre vor allem das Stück *Der Kaktus* zu nennen, mit gewissen Einschränkungen auch noch das Stück *203*.[1087] Dass in Zehs Werk ausgerechnet das Zukünftige als präferierte Zeitstufe für die Kommentierung gegenwärtiger politischer Entwicklungen fungiert, mag zunächst überraschen, scheint das futurische Setting der Dystopie doch gerade von der Gegenwart wegzuführen. Tatsächlich weisen Zehs dystopische Texte aber sämtlich eine enge Bindung an die Gegenwart ihrer Entstehung, inklusive ihrer politischen Entwicklungen und gesellschaftlichen Diskurse, auf. So behauptet Zeh im Interview, sie habe mit dem Roman *Corpus Delicti* „Dinge, die jetzt schon da sind, in ein fiktives System übertragen und ein bisschen über-

---

1084 Juli Zeh: Der Unterschied zwischen Realität und Fiktion ist marginal. Oldenburg 2008, S. 68.
1085 So hält Inga Ketels für Zehs Roman fest, dass aufgrund seiner „Textgeschichte [...] der dem Genre des dystopischen Romans eigene diskursive Charakter hier besonders stark ausgeprägt [ist]; der als auktoriale Erzählung verfasste Roman beinhaltet zahlreiche Dialoge, in denen das jeweilige Politikverständnis der Figuren dargelegt wird. In diesem Sinne kann der Roman als *novel of ideas*, beziehungsweise als philosophischer Roman verstanden werden, in dem unterschiedliche moralische Standpunkte gegeneinander antreten." (Ketels: Der Einzug des Politischen in die Gegenwartsliteratur, S. 113).
1086 Vgl. Zeh: Der Unterschied zwischen Realität und Fiktion ist marginal, S. 40.
1087 In *203* geht es um die Konstruktion von Realität und Identität in einem totalitären Regime.

dreht".[1088] Offenbar besteht die Funktion des dystopischen Schreibens für Zeh weder in der Ausgestaltung komplexer eigenständiger Welten, wie sie für die Genres der Science-Fiction und der Fantasy charakteristisch sind, noch auch in einer futurologischen Folgenabschätzung oder der Warnung vor einer als wahrscheinlich angenommenen Zukunft. Die besondere Eignung der Dystopie als Form politischen Schreibens ergibt sich für Zeh vielmehr aus der Fähigkeit des Genres, gesellschaftliche und politische Tendenzen der Gegenwart durch Überspitzung, ‚Überdrehung' oder eben kontrafaktische Variation in besonderer Deutlichkeit zu konturieren und damit öffentlich zur Diskussion zu stellen.[1089] Im Interview danach befragt, ob es überhaupt noch einen Sinn habe, Dystopien zu schreiben, wenn sich doch selbst im Falle einer intensiven öffentlichen Rezeption keine gesellschaftlichen Veränderungen einstellten, entgegnet Zeh:

> Ich sehe die Funktion von Literatur anders. Es geht in erster Linie darum, dass wir uns als Menschen miteinander verständigen, einen Diskurs führen, in dem bestimmte Themen aufgenommen werden. Daher bin ich der Ansicht, dass Literatur auch ein traditionell aufklärerisches Anliegen ist. Ich betrachte das Nachdenken über Dinge schon als einen sehr wichtigen Wert an sich und ich glaube, dass es definitiv das Bewusstsein von Menschen verändert. Und wir können diese „Was-wäre-wenn-Gleichung" nicht ernsthaft ziehen: Wir wissen nicht wie die Welt aussähe, wenn *1984* von Orwell nicht erschienen wäre. Ich war mit der Rezeption und der Auswirkung von *Corpus Delicti* wirklich zufrieden. Es war tatsächlich so, dass ich gemerkt habe, wie viele Menschen dieses Thema schon auf dem Schirm hatten und darüber auch tatsächlich sprechen wollten. Sie hatten bereits darüber nachgedacht und dann ist solch ein Buch ein willkommener Anlass, um die Diskussion wirklich aufzunehmen und damit ist schon viel erreicht.[1090]

Die politische Dimension von Zehs Dystopien liegt demnach nicht in der Forderung nach einem radikalen Bruch im Bereich des Politischen begründet, ja noch nicht einmal in der Hoffnung auf die Einführung eines bisher ignorierten Themas in den öffentlichen Diskurs; vielmehr versucht Zeh, sich mittels ihrer literarischen Texte in ebendiesen öffentlichen Diskurs einzuschreiben. Sie tut dies, indem sie die politische Relevanz bestimmter zeitgenössischer Themen in ihren Dystopien in besonderer Deutlichkeit herausstreicht und damit implizit zu einer verstärkten öffentlichen Diskussion dieser Themen aufruft.

1088 Johannes Gernert / Juli Zeh: Plädoyer gegen die Fitness-Diktatur. In: Stern, 24.03.2009.
1089 Auch im Rahmen ihrer journalistischen Tätigkeit greift Zeh mitunter auf kontrafaktische Argumentationsformen zurück. Siehe Juli Zeh: Alltag ohne. Was wäre heute, wenn der 11. September 2001 niemals stattgefunden hätte? Ein Gedankenexperiment. In: Zeit online, 11.08.2006. Quelle: https://www.zeit.de/online/2006/33/juli-zeh-9-11/komplettansicht (Zugriff: 27.07.2021).
1090 Borgans / Meißner / Zeh: „Ich bin ein großer Fan der Freiheit".

15.1 Juli Zeh: *Corpus Delicti*

In ihrem vierten Roman *Corpus Delicti. Ein Prozess* entwirft Juli Zeh die Vision einer Gesellschaft „in der Mitte des einundzwanzigsten Jahrhunderts" (CD, 12)[1091], welche die Gesundheit zum absoluten Wert sowie zum Prinzip staatlicher Legitimation erhoben hat.[1092] Um die Gesundheit der Bevölkerung zu erhalten und zu steigern, hat die diktatorische Regierung des fiktiven Zukunftsdeutschland, die den Namen „die METHODE" trägt, ein umfassendes Überwachungsregime errichtet. Ernährung und sportliche Aktivität der Individuen unterliegen strengen Kontrollen; selbst das Abwasser von Privathaushalten wird auf chemische Auffälligkeiten untersucht. Toxische Genussmittel sind streng verboten: Zigaretten und Alkohol, aber auch Tee und Kaffee gelten als harte Drogen und können nur auf illegalem Wege bezogen werden. Selbst die Wahl der Liebespartner folgt immunologischen Gesichtspunkten: Sexualkontakte zwischen zwei Personen werden nur dann gestattet, wenn die Abwehrsysteme der beiden kompatibel sind, was von der sogenannten „Zentralen Partnerschaftsvermittlung" (CD, 19) sichergestellt wird. Widersetzlichkeiten gegenüber den Forderungen des totalen Gesundheitsimperativs werden streng geahndet.

Im Zentrum der Romanhandlung stehen die Biologin Mia Holl, ihr Bruder Moritz sowie Heinrich Kramer, ein einflussreicher Journalist und Verteidiger der METHODE. Während Mia zu Beginn des Romans eine überzeugte Anhängerin des herrschenden Systems ist, lehnt Moritz die Bevormundung und Kontrolle der Individuen durch die Regierung ab und verteidigt das Recht auf körperliche Selbstverfügung, Rausch und leidenschaftliche Liebe. Nachdem Moritz fälschlicherweise eines Mordes angeklagt und verhaftet wurde, nimmt er sich im Gefängnis das Leben. Der Tod ihres Bruders stürzt Mia in eine tiefe Depression, in deren Folge sie ihre gesundheitlichen Meldepflichten vernachlässigt. Mias wiederholte Verstöße gegen die Auflagen des Gesundheitsregimes führen schließlich dazu, dass ein Strafprozess gegen sie angestrengt wird. Im Laufe des Verfahrens stellt sich jedoch heraus, dass Moritz nur deshalb mit einem DNA-Test des Mor-

---

[1091] Zitate aus *Corpus Delicti* werden nach folgender Ausgabe mit der Sigle „CD" im Text gegeben: Juli Zeh: Corpus Delicti. München 2010.
[1092] Bereits in den beiden klassischen dystopischen Romanen *Brave New World* von Aldous Huxley und *1984* von George Orwell bildet die Einflussnahme auf Körper und Gesundheit ein zentrales Element der staatlich-totalitären Kontrolle über die Individuen. Vgl. Simone Schroth: "Bedrohung verlangt Wachsamkeit": Health and Healthcare as Instruments of Control in Two Recent Dystopias. In: Gillian Pye / Sabina Strümper-Krobb (Hg.): Germanistik in Ireland 9. Special Issue: Imagining Alternatives: Utopias – Dystopias – Heterotopias. Konstanz 2014, S. 121–133, hier S. 121.

des überführt werden konnte, weil er als Kind durch eine Knochenmarkspende von Leukämie geheilt wurde, was eine Veränderung seines genetischen Codes zur Folge hatte. Bei den DNA-Spuren, die sich in der Leiche des Opfers fanden, handelt es sich in Wahrheit um die DNA von Moritz' Knochenmarkspender. Aufgrund des posthumen Nachweises von Moritz' Unschuld gerät die METHODE, deren Legitimität gerade auf der Annahme ihrer „Unfehlbarkeit" (CD, 37) beruht, unter Rechtfertigungsdruck. (Der Verweis auf die ‚Unfehlbarkeit', wie sie realweltlich allenfalls dem Papst zugesprochen wird, bildet nur eine der zahlreichen Verbindungen von Gesundheitsideologie und religiösem Denken im Roman.[1093]) Daraufhin soll an Mia, die sich infolge des aufgedeckten Justizirrtums von der METHODE abwendet, ein Exempel statuiert werden: Der methodenfeindlichen Umtriebe und der Unterstützung einer terroristischen Vereinigung beschuldigt, wird Mia öffentlich diffamiert, gefoltert und schließlich zum Einfrieren auf unbestimmte Zeit verurteilt. Kurz vor der Vollstreckung des Urteils jedoch erfolgt überraschend die Begnadigung: Statt als Märtyrerin des Anti-Methodismus in die Geschichte einzugehen, wird Mia zur „Unterbringung in einer Resozialisierungsanstalt", zur „Methodenlehre" (CD, 264) – also zur ideologischen Indoktrination – und zur Wiedereingliederung in die totalitäre Gesellschaft verurteilt.

Die fiktionale Welt von *Corpus Delicti* bewegt sich in großer Nähe zur realen Welt der Leser: Die technischen Entwicklungen von Zehs Dystopie gehen über diejenigen der Gegenwart nur unwesentlich hinaus; auch wird der Übergang von der Gegenwart der Leser zur fiktiven Zukunft nicht eigens thematisiert. Auf eine funkelnde Science-Fiction-Staffage, wie sie für dystopische Texte durchaus charakteristisch ist, verzichtet der Roman weitgehend.[1094] Insgesamt handelt es sich bei *Corpus Delicti* weniger um eine plausible „Linienverlängerung"

1093 Vgl. Carla Gottwein: Die verordnete Kollektividentität. Juli Zehs Vision einer Gesundheitsdiktatur im Roman *Corpus Delicti*. In: Corinna Schicht (Hg.): Identität. Fragen zu Selbstbildern, körperlichen Dispositionen und gesellschaftlichen Überformungen in Literatur und Film. 2., überarbeitete Aufl. Oberhausen 2012, S. 230–250, hier S. 236; Virginia McCalmont / Waltraud Maierhofer: Juli Zeh's *Corpus Delicti* (2009): Health Care, Terrorists, and the Return of the Political Message. In: Monatshefte 104/3 (2012), S. 375–392, hier S. 389.
1094 Auch Carrie Smith-Prei konstatiert: „While the novel does contain elements of science fiction and is set in the near future, the scientific advancements presented in the text are very much also those of today." (Carrie Smith-Prei: Relevant Utopian Realism: The Critical Corporeality of Juli Zeh's *Corpus Delicti*. In: Peter M. McIsaac (Hg.): Visions of tomorrow. Science and utopia in German culture. Toronto, Ontario 2012, S. 107–123, hier S. 111) Vgl. auch Sabine Schönfellner: Die Perfektionierbarkeit des Menschen? Posthumanistische Entwürfe in Romanen von Juli Zeh, Kaspar Colling Nielsen und Margaret Atwood. Berlin 2018, S. 69; Layh: Finstere neue Welten, S. 158.

(Adorno)[1095] aktueller gesellschaftlicher Tendenzen in die Zukunft, sondern vielmehr, wie Marcus Schotte und Maja Vorbeck-Heyn schreiben, um eine „verdeckte literarische Gegenwartsdiagnose in utopischem Gewand [...], die zur Auseinandersetzung mit zeitpolitischen Diskursen auffordert."[1096]

Im Interview nach der realen Wahrscheinlichkeit ihrer dystopischen Szenarien befragt, antwortet Zeh:

> Es ist aber tatsächlich so, dass ich das, was Sie mit ‚Dystopie' meinen, also diese *Corpus Delicti*-Welt, überhaupt nicht als Dystopie empfinde. Also, das ist zwar in der Zukunft angesiedelt und lehnt sich deswegen ein bisschen in diese Science Fiction-Gattung hinein, aber ich habe dort eigentlich nichts erfunden, sondern ich habe nur Dinge, Tendenzen, Entwicklungen, die wir heute schon erleben, auf einen Haufen gekehrt [...]. Es ist nicht wirklich in die Zukunft gedacht, sondern es ist eine Gegenwartsverdichtung. Und deswegen ist es auch kein Pessimismus, sondern es ist einfach nur Diagnose [...]. Ich weiß nicht, was die Zukunft bringt, ich will es auch nicht wissen. Und ich glaube auch nicht, dass wir auf eine Gesundheitsdiktatur zusteuern – aber ich glaube, dass wir jetzt schon in Teilen eine sind.[1097]

Zeh stellt hier den Gegenwartsbezug, wie er für das Genre der Dystopie konstitutiv ist, in großer Deutlichkeit heraus: Nicht um eine plausible futurologische Entwicklungsdiagnose sei es ihr mit *Corpus Delicti* gegangen, sondern um eine

---

1095 Theodor W. Adorno: Aldous Huxley und die Utopie. In: Dialektik des Engagements. Frankfurt a. M. 1973, S. 151–178, hier S. 154.
1096 Marcus Schotte / Maja Vorbeck-Heyn: Die Zukunft unserer Gesellschaft liegt in ihrer Vergangenheit. Zu Juli Zehs Roman *Corpus Delicti. Ein Prozess*. In: Literatur im Unterricht. Texte der Gegenwartsliteratur für die Schule 12/2 (2011), S. 111–131, hier S. 129. Auch Gerigk weist die Zuordnung von *Corpus Delicti* zum Genre der Science-Fiction zurück: Der Akzent des Romans liege nicht auf der „avancierte[n] Technik einer Gesundheitsüberwachung, sondern [auf] den daraus resultierende[n] Wertkonflikte[n]" (Anja Gerigk: „Die ideale Geliebte" – Utopische Erzählformen im Spiegel neuer Dystopien (Zeh, Dath, Kracht). In: Alman Dili ve Edebiyatı Dergisi. Studien zur deutschen Sprache und Literatur 34/2 (2015), S. 5–16, hier S. 9, Anm. 4).
1097 Sebastian Horn: Fragen an Juli Zeh. In: Zeit online, 12.11.2011. Quelle: https://www.zeit.de/video/2010-11/672198124001/videointerview-fragen-an-juli-zeh (Zugriff: 27.07.2021). Die prinzipielle Unmöglichkeit, Zukunftsentwicklungen verlässlich vorherzusagen, thematisiert Zeh in ihrer Rede *Das Mögliche und die Möglichkeiten* (2010): „Ich bin keine Untergangsprophetin; ich bin noch nicht einmal ein veritabler Pessimist. Der schwarze Abgrund ist keine Tatsache, sondern ein Bild, das der Zeitgeist malt, wenn er in die sogenannte Zukunft blickt. Für menschliche Wesen, deren Erkenntnisfähigkeit sich notwendig nur auf Vergangenes und Gegenwärtiges bezieht (und auch das nur in sehr eingeschränktem Maße), stellt die Zukunft immer eine Fiktion dar. Wir können nicht wissen, was kommt, wir können es uns nur *vorstellen*. Die Zukunft ist also *per se* Ansichtssache. Das gilt erst recht für ihre vorweggenommene Bewertung." (Zeh: Nachts sind das Tiere, S. 146).

"Gegenwartsverdichtung"[1098] respektive um eine, wie Sabine Schönfellner schreibt, *"Gegenwartsdiagnose durch scheinbare Zukünftigkeit"*.[1099] Entsprechend konsequent wirkt es, dass Zeh die Nominierung ihres Romans für den Kurd-Laßwitz-Preis, den bedeutendsten Preis für Science-Fiction im deutschsprachigen Raum, abgelehnt hat.[1100]

Corpus Delicti ist in der Forschung umfassend kommentiert worden.[1101] Die philosophischen und literarischen Bezüge des Textes[1102], seine Behandlung der Körper-Thematik[1103], seine juristische Dimension[1104] sowie seine Mehrfachmedialisierung als Theaterstück, Roman und Hörnovelle[1105] müssen

---

[1098] Zur Gegenwartsanbindung von Zehs dystopischem Schreiben siehe auch Navratil: Jenseits des politischen Realismus, S. 370 f.
[1099] Sabine Schönfellner: Erzählerische Distanzierung und scheinbare Zukünftigkeit. Die Auseinandersetzung mit biomedizinischer Normierung in Juli Zehs Romanen „Corpus Delicti" und „Leere Herzen". In: Zeitschrift für Germanistik NF 28/3 (2018), S. 540–554, hier S. 541.
[1100] Vgl. Rolf Löchel: Die Zukunft ist weiblich. Quelle: https://literaturkritik.de/id/22558 (Zugriff: 27.07.2021). Im Interview hat Zeh auf die nationalspezifischen Erwartungen in Bezug auf die Gattung Science-Fiction hingewiesen: „Du kannst in Deutschland keinen Sciencefiction-Roman schreiben, der ‚ernst' ist. So etwas wie die Texte Stanislaw Lems wäre undenkbar in Deutschland." (Zeh: Der Unterschied zwischen Realität und Fiktion ist marginal, S. 38 f.).
[1101] Im Januar 2020 listet die Bibliografie der deutschen Sprach- und Literaturwissenschaft (BDSL) 26 Einträge zu Zehs *Corpus Delicti*, mehr als zu jedem anderen Werk der Autorin.
[1102] Vgl. Gottwein: Die verordnete Kollektividentität; Achim Geisenhanslüke: Die verlorene Ehre der Mia Holl. Juli Zehs *Corpus Delicti*. In: Viviana Chilese / Heinz-Peter Preusser (Hg.): Technik in Dystopien. Heidelberg 2013, S. 223–232; Stefan Neuhaus: Konsequenzen der Biopolitik: Zum Verhältnis von Subjekt und Umwelt in literarischen Dystopien. In: Martin Hellström / Linda Karlsson Hammarfelt / Edgar Platen (Hg.): Umwelt – sozial, kulturell, ökologisch. Zur Darstellung von Zeitgeschichte in deutschsprachiger Gegenwartsliteratur (IX). München 2016, S. 109–130.
[1103] Vgl. Sarah Koellner: Data, Love, and Bodies: The Value of Privacy in Juli Zeh's *Corpus Delicti*. In: Seminar. A Journal of Germanic Studies 52/4 (2016), S. 407–425; Smith-Prei: Relevant Utopian Realism.
[1104] Vgl. Heinz Müller-Dietz: Strafrecht im Zukunftsstaat? Zur negativen Utopie in Juli Zehs Roman „Corpus Delicti". In: Claudius Geisler u. a. (Hg.): Festschrift für Klaus Geppert zum 70. Geburtstag am 10. März 2011. Berlin / New York 2011, S. 423–439; Thomas Weitin: Ermittlung der Gegenwart: Theorie und Praxis unsouveränen Erzählens bei Juli Zeh. In: Postsouveränes Erzählen. Zeitschrift für Literaturwissenschaft und Linguistik 165/42 (2012), S. 67–86.
[1105] Vgl. Christopher Schmidt: Die Erfindung der Realität. Über Juli Zehs Erstlingsstück *Corpus delicti*. In: Sprache im technischen Zeitalter 46/187 (2008), S. 263–269; Birte Giesler: „Das Mittelalter ist keine Epoche. ‚Mittelalter' ist der Name der menschlichen Natur." Zeitgenössisches Drama als rückwärts gekehrte Dystopie in Juli Zehs *Corpus Delicti*. In: Wolfgang Braungart / Lothar van Laak (Hg.): Gegenwart Literatur Geschichte. Zur Literatur nach 1945. Heidelberg 2013, S. 265–293; Elisabeth Tropper: Analytische Apokalyptiker. Überlegungen zum Dystopischen in Theatertexten von Falk Richter und Juli Zeh. In: Gillian Pye / Sabina Strüm-

an dieser Stelle kein weiteres Mal erläutert werden. Stattdessen soll eine Interpretation vorgelegt werden, welche die Realitätsbezüge des Romans in den Blick nimmt und dabei insbesondere die Frage zu beantworten sucht, welchen Beitrag die kontrafaktischen Realitätsvariationen zum politischen Projekt von *Corpus Delicti* leisten.

Im Folgenden wird zunächst Zehs Auseinandersetzung mit den Themen Gesundheitswahn, Datenüberwachung und Bürgerrechten in faktualen Texten diskutiert: in Interviews, Zeitungsartikeln und einem Sachbuch. Zehs Einlassungen zu Themen des öffentlichen, politischen Diskurses können insofern als ‚Arbeit am Kontext' begriffen werden, als die Autorin hier realweltliches Faktenmaterial aufbereitet und in den Fokus der Öffentlichkeit rückt, Faktenmaterial, welches sie dann wiederum in ihrem literarischen Werk (variierend) aufgreift. Anschließend wird die ideologische Ordnung der fiktionalen Welt von *Corpus Delicti* anhand der miteinander korrespondierenden Themenkomplexe Biopolitik und Normalismus in den Blick genommen. Die Auseinandersetzung mit der Frage, was als normal und was als abseitig gilt, leitet über zu einer Erläuterung der (kontrafaktischen) Mittelalterbezüge im Roman. Insbesondere über das Thema der Folter werden hier signifikante Bezüge zwischen der futurischen Diegese des Romans und der Gegenwart seines Erscheinens eröffnet. Abschließend soll die politische ‚Botschaft' von *Corpus Delicti* unter besonderer Berücksichtigung ihrer literarischen Inszenierungsweise diskutiert und die These von der Eindeutigkeit dieser Botschaft einer kritischen Prüfung unterzogen werden.

15.1.1 Sekundierende Faktenerzeugung: Juli Zehs Arbeit am Kontext

Wie bei allen kontrafaktischen Texten muss auch bei kontrafaktischen Dystopien die Frage gestellt werden, auf welches realweltliche Faktenmaterial hier genau Bezug genommen wird.[1106] Im Falle von Zehs *Corpus Delicti* ist die Frage nach den alludierten Fakten insofern von gesteigertem Interesse, als Zeh sich

---

per-Krobb (Hg.): Germanistik in Ireland 9. Special Issue: Imagining Alternatives: Utopias – Dystopias – Heterotopias. Konstanz 2014, S. 135–150.

1106 Die Überlegungen dieses Kapitels habe ich ausführlicher entwickelt in Michael Navratil: Die doppelte Autorität der Autoren zwischen Fiktionalität und Faktualität. Die Causa Robert Menasse und Juli Zehs Dystopien. In: Vera Podskalsky / Deborah Wolf (Hg.): Prekäre Fakten, umstrittene Fiktionen. Fake News, Verschwörungstheorien und ihre kulturelle Aushandlung. Philologie im Netz Beiheft 25/2021, S. 163–188, URL: http://web.fu-berlin.de/phin/beiheft25/b25t07.pdf (Zugriff: 27.07.2021).

bei den Themen Gesundheitsdiktatur, Überwachungsstaat und Bürgerrechte nicht darauf beschränkt hat, mehr oder weniger allgemein bekannte gesellschaftliche Tendenzen in einem fiktionalen Medium aufzugreifen; sie hat darüber hinaus auch in einer Reihe faktualer Texte – Interviews, Zeitungsartikeln und einem Sachbuch – das öffentliche Interesse auf ebendiese gesellschaftlichen Tendenzen zu lenken versucht. In unterschiedlichen Textsorten und Äußerungskontexten kritisiert Zeh die Entwicklungstendenz einer Gesellschaft, welche die Erhaltung und Steigerung der Gesundheit in zunehmendem Maße zur individuellen Pflicht erhebt, in der Menschen den eigenen Körper immer stärker zu kontrollieren suchen – etwa durch Fitness oder die Vermeidung von Genussmitteln – und in der Gesundheitsvorstellungen zusehends objektiviert und statistisch normiert werden. Als gefährlich schätzt Zeh diese Entwicklungen ein, weil durch einen standardisierten Gesundheitsbegriff die Entscheidungsfreiheit darüber, was der Einzelne als gesund empfindet und wie er die Gesundheit als Wert ins Verhältnis zu anderen Werten setzen will, unterminiert zu werden droht.[1107] Indem die Gesundheit, so Zeh, immer fragloser als „das höchste Gut"[1108] angesehen wird, geraten andere gesellschaftliche Prioritäten aus dem Blick, etwa „Hochleistung in der Kultur"[1109], aber auch „Liebe, Solidarität vielleicht, Verantwortung für andere".[1110] In den Plänen etwa, Krankenkassenbeiträge an das individuelle Gesundheitsprofil anzupassen – also einerseits Ermäßigungen für Personen einzuführen, die ihre Fitnessaktivitäten durch Apps überwachen lassen, und andererseits höhere Beiträge von Personen zu verlangen, die einen vermeintlich ungesunden Lebensstil pflegen –, erkennt Zeh eine Tendenz, „Krankheit mit Schuld [zu] identifizieren", sodass, „wer sich selbstverschuldet verletzt, keinen Anspruch mehr auf Fürsorge hat."[1111]

Zeh formuliert ihre Kritik am Gesundheits- und Fitnesswahn zum einen in kleinen Textgattungen wie Interview und Zeitungsartikel. Zum anderen hat Zeh im Jahre 2009 – also im Jahr des Erscheinens von *Corpus Delicti* – zusammen

---

1107 So hält Schroth fest: „[I]t could be said that any system declaring one single value as central is in danger of becoming dystopian, meaning that its negative, limiting elements outweigh what is gained by adopting the rules prescribed by the system. This dilemma, especially in the case of Juli Zeh, is voiced not only by the protagonist [of *Corpus Delicti*] but also when the authors express their opinion outside their works of fiction." (Schroth: "Bedrohung verlangt Wachsamkeit", S. 124).
1108 Kathrin Hondl / Juli Zeh: Ein Plädoyer gegen den Gesundheits- und Fitnesswahn. 08.01.2012. Quelle: https://www.deutschlandfunk.de/ein-plaedoyer-gegen-den-gesundheits-und-fitnesswahn.691.de.html?dram:article_id=56526 (Zugriff: 27.07.2021).
1109 Gernert / Zeh: Plädoyer gegen die Fitness-Diktatur.
1110 Hondl / Zeh: Ein Plädoyer gegen den Gesundheits- und Fitnesswahn.
1111 Gernert / Zeh: Plädoyer gegen die Fitness-Diktatur.

mit dem Schriftstellerkollegen Ilija Trojanow ein Sachbuch mit dem Titel *Angriff auf die Freiheit. Sicherheitswahn, Überwachungsstaat und der Abbau bürgerlicher Rechte* veröffentlicht. Von den Autoren als problematisch eingeschätzte Entwicklungen im Bereich des Gesundheitswesens sind nur eines der Themen, das diese politische Streitschrift verhandelt. Allgemein warnen Trojanow und Zeh vor den Folgen eines „Wettrüsten[s] beim Thema Sicherheit"[1112], einer immer weitergehenden Durchleuchtung der Bürger und dem Schwinden individueller Freiheiten. Dem Abbau bürgerlicher Rechte begegnen die Autoren mit einem klaren politischen Appell:

> Ein Frosch, der in einen Topf mit heißem Wasser geworfen wird, springt sofort wieder heraus, wenn er kann. Doch setzt man ihn in kaltes Wasser und erwärmt den Topf gleichmäßig, bleibt er ruhig sitzen, bis er stirbt.
> Wir haben in unserer Geschichte genügend Frösche als warnende Beispiele vor Augen. Wenn wir uns jetzt nicht wehren, werden wir späteren Generationen nur schwer erklären können, warum wir nicht in der Lage waren, ihnen eine Freiheit zu vererben, die wir einst selbst genossen. Seit 2001 schauen wir wie gelähmt zu, was in und mit unserem Land passiert, während man uns einzureden versucht, die Lehren des 20. Jahrhunderts hätten im 21. Jahrhundert nichts mehr zu bedeuten. Raus aus dem Topf![1113]

Die Autoren fordern die Leser ihres Buches dazu auf, eine „Sensibilität für den Wert [von] Daten und [...] Intimsphäre" zu entwickeln, mahnen einen kritischen Umgang mit Politikeraussagen an, sobald darin „Begriffe wie ,Terrorismus' und ,Terrorverdächtiger' fallen", und verteidigen generell die Freiheitsrechte des Einzelnen.[1114] Diese Verteidigung individueller Freiheiten begründen Trojanow und Zeh mit einem „unbestreitbare[n] Erfahrungswert: Die totalitären Systeme des 20. Jahrhunderts haben [...] alle konservativen Kontrollphantasien seit Hobbes diskreditiert. Denn die Auswirkungen staatlicher Übermacht haben sich als unendlich viel schlimmer erwiesen als jede individuelle Verfehlung."[1115]

Insgesamt lassen Zehs Interviews, Zeitungsartikel, das zusammen mit Ilija Trojanow verfasste Sachbuch sowie die literarischen Dystopien der Autorin eine kohärente politische Agenda erkennen. Zehs faktuale Texte weisen dabei

---

1112 Ilija Trojanow / Juli Zeh: Angriff auf die Freiheit. Sicherheitswahn, Überwachungsstaat und der Abbau bürgerlicher Rechte. München 2009, S. 134.
1113 Trojanow / Zeh: Angriff auf die Freiheit, S. 16 f.
1114 Trojanow / Zeh: Angriff auf die Freiheit, S. 138.
1115 Trojanow / Zeh: Angriff auf die Freiheit, S. 27. Derselbe Gedanke findet sich auch in Zehs Theaterstück *Der Kaktus*: „[D]ie größten Verbrechen [werden] immer noch von Staaten begangen [...]. Man muss den Bürger vor dem Staat schützen, nicht den Staat vor dem Bürger." (Juli Zeh: Good Morning, Boys and Girls. Theaterstücke. Frankfurt a. M. 2013, S. 46).

naturgemäß ein höheres Maß an argumentativer Stringenz, eine größere Explizitheit der politischen Botschaft sowie Belege aus der Forschung auf; Zehs fiktionale Texte hingegen operieren eher mit Zuspitzungen und Andeutungen und erheben qua Fiktionalität naturgemäß keinen Anspruch auf direkte realweltliche Referentialisierbarkeit. Der politische Anspruch jedoch, nämlich der Versuch einer Verteidigung individueller Freiheitsrechte, ist über die unterschiedlichen Gattungen und Medien hinweg konstant.

Die parallele Behandlung derselben Themen in faktualen und fiktionalen Äußerungskontexten ist im Zusammenhang mit der Kontrafaktik von besonderem Interesse, beruht das Erzählphänomen doch gerade auf einer Vermittlung faktualer und fiktionaler Geltungsansprüche. Zeh greift auf faktuale Medien wie Zeitungsartikel oder Sachbuch zurück, um auf realweltliche Fakten hinzuweisen, ja ‚erzeugt' solche Fakten in gewissem Sinne sogar, insofern sie bestimmte Sachverhalte durch ihre lautstarke Kritik in den Aufmerksamkeitskreis eines größeren Teils der Öffentlichkeit rückt. Der Anspruch auf intersubjektive Überprüfbarkeit bleibt dabei in Zehs faktualen Texten jedoch stets gewahrt:[1116] Die Autorin spricht hier nie als ‚Dichterprophetin', sondern stets als engagierte Bürgerin.[1117]

In einem zweiten Schritt können diejenigen Fakten, die Zeh in ihren faktualen Texten präsentiert, dann allerdings durchaus in fiktionalen Formaten aufgegriffen und dort mitunter auch variiert werden (wobei Täuschungsabsichten zuverlässig ausgeschlossen werden können, wurde eine Kenntnis der Fakten doch gerade durch deren korrekte Präsentation in faktualen Formaten sichergestellt). Zeh nutzt somit ihre privilegierte Sprecherposition als erfolgreiche Autorin, um im öffentlichen Diskurs bestimmten gesellschaftlichen oder politischen Entwicklungen zu besonderer Aufmerksamkeit zu verhelfen. (Mit Pierre Bourdieu könnte man hier von einem Einsatz der im literarischen Feld erworbe-

---

1116 In ihrer Tübinger Poetikvorlesung bemerkt Zeh hierzu: „Wer gegen einen herrschenden Diskurs anschreiben will, muss sich der gleichen Mittel bedienen wie die Gegenseite, wenn er gehört werden will – wobei die Grenze des Erlaubten durch Faktengenauigkeit markiert wird." (Juli Zeh / Georg M. Oswald: Aufgedrängte Bereicherung. Tübinger Poetik-Dozentur 2010. Künzelsau 2011, S. 85).

1117 Wagner fasst Zehs Äußerungen zu ihrer eigenen, öffentlichen und politischen Positionierung wie folgt zusammen: „Ihre Bekanntheit als Schriftstellerin verschaffe ihr, und das markiert sie als (den einzigen) Unterschied zwischen sich und den anderen Bürgern, die notwendige Aufmerksamkeit, in der Öffentlichkeit gehört zu werden. Aber sie spricht, so soll man ihre Eingaben verstehen, mit diesem Privileg immer als eine von vielen" (Wagner: Aufklärer der Gegenwart, S. 64). Siehe zu Zehs poetologischem Selbstentwurf als Schriftstellerin und Bürgerin ausführlich ebd., S. 101–106.

nen Autorität im politischen Feld sprechen.[1118]) Diese Entwicklungen geben dann wiederum das Faktenmaterial für Zehs fiktionale Texte ab.[1119] Vom literarischen Werk aus betrachtet lässt sich Zehs außerliterarisches Engagement somit als ‚Arbeit am Kontext' begreifen, also als sekundierende Faktenerzeugung und Aufbereitung von Informationen, auf die dann in den Romanen und Theaterstücken Bezug genommen werden kann: sei es in Form einfacher Anspielungen, sei es in Form kontrafaktischer Variationen.

15.1.2 Biopolitik und Normalismus

Als Vorwort ist dem Roman *Corpus Delicti* ein längeres Zitat aus dem fiktiven Werk *Gesundheit als Prinzip staatlicher Legitimation* vorangestellt, welches mit dem folgenden Satz beginnt: „Gesundheit ist ein Zustand des vollkommenen körperlichen, geistigen und sozialen Wohlbefindens – und nicht die bloße Abwesenheit von Krankheit" (CD, 7). Bereits dieser erste Satz stellt eine Verbindung her zwischen der futurisch-fiktionalen Welt des Romans und der Gegenwart der Leser, handelt es sich hier doch um ein fast wörtliches Zitat aus der Verfassung der Weltgesundheitsorganisation. In deren zweitem Abschnitt heißt es: „Die Gesundheit ist ein Zustand des vollständigen körperlichen, geistigen und sozialen Wohlergehens und nicht nur das Fehlen von Krankheit oder Gebrechen."[1120] In ihrem weiteren Verlauf bezeichnet die WHO-Verfassung dann den „Besitz des bestmöglichen Gesundheitszustandes" als „eines der Grundrechte jedes menschlichen Wesens".[1121] Gesundheit wird hier also als ein natürliches Recht betrachtet, sie wird an den einzelnen Menschen gebunden („eines der Grundrechte jedes menschlichen Wesens") und in ihrer tendenziellen Unverfügbarkeit („bestmögliche[r] Gesundheitszustand[...]") anerkannt.

In der fiktionalen Welt von *Corpus Delicti* hingegen sind diese Rechtsprinzipien ausgesetzt: Gesundheit wird im Roman wesentlich mit Blick auf die Gesellschaft

---

1118 Vgl. Pierre Bourdieu: Die Regeln der Kunst. Genese und Struktur des literarischen Feldes. Frankfurt a. M. 1999, S. 210 f.
1119 So hält Koellner fest: „[W]hen *Corpus Delicti* is read together with *Angriff auf die Freiheit* and *Nachts sind das Tiere*, both nonfictional works become a commentary and metatext of *Corpus Delicti*, which open up a politically engaged reading of Zeh's work and plays an important role in the reader's assessment of Mia Holl's case" (Koellner: Data, Love, and Bodies, S. 412).
1120 Die ursprüngliche Verfassung der WHO wurde am 22. Juli 1946 in New York unterzeichnet. Für die aktuelle Fassung (08.05.2014) siehe: Verfassung der Weltgesundheitsorganisation. Quelle: https://www.admin.ch/opc/de/classified-compilation/19460131/201405080000/0.810.1.pdf (Zugriff: 27.07.2021).
1121 Verfassung der Weltgesundheitsorganisation.

konzeptualisiert (wobei die ‚Gesellschaft' hier eher in Form einer völkisch-entindividualisierten ‚Gemeinschaft' erscheint), sie wird als instrumentell herstellbar begriffen und ihre Steigerung wird zur individuellen sowie kollektiven Pflicht erklärt:

> Gesundheit ist nicht Durchschnitt, sondern gesteigerte Norm und individuelle Höchstleistung. Sie ist sichtbar gewordener Wille, ein Ausdruck von Willensstärke in Dauerhaftigkeit. Gesundheit führt über die Vollendung des Einzelnen zur Vollkommenheit des gesellschaftlichen Zusammenseins. Gesundheit ist das Ziel des natürlichen Lebenswillens und deshalb natürliches Ziel von Gesellschaft, Recht und Politik. Ein Mensch, der nicht nach Gesundheit strebt, wird nicht krank, sondern ist es schon. (CD, 7f.)

Gesundheit fungiert hier als zentrales Prinzip der gesellschaftlichen Organisation. ‚Gesundheit' und ‚Krankheit' bezeichnen dabei offenkundig mehr als nur körperliche Zustände: Sie sind ideologisch massiv überkodiert. In der Gesundheitsdiktatur von *Corpus Delicti* erscheint bereits das Fehlen einer Gesinnung, welche mit den Grundsätzen der METHODE übereinstimmt, als krankhaft. So behauptet Heinrich Kramer im Rahmen seiner Hetzkampagne gegen Mia Holl: „Heutzutage [...] bestünden die gefährlichsten Viren nicht mehr aus Nukleinsäuren, sondern aus infektiösen Gedanken." (CD, 200)

Rein thematisch lassen sich in *Corpus Delicti* zwei politische Komplexe voneinander unterscheiden, welche in anderen Texten der Autorin mitunter auch getrennt voneinander behandelt werden[1122]: *erstens* die Überbetonung der Gesundheit und *zweitens* die Einschränkung bürgerlicher Rechte durch flächendeckende Überwachung, Datensammlung oder gar strategisch lancierte Terrorbeschuldigungen und Folter. Das kritische Potenzial des Romans erwächst wesentlich aus den vielfältigen Verschränkungen dieser beiden Komplexe:[1123] Die Zielsetzung der gesamtgesellschaftlichen Gesundheitssteigerung macht eine flächendeckende Überwachung notwendig; der Umstand, dass die Gesundheit als oberster, natürlicher Wert

---

1122 Zehs Stück *Der Kaktus* etwa verhandelt das Thema der Folter von Terrorverdächtigen. Das Thema Gesundheit spielt dort hingegen keine Rolle.

1123 Es lässt sich hierin – wie generell über weite Strecken des Romans – ein Anschluss an Giorgio Agambens Versuch erkennen, den „verborgenen Kreuzpunkt zwischen dem juridisch-institutionellen Modell und dem biopolitischen Modell der Macht" in modernen Gesellschaften herauszuarbeiten (Giorgio Agamben: Homo sacer. Die Souveränität der Macht und das nackte Leben, Frankfurt a. M. 2002, S. 16). Christopher Schmidt zufolge kann „die Auseinandersetzung mit der Deutungshoheit des italienischen Philosophen Giorgio Agamben [...] wohl als Urzelle von *Corpus delicti* betrachtet werden." (Schmidt: Die Erfindung der Realität, S. 266) Die unterschiedlichen Vorschläge der Forschung zu möglichen Verbindungen von Zehs Roman mit Agambens Theorien sammelt Schönfellner: Erzählerische Distanzierung und scheinbare Zukünftigkeit, S. 543f.

der Gesellschaft angesehen wird, führt dazu, dass diejenigen Personen, die diesem Wert nicht huldigen, aus der Bürgergemeinschaft ausgeschlossen werden und in der Folge öffentlicher Diffamierung, politischer Verfolgung oder gar Folter ausgesetzt sind; und die Daten, die vorgeblich zum Zweck der Gesundheitsvorsorge des Einzelnen und der Gemeinschaft erhoben werden, ermöglichen zugleich die Bespitzelung politisch Andersdenkender. Kritisiert wird somit alles in allem nicht so sehr der Wert der Gesundheit an sich, sondern die Absolutsetzung dieses Wertes, welche eine Einschränkung individueller Freiheitsrechte, im Extremfall gar die Errichtung eines totalitären Staatssystems zu legitimieren droht.[1124] Mit einem Begriff von Petr Skrabanek könnte man hier von einer Diktatur unter dem Vorzeichen des *„healthism"* sprechen.[1125] Der totalitäre Gesundheitsimperativ wird in der fiktionalen Welt von *Corpus Delicti* zur Grundlage der Diktatur.

Der Absolutheitsanspruch der staatlichen Ideologie deutet sich bereits im Begriff ‚METHODE' an: Ein politischer oder weltanschaulicher Inhalt, wie er in der Regel Teil des Namens politischer Parteien ist, muss hier gar nicht mehr angezeigt werden, da Alternativen zur dominanten Regierungsform ohnehin nicht zugelassen sind. Statt eines politischen Programms wird nur noch die ‚Methode' benannt, welche zur Durchsetzung der Interessen des Staates eingesetzt wird (bezeichnenderweise bleibt unklar, ob mit dem Begriff ‚METHODE' ein Staatssystem, die Regierung selbst, ein bestimmtes Vorgehen dieser Regierung oder ein Rechtsgrundsatz gemeint ist[1126]). Die Legitimität dieses Staates gründet dabei wesentlich auf dem Anspruch, mit den eigenen Zielsetzungen direkt den Forderungen der Vernunft zu entsprechen. So proklamiert Kramer: „Wir gehorchen allein der Vernunft, indem wir uns auf eine Tatsache berufen, die sich unmittelbar aus der Existenz von biologischem Leben ergibt. Denn *ein* Merkmal ist jedem lebenden Wesen zu

---

[1124] In einem Essay aus dem Jahr 2005 betont Zeh: „Ob Anti-Terror-Kampf vs. Datenschutz, Softwarepatente vs. *open source*, physische Selbstbestimmung vs. Gesundheitspolitik oder Sterberecht vs. Euthanasieverbot – hinter vielen politischen Diskussionen der Gegenwart verbirgt sich der Widerstreit zwischen dem Konzept individueller Freiheit auf der einen und jenem von staatlich herbeigeführter Sicherheit und Kontrollierbarkeit auf der anderen Seite. Diese beiden Werte ergänzen und begrenzen sich; bis zu einem gewissen Grad schließen sie sich sogar gegenseitig aus." (Juli Zeh: Alles auf dem Rasen. Kein Roman. Frankfurt a. M. 2008, S. 24).
[1125] Vgl. Petr Skrabanek: The Death of Human Medicine and the Rise of Coercive Healthism. Bury St Edmunds 1994.
[1126] Der unklare Status der METHODE lässt sich im Roman etwa an der Variation bekannter Formulierungen aus dem juristischen oder politischen Bereich erkennen: So ergehen Urteile in der fiktionalen Welt „IM NAMEN DER METHODE!" (CD, 9), es gibt aber auch einen „Methodenschutz" (CD, 73) und (vermeintliche) „Methodenfeinde" (CD, 206).

eigen. Es zeichnet jedes Tier und jede Pflanze und erst recht den Menschen aus: Der unbedingte, individuelle und kollektive Überlebenswille." (CD, 36) Die enge Kopplung von individuellen und kollektiven Interessen, wie Kramer sie hier behauptet und wie sie auch an anderen Stellen im Roman immer wieder hervorgehoben wird, schließt einen bloß individuellen Umgang mit Fragen von Krankheit und Gesundheit aus. So gerät Mia zunächst nicht etwa darum in Konflikt mit den Organen des Staates, weil sie auf eine Abschaffung des herrschenden Systems hinarbeiten würde, sondern allein deshalb, weil sie den Schmerz angesichts des Todes ihres Bruders als „eine Privatangelegenheit" (CD, 54) betrachtet wissen will und entsprechend für sich in Anspruch nimmt, auf ganz individuelle Weise um Moritz trauern zu dürfen. Vom Gericht muss sich Mia dann allerdings belehren lassen:

> Es liegt in Ihrem Interesse, jede Form von Krankheit zu vermeiden. In diesem Punkt decken sich Ihre Interessen mit jenen der METHODE, und auf diese Übereinstimmung stützt sich unser gesamtes System. Es besteht eine enge Verbindung zwischen dem persönlichen und dem allgemeinen Wohl, die in solchen Fällen keinen Raum für Privatangelegenheiten lässt.
> (CD, 58)

Nun bildet eine derartige enge Kopplung des staatlichen Interesses an das physische Wohl des Einzelnen ganz generell ein Charakteristikum moderner Gesellschaften, wie insbesondere Michel Foucault gezeigt hat. Seit der Mitte des 18. Jahrhunderts sieht Foucault eine Form der Macht sich formieren, „deren höchste Funktion nicht mehr das Töten, sondern die vollständige Durchsetzung des Lebens ist":

> Die Fortpflanzung, die Geburten- und die Sterblichkeitsraten, das Gesundheitsniveau, die Lebensdauer, die Langlebigkeit mit allen ihre Variationsbedingungen wurden zum Gegenstand eingreifender Maßnahmen und *regulierender Kontrollen: Bio-Politik der Bevölkerung*. Die Disziplinen des Körpers und die Regulierungen der Bevölkerung bilden die beiden Pole, um die herum sich die Macht zum Leben organisiert hat.[1127]

Genau eine solche Verbindung des einzelnen Körpers mit dem ‚Gesamtkörper' der Gesellschaft – fast möchte man sagen: mit dem ‚Volkskörper' – wird in der fiktionalen Welt von *Corpus Delicti* konsequent zu Ende gedacht. Biopolitik scheint hier den gesamten Bereich des Politischen durchdrungen zu haben: Politik, insofern damit der Einfluss des Staates auf seine Bürger bezeichnet wird, *ist* in Zehs Roman wesentlich Biopolitik. Die kollektive Disziplinierung der Körper wird dabei derart ins Extrem getrieben, dass die entworfene Gesellschaft erkennbar totalitäre

---

[1127] Michel Foucault: Der Wille zum Wissen. Sexualität und Wahrheit 1. Frankfurt a. M. 1983, S. 135.

Züge annimmt: von der Abwehr des bloß Individuellen über die umfassende gesundheitliche Kontrolle der Bevölkerung bis hin zur gegenseitigen Bespitzelung der Bürger. Man geht wohl nicht zu weit, in dem Begriff „Santé" (erstmals CD, 15), welcher die gängige Grußformel innerhalb der fiktionaler Welt bildet, eine kontrafaktische Variation des ‚Heils'-Grußes faschistischer Regime zu erkennen: In der kontrafaktischen Variation dieses Grußes verbinden sich die ideologisch-messianische Dimension des ‚Heils' mit dessen biopolitischer Komponente[1128], sodass der diktatorische Charakter des herrschenden Gesundheitsregimes deutlich hervortritt.

Zur Charakterisierung der fiktiven Gesellschaft in *Corpus Delicti* greift Zeh vielfach auf, wie Susanne Layh schreibt, „in der zeitgenössischen Gegenwart längst Wirklichkeit gewordene Fakten"[1129] respektive auf realweltliches Faktenmaterial zurück: so etwa auf Vorratsdatenspeicherung, die flächendeckende Überwachung durch die NSA, die Zurückdrängung des Solidaritätsgedankens im Krankenversicherungswesen sowie auf die Rauchverbote in öffentlichen Räumen.[1130] In der fiktionalen Welt des Romans werden all diese Aspekte der Gegenwart auf zweifache Weise kritisch kommentiert: erstens, indem ihre negative Dimension durch Übertreibungen – respektive kontrafaktische Zuspitzung – besonders deutlich herausgestellt wird, und zweitens, indem die genannten Einzelentwicklungen durch eine funktionale Einbindung in ein totalitäres System, welches die Rechte des Individuums empfindlich einschränkt und mitunter sogar auf das Mittel der Folter zurückgreift, gleichsam metonymisch diskreditiert werden.

Besonders eindrücklich lässt sich die oppressive Wirkung der „Bio-Macht"[1131] anhand des ambivalenten Komplexes Norm/Normalität/Normativität im Roman herausstellen. Für Kramer als erklärten Anhänger der METHODE bilden Gesundheit und Normalität weitgehend austauschbare Begriffe: „Was sollte vernünftigerweise dagegen sprechen, Gesundheit als Synonym für Normalität zu betrachten? Das Störungsfreie, Fehlerlose, Funktionierende: Nichts anderes taugt zum Ideal."

1128 Zu den unterschiedlichen semantischen und normativen Dimensionen des Begriffs der Gesundheit siehe Letizia Dieckmann / Julian Menninger / Michael Navratil: Gesundheit und Erzählen: Zur Einleitung. In: Dies. (Hg.): Gesundheit erzählen. Ästhetik – Performanz – Ideologie. Berlin / Boston 2021 (in Vorbereitung).
1129 Layh: Finstere neue Welten, S. 159.
1130 Die Übereinstimmungen reichen dabei bis auf die Ebene sprachlicher Details. Nover zufolge etabliert *Corpus Delicti* eine „unmittelbare Beziehung zu den realen sicherheitspolitischen Diskussionen des Jahres 2007", und zwar indem der Text konkrete Äußerungen des damaligen deutschen Innenministers Wolfgang Schäuble zum Thema Terrorismus sprachlich „variier[t]". Vgl. Immanuel Nover: Der disziplinierte Körper. Ethik, Prävention und Terror in Juli Zehs *Corpus Delicti. Ein Prozess*. In: Kritische Ausgabe 17/24 (2013), S. 79–84, hier S. 81.
1131 Foucault: Der Wille zum Wissen, S. 135.

(CD, 181) Mia hingegen erkennt im Laufe der Handlung, dass es sich bei dem Konzept der Normalität um ein ‚zweischneidiges Schwert' handelt:

> Die METHODE gründet sich auf die Gesundheit ihrer Bürger und betrachtet Gesundheit als Normalität. Aber was ist *normal*? Einerseits alles, was der Fall ist, das Gegebene, Alltägliche. Andererseits aber bedeutet „normal" etwas Normatives, also das Gewünschte. Auf diese Weise wird Normalität zu einem zweischneidigen Schwert. Man kann den Menschen am Gegebenen messen und zu dem Ergebnis kommen, er sei normal, gesund und folglich gut. Oder man erhebt das Gewünschte zum Maßstab und stellt fest, dass der Betreffende gescheitert ist. Ganz nach Belieben. Solange man dazugehört, dient dieses Schwert der Verteidigung. Befindet man sich draußen, stellt es eine schreckliche Bedrohung dar. Es macht krank. (CD, 145)

Die normativ-deskriptive Doppelnatur des Normalitätsbegriffs lässt sich mit Jürgen Links Unterscheidung zwischen „Protonormalismus" und „Flexibilitätsnormalismus"[1132] genauer fassen: Während der Protonormalismus eine „Tendenz zur ‚Anlehnung' der Normalität an Normativität" zeigt, zu „fixe[n] Normal- und Grenzwerte[n]" tendiert und eine „‚harte' semantische und symbolische Markierung der Grenze" zum Nicht-Normalen vornimmt, zeichnet sich der Flexibilitätsnormalismus durch „dynamische und in der Zeit variable Grenze[n]", durch eine „‚Entfernung' der Normalität von [der] Normativität" sowie durch ein „Floating" von „flexible[n] und dynamische[n] Normal- und Grenzwerte" aus.[1133] Zwar schließen sich diese beiden Normalismus-Modelle keineswegs gegenseitig aus. Doch konstatiert Link für die zweite Hälfte des 20. Jahrhunderts eine deutliche Zunahme an flexibel-normalistischen Strukturen:[1134] Anstatt von einer gegebenen Norm auszugehen, orientiert sich die Definition dessen, was als ‚normal' gilt, zusehends an einer normativ neutralen Beobachtung der Realität, mit all ihren Übergängen, weichen Grenzen und dynamischen ‚Normal'verteilungen.

Angesichts einer solchen Dominanz flexibel-normalistischer Strukturen in der Gegenwart muss eine Rückkehr zu protonormalistischen Strukturen unausweichlich als Freiheitseinschränkung empfunden werden. So weist etwa Hans-Georg Gadamer in seinem Essay *Über die Verborgenheit der Gesundheit* – einem der überraschend wenigen philosophischen Texte, die sich explizit mit Gesundheit (und nicht mit Krankheit[1135]) auseinandersetzen – auf die Gefahren des

---

[1132] Jürgen Link: Versuch über den Normalismus. Wie Normalität produziert wird. 3., ergänzte, überarbeitete und neu gestaltete Aufl. Göttingen 2006, S. 51.
[1133] Link: Versuch über den Normalismus, S. 57.
[1134] Vgl. Link: Versuch über den Normalismus, besonders die Teile I bis IV sowie VII bis X.
[1135] Zum Zusammenhang von Literatur und Krankheit liegt mittlerweile eine schier unüberschaubare Fülle an Forschungsbeiträgen vor. Wichtige Initialimpulse für die Literatur-und-

Versuchs hin, Gesundheit allgemeingültig zu normieren: „Natürlich kann man auch Standardwerte für die Gesundheit festlegen. Wenn man aber etwa einem gesunden Menschen diese Standardwerte aufzwingen wollte, würde man ihn eher krank machen. Es liegt eben im Wesen der Gesundheit, daß sie sich in ihren eigenen Maßen selbst erhält."[1136] Genau eine solche Form des flexiblen Normalismus im Verhältnis zur eigenen Gesundheit wird in der fiktiven Gesellschaft von *Corpus Delicti* wieder zurückgenommen, wenn die METHODE Gesundheit als allgemeingültigen Wert – im doppelten Sinne einer moralischen Leitlinie und eines nummerischen Standards – definiert und alles, was außerhalb dieses Wertes liegt, für krank – wiederum im doppelten Sinne der Deskription und der moralischen Wertung – erklärt. In einer derartigen Gesellschaft bleibt kein Platz für eine individuelle Behandlung von Gesundheitsfragen; an die Stelle subjektiver Bewertungen des eigenen Gesundheitsempfindens tritt der, so Zeh in einem Artikel für die *FAZ*, „Zwang zur ‚Normalität'".[1137] Damit werden aber auch die Errungenschaften liberaler Demokratien preisgegeben, welche gerade in der Fähigkeit zur Deliberation und friedlichen Vermittlung divergenter Positionen bestehen.[1138]

Die protonormalistische Gleichschaltung des öffentlichen Diskurses deutet sich in *Corpus Delicti* bereits über die Titel der öffentlichen Medien an: So heißt eine populäre Fernsehsendung WAS ALLE DENKEN (CD, 83); und das zentrale Publikationsorgan der METHODE trägt den Titel DER GESUNDE MENSCHENVERSTAND. In dieser Titelformulierung werden Vernunft, Gesundheit und Normalität in ein enges Abhängigkeitsverhältnis zueinander gebracht (tatsächlich dient die von Heinrich Kramer verantwortete Zeitschrift nicht zuletzt dem Zweck, Staatspropaganda zu

---

Krankheit-Forschung lieferte Susan Sonntag: Illness as Metaphor and AIDS and Its Metaphors. London 2002. Siehe zum Zusammenhang von Literatur und Gesundheit jetzt Letizia Dieckmann / Julian Menninger / Michael Navratil (Hg.): Gesundheit erzählen. Ästhetik – Performanz – Ideologie. Berlin / Boston 2021 (in Vorbereitung).
1136 Hans-Georg Gadamer: Über die Verborgenheit der Gesundheit. Aufsätze und Vorträge. Frankfurt a. M. 1993, S. 138.
1137 Zeh: Schützt den Datenkörper. Siehe zum Thema der Datenüberwachung in *Corpus Delicti* auch Koellner: Data, Love, and Bodies.
1138 In ihren Frankfurter Poetikvorlesungen votiert Zeh für ein pluralistisches Verständnis von Normalität: „Normalität ist eine Absprache von mindestens zwei, am besten zwischen erheblich mehr Personen. Eine Gesellschaft, die nur eine Normalität kennt, ist totalitär. Wir brauchen möglichst zahlreiche, möglichst unterschiedliche, sich überlagernde, changierende Normalitätsabsprachen, ein wahres Schichtenmodell aus Normalitäten, um es möglichst vielen Menschen zu ermöglichen, sich einigermaßen geistig gesund zu fühlen." (Zeh: Treideln, S. 148).

verbreiten und politische Gegner öffentlich zu diffamieren). Die ideale Geliebte – Mias imaginäre Gesprächspartnerin und die Verteidigerin von Moritz' oppositionellen Ansichten nach dessen Tod – wendet sich gegen diese suggestive Sprachverwendung, wenn sie behauptet: „Gesunder Menschenverstand [...] ist, wenn einer recht haben will und nicht begründen kann, warum!" (CD, 37) Damit wird im Roman ein Argument der romantischen Philosophie aufgegriffen, welche den ‚gesunden Menschenverstand' bereits um 1800 unter Ideologieverdacht gestellt hatte. So setzt beispielsweise Hegel den ‚gesunden Menschenverstand' gerade in Opposition zur wahren Philosophie.[1139] Angriffe auf den ‚gesunden Menschenverstand' finden sich in der Philosophie des 19. Jahrhunderts – etwa bei Marx, Schopenhauer und Nietzsche – dann immer wieder.[1140] Es erscheint mithin durchaus konsequent, wenn Mias Bruder Moritz, ein entschiedener Gegner der METHODE und ihrer vermeintlich streng rationalen Weltanschauung, ausgerechnet Philosophie studiert. Überhaupt wird im Roman das philosophische, kritische oder auch künstlerische Denken immer wieder in Opposition zum protonormalistischen Konsens des herrschenden Systems gebracht, ohne dass dieser Konsens dadurch jedoch nachhaltig erschüttert werden könnte.[1141]

1139 Bereits in der *Differenzschrift* sieht Hegel den ‚gesunden Menschenverstand' als der philosophischen Spekulation unterlegen an: „Die Spekulation versteht deswegen den gesunden Menschenverstand wohl, aber der gesunde Menschenverstand nicht das Tun der Spekulation." (Georg Wilhelm Friedrich Hegel: Differenz des Fichteschen und des Schellingschen Systems der Philosophie (1801). In: Ders.: Jenaer Schriften 1801–1807. Werke 2. Frankfurt a. M. 1986, S. 7–136, hier S. 13) In der *Phänomenologie des Geistes* spitzt Hegel seine Kritik am ‚gesunden Menschenverstand' dann polemisch zu: „Dagegen im ruhigeren Bette des gesunden Menschenverstandes fortfließend, gibt das natürliche Philosophieren eine Rhetorik trivialer Wahrheiten zum besten. Wird ihm die Unbedeutendheit derselben vorgehalten, so versichert es dagegen, daß der Sinn und die Erfüllung in seinem Herzen vorhanden sei, und auch so bei anderen vorhanden sein müsse, indem es überhaupt mit der Unschuld des Herzens und der Reinheit des Gewissens und dgl. letzte Dinge gesagt zu haben meint, wogegen weder Einrede stattfinde noch etwas weiteres gefordert werden könne." (Georg Wilhelm Friedrich Hegel: Phänomenologie des Geistes. Werke 3. Frankfurt a. M. 1986, S. 64).
1140 Vgl. F. Vonessen: Gesund, Gesundheit. In: Joachim Ritter (Hg.): Historisches Wörterbuch der Philosophie. Basel 1974, Bd. 3, S. 559–561, hier S. 560.
1141 Die ideale Geliebte besteht aus „Kupferrohre[n]", die „beliebig miteinander [...] verschweiß[t]" sind, befindet sich „an einem Kreuzungspunkt zwischen den Welten" und stellt etwas dezidiert „Zweckloses" (CD, 25) dar. Man könnte die ideale Geliebte entsprechend als Allegorie künstlerischen Denkens überhaupt ansehen. Auch bezeichnet Kramer Mia nach einem Streitgespräch als „Dichterin" und bittet darum, sie „zitieren" zu dürfen (CD, 125) (allerdings nur, um diese Zitate dann in der Hetzkampagne gegen sie zu verwenden). Schließlich finden sich in Mias Bücherregal Werke von Rousseau (der die Bedeutung von Natürlichkeit und individueller Freiheit gegenüber den zersetzenden Wirkungen der Zivilisation hervorhob),

Verstöße gegen den, wenn man so will, neo-protonormalistischen Konsens werden in Zehs Roman mit dem Ausschluss aus der Gemeinschaft geahndet. „Die Methode", so erklärt Kramer, „definiert die Übereinstimmung von allgemeinem und persönlichem Wohl als ‚normal'. Wer sich selbst nicht als normal in diesem Sinne begreift, wird es auch in den Augen der Gesellschaft nicht sein. Außerhalb der Normalität herrscht Einsamkeit." (CD, 87) Indem Mia die Grundsätze der METHODE in Zweifel zieht, gerät sie in eine Außenseiterposition, die vonseiten des Staates mit der strukturellen Funktion der Terroristin belegt und darüber hinaus metaphorisch mit dem Bild der ‚Hexe' in Verbindung gebracht wird.

15.1.3 Die Wiederkehr des Mittelalters in der Zukunft

In einer Gesellschaft, die nur einen einzigen Normalitätswert akzeptiert, führt nicht erst die offene Opposition zu politischen oder gesellschaftlichen Irritationen, sondern bereits die bloße „Ambivalenz" (CD, 126) gegenüber der herrschenden Ordnung: „Noch hat keiner Mia als ‚unnormal' bezeichnet. Aber auch ‚normal' würde sie niemand nennen. Sie sitzt auf dem Zaun." (CD, 146) Diese metaphorische Ausdrucksweise verweist auf eine zentrale Passage des Romans, in welcher die ideale Geliebten Mia die Etymologie des Wortes ‚Hexe' auseinandersetzt:

> Das Wort kommt von Hagazussa. Die Hexe ist ein Heckengeist. Ein Wesen, das auf Zäunen lebt. Der Besen war ursprünglich eine gegabelte Zaunstange. [...] Zäune und Hecken sind Grenzen, Mia. Die Zaunreiterin befindet sich auf der Grenze zwischen Zivilisation und Wildnis. Zwischen Diesseits und Jenseits, Leben und Tod, Körper und Geist. Zwischen Ja und Nein, Glaube und Atheismus. Sie weiß nicht, zu welcher Seite sie gehört. Ihr Reich ist das *Dazwischen*. (CD, 144)

Orwell (der mit seinem dystopischen Roman *1984* zweifellos *die* kanonische Dystopie zum Thema staatliche Überwachung verfasst hat) und Agamben (der Foucaults Thesen zur Biopolitik weiterentwickelte und darüber hinaus über den „Ausnahmezustand" (vgl. auch CD, 206) als Modus der Unrechtspolitik philosophiert hat); allerdings weist Mia darauf hin, dass sie Agambens Buch – und möglicherweise auch die Werke der anderen genannten Autoren – „nie gelesen" (CD, 128) habe. Man kann das als Hinweis darauf deuten, dass in einer Welt, in der eine kritische Auseinandersetzung mit den Rechten und Pflichten von Staat, Gesellschaft und Individuum nicht mehr stattfindet – sei es in Form politischer Philosophie wie bei Rousseau oder Agamben, sei es in Form dystopischer Literatur wie bei Orwell oder auch, metareflexiv gewendet, bei Zeh selbst –, der Entwicklung der politischen Ordnung hin zu einer Diktatur keine Schranken gesetzt sind.

Auf die politische Bedeutung des „*Dazwischen*" wird im folgenden Kapitel noch ausführlich einzugehen sein. Zunächst lohnt es jedoch, dem Themenfeld der „Hexenjagd" (CD, 252) im Roman genauer nachzuspüren.[1142]

Die Hexenverfolgung der Frühen Neuzeit (einer weit verbreiteten Übergeneralisierung gemäß wird im Roman nicht zwischen Früher Neuzeit und Mittelalter unterschieden) bildet eine der zentralen realweltlichen Bezugsebenen des Romans. Die Forschung hat eine ganze Reihe von Beziehungen zwischen Zehs Roman und den frühneuzeitlichen Hexenprozessen herausgearbeitet. Insbesondere Sonja E. Klocke stellt in einem materialreichen Artikel die einschlägigen Verbindungen zwischen fiktionaler Welt und realer Hexenverfolgung heraus.[1143] So haben sowohl Mia Holl als auch Heinrich Kramer reale Vorgänger aus dem historischen Kontext der Hexenverfolgung. Insofern, als die Biografien dieser realhistorischen Personen durch die Figuren des Romans in signifikanter Weise variiert werden, können letztere als kontrafaktische Wiedergänger der frühneuzeitlichen Personen angesehen werden.

Der Name der Protagonistin Mia Holl verweist auf Maria Holl (ca. 1549–1634), eine Gastwirtin aus Nördlingen, die 1593 als Hexe inhaftiert wurde und 62 Folterungen über sich ergehen lassen musste. Da Maria Holl allerdings standhaft an ihrer Unschuldsbehauptung festhielt und auch keine weiteren Frauen der Hexerei bezichtigte, wurde sie schließlich wieder auf freien Fuß gesetzt.[1144] Auch Mia Holl in *Corpus Delicti* weigert sich, eine Falschaussage zu machen, obwohl ihr die Folter angedroht und schließlich auch an ihr vollstreckt wird. Die finale ‚Freilassung' bedeutet im Falle Mias, anders als im Falle ihres realweltlichen Vorbilds, jedoch gerade keinen Schritt in die tatsächliche Freiheit, sondern bildet als Reintegration in eine totalitäre Gesellschaft gerade eine besonders krasse Form der Unterdrückung. Mias Bruder, der im Gefängnis Selbstmord begeht, konnte noch behaupten: „Wer stirbt, entwischt. Wer eingefroren wird, gehört endgültig dem System. Als Jagdtrophäe." (CD, 231) Das Einfrieren auf unbestimmte Zeit, zu dem Mia am Ende des Schauprozesses verurteilt wird, bedeutet zwar nicht im eigentlichen Sinne eine Todesstrafe (die ein System, welches „sich auf eine absolute

---

[1142] Mögliche intertextuelle Verbindungen zwischen *Corpus Delicti* und Arthur Millers Stück *Hexenjagd* (im Original: *The Crucible* (1953)) diskutieren Schotte und Vorbeck-Heyn: Die Zukunft unserer Gesellschaft liegt in ihrer Vergangenheit, S. 119, Anm. 9.

[1143] Sonja E. Klocke: „Das Mittelalter ist keine Epoche. Mittelalter ist der Name der menschlichen Natur." Aufstörung, Verstörung und Entstörung in Juli Zehs „Corpus Delicti". In: Carsten Gansel / Norman Ächtler (Hg.): Das ‚Prinzip Störung' in den Geistes- und Sozialwissenschaften. Berlin / Boston 2013, S. 185–202. Siehe auch Schotte / Vorbeck-Heyn: Die Zukunft unserer Gesellschaft liegt in ihrer Vergangenheit.

[1144] Vgl. Lyndal Roper: Hexenwahn. Geschichte einer Verfolgung. München 2007, S. 78, S. 377 f., Anm. 14.

Wertschätzung des menschlichen Lebens stützt" (CD, 231), auch gar nicht verhängen könnte[1145]). Für das Individuum sind Tod und Einfrieren aber letztlich fast gleichbedeutend (man kann im Einfrieren eine genaue Umkehrung des Feuertodes auf dem Scheiterhaufen erkennen[1146]). Beide Formen der Beseitigung politischer Gegner würden aber immerhin die Möglichkeit eröffnen, zumindest symbolisch gegen das herrschende System in Stellung gebracht zu werden. Genau eine solche Verklärung als „Märtyrerin" (CD, 263) enthält die METHODE Mia Holl vor, wenn in letzter Minute eine „Begnadigung der Verurteilten" (CD, 263) ausgesprochen wird, eine Begnadigung jedoch, welche sich – anders als im Fall der realhistorischen Maria Holl, die bis zum heutigen Tag als Lokalheldin verehrt wird[1147] – nicht als Erfolgsgeschichte vom Widerstand des Individuums gegenüber den Zugriffen der Obrigkeit symbolisch instrumentalisieren lässt, sondern die im Gegenteil gerade die totale Macht der Obrigkeit demonstriert. Mia Holl wird, so bemerkt Heinz-Peter Preußer, „keine Jeanne d'Arc werden, auch keine Antigone oder Ulrike Meinhof, sondern in die psychologische Betreuung abgeschoben".[1148] Anlässlich von Mias Freilassung sinniert Heinrich Kramer:

> „[N]ur unfähige Machthaber [schenken] dem nervösen Volk eine Kultfigur. Jesus von Nazareth, Jeanne d'Arc – der Tod verleiht dem Einzelnen Unsterblichkeit und stärkt die Kräfte des Widerstands. Das wird Ihnen nicht passieren, Frau Holl. Stehen Sie auf. Ziehen Sie sich an. Gehen Sie nach Hause. Sie sind ..." Noch einmal kehrt der Lachanfall zurück. „Frei!"
> (CD, 363 f.)

Heinrich Kramer wiederum verdankt seinen Namen dem Dominikaner-Mönch Heinrich Kramer (Institoris) (ca. 1430–1505), welcher im Jahre 1486 den berüchtigten *Malleus Maleficarum*, den *Hexenhammer* veröffentlichte, die bedeutendste frühneuzeitliche Schrift zur Legitimation der Hexenverfolgung. Ein Verweis auf den *Hexenhammer* findet sich bereits zu Beginn von Zehs Roman, wenn, wie

---

1145 Bereits Foucault macht darauf aufmerksam, dass eine biopolitisch orientierte Macht, wie sie sich in der Moderne zusehends etabliert, auf die Todesstrafe weitgehend verzichten muss, da sich die Autorität dieser Macht ja gerade auf eine Verwaltung des Lebens stützt: „Seit die Macht das Leben in seine Regie genommen hat, ist die Anwendung der Todesstrafe nicht durch humanitäre Gefühle, sondern durch die innere Existenzberechtigung der Macht und die Logik ihrer Ausübung immer mehr erschwert worden. Wie sollte eine Macht ihr höchstes Vorrecht in der Verhängung des Todes äußern, wenn ihre Hauptaufgabe darin besteht, das Leben zu sichern, zu verteidigen, zu stärken, zu mehren und zu ordnen?" (Foucault: Der Wille zum Wissen, S. 133).
1146 Vgl. Klocke: „Das Mittelalter ist keine Epoche", S. 196.
1147 Vgl. Roper: Hexenwahn, S. 7 f.
1148 Preußer: Gewalt und Überwachung, S. 182.

oben ausgeführt, extensiv aus Heinrich Kramers Schrift *Gesundheit als Prinzip staatlicher Legitimation* zitiert wird.[1149] Ebenso wie der realhistorische *Hexenhammer* liefert die Schrift des fiktiven Heinrich Kramer eine ideologische Rechtfertigung für die Ausgrenzung und Verfolgung Andersdenkender; auch erscheinen beide Werke in hoher Auflage.[1150] Anspielungen auf die frühneuzeitliche Legitimationsschrift der Hexenverfolgung innerhalb von Zehs Roman verweisen dabei niemals nur auf einen bestimmen Prätext, sondern deuten zugleich auch auf die weitreichenden gesellschaftlichen Folgen hin, welche die Veröffentlichung dieses Werkes nach sich zog: Wohl kaum eine Buchpublikation der Frühen Neuzeit dürfte ähnlich fatale Auswirkungen in der realen Welt gezeitigt haben wie der *Hexenhammer*.[1151] Die intertextuellen Bezüge auf den *Hexenhammer* in Zehs Roman liefern insofern auch immer indirekte transfiktionale (kontrafaktische) Bezüge zur realen Hexenverfolgung, welche durch den *Hexenhammer* befeuert wurde. Indem Kramers Werk in *Corpus Delicti* als kontrafaktischer *Hexenhammer* erscheint, wird die ideologisch-propagandistische Funktion seiner Gesundheitsschrift überdeutlich herausgestellt.

Wichtigstes sachliches Verbindungsglied zwischen der fiktionalen Welt und der Hexenverfolgung bildet die Folter, durch die Mia dazu gebracht werden soll, ihre Mitgliedschaft in einer terroristischen Vereinigung einzugestehen. Im Verweis auf das Thema Folter werden dabei nicht nur Vergangenheit und projizierte Zukunft in Beziehung zueinander gesetzt; es eröffnen sich darüber hinaus Bezüge auf die Gegenwart der Textentstehung zu Beginn des 21. Jahrhunderts. So lässt Kramer Mia wissen:

> An den technischen Details hat sich wenig geändert. Da funktioniert im Wesentlichen alles wie vor fünfzig Jahren. Man stellt Sie auf eine Kiste, nackt, versteht sich, und zieht Ihnen eine schwarze Kapuze über den Kopf. An ihren Fingern, Zehen und primären Geschlechtsteilen werden Kontakte befestigt, Wäscheklammern nicht unähnlich. [...] Die Stromstärke wird stufenlos hochgefahren. Zwei gut ausgebildete Ärzte vom Universitätsklinikum sorgen dafür, dass Sie nicht ... draufgehen. (CD, 235)

[1149] Zu Ideen des *Hexenhammers*, die in *Corpus Delicti* anklingen, siehe Klocke: „Das Mittelalter ist keine Epoche", S. 192–197.

[1150] Bis zum Ende des 17. Jahrhunderts wurden über 30 Auflagen des *Hexenhammers* gedruckt, etwa 30.000 Exemplare waren in Europa in Zirkulation. Vgl. Tamar Herzig: Witches, Saints, and Heretics. Heinrich Kramer's Ties with Italian Women Mystics. In: Magic, Ritual, and Witchcraft 1/1 (2006), S. 26–55, hier S. 27.

[1151] Siehe zur Rezeption des *Malleus Maleficarum* Günter Jerouschek / Wolfgang Behringer: „Das unheilvollste Buch der Weltliteratur"? Zur Entstehungs- und Wirkungsgeschichte des Malleus Maleficarum und zu den Anfängen der Hexenverfolgung. In: Heinrich Kramer (Institoris): Der Hexenhammer: Malleus Maleficarum. Kommentierte Neuübersetzung. München 2000, S. 9–98.

Offenkundig wird hier auf den Abu Ghuraib-Folterskandal angespielt: Während der amerikanischen Besatzung des Irak wurden Gefangene im Abu Ghuraib-Gefängnis gefoltert, misshandelt und getötet, was in den Jahren 2004 und 2006 durch die Veröffentlichung einer Reihe spektakulärer Fotos publik wurde. Das bekannteste dieser Fotos zeigt einen irakischen Gefangenen, der mit ausgebreiteten Armen und an eine Reihe stromführender Drähte angeschlossen auf einer Kiste steht, eine Kapuze über dem Kopf.[1152] Auch jenseits ihrer konkreten politischen Brisanz haben sich die Vorfälle von Abu Ghuraib ins kollektive Gedächtnis eingebrannt als Symbol für eine Wiederkehr politischer Handlungsweisen, welche zu Beginn des 21. Jahrhunderts eigentlich als zivilisatorisch überwunden gegolten hatten. Indem das vermeintlich ideale Staatssystem in Zehs Roman auf das Instrument der Folter zurückgreift, verweist *Corpus Delicti* zugleich auf die Bedrohung der Menschenrechte in der Gegenwart der Leserschaft und betont damit die prinzipielle Fragilität zivilisatorischer Errungenschaften. So kommt Mia, nachdem ihr von Heinrich Kramer die Folter angedroht wurde, zu dem pessimistischen Schluss: „Es hat sich nichts geändert. Es ändert sich niemals etwas. Ein System ist so gut wie das andere. Das Mittelalter ist keine Epoche. Mittelalter ist der Name der menschlichen Natur." (CD, 235)

Über das Thema Folter hinaus eröffnet die Anspielung auf den Abu Ghuraib-Skandal Verbindungen zum Thema Terrorismus, dem im Roman generell zentrale Bedeutung zukommt. Ebenso wie in der Streitschrift *Angriff auf die Freiheit* oder Zehs Stück *Der Kaktus*, das die Anwendung gewaltsamer Verhörmethoden gegen einen Terrorverdächtigen thematisiert, steht dabei in *Corpus Delicti* weniger der Terrorismus an sich zur Diskussion – etwa die ihm zugrundeliegenden Motivationen, seine (Il-)Legitimität oder das Weltbild der ausführenden Terroristen –, sondern vielmehr das Verhalten derjenigen Akteure, die sich entweder vom Terrorismus bedroht fühlen oder aber die das Schreckgespenst des Terrorismus zur Durchsetzung eigener politischer Anliegen heraufbeschwören – und damit vorauseilend genau jene Freiheiten zerstören, die im Kampf gegen den Terrorismus angeblich verteidigt werden sollen.[1153] Reale Ter-

---

1152 Vgl. Klocke: „Das Mittelalter ist keine Epoche", S. 197 f. Siehe auch Müller-Dietz: Strafrecht im Zukunftsstaat?, S. 438.
1153 Das Thema Terrorismus spielt bereits in Zehs zweitem Roman *Spieltrieb* eine Rolle. Vgl. etwa Juli Zeh: Spieltrieb. München ⁹2006, S. 146–151. Die Möglichkeit eines Staatsumsturzes mit gewaltsamen Mitteln thematisiert Zeh dann in ihrem zweiten dystopischen Roman *Leere Herzen* (übrigens ebenfalls unter Verweis auf die RAF). Die Möglichkeit eines solchen Umsturzes wird am Ende dieses Romans entschieden zurückgewiesen. Vgl. Juli Zeh: Leere Herzen. München 2017, S. 346 f. Ein wichtiger Unterschied zwischen der autoritären Regierung in *Corpus Delicti* und derjenigen in *Leere Herzen* besteht allerdings darin, dass die letztere demokratisch gewählt ist, während die Art der Regierungskonstitution in *Corpus Delicti* nicht thema-

roristen kommen in *Corpus Delicti* überhaupt nicht vor, sodass es auch wenig plausibel erscheint, etwaigen Verbindungen zwischen Mia Holl und den Terroristen der Baader-Meinhof-Gruppe nachzuspüren.[1154] Zwar spielt der Name der Gruppe „Recht auf Krankheit" (R.A.K) (CD, 83) im Roman erkennbar auf die terroristische Vereinigung „Rote Armee Fraktion" (RAF) an. Allerdings bleibt bis zum Ende des Romans unklar, ob diese Gruppe überhaupt existiert. Auch wird im Text mehrfach betont, dass sowohl Mia als auch ihr Bruder Moritz, ungeachtet ihrer oppositionellen Haltung gegenüber der METHODE, keinerlei Sympathien für etwaige Terrorgruppen hegen (vgl. CD, 148f., 196). Wenn Mia Holl mit dem Terrorismus assoziiert wird, so nicht deshalb, weil sie im Roman als Ulrike Meinhof des 21. Jahrhunderts erschiene[1155], sondern vielmehr deshalb, weil hier die gesellschaftlich-politische Funktion des Labels ‚Terrorist' kenntlich gemacht wird – auch und gerade dort, wo eine reale Bedrohung gar nicht besteht. (Eher noch als auf die RAF-Terroristen wird auf die bürgerrechtseinschränkenden Maßnahmen verwiesen, die seinerzeit im Kampf gegen die RAF-Terroristen sowie gegen vermeintliche RAF-Sympathisanten umgesetzt wurden.[1156]) Das Label ‚Terrorist' erfüllt im Roman – und, so wird durch die Verweise auf die Gegenwart der Leser suggeriert, auch darüber hinaus – eine ähnliche Funktion wie das Label ‚Hexe' in der Frühen Neuzeit: Beide dienen der Konstruktion einer imaginären Bedrohung sowie der Legitimierung von Repressalien gegenüber einzelnen Mitgliedern der Bevölkerung.

Neben der frühneuzeitlichen Hexenverfolgung, welche in *Corpus Delicti* in Form kontrafaktischer Variationen aufgerufen wird, und den zeitgenössischen Diskursen der Biopolitik, des Terrorismus und der Folter, die vor allem in Form von Anspielungen aufscheinen, greift Juli Zeh in ihrem Roman noch auf eine weitere bedeutende Quelle realweltlichen Faktenmaterials zurück: nämlich auf die eigene Person. Es können eine ganze Reihe formaler Auffälligkeiten benannt werden, welche eine transfiktionale Verbindung von fiktiven Figuren mit der empirischen Autorin nahelegen, insbesondere im Falle der Protagonistin Mia Holl. Bereits die leichte Abwandlung des Namens der realhistorischen Person

---

tisiert wird. Im Interview hat Zeh das Recht auf gewaltsamen Widerstand innerhalb totalitärer Systeme verteidigt. Vgl. Philipp Schwenke / Juli Zeh: „Uns fehlen die Parolen". In: Zeit Campus, 11.09.2008. Siehe auch Borgans / Meißner / Zeh: „Ich bin ein großer Fan der Freiheit".
1154 Vgl. Schotte / Vorbeck-Heyn: Die Zukunft unserer Gesellschaft liegt in ihrer Vergangenheit, S. 125–128.
1155 Dass Mia Holl, wie Schotte und Vorbeck-Heyn behaupten, „unverkennbar Züge Ulrike Meinhofs [trage]", erscheint mir wenig überzeugend. Vgl. Schotte / Vorbeck-Heyn: Die Zukunft unserer Gesellschaft liegt in ihrer Vergangenheit, S. 125.
1156 Vgl. McCalmont / Maierhofer: Juli Zeh's *Corpus Delicti* (2009), S. 181f.; siehe auch Trojanow / Zeh: Angriff auf die Freiheit, S. 65–72.

Maria Holl zu Mia Holl lässt – rein phonotaktisch betrachtet – eine Assoziation der Protagonistin des Romans mit seiner Autorin Juli Zeh als naheliegend erscheinen. Auch der Umstand, dass der Name ‚Mia' in mehreren romanischen Sprachen dem Possessivpronomen ‚mein/meine' entspricht, deutet auf eine Teilidentität zwischen der Autorin und ihrer Protagonistin hin.[1157] In der Theaterfassung von *Corpus Delicti* aus dem Jahre 2007 ergibt sich ein starker autofiktionaler Verweis auf die Autorin Zeh darüber hinaus durch das Geburtsjahr der Protagonistin im Jahr 2024, welches genau fünfzig Jahre nach Juli Zehs eigenem Geburtsjahr 1974 liegt (während die Handlung des Stückes im Jahr 2057, also wiederum genau fünfzig Jahre nach der Uraufführung von Zehs Stück, angesiedelt ist).[1158] Noch deutlicher, wenn auch medial anders gelagert, fallen die autofiktionalen Verweise in der als „Schallnovelle" untertitelten Hörfassung des Stoffes aus, die Juli Zeh zusammen mit der Band Slut produziert hat und die ein halbes Jahr nach Erscheinen des Romans, im Herbst 2009, auf den Markt kam: In dieser Fassung spricht Zeh selbst die Rolle der Mia Holl. Auf einer Tour mit dem Schallnovellen-Projekt im selben Jahr war Zeh auch als Schauspielerin auf der Bühne zu sehen, sodass eine direkte performative Identifikation von Autorin und Figur möglich wurde.

Gewissermaßen über Bande gespielt wird der autofiktionale Verweis im Falle einer weiteren Romanfigur: der jungen Richterin Sophie. Anhand der juristischen Karriere wird auch bei dieser Figur eine autofiktionale Beziehung zur Biografie der Autorin Zeh etabliert. Zugleich fungiert die Richterin, so bemerkt Achim Geisenhanslüke, als „eine[...] Art Zwillingsfigur der Hauptfigur Mia Holl."[1159] Sophie vertritt als Richterin zwar die Interessen der METHODE, bildet unter den Organen staatlicher Gewalt in *Corpus Delicti* jedoch eher eine begütigend-ausgleichende Stimme. Als eine Art Neben-Mia tritt auch Sophie im Roman zunächst als treue Anhängerin der METHODE auf, wird im Laufe der Handlung dann aber immer stärker in eine Außenseiterposition gedrängt und kommt ab einem gewissen Punkt gar nicht mehr vor: Als Mia durch die Aufdeckung der

---

1157 Vgl. Layh: Finstere neue Welten, S. 172.
1158 Einen vergleichbaren, wenn auch weniger deutlichen Verweis auf den Publikationszeitpunkt des Romans im Jahre 2009 lässt sich in dem Detail erkennen, dass die erste Vorverhandlung gegen Mia Holl im „Raum 20/09" (CD, 12) stattfindet. Auch erwähnt Kramer in abschreckender Absicht die „Sterbestatistiken aus dem Jahr 2009" (CD, 85). Im Nebentext der Dramenfassung wird darüber hinaus vorgeschlagen, „das Datum des Urteils gegen Mia Holl, das zu Beginn der Handlung in der erzählten Zeit des Jahres 2057 verkündet wird, mit Tag und Monat der jeweiligen Aufführung anzugeben." (Weitin: Ermittlung der Gegenwart, S. 71) Für einen Vergleich von Dramen- und Romanfassung siehe Schönfellner: Die Perfektionierbarkeit des Menschen?, S. 75–77.
1159 Geisenhanslüke: Die verlorene Ehre der Mia Holl, S. 227.

Unschuld ihres Bruders in offene Opposition zur METHODE gerät, wird Sophie durch einen anderen Richter ersetzt.[1160]

Für die autofiktionale Dimension von *Corpus Delicti* besonders aufschlussreich ist der verlegerische Peritext: Auf der Rückseite der gebundenen Ausgabe des Romans ist ein Foto von Juli Zeh zu sehen, die sich an eine über einem Maschendrahtzaun verlaufende Stange anlehnt. Durch dieses zunächst wenig auffällige Hintergrunddetail wird die Autorin selbst mit der „Zaunreiterin" (CD, 144) Mia Holl in Verbindung gebracht.[1161] Als Zaunreiterin verweigert die ‚Hexe' im Roman gerade eine eindeutige Positionierung – und gerät damit sowohl ins Abseits der Gesellschaft als auch ins Fadenkreuz des Methodenschutzes. „Wer keine Seite wählt", so stellt die ideale Geliebte im Roman fest, „ist ein Außenseiter. Und Außenseiter leben gefährlich." (CD, 144) Als eine der erfolgreichsten deutschsprachigen Autorinnen der Gegenwart kann Juli Zeh selbst zwar kaum als ‚Außenseiterin' betrachtet werden. Gerade ihre deutlichen Positionierungen als engagierte Intellektuelle haben Zeh jedoch immer wieder zur Zielscheibe öffentlicher Anfeindungen werden lassen. So hält Sabrina Wagner fest: „Juli Zeh polarisiert und sieht sich [...] neben überschwänglichem Lob an anderer Stelle mit harter Kritik, die nicht immer sachlich bleibt, konfrontiert."[1162] Für eine Interpretation von *Corpus Delicti* sind die Biografie Zehs und die mediale Kritik an ihrer Person zwar nicht im Einzelnen von Interesse – es handelt sich bei Zehs Roman gewiss nicht um eine Autofiktion in dem Sinne, dass die individuelle Biografie der Autorin hier in fiktionalisierter Form präsentiert würde. Auch spricht nichts für die Annahme, Zeh habe sich durch die Verweise auf die eigene Person innerhalb von *Corpus Delicti* zum singulären Opfer staatlicher Repressalien stilisieren wollen.[1163] Indem Zeh die Protagonistin ihres Romans als kontrafaktisch-autofiktionale Variante ihrer selbst anlegt, macht sie

---

1160 Bereits in Zehs Roman *Spieltrieb* tritt eine Richterin auf, welche „*[d]ie kalte Sophie*" genannt wird (Zeh: Spieltrieb, S. 517). Diese Figur weist gleichfalls Gemeinsamkeiten mit der Protagonistin des Romans, der hochbegabten Schülerin Ada, auf. Auch in *Spieltrieb* lassen sich beide Figuren mit der Autorin Zeh in Verbindung bringen.
1161 Vgl. Schotte / Vorbeck-Heyn: Die Zukunft unserer Gesellschaft liegt in ihrer Vergangenheit, S. 122 f.
1162 Wagner: Aufklärer der Gegenwart, S. 69.
1163 In einem Essay mit dem Titel *Zur Hölle mit der Authentizität!* spricht Zeh sich gegen einen Umgang mit fiktionaler Literatur aus, der allzu unmittelbar nach dem Faktengehalt des Geschriebenen, etwa nach Übernahmen aus der Autorenbiografie, fragt: „Eine Erzählung zu schreiben, die eins zu eins ein tatsächliches Ereignis spiegelt, wäre für mich todlangweilig; das vollständige Erfinden einer Geschichte, die nichts mit mir zu tun hat, hingegen ohne Sinn." (Juli Zeh: Zur Hölle mit der Authentizität! In: Die Zeit, 21.09.2006) In einem mittlerweile nicht mehr online verfügbaren Interview mit Ingrid Brodnig hat Zeh sich gegenüber einer he-

vielmehr ganz prinzipiell darauf aufmerksam, dass sich kritische Intellektuelle in der Gegenwart mitunter harscher Kritik, öffentlichen Anfeindungen oder gar handfesten Drohungen ausgesetzt sehen. In ihren Frankfurter Poetikvorlesungen weist Zeh explizit auf die Diffamierung des engagierten Intellektuellen hin:

> Seit unser Land beschlossen hat, sich auf dem Höhepunkt von Wohlstand, Sicherheit, Gesundheit und Frieden zur Krisengesellschaft zu erklären; seit der Winter „Schneechaos", der Sommer „Jahrhunderthitze" und starker Regen „Flutkatastrophe" heißen; seit wir hinter jeder Grippe-Erkrankung eine Pandemie wittern und Kopftücher für eine Bedrohung des Abendlandes halten, bildet der zunehmend homogene Diskurs Abwehrkräfte wie ein Immunsystem, das sich gegen Kritik am Mainstream zur Wehr setzt. Wer wollte schon riskieren, durch das Äußern von Einzelmeinungen zum Opfer einer immunologischen Abwehrreaktion zu werden? Zu gewinnen gibt es wenig, zu verlieren viel. Am Ende ist man eine lächerliche Figur, steht als Karikatur des engagierten Intellektuellen mutterseelenallein an der medialen Schusslinie und fuchtelt mit der stumpfen Lanze.[1164]

So wie die engagierten Intellektuellen durch die „Abwehrkräfte" eines „zunehmend homogene[n] Diskurs[es]" angegriffen werden, so wendet sich auch die „METHODE als Immunsystem des Landes" gegen das „grassierende Virus" (CD, 201) des kritischen Denkens, welches in der Imago der ‚Hexe' zur suggestiv-medienwirksamen Repräsentation gelangt. Mia fungiert somit im Roman – nebst vielem anderen – als Vertreterin des „engagierten Intellektuellen", welcher gerade aufgrund seines Engagements für politische Belange Gefahr läuft, sich ins gesellschaftliche Abseits zu manövrieren und damit in letzter Konsequenz zum Staatsfeind – respektive zum „Methodenfeind" (CD, 73) – zu werden.

15.1.4 Das Dazwischen als Raum des Politischen

In der Forschung wurde immer wieder behauptet, *Corpus Delicti* weise eine eindeutige politische Botschaft auf: Konstatiert wurde eine „streckenweise thesenhafte" Gestaltung des Romans[1165], eine „clear political message"[1166] oder gar eine „plakative Kritik an gesellschaftlichen Normierungsprozessen".[1167] Auch Zeh selbst hat mit ihren öffentlichen Äußerungen im Publikationskontext des Romans (einige wurden zu Beginn des Kapitels zitiert) die Vorstellung nahegelegt,

---

roisierenden Identifizierung der eigenen Person mit der Protagonistin von *Corpus Delicti* verwahrt. Vgl. McCalmont / Maierhofer: Juli Zeh's *Corpus Delicti* (2009), S. 383.
1164 Zeh: Treideln, S. 159f.
1165 Neuhaus: Konsequenzen der Biopolitik, S. 126.
1166 McCalmont / Maierhofer: Juli Zeh's *Corpus Delicti* (2009), S. 376.
1167 Schönfellner: Die Perfektionierbarkeit des Menschen?, S. 69.

in *Corpus Delicti* werde eine eindeutige politische Botschaft verbreitet, vergleichbar derjenigen in dem Sachbuch *Angriff auf die Freiheit* oder in den journalistischen Arbeiten der Autorin.

Dass Zeh mit *Corpus Delicti* gegenüber der Idee einer Absolutsetzung der Gesundheit eine ablehnende Position einnimmt, dürfte tatsächlich nicht zu leugnen sein. Nichtsdestoweniger lohnt es, die formale Gestaltung dieser Ablehnung im Roman, gewissermaßen also die Art und Weise ihrer literarischen Inszenierung, genauer in den Blick zu nehmen. Dabei lässt sich zeigen, dass die vermeintlich so eindeutige Botschaft im Rahmen der literarischen Bearbeitung beträchtlich an Komplexität und Ambivalenz gewinnt.[1168]

Als Vertreter ideologischer Extrempositionen stehen sich im Roman der radikale Individualist Moritz Holl und der METHODEN-Fanatiker Heinrich Kramer gegenüber.[1169] Nun erscheint es naheliegend, die Position von Moritz schlicht mit der Stimme der Autorin gleichzusetzen und seine diversen Plädoyers – für Individualismus, Freiheit und Liebe – als ausformulierte Botschaften des Romans respektive als Werkintentionen zu deuten, wohingegen die Position Kramers schlicht als totalitär diffamiert wird. Bei genauerer Betrachtung erweist sich eine solche Interpretation allerdings als unterkomplex. Der Roman *Corpus Delicti* bringt nicht einfach zwei Extrempositionen in Opposition zueinander, sondern führt zugleich das immanente Scheitern dieser Extrempositionen – und zwar beider! – vor, da sie gerade aufgrund ihrer Rigorosität letztlich unausweichlich in Widerspruch zu sich selbst geraten. So wird Moritz' Totalopposition gegenüber der METHODE durch den Umstand relativiert, dass er sein eigenes Leben der METHODE verdankt, welche ihn als Kind von einer lebensbedrohlichen Leukämieerkrankung geheilt hat. Seine Ablehnung gegenüber der Körperfixierung der METHODE kann Moritz mithin überhaupt nur formulieren, weil eben diese Körperfixierung ihn vor dem Tod bewahrt hat (wobei es dann allerdings wie bittere Ironie anmutet, dass just dieselbe Körperfixierung zu dem Justizirrtum führt, der Moritz schlussendlich in den Tod treibt). Von Kramer wiederum wird behauptet, er denke und spreche „mit einer Rücksichtslosigkeit, die darauf

---

[1168] Dass die Übersetzung politischer Thesen ins Medium der Literatur eine – möglicherweise ungeahnte – Komplexitätssteigerung zur Folge hat, ist auf einer höheren Ebene durchaus mit Zehs Poetik vereinbar. Gerade die Ambivalenz und Unverfügbarkeit von Bedeutung hat Zeh immer wieder zum zentralen Merkmal fiktionaler Literatur erklärt: „Wozu gäbe es denn die ganze Literaturwissenschaft, wenn die Autoren selbst wüssten, was es mit ihren Texten auf sich hat?" (Zeh: Treideln, S. 18).

[1169] In seiner Funktion als Sprachrohr der METHODE weist Kramer deutliche Parallelen zu anderen dystopischen ‚Erklärerfiguren' auf, etwa O'Brien in George Orwells *1984* oder Mustapha Mond in Aldous Huxleys *Brave New World*. Vgl. Schroth: "Bedrohung verlangt Wachsamkeit", S. 126 f.; Neuhaus: Konsequenzen der Biopolitik, S. 126 f.

verzichtet, der ewigen Unentschiedenheit des Menschen auf dialektische Art zur Legitimation zu verhelfen." (CD, 126 f.) Genau diese totale Abwehr jedweder Ambivalenz erscheint in *Corpus Delicti* jedoch als eine problematische, ja verwerfliche (wenn auch überaus attraktive) Form des Komplexitätsreduktion:[1170] Am Beispiel Kramer führt der Roman vor, dass ein System, welches die Gesundheit zum absoluten Wert erhebt, eben zur Verteidigung dieses absoluten Wertes letztlich die Gesundheit selbst opfern wird.[1171] So offenbart sich das realpolitische Kalkül des „Fanatiker[s]" (CD, 245) Kramer insbesondere in seiner Bereitschaft, zum Zweck eines Erhalts des herrschenden Systems die Grundsätze der METHODE selbst außer Kraft zu setzen: Der Schauprozess gegen Mia Holl, der Versuch, sie als Mitglied einer (möglicherweise fiktiven) terroristischen Vereinigung zu verleumden sowie die auf gefälschten Indizien beruhende Anschuldigung, Mia habe einen terroristischen Anschlag geplant, laufen den Grundprinzipien der METHODE – Vernunft, Evidenz und objektive Wahrheit – gerade zuwider. Besonders augenfällig wird diese Selbstanullierung der Prinzipien der METHODE bei der Anwendung der Folter an Mia: Im vermeintlichen Dienst der Gesundheit aller wird hier die Gesundheit des Einzelnen willentlich zerstört. Wenn Kramer all diese Vorgehensweisen gegen Mia billigt oder sogar aktiv befördert, so geschieht dies offenkundig nicht zum Zweck einer Verteidigung der Prinzipien der METHODE, sondern allein zu dem Zweck, deren totalitären Geltungs- und Machtanspruch zu sichern. Gipfelpunkt dieses pragmatischen Selbstwiderspruchs ist die letzte Szene des Romans, in welcher Mia, die soeben in die Scheinfreiheit entlassen wurde, von Kramer „sein Zigarettenetui und das Feuerzeug" (CD, 264) – also streng verbotene Substanzen – zugeworfen be-

---

[1170] Es wird im Roman verschiedentlich angedeutet, dass die beeindruckende Selbstverständlichkeit, Eleganz und Konsequenz, mit der Kramer die Grundsätze der METHODE propagiert, letztlich Fassade sind. Bereits bei seinem ersten Auftreten im Roman wird betont: „Nur wer Heinrich Kramer besser kennt, weiß, dass er unruhige Finger hat, deren Zittern er gern verbirgt, indem er die Hände in die Hosentaschen schiebt." (CD, 15) Im Kapitel „Ambivalenz" wird dann darauf hingewiesen, dass Kramer unter leicht gewandelten Bedingungen durchaus lächerlich erscheinen mag: „Man könnte vom selben Ausgangspunkt andere Argumente aufeinanderstapeln, könnte wie beim Schach die Farbe wechseln. Dann wäre Kramer keine Ikone der Unbedingtheit, sondern bloß ein mächtiges Streben mit einer leeren Mitte. Ein Schnüffler. Eine lächerliche Figur." (CD, 128).
[1171] Hierin lässt sich eine Variante des Umschlags totalen Sicherheitsstrebens in Unfreiheit – und damit letztlich auch in einen Verlust der Sicherheit selbst – erkennen. Dem ersten Kapitel von *Angriff auf die Freiheit* haben Trojanow und Zeh ein Zitat von Benjamin Franklin vorangestellt, das just diese dialektische Beziehung thematisiert: „Wer die Freiheit aufgibt, um Sicherheit zu gewinnen, der wird am Ende beides verlieren." (Trojanow / Zeh: Angriff auf die Freiheit, S. 11).

kommt. Abschließend wird hier überdeutlich herausgestellt, dass Verstöße des Einzelnen gegen die Grundsätze der METHODE letztlich bedeutungslos sind, solange diese Verstöße nur nicht den Fortbestand des diktatorischen Systems gefährden. Heinrich Kramer, der Chefideologe der METHODE, erweist sich vollends als Zyniker der Macht, wenn er Mia, die mittlerweile durch Folter und öffentliche Ächtung körperlich gebrochen und sozial vernichtet ist, genau eines jener Laster wider die Gesundheit anempfiehlt, aufgrund derer Mia ursprünglich in Konflikt mit den Staatsautoritäten geraten war. Oberstes Interesse der Gesundheitsdiktatur ist offenkundig die Selbsterhaltung des Systems – ein Ziel, dem nötigenfalls die Gesundheit selbst geopfert wird.

Einen Gegenentwurf zum Dogmatismus Moritz Holls und Heinrich Kramers führt der Roman anhand der Figur Mia Holl vor, die zwischen dem rationalistischen Prinzip der METHODE und der individualistisch-affektbasierten Position ihres Bruders hin- und hergerissen wird. (Ausdruck dieser Zerrissenheit ist nicht zuletzt Mias emotionales Verhältnis Heinrich Kramer gegenüber, welches zwischen Hass und erotischer Attraktion oszilliert.) Bei dem „Prozess" im Untertitel des Romans handelt es sich insofern um mehr als eine Betonung der juristischen Dimension des Textes – also des „Strafprozess[es]" (CD, 67) gegen Mia Holl – oder einen Verweis auf Franz Kafkas gleichnamigen Roman.[1172] Der Untertitel bezeichnet eben auch, wie Christopher Schmidt es formuliert, den „schmerzhafte[n] Prozess der politischen Bewusstwerdung".[1173] Dieser Prozess schreitet notwendigerweise unterschiedliche Positionen ab: Mia beginnt als entschiedene Anhängerin der METHODE, um sich dann im Laufe der Handlung – insbesondere nachdem der Justizirrtum im Fall Moritz Holl publik geworden ist – entschieden zu ihrem Bruder zu bekennen.[1174] (Diese Kompromisslosigkeit im Angedenken des Bruder lässt Mia als Wiedergängerin der Antigone des Sophokles erscheinen.[1175]) Anders als Moritz erkennt Mia jedoch die Irrationalität dieser kompromisslosen Positionierung an: „Ab heute [...] macht *sein* Name jede Vernunft unmöglich. Ab heute tue ich alles aus Liebe und frei von Furcht." (CD,

---

[1172] Vgl. Koellner: Data, Love, and Bodies, S. 410.
[1173] Schmidt: Die Erfindung der Realität, S. 268. Zur Mehrdeutigkeit des Untertitels siehe auch Müller-Dietz: Strafrecht im Zukunftsstaat?, S. 433 f.
[1174] Im Interview benennt Zeh den Reifungsprozess der Figuren als eine Konstante ihrer Werke: „Das Menschenbild, das ich baue, ist positiv, auch wenn man das auf den ersten Blick nicht denkt, weil die Bücher immer düster sind und vom Scheitern erzählen. Aber am Ende kommen die Figuren immer an einen Punkt, an dem sie überhaupt erst fit geworden sind, um Verantwortung für sich selbst zu übernehmen. Für mich sind die Enden der Bücher erst der Anfang für das ‚Leben' der Figur. Im Grunde erzähle ich immer Vorgeschichten." (Zeh: Der Unterschied zwischen Realität und Fiktion ist marginal, S. 20).
[1175] Vgl. Schmidt: Die Erfindung der Realität, S. 268.

174) Mias Absage an die Vernunft und das entschiedene Bekenntnis zu ihrem Bruder erwachsen dabei nicht so sehr aus der Überzeugungskraft von Moritz' Argumenten, sondern aus der Fundamentalopposition gegenüber einem System, welches durch Vertuschung von Justizirrtümern, Verleumdungen und Folter zumindest in den Augen der Protagonistin jeglicher Legitimität verlustig gegangen ist. Gleichzeitig scheint offenkundig, dass mit einer solchen Totalopposition „kein Staat zu machen ist":[1176] Als Staats- und Herrschaftstheorie taugt Kramers nihilistischer Pragmatismus weit besser als Mias trotziger Idealismus (vgl. CD, 233 f.). Zwar entzieht Mia mit einem politischen Pamphlet, das ihre Kritik am herrschenden System thesenartig zusammenfasst, „einer Gesellschaft das Vertrauen, die aus Menschen besteht und trotzdem auf der Angst vor dem Menschlichen gründet." (CD, 186) Positive Systemalternativen oder spezifische Handlungsvorschläge formuliert sie jedoch nicht – und unterscheidet sich damit deutlich von ihrem realweltlichen Komplement Juli Zeh, die sich immer wieder mit konkreten Reformvorschlägen oder „Aufruf[en] zum Handeln" öffentlich zu Wort gemeldet hat.[1177]

Anstatt auf die Errichtung eines neuen Systems hinzuarbeiten, klagt Mia lediglich das Recht ein, das herrschende System immer wieder in Frage stellen zu dürfen. Als der Justizirrtum im Fall Moritz Holls publik wird, richtet ein Reporter die Frage an sie:

> „Frau Holl, kann die METHODE, wenn sie mit derartigen Fehlern behaftet ist, noch als legitim gelten?"
> „Diese Frage", sagt Mia, „werde ich nicht beantworten. [...] Aber ich werde diese Frage *stellen* [...] Immer wieder."   (CD, 170)

Anstelle einer Botschaft oder klaren Handlungsanweisung tritt somit die Forderung, das Verhältnis von Staat und Individuum immer wieder aufs Neue kritisch zu prüfen und neu auszuhandeln. Die Stellung des *„Dazwischen"* (CD, 144), welche aus der Perspektive der herrschenden Ordnung als die Position der ‚Hexe', der Außenseiterin oder des „Gefährders" (CD, 253) erscheint, erweist sich in *Corpus Delicti* somit letztlich als der eigentliche Ort des Politischen.

1176 Diese Formulierung ist übernommen aus Juli Zeh: Die Diktatur der Demokraten. Warum ohne Recht kein Staat zu machen ist. Hamburg 2012. Es handelt sich hierbei um eine Sachbuch-Bearbeitung von Zehs Doktorarbeit.
1177 Trojanow / Zeh: Angriff auf die Freiheit, S. 136. Auch McCalmont und Maierhofer beobachten einen unterschiedlichen Grad an Explizitheit der politischen Forderung zwischen *Corpus Delicti* und *Angriff auf die Freiheit*: „Where the play and novel leave the audience disturbed by an imaginary example set in the future and provoke thinking about such issues, the essay raises not just questions but spells out explicit warnings, directly addressing the reader." (McCalmont / Maierhofer: Juli Zeh's *Corpus Delicti* (2009), S. 382) Zu Zehs Reformvorschlägen siehe auch Herminghouse: The Young Author as Public Intellectual.

15.1.5 Schlussbetrachtung: die ‚Botschaft' der Literatur

> Achtung bitte, wir unterbrechen diesen Text für eine wichtige Durchsage: Dies ist keine Science-fiction. Wir wiederholen: *Keine* Science-fiction. Dies ist nicht *1984* in Ozeanien, sondern die Gegenwart in der Bundesrepublik.[1178]

Diese Sätze stammen zwar aus der Einleitung des Sachbuchs *Angriff auf die Freiheit*. Mit geringen Modifikationen ließen sie sich aber auch auf Zehs Roman *Corpus Delicti* beziehen. Die dystopisch-futurische Diegese des Textes verweist, so will es die Autorin und so legt es die transfiktionale Verweisstruktur des Romans nahe, letztlich auf die reale Welt der Leser. Indem *Corpus Delicti*, wie Birte Giesler schreibt, „unter der Oberfläche Schlummerndes in die Zukunft projizier[t]"[1179], werden Gegenwartstendenzen, gerade in ihrer kontrafaktischen Variation und dystopischen Zuspitzung, zur Kenntlichkeit entstellt. Der Roman kritisiert eine biopolitisch motivierte Absolutsetzung der Gesundheit als zentralem gesellschaftlichen und politischen Wert, eine protonormalistische Einschränkung individueller Freiheiten und die mediale Hexenjagd auf politisch Andersdenkende.

Den Vereindeutigungsversuchen von Totalitarismus, Fanatismus und Radikalismus setzt der Roman die Dialektik der Freiheit entgegen. So behauptet Moritz Holl (der Sache nach wenig konsistent mit seiner sonstigen radikalindividualistischen Gesinnung, möglicherweise aber gerade deshalb als Stimme der Werkintention): „Man muss flackern. Subjektiv, objektiv. Subjektiv, objektiv. Anpassung, Widerstand. An, aus. Der freie Mensch gleicht einer defekten Lampe." (CD, 149) Gerade eine solche dynamische Aushandlung von Freiheitsgrenzen enthält der totalitäre Staat in *Corpus Delicti* seinen Bürgern vor, indem er ihnen – in Erfüllung eines vermeintlich natürlichen Vernunftgebots – die Abwägung konfligierender Interessen abnimmt respektive vorenthält. Ein Staat jedoch, der in jedem Falle besser zu wissen glaubt, was das Richtige für seine Bürger ist, als diese Bürger selbst, endet, so die These des Romans, unausweichlich in der Diktatur.

Die Praktiken der journalistischen Diffamierung politischer Gegner, der flächendeckenden Überwachung der Bürger und der Folter werden im Roman zweifelsohne negativ bewertet. Gleichwohl wird man kaum die These vertreten können, der Roman rede einem naiven Anti-Etatismus das Wort.[1180] Dass Staats-

---

[1178] Trojanow / Zeh: Angriff auf die Freiheit, S. 11.
[1179] Giesler: Zeitgenössisches Drama als rückwärts gekehrte Dystopie in Juli Zehs *Corpus Delicti*, S. 288.
[1180] So die These des ebenso wertungsfreudigen wie philologisch (und auch weltanschaulich) fragwürdigen Artikels von Henk de Berg: Mia gegen den Rest der Welt. Zu Juli Zehs *Corpus Delicti*. In: Kalina Kupczyńska / Artur Pełka (Hg.): Repräsentationen des Ethischen. Festschrift für Joanna Jabłkowska. Frankfurt a. M. 2013, S. 25–48.

macht und Justiz prinzipiell sinnvolle und notwendige Einrichtungen sind, stellt die „Dichterjuristin"[1181] Juli Zeh auch in ihren fiktionalen Werken nicht in Frage. *Corpus Delicti* bringt nicht simplifizierend das freie Individuum in Opposition zum grundsätzlich oppressiven Staat.[1182] Vielmehr macht der Roman deutlich, dass die jeweiligen Abhängigkeiten zwischen beiden immer wieder aufs Neue ausgehandelt werden müssen. Eine Interpretation von *Corpus Delicti*, die nicht einfach nach leicht zitablen Botschaften sucht, sondern die der literarischen Inszenierung des Politischen im Text nachspürt, wird eine Komplexität in der Behandlung politischer und gesellschaftlicher Fragestellungen entdecken, wie sie mit der in der Forschung verschiedentlich behaupteten Eindeutigkeit des politischen Appells nur bedingt vereinbar ist und wie sie auch noch über das von der Autorin selbst prätendierte „altmodische[...], aufklärerische[...] Unterfangen" mit dem sprichwörtlichen „erhobenen Zeigefinger" hinausgeht.[1183] *Corpus Delicti* ruft seine Leser nicht dazu auf, den Prozess der politischen Bewusstwerdung seiner Protagonistin schlicht zu imitieren. Trotz der engen Gegenwartsanbindung ihrer einzelnen Elemente weist die futurische Diegese in ihrer Gesamtheit letztlich eine zu geringe Schnittmenge mit der realen Welt der Leser auf, als dass diese aus dem Roman unmittelbare Handlungsanweisungen für die Gegenwart ableiten könnten (umso weniger, als die tendenziell positiv gezeichneten Figuren des Romans – Mia und Moritz Holl, der Strafverteidiger Rosentreter, der verhalten kritische Journalist Würmer – letztlich allesamt scheitern). Auch entwirft Mia keine positive Systemalternative, sondern formuliert lediglich Kritik am gegebenen System. Das politische Projekt des Romans besteht mithin nicht in der Formulierung einer politischen Agenda, sondern vielmehr in dem Versuch, Problemzusammenhänge der Gegenwart herauszustellen und die Leserschaft zu einer Positionierung gegenüber diesen Problemzusammenhängen aufzurufen.[1184] Letztlich besteht, so die Formulierung der Autorin, die Wirkabsicht

---

1181 Vgl. Wagner: Aufklärer der Gegenwart, S. 64–69.
1182 Zwar ruft Mia am Ende ihres Strafprozesses tatsächlich zum Staatsumsturz auf: „Brennt das Land nieder [...] Reißt das Gebäude ein. Holt die Guillotine aus dem Keller, tötet Hunderttausende! [...] Tötet oder schweigt. Alles andere ist Theater." (CD, 258) Indem Mia allerdings direkt im Anschluss die Frage stellt: „Wo ist *mein Applaus*?" (CD, 258), macht sie deutlich, dass sie hier gerade nicht ihre tatsächliche Meinung zum Ausdruck bringt, sondern vielmehr die Logik des Schauprozesses, zu dessen Opfer sie wird, öffentlich auszustellen sucht. Mias Aufruf zu Mord und Totschlag sollte entsprechend weder als die finale politische Positionierung der Figur noch auch der Autorin angesehen werden.
1183 Zeh: „Ich weiß, dass ich permanent über Moral schreibe.", S. 58.
1184 Hierin stimmt meine Deutung von *Corpus Delicti* mit derjenigen von Carrie Smith-Prei überein: „Zeh's use of ambivalence toward delineating or placing a value on moral or ethical rights and wrongs challenges readers to engage critically with her texts and politically with

von *Corpus Delicti* darin, „Leute dazu einzuladen, eine Haltung zu entwickeln."[1185] Nicht Mia Holls eigene – durchaus ambivalente – Positionen zu den Themen Gesundheit, Freiheit und Staat sollen also übernommen werden. Vielmehr empfiehlt Juli Zeh den Lesern des Romans ihren je eigenen ‚Prozess' der politischen Bewusstwerdung an.

Für eine Diskussion der dystopischen Kontrafaktik erweist sich *Corpus Delicti* in mehrfacher Hinsicht als aufschlussreich: Zehs Roman demonstriert eindrücklich, in welch ein komplexes Abhängigkeits- und Bedingungsgefüge die für das dystopische Genre konstitutive futurische Diegese, die Referenzstruktur der Kontrafaktik und der auktoriale Anspruch, eine politische Botschaft zu formulieren, miteinander treten können. So greift Zeh bei der Behandlung des Themas Hexenverfolgung auf frühneuzeitliches Faktenmaterial zurück, welches dann in der fiktionalen Welt des Romans kontrafaktisch variiert wird (Mia Holl etwa erscheint als Wiedergängerin der historischen Maria Holl und wird in der fiktiven Zukunftsdiegese des Romans zum Opfer einer medialen ‚Hexenjagd'). Ziel dieser Faktenvariationen ist es, gesellschaftliche und politische Entwicklungen der eigenen Gegenwart, welche in Form präziser Anspielungen eindeutig zu identifizieren sind (so etwa der Anspielung auf den Folterskandal von Abu Ghuraib), kritisch zu kommentieren und zugleich auf deren exemplarisch-überzeitliche Bedeutung hinzuweisen. Die erzählpragmatische Funktion der Verweisstruktur von *Corpus Delicti* ergibt sich somit gerade aus dem Umstand, dass gar keine allzu große Abwandlung nötig ist, um die mittelalterlichen Verfolgungs- und Folterpraktiken auf ein fiktives Zukunftsszenario zu übertragen, welches sich dann seinerseits wiederum erschreckend plausibel auf die Gegenwart der Leser beziehen lässt. Gewissermaßen in Form eines schlüssigen Paradoxes nutzt Zeh in ihrem Roman die kontrafaktischen Faktenvariationen, um zu betonen, dass die historische Abfolge der politischen Systeme nicht immer und nicht notwendigerweise radikale Veränderungen zeitigt, sondern dass die Geschichte im Gegenteil eine beunruhigende Tendenz zur Wiederholung des Immergleichen aufweist.[1186] Diese Tendenz zur Wiederho-

---

their contexts. This is true also of *Corpus Delicti* [...]. Through her literary and extraliterary engagement, Zeh asks readers to evaluate critically the political implications of the eradication of private freedoms, as the public and the private are increasingly and problematically conflated." (Smith-Prei: Relevant Utopian Realism, S. 121 f.).

1185 Zeh: „Ich weiß, dass ich permanent über Moral schreibe.", S. 58 f.

1186 Schotte und Vorbeck-Heyn fassen diese komplexe zeitliche Verweisstruktur des Romans in der kondensierten Formulierung, der Roman nutze „[d]ie Gefahren manipulativer Mechanismen für eine Gesellschaft [...], um zu zeigen, wie gegenwärtig die Vergangenheit in ihren Argumentationsfiguren und Praktiken künftig zu bleiben droht." (Schotte / Vorbeck-Heyn: Die Zukunft unserer Gesellschaft liegt in ihrer Vergangenheit, S. 129).

lung wird in der Struktur des Romans selbst aufgegriffen, wenn das Urteil gegen Mia Holl bereits am Anfang des Textes wiedergegeben wird, sodass die Erzählinstanz am Ende des Gerichtsprozesses konstatieren kann: „Siehe oben. Siehe wieder und wieder und immer wieder, siehe früh im Jahrhundert und spät im Jahrhundert und mitten im Jahrhundert – oben." (CD, 259)

Für eine kontrafaktische Deutung von *Corpus Delicti* von Interesse ist ferner die signifikante Teilidentität zwischen der Autorin Juli Zeh und der Figur Mia Holl. Indem Zeh die eigene Person zum Ausgangsmaterial einer kontrafaktisch-autofiktionalen Variation macht, hebt sie den schwierigen Stand des politisch Andersdenkenden – etwa des öffentlichen Intellektuellen – in der Gegenwartsgesellschaft hervor, wie sie es auch in ihren nicht-fiktionalen Texten verschiedentlich getan hat. So bemerkt Zeh etwa in einem Interview aus dem zeitlichen Umfeld der Publikation von *Corpus Delicti*:

> Das Feuilleton jammert und klagt seit Jahren, es rufen circa alle vier Wochen Leute an, die im Radio oder anderen Medien einen Bericht über die Frage machen wollen: Warum gibt es keine Intellektuellen mehr, die sich politisch äußern? Ich sage zu denen immer: Die gibt es schon, aber die paar, die es gibt, macht ihr die ganze Zeit fertig![1187]

Dass auch Juli Zeh sich in ihrer Rolle als ‚public intellectual' immer wieder medialen Anfeindungen ausgesetzt sah und sieht – ebenso wie andere engagierte Intellektuelle vor ihr, etwa Günter Grass, Heinrich Böll oder Peter Handke (wenn auch im Falle Zehs vermutlich verschärft durch die weitgehende „Delegitimierung von Engagement in Literatur und Literaturwissenschaft der neunziger Jahre"[1188]) –, lässt sich anhand der medialen Reaktionen auf Zehs öffentliche Äußerungen leicht nachvollziehen.[1189] Durch die Teilidentifikation der eigenen Person mit der ‚Hexe' Mia Holl weist Zeh auf die Problematik, wenn nicht gar auf die Gefahren einer Diffamierung von Personen des öffentlichen Lebens hin, die zu politischen und gesellschaftlichen Entwicklungen kritisch Stellung beziehen. Indem die Position der ‚Hexe' innerhalb des Romans zur eigentlich politischen Position aufgewertet wird, verteidigt Zeh die Legitimität und Notwendigkeit einer Infragestellung des Status quo durch Schriftsteller und öffentliche Intellektuelle – auch und gerade in Zeiten, in denen derartige Zweifel am herrschenden System wenig opportun erscheinen. Zeh nutzt somit in *Corpus Delicti* Formen der autofiktionalen Kontrafaktik, um einen kritischen Meta-Kommentar zur Funktionsweise des öffentlichen Diskurses zu formulieren.

[1187] Zeh: Der Unterschied zwischen Realität und Fiktion ist marginal, S. 57 f.
[1188] Peitsch: ‚Vereinigungsfolgen'.
[1189] Aufgearbeitet ist die öffentliche Rezeption der politischen Autorin Zeh bei Wagner: Aufklärer der Gegenwart, S. 70–101.

Schließlich demonstriert Zeh mit ihrem Engagement für bestimmte politische Themen in ganz unterschiedlichen Textformen und Äußerungskontexten, dass Autoren, die sich mit ihren Werken (variierend) auf realweltliches Faktenmaterial beziehen wollen, nicht notwendigerweise von einem fixen Kenntnisstand der Leserschaft ausgehen müssen.[1190] Anstatt auf vorgegebene Inhalte der Durchschnittsenzyklopädie zu spekulieren, können Autoren eben auch aktiv auf die Erweiterung dieser Enzyklopädie hinarbeiten, etwa in faktualen Medien wie Interviews, Sachbüchern oder Zeitungsartikeln. Indem Juli Zeh außerhalb ihrer literarischen Werke auf Themen – respektive ‚Fakten' – wie Gesundheitswahn, Überwachung und Bürgerrechtsverletzungen aufmerksam macht, bereitete sie ihre Leser gleichsam vor für eine adäquate Rezeption derjenigen fiktionalen Werke, für die eine Identifikation und interpretatorische Berücksichtigung diese Fakten besonders relevant ist. Als engagierte Autorin agiert Zeh mithin sowohl diesseits wie jenseits der Fakten. Ihre faktualen Kommentare zu politischen Themen und die literarische Gestaltung derselben Themen stehen dabei jedoch nicht einfach unvermittelt nebeneinander.[1191] Zumindest im Falle von Zehs dystopischer Kontrafaktik treten realweltliche Faktenpräsentation und fiktionale Faktenvariation in ein synergetisches Verhältnis der wechselseitigen Erhellung und politisch-normativen Verstärkung.

1190 Siehe Kapitel 4.7. Markierung.
1191 Schönfellner zufolge kann bei Juli Zeh „von einer Wechselwirkung zwischen literarischem und nicht-fiktionalem Schreiben gesprochen werden" (Schönfellner: Erzählerische Distanzierung und scheinbare Zukünftigkeit, S. 543).

16 Leif Randts Poetik des Utopischen

Zu größerer Bekanntheit ist der 1983 geborene Autor Leif Randt durch die Publikation seines zweiten Romans *Schimmernder Dunst über CobyCounty* gelangt. Einer Einladung Alain Claude Sulzers folgend las Randt beim Ingeborg-Bachmann-Preis 2011 in Klagenfurt einen Auszug aus seinem Roman vor und wurde dafür mit dem Ernst-Willner-Preis ausgezeichnet.[1192] Während das Feuilleton Randts Schaffen aufmerksam verfolgt, steht die literaturwissenschaftliche Auseinandersetzung mit diesem Autor und seinem Werk noch ganz am Anfang: Einstweilen lassen sich die wissenschaftlichen Arbeiten zu Randts Romanen noch an den Fingern zweier Hände abzählen. Überblickt man diese wenigen Forschungsbeiträge, so fällt auf, dass es vor allem Pop-Literatur-Forscher wie Moritz Baßler, Heinz Drügh und Immanuel Nover sind, die sich wissenschaftlich mit Randts Romanen auseinandersetzen.[1193] Tatsächlich lässt sich Randts Werk als eine Fortsetzung der Pop-Literatur der 1990er Jahren begreifen, wobei der Autor jedoch durchaus eigene Akzente setzt (die exzessiven, teils listenförmigen Verweise auf reale Markennamen, wie sie sich in den frühen Romanen von Christian Kracht oder Benjamin von Stuckrad-Barre finden, gibt es bei Randt nicht[1194]). Was Randts Werk – neben diversen formalen Übereinstimmungen – mit der Pop-Literatur verbindet, ist vor allem das Interesse an einer von Kapitalismus und Konsumismus dominierten Gegenwart. Diese Gegenwart wird in Randts Texten tendenziell bejaht, in jedem Fall aber als alternativlos dargestellt; zu den pathetisch-kritischen Gegenwartsdiagnosen im langen Nachgang der ersten Generation der Kritischen Theorie steht Randts Literatur in größtmöglicher Distanz.

Sozial verortet sind Randts Romane in einem jungen, urbanen und wohlsituierten Selbstverwirklichungsmilieu, das sich um die materielle Grundlage der eigenen Existenz keine Sorgen zu machen braucht. Im Entwicklungsgang der

---

1192 Ernst-Willner-Preis für Leif Randt. Quelle: http://archiv.bachmannpreis.orf.at/bachmannpreis.eu/de/information/3696/ (Zugriff: 27.07.2021).
1193 Bereits die erste wissenschaftliche Publikation zu Randts Werk stellt eine Verbindung her zwischen Krachts *Faserland* und Randts Debütroman *Leuchtspielhaus*. Vgl. Maximilian Link: Wortlose Kulturen. Die Kommunikationskrise in Christian Krachts „Faserland" und Leif Randts „Leuchtspielhaus". In: Kritische Ausgabe 15/21 (2011), S. 69–72. Auch für *Schimmernder Dunst über CobyCounty* wurde eine Verbindung zu Kracht in der Forschung bald hergestellt: Dem Lektüreeindruck von Baßler und Drügh zufolge liest sich Randts Roman „wie ‚Faserland' auf Soma […], wie ein totalitär gewordener ‚pursuit of happiness'." (Baßler / Drügh: Schimmernder Dunst, hier S. 61).
1194 Vgl. Baßler: Der deutsche Pop-Roman.

verschiedenen Romane verlagern sich die Handlungsorte dabei zusehends ins Utopische: Randts Debütroman *Leuchtspielhaus* aus dem Jahr 2010 erzählt von einer Gruppe Londoner Künstler, welche die Sozialisation mit ihren weniger hippen Generationsgenossen ebenso verweigern wie das Eintauchen ins Internet, die einen Friseursalon zum exklusiven Club stilisieren und eine Street-Art- und Guerilla-Künstlerin namens Bea anhimmeln, deren Markenzeichen vor allem in ihrer hartnäckigen Abwesenheit besteht (tatsächlich entpuppt sich Bea am Ende des Romans als bloßer medialer Simulationseffekt und kommunikativer „*Schneeball*"[1195]). Während die fiktionale Welt in *Leuchtspielhaus* noch problemlos eine realweltliche Verortung erlaubt, spielt Randts zweiter Roman *Schimmernder Dunst über CobyCounty* aus dem Jahr 2011 in der geografisch nicht eindeutig lokalisierbaren Küstenstadt CobyCounty, die vorwiegend von jungen Kreativen – Literaturagenten, Tourismusmanagern, Kreativschaffenden etc. – bevölkert wird und in der sämtliche politischen, sozialen und ökonomischen Konflikte zum Erliegen gekommen sind. In *Schimmernder Dunst über CobyCounty* greift Randt auch zum ersten Mal intensiv auf kontrafaktische Verweisstrukturen zurück, sodass dieser Roman sich für eine Interpretation im Rahmen der vorliegenden Studie besonders anbietet. In Randts drittem Roman *Planet Magnon* aus dem Jahr 2015 wird dann vollends die Grenze zur Science-Fiction überschritten: Die Handlung spielt in einem fernen Sonnensystem, das von einer überlegenen Computer-Intelligenz namens „ActualSanity" in einem Zustand der glücklich stagnierenden Postpolitik gehalten wird.[1196] Im Zentrum des Romans steht ein Kollektiv junger Erwachsener namens „DOLFINS", die sich durch „aparte Attraktivität, hochwertige Fabrikate, Experimentierfreude [und] wortkarge Sachlichkeit" auszeichnen.[1197] Das zentrale Ideologem der Dolfins bildet die sogenannte „POSTPRAGMATICJOY": ein „Sammelbegriff für alle Techniken, die vom Kollektiv DOLFIN* gelehrt werden, um seinen Fellows die höchstmögliche Lebensqualität zu gewährleisten. [...] Als Ziel der PPJ ist ein *postpragmatischer Schwebezustand* anzugeben, in dem Rauscherfahrung und Nüchternheit, Selbst- und Fremdbeobachtung, Pflichterfüllung und Zerstreuung ihre scheinbare Widersprüchlichkeit überwinden."[1198] In Randts jüngstem Roman *Allegro Pastell* von 2020 kehrt sich der Autor dann wieder der

---

1195 Leif Randt: Leuchtspielhaus. Berlin 2010, S. 191.
1196 Vgl. Immanuel Nover: Postpolitische Stagnation. Leif Randts *Planet Magnon*. In: Wirkendes Wort 66/3 (2016), S. 447–459.
1197 Leif Randt: Planet Magnon. Köln 2015, S. 282.
1198 Randt: Planet Magnon, S. 291f.

Gegenwart zu; allerdings wird auch hier die Gegenwart – wie bereits der Titel des Romans andeutet – utopisch weichgezeichnet.[1199]

Der Begriff *Post Pragmatic Joy* kann geradezu als Zentralbegriff von Randts Poetik angesehen werden. Eingeführt hat der Autor ihn Anfang 2012, wenige Monate nach Erscheinen von *Schimmernder Dunst über CobyCounty*, in einer kurzen Erzählung mit dem Titel *post pragmatic joy*.[1200] Eine theoretische Erläuterung des Begriffs hat Randt dann in einem Essay mit dem Titel *Post Pragmatic Joy (Theorie)* geliefert, der 2014 in der Zeitschrift *BELLA triste* erschien. Da sich anhand dieses Textes einige der Charakteristika von Randts Poetik besonders deutlich herausstellen lassen, soll der Essay im Folgenden etwas ausführlicher kommentiert werden.

Post Pragmatic Joy (Theorie) beginnt mit der folgenden Situationsbeschreibung:

> „*Ein kleines salziges Popcorn und ein Jever Fun, bitte.*" Als ich an der Kinotheke stehe, sorgt dieser Satz nicht für Aufsehen. Dabei ist es ein guter, post-pragmatischer Satz. Er fühlt sich fremd an, ist aber völlig ehrlich gemeint. Die Dame hinter der Theke öffnet mein alkoholfreies Bier. Sie bleibt enorm ernst dabei. Ich zahle mit einem neuen Fünfeuroschein. Mit alten Fünfeuroscheinen zahle ich nicht gern, die halte ich lieber zurück.[1201]

Diese unscheinbar anmutende Schilderung einer Alltagsszene gewinnt bei genauerer Betrachtung poetologische, ja geradezu weltanschauliche Bedeutung. Die Konsumszene an einer Kinokasse, die einfachen Formulierungen, die Ich-Perspektive und vor allem der konkrete Markenname „Jever Fun" verweisen deutlich auf die Ästhetik der Popliteratur der 90er Jahre. Gestützt wird diese As-

---

1199 Vgl. Michael Navratil: Die reale Künstlichkeit des Glücks. Rezension zu Leif Randt: Allegro Pastell. In: literaturkritik.de 3 (2020). Quelle: https://literaturkritik.de/randt-allegro-pastell,26570.html (Zugriff: 27.07.2021).
1200 In der Erzählung *post pragmatic joy* findet sich auch eine Anspielung auf Randts Roman *Schimmernder Dunst über CobyCounty*: „Vincent hatte sich damals, angeregt durch die Lektüre eines Zeitgeistromans, mit den Verfahrensweisen des *Neo-Spiritualismus* beschäftigt. Ich vertrat die nicht immer ernst gemeinten, aber doch anregenden Positionen der *post pragmatic joy*." (Leif Randt: post pragmatic joy. In: Jana-Maria Hartmann / Andreas Paschedag (Hg.): Auf und davon. Die schönsten Sommer-Reisegeschichten von Elizabeth Gilbert, Richard Ford, Leif Randt u.v.a. München 2013, S. 49–63, hier S. 54) Der Neo-Spiritualismus bildet eine weltanschauliche Strömung innerhalb der fiktionalen Welt von *Schimmernder Dunst über CobyCounty*. Mit dem Begriff „Zeitgeistroman" wird hier angedeutet, dass es sich bei Randts Roman – trotz der räumlichen und zeitlichen Unverortbarkeit der fiktionalen Welt – um einen Kommentar zur eigenen Gegenwart und nicht etwa um spekulative Science-Fiction handelt. Eine Interpretation von *Schimmernder Dunst über CobyCounty* als Werk der Kontrafaktik gewinnt somit zusätzlich an Plausibilität.
1201 Leif Randt: Post Pragmatic Joy (Theorie). In: BELLA triste. Zeitschrift für junge Literatur 39 (2014), S. 7–12, hier S. 8.

soziation durch einen intertextuellen Verweis auf den Gründungstext der neuen deutschen Popliteratur, auf Christian Krachts *Faserland*. Der berühmte erste Satz von Krachts Romans lautet: „Also, es fängt damit an, daß ich bei Fisch-Gosch in List auf Sylt stehe und ein Jever aus der Flasche trinke."[1202] Während viele frühe Kritiker von *Faserland* die hochfrequente Erwähnung von Markennamen noch als unreflektierte Affirmation einer kapitalistischen Warenwelt gewertet – und nicht selten gebrandmarkt – hatten, bildet es in der jüngeren Forschung einen weitgehenden Konsens, dass die Waren- und Konsumwelt in Krachts Erstlingsroman keineswegs rückhaltlos bejaht wird.[1203] Der namenlose Protagonist trinkt zwar Bier mit einem konkreten Markennamen, doch betont er kurz darauf, dass ihm „Jever eigentlich gar nicht schmeckt"; und die bei Fisch-Gosch gekauften „Scampis" [sic] führen vor allem dazu, dass dem Protagonisten „richtig schlecht" wird.[1204] Die Eingangsszene an der Fischbude bildet dabei nur die erste einer ganzen Reihe von Romanszenen, die Ekel, Übelkeit und unkontrollierbare Körperausscheidungen thematisieren. Für den ‚depressiven Dandy'[1205] im Roman stellt die ihn umgebende Waren- und Luxuswelt zwar eine Selbstverständlichkeit dar; das Sinndefizit der eigenen Existenz vermag sie jedoch nicht auszugleichen. Die im Roman geschilderte ziellose Reise hat ihren Grund nicht zuletzt in diesem Ungenügen des Protagonisten an einer als sinnentleert, unübersichtlich und unzusammenhängend – eben als ‚Faserland' – empfundenen Welt.

Ungeachtet der intertextuellen Bezüge zu Krachts Romanerstling wird dessen kritischer Subtext in Randts Essay gerade nicht übernommen. Während sich der Protagonist von *Faserland* an Scampi überfrisst und ein Bier trinkt, das ihm nicht schmeckt, bestellt der Ich-Erzähler in Randts Text – ein Erzähler, der, so deuten es spätere im Text auftauchende Verweise auf Randts eigene Romane an, durchaus mit dem Autor identifiziert werden kann – von Beginn an nur *„ein kleines salziges Popcorn und ein Jever Fun"*. Die hier ausgewählten Konsumprodukte deuten – anders als in *Faserland* – mitnichten auf einen hedonistischen Exzess hin. Angesichts eines kleinen Knabbersnacks ohne Zucker und eines alkoholfreien Biers stehen weder Euphorie noch Ekel zu erwarten.

Für den Kulturphilosophen Slavoj Žižek bildet alkoholfreies Bier eines jener paradoxen Konsumprodukte, die sich ihrer ursprünglich schädlichen Eigenschaften entledigt haben: Kaffee ohne Coffein, Sahne ohne Fett, Sex ohne Kör-

---

[1202] Kracht: Faserland, S. 13.
[1203] Vgl. Finlay: 'Surface is an illusion but so is depth', S. 216–218. Einen Überblick zur Rezeption von *Faserland* bietet Hehl: Kracht, Christian: Faserland.
[1204] Kracht: Faserland, S. 15.
[1205] Vgl. Tacke / Weyand (Hg.): Depressive Dandys.

per im Cyberspace etc.[1206] Žižek sieht in diesen Produkten ein Symptom für den spezifischen Wirklichkeitszugang der Postmoderne: „the ultimate truth of the capitalist utilitarian despiritualized universe is the dematerialization of 'real life' itself, its reversal into a spectral show."[1207] Während das 20. Jahrhundert für Žižek durch die Hoffnung auf einen Durchbruch zum ‚Realen' definiert war, erscheint die Realität in der Postmoderne eher als Effekt einer Simulation. Eben diese postmoderne Realitätssimulation löst jedoch mitunter ein umso stärkeres Bedürfnis nach dem ‚Realen' aus.[1208] So kann man mit Blick auf die beschriebenen Konsumgüter die Frage stellen, ob ein Produkt, welches sich seiner ‚realen' Eigenschaften entledigt hat, überhaupt noch ein Objekt-Begehren befriedigen kann, welches sich doch nicht zuletzt auf ebendiese unguten Eigenschaften richtet: Worin bestünde schließlich noch der Reiz von Kaffee, alkoholischen Getränken oder Sex, wenn ihre potenziell transgressiven Qualitäten vollständig neutralisiert würden?[1209] Solcherart betrachtet muss ein Produktname wie „Jever Fun" geradezu als Symptom einer ideologischen Überkompensation erscheinen, wird im Begriff „Fun" doch just jene intensive Erfahrung angedeutet, welche ein Bier, dem man den Alkohol entzogen hat, nicht mehr überzeugend in Aussicht zu stellen vermag.

Für den Erzähler des Textes jedoch scheint das beschriebene Produkt nichts an Attraktivität eingebüßt zu haben. Im Gegenteil: Der bescheidene Wunsch nach einem kleinen salzigen Popcorn und Jever Fun ist „völlig ehrlich gemeint". Der reduzierte Konsum ist hier nicht Ausdruck einer Verzichtshaltung; er ist gerade nicht pragmatisch, sondern eben post-pragmatisch und damit – wie der

---

1206 Slavoj Žižek: Welcome to the desert of the real! Five essays on September 11 and related dates. London / New York 2002, S. 10 f.
1207 Žižek: Welcome to the desert of the real!, S. 14.
1208 „[T]he 'postmodern' passion for the semblance ends up in a violent return to the passion of the Real." (Žižek: Welcome to the desert of the real!, S. 7).
1209 Der postmoderne „Beuteverzicht", also die asketischen Tendenzen der Gegenwart und ihre politischen Implikationen, bildet eines der Leitmotive der materialistischen Kulturphilosophie Robert Pfallers. Dabei schließt Pfaller explizit an Žižeks Theorie des „Non-ism" – Bier ohne Alkohol etc. – an: „Der politische ‚Non-ism' erzeugt lauter ‚Non-citoyens', die am öffentlichen Raum fortwährend Subtraktionen vornehmen: er ermutigt die Leute dazu, im öffentlichen Raum alles zu beseitigen, was ihnen nicht aus ihrem Privaten her vertraut ist. [...] Die Beschwerdeführer sagen dabei gleichsam: ‚Wenn Sie schon unbedingt höflich und mondän sein müssen, dann machen Sie das bitte zu Hause.' Genau darin – dass jegliche Lust ihr als unerträgliches Genießen des anderen erscheint –, erweist sich die postmoderne Kultur als lustfeindlich und asketisch." (Pfaller: Das schmutzige Heilige und die reine Vernunft, S. 126) Siehe zu Materialismus, Beuteverzicht und Askese in der Gegenwartskultur auch ders.: Wofür es sich zu leben lohnt. Frankfurt a. M. 2011, bes. S. 49–91; ders.: Zweite Welten. Und andere Lebenselixiere. Frankfurt a. M. 2012, bes. S. 145–177.

Titel des Essays andeutet – ein wirkliches Glück: In der Haltung der *Post Pragmatic Joy*, so suggeriert es der Text, hat man – *horribile dictu*? – am Jever Fun tatsächlich Freude.

Im weiteren Verlauf des Textes weist Randt darauf hin, dass eine präzise Bestimmung der *Post Pragmatic Joy* derzeit noch nicht möglich sei:

> Für die Gegenwart kann ich den Begriff bislang nur unzureichend definieren. Wahrscheinlich geht das auch nicht. Postpragmatische Zustände gibt es längst, gelungene Sätze gehen daraus hervor. Eine tatsächlich ausgelebte Post Pragmatic Joy jedoch, die gibt es noch nicht. Sie ist das Ziel, sie ist die dumpfe Ahnung hinter den Texten, sie ist das Flirren über den Füllwörtern, die geheime Antwort, die noch keiner kennt.[1210]

Die *Post Pragmatic Joy* nimmt hier eine unbestimmte Mittelstellung zwischen Zustands- und Erlebnisqualität, Lebensziel, Weltsicht, Stileigenschaft und Bedingung künstlerischer Produktion ein (später im Text heißt es: „Das Entstehen guter Fiction ist offenbar ziemlich pragmatic."[1211]). Zwar taucht der Begriff der ‚Utopie' in Randts Essay nicht auf; doch scheint in Abschnitten wie dem zitierten die *Post Pragmatic Joy* erkennbar mit einem zeitlichen Index versehen zu sein, welcher auf eine mögliche, bessere Zukunft verweist.

Auch im weiteren Verlauf des Textes wird der Begriff der *Post Pragmatic Joy* weniger definiert als tentativ eingekreist. Hierzu wird vor allem auf Situationsbeschreibungen zurückgegriffen, die in weiten Teilen Randts eigenen Texten entstammen. Der Kommentar zu einem dieser eigenen Texte kommt dabei einer Definition der *Post Pragmatic Joy* immerhin recht nahe:

> Ich mag diese Absätze auch nach einigen Monaten noch recht gern. Sie beschönigen nichts, sie umarmen die Dinge als das, was sie sind, und ich finde, das ist wichtig. Glorifizieren, ohne zu lügen. Trauern, ohne zu weinen. Offen und freundlich sein, aber trotzdem streng. Die Dinge im Gleichgewicht halten. Sich nichts vormachen. Aus den Gegebenheiten den bestmöglichen Zustand herausdestillieren. Und immer so weiter.[1212]

Die Haltung, welche Randt hier als erstrebenswert präsentiert, scheint auf ein umfassendes Einverständnis mit der Welt in ihrer faktischen Gegebenheit hinauszulaufen. Formulierungen wie ‚die Dinge umarmen als das, was sie sind', ‚die Dinge im Gleichgewicht halten' oder ‚den bestmöglichen Zustand herausdestillieren' verweisen sämtlich auf eine tendenziell affirmative Haltung zur eigenen Gegenwart.

1210 Randt: Post Pragmatic Joy (Theorie), S. 8.
1211 Randt: Post Pragmatic Joy (Theorie), S. 8.
1212 Randt: Post Pragmatic Joy (Theorie), S. 10.

Nun galt eine solche affirmative Haltung der ersten Generation der Frankfurter Schule bekanntlich als Teil des allgemeinen „Verblendungszusammenhang[s]"[1213] und mithin als Hindernis auf dem Weg zu einer umfassenden politisch-gesellschaftlichen Kritik der Gegenwart. „Absicherung gegen Affirmation", so schreibt etwa Bernhard Claußen in dezidierter Anknüpfung an die Kritische Theorie, „bedeutet ein Festhalten an den Ansprüchen des emanzipatorischen Interesses."[1214] Aus einer solchen Perspektive heraus muss die von Randt propagierte Haltung der *Post Pragmatic Joy* als maximal apolitisch, wenn nicht sogar als aktiv depolitisierend oder postpolitisch erscheinen.

Tatsächlich spielt die Idee des Postpolitischen – auch wenn der Begriff selbst in Randts Texten ebenso wenig auftaucht wie andere Begriffe der politischen Theorie – bei Randt eine zentrale Rolle. Immanuel Nover etwa identifiziert als „bestimmende Elemente" von Randts Roman *Schimmernder Dunst über CobyCounty* „die postpolitischen Strukturen und de[n] Wegfall des demokratischen Moments sowie die Überführung des Politischen in das Ästhetische".[1215] Wirkliche politische oder gesellschaftliche Konflikte kommen in Randts Romanen entweder nicht vor oder aber sie erweisen sich als kalkulierte Kurzzeitdestabilisierungen, welche die Legitimität des herrschenden Systems letztlich nur noch steigern: So wird in *Planet Magnon* von der regierenden Computerintelligenz *ActualSanity* aktiv eine politische Gegenbewegung inszeniert, um damit schlussendlich das bestehende politische System zu stabilisieren. Obwohl – oder vielleicht gerade weil – politische Konflikte in Randts Werk auf so auffällige Weise abwesend sind, werden der Autor Leif Randt und seine Romane immer wieder mit dem Bereich des Politischen in Verbindung gebracht, wobei Randt selbst dieser Assoziation aktiv zuarbeitet: Viele von Randts Autoreninterviews drehen sich um die Frage des Politischen in der Gegenwart oder die politische Literatur[1216], Randt nimmt an Podiumsdiskussionen zum Thema teil[1217] und hat in poetologischen Äußerungen eini-

---

1213 Adorno / Horkheimer: Dialektik der Aufklärung, S. 48.
1214 Bernhard Claußen: Politische Bildung und Kritische Theorie. Fachdidaktisch-methodische Dimensionen emanzipatorischer Sozialwissenschaft. Wiesbaden 1985, S. 50.
1215 Nover: Postpolitische Stagnation, S. 452.
1216 Vgl. etwa Frida Thurm: Leif Randt. „Mein Buch ist aus Versehen politisch." In: Zeit online, 30.05.2011. Quelle: https://www.zeit.de/kultur/literatur/2011-05/interview-leif-randt-prosanova/komplettansicht (Zugriff: 27.07.2021); Leif Randt: 10 % Idealismus (Interview). In: Joshua Groß u. a. (Hg.): Mindstate Malibu. Kritik ist auch nur eine Form von Eskapismus. Fürth 2018, S. 132–141.
1217 Vgl. etwa Martina Sulner: Autor Leif Randt über Literatur und Politik. In: Hannoversche Allgemeine, 21.03.2012; Armen Avanessian & Enemies #7: THE AGENCY + Leif Randt Rendezvous. Quelle: https://www.youtube.com/watch?v=y8pGvI_60YA (Zugriff: 27.07.2021).

gen seiner Werke sogar explizit eine politische Dimension zugeschrieben (wobei Randts Definition des Politischen, wie noch zu zeigen sein wird, dabei einigermaßen vage ausfällt).

Im Folgenden soll Randts zweiter Roman *Schimmernder Dunst über CobyCounty* (im weiteren Verlauf zu *Schimmernder Dunst* abgekürzt) analysiert werden, und zwar mit besonderem Fokus auf der Thematik des Postpolitischen. Die Leitfrage der nachfolgenden Interpretation ist dabei die folgende: Wird die Idee des Postpolitischen in Randts Roman letztlich bejaht, sodass sich das Werk als utopische Idylle eines vollendeten Kapitalismus betrachten lässt; oder wird das Postpolitische hier im Gegenteil als Ideologie enttarnt, sodass eher eine dystopische Deutung des Textes angebracht ist? Es sei bereits an dieser Stelle vorweggenommen, dass der Roman dem Rezipienten hier keine eindeutige Lesart vorgibt. Die Entscheidung für eine bestimmte politische Interpretationstendenz hängt wesentlich von der Frage ab, in welcher Weise man die fiktionale Welt von *Schimmernder Dunst* mit realweltlichen Diskursen in Beziehung setzen will. Für die mögliche Beantwortung dieser Frage kommt, wie zu zeigen sein wird, den kontrafaktischen Elementen des Romans gesteigerte Bedeutung zu.

16.1 Leif Randt: *Schimmernder Dunst über CobyCounty*

Leif Randts zweiter Roman *Schimmernder Dunst über CobyCounty* erschien im Jahr 2011, kurze Zeit nachdem der Autor mit einem Auszug aus seinem Roman beim Ingeborg-Bachmann-Preis reüssiert hatte. Entsprechend war dem Roman eine breite feuilletonistische Beachtung sicher. In vielen der Rezensionen zu *Schimmernder Dunst* lässt sich dabei der Versuch erkennen, die vordergründige Gegenwartsaffirmation von Randts Text interpretatorisch in ihr genaues Gegenteil zu verkehren. So liest etwa Mareike Nieberding auf *Zeit online* Randts Roman als „dystopische[s] Bild einer Gesellschaft, in der sich die vermeintliche Freiheit der Easy-Jet-Generation zur hyperreflektierten und durchästhetisierten Unfreiheit verkehrt hat."[1218] Lena Bopp von der *FAZ* bezeichnet den Roman als „Satire auf eine westliche Wohlstandsgesellschaft, in der es keinerlei existentielle Nöte gibt, aber doch einen ideellen Mangel, der alles auszuhöhlen droht."[1219] Und Judith

---

[1218] Mareike Nieberding: Leif Randt: Die Obstkorbsprache unserer Gesellschaft. In: Zeit online, 15.09.2011. Quelle: https://www.zeit.de/kultur/literatur/2011-09/leif-randt-roman/komplettansicht (Zugriff: 27.07.2021).
[1219] Lena Bopp: Leif Randt: Schimmernder Dunst über Coby County: Die fetten Jahre sind die besten. In: Frankfurter Allgemeine Zeitung, 05.08.2011.

von Sternburg urteilt in der *Frankfurter Rundschau*: „[N]atürlich ist ‚Schimmernder Dunst über CobyCounty' eine Satire."[1220]

Blickt man allerdings unvoreingenommen auf den Roman, so wird man derartigen Interpretationen nur eingeschränkt folgen können: Inwiefern nämlich, so müsste man fragen, leben die Protagonisten des Romans eigentlich in Unfreiheit? Wird der vermeintliche ideelle Mangel im Roman überhaupt als Problem dargestellt? Und wie kann man so sicher sein, dass Randts Roman satirisch intendiert ist? Zurecht macht Moritz Baßler darauf aufmerksam, dass eine Deutung, welche *Schimmernder Dunst* schlicht als Gegenwartssatire betrachtet, unterkomplex bleiben muss, weil sie die Eigenständigkeit der von Randt entworfenen Welt verkennt.[1221] Tatsächlich ist, wie im Folgenden deutlich werden soll, das Verhältnis von Affirmation und Kritik, Realitätsbezug und Faktenvariation im Roman sehr viel komplexer, als dass es sich auf die einfache Formel von der ‚Satire auf die westliche Wohlstandsgesellschaft' bringen ließe.

Das Prinzip der Kontrafaktik, also die Variation realweltlichen Faktenmaterials, deutet sich bei *Schimmernder Dunst* bereits paramedial über die Gestaltung des Buchcovers an: Oberhalb des Autornamens, des Romantitels, der Verlagsangabe und der generischen Einordnung als „Roman" ist auf dem ansonsten in Weiß gehaltenen Cover der gebundenen Ausgabe eine rechteckige, matt-spiegelnde Fläche in hellem Silber eingelassen. Blickt man frontal auf diese Fläche, so werden in diffuser Spiegelung die Umrisse und Farben des eigenen Gesichts erkennbar. Das Buchcover liefert somit eine paramediale Veranschaulichung des titelgebenden „Dunstes". Darüber hinaus wird dem realen Leser durch die Spiegelung eine Position innerhalb der fiktionalen Welt zugewiesen, wenn auch in verzerrter (respektive kontrafaktisch variierter) Form: Durch den Spiegeleffekt des Covers wird der Leser gewissermaßen selbst in jenen ‚schimmernden Dunst' versetzt, welcher dem Romantitel zufolge über CobyCounty liegt.[1222] Zusätzlich betont wird diese Verbindung zwischen der realen Welt und der fiktionalen Welt des Romans dadurch, dass auf dem Buchrücken in großen silbernen Lettern zu lesen ist: „WILLKOMMEN AM SCHIMMERNDEN

1220 Judith von Sternburg: Leif Randt „Schimmernder Dunst ...". Unser insgeheim biederes Herz. In: Frankfurter Rundschau, 14.05.2015.
1221 Baßler: Neu-Bern, CobyCounty, Herbertshöhe, S. 154.
1222 Die Grundidee der Cover-Gestaltung wurde für Randts dritten Roman *Planet Magnon* beibehalten: Statt eines matt spiegelnden Rechtecks in Silber ziert hier ein matt spiegelnder Kreis in Gold das Buchcover. Damit wird einerseits auf die Idee der Selbstbespiegelung angespielt, andererseits auf die Kugelform des titelgebenden Planeten sowie auf die Kreisform des Planetensystems, in dem die Handlung des Romans spielt. Das Cover von Randts viertem Roman *Allegro Pastell* zeigt ein verschwommenes Foto in Pastellfarben und Wabenform auf einem beigen Hintergrund.

ENDE UNSERER WELT" (SD, Buchrücken).[1223] Mit einer Formulierung, die an einen Werbeslogan erinnert, wird die Romandiegese hier als das ‚Ende *unserer* Welt' bezeichnet – und mithin als aus der realen Welt ableitbar erklärt. Darüber hinaus eröffnet die Nominalphrase ‚Ende der Welt' den Assoziationsraum der Apokalypse.[1224] Gerade „[d]ie Apokalypse" aber, so lautet Immanuel Novers treffende Kurzzusammenfassung von Randts Roman, „fällt aus."[1225]

Schimmernder Dunst über CobyCounty erzählt vom Leben in der fiktiven Küstenstadt CobyCounty, die mit ihren Kreativschaffenden, Freiberuflern, Eventmanagern und Literaturagenten ein Zentrum des Kreativen Kapitalismus bildet und zugleich einen Anziehungspunkt für Touristen aus aller Welt darstellt. Im Zentrum des Romans steht der sechsundzwanzigjährige Literaturagent Wim Endersson, der zugleich als Ich-Erzähler des Textes fungiert. Wim führt ein Leben, wie es für die Einwohner von CobyCounty typisch zu sein scheint: Er geht einem Beruf im Kreativmanagement nach, auf den er finanziell nicht angewiesen ist, hat ein gutes Verhältnis zu seinen Eltern und zu seinem Stiefvater, eine attraktive Freundin, einen intakten Freundeskreis und auch sonst augenscheinlich keine größeren Probleme. Genau diese Konfliktlosigkeit zeichnet das Leben in CobyCounty aus – und bestimmt zugleich die Struktur des Romans: *Schimmernder Dunst* entwirft den störungsfreien Raum eines zur Vollendung gelangten Kapitalismus. Beschrieben werden in lockerer Folge eine Reihe von Alltagserlebnissen, Begegnungen und Gesprächen, ohne dass sich hieraus eine eigentliche Handlung ergäbe oder die Figuren eine nennenswerte persönliche Entwicklung durchliefen. Zwar stellen sich im Verlauf des Romans immer wieder Situationen ein, welche die vordergründige Harmonie der erzählten Welt zu destabilisieren drohen: das abrupte Ende einer Liebesbeziehung, ein Brand in einem Villenviertel oder eine

---

1223 Zitate aus *Schimmernder Dunst über CobyCounty* werden nach folgender Ausgabe mit der Sigle „SD" im Text gegeben: Leif Randt: Schimmernder Dunst über Coby County. Berlin 2011. Der Name „CobyCounty" wird auf dem Cover der Taschenbuchausgabe sowie im Text des Romans konsequent zusammengeschrieben. Die Getrenntschreibung findet sich lediglich auf Cover und Titelei der gebundenen Ausgabe.
1224 Jürgen Brokoff weist darauf hin, dass „im alltäglichen Sprachgebrauch, [...] in literarischen Texten, in der bildenden Kunst und im Film" die Apokalypse in der Regel mit dem Weltuntergang assoziiert wird – und das, obwohl dieses Verständnis mit Blick auf den zentralen neutestamentarischen Bezugstext, die *Offenbarung des Johannes*, entschieden zu kurz greift, wird hier doch nicht allein der Untergang der alten Welt, sondern auch die Heraufkunft eines ‚neuen Jerusalem' beschrieben. Vgl. Jürgen Brokoff: Die Apokalypse in der Weimarer Republik. München 2001, S. 7. In Randts Roman ist die Errichtung einer neuen, idealen Stadt aber gar nicht nötig, da CobyCounty die, wenn man so will, diesseitige Apotheose hin zur idealen Stadt bereits glücklich vollzogen hat.
1225 Nover: Postpolitische Stagnation, S. 447.

Sturmfront, die auf die Stadt zusteuert. All diese Gefährdungen jedoch erweisen sich letztlich als wenig bedeutsam und können von der Gesamtharmonie CobyCountys glücklich absorbiert werden. In seinem umfassenden Versöhnungsstreben erscheint Randts *Schimmernder Dunst* nachgerade wie der Versuch, zu Beginn des 21. Jahrhunderts noch einmal eine Idylle zu verfassen – und damit eine literarische Form zu reaktivieren, die angesichts der unleugbaren Antagonismen der Moderne spätestens seit dem 20. Jahrhundert als „*forma non grata*" zu gelten hat.[1226]

Im Folgenden soll der Weltentwurf von *Schimmernder Dunst* genauer erläutert werden. Als realweltliche Referenzfolie von Randts Utopie werden dabei die sogenannte *Creative Class* und der Kreative Kapitalismus angesetzt, deren Geschichte und zentrale Merkmale einleitend knapp umrissen werden sollen. Als erster Schritt der Romaninterpretation werden sodann der utopisch-idyllische Entwurf einer störungsfreien Kreativgesellschaft in *Schimmernder Dunst* sowie die Rolle, die der Kunst und der Künstlerkritik in dieser Gesellschaft zukommt, diskutiert, wobei auch auf Verfahren der metareflexiven Selbstkommentierung des Textes eingegangen werden soll. Im Anschluss werden die künstlerischen Verfahren beschrieben, die zur umfassenden Harmonisierung der fiktionalen Welt beitragen. Zentrale Bedeutung kommt in diesem Zusammenhang der Idee des Postpolitischen zu. In einem letzten Analyseschritt sollen die (ausbleibenden) Katastrophen des Romans einerseits auf ihre kontrafaktischen Realitätsbezüge hin befragt werden; andererseits werden die Katastrophen in Randts Text in eine intertextuelle Reihe mit Texten anderer Autoren – namentlich Adalbert Stifter und Bertolt Brecht – gestellt, Texte, in denen die Zerstörung menschlicher Behausungen durch heranziehende Stürme ebenfalls auf signifikante Weise ausgespart bleibt. Auf der Grundlage dieser Analyseschritte kann abschließend danach gefragt werden, ob es sich bei Randts *Schimmernder Dunst* tatsächlich, wie es vordergründig den Anschein hat, um eine Utopie und kapitalistische Idylle handelt oder ob nicht doch eher eine dystopische Lesart an den Text anzulegen ist. Vor allem aber wird zu klären sein, unter welchen Bedingungen sich diese Frage überhaupt sinnvollerweise stellen und beantworten ließe.

[1226] Zur Idyllik im 20. Jahrhundert bemerken Nina Birkner und York-Gothart Mix: „In der verordneten Sozialharmonie einer bizarrerweise als Sozialistischer Realismus deklarierten Ästhetik noch bis zum Ende des Kalten Krieges präsent, transformiert sich die Idylle zur Projektion uneinlösbarer Utopie oder zum ideologischen und religiösen Kitsch – in der künstlerischen Praxis existiert sie von nun an eher als Anti-Idyllik oder als *forma non grata*." (Nina Birkner / York-Gothart Mix: Idyllik im Kontext von Antike und Moderne. Einleitung. In: Dies. (Hg.): Idyllik im Kontext von Antike und Moderne. Tradition und Transformation eines europäischen Topos. Berlin / Boston 2015, S. 1–13, hier S. 2).

16.1.1 Kreativer Kapitalismus

Um ein möglichst klares Bild von den Diskursen und gesellschaftlichen Entwicklungen zu gewinnen, auf die Randts Werk reagiert, soll im Folgenden die Geschichte des Kreativen Kapitalismus knapp rekapituliert und auf einige seiner derzeit wichtigsten Manifestationsformen hingewiesen werden. Unter ‚Kreativem Kapitalismus' wird im Folgenden eine in den gegenwärtigen westlichen Gesellschaften dominierende Form des Wirtschaftens verstanden, die wesentlich auf der Produktion neuer Ideen und technischer Innovationen beruht. Konzepte des Kreative Kapitalismus umfassen dabei häufig philanthropische, caritative und sozialreformerische Ideen, wobei die reale Umsetzung dieser Ideen nicht mehr von einer politischen Öffentlichkeit oder dem Staat, sondern von den Wirtschaftsunternehmen selbst erwartet wird.[1227] Konkret assoziiert ist der Kreative Kapitalismus mit Firmen- und Eigennamen wie Facebook, Google, Bill Gates, Mark Zuckerberg, Steve Jobs sowie insbesondere mit dem Firmenstandort Silicon Valley.

Im Kontext des Kreativen Kapitalismus wird, wie der Begriff bereits andeutet, der Kreativität eine grundlegend neue Funktion zugewiesen: „Kreativität", so schreibt Ulrich Bröckling in seiner Studie *Das unternehmerische Selbst*, „steht für den Aspekt der Innovation, für das Erkennen und Ergreifen von Gewinnchancen und die schöpferische Zerstörung, die Platz macht für Neues."[1228] Der Bedeutungsumfang dieses Begriffs von Kreativität deckt sich dabei nur noch sehr eingeschränkt mit dem überkommenen Begriffsverständnis im Sinne der Schöpfungskraft eines einsamen Originalgenies, wie es sich insbesondere während der Genieperiode um 1800 herausgebildet hatte. Von einer bloß privaten Möglichkeit der Selbstentfaltung wandelt sich die Kreativität im Kreativen Kapitalismus zu einer zentralen Anforderung in allen Lebensbereichen, sodass geradezu von einem ‚Kreativitätsimperativ' gesprochen werden kann. Dieser

---

[1227] In einer Rede vor dem World Economic Forum in Davos im Januar 2008 gebrauchte Bill Gates den Begriff „creative capitalism" als Bezeichnung für seine Vision eines philanthropischen Kapitalismus. In der Einleitung zum Band *Creative Capitalism* kommentiert Michael Kinsley diesen von Bill Gates verwendeten Terminus wie folgt: „What exactly he [i. e. Bill Gates] meant by that term was not clear [...]. One way or another, it meant that big, increasingly global corporations that are the distinguishing feature of global capitalism should integrate doing good into the way they do business." (Michael Kinsley: Introduction. In: Ders.: Creative Capitalism. A Conversation with Bill Gates, Warren Buffet, and other Economic Leaders. New York 2008, S. 1–6, hier S. 4).
[1228] Bröckling: Das unternehmerische Selbst, S. 16.

Kreativitätsimperativ allerdings wird von den Individuen selbst – den Forschern, Künstlern und Entwicklern – nicht so sehr als Zwang von außen erfahren, sondern eher in die eigene Begehrensstruktur inkorporiert. Andreas Reckwitz bemerkt diesbezüglich: „Kreativität umfasst in spätmodernen Zeiten [...] eine Dopplung von Kreativitätswunsch und Kreativitätsimperativ, von subjektivem Begehren und sozialer Erwartung: Man *will* kreativ sein und *soll* es sein."[1229] Die Durchsetzungskraft des, wie Reckwitz schreibt, „*Kreativitätsdispositivs*"[1230] beruht wesentlich auf der Fähigkeit dieses Dispositivs, eine Form von Subjektivität zu produzieren, für die eine aktive Proliferation der Kreativitätsanforderungen, welche objektiv der Wirtschaftsentwicklung zugute kommt, auch subjektiv wünschenswert erscheint.

Diese Kopplung von Kreativitätswunsch und Systemanpassung lässt sich zumindest partiell aus der Geschichte des Kreativen Kapitalismus herleiten: Die Verbindung von Weltveränderungsanspruch, Gegen- und Konsumkultur lässt sich historisch zurückverfolgen bis zu einer der emblematischen Publikationen der Hippie-Generation, dem legendären *Whole Earth Catalog*, der von Stewart Brand erstmals im Sommer 1968 herausgegebenen wurde. Auf dem Cover dieses Katalogs ist eines der ersten aus dem Weltraum aufgenommenen Fotos der Erde zu sehen. Zur historischen Bedeutung des Katalogs bemerken Diedrich Diederichsen und Anselm Franke:

> Dieser *Catalog* war so etwas wie die erste Suchmaschine, nämlich eine Sammlung von Objekten, Tools und Ideen. Sie gilt als zentrales Dokument und Archiv der kalifonischen Gegenkultur. Anhand des *Catalog* kann man auch beobachten, wie sich die Kultur der Revolte nach und nach von ihren politischen Zielen entfernte, während die anderen zentralen Denkmodelle des *Catalog* wie Kybernetik, Ökologie, Management und Psychologie dabei halfen, die Standards der neoliberalen Epoche zu entwickeln, die sich in der Umweltbewegung, der Computerkultur und der postfordistischen Unternehmensführung, aber auch in Popkultur und Lifestyle durchsetzten.[1231]

Bereits die Ikone des Blauen Planeten auf dem *Whole Earth Catalog* deutet dabei auf den weltumspannenden Transformationsanspruch des gegenkulturellen Denkens hin: „Die ganze Erde", so schreibt Anselm Franke, „[d]as ist ein Rahmen, der kein Außen zulässt und dabei in Anspruch nimmt, außerhalb der Geschichte zu stehen. [...] Alle Antagonismen, Grenzen und Konflikte ‚da unten' treten hier

---

[1229] Andreas Reckwitz: Die Erfindung der Kreativität. Zum Prozess gesellschaftlicher Ästhetisierung. Berlin 2012, S. 10.
[1230] Reckwitz: Die Erfindung der Kreativität, S. 15.
[1231] Diedrich Diederichsen / Anselm Franke: The Whole Earth. Kalifornien und das Verschwinden des Außen. In: Dies. (Hg.): The Whole Earth. Kalifornien und das Verschwinden des Außen. Berlin 2013, S. 8–9, hier S. 8.

in den Hintergrund und mit ihnen auch die Geschichte mit ihren Widersprüchen und Kämpfen."[1232] Genau in dem universalistischen Anspruch, jedes Außen zum Verschwinden zu bringen, offenbart sich das Bild der ‚Blue Marble' allerdings als ideologisches Kippbild: Neben der Anmahnung eines – ökologischen, wirtschaftlichen, sozialen etc. – gemeinsamen Menschheitsprojekts fungiert die Ikone des Blauen Planeten zugleich als eine „alle Differenz und Ideologie scheinbar transzendierende[...] und grenzenlosen Konsens produzierende[...] Vereinheitlichungsmaschine". Eine Ideologie, die den Anspruch erhebt, selbst das Ganze zu repräsentieren, muss für ein etwaiges Außen keinen gesonderten Platz mehr reservieren, da dieses Außen ja vermeintlich gar nicht existiert. Das Außen wird in diesem Denken nicht nur dadurch zum Verschwinden gebracht, dass die Menschheit sich auf ihre gemeinsamen und unteilbaren Anliegen besinnt, sondern eben auch dadurch, dass das wirklich radikale Außen – politisch nicht integrierbare Standpunkte, Gegenpositionen zum globalen Fortschrittsdenken oder das unmetaphorische Außen der ‚Dritten Welt' – diskursiv gar nicht mehr vorkommt.

An ideologischer Suggestionskraft gewinnt die Vorstellung einer Welt ohne Außen nicht zuletzt durch ihre perfekte Kompatibilität mit den systemischen Expansionsanforderungen des globalen Kapitalismus.[1233] In ihrer einflussreichen Studie *Empire. Die neue Weltordnung* (deren englischsprachige Erstausgabe ebenfalls eine Fotografie der Erde als Coverabbildung verwendet) betonen Michael Hardt und Antonio Negri, „dass der kapitalistische Markt eine der Maschinen ist, die stets gegen jegliche Trennung zwischen Innen und Außen angerannt sind. [...] In seiner idealen Gestalt gibt es im Weltmarkt kein Außen: Er umspannt den gesamten Globus."[1234] Dieses ‚Verschwinden des Außen' modifiziert dabei nicht zuletzt die Möglichkeiten politischer Kritik. Dadurch, dass das ‚Empire' in der Postmoderne die gesamte Welt umfasst, ist auch der Ort der Macht nicht mehr klar lokalisierbar: „Der gekerbte Raum der Moderne schuf *Orte*, die beständig in einem dialektischen Spiel mit ihrem Außen standen und auf diesem Spiel gründeten. Der Raum imperialer Souveränität ist im Gegensatz

---

1232 Vgl. Anselm Franke: Earthrise und das Verschwinden des Außen. In: Diedrich Diederichsen / Anselm Franke (Hg.): The Whole Earth. Kalifornien und das Verschwinden des Außen. Berlin 2013, S. 12–18, hier S. 13f.
1233 In den *Grundrissen der Kritik der politischen Ökonomie* bemerkt Marx: „Die Tendenz den *Weltmarkt* zu schaffen ist unmittelbar im Begriff des Kapitals selbst gegeben. Jede Grenze erscheint als zu überwindende Schranke." (Karl Marx: Grundrisse der Kritik der politischen Ökonomie. Rohentwurf 1857–1858. Berlin 1953, S. 311).
1234 Michael Hardt / Antonio Negri: Empire. Die neue Weltordnung. Frankfurt a. M. 2002, S. 201.

dazu glatt. [...] In diesem glatten Raum des Empire gibt es keinen *Ort* der Macht – sie ist zugleich überall und nirgends. Das Empire ist ein *ou-topos*, oder genauer: ein *Nicht-Ort*."¹²³⁵ Auf die Vorstellung vom ‚Verschwinden des Außen' wird im Rahmen der Interpretation von Randts Roman *Schimmernder Dunst* verschiedentlich zurückzukommen sein.

Tatsächlich fungierte die Vorstellung einer Welt ohne Außen, wie sie sich in der Coverabbildung des *Whole Earth Catalog* emblematisch andeutet, als zentrale ideologische Grundierung für die Herausbildung des Kreativen Kapitalismus. In einem vielbeachteten Essay aus dem Jahre 1995 mit dem Titel *The Californian Ideology* führen die britischen Sozialwissenschaftler Richard Barbrook und Andy Cameron die Entstehung des kalifornischen Netzwerkkapitalismus und der anhängigen utopischen Ideologie auf eine Amalgamierung der Alternativkultur der Hippies mit dem Unternehmergeist des Neoliberalismus zurück. In einer überarbeiteten Fassung des Essays schreiben die Autoren:

> [A] loose alliance of writers, hackers, capitalists and artists from the West Coast of the USA have succeeded in defining a heterogeneous orthodoxy for the coming information age: the Californian Ideology.
>
> This new faith has emerged from a bizarre fusion of the cultural bohemianism of San Francisco with the hi-tech industries of Silicon Valley. Promoted in magazines, books, TV programmes, websites, newsgroups and Net conferences, the Californian Ideology promiscuously combines the free-wheeling spirit of the hippies and the entrepreneurial zeal of the yuppies.¹²³⁶

Eine direkte Linie lässt sich somit ziehen von den alternativen Lebensentwürfen der Hippies zum Kreativkapitalismus der Gegenwart. Die *Whole Earth*-Vision erscheint dabei als eine – auch emblematisch plausible – Vorstufe zur neoliberalen Globalisierung. Was im großen historischen Bogen der *Californian Ideology* gleichbleibt, ist der Anspruch auf radikalen Individualismus (der vom Neoliberalismus erfolgreich in den Bereich der Wirtschaft transponiert wurde); das utopische Versprechen einer neuen Gesellschaft (dessen pazifistisch-anarchistische *Flower Power*-Variante in die Tech-Vision eines Trans- und Posthumanismus übergegangen ist); sowie – zumindest bei einem bestimmten, von den Medientheorien Marshall McLuhans beeinflussten Teil der Hippies¹²³⁷ – die Hoffnung darauf, dass neue technische Entwicklungen eine egalitäre Form der Kommunikation jenseits der

---

1235 Hardt / Negri: Empire, S. 202.
1236 Richard Barbrook / Andy Cameron: The Californian Ideology. Quelle: http://www.imaginaryfutures.net/2007/04/17/the-californian-ideology-2/ (Zugriff: 27.07.2021).
1237 Barbrook und Cameron beschreiben diese Gruppe wie folgt: „[Some hippies] believed that technological progress would inevitably turn their libertarian principles into social fact. Crucially, influenced by the theories of Marshall McLuhan, these technophiliacs thought that

Kontrolle des Staates und der großen Konzerne ermöglichen würden (eine Hoffnung, die sich in der panoptischen Kommunikationsplattform Facebook auf höchst ambivalente Weise verwirklicht hat). Weitgehend verlorengegangen ist im Laufe des historischen Transformationsprozesses hingegen der politische Impetus: Hatte die Hippie-Kultur sich noch als radikale Alternative zur bürgerlich-kapitalistischen Mehrheitsgesellschaft verstanden, formuliert der Kreative Kapitalismus seinen Innovationsanspruch nunmehr streng systemimmanent. Kreativität, Innovationskraft und die Fähigkeit, das Gegebene zu transzendieren, dienen nicht mehr dazu, das herrschende Gesellschafts- und Wirtschaftssystem in Frage zu stellen; vielmehr werden diese Fähigkeiten selbst zu Spielmarken im kapitalistischen Steigerungsspiel. Anstelle des Willens zu „politischer Transformation" tritt die „Ökonomie der Selbsttransformation"[1238]; subversive Lebenspraktiken werden ersetzt durch die selbstoptimierende Mimesis ans herrschende System.

16.1.2 *Creative Class* und kein Außen

Das ideale Subjekt des Kreativen Kapitalismus ist nicht mehr der Arbeiter oder Angestellte, der bei weitgehend gleichbleibendem Tätigkeitsprofil einem Betrieb oder einer Institution jahrzehntelang die Treue hält. Vielmehr fordert der Kreativen Kapitalismus Subjekte, die in der Lage sind, sich möglichst schnell beständig wechselnden Rahmenbedingungen anzupassen, sich von einem Projekt zum nächsten zu hangeln und dabei stets flexibel, innovativ und persönlich motiviert zu bleiben. Hartmut Rosa zufolge führen die Dynamisierungstendenzen der Moderne – und *a fortiori* der Spätmoderne – dazu, dass „sich das moderne Subjekt selbst dynamisiert. Die Steigerungs- und Innovationsleistungen sind *von ihm* zu erbringen; ohne seine motivationale und kreative Energie lässt sich das Steigerungsspiel der Moderne nicht aufrechterhalten."[1239] Die Individuen, die in dieses Steigerungsspiel eingebunden sind, versuchen permanent, ihren eigenen kreativen Output zu erhöhen – allerdings nicht, um ein persönliches, positives Ziel zu erreichen, sondern einzig, um in der „‚blindlaufenden' modernen Eskalationslogik"[1240] nicht abgehängt zu werden.

---

the convergence of media, computing and telecommunications would inevitably create the electronic agora – a virtual place where everyone would be able to express their opinions without fear of censorship." (Barbrook / Cameron: The Californian Ideology).
1238 Franke: Earthrise und das Verschwinden des Außen, S. 15.
1239 Hartmut Rosa: Resonanz. Eine Soziologie der Weltbeziehung. Berlin 2016, S. 691.
1240 Rosa: Resonanz, S. 678.

Anders als in früheren Gesellschafts- und Wirtschaftsformen, in denen (künstlerische) Kreativität noch mitunter in Opposition zum rational-ökonomischen Handeln gebracht werden konnte, gerät im Kreativen Kapitalismus die Kreativität selbst zum entscheidenden Wirtschaftsfaktor. Dies hat eine grundlegende Transformation der Arbeitswelt ebenso wie des Privatlebens zur Folge. Der ‚neue Geist des Kapitalismus', so schreiben Luc Boltanski und Ève Chiapello, zeichnet sich durch eine „*Berufs*moral" aus, in welcher der „Begriff der *Aktivität*" beständig an Bedeutung gewinnt, „ohne dass zwischen einer persönlichen oder gar spielerischen Aktivität und einer Berufsfähigkeit sorgsam unterschieden würde. Etwas in Angriff nehmen, etwas unternehmen, sich verändern sind Begriffe, die gegenüber einer oft mit Tatenlosigkeit gleichgesetzten Stabilität zunehmend positiv bewertet werden."[1241] Kreativität wird somit zum Leitprinzip eines umfassenden ‚way of life', der alle Lebensbereiche infiltriert und untereinander homogenisiert.

Die massiven gesellschaftlichen Transformationspotenziale, welche der Kreativität in der neuen Arbeitswelt zugeschrieben werden, deuten sich bereits im Titel von Richard Floridas erstmals im Jahre 2002 erschienenen und mittlerweile klassischen Studie an: *The Rise of the Creative Class. And How It's Transforming Work, Leisure, Community and Everyday Life*. Florida zufolge besteht das zentrale soziale Novum innerhalb der Nachkriegsgesellschaften der westlichen Welt in der Herausbildung eines kreativen Ethos: eine Entwicklung, die in den 1970er Jahren einsetzt und für die Lebens- und Arbeitswelt der Gegenwart weitreichende Konsequenzen hat. Getragen wird die Herausbildung dieses kreativen Ethos von der sogenannten *Creative Class*, einer sich rasch ausbreitenden und kulturell tonangebenden Gruppe urbaner Kreativer, die professionell vor allem mit Ideen- und Symbolproduktion befasst sind: Als Beispiele nennt Florida Wissenschaftler, Ingenieure, Architekten, Designer, Schriftsteller, Künstler und Musiker.[1242] In einer Folgestudie zu *The Rise of the Creative Class* mit dem Titel *Cities and the Creative Class* von 2005 argumentiert Richard Florida darüber hinaus für die zentrale Bedeutung der Kreativität im Kontext aktueller Stadtentwicklungstendenzen: Florida zufolge ist in den vergangenen Jahrzehnten die Kreativität zum relevanten Faktor bei der Entwicklung von Städten, Regionen bis

---

[1241] Boltanski / Chiapello: Der neue Geist des Kapitalismus, S. 209f.
[1242] Richard Florida: The Rise of the Creative Class. And How It's Transforming Work, Leisure, Community and Everyday Life. New York 2004, xxvii. Vgl. auch Reckwitz: Die Erfindung der Kreativität, S. 9f.

hin zu ganzen Nationen avanciert.[1243] Der ökonomische Erfolg einer Stadt oder einer Region sei gegenwärtig wesentlich von *Lifestyle*-Faktoren wie Toleranz, kultureller Vielfalt und urbaner Infrastruktur abhängig, da nur diese Faktoren die *Creative Class* in die entsprechenden Städte locken könnten. Die Entwicklung von *Creative Cities*[1244] als Motoren der zeitgenössischen Wirtschaft sei also weniger von klassisch-ökonomischen Standortfaktoren abhängig, sondern eher von Lebensqualität, Unterhaltungsangebot und Diversität, welche eine Stadt den Jungen Kreativen in Aussicht stellen könne. Zur Quantifizierung derartiger *Lifestyle*-Faktoren greift Florida auf Kennzahlen wie den „Gay Index" oder den „Bohemian Index" zurück.[1245]

Die Stadt CobyCounty, die Randt in *Schimmernder Dunst* entwirft, erscheint nun in vielerlei Hinsicht wie die perfekte Verwirklichung des Traums von der *Creative City*. Die wirtschaftlich und sozial tonangebende Schicht von CobyCounty – und zugleich die einzige Schicht, von welcher der Leser des Romans einen Eindruck gewinnt – besteht aus idealtypischen Vertretern der *Creative Class* im Sinne Floridas. Der Protagonist des Romans, Wim Endersson, ist Literaturagent, seine Freunde sind in der Kreativwirtschaft oder in der Tourismusbranche tätig. Soziales Elend ist in CobyCounty unbekannt: Die Stadt bietet allen ihren Bewohnern im Bedarfsfall ein bedingungsloses Grundeinkommen, das allerdings kaum in Anspruch genommen wird. Ein etwaiges Transzendenzbedürfnis befriedigen die Menschen vor allem durch den sogenannten „Neo-Spiritualismus" (es drängen sich hier Assoziationen sowohl zur Hippie-Zeit als auch zu zeitgenössischen Yoga-, Pilates- und Ayurveda-Praktiken auf), welcher aber, so Wims Urteil, „eigentlich unbedeutend für CobyCounty [ist]" (SD, 38). Selbst die Eigennamen im Roman tragen zum Eindruck eines saturierten *Global Village* bei, indem sie ein wohldosiertes Maß an Internationalität mit der Perfektion spätkapitalistischer Markennamen verbinden: Die Romanfiguren heißen Wim Endersson, Carla Soderburg, Andreas Lunex, Wesley Alec Prince, Kevin Lulay, Carmen Aura oder Calvin Van Persy.

Die am Meer gelegene Stadt, in der eine gutgelaunte *Creative Class* ihren Alltag zwischen lichtdurchfluteten Büros, Strandpartys und „gut besuchten

---

1243 Richard Florida: Cities and the Creative Class. New York / Milton Park, Abingdon 2005, S. 1.
1244 ‚Creative City' ist ein Begriff aus der Städteplanung. Eingeführt wurde er 1988 in einem Aufsatz von David Yencken. Bereits in diesem begriffsprägenden Text wird die *Creative City* als Effekt eines Mischanspruchs aus Effizienz, Emotion und Kreativität definiert: „A creative city must be efficient; [...] But it must be much more than that. It should be at the one time an emotionally satisfying city and a city that stimulates creativity among its citizens." (David Yencken: The Creative City. In: Meanjin 47/4 (1988), S. 597–608, hier S 597).
1245 Vgl. Florida: Cities and the Creative Class, Kapitel 5 und 6.

Suppenrestaurants und koreanischen Bistros" (SD 19) verbringt, mag Assoziationen an Silicon Valley, Miami Beach oder Prenzlauer Berg wachrufen.[1246] Bei genauerer Betrachtung erweist sich CobyCounty jedoch im wortwörtlichen Sinne als Utopie, also als Nicht-Ort, der sich einer realweltlichen Verortung entzieht. Eine Lokalisierung der Stadt wird im Roman ausschließlich *ex negativo* vollzogen: Die Touristen, die in die Stadt kommen, verbringen „[i]hr Alltagsleben [...] als Freiberufler in den Metropolen der westlichen Welt" (SD, 15), wobei unklar bleibt, ob CobyCounty selbst Teil der westlichen Welt ist. Wims Freundin CarlaZwei gibt an, zwölf Wochen lang „*durch Kalifornien gereist*" zu sein (SD, 171), was darauf schließen lässt, dass CobyCounty selbst *nicht* in Kalifornien liegt. Und als Kind in CobyCounty denkt Wim nach über „*eine Zukunft in den Vereinigten Staaten von Amerika oder in Zentraleuropa, jedenfalls weit weg*" (SD, 135).

Für die Bewohner von CobyCounty scheint die Außenwelt jenseits der eigenen Stadt nur insofern eine Rolle zu spielen, als sie einen kontinuierlichen Zustrom an Touristen und Kreativschaffenden gewährleistet. Zwar werden mehrfach Reisen der CobyCounty-Bewohner ins Ausland erwähnt. Doch scheint das Leben in den „*befreundeten Ländern*" (SD, 135) sich nur unwesentlich vom Leben in CobyCounty zu unterscheiden. (Dass es ein Leben außerhalb der ‚Ersten Welt' geben könnte, kommt keiner der Figuren im Roman auch nur in den Sinn.) Selbst diejenigen Personen, die CobyCounty zeitweise verlassen, entscheiden sich letztlich meist doch wieder für eine Rückkehr in die Stadt: So ist CarlaZwei ausgerechnet nach einer Reise nach Kalifornien „*froh, wieder zu Hause zu sein.*" (SD, 171) Auch Wim selbst unternimmt einmal den Versuch, mit dem Zug die Stadt zu verlassen, allerdings nur, um auf halber Strecke umzukehren und nach CobyCounty zurückzufahren. Ein ‚Außen' jenseits der *Creative City* wird im Roman niemals erreicht – und somit innerhalb der fiktionalen Welt effektiv zum ‚Verschwinden' gebracht.

Das Kreativitätsdispositiv, wie Andreas Reckwitz es beschreibt, scheint in CobyCounty zur vollständigen Durchsetzung gelangt zu sein. Die für den Kreativen Kapitalismus charakteristische – und schon im Begriff angelegte – Verbindung von Kreativität und Wirtschaft deutet sich bereits im Namen der

---

1246 So urteilt etwa Elmar Krekeler: „CobyCounty ist die Quersumme aus Mallorca, Mahagonny, Utopia und dem Stadtteil Prenzlauer Berg. Eigentlich, aber das nur nebenbei, ist Leif Randts zweiter Roman der beste und beängstigendste Berlin-Roman seit Jahren" (Elmar Krekeler: Leif Randt verschmilzt Utopia und Prenzlauer Berg. In: Berliner Morgenpost, 05.08.2011). Im Interview nach der räumlichen Lage von CobyCounty befragt, antwortete Randt: „Ich habe da selbst verschiedene Vermutungen. Manchmal denke ich an Brighton, manchmal an den Bodensee, klimatisch übersteigert. In kleineren Zeitungen stand etwas von Kanada und Südafrika, oft auch von Kalifornien geschrieben. Aber das sind alles Lügen, scheint mir." (Sulner: Autor Leif Randt über Literatur und Politik).

Hochschule „CobyCounty School of Arts and Economics" an, wo Wim *„Neues internationales Literaturmarketing"* studiert, ehe er eine Stelle als „Agent für junge Literatur" (SD, 15) antritt.[1247] Wims persönliches Verhältnis zur Literatur ist dabei eher rational unterkühlt:

> [I]ch [habe] in meinem ganzen Leben noch von keinem einzigen Text wirklich profitieren können. Literatur ist etwas, das ich gut verstehe und kontrollieren kann, deshalb mag ich sie, aber nicht weil ich sie besonders interessant fände. Wenn ich das manchmal erzähle, also dass mich Literatur im engen Sinne gar nicht begeistert, dann glauben mir das die meisten Leute nicht. Und manchmal glaube ich es mir dann selbst nicht mehr so richtig.
>
> (SD, 40)

Wims Aussage, Literatur ‚nicht besonders interessant' zu finden, ließe sich als Hinweis auf ein zynisches Verhältnis zum Gegenstand deuten. Doch wäre ein solche, emotional eindeutige Haltung im Falle eines insgesamt so sachlich-unaufgeregten Charakters wie Wim wenig konsequent – und wird im Text entsprechend auch gleich wieder eingeklammert. Noch nicht einmal dezidierte Indifferenz kann Wim bei sich selbst dauerhaft glaubhaft finden.

Die in CobyCounty entstehende Literatur thematisiert vorwiegend das Leben in CobyCounty selbst, wobei etwaige Schattenseiten dieses Lebens weitgehend ausgespart bleiben: „In der internationalen Presse kursiert seit Jahren die Ansicht, dass die Texte aus CobyCounty stilistisch zwar perfekt seien, dass ihnen jedoch der Bezug zu existentieller Not fehle." (SD, 30) Damit wird ein Einwand aufgegriffen, der aus der Diskussion um die reale Gegenwartsliteratur wohlvertraut ist: Die Literatur aus CobyCounty wird hier einerseits in Beziehung gesetzt zur neuen deutschen Pop-Literatur[1248], andererseits zur Literatur von Schreibschul-Absolventen, zu denen Leif Randt selbst zählt.[1249] Stilistisch und thematisch nähert sich die in CobyCounty entstehende Literatur somit Randts eigenem Roman – oder *vice versa* – an: „Unter den Jungautoren, die wir ver-

---

1247 Hierin lässt sich eine Anspielung auf die Biografie Randts erkennen, der an der Universität Hildesheim den Studiengang ‚Kreatives Schreiben und Kulturjournalismus' absolvierte.
1248 Baßler zufolge wird hier die „Standardkritik an neuerer Popliteratur als *idée reçue* in die eigene Diegese integriert" (Baßler: Neu-Bern, CobyCounty, Herbertshöhe, S. 154).
1249 Florian Kessler vertrat 2014 in der *Zeit* die These, dass die deutsche Gegenwartsliteratur „brav und konformistisch" sei, und zwar vor allem deshalb, weil ihre an Schreibschulen wie Hildesheim und Leipzig ausgebildeten Autoren letztlich alle aus demselben saturierten Bildungsmilieu stammten: „Insgesamt [...] reüssierten meiner Wahrnehmung nach in Hildesheim und Leipzig ganz besonders die Absolventen mit den hochrangigsten bundesrepublikanischen Eltern: Professorenkinder wie Nora Bossong, Paul Brodowsky oder auch ich, eine Bundestagsdirektoren-Tochter wie Juli Zeh, ein Richtersohn wie Thomas Pletzinger, ein Managersohn wie Leif Randt." (Florian Kessler: Lassen Sie mich durch, ich bin Arztsohn! In: Die Zeit, 23.01.2014).

treten, gibt es einen Trend zur Erinnerungsprosa, zu sinnlicher Nostalgie. Besonders in Mode ist es, sich mit simplen Texten in seine Kindheit hineinzuforschen." (SD, 91) Damit scheinen genau jene Merkmale benannt zu sein, die auch Randts eigenen Text auszeichnen.[1250] Die kontrafaktische Pop-Literatur im Roman fungiert somit nicht zuletzt als Platzhalter für die reale Populärkultur, welche in ihrem Anspruch auf globale Rezipierbarkeit ebenfalls kein ‚Außen' mehr kennt (wie sich insbesondere an der internationalen Verbreitung der Popmusik erkennen lässt[1251]).

Diese metareflexive Struktur des Textes wird noch einmal dadurch potenziert, dass der Protagonist Wim sich innerhalb des Romans selbst als Autor versucht: Nachdem Wim und seine Freundin Carla sich getrennt haben, beginnt Wim, die mittlerweile beendete Beziehung in ähnlicher Weise literarisch zu „durchforschen" (SD, 92), wie es einer der von ihm betreuten Autoren möglicherweise tun würde. Wim, der im Roman als autodiegetischer Erzähler fungiert, verdoppelt somit seine Erzählerfunktion noch einmal auf einer metadiegetischen Ebene. Einige der „losen Notizen" (SD, 92), die Wim verfasst, sind im Buch kursiv abgedruckt. Es finden sich da Passagen wie die folgende:

> *Das erste Treffen zwischen Carla und mir fand in einem Eiscafé statt. Wir hielten das beide für etwas lachhaft, deshalb fühlten wir uns wohl. Wir bestellten jeweils einen Becher mit zwei Kugeln unter Sahne und Schokoladensplittern. Extrem simple Eissorten: Vanille und Himbeere. [...] Wir sprachen darüber, dass wir beide Phasen hinter uns hatten, in denen wir Eissorten wie ‚After Eight' oder ‚Maracuja Sunrise' bestellten, dass wir jetzt aber zu den Basics zurückgekehrt seien. Wir sprachen ernst darüber, das war uns wichtig. Harmlose Konsumentscheidungen dominierten schließlich große Teile des Alltags und noch größere Teile des Nicht-Alltags, also der Ferien, dessen waren wir uns beide bewusst, also führten wir solche Gespräche seriös.* (SD, 94)

1250 In einem Interview aus dem Erscheinungsjahr von *Schimmernder Dunst* wurde Randt danach gefragt, was seiner Meinung nach die „junge deutsche Literatur" auszeichne. Seine Charakterisierung weist dabei deutliche Parallelen mit der Literatur auf, die im fiktiven CobyCounty entsteht: „Oft Beziehungsgeschichten, die in jungen, akademischen Milieus stattfinden, in Großstädten, in WG-Küchen, in denen die Morgensonne in einem bestimmten Winkel hereinfällt, während der Kaffee gekocht wird. Und es gibt ziemlich abgründige Emotionen, die oft mit der Familie zu tun haben. Man ist sehr medienerfahren, die Figuren haben viele Serien und Filme gesehen, es herrscht eine Grundabgeklärtheit. Die Konflikte sind unausgesprochen und schweben. Die Dinge werden nicht beim Namen genannt, sondern durch die genaue Beschreibung der Sonne auf dem Küchentisch ausgedrückt. Das kann oft ganz schlimm sein, manchmal aber auch gut." (Thurm: Leif Randt. „Mein Buch ist aus Versehen politisch.").
1251 Diedrich Diederichsen bemerkt hierzu: „[K]onkret wurde erst die Pop-Musik zu einer musikalischen Praxis, die sich über fixierte kulturelle und politische Grenzen hinwegsetzte beziehungsweise deren Ideologie dies behauptete." (Diedrich Diederichsen: Pop-Musik und Gegenkultur: die ganze Welt und jetzt. In: Ders. / Anselm Franke (Hg.): The Whole Earth. Kalifornien und das Verschwinden des Außen. Berlin 2013, S. 20–31, hier S. 20).

Vergleicht man derartige metadiegetische Passagen mit dem sonstigen Erzählertext, so fällt vor allem auf, dass nichts an ihnen auffällt: Hinsichtlich der Art der Ereignisschilderung, der Weltsicht (offenkundig deutet sich hier eine Haltung der *Post Pragmatic Joy* an, wie Randt sie in späteren Texten explizit thematisiert) und vor allem des in ihnen herrschenden emotionalen Grundtons sind Wims autobiografische Notate kaum vom Rest des Romantexts zu unterscheiden. Das ‚Verschwinden des Außen' wird hier gleichsam in den Text selbst hineingespiegelt, indem der erzählerische Rahmen durch Angleichung an das Gerahmte (oder umgekehrt) alle potenziellen Unterscheidungsqualitäten einbüßt.

In *Schimmernder Dunst* wird also *erstens* eine Verbindung hergestellt zwischen Randts eigenem Schreiben, das durchaus der Pop-Literatur zugeschlagen werden kann, und den Texten, die in CobyCounty entstehen. Dies geschieht unter anderem dadurch, dass die literarische Produktion aus CobyCounty einer Kritik ausgesetzt wird, deren realweltlicher Referenzpunkt der gängige Einwand gegen die Pop-Literatur bildet, ihr fehle der „Bezug zu existentieller Not" (SD, 30). *Zweitens* nähert sich Wim in seinem Versuch einer literarischen Durchforschung der eigenen Vergangenheit stilistisch jenen Autoren an, die er selbst als Literaturagent betreut. Die Trennlinie zwischen den Mitgliedern der *Creative Class*, die als Literaturproduzenten, und denjenigen, die als Literaturagenten ‚kreativ' sind, wird somit durchlässig. Und *drittens* schließlich erweist sich die Differenz zwischen Wim als autodiegetisch-intradiegetischem Erzähler des Romans und Wim als (quasi-literarischem) autodiegetisch-metadiegetischem Erzähler seiner eigenen Lebensgeschichte als weitgehend vernachlässigbar: Der Versuch, sich erzählerisch über das eigene Leben Klarheit zu verschaffen, produziert letztlich nur wieder jenen unaufgeregt vor sich hinplätschernden Erzählstrom, der den Roman ohnehin auszeichnet. Die Eignung der Literatur zum möglichen Medium einer Auseinandersetzung mit ‚existentiellen Nöten' sowie als privilegierte Form der Selbstverständigung wird somit auf mehrfache Weise in Zweifel gezogen. Durch die metareflexive und metaleptische Assoziation der verschiedenen Erzähler, die sich letztlich immer wieder als ein und derselbe Erzähler entpuppen, scheint der Roman darauf hinzudeuten, dass sich zumindest mit den Mitteln der Kunst nicht aus der (erzählten) Welt ausbrechen lässt. So wie die Überwachungskamera in Christian Krachts *1979* anstelle der Straßenkrawalle nur immer wieder die eigene Aufzeichnung überträgt[1252], so

---

[1252] Vgl. Kracht: 1979, S. 110f. Siehe hierzu auch Kapitel 11. Christian Krachts Poetik der Alternativgeschichte.

wird auch in *Schimmernder Dunst* Randts eigenes Schreiben in Form einer *mise en abyme* potenziell unendlich in den Roman hineingespiegelt: Letztlich erzählt immer nur wieder ein postpragmatischer Erzähler davon, wie ein postpragmatischer Erzähler davon erzählt, wie ein postpragmatischer Erzähler erzählt ...

Das durch Randts eigenen Roman exemplifizierte und zugleich metareflexiv ausgestellte Kunstverständnis kann dabei durchaus als exemplarisch für die Kunstproduktion im Kreativen Kapitalismus gelten, inklusive ihrer (schwindenden) politischen Potenziale: Unter der Bedingung eines ebenso unaufgeregten wie marktkonformen Kunstverständnisses kann nicht mehr davon ausgegangen werden, dass die Kunst ein privilegiertes Mittel der kritischen Auseinandersetzung mit gesellschaftlichen Konflikten oder politischen Themen darstellt. Luc Boltanski und Ève Chiapello machen darauf aufmerksam, dass im Rahmen des ‚neuen Geists des Kapitalismus' die „Künstlerkritik" – also die Positionierung von Künstlern als privilegierte Kritiker der Gesellschaft – an Plausibilität verloren hat: Angesichts eines späten Kapitalismus, der sich selbst die Forderungen nach Autonomie, Kreativität und Authentizität auferlegt, verliert die alte Opposition zwischen Geistesleben auf der einen und Geschäfts- und Produktionswelt auf der anderen Seite, wie sie lange Zeit als Grundlage der Künstlerkritik fungiert hatte, zusehends an Bedeutung.[1253] Im Kreativen Kapitalismus büßt die Kunst ihre Funktion als Vehikel überzeitlicher oder überindividueller Wahrheiten ein und gerät stattdessen zu einem Medium für die Darstellung bloß subjektiver Eindrücke. Chiapello bemerkt hierzu:

> Kunstwerke werden weniger als Königsweg zu einer transzendentalen Wahrheit betrachtet, sondern als Spuren, Zeichen oder als subjektive Sichtweisen auf die Welt. Der Künstler ist ein Mensch wie jeder andere [...] An diesem Punkt beginnt sich ein Zweifel an der Autorität seiner Kritik aufzudrängen sowie eine Skepsis gegenüber der Behauptung, dass der Künstler in der Lage sein soll, ewige Wahrheiten zu äußern und zu erfassen, die anderen nicht zugänglich sind.[1254]

In weitgehender Übereinstimmung mit Chiapellos Diagnose eines Plausibilitätsverlusts der Künstlerkritik im Kreativen Kapitalismus scheint auch die in CobyCounty entstandene Literatur das bestehende Gesellschafts- und Wirtschaftssystem nicht ernsthaft in Frage zu stellen. Die (Pop-)Literatur im Roman hat den Versuch aufgegeben, sich außerhalb des Systems zu positionieren, deren Teil sie notwendigerweise selbst ist. Kunst bildet hier nicht mehr, wie es noch Adorno wahrhaben

---

1253 Boltanski / Chiapello: Der neue Geist des Kapitalismus, S. 375 f.
1254 Ève Chiapello: Evolution und Kooption. Die „Künstlerkritik" und der normative Wandel. In: Christoph Menke / Juliane Rebentisch (Hg.): Kreation und Depression. Freiheit im gegenwärtigen Kapitalismus. Berlin 2010, S. 38–51, hier S. 47.

wollte, eine „gesellschaftliche Antithesis zur Gesellschaft"[1255], sondern verdoppelt lediglich das reale Einverständnis mit ihr.

Das einzige Kunstwerk, das innerhalb der fiktionalen Welt von *Schimmernder Dunst* ausführlicher diskutiert wird, ist ein Dokumentarfilm, der denselben Titel trägt wie Randts Roman:

> ‚Schimmernder Dunst über CobyCounty' ist ein kritischer Dokumentarfilm über das leichte Leben in unserer Stadt, eine französische Jungregisseurin gewann damit vor zwei Jahren den Spezialpreis beim Festival von Cannes. Es heißt zwar, dass sie diesen Preis auf keinen Fall verdient habe, doch seit der Film in europäischen Programmkinos gezeigt wurde, kommen noch mehr attraktive Touristen im Frühling. (SD, 17)

Durch den Titel des Films, vor allem aber durch seine genauere Charakterisierung wird hier erneut auf Randts eigenen Roman angespielt: Schließlich ist *Schimmernder Dunst* selbst ein Roman über „das leichte Leben in unserer Stadt" respektive in einem westlichen Kreativmilieu. (Der informierte Leser mag darüber hinaus im erwähnten „Spezialpreis beim Festival von Cannes" einen Verweis auf den Nebenpreis erkennen, den Randt 2011 mit einem Auszug aus *Schimmernder Dunst* beim Ingeborg-Bachmann-Preis gewann.) Zwar wird behauptet, dass es sich bei dem Film um einen *kritischen* Dokumentarfilm handele; allerdings scheint dieses kritische Potenzial nicht allzu deutlich ausgeprägt zu sein, trägt der Film doch wiederum nur dazu bei, „noch mehr attraktive Touristen" in die Stadt zu locken. Auch löst der Film bei den Zuschauern in CobyCounty selbst keineswegs Unzufriedenheit oder gar politische Empörung aus, sondern erzeugt im Gegenteil ein Gefühl des „warme[n] Zusammenhalt[s]" (SD, 22). Der fiktive Film *Schimmernder Dunst* bildet somit das innerdiegetisch-autofiktionale Supplement zum realen Roman *Schimmernder Dunst*, welcher eine klare politische Positionierung gleichfalls verweigert.

Die – stets auch metareflexiv zu verstehende – post-pragmatische, gelassene Absage an die politische Kunst im Roman sollte allerdings nicht dahingehend missverstanden werden, dass das Politische in *Schimmernder Dunst* überhaupt keine Rolle spielen würde. Tatsächlich ist das Politische, Konflikthafte und Traumatische im Roman allgegenwärtig – allerdings meist nur im Modus seiner erfolgreichen Abwehr.

[1255] Adorno: Ästhetische Theorie, S. 19.

16.1.3 Postpolitische Idylle

Die Geschichte der neuzeitlichen Utopie zeichnet sich, wie Wilhelm Voßkamp bemerkt, durch einen „Übergang vom Typus der räumlichen, häufig insularen Ordnungsutopie der Vollkommenheit (im Sinne der ‚perfectio') zu der einer zeitlichen, in die Zukunft verlegten Utopie der Vervollkommnung (im Sinne der ‚perfectibilité)"[1256] aus. In *Schimmernder Dunst* wird diese moderne Entwicklungstendenz gewissermaßen umgekehrt. Bei seinem Entwurfs einer idealen Gesellschaft greift Randt auf das eigentlich veraltete Modell der Raumutopie zurück, verortet seine utopische Diegese also nicht (explizit) in der Zukunft, wie es bei den meisten zeitgenössischen Dystopien der Fall ist, sondern in einer nicht genau zu lokalisierenden Stadt der Gegenwart. Die Lage CobyCountys am Meer lässt sich dabei als zusätzlicher Verweis auf die frühneuzeitlichen Inselutopien deuten. An die Stelle der historisch und politisch dynamischen Zeitutopien tritt in *Schimmernder Dunst* das Ideal einer zur Ruhe und Vollendung gelangten Raum- und Ordnungsutopie. Vollkommen zeituntypisch scheint Randts Roman damit die alte Kopplung von Idylle und Utopie zu reaktivieren. ‚Schimmernd' ist die fiktionale Welt von *Schimmernder Dunst* nicht zuletzt deshalb, weil diese Welt vor lauter Perfektion nachgerade zu leuchten scheint.

Dabei ist die Erzählwelt keineswegs vollkommen frei von Konflikten: Ängste, zeitweilige Animositäten zwischen den Figuren und körperliches Unwohlsein werden im Roman durchaus thematisiert[1257]; einmal bricht Wim sogar ohne klaren äußeren Anlass in Tränen aus (vgl. SD, 127). Doch vermag keine dieser Störungen die Gesamtharmonie der erzählten Welt dauerhaft zu irritieren. Ganz im Gegenteil sind solche periodisch eintretenden Störfälle im Rahmen der bestehenden Ordnung immer schon einkalkuliert und tragen letztlich zur Stabilisierung dieser Ordnung bei. Einer der ersten Sätze des Romans, der einem der Gründer der Stadt, dem

---

1256 Voßkamp: Narrative Inszenierung von Bild und Gegenbild, S. 221 f.
1257 Geradezu leitmotivisch wird in *Schimmernder Dunst* das Thema des Sich-Übergebens aufgerufen, was wiederum eine Verbindung zu Krachts *Faserland* etabliert. Allerdings wird in Randts Roman durch das Thema des Sich-Übergebens kein exzessiver Konsum in Frage gestellt; vielmehr scheint die Notwendigkeit, sich gelegentlich zu übergeben, ein notwendiger und problemlos integrierbarer Aspekt des genussreichen Lebens in CobyCounty zu sein. So bemerken Baßler und Drügh: „Selbst sich zu übergeben unterläuft einem, anders als in ‚Faserland', nicht einfach, wenn man es mit dem Konsum übertreibt, sondern wird als ‚rebellische Geste' semantisiert und damit wieder in den pastellfarbenen Kapitalismus des County eingemeindet. Wim, der Erzähler, hegt gar ‚eine gewisse Vorfreude' auf seine Konvulsionen, glaubt er dabei doch in schönstem Werbesprech ‚irgendwie ganz bei mir und maximal ehrlich zu mir selbst zu sein'." (Baßler / Drügh: Schimmernder Dunst, S. 62. Das integrierte Zitat stammt aus SD, 47).

„Kaufmann und Visionär" Jerome Colemen zugeschrieben und dem Haupttext als eine Art Motto vorangestellt wird, nimmt diese Logik der heiteren Konfliktantizipation bereits vorweg: *„Eine Krise der ansässigen Kosmetik- und Kulturindustrie ist jederzeit möglich, manchmal sogar erwünscht."* (SD, 6).[1258]

Schimmernder Dunst scheint geradezu systematisch potenzielle Konfliktfelder aufzurufen, nur um diese dann wieder konsequent zu befrieden. Materielle Nöte sind unbekannt: Als Wim damit rechnen muss, dass sein Vertrag als Literaturagent nicht verlängert werden wird, stellt sich für ihn lediglich die Frage, „ob ich dann in Zukunft lieber von dem Filmvermögen meines Dads leben möchte oder lieber von den gewaltigen Überschüssen des O'Brian-Hotels." (SD, 117) Aber auch Personen mit weniger wohlbetuchten Eltern müssen sich um ihr materielles Auskommen keine Sorgen machen: „Wer mal für eine Weile ohne Job ist oder sich bewusst gegen das Arbeiten entscheidet, erhält ein gewisses Gehalt von der Regierung, aber dieses Gehalt nimmt fast niemand in Anspruch. Denn entweder sind die Familienvermögen vollkommen ausreichend, oder man liebt seinen Job einfach zu sehr, als dass man ihn für ein geschenktes Regierungsgehalt aufgeben wollte." (SD, 125) Rassismus, Sexismus und Homophobie scheinen in CobyCounty überwunden zu sein: „Rein ethnisch ist CobyCounty enorm heterogen" (SD, 15). Erfahrungen mit Sexualpartnern beiderlei Geschlechts sind üblich; sexuelle Orientierungen werden zu undogmatisch gehandhabten Tendenzpräferenzen (vgl. SD, 43f.). Auch das Verhältnis zum eigenen Körper ist entspannt. Zwar scheinen alle Bewohner von CobyCounty attraktiv und körperlich gut in Form zu sein, doch herrscht kein tyrannischer Körperkult: Auf seinen „kaum sichtbaren Bauchansatz" (SD, 11) angesprochen, entgegnet Wim, dass „die meisten Mädchen diesen kleinen Bauch sehr süß fänden und dass es [ihm] gut damit gehe." (SD, 150f.) Das politische System von CobyCounty findet breite Zustimmung: Die Beteiligung bei den – letztlich folgenlosen – Wahlen liegt bei stattlichen „sechsundneunzig Prozent" (SD, 148) (man mag hierin eine Anspielung auf die Scheinwahlen in diktatorisch regierten Ländern erkennen). Selbst das ödipale Dreieck aus Vater, Mutter und Kind scheint in CobyCounty seine Spannungspotenziale eingebüßt zu haben: Die im Roman geschilderten transgenerationalen Beziehungen erweisen sich als weitgehend störungsfrei; Wim verwechselt sogar einmal seinen leiblichen Vater mit dem neuen Partner seiner Mutter (vgl. SD, 189).

1258 Analog hierzu bemerken Negri und Hardt: „Die Krise [...] ist [...] für das Kapital eine normale Voraussetzung, die nicht sein Ende bedeutet, sondern seine Entwicklungsrichtung und sein Prinzip anzeigt." (Hardt / Negri: Empire, S. 234).

Schließlich scheint auch von der Zeitgeschichte, die im Roman ohnehin weitgehend abwesend ist, keine belastende Wirkung auf die Bewohner von CobyCounty auszugehen: Das einzige im Roman konkret benannte historische Ereignis ist die versehentliche Gründung der Stadt durch die beiden „Halbgeschwister Jerome Colemen und Steven Aura" (wohl eine Anspielung auf die Gründung der ‚ewigen Stadt' Rom durch die Brüder Romolus und Remus), „zwei wohlhabende Drogeristen [...], [die] in CobyCounty zunächst nur eine sonnige Produktionsstätte für Hygiene- und Schönheitsartikel gesehen [haben]" (SD, 21).[1259] Da die Romanhandlung keine klare Datierung erlaubt, ist auch einer etwaigen Rückbindung derselben an konkret-historische Rahmenbedingungen die Basis entzogen. Randts Utopie ist insofern zugleich eine Uchronie, allerdings nicht in der konventionellen Bedeutung dieses Begriffs als *Alternate History*-Erzählung, sondern im wörtlichen Sinne, nämlich als Erzählung von einer Welt, die – jenseits einer vagen Gegenwärtigkeit – keine klare zeitliche Verortung erlaubt.

Das Fehlen von Konfliktanlässen wie Rassismus, Homophobie, krass asymmetrischen Wohlstandsverteilungen etc. wird man im Einzelnen gewiss positiv bewerten wollen. In seiner totalen Konfliktvermeidung erzeugt der Roman jedoch den Eindruck eines, wenn man so will, ästhetisch-normativen Teflon-Effekts: Einzelne Konfliktpotentiale gleiten an der Perfektion der erzählten Welt derart konsequent ab, dass sich ein Misstrauen hinsichtlich der Glaubwürdigkeit dieser Welt einstellt, einer Welt, die doch eigentlich in einem realistischen Modus gestaltet zu sein vorgibt.

Am auffälligsten ist das Ausbleiben schwerwiegender Konflikte im Falle der Liebesbeziehungen im Roman. Als sich Wims Freundin Carla via Kurznachricht von ihm trennt, reagiert er nicht mit Wut oder Trauer; stattdessen erkennt er gelassen die Schlüssigkeit von Carlas Entscheidung an und befürwortet sogar deren formal-ästhetische Konsequenz: „Man sollte immer die Wege gehen, die man am virtuosesten geht. Ihre Form ist die SMS, sie bleibt sich treu, das ist prinzipiell gut, mit einer Kritik daran würde ich es mir nur leicht machen." (SD, 66) Schließlich kommt Wim zu dem entschieden post-pragmatischen Schluss: „Wir hatten eine wirklich gute Zeit, und nicht alle Menschen erleben eine Trennung auf diesem Niveau." (SD, 66) Zwar beginnt Wim nach der Trennung tatsächlich, auf der Straße zu schluchzen. Von einem Passanten danach befragt, warum er weine, antwortet er allerdings: „*Wahrscheinlich, um vor mir selbst ein leicht dramatisches Bild abzugeben. Um angemessen zu reagieren.*"

[1259] Die spiegelnde, rechteckige Fläche auf dem Buchcover kann unter anderem als paramedialer Verweis auf die Schönheits- und Kosmetikindustrie gedeutet werden, die den Wohlstand von CobyCounty sichert.

(SD, 66 f.) Auch das Ende einer Liebesbeziehung und die emotionale Reaktion darauf werden weniger ‚von innen' erlebt, sondern mit einer kühl rationalen Distanz von außen betrachtet, sodass jede Tragik und jeder allzu intensive Affekt ausgeschlossen bleibt. (Ähnliches ließe sich für die Sexszenen im Roman zeigen.)

Im weiteren Verlauf der Romanhandlung lernt Wim dann – ausgerechnet in dem Moment, als er ein Geschenk für seine Exfreundin Carla kaufen möchte – eine andere junge Frau kennen, mit der er eine neue Beziehung eingeht. Da diese Frau jedoch ebenfalls Carla heißt, bezeichnet Wim sie schlicht als „CarlaZwei". Die mögliche Tragik der Trennung von Carla wird somit restlos annulliert, indem bereits nach kurzer Zeit ein adäquater Ersatz für die Exfreundin gefunden ist und dabei noch nicht einmal ein neuer Name gelernt werden muss. Gleichzeitig nähert sich der Name „CarlaZwei" in seiner Schreibweise auffällig dem Begriff „CobyCounty" an, wodurch eine Verbindung zwischen der perfekten Konsumwelt der Stadt und den intim-zwischenmenschlichen Beziehungen geschlagen wird: Die Einzelperson gerät hier selbst zum Markenprodukt, das bei Abnutzung oder Verbrauch durch ein qualitativ mindestens gleichwertiges Modell ersetzt werden kann.[1260]

Genau dieses Denken in Äquivalenten und Zahlen hatten Adorno und Horkheimer in der *Dialektik der Aufklärung* als Sündenfall der bürgerlichen Gesellschaft gebrandmarkt: „Die bürgerliche Gesellschaft ist beherrscht vom Äquivalent. Sie macht Ungleichnamiges komparabel, indem sie es auf abstrakte Größen reduziert. Der Aufklärung wird zum Schein, was in Zahlen, zuletzt in der Eins, nicht aufgeht".[1261] In CobyCounty erfasst diese Logik des Äquivalents selbst noch die menschlichen Beziehungen. Von den betroffenen Personen selbst jedoch wird diese Entwicklung tendenziell positiv bewertet. Der Tragik des romantischen Liebeskonzepts, mit seinem Nachdruck auf der schicksalhaften Unverfügbarkeit der Liebeserfahrung sowie der Einzigartigkeit der Partner, wird in CobyCounty ein kühl kalkulierendes, für die Individuen aber durchaus angenehmes Konzept der pragmatischen Zweier- oder Mehrfachverbindungen entgegengestellt. In *Schimmernder Dunst* findet sich somit eine Kommodifizierung der Liebesbeziehungen ausgestaltet, wie sie Eva Illouz in ihrer (übrigens im selben Jahr wie Randts Roman erschienenen) soziologischen Studie *Warum Liebe wehtut* (2011) beschrie-

---

1260 Die Austauschbarkeit von Personen wird bereits an früherer Stelle im Roman thematisiert: Wim ist sich nicht mehr sicher, ob ein Mädchen namens Pia, das er „bestimmt schon fünf Jahre lang" kennt (SD, 36), überhaupt noch Pia ist, oder nicht doch „ein neues Mädchen, das Pia nur ähnlich sieht." (SD, 37) Wims Mutter klärt ihn später über die Identität der Rezeptionistin auf: „*Diese neue Pia heißt Karin.*" (SD, 46).
1261 Adorno / Horkheimer: Dialektik der Aufklärung, S. 13.

ben hat: In Zeiten, da die Partnerwahl vollkommen in die Entscheidungsfreiheit der Einzelindividuen gestellt ist, Liebesbeziehungen häufig über Online-Dating angebahnt werden und Ehen ohne größere soziale Sanktionen auch wieder aufgelöst werden können, begreifen die Menschen sich selbst und ihre potenziellen Liebespartner zusehends als Waren auf dem „Heiratsmarkt", Waren, die permanent miteinander in Konkurrenz stehen, verglichen und im Bedarfsfall auch wieder ausgetauscht werden können.[1262] Die von Randt beschriebenen Liebesbeziehungen weisen zahlreiche Parallelen zu der von Illouz beschriebenen Liebesökonomie auf – mit dem signifikanten Unterschied jedoch, dass in *Schimmernder Dunst* Liebe gerade nicht mehr ‚wehtut'. Die Welt der Waren und Marken hat hier die subjektiven Begehrensstrukturen erfolgreich assimiliert, sodass sich deren emotionale Konfliktpotenziale weitgehend auflösen.

Diese glückliche Engführung von Liebes- und Warenordnung ist in Randts Roman nicht allein auf eine post-pragmatische Konzeption von Romantik zurückzuführen, sondern mindestens ebenso sehr auf eine Perfektionierung der Warenwelt. Anders als in Krachts *Faserland* wird in *Schimmernder Dunst* nicht mehr darüber diskutiert, welche Farbe eine Barbourjacke idealerweise haben sollte: Gäbe es in CobyCounty Barbourjacken, so hießen sie erstens vermutlich ColemenJackets und zweitens wären ihre Farbe, Schnittform und Textur derart perfekt, dass sich jede weitere Diskussion über diese Produkteigenschaften erübrigen müsste. Die idealen Markenprodukte im Roman verweigert sich einer symbolischen Deutung als Marker eines blinden Konsumkapitalismus, welcher die reale Befriedigung letztlich immer schuldig bleibt. In *Faserland* versuchte der Protagonist noch, eine mit Ehrmann-Joghurt verschmierte Barbourjacke in einem Flugzeugterminal in Brand zu stecken, worin man zumindest den schwachen Versuch eines Protestes gegen die letztlich unbefriedigende Konsumwelt erkennen mochte.[1263] In CobyCounty hingegen ist ein solcher Protest kaum mehr vorstellbar, einfach deshalb, weil die beschriebenen Konsumprodukte ihr Glücksversprechen tatsächlich einlösen. So isst etwa Wim, kurz nachdem sich seine Freundin Carla via Kurznachricht von ihm getrennt hat, eine Pizza und sieht sich eine Sportsendung im Fernsehen an:

> Ich versuche so zu tun, als wären die Zutaten auf der Pizza alt und der Teig längst aufgeweicht. Doch ich muss einsehen, dass der Käse aromatisch, der Rucola frisch und der Teig knusperdünn ist. Die Wahrheit: Ich esse eine phänomenal gute Pizza und bekomme fantastische Spielzüge von den besten Vereinsmannschaften der Welt präsentiert. Das Bild auf meinem TV-Schirm ist hochauflösend, und durch die geöffnete Balkontür weht ein milder Wind. (SD, 68)

[1262] Eva Illouz: Warum Liebe wehtut. Eine soziologische Erklärung. Berlin 2011, S. 100.
[1263] Vgl. Kracht: Faserland, S. 65 f.

Eine gute Pizza ist in CobyCounty tatsächlich eine gute Pizza und nichts anderes (durch die Beschreibung des Pizzageruchs als „positive[r] Dunst" (SD, 67) wird sogar eine Verbindung zum Titel des Romans hergestellt – und damit der *pars pro toto*-Charakter dieses Genusserlebnisses für die erzählte Welt betont). Wenn überhaupt, so stellt sich ein Unbehagen bei der Lektüre derartiger Passagen nicht etwa deswegen ein, weil die Perfektion der beschriebenen Welt brüchig wäre, sondern allenfalls deshalb, weil eine Welt, in der offenbar jede Pizza knusprig und aromatisch ist (und in der jeder Schaffner akzentfrei vier Sprachen spricht, in der auch noch der zweite Verdauungsschnaps aufs Haus geht und in der jeder Busfahrer strahlt, „als begeisterte er sich für die ganz kleinen Sachen auf der Welt" (SD, 74)) in ihrer geradezu penetranten Positivität wenig realistisch erscheint.

Ein bis zur Gespanntheit spannungsloses Verhältnis zwischen fiktionaler und realer Welt ergibt sich auch bei den Marken, die im Roman beschrieben werden. Anders als die Pop-Literatur der 90er Jahre kommt die Darstellung der Markenwelt in *Schimmernder Dunst* weitgehend ohne Referenzen auf reale Marken aus. Mit ihren „Listen und Markenkaskaden"[1264] fungierte die Pop-Literatur der 90er Jahre noch als Archiv der zeitgenössischen Pop- und Konsumkultur – und schlug damit zugleich eine Bresche für die Einführung konsumkapitalistischer Alltagsreferenzen in die Literatur.[1265] In Randts Roman hingegen ist der Bezug auf konkrete Marken und Produkte der Warenwelt gar nicht mehr nötig, um die Dominanz der Pop- und Konsumkultur zu behaupten, da der Eindruck dieser Dominanz längst Teil der Alltagserfahrung der Leser geworden ist: Wenn in CobyCounty zahllose Orte und Gegenstände die Namen der Städtegründer Jerome Colemen und Steven Aura tragen – von dem Deodorant „ColemenSimpleForMen" (SD, 156) über das Parfum „StevenAuraPale" (SD, 167) bis hin zu den „ColemenHills" (SD, 159)[1266] –, so wird damit nicht auf einzelne realweltliche

---

1264 Baßler / Drügh: Schimmernder Dunst, S. 61.
1265 Vgl. Baßler: Der deutsche Pop-Roman; ders. / Drügh: Schimmernder Dunst, S. 60.
1266 In diesem Gründerkult ließe sich eine intertextuelle Anspielung auf Aldous Huxleys Roman *Brave New World* erkennen, in dem Henry Ford (1863–1947), der mit seiner Perfektionierung von Fließbandarbeit und Massenproduktion einen zentralen Beitrag zur technischen Weiterentwicklung und Proliferation des Kapitalismus leistete, als eine Art Gott verehrt wird. Während jedoch im gesellschaftlichen Umgang mit der (symbolischen) Figur Henry Ford in Huxleys *Brave New World* – nicht anders als im Umgang mit ‚Big Brother' in George Orwells *1984* – offenkundig der zeitgenössische Kult um politische Führer kontrafaktisch persifliert wird, deutet sich in *Schimmernder Dunst* eine über das bloß Wirtschaftliche hinausgehende Verehrung für Jerome Colemen allenfalls darin an, dass er in einem der den Roman eröffnenden Zitate als „Kaufmann und Visionär" (SD, 6) bezeichnet wird. Wollte man Colemen als eine

Marken verwiesen, sondern vielmehr auf die generelle Bedeutung von Marken und als Global Player operierenden Großunternehmen in der Gegenwart aufmerksam gemacht.[1267] Die Faktik einzelner Referenzen auf die kapitalistische Warenwelt in der Pop-Literatur der 90er Jahre – Referenzen, die sich metonymisch auf die Gesamtheit dieser Warenwelt verlängern lassen – wird bei Randt durch die Realistik eines zwar allotopisch-fiktiven, dabei aber zugleich ungemein vertraut wirkenden Konsumkosmos abgelöst. Eben weil die perfekte Warenwelt in CobyCounty kein Außen mehr kennt, sondern nur noch um sich selber kreist – und damit weniger in einem (faktischen) Referenzverhältnis als in einem (realistischen) Strukturparallelismus zum Kreativen Kapitalismus steht –, deutet sie umso konsequenter auf die unausweichliche Dominanz der realen Warenwelt hin. Was Wesleys Freund über den Film *Schimmernder Dunst über CobyCounty* sagt, lässt sich insofern auch auf die Marken- und Warenwelt beziehen, die im Roman desselben Titels beschrieben wird: „*Indem der Film ausschließlich Bilder von CobyCounty zeigt, verweist er ganz subtil auf eine Welt da draußen.*" (SD, 23)

Das vollständige Fehlen schwerwiegender Alltagskonflikte, die glückliche Abgeklärtheit in den Liebesbeziehungen und die Perfektion der Markenwelt finden ihre politische Entsprechung in einer letztlich postpolitischen Haltung der Bewohner von CobyCounty. Diese scheinen mit dem herrschenden politischen System weitgehend zufrieden zu sein. Die Wahlbeteiligung liegt bei 96 %, allerdings nicht so sehr darum, weil ein großes Interesse an politischen Fragen bestünde, sondern vielmehr deshalb, weil es sich bei den Wahlen um angenehme, partyähnliche Veranstaltungen handelt: „Es läuft oft gute Musik in den Wahllokalen und es gibt Süßwaren sowie ein Freigetränk für jeden, der seine Stimme abgibt." (SD, 148) Für die politische Entwicklung der Stadt scheint es letztlich irrelevant zu sein, wer die Wahlen gewinnt. Auf Wims Frage, ob der abgewählte Peter Stanton in Zukunft „auch wieder unser Bürgermeister sein wird", entgegnet Wims Mutter: „Früher oder später bestimmt!" (SD, 189) Der politische Machtwechsel wird somit für letzthin bedeutungslos erklärt, da er sich ohnehin immer nur auf der Basis eines bereits etablierten, politischen Grundkonsenses aller Parteien vollzieht.

---

kontrafaktische Figur lesen, so wäre sein realweltlicher Bezugspunkt nicht Hitler oder Stalin, sondern wohl eher Steve Jobs.

1267 Baßler stellt eine Verbindung her zwischen dem Städtenamen CobyCounty und der Marke Coca Cola: „nicht umsonst erinnert er [i. e. der fiktive Ort CobyCounty] mit seinen zwei Initial-Cs an die Weltmarke Coca Cola – die paralogische Diegese präsentiert sich als Marke." (Baßler: Neu-Bern, CobyCounty, Herbertshöhe, S. 153) Plausibilisieren ließe sich diese Assoziation ferner durch den Umstand, dass die einzige nicht-fiktive Marke, die im Roman mehrfach genannt wird, „Pepsicola" ist (SD, 10, 39, 136) – jene Marke also, der semiotisch so zuverlässig auf Coca Cola verweist wie Dostojewski auf Tolstoi.

Man kann allerdings die Frage stellen, ob eine Politik, die letzten Endes stets zuverlässig auf denselben Grundkonsens zurückkommt, überhaupt noch als Politik bezeichnet werden kann. Die belgische Politikwissenschaftlerin Chantal Mouffe etwa meldet entschiedene Zweifel an der Produktivität einer „‚postpolitischen' Vision" an.[1268] Im Anschluss an Carl Schmitts Verständnis des Politischen betont Mouffe, dass das Politische auf einem „Antagonismus"[1269] beruhen müsse.[1270] Mouffe zufolge sind „die politischen Fragen nicht nur technische Probleme [...], die von Experten zu lösen wären. Sie erfordern vielmehr immer Entscheidungen, d. h. die Wahl zwischen konfligierenden Alternativen."[1271] Demgegenüber bezeichnet Mouffe die Vorstellung, dass für politische Konflikte stets eine pragmatische Lösung gefunden werden könne, die reale politische Auseinandersetzungen überflüssig macht – die Vorstellung also, dass sich das Politische zuverlässig ins Postpolitische überführen lasse –, als „kosmopolitische Illusion".[1272] Ausgehend von eine solchen Kritik an der postpolitischen Einebnung der politischen Differenz von Chantal Mouffe und anderen (ähnliche Kritiken des Postpolitischen finden sich etwa bei Jacques Rancière[1273], Slavoj Žižek[1274]

[1268] Chantal Mouffe: Über das Politische. Wider die kosmopolitische Illusion. Frankfurt a. M. 2007, S. 7.
[1269] Carl Schmitt: Der Begriff des Politischen. Hamburg 1933, S. 12.
[1270] „Ein entscheidender Punkt in Schmitts Ansatz ist der Nachweis, daß jeder Konsens auf Akten der Ausschließung basiert und demnach ein ganz und gar einschließender, ‚rationaler' Konsens unmöglich wird." (Mouffe: Über das Politische, S. 19) Allerdings übernimmt Mouffe nicht Schmitts primäre Applikation des Antagonismus auf den Bereich der Außenpolitik, wo er letztlich nur durch die Annihilation des Gegners aufgelöst werden kann, sondern ersetzt Schmitts Antagonismus durch einen ‚Agonismus' der demokratischen Willensbildung. Siehe hierzu Chantal Mouffe: Introduction: Schmitt's Challenge. In: Dies. (Hg.): The Challenge of Carl Schmitt. London / New York 1999, S. 1–6, hier S. 5.
[1271] Mouffe: Über das Politische, S. 17.
[1272] Mouffes Theorien lassen sich schon rein terminologisch in Opposition zur *Whole Earth*-Ideologie der umfassenden Inklusion bringen: Dem Schlagwort vom ‚Verschwinden des Außen' könnte man mit Mouffe die Idee eines „konstitutiven Außerhalb" entgegensetzen, das für die Ausformung jedweder Identität notwendig ist (Mouffe: Über das Politische, S. 23).
[1273] In seinen *Zehn Thesen zur Politik* wendet sich Rancière programmatisch gegen eine *Whole Earth*-Politik des postpolitischen Konsenses: „Das Wesentliche der Politik ist die Demonstration des Dissens, als Vorhandensein zweier Welten in einer einzigen." (Jacques Rancière: Zehn Thesen zur Politik. Zürich / Berlin 2008, S. 33) Zu Rancières Konzept der „Post-Demokratie" siehe ders.: Das Unvernehmen, S. 105–131, bes. S. 111.
[1274] Vgl. Slavoj Žižek: Die Tücke des Subjekts. Frankfurt a. M. 2001, S. 272–282; ders.: Carl Schmitt in the Age of Post-Politics. In: Chantal Mouffe (Hg.): The Challenge of Carl Schmitt. London / New York 1999, S. 18–37. Zu den Verbindungen im Denken der Post-Politik bei Rancière, Mouffe und Žižek siehe zusammenfassend Marchart: Die politische Differenz, S. 178–184.

oder Alain Badiou[1275]), stellt sich mit Blick auf Randts Roman die Frage, ob der Gesellschaftsentwurf der fiktionalen Welt tatsächlich das Denken der politischen Differenz utopisch zu überwinden sucht – und damit das Postpolitische als Apotheose des Politischen hypostasiert –, oder aber, ob das hier entworfene postpolitische Gesellschaftsmodell nicht bereits im Text selbst unterminiert wird, sodass es letztlich der politischen Kritik im Modus des Dystopischen anheimfällt.

16.1.4 Virtuelle Katastrophen und die dialektische Dystopie

Die Frage nach der politischen Tendenz von Randts Text lässt sich zu der Entscheidung darüber zuspitzen, ob es sich bei *Schimmernder Dunst* um eine Utopie oder eine Dystopie handelt. In den bisher wenigen Forschungsbeiträgen zu Randts Roman wurde immer wieder konstatiert, dass die Welt von *Schimmernder Dunst* zwischen Utopie und Dystopie schwankt. So trägt Valéria Sabrina Pereiras Aufsatz zu Randts Roman den programmatischen Titel *Utopia ou distopia?*[1276]; Toni Müller bezeichnet Randts *Schimmernder Dunst* als „unheimliche Utopie beziehungsweise Dystopie"[1277]; und Moritz Baßler kommt zu dem Ergebnis: „Wenn der Roman also die Frage stellt ‚What's wrong with westliche Wohlstandsgesellschaft?', dann zumindest gut Paul de Man'sch in unentscheidbar doppelter Weise, als echte Frage (die für die Kritiker freilich immer schon beantwortet ist), aber eben auch als rhetorische Frage."[1278]

Ein Ansatzpunkt, um sich der Frage des Utopischen respektive Dystopischen in *Schimmernder Dunst* zu nähern, bilden die diversen Katastrophen, die den Roman geradezu leitmotivisch durchziehen. Jean Baudrillard, der Theoretiker der Hyperrealität, machte Ende des 20. Jahrhunderts die Beobachtung, dass die westlichen Gesellschaften in ein Stadium der permanenten Katastrophenerwartung eingetreten seien, etwa in Bezug auf das Zusammenbrechen der Finanzmärkte, den Ausbruch eines nuklearen Krieges oder den Kollaps der

---

1275 Vgl. Alain Badiou: Politics: A Non-Expressive Dialetics. In: Mark Potocnik / Frank Ruda / Jan Völker (Hg.): Beyond Potentialities? Politics between the Possible and the Impossible. Zürich 2011, S. 13–22.
1276 Valéria Sabrina Pereira: Utopia ou distopia? A ansiedade e o vazio em *Schimmernder Dunst über CobyCounty* de Leif Randt. In: Pandaemonium Germanicum 23 (2014), S. 50–67.
1277 Toni Müller: Entdeckung und Verwandlung. Entwürfe der Gegenwart in den Romanen *Im Stein* von Clemens Meyer und *Schimmernder Dunst über CobyCounty* von Leif Randt. In: Haimo Stiemer / Dominic Büker / Esteban Sanchino Martinez (Hg.): Social Turn? Das Soziale in der gegenwärtigen Literatur(-wissenschaft). Weilerswirst 2017, S. 79–92, hier S. 90.
1278 Baßler: Neu-Bern, CobyCounty, Herbertshöhe, S. 154.

Alterspyramide. Allerdings verblieben all diese Katastrophen beständig in einem Stadium der Virtualität: „[T]he facts are clear: we are in the situation where the catastrophe does not eventuate, in a situation of virtual catastrophe – *eternally* virtual catastrophe."[1279] Dadurch, dass die Katastrophen in den Raum des Virtuellen transponiert werden, müssen sie sich – so Baudrillards Sichtweise – in der Realität selbst gar nicht mehr ereignen. Baudrillards Empfehlung lautet entsprechend: „[L]et us get used to living in the shades of these monstrous excrescences: the orbital bomb, financial speculation, the world debt, over population [...]. As they are, they exorcize themselves in their excess, in their very hyperreality, and, after a fashion, leave the world intact, leave it free of its double."[1280] Nun wird man Baudrillards These, dass die Sphäre des Virtuellen die sogenannte ‚reale' Welt zuverlässig vor dem Einbruch des Katastrophischen schütze, wohl nicht zwingend zustimmen. Leicht nachvollziehbar erscheint aber in jedem Fall Baudrillards Ausgangsbeobachtung: dass sich nämlich die Menschen der westlichen Gesellschaften zu Beginn des 21. Jahrhunderts von virtuellen Katastrophen umgeben fühlen.

In *Schimmernder Dunst* lassen sich nun zahlreiche ‚virtuelle Katastrophen' im Sinne Baudrillards identifizieren: Während das Katastrophische im Roman thematisch immer wieder auftaucht, verbleiben die konkreten Katastrophen stets im Bereich des Virtuellen respektive Ästhetischen. In Analogie zum alkoholfreien Jever am Beginn von Randts Essay *Post Pragmatic Joy (Theorie)* oder zu den von Žižek beschriebenen Konsumprodukten ohne Substanz – Kaffee ohne Coffein etc. – könnte man hier von Katastrophen ohne Substanz sprechen, Katastrophen also, die niemals wirklichen Schaden anrichten, sondern für immer im Reich des Virtuellen persistieren (durchaus im doppelten Sinne des passiven Verharrens und des beunruhigenden Drängens).[1281] Gerade in ihrer Virtualität ermöglichen diese Katastrophen eine Problematisierung des Politischen in Randts Roman, indem sie als Platzhalter des Konflikthaften ganz generell auf

---

[1279] Jean Baudrillard: In Praise of a Virtual Crash. In: Ders.: Screened Out. London / New York 2002, S. 21–25, hier S. 22.
[1280] Baudrillard: In Praise of a Virtual Crash, S. 24.
[1281] Eine Verbindung zwischen den Theorien Žižeks und Baudrillards stellt Eli Noé her: „[Baudrillard's] notion of 'virtual catastrophe' brings to mind the series of consumer products, frequently invoked by Slavoj Žižek, that offer the 'real thing' deprived of its malignant substance: coffee without caffeine, cream without fat, beer without alcohol, and so on. Virtual catastrophe is a 'catastrophe without catastrophe', a disaster that, paradoxically, ruins everything while at the same time leaving everything intact." (Eli Noé: Mapping the Present Through Catastrophe. On Philip K. Dick, Science Fiction and the Critique of Ideology. In: Frederik Le Roy u. a. (Hg.): Tickle your Catastrophe! Imagining Catastrophe in Art, Architecture and Philosophy. Gent 2011, S. 85–94, hier S. 85).

mögliche Antagonismen und Bedrohungen der vordergründig so perfekten Diegese hindeuten.

Als Leitmotiv der Destabilisierung zieht sich das Motiv des Gewitters durch den gesamten Text: Im Laufe des Romans werden immer wieder drohende Stürme, Gewitter und Regenfälle thematisiert, die allerdings niemals nennenswerten Schaden anrichten. Das zentrale Ereignis – oder Nicht-Ereignis – am Ende des Romans ist dann ein Sturm, der sich auf CobyCounty zubewegt, was viele der Bewohner dazu veranlasst, die Stadt zu verlassen.[1282] Wim und seine Freunde jedoch bleiben in CobyCounty, erwarten das nahende Unwetter in einem Hotelturm und bereiten sich auf den Sturm vor wie auf ein Medienevent: „Wir haben zwei Töpfe mit Fischsuppe angerührt, daneben Baguettestangen in einen Korb gelegt sowie alkoholische Getränke für gut zwanzig Gäste kalt gestellt. Ein rechteckiges Fenster ermöglicht den Blick aufs Meer." (SD, 184 f.) Letztlich jedoch zieht der Sturm an der Stadt vorbei: Die Katastrophe bleibt aus.

Das Motiv eines handlungsdeterminierenden, letztlich aber schadlos vorbeiziehenden Gewittersturms hat in der deutschsprachigen Literatur zwei prominente Vorbilder: Adalbert Stifters Roman *Der Nachsommer* und die Oper *Aufstieg und Fall der Stadt Mahagonny* von Bertolt Brecht und Kurt Weill. Eine Erläuterung dieser beiden Prätexte kann dazu beitragen, das spezifische (post-)politische Potenzial der Darstellung virtueller Katastrophen in Randts Roman qua Kontrastierung besonders deutlich hervortreten zu lassen. In Brechts und Weills *Aufstieg und Fall der Stadt Mahagonny* wird die von Ganoven gegründete Stadt Mahagonny durch einen heranziehenden Hurrikan bedroht. Kurz bevor der Sturm allerdings auf die Stadt trifft, ändert er seine Richtung. Aus der Erfahrung der knapp abgewendeten Zerstörung ziehen die Bewohner der Stadt den Schluss, dass man sich fortan auf dasjenige besinnen wolle, was im Leben wirklich wichtig sei – nämlich auf rückhaltlosen Genuss: Von Staats wegen wird ein gnadenloser Kapitalismus verordnet; Armut wird demgegenüber zum Verbrechen erklärt.[1283] Die Bewohner der Stadt erkennen: „Schlimm ist der Hurrikan / Schlimmer ist der Taifun / Doch am schlimmsten ist der Mensch", und ziehen

---

1282 So konstatiert Nover: „Der konsequente Verzicht auf den Höhepunkt, der sich als bestimmendes Element des Textes sowohl für die Ebene der Form als auch für die Ebene des Inhalts feststellen lässt, wäre somit der ‚Höhepunkt' des Textes." (Nover: Postpolitische Stagnation, S. 447).

1283 Hierzu bemerkt Klaus-Detlef Müller: „Eine Gesellschaft, die das ‚natürliche' Prinzip des Kampfes aller gegen alle zum Gesetz erhebt, ist inhuman. Die Inhumanität des neuen Grundgesetzes von Mahagonny erweist sich so gerade aus seiner ‚naturwüchsigen' Genese, die Natur und Mensch in eine abgründige Nähe stellt. Ein entmenschter Mensch verkündet das Gebot des grenzenlosen Genusses. Die das Genuss- und Glücksversprechen enttäuschende Scheinharmonie der geordneten Konsumption schlägt um in Destruktion. Die Proklamation des neuen Gesetzes [...] er-

daraus den Schluss: „Wir brauchen keinen Hurrikan / Wir brauchen keinen Taifun / Denn was er an Schrecken tun kann / Das können wir selber tun."[1284] Der Mensch fällt somit auf die Stufe vorzivilisatorischer Vernichtungswut zurück, wie sie in der Oper zunächst der Hurrikan repräsentierte. Die zerstörerische Energie, die der Kapitalismus in der Folge entfaltet, steht den Vernichtungspotentialen der entfesselten Natur in nichts nach: Am Ende der Oper geht die Stadt in Flammen auf. Jan Knopf schreibt hierzu: „Die erste Natur leistet sich großzügig den Verzicht – und darin liegt auch ein witzig-spielerischer Effekt –, Mahagonny heimzusuchen, und überlässt dies den Männern selbst."[1285] In Brechts und Weills Oper werden Natur und Mensch zunächst in Opposition zueinander gebracht, nur um dann hinsichtlich ihrer inhumanen Zerstörungspotentiale wieder miteinander parallelisiert zu werden.

Nun ruft *Schimmernder Dunst* zwar die gleiche Angst vor einer zerstörerischen Naturgewalt auf. Doch erweist sich die Natur für die Bewohner der Stadt schlussendlich als ebenso wenig bedrohlich wie jene Spielart des Kapitalismus, die den Wohlstand der Stadt sichert. Während in der *Mahagonny*-Oper ein Isomorphismus der Destruktion zwischen Natur und Mensch behauptet wird, ließe sich ein vergleichbarer Isomorphismus in *Schimmernder Dunst* allenfalls in der gemeinsamen Konfliktarmut der menschlichen wie auch der natürlichen Sphäre erkennen. Von der entschiedenen, teils geradezu didaktisch anmutenden Kapitalismuskritik in Brechts und Weills Oper ist in Randts Roman nichts mehr zu spüren. Vielmehr scheint in CobyCounty selbst noch die Natur in die zufriedene Resignation angesichts eines zur Vollendung gelangten Kapitalismus einzustimmen.

Eine weitere intertextuelle Spur führt zum Werk Adalbert Stifters. Randts Roman *Schimmernder Dunst* wirkt mit seiner weitgehenden Handlungsverweigerung, seinem Ordnungsoptimismus und seinen beständig aufgerufenen, allerdings ebenso beständig glücklich bewältigten Konflikten geradezu wie ein *Nachsommer* für das 21. Jahrhundert. Auch in Stifters *Nachsommer* spielt das Motiv des Unwetters eine zentrale Rolle: Am Anfang des Romans zwingt ein nahendes Gewitter den Protagonisten Heinrich dazu, Zuflucht im Rosenhaus des Freiherrn von Risach zu suchen. Es ist somit das letztlich gar nicht eintretende

---

folgt [...] in Form eines parodistischen Seitenhiebs auf die utopische Tradition." (Klaus-Detlef Müller: Bertolt Brecht. Epoche – Werk – Wirkung. München 2009, S. 98).

1284 Bertolt Brecht: Aufstieg und Fall der Stadt Mahagonny. In: Ders.: Werke. Große kommentierte Berliner und Frankfurter Ausgabe (= GBA). Hg. v. Werner Hecht u. a. Frankfurt a. M. 1988 ff., Bd. 2: Stücke 2, S. 323–392, hier S. 357.

1285 Jan Knopf: Aufstieg und Fall der Stadt Mahagonny. In: Ders. (Hg.): Brecht-Handbuch in fünf Bänden. Bd. 1: Stücke. Stuttgart / Weimar 2001, S. 178–197, hier S. 189.

Gewitter, welches die Handlung – oder eben Nicht-Handlung – des Romans initiiert. Das ausbleibende Gewitter sowie das lange Gespräch zwischen Heinrich und Risach über die wissenschaftlichen Versuche der Wettervorhersage – Versuche, die letztlich scheitern –, verweisen dabei bereits zu Beginn von Stifters *Nachsommer* auf all jene Konflikte, deren konsequente Verdrängung der Roman dann literarisch durchdekliniert.[1286] Oliver Grill zufolge bildet „Stifters Wetter [...] die chaotisch unberechenbare, affektiv unbehagliche Rückseite der im Vordergrund beharrlich ausgestellten Ordnung der Dinge."[1287] Während allerdings in Stifters *Nachsommer* die Angst vor der Erschütterung der Ordnung ihre figurenbiografische Begründung in einer ‚stürmischen' Jugendliebe mit metaphorischem „Sturmwind" und „Wetterstrahl"[1288] hat[1289], findet sich in Randts Roman keine fiktionsinterne Plausibilisierung für das Unbehagen, welches sich im heranziehenden Gewitter symbolisiert. Selbst noch die psychoanalytische Kategorie der Verdrängung – inklusive der Symptome ihres Scheiterns –, die sich auf so produktive Weise für eine Deutung von Stifters Texten heranziehen lässt, würde auf Randts Texte appliziert allzu konflikthaft-dynamisch anmuten. Das Tragische, Schmutzige und Schmerzhafte wird in CobyCounty nicht verdrängt oder sublimiert, sondern scheint schlichtweg inexistent zu sein. Während die stets labile Harmonie in Stifters Texten noch auf den forcierten Ausschluss moderne- und kapitalismusspezifischer Störpotenziale zurückgeführt werden konnte – etwa die zeitgenössischen Klassenkonflikte, Industrialisierungserscheinungen oder Beschleunigungstendenzen –, hat der Kreativkapitalismus in *Schimmernder*

[1286] Oliver Grill führt hierzu aus: „Anhand des ‚endlosen Kontextes' namens Wetter treibt Stifter die ‚niemals endgültig und absolut zugestandene Konsistenz' der modernen Wirklichkeit desto deutlicher hervor, je länger er Risach bei der Verfertigung dieser Konsistenz zusieht." (Oliver Grill: Unvorhersehbares Wetter? Zur Meteorologie in Alexander von Humboldts „Kosmos" und Adalbert Stifters „Nachsommer". In: Zeitschrift für Germanistik NF XXVI/1 (2016), S. 61–77, hier S. 69).
[1287] Grill: Unvorhersehbares Wetter?, S. 75.
[1288] Adalbert Stifter: Der Nachsommer. Eine Erzählung. In: Ders.: Werke und Briefe. Historisch-kritische Gesamtausgabe (= HKG). Hg. v. Alfred Doppler / Wolfgang Frühwald. Stuttgart u. a. 1997 ff., Bde. 4.1–4.3, hier Bd. 4.3, S. 189.
[1289] Hierzu noch einmal Grill: „Unter der Oberfläche meteorologischer Fachsimpelei wird die Vermeidung einer Wiederholung der Vergangenheit Risachs mitverhandelt. Diese Vergangenheit kennt (anders als die erzählte Gegenwart) den riskanten Augenblick der Liebe mit allen dazugehörigen Schicksalsschlägen und Katastrophen. [...] Letztlich geht es Stifter darum, das novellistische Wetter, die ‚gewitterartige' Katastrophe in Risachs Leben, mithilfe der Meteorologie nicht zum Trauma des Romans werden zu lassen." (Grill: Unvorhersehbares Wetter?, S. 70 f.).

Dunst die Realapotheose hin zu einem umfassenden Glückszustand ohne signifikantes Außen bereits erfolgreich vollzogen.

Einen bedeutenden Aspekt dieser ‚Harmonie ohne Außen' bildet der bereits weiter oben erörterte Umstand, dass es in CobyCounty kein Geschichtsbewusstsein gibt, das über die – vermutlich recht kurze – Erfolgsgeschichte der Stadt hinausginge: Direkte Anspielungen auf historische Ereignisse der realen Welt finden sich nirgends. Aber auch Traditionsverweise im kulturellen Bereich werden konsequent vermieden: Zumindest an seiner Oberfläche etabliert der Text keinerlei Bezüge zur etablierten Bildungstradition. Das bedeutet aber auch, dass die Konstruktion intertextueller Verweise, wie sie im vorliegenden Kapitel geschieht, immer einigermaßen spekulativ bleiben muss. Wenn derartige intertextuelle Verbindungen an dieser Stelle dennoch diskutiert werden, dann deshalb, weil Verweise auf realweltliche Fakten sowie auf prominente Prätexte gerade in ihrer Ambivalenz zur allgemeinen ästhetischen Verunsicherungsstrategie des Romans beitragen – und zwar umso mehr, als derartige ‚schwerwiegende' Verweise zum intuitiven Leseeindruck von *Schimmernder Dunst* nicht so recht passen wollen.

Auch die letzte im Roman beschriebene Katastrophe bleibt virtuell: Nachdem der erwartete Sturm an CobyCounty vorbeigezogen ist, gehen Wim und CarlaZwei, Wesley und dessen Freund Frank am Strand entlang:

> Brandung ist kaum zu hören, die See liegt ruhig und friedlich da, und für gewöhnlich würden um diese Tageszeit Touristen und Einheimische gemeinsam baden. Wetterbedingt wäre davon heute jedoch abzuraten. Es ist viel zu dunstig. Und auch wenn der Dunst scheinbar aus sich heraus leuchtet, weil schon bald die Sonne wieder hindurchbrechen wird, wären die Schwimmer darin nicht zu orten und es könnte zu den ersten Ertrinkungsopfern in der Geschichte CobyCountys kommen. (SD, 190)

Die Katastrophe wird hier ein letztes Mal beschworen – und zugleich im Verbalmodus des Potentialis gebannt. Der Schluss des Romans evoziert die „Daseinsmetapher" vom Schiffbruch mit Zuschauer (Hans Blumenberg)[1290], allerdings in der kuriosen Variante, dass der Schiffbruch gerade ausbleibt. Zwar bringt der über der See liegende Dunst, welcher nur „scheinbar" leuchtet, die Möglichkeit der Desorientierung mit sich, sodass etwaige Schwimmer Gefahr liefen, verlo-

---

[1290] Hans Blumenberg weist darauf hin, dass „der Mensch als Festlandlebewesen dennoch das Ganze seines Weltzustandes bevorzugt in den Imaginationen der Seefahrt sich darstellt." (Hans Blumenberg: Schiffbruch mit Zuschauer. Paradigma einer Daseinsmetapher. Frankfurt a. M. 1979, S. 10) Auf Randts Roman übertragen ließe sich dies dahingehend deuten, dass der beim Anblick des Meeres sich einstellende Eindruck einer potenziellen, aber auch ewig in der Potenzialität verharrenden Gefahr metonymisch auf all die anderen ‚virtuellen Katastrophen' des Romans verweist.

renzugehen und zu ertrinken. Käme es tatsächlich zu einem derartigen Unglück, dann würde dem ‚schimmernden Dunst' aus dem Titel des Romans am Ende desselben eine entschieden ungute Nebenbedeutung zugeschrieben, die auf die Gesamtdeutung des Romans zurückwirken müsste. Doch ist ein solches Unglück in der gesamten Geschichte der Stadt eben noch nie vorgekommen.

Die glücklich bewältigten, wenn nicht gar gänzlich ausbleibenden Katastrophen scheinen eine Deutung von *Schimmernder Dunst* als postpolitische Idylle vordergründig zu stützen. Es stellt sich dann allerdings die Frage, weshalb ein Roman, der eine Vision postpolitischer Konfliktlosigkeit propagiert, die Thematik des Katastrophischen überhaupt derart intensiv umkreisen sollte? Anders gewendet: Wie plausibel kann eine Vision des Postpolitischen erscheinen, wenn sie konstant von Szenarien des Katastrophischen – und seien es auch Szenarien seiner erfolgreichen Abwehr – heimgesucht wird? Im Zusammenhang mit dieser Frage erscheinen nun jene (virtuellen) Katastrophen des Romans besonders aufschlussreich, die keine intertextuelle, sondern eine kontrafaktische Deutung nahelegen.

Die Idee des Postpolitischen ist in der Geschichte der politischen Theorie eng verknüpft mit Francis Fukuyamas Formel vom ‚Ende der Geschichte', der Vorstellung also, dass sich mit dem Ende des Kalten Krieges die liberale Demokratie in Kombination mit der sozialen Marktwirtschaft als das beste aller denkbaren Gesellschafts- und Wirtschaftssysteme erwiesen habe und fortan nur mehr seiner vollständigen globalen Durchsetzung harre.[1291] Als symbolisch eindrücklicher Wiedereintritt in die Geschichte – und damit als Widerlegung von Fukuyamas geschichtsteleologischem Optimismus – werden gemeinhin die Terroranschläge auf das World Trade Center in New York vom 11. September 2001 angesehen.[1292] Diese Anschläge ließen überdeutlich werden, dass mit einer Überwindung der politischen Konflikte und einer weltweiten friedlichen Einrichtung im gegebenen kapitalistischen System nicht im Entferntesten zu rechnen war – ein Eindruck, die sich durch die seitherigen Entwicklungen der Weltpolitik auf beunruhigende Weise bestätigt hat.

1291 Vgl. Fukuyama: The End of History?
1292 So konstatiert etwa Douglas Kellner: „One dominant social theory of the last two decades, Francis Fukuyama's *The End of History* (1992), was strongly put into question by the events of September 11 and their aftermath." (Douglas Kellner: From 9/11 to Terror War. The Dangers of the Bush Legacy. Lanham 2003, S. 27) Als frühe Gegenposition zu Francis Fukuyamas „'one world: euphoria and harmony' model" (ebd., S. 28) verweist Kellner auf Samuel Huntingtons *The Clash of Civilizations and the Remaking of the World Order* (1996), ein Buch, das seinerseits allerdings mit problematischen Essentialismen operiert und sich zur Untermauerung eines konservativen Freund-Feind-Denkens instrumentalisieren lässt (vgl. ebd., S. 28 f.).

Angesichts der Tatsache, dass gerade die Terroranschläge vom 11. September der Idee des Postpolitischen ihre historische Plausibilität entzogen haben, erscheint es bemerkenswert, dass Randt in *Schimmernder Dunst* ausgerechnet eine Szene einbaut, welche bei den meisten Lesern Assoziationen an 9/11 wachrufen dürfte:

> Selbst Passanten ohne Einkaufsbeutel betreten jetzt den Supermarkt, um mitzuverfolgen, wie unsere Hochbahn verunglückt ist.
>   Der TX-Sender zeigt vor allem eine einzelne Szene. Immer wieder die Szene, als die vorderen beiden Abteile der Hochbahn in einer Kurve von der Schiene kippen, als sie zu fallen drohen, dann aber doch noch aufgehalten werden, vielleicht vom Gewicht der hinteren Waggons. Die Moderatoren wiederholen sich viele Male, sie verweisen auf diejenigen, die erst später zugeschaltet haben. [...] Die Menschen in der Bahn müssen wahnsinnig panisch sein, vermutlich gibt es auch Verletzte [...]. Das Bild bleibt in der Totalen und man sieht eigentlich immer dasselbe: die schief hängenden, im Wind wippenden vorderen Waggons, im blauen Himmel weit oben über den Dächern. (SD, 59f.)

Die gebannt auf den Bildschirm starrenden Zuschauer, die zeitnahe und redundante Medienberichterstattung, die immergleichen Bilder, der Gedanke an die Panik der eingeschlossenen Menschen, die Katastrophe „im blauen Himmel weit oben über den Dächern" und selbst noch die Anzahl der beinahe von den Schienen kippenden Bahn-Abteile – all dies etabliert einen deutlichen Bezug auf die Terroranschläge vom 11. September. In der kontrafaktischen Variante des Romans handelt es sich dabei zwar nicht um einen terroristischen Anschlag, sondern um einen Unfall infolge technischen Versagens. Nichtsdestoweniger scheint die „verunglückt[e]" Hochbahn eine Dimension des Katastrophischen in den Roman einzuführen, welche dessen bis dahin weitgehend störungsfreie Welt zu erschüttern droht.[1293]

Die eigentliche Katastrophe bleibt dann jedoch wiederum aus: Sämtliche Insassen der Hochbahn können mithilfe von Hubschraubern befreit werden, Opfer sind am Ende keine zu beklagen. Das ‚Unglück' erweist sich letztlich als wenig bedeutender Störfall im perfekten Funktionsgefüge der fiktionalen Welt. Über die kontrafaktische Verweisstruktur, die der Roman an dieser Stelle etabliert – und die hinsichtlich ihrer moralischen Implikationen durchaus gewagt anmutet –, wird die Unerschütterlichkeit der Harmonie von CobyCounty besonders deutlich herausgestellt: Indem 9/11, jenes Ereignis, das wie kaum ein an-

---

[1293] Götz Kubitschek erkennt hier einen intertextuellen Verweis auf Jakob van Hoddis' Gedicht *Weltende*, womit ein weiterer Bezug zur Thematik der Apokalypse etabliert wäre. Vgl. Götz Kubitschek: Schöne Literatur – Leif Randts „Schimmernder Dunst über Coby County", 28.02.2013. Quelle: https://sezession.de/36700/schone-literatur-leif-randts-schimmernder-dunst-uber-coby-county (Zugriff: 27.07.2021).

deres in der jüngeren Geschichte zum Symbol geworden ist für persönliche Tragik, gewaltsame internationale Konflikte und die Gefährdungen einer saturierten Wohlstandsgesellschaft, die sich glücklich in einem Zustand am ‚Ende der Geschichte' eingerichtet zu haben glaubte; indem also gerade 9/11 in *Schimmernder Dunst* kontrafaktisch variiert und dabei von jedweder Tragik geläutert wird, demonstriert der Roman seine Fähigkeit zur Neutralisierung noch der größten realweltlichen Schrecknisse. Wim selbst urteilt: „International wird man von diesem Zwischenfall in CobyCounty sicher manches zu hören bekommen, schließlich ist es eine Katastrophe mit mildem Ausgang, die sich spannend nacherzählen lässt." (SD, 62) Die politische Tragweite und persönliche Tragik des kontrafaktisch alludierten Ereignisses werden somit gerade nicht in die fiktionale Welt mit übernommen; stattdessen löst sich die ‚Katastrophe' in reine Ästhetik auf.

Eine vergleichbare Funktion erfüllt im Roman eine zweite virtuelle Katastrophe mit kontrafaktischer Referenzstruktur. Kurz nachdem der frühere Bürgermeister Peter Stanton abgewählt wurde und Marvin Chapmen als neuer Bürgermeister an die Macht gelangt ist, bricht in den „ColemenHills" (SD, 159) ein Feuer aus, das mehrere Villen zerstört. Bei einem gemeinsamen Gespräch informiert Wesley seinen Jugendfreund Wim über eine im „Untergrund" kursierende Theorie zur Entstehung des Feuers:

> [M]ein Puls schlägt bereits höher, als Wesley behauptet, dass der neue Bürgermeister selbst den Brand initiiert habe, um nun bald einem fiktionalen Untergrund die Schuld daran zu geben.
> „*Was heißt fiktional?*", frage ich. „*Es gibt den Untergrund doch. Ich war doch selbst auf so einer Party.*"
> „Natürlich gibt es den Untergrund. Als Partykollektiv. Aber Chapman wird sagen, dass es mehr ist. Er wird daraus eine Bewegung machen. Er wird ein Gerücht streuen. Unter der Hand wird es heißen, dass der Untergrund für den Brand verantwortlich ist. (SD, 173 f.)

Die Brandstiftung, welche strategisch zur Diffamierung einer vermeintlich im Untergrund operierenden Gruppierung genutzt wird, etabliert hier einen Verweis auf den Reichstagsbrand in der Nacht vom 27. auf den 28. Februar 1933. Die neu an die Macht gelangte NS-Führung instrumentalisierte damals den Brand, um die Grundrechte der Weimarer Verfassung außer Kraft zu setzen. Damit wurde der Weg freigemacht für die Errichtung der nationalsozialistischen Diktatur und in der Folge für die Verfolgung von politischen Gegnern und Juden.

Auch der kontrafaktische Brand in Randts Roman dient dem kürzlich gewählten politischen Führer der Stadt dazu, eine vermeintliche Untergrund-Gruppe zu konstruieren und für die eigenen Ziele zu instrumentalisieren. Anders als das Dritte Reich steuert CobyCounty jedoch mitnichten auf die Suspendierung der Demokratie oder gar einen Völkermord zu: Politisch stark aufgeladene Signifikanten und Referenzen werden hier wiederum nur aufgerufen, um schlussendlich politisch entkernt zu werden. So verbirgt sich bereits hinter dem Begriff des „Untergrunds" eine mehrfache Pointe: Gemeint ist damit in der erzählten Welt ursprünglich keine subversive politische Bewegung, sondern ein „*Partykollektiv*", welches ganz wörtlich im Untergrund, nämlich in den „Colemen&-Aura-Passagen" (SD, 118) Feste von bescheidener Ausgelassenheit feiert. Zwar versucht Präsident Chapman, diesem Partykollektiv den Anstrich einer ‚Untergrundbewegung' im normalsprachlich-metaphorischen Sinne zu geben. Die Motivation für die Konstruktion einer solchen Untergrundbewegung ist allerdings keine im engeren Sinne politische, sondern rein ökonomischer Natur. Wim fragt:

> „*Aber warum sollte die neue Regierung Interesse an so einem Untergrund haben? Was hätte sie denn davon?*"
> „*Sie würde daran mitverdienen. Nichts ist kommerzieller als das Zwielichtige. […] Es wurden keine wertvollen Häuser beschädigt. Nur die leerstehenden, unattraktiven. Das wurde nur dramatischer berichtet … Jetzt kann man auf den ColemenHills Architekten etwas Neues entwerfen lassen. Es wird eine weltweite Ausschreibung geben und zuletzt kommt dann etwas komplett Merkwürdiges dabei heraus und CobyCounty bleibt im Gespräch.*"
> (SD, 174)

Vergleicht man das referentialisierte realweltliche Faktenmaterial mit seiner kontrafaktischen Variation, so könnte die Differenz in der normativen Bewertung kaum eklatanter ausfallen. Während der historische Signifikant ‚Reichstagsbrand' mit dem totalen Signifikanten Auschwitz in Verbindung steht, erscheint die Motivation für die Geschichtslüge in Randts Roman einigermaßen harmlos: Es soll die Attraktivität von CobyCounty als Touristenziel gewahrt werden und der Ort international im Gespräch bleiben. Darüber hinaus bietet der Brand den praktischen Vorteil, Bauraum für neue architektonische Prestigeprojekte zu schaffen.

Insgesamt erweist sich die Funktionsweise der kontrafaktischen Referenz auf den Reichstagsbrand als identisch mit derjenigen des Verweises auf 9/11: Es wird Bezug genommen auf ein realweltliches Ereignis, dessen Schrecknisse und politische Tragweite in der realen Welt außer Zweifel stehen. In der kontrafaktischen Variation dieses Ereignisses wird dann jedoch gerade darauf verzichtet, die schrecklichen Auswirkungen sowie die politischen Implikationen, die mit diesen Ereignissen in der realen Welt unausweichlich assoziiert werden, für die fiktionale Welt mit zu übernehmen. Gerade in dieser politischen Entkernung realweltlich maximal politischer Ereignisse erweist sich das Harmonisierungspotenzial der kontrafaktischen Diegese in allergrößter Deutlichkeit.

Man wird allerdings die Frage stellen müssen, ob man überhaupt von Holocaust und dem 11. September erzählen kann – und sei es im indirekten Modus der Kontrafaktik –, *ohne* die unzweifelhaft politische Dimension dieser realen Ereignisse in die Erzählung mit zu übernehmen. Indem *Schimmernder Dunst* seinen umfassenden Harmonisierungsanspruch just an solchen realweltlichen Ereignissen erprobt, die sich einer politisch neutralen respektive moralisch indifferenten Betrachtung entschieden widersetzen, offenbart sich zugleich die Forciertheit dieses Harmonisierungsanspruchs. Gerade weil die kontrafaktisch variierten Ereignisse im Vergleich mit ihrer realweltlichen Faktenbasis so unendlich blass und bedeutungslos anmuten, entfaltet diese realweltliche Faktenbasis eine politische, moralische und emotive Eigendynamik, welche die vordergründigen Wertungsimplikationen der fiktionalen Welt außer Kraft zu setzen droht. So betrachtet, ergäbe sich das politische Störpotential des Romans nicht so sehr innerhalb der fiktionalen Welt selbst – an deren umfassender Positivität zu zweifeln letztlich wenig Anlass besteht –, sondern vielmehr über den erzählerischen Versuch, ausgerechnet solches Faktenmaterial politisch zu neutralisieren, das die restlose Tilgung seiner realweltlich-politischen Dimension selbst noch im Falle einer massiven kontrafaktischen Variation entschieden verweigert.

Ähnlich wie die beständig beschworenen, aber zuverlässig glücklich bewältigten Konflikte im Roman führen auch die intertextuellen und vor allem die kontrafaktischen Verweise eine Dimension des Unguten und Bedrohlichen in den Text ein, die gleichwohl nie zu vollem Durchbruch gelangt. Bezüglich der politischen Wertung stellt sich für den Leser damit die grundsätzliche Frage, ob der negative Subtext in Randts Roman als ein *kritisch-dystopischer* Subtext zu lesen ist, ob also die vielfältigen potenziellen Destabilisierungen und Katastrophenverweise die Harmonie der fiktionalen Welt in Zweifel ziehen – oder aber, ob diese Verweise nicht vielmehr auf die Konsequenz der *affirmativen-utopischen* Werkintention hindeuten, indem sie nämlich demonstrieren, dass selbst noch jene Signifikanten, die in der realen Welt entschieden negative oder kritische politische Assoziationen auslösen – wie der Reichstagsbrand, 9/11 oder auch die Kapitalismuskritik Bertolt Brechts –, in einer vollkommenen Utopie wie derjenigen Randts ihr Störpotenzial einbüßen.

Auch eine dystopische Lesart von Randts Roman müsste allerdings in Rechnung stellen, dass es sich bei *Schimmernder Dunst* gewiss um keine klassische Dystopie wie etwa George Orwells *1984*, Philip K. Dicks *Minority Report*, Margaret Atwoods *The Handmaid's Tale* oder auch Juli Zehs *Corpus Delicti* handelt. Diese klassischen Dystopien bedienen sich oftmals einer kontrafaktischen Übertreibung, um die problematische Dimension gegenwärtiger gesellschaftlicher und politischer Entwicklungen kenntlich zu machen und damit der Kritik preiszugeben. Die negative Wertungstendenz, welche ein Charakteristikum dystopischer Texte bildet, ist in solchen Fällen unverkennbar (dass es sich etwa bei der fiktionalen Welt von *1984* um eine *negative* Gesellschaftsvision handelt, dürfte kaum der Begründung bedürfen). Eine derart eindeutige Wertungstendenz findet sich in *Schimmernder Dunst* nicht. Dystopisch ist *Schimmernder Dunst* gewiss nicht im Sinne eines offenkundig negativen Gehalts der erzählten Welt. Eher könnte man hier von einer dialektischen Dystopie sprechen, insofern gerade die Perfektion der erzählten Welt auf all jene Ausschlüsse verweist, die sich als nötig erweisen, um ebendiese perfekte Welt allererst zu errichten.

In der beschriebenen Hinsicht lässt sich Randts Roman unter den Klassikern der dystopischen Literatur vielleicht am ehesten mit Aldous Huxleys *Brave New World* vergleichen: In seinem dystopischen Roman entwirft Huxley eine Welt, die in zahllosen ihrer Details – fehlende Freiheit, Klassengesellschaft, pharmakologische Zwangsbeeinflussung der Bevölkerung etc. – offenkundig dystopisch erscheint. In ihrer Gesamtheit jedoch mutet diese Welt sehr viel friedlicher und glücklicher an als die reale Welt der Leser. Es drängt sich somit die beunruhigende Frage auf, ob die Menschheit wirklich in der Lage ist, ihre eigene Freiheit verantwortungsvoll zu nutzen, oder aber ob die Menschen in der von Huxley entworfenen, vordergründig inhumanen Welt – einer Welt ohne Freiheit, Schmerz und Kunst – schlussendlich nicht doch ein sehr viel besseres Leben führen würden. (Der emphatischen Forderung des ‚Wilden' John in *Brave New World* nach einem Recht auf „Alter, Häßlichkeit und Impotenz, [...] auf Syphilis und Krebs, [...] Hunger und Läuse, [...] auf ständige Furcht vor dem Morgen [und auf] unsägliche Schmerzen jeder Art" begegnet der Vertreter der neuen Weltordnung lediglich mit dem lapidar-ironischen Satz: „Wohl bekomm's!"[1294])

Hinsichtlich des dialektischen Verhältnisses von dystopischen und utopischen Genreaffinitäten erscheint *Schimmernder Dunst* gewissermaßen als komplementärer Gegenentwurf zu *Brave New World* (der Titel ‚Schöne neue Welt' wäre für Randts Roman durchaus passend gewesen). Huxley entwirft eine Welt, deren zahllose dystopische Einzelelemente sich in der Gesamtheit zu einer utopisch-positiven Zukunftsvision auszutarieren scheinen. Randt hingegen entwirft eine Welt, die in jedem geschilderten Einzelaspekt derart perfekt, friedlich und glücksfördernd ist, dass eine Detailkritik kaum mehr möglich erscheint; genau aus diesem Grund jedoch wirft der Roman die Frage nach dem Ganzen, gewissermaßen die ‚Systemfrage' auf: Beruht eine störungsfreie respektive jede Störung glücklich neutralisierende gesellschaftliche Harmonie wie die in *Schimmernder Dunst* geschilderte nicht notwendigerweise auf politisch höchst problematischen Ausschlussmechanismen? Und selbst wenn man die glückliche Gesellschaftsordnung von CobyCounty als funktional und stabil ansehen wollte: Besteht denn auch

---

[1294] Aldous Huxley: Schöne neue Welt. Ein Roman der Zukunft. Frankfurt a. M. 1953, S. 174.

nur die entfernteste Hoffnung, dass die reale Welt sich in einen vergleichbaren Zustand der Glückseligkeit wird überführen lassen? In Analogie zu Sartres – durchaus streitbarem – Diktum, es sei unmöglich, „einen guten Roman zum Lobe des Antisemitismus [zu] schreiben"[1295], weil die Freiheit des Schriftstellers nicht zur Einschränkung der Freiheit anderer verwendet werden könne, ließe sich auch bezogen auf *Schimmernder Dunst* die Frage stellen, ob man einen Roman zum Lobe der *Californian Ideology* und des Kreativen Kapitalismus schreiben kann, ohne dabei zugleich – wenn auch möglicherweise *contre cœur* – auf die schwerwiegenden Konflikte und Freiheitseinschränkungen des realexistierenden Kreativen Kapitalismus zu verweisen: etwa die fortschreitende Elitarisierung gutbezahlter Kreativberufe, die Schwierigkeiten der digitalen Einhegung geistigen Eigentums, die immer krasser auseinanderklaffende Schere zwischen Arm und Reich, die zunehmende Präkarisierung und wachsende Jugendarbeitslosigkeit in vielen westlichen Ländern, vor allem aber die Abhängigkeit des Wohlstands weniger industrialisierter Staaten von hunderten Millionen billiger Arbeitskräfte in der ‚Dritten Welt'. *Schimmernder Dunst* macht im Medium der Literatur gewissermaßen Ernst mit dem Optimismus der *Californian Ideology* – und wirft damit zugleich implizit die Frage auf, ob man einen derartigen Optimismus auf den realen Kreativen Kapitalismus bezogen tatsächlich wird vertreten wollen.

Ähnlich wie Huxleys Roman nimmt auch Randts Roman dem Leser die finale normative Bewertung der fiktionalen Welt, die Entscheidung also zwischen einer insgesamt eher utopischen oder einer eher dystopischen Lesart, nicht ab. Ob die postpolitische Idylle von CobyCounty in *Schimmernder Dunst* bejaht oder nicht doch eher im Modus einer brüchigen Idealisierung dargestellt und in der Folge umso entschiedener der Kritik preisgegeben wird, lässt sich rein textanalytisch nicht entscheiden: erstens deshalb nicht, weil der Text hier ambivalente Signale sendet (die Katastrophen sind in *Schimmernder Dunst* zwar gebändigt, zugleich aber wird unaufhörlich auf den Bereich des Katastrophischen hingedeutet; die kontrafaktischen Elemente des Romans bringen gewaltige politische Potenziale in den Roman ein, lassen genau diese Potenziale dann aber ungenutzt etc.); zweitens und vor allem aber deshalb nicht, weil die Entscheidung darüber, ob man eine affirmative oder eine kritische Lesart als die plausiblere ansehen will, wesentlich vom Weltbild des Lesers und seinem durch den Text aktualisierten Faktenwissen abhängen wird. Wenn sich an einem Text wie *Schimmernder Dunst* die Geister scheiden, dann nicht deswegen, weil hier eine klare politische Aussage formuliert würde, der man als

---

[1295] Jean-Paul Sartre: Was ist Literatur? Reinbek bei Hamburg [6]2006, S. 53.

Leser dann zustimmend oder ablehnend gegenüberstehen kann. Strittig ist die politische Einschätzung von Randts Roman vielmehr deshalb, weil bereits in dem intuitiven Eindruck, ob man die fiktionale Welt von CobyCounty als potenziell realitätskompatibel betrachten oder hier nicht doch eher eine massive Konfliktunterdrückung am Werk sehen wird, politische und ideologische Grundhaltungen zur eigenen Gegenwart zutage treten, die untereinander inkompatibel sind. (Auch in dieser Hinsicht hat Randts Werk mit demjenigen Adalbert Stifters Einiges gemeinsam.) Im Rückgriff auf die fiktionstheoretischen Überlegungen der vorliegenden Arbeit ließe sich formulieren:[1296] Die Selektion des für die Interpretation relevanten, realweltlichen Kontexts und die Entscheidung über die Art der interpretationsbestimmenden Kontextverknüpfungen delegiert *Schimmernder Dunst* – und zwar in höherem Maße als die meisten utopisch/dystopischen Texte – an den einzelnen Leser. Eben weil sich Randts Roman einer eindeutigen politischen Selbstverortung enthält, lässt er in den Interpretationsentscheidungen seiner jeweiligen Leser deren eigene politische Grundüberzeugungen umso deutlicher zutage treten.

16.1.5 Schlussbetrachtung: aus Versehen politisch?

In einem Interview aus dem Erscheinungsjahr von *Schimmernder Dunst* wurde Randt gefragt, ob „junge Literatur [...] per se unpolitisch" sei:

> RANDT: Wenn man über Beziehungen schreibt, tut man das ja immer in einem Kontext. Die Figuren wurden sozialisiert, leben in einer bestimmten Zeit, in einem bestimmten Umfeld, das ist alles fast automatisch nicht unpolitisch.
>
> ZEIT ONLINE: Ihre Texte sind also auch politisch?
>
> RANDT: Ja, aus Versehen sozusagen. In meinem neuen Buch gibt es sogar realpolitische Ereignisse: eine Bürgermeisterwahl zum Beispiel.[1297]

Wenn man die Beschreibung von „Beziehungen [...] in einem Kontext" als Definitionskriterium politischer Literatur gelten lassen wollte, dann könnte man *Schimmernder Dunst* in der Tat als politischen Roman bezeichnen. Es stellt sich allerdings die Frage, ob ein solcher Politik-Begriff nicht doch zu vage und überinklusiv ist, um als Unterscheidungskriterium politischer Literatur zu taugen. (Wäre denn ein Roman vorstellbar, der Beziehungen *nicht* in einem Kontext dar-

---

1296 Siehe Kapitel 4.3.7. Fakten als Kontexte kontrafaktischer Interpretationen.
1297 Thurm: Leif Randt: „Mein Buch ist aus Versehen politisch".

stellt?)[1298] Auch handelt es sich, wie gezeigt wurde, bei dem ‚realpolitischen Ereignis', das Randt als Beispiel anführt – nämlich der im Roman beschriebenen Bürgermeisterwahl –, gerade um kein politisches Ereignis im engeren Sinne, sondern vielmehr um eine exemplarische Manifestation des Postpolitischen, wie es in *Schimmernder Dunst* insgesamt dominiert.

Wenn Randts Roman tatsächlich ‚aus Versehen politisch' ist, dann möglicherweise nicht in dem vom Autor suggerierten Sinne. Insoweit die persönlich-individuelle Sichtweise Randts über Interviews und poetologische Äußerungen zugänglich ist (die Möglichkeit einer strategischen Selbstinszenierung muss hier ebenso in Rechnung gestellt werden wie bei den Pop-Literaten der 1990er Jahre und bei Autoren ganz generell), scheint der Autor selbst die Vision des Postpolitischen in seinen Texten tatsächlich als einen *positiven* Gesellschaftsentwurf anzusehen. Auch aus diesem Grund würde es zu kurz greifen, das Gegenwartsbekenntnis von *Schimmernder Dunst* schlicht als satirisch aufzufassen.[1299] Dass der Roman sehr verschiedene Lesarten zwischen Affirmation und Subversion erlaubt, weist *Schimmernder Dunst* nur umso bestimmter als anspruchsvolle Manifestation der Pop-Literatur aus.[1300]

1298 Nebenbei sei bemerkt, dass Randt mit seinem Nachdruck auf dem relationalen Moment gerade einen grundlegenden Gedanken des Netzwerkkapitalismus reproduziert. So konstatiert Anselm Franke: „Die Silicon-Valley-Ideologen der globalisiert-entgrenzten Netzwerkgesellschaft der 1990er Jahre, viele davon verbunden mit dem *Whole Earth Catalog*, sahen sich in diesem Sinn als Teil eines techno-biologischen Systems, als Teil eines Super-Organismus und seiner Evolution. Im Moment einer solchen Universalisierung und Vereinheitlichung im Zeichen biologisierter Systeme aber verschwindet Politik einfach. […] Grundlegend dafür mag vielleicht die Kritik der im langen Schatten der Kybernetik noch immer wirkmächtigen Tendenz sein, die in der relationalen Auflösung von Grenzziehungen ihren heiligen Zweck sieht und dabei letzten Endes immer betont, das alles ja schon immer relational gewesen sei, und häufig unbemerkt den Gegenstand der Kritik – die Mechanismen der Exklusion, die historischen Kontinuitäten der Unterdrückung – aus den Augen verliert." (Franke: Earthrise und das Verschwinden des Außen, S. 18). Siehe auch SD, 84.
1299 Siehe auch Randts Interview im Band *Mindstate Malibu*, der den bezeichnenden Untertitel „Kritik ist auch nur eine Form von Eskapismus" trägt (Randt: 10 % Idealismus (Interview)).
1300 In Abgrenzung zur Position Thomas Ernsts, der Pop-Literatur vor allem danach bewertet, ob sie „subversive Kräfte besitzt" (Thomas Ernst: Popliteratur. Hamburg ²2005, S. 9), betont Eckhard Schumacher, dass sich Pop und Popliteratur gerade durch Wertungsambivalenzen auszeichnen: „Die Konfrontationen von Subversion und Affirmation, Provokation und Anpassung oder Subkultur und Mainstream, die die Texte von Andy Warhol und Rolf Dieter Brinkmann ebenso kennzeichnen wie die von Rainald Goetz und Christian Kracht, sind nicht interessant, weil sie ideologisch eindeutig verwertbare Haltungen präsentieren, sondern weil sie unentscheidbare und deshalb bemerkenswerte Ambivalenzen produzieren." (Eckhard Schumacher: Rezension zu: Thomas Ernst, Popliteratur. 2., unveränderte Aufl. Europäische Verlagsanstalt, Hamburg 2005. In: Arbitrium 24/3 (2007), S. 415–418, hier S. 417 f.) Zum Verhältnis von Pop und

Im selben Interview, in dem Randt behauptete, dass sein Buch ‚aus Versehen politisch' sei, hat er auch angemerkt, dass es sich bei CobyCounty um eine „idealisierte[...] Welt" handele – dann jedoch selbst hinzugefügt, dass er „beim Schreiben schnell merkte, dass sie sich gar nicht so ideal anfühlt."[1301] Das ungute Gefühl, welches sich mitunter auch dem Leser des Romans mitteilt, beruht dabei nicht so sehr auf einem kritischen Subtext, den es textanalytisch freizulegen gälte. Sätze wie „wenn einem nicht übel ist, dann ist einem eben nicht übel" (SD, 124) verweisen metareflexiv vielmehr auf eine postironische Ästhetik des ‚what you see is what you get', die weitgehend ohne versteckte Botschaften, bildungsbürgerliche Chiffren oder die autosubversive Unterminierung der eigenen Positivität auskommt. Der Text von *Schimmernder Dunst* an sich formuliert keine Gegenwartskritik, weder explizit noch implizit. Im Gegenteil werden die kritischen Potenziale der Gegenwart in Randts Utopie gerade umfassend eingeebnet.

Eben diese vollkommene Harmonisierung erzeugt jedoch Misstrauen: Während die Überwindung einzelner Störpotenziale und die Auflösung bloß des einen oder anderen Konflikts noch als Effekt einer Konzentration auf die positiven Seiten von Welt und Leben durchgehen mögen, erscheinen die vollständige Entdramatisierung jedweder Störung und die totale Vermeidung aller schwerwiegenden Konflikte schlichtweg als zu schön, um wahr zu sein. Gerade weil in *Schimmernder Dunst* das ‚Außen' so konsequent verschwindet, stellt sich ein Misstrauen gegenüber den ästhetischen, ideologischen und politischen Mechanismen dieses Verschwindens – oder eher: Zum-Verschwinden-Bringens – ein.

Um die Art des Realitätsbezugs in Randts Roman – inklusive seiner politischen Implikationen – möglichst präzise zu charakterisieren, kann noch einmal auf die vier möglichen Weltvergleichsverhältnisse zurückgegriffen werden.[1302] Zwar lässt sich *Schimmernder Dunst*, wie gezeigt wurde, sehr plausibel als Utopie bezeichnen. Auf offen fantastische oder spekulativ-futuristische Elemente jedoch, wie sie in Utopien, Dystopien oder auch Werken der Science-Fiction

---

Kritik siehe die Beiträge in Gerber / Hausladen (Hg.): Compared to What? Dort betont etwa Diederichsen: „Subversion ist nicht notwendig etwas Gutes. [...] Subversion kann [...] auch bedeuten, dass ein zivilisatorischer Mindeststandard mit ihren Mitteln unterboten und ausgehebelt wird: eine Abneigung gegen Gewalt, Übergriffe etc. Wir sind nur daran gewöhnt, dass im Regelfall das Internalisierte, unbewusst Gespeicherte und unbewusst Gewusste angegriffen werden muss. Der Begriff der Subversion enthält aber nicht die Aufklärung über das aufgelöste und überwundene Verhältnis, nur die Auflösung." (Diedrich Diederichsen: Zehn Thesen zu Subversion und Normativität. In: Tobias Gerber / Katharina Hausladen (Hg.): Compared to What? Pop zwischen Normativität und Subversion. Wien 2017, S. 53–61, hier S. 53f.)
1301 Thurm: Leif Randt: „Mein Buch ist aus Versehen politisch".
1302 Siehe Kapitel 5.1. Realistik, Fantastik, Kontrafaktik, Faktik.

verbreitet sind, verzichtet der Text konsequent. Im Detail weist die erzählte Welt kaum offenkundig fiktive Elemente auf, sodass fast jeder Satz des Romans für sich allein genommen durchaus im Weltvergleichsverhältnis der Realistik rezipierbar wäre. In ihrer Kombination summieren sich diese Teilharmonien allerdings zu einer Gesamtharmonie, wie sie – zumindest auf die reale Welt bezogen – kaum mehr glaubhaft erscheint. Entgegen dem Anschein einer utopisch delokalisierten und schimmernd aufpolierten Realistik erweist sich das Setup der erzählten Welt bei einem etwas kritischeren Abgleich mit der realen Welt als reichlich fantastisch.

Was nun speziell die Kontrafaktik betrifft, so ist festzuhalten, dass *Schimmernder Dunst* für einen utopischen oder dystopischen Roman vergleichsweise wenige offenkundig kontrafaktische Elemente umfasst.[1303] Im Rahmen einer politischen Bewertung des Romanganzen erweisen sich aber gerade diese Elemente als besonders bedeutsam, zwingen sie den Leser doch dazu, die Probe aufs Exempel zu machen: Können Referenzen auf Geschichtstraumata wie den Holocaust oder 9/11 tatsächlich von jedweder negativ-schwerwiegenden Wertungsdimension befreit werden? Und wenn nicht: Was sagt es über eine fiktionale Welt in ihrer Gänze aus, wenn diese Welt zwar den Anspruch auf umfassende Harmonisierung erhebt, zugleich aber Elemente enthält, die sich selbst noch unter der Bedingung der entschiedensten Fiktionalisierung einer postpolitischen Lesart verweigern? Man kann hier entweder die Meinung vertreten, dass die schimmernde Welt von CobyCounty auch noch die realweltlich schwerwiegendsten Signifikanten politisch zu neutralisieren vermag. Oder aber man gesteht diesen Signifikanten – selbst in ihrer kontrafaktisch variierten Form – eine Persistenz der politischen Bedeutsamkeit zu, was zur Folge hätte, dass die verhalten utopisch-futuristische Realistik der erzählten Welt ins Wanken gerät. In einer solchen Lesart würden die kontrafaktischen Elemente des Romans auf die letztlich fantastische Anlage eines Gesellschaftsentwurfs hindeuten, der von der Darstellung jeglicher persönlichen, gesellschaftlichen oder politischen Antagonismen zurücksteht, zugleich aber im Weltvergleichsverhältnis der Realistik rezipierbar zu bleiben sucht.

Dass *Schimmernder Dunst* eine Gesamtdeutung sowohl im Modus der Realistik als auch der Fantastik erlaubt, liegt dabei weniger an einer etwaigen textuell codierten Ambivalenz der fiktionalen Welt, sondern vor allem daran, dass

---

[1303] *Schimmernder Dunst* weist also einen geringen kontrafaktischen Skopus auf. Siehe Kapitel 4.3.6. Skopus: Kontrafaktische Welten, kontrafaktische Elemente, *point of divergence*.

die Entscheidung, ob man die beschriebene Welt als möglich oder unmöglich ansehen wird, wesentlich vom Weltbild des jeweiligen Lesers abhängt. Wollte man den faktual-utopischen Zukunftsverheißungen aus dem Umfeld des realen Silicon Valley – etwa den futuristischen Zukunftsvisionen eines Ray Kurzweil – Glauben schenken, so könnte CobyCounty tatsächlich als potenziell realisierbare Idealversion einer *Creative City* erscheinen. Versteht man die *Californian Ideology* hingegen in der Weise, wie es der Begriff selbst nahelegt – nämlich als (post-)politische Ideologie –, dann wird man an einer realen Umsetzbarkeit von Randts utopischer Vision eher Zweifel anmelden müssen. In Anlehnung an eine Überlegung Slavoj Žižeks kann man mit Blick auf den Roman *Schimmernder Dunst* die Frage stellen, welche von beiden utopischen Visionen nun eigentlich die realistische und welche die fantastische ist: die Vorstellung, dass die aktuellen Tendenzen des Kapitalismus – inklusive der Entwicklungen des Kreativen Kapitalismus – sich beliebig ausweiten und in eine glückliche Zukunft hineinverlängern lassen werden; oder aber die Sichtweise, dass sich eine radikale politische Alternative jenseits des postpolitischen Konsenses als notwendig erweisen wird, um ein Zusammenleben wirklich aller Menschen in Frieden, Freiheit und Würde zu ermöglichen.[1304]

Schimmernder Dunst lässt sich als Versuch betrachten, die erste dieser beiden Utopie-Optionen konsequent durchzuspielen. Damit wirft der Roman aber zugleich implizit die Frage auf, ob eine solche Utopie überhaupt auf realweltliche Verwirklichung rechnen kann. Die Antwort auf diese Frage wird dabei leserrelativ je unterschiedlich ausfallen. Randts Roman klärt den Leser nicht über die politische Wirklichkeit auf, sondern bringt ihm eher die eigene Haltung gegenüber dieser Wirklichkeit zu Bewusstsein: Ist man nun bereit zu glauben, dass der Kreative Kapitalismus in ein Stadium der Perfektion einzutreten vermag, in dem die metaphorischen Gewitterwolken stets zuverlässig vorbeiziehen – oder ist es nicht doch wahrscheinlicher, dass auch der Kreative Kapitalismus irgendwann in den vernichtenden Wirbelsturm des Realen hineingezogen werden wird? *Schimmernder Dunst* ist insofern nicht so sehr ein politischer Roman, sondern eher ein politischer Transzendentalroman (auch wenn diese bombastische Ausdrucksweise so gar nicht zu Randts Text passen will), ein Roman also, der seine Leser auf die Bedingungen der Möglichkeit aufmerksam macht, die

---

[1304] „The true utopia is the belief that the existing global system can reproduce itself indefinitely; the only way to be truly 'realistic' is to think what, within the coordinates of this system, cannot but appear as impossible." (Slavoj Žižek: Living in the End Times. London 2011, S. 363).

erfüllt sein müssen, damit ein Text als politischer, kritischer oder eben affirmativer Text rezipiert wird – auch und gerade jenseits offensichtlicher Signale wie einer deutlich politischen Thematik, einer gesellschaftskritischen Botschaft oder des persönlichen Engagements des Autors. So wie das silberne Rechteck auf dem Buchcover von *Schimmernder Dunst* das Bild des jeweiligen Lesers widerspiegelt – wenngleich in schonender Weichzeichnung –, so wirft auch der Romantext den Leser letztlich immer auf sein je eigenes politisches Weltbild zurück.

17 Versuch eines politischen Vergleichs: Kracht, Röggla, Zeh, Randt

Eine Zusammenfassung der zentralen Ergebnisse der Textinterpretationen wurde im Rahmen der Schlussbetrachtungen der einzelnen Interpretationskapitel geleistet. Ziel des nachfolgenden Vergleichs von Christian Kracht, Kathrin Röggla, Juli Zeh und Leif Randt kann es entsprechend nicht sein, diese Ergebnisse ein weiteres Mal zu wiederholen. Vielmehr soll hier noch einmal die Frage des Zusammenhangs von politischem Schreiben und Kontrafaktik adressiert werden, wie sie im zweiten Teil der Arbeit im Zentrum stand. Im Nachgang der ausführlichen Textinterpretationen kann ein abschließender Vergleich des politischen Schreibens bei Kracht, Röggla, Zeh und Randt angestellt werden, um im kontrastierenden Abgleich ihrer jeweiligen Praktiken politischen Schreibens die Gemeinsamkeiten, aber auch die Differenzen der jeweiligen Autorpoetiken hervortreten zu lassen. Dieses Kapitel bietet gewissermaßen ein erstes, autorzentriertes Fazit der Arbeit. Das letzte Kapitel der Studie widmet sich dann noch einmal allgemeineren, fiktionstheoretischen Aspekten der Kontrafaktik sowie möglichen Anschlussfragen einer zukünftigen Kontrafaktik-Forschung.

Im Rahmen der Überlegungen zur politischen Kontrafaktik im zweiten Teil der Arbeit wurde bereits darauf hingewiesen, dass die Begriffe des ‚politischen Schreibens' respektive der ‚politischen Literatur' zu unspezifisch sind, um eine hinreichend differenzierende Korpusbildung und eine systematische Analyse politischer literarischer Texte zu ermöglichen. Die Prozesse, die einen Text oder eine textassoziierte Praxis in den Bereich des Politischen rücken, sind derart komplex sowie situativ, kulturell und historisch variabel, dass sich eine abschließende und trennscharfe Definition des politischen Schreibens nicht aufstellen lässt.

Eine Möglichkeit, mit dieser Schwierigkeit umzugehen, besteht in der Bildung von Teilbereichen politischen Schreibens, die sich durch ein je spezifisches Zusammenspiel von Werkästhetik, Poetologie, Wirkabsicht und Rezeptionsverhalten vonseiten der Leserschaft auszeichnen. Derartige Teilbereiche politischen Schreibens sind also nicht oder doch nicht ausschließlich über eine bestimmte schriftstellerische Programmatik definiert, sondern lassen sich eher über eingespielte gesellschaftliche Praktiken bestimmen, an denen die Autoren ebenso beteiligt sind wie die literarische Öffentlichkeit (inklusive der Gegenwartsliteraturwissenschaft). Im Rahmen einer Praxeologie politischen Schreibens können einzelne Autorenwerke spezifischen literarisch-politischen Praktiken prototypisch zugeordnet werden. Es lässt sich somit eine gewisse Ordnung im weiten Feld der politischen

Gegenwartsliteratur schaffen, und sehr unterschiedliche Formen politischen Schreibens werden untereinander komparabel.

Da der Begriff ‚Literaturpolitik' bzw. ‚literaturpolitisch' bereits für eine bestimmte Form der Aufmerksamkeitsgenerierung und Absatzsteigerung im literarischen Feld vergeben ist (und im Übrigen auf eher unglückliche Weise vergeben, da etwa die „Literaturpolitik eines Verlages" mit Politik im engeren Sinne wenig zu tun hat, wohl aber mit Interessen der Gewinnoptimierung), wird in der vorliegenden Studie der zugegebenermaßen etwas umständliche, dafür aber weniger missverständliche Terminus ‚literarisch-politisch' gewählt. Charakterisiert wird damit eine Verbindung von Literatur und politischem Anspruch im Rahmen unterschiedlicher literaturassoziierter Praktiken.

Eine praxeologische Gesamtcharakterisierung des politischen Schreibens in der Gegenwart ist nicht Anliegen der vorliegenden Arbeit und könnte auf der Basis einer Betrachtung von nur sechs Texten auch gar nicht geleistet werden. Entsprechend hat die folgende Zuordnung der Werke von Christian Kracht, Kathrin Röggla, Juli Zeh und Leif Randt zu unterschiedlichen literarisch-politischen Praktiken ebenso Versuchscharakter wie die Charakterisierung dieser literarisch-politischen Praktiken selbst. Mit beiden Bestimmungen soll vor allem deutlich gemacht werden, mit wie unterschiedlichen Ausprägungen politischen Schreibens man es bei diesen vier Autorenwerken zu tun hat und – davon abgeleitet – auf welch unterschiedliche Weise die Kontrafaktik in der Gegenwartsliteratur als Verfahren politischen Schreibens genutzt wird.

Christian Kracht: Provokation

Provokation kann als eine bestimmte Form der (Selbst-)Positionierung im literarischen Feld oder – allgemeiner – im öffentlichen Raum begriffen werden, bei der Erwartungshaltungen bewusst irritiert werden und/oder gegen einen moralischen Konsens verstoßen wird. Im Rahmen provokativer Praktiken wird die Verletzung der Gefühle einer bestimmten Rezipientengruppe mitunter billigend in Kauf genommen. Provokation muss mit einem Element der Überraschung verknüpft sein, um wirksam werden zu können. So deutet die Bezeichnung ‚ewiger Provokateur' an, dass sich eine bestimmte Art der Selbstinszenierung oder eine bestimmte inhaltliche Position zu oft wiederholt hat, um noch eigentlich als Provokation empfunden werden zu können. Schließlich ist Provokation an unterstellte oder tatsächliche Intentionalität gebunden, wird also meist mit einem bewussten Kommunikationskalkül der provozierenden Person in Verbindung gebracht. Selbst da, wo eigentlich literarische Texte zur Diskussion stehen, werden Provokationen für gewöhnlich auf den Autor als empirische Person zurückgerechnet.

Bei dem Versuch, die spezifische Ausprägung des Politischen im Werk Christian Krachts terminologisch zu fassen, hat die Forschung immer wieder auf den Begriff der Provokation zurückgegriffen.[1305] Tatsächlich scheint sich dieser Begriff zur Charakterisierung des Phänomens ‚Kracht' in besonderer Weise anzubieten, erlaubt er doch, ganz unterschiedliche Aspekte der öffentlichen Wahrnehmung des Autors und seines Werkes zu beschreiben. Der Begriff der Provokation lässt sich auf Krachts Autorinszenierung als melancholischer Dandy ebenso beziehen wie auf seine uneindeutigen politischen Selbstpositionierungen und sein gelegentliches Kokettieren mit totalitären Denkformen. Nicht zuletzt bietet sich der Begriff zur Charakterisierung der öffentlichen Rezeption von Krachts literarischem Werk an: Krachts Romane wurden immer wieder mit den Vorwürfen der Homophobie, des Orientalismus, des Rassismus, des Antisemitismus und des Faschismus konfrontiert; zugleich finden sich in Feuilleton und Literaturwissenschaft zahlreiche Stimmen, die Kracht und sein Werk genau von diesen Vorwürfen freizusprechen suchen.[1306] Extremstes Beispiel in diesem Zusammenhang ist zweifellos die öffentliche Diskussion rund um den Roman *Imperium*, bei der Kracht von Georg Diez unterstellt wurde, er wolle „antimodernes, demokratiefeindliches, totalitäres Denken [...] in den Mainstream"[1307] einführen – ein Vorwurf, der eine Fülle von feuilletonistischen und literaturwissenschaftlichen Verteidigungen Krachts nach sich zog.

Zwar lassen sich die von Diez erhobenen Vorwürfe gegen den Autor Kracht bei genauer Lektüre von *Imperium* leicht entkräften. Politisch vollkommen geheuer wird das Gesamtphänomen Kracht dadurch allerdings nicht. Mit der Borniertheit einer Position, welche auf dem Recht besteht, in dem pluralistischen

---

[1305] Siehe beispielsweise Niefanger: Provokative Posen; Matthias N. Lorenz: Der freundliche Kannibale. Über den Provokationsgehalt der Figur „Christian Kracht". In: Merkur 11/68 (2014), S. 1022–1026; Immanuel Nover: Diskurse des Extremen. Autorschaft als Skandal. In: Christoph Kleinschmidt (Hg.): Christian Kracht. Text + Kritik. München 2017, S. 24–33; Drügh: „... und ich war glücklich darüber, endlich *seriously* abzunehmen", S. 42, 45 f.; Margherita Cottone: Provokation als moralische Haltung bei Christian Kracht. In: Maike Schmidt (Hg.): Gegenwart des Konservatismus in Literatur, Literaturwissenschaft und Literaturkritik. Kiel 2013, S. 175–191.

[1306] Lorenz hat darauf aufmerksam gemacht, dass in Krachts Romanen stets jene Provokationspotenziale entschärft werden, die beim jeweiligen Vorgängerroman für Aufregung gesorgt hatten: „Gerade beim Blick auf die Abfolge des Werks wird man manches anders sehen, als dies die isolierten Besprechungen einzelner Werke tun. So ist Kracht vorgeworfen worden, *Faserland* sei ein homophobes Buch, *1979* orientalistisch und *Ich werde hier sein im Sonnenschein und im Schatten* (2008) antisemitisch. Nicht in den Blick genommen wurde indes, dass der jeweilige Folgeroman eben dieser kritischen Lesart zu widersprechen versucht hat." (Lorenz: Der freundliche Kannibale, S. 1024).

[1307] Diez: Die Methode Kracht, S. 103.

öffentlichen Diskurs selbst noch die eigenen rassistischen, antisemitischen oder anderweitig menschenverachtenden Positionen laut äußern zu dürfen („Das wird man doch noch sagen dürfen!"), hat Kracht zwar nicht das Geringste gemein. Eine komplette Leugnung oder interpretatorische Tilgung der politisch unguten Dimension von Krachts Œuvre dürfte jedoch eine ebenso problematische Vereinseitigung bedeuten wie eine Diffamierung seines Werks als faschistische Propaganda. Krachts Ästhetik verweigert sich gerade einer klaren politischen Positionierung. Stattdessen dreht sie politisch hochbrisante Signifikanten in eine Spirale der unendlichen Selbstreflexivität hinein, ohne sie dadurch jedoch jemals ganz ihrer politischen Brisanz zu entkleiden (womit die Spirale ja gerade zum Stillstand gebracht würde).

Politisch sind Krachts ästhetische und moralische Provokationen entsprechend nicht dadurch, dass sie eine Position sichtbar machen, die dem Mainstream politischer Korrektheit entgegenstünde (dies wäre etwa bei den politischen Provokationen eines Thilo Sarrazin und möglicherweise auch beim Werk Michel Houellebecqs der Fall). Politisch sind Krachts Provokationen vielmehr dadurch, dass sie Denkgewohnheiten, ideologische Verhärtungen und Diskursreflexe, welche für gewöhnlich kaum hinterfragt werden, sichtbar machen. Tobias Unterhuber bezeichnet die Ausprägung des Politischen bei Kracht entsprechend als „eine Kritik zweiter Ebene, die eben nicht dadurch kritisch ist, indem sie sich kritisch äußert, sondern indem sie sich uneindeutig äußert, sich dem Zugriff entzieht und dadurch die Kritiker der Kritik aussetzt."[1308] Wollte man eine Art politische ‚Essenz' aus Krachts vielfältigen ästhetischen und anderweitigen Provokationen destillieren, so könnte diese mitnichten in einer etwaigen versteckten, politischen Botschaft bestehen, sondern allenfalls in der Aufforderung, dem jeweils gegebenen ästhetischen, moralischen oder politischen Konsens zu misstrauen – um dann allerdings wiederum diesem Misstrauen zu misstrauen.[1309] An einer wenig exponierten Stelle von *Tristesse royale* behauptet Kracht in diesem Sinne: „Das Problem ist der Konsens."[1310]

Die moralisch und ästhetisch konsequent postmoderne Selbstpositionierung Krachts, die gerade aufgrund ihrer immanenten Konsequenz zum linken Mainstream postmodernen Denkens quersteht, bleibt nicht ohne Auswirkungen auf Krachts Einsatz der Kontrafaktik; schließlich handelt es sich bei der Kontrafaktik um ein strukturell und epistemisch eher ‚konservatives' Erzählphäno-

---

1308 Unterhuber: Kritik der Oberfläche, S. 210.
1309 So schlägt Unterhuber vor, „Krachts Entziehen des Sinns als Spiel der Ambivalenz zu begreifen, ohne das einschränkende ‚nur ein Spiel', das verkennt, dass Spiel radikal, fundamental und ernst und unernst zugleich sein kann." (Unterhuber: Kritik der Oberfläche, S. 206).
1310 Tristesse royale, S. 27.

men, welches von der Möglichkeit eindeutigen Weltwissens und einer klaren Oppositionsbildung zwischen realer und fiktionaler Welt ausgehen muss. Bei Kracht wird die Kontrafaktik nicht mehr so sehr zum Zweck einer (normativ aufgeladenen) Alternativenbildung zwischen unzweifelhaft gültigem, realweltlichem Faktenmaterial und dessen fiktionaler Variation eingesetzt; vielmehr nutzt Kracht die Kontrafaktik, um das Alternativendenken selbst zu problematisieren. (Bereits der Titel des *Alternate History*-Romans *Ich werde hier sein im Sonnenschein und im Schatten* eröffnet die Alternativen von Anwesenheit und Abwesenheit sowie Sonnenschein und Schatten allein zu dem Zweck, diese Alternativen letztlich auf paradoxe Weise zu nivellieren.) Am Beispiel einer gleichsam ‚fasernden' Kontrafaktik werden bei Kracht die Bedingungen der Möglichkeit von Wissen, Erfindung, Kunst und Künstlichkeit zur Diskussion gestellt. Das Verfahren des Alternativendenkens wird somit gewissermaßen autoreflexiv gegen sich selbst gewendet, sodass es zur bloßen Alternative, will sagen: zur zwar plausiblen, letztlich aber nicht mehr allein gültigen Interpretationsoption gerät.

Hinsichtlich seiner spezifischen Kombination aus Autorinszenierung, provokativer Themenwahl und ästhetischen Relativierungsverfahren dürfte Kracht eine Sonderstellung innerhalb des literarischen Feldes der Gegenwart einnehmen. Ein Vergleich mit anderen Autoren erweist sich entsprechend als schwierig. Ebenfalls der literarisch-politischen Praxis der Provokation ließen sich – wenn auch aus etwas anderen Gründen als Krachts Werke – beispielsweise die Romane von Michel Houellebecq und, einen erweiterten Literaturbegriff vorausgesetzt, die Filme von Quentin Tarantino zuordnen.

Kathrin Röggla: Subversion

Die politische Geste subversiven Schreibens besteht – anders als beim engagierten Schreiben – nicht in der Propagierung einer politischen Botschaft oder in einer zielgerichteten Anklage, sondern eher in einer nicht notwendigerweise zielgerichteten Kritik sowie einer umfassenden Problematisierung bestehender Verhältnisse: Ästhetiken der Subversion zeichnen sich durch eine Destabilisierung vorgegebener Ordnungen im politischen oder epistemischen Bereich aus, verzichten dabei aber darauf, selbst eine positive Alternative zum Status quo zu entwerfen.[1311] Formal greifen solche Ästhetiken häufig auf sprachkritische

---

1311 In den letzten Jahren hat sich insbesondere Thomas Ernst in einer Reihe von Beiträgen um den Begriff der Subversion bemüht. Siehe vor allem Ernst: Literatur und Subversion. Allerdings tendiert Ernst zu einem literarhistorischen Sukzessions- und Ablösungsmodell, in dem die engagierte Literatur zusehends von der subversiven Literatur ersetzt wird. Mit Blick auf

und autoreferentielle Erzählverfahren zurück. Ideengeschichtlich stehen sie damit dem poststrukturalistischen Denken, insbesondere der Dekonstruktion nahe.[1312] Teil der subversiven Autorinszenierung ist nicht selten eine Verrätselung von Selbstaussagen, ein Kontinuum ästhetischer Destabilisierungstechniken in literarischen Werken und in Poetikvorlesungen oder anderen poetologischen Texten sowie die Weigerung der Autoren, Erklärungen zum eigenen Werk abzugeben.

Kathrin Rögglas künstlerische Texte stehen von Beginn an in der Tradition der (österreichischen) sprachkritischen Literatur. Ihre Werke transportieren keine politischen oder moralischen Botschaften, sondern gewinnen ihr kritisches Potenzial wesentlich aus dem „formalen Engagement[...]"[1313] sprachreflexiver Prozesse. Die Lizenzen schriftstellerischer Erfindung werden von Röggla nur eingeschränkt genutzt; stattdessen arbeitet sich die Autorin an vorgegebenem (Sprach-)Material ab, das im Rahmen aufwändiger Recherche- und Interviewprozesse erschlossen und dann innerhalb der literarischen Texte künstlerisch collagiert, bearbeitet und verfremdet wird. Rögglas Ästhetik und Themenwahl ist dabei stark von der postmodernen politischen Theoriebildung beeinflusst. Insbesondere auf die Bedeutung Michel Foucaults für ihr Werk hat Röggla immer wieder hingewiesen.

Rögglas Auftreten als Autorin – von einer Inszenierung im starken Sinne wird man hier kaum sprechen können – scheint vorderhand zur Idee der subversiven Literatur querzustehen. Anders als bei Elfriede Jelinek, welche die subversive Ästhetik ihrer Werke mit einer desorientierenden und mitunter bewusst skurrilen Autorinszenierung verbindet, ist Rögglas auktoriale Selbstpräsentation weitgehend frei von kalkulierten Irritationsversuchen. Röggla entzieht sich nicht der Öffentlichkeit, sondern scheint diese im Gegenteil permanent zu suchen: Die Autorin ist überaus aktives Diskussionsmitglied bei öffentlichen Veranstaltungen zur politischen Literatur, hat diverse Poetikdozenturen innegehabt und in einer geradezu überbordenden Menge an essayistischen Texten Auskunft über ihr eigenes Schreiben gegeben. Diese Texte lösen allerdings die Ambivalenzen und Uneindeutigkeiten von Rögglas im engeren Sinne literarischen Texten nicht auf. Im

---

neuere Manifestationen engagierter Literatur ist Ernst dann jedoch selbst gezwungen, die Gültigkeit dieses vermeintlichen „Paradigmenwechsel[s] im politischen Schreiben" einzuschränken (ebd., S. 16). Anstatt von einer harten Sukzession verschiedener Modi des politischen Schreibens auszugehen, scheint es plausibler, Parallelentwicklungen verschiedener Modi und historisch schwankende Konjunkturen derselben anzunehmen.

1312 Ernst spricht in diesem Zusammenhang von „*Literatur als Dekonstruktion*". Vgl. Ernst: Literatur und Subversion, S. 480 f.
1313 Geitner: Kathrin Röggla. Powerpoint-Folie zu ihrer Lesung am 31. Januar 2007 in Bonn, S. 47.

Gegenteil setzten sie häufig selbst hybride ästhetische Verfahren ein und gelangen in ihren intellektuellen Suchbewegungen nie an einen Endpunkt. Die vielfältigen poetologischen Paratexte bringen entsprechend keine Reduktion der subversiven Dimension von Rögglas künstlerischen Arbeiten mit sich, sondern potenzieren vielmehr deren Störpotenzial.

Rögglas thematisches Interesse gilt insbesondere Phänomenen der Hybridität. Ihre Werke beschäftigen sich mit der Durchdringung von Sprache und Realität, mit der Abhängigkeit politischer oder wirtschaftlicher Prozesse von diskursiven Ordnungen und mit der subjektkonstituierenden respektive subjektdezentrierenden Kraft bestimmter Narrative. Häufig imitieren und emulieren Rögglas literarisch-dokumentarische Texte dabei die formale Dimension der realen Derealisierungsphänomene: etwa die unheimlichen Prozesse der globalen Ökonomie, das Verschwinden realer Arbeitsprozesse aus dem Diskurs der Unternehmensberatung oder die Verzerrungen individuellen Erlebens im Rahmen einer sensationslüsternen medialen Berichterstattung. Rögglas dokumentarische Verfahren dienen dabei nicht dem Zweck, einen Einblick in konkrete Aspekte der ‚wirklichen' Welt zu ermöglichen; vielmehr bilden sie Teil eines fiktionalen Meta-Dokumentarismus, der andere, ihrem Anspruch nach faktuale Redeweisen sowie die primären Dokumentarismen der öffentlichen Medien ihrerseits dokumentiert und kritisch kommentiert. Als eine Art Dokumentarismus zweiter Ordnung macht Rögglas kreativer Dokumentarismus deutlich, dass die vermeintlich objektiven Zugriffsformen auf die Welt, welche den Menschen präsentiert werden, selbst in hohem Maße medial, diskursiv und subjektiv-emotional vermittelt und vorstrukturiert sind. Rögglas dokumentarische Arbeiten zielen mithin gerade nicht auf eine Entbergung der ‚eigentlichen' Realität hinter den medialen Zurichtungen der Gegenwart ab, sondern lassen, indem sie das Kalkül der dokumentierten Diskurse in einem ästhetischen Medium imitieren, vielmehr die effektive Virtualität ebendieser Diskurse kenntlich werden.

Ähnlich wie im Werk Krachts (mit dem Rögglas Schaffen auf den ersten Blick kaum etwas gemeinsam zu haben scheint) führt auch im Werk Rögglas eine entschieden postmoderne Epistemologie dazu, dass der Status kontrafaktischer Erzählverfahren selbst fraglich wird. Zwar distanziert sich Röggla explizit von der panfiktionalistischen Idee, Fiktion und Realität seien schlicht deckungsgleich. Nichtsdestoweniger lässt das Werk der Autorin immer wieder deutlich werden, dass die Trennung zwischen beiden Bereichen sich in der Gegenwart als enorm schwierig erweist. Eine Konsequenz dieser Schwierigkeit besteht darin, dass auch die Unterscheidung zwischen Realität und Realitätsvariation, wie sie der Kontrafaktik zugrunde liegt, mitunter nicht mehr zuverlässig durchführbar ist. Kontrafaktische Erzählverfahren kommen bei Röggla nicht in ihren gleichsam ‚klassischen' Manifestationsformen zum Einsatz. Anstatt der Realität eine klar identifizierbare künstlerische Erfindung entgegenzusetzen, versucht Röggla, künstlerische Analogfiktionen zu den Realfiktionen der Realität zu entwickeln, um diese Realfiktionen solchermaßen innerhalb eines künstlerischen Mediums zur Kenntlichkeit zu entstellen. Rögglas unsichere Kontrafaktik verweist dabei auf die Unsicherheit der realen Fakten selbst, darauf also, dass bestimmte Bereiche der Realität bereits an und für sich irritierend unwirklich oder unheimlich erscheinen. Die Produktivität kontrafaktischer, aber auch faktischer, realistischer und fantastischer Erzählverfahren in Rögglas Werk beruht – konsequent paradox – gerade darauf, dass diese Verfahren in einen Status der ästhetisch-epistemischen Unsicherheit und Ununterscheidbarkeit überführt werden.

Eine Sonderstellung unter den in dieser Studie behandelten Ausprägungen der Kontrafaktik kommt Rögglas Werk insofern zu, als sich die Realitätsvariationen der Kontrafaktik bei Röggla nicht so sehr auf bestimmte propositional formulierbare, inhaltliche Aspekte des Weltwissens, sondern eher auf die formale Dimension realweltlicher Diskurse beziehen. Rögglas formale Kontrafaktik – etwa die Bearbeitung von Interviewmaterial im Roman *wir schlafen nicht* – weist dabei eine große Nähe zu oder gar Schnittmenge mit Verfahren der Verfremdung auf, ein Begriff, der in der Forschung bereits verschiedentlich auf Rögglas Texte angewandt wurde.

Weitere Gegenwartsautoren, die dem literarisch-politischen Praxisfeld der Subversion zugeordnet werden können, sind Elfriede Jelinek, Thomas Meinecke und Feridun Zaimoglu.[1314]

Juli Zeh: Engagement

Der Begriff des Engagements dürfte derjenige sein, der in Literaturwissenschaft und Feuilleton am häufigsten mit dem politischen Schreiben in Verbindung gebracht wurde und wird. Die Geschichte der historisch und nationalsprachlich unterschiedlichen Verwendungsweisen des Begriffs ist enorm komplex, muss an dieser Stelle aber nicht rekapituliert werden.[1315] Die heute in Feuilleton und

---

1314 Eine extensive Liste von Autoren der subversiven Literatur findet sich bei Ernst: Literatur und Subversion, S. 81–83, Anm. 82–87. Ernst rechnet innerhalb des Feldes der subversiven Literatur Kathrin Röggla einerseits zur „*neoavantgardistischen Literatur*", andererseits zum „*postdramatische[n] Theater*" (ebd., S. 82, Anm. 82, S. 83).
1315 Vgl. Helmut Peitsch: Engagement/Tendenz/Parteilichkeit; ders.: Die Gruppe 47 und das Konzept des Engagements; ders.: Zur Rolle des Konzepts ‚Engagement' in der Literatur der 90er Jahre; Geitner: Stand der Dinge.

Literaturwissenschaft übliche Verwendungsweise des Begriffs ‚Engagement' lässt sich mit Sabrina Wagner bestimmen als „eindeutige Bezugnahme der Autoren auf gesellschaftlich-politische Kontexte mit dem Ziel der Aufklärung zum einen und der Veränderung des Status quo zum anderen."[1316] Engagement zeichnet sich also – im Gegensatz zu den drei anderen hier diskutierten literarisch-politischen Praktiken – durch einen zielgerichteten politischen Veränderungswillen aus. Diese Bindung des Engagements an eine klare politische Botschaft hat immer wieder den Vorwurf provoziert, engagierte Literatur sei künstlerisch minderwertig, da sie die Gestaltungsfreiheiten der Kunst durch eine politisch-realweltliche Repragmatisierung fiktionaler Literatur einschränke. (Bereits beim Gründungstext der engagierten Literatur, Émile Zolas *J'accuse ... !* von 1898, handelt es sich nicht um einen fiktionalen, sondern um einen journalistischen und mithin faktualen Text.)

Im Gegensatz zur Subversion, die stark von bestimmten Gestaltungsformen abhängig und insofern vorwiegend werkzentriert ist, lässt sich Engagement häufig auf die politische ‚Botschaft' einer empirischen Person zurückrechnen. Willi Huntemann und Kai Hendrik Patri bemerken hierzu in der Einleitung zum Band *Engagierte Literatur in Wendezeiten*:

> Ein Text kann *politisch* wirken, sogar gegen die Intention seines Autors (etwa als nachträgliche Politisierung in einem veränderten Rezeptionskontext), aber *engagierte Literatur ist zunächst einmal oder idealtypisch (intentional) Literatur eines engagierten Literaten*, dessen Engagement nicht selten auch nichtfiktional/publizistisch oder außerliterarisch zutage tritt.[1317]

Hieraus erhellt auch der Umstand, dass die Rede von der ‚engagierten Literatur' traditionell eng mit der Rede vom ‚öffentlichen' oder ‚engagierten Intellektuellen' verbunden ist.[1318]

1316 Wagner: Aufklärer der Gegenwart, S. 35.
1317 Willi Huntemann / Kai Hendrik Patri: Einleitung: Engagierte Literatur in Wendezeiten. In: Willi Huntemann / Małgorzata Klentak-Zabłocka / Fabian Lampart / Thomas Schmidt (Hg.): Engagierte Literatur in Wendezeiten. Würzburg 2003, S. 9–31, hier S. 11.
1318 Jürgen Habermas betrachtet Zolas Intervention in der Dreyfus-Affäre als zentralen Entwicklungsschritt in der Geschichte der Intellektuellen, deren gesellschaftliche Funktion er wie folgt charakterisiert: „die Intellektuellen wenden sich, wenn sie sich mit rhetorisch zugespitzten Argumenten für verletzte Rechte und unterdrückte Wahrheiten, für fällige Neuerungen und verzögerte Fortschritte einsetzen, an eine resonanzfähige, wache und informierte Öffentlichkeit. Sie rechnen mit der Anerkennung universalistischer Werte, sie verlassen sich auf einen halbwegs funktionierenden Rechtsstaat und auf eine Demokratie, die ihrerseits nur durch das Engagement der ebenso mißtrauischen wie streitbaren Bürger am Leben bleibt." (Jürgen Habermas: Heinrich Heine und die Rolle des Intellektuellen in Deutschland. In: Eine Art Schadensabwicklung. Kleine Politische Schriften VI. Frankfurt a. M. 1987, S. 27–54, hier S. 29) Pierre Bourdieu be-

Die zentralen Definitionsmerkmale des literarischen Engagements lassen sich bei Juli Zeh in großer Deutlichkeit beobachten. Zeh bezieht in Zeitungsartikeln, Interviews und öffentlichen Diskussionen immer wieder dezidiert zu politischen Fragen Stellung, initiiert politische Protestveranstaltungen, vernetzt sich mit anderen politischen Intellektuellen und ist seit dem Jahre 2019 als Richterin am Verfassungsgericht des Landes Brandenburg tätig. Zeh nutzt die Aufmerksamkeit, die ihr als prominenter Autorin, Juristin und Person des öffentlichen Lebens zukommt, um auf politische und gesellschaftliche Missstände hinzuweisen, wobei sie mitunter ihre je bereichsspezifischen Kompetenzen miteinander kombiniert und ihre unterschiedlichen Sprecherkompetenzen einander ergänzen und verstärken lässt. Eine Verbindung von publizistisch-nichtfiktionalem und literarischem Engagement ist insbesondere bei Zehs Kritik an „Sicherheitswahn, Überwachungsstaat und de[m] Abbau bürgerlicher Rechte" – so der Untertitel des zusammen mit Ilija Trojanow verfassten Sachbuchs *Angriff auf die Freiheit* – zu beobachten, eine Kritik, die Zeh in unterschiedlichen faktualen ebenso wie fiktionalen Medien und Gattungen formuliert hat.

Was Zehs literarisches Werk betrifft, so hat die Autorin auf die Sonderstellung ihrer im engeren Sinne ,politischen' Werke – also insbesondere *Corpus Delicti* und *Angriff auf die Freiheit* – im Verhältnis zu ihrer sonstigen schriftstellerischen Produktion aufmerksam gemacht.[1319] Obwohl alle Romane Zehs gesellschaftliche und politische Fragestellungen mitverhandeln, lassen sich tatsächlich nur in ihren dystopischen Romanen *Corpus Delicti* sowie (möglicherweise) in *Leere Herzen* politische Botschaften identifizieren, sodass sich unter ihren fiktionalen Werken auch nur diese Romane – sowie einige von Zehs Theaterstücken – überzeugend dem Bereich engagierter Literatur zuordnen lassen. Dass im Rahmen der literarischen Gestaltung die vermeintlich klare politische ,Botschaft' gleichwohl differenziert wird, also an kommunikativer Deutlichkeit einbüßt und gleichzeitig an künstlerischer Komplexität gewinnt, wurde im Rahmen der Interpretation des Romans *Corpus Delicti* ausführlich dargelegt.

Die Kontrafaktik in Juli Zehs Texten bildet einen klassischen Fall des Einsatzes von Kontrafaktik in Dystopien, wie er sich etwa auch an Huxleys *Brave New World* oder Orwells *1984* beobachten lässt. Entworfen wird eine diegetisch in die Zukunft verlegte Variante der aktuellen Gesellschaft, die sich in vielen ihrer Einzelelemente kontrafaktisch auf die Gegenwart ihrer Entstehung rückbeziehen lässt. Politisch relevant ist dabei nicht so sehr die Plausibilität der Zukunftspro-

---

zeichnet Zolas Engagement im Rahmen der Dreyfus-Affäre gar als „Erfindung des Intellektuellen" (Bourdieu: Die Regeln der Kunst, S. 209). Zu Begriff und Geschichte des Intellektuellen siehe Ernst: Literatur und Subversion, S. 20–34.
1319 Vgl. Zeh: „Ich weiß, dass ich permanent über Moral schreibe.", S. 57 f.

jektion, sondern vielmehr die kritische Kommentierung gegenwärtiger gesellschaftlicher, politischer und ideologischer Trends. Diese werden in Form einer kontrafaktischen Überzeichnung und politisch-ideologischen Einbindung innerhalb der fiktionalen Welt als bedenklich und potenziell gefährlich ausgestellt.

Fiktionstheoretisch interessant ist Zehs kontrafaktisch-dystopischer Roman *Corpus Delicti* unter anderem deshalb, weil die Autorin hier nicht einfach auf bekanntes Weltwissen referiert. Stattdessen arbeitet sie als empirische Person mit einem, wenn man so will, faktualen Äußerungsrecht aktiv auf die Modifikation dieses Weltwissens hin: Indem Zeh mithilfe eines Sachbuchs sowie zahlreicher Interviews und Zeitungsartikel die öffentliche Aufmerksamkeit auf Themen wie flächendeckende Überwachung, Gesundheitswahn und freiheitsgefährdende Sicherheitsmaßnahmen lenkt, stellt sie zugleich sicher, dass ihren Lesern das für die Interpretation des Romans *Corpus Delicti* relevante Weltwissen zuverlässig zur Verfügung steht. Entsprechend handelt es sich hier nicht um eine schlichte Mehrfachthematisierung derselben Themen in unterschiedlichen Medien und Äußerungskontexten. Auktorial beeinflusster Faktenkontext und fiktionale Kontrafaktik treten im Falle von *Corpus Delicti* vielmehr in ein Verhältnis der epistemischen und politischen Synergie: Die faktuale Aufbereitung von Weltwissen dient Zeh zur Formulierung eines politischen Appells, stellt aber zugleich auch die erfolgreiche Aktualisierung kontrafaktischer Referenzstrukturen in Zehs dystopischen Werken sicher. Umgekehrt verweist die Dystopie *Corpus Delicti* gerade qua fiktionaler Faktenvariation auf das bedenkliche Potenzial aktueller politischer Entwicklungen, wie sie Zeh auch in ihren faktualen Texten thematisiert.

Bis zu seinem Tode im Jahr 2015 konnte Günter Grass zweifellos als der bedeutendste Vertreter des Engagements innerhalb der deutschsprachigen Gegenwartsliteratur gelten.[1320] Aktuell ließen sich dem literarisch-politischen Praxisfeld des Engagements neben Juli Zeh etwa auch Ilija Trojanow, Robert Menasse und Édouard Louis zuordnen.

Leif Randt: Affirmation

Formen politischer Gegenwartsliteratur, die sich nicht kritisch, sondern affirmativ zu dem von ihnen behandelten Erzählgegenstand verhalten, werden in der litera-

---

1320 Günter Grass selbst hat sich positiv auf den Begriff ‚Engagement' bezogen. Vgl. Günter Grass: Was heißt heute Engagement? Dankrede zum Fritz-Bauer-Preis. In: Die Zeit, 29.04.1998. Zum Anschluss Juli Zehs an das „Vorbild Günter Grass" siehe Wagner: Aufklärer der Gegenwart, S. 130–135.

turwissenschaftlichen Forschung kaum diskutiert. Hans Adler und Sonja E. Klocke etwa konzedieren in der Einleitung des Bandes *Protest und Verweigerung*, dass es „natürlich auch affirmative engagierte Literatur [gibt], die auf den Erhalt, die Verherrlichung oder die solidarische konservative Kritik des Status Quo zielt", sehen dann aber – ähnlich wie die meisten anderen einschlägigen Publikationen – „weitgehend von einer Diskussion dieser Dimension engagierter Literatur ab."[1321] Bei der Affirmation handelt es sich gewissermaßen um eine umgekehrte Form des Engagements, also nicht um eine Kritik an gegenwärtigen Verhältnissen, sondern um die öffentliche Zustimmung zu selbigen. Während engagierte Ästhetiken fast immer dem ‚linken', ‚progressiven' oder ‚emanzipatorischen' politischen Spektrum zugeordnet werden, tendieren affirmative Ästhetiken eher zu ‚rechten' oder ‚konservativen' Positionen (eine partielle Deckungsgleichheit zwischen Affirmation und Konservatismus ergibt sich bereits rein begriffslogisch). Eine der historisch bedeutendsten Manifestationsformen affirmativer Literatur ist die Propaganda. In der Gegenwartsliteratur beziehen sich affirmative Ästhetiken hingegen meist weniger auf konkrete politische Programme, sondern auf die Warenwelt und Konsumkultur der Gegenwart. Besonders exemplarisch lässt sich dies anhand der neuen deutschen Popliteratur nachvollziehen, die nicht nur selbst ein „Archiv"[1322] der (populären) Gegenwartskultur bildet, sondern die sich auch immer wieder mit dem Vorwurf konfrontiert sah, selbst besonders warenförmig zu sein.

Die Zuordnung von Leif Randt zur literarisch-politischen Praxis der Affirmation dürfte unter den hier vorgenommenen vier Zuordnungen die angreifbarste sein. Einerseits nämlich spielt die Zustimmung zur Gegenwart in Randts Werk eine zentrale Rolle. Ein aktiver Einsatz für eine Veränderung der Gesellschaft, des politischen oder ökonomischen Systems, wie er die engagierte Literatur auszeichnet, scheint mit Randts abgeklärter, vordergründig apolitischer Literatur vollkommen unvereinbar zu sein. Auch Randts öffentliche Auftritte als Autor, die in ihrer Unaufgeregtheit mit der Grundstimmung seiner Werke übereinstimmen, geben keine Hinweise auf einen etwaigen politischen Affekt. Andererseits lässt sich Randts Literatur gerade aufgrund ihrer vordergründigen Verweigerung gegenüber dem Politischen selbst wiederum als politisch deuten (auch wenn nicht letztgültig zu entscheiden ist, in welchem genauen Sinne). Randts Texte scheinen sowohl affirmative als auch subversive Lektüren zu ermöglichen. In der feuilletonistischen Rezeption seiner Werke gehen denn auch die Meinungen darüber ausei-

---

1321 Hans Adler / Sonja E. Klocke: Engagement als Thema und als Form. Anmerkungen zur gesellschaftlichen Funktion von Literatur und ihrer Tradition. In: Dies. (Hg.): Protest und Verweigerung. Neue Tendenzen in der deutschen Literatur seit 1989 / Protest and Refusal. New Trends in German Literature since 1989. Paderborn 2019, S. 1–21, hier S. 1, Anm. 3.
1322 Baßler: Der deutsche Pop-Roman, S. 9.

nander, ob Randt die eigene Gegenwart tatsächlich bejaht oder ob die ausgestellte Gegenwartsbejahung nicht vielmehr satirisch intendiert ist. Die Zuordnung von Leif Randt zur literarisch-politischen Praxis der Affirmation ist mithin dahingehend zu relativieren, dass die Option der Affirmation in Randts Werken zwar aufscheint, die interpretatorische Bewertung dieser Option jedoch unentscheidbar zwischen einander politisch widersprechenden Deutungsvarianten oszilliert.

Dieses für Randts Werk charakteristische Schwanken der interpretatorischen Optik lässt sich anhand einer Untersuchung der kontrafaktischen Elemente im Roman *Schimmernder Dunst über CobyCounty* besonders gut nachvollziehen. Anders als in Zehs klassischer Zeitdystopie *Corpus Delicti* sind die kontrafaktischen Elemente in Randts Raumutopie *Schimmernder Dunst über CobyCounty* so wenig aufdringlich, dass man sie bei flüchtiger Lektüre leicht überlesen kann. Bezieht man jedoch die kontrafaktischen Referenzen auf den 11. September und den Reichstagsbrand in eine Interpretation des Romans mit ein, so kristallisiert sich genau an diesen Elementen die Grundproblematik einer politischen Deutung von Randts Text heraus: die Frage nämlich, ob man bereit ist, die im Roman dargestellte ‚schimmernde' Welt eines zur Vollendung gelangten Kreativen Kapitalismus als potenziell realisierbare Gesellschaftsutopie zu akzeptieren, oder ob man nicht doch eher wird betonen wollen, dass sich eine derartige Welt letztlich nur um den Preis eines hochproblematischen Ausschlusses realer politischer Antagonismen imaginieren lässt. Die kontrafaktischen Elemente fungieren in diesen unterschiedlichen Lesarten des Romans entweder als strahlende Beweise der umfassenden Harmonisierungspotenziale der fiktionalen Welt oder im Gegenteil als subtile Symptome einer forcierten (oder ignoranten) Abwehr des Politischen, welche – zumindest auf die reale Welt bezogen – unausweichlich scheitern muss. Die Wahl zwischen diesen beiden einander widersprechenden Deutungsoptionen nimmt der Roman seinen Lesern nicht ab. Weder in der einen noch in der anderen Richtung versucht *Schimmernder Dunst über CobyCounty* zu überzeugen, sondern lässt seine Leser vielmehr im Spiegel des Romans ihr eigenes politisches Weltbild gewärtigen.

Es fällt schwer, in der Gegenwartsliteratur Autorenwerke zu finden, welche einen ähnlich hypothetisch-politischen Charakter aufweisen wie die Werke Leif Randts. Im Rahmen der Interpretation von *Schimmernder Dunst über CobyCounty* wurde immerhin das Werk Adalbert Stifters als historischer Vergleichsfall einer ambivalenten (Pseudo-)Affirmation herangezogen. Was die Affinität zur zeitgenössischen Warenwelt, die (scheinbar) ästhetisch neutralisierte Einbindung politisch hochbrisanter Signifikanten sowie den leserrelativen Spiegeleffekt in Bezug auf die politische Bewertung angeht, so ließe sich Randts Werk in der Gegenwartsliteratur wohl am ehesten mit demjenigen Christian Krachts vergleichen, auf das Randts Texte auch verschiedentlich intertextuell Bezug nehmen. Während das Provokationspotenzial von Krachts Werk allerdings aus der Hypertrophie seiner politischen und anderweitigen Verweise erwächst, resultiert das politische Provokationspotenzial von Randts Werk gerade aus seiner Verweigerung gegenüber dem Politischen, einer Verweigerung gleichwohl, die derart ostentativ erfolgt, dass sie das Postpolitische in seinen dialektischen Umschlag hineinzutreiben scheint.

Die Ergebnisse eines Vergleichs von Kracht, Röggla, Zeh und Randt im Hinblick auf das in ihren Werken kontrafaktisch variierte Faktenmaterial, die jeweils eingesetzten kontrafaktischen Genres sowie die unterschiedlichen literarisch-politischen Praktiken lassen sich in schematischer Form wie folgt zusammenfassen:

ÄSTHETIK AUTOREN	Kontrafaktisch variiertes Faktenmaterial	Genre	Literarisch-politische Praxis
Christian Kracht	Geschichte	Historischer Roman (*Alternate History*)	Provokation
Kathrin Röggla	Sprache	Kreativer Dokumentarismus	Subversion
Juli Zeh	Gesellschaftliche Tendenzen	Dystopie	Engagement
Leif Randt	Gesellschaftliche Tendenzen	Utopie	Affirmation

Zur Systematik dieser Tabelle ist zu bemerken, dass das kontrafaktisch variierte Faktenmaterial hier jeweils bis zu einem gewissen Grade mit den kontrafaktischen Genres korrespondiert: Ein *Alternate History*-Roman wie *Ich werde hier sein im Sonnenschein und im Schatten* muss sich selbstverständlich implizit auf Fakten der Geschichte beziehen, während klassische Dystopien wie Juli Zehs *Corpus Delicti* in aller Regel auf gesellschaftliche und politische Entwicklungen der Gegenwart referieren. (Allerdings ist zu bemerken, dass die in dieser Studie analysierten utopisch/dystopischen Werke von Zeh und Randt sich nicht auf die kontrafaktische Variation von Gegenwartstendenzen beschränken, sondern durchaus auch auf historisches Faktenmaterial zurückgreifen: im Falle Zehs auf die Hexenverfolgungen der Frühen Neuzeit, im Falle Randts auf ausgesuchte politische Katastrophen des 20. und 21. Jahrhunderts.) Weniger zwingend erscheint die Kopplung von variiertem Faktenmaterial und kontrafaktischem Genre im Falle des kreativen Dokumentarismus, der zwar häufig, aber nicht notwendigerweise sprachliches Material (kontrafaktisch) verfremdet.

Selbstverständlich handelt es sich bei der Zuordnung einzelner Autorenwerke zu den hier angelegten Parametern um überaus grobe Kategorisierungen. Interpretatorisch produktiv wird eine solche tabellarische Einordnung vor allem dann, wenn man ihre Zuordnungen relativiert, miteinander kombiniert oder gänzlich in Zweifel zieht. Anlass zur Differenzierung gibt die vorgeschlagene Klassifikation vor allem in Bezug auf die Verbindung der vier Autoren mit je einer literarisch-politischen Praxis. Bei genauer Betrachtung der Werke von Kracht, Röggla, Zeh und Randt ergeben sich komplexe Mischverhältnisse und überraschende Parallelen zwischen den jeweiligen Ausprägungen politischen Schreibens. So wurde im Rahmen der Interpretationen dargelegt, dass etwa der affirmative Status von Randts Utopien wesentlich davon abhängt, welchen Leser man als Modell-Leser ansetzt. Je nach Lektürepräferenz könnten Randts Texte auch dem Genre der Dystopie zugeordnet werden, wodurch zugleich die Zuordnung dieser Werke zum Praxismodus der Affirmation aufgehoben würde. Ähnlich verhält es sich mit den provokativen Texten Christian Krachts, denen man – abhängig von der jeweiligen Deutung – entweder eine rassistisch ‚rechte' oder aber eine dezidiert anti-rassistisch ‚linke' Kommunikationsabsicht (oder auch keine von beiden respektive beide zugleich) zuschreiben kann. Kathrin Rögglas Texte wiederum lassen sich – ungeachtet ihrer subversiven Ästhetik – hinsichtlich ihres gesellschaftskritischen Potenzials durchaus der literarisch-politischen Praxis des Engagements zuschlagen.[1323] Und Juli Zehs Ästhetik des Engagements erweist sich bei genauer Lektüre der literarischen Texte als kommunikativ weniger eindeutig, als man es ausgehend von den faktualen Texten der Autorin erwarten könnte, sodass das literarische Engagement hier wiederum in Richtung der Subversion tendiert.

Die Problematik einer Definition politischen Schreibens lässt sich über das Anlegen idealtypischer Sub-Kategorien wie Provokation, Subversion, Engagement und Affirmation zwar reduzieren, aber nicht vollständig auflösen. Entsprechend kann der Zweck der vorgestellten Kategorien auch nicht in einer letztgültigen Einsortierung von Texten und Autoren in wohldefinierte begriffliche Schubladen bestehen. Die vorgeschlagene Zuordnung soll vor allem dazu dienen, die große Bandbreite möglicher literarisch-politischer Praktiken sowie des Gebrauchs kontrafaktischer Erzählverfahren im Rahmen dieser Praktiken kenntlich zu machen. Dass sich die Einsatzformen der Kontrafaktik als ein relevanter Teilaspekt der literarisch-politischen Praktiken von Kracht, Röggla,

---

[1323] Siehe etwa Eva Kormann: Risiko Schreiben in der flüchtigen Moderne: Kathrin Rögglas Variante einer *littérature engagée*. In: Gegenwartsliteratur. Ein germanistisches Jahrbuch 14 (2015), S. 171–195.

Zeh und Randt bei genauer Betrachtung als wenig trennscharf erweisen, dass sich partielle Überschneidungen zwischen ihnen ergeben und dass folglich Analysekategorien auch immer wieder scheitern können – all dies ist letztlich der künstlerischen Natur der Gegenstände geschuldet. Ziel der Literaturwissenschaft kann es nicht sein, ihre Untersuchungsobjekte mittels forciert präziser begrifflicher Instrumentarien künstlich zu zergliedern.[1324] Ihre Aufgabe besteht vielmehr in einem rationalen Nachvollzug künstlerischer Prozesse, der eben nur dadurch zu leisten ist, dass man auch die Dynamisierung, Problematisierung und Hybridisierung gegebener Begriffe, welche die Kunst zu leisten imstande ist, anerkennt – und sei es zulasten der eigenen terminologischen Systematik.[1325]

1324 So betont Gottfried Gabriel, dass in der Literaturwissenschaft „Explikationen ihre Aussagekraft [...] nicht im Allgemeinen, sondern im Besonderen, in Analysen (Interpretationen) einzelner Texte zu erweisen haben, indem sie relevante Unterschiede und Ähnlichkeiten im Gegenstandsbereich zu formulieren ermöglichen. [...] Weil es in der Literaturwissenschaft nicht um die Ableitung allgemeiner Sätze, sondern um die Analyse besonderer Texte geht, muß eine lokal abweichende Terminologie legitim sein." (Gabriel: Wie klar und deutlich soll eine literaturwissenschaftliche Terminologie sein?, S. 130 f.).
1325 Schön und nach wie vor gültig hat es Peter Szondi formuliert: „Die Literaturwissenschaft darf nicht vergessen, daß sie eine Kunstwissenschaft ist; sie sollte ihre Methodik aus einer Analyse des dichterischen Vorgangs gewinnen; sie kann wirkliche Erkenntnis nur von der Versenkung in die Werke, in ‚die Logik ihres Produziertseins' erhoffen. Daß sie dabei nicht der Willkür und dem Unkontrollierbaren anheimzufallen braucht, jener Sphäre, die sie manchmal mit einer merkwürdigen Geringschätzung ihres Gegenstands die dichterische nennt, muß sie freilich in jeder Arbeit von neuem beweisen. Dieser Gefahr aber ins Auge zu sehen, statt bei anderen Disziplinen Schutz zu suchen, schuldet sie ihrem Anspruch, Wissenschaft zu sein." (Peter Szondi: Über philologische Erkenntnis. In: Ders.: Schriften I. Frankfurt a. M. 1978, S. 263–286, hier S. 286).

18 Fazit

Dieses Buch könnte mit einem abschließenden, instruktiven Beispiel eines Primärtextes enden, an dem sich die zentralen Erkenntnisse der Studie noch einmal exemplarisch aufzeigen lassen. Auf ein solches Beispiel wird allerdings bewusst verzichtet. Grund hierfür ist, dass die vorliegende Arbeit gerade über die primär exemplarische oder zumindest genregebundene Betrachtungsweise der Kontrafaktik, wie sie in der bisherigen Forschung dominiert, hinausgehen möchte. Zwar könnte man problemlos diesen oder jenen dystopischen, alternativgeschichtlichen oder satirischen Text als Beispiel fiktionalen, kontrafaktischen Erzählens anführen (und zahlreiche solcher Beispiele wurden im Verlauf der Arbeit auch diskutiert). Folgt man jedoch dem in dieser Studie vorgeschlagenen Analysemodell, so kann es den einen, paradigmatischen Fall der Kontrafaktik nicht geben, ebenso wenig wie den einen, paradigmatischen Fall realistischen oder fantastischen Erzählens. Kontrafaktik bezeichnet weder eine objektiv bestimmbare Texteigenschaft noch auch ein bestimmtes Genre, sondern eine basale Möglichkeit der Korrelierung von realer und fiktionaler Welt, welche sich in unterschiedlichen Genres, Medien und Texten auf ganz unterschiedliche Weise manifestieren kann.

Anstatt die theoretischen Überlegungen der Arbeit durch eine letztlich beliebige Exemplifikation auf problematische Weise zu vereindeutigen, werden abschließend – gleichsam in Form einer nachgereichten Werbeschrift für das in dieser Arbeit verfolgte Forschungsprojekt – noch einmal die zentralen theoretischen Ergebnisse zusammengetragen. Die folgende Auflistung verzichtet dabei bewusst auf eine narrative Rahmung, sondern versteht sich als Reihe erweiterter Stichpunkte, die einen schnellen Überblick über die wichtigsten Erkenntnisse der vorliegenden Studie ermöglichen soll.

Theoretisches Kernanliegen der Arbeit war es, die Analyse des kontrafaktischen Erzählens in der Kunst fiktionstheoretisch zu grundieren. Der neu eingeführte Begriff ‚Kontrafaktik' bezeichnet signifikante Variationen realweltlichen Faktenmaterials innerhalb fiktionaler Medien. Kontrafaktik bildet also eine bestimmte Referenzstruktur respektive ein bestimmtes Erzählverfahren, das den Leser zu einer Aktualisierung ebendieser Referenzstruktur veranlasst. Während weite Teile der bestehenden literaturwissenschaftlichen Forschung zum fiktionalen kontrafaktischen Erzählen theoretischen Rückhalt bei anderen Wissenschaftsdisziplinen suchen – insbesondere bei der Geschichtswissenschaft – und sich zur Bestimmung des Erzählphänomens auf tendenziell kunstferne Kategorien beziehen – wie etwa die Plausibilität imaginierter historischer Entwicklung oder die Deckung kontrafaktischer Alternativen durch reale Quellen –, wurde in dieser Studie der Versuch unternommen, die Eigenständigkeit der Kontrafaktik als genuin künstlerisches Phänomen herauszustellen. Zu diesem Zweck wurden der spezifische Fiktionsstatus, die Bedingungen sowie die Funktionen kontrafaktischen Erzählens in künstlerischen Medien fokussiert; ferner wurde ein literaturwissenschaftliches Bestimmungs- und Beschreibungsinstrumentarium für das fiktionale kontrafaktische Erzählen entwickelt.

Eine fiktionstheoretische und verfahrensanalytische Sichtweise auf die Kontrafaktik bringt gegenüber bestehenden Forschungsansätzen eine Reihe von Vorteilen mit sich. Aufgelöst wird damit die in der Forschung weithin dominierende, letztlich aber rein konventionelle und fiktionstheoretisch unhaltbare, ausschließliche Kopplung der Kontrafaktik an das *historische* Erzählen, also die Einschränkung einer Betrachtung des fiktionalen kontrafaktischen Erzählens auf den Genrebereich der *Alternate History*. (Im Kontext des faktualen kontrafaktischen Denkens hat es eine solche Themen- oder Disziplinenbindung ohnehin nie gegeben; hier wird seit jeher davon ausgegangen, dass sich kontrafaktische Argumentationsformen auf ganz unterschiedliche Aspekte des Weltwissens beziehen können.) Betrachtet man das kontrafaktische Erzählen in der Kunst nicht als eine Genrevariante des historischen Erzählens, sondern als das, was es rein dem Begriff nach ist – nämlich als eine vermittelnde Abweichung von vorderhand nicht näher bestimmtem Faktenmaterial –, so wird der Blick dafür frei, dass kontrafaktische Referenzstrukturen nicht allein in Werken des *Alternate History*-Genres vorkommen, sondern auch eine zentrale Rolle in Genres wie Dystopie und Utopie, dem kreativen Dokumentarismus, der Autofiktion, der Satire oder dem Schlüsselroman spielen.

Ein fiktionstheoretischer Zugriff auf die Kontrafaktik ermöglicht es, über eine genremäßige Globalklassifikation von Texten hinauszugehen und sich stattdessen konkreten Referenzstrukturen sowie ihrer Bedeutung für das jeweilige Werk zuzuwenden. Damit werden in der Folge auch die Möglichkeiten eines Vergleichs von Werken ganz unterschiedlicher Genrezugehörigkeit sowie einer verfahrensanalytisch präzisen Untersuchung von Genrehybriden eröffnet.

Eine fiktionstheoretische Betrachtung der Kontrafaktik erlaubt es ferner, die hohe Kontextsensitivität des Erzählphänomens zu würdigen und diese Kontexte für die Interpretation der jeweiligen Werke produktiv zu machen. Der konkrete Interpretationsprozess – respektive die erfolgreiche Aktualisierung kontrafaktischer Referenzstrukturen – ist stets in hohem Grade abhängig von bestimmten Kontextfaktoren, insbesondere vom Weltwissen der jeweiligen Rezipienten, welches wiederum durch eine Vielzahl von Meta-Faktoren – etwa Nationalität, Sprach- und Generationenzugehörigkeit – mitkonfiguriert wird. Kontrafaktische Texte verhalten sich gewissermaßen epistemisch parasitär zu den Fakten der realen Welt, die sie variieren. Das bedeutet im Umkehrschluss aber auch, dass kontrafaktische Interpretationen viel über das epistemische (und häufig auch moralisch-normative) ‚Weltbild' einer bestimmten Rezeptionsgemeinschaft aussagen. Besonders deutlich wird diese Abhängigkeit der Kontrafaktik von der jeweiligen epistemischen Situation in Fällen, bei denen eine Kenntnis der deutungsrelevanten Fakten nicht (mehr) als selbstverständlich vorausgesetzt werden kann, etwa deshalb, weil das betreffende Weltwissen nicht hinreichend konventionalisiert oder bereit historisch ‚verwittert' ist, oder aber in Fällen, bei denen der Status der realweltlichen Fakten *als Fakten* umstritten ist. Im letztgenannten Fall können sich, wie am Beispiel von Christian Krachts Werk gezeigt wurde, Grenzfälle zwischen kontrafaktischem, unzuverlässigem und postmodern-metafiktionalem Erzählen ergeben.

Der für die Literaturwissenschaft vielleicht größte Vorteil eines referenzstrukturell-verfahrensanalytischen Zugriffs auf die Kontrafaktik besteht in seiner hohen Anschlussfähigkeit an Fragen der Textinterpretation und Hermeneutik, eine Anschlussfähigkeit, wie sie bei den bisher in der Forschung dominierenden Genre- und Klassifikationsmodellen nicht gegeben war. Die Abweichung von realweltlichem Faktenmaterial ist zwar eine notwendige, aber noch keine hinreichende Bedingung für die Designation eines Elements innerhalb einer fiktionalen Welt als kontrafaktisch. Zusätzlich muss diese Abweichung respektive Variation auch als *signifikant* eingeschätzt werden, sich also für die Interpretation des jeweiligen Werkes als deutungsrelevant erweisen. Es handelt sich bei der Identifikation kontrafaktischer Elemente mithin niemals um eine mechanistische Klassifikation oder um ein bloßes ‚Auszählen' positiver Texteigenschaften, sondern um eine hochgradig kontextsensitive Zuschreibung, die vom Leser im Rahmen eines dynamischen Interpretationsprozesses geleistet werden muss. Die in dieser Studie vorgelegten Textdeutungen können dabei als exemplarische Belege dafür dienen, auf welch vielfältige Weise kontrafaktische Referenzstrukturen in fiktionale Texte integrierbar sind und wie interpretatorisch reizvoll gerade auch jene Fälle sein können, bei denen das Vorliegen kontrafaktischer Elemente selbst zweifelhaft ist: etwa weil die Kontrafaktik in Richtung eines postmodernen Wahrheitszweifels ausfasert (Kracht), weil Variationen von Faktenmaterial sich primär auf die formale Dimension der Faktenpräsentation beziehen (Röggla) oder weil plausible Werkdeutungen auch ohne Einbeziehung kontrafaktischer Elemente möglich sind, diese Deutungen sich aber in normativ-politischer Hinsicht sehr deutlich von – nicht weniger plausiblen – kontrafaktischen Deutungen desselben Werks unterscheiden (Randt).

Als Ordnungsraster des Verhältnisses zwischen der als real designierten Welt und etwaigen fiktionalen Welten wurde eine Unterteilung in vier sogenannte real-fiktionale Weltvergleichsverhältnisse vorgenommen, die auf einer Kreuzklassifikation der Kategorien *Realitätsübereinstimmung* und *Realitätsab-*

weichung sowie *allgemeiner* und *konkreter Realitätsbezug* (oder auch Faktenbezug) beruht. Eine allgemeine Übereinstimmung zwischen realer und fiktionaler Welt wurde als ‚Realistik', eine konkrete Übereinstimmung zwischen beiden als ‚Faktik' bezeichnet; demgegenüber wurde eine allgemeine Abweichung zwischen fiktionaler und realer Welt als ‚Fantastik' und eine konkrete Abweichung als ‚Kontrafaktik' bezeichnet. Interpretatorisch relevant ist diese Aufteilung deshalb, weil unterschiedliche Weltvergleichsverhältnisse – immer verstanden als Interpretationsentscheidungen durch den jeweiligen Leser – mit unterschiedlichen Formen der Kontextselektion für die Interpretation einhergehen: Faktische oder kontrafaktische Elemente lassen sich – wie die Begriffe ja bereits anzeigen – stets auf jene Fakten der realen Welt beziehen, die sie reproduzieren respektive variieren, wohingegen realistische und fantastische Elemente keine solche Korrelierung mit Einzelinformationen der realen Welt erfordern oder erlauben.

Als bedeutende – wenn auch keineswegs exklusive – Funktionsbestimmung der Kontrafaktik wurde in der vorliegenden Studie *das Politische* angenommen. Zum ersten Mal wurde diese für das kontrafaktische Denken zentrale Funktion theoretisch umfassend erläutert und in einer Reihe von Textdeutungen herausgearbeitet. Bezogen auf die basalen psychologischen Mechanismen kontrafaktischen Denkens – das Aufstellen normativer Kontrastszenarien und die Identifikation kausaler Einflussfaktoren – sowie mit Blick auf den Fiktionsstatus kontrafaktischer Texte konnte eine Begründung dafür geliefert werden, weshalb sich die Kontrafaktik in besonderer Weise als Verfahren politischen Schreibens anbietet. Während die allgemeinen Realitätsabweichungen der Fantastik mitunter den Vorwurf des Eskapismus – also der Flucht aus der realen Welt in eine angenehme Traum- und Scheinwelt – provozieren, ist für die Kontrafaktik selbst noch in der Faktenvariation eine enge Bindung an die realweltlichen Fakten konstitutiv. Indem sie sich (implizit) auf Weltwissen bezieht, dieses Weltwissen aber zugleich auf signifikante Weise bearbeitet, entzieht sich die Kontrafaktik gleichermaßen dem Vorwurf des Eskapismus wie dem Vorwurf eines ‚bloßen' Realismus, also der, wie Moritz Baßler schreibt, „basale[n] Frage jeder realistischen Kunst, worin eigentlich noch ihr Kunstcharakter besteht, ihr poetischer Mehrwert, der sie von nicht-künstlerischen, etwa historischen, wissenschaftlichen oder eben journalistisch-dokumentarischen Darstellungen unterscheidet."[1326] Die konstitutiv dialektische Faktenbindung der Kontrafaktik – verstanden als par-

---

[1326] Baßler: Realismus – Serialität – Fantastik, S. 37. Angesichts dieser in der Tat naheliegenden Frage überrascht es nicht, dass die allermeisten theoretischen Bestimmungen des Realismus – sei es vonseiten der Autoren fiktionaler Texte, sei es vonseiten der Literaturwissenschaft – bemüht sind, den Eindruck zu zerstreuen, es handele sich bei der realistischen Kunst um eine bloße Verdoppelung oder Abbildung der Realität.

tielle künstlerische Autonomisierung gegenüber der realen Welt bei gleichzeitiger Bindung an selbige – eröffnet für kontrafaktische Texte vielfältige Möglichkeiten der Formulierung eines genuin künstlerischen, kritisch-politischen Gegenwartskommentars. Die primäre Funktion der Kontrafaktik ist dabei nicht so sehr epistemischer oder ontologischer Natur, sondern eher im Bereich des Emotiven, Normativen und Politischen verortet. Die, wenn man so will, funktionale Leitfrage der Kontrafaktik lautet nicht „Was wäre, wenn ...?", sondern vielmehr „*Wie* wäre es, wenn ..."; wie also könnte oder müsste eine bestimmte, signifikant veränderte Variante der Realität *bewertet* werden.

In der vorliegenden Arbeit wurde erstmals die Kontrafaktik speziell in der deutschsprachigen Gegenwartsliteratur in den Blick genommen. Anhand umfassender Interpretationen der Romane *Ich werde hier sein im Sonnenschein und im Schatten* und *Imperium* von Christian Kracht, der Prosaarbeiten *wir schlafen nicht* und *die alarmbereiten* von Kathrin Röggla sowie der utopisch/dystopischen Romane *Corpus Delicti* von Juli Zeh und *Schimmernder Dunst über CobyCounty* von Leif Randt wurde die Prävalenz und formale Bandbreite kontrafaktischer Erzählverfahren in der deutschsprachigen Gegenwartsliteratur exemplarisch aufgezeigt. An zentrale Überlegungen des Theorieteils schließt der Interpretationsteil der Arbeit dabei unter anderem dadurch an, dass mit den Werken von Röggla, Zeh und Randt zugleich zwei Genres diskutiert wurden, deren Affinität zur Kontrafaktik in der bisherigen Forschung nicht bemerkt oder zumindest nicht hinreichend theoretisch begründet wurde: nämlich der kreative Dokumentarismus und die Utopie/Dystopie. Im Rahmen der Ausführungen zur (nicht-)realistischen Literatur seit 1945 und der konkreten Einzelanalysen konnte darüber hinaus die These von der Wahlverwandtschaft zwischen Kontrafaktik und politischem Schreiben literarhistorisch unterfüttert sowie werkanalytisch-exemplarisch belegt werden. Innerhalb der so überaus populären amimetischen Kunstformen der Gegenwart bildet gerade die Kontrafaktik ein privilegiertes künstlerisches Verfahren politischen Schreibens.

Auf der Basis des Vorschlags einer praxeologischen Modellierung des politischen Schreibens im zweiten Teil der Arbeit konnte schließlich im Nachgang der Interpretationen der Versuch eines politischen Vergleichs zwischen den literarisch-politischen Praktiken bei Christian Kracht, Kathrin Röggla, Juli Zeh und Leif Randt unternommen werden, Praktiken, die sich durch ein je spezifisches Zusammenspiel von Werkästhetik, Autorpoetik, Autorinszenierung und öffentlicher Rezeption auszeichnen. Die vier Autoren und ihre Werke wurden dabei auf tentative Weise den literarisch-politischen Praktiken der Provokation (Kracht), der Subversion (Röggla), des Engagements (Zeh) und der Affirmation (Randt) zugeordnet. Dabei konnte – bei aller Unterschiedlichkeit der vorgestellten literarisch-politischen Praktiken – nachgewiesen werden, dass den Realitätsvariationen der Kontrafaktik jeweils zentrale Bedeutung für das politische Schreiben von Kracht, Röggla, Zeh und Randt zukommt.

Während die literarhistorischen und interpretatorischen Ergebnisse der vorliegenden Arbeit als eigenständige und relativ abgeschlossene Forschungsergebnisse Gültigkeit beanspruchen können, laden die fiktions- und interpretationstheoretischen Überlegungen zum Weiterdenken ein. Von den in dieser Arbeit behandelten Fragen ausgehend sollen zum Ende hin einige Forschungsfelder benannt werden, in denen sich die neu eingeführte Kategorie der Kontrafaktik künftig als produktiv erweisen mag.

Historisierung: Zahlreiche Möglichkeiten der Anschlussforschung ergeben sich im Bereich einer Historisierung der Kontrafaktik. Für den deutschsprachigen Kulturraum ist noch nicht einmal das alternativgeschichtliche Erzählen, das den bisherigen Fokus der Forschung zum fiktionalen kontrafaktischen Erzählen gebildet hat, literarhistorisch befriedigend aufgearbeitet. Gibt es etwa in Deutschland, so könnte man fragen, ähnlich wie in Frankreich bereits im 19. Jahrhundert Beispiele fiktional breit ausformulierter Alternativgeschichte? In welchen historischen Situationen und unter welchen ideologischen Einflüssen entstehen die frühen Werke der deutschsprachigen historischen Kontrafaktik? Die Fragen der Historisierung potenzieren sich noch, wenn man weitere kontrafaktische Genres wie Dystopie, Satire oder Schlüsselroman miteinbezieht. Zwar liegt zu den einzelnen Genres bereits eine mehr oder weniger umfangreiche Spezialforschung vor. Der theoretische Zugriff der vorliegenden Studie erlaubt es jedoch, vorderhand von wohldefinierten Einzelgenres abzusehen und stattdessen eine integrative oder komparative Geschichte fiktionaler Realitätsvariationen in ganz unterschiedlichen Genres und Medien zu schreiben. Die Geschichte ‚der' Kontrafaktik wäre dann nicht länger als die Geschichte eines bestimmten Genres zu konzeptualisieren, sondern würde vielmehr Teil einer integrativen Verfahrensgeschichte der Literatur bilden.

Geschichte der Fiktionalität: Während faktuales kontrafaktisches Denken – zumindest als Form des Alltagsdenkens – wohl in den meisten, wenn nicht gar in allen menschlichen Kulturen vorkommt, können Werke der Kontrafaktik, also des fiktionalen kontrafaktischen Erzählens, nur dann verfasst und verstanden werden, wenn die entsprechende Kultur die ‚Institution' Fiktionalität überhaupt ausgebildet hat. Daraus folgt, dass eine Historisierung der Kontrafaktik letztlich nur unter Berücksichtigung der Geschichte der Fiktionalität zu leisten ist.[1327] Es stellt sich in diesem Zusammenhang etwa die Frage, ob und unter welchen Bedingungen man für die Literatur der Antike oder des Mittelalters von

---

[1327] Vgl. Johannes Franzen u. a. (Hg.): Geschichte der Fiktionalität. Diachrone Perspektiven auf ein kulturelles Konzept. Baden-Baden 2018.

Werken der Kontrafaktik sprechen kann. Ferner wäre zu untersuchen, ab welchem Zeitpunkt in der Literatur- und Geistesgeschichte und unter welchen kulturellen Bedingungen Formen der fiktionalen Kontrafaktik und der faktualen Kontrafaktizität auseinanderzutreten beginnen.

Publikumsspezifizierung: Bei der Kontrafaktik handelt es sich um ein kontextsensitives Erzählphänomen, das nur in Relation zu einer spezifischen (Modell-) Leserschaft und deren spezifischem Wissenshorizont expliziert werden kann. Wie in der Hermeneutik üblich, wurde im Rahmen der vorliegenden Studie von plausiblen Modell-Rezeptionssituationen ausgegangen. Als Modell-Leser wurde ein durchschnittlich informierter Text-Rezipient zur Zeit der jeweiligen Textveröffentlichung angesetzt; die Auszeichnung einzelner Textelemente als kontrafaktisch – oder auch als faktisch, realistisch oder fantastisch – wurde jeweils in Bezug auf das Weltwissen eines solchen Lesers vorgenommen.

So plausibel und gewissermaßen unausweichlich ein solches Vorgehen für die Literaturwissenschaft auch sein mag: Es handelt sich hier letztlich um eine idealtypische, überaus voraussetzungsreiche Konstruktion, welche die vielfältigen realen Leseerfahrungen nur annäherungsweise zu modellieren vermag und sie im Einzelfall mitunter gänzlich verfehlen wird. Unterschiedliche Rezipienten oder Rezipientengruppen verfügen über höchst unterschiedliche Ausformungen von Weltwissen, wobei die jeweiligen Einzelenzyklopädien durchaus in Konflikt zueinander stehen können. Ein einheitliches Bild der Realität, das allgemein akzeptiert wäre und mithin eine verlässliche Basis für fiktionale Faktenreferenzen und Faktenvariationen bereitstellen könnte, gibt es nicht. Die individuelle oder zumindest gruppenspezifische Konfiguration von Realitätsannahmen stellt nun für Fantastik und Realistik kein allzu großes Problem dar, da Grundüberzeugungen hinsichtlich des Wesens der Realität nur selten in Zweifel gezogen werden (wenngleich sich wohl kaum eine allgemeine Realitätsannahme finden lässt, die nicht sehr wohl einmal irgendwann von irgendjemandem in Zweifel gezogen worden wäre[1328]). Bei Faktik und Kontrafaktik hingegen – im Falle also einer Referenz auf konkrete Einzelfakten der realen Welt – gestaltet sich die Situation unvergleichlich schwieriger. Nicht nur lassen sich Fakten und Faktenvariationen einzig innerhalb bestimmter kultureller, sprachlicher und historischer Parameter

---

[1328] So betont Monika Schmitz-Emans im Rahmen ihrer Diskussion der Fantastik, dass „unter den Mitgliedern einer Kommunikationsgemeinschaft kaum je ein Konsens über das ‚Realitätskompatible' [besteht]. Für den, der an höhere Mächte glaubt, ist anderes ‚realitätskompatibel' als für den Ungläubigen; für den einen sind Wunder eben doch ein Bestandteil des Weltbildes, für den anderen nicht. Und für den wissenschaftlich Ausgebildeten stellt sich die Welt oft ganz anders dar als für den Laien." (Monika Schmitz-Emans: Phantastische Literatur: Ein denkwürdiger Problemfall. In: Neohelicon XXII/2 (1995), S. 53–116, hier S. 65 f.).

als mehr oder weniger allgemein gültig voraussetzen. Politisch brisante Phänomene wie Post-Truth, sogenannte ‚alternative Fakten', Postfaktizität und Fake News haben in den letzten Jahren auf beunruhigende Weise deutlich gemacht, dass selbst innerhalb eines relativ homogenen Kulturraums keineswegs Einigkeit darüber besteht, welche Fakten allgemeine Gültigkeit beanspruchen können und anhand welcher Mechanismen einer bestimmten Annahme überhaupt Faktenstatus zugeschrieben werden kann. Holocaustleugner und Verschwörungstheoretiker mögen zwar nicht die intendierte Leserschaft der in dieser Studie analysierten Werke – noch auch dieser Studie selbst – sein. Im Rahmen einer Kartografierung des politischen Feldes der Gegenwart – inklusive seiner offenkundigen Verwerfungen – sind allerdings durchaus die Fragen von Bedeutung, welche fiktionalen Werke von welchen Teilpublika überhaupt als kontrafaktische Werke rezipiert werden (können), ob, wann und von wem konventionell als kontrafaktisch angesehene Werke als realistische, faktische oder fantastische Werke (miss-)gedeutet werden und welche gemeinhin nicht als kontrafaktisch klassifizierten Werke innerhalb spezifischer, gewissermaßen wahrheitsexzentrischer Rezeptionsgemeinschaften als Werke der Kontrafaktik aufgefasst werden. (Wie würde beispielsweise ein Holocaustleugner Harris' *Fatherland* deuten? Wo beginnt für den Kreationisten die Fantastik?)

Medialität: In der vorliegenden Arbeit wurde der Fokus auf Ausprägungen der Kontrafaktik in der fiktionalen Prosa gelegt. Medial ist die Kontrafaktik allerdings keineswegs an die fiktionale Prosa gebunden, sondern kann in allen fiktionalen Medien zum Einsatz kommen, also etwa auch im Film, im Comic oder im Drama. Im Gegensatz zur fiktionalen Prosa, welche ein Kommunikationssystem mit nur einem einzigen Code – gedrucktem Text respektive sprachlichen Zeiten – bildet, werden in anderen medialen Formaten verschiedene Codes miteinander kombiniert, also etwa Text, Bild, Musik etc. Durch diese multimediale Anlage verändern sich zugleich die Möglichkeiten einer (indirekten) Referenzialisierung realweltlichen Faktenmaterials – und damit auch die Möglichkeiten der Erzeugung kontrafaktischer Referenzstrukturen. So wäre es von großem Interesse, im Rahmen der Interpretation kontrafaktischer Comics wie etwa Alan Moores und Dave Gibbons' *Watchmen* oder Neil Gaimans und Andy Kuberts *Marvel 1602* zu untersuchen, wie hier verschiedene mediale und semiotische Systeme zusammenwirken – oder auch einander entgegenarbeiten –, um kontrafaktische Referenzen zu produzieren. Im Falle kontrafaktischer Filme könnte man demgegenüber die Frage stellen, auf welche Weise die Einbeziehung des tendenziell nicht-referenziellen Mediums der Musik in Kombination mit anderen Medien zur Verstärkung oder Abschwächung, vielleicht sogar zur primären Generierung kontrafaktischer Referenzen beitragen kann. Schließlich lassen sich die Überlegungen zu einer formalen Kontrafaktik, welche im

Rahmen dieser Studie vor allem in Bezug auf die Sprachvariationen im Werk Kathrin Rögglas und andeutungsweise in Bezug auf die Illustrationen ihrer Werke angestellt wurden, im Bereich der Bild- und Tonmedien respektive im Feld der Intermedialitätsforschung auf vielfältige Weise fortentwickeln.

Performativität: Weitreichende performativitätstheoretische und medienphilosophische Implikationen ergeben sich aus der Theorie der Kontrafaktik für Kunstformen, in denen fiktionale Repräsentationen durch die Realpräsenz von Objekten oder Personen ersetzt werden oder zumindest mit diesen parallellaufen: etwa bei der Einbeziehung von Readymades in die Aufführung fiktionaler Dramen, bei Cameo-Auftritten realer Personen in Film und Drama oder auch ganz allgemein bei der Darstellung fiktiver Figuren durch reale Schauspieler. Es stellt sich hier unter anderem die Frage, in welchem Sinne und unter welchen Bedingungen eine reale Entität in eine fiktionale Entität (teil-)transformiert werden kann und welchen Einfluss diese Transformation auf die Interpretation des jeweiligen Werkes hat. In welchem fiktions- und performativitätstheoretischen Verhältnis stehen etwa bei einer Theateraufführung die realen Schauspieler zu den fiktiven Figuren der freien Diegese?[1329] Wäre der reale Bundespräsident, der in einem Stück über den Bundespräsidenten auftritt, ein kontrafaktischer Bundespräsident? Kann der reale Körper eines Schauspielers, wenn er im Rahmen der Aufführung eines fiktionalen Stückes zum Zeichen wird, als kontrafaktische Version seiner selbst fungieren? Ist die Schauspielerin, welche Emilia Galotti spielt, während der Vorstellung in gewissem Sinne nicht immer zugleich eine kontrafaktisch-autofiktionale Version dieser Schauspielerin selbst?

Derartige Überlegungen gehen freilich weit über das Untersuchungsinteresse der vorliegenden Studie hinaus. Ihre Klärung muss nachfolgenden Arbeiten überlassen werden, denen die obigen Ausführungen vielleicht als Fingerzeig dienen können.

Entgegen der Ankündigung vom Beginn des Fazits, dass sich die Theorie der Kontrafaktik nicht anhand eines einzelnen literarischen Beispiels sinnvoll illustrieren lässt, sei abschließend doch noch einmal der Literatur selbst das Wort erteilt – allerdings nicht mit einem Beispiel der Kontrafaktik, sondern mit einer metafaktischen Theoriereflexion innerhalb eines kontrafaktischen Romans. In Ward Moores *Alternate History*-Klassiker *Bring the Jubilee* von 1953 unterhalten sich zwei Personen über den Nutzen der literarischen Fiktion:

1329 Zur Unterscheidung von Bühnendiegese und freier Diegese siehe Alexander Weber: Episierung im Drama. Ein Beitrag zur transgenerischen Narratologie. Berlin / Boston 2017, S. 171. Sinnvoll ist diese Unterscheidung freilich nur für Dramenformen, die überhaupt eine fiktionale Welt entwerfen – nur eingeschränkt also für die Performances des postdramatischen Theaters.

„Aber du bist kein Freund von Romanen, nicht wahr? [...] Vielleicht unterschätzt du den Wert der Erfindung."
„Nein", sagte ich, „aber welchen Wert hat die Erfindung von Ereignissen, die niemals stattgefunden haben, oder von Charakteren, die nie existierten?"
„Wer kann urteilen, was geschehen und was nicht geschehen ist? Es ist eine Frage der Definition."
„Gut", erwiderte ich. „Nehmen wir an, die Charaktere existieren im Geist des Autors, wie die Ereignisse; wo kommt der Wert der Erfindung ins Spiel?"
„In ihrem Zweck oder dem Gebrauch, der von ihr gemacht wird", antwortete er. „Ein Rad, das sich ziellos in der Luft dreht, ohne etwas zu bewirken, ist nichts wert; dasselbe Rad an einem Wagen oder einem Flaschenzug kann schicksalsverändernd wirken."
„Trotzdem kann man aus Märchengeschichten nichts lernen", beharrte ich.
Er lächelte. „Vielleicht hast du nicht die richtigen Märchengeschichten gelesen."[1330]

In seinem Nachdruck auf der Bedeutung des Tatsächlichen („Ereignisse [...], die [...] stattgefunden haben"), der Frage nach der epistemischen Funktion der Erfindung (dem, was man „lernen" kann) sowie seinem Generalzweifel an Wert und Funktion amimetischer Literatur („Erfindung" und „Märchengeschichten") nimmt der autodiegetische Erzähler hier genau jene fiktionsskeptische Haltung ein, die man in der Diskussion des (fiktionalen) kontrafaktischen Erzählens bis heute häufig findet. Sein Kombattant, der das Erfundene („was geschehen und was nicht geschehen ist") zu einer „Frage der Definition" erklärt, das funktionale Leistungspotenzial der Fiktion betont („Zweck [und] Gebrauch") sowie „den Wert der Erfindung" verteidigt, kann hingegen als Vertreter jener Haltung zur Kontrafaktik angesehen werden, die auch in der vorliegenden Studie eingenommen wurde.

Die Beantwortung der Frage, welches nun die „richtigen Märchengeschichten" sind, wird letztlich davon abhängen, was man von „Märchengeschichten" – oder allgemeiner: von der amimetischen Literatur – erwartet. Der metaphorische „Wagen", vor den das „Rad" der Kontrafaktik in dieser Studie gespannt wurde, war derjenige des Politischen. Freilich ist diese Funktionsbestimmung nicht exkludierend gemeint. Als Kunst verstanden, geht die Kontrafaktik auch im Politischen nicht auf. Gleichwohl ist die Kontrafaktik, wie gezeigt wurde, in besonderer Weise zum Verfahren politischen Schreibens prädestiniert. Die Kontrafaktik dreht sich, um im Bildbereich des obigen Zitats zu bleiben, nicht eitel um sich selber, sondern bildet ein dialektisch spannungsreiches Erzählverfahren, das sich zwar auf Fakten der realen Welt bezieht, im Umgang mit diesen Fakten aber die eigenen künstlerischen Lizenzen zur sachlichen und normativen Neuakzentuierung, Erfindung und Variation behauptet. Genau diese Spannung zwischen Faktenbindung und Realitätsdementi ermöglicht es der Kontrafaktik, als genuin künstlerisches Ver-

---

[1330] Ward Moore: Der große Süden. München 2001, S. 86 f.

fahren der Gegenwartskritik produktiv zu werden. Alternativen zum Status quo – oder besser: Variationen desselben – entwerfen kontrafaktische Werke dabei nicht so sehr, um zu zeigen, dass die Welt auch anders sein könnte; dies wäre letztlich eine ontologische Aussage, die der Kunst nicht ohne Weiteres zukommt oder abverlangt werden kann. Ihr spezifisches, ästhetisch-normatives Potenzial entfalten die politischen Realitätsvariationen der Kontrafaktik, indem sie die Welt in ihrem So-Sein kritisch reflektieren.

Bibliografie

Primärtexte

Amis, Kingsley: The Alteration. Frogmore 1978.
Aragon, Louis: Front rouge. In: Ders.: Persecuté persécuteur. Paris 1931, S. 7–21.
Armen Avanessian & Enemies #7: THE AGENCY + Leif Randt Rendezvous. Quelle: https://www.youtube.com/watch?v=y8pGvI_60YA (Zugriff: 27.07.2021).
Atwood, Margaret: The Handmaid's Tale. New York 2017.
Borgans, Christoph / Michaela Meißner / Juli Zeh: „Ich bin ein großer Fan der Freiheit". In: unique. Interkulturelles Studentenmagazin für Jena, Weimar & Erfurt, 11.05.2011. Quelle: http://www.unique-online.de/%E2%80%9Eich-bin-ein-groser-fan-der-freiheit%E2%80%9C/3340/ (Zugriff: 27.07.2021).
Brecht, Bertolt: Aufstieg und Fall der Stadt Magahonni. In: Ders.: Werke. Große kommentierte Berliner und Frankfurter Ausgabe (= GBA). Hg. v. Werner Hecht u. a. Frankfurt a. M. 1988 ff., Bd. 2: Stücke 2, S. 323–392.
Brecht, Bertolt: Fragen eines lesenden Arbeiters. In: Ders.: Werke. Große kommentierte Berliner und Frankfurter Ausgabe (= GBA). Hg. v. Werner Hecht u. a. Frankfurt a. M. 1988 ff., Bd. 12: Gedichte 2, S. 29.
Brecht, Bertolt: Über experimentelles Theater. In: Ders.: Werke. Große kommentierte Berliner und Frankfurter Ausgabe (= GBA). Hg. v. Werner Hecht u. a. Frankfurt a. M. 1988 ff., Bd. 22: Schriften 2, S. 540–557.
Buchvorstellung: „Unterwerfung" von Michel Houellebecq am 20.01.2015. Quelle: https://www.youtube.com/watch?v=RsZt6LXA8rw (Zugriff: 27.07.2021).
Christian Kracht im Gespräch, LeseZeichen vom 20.10.2008. Quelle: https://www.youtube.com/watch?v=6XoAPg4YB4g (Zugriff: 26.04.2018).
Christian Kracht: "Die Toten" | Druckfrisch. Quelle: https://www.youtube.com/watch?v=Y3036n9hTXU (Zugriff: 31.05.2018).
Danny Boy. Quelle: http://www.ireland-information.com/irishmusic/dannyboy.shtml (Zugriff: 27.07.2021).
Denis Scheck spricht mit Christian Kracht über dessen Buch "Imperium" – DRUCKFRISCH – DAS ERSTE. Quelle: https://www.youtube.com/watch?v=cjewDAQdoB0 (Zugriff: 31.05.2018).
Die Bibel. Altes und Neues Testament. Einheitsübersetzung. Freiburg i. Brsg. 2010.
Druckfrisch – Christian Kracht [zu *Ich werde hier sein im Sonnenschein und im Schatten*]. Quelle: https://www.youtube.com/watch?v=p9qy1HlmPJw (Zugriff: 27.07.2021).
Finsterwalder, Frauke / Christian Kracht: Finsterworld. Frankfurt a. M. 2013.
Geoffroy-Château, Louis-Napoléon: Napoléon et la conquête du monde. 1812 à 1832. Histoire de la monarchie universelle. Paris 1836.
Gernert, Johannes / Juli Zeh: Plädoyer gegen die Fitness-Diktatur. In: Stern, 24.03.2009.
Gibson, William: Neuromancer. New York 1984.
Goscinny, René / Albert Uderzo / Pierre Watrin (Regie): Les Douze Travaux d'Astérix. Frankreich 1976.
Grass, Günter: Was heißt heute Engagement? Dankrede zum Fritz-Bauer-Preis. In: Die Zeit, 29.04.1998.
Harris, Robert: Fatherland. London 1992.

Hochhuth, Rolf: Der Stellvertreter. Ein christliches Trauerspiel. Reinbek bei Hamburg ^{37}2004.
Hondl, Kathrin / Juli Zeh: Ein Plädoyer gegen den Gesundheits- und Fitnesswahn. 08.01.2012. Quelle: https://www.deutschlandfunk.de/ein-plaedoyer-gegen-den-gesundheits-und-fit nesswahn.691.de.html?dram:article_id=56526 (Zugriff: 27.07.2021).
Horn, Sebastian: Fragen an Juli Zeh. In: Zeit online, 12.11.2011. Quelle: https://www.zeit.de/video/2010-11/672198124001/videointerview-fragen-an-juli-zeh (Zugriff: 27.07.2021).
Houellebecq, Michel: Unterwerfung. Köln 2015.
Huxley, Aldous: Schöne neue Welt. Ein Roman der Zukunft. Frankfurt a. M. 1953.
Jelinek, Elfriede: Winterreise. Reinbek bei Hamburg 2011.
Johnson, Uwe: Vorschläge zur Prüfung eines Romans. In: Eberhard Lämmert u. a. (Hg.): Romantheorie. Dokumentation ihrer Geschichte in Deutschland seit 1880. Königstein im Taunus ^{2}1984, S. 398–403.
Kafka, Franz: Briefe 1900–1912. Hg. v. Hans-Gerd Koch. Frankfurt a. M. 1999.
Kafka, Franz: Der Verschollene. Textband hg. v. Jost Schillemeit. Frankfurt a. M. 2002 (= Schriften – Tagebücher. Kritische Ausgabe).
Kampusch, Natascha, mit Heike Gronemeier und Corinna Milborn: 3096 Tage. Berlin 2010.
Kehlmann, Daniel: Die Vermessung der Welt. Reinbek bei Hamburg 2005.
Kehlmann, Daniel: Wo ist Carlos Montúfar? Über Bücher. Reinbek bei Hamburg 2005.
Kling, Marc-Uwe: QualityLand. Berlin 2017.
Kluge, Alexander: Gelegenheitsarbeit einer Sklavin. Zur realistischen Methode. Frankfurt a. M. 1975.
Kracht, Christian / David Woodard: Five Years. Briefwechsel 2004–2009. Vol. 1: 2004–2007. Hg. v. Johannes Birgfeld / Claude D. Conter. Hannover 2011.
Kracht, Christian / Ingo Niermann: Metan. Frankfurt a. M. 2011.
Kracht, Christian: 1979. Frankfurt a. M. 2010.
Kracht, Christian: Der gelbe Bleistift. Frankfurt a. M. 2012.
Kracht, Christian: Die legendärste Party aller Zeiten. Christian Kracht über seinen Roman „Faserland", über Grünofant-Eis, Busfahrer und die SPD. In: Berliner Zeitung, 19.07.1995.
Kracht, Christian: Facebook-Post vom 16.05.2018. Quelle: https://www.facebook.com/mr.christiankracht/ (Zugriff: 27.07.2021).
Kracht, Christian: Faserland. München ^{11}2011.
Kracht, Christian: Ich werde hier sein im Sonnenschein und im Schatten. Köln 2008.
Kracht, Christian: Imperium. Köln 2012.
Littlewood, Tom: Christian Kracht über *Finsterworld*. Quelle: https://www.vice.com/de/article/nn5j7g/christian-kracht-ueber-finsterworld (Zugriff: 27.07.2021).
Lovenberg, Felicitas von / Daniel Kehlmann: „Ich wollte schreiben wie ein verrückt gewordener Historiker". Ein Gespräch mit Daniel Kehlmann über unseren Nationalcharakter, das Altern, den Erfolg und das zunehmende Chaos in der modernen Welt. In: Gunther Nickel (Hg.): Daniel Kehlmanns „Vermessung der Welt". Materialien, Dokumente, Interpretationen. Reinbek bei Hamburg 2008, S. 26–35.
Mann, Thomas: Große kommentierte Frankfurter Ausgabe (= GkFA). Hg. v. Heinrich Detering u. a. Frankfurt a. M. 2002 ff.
Mercedes Benz ADOLF Spot (German/Deutsch) – 2013 HD. Quelle: https://www.youtube.com/watch?v=bEME9licodY (Zugriff: 01.01.2020).
Moore, Alan / Dave Gibbons: Watchmen. New York 2014.
Moore, Ward: Der große Süden. München 2001.

Munz, Eva / Lukas Nikol: Die totale Erinnerung. Kim Jong Ils Nordkorea. Mit einem Vorwort von Christian Kracht. Berlin 2006.
Pascal, Blaise: Pensées. Hg. v. Léon Brunschvicq. Paris 1914.
Philippi, Anne / Rainer Schmidt: „Wir tragen Größe 46". Interview mit Benjamin von Stuckrad-Barre und Christian Kracht. In: Die Zeit, 09.09.1999.
Pleschinski, Hans: Ausflug '83. In: Ders.: Verbot der Nüchternheit. Kleines Brevier für ein besseres Leben. München 2007, S. 35–52.
Proust, Marcel: Unterwegs zu Swann. Auf der Suche nach der verlorenen Zeit. Bd. 1. Frankfurt a. M. 1994.
Randt, Leif: 10 % Idealismus (Interview). In: Joshua Groß u. a. (Hg.): Mindstate Malibu. Kritik ist auch nur eine Form von Eskapismus. Fürth 2018, S. 132–141.
Randt, Leif: Leuchtspielhaus. Berlin 2010.
Randt, Leif: Planet Magnon. Köln 2015.
Randt, Leif: Post Pragmatic Joy (Theorie). In: BELLA triste. Zeitschrift für junge Literatur 39 (2014), S. 7–12.
Randt, Leif: post pragmatic joy. In: Jana-Maria Hartmann / Andreas Paschedag (Hg.): Auf und davon. Die schönsten Sommer-Reisegeschichten von Elizabeth Gilbert, Richard Ford, Leif Randt u.v.a. München 2013, S. 49–63.
Randt, Leif: Schimmernder Dunst über CobyCounty. Berlin 2011.
Ransmayr, Christoph: Morbus Kitahara. Frankfurt a. M. 1995.
Renouvier, Charles: Uchronie (L'utopie dans l'histoire). Esquisse historique apocryphe du développement de la civilisation européenne tel qu'il n'a pas été, tel qu'il aurait pu être. Paris 1876.
Röggla, Kathrin / Barbara Petsch: Röggla: „Wir leben in restaurativen Zeiten". Quelle: https://diepresse.com/home/kultur/news/608666/Roeggla_Wir-leben-in-restaurativen-Zeiten (Zugriff: 27.07.2021).
Röggla, Kathrin / Céline Kaiser / Alexander Böhnke: Die gouvernementalen Strukturen. Kathrin Röggla im Gespräch mit Céline Kaiser und Alexander Böhnke. In: Navigationen 4, 1/2 (2004), S. 171–184.
Röggla, Kathrin / Karin Cerny: Kathrin Röggla. E-Mail-Interview. Quelle: http://www.literaturhaus.at/index.php?id=5246 (Zugriff: 27.07.2021).
Röggla, Kathrin / Kristina Werndl: „Man bekommt spontan Lust zu pöbeln". Quelle: http://www.aurora-magazin.at/medien_kultur/werndl_roeggla_frm.htm (Zugriff: 27.07.2021).
Röggla, Kathrin / Olga Olivia Kasaty: Ein Gespräch mit Kathrin Röggla. In: Olga Olivia Kasaty: Entgrenzungen. Vierzehn Autorengespräche über Liebe, Leben und Literatur. München 2007, S. 257–287.
Röggla, Kathrin / Susanna Brogi / Katja Hartosch: „Manage dich selbst oder stirb." Die Autorin Kathrin Röggla im Gespräch. In: Susanna Brogi u. a. (Hg.): Repräsentationen von Arbeit. Transdisziplinäre Analysen und künstlerische Produktionen. Bielefeld 2013, S. 491–501.
Röggla, Kathrin: „Literatur ist ja nicht nur Theorie, sondern auch Erfahrung". Ein Gespräch mit Kathrin Röggla. In: Kritische Ausgabe, Sommer 2007, S. 48–54.
Röggla, Kathrin: besser wäre: keine. Essays und Theater. Frankfurt a. M. 2013.
Röggla, Kathrin: das stottern des realismus: fiktion und fingiertes, ironie und kritik. Paderborn 2011.
Röggla, Kathrin: die alarmbereiten. Frankfurt a. M. 2012.
Röggla, Kathrin: Die Bamberger Poetikvorlesung. In: Friedhelm Marx / Julia Schöll (Hg.): Literatur im Ausnahmezustand. Beiträge zum Werk Kathrin Rögglas. Würzburg 2019, S. 19–81.

Röggla, Kathrin: Die falsche Frage. Theater, Politik und die Kunst, das Fürchten nicht zu verlernen. Saarbrücker Poetikdozentur für Dramatik. Berlin 2015.
Röggla, Kathrin: die rückkehr der körperfresser. In: Dies.: disaster awareness fair. zum katastrophischen in stadt, land und film. Wien 2006, S. 31–51.
Röggla, Kathrin: disaster awareness fair. zum katastrophischen in stadt, land und film. Wien 2006.
Röggla, Kathrin: geisterstädte, geisterfilme. In: Dies.: disaster awareness fair. zum katastrophischen in stadt, land und film. Wien 2006, S. 7–30.
Röggla, Kathrin: Gespensterarbeit und Weltmarktfiktion. In: Dies.: besser wäre: keine. Essays und Theater. Frankfurt a. M. 2013, S. 209–232.
Röggla, Kathrin: Im Moment durchkreuze ich den Feldbegriff mit meiner Arbeit. Kathrin Röggla im Gespräch mit Annett Gröschner. In: Annett Gröschner / Stephan Porombka (Hg.): Poetik des Faktischen. Vom erzählenden Sachbuch zur Doku-Fiktion. Werkstattgespräche. Essen 2009, S. 165–188.
Röggla, Kathrin: Stottern und Stolpern. Strategien einer literarischen Gesprächsführung. In: Dies.: besser wäre: keine. Essays und Theater. Frankfurt a. M. 2013, S. 307–331.
Röggla, Kathrin: Von Zwischenmenschen, working Milieus, Parallel-Krisen und dem nicht eingelösten Futur. Essenpoetik. Quelle: http://roeggla.net/wp-content/uploads/2015/12/roeggla-essenpoetik.pdf (Zugriff: 27.07.2021).
Röggla, Kathrin: wir schlafen nicht. Frankfurt a. M. 2006.
Roth, Philip: The Plot Against America. Boston / New York 2004.
Schwenke, Philipp / Juli Zeh: „Uns fehlen die Parolen". In: Zeit Campus, 11.09.2008.
Stifter, Adalbert: Der Nachsommer. Eine Erzählung. In: Ders.: Werke und Briefe. Historisch-kritische Gesamtausgabe (= HKG). Hg. v. Alfred Doppler / Wolfgang Frühwald. Stuttgart u. a. 1997 ff., Bde. 4.1–4.3.
Tarantino, Quentin (Regie): Inglourious Basterds. USA / Deutschland 2009.
Tarantino, Quentin: „Es gibt Gewalt, die Spaß machen kann". Interview. In: Die Zeit, 09.01.2013. Quelle: http://www.zeit.de/kultur/film/2013-01/Quentin-Tarantino-Interview-Django-Unchained (Zugriff: 27.07.2021).
Tolkien, J. R. R.: On Fairy-Stories. In: Ders.: Tree and Leaf. Smith of Wootton Major. The Homecoming of Beorhtnoth Beorhthelm's Son. London 1975, S. 11–79.
Tolkien, J. R. R.: The Lord of the Rings. New York 1987.
Tristesse royale. Das popkulturelle Quintett mit Joachim Bessing, Christian Kracht, Eckhart Nickel, Alexander v. Schönburg und Benjamin v. Stuckrad-Barre. Berlin [4]2009.
Trojanow, Ilija / Juli Zeh: Angriff auf die Freiheit. Sicherheitswahn, Überwachungsstaat und der Abbau bürgerlicher Rechte. München 2009.
Vermes, Timur: Er ist wieder da. Köln 2012.
Weiss, Peter: Notizen zum dokumentarischen Theater. In: Joachim Fiebach (Hg.): Manifeste europäischen Theaters. Grotowski bis Schleef. Berlin 2003, S. 67–73.
Zeh, Juli / Georg M. Oswald: Aufgedrängte Bereicherung. Tübinger Poetik-Dozentur 2010. Künzelsau 2011.
Zeh, Juli / Ilija Trojanow / Carolin Emcke u. a.: Offener Brief an Angela Merkel. Deutschland ist ein Überwachungsstaat. In: Frankfurter Allgemeine Zeitung, 25.07.2013.
Zeh, Juli: „Ich weiß, dass ich permanent über Moral schreibe." Juli Zeh im Gespräch. In: Stephanie Waldow (Hg.): Ethik im Gespräch. Autorinnen und Autoren über das Verhältnis von Literatur und Ethik heute. Bielefeld 2011, S. 55–64.
Zeh, Juli: Alles auf dem Rasen. Kein Roman. München 2008.

Zeh, Juli: Alltag ohne. Was wäre heute, wenn der 11. September 2001 niemals stattgefunden hätte? Ein Gedankenexperiment. In: Zeit online, 11.08.2006. Quelle: https://www.zeit.de/online/2006/33/juli-zeh-9-11/komplettansicht (Zugriff: 27.07.2021).
Zeh, Juli: Auf den Barrikaden oder hinter dem Berg. Die jungen Schriftsteller und die Politik. In: Undine Ruge / Daniel Morat (Hg.): Deutschland denken. Beiträge für die reflektierte Republik. Wiesbaden 2005, S. 23–28.
Zeh, Juli: Corpus Delicti. München 2010.
Zeh, Juli: Der Unterschied zwischen Realität und Fiktion ist marginal. Oldenburg 2008.
Zeh, Juli: Die Diktatur der Demokraten. Warum ohne Recht kein Staat zu machen ist. Hamburg 2012.
Zeh, Juli: Fragen zu *Corpus Delicti*. München 2020.
Zeh, Juli: Gesellschaftliche Relevanz braucht eine politische Richtung. In: Die Zeit, 23.06.2005.
Zeh, Juli: Good Morning, Boys and Girls. Theaterstücke. Frankfurt a. M. 2013.
Zeh, Juli: Leere Herzen. München 2017.
Zeh, Juli: Nachts sind das Tiere. Frankfurt a. M. 2014.
Zeh, Juli: Patienten. Vom Sozialstaat zum Kontrollsystem. In: Zeit online, 29.07.2010. Quelle: https://www.zeit.de/online/2007/41/meldepflicht-patienten (Zugriff: 27. 07.2021).
Zeh, Juli: Schützt den Datenkörper. In: Frankfurter Allgemeine Zeitung, 11.02.2014.
Zeh, Juli: Spieltrieb. München [9]2006.
Zeh, Juli: Treideln. Frankfurter Poetikvorlesungen. Frankfurt a. M. 2013.
Zeh, Juli: Zur Hölle mit der Authentizität! In: Die Zeit, 21.09.2006.

Sekundärtexte

Adler, Hans / Sonja E. Klocke (Hg.): Protest und Verweigerung. Neue Tendenzen in der deutschen Literatur seit 1989 / Protest and Refusal. New Trends in German Literature since 1989. Paderborn 2019.
Adler, Hans / Sonja E. Klocke: Engagement als Thema und als Form. Anmerkungen zur gesellschaftlichen Funktion von Literatur und ihrer Tradition. In: Dies. (Hg.): Protest und Verweigerung. Neue Tendenzen in der deutschen Literatur seit 1989 / Protest and Refusal. New Trends in German Literature since 1989. Paderborn 2019, S. 1–21.
Adorno, Theodor W. / Max Horkheimer: Dialektik der Aufklärung. Frankfurt a. M. [20]2011.
Adorno, Theodor W.: Aldous Huxley und die Utopie. In: Ders.: Dialektik des Engagements. Frankfurt a. M. 1973, S. 151–178.
Adorno, Theodor W.: Ästhetische Theorie. Frankfurt a. M. 1970.
Adorno, Theodor W.: Engagement. In: Ders.: Noten zur Literatur. Frankfurt a. M. 1974, S. 409–430.
Agamben, Giorgio: Homo sacer. Die Souveränität der Macht und das nackte Leben, Frankfurt a. M. 2002.
Albrecht, Andrea / Lutz Danneberg: First Steps Toward an Explication of Counterfactual Imagination. In: Dorothee Birke / Michael Butter / Tilmann Köppe (Hg.): Counterfactual Thinking – Counterfactual Writing. Berlin 2011, S. 11–29.
Albrecht, Andrea: Kontrafaktische Imaginationen zum Logischen Empirismus. Max Horkheimer und Ludwik Fleck. In: Scientia Poetica 20 (2016), S. 364–394.

Albrecht, Andrea: Zur textuellen Repräsentation von Wissen am Beispiel von Platons *Menon*. In: Tilmann Köppe (Hg.): Literatur und Wissen. Theoretisch-methodische Zugänge. Berlin / New York 2011, S. 140–163.
Alt, Peter-André: Ästhetik des Bösen. München 2010.
Anz, Thomas: Textwelten. In: Ders. (Hg.): Handbuch Literaturwissenschaft. Bd. 1: Gegenstände und Grundbegriffe. Stuttgart 2007, S. 111–130.
Aristoteles: Poetik. Griechisch/Deutsch. Übersetzt und hg. v. Manfred Fuhrmann. Stuttgart 1994.
Arnold, Heinz Ludwig: Die Gruppe 47. Reinbek bei Hamburg 2004.
Arnold, Heinz Ludwig: Vorbemerkung. In: Ders. / Stephan Reinhardt (Hg.): Dokumentarliteratur. München 1973, S. 7–12.
Assheuer, Thomas: Ironie? Lachhaft. In: Die Zeit, 23.02.2012.
Badiou, Alain: Politics: A Non-Expressive Dialetics. In: Mark Potocnik / Frank Ruda / Jan Völker (Hg.): Beyond Potentialities? Politics between the Possible and the Impossible. Zürich 2011, S. 13–22.
Balint, Iuditha / Tanja Nusser / Rolf Parr: Kathrin Rögglas Texte: Traditionslinien und Genres, literarische Verfahren, Diskurse und Themen. In: Dies. (Hg.): Kathrin Röggla. München 2017, S. 9–12.
Balint, Iuditha: Die Frage literarhistorischer Genrezuordnungen. Erika Runges *Bottroper Protokolle* (1968) und Kathrin Rögglas *wir schlafen nicht* (2004). In: Dies. / Tanja Nusser / Rolf Parr (Hg.): Kathrin Röggla. München 2017, S. 15–32.
Balint, Iuditha: Erzählte Entgrenzungen. Narrationen von Arbeit zu Beginn des 21. Jahrhunderts. Paderborn 2017.
Barbrook, Richard / Andy Cameron: The Californian Ideology. Quelle: http://www.imaginaryfutures.net/2007/04/17/the-californian-ideology-2/ (Zugriff: 27.07.2021).
Bareis, J. Alexander: Fiktionen als *Make-Believe*. In: Tilmann Köppe / Tobias Klauk (Hg.): Fiktionalität. Ein interdisziplinäres Handbuch. Berlin / Boston 2014, S. 50–67.
Barner, Wilfried: Brief oder Essay? Gedankenexperimente in Schillers und Goethes Korrespondenz. In: Bernhard Fischer (Hg.): Der Briefwechsel zwischen Schiller und Goethe. Berlin 2011, S. 35–51.
Barner, Wilfried: Kommt der Literaturwissenschaft ihr Gegenstand abhanden? In: Jahrbuch der deutschen Schillergesellschaft 41 (1997), S. 1–8.
Bartels, Klaus: Trockenlegung von Feuchtgebieten. Christian Krachts Dandy-Trilogie. In: Olaf Grabienski / Till Huber / Jan-Noël Thon (Hg.): Poetik der Oberfläche. Die deutschsprachige Popliteratur der 1990er Jahre. Berlin / Boston 2011, S. 207–225.
Bartl, Andrea / Martin Kraus (Hg.): Skandalautoren. Zu repräsentativen Mustern literarischer Provokation und Aufsehen erregender Autorinszenierung. 2 Bde. Würzburg 2014.
Bartl, Andrea: „Natascha". Zur Literarisierung des österreichischen Kriminalfalls Kampusch. Ein Werkstattbericht. In: Friedhelm Marx / Julia Schöll (Hg.): Literatur im Ausnahmezustand. Beiträge zum Werk Kathrin Rögglas. Würzburg 2019, S. 217–233.
Barton, Brian: Das Dokumentartheater. Stuttgart 1987.
Baßler, Moritz / Bettina Gruber / Martina Wagner-Egelhaaf: Einleitung. In: Dies. (Hg.): Gespenster. Erscheinungen – Medien – Theorien. Würzburg 2005, S. 9–21.
Baßler, Moritz / Heinz Drügh: Eine Frage des Modus. Zu Christian Krachts gegenwärtiger Ästhetik. In: Christoph Kleinschmidt (Hg.): Christian Kracht. Text + Kritik. München 2017, S. 8–19.
Baßler, Moritz / Heinz Drügh: Schimmernder Dunst. Konsumrealismus und die paralogischen Pop-Potenziale. In: POP. Kultur und Kritik 1 (2012), S. 60–65.

Baßler, Moritz: „Have a nice apocalypse!" Parahistorisches Erzählen bei Christian Kracht. In: Reto Sorg / Stefan Bodo Würffel (Hg.): Utopie und Apokalypse in der Moderne. München 2010, S. 257–272.
Baßler, Moritz: Der deutsche Pop-Roman. Die neuen Archivisten. München 2002.
Baßler, Moritz: Deutsche Erzählprosa 1850–1950. Eine Geschichte literarischer Verfahren. Berlin 2015.
Baßler, Moritz: Die kulturpoetische Funktion und das Archiv. Eine literaturwissenschaftliche Text-Kontext-Theorie. Tübingen 2005.
Baßler, Moritz: Die Unendlichkeit des realistischen Erzählens. Eine kurze Geschichte moderner Textverfahren und die narrativen Optionen der Gegenwart. In: Carsten Rohde / Hansgeorg Schmidt-Bergmann (Hg.): Die Unendlichkeit des Erzählens. Der Roman in der deutschsprachigen Gegenwartsliteratur seit 1989. Bielefeld 2013, S. 27–45.
Baßler, Moritz: Genie erzählen: Zu Daniel Kehlmanns Populärem Realismus. In: Gegenwartsliteratur. Ein germanistisches Jahrbuch 16 (2017), S. 37–55.
Baßler, Moritz: Moderne und Postmoderne. Über die Verdrängung der Kulturindustrie und die Rückkehr des Realismus als Phantastik. In: Sabina Becker / Helmuth Kiesel (Hg.): Literarische Moderne. Berlin 2007, S. 435–450.
Baßler, Moritz: Neu-Bern, CobyCounty, Herbertshöhe. Paralogische Orte der Gegenwartsliteratur. In: Stefan Bronner / Björn Weyand (Hg.): Christian Krachts Weltliteratur. Eine Topographie. Berlin / Boston 2018, S. 143–156.
Baßler, Moritz: Populärer Realismus. In: Roger Lüdeke (Hg.): Kommunikation im Populären. Interdisziplinäre Perspektiven auf ein ganzheitliches Phänomen. Bielefeld 2011, S. 91–103.
Baßler, Moritz: Realismus – Serialität – Fantastik. Eine Standortbestimmung gegenwärtiger Epik. In: Silke Horstkotte / Leonhard Herrmann (Hg.): Poetiken der Gegenwart. Deutschsprachige Romane nach 2000. Berlin / Boston 2013, S. 31–46.
Baßler, Moritz: Texte und Kontexte. In: Thomas Anz (Hg.): Handbuch Literaturwissenschaft. Bd. 1: Gegenstände und Grundbegriffe. Stuttgart 2007, S. 355–370.
Battegay, Caspar: Mediologie des Kontrafaktischen in Christian Krachts *Ich werde hier sein im Sonnenschein und im Schatten*. In: Susanne Komfort-Hein / Heinz Drügh (Hg.): Christian Krachts Ästhetik. Stuttgart 2019, S. 117–126.
Baudrillard, Jean: In Praise of a Virtual Crash. In: Ders.: Screened Out. London / New York 2002, S. 21–25.
Baumann, Peter: Erkenntnistheorie. 3., aktualisierte Aufl. Stuttgart 2015.
Bender, Jesko: Dekonstruktiver Dokumentarismus. Peter Weiss' *Ermittlung* und die Möglichkeiten literarischer Repräsentation von Realität im Schatten von Auschwitz. In: Kultur & Gespenster 3 (2007), S. 168–185.
Berg, Henk de: Mia gegen den Rest der Welt. Zu Juli Zehs *Corpus Delicti*. In: Kalina Kupczyńska / Artur Pełka (Hg.): Repräsentationen des Ethischen. Festschrift für Joanna Jabłkowska. Frankfurt a. M. 2013, S. 25–48.
Berg, Stefan: Schlimme Zeiten, böse Räume. Zeit- und Raumstrukturen in der phantastischen Literatur des 20. Jahrhunderts. Stuttgart 1991.
Biendarra, Anke S.: Der Erzähler als ‚popmoderner Flaneur' in Christian Krachts Roman *Faserland*. In: German Life and Letters 55/2 (2002), S. 164–179.
Biller, Maxim: Soviel Sinnlichkeit wie der Stadtplan von Kiel. In: Die Weltwoche, 25.07.1991. Nachgedruckt in Andrea Köhler / Rainer Moritz (Hg.): Maulhelden und Königskinder. Zur Debatte über die deutschsprachige Gegenwartsliteratur. Leipzig 1998, S. 62–71.

Birgfeld, Johannes / Claude D. Conter: Morgenröte des Post-Humanismus. *Ich werde hier sein im Sonnenschein und im Schatten* und der Abschied vom Begehren. In: Dies. (Hg.): Christian Kracht. Zu Leben und Werk. Köln 2009, S. 252–269.

Birgfeld, Johannes: Südseephantasien. Christian Krachts *Imperium* und sein Beitrag zur Poetik des deutschsprachigen Romans der Gegenwart. In: Wirkendes Wort 3/62 (2012), S. 457–477.

Birke, Dorothee / Michael Butter / Tilmann Köppe (Hg.): Counterfactual Thinking – Counterfactual Writing. Berlin 2011.

Birke, Dorothee / Michael Butter / Tilmann Köppe: Introduction: England Win. In: Dies.: Counterfactual Thinking – Counterfactual Writing. Berlin 2011, S. 1–11.

Birkner, Nina / York-Gothart Mix: Idyllik im Kontext von Antike und Moderne. Einleitung. In: Dies. (Hg.): Idyllik im Kontext von Antike und Moderne. Tradition und Transformation eines europäischen Topos. Berlin / Boston 2015, S. 1–13.

Blaim, Artur: Dystopia, Anti-utopia & Co. Another Modest Proposal. In: Ders.: Utopian Visions and Revisions Or the Uses of Ideal Worlds. Frankfurt a. M. 2017, S. 11–21.

Blair, Toni / Gerhard Schröder: Der Weg nach vorne für Europas Sozialdemokraten. Quelle: http://www.glasnost.de/pol/schroederblair.html (Zugriff: 27.07.2021).

Bleicher, Joan Kristin / Bernhard Pörksen (Hg.): Grenzgänger. Formen des New Journalism. Wiesbaden 2004.

Blume, Peter: Fiktion und Weltwissen. Der Beitrag nichtfiktionaler Konzepte zur Sinnkonstitution fiktionaler Erzählliteratur. Berlin 2004.

Blumenberg, Hans: Schiffbruch mit Zuschauer. Paradigma einer Daseinsmetapher. Frankfurt a. M. 1979.

Blumenberg, Hans: Wirklichkeitsbegriff und Möglichkeit des Romans. In: Hans Robert Jauß (Hg.): Nachahmung und Illusion. Poetik und Hermeneutik I. München 1964, S. 9–27.

Boide, Silvia: Transformierte Geographien und Alternate Histories am Beispiel von Christian Krachts ‚Ich werde hier sein im Sonnenschein und im Schatten'. In: Komparatistik online 1 (2015), S. 1–14.

Boltanski, Luc / Ève Chiapello: Der neue Geist des Kapitalismus. Konstanz 2006.

Bopp, Lena: Leif Randt: Schimmernder Dunst über Coby County: Die fetten Jahre sind die besten. In: Frankfurter Allgemeine Zeitung, 05.08.2011.

Borgards, Roland u. a. (Hg.): Literatur und Wissen. Ein interdisziplinäres Handbuch. Stuttgart u. a. 2013.

Bourdieu, Pierre: Die Regeln der Kunst. Genese und Struktur des literarischen Feldes. Frankfurt a. M. 1999.

Braun, Michael: Die deutsche Gegenwartsliteratur. Eine Einführung. Köln / Weimar / Wien 2010.

Braungart, Wolfgang: Ästhetik der Politik, Ästhetik des Politischen. Ein Versuch in Thesen. Göttingen 2012.

Brittnacher, Hans Richard / Clemens Ruthner: Andererseits. Oder: Drüben. Ein erster Leitfaden durch die Welten der Phantastik. In: Peter Assmann (Hg.): Andererseits: Die Phantastik. Imaginäre Welten in Kunst und Alltagskultur. Wien 2003, S. 14–22.

Brittnacher, Hans Richard / Markus May: Phantastik-Theorien. In: Dies. (Hg.): Phantastik. Ein interdisziplinäres Handbuch. Stuttgart 2013, S. 189–197.

Brittnacher, Hans Richard: Ästhetik des Horrors. Gespenster, Vampire, Monster, Teufel und künstliche Menschen in der phantastischen Literatur. Frankfurt a. M. 1994.

Brittnacher, Hans Richard: Zahnlos, blutarm, keusch – zur Kastration einer Metapher. Über Vampirserien. In: Johanna Bohley / Julia Schöll (Hg.): Das erste Jahrzehnt. Narrative und Poetiken des 21. Jahrhunderts. Würzburg 2011, S. 129–145.
Bröckling, Ulrich: Das unternehmerische Selbst. Soziologie einer Subjektivierungsform. Frankfurt a. M. 2007.
Brodowsky, Paul / Thomas Klupp: Einleitung. In: Dies. (Hg.): Wie über Gegenwart sprechen. Überlegungen zu den Methoden einer Gegenwartsliteraturwissenschaft. Frankfurt a. M. 2010, S. 7–11.
Brogi, Susanna / Katja Hartosch: Dokumentarische(s) Arbeiten – Arbeit dokumentarisch. In: Susanna Brogi u. a. (Hg.): Repräsentationen von Arbeit. Transdisziplinäre Analysen und künstlerische Produktionen. Bielefeld 2013, S. 449–475.
Brokoff, Jürgen / Ursula Geitner / Kerstin Stüssel (Hg.): Engagement. Konzepte von Gegenwart und Gegenwartsliteratur. Göttingen 2016.
Brokoff, Jürgen / Ursula Geitner / Kerstin Stüssel: Einleitung. In: Dies (Hg.): Engagement. Konzepte von Gegenwart und Gegenwartsliteratur. Göttingen 2016, S. 9–18.
Brokoff, Jürgen: Die Apokalypse in der Weimarer Republik. München 2001.
Brokoff, Jürgen: Engagement und Schreiben zwischen Literatur und Politik. Zur Schreibreflexion in der Essayistik nach 1945 – mit einem Ausblick auf die Literatur der Arbeitswelt. In: Ders. / Ursula Geitner / Kerstin Stüssel (Hg.): Engagement. Konzepte von Gegenwart und Gegenwartsliteratur. Göttingen 2016, S. 227–248.
Bronner, Stefan: Das offene Buch – Zum Verhältnis von Sprache und Wirklichkeit in Christian Krachts Roman *Ich werde hier sein im Sonnenschein und im Schatten*. In: Deutsche Bücher. Forum für Literatur 39/2 (2009), S. 103–111.
Bühler, Benjamin / Stefan Willer (Hg.): Futurologien. Ordnungen des Zukunftswissens. Paderborn 2016.
Bühler, Patrick / Franka Marquardt: Das „große Nivellier-Land"? Die Schweiz in Christian Krachts *Faserland*. In: Johannes Birgfeld / Claude D. Conter (Hg.): Christian Kracht. Zu Leben und Werk. Köln 2009, S. 76–91.
Bunia, Remigius: Faltungen. Fiktion, Erzählen, Medien. Berlin 2007.
Burdorf, Dieter / Christoph Fasbender / Burkhard Moennighoff (Hg.): Metzler Lexikon Literatur. Begriffe und Definitionen. 3., völlig neu bearbeitete Aufl. Stuttgart 2007.
Butter, Michael: Zwischen Affirmation und Revision populärer Geschichtsbilder: Das Genre der *Alternate History*. In: Barbara Korte / Sylvia Paletschek (Hg.): History Goes Pop. Zur Repräsentation von Geschichte in populären Medien und Genres. Bielefeld 2009, S. 65–81.
Carr, Edward Hallett: What is History? New York 1961.
Carrère, Emmanuel: Le Détroit de Behring. Introduction à l'uchronie. Paris 1986.
Chamberlain, Gordon B.: Afterword: Allohistory in Science Fiction. In: Charles G. Waugh / Martin H. Greenberg (Hg.): Alternative Histories. Eleven stories of the world as it might have been. New York 1986, S. 281–300.
Chiapello, Ève: Evolution und Kooption. Die „Künstlerkritik" und der normative Wandel. In: Christoph Menke / Juliane Rebentisch (Hg.): Kreation und Depression. Freiheit im gegenwärtigen Kapitalismus. Berlin 2010, S. 38–51.
Chinca, Marc: Mögliche Welten. Alternatives Erzählen und Fiktionalität im Tristanroman Gottfrieds von Straßburg. In: Poetica 35 (2003), S. 307–333.
Christ, Birte: "If I Were a Man": Functions of the Counterfactual in Feminist Fiction. In: Dorothee Birke / Michael Butter / Tilmann Köppe (Hg.): Counterfactual Thinking – Counterfactual Writing. Berlin 2011, S. 190–211.

Clarke, David: Dandyism and Homosexuality in the Novels of Christian Kracht. In: Seminar 41/1 (2005), S. 36–54.
Clarke, David: The Capitalist Uncanny in Kathrin Röggla's *wir schlafen nicht*: Ghosts in the Machine. In: Angermion 4 (2011), S. 147–163.
Claußen, Bernhard: Politische Bildung und Kritische Theorie. Fachdidaktisch-methodische Dimensionen emanzipatorischer Sozialwissenschaft. Wiesbaden 1985.
Cohn, Dorrit: Signposts of Fictionality. A Narratological Perspective. In: Poetics Today 11 (1990), S. 775–804.
Coleridge, Samuel Taylor: Biographia Literaria: Or, Biographical Sketches of My Literary Life and Opinions. New York / Boston 1834.
Collins, William Joseph: Paths Not Taken. The Development, Structure and Aesthetics of Alternate History. Davis 1990.
Conter, Claude D.: Christian Krachts posthistorische Ästhetik. In: Ders. / Johannes Birgfeld (Hg.): Christian Kracht. Zu Leben und Werk. Köln 2009, S. 24–43.
Cottone, Margherita: Provokation als moralische Haltung bei Christian Kracht. In: Maike Schmidt (Hg.): Gegenwart des Konservatismus in Literatur, Literaturwissenschaft und Literaturkritik. Kiel 2013, S. 175–191.
Cowley, Robert (Hg.): What If? The World's Foremost Military Historians Imagine What Might Have Been. New York 1999.
Dam, Beatrix van: Geschichte erzählen. Repräsentation von Vergangenheit in deutschen und niederländischen Texten der Gegenwart. Berlin / Boston 2016.
Danneberg, Lutz: Das Sich-Hineinversetzen und der *sensus auctoris et primorum lectorum*. Der Beitrag kontrafaktischer Imaginationen zur Ausbildung der *hermeneutica sacra* und *profana* im 18. und am Beginn des 19. Jahrhunderts. In: Andrea Albrecht u. a. (Hg.): Theorien, Methoden und Praktiken des Interpretierens. Berlin / München / Boston 2015, S. 407–458.
Danneberg, Lutz: Interpretation: Kontextbildung und Kontextverwendung. In: Siegener Periodikum zur Internationalen Empirischen Literaturwissenschaft 9/1 (1990), S. 89–130.
Danneberg, Lutz: Kontext. In: Harald Fricke (Hg.): Reallexikon der deutschen Literaturwissenschaft. Bd. II. Berlin 2000, S. 333–337.
Danneberg, Lutz: Kontrafaktische Imaginationen in der Hermeneutik und in der Lehre des Testimoniums. In: Ders. / Carlos Spoerhase / Dirk Werle: Begriffe, Metaphern und Imaginationen in Philosophie und Wissenschaftsgeschichte. Wiesbaden 2009, S. 287–449.
Danneberg, Lutz: Überlegungen zu kontrafaktischen Imaginationen in argumentativen Kontexten und zu Beispielen ihrer Funktion in der Denkgeschichte. In: Toni Bernhart / Philipp Mehne (Hg.): Imagination und Innovation. Berlin 2006, S. 73–100.
Danneberg, Lutz: Weder Tränen noch Logik. Über die Zugänglichkeit fiktionaler Welten. In: Uta Klein / Katja Mellmann / Steffanie Metzger (Hg.): Heuristiken der Literaturwissenschaft. Disziplinexterne Perspektiven auf Literatur. Paderborn 2006, S. 35–83.
Danneberg, Lutz: Zum Autorkonstrukt und zu einem methodologischen Konzept der Autorintention. In: Fotis Jannidis u. a. (Hg.): Rückkehr des Autors. Zur Erneuerung eines umstrittenen Begriffs. Tübingen 1999, S. 77–105.
Danneberg, Lutz: Zur Theorie der werkimmanenten Interpretation. In: Wilfried Barner / Christoph König (Hg.): Zeitenwechsel. Germanistische Literaturwissenschaft vor und nach 1945. Frankfurt a. M. 1996, S. 313–342.
Dannenberg, Hilary: Coincidence and Counterfactuality. Plotting Time and Space in Narrative Fiction. Lincoln / London 2008.

Dannenberg, Hilary: Fleshing Out the Blend: The Representation of Counterfactuals in Alternate History in Print, Film, and Television Narratives. In: Ralf Schneider / Marcus Hartner (Hg.): Blending and the Study of Narrative. Berlin / Boston 2012, S. 121–145.

Dath, Dietmar: Ein schöner Albtraum ist sich selbst genug. In: Frankfurter Allgemeine Zeitung, 15.10.2008.

Deiters, Franz-Josef: „Gegossen in den Schmelztiegeln der Groß-Industrie, gehärtet und geschweißt in der Esse des Krieges". Erwin Piscator oder Die Geburt der Theateravantgarde in den Gräben des Ersten Weltkriegs. In: Christian Klein / Franz-Josef Deiters (Hg.): Der Erste Weltkrieg in der Dramatik – deutsche und australische Perspektiven / The First World War in Drama – German and Australian Perspectives. Stuttgart 2018, S. 101–117.

Delhey, Yvonne / Rolf Parr / Kerstin Wilhelms (Hg.): Autofiktion als Utopie // Autofiction as Utopia. Paderborn 2019.

Dellinger, Johannes: Uchronie. Ungeschehene Geschichte von der Antike bis zum Steampunk. Paderborn 2015.

Demandt, Alexander: Ungeschehene Geschichte. Ein Traktat über die Frage: Was wäre geschehen, wenn …? Göttingen 1984.

Der Postillon. Quelle: https://www.der-postillon.com/ (Zugriff: 27.07.2021).

Derrida, Jacques: De la grammatologie. Paris 1967.

Derrida, Jacques: Marx' Gespenster. Der Staat der Schuld, die Trauerarbeit und die neue Internationale. Frankfurt a. M. 1995.

Di Rosa, Valentina: Zur Lage der Gegenwartsliteratur. Versuch einer Annäherung in Echtzeit. In: Dies. / Jan Röhnert (Hg.): Im Hier und Jetzt. Konstellationen der Gegenwart in der deutschsprachigen Literatur seit 2000. Köln 2019, S. 23–33.

Dickmann, Jens-Arne / Friederike Elias / Friedrich-Emanuel Focken: Praxeologie. In: Thomas Meier / Michael R. Ott / Rebecca Sauer (Hg.): Materiale Textkulturen. Konzepte – Materialien – Praktiken. Berlin / München / Boston 2015, S. 135–146.

Dieckmann, Letizia / Julian Menninger / Michael Navratil (Hg.): Gesundheit erzählen. Ästhetik – Performanz – Ideologie. Berlin / Boston 2021 (in Vorbereitung).

Dieckmann, Letizia / Julian Menninger / Michael Navratil: Gesundheit und Erzählen: Zur Einleitung. In: Dies. (Hg.): Gesundheit erzählen. Ästhetik – Performanz – Ideologie. Berlin / Boston 2021 (in Vorbereitung).

Diederichsen, Diedrich / Anselm Franke: The Whole Earth. Kalifornien und das Verschwinden des Außen. In: Dies. (Hg.): The Whole Earth. Kalifornien und das Verschwinden des Außen. Berlin 2013, S. 8–9.

Diederichsen, Diedrich: Pop-Musik und Gegenkultur: die ganze Welt und jetzt. In: Ders. / Anselm Franke (Hg.): The Whole Earth. Kalifornien und das Verschwinden des Außen. Berlin 2013, S. 20–31.

Diederichsen, Diedrich: Zehn Thesen zu Subversion und Normativität. In: Tobias Gerber / Katharina Hausladen (Hg.): Compared to What? Pop zwischen Normativität und Subversion. Wien 2017, S. 53–61.

Diez, Georg: Die Methode Kracht. In: Der Spiegel 7 (2012), S. 100–103.

Doležel, Lubomír: Fictional and Historical Narrative: Meeting the Postmodernist Challenge. In: David Herman (Hg.): Narratologies: New Perspectives on Narrative Analysis. Columbus, Ohio 1999, S. 247–273.

Doležel, Lubomír: Heterocosmica. Fiction and Possible Worlds. Baltimore / London 1998.

Doležel, Lubomír: Possible Worlds of Fiction and History. The Postmodern Stage. Baltimore 2010.
Doležel, Lubomír: Postmodern narratives of the past: Simon Schama. In: John Gibson / Wolfgang Huemer / Luco Pocci (Hg.): A Sense of the World. Essays on fiction, narrative, and knowledge. New York 2007, S. 167–188.
Doležel, Lubomír: The Role of Counterfactuals in the Production of Meaning. In: Fotis Jannidis et al. (Hg.): Regeln der Bedeutung. Zur Theorie der Bedeutung literarischer Texte. Berlin 2003, S. 68–79.
Doll, Max: Der Umgang mit Geschichte im historischen Roman der Gegenwart. Am Beispiel von Uwe Timms „Halbschatten", Daniel Kehlmanns „Vermessung der Welt" und Christian Krachts „Imperium". Frankfurt a. M. 2017.
Drügh, Heinz: „ ... und ich war glücklich darüber, endlich *seriously* abzunehmen". Christian Krachts Roman *1979* als Ende der Popliteratur? In: Wirkendes Wort 57/1 (2007), S. 31–51.
Dücker, Burckhard: Vorbereitende Bemerkungen zu Theorie und Praxis einer performativen Literaturgeschichtsschreibung. In: Friederike Elias u. a. (Hg.): Praxeologie. Beiträge zur interdisziplinären Reichweite praxistheoretischer Ansätze in den Geistes- und Sozialwissenschaften. Berlin / Boston 2014, S. 97–128.
Dückers, Tanja: Die Mär von den jungen unpolitischen Autoren. In: EDIT 29 (2002). Quelle: http://www.tanjadueckers.de/die-mar-von-den-jungen-unpolitischen-autoren/ (Zugriff: 27.07.2021).
Dürbeck, Gabriele: Ozeanismus im postkolonialen Roman: Christian Krachts *Imperium*. In: Saeculum 64/1 (2014), S. 109–123.
Durst, Uwe: Theorie der phantastischen Literatur. Aktualisierte, korrigierte und erweiterte Neuausgabe. Berlin 2007.
Durst, Uwe: Zur Poetik der parahistorischen Literatur. In: Neohelicon 31/ 2 (2004), S. 201–220.
Dyer, Richard: Pastiche. Abingdon / New York 2007.
Eco, Umberto: Gesten der Zurückweisung. Über den Neuen Realismus. In: Markus Gabriel (Hg.): Der Neue Realismus. Berlin 2014, S. 33–51.
Eco, Umberto: Im Wald der Fiktionen. Sechs Streifzüge durch die Literatur. München ²1999.
Eco, Umberto: Lector in fabula. Die Mitarbeit der Interpretation in erzählenden Texten. München ²1990.
Eco, Umberto: Lector in fabula. La cooperazione interpretative nei testi narrativi. Milano 1979.
Eden, Wiebke: „Keine Angst vor großen Gefühlen". Die neuen Schriftstellerinnen. Berlin 2001.
Eichhorn, Kristin: Einleitung: Reaktionen auf den Ernsthaftigkeitsdiskurs in der aktuellen Literaturproduktion. In: Dies. (Hg.): *Neuer* Erst in der Literatur? Schreibpraktiken in deutschsprachigen Romanen der Gegenwart. Frankfurt a. M. 2014, S. 9–14.
Eichmanns, Gabriele: Die „McDonaldisierung" der Welt. Das Parodieren der Erwartungen des westlichen Lesers in Christian Krachts *Der gelbe Bleistift* (1999) [sic]. In: Jill E. Twark (Hg.): Strategies of Humor in Post-Unification German Literature, Film, and Other Media. Newcastle 2011, S. 266–290.
Eke, Norbert Otto: Vorwort. In: Kathrin Röggla: das stottern des realismus: fiktion und fingiertes, ironie und kritik. Paderborn 2011, S. 1–2.
Elwenspoek, Miko: Counterfactual Thinking in Physics. In: Dorothee Birke / Michael Butter / Tilmann Köppe (Hg.): Counterfactual Thinking – Counterfactual Writing. Berlin 2011, S. 62–80.
Engels, Bettina: Christian Kracht in Frankfurt. Schutzschild gegen die Erinnerung. In: Der Tagesspiegel, 21.05.2018.

Erdbeer, Robert Matthias: Der Text als Verfahren. Zur Funktion des textuellen Paradigmas im kulturgeschichtlichen Diskurs. In: Zeitschrift für Ästhetik und allgemeine Kunstwissenschaft 46/1 (2001), S. 77–105.
Ernst-Willner-Preis für Leif Randt. Quelle: http://archiv.bachmannpreis.orf.at/bachmannpreis.eu/de/information/3696/ (Zugriff: 27.07.2021).
Ernst, Thomas u. a. (Hg.): SUBversionen. Zum Verhältnis von Politik und Ästhetik in der Gegenwart. Bielefeld 2008.
Ernst, Thomas: Literatur und Subversion: Politisches Schreiben in der Gegenwart. Bielefeld 2013.
Ernst, Thomas: Popliteratur. Hamburg ²2005.
Esselborn, Hans: Vorwort. In: Ders. (Hg.): Utopie, Antiutopie und Science Fiction im deutschsprachigen Roman des 20. Jahrhunderts. Würzburg 2003, S. 7–11.
Evans, Richard J.: Veränderte Vergangenheiten. Über kontrafaktisches Erzählen in der Geschichte. München 2014.
Fähnders, Walter: Dokumentarliteratur. In: Klaus Weimar (Hg.): Reallexikon der deutschen Literaturwissenschaft. Band I. Berlin 1997, S. 383–385.
Fahrenbach, Helmut: Ist ‚politische Ästhetik' – im Sinne Brechts, Marcuses, Sartres – heute noch relevant? In: Jürgen Wertheimer (Hg.): Von Poesie und Politik. Zur Geschichte einer dubiosen Beziehung. Tübingen 1994, S. 355–383.
Fauth, Søren R. / Rolf Parr (Hg.): Neue Realismen in der Gegenwartsliteratur. Paderborn 2016.
Fauth, Søren R. / Rolf Parr (Hg.): Vorwort. In: Dies (Hg.): Neue Realismen in der Gegenwartsliteratur. Paderborn 2016, S. 9–10.
Ferguson, Niall (Hg.): Virtual History. Alternatives and Counterfactuals. London 1997.
Ferguson, Niall: Introduction. Virtual History: Towards a 'chaotic' theory of the past. In: Ders.: (Hg.) Virtual History. Alternatives and Counterfactuals. London 1997, S. 1–90.
Fiedler, Leslie A.: Überquert die Grenze, schließt den Graben! Über die Postmoderne. In: Uwe Wittstock (Hg.): Roman oder Leben. Postmoderne in der deutschen Literatur. Leipzig 1994, S. 14–39.
Finlay, Frank: 'Surface is an illusion but so is depth'. The novels of Christian Kracht. In: German Life and Letters 66/2 (2013), S. 213–231.
Fleig, Anne: Lesen im Rekord? Uwe Tellkamps *Der Turm* als Bildungsroman zwischen Realismus und Fantastik. In: Silke Horstkotte / Leonhard Herrmann (Hg.): Poetiken der Gegenwart. Deutschsprachige Romane nach 2000. Berlin / Boston 2013, S. 83–98.
Florida, Richard: Cities and the Creative Class. New York / Milton Park, Abingdon 2005.
Florida, Richard: The Rise of the Creative Class. And How It's Transforming Work, Leisure, Community and Everyday Life. New York 2004.
Fludernik, Monika: Fiction vs. Non-Fiction. Narratological Differentiations. In: Jörg Helbig (Hg.): Erzählen und Erzähltheorie im 20. Jahrhundert. Festschrift für Wilhelm Füger. Heidelberg 2001, S. 85–103.
Fludernik, Monika: Towards a 'Natural' Narratology. London / New York 1996.
Förster, Nikolaus: Die Wiederkehr des Erzählens. Deutschsprachige Prosa der 80er und 90er Jahre. Darmstadt 1999.
Foucault, Michel: Archäologie des Wissens. Frankfurt a. M. 1973.
Foucault, Michel: Der Wille zum Wissen. Sexualität und Wahrheit 1. Frankfurt a. M. 1983.
Foucault, Michel: Was ist Kritik. Berlin 1992.

Franke, Anselm: Earthrise und das Verschwinden des Außen. In: Diedrich Diederichsen / Anselm Franke (Hg.): The Whole Earth. Kalifornien und das Verschwinden des Außen. Berlin 2013, S. 12–18.

Franzen, Johannes u. a. (Hg.): Geschichte der Fiktionalität. Diachrone Perspektiven auf ein kulturelles Konzept. Baden-Baden 2018.

Franzen, Johannes: Hemmung vor der Wirklichkeit. In: Zeit online, 15.10.2019, Quelle: https://www.zeit.de/kultur/literatur/2019-10/literaturkritik-fiktion-fakten-schreiben-qualitaet/komplettansicht (Zugriff: 27. 07.2021).

Franzen, Johannes: Hypothetische Verbote. Eine Fiktion der Zensur. In: Frankfurter Allgemeine Zeitung, 25.08.2019.

Franzen, Johannes: Indiskrete Fiktionen. Schlüsselromanskandale und die Rolle des Autors. In: Andrea Bartl / Martin Kraus (Hg.): Skandalautoren. Zu repräsentativen Mustern literarischer Provokation und Aufsehen erregender Autorinszenierung. Bd. 1. Würzburg 2014, S. 67–92.

Franzen, Johannes: Indiskrete Fiktionen. Theorie und Praxis des Schlüsselromans 1960–2015. Göttingen 2018.

Frappier, Mélanie / Letitia Meynell / James Robert Brown (Hg.) Thought Experiments in Philosophy, Science, and the Arts. New York / Abingdon 2013.

Frenschkowski, Marco: Der Begriff des Phantastischen: Literaturgeschichtliche Beobachtungen. In: Ders. / Gerhard Lindenstruth / Malte S. Sembten (Hg.): Phantasmen. Robert N. Bloch zum Sechzigsten. Gießen 2010, S. 110–134.

Freud, Sigmund: Das Unheimliche. In: Ders.: Studienausgabe Bd. IV: Psychologische Schriften. Frankfurt a. M. ^{11}2012, S. 241–274.

Friedrich, Hans-Edwin: Science-Fiction. In: Dieter Lamping (Hg.): Handbuch der literarischen Gattungen. Stuttgart 2009, S. 672–677.

Füger, Wilhelm: Streifzüge durch Allotopia. Zur Typographie eines fiktionalen Gestaltungsraums. In: Anglia 102 (1984), S. 349–391.

Fukuyama, Francis: The End of History? In: The National Interest 16 (1989), S. 3–18.

Gabriel, Gottfried: „Sachen gibt's, die gibt's gar nicht". Sind literarische Figuren fiktive Gegenstände? In: Ders.: Zwischen Logik und Literatur. Erkenntnisformen von Dichtung, Philosophie und Wissenschaft. Stuttgart 1991, S. 133–146.

Gabriel, Gottfried: Fact, Fiction and Fictionalism. Erich Auerbach's *Mimesis* in Perspective. In: Bernhard F. Scholz (Hg.): Mimesis. Studien zur literarischen Repräsentation. Tübingen / Basel 1998, S. 33–43.

Gabriel, Gottfried: Wie klar und deutlich soll eine literaturwissenschaftliche Terminologie sein? In: Ders.: Zwischen Logik und Literatur. Erkenntnisformen von Dichtung, Philosophie und Wissenschaft. Stuttgart 1991, S. 118–132.

Gabriel, Markus (Hg.): Der Neue Realismus. Berlin 2014.

Gabriel, Markus: Einleitung. In: Ders. (Hg.): Der Neue Realismus. Berlin 2014, S. 8–16.

Gadamer, Hans-Georg: Über die Verborgenheit der Gesundheit. Aufsätze und Vorträge. Frankfurt a. M. 1993.

Gähde, Ulrich: Zur Funktion ethischer Gedankenexperimente. In: Wulf Gaertner (Hg.): Wirtschaftsethische Perspektiven V. Methodische Ansätze, Probleme der Steuer- und Verteilungsgerechtigkeit, Ordnungsfragen. Berlin 2000, S. 183–206.

Gallagher, Catherina: What would Napoleon do? Historical, Fictional, and Counterfactual Characters. In: New Literary History 42/2 (2011), S. 315–336.

Gallagher, Catherine: Telling It Like It Wasn't. The Counterfactual Imagination in History and Fiction. Chicago / London 2018.
Gebbe, Hans-Christian: Funktionen populärer Fantasy-Literatur in der christlichen Rezeption. Göttingen 2017.
Geisenhanslüke, Achim: Die verlorene Ehre der Mia Holl. Juli Zehs *Corpus Delicti*. In: Viviana Chilese / Heinz-Peter Preusser (Hg.): Technik in Dystopien. Heidelberg 2013, S. 223–232.
Geisenhanslüke, Achim: Die Wahrheit in der Literatur. Paderborn 2015.
Geitner, Ursula: Kathrin Röggla. Powerpoint-Folie zu ihrer Lesung am 31. Januar 2007 in Bonn. In: Kritische Ausgabe, Sommer 2007, S. 45–47.
Geitner, Ursula: Stand der Dinge: Engagement-Semantik und Gegenwartsliteratur-Forschung. In: Jürgen Brokoff / Ursula Geitner / Kerstin Stüssel (Hg.): Engagement. Konzepte von Gegenwart und Gegenwartsliteratur. Göttingen 2016, S. 19–58.
Genette, Gérard: Fiktion und Diktion. München 1992.
Genette, Gérard: Palimpseste. Die Literatur auf zweiter Stufe. Frankfurt a. M. 1993.
Gerber, Tobias / Katharina Hausladen (Hg.): Compared to What? Pop zwischen Normativität und Subversion. Wien 2017.
Gerigk, Anja: „Die ideale Geliebte" – Utopische Erzählformen im Spiegel neuer Dystopien (Zeh, Dath, Kracht). In: Alman Dili ve Edebiyatı Dergisi. Studien zur deutschen Sprache und Literatur 34/2 (2015), S. 5–16.
Gerigk, Anja: Humoristisches Erzählen im 21. Jahrhundert. Gegenwärtige Tradition in Kehlmanns *Vermessung der Welt* und Krachts *Imperium*. In: Wirkendes Wort 3/64 (2014), S. 427–439.
Gerlach, Hannah: Relativitätstheorien. Zum Status von ‚Wissen' in Christian Krachts *Imperium*. In: Acta Germanica. German Studies in Africa 41 (2013), S. 195–210.
Gerz, Raimund: Der Aufstieg des Arturo Ui. In: Jan Knopf (Hg.): Brecht-Handbuch in fünf Bänden. Bd. 1: Stücke. Stuttgart / Weimar 2001. S. 459–474.
Geus, Klaus (Hg.): Utopien, Zukunftsvorstellungen, Gedankenexperimente. Literarische Konzepte von einer „anderen" Welt im abendländischen Denken von der Antike bis zur Gegenwart. Frankfurt a. M. u. a. 2011.
Giesler, Birte: „Das Mittelalter ist keine Epoche. ‚Mittelalter' ist der Name der menschlichen Natur." Zeitgenössisches Drama als rückwärts gekehrte Dystopie in Juli Zehs *Corpus Delicti*. In: Wolfgang Braungart / Lothar van Laak (Hg.): Gegenwart Literatur Geschichte. Zur Literatur nach 1945. Heidelberg 2013, S. 265–293.
Gilovich, Thomas / Victoria Husted Medvec: Some Counterfactual Determinants of Satisfaction and Regret. In: Neal J. Roese / James M. Olson (Hg.): What Might Have Been. The Social Psychology of Counterfactual Thinking. Mahwah, New Jersey 1995, S. 259–282.
Girndt-Dannenberg, Dorothee: Zur Funktion fantastischer Elemente in der erzählenden Jugendliteratur. In: Ernst Gottlieb von Bernstorff (Hg.): Aspekte der erzählenden Jugendliteratur. Eine Textsammlung für Studenten und Lehrer. Baltmannsweiler 1977, S. 149–185.
Gisi, Lucas Marco / Urs Meyer / Reto Sorg (Hg.): Medien der Autorschaft. Formen literarischer (Selbst-)Inszenierung von Brief und Tagebuch bis Fotografie und Interview. München 2013.
Gisi, Lucas Marco: Unschuldige Regressionsutopien? Zur Primitivismus-Kritik in Christian Krachts *Imperium*. In: Matthias N. Lorenz / Christine Riniker (Hg.): Christian Kracht revisited. Irritation und Rezeption. Berlin 2018, S. 505–533.

Glawion, Sven / Immanuel Nover: Das leere Zentrum. Christian Krachts ‚Literatur des Verschwindens'. In: Alexandra Tacke / Björn Weyand (Hg.): Depressive Dandys. Spielformen der Dekadenz in der Pop-Moderne. Köln / Weimar / Wien 2009, S. 101–120.

Gnüg, Hiltrud: Einleitung. In: Dies. (Hg.): Literarische Utopie-Entwürfe. Frankfurt a. M. 1982, S. 9–14.

Gnüg, Hiltrud: Warnutopie und Idylle in den Fünfziger Jahren. Am Beispiel Arno Schmidts. In: Dies. (Hg.): Literarische Utopie-Entwürfe. Frankfurt a. M. 1982, S. 277–290.

Goebel, Gerhard: Funktionen des ‚Buches im Buche' in Werken zweier Repräsentanten des ‚nouveau roman'. In: Eberhard Leube / Ludwig Schrader (Hg.): Interpretation und Vergleich. Festschrift für Walter Pabst. Berlin 1972, S. 34–52.

Gollner, Helmut: Die Wahrheit lügen. Die Renaissance des Erzählens in der jungen österreichischen Literatur. Innsbruck 2005.

Goodman, Nelson: Weisen der Welterzeugung. Frankfurt a. M. 1990.

Gottwein, Carla: Die verordnete Kollektividentität. Juli Zehs Vision einer Gesundheitsdiktatur im Roman *Corpus Delicti*. In: Corinna Schicht (Hg.): Identität. Fragen zu Selbstbildern, körperlichen Dispositionen und gesellschaftlichen Überformungen in Literatur und Film. 2., überarbeitete Aufl. Oberhausen 2012, S. 230–250.

Götze, Karl Heinz: Forever young. Über Frank Witzels Roman *Die Erfindung der Roten Armee Fraktion durch einen manisch-depressiven Teenager im Sommer 1969*. In: Das Argument 58/2 (2016), S. 261–266.

Greiner, Bernd: Die Morgenthau-Legende. Zur Geschichte eines umstrittenen Plans. Hamburg 1995.

Greiner, Ulrich: Die deutsche Gesinnungsästhetik. In: Die Zeit, 02.11.1990. Nachgedruckt in Thomas Anz (Hg.): „Es geht nicht um Christa Wolf". Der Literaturstreit im vereinten Deutschland. München 1991, S. 208–216.

Grill, Oliver: Unvorhersehbares Wetter? Zur Meteorologie in Alexander von Humboldts „Kosmos" und Adalbert Stifters „Nachsommer". In: Zeitschrift für Germanistik NF XXVI/1 (2016), S. 61–77.

Gritzner, Christian: Fireballs und Meteorites. Human Casualties in Impact Events. In: WGN. Journal of the International Meteor Organization 25/5 (1997), S. 222–226.

Gröbel, Ute: 'short-sleeping, quick-eating and all that stuff' – Kathrin Röggla's Novel *we never sleep* and 'Deconstructive Documentarism'. In: Jörg von Brincken / Ute Gröbel / Irina Schulzki (Hg.): Fictions / Realities. New Forms and Interactions. München 2011, S. 101–115.

Gronich, Mareike: Das politische Erzählen. Zur Funktion narrativer Strukturen in Wolfgang Koeppens „Das Treibhaus" und Uwe Johnsons „Das dritte Buch über Achim". Paderborn 2019.

Gu, Yeon Jeong: Figurationen des Posthumanen in Christian Krachts Roman „Ich werde hier sein im Sonnenschein und im Schatten". In: Weimarer Beiträge 61/1 (2015), S. 92–110.

Gülich, Elisabeth / Uta M. Quasthoff: Narrative Analysis. In: Teun A. van Dijk (Hg.): Handbook of Discours Analysis. Vol 2. Dimensions of Discourse. London u. a. 1985, S. 169–197.

Gumbrecht, Hans Ulrich: Zentrifugale Pragmatik und ambivalente Ontologie: Dimensionen von Latenz. In: Ders. / Florian Klinger (Hg.): Latenz. Blinde Passagiere in den Geisteswissenschaften. Göttingen 2011, S. 9–19.

Günther, Hans: Verfremdung: Brecht und Šklovskij. In: Susi K. Frank u. a. (Hg.): Gedächtnis und Phantasma. Festschrift für Renate Lachmann. München 2001, S. 137–145.

Günther, Hans: Verfremdung$_2$. In: Jan-Dirk Müller (Hg.): Reallexikon der deutschen Literaturwissenschaft. Bd. III. Berlin 2003, S. 753–755.

Gustafsson, Lars: Über das Phantastische in der Literatur. Ein Orientierungsversuch. In: Ders.: Utopien. München 1970, S. 9–25.
Haas, Gerhard: Literarische Phantastik. Strukturelle, geistesgeschichtliche und thematische Aspekte. In: Gerhard Härle / Gina Weinkauff (Hg.): Am Anfang war das Staunen. Wirklichkeitsentwürfe in der Kinder- und Jugendliteratur. Baltmannsweiler 2005, S. 117–134.
Habermas, Jürgen: Heinrich Heine und die Rolle des Intellektuellen in Deutschland. In: Eine Art Schadensabwicklung. Kleine Politische Schriften VI. Frankfurt a. M. 1987, S. 27–54.
Hamburger, Käte: Die Logik der Dichtung. Wien 1980.
Hanuschek, Sven: „Ich nenne das Wahrheitsfindung". Heinar Kipphardts Dramen und ein Konzept des Dokumentartheaters als Historiographie. Bielefeld 1993.
Hanuschek, Sven: Dokumentardrama. In: Dieter Lamping (Hg.): Handbuch der literarischen Gattungen. Stuttgart 2009, S. 132–136.
Hardt, Michael / Antonio Negri: Empire. Die neue Weltordnung. Frankfurt a. M. 2002.
Hauenstein, Robin: „Ein Schritt zurück in die exquisiteste Barbarei" – Mit Deutschland in der Südsee: Christian Krachts metahistoriographischer Abenteuerroman *Imperium*. In: La prose allemande contemporaine: voix et voies de la génération postmoderne. Germanica 55 (2014), S. 29–45.
Hauenstein, Robin: Historiographische Metafiktionen. Ransmayr, Sebald, Kracht, Beyer. Würzburg 2014.
Hegel, Georg Wilhelm Friedrich: Differenz des Fichteschen und des Schellingschen Systems der Philosophie (1801). In: Ders.: Jenaer Schriften 1801–1807. Werke 2. Frankfurt a. M. 1986, S. 7–136.
Hegel, Georg Wilhelm Friedrich: Phänomenologie des Geistes. Werke 3. Frankfurt a. M. 1986.
Hehl, Michael Peter: Kracht, Christian: Faserland. Roman. In: Heribert Tommek / Matteo Galli / Achim Geisenhanslüke (Hg.): Wendejahr 1995. Transformationen der deutschsprachigen Literatur. Berlin / Boston 2015, S. 426–437.
Heidegger, Martin: Die Technik und die Kehre. Stuttgart [11]2007.
Heimburger, Susanne: Kapitalistischer Geist und literarische Kritik. Arbeitswelten in deutschsprachigen Gegenwartstexten. München 2010.
Helbig, Jörg: Der parahistorische Roman. Ein literarhistorischer und gattungstypologischer Beitrag zur Allotopieforschung. Frankfurt a. M. 1988.
Helbig, Jörg: Intertextualität und Markierung. Untersuchungen zur Systematik und Funktion der Signalisierung von Intertextualität. Heidelberg 1996.
Hellekson, Karen: The Alternate History. Refiguring Historical Time. Kent, Ohio 2001.
Hempfer, Klaus W.: Zu einigen Problemen einer Fiktionstheorie. In: Zeitschrift für französische Sprache und Literatur 100 (1990), S. 109–137.
Henriet, Eric B.: L'histoire révisité. Panorama de l'uchronie sous toutes ses formes. Paris 1999.
Herholz, Gerd (Hg.): Experiment Wirklichkeit. Renaissance des Erzählens? Poetikvorlesungen und Vorträge zum Erzählen in den 90er Jahren. Essen 1998.
Hermes, Stefan: Tristesse globale. Intra- und interkulturelle Fremdheit in den Romanen Christian Krachts. In: Olaf Grabienski / Till Huber / Jan-Noël Thon (Hg.): Poetik der Oberfläche. Die deutschsprachige Popliteratur der 1990er Jahre. Berlin 2011, S. 187–205.
Herminghouse, Patricia: The Young Author as Public Intellectual. The Case of Juli Zeh. In: Dies. / Katharina Gerstenberger (Hg.): German Literature in a New Century: Trends, Traditions, Transitions, Transformations. New York 2008, S. 268–284.
Herrmann, Leonhard / Silke Horstkotte: Gegenwartsliteratur. Eine Einführung. Stuttgart 2016.

Herrmann, Leonhard: Andere Welten – fragliche Welten. Fantastisches Erzählen in der Gegenwartsliteratur. In: Silke Horstkotte / Leonhard Herrmann (Hg.): Poetiken der Gegenwart. Deutschsprachige Romane nach 2000. Berlin / Boston 2013, S. 47–65.

Herzig, Tamar: Witches, Saints, and Heretics. Heinrich Kramer's Ties with Italian Women Mystics. In: Magic, Ritual, and Witchcraft 1/1 (2006), S. 26–55.

Hielscher, Martin: Pop im Umerziehungslager. Der Weg des Christian Kracht. Ein Versuch. In: Johannes G. Pankau (Hg.): Pop – Pop – Populär. Popliteratur und Jugendkultur. Bremen / Oldenburg 2004, S. 102–109.

Hilzinger, Klaus Harro: Die Dramaturgie des dokumentarischen Theaters. Tübingen 1976.

Hnilica, Irmtraud: „im berühmten eigenen ton". Kathrin Rögglas und Elfriede Jelineks Bearbeitungen der Kampusch-Entführung. In: Iuditha Balint / Tanja Nusser / Rolf Parr (Hg.): Kathrin Röggla. München 2017, S. 41–53.

Hnilica, Irmtraud: 3096 Tage Arbeit. Elfriede Jelinek, Natascha Kapusch, Sherry Hormann. In: Iuditha Balint u. a. (Hg.): Opus und labor. Arbeit in autobiographischen und biographischen Erzählungen. Essen 2018, S. 231–246.

Hoops, Wilef: Fiktionalität als pragmatische Kategorie. In: Poetica 11 (1979), S. 280–317.

Horn, Eva: Zukunft als Katastrophe. Frankfurt a. M. 2014.

Horstkotte, Silke / Leonhard Herrmann: Poetiken der Gegenwart? Eine Einleitung. In: Dies. (Hg.): Poetiken der Gegenwart. Deutschsprachige Romane nach 2000. Berlin / Boston 2013, S. 1–11.

Horstkotte, Silke: Zeitgemäße Betrachtungen: Die Aktualität der Gegenwartsliteratur und die Aktualisierungsstrategien der Gegenwartsliteraturwissenschaft. In: Jürgen Brokoff / Ursula Geitner / Kerstin Stüssel (Hg.): Engagement. Konzepte von Gegenwart und Gegenwartsliteratur. Göttingen 2016, S. 371–387.

Hrushovski, Benjamin: Fictionality and Fields of Reference. In: Poetics Today 5/2 (1984), S. 227–251.

Huber, Till: Andere Texte. Christian Krachts Nebenwerk zwischen Pop-Journalismus und Docu-Fiction. In: Christoph Kleinschmidt (Hg.): Christian Kracht. Text + Kritik. München 2017, S. 86–93.

Huber, Till: Ausweitung der Kunstzone. Ingo Niermanns und Christian Krachts ‚Docu-Fiction'. In: Alexandra Tacke / Björn Weyand (Hg.): Depressive Dandys. Spielformen der Dekadenz in der Pop-Moderne. Köln / Weimar / Wien 2009, S. 218–233.

Huemer, Wolfgang: Gibt es Fehler im fiktionalen Kontext? Grenzen der dichterischen Freiheit. In: Otto Neumaier (Hg.): Was aus Fehlern zu lernen ist in Alltag, Wissenschaft und Kunst. Wien / Münster 2010, S. 211–227.

Hugendick, David: Schriftsteller Christian Kracht. Bitte keine Skandalisierung. In: Zeit online, 12.02.2012. Quelle: https://www.zeit.de/kultur/literatur/2012-02/kracht-kommentar?page=4#comments (Zugriff: 27. 07.2021).

Hunt, Tristam: Pasting over the Past. In: The Guardian, 07.04.2004. Quelle: https://www.theguardian.com/education/2004/apr/07/highereducation.news (Zugriff: 27. 07.2021).

Huntemann, Willi / Kai Hendrik Patri: Einleitung: Engagierte Literatur in Wendezeiten. In: Willi Huntemann / Małgorzata Klentak-Zabłocka / Fabian Lampart / Thomas Schmidt (Hg.): Engagierte Literatur in Wendezeiten. Würzburg 2003, S. 9–31.

Huntemann, Willi: „Unengagiertes Engagement" – zum Strukturwandel des literarischen Engagements nach der Wende. In: Willi Huntemann / Małgorzata Klentak-Zabłocka / Fabian Lampart / Thomas Schmidt (Hg.): Engagierte Literatur in Wendezeiten. Würzburg 2003, S. 33–48.

Hutcheon, Linda: A Poetics of Postmodernism. History, Theory, Fiction. London / New York 1988.
Hutcheon, Linda: Literature Meets History: Counter-Discoursive "Comix". In: Anglia. Zeitschrift für Englische Philologie 117 (1999), S. 4–14.
Illouz, Eva: Warum Liebe wehtut. Eine soziologische Erklärung. Berlin 2011.
Irsigler, Ingo: World Gone Wrong. Christian Krachts alternativhistorische Antiutopie *Ich werde hier sein im Sonnenschein und im Schatten*. In: Hans-Edwin Friedrich (Hg.): Der historische Roman. Erkundung einer populären Gattung. Frankfurt a. M. 2013, S. 171–186.
Jackson, Rosemary: Fantasy: The Literature of Subversion. London / New York 1981.
Jacquelin, Evelyne: Einleitung. In: Marie-Thérèse Moury / Evelyne Jacquelin (Hg.): Phantastik und Gesellschaftskritik im deutschen, niederländischen und nordischen Kulturraum / Fantastique et approches critiques de la société. Espaces germanique, néerlandophone et nordique. Heidelberg 2018, XI–XVIII.
Jahraus, Oliver: Ästhetischer Fundamentalismus. Christian Krachts radikale Erzählexperimente. In: Johannes Birgfeld / Claude D. Conter (Hg.): Christian Kracht. Zu Leben und Werk. Köln 2009, S. 13–23.
Jahraus, Oliver: Die Kontextualität des Textes. In: Journal of Literary Theory. 8/1 (2014), S. 140–157.
Jahraus, Oliver: Die Radnarbe des Faschismus. *Finsterworld* – ein deutsches bürgerliches Trauerspiel im Film. In: Frauke Finsterwalder / Christian Kracht: Finsterworld. Frankfurt a. M. 2013, S. 185–197.
Jannidis, Fotis u. a. (Hg.): Rückkehr des Autors. Zur Erneuerung eines umstrittenen Begriffs. Tübingen 1999.
Jannidis, Fotis: Figur und Person. Beiträge zu einer historischen Narratologie. Berlin / New York 2004.
Jerouschek, Günter / Wolfgang Behringer: „Das unheilvollste Buch der Weltliteratur"? Zur Entstehungs- und Wirkungsgeschichte des Malleus Maleficarum und zu den Anfängen der Hexenverfolgung. In: Heinrich Kramer (Institoris): Der Hexenhammer: Malleus Maleficarum. Kommentierte Neuübersetzung. München 2000, S. 9–98.
Jessen, Jens: Für Hitler wird nicht gebremst. Ein Video parodiert die neue Fahrhilfe von Mercedes Benz. In: Die Zeit, 29.08.2013.
Joffe, Josef: Mon dieu, Michel. Houellebecq fantasiert über die Islamisierung Frankreichs. In: Die Zeit, 15.01.2015.
Johannsen, Anja: To pimp our minds sachwärts. Ein Plädoyer für eine praxeologische Gegenwartsliteraturwissenschaft. In: Hermann Korte (Hg.): Zukunft der Literatur. Text + Kritik Sonderband. München 2013, S. 179–186.
John-Wenndorf, Carolin: Der öffentliche Autor. Über die Selbstinszenierung von Schriftstellern. Bielefeld 2014.
Jordan, Joachim: Christian Kracht und das Schreiben wie im Comic. Zur Ästhetik der Lücke in *Ich werde hier sein im Sonnenschein und im Schatten*. In: Matthias N. Lorenz / Christine Riniker (Hg.): Christian Kracht revisited. Irritation und Rezeption. Berlin 2018, S. 181–203.
Kablitz, Andreas: Erzählung und Beschreibung. Überlegungen zu einem Merkmal fiktionaler erzählender Texte. In: Romanistisches Jahrbuch 23 (1982), S. 67–84.
Kablitz, Andreas: Kunst des Möglichen. Prolegomena zu einer Theorie der Fiktion. In: Poetica 35 (2003), S. 251–273.
Kablitz, Andreas: Kunst des Möglichen. Theorie der Literatur. Freiburg i. Brsg. 2013.

Kablitz, Andreas: Theorie der Literatur und Kunst der Interpretation. Zu einigen Blindstellen literaturwissenschaftlicher Theoriebildung. In: Poetica 41/3-4 (2009), S. 219–231.
Kämmerlings, Richard: Das kurze Glück der Gegenwart. Deutschsprachige Literatur seit '89. Stuttgart 2011.
Kansteiner, Wulf: Modernist Holocaust Historiography. A Dialogue between Saul Friedländer and Hayden White. In: Dan Stone (Hg.): The Holocaust and Historical Methodology. New York 2012, S. 203–224.
Kant, Immanuel: Kritik der reinen Vernunft. Hg. v. Wilhelm Weischedel. Frankfurt a. M. 1974.
Kayser, Wolfgang: Das sprachliche Kunstwerk. Eine Einführung in die Literaturwissenschaft. Tübingen / Basel ^{20}1992.
Kellner, Douglas: From 9/11 to Terror War. The Dangers of the Bush Legacy. Lanham 2003.
Kemser, Dag: Neues Interesse an dokumentarischen Formen: *Unter Eis* von Falk Richter und *wir schlafen nicht* von Kathrin Röggla. In: Hans-Peter Bayerdörfer (Hg.): Vom Drama zum Theatertext? Zur Situation der Dramatik in Ländern Mitteleuropas. Tübingen 2007, S. 95–102.
Kerman, Judith B. / John Edgar Browning (Hg.): The Fantastic in Holocaust Literature and Film. Jefferson, North Carolina 2015.
Kessler, Florian: Lassen Sie mich durch, ich bin Arztsohn! In: Die Zeit, 23.01.2014.
Ketels, Inga: Der Einzug des Politischen in die Gegenwartsliteratur. Imaginierte Alternativen als Neuverhandlung von Möglichkeitsräumen bei Christian Kracht, Juli Zeh und Dorothee Elmiger. In: Gillian Pye / Sabina Strümper-Krobb (Hg.): Germanistik in Ireland 9. Special Issue: Imagining Alternatives: Utopias – Dystopias – Heterotopias. Konstanz 2014, S. 105–120.
Kindt, Tom: „Ein Zahnrad greift nicht mehr ins andere ... ". Zur Erzählstrategie und Wirkungskonzeption von Christian Krachts Roman *Imperium*. In: Matthias N. Lorenz / Christine Riniker (Hg.): Christian Kracht revisited. Irritation und Rezeption. Berlin 2018, S. 455–470.
Kinsley, Michael: Introduction. In: Ders.: Creative Capitalism. A Conversation with Bill Gates, Warren Buffet, and other Economic Leaders. New York 2008, S. 1–6.
Klauk, Tobias / Tilmann Köppe: Bausteine einer Theorie der Fiktionalität. In: Tilmann Köppe / Tobias Klauk (Hg.): Fiktionalität. Ein interdisziplinäres Handbuch. Berlin / Boston 2014, S. 3–31.
Klauk, Tobias: Thought Experiments and Literature. In: Dorothee Birke / Michael Butter / Tilmann Köppe (Hg.): Counterfactual Thinking – Counterfactual Writing. Berlin 2011, S. 30–44.
Klein, Christian / Matías Martínez: Wirklichkeitserzählungen. Felder, Formen und Funktionen nicht-literarischen Erzählens. In: Dies. (Hg.): Wirklichkeitserzählungen. Felder, Formen und Funktionen nicht-literarischen Erzählens. Stuttgart / Weimar 2009, S. 1–13.
Klein, Dieter: Engelhardt und Nolde. Zurück ins Paradies. In: Helmuth Steenken (Hg.): Die frühe Südsee. Lebensläufe aus dem „Paradies der Wilden". Oldenburg 1997, S. 112–135.
Klein, Dieter: Neuguinea als deutsches Utopia. August Engelhardt und sein Sonnenorden. In: Hermann Joseph Hiery (Hg.): Die deutsche Südsee 1884–1914. Ein Handbuch. Paderborn 2001, S. 450–458.
Kleinschmidt, Christoph (Hg.): Christian Kracht. Text + Kritik. München 2017.
Kleinschmidt, Christoph / Helge Malchow: Hermeneutik des Bruchs *oder* die Neuerfindung frühromantischer Poetik. Ein Gespräch. In: Christoph Kleinschmidt (Hg.): Christian Kracht. Text + Kritik. München 2017, S. 34–43.

Kleinschmidt, Christoph: Von Zerrspiegeln, Möbius-Schleifen und Ordnungen des Déjà-vu. Techniken des Erzählens in den Romanen Christian Krachts. In: Ders. (Hg.): Christian Kracht. Text + Kritik. München 2017, S. 44–53.

Klocke, Sonja E.: „Das Mittelalter ist keine Epoche. Mittelalter ist der Name der menschlichen Natur." Aufstörung, Verstörung und Entstörung in Juli Zehs „Corpus Delicti". In: Carsten Gansel / Norman Ächtler (Hg.): Das ‚Prinzip Störung' in den Geistes- und Sozialwissenschaften. Berlin / Boston 2013, S. 185–202.

Klose, Anne-Christine: „Die Zukunft ergibt sich aus der Vergangenheit." (Realitäts-)Effekte in aktueller zeitgeschichtlicher Jugendliteratur. In: Søren R. Fauth / Rolf Parr (Hg.): Neue Realismen in der Gegenwartsliteratur. Paderborn 2016, S. 165–180.

Knobloch, Hans-Jörg: Endzeitvisionen. Studien zur Literatur seit dem Beginn der Moderne. Würzburg 2008.

Knopf, Jan: Aufstieg und Fall der Stadt Mahagonny. In: Ders. (Hg.): Brecht-Handbuch in fünf Bänden. Bd. 1: Stücke. Stuttgart / Weimar 2001, S. 178–197.

Koellner, Sarah: Data, Love, and Bodies: The Value of Privacy in Juli Zeh's *Corpus Delicti*. In: Seminar. A Journal of Germanic Studies 52/4 (2016), S. 407–425.

Konrad, Eva-Maria: Counterfactual Literature as Thought Experiment. In: Falk Bornmüller / Johannes Franzen / Mathias Lessau (Hg.): Literature as Thought Experiment. Perspectives from Philosophy and Literary Studies. Paderborn 2019, S. 97–108.

Konrad, Eva-Maria: Literarische Gegenwelten. In: Heribert Tommek / Matteo Galli / Achim Geisenhanslüke (Hg.): Wendejahr 1995. Transformationen der deutschsprachigen Literatur. Berlin / Boston 2015, S. 218–234.

Konrad, Eva-Maria: Panfiktionalismus. In: Tilmann Köppe / Tobias Klauk (Hg.): Fiktionalität. Ein interdisziplinäres Handbuch. Berlin / Boston 2014, S. 235–254.

Köppe, Tilmann (Hg.): Literatur und Wissen. Theoretisch-methodische Zugänge. Berlin / New York 2011.

Köppe, Tilmann / Tobias Klauk (Hg.): Fiktionalität. Ein interdisziplinäres Handbuch. Berlin / Boston 2014.

Köppe, Tilmann: Die Institution Fiktionalität. In: Ders. / Tobias Klauk (Hg.): Fiktionalität. Ein interdisziplinäres Handbuch. Berlin / Boston 2014, S. 35–49.

Köppe, Tilmann: Wahrheit. In: Roland Borgards u. a. (Hg.): Literatur und Wissen. Ein interdisziplinäres Handbuch. Stuttgart u. a. 2013, S. 231–235.

Korman, Eva: Wer spricht? Zur ‚wackeligen' Sprechposition bei Kathrin Röggla. In: Iuditha Balint / Tanja Nusser / Rolf Parr (Hg.): Kathrin Röggla. München 2017, S. 124–142.

Kormann, Eva: Jelineks Tochter und das Medienspiel. Zu Kathrin Rögglas *wir schlafen nicht*. In: Ilse Nagelschmidt / Lea Müller-Dannhausen / Sandy Feldbacher (Hg.): Zwischen Inszenierung und Botschaft. Zur Literatur deutschsprachiger Autorinnen ab Ende des 20. Jahrhunderts. Berlin 2006, S. 229–245.

Kormann, Eva: Risiko Schreiben in der flüchtigen Moderne: Kathrin Rögglas Variante einer *littérature engagée*. In: Gegenwartsliteratur. Ein germanistisches Jahrbuch 14 (2015), S. 171–195.

Korte, Barbara / Sylvia Paletschek (Hg.): History Goes Pop. Zur Repräsentation von Geschichte in populären Medien und Genres. Bielefeld 2009.

Korthals, Holger: Spekulationen mit historischem Material. Überlegungen zur *alternate history*. In: Rüdiger Zymner (Hg.): Allgemeine Literaturwissenschaft – Grundfragen einer besonderen Disziplin. 2., durchgesehene Aufl. Berlin 2001, S. 157–169.

Koselleck, Reinhard: Die Verzeitlichung der Utopie. In: Wilhelm Voßkamp (Hg.): Utopieforschung. Interdisziplinäre Studien zur neuzeitlichen Utopie. 3 Bde. Stuttgart 1982. Bd. 3, S. 1–14.

Koselleck, Reinhart: Vergangene Zukunft. Zur Semantik geschichtlicher Zeiten. Frankfurt a. M. 1979.

Kranz, Isabel (Hg.): Was wäre wenn? Alternative Gegenwarten und Zukunftsprojektionen um 1914. Paderborn 2014.

Krekeler, Elmar: Leif Randt verschmilzt Utopia und Prenzlauer Berg. In: Berliner Morgenpost, 05.08.2011.

Kreknin, Innokentij: Selbstreferenz und die Struktur des Unbehagens der ‚Methode Kracht'. In: Matthias N. Lorenz / Christine Riniker (Hg.): Christian Kracht revisited. Irritation und Rezeption. Berlin 2018, S. 35–69.

Kreuzer, Stefanie / Maren Bonacker: Deutschsprachige Phantastik. In: Hans Richard Brittnacher / Markus May (Hg.): Phantastik. Ein interdisziplinäres Handbuch. Stuttgart 2013, S. 170–177.

Kroll, Joe Paul: Der Ritter der Kokosnuss. In: CULTurMAG, 29.02.2012.

Krumrey, Birgitta / Ingo Vogler / Katharina Derlin: Realitätseffekte in der deutschsprachigen Gegenwartsliteratur. Einleitung. In: Dies. (Hg.): Realitätseffekte in der deutschsprachigen Gegenwartsliteratur. Schreibweisen nach der Postmoderne? Heidelberg 2014, S. 9–19.

Kubitschek, Götz: Schöne Literatur – Leif Randts „Schimmernder Dunst über Coby County", 28.02.2013. Quelle: https://sezession.de/36700/schone-literatur-leif-randts-schimmernder-dunst-uber-coby-county (Zugriff: 27. 07.2021).

Künne, Wolfgang: Abstrakte Gegenstände. Semantik und Ontologie. Frankfurt a. M. 1983.

Künne, Wolfgang: Fiktion ohne fiktive Gegenstände: Prolegomenon zu einer Fregeanischen Theorie der Fiktion. In: Johannes L. Brandl / Alexander Hieke / Peter M. Simons (Hg.): Metaphysik. Neue Zugänge zu alten Fragen. Sankt Augustin 1995, S. 141–161.

Kupczynska, Kalina: Hinhören, weghören, aufhören. Mediale und diskursive Bewegungen in *Die Alarmbereiten* von Kathrin Röggla. In: Arnulf Knafl (Hg.): Reise und Raum. Ortsbestimmungen der österreichischen Literatur. Wien 2014, S. 160–172.

Lachmann, Renate: Erzählte Phantastik. Zur Phantasiegeschichte und Semantik phantastischer Texte. Frankfurt a. M. 2002.

Lamarque, Peter / Stein Haugom Olsen: Truth, Fiction, and Literature. A Philosophical Perspective. Oxford 1994.

Lamarque, Peter: Fictional Points of View. Ithaca / London 1996.

Lambrecht, Tobias: Is the 'return of the narrative' the departure from postmodernism? Christian Kracht's parahistorical novel *Imperium* between realist and postmodernist storytelling techniques. In: Sabine van Wesemael / Suze van der Poll (Hg.): The Return of the Narrative: the Call for the Novel / La retour à la narration: le désir du roman. Frankfurt a. M. 2015, S. 101–120.

Lämmert, Eberhard: Bauformen des Erzählens. Stuttgart 1955.

Lampart, Fabian: Historischer Roman. In: Dieter Lamping (Hg.): Handbuch der literarischen Gattungen. Stuttgart 2009, S. 360–369.

Lavocat, Françoise: Kontrafaktische Narrative in Geschichte und Fiktion. In: Johannes Franzen u. a. (Hg.): Geschichte der Fiktionalität. Diachrone Perspektiven auf ein kulturelles Konzept. Baden-Baden 2018, S. 253–267.

Layh, Susanna: Finstere neue Welten. Gattungsparadigmatische Transformationen der literarischen Utopie und Dystopie. Würzburg 2014.

Le Roy, Frederik u. a.: Introduction. In: Dies. (Hg.): Tickle your Catastrophe! Imagining Catastrophe in Art, Architecture and Philosophy. Gent 2011, S. 1–9.
Leine, Torsten W.: Magischer Realismus als Verfahren der späten Moderne. Paradoxien einer Poetik der Mitte. Berlin / Boston 2018.
Lewandowski, Sonja: Wi(e)der eine Grammatik der Ausnahme. Kathrin Röggias *die alarmbereiten*. In: Iuditha Balint / Tanja Nusser / Rolf Parr (Hg.): Kathrin Röggla. München 2017, S. 54–76.
Lewis, David: Counterfactuals. Oxford 1973.
Lewis, David: Truth in Fiction. In: American Philosophical Quarterly 15/1 (1979), S. 37–46.
Link, Jürgen: ‚Wiederkehr des Realismus' – aber welches? Mit besonderem Bezug auf Jonathan Littell. In: kulturRevolution. zeitschrift für angewandte diskurstheorie 54 (2008), S. 6–21.
Link, Jürgen: Versuch über den Normalismus. Wie Normalität produziert wird. 3., ergänzte, überarbeitete und neu gestaltete Aufl. Göttingen 2006.
Link, Maximilian: Wortlose Kulturen. Die Kommunikationskrise in Christian Krachts „Faserland" und Leif Randts „Leuchtspielhaus". In: Kritische Ausgabe 15/21 (2011), S. 69–72.
Löchel, Rolf: Die Zukunft ist weiblich. Quelle: https://literaturkritik.de/id/22558 (Zugriff: 27.07.2021).
Lorenz, Matthias N. / Christine Riniker (Hg.): Christian Kracht revisited. Irritation und Rezeption. Berlin 2018.
Lorenz, Matthias N.: Christian Kracht liest *Heart of Darkness*. Zur Funktion einer intertextuellen Bezugnahme. In: Ders. / Christine Riniker (Hg.): Christian Kracht revisited. Irritation und Rezeption. Berlin 2018, S. 421–453.
Lorenz, Matthias N.: Der freundliche Kannibale. Über den Provokationsgehalt der Figur „Christian Kracht". In: Merkur 11/68 (2014), S. 1022–1026.
Lubkoll, Christine / Manuel Illi / Anna Hampel (Hg.): Politische Literatur. Begriffe, Debatten, Aktualität. Stuttgart 2018.
Lubkoll, Christine / Manuel Illi / Anna Hampel: Politische Literatur. Begriffe, Debatten, Aktualität. Einleitung. In: Dies. (Hg.): Politische Literatur. Begriffe, Debatten, Aktualität. Stuttgart 2018, S. 1–10.
Lüdeker, Gerhard Jens: Die Rückgewinnung der Freiheit aus der Moderne: Zu den Möglichkeiten von Selbstkonstitution und Autonomie in Christian Krachts *Triptychon*. In: Text & Kontext 34 (2012), S. 35–62.
Luhmann, Niklas: Das Kunstwerk und die Selbstproduktion der Kunst. In: Hans Ulrich Gumbrecht / Karl Ludwig Pfeiffer (Hg.): Stil. Geschichten und Funktionen eines kulturwissenschaftlichen Diskurselements. Frankfurt a. M. 1986, S. 640–672.
Luhmann, Niklas: Die Gesellschaft der Gesellschaft. Frankfurt a. M. 1997.
Luhmann, Niklas: Risiko und Gefahr. In: Ders.: Soziologische Aufklärung 5. Konstruktivistische Perspektiven. Opladen 1990, S. 131–169.
Lyotard, Jean-François: La condition postmoderne. Paris 1979.
Macho, Thomas / Annette Wunschel (Hg.): Science & Fiction. Über Gedankenexperimente in Wissenschaft, Philosophie und Literatur. Frankfurt a. M. 2004.
Malchow, Helge: Blaue Blume der Romantik. In: Der Spiegel, 18.02.2012.
Manuwald, Henrike: Der Drache als Herausforderung für Fiktionalitätstheorien. Mediävistische Überlegungen zur Historisierung von ‚Faktualität'. In: Johannes Franzen u. a. (Hg.): Geschichte der Fiktionalität. Diachrone Perspektiven auf ein kulturelles Konzept. Baden-Baden 2018, S. 65–82.

Marchart, Oliver: Die politische Differenz. Zum Denken des Politischen bei Nancy, Lefort, Badiou, Laclau und Agamben. Berlin 2010.
Martínez, Matías / Michael Scheffel: Einführung in die Erzähltheorie. 9., erweiterte und aktualisierte Aufl. München 2012.
Martínez, Matías: Was ist Erzählen? In: Ders. (Hg.): Erzählen. Ein interdisziplinäres Handbuch. Stuttgart 2017, S. 2–6.
Martus, Steffen / Carlos Spoerhase: Praxeologie in der Literaturwissenschaft. In: Geschichte der Germanistik. Mitteilungen 35/36 (2009), S. 89–96.
Martus, Steffen: Wandernde Praktiken „after theory"? Praxeologische Perspektiven auf „Literatur/Wissenschaft". In: Internationales Archiv für Sozialgeschichte der deutschen Literatur 40/1 (2015), S. 177–195.
Marx, Friedhelm / Julia Schöll: Literarische Ausnahmezustände. Eine Einleitung. In: Dies. (Hg.): Literatur im Ausnahmezustand. Beiträge zum Werk Kathrin Rögglas. Würzburg 2019, S. 7–17.
Marx, Karl / Friedrich Engels: Das Kommunistische Manifest. Mit einer Einleitung von Eric Hobsbawm. Hamburg 1999.
Marx, Karl: Der achtzehnte Brumaire des Louis Bonaparte. Hamburg ^{2}1869.
Marx, Karl: Grundrisse der Kritik der politischen Ökonomie. Rohentwurf 1857–1858. Berlin 1953.
May, Markus: Die Wiederkehr der Dinge. Phantastik als Diskurskritik der Moderne. In: Marie-Thérèse Moury / Evelyne Jacquelin (Hg.): Phantastik und Gesellschaftskritik im deutschen, niederländischen und nordischen Kulturraum / Fantastique et approches critiques de la société. Espaces germanique, néerlandophone et nordique. Heidelberg 2018, S. 27–44.
McCalmont, Virginia / Waltraud Maierhofer: Juli Zeh's *Corpus Delicti* (2009): Health Care, Terrorists, and the Return of the Political Message. In: Monatshefte 104/3 (2012), S. 375–392.
McHale, Brian: Postmodernist Fiction. London / New York 1987.
McKnight Jr., Edgar Vernon: Alternative History. The Development of a Literary Genre. Chapel Hill 1994.
Meis, Verena: „Und ich denke mich auch brav in den Parasiten hinein". Parasitäre Bewegungen bei Kathrin Röggla. In: Textpraxis 15/1 (2018). Quelle: http://www.unimuenster.de/textpraxis/verena-meis-parasitaere-bewegungen-bei-kathrin-roeggla (Zugriff: 27.07.2021).
Menke, André: Die Popliteratur nach ihrem Ende. Zur Prosa Meineckes, Schamonis, Krachts in den 2000er Jahren. Bochum 2010.
Mergenthaler, Volker: „Lineare Abfolge" und „Gleichzeitigkeit der Darstellung". Die Veröffentlichung von Christian Krachts *Ich werde hier sein im Sonnenschein und im Schatten* im Spätsommer 2008. In: Matthias N. Lorenz / Christine Riniker (Hg.): Christian Kracht revisited. Irritation und Rezeption. Berlin 2018, S. 331–359.
Meyer, Stephan: Die anti-utopische Tradition. Eine ideen- und problemgeschichtliche Darstellung. Frankfurt a. M. 2001.
Meyer, Urs: Metapher – Allegorie – Symbol. In: Thomas Anz (Hg.): Handbuch Literaturwissenschaft. Bd. 1: Gegenstände und Grundbegriffe. Stuttgart 2007, S. 105–110.
Miller, Nikolaus: Prolegomena zu einer Poetik der Dokumentarliteratur. München 1982.
Morgenroth, Claas: Erinnerungspolitik und Gegenwartsliteratur: Das unbesetzte Gebiet – The Church of John F. Kennedy – Really ground zero – Der Vorleser. Berlin 2014.
Moros, Zofia: Nihilistische Gedankenexperimente in der deutschen Literatur von Jean Paul bis Georg Büchner. Frankfurt a. M. u. a. 2007.

Moser, Natalie: Echtzeit-Fiktion. Zur Funktion des Protokolls und der Übung in Kathrin Rögglas *die zuseher* (2010). In: Iuditha Balint / Tanja Nusser / Rolf Parr (Hg.): Kathrin Röggla. München 2017, S. 161–180.

Mouffe, Chantal: Introduction: Schmitt's Challenge. In: Dies. (Hg.): The Challenge of Carl Schmitt. London / New York 1999, S. 1–6.

Mouffe, Chantal: Über das Politische. Wider die kosmopolitische Illusion. Frankfurt a. M. 2007.

Müller-Dietz, Heinz: Strafrecht im Zukunftsstaat? Zur negativen Utopie in Juli Zehs Roman „Corpus Delicti". In: Claudius Geisler u. a. (Hg.): Festschrift für Klaus Geppert zum 70. Geburtstag am 10. März 2011. Berlin / New York 2011, S. 423–439.

Müller, Klaus-Detlef: Bertolt Brecht. Epoche – Werk – Wirkung. München 2009.

Müller, Klaus-Detlef: Episches Theater. In: Klaus Weimar (Hg.): Reallexikon der deutschen Literaturwissenschaft. Bd. I. Berlin 1997, S. 468–471.

Müller, Toni: Entdeckung und Verwandlung. Entwürfe der Gegenwart in den Romanen *Im Stein* von Clemens Meyer und *Schimmernder Dunst über CobyCounty* von Leif Randt. In: Haimo Stiemer / Dominic Büker / Esteban Sanchino Martinez (Hg.): Social Turn? Das Soziale in der gegenwärtigen Literatur(-wissenschaft). Weilerswirst 2017, S. 79–92.

Munroe, Randall: what if? War wäre wenn? Wirklich wissenschaftliche Antworten auf absurde hypothetische Fragen. München 2014.

Navratil, Michael: „Auf einmal mochten wir Günter Grass wieder." Die Wiedergewinnung des Politischen in Daniel Kehlmanns jüngeren Texten. In: Fabian Lampart / Michael Navratil / Iuditha Balint / Natalie Moser / Anna-Marie Humbert (Hg.): Daniel Kehlmann und die Gegenwartsliteratur. Dialogische Poetik, Werkpolitik und Populäres Schreiben. Berlin / Boston 2020, S. 251–280.

Navratil, Michael: Bewegung und Architektur in Kafkas Roman „Der Verschollene". In: Gerhard Neumann / Julia Weber (Hg.): Lebens- und Liebesarchitekturen. Erzählen am Leitfaden der Architektur. Freiburg i. Brsg. / Berlin / Wien 2016, S. 363–383.

Navratil, Michael: Die doppelte Autorität der Autoren zwischen Fiktionalität und Faktualität. Die Causa Robert Menasse und Juli Zehs Dystopien. In: Vera Podskalsky / Deborah Wolf (Hg.): Prekäre Fakten, umstrittene Fiktionen. Fake News, Verschwörungstheorien und ihre kulturelle Aushandlung. Philologie im Netz Beiheft 25/2021, S. 163–188, URL: http://web.fu-berlin.de/phin/beiheft25/b25t07.pdf (Zugriff: 27.07.2021).

Navratil, Michael: Die reale Künstlichkeit des Glücks. Rezension zu Leif Randt: Allegro Pastell. In: literaturkritik.de 3 (2020). Quelle: https://literaturkritik.de/randt-allegro-pastell,26570.html (Zugriff: 27.07.2021).

Navratil, Michael: Einspruch ohne Abbildung. Zur doppelten Diskursivität von Kathrin Rögglas Dokumentarismus. In: Iuditha Balint / Tanja Nusser / Rolf Parr (Hg.): Kathrin Röggla. München 2017, S. 143–160.

Navratil, Michael: Faserglück. Ungute Happy Ends im Spielfilm *Finsterworld* und Christian Krachts Poetik des Selbstverweises. In: Wirkendes Wort 68/3 (2018), S. 425–445.

Navratil, Michael: Jenseits des politischen Realismus. Kontrafaktik als Verfahren politischen Schreibens in der Gegenwartsliteratur (Juli Zeh, Michel Houellebecq). In: Stefan Neuhaus / Immanuel Nover (Hg.): Das Politische in der Literatur der Gegenwart. Berlin / Boston 2019, S. 359–375.

Navratil, Michael: Lying in Counterfactual Fiction. On the Critical Function of Metafactuality. In: Monika Fludernik / Stephan Packard (Hg.): Being Untruthful. Lies, Fictionality and Related Nonfactualities (in Vorbereitung).

Navratil, Michael: Rezension zu: Søren R. Fauth / Rolf Parr (Hg.): Neue Realismen in der Gegenwartsliteratur. Paderborn 2016. In: Komparatistik. Jahrbuch der Deutschen Gesellschaft für Allgemeine und Vergleichende Literaturwissenschaft 2017. Bielefeld 2018, S. 288–294.

Navratil, Michael: Sprach- und Weltalternativen: Mehrsprachigkeit als Ideologiekritik in kontrafaktischen Werken von Quentin Tarantino und Christian Kracht. In: Marko Pajević (Hg.): Mehrsprachigkeit und das Politische. Interferenzen in zeitgenössischer deutschsprachiger und baltischer Literatur. Tübingen 2020, S. 267–285.

Nedelkovich, Aleksandar B.: British and American Science Fiction Novel 1950–1980 with the Theme of Alternate History. Diss. Univ. of Belgrade 1994.

Neitzel, Sönke: Was wäre wenn ...? – Gedanken zur kontrafaktischen Geschichtsschreibung. In: Thomas Stamm-Kuhlmann u. a. (Hg.): Geschichtsbilder. Festschrift für Michael Salewski zum 65. Geburtstag. Stuttgart 2003, S. 312–322.

Neuhaus, Stefan / Immanuel Nover (Hg.): Das Politische in der Literatur der Gegenwart. Berlin / Boston 2019.

Neuhaus, Stefan / Immanuel Nover: Einleitung: Aushandlungen des Politischen in der Gegenwartsliteratur. In: Dies. (Hg.): Das Politische in der Literatur der Gegenwart. Berlin / Boston 2019, S. 3–16.

Neuhaus, Stefan: Konsequenzen der Biopolitik: Zum Verhältnis von Subjekt und Umwelt in literarischen Dystopien. In: Martin Hellström / Linda Karlsson Hammarfelt / Edgar Platen (Hg.): Umwelt – sozial, kulturell, ökologisch. Zur Darstellung von Zeitgeschichte in deutschsprachiger Gegenwartsliteratur (IX). München 2016, S. 109–130.

Nicolosi, Riccardo / Brigitte Obermayr / Nina Weller (Hg.): Interventionen in die Zeit. Kontrafaktisches Erzählen und Erinnerungskultur. Paderborn 2019.

Nicolosi, Riccardo / Brigitte Obermayr / Nina Weller: Kontrafaktische Interventionen in die Zeit und ihre erinnerungskulturelle Funktion. Einleitung. In: Dies. (Hg.): Interventionen in die Zeit. Kontrafaktisches Erzählen und Erinnerungskultur. Paderborn 2019, S. 1–15.

Nicolosi, Riccardo: Kontrafaktische Überbevölkerungsphantasien. Gedankenexperimente zwischen Wissenschaft und Literatur am Beispiel von Thomas Malthus' *An Essay on the Principle of Population* (1798) und Vladimir Odoevskijs *Poslednee samoubijstvo* (*Der letzte Selbstmord*, 1844). In: Scientia Poetica 17/1 (2013), S. 50–75.

Nieberding, Mareike: Leif Randt: Die Obstkorbsprache unserer Gesellschaft. In: Zeit online, 15.09.2011. Quelle: https://www.zeit.de/kultur/literatur/2011-09/leif-randt-roman/komplettansicht (Zugriff: 27. 07.2021).

Niefanger, Dirk: Provokative Posen. Zur Autorinszenierung in der deutschen Popliteratur. In: Johannes G. Pankau (Hg.): Pop – Pop – Populär. Popliteratur und Jugendkultur. Bremen / Oldenburg 2004, S. 85–101.

Niefanger, Dirk: Realitätsreferenz im Gegenwartsroman. Überlegungen zu ihrer Systematisierung. In: Birgitta Krumrey / Ingo Vogler / Katharina Derlin (Hg.): Realitätseffekte in der deutschsprachigen Gegenwartsliteratur. Schreibweisen nach der Postmoderne? Heidelberg 2014, S. 35–62.

Noé, Eli: Mapping the Present Through Catastrophe. On Philip K. Dick, Science Fiction and the Critique of Ideology. In: Frederik Le Roy u. a. (Hg.): Tickle your Catastrophe! Imagining Catastrophe in Art, Architecture and Philosophy. Gent 2011, S. 85–94.

Noltensmeier, Ralf / Günther Massenkeil (Begr.): Das neue Lexikon der Musik in vier Bänden (Metzler Musik), Bd. 2. Stuttgart / Weimar 1996.

Noltze, Holger: Klettern im Kontrollgebirge. Ohne Auszeit: Kathrin Röggla nimmt die Wirtschaft zu Protokoll. In: Frankfurter Allgemeine Zeitung, 07.04.2004.
Nover, Immanuel: Der disziplinierte Körper. Ethik, Prävention und Terror in Juli Zehs *Corpus Delicti. Ein Prozess*. In: Kritische Ausgabe 17/24 (2013), S. 79–84.
Nover, Immanuel: Diskurse des Extremen. Autorschaft als Skandal. In: Christoph Kleinschmidt (Hg.): Christian Kracht. Text + Kritik. München 2017, S. 24–33.
Nover, Immanuel: Postpolitische Stagnation. Leif Randts *Planet Magnon*. In: Wirkendes Wort 66/3 (2016), S. 447–459.
Nover, Immanuel: Referenzbegehren. Sprache und Gewalt bei Bret Easton Ellis und Christian Kracht. Köln / Weimar / Wien 2012.
Nünning, Ansgar: „Beyond the Great Story": Der postmoderne historische Roman als Medium revisionistischer Geschichtsdarstellung, kultureller Erinnerung und metahistoriografischer Reflexion. In: Anglia. Zeitschrift für Englische Philologie 117 (1999), S. 15–48.
Nünning, Ansgar: Von historischer Fiktion zu historiographischer Metafiktion. 2 Bde. Trier 1995.
Nusser, Tanja: „Realismus beginnt eigentlich immer, und das von allen Seiten, er ist eine permanente Aufforderung". Über Kathrin Rögglas Texte. In: Søren R. Fauth / Rolf Parr (Hg.): Neue Realismen in der Gegenwartsliteratur. Paderborn 2016, S. 213–225.
Odendahl, Johannes: Die Kunst des Möglichen. Über den Wirklichkeitsbezug phantastischer Literatur. In: Wirkendes Wort 65/2 (2015), S. 261–279.
Packard, Stephan: Anatomie des Comics. Psychosemiotische Medienanalyse. Göttingen 2006.
Palberg, Kyra: „short sleeping, quick eating". Produktivität und Sprechen bei Kathrin Röggla. In: Iuditha Balint / Tanja Nusser / Rolf Parr (Hg.): Kathrin Röggla. München 2017, S. 278–297.
Parsons, Terence: Nonexistent Objects. New Haven / London 1980.
Paß, Manuel: Rögglas Gespenster. Das ‚Gespenstische' als Reflexionsfigur in Kathrin Rögglas *Normalverdiener*. In: Friedhelm Marx / Julia Schöll (Hg.): Literatur im Ausnahmezustand. Beiträge zum Werk Kathrin Rögglas. Würzburg 2019, S. 123–140.
Pavel, Thomas G.: Fictional Worlds. Cambridge (Mass.) / London 1986.
Pawłowski, Tadeusz: Begriffsbildung und Definition. Berlin / New York 1980.
Peitsch, Helmut: ‚Vereinigungsfolgen'. Strategien zur Delegitimierung von Engagement in Literatur und Literaturwissenschaft der neunziger Jahre. In: Weimarer Beiträge 3/47 (2001), S. 325–351.
Peitsch, Helmut: Die Gruppe 47 und das Konzept des Engagements. In: Stuart Parkes / John J. White (Hg.): The Gruppe 47 Fifty Years On. A Re-Appraisal of its Literary and Policital Significance. Amsterdam / Atlanta 1999, S. 25–51.
Peitsch, Helmut: Engagement/Tendenz/Parteilichkeit. In: Karlheinz Barck u. a. (Hg.): Ästhetische Grundbegriff. Historisches Wörterbuch in sieben Bänden. Bd. 2. Stuttgart 2001, S. 178–223.
Peitsch, Helmut: Zur Rolle des Konzepts ‚Engagement' in der Literatur der 90er Jahre: „ein gemeindeutscher Ekel gegenüber der ‚engagierten Literatur'"? In: Gerhard Fischer / David Roberts (Hg.): Schreiben nach der Wende. Ein Jahrzehnt deutscher Literatur, 1989–1999. Tübingen 2001, S. 41–48.
Pereira, Valéria Sabrina: Utopia ou distopia? A ansiedade e o vazio em *Schimmernder Dunst über CobyCounty* de Leif Randt. In: Pandaemonium Germanicum 23 (2014), S. 50–67.
Peschke, Hans-Peter von: Was wäre wenn. Darmstadt 2014.

Pfaller, Robert: Das schmutzige Heilige und die reine Vernunft. Symptome der Gegenwartskultur. Frankfurt a. M. 2008, S. 251-272.

Pfaller, Robert: Wofür es sich zu leben lohnt. Frankfurt a. M. 2011.

Pfaller, Robert: Zweite Welten. Und andere Lebenselixiere. Frankfurt a. M. 2012.

Platthaus, Andreas: Christian Krachts *Imperium*. Finden Sie die Unterschiede? In: Frankfurter Allgemeine Zeitung, 07.03.2012.

Politycki, Matthias u. a.: Was soll der Roman? In: Die Zeit, 23.06.2005.

Politycki, Matthias: Neue Äusserlichkeit. In: Ders.: Die Farbe der Vokale. Von der Literatur, den 78ern und dem Gequake satter Frösche. München 1998, S. 5–10.

Pordzik, Ralph: Wenn die Ironie wild wird, oder: *lesen lernen*. Strukturen parasitärer Ironie in Christian Krachts „Imperium". In: Zeitschrift für Germanistik NF XXIII/3 (2013), S. 574–591.

Prechtl, Peter / Franz-Peter Burkard (Hg.): Metzler Lexikon Philosophie. Begriffe und Definitionen. 3., erweiterte und aktualisierte Aufl. Stuttgart 2008.

Preece, Julian: The Soothing Pleasures of Literary Tradition: Christian Kracht's *Imperium* as an Allegory of a Redeemed Germany. In: Ders. (Hg.): Re-forming the nation in literature and film: the patriotic idea in contemporary German-language culture / Entwürfe zur Nation in Literatur und Film: die patriotische Idee in der deutschsprachigen Kultur der Gegenwart. Bern 2014, S. 117–135.

Preisendanz, Wolfang: Die geschichtliche Ambivalenz narrativer Phantastik in der Romantik. In: Athenäum. Jahrbuch für Romantik 2 (1992), S. 117–129.

Preußer, Heinz-Peter: Gewalt und Überwachung. Juli Zehs apokalyptisches Pandämonium der Jetztzeit und ihre düstere Prognose der ‚Selbstoptimierung' in *Corpus Delicti*. In: Olaf Briese / Richard Faber / Madleen Podewski (Hg.): Aktualität des Apokalyptischen. Zwischen Kulturkritik und Kulturversprechen. Würzburg 2015, S. 163–185.

Putnam, Hilary: Brain in a Vat. In: Ders.: Reason, Truth and History. Cambridge 1981, S. 1–21.

Putnam, Hilary: The meaning of 'meaning'. In: Ders.: Mind, Language and Reality. Philosophical Papers Vol. 2. Cambridge 1975, S. 215–271.

Ramponi, Patrick / Saskia Wiedner: Dichter und Lenker, Literatur und Herrschaft. Eine kulturkritische und methodologische Hinführung. In: Dies. (Hg.): Dichter und Lenker. Die Literatur der Staatsmänner, Päpste und Despoten von der Frühen Neuzeit bis in die Gegenwart. Tübingen 2014, S. 9–31.

Rancière, Jacques: Das Unvernehmen. Frankfurt a. M. 2002.

Rancière, Jacques: Die Aufteilung des Sinnlichen. Die Politik der Kunst und ihre Paradoxien. 2., durchgesehene Aufl. Berlin 2008.

Rancière, Jacques: Politik der Literatur. 2., überarbeitete Aufl. Wien 2011.

Rancière, Jacques: Zehn Thesen zur Politik. Zürich / Berlin 2008.

Ranke, Leopold: Deutsche Geschichte im Zeitalter der Reformation. Bd. 2. Berlin 1839.

Ranke, Leopold: Geschichten der romanischen und germanischen Völker von 1494 bis 1535. Leipzig / Berlin 1824.

Raulet, Gerard: Singuläre Geschichten und pluralische Ratio. In: Jacques Le Rider / Gérard Raulet (Hg.): Verabschiedung der (Post-)Moderne. Eine interdisziplinäre Debatte. Tübingen 1987, S. 275–292.

Reckwitz, Andreas: Die Erfindung der Kreativität. Zum Prozess gesellschaftlicher Ästhetisierung. Berlin 2012.

Rhein, Johannes / Julia Schumacher / Lea Wohl von Haselberg (Hg.): Schlechtes Gedächtnis? Kontrafaktische Darstellungen des Nationalsozialismus in alten und neuen Medien. Berlin 2019.

Rhein, Johannes / Julia Schumacher / Lea Wohl von Haselberg (Hg.): Einleitung. In: Dies. (Hg.): Schlechtes Gedächtnis? Kontrafaktische Darstellungen des Nationalsozialismus in alten und neuen Medien. Berlin 2019, S. 7–48.

Ricœur, Paul: Die Metapher und das Hauptproblem der Hermeneutik. In: Ders.: Vom Text zur Person. Hermeneutische Aufsätze (1970–1999). Hamburg 2005, S. 109–134.

Ritter, Hermann: Kontrafaktische Geschichte. Unterhaltung versus Erkenntnis. In: Michael Salewski (Hg.): Was Wäre Wenn. Alternativ- und Parallelgeschichte. Brücken zwischen Phantasie und Wirklichkeit. Stuttgart 1999, S. 13–42.

Robnik, Drehli: Scalping Colonel Landa so that none shall escape. Kontrafaktik, jüdische Agency und ihr politisches Potenzial im Postfaschismus bei Spielberg und Tarantino. In: Johannes Rhein / Julia Schumacher / Lea Wohl von Haselberg (Hg.): Schlechtes Gedächtnis? Kontrafaktische Darstellungen des Nationalsozialismus in alten und neuen Medien. Berlin 2019, S. 83–104.

Rodiek, Christoph: Erfundene Vergangenheit. Kontrafaktische Geschichtsdarstellung (Uchronie) in der Literatur. Frankfurt a. M. 1997.

Rodiek, Christoph: Prolegomena zu einer Poetik des Kontrafaktischen. In: Poetica. Zeitschrift für Sprach- und Literaturwissenschaft 3/4, 25 (1993), S. 262–281.

Roese, Neal J. / James M. Olson (Hg.): What Might Have Been. The Social Psychology of Counterfactual Thinking. Mahwah, New Jersey 1995.

Roese, Neal J. / James M. Olson: Preface. In: Dies. (Hg.): What Might Have Been. The Social Psychology of Counterfactual Thinking. Mahwah, New Jersey 1995, vii–xi.

Roese, Neal J. / Mike Morrison: The Psychology of Counterfactual Thinking. In: Roland Wenzlhuemer (Hg.): Counterfactual Thinking as a Scientific Method. Special Issue: Historical Social Research 34/2 (2009), S. 16–26.

Röhnert, Jan: „Gleichzeitig unkonzentriert, aber auch bereit, sich irgendwo zu fixieren." Gegenwartsdiskurse in der deutschsprachigen Gegenwartsliteratur. In: Valentina Di Rosa / Jan Röhnert (Hg.): Im Hier und Jetzt. Konstellationen der Gegenwart in der deutschsprachigen Literatur seit 2000. Köln 2019, S. 13–21.

Röhrs, Steffen: Körper als Geschichte(n). Geschichtsreflexionen und Körperdarstellungen in der deutschsprachigen Erzählliteratur (1981–2012). Würzburg 2016.

Roper, Lyndal: Hexenwahn. Geschichte einer Verfolgung. München 2007.

Rosa, Hartmut: Resonanz. Eine Soziologie der Weltbeziehung. Berlin 2016.

Rösch, Gertrud Maria: Clavis Scientiae. Studien zum Verhältnis von Faktizität und Fiktionalität am Fall der Schlüsselliteratur. Tübingen 2004.

Rosenfeld, Gabriel D. (Hg.): What Ifs of Jewish History. From Abraham to Zionism. Cambridge 2016.

Rosenfeld, Gavriel D.: Hi Hitler! How the Nazi Past is Being Normalized in Contemporary Culture. Cambridge 2015.

Rosenfeld, Gavriel D.: Introduction: Counterfacutal History and the Jewish Imagination. In: Ders. (Hg.): What Ifs of Jewish History. From Abraham to Zionism. Cambridge 2016.

Rosenfeld, Gavriel D.: The World Hitler Never Made. Alternate History and the Memory of Nazism. Cambridge u. a. 2005.

Rottensteiner, Franz: Eine kurze Geschichte der Phantastischen Literatur. In: Peter Assmann (Hg.): Andererseits: Die Phantastik. Imaginäre Welten in Kunst und Alltagskultur. Wien 2003, S. 105–112.

Rubtsov, Vladimir: The Tunguska Mystery. Dordrecht u. a. 2009.

Ruf, Oliver: Christian Krachts New Journalism. Selbst-Poetik und ästhetizistische Schreibstruktur. In: Johannes Birgfeld / Claude D. Conter (Hg.): Christian Kracht. Zu Leben und Werk. Köln 2009, S. 44–60.
Rühling, Lutz: Fiktionalität und Poetizität. In: Heinz Ludwig Arnold / Heinrich Detering (Hg.): Grundzüge der Literaturwissenschaft. München 1996, S. 25–51.
Ruppelt, Georg: Zukunft von gestern. In: Heyne Science Fiction Magazin 11 (1984), S. 181–232.
Rüsen, Jörn: Einleitung: Utopie neu denken. Plädoyer für eine Kultur der Inspiration. In: Ders. / Michael Fehr / Annelie Ramsbrock (Hg.): Die Unruhe der Kultur. Potentiale des Utopischen. Weileswist 2004, S. 9–23.
Rutka, Anna: Zeitgenössische Gesellschaft und ihre Ängste. Zur sprachlichen Re-Inszenierung des Katastrophischen in Kathrin Rögglas Prosaband *die alarmbereiten*. In: Iwona Bartoszewicz / Marek Hałub / Tomasz Małyszek (Hg.): Kategorien und Konzepte. Wrocław 2014, S. 99–112.
Ryan, Marie-Laure: Fiction, Non-Factuals, and the Principle of Minimal Departure. In: Poetics 9 (1980), S. 403–422.
Ryan, Marie-Laure: Story/Worlds/Media. Tuning the Instruments of a Media-Conscious Narratology. In: Dies. / Jan-Noël Thon (Hg.): Storyworlds Across Media. Toward a Media-Conscious Narratology. Lincoln / London 2014, S. 25–49.
Ryan, Marie-Laure: Toward a definition of narrative. In: David Herman (Hg.): The Cambridge companion to narrative. Cambridge 2007, S. 22–35.
Ryan, Marie-Laure: Transfictionality Across Media. In: John Pier / José Ángel García Landa (Hg.): Theorizing Narrativity. Berlin 2008, S. 385–417.
Saint-Gelais, Richard: How To Do Things With Worlds: From Counterfactuality to Counterfictionality. In: Dorothee Birke / Michael Butter / Tilmann Köppe (Hg.): Counterfactual Thinking – Counterfactual Writing. Berlin 2011, S. 240–252.
Saint-Gelais, Richard: Transfictionality. In: David Herman / Manfred Jahn / Marie-Laure Ryan (Hg.): Routledge Encyclopedia of Narrative Theory. London / New York 2008, S. 612 f.
Salewski, Michael (Hg.): Was Wäre Wenn. Alternativ- und Parallelgeschichte. Brücken zwischen Phantasie und Wirklichkeit. Stuttgart 1999.
Sartre, Jean-Paul: ‚Aminadab' oder Das Phantastische als Ausdrucksweise betrachtet. In: Ders.: Situationen. Essays. Hamburg 1965, S. 143–156.
Sartre, Jean-Paul: Was ist Literatur? Reinbek bei Hamburg ^{6}2006.
Saße, Günter: Dokumentartheater. In: Klaus Weimar (Hg.): Reallexikon der deutschen Literaturwissenschaft. Band I. Berlin 1997, S. 385–388.
Saße, Günter: Faktizität und Fiktionalität. Literaturtheoretische Überlegungen am Beispiel des Dokumentartheaters. In: Wirkendes Wort 36/1 (1986), S. 15–26.
Sauerland, Karol: Einführung in die Ästhetik Adornos. Berlin / New York 1979 (Reprint 2019).
Schabert, Ina: In Quest of the Other Person. Fiction as Biography. Tübingen 1990.
Schaeffer, Jean-Marie: Pourquoi la fiction? Paris 1999.
Schaffrick, Matthias: In der Gesellschaft des Autors. Religiöse und politische Inszenierungen von Autorschaft. Heidelberg 2014.
Schaper, Benjamin: Poetik und Politik der Lesbarkeit in der deutschen Literatur. Heidelberg 2017.
Schenkel, Guido: Alternate History – Alternate Memory: Counterfactual Literature in the Context of German Normalization. Ph.D diss, University of British Columbia. Vancouver 2012.

Schilling, Erik: Der historische Roman seit der Postmoderne. Umberto Eco und die deutsche Literatur. Heidelberg 2012.
Schirrmacher, Frank: Abschied von der Literatur der Bundesrepublik. In: Frankfurter Allgemeine Zeitung, 02.10.1990.
Schirrmacher, Frank: Literatur und Politik. Eine Stimme fehlt. In: Frankfurter Allgemeine Zeitung, 18.03.2011.
Schirrmacher, Frank: Ungeheuerliche Neuigkeiten. Texte aus den Jahren 1990 bis 2014. München 2014, S. 271–281.
Schlaffer, Heinz: Die kurze Geschichte der deutschen Literatur. München / Wien 2002.
Schmidt, Christopher: Der Ritter der Kokosnuss. In: SZ, 16.02.2012.
Schmidt, Christopher: Die Erfindung der Realität. Über Juli Zehs Erstlingsstück *Corpus delicti*. In: Sprache im technischen Zeitalter 46/187 (2008), S. 263–269.
Schmidt, Thomas E.: Zwei Nerds spielen bürgerliches Schreiben. In: Die Zeit, 23.02.2012.
Schmitt, Carl: Der Begriff des Politischen. Hamburg 1933.
Schmitz-Emans, Monika: Gespenstische Rede. In: Moritz Baßler / Bettina Gruber / Martina Wagner-Egelhaaf (Hg.): Gespenster. Erscheinungen – Medien – Theorien. Würzburg 2005, S. 229–251.
Schmitz-Emans, Monika: Phantastische Literatur: Ein denkwürdiger Problemfall. In: Neohelicon XXII/2 (1995), S. 53–116.
Schölderle, Thomas: Geschichte der Utopie. 2., überarbeitete und aktualisierte Aufl. Weimar / Köln / Wien 2017.
Schöll, Julia: Dead or alive. Räume des Unheimlichen bei Kathrin Röggla. In: Friedhelm Marx / Julia Schöll (Hg.): Literatur im Ausnahmezustand. Beiträge zum Werk Kathrin Rögglas. Würzburg 2019, S. 107–121.
Schöll, Julia: Die Schweizer Matrix. Intertextuelle und intermediale Konstruktionen der Nation in Christian Krachts Roman *Ich werde hier sein im Sonnenschein und im Schatten*. In: Julian Preece (Hg.): Re-forming the Nation in Literature and Film. The Patriotic Idea in Contemporary German-Language Culture. Bern 2014, S. 289–307.
Schönfellner, Sabine: Die Perfektionierbarkeit des Menschen? Posthumanistische Entwürfe in Romanen von Juli Zeh, Kaspar Colling Nielsen und Margaret Atwood. Berlin 2018.
Schönfellner, Sabine: Erzählerische Distanzierung und scheinbare Zukünftigkeit. Die Auseinandersetzung mit biomedizinischer Normierung in Juli Zehs Romanen „Corpus Delicti" und „Leere Herzen". In: Zeitschrift für Germanistik NF 28/3 (2018), S. 540–554.
Schonfield, Ernest: Business Rhetoric in German Novels. From *Buddenbrooks* to the Global Corporation. New York 2018.
Schotte, Marcus / Maja Vorbeck-Heyn: Die Zukunft unserer Gesellschaft liegt in ihrer Vergangenheit. Zu Juli Zehs Roman *Corpus Delicti. Ein Prozess*. In: Literatur im Unterricht. Texte der Gegenwartsliteratur für die Schule 12/2 (2011), S. 111–131.
Schroth, Simone: "Bedrohung verlangt Wachsamkeit": Health and Healthcare as Instruments of Control in Two Recent Dystopias. In: Gillian Pye / Sabina Strümper-Krobb (Hg.): Germanistik in Ireland 9. Special Issue: Imagining Alternatives: Utopias – Dystopias – Heterotopias. Konstanz 2014, S. 121–133.
Schulz, Adrian: Kracht als Erscheinung. In: taz, 30.05.2018.
Schumacher, Eckhard: Die Ironie der Ambivalenz. Ästhetik und Politik bei Christian Kracht. In: Matthias N. Lorenz / Christine Riniker (Hg.): Christian Kracht revisited. Irritation und Rezeption. Berlin 2018, S. 17–33.

Schumacher, Eckhard: Differenz und Wiederholung. Christian Krachts *Imperium*. In: Hubert Winkels (Hg.): Christian Kracht trifft Wilhelm Raabe. Die Diskussion um *Imperium* und den Wilhelm Raabe-Literaturpreis 2012. Berlin 2013, S. 129–146.

Schumacher, Eckhard: Omnipräsentes Verschwinden. Christian Kracht im Netz. In: Johannes Birgfeld / Claude D. Conter (Hg.): Christian Kracht. Zu Leben und Werk. Köln 2009, S. 187–203.

Schumacher, Eckhard: Rezension zu: Thomas Ernst: Popliteratur. 2., unveränderte Aufl. Hamburg 2005. In: Arbitrium 24/3 (2007), S. 415–418.

Schütz, Erhard: Der kontaminierte Tagtraum. Alternativgeschichte und Geschichtsalternative. In: Ders. / Wolfgang Hardtwig (Hg.): Keiner kommt davon. Zeitgeschichte in der Literatur nach 1945. Göttingen 2008, S. 47–73.

Schütz, Erhard: Kunst, kein Nazikram. In: Der Freitag, 15.02.2012.

Schwarz, Monika: Kognitive Semantik – State of the Art und Quo vadis? In: Dies. (Hg.): Kognitive Semantik/Cognitive Semantics. Ergebnisse, Probleme, Perspektiven. Tübingen 1994, S. 9–24.

Schwarz, Thomas: Im Denotationsverbot? Christian Krachts Roman „Imperium" als Reise ans Ende der Ironie. In: Zeitschrift für Germanistik NF XXIV (2014), S. 123–142.

Searle, John R.: The Logical Status of Fictional Discourse. In: New Literary History 6/2 (1975), S. 319–332.

Seibel, Klaudia: "Read, friend, and enter!" Generic world construction in fantastic texts. In: Pascal Klenke u. a. (Hg.): Writing Worlds. Welten- und Raummodelle der Fantastik. Heidelberg 2014, S. 227–240.

Seibt, Gustav: Dunkel ist die Speise des Aristokraten. Das Jahr „1979" und der Zerfall der schönen Schuhe: Christian Kracht ist ein ästhetischer Fundamentalist. In: SZ, 12.10.2001.

Setzer, Elena: „You, sir, will be in pictures". Fiktionalisierung der Lebensreform. Camp und Parodie in Christian Krachts *Imperium*. In: Barbara Beßlich / Ekkehard Felder (Hg.): Geschichte(n) fiktional und faktual. Literarische und diskursive Erinnerungen im 20. und 21. Jahrhundert. Bern 2016, S. 253–275.

Sieg, Christian: Die ‚engagierte Literatur' und die Religion. Politische Autorschaft im literarischen Feld zwischen 1945 und 1990. Berlin / Boston 2017.

Sieg, Christian: Latenzzeit und Diskursgewitter. Die Abwesenheit der Katastrophe und die Präsenz des Risikos in Kathrin Rögglas *die alarmbereiten*. In: Iuditha Balint / Tanja Nusser / Rolf Parr (Hg.): Kathrin Röggla. München 2017, S. 236–255.

Singles, Kathleen: Alternate History. Playing with Contingency and Necessity. Berlin / Boston 2013.

Šklovskij, Viktor: Die Kunst als Verfahren. In: Jurij Striedter (Hg.): Russischer Formalismus. Texte zur allgemeinen Literaturtheorie und zur Theorie der Prosa. München 1971, S. 4–35.

Skrabanek, Petr: The Death of Human Medicine and the Rise of Coercive Healthism. Bury St Edmunds 1994.

Smith-Prei, Carrie: Relevant Utopian Realism: The Critical Corporeality of Juli Zeh's *Corpus Delicti*. In: Peter M. McIsaac (Hg.): Visions of tomorrow. Science and utopia in German culture. Toronto, Ontario 2012, S. 107–123.

Sneis, Jørgen: Phänomenologie und Textinterpretation. Studien zur Theoriegeschichte und Methodik der Literaturwissenschaft. Berlin / Boston 2018.

Snowman, Daniel (Hg.): If I Had Been ... Ten Historical Fantasies. London 1979.

Snowman, Daniel: Introduction. In: Ders. (Hg.): If I Had Been ... Ten Historical Fantasies. London 1979, S. 1–9.

Soboczynski, Adam: „Das stört mich nicht". Der Bestsellerautor Daniel Kehlmann über „Imperium". In: Die Zeit, 23.02.2012.
Sontag, Susan: Illness as Metaphor and AIDS and Its Metaphors. London 2002.
Spiegel, Simon: Theoretisch phantastisch. Eine Einführung in Tzvetan Todorovs Theorie der phantastischen Literatur. Murnau am Staffelsee 2010.
Spivak, Gayatri Chakravorty: Can the Subaltern Speak? In: Cary Nelson / Lawrence Grossberg (Hg.): Marxism and the Interpretation of Culture. Houndmills, Basingstoke, Hampshire 1988, S. 271–313.
Spoerhase, Carlos: Autorschaft und Interpretation. Methodische Grundlagen einer philologischen Hermeneutik. Berlin 2007.
Squire, J. C. (Hg.): If It Had Happened Otherwise. Lapses into Imaginary History. [1931] Nachdruck London 1972.
Stanzel, Franz K.: Die Komplementärgeschichte. Entwurf einer leserorientierten Romantheorie. In: Wolfgang Haubrichs (Hg.): Erzählforschung 2. Theorien, Modelle und Methoden der Narrativik. Göttingen 1977, S. 240–259.
Stauffer, Isabelle / Björn Weyand: Antihelden, Nomaden, Cameos und verkörperte Simulakren. Zum Figureninventar von Christian Krachts Romanen. In: Christoph Kleinschmidt (Hg.): Christian Kracht. Text + Kritik. München 2017, S. 54–66.
Stegemann, Bernd: Lob des Realismus. Berlin 2015.
Steiger, Johann Anselm: Kontrafaktizität und Kontrarationalität des Glaubens in der Theologie Martin Luthers. In: Lutz Danneberg / Carlos Spoerhase / Dirk Werle (Hg.): Begriffe, Metaphern und Imaginationen in Philosophie und Wissenschaftsgeschichte. Wiesbaden 2009, S. 223–237.
Steiner, Adrian: Rat und Beratung. Eine kleine Begriffsgeschichte. In: Navigationen 4, 1/2 (2004), S. 155–168.
Sternburg, Judith von: Leif Randt „Schimmernder Dunst ... ". Unser insgeheim biederes Herz. In: Frankfurter Rundschau, 14.05.2015.
Stobbe, Johannes: Die Politisierung des Archaischen. Studien zu Transformationen der griechischen Tragödie im deutsch- und englischsprachigen Drama und Theater seit den 1960er Jahren. Bielefeld 2017.
Struck, Wolfang: Mountains of Madness, Schweiz. Christian Krachts Imperien des Wahns. In: Isabel Kranz (Hg.): Was wäre wenn? Alternative Gegenwarten und Zukunftsprojektionen um 1914. Paderborn 2017, S. 275–289.
Stuart, Michael T. / Yiftach Fehige / James Robert Brown (Hg.): The Routledge Companion to Thought Experiments. Abingdon / New York 2017.
Sulner, Martina: Autor Leif Randt über Literatur und Politik. In: Hannoversche Allgemeine, 21.03.2012.
Suvin, Darko: A Tractate on Dystopia 2001. In: Ders.: Defined by a Hollow. Essays on Utopia, Science Fiction and Political Epistemology. Bern 2010, S. 381–412.
Suvin, Darko: Poetik der Science Fiction. Zur Theorie und Geschichte einer literarischen Gattung. Frankfurt a. M. 1979.
Szczepaniak, Monika: Elfriede Jelinek und Kathrin Röggla „in Mediengewittern". In: Joanna Drynda / Marta Wimmer (Hg.): Neue Stimmen aus Österreich. 11 Einblicke in die Literatur der Jahrtausendwende. Frankfurt a. M. 2013, S. 25–35.
Szondi, Peter: Über philologische Erkenntnis. In: Ders.: Schriften I. Frankfurt a. M. 1978, S. 263–286.

Tacke, Alexandra / Björn Weyand (Hg.): Depressive Dandys. Spielformen der Dekadenz in der Pop-Moderne. Köln / Weimar / Wien 2009.

Tetlock, Philip E. / Geoffrey Parker: Counterfactual Thought Experiments. Why we can't live without them & how we must learn to live with them. In: Philip E. Tetlock / Richard Ned Lebow / Geoffrey Parker (Hg.): Unmaking the West. "What-If" Scenarios That Rewrite World History. Ann Arbor 2006, S. 14–44.

Tetlock, Philip E. / Richard Ned Lebow / Geoffrey Parker (Hg.): Unmaking the West. "What-If" Scenarios That Rewrite World History. Ann Arbor 2006.

Thurm, Frida: Leif Randt. „Mein Buch ist aus Versehen politisch." In: Zeit online, 30.05.2011. Quelle: https://www.zeit.de/kultur/literatur/2011-05/interview-leif-randt-prosanova/komplettansicht (Zugriff: 27. 07.2021).

Todorov, Tzvetan: Einführung in die fantastische Literatur. Berlin 2013.

Tropper, Elisabeth: Analytische Apokalyptiker. Überlegungen zum Dystopischen in Theatertexten von Falk Richter und Juli Zeh. In: Gillian Pye / Sabina Strümper-Krobb (Hg.): Germanistik in Ireland 9. Special Issue: Imagining Alternatives: Utopias – Dystopias – Heterotopias. Konstanz 2014, S. 135–150.

Unterhuber, Tobias: Kritik der Oberfläche. Das Totalitäre bei und im Sprechen über Christian Kracht. Würzburg 2019.

Unterhuber, Tobias: Widerständige Körper? Die Verhandlung des Totalitäten in der Dimension des Körperlichen bei Christian Kracht. In: Marion Preuss (Hg.): Zeitgedanken. Beiträge zur Literatur(theorie) der Moderne und Postmoderne. Berlin 2015, S. 171–184.

Vedder, Ulrike: Arbeitswelten und Ökonomie: Zur literarischen Kritik der Gegenwart. In: Corinna Caduff / Ulrike Vedder (Hg.): Gegenwart schreiben. Zur deutschsprachigen Literatur 2000–2015. Paderborn 2017, S. 63–73.

Vennemann, Aline: Zwischen Postdramatik und Postdokumentarismus. Peter Wagner, Elfriede Jelinek und das Dokumentartheater. In: Germanica 54 (2014), S. 25–37.

Verfassung der Weltgesundheitsorganisation. Quelle: https://www.admin.ch/opc/de/classified-compilation/19460131/201405080000/0.810.1.pdf (Zugriff: 27.07.2022).

Verweyen, Theodor / Gunther Witting: Die Kontrafaktur. Vorlage und Verarbeitung in Literatur, bildender Kunst, Werbung und politischem Plakat. Konstanz 1987.

Vogl, Joseph: Das Gespenst des Kapitals. Zürich 2010.

Vogler, Ingo: Die Ästhetisierung des Realitätsbezugs. Christian Krachts *Ich werde hier sein im Sonnenschein und im Schatten* zwischen Realität und Fiktion. In: Katharina Derlin / Birgitta Krumrey / Ingo Vogler (Hg.): Realitätseffekte in der deutschsprachigen Gegenwartsliteratur. Schreibweisen nach der Postmoderne? Heidelberg 2014, S. 161–178.

Vogt, Jochen: Langer Abschied von der Nachkriegsliteratur? Ein Kommentar zum letzten westdeutschen Literaturstreit. In: Ders.: ‚Erinnerung ist unsere Aufgabe'. Über Literatur, Moral und Politik 1945–1990. Opladen 1991, S. 173–187.

Vonessen, F.: Gesund, Gesundheit. In: Joachim Ritter (Hg.): Historisches Wörterbuch der Philosophie. Basel 1974, Bd. 3, S. 559–561.

Vosskamp, Wilhelm / Günter Blamberger / Martin Roussel (Hg.): Möglichkeitsdenken. Utopie und Dystopie in der Gegenwart. München 2013.

Voßkamp, Wilhelm: Einleitung. In: Ders. (Hg.): Utopieforschung. Interdisziplinäre Studien zur neuzeitlichen Utopie. 3 Bde. Stuttgart 1982. Bd. 1, S. 1–10.

Voßkamp, Wilhelm: Narrative Inszenierung von Bild und Gegenbild. Zur Poetik literarischer Utopien. In: Árpád Bernáth / Endre Hárs / Peter Plener (Hg.): Vom Zweck des Systems. Beiträge zur Geschichte literarischer Utopien. Tübingen 2006, S. 215–226.

Voßkamp, Wilhelm: Utopie. In: Dieter Lamping (Hg.): Handbuch der literarischen Gattungen. Stuttgart 2009, S. 740–750.
Wagenbach, Klaus: Das Ende der engagierten Literatur? In: Neue deutsche Literatur 46/4 (1998), S. 193–201.
Wagner-Egelhaaf, Martina (Hg.): Auto(r)fiktion. Literarische Verfahren der Selbstkonstruktion. Bielefeld 2013.
Wagner, Sabrina: Aufklärer der Gegenwart. Politische Autorschaft zu Beginn des 21. Jahrhunderts. Juli Zeh, Ilija Trojanow, Uwe Tellkamp. Göttingen 2015.
Wagner, Thomas: Die Einmischer. Wie sich Schriftsteller heute engagieren. Hamburg 2010.
Wałowski, Paweł: (Ver)Störungen in der anti-utopischen Zwischenwelt von Christian Krachts „Ich werde hier sein im Sonnenschein und im Schatten" (2008). In: Carsten Gansel / Paweł Zimniak (Hg.): Störungen im Raum – Raum der Störungen. Heidelberg 2012, S. 425–440.
Walter-Jochum, Robert: (Ent-)Schärfungen. Terrorideologien als Material von Reenactments bei Romuald Karmakar und Milo Rau. In: Stefan Neuhaus / Immanuel Nover (Hg.): Das Politische in der Literatur der Gegenwart. Berlin / New York 2019, S. 255–272.
Weber, Alexander: Episierung im Drama. Ein Beitrag zur transgenerischen Narratologie. Berlin / Boston 2017.
Weber, Max: Wissenschaft als Beruf. In: Ders.: Schriften 1894–1922. Ausgewählt und herausgegeben von Dirk Kaesler. Stuttgart 2002, S. 474–511.
Weber, Nicole: „Kein Außen mehr". Krachts *Imperium* (2012), die Ästhetik des Verschwindens und Hardts und Negris *Empire* (2000). In: Matthias N. Lorenz / Christine Riniker (Hg.): Christian Kracht revisited. Irritation und Rezeption. Berlin 2018, S. 471–503.
Wegmann, Nikolaus: Engagierte Literatur? Zur Poetik des Klartexts. In: Jürgen Fohrmann / Harro Müller (Hg.): Systemtheorie und Literatur. München 1996, S. 345–365.
Wegmann, Nikolaus: Politische Dichtung. In: Jan-Dirk Müller (Hg.): Reallexikon der deutschen Literaturwissenschaft. Bd. III. Berlin 2003, S. 120–123.
Weidermann, Volker: Notizen zu Kracht. Was er will. In: Frankfurter Allgemeine Sonntagszeitung, 29.04.2012.
Weimar, Klaus: Text, Interpretation, Methode. Hermeneutische Klärungen. In: Lutz Danneberg / Friedrich Vollhardt (Hg.): Wie international ist die Literaturwissenschaft? Methoden- und Theoriediskussion in den Literaturwissenschaften: kulturelle Besonderheiten und interkultureller Austausch am Beispiel des Interpretationsproblems (1950–1990). Stuttgart 1996, S. 110–122.
Weitin, Thomas: Ermittlung der Gegenwart: Theorie und Praxis unsouveränen Erzählens bei Juli Zeh. In: Postsouveränes Erzählen. Zeitschrift für Literaturwissenschaft und Linguistik 165/42 (2012), S. 67–86.
Welle, Anja: Die Gruppe 47 oder das ‚Kritische Prinzip'. In: Jürgen Wertheimer (Hg.): Von Poesie und Politik. Zur Geschichte einer dubiosen Beziehung. Tübingen 1994, S. 194–218.
Wenzlhuemer, Roland (Hg.): Counterfactual Thinking as a Scientific Method. Special Issue: Historical Social Research 34/2 (2009).
Wenzlhuemer, Roland: Editorial: Unpredictability, Contingency and Counterfactuals. In: Ders. (Hg.): Counterfactual Thinking as a Scientific Method. Special Issue: Historical Social Research 34/2 (2009), S. 9–15.
Werle, Dirk: Fiktion und Dokument. Überlegungen zu einer gar nicht so prekären Relation mit vier Beispielen aus der Gegenwartsliteratur. In: Non Fiktion 1/2 (2006). DokuFiktion, S. 112–122.

Werner, Jan C.: Fiktion, Wahrheit, Referenz. In: Tilmann Köppe / Tobias Klauk (Hg.): Fiktionalität. Ein interdisziplinäres Handbuch. Berlin / Boston 2014, S. 125–158.
What if – Was wäre wenn. On the meaning, relevance and epistemology of counterfactual claims and thought experiments. Quelle: https://whatifkn.wordpress.com (Zugriff: 27.07.2021).
White, Hayden: Historical Emplotment and the Problem of Truth. In: Saul Friedlander (Hg.): Probing the Limits of Representation. Nazism and the "Final Solution". Cambridge, Massachusetts 1992, S. 37–53.
White, Hayden: Literary Theory and Historical Writing. In: Ders.: Figural Realism. Studies in the Mimesis Effect. Baltimore, Maryland 1999, S. 1–26.
White, Hayden: Metahistory. The Historical Imagination in Nineteenth-Century Europe. Baltimore / London 1973.
Widmann, Andreas Martin: Kontrafaktische Geschichtsdarstellung. Untersuchungen an Romanen von Günter Grass, Thomas Pynchon, Thomas Brussig, Michael Kleeberg, Philip Roth und Christoph Ransmayr. Heidelberg 2009.
Wiegandt, Markus: Chronisten der Zwischenwelten. Dokufiktion als Genre. Operationalisierung eines medienwissenschaftlichen Begriffs für die Literaturwissenschaft. Heidelberg 2017.
Willand, Marcus: Hermeneutische Nähe und der Interpretationsgrundsatz des *sensus auctoris et primorum lectorum*. In: Zeitschrift für deutsche Philologie 134/2 (2015), S. 161–190.
Willemsen, Roger: Fahrtwind beim Umblättern. In: Der Spiegel, 21.12.1992. Nachgedruckt in Andrea Köhler / Rainer Moritz (Hg.): Maulhelden und Königskinder. Zur Debatte über die deutschsprachige Gegenwartsliteratur. Leipzig 1998, S. 79–85.
Winkels, Hubert (Hg.): Christian Kracht trifft Wilhelm Raabe. Die Diskussion um *Imperium* und den Wilhelm Raabe-Literaturpreis 2012. Berlin 2013.
Winkels, Hubert: Vorwort. In: Ders. (Hg.): Christian Kracht trifft Wilhelm Raabe. Die Diskussion um *Imperium* und den Wilhelm Raabe-Literaturpreis 2012. Berlin 2013, S. 7–17.
Winko, Simone / Fotis Jannidis: Wissen und Inferenz. Zum Verstehen und Interpretieren literarischer Texte am Beispiel von Hans Magnus Enzensbergers Gedicht *Frühschriften*. In: Jan Borkowski u. a. (Hg.): Literatur interpretieren. Interdisziplinäre Beiträge zur Theorie und Praxis. Münster 2015, S. 221–250.
Winko, Simone: Auf der Suche nach der Weltformel. Literarizität und Poetizität in der neueren literaturtheoretischen Diskussion. In: Dies. / Fotis Jannidis / Gerhard Lauer (Hg.): Grenzen der Literatur. Zu Begriff und Phänomen des Literarischen. Berlin 2009, S. 374–396.
Wittgenstein, Ludwig: Logisch-philosophische Abhandlung / Tractatus logico-philosophicus. Frankfurt a. M. 2003.
Wittstock, Uwe: Der Fall *Esra*. Ein Roman vor Gericht. Über die neuen Grenzen der Literaturfreiheit. Köln 2011.
Wolf, Werner: Transmedial Narratology: Theoretical Foundations and Some Applications (Fiction, Single Pictures, Instrumental Music). In: Narrative 25/3 (2017), S. 256–285.
Wünsch, Marianne: Die Fantastische Literatur der Frühen Moderne (1890–1930). Definition – Denkgeschichtlicher Kontext – Strukturen. München 1991.
Yencken, David: The Creative City. In: Meanjin 47/4 (1988), S. 597–608.
Zabka, Thomas: Pragmatik der Literaturinterpretation. Theoretische Grundlagen – kritische Analysen. Tübingen 2005.
Zeißler, Elena: Dunkle Welten. Die Dystopie auf dem Weg ins 21. Jahrhundert. Marburg 2008.

Zimmer, Frank: Engagierte Geschichte/n. Dokumentarisches Erzählen im schwedischen und norwegischen Roman 1965–2000. Frankfurt a. M. 2008.

Zimmermann, Elias: Fressen und gegessen werden. Ideologische und zynische Mahlzeiten in Christian Krachts Romanen. In: Matthias N. Lorenz / Christine Riniker (Hg.): Christian Kracht revisited. Irritation und Rezeption. Berlin 2018, S. 535–561.

Zipfel, Frank: Autofiktion. Zwischen den Grenzen von Faktualität, Fiktionalität und Literarität? In: Simone Winko / Fotis Jannidis / Gerhard Lauer (Hg.): Grenzen der Literatur. Zu Begriff und Phänomen des Literarischen. Berlin 2009, S. 285–314.

Zipfel, Frank: Fiktion, Fiktivität, Fiktionalität. Analysen zur Fiktion in der Literatur und zum Fiktionsbegriff in der Literaturwissenschaft. Berlin 2001.

Zipfel, Frank: Imagination, fiktive Welten und fiktionale Wahrheit. In: Eva-Maria Konrad u. a. (Hg.): Fiktion, Wahrheit, Interpretation. Philologische und philosophische Perspektiven. Münster 2013, S. 38–64.

Zipfel, Frank: Lyrik und Fiktion. In: Dieter Lamping (Hg): Handbuch Lyrik. Theorie, Analyse, Geschichte. 2., erweiterte Aufl. Stuttgart 2016, S. 184–188.

Žižek, Slavoj: Carl Schmitt in the Age of Post-Politics. In: Chantal Mouffe (Hg.): The Challenge of Carl Schmitt. London / New York 1999, S. 18–37.

Žižek, Slavoj: Die Tücke des Subjekts. Frankfurt a. M. 2001.

Žižek, Slavoj: Disparities. London / New York 2016.

Žižek, Slavoj: Lenin Shot at Finland Station. In: London Review of Books 27/16, 18.08.2005. Quelle: http://www.lrb.co.uk/v27/n16/slavoj-zizek/lenin-shot-at-finland-station (Zugriff: 27.07.2021).

Žižek, Slavoj: Living in the End Times. London 2011.

Žižek, Slavoj: Welcome to the desert of the real! Five essays on September 11 and related dates. London / New York 2002.

Siglenverzeichnis

Iw	Christian Kracht: *Ich werde hier sein im Sonnenschein und im Schatten*
I	Christian Kracht: *Imperium*
SD	Leif Randt: *Schimmernder Dunst über CobyCounty*
ab	Kathrin Röggla: *die alarmbereiten*
wsn	Kathrin Röggla: *wir schlafen nicht*
CD	Juli Zeh: *Corpus Delicti*

Personen- und Werkregister

Adler, Hans 195, 539
Adorno, Theodor W. 25, 137, 200, 210–211, 232, 297, 445, 483, 499–500, 504
– *Ästhetische Theorie* 210, 500
– *Engagement* 137, 200, 232
Agamben, Giorgio 452, 459
Aichinger, Ilse 209
Al Capone 364
Albrecht, Andrea 7, 24, 46, 112, 181, 223
Alexander der Große 32
Alt, Peter-André 206
Amery, Carl 205
Amis, Kingsley 125, 143
– *The Alteration* 125, 143
Andersch, Alfred 208, 253
– *Winterspelt* 253
Anderson, Laurie 286
Anz, Thomas 117
Aragon, Louis 305
– *Front rouge* 305
Aristoteles 136–137
Armstrong, Neil 111
Arnold, Heinz Ludwig 209, 354
Assheuer, Thomas 328
Atwood, Margaret 250, 421, 519
– *The Handmaid's Tale* 250, 421, 519
Aueckens, Heinrich 315–317, 325, 333
Austen, Jane 105
– *Pride and Prejudice* 105
Avanessian, Armen 483

Bach, Johann Sebastian 143
– *Goldberg-Variationen* 143
Bachmann, Ingeborg 209
Badiou, Alain 509
Balint, Iuditha 370, 373, 376, 382, 385–386, 406
Barbrook, Richard 491–492
Bareis, J. Alexander 105
Barner, Wilfried 60, 64
Bartels, Klaus 295
Bartl, Andrea 200, 411, 417–418
Barton, Brian 354, 358–359
Basil, Otto 253
– *Wenn das der Führer wüßte* 253
Baßler, Moritz 1–2, 4, 24, 62, 77, 129, 158, 214, 217–220, 263, 266, 268, 271, 295, 299, 309, 314, 330, 350, 377, 396, 477, 485, 496, 501, 506–507, 509, 539, 547
Battegay, Caspar 62
Baudrillard, Jean 266, 509–510
Baumann, Peter 26
Bay, Michael 431
– *Armageddon* 431
Becker, Jurek 209
Behringer, Wolfgang 462
Bender, Jesko 359
Benioff, David
– *Game of Thrones* (mit D. B. Weis) 2, 238
Berg, Henk de 472
Berg, Stefan 219
Bessing, Joachim 265, 291
– *Tristesse royale* (mit Christian Kracht / Eckhart Nickel / Alexander von Schönburg / Benjamin von Stuckrad-Barre) 265, 276–277, 291, 531
Bethmann, August 338
Biendarra, Anke S. 330
Biller, Maxim 180, 212
– *Esra* 180
Birgfeld, Johannes 289, 304, 312, 316–319, 324–325, 330–332, 342–344, 346, 349, 423
Birke, Dorothee 7, 45–46, 70, 223, 251
Birkner, Nina 487
Blaim, Artur 422
Blair, Toni 215
Blamberger, Günter 429
Bleicher, Joan Kristin 356
Blume, Peter 97–98, 113, 122, 159–161, 167, 182, 357
Blumenberg, Hans 93, 108, 514
Böhnke, Alexander 366, 399, 402, 405
Boide, Silvia 285
Böll, Heinrich 208, 475
Boltanski, Luc 386, 493, 499
Bonacker, Maren 3
Bopp, Lena 484

Borgans, Christoph 440, 442, 464
Borgards, Roland 109
Borges, Jorge Luis 210
Bossong, Nora 496
Bourdieu, Pierre 64, 450–451, 536–537
Brand, Stewart 489
Braun, Michael 6
Braungart, Wolfgang 199
Brecht, Bertolt 32, 232, 362–364, 377, 487, 511–512, 519
– Über experimentelles Theater 362
– Aufstieg und Fall der Stadt Mahagonny 511–512
– Der aufhaltsame Aufstieg des Arturo Ui 364
– Der gute Mensch von Sezuan 363
– Fragen eines lesenden Arbeiters 32
Breivik, Anders Behring 360
Brittnacher, Hans Richard 2, 141, 158–159, 217, 235
Bröckling, Ulrich 386, 405, 488
Brodnig, Ingrid 466
Brodowsky, Paul 243, 496
Brogi, Susanna 397, 403
Brokoff, Jürgen 6, 25, 195, 209, 215, 486
Bronner, Stefan 281, 301
Brooker, Charlie
– Black Mirror 3, 421
Brown, James Robert 45
Browning, John Edgar 220
Brussig, Thomas 40, 217, 253, 255, 261, 381
– Das gibts in keinem Russenfilm 253, 381
– Helden wie wir 40, 253, 255, 261
Büchner, Georg 334
– Lenz 334
Buhl, Marcel 315
– Das Paradies des August Engelhardt 315
Bühler, Benjamin 427
Bühler, Patrick 297
Bunia, Remigius 78, 99, 103, 135, 252
Burdorf, Dieter 139–140
Burkard, Franz-Peter 7
Burroughs, William S. 286
– The Ticket That Exploded 286
Bush, George W. 24–25, 220
Butler, Judith 78, 417
Butter, Michael 7, 45–46, 70, 223, 251, 259

Cameron, Andy 491–492
Cameron, James 2
– Avatar 2
Capote, Truman 165, 356
– In Cold Blood 165, 356
Carr, Edward Hallett 48, 68–69
Carrère, Emmanuel 30
Cäsar 32–33, 170
Celan, Paul 209
Cerny, Karin 385
Chamberlain, Gordon B. 30, 48, 121
Chaplin, Charlie 313
Chiapello, Ève 386, 493, 499
Chinca, Marc 87–88
Christ, Birte 423, 434
Churchill, Winston 46, 63
Clarke, David 295, 378
Claußen, Bernhard 483
Cohn, Dorrit 88–89
Coleridge, Samuel Taylor 95
Colfer, Eoin
– Artemis Fowl 217
Collingwood, R. G. 256
Collins, Suzanne 3, 421
– The Hunger Games 3, 421
Collins, William Joseph 31
Conan Doyle, Arthur 101, 105
– Sherlock Holmes 101, 105, 145
Conrad, Joseph 329–330, 402
– Heart of Darkness 329–330, 402
Conter, Claude D. 268, 289, 304, 306, 318, 423
Cooper, Fenimore 258
Cortés, Hernán 322–323
Cottone, Margherita 530
Cowley, Robert 26
Crowley, Aleister 276
Cuarón, Alfonso 421
– Children of Men 421

Dam, Beatrix van 51, 99
Danneberg, Lutz 7, 13, 24, 26, 46, 50, 60, 83, 86, 88, 99, 103, 105–106, 128–130, 135, 142, 223, 231–232, 242, 245
Dannenberg, Hilary 53, 102, 125, 185, 251
Dante Alighieri 132
– Divina Commedia 132

Danto, Arthur 256
Dath, Dietmar 3, 205–206, 217–218, 220, 308–309, 432
– *Die Abschaffung der Arten* 3, 432
Dean, Martin R. 1, 212
Defoe, Daniel 330
– *Robinson Crusoe* 330
Deighton, Len 253
– *SS-GB* 253
Deiters, Franz-Josef 354
Delhey, Yvonne 424
Dellinger, Johannes 51
Demandt, Alexander 11, 26, 46–48, 51, 53, 63, 224, 226–227, 250
Derlin, Katharina 1
Derrida, Jacques 74, 77–78, 134, 394
Di Rosa, Valentina 6, 243
Dick, Philip K. 3, 52, 66, 118, 126, 184–186, 221, 226, 253, 259, 274–275, 292–293, 519
– *Minority Report* 519
– *The Man in the High Castle* 3, 52, 66, 118, 126, 184–185, 221, 226, 253, 259, 275, 292–293
Dickens, Charles 334
Dickmann, Jens-Arne 201
Dieckmann, Letizia 455, 457
Diederichsen, Diedrich 489, 497, 524
Diez, Georg 273, 311, 320, 328, 530
Doležel, Lubomír 48–50, 116, 229, 250, 272, 287, 429
Doll, Max 310, 314, 331–332
Dostojewski, Fjodor Michailowitsch 507
Draesner, Ulrike 216
Drügh, Heinz 220, 266, 268, 295, 314, 477, 501, 506, 530
Dücker, Burckhard 202
Dückers, Tanja 215
Dürbeck, Gabriele 312–313, 337
Durst, Uwe 98–99, 120–121, 220
Duve, Karen 3, 217, 221, 421
– *Macht* 3, 221, 421
Dyer, Richard 331

Eco, Umberto 87, 97–98, 104–105, 108, 114, 132, 144, 169, 189, 254
– *Der Name der Rose* 254

Eden, Wiebke 370
Eggers, Dave 221
– *The Circle* 221
Eich, Günter 208
Eichendorff, Joseph von 141, 206
– *Mondnacht* 141
Eichhorn, Kristin 216
Eichmanns, Gabriele 267
Eke, Norbert Otto 374
El Greco 322–323
Elias, Friederike 201
Elwenspoek, Miko 26, 249
Emcke, Carolin 438
Emerich, Roland 431
– *Independence Day* 431
Engelhardt, August 267, 269, 310, 312–319, 322–326, 328, 330, 332–335, 337–341, 343–348
Engels, Bettina 276
Engels, Friedrich 394
Enzensberger, Hans Magnus 208
Erdbeer, Robert Mathias 35
Ernst, Thomas 195, 203–204, 523, 532–533, 535, 537
Erpenbeck, Jenny 216
Eschbach, Andreas 3, 217, 221, 253
– *NSA – Nationales Sicherheits-Amt* 3, 221, 253
Esselborn, Hans 421, 429
Etchells, Tim 379
Evans, Richard J. 8, 11, 19, 39, 45, 55, 63, 66, 68–69, 81, 111, 124, 226–228, 238, 381

Fähnders, Walter 352
Fahrenbach, Helmut 199
Fasbender, Christoph 139–140
Fauth, Søren R. 1, 217
Fehige, Yiftach 45
Ferguson, Niall 30, 46, 48
Fiedler, Leslie A. 74, 254
Finlay, Frank 266, 284, 300, 312, 315, 323, 423, 480
Finsterwalder, Frauke 267, 278, 337
– *Finsterworld* (mit Christian Kracht) 262, 267, 278, 286, 337, 347
Fleig, Anne 219

Florida, Richard 493–494
Fludernik, Monika 58, 70–72
Focken, Friedrich-Emanuel 201
Ford, Henry 506
Forster, E. M. 330
– *A Passage to India* 330
Förster, Nikolaus 213–214, 254, 321
Foucault, Michel 78, 134, 256, 366–367, 372–373, 454–455, 459, 461, 533, 542
Franke, Anselm 489–490, 492, 523
Franklin, Benjamin 469
Franz Ferdinand von Österreich-Este 81
Franz Joseph I. 168
Franzen, Johannes 25, 180–181, 216, 230, 549
Frappier, Mélanie 45
Frenschkowski, Marco 206–207
Freud, Sigmund 21, 395, 398
Friedrich, Hans-Edwin 421, 431
Friedrich II. 32
Fuentes, Carlos 229
– *Terra Nostra* 229
Füger, Wilhelm 2, 30
Fukuyama, Francis 215, 515
Funke, Cornelia 217

Gabriel, Gottfried 22, 60, 77, 166, 190, 543
Gabriel, Markus 1, 217
Gabriel, Sigmar 139
Gadamer, Hans-Georg 456–457
Gähde, Ulrich 29
Gaiman, Neil 551
– *Marvel 1602* (mit Andy Kubert)551
Gallagher, Catherine 50–51, 53–54, 73, 100, 103, 118, 145
Gates, Bill 488
Gaugin, Paul 322–323
Gearhart, Sally Miller 434
– *The Wandergroud* 434
Gebbe, Hans-Christian 207
Geisenhanslüke, Achim 136, 446, 465
Geitner, Ursula 6, 25, 195, 199, 215, 372, 375, 533, 535
Genette, Gérard 22, 269
Geoffroy-Château, Louis-Napoléon 67–68, 254
– *Napoléon et la conquête du monde* 68, 254
Gerber, Tobias 195, 524

Gerigk, Anja 338, 445
Gerlach, Hannah 322
Gernert, Johannes 442, 448
Gerz, Raimund 364
Geus, Klaus 60
Gibbons, Dave 91, 176–177, 551
Gibson, William 289
– *Neuromancer* 289
Giesler, Birte 446, 472
Gilovich, Thomas 26
Girndt-Dannenberg, Dorothee 236
Gisi, Lucas Marco 200, 275, 299–300, 311, 334–335, 338, 346
Glavinic, Thomas 3, 217
– *Die Arbeit der Nacht* 3
Glawion, Sven 281
Gnüg, Hiltrud 428–429
Goebbels, Joseph 41, 59, 152, 184, 225
Goebel, Gerhard 149
Goethe, Johann Wolfgang 107, 206
– *Die Leiden des jungen Werther* 107
– *Faust II* 334
Gollner, Helmut 213
Goodman, Nelson 113, 388
Göring, Hermann 152
Goscinny, René 33
– *Les Douze Travaux d'Astérix* (mit Albert Uderzo / Pierre Watrin) 33
Gottwein, Carla 444, 446
Götze, Karl Heinz 220
Grahame-Smith, Seth 105
– *Pride and Prejudice and Zombies* 105
Grajewski, Oliver 380, 408, 411–412
– *tokio, rückwärtstagebuch* (mit Kathrin Röggla) 381, 399, 408
Grass, Günter 208–209, 212, 376, 475, 538
Greiner, Bernd 66
Greiner, Ulrich 211–212
Grill, Oliver 513
Gritzner, Christian 284
Gröbel, Ute 372
Gronemeier, Heike 411
Gronich, Mareike 195
Gröschner, Annett 370
Gruber, Bettina 377, 396
Gu, Yeon Jeong 305
Gülich, Elisabeth 71, 167

Gumbrecht, Hans Ulrich 410
Günther, Hans 362–363
Gustafsson, Lars 235

Haas, Gerhard 121
Haase, Tobias 92
Habermas, Jürgen 536
Halsey, Edward C. 319
Hamburger, Käte 88
Hampel, Anna 195–196, 198, 216
Handke, Peter 165, 208, 214, 475
– *Die Aufstellung des 1. FC Nürnberg am 27.1.1968* 165
– *Eine winterliche Reise zu den Flüssen Donau, Save, Morawa und Drina oder Gerechtigkeit für Serbien* 214
Hanuschek, Sven 353–355
Hardt, Michael 270, 343, 490–491, 502
Harris, Robert 37–38, 39, 40, 66, 102–103, 107, 110, 116, 120, 137, 150–152, 186, 226, 229, 234, 238, 253, 260, 262, 280, 283, 343, 551
– *Fatherland* 37–38, 39, 40, 66, 102, 107, 110, 116, 120, 137, 150–152, 186, 226, 229, 234, 238, 253, 260, 262, 280, 283, 551
– *Imperium* 343
Hartosch, Katja 397, 403
Hauenstein, Robin 260, 310, 317, 325, 327, 335, 349
Hausladen, Katharina 195, 524
Hawn, Goldie 269
Hegel, Georg Wilhelm Friedrich 163, 206, 339, 458
– *Differenzschrift* 458
– *Phänomenologie des Geistes* 458
Hehl, Michael Peter 262, 480
Heidegger, Martin 304
Heimburger, Susanne 382, 386, 392–393
Helbig, Jörg 8, 30–31, 50, 52–53, 58, 114, 142, 149, 153, 182, 185, 250–252
Hellekson, Karen 8, 31, 50, 52–53, 65, 182
Hempfer, Klaus W. 148
Henriet, Eric B. 30
Herbst, Alban Nicolai 217
Hergé 323
– *Tintin* 323

Herholz, Gerd 213
Hermes, Stefan 308, 329, 335
Herminghouse, Patricia 439, 471
Herodot 51
Herrmann, Leonhard 3, 6, 13–14, 65, 212, 217, 243
Herzig, Tamar 462
Hesse, Hermann 312–313, 316, 318–319
– *Gertrud* 319
Hettche, Thomas 1, 212
Heym, Stefan 209, 253
Hielscher, Martin 297
Hilzinger, Klaus Harro 353, 358, 361
Hitler, Adolf 41–42, 59, 91, 102–103, 110–111, 120, 126, 132, 138–139, 152, 169–170, 173, 183–184, 225–227, 269, 338–342, 364, 433, 507
Hnilica, Irmtraud 410–411, 413, 415–416
Hobbes, Thomas 334, 449
Hochhuth, Rolf 208, 354, 359–360
– *Der Stellvertreter* 359–360
Hockney, David 266
Hoddis, Jakob van 516
– *Weltende* 516
Hoffmann, E. T. A. 206, 334
Holbein, Wolfgang 285
– *Die Rückkehr des Zauberers* 285
Holl, Maria 460–461, 465, 474
Hollande, François 43, 103
Hondl, Kathrin 448
Hoops, Wilef 103, 108, 123, 145–146, 163, 171
Hoppe, Felicitas 318
– *Hoppe* 318
Horkheimer, Max 210–211, 483, 504
Hormann, Sherry 411
– *3096 Tage* 411
Horn, Eva 219, 429–430
Horn, Sebastian 445
Horstkotte, Silke 3, 6, 13, 65, 217, 242–243
Houellebecq, Michel 3, 37, 42–44, 103, 150, 183, 186, 221, 421, 427–428, 531–532
– *Unterwerfung* 3, 37, 42–44, 103, 150, 183, 186, 221, 421, 427–428
Hrushovski, Benjamin 117
Huber, Till 267–268, 278
Huemer, Wolfgang 145

Hugendick, David 276–277
Hugo, Victor 258
Hunt, Tristam 80–81
Huntemann, Willi 210, 536
Huntington, Samuel 515
Husserl, Edmund 312
Hutcheon, Linda 80, 254–256, 349
Huxley, Aldous 178, 232, 421, 429, 433, 443, 468, 506, 520–521, 537
– Brave New World 178, 232, 421, 433, 443, 468, 506, 520, 537
Huysen, Andreas 254

Ibsen, Henrik 334
– Gespenster 334
Ido, Jacky 41
Illi, Manuel 195–196, 198, 216
Illouz, Eva 504–505
Imbruglia, Natalie 265
Irsigler, Ingo 238, 269, 290–292, 305, 307–309, 436

Jackson, Rosemary 235
Jacquelin, Evelyne 206–207
Jahraus, Oliver 129, 267, 320
Jakobson, Roman 92
Jannidis, Fotis 96, 98, 147
Jeanne d'Arc 461
Jelinek, Elfriede 179, 216, 221, 364–365, 411, 417, 533, 535
– Winterreise 221, 411, 417
Jerouschek, Günter 462
Jeschke, Wolfgang 205
Jessen, Jens 91
Jesus von Nazaret 322–323, 461
Jirgl, Reinhard 217
Jobs, Steve 488, 507
Joffe, Josef 428
Johannsen, Anja 201
Johnson, Uwe 188–189, 208
– Vorschlägen zur Prüfung eines Romans 188
John-Wenndorf, Carolin 195, 200
Jordan, Joachim 281
Jünger, Ernst 172
– In Stahlgewittern 172

Kablitz, Andreas 84, 95, 115–117, 145
Kafka, Franz 104–105, 122–123, 127, 137, 146, 206, 210, 312, 316–318, 470
– Der Process 470
– Der Verschollene 122–123, 127, 146
– Die Verwandlung 104
Kafka, Gabriele 316
Kaiser, Céline 366, 399, 402, 405
Kämmerlings, Richard 212
Kampusch, Natascha 372, 380, 410–411, 413–415, 417–420
Kansteiner, Wulf 272
Kant, Immanuel 77, 300–301
Kasaty, Olga Olivia 366–367, 376, 384
Kayser, Wolfgang 117, 231
Kehlmann, Daniel 213, 217, 261, 314, 337
– Die Vermessung der Welt 261, 314, 337
– Wo ist Carlos Montúfar? 261
Keller, Gottfried 334
– Der grüne Heinrich 334
Kellner, Douglas 515
Kelly, Richard 220
– Soutland Tales 220
Kemser, Dag 387
Kerman, Judith B. 220
Kermani, Navid 216
Kessler, Florian 496
Ketels, Inga 429, 441
Khider, Abbas 216
Kim Jong Il 274–275
Kindt, Tom 325–327
Kinsley, Michael 488
Kipphardt, Heinar 354, 371, 387
– In der Sache J. Robert Oppenheimer 371
Klauk, Tobias 60, 86–87
Kleeberg, Michael 253
– Ein Garten im Norden 253
Klein, Christian 22, 87, 94
Klein, Dieter 340, 344
Klein, Georg 217
Kleinschmidt, Christoph 267, 269–271, 275, 277, 289, 347
Kling, Marc-Uwe 4, 221, 421
– QualityLand 4, 221, 421
Klocke, Sonja E. 195, 460–463, 539
Klose, Anne-Christine 220

Kluge, Alexander 365, 375, 379, 406
- *Gelegenheitsarbeit einer Sklavin* 406
Klupp, Thomas 243
Knobloch, Hans-Jörg 41
Knopf, Jan 512
Koellner, Sarah 446, 451, 457, 470
Konrad, Eva-Maria 61, 77, 97, 136, 229, 255
Köppe, Tilmann 7, 45–46, 70, 86–87, 89–90, 94, 99, 109, 161, 223, 251–252, 357–358
Kormann, Eva 384, 399, 542
Korte, Barbara 107
Korthals, Holger 174
Koselleck, Reinhart 241, 424
Kracht, Christian 3–4, 6, 16, 37, 54, 125, 151, 203–206, 216–217, 220–221, 238, 241, 246–247, 253, 260–351, 477, 480, 501, 505, 523, 528–532, 534, 540–542, 546, 548–549
- *1979* 262, 266–267, 277, 295, 297, 347, 498, 530
- *Der gelbe Bleistift* 266–267
- *Die Toten* 262, 269, 310, 313, 320, 346–347
- *Eurotrash* 262
- *Faserland* 220, 262–263, 270–271, 277–278, 280, 295, 297, 330, 477, 480, 501, 505, 530
- *Five Years* (mit David Woodard)343
- *Ich werde hier sein im Sonnenschein und im Schatten* 3–4, 16, 54, 65, 125, 205, 220, 241, 253, 260–262, 264, 268–269, 275, 279–310, 312–315, 317, 319, 326, 328–329, 340, 347, 350–351, 530, 532, 541, 548
- *Imperium* 16, 241, 260, 262, 264–265, 267, 269, 273, 279–280, 310–351, 530, 548
- *Mesopotamia* 277
- *Metan* (mit Ingo Niermann) 267–268, 306
Kramer (Institoris), Heinrich 461
Kranz, Isabel 27
Kratzert, Armin 293–294
Kraus, Martin 200
Krausser, Helmut 213
Krekeler, Elmar 495
Kreknin, Innokentij 277, 320, 322, 331
Kreuzer, Stefanie 3

Kristeva, Julia 149
Kroll, Joe Paul 273, 325
Krumrey, Birgitta 1
Kubert, Andy 551
Kubin, Alfred 206
Kubitschek, Götz 516
Kumpfmüller, Michael 376
Künast, Renate 139
Künne, Wolfgang 118
Kupczynska, Kalina 372
Kurzweil, Ray 526

Lacan, Jacques 235
Lachmann, Renate 163–164, 236
Lamarque, Peter 86, 140
Lambrecht, Tobias 321, 339, 344, 347
Lämmert, Eberhard 97
Lampart, Fabian 257
Lamping, Dieter 354
Langgässer, Elisabeth 209
Laurent, Mélanie 41
Lavocat, Françoise 184
Lawrence, D. H. 305
Layh, Susanna 293, 304–305, 307, 422, 428, 444, 455, 465
Le Corbusier 291, 303
Le Gall, Frank 331
- *Das Schicksal der Maria Verita* 331
Le Pen, Marine 43, 103
Le Roy, Frederik 410
Lebow, Richard Ned 26
Leder, Mimi 431
- *Deep Impact* 431
Lee, Robert Edward 46, 63
Lehr, Thomas 217
Lem, Stanisław 285, 446
- *Die Astronauten* 285
Lenin, Wladimir Iljitsch 279, 283–284, 286
Lenz, Siegfried 208
Lewandowski, Sonja 409
Lewis, C. S.
- *Die Chroniken von Narnia* 217
Lewis, David 27, 48–50, 98
Lewitscharoff, Sibylle 217
Lindbergh, Charles 152
Link, Jürgen 107, 456
Link, Maximilian 477

Littlewood, Tom 286
Löchel, Rolf 446
Lorenz, Matthias N. 266, 283, 298, 305, 308, 317, 325, 327, 330–331, 530
Lotman, Jurij M. 35
Louis, Édouard 216, 538
Lovecraft, H. P. 298
– *At the Mountains of Madness* 298
Lovenberg, Felicitas von 337
Lubkoll, Christine 195–196, 198, 216
Lubos, Arno 253
– *Schwiebus. Ein deutscher Roman* 253
Lucas, George
– *Star Wars* 2, 172, 217, 237
Lüdeker, Gerhard Jens 278
Luhmann, Niklas 33, 188, 409–410
Luther, Martin 125
Lynch, David 298
– *Twin Peaks* 298
Lyotard, Jean-François 74

Macho, Thomas 60
Maharishi, Jai Guru Dewa 282
Maier, Andreas 212
Maierhofer, Waltraud 444, 464, 467, 471
Malchow, Helge 270–271, 275, 277, 325
Mann, Thomas 299, 312–313, 316, 318–319, 325, 327
– *Der Zauberberg* 325
– *Doktor Faustus* 299
Manuwald, Henrike 99
Marchart, Oliver 197, 508
Marquardt, Franka 297
Martínez, Matías 22, 71, 87, 94
Martus, Steffen 201
Marx, Friedhelm 372, 374
Marx, Karl 283–284, 339, 394, 458, 490
Massenkeil, Günther 28
May, Markus 159, 217, 235–236
McCalmont, Virginia 444, 464, 467, 471
McHale, Brian 118, 162, 258, 435
McKnight Jr., Edgar V. 32, 50, 53
McLuhan, Marshall 491
Medvec, Victoria Husted 26
Meinecke, Thomas 216, 438, 535
Meinhof, Ulrike 461, 464
Meis, Verena 415

Meißner, Michaela 440, 442, 464
Menasse, Robert 216, 538
Menke, André 268, 270, 279–280, 309
Menninger, Julian 455, 457
Mergenthaler, Volker 286
Meyer, Stephan 422
Meyer, Stephenie 2
– *Twilight* 2
Meyer, Urs 181, 200
Meynell, Letitia 45
Meyrink, Gustav 206
Milborn, Corinna 411
Miller, Arthur 460
– *The Crucible* 460
Miller, Bruce
– *The Handmaid's Tale* 421
Miller, Nikolaus 354
Mix, York-Gothart 487
Moennighoff, Burkhard 139–140
Moore, Alan 91, 176–177, 551
– *Watchmen* (mit Dave Gibbons) 91, 176–177, 430, 551
Moore, Ward 131, 138, 552–553
– *Bring the Jubilee* 131, 138, 552–553
Morgenroth, Claas 133, 195, 203
Moros, Zofia 60
Morrison, Mike 26, 117, 143, 224–225
Moser, Natalie 387, 395, 419
Mouffe, Chantal 508
Müller, Heiner 208
Müller, Klaus-Detlef 363, 511–512
Müller, Toni 509
Müller-Dietz, Heinz 446, 463, 470
Munroe, Randall 27
Munz, Eva 274–275
– *Die totale Erinnerung* (mit Lukas Nikol) 274–275
Murakami, Haruki 217
Musil, Robert 62

Nabokov, Vladimir 342, 346
– *Pale Fire* 346
– *Pnin* 342
Nadolny, Sten 321
– *Die Entdeckung der Langsamkeit* 321
Nagel, Gustaf 338, 340
Napoleon 68, 76, 103, 252

Naumann, Bernd 359
Navratil, Michael 5, 42–44, 95, 146, 153, 182, 186, 203, 208, 217, 230, 265, 267, 288, 299, 303, 322, 347, 366, 428, 446–447, 455, 457, 479
Nedelkovich, Aleksandar B. 31, 53
Negri, Antonio 270, 343, 490–491, 502
Neitzel, Sönke 69
Neuhaus, Stefan 195, 197, 446, 467–468
Nicolosi, Riccardo 54–55, 62, 65, 124, 222
Niebelschütz, Wolf von 205
Nieberding, Mareike 484
Niefanger, Dirk 99, 115, 269, 530
Niermann, Ingo 267, 306
Nietzsche, Friedrich 242, 458
– *Die fröhliche Wissenschaft* 242
Nikol, Lukas 274–275
Noé, Eli 510
Noltensmeier, Ralf 28
Noltze, Holger 387–388
Nover, Immanuel 195, 197, 281, 299, 310, 455, 477–478, 483, 486, 511, 530
Nünning, Ansgar 11, 123, 223, 254, 256–259
Nusser, Tanja 373, 376

Obermayr, Brigitte 54–55, 124, 222
Odendahl, Johannes 121
Olsen, Stein Haugom 86
Olson, James M. 27, 45
Orwell, George 96, 184, 186, 238, 421, 426–427, 429, 442–443, 459, 468, 506, 519, 537
– *1984* 184, 186, 238, 421, 426–427, 442–443, 459, 468, 472, 506, 519–520, 537
– *Animal Farm* 96
Oswald, Georg M. 450

Packard, Stephan 381
Palberg, Kyra 406
Paletschek, Sylvia 107
Parker, Geoffrey 26, 69
Parr, Rolf 1, 217, 373, 376, 424
Parsons, Terence 101, 103, 165
Paß, Manuel 377
Pascal, Blaise 51
– *Pensées* 51
Patri, Kai Hendrik 536

Pavel, Thomas 50, 101, 103, 115, 318
Pawłowski, Tadeusz 83
Peitsch, Helmut 198, 211, 214, 475, 535
Pereira, Valéria Sabrina 509
Perkins Gilman, Charlotte 434
– *Herland* 434
Perutz, Leo 209
Peschke, Hans-Peter von 27, 59
Petsch, Barbara 371
Pfaller, Robert 21, 481
Philipp II. 32
Philippi, Anne 269
Picasso, Pablo 292
Piscator, Erwin 354
Pitt, Brad 41
Pius XII. 359
Platon 51, 94, 112
Platthaus, Andreas 331
Pleschinski, Hans 68, 253
– *Ausflug '83* 68, 253
Pletzinger, Thomas 496
Poe, Edgar Allen 334
Politycki, Matthias 1, 65, 212, 214
Pordzik, Ralph 275, 320, 330
Pörksen, Bernhard 356
Prechtl, Peter 7
Preece, Julian 312, 320, 325, 332, 343, 345–346
Preisendanz, Wolfgang 206
Preußer, Heinz-Peter 439, 461
Přiklopil, Wolfgang 410–411, 413
Pringsheim, Katia 313, 319
Proust, Marcel 106
– *Auf der Suche nach der verlorenen Zeit* 106
Putnam, Hilary 26, 108
Pynchon, Thomas 220, 254, 285, 289
– *Against the Day* 220, 285
– *Gravity's Rainbow* 254
– *V* 289

Quasthoff, Uta M. 71, 167

Ramponi, Patrick 29–30
Rancière, Jacques 196–197, 200, 508
Randt, Leif 6, 16, 37, 203–204, 217, 220–221, 241, 246–247, 368–369, 421,

424, 435, 477–529, 538–543, 546, 548–549
- *Allegro Pastell* 478, 485
- *Leuchtspielhaus* 477–478
- *Planet Magnon* 478, 483, 485
- *Post Pragmatic Joy (Theorie)* 479, 482, 510
- *post pragmatic joy* 479
- *Schimmernder Dunst über CobyCounty* 16, 241, 424, 435, 477–479, 483–527, 540, 548
Ranke, Leopold 76
Ransmayr, Christoph 37, 40, 66, 126, 131, 149, 213, 217, 238, 251, 253, 255, 261, 321
- *Morbus Kitahara* 37, 40, 66, 126, 131, 150, 238, 251, 253, 255, 261
Rau, Milo 360
- *Breiviks Erklärung* 360
Raulet, Gerard 78
Reckwitz, Andreas 489, 493, 495
Reents, Edo 278
Reich-Ranicki, Marcel 181–182
Remarque, Erich Maria 172
- *Im Westen nichts Neues* 172
Renouvier, Charles 30, 68, 254
- *Uchronie, l'utopie dans l'histoire* 30, 68, 254
Rhein, Johannes 55, 92, 164, 228–229
Ricœur, Paul 166
Ritter, Hermann 69
Robnik, Drehli 30
Rodiek, Christoph 8, 10–11, 29–30, 51–53, 58–59, 65, 68, 79, 102–103, 142, 174–175, 252, 256
Roerich, Nicholas 291, 295, 303
Roese, Neal J. 26–27, 45, 117, 143, 224–225
Röggla, Kathrin 6, 16, 37, 141, 153–154, 179, 182, 203–204, 216, 221, 241, 246–247, 365–420, 438, 528–529, 532–535, 541–542, 546, 548–549, 552
- *besser wäre: keine* 366, 379, 400
- *das stottern des realismus* 371–376, 379, 405, 420
- *die alarmbereiten* 16, 241, 366, 372, 380, 409–420, 548
- *Die Beteiligten* 372, 411, 414
- *Die falsche Frage* 367, 386, 389, 400, 405

- *die unvermeidlichen* 366, 372
- *disaster awareness fair* 378–379, 397
- *fake reports* 366
- *Nachtsendung* 381, 384
- *really ground zero* 366, 370, 399
- *totficken. totalgespenst. topfit* 377
- *wir schlafen nicht* 16, 141, 153, 182, 241, 366, 370–373, 379–380, 409, 411, 413–415, 419–420, 535, 548
Röhnert, Jan 243
Röhrs, Steffen 51, 251, 253
Roosevelt, F. D. 152
Roper, Lyndal 460–461
Rosa, Hartmut 492
Rösch, Gertrud Maria 182
Rosenfeld, Gavriel D. 8, 26, 30, 39–40, 55–56, 68, 107, 138, 241, 253–254, 261
Rossellini, Isabella 263–264
Roth, Joseph 168
- *Radetzkymarsch* 168
Roth, Philip 152, 253
- *The Plot Against America* 137, 152
Rottensteiner, Franz 2, 210
Rousseau, Jean-Jacques 458–459
Roussel, Martin 429
Rowling, J. K.
- *Harry Potter* 217
Rubtsov, Vladimir 284
Ruf, Oliver 268
Ruge, Eugen 216
Rühling, Lutz 92
Rühmkorf, Peter 376
Runge, Erika 208, 356
- *Bottroper Protokolle* 356
Ruppelt, Georg 425
Rüsen, Jörn 428
Ruthner, Clemens 158–159
Rutka, Anna 414, 416
Ryan, Marie-Laure 71, 118, 122

Saint-Gelais, Richard 105, 118
Salewski, Michael 26
Salzmann, Sasha Marianna 216
Sarrazin, Thilo 531
Sartre, Jean-Paul 125, 198–199, 211, 521
Saße, Günter 352, 359–360
Sauerland, Karol 210

Saussure, Ferdinand de 301
Schabert, Ina 103
Schaeffer, Jean-Marie 87, 116
Schaffrick, Matthias 195, 200
Schaper, Benjamin 214
Schäuble, Wolfgang 455
Scheck, Denis 269, 292, 313–315
Scheerbart, Paul 167
– *Lesabéndio* 167
Scheffel, Michael 22, 94
Schenkel, Guido 53
Schilling, Erik 254
Schindhelm, Michael 1, 212
Schirrmacher, Frank 181, 197, 211, 215–216
Schlaffer, Heinz 210
Schmidt, Arno 205, 209, 253
– *Schwarze Spiegel* 253
Schmidt, Christopher 325, 446, 452, 470
Schmidt, Harald 269
Schmidt, Rainer 269
Schmidt, Thomas E. 275
Schmitt, Carl 508
Schmitz-Emans, Monika 377, 550
Schneider, Robert 213, 321
– *Schlafes Bruder* 321
Schölderle, Thomas 424
Schöll, Julia 289, 296, 301, 372, 374, 378, 398
Schönfellner, Sabine 444, 446, 452, 465, 467, 476
Schonfield, Ernest 390
Schopenhauer, Arthur 458
Schotte, Marcus 445, 460, 464, 466, 474
Schröder, Gerhard 215
Schroth, Simone 443, 448, 468
Schulz, Adrian 265
Schulze, Ingo 438
Schumacher, Eckhard 275, 277, 280, 282, 318, 331, 523
Schumacher, Julia 55, 92, 164, 228–229
Schütz, Erhard 253, 325
Schwarz, Monika 113
Schwarz, Thomas 313–315, 330, 332, 341
Schwenke, Philipp 464
Scott, Walter 8, 80, 257–258
Searle, John 88, 98
Seibel, Klaudia 176

Seibt, Gustav 270
Setz, Clemens J. 318
– *Indigo* 318
Setzer, Elena 316, 322, 332
Shakespeare, William 116
Sieg, Christian 200, 203, 410
Singles, Kathleen 8, 29, 31, 50, 54, 56, 82, 89, 124, 126–127, 142, 250–253, 260, 262
Skrabanek, Petr 453
Slut (Band) 465
Smith-Prei, Carrie 444, 446, 473–474
Sneis, Jørgen 130
Snowman, Daniel 27, 47
Soboczynski, Adam 314
Sontag, Susan 322
Sophokles 470
Sorg, Reto 200
Sorokin, Wladimir Georgijewitsch 285
– *Ljod. Das Eis* 285
Speer, Albert 39
Spiegel, Simon 104
Spivak, Gayatri 335
Spoerhase, Carlos 83–84, 201
Spotnitz, Frank
– *The Man in the High Castle* 3, 221, 253
Squire, J. C. 30, 46, 63
Staiger, Emil 231
Stalin, Josef 81, 507
Stanišić, Saša 216
– *Herkunft* 216
Stanzel, Franz K. 51
Stauffer, Isabelle 325
Stefan Heym
– *Schwarzenberg* 253
Stegemann, Bernd 212–213
Steiger, Johann Anselm 29
Steiner, Adrian 404
Sternburg, Judith von 485
Stifter, Adalbert 232, 487, 511–513, 522, 540
– *Der Nachsommer* 232, 511–513
Stobbe, Johannes 195
Strauß, Botho 208, 214
– *Anschwellender Bocksgesang* 214
Struck, Wolfgang 298
Stuart, Michael T. 45
Stuckrad-Barre, Benjamin von 216, 269, 477

– *Panikherz* 216
Stüssel, Kerstin 6, 25, 195, 215
Sulner, Martina 483, 495
Sulzer, Alain Claude 477
Süskind, Patrick 213, 254, 261, 321
– *Das Parfum* 254, 261, 321
Suvin, Darko 175, 422, 424
Szczepaniak, Monika 417
Szondi, Peter 543

Tacke, Alexandra 295, 480
Tarantino, Quentin 3, 37, 41–42, 54, 59, 66, 68, 91, 126, 152, 172, 182–183, 186, 220–221, 225, 260, 532
– *Django Unchained* 42
– *Inglourious Basterds* 3, 37, 41–42, 54, 59, 66, 68, 91, 126, 152, 172, 182, 186, 220–221, 225, 260
– *Once Upon a Time in Hollywood* 3, 42, 126, 221
Tellkamp, Uwe 212, 219
– *Der Turm* 219
Tetlock, Philip E. 26, 69
Thatcher, Margaret 39–40
The Wachowskis 289, 421
– *Matrix* 289, 421
– *V for Vendetta* 421
Thurm, Frida 483, 497, 522, 524
Tieck, Ludwig 206
Todorov, Tzvetan 141, 158–159, 163, 397
Tolkien, J. R. R. 2, 169–170, 180, 219
– *On Fairy-Stories* 219
– *The Hobbit* 2
– *The Lord of the Rings* 2, 169–171, 217, 238
Tolstoi, Leo 60, 163, 258, 363, 507
– *Anna Karenina* 60
Treichel, Hans-Ulrich 212
Trojanow, Ilija 216, 438, 440, 449, 464, 469, 471–472, 537–538
– *Angriff auf die Freiheit* (mit Juli Zeh) 440, 449, 451, 463–464, 468–469, 471–472, 537
Tropper, Elisabeth 446

Uderzo, Albert 33
Unterhuber, Tobias 273, 275, 281, 531, 542

Vedder, Ulrike 390, 406
Vennemann, Aline 365
Vermes, Timur 138–139, 153, 433
– *Er ist wieder da* 138–139, 153, 433
Verweyen, Theodor 28
Vogl, Joseph 394
Vogler, Ingo 1, 271, 300, 318
Vogt, Jochen 254
Vonessen, F. 458
Vorbeck-Heyn, Maja 445, 460, 464, 466, 474
Voßkamp, Wilhelm 421, 423–424, 428–429, 436, 501
Vuorensola, Timo
– *Iron Sky: The Coming Race* 433

W. Leine, Torsten 209
Wagenbach, Klaus 214
Wagner, David 216
– *Leben* 216
Wagner, Peter 365
Wagner, Sabrina 195–196, 199–200, 438, 450, 466, 473, 475, 536, 538
Wagner, Thomas 195, 215
Wagner-Egelhaaf, Martina 179, 377, 396
Wallraff, Günter 355–356
– *Ganz unten* 356
Wałowski, Paweł 296
Walser, Martin 181–182, 208, 214
– *Tod eines Kritikers* 181–182
Walter-Jochum, Robert 360
Waltz, Christoph 41
Watrin, Pierre 33
Weber, Alexander 552
Weber, Max 236, 243
Weber, Nicole 270, 273, 276, 320, 343, 347
Wegmann, Nikolaus 198, 231
Weidermann, Volker 278
Weill, Kurt 511–512
Weimar, Klaus 33–34
Weiss, Peter 208, 354, 359–360, 370
– *Die Ermittlung* 359–360
Weitin, Thomas 446, 465
Welle, Anja 208
Weller, Nina 54–55, 124, 222
Wells, H. G. 431
– *The War of the Worlds* 431

Wenzlhuemer, Roland 7, 45, 223
Werle, Dirk 58, 353, 381
Werndl, Kristina 374–376
Werner, Jan C. 98
Weyand, Björn 295, 325, 480
White, Hayden 49, 74–78, 134, 255–256, 272
Widmann, Andreas Martin 8–9, 14, 50, 54, 56, 65, 82, 142, 150, 258
Wiedner, Saskia 29–30
Wiegandt, Markus 353
Wilhelm IV. (Bayern) 76
Wilhelms, Kerstin 424
Willand, Marcus 245
Willemsen, Roger 212
Willer, Stefan 427
Winkels, Hubert 265, 273
Winko, Simone 88, 96
Wittgenstein, Ludwig 289
Witting, Gunther 28
Wittstock, Uwe 180
Witzel, Frank 219
– Die Erfindung der Roten Armee Fraktion durch einen manisch-depressiven Teenager im Sommer 1969 220
Wohl von Haselberg, Lea 55, 92, 164, 228–229
Wolf, Christa 209
Wolf, Werner 71
Wolfe, Tom 268, 356
Woodard, David 343
Wünsch, Marianne 9–10, 13, 37, 141, 158, 163, 175, 206
Wunschel, Annette 60

Yencken, David 494
Yockey, Francis Parker 343

Zabka, Thomas 162, 164
Zaimoglu, Feridun 535
Zeh, Juli 3–4, 6, 16, 37, 133, 203–204, 212, 216–217, 221, 241, 246–247, 369, 376, 421, 431, 438–476, 496, 519, 528–529, 535, 537–538, 540–543, 548–549
– *203* 441
– *Alles auf dem Rasen* 453
– *Corpus Delicti* 4, 16, 133, 241, 421, 431, 438, 440–476, 519, 537–538, 540–541, 548
– *Der Kaktus* 438, 441, 449, 452, 463
– *Der Unterschied zwischen Realität und Fiktion ist marginal* 441, 446, 470, 475
– *Die Diktatur der Demokraten* 471
– *Die Stille ist ein Geräusch* 438
– *Fragen zu* Corpus Delicti 440
– *Leere Herzen* 3, 421, 438, 440–441, 463, 537
– *Nachts sind das Tiere* 439, 445, 451
– *Spieltrieb* 463, 466
– *Treideln* 439–440, 457, 467–468
Zeißler, Elena 421–422, 425, 429
Zimmer, Frank 29
Zimmermann, Elias 346
Zipfel, Franz 23–24, 34, 50, 78, 83, 86–87, 89, 96, 99–102, 104, 108, 115, 117, 122, 132, 147, 159, 161, 165, 168, 178–179, 208, 356
Zola, Émile 536–537
Zuckerberg, Mark 488

www.ingramcontent.com/pod-product-compliance
Lightning Source LLC
Chambersburg PA
CBHW020602300426
44113CB00007B/472